Uwe Hartmann
Nanostrukturforschung und Nanotechnologie
De Gruyter Studium

Uwe Hartmann

Nanostrukturforschung und Nanotechnologie

—

Band 2: Materialien und Systeme

DE GRUYTER

Physics and Astronomy Classification Scheme 2010
61.46.-w, 61.48.-c, 61.25.-g, 63.22.-m, 68.25.-k, 73.22.-f, 73.63.-b, 78.67.-n, 81.07.-b, 81.16.-c

Author
Prof. Dr. Uwe Hartmann
Universität des Saarlandes
FR 7.2 Experimentalphysik
Campus C6.3
66123 Saarbrücken
u.hartmann@mx.uni-saarland.de

ISBN 978-3-486-71782-2
e-ISBN (PDF) 978-3-486-85542-5
e-ISBN (EPUB) 978-3-11-039886-1

Library of Congress Cataloging-in-Publication Data
A CIP catalogue record for this book has been applied for at the Library of Congress.

Bibliografische Information der Deutschen Nationalbibliothek
Die Deutsche Nationalbibliothek verzeichnet diese Publikation in der Deutschen Nationalbibliografie; detaillierte bibliografische Daten sind im Internet über http://dnb.dnb.de abrufbar.

Druck und Bindung: CPI books GmbH, Leck
♾ Printed on acid-free paper
Printed in Germany

www.degruyter.com

Vorwort

Nanostrukturforschung und Nanotechnologie sind zu einem dynamischen und viel beachteten Feld des wissenschaftlichen und technischen Fortschritts geworden. Die Begriffe sind Sammelbegriffe für multidisziplinäre Grundlagen und Anwendungen der unterschiedlichsten Art und damit naturgemäß nicht sonderlich präzise definitorisch zu erfassen. Von Bedeutung ist die grundlegende Erkenntnis, dass Nanoskaligkeit der Materie und daraus erschaffenen natürlichen und artifiziellen Objekten ganz besondere Eigenschaften verleiht, die teils Folgen eines Skalierungsverhaltens, teils Resultate eines vielfältigen und komplexen Wechselspiels zwischen klassischen und quantenphysikalischen Phänomenen sind. Damit umfassen aber die Grundlagen der Nanotechnologie zum einen fast alle naturwissenschaftlichen Erkenntnisse zum Verhalten kondensierter Materie und zum andern a priori praktisch alle bekannten analytischen, Präparations-, Herstellungs- und Bearbeitungsverfahren, die teils konventionellen Ursprungs sind, teils im Rahmen nanotechnologischer Ansätze neu entwickelt wurden.

So vielfältig die Grundlagen und Anwendungen der Nanotechnologie sind, so vielfältig ist auch der Bestand an einführenden, weiterführenden und hochgradig spezialisierten Lehrbüchern. Hinzu kommt eine beträchtliche Fülle populärwissenschaftlicher Darstellungen eines jeden Komplexitätsgrads. Je nach Interessenslage und Sichtweise von Autoren und Herausgebern haben die meisten Werke, die einen Überblick über das riesige Gebiet der Nanotechnologie geben wollen, mehr oder weniger stark ausgeprägte Schwerpunkte, etwa in den Bereichen nanostrukturierte Materialien, Nanoelektronik, Nanoanalytik, chemische Nanotechnologie oder auch Nanobiotechnologie. Zusätzlich gibt es in der spezialisierten Literatur ein umfangreiches Angebot an Werken, die von vornherein nur einzelne Bereiche behandeln. Einführungen in das Gebiet, die in ausgewogener Weise die multidisziplinären Grundlagen mit einem hinreichenden wissenschaftlichen und quantifizierenden Anspruch würdigen und die vielfältigen Anwendungen in angemessener Breite ohne spezifische Schwerpunktsetzung behandeln, sind die große Ausnahme, gleichzeitig aber unerlässlich im Rahmen der akademischen Ausbildung, in der Nanotechnologie entweder eine zentrale Rolle spielt oder für die eigene Kerndisziplin von erheblicher Bedeutung ist. Dieses Werk möchte die bestehende Lücke schließen und einen umfassenden Überblick über die naturwissenschaftlichen Grundlagen und die ingenieurwissenschaftlichen Anwendungen der Nanotechnologie bieten. Dabei werden elementare mathematisch-naturwissenschaftliche Kenntnisse – insbesondere grundlegender physikalischer Konzepte – zwar vorausgesetzt, aber die sich aus den Grundlagen ergebenden nanotechnologischen Implikationen ausführlichst und unter Betonung ihres Querschnittscharakters behandelt. Damit ist das Buch bestens geeignet für die universitäre Ausbildung im Rahmen von Bachelor- und Masterstudiengängen der Natur- und Ingenieurwissenschaften. Auch Doktoranden und forschende Wissenschaftler dürften von der umfassenden Darstellung profitieren. Darüber hinaus ist das Buch sicherlich für Lehrende im Bereich der Nanotechnologie und auch für die berufsbegleitende Weiterbildung industriell arbeitender Wissenschaftler nützlich.

Das Lehrbuch umfasst vier Bände. Band 1 beinhaltet eine ausführliche Diskussion der multidisziplinären Grundlagen und es werden die disziplinären Bezüge verschiedener wissenschaftlich-technischer Felder zur Nanotechnologie diskutiert. Es wird verdeutlicht, in welchen spezifischen Eigenschaften das Skalierungsverhalten klassischer Systeme resultiert und wie kritische Dimensionen dieses Skalierungsverhalten beeinflussen. Die relevanten quantenmechanischen Grundlagen unter Einbeziehung neuer Entwicklungen wie der Quanteninformationsverarbeitung oder der Spinelektronik werden ausführlich behandelt. Von großer Bedeutung für die Entstehung und Stabilität nanoskaliger Systeme sind einerseits Intermolekular- und Oberflächenwechselwirkungen und andererseits spezifische thermodynamische Eigenschaften, die nicht immer auf Gleichgewichtszustände beschränkt sind. Das Zusammenspiel zwischen Wechselwirkungen und Thermodynamik führt zu äußerst interessanten Selbstorganisations- und Strukturbildungsphänomenen, die eingehend dargestellt werden. Viele der behandelten Grundlagen der Nanostrukturforschung und Nanotechnologie werden in festkörperbasierten Systemen beobachtet, erforscht und zu Anwendungen entwickelt. Aus diesem Grund werden neben den „konventionellen" ein-, poly- und quasikristallinen sowie amorphen Konfigurationen auch Festkörper mit nanoskaligen Gitterbausteinen oder Poren als Gitterbausteine diskutiert.

Band 2 umfasst Materialien und Systeme, die in der Nanostrukturforschung und der Nanotechnologie relevant sind. Zu diesen Materialien und Systemen zählen die sehr vielfältige weiche kondensierte Materie inklusive der biologischen Materie und nanoskalige Grundbausteine in Form von monolagigen Filmen, Nanoröhrchen, Clustern oder bestimmten Molekültypen. Die behandelten Materialien und Systeme sind quasi Manifestationen vieler Grundlagen, die in Band 1 der Buchreihe diskutiert werden. So spielen Skalierungseffekte, kritische Dimensionen und Quanteneffekte, aber auch thermodynamische Aspekte und Wechselwirkungen eine dominante Rolle. Die Kenntnis dieser Grundlagen ermöglicht daher einen Zugang zu den teilweise spektakulären Eigenschaften der Materialien und Grundbausteine der Nanotechnologie. Neben physikalischen sind auch chemische und biologische Aspekte im Kontext dieses Bands von Bedeutung und der disziplinübergreifende Charakter von Nanostrukturforschung und Nanotechnologie wird besonders deutlich.

Band 3 komplettiert die nanoskaligen Materialien durch Nanopartikel, niedrigdimensionale Systeme und Metamaterialien. Metamaterialien unterscheiden sich von den „gewöhnlichen" Materialien dadurch, dass sie quasi aus einer Aneinanderreihung von Bauelementen oder funktionellen Einheiten konstituiert sind und damit völlig neue Eigenschaften aufweisen können. Eine solche Eigenschaft ist beispielsweise eine negative effektive Permittivität. Dabei weisen Metamaterialien nicht zwingend eine Nanostrukturierung auf. Die weiterhin behandelten Methoden und Verfahren umfassen sowohl theoretische Konzepte zur Beschreibung der spezifischen Eigenschaften von Nanosystemen als auch experimentelle nanoanalytische Verfahren, unter denen die Rastersondenverfahren als *die* Wegbereiter der Nanotechnologie einen besonderen Stellenwert einnehmen. Lithographische und Strukturierungsverfahren bilden in gewisser Weise das präparative Pendant zu den analytischen Verfahren und werden im Hinblick auf ihren Stellenwert ausführlich und vergleichend diskutiert.

Band 4 gibt einen Überblick über die heute konkret existierenden Anwendungen der Nanotechnologie sowie über vielversprechende Anwendungspotentiale. Die Kategorisierung orientiert sich dabei einerseits an präparatorischen Kategorien, wie Oberflächen, Partikeln und Massivmaterialien. Diese können in den unterschiedlichsten Anwendungsbereichen eingesetzt werden. Andererseits liefern Nanostrukturforschung und Nanotechnologie in Anwendungsbereichen wie der Elektronik, der miniaturisierten elektromechanischen Systeme, der Fluidik, der Optik oder der Biotechnologie neuartige Problemlösungsstrategien, Materialien und Bauelemente, welche einen beachtlichen Einfluss auf die zukünftige Entwicklung dieser Gebiete haben dürften. Nanotechnologische Konzepte werden daher in Bezug auf jedes der genannten Anwendungsfelder diskutiert. Komplettiert wird diese Diskussion durch eine Darstellung der spezifischen Bedeutung der Nanotechnologie für einzelne Branchen, wie Werkstoff- und chemische Industrie, Pharmaindustrie, Automobilindustrie oder Informations- und Kommunikationsindustrie. Abschließend werden Gefahrenpotentiale, die mit der Nanotechnologie verbunden sind oder sein könnten, auf der Basis unseres derzeitigen Wissens diskutiert. Dies wiederum ist die Grundlage ethischer Implikationen, deren gegenwärtige Diskussion zusammenfassend dargestellt wird.

Saarbrücken, im Mai 2015 U. Hartmann

Inhaltsübersicht

Band 4: Applikationen und Implikationen

Vorwort zu Band 2

Bereits heute kommt nanostrukturierten Materialien eine erhebliche Bedeutung zu, die sich zukünftig sicherlich noch steigern wird. Auch natürliche Materialien weisen weisen häufig nanoskalige Strukturmerkmale auf, die dann eng mit den makroskopischen Eigenschaften oder der Funktionalität eines Materials verbunden sind. Entsprechende Materialien spielen für die Nanostrukturforschung und Nanotechnologie eine bedeutende Rolle zum einen im Hinblick auf ein umfassendes Verständnis und zum anderen im Hinblick auf technische Applikationen. Materialien mit Nanostruktur sind aber quasi auch funktionelle Manifestationen vieler in Band 1 dieser Buchreihe behandelter Grundlagen, die in Form der Materialien gleichsam materialisiert vorliegen. Insbesondere die ausführlich diskutierten Wechselwirkungen, thermodynamischen Gegebenheiten, quantenmechanischen Phänomene und Skalierungsverhältnisse sind für die unterschiedlichen nanostrukturierten Materialien von großer Bedeutung. Es besteht daher ein enger Bezug zwischen den breiten und disziplinübergreifenden Grundlagen der Nanostrukturforschung und Nanotechnologie und dem Feld der Materialien und Systeme. Das vorliegende Buch ist dennoch so konzipiert, dass es nicht zwingend auf dem Band 1 der Buchreihe aufbaut, sondern den entsprechenden Stoff davon unabhängig vermittelt, wenngleich an zahlreichen Stellen auf entsprechende Anknüpfungspunkte im Grundlagenband hingewiesen wird.

Die weiche kondensierte Materie umfasst aus heutiger Sicht sehr viele komplexe und nanostrukturierte Materialien, die zum großen Teil nicht einfach mit dem Instrumentarium der konventionellen Festkörperphysik beschrieben werden können. Dies gelingt schon deshalb nicht, weil viele der Materialien mehrphasig sind. Es können durchaus Festkörper, Flüssigkeiten und Gase koexistieren. Die weiche kondensierte Materie lässt sich unterteilen in Materie biologischen Ursprungs und sonstige weiche Materie. Zum Verständnis der weichen kondensierten Materie unter Einbeziehung ihrer Nanoskaligkeit müssen wir weit über die in Kapitel 5 von Band 1 behandelten Modelle zur Beschreibung nanostrukturierter Festkörper hinausgehen. So sind für die weiche Materie Phänomene entscheidend, die typischerweise mit Energien verbunden sind, die in der Größenordnung der thermischen Energie bei Raumtemperatur liegen. Damit spielt die Quantenphysik hier a priori eine untergeordnete Rolle.

Flüssigkeiten sind ein wichtiger Bestandteil der weichen kondensierten Materie und mehrphasiger Systeme. Grenzen Flüssigkeiten an Festkörper, so ist zunächst einmal die Benetzung relevant. Liegen Festkörper fein dispergiert in einer flüssigen Matrix vor, so handelt es sich um ein Dispersionskolloid, das gleichsam Eigenschaften der flüssigen Matrix und der Kolloidpartikel besitzt. Ein diesbezügliches Beispiel wären die Ferrofluide, deren Verhalten mit Fug und Recht als dasjenige einer magnetischen Flüssigkeit zu bezeichnen ist. Durch Einbringen molekularer Phasen können einfache Flüssigkeiten zu komplexen Fluiden werden, die sich in ihrem Strömungsverhalten von einfachen Flüssigkeiten stark unterscheiden können und die sogar Anisotropien aufweisen können, wie es etwa bei Flüssigkristallen der Fall ist.

Eine aus Grundlagen- wie auch aus anwendungsorientierter Sicht äußerst interessante Kategorie der weichen kondensierten Materie sind die Polymere, die in Form langer kettenförmiger Moleküle gleichsam eine Nanoskaligkeit eingebaut haben. Dementsprechend umfasst die grundlegende Beschreibung der Polymere viele Prozesse, die auf Nanometerskala ablaufen und die thermodynamische Komponenten beinhalten. Da sich Polymere auch mit weiteren Materialien kombinieren lassen, sind Polymeroberflächenwechselwirkungen von Interesse und werden im Detail behandelt. Mittels Polymeren lassen sich ferner unkonventionelle Elektrolyte herstellen, bei denen die An- und Kationen multiple Elementarladungen tragen, was den Polymerelektrolyten oder Polyelektrolyten besondere Eigenschaften verleiht.

Je nach involvierten thermodynamischen Phasen lassen sich verschiedene Kategorien mehrphasiger Systeme unterscheiden, und hier sollten Begrifflichkeiten wie Kolloid, Gel oder Schaum präzise definiert und verwendet werden. Von Bedeutung in mehrphasigen Systemen sind nicht nur die Eigenschaften der involvierten Phasen, sondern gerade auch diejenigen der Phasengrenzen, die sich nicht einfach auf die Eigenschaften der individuellen Phasen zurückführen lassen.

Von sehr großer Bedeutung ist der Bereich der weichen kondensierten Materie biologischen Ursprungs, zum einen, um biologische Systeme im Rahmen der Nanostrukturforschung besser zu verstehen und zu charakterisieren und zum anderen, um biologische Systeme für technische Lösungen zu betrachten, entweder im Sinne einer Inspiration oder im Sinne einer direkten Applikation. Biologische Materialien umfassen Zellen, Organellen, bestimmte Funktionseinheiten und viele Kategorien von Biomolekülen. Nanoskalige Strukturen sind auf allen Ebenen von Bedeutung und verleihen der Materie biologischen Ursprungs ihre evolutionär erworbene besondere Funktionalität. Eine Nutzung dieser Funktionalität wünscht man sich verschiedentlich auch für rein technische Anwendungsbereiche. Dies gilt etwa für die Biomineralisation und weitere Syntheseprozesse. Eine Transformation biologischer Synthesestrategien in technische Realisierungen ist Gegenstand der biomimetischen Nanotechnologie, der zukünftig eine enorme Bedeutung zukommen sollte.

Nanoskalige Grundbausteine der Nanotechnologie sind im vorliegenden Kontext Konfigurationen molekularer oder festkörperartiger Natur, die aufgrund ihrer vielfältigen nanotechnologischen Einsatzmöglichkeiten klar eine Querschnittsbedeutung besitzen. Zum Teil kommen diese Grundbausteine in natürlicher Weise vor, zum Teil sind sie artifizieller Natur. Teilweise ist die Dimensionalität von Bedeutung, teilweise auch die Chiralität.

Ein typischer Grundbaustein ist in diesem Kontext DNA. In DNA sind zum einen die Erbinformationen von Lebewesen kodiert. DNA lässt sich andererseits aber auch künstlich synthetisieren und kann als Massenspeicher, zur Realisierung von vielen parallelen Rechenschritten oder auch als Templat verwendet werden, so dass man in Bezug auf diesen Grundbaustein von einer echten DNA-Nanotechnologie sprechen kann.

Bei den Bottom Up-Verfahren zur Herstellung von Nanostrukturen kommt der supramolekularen Chemie die universellste Bedeutung zu, weil sich mit ihrer Hilfe rational komplexeste und vielfältigste Nanostrukturen synthetisieren lassen. Die supramolekulare Chemie lässt sich auf vielfältige Weise unter Einbeziehung weiterer Nanostrukturen wie etwa Nanopartikeln realisieren und liefert eine Vielzahl bedeutender molekularer Grundbausteine.

Weitere ungeheuer wichtige Grundbausteine der Nanotechnologie unterschiedlicher Dimensionalität bestehen aus reinem Kohlenstoff. Das Graphen ist die zweidimensionale Variante. Kohlenstoffnanoröhrchen stellen die eindimensionale Variante dar und Fullerene die nulldimensionale. Die Kohlenstoffgrundbausteine haben zahlreiche neue Forschungsfelder stimuliert und bieten enorme Anwendungspotentiale in den verschiedensten Branchen.

Einen weiteren Grundbaustein stellen die Cluster dar, die entweder einen molekularen oder festkörperartigen Aufbau besitzen und die stark größenabhängige Eigenschaften zwischen denen eines kleinen Moleküls und denen eines ausgedehnten Festkörpers haben.

Neben Materialien werden im vorliegenden Werk auch Systeme behandelt. Als System wird eine Gesamtheit von Elementen bezeichnet, die so auf einander bezogen sind und die in solcher Weise miteinander interagieren, dass sie als zweckgebundene Einheit angesehen werden können. Ein Beispiel wäre etwa ein molekularer Motor, eine komplette biologische Zelle oder auch ein Flüssigkristalldisplay. Die Funktion der im vorliegenden Kontext behandelten Systeme lässt sich wesentlich auf Eigenschaften der nanoskaligen Bestandteile oder Komponenten zurückführen. Damit ist ein wichtiges Betätigungsfeld der Nanostrukturforschung das Verständnis und die Beschreibung von Systemen mit nanoskaligen Elementen. Ein wichtiges Betätigungsfeld der Nanotechnologie wiederum ist die Konzeption und Realisierung solcher Systeme.

Grundsätzlich wird auch in diesem Band der Reihe „Nanostrukturforschung und Nanotechnologie“ Wert auf eine ausgewogene Behandlung theoretischer und experimenteller Sachverhalte gelegt. Darüber hinaus wird der disziplinübergreifende Aspekt der Nanostrukturforschung und der Nanotechnologie stark ins Zentrum der Betrachungen gestellt. Die Verknüpfungen mit den klassischen natur- und ingenieurwissenschaftlichen Disziplinen werden jeweils deutlich herausgestellt. Bei der Bezugnahme auf Originalarbeiten werden vorzugsweise Beispiele aus der jüngsten Literatur angeführt.

Wiederum wurde mir eine Vielzahl spannender Forschungsergebnisse durch zahlreiche Kolleginnen und Kollegen weltweit zur Verfügung gestellt. Dieses Material, das die unterschiedlichsten Forschungsbereiche akzentuiert, bereichert das Buch ungemein und stellt eine direkte Verbindung zum Stand der gegenwärtigen Forschung her. Ich möchte mich an dieser Stelle bei allen Kolleginnen und Kollegen aus der

Wissenschaft, die jeweils im Zusammenhang mit den reproduzierten Originaldaten genannt sind, herzlich bedanken.

Für die Herstellung und Bearbeitung der vielen Abbildungen in diesem Buch war wiederum Frau Gabriele Kreutzer-Jungmann verantwortlich, bei der ich mich für ihre hohe Sachkompetenz und die Geduld bedanken möchte. Für die Herstellung des druckfertigen Manuskripts danke ich Frau Stefanie Neumann, ohne deren Expertise und Engagement das Manuskript in dieser Form nicht hätte vorgelegt werden können. Mit großer Akribie haben auch diesmal verschiedene Mitarbeiterinnen und Mitarbeiter sowie Kolleginnen und Kollegen Fehler im Manuskript aufgedeckt und somit die Summe verbliebener Fehler stark reduziert. Für diesen wichtigen Beitrag möchte ich mich ebenfalls bedanken und namentlich Herrn Harro Hartmann nennen, der sich in dieser Hinsicht erheblich engagierte. Für ihre Geduld und Anteilnahme habe ich Barbara, Felicia, Fabian und Frederik zu danken.

Die Verfügbarkeit dieses Buches in der vorliegenden Form ist natürlich zu einem wesentlichen Teil der Begleitung durch den De Gruyter Verlag zu verdanken. Namentlich möchte ich mich bei Frau Kristin Berber-Nerlinger und Frau Silke Hutt für ihre Kooperation bedanken.

Saarbrücken, im Mai 2015 U. Hartmann

Inhalt

6 Komplexe Flüssigkeiten

Es gibt viele Materialien, bei denen wichtige physikochemische Phänomene mit Energien verbunden sind, die von der Größenordnung der thermischen Energie bei Raumtemperatur sind. Dies ist typischerweise der Fall für die weiche kondensierte Materie. Komplexe Flüssigkeiten machen einen wichtigen Teilbereich aus. An der Grenzfläche zwischen flüssiger und fester Phase tritt das Phänomen der Benetzung auf. Benetzung kann Anlass zur Ausbildung geschlossener Flüssigkeitsfilme geben, aber auch zur Ausbildung von Flüssigkeitstropfen auf einer Festkörperoberfläche. Komplexe Flüssigkeiten entstehen, wenn weitere Phasen in der flüssigen Matrix dispergiert sind. So entstehen nanostrukturierte Fluide, Flüssigkristalle und Kolloide. Komplexe nanostrukturierte Flüssigkeiten besitzen Eigenschaften, die sich nicht einfach auf diejenigen homogener Flüssigkeiten reduzieren lassen.

6.1 Weiche kondensierte Materie

Intuitiv scheint uns zunächst vielleicht das Attribut „weich" im Kontext der Charakterisierung von Materialeigenschaften klar zu sein. Bei näherer Betrachtung bedarf jedoch der Terminus technicus „weiche kondensierte Materie" einer präziseren Begriffsbestimmung. Dies sieht man bereits daran, dass beispielsweise das Metall Blei als weich gegenüber dem Metall Wolfram betrachtet werden möge, nicht jedoch gegenüber dem bei Raumtemperatur flüssigen Metall Quecksilber oder gegenüber einem Stück Gummi. Weiche kondensierte Materie umfasst einen materiellen Teilbereich der kondensierten Materie, der dadurch gekennzeichnet ist, dass die diesbezügliche Materie leicht thermisch und/oder mechanisch deformierbar ist. Dies ist beispielsweise der Fall für Flüssigkeiten, Kolloide, Polymere, Schäume, Gele, granulare und viele biologische Materialien. Viele physikochemische Phänomene dieser Materialien sind mit typischen Energien verbunden, die von der Größenordnung $k_B T$ bei Raumtemperatur sind. Quantenmechanische Phänomene sind daher in der Regel irrelevant. *P.-G. de Gennes* (1932–2007, Nobelpreis für Physik 1991) konnte zeigen, dass Ordnungsparameter, wie in Abschn. 5.1 diskutiert, nicht nur für thermodynamisch vergleichsweise einfache Phasen, wie man sie für Festkörpersysteme findet, definiert werden können, sondern auch für weit komplexere Phasen, wie man sie für die weiche Materie findet.

Weiche Materie bezieht ihre besonderen Eigenschaften daraus, dass sie auf mesoskopischer Längenskala granular ist. Einfache Flüssigkeiten [6.1], wie auch Festkörper [6.2], sind auf atomarer oder molekularer Längenskala granular. Ein Kolloid, wie das in Abb. 4.1 dargestellte Ferrofluid, ist auf der Längenskala der gelösten Nanopartikel mit einem Durchmesser von beispielsweise 10 nm granular. Ein Flüssigkeitsschaum ist auf der Längenskala der Lufteinschlüsse granular und ein Polymermaterial auf der Längenskala der vergleichsweise großen Polymermoleküle. Einerseits sind die relevanten Systeme hinsichtlich ihrer Materialzusammensetzung sehr unterschiedlich und vielfältig, andererseits haben die charakteristischen systemischen Eigenschaften gemeinsame fundamentale Ursachen, die in der großen Anzahl interner Freiheitsgrade, in der schwachen Wechselwirkung struktureller Elemente und in einem empfindlichen Gleichgewicht entropischer und enthalpischer Beiträge zur freien Energie begründet liegen. Es ist daher sinnvoll, weiche kondensierte Materie im Sinne der grundlegenden Phänomene, die in ganz unterschiedlichen Teilbereichen in ähnlicher Weise relevant sind, als zusammenhängendes, nanotechnologisch äußerst interessantes Teilgebiet der kondensierten Materie anzusehen [6.3]. Drei typische Charakteristika sind dann von übergeordneter Bedeutung für dieses Teilgebiet. Die *Universalität* vieler Phänomene wurde bereits genannt. Die *Komplexität* der Systeme resultiert daraus, dass in der Regel gleichzeitig verschiedene bis viele unterschiedliche Phasen im Sinne der in Abschn. 5.1 diskutierten Begrifflichkeit vorliegen. Dabei sind häufig auch die in Abschn. 4.4 diskutierten Aspekte der Selbstorganisation und Strukturbildung von Bedeutung. Der *indifferente Charakter* vieler Systeme [6.4] resultiert daraus, dass sich viele interessante Systeme nicht klar einer der klassischen Kategorien Kolloide, Polymere oder amphiphilische Strukturen zuordnen lassen, wie es Abb. 6.1 zum Ausdruck bringt. Seit 20 bis 30 Jahren subsummiert man nun die klassischen Teilbereiche, wie Kolloide, Membranen, Mikroemulsionen, Polymere, komplexe Flüssigkeiten, Polyelektrolyte und Flüssigkristalle, zum Gebiet der weichen kondensierten Materie.

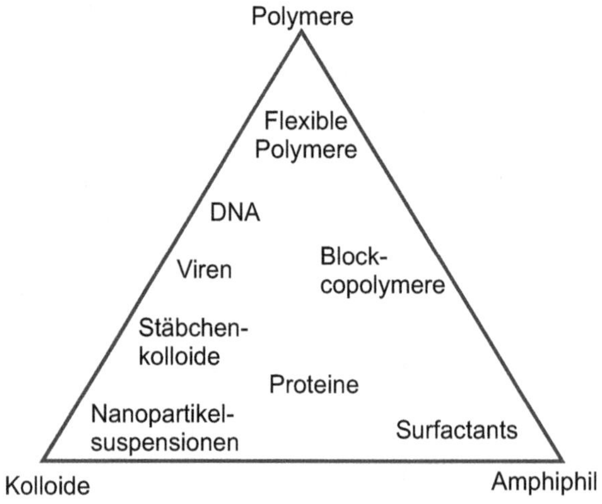

Abb. 6.1. Die drei klassischen Bereiche der weichen kondensierten Materie und Systeme, die teilweise nicht einem dieser Bereiche zuzuordnen sind. Surfactant steht für surface active agent und bezeichnet grenzflächenaktive Substanzen.

Einzelne Teilgebiete sind dabei schon lange Gegenstand der Forschung, wie etwa die Dispersionskolloide seit Beginn des 19. Jahrhunderts. Im Kontext der Nanotechnologie ergeben sich auch in diesem traditionellen Forschungsbereich zum Teil ganz neue Fragestellungen. So können Kolloide heute nicht nur aus sphärischen oder moderat ellipsoidalen Partikeln bestehen, sondern aus hochgradig anisotropen, etwa in Stäbchenform, die dann gemäß Abb. 6.1 Eigenschaften induzieren können, die eher von Polymersystemen bekannt sind und dann zu einem gegenüber einem einfachen Kolloid modifizierten rheologischen Verhalten führen. Im Folgenden sollen die charakteristischen und teilweise universellen Eigenschaften einiger exemplarischer Systeme diskutiert werden, um das spezifische Verhalten weicher kondensierter Materie genauer zu beleuchten und die Bezüge zur Nanotechnologie zu identifizieren.

6.2 Benetzung

Koexistieren in einem System Flüssigkeit und Festkörper, so ist die *Benetzung* an der fest/flüssig-Grenzfläche häufig von Interesse. Je nach Material- und struktureller Beschaffenheit der Festkörperoberfläche und nach Art der Flüssigkeit kann es zur vollständigen oder partiellen Benetzung kommen oder auch dazu, dass die Oberfläche nicht benetzt wird. Benetzungsphänomene sind in vielen Anwendungsbereichen von Interesse und sie sind Ursache der *Kapillarität*. Auch im Zusammenhang mit der Nanostrukturforschung und Nanotechnologie gibt es viele Fragestellungen, bei denen Benetzungsphänomene relevant sind. Zu nennen ist hier beispielsweise der immer wieder im Kontext der Nanotechnologie genannte *Lotuseffekt* [6.5], bei dem in der Regel eher Mikrostrukturen relevant sind, bei dem aber Benetzungsphänomene eine wichtige Rolle spielen. Die Behandlung von Benetzungsphänomenen gibt uns Gelegenheit, Aspekte der *Oberflächenthermodynamik* und insbesondere den Begriff der *Oberflächenspannung* oder *Oberflächenenergie*, der bereits im Kontext von Abschn. 2.2.1, aber auch im Zusammenhang mit Abschn. 5.2.1, verwendet wurde, zu präzisieren.

Die thermodynamischen Eigenschaften einer Ober- oder Grenzfläche werden kontinuumstheoretisch vollständig durch die Ober- oder Grenzflächenspannung im Fall von Flüssigkeiten und durch die Ober- oder Grenzflächenenergie im Fall von Festkörpern beschrieben. Der Einfachheit halber verwenden wir für die folgende Diskussion den Begriff Oberflächenspannung. Diese spielt für die Oberfläche dieselbe Rolle wie der Druck p für das Volumen: Die mit einer Volumenänderung verbundene Arbeit $dW = p\,dV$ findet ihr Pendant mit derjenigen, die durch eine reversible Oberflächenänderung gegeben ist, i. e. $dW = y\,dF$. $\mathbf{y}$ qualifiziert die Kraft pro Längeneinheit, die entlang der inneren Normale des Umfangs eines beliebigen Teils der Oberfläche tangential orientiert ist. Berücksichtigt man für ein System explizit die Oberflächenthermodynamik, so ergibt sich in Anlehnung an Gl. (4.70)

$$dU = T\,dS + \mu\,dN + y\,dF \tag{6.1}$$

für die innere Energie. Alle thermodynamischen Größen können nun in einen Volumen- und einen Oberflächenanteil unterteilt werden. Für die Volumenenergiedichte erhält man $u_V = \lim_{V\to\infty}(U/V)$, für die Teilchendichte $\varrho_V \lim_{V\to\infty}(N/V)$. Die entsprechenden Oberflächenexzessanteile sind gegeben durch $u_F = \lim_{F\to\infty}([U - Vu_V]/F)$ und $\varrho_F = \lim_{F\to\infty}([N - V\varrho_N]/F)$. Für die freie Energie, die sich durch Integration aus Gl. (6.1) ergibt, folgt dann $U = Vu_V + fu_F$. Der erste Hauptsatz der Thermodynamik ausgedehnter Materialien, $dU_V = TdS_F + \mu\, dN_V - p\, dV$, kann nun durch eine entsprechende Relation für Oberflächen ergänzt werden: $dU_F = TdS_F + \mu\, d\varrho_F + \gamma\, dF$. Im Zusammenhang mit Benetzungsphänomenen ist es nützlich, die Helmholtz-Energiedichte zu betrachten:

$$f_F = \frac{U_F - TS_F}{F} = u_F - Ts_F = \mu\, \varrho_F + \gamma\,. \tag{6.2}$$

Damit erhält man $d\gamma = -s_F dT - \varrho_F\, d\mu$ und $\varrho_F = -d\gamma/d\mu$.

Betrachten wir nun die drei in Abb. 6.2 dargestellten fluiden Phasen a, b und c. Die Kontaktwinkel sind dann ein Ergebnis des Kräftegleichgewichts $\boldsymbol{\gamma}_{ab}+\boldsymbol{\gamma}_{bc}+\boldsymbol{\gamma}_{ac} = 0$. Ein stabiler Kontakt der drei Phasen setzt voraus, dass keine der Oberflächenspannungen größer ist als die Summe der anderen. Ist das gegeben, so spricht man im engeren Sinne von einer nicht vorhandenen Benetzung. Gilt jedoch $\gamma_{ab} > \gamma_{ac} + \gamma_{bc}$, so können die drei Phasen nicht mehr aneinander grenzen und es bildet sich ein a und b benetzender Film von c zwischen den beiden Phasen aus. Diese vollständige Benetzung tritt gerade für $\gamma_{ab} = \gamma_{ac} + \gamma_{bc}$ ein, was in Abb. 6.2(a) für $\Theta_1 = \Theta_2 = 0$ folgt. Insgesamt bestehen also vier Möglichkeiten für das System aus drei Phasen. Entweder ist es nicht benetzend, oder a, b oder c bilden einen benetzenden Film.

Eine praktisch sehr wichtige, spezielle Situation ergibt sich für die Benetzung von Festkörperoberflächen. Es liegt in diesem Fall eine feste, eine flüssige und eine gasförmige Phase vor. Wenn die Flüssigkeit nicht vollständig die Festkörperoberfläche benetzt, so treten Tropfen auf. Es liegt damit eine Geometrie gemäß Abb. 6.2(b) vor und das Oberflächenspannungsgleichgewicht wird durch die *Young-Dupré-Gleichung* determiniert:

$$\gamma_{lg} \cos\Theta = \gamma_{fg} - \gamma_{fl}\,. \tag{6.3}$$

Vollständige Benetzung tritt gerade für $\Theta = 0$ auf. Da $\cos\Theta \geq -1$ ist, folgt $\gamma_{fl} \leq \gamma_{fg} + \gamma_{lg}$. Für $\Theta = 180^\circ$ gilt $\gamma_{fl} = \gamma_{fg} + \gamma_{lg}$, und es befindet sich ein „Film“ aus Gas zwischen der Flüssigkeit und der Substratoberfläche. Das Substrat ist also trocken und nicht benetzt. Für $180^\circ > \Theta > 0$ ergeben sich Tröpfchen gemäß Abb. 6.2(b). Aus dem Variationsbereich des Kontaktwinkels ergeben sich Relationen zwischen den Oberflächenspannungen wie beispielsweise $\gamma_{fl} + \gamma_{lg} \geq \gamma_{fg} \geq \gamma_{fl} - \gamma_{lg}$.

Ändert man thermodynamische Variablen eines Systems aus drei Phasen, so durchläuft man das Phasendiagramm. Die drei Phasen koexistieren in einem zweidimensionalen Phasendiagramm nur am Tripelpunkt und in einem dreidimensionalen nur entlang einer Tripellinie. Wie wir gesehen haben, kann ein Teil der Tripellinie zu

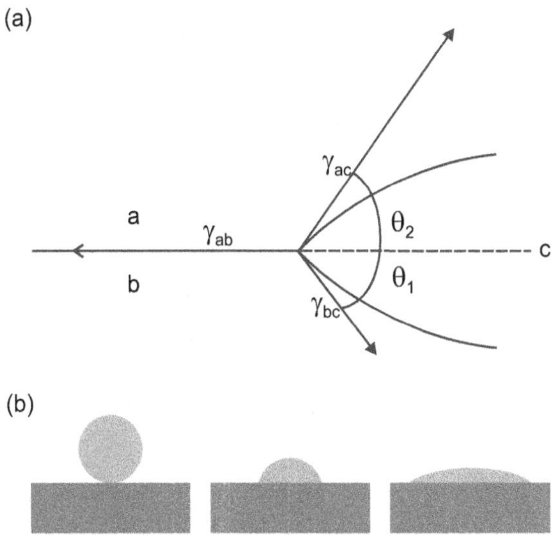

Abb. 6.2. (a) Tripelpunkt eines dreiphasigen Systems für ein thermodynamisches Regime, in dem keine Benetzung stattfindet. (b) Partielle Benetzung für unterschiedliche Kontaktwinkel.

einem Regime der Benetzung gehören, ein anderer zu einem Regime, in dem keine Benetzung stattfindet. Der Punkt auf der Tripellinie, an dem der Übergang zwischen beiden Regimen erfolgt, wird als *Benetzungsübergang* bezeichnet [6.6].

Das *großkanonische Potential* ist allgemein gegeben durch $\Omega = F - \mu N = U - TS - \mu N$. Für eine Flüssigkeit, die in einer Mischung unterschiedlicher Spezies i besteht, beträgt es

$$\Omega = \int d^3 r f_H(\{\varrho_i(\mathbf{r})\}) + \frac{1}{2}\sum_{i,j}\int d^3 r \int d^3 r' w_{ij}(\mathbf{r}-\mathbf{r}')\varrho_i(\mathbf{r})\varrho_j(\mathbf{r}') - \sum_i \mu_i \int d^3 r \varrho_i(\mathbf{r}) \,. \tag{6.4}$$

ϱ_i und μ_i bezeichnen die lokale Teilchenzahldichte und das chemische Potential der Spezies i. f_H ist die Helmholtz-Energiedichte. Die angenommene Wechselwirkung zwischen den Teilchen entspricht einem van der Waals-Modell. Sie besteht aus einem kurzreichweitigen repulsiven Anteil (*Hard Core Potential*), der für die lokalen Korrelationen verantwortlich ist, und einem langreichweitigen attraktiven Anteil $w_{ij}(\mathbf{r})$, der sich gemäß der in Abschn. 4.2 diskutierten Paarpotentiale ergibt und der gemäß eines Effektivfeldansatzes (*Mean Field Theory*) nur mit der globalen Dichtevariation der Flüssigkeit variiert. $f_H(\{\varrho_i(\mathbf{r})\})$ in Gl. (6.4) ist dann in einer lokalen Dichteapproximation nur unter Berücksichtigung der Hartkugelpotentiale gegeben, während der zweite Term den Effektivfeldbeitrag des langreichweitigen Potentials beschreibt. Die Gleichgewichtskonfiguration erhält man für diejenige Dichteverteilung $\{\varrho_i(\mathbf{r})\}$, für die Ω minimal wird.

In vielen nanotechnologisch relevanten Fällen handelt es sich um eine einkomponentige Flüssigkeit, die im Gleichgewicht mit der umgebenden Gasatmosphäre einen Festkörper ganz, partiell oder gar nicht benetzt. Bildet der Festkörper den Halbraum für $z \leq 0$, so sind die Dichten der fest und der flüssig gebundenen Teilchen $\varrho_f(\mathbf{r}) = \varrho_f \Theta(-z)$, $\varrho_l(\mathbf{r}) = n_l \Theta(z - \delta)\Theta(d - z)$ und $n_g(\mathbf{r}) = n_g \Theta(z - l)$. Θ bezeichnet die Stufenfunktion und δ eine Distanz von der Größenordnung des Partikeldurchmessers, bei der die Adsorbatdichte aufgrund des angenommenen Hartkugelpotentials oberhalb des Festkörpers verschwindet. Die Oberflächenenergiedichte für einen Adsorbatfilm der Dicke d ist dann allgemein gegeben durch $y(d) = y_{fl} + y_{lg} + \Gamma(d)$. Vollständige Benetzung bedeutet $d \to \infty$. Mit $\lim_{d\to\infty} \Gamma(d) = 0$ erhält man, wie im Zusammenhang mit Gl. (6.3) bereits erläutert, $\lim_{d\to\infty} \Gamma(d) = y_{fg} = y_{fl} + y_{lg}$. Mit den einfachen Verteilungen für ϱ_f, ϱ_l und ϱ_g lassen sich einerseits über Gl. (6.4) y_{fl} und y_{lg} direkt auf die Paarpotentiale $\omega_{ij}(\mathbf{r})$ mit $i = f, l$ und $j = f, l$ zurückführen und andererseits lässt sich $\Gamma(d)$ berechnen. Die Gleichgewichtsbedeckung $\langle d \rangle$ erhält man für das Minimum von $y(d, \mu)$.

$\Gamma(d)$ quantifiziert gleichsam die Konkurrenz zwischen der Substrat-Adatom-Wechselwirkung, welche die Kondensation eines Films der Dicke $\langle d \rangle$ fördert, und der Adatom-Adatom-Wechselwirkung, welche eine vollständige Kondensation mit $\langle d \rangle \to \infty$ fördert. Über die $\varrho_l(T)$-Abhängigkeit wird auch $\Gamma(d)$ temperaturabhängig und kann bei einer bestimmten Temperatur sogar das Vorzeichen wechseln, wenn bei niedrigen Temperaturen die Adatom-Adatom-Wechselwirkungen dominieren und bei höheren die Substrat-Adatom-Wechselwirkungen. Dies kann dann einen Benetzungsübergang zur Folge haben. Grundsätzlich haben wir auch hier, wie in Abschn. 5.1 allgemein für Phasenübergänge diskutiert, zwischen zwei unterschiedlichen Benetzungsübergängen zu unterscheiden. Im Falle eines kontinuierlichen Übergangs verschiebt sich das Minimum $\Gamma(\langle d \rangle) < 0$ mit wachsender Temperatur kontinuierlich zu größeren $\langle d \rangle$-Werten. Bei der Benetzungstemperatur T_w divergiert d: $\lim_{d\to\infty} \Gamma(\langle d \rangle) = 0$. $1/\langle d \rangle$ kann als Ordnungsparameter betrachtet werden. Für $T > T_w$ erhält man $1/\langle d \rangle = 0$ und für $T < T_w$ $1/\langle d \rangle > 0$. Das generische Verhalten eines Übergangs erster Ordnung erhält man, wenn das Minimum von $\Gamma(d)$ gerade $\Gamma(\langle d \rangle) = 0$ für endliche Werte von $\langle d \rangle$ erhält. Dann springt $\langle d \rangle$ bei $T = T_w$ von einem endlichen Wert auf $\langle d \rangle \to \infty$. Gilt also $\lim_{d\to\infty} \partial\Gamma(d)/\partial d = 0$ und $\lim_{d\to\infty} \partial^2\Gamma(d)/\partial d^2 > 0$, so liegt ein Übergang erster Ordnung vor, sonst einer zweiter Ordnung.

Wie wir in Abschn. 4.1 und 4.2 gesehen haben, besitzen die interatomaren oder intermolekularen Paarpotentiale aus Gl. (6.4) in der Regel die Form $w(r) \sim 1/r^{n+m}$. n ist hier die räumliche Dimension, mit $n = 3$ im Regelfall. Für interatomare van der Waals-Wechselwirkungen haben wir zudem $m = 3$. Allgemein erhält man damit aus Gl. (6.4)

$$\Gamma(d) = \frac{c_1}{d^{m-1}} + \frac{c_2}{d^m} + \frac{c_3}{d^{m+1}} + \ldots + (\mu_0 - \mu)(\varrho_l - \varrho_g)d\,, \tag{6.5}$$

wobei μ_0 das chemische Potential für $d \to \infty$ und μ dasjenige bei endlichen Werten von d ist. Gleichung (6.5) liefert dabei das asymptotische Verhalten, i. e. $\Gamma(d \to \infty)$. Anhand dieses Ausdrucks lässt sich nun das kritische Verhalten für $T \nearrow T_w$ studieren, und es lassen sich die kritischen Exponenten bestimmen, deren Bedeutung in Abschn. 5.1 diskutiert wurde. Auf diese Weise findet man $\langle d \rangle \sim 1/\Delta T$, $\Gamma(\langle d \rangle) \sim (\Delta T)^m$, $\chi \sim (\Delta T)^{-(m+2)}$ und $\xi \sim (\Delta T)^{-(m+2)/2}$. χ bezeichnet die *Suszeptibilität* und ξ die *Korrelationslänge*, wobei die reduzierte Temperatur durch $\Delta T = T - T_w$ gegeben ist.

Zwei Implikationen, die sich aus der bisherigen Diskussion ergeben, sind von praktischer Bedeutung: Benetzungsübergänge zeigen sowohl eine ausgeprägte Material- als auch Geometrieabhängigkeit. Benetzung erfordert $\Gamma(d) > 0$ für jede endliche Bedeckung d. Insbesondere muss dann auch $\Gamma(d = \delta) > 0$ gelten, wenn δ gerade der geringe Abstand von der Größenordnung des atomaren oder molekularen Durchmessers ist, der aufgrund des angenommenen Hartkugelpotentials zwischen Substratoberfläche und erster Flüssigkeitslage besteht. Dies impliziert jedoch $|\Gamma_{fl}| > |\Gamma_{ll}|$. Die Flüssigkeit benetzt das Substrat, wenn sie an dieses stärker gebunden wird als an sich selbst. $\Gamma(d = \delta)$ ist gerade die Differenz in der Grenzflächenenergie zwischen einem festen und einem flüssigen Halbraum einerseits und zwei flüssigen Halbräumen andererseits. Harte kovalent, ionisch oder metallisch gebundene Festkörper haben große Oberflächenenergien γ, während van der Waals- oder wasserstoffbrückengebundene Kristalle kleine γ-Werte aufweisen.[1] Große Oberflächenenergien gehen einher mit vergleichsweise großen Permittivitäten ε. Entsprechend der in Abschn. 4.2 geführten Diskussion führen diese wiederum zu vergleichsweise großen van der Waals-Wechselwirkungen mit der benetzenden Flüssigkeit. Harte Substrate mit Hochenergieoberflächen werden also in der Regel komplett benetzt. Niedrigenergieoberflächen weicher Substrate werden hingegen entweder partiell oder vollständig benetzt, je nachdem, wie groß ihre Permittivität im Vergleich zu derjenigen der Flüssigkeit ist. Die Oberfläche mit der geringsten Oberflächenenergie van der Waals-basierter Systeme wird durch dichtest gepackte CF_3-Moleküle gebildet. Deshalb sind viele Schutzschichten fluorierte Systeme, von denen das bekannteste Polytetrafluorethylen (PTFE, Teflon) mit der Summenformel C_2F_4 ist.

Die Geometrieabhängigkeit der Benetzungsphänomene ist leicht verständlich. Bei gekrümmter Oberfläche führt eine Variation von d zu einem Zusatzbeitrag von $\Delta\Gamma(d) = \pm(l/R)\gamma_{lg}$ für einen Zylinder mit dem Radiius R sowie von $\Delta\Gamma(d) = [\pm(l/R) + (l/R)^2]\gamma_{lg}$ für eine Kugel. $\Gamma(d)$ resultiert aus der Vergrößerung der Grenzfläche von Flüssigkeit und Gas bei wachsendem d für konvexe Oberflächen und einer Verkleinerung für konkave Oberflächen. Eine konkave Oberfläche verhindert also die Ausbildung dicker benetzender Schichten: Bei vollständiger Benetzung ($d \to \infty$) eines ebenen Substrats zeigt ein konvex gekrümmtes Substrat aus demselben Material eine endliche Bedeckung, die mit $d \sim (2R/\gamma_{lg})^{1/3}$ skaliert.

1 Der Unterschied beträgt typischerweise einen Faktor 10 bis 100.

In Abschn. 4.4.3 hatten wir gesehen, dass Fluktuationen besonders bei nanoskaligen Systemen einen relevanten Einfluss auf die Thermodynamik haben können. Fluktuationen manifestieren sich an der Flüssigkeits-Gas-Grenzfläche in Form von *Kapillarwellen.* Diese bestehen in einer zufälligen Anregung der Flüssigkeitsoberfläche in Raum und Zeit. Eine Beschreibung hat daher mit Methoden der statistischen Physik zu erfolgen. Die Berücksichtigung der durch die Fluktuationen bedingten zusätzlichen freien Energie gegenüber einer atomar glatten Flüssigkeitsoberfläche erfolgt in Form des *Kapillarwellenhamiltonians* [6.7]. Die Dispersionsrelation für Wellen an der Oberfläche eines dicken Flüssigkeitsfilms ist im allgemeinen Fall gegeben durch $\omega^2 = (\gamma/\varrho)k^3 + gk$, wobei ϱ die Dichte und g die Erdbeschleunigung bezeichnen. Für hinreichend kleine Wellenlängen dominiert der Kapillaranteil über den Schwereanteil, und es liegen im eigentlichen Sinne Kapillarwellen vor. Dies ist typisch der Fall für $\omega \gtrsim 50$ Hz. Die thermische Anregung der Flüssigkeitsoberfläche kann jetzt mithilfe des *Äquipartitionstheorems* abgeschätzt werden, das besagt, dass die Energie pro Mode gerade $k_B T$ ist: $\varrho\omega^2 \left\langle(\Delta d)^2\right\rangle_k / k = k_B T/F$. Dies führt zu

$$\left\langle(\Delta d)^2\right\rangle_k = \frac{k_B T}{F(\gamma k^2 + g)} , \tag{6.6a}$$

wobei F die Oberfläche quantifiziert. Die totale Oberflächenrauigkeit erhält man durch Integration über alle Wellenvektoren:

$$\left\langle(\Delta d)^2\right\rangle_k = 2\pi \int_0^{k_{max}} dk\, k \left\langle(\Delta d)^2\right\rangle_k = \frac{k_B T}{2\pi\gamma} \ln\left(k_{max}\sqrt{\frac{2\gamma}{g\varrho}}\right) . \tag{6.6b}$$

k_{max} begrenzt das Kapillarwellenspektrum. Während γ die Oberflächenenergie für die nicht angeregte, idealisierte Flüssigkeitsoberfläche ist, haben die Fluktuationen einen reduzierten effektiven Wert zur Folge: $\gamma_{eff} = \gamma - 3/(16\pi)k_B T k_{max}^2$.

Kapillarwellen lassen sich mittels dynamischer Lichtstreuung und Röntgenstreuung analysieren [6.8]. Messungen an Wasser im Bereich $k_{min} = (\pi/5000)\,\text{Å}^{-1}$ bis $k_{max} = (\pi/1,4)\,\text{Å}^{-1}$ ergaben $\sqrt{\langle(\Delta d)^2\rangle} \approx 7$ Å für diesen nanoskaligen Wellenlängenbereich [6.9]. In Anbetracht dieses Werts ist die Annahme einer Ober- oder Grenzfläche mit hinreichend scharfer Lokalität plausibel, jedoch besitzt diese Oberfläche aufgrund thermischer Fluktuationen eine endliche Rauigkeit.

Wenn sich nun ein Flüssigkeitsfilm der Dicke $\langle d\rangle$ auf einer Festkörperoberfläche befindet, ändert sich die Dispersionsrelation für Oberflächenwellen [6.10]: $\omega^2 = [(\gamma/\varrho)k^3 + gk]\tanh(k\langle d\rangle)$. Für Benetzungsphänomene ist von besonderem Interesse, wie sich die Grenzflächeneigenschaften verändern. Die Gleichgewichtsbedeckung $\langle d\rangle$ ist determiniert durch $\partial\Gamma(d)/\partial d = 0$ für $d = \langle d\rangle$. Das Grenzflächenpotential lässt sich nun um diesen Gleichgewichtswert herum entwickeln:

$$\Gamma(d) = \Gamma(\langle d\rangle) + \frac{\gamma}{2\xi^2}\left(d - \langle d\rangle\right)^2 , \tag{6.7}$$

mit $y/\xi^2 = \partial^2\Gamma(d)/\partial d^2$. Im Kapillarwellenhamiltonian muss nun bei Berücksichtigung thermischer Fluktuationen der zweite Term aus Gl. (6.7) zusätzlich berücksichtigt werden, was folgenden Zusatzterm liefert:

$$\Delta\mathcal{H} = \frac{1}{2}\int d_r^{n-1}y\left\{(\nabla l)^2 + \left[\frac{d-\langle d\rangle}{\xi}\right]^2\right\}, \tag{6.8}$$

wobei wir hier im Rahmen einer allgemeinsten Behandlung die Dimension n wieder offenlassen können. Die *Korrelationsfunktion*, welche die Rauigkeit der Bedeckungsschicht charakterisiert, ist dann gegeben durch

$$C(\mathbf{r}) = \big(d(\mathbf{r}) - \langle d\rangle\big)\big(d(\mathbf{r}_0) - \langle d\rangle\big) \sim \int d^{n-1}\mathbf{k}\,\frac{\exp(i\mathbf{k}\cdot\mathbf{r})}{k^2 + 1/\xi^2}, \tag{6.9a}$$

was wir nach Diagonalisierung des Hamiltonians durch Fourier-Transformation erhalten. Das Integral in Gl. (6.9a) liefert folgende Grenzfälle

$$C(r) \sim \exp\left(-\frac{r}{\xi}\right) \tag{6.9b}$$

für $r \gg \xi$ und

$$C(r) \sim \begin{cases} \ln(\xi/r) & \text{für } n = 3 \\ \xi^{3-n} & \text{für } n < 3 \end{cases}, \tag{6.9c}$$

für $r \ll \xi$, wobei $C(r)$ unabhängig von ξ wird für $n > 3$. Aus Gl. (6.9b) wird deutlich, dass ξ die bereits im Zusammenhang mit Gl. (6.5) diskutierte Korrelationslänge ist.

Mit $\Delta C(\mathbf{r}) = C(\mathbf{r}_0) - C(\mathbf{r})$ erhält man die mittlere Oberflächenkorrugation $\langle(\Delta d)^2\rangle(\mathbf{r}) = \Delta C(\mathbf{r})$. Aus Gl. (6.9c) folgt damit $\langle(\Delta d)^2\rangle(r) \sim \ln(\xi/r)$ für $n = 3$ und $\langle(\Delta d)^2\rangle(r) \sim \xi^{3-n}$ für $n < 3$. Genau dieses Verhalten findet man auch für die Oberfläche einer dicken Flüssigkeitsschicht. In diesem Fall ist

$$\Delta C(\mathbf{r}) = \frac{1}{2}\left\langle[d(\mathbf{r}) - d(\mathbf{r}_0)]^2\right\rangle \sim \int d^{n-1}\mathbf{k}\,\frac{1-\exp(i\mathbf{k}\cdot\mathbf{r})}{k^2}, \tag{6.10}$$

mit $k \le k_{max}$. Für $rk_{max} \gg 1$ erhält man

$$\Delta C(r) \sim \begin{cases} k_{max}^{n-3} & \text{für } n > 3 \\ \ln(rk_{max}) & \text{für } n = 3 \\ r^{3-n} & \text{für } n < 3 \end{cases}. \tag{6.11}$$

Für $n \le 3$ divergiert $\Delta C(r \to \infty)$ und damit $\langle(\Delta d)^2\rangle(r \to \infty)$. Dieser Befund besagt, dass es für eine freie Flüssigkeitsoberfläche nicht möglich ist, aus der Position der Oberfläche bei $\mathbf{r} = \mathbf{r}_0$ auf diejenige bei $\mathbf{r} \neq \mathbf{r}_0$ zu schließen, für $|\mathbf{r} - \mathbf{r}_0| \to \infty$. Häufig wird dieses Verhalten im eigentlichen Sinn als rau bezeichnet. Eine gebundene Oberfläche wie beispielsweise die Substratoberfläche ist in diesem Sinne nie rau, weil $\langle(\Delta d)^2\rangle$ auch für $r \to \infty$ nicht divergiert. Die Ursache erkennt man in Gl. (6.9a). Für kleine Wellenzahlen liefert der $1/\xi$-Term eine effektive untere Grenze der Gewichtung. Befindet sich nun ein Flüssigkeitsfilm der mittleren Dicke $\langle d \rangle$ auf dem Substrat, so werden an der Grenzfläche Wellenvektoren mit $k \ll 1/\xi$ quasi abgeschnitten, während dies an der freien Oberfläche – oder Grenzfläche zum Gas – nicht der Fall ist. Daher gibt es zwischen beiden Grenzflächen einen Entropiegradienten. Die verminderte Entropie der an das Substrat gebundenen Grenzfläche ließe sich durch Ablösung vom Substrat gewinnen, was sich als repulsive entropische Wechselwirkung manifestiert. Die sich daraus ergebende Helmholtz-Energiedichte gemäß Gl. (6.2) ist gegeben durch

$$\begin{aligned} \Delta f_F(\xi) &= f_F(\xi) - f_F(\xi \to \infty) \\ &\approx \int_{1/\xi}^{k_{max}} d^{n-1}k f_F^{(k)} - \int_{0}^{k_{max}} d^{n-1}k f_F^{(k)} = - \int_{0}^{1/\xi} d^{n-1}k f_F^{(k)} \,. \end{aligned} \tag{6.12}$$

Vernachlässigt man die logarithmische Abhängigkeit der Modenbeiträge $f_F^{(k)}$ von k [6.11], so folgt $\Delta f_F(\xi) \sim 1/\xi^{n-1}$. Daraus ergibt sich für die Fluktuationsbeiträge zum Grenzflächenpotential $\Delta\Gamma(d) \sim \exp(-2[d/\xi]^2)$ für $n = 3$ und $\Delta\Gamma(d) \sim 1/d^{2(n-1)/(3-n)}$ für $n < 3$. Wie man sieht, dominieren Fluktuationen für $n < 3$ gegenüber kurzreichweitigen Kräften. Aber auch im Fall langreichweitiger Kräfte können Fluktuationen einen maßgeblichen Einfluss auf kontinuierliche Benetzungsübergänge – auch bezeichnet als *kritische Benetzung* – haben. $3 - 4/(m+1) < n < 3 - 4/(m+2)$ definiert dabei das Regime der schwachen Fluktuationen und $n \leq 3 - 4/(m+1)$ dasjenige der starken Fluktuationen, in dem $\Delta\Gamma(d)$ gegenüber allen anderen Termen in Gl. (6.5) dominiert. Für $n > 3 - 4/(m+2)$ spielen Fluktuationen hingegen keine Rolle.

Im vorliegenden Kontext mag man sich fragen, welche Relevanz eine Dimension $n \neq 3$ hat. Benetzung findet auch in nanoskaligen Systemen im dreidimensionalen Raum statt. Die diskutierten Zusammenhänge lassen sich jedoch in das übergeordnete und sogar transdisziplinare Feld der kritischen Phänomene einordnen [6.12]. Hierbei handelt es sich um charakteristische Phänomene an kritischen Punkten. Es kommt, wie wir exemplarisch gesehen haben, zumindest zu einer Divergenz einer Korrelationslänge. Damit verbunden sind typisch eine *kritische Verlangsamung* [6.13], *kritische Exponenten*, algebraische *Divergenzen von Ordnungsparametern*, bestimmte *Skalierungsbeziehungen*, *Universalität*, *fraktales Verhalten*, und *Verletzung der Ergodizität* [6.12]. In Abschn. 5.1 wurde kurz diskutiert in welcher Weise kritische Phänomene mit Phasenübergängen zweiter Ordnung in Verbindung stehen.

Die Korrelationslänge ξ quantifiziert allgemein die Längenskala, auf der eine Korrelation von Ereignissen besteht und sich Fluktuationen ausdehnen. Betrachten wir speziell Phasenübergänge, so verhalten sich Observablen bei Annäherung an die kritische Temperatur gemäß $O(T) \sim (T - T_c)^\alpha$. $\alpha < 0$ führt zur Divergenz wie bei ξ, $\alpha > 0$ zur Konvergenz und $\alpha = 0$ zur logarithmischen Divergenz oder zur Unstetigkeit. Oberhalb und unterhalb von T_c hat α meist einen identischen Wert. Ein archetypisches, leicht zu handhabendes System, welches alle kritischen Phänomene in exemplarischer Weise zeigt, ist das zweidimensionale *Ising-Modell*, das in einem Feld klassischer Spins, die nur mit nächsten Nachbarn wechselwirken, besteht. In Anlehnung an dieses Modellsystem, das bei $T = T_c$ den Übergang von einer ferromagnetischen in eine paramagnetische Phase zeigt, definiert man, wie auch im Zusammenhang mit der Benetzung geschehen, in allgemeiner Weise die Suszeptibilität.

Zwischen kritischen Exponenten bestehen charakteristische Skalenrelationen, wie $v = y/(2 - \mu)$. v, y und μ sind die kritischen Exponenten für die Korrelationslänge, die Korrelationsfunktion und die Suszeptibilität. Die typisch geltende Universalität bezieht sich auf die Abhängigkeit der kritischen Exponenten von der räumlichen Dimension n des Systems und von den vorliegenden Symmetrien. Sie besteht darin, dass ein gegebener kritischer Exponent für eine unendlich große Klasse von Modellen denselben Wert besitzt. Die Existenz dieser *Universalitätsklassen* kann mittels der Renormierungsgruppentheorie [6.14] vollständig erklärt werden. Gerade aufgrund der Einordnung der in diesem Abschnitt diskutierten Benetzungsphänomene in eine entsprechende Universalitätsklasse ist es sinnvoll, auch das dimensionsabhängige Verhalten zu diskutieren, selbst wenn sich in der Realität Systeme mit $n \neq 3$ nicht so ohne weiteres realisieren lassen.

6.3 Dynamik nanostrukturierter Fluide

Gewöhnliche Fluide werden hydrodynamisch vollständig charakterisiert durch ihre Massendichte $\varrho(\mathbf{r}, t)$, durch die Geschwindigkeitsverteilung $\mathbf{v}(\mathbf{r}, t)$ und durch ihre Energiedichte $e(\mathbf{r}, t)$. Das mikroskopische Verhalten der Fluide ist zwar aufgrund der enormen Anzahl atomarer oder molekularer Freiheitsgrade komplex, doch kann man zur Beschreibung des makroskopischen Verhaltens annehmen, dass die mikroskopischen Freiheitsgrade in ein lokales Gleichgewicht hinein relaxiert sind. Das beschränkt die Anwendung der Hydrodynamik auf Längen- und Zeitskalen, die groß sind gegenüber typischen Diffusionslängen und Relaxationszeiten. Die hydrodynamischen Grundgleichungen sind dann gegeben durch die *Kontinuitätsgleichung*

$$\frac{\partial \varrho}{\partial t} + \nabla \cdot (\varrho \mathbf{v}) = 0 \,, \tag{6.13a}$$

durch die Wärmeleitungsgleichung

$$\frac{\partial e}{\partial t} + \nabla \cdot (e\mathbf{v} - \kappa \nabla T) = 0 \tag{6.13b}$$

und durch die *Navier-Stokes-Gleichung*

$$\varrho \left(\frac{\partial \mathbf{v}}{\partial t} + [\mathbf{v} \cdot \nabla]\mathbf{v} \right) + \nabla p - \eta \triangle \mathbf{v} - (\lambda + \eta)\nabla(\nabla \cdot \mathbf{v}) - \mathbf{f} = 0 \,. \tag{6.13c}$$

$T(\mathbf{r}, t)$ ist hier das Temperaturfeld, κ die Wärmeleitfähigkeit, $p(\mathbf{r}, t)$ der hydrostatische Druck und η und λ die *Lamé-Viskositäten*, für welche im Allgemeinen die *Stokes-*

Relation $\lambda = -2\eta/3$ angesetzt wird. $\mathbf{f}$ beschreibt eine Volumenkraftdichte, beispielsweise bedingt durch die Gravitationskraft. Der *viskose Spannungstensor* ist gegeben durch

$$\underline{\underline{\sigma}} = \eta\left[\nabla\mathbf{v} + (\nabla\mathbf{v})^T - \frac{2}{3}\nabla\cdot\mathbf{v}\underline{\underline{1}}\right] + \mu\nabla\cdot\mathbf{v}\underline{\underline{1}}\,, \tag{6.14}$$

wobei η als dynamische oder Scherviskosität bezeichnet wird und μ die Volumenviskosität ist. Für Anregungsfrequenzen weit unterhalb derjenigen von Schallwellen sind die meisten einfachen Flüssigkeiten im Wesentlichen als inkompressibel anzusehen: $\nabla\cdot\mathbf{v}(\mathbf{r},t) = 0$. Damit wird aus Gl. (6.13)

$$\varrho\left(\frac{\partial\mathbf{v}}{\partial t} + [\mathbf{v}\cdot\nabla]\mathbf{v}\right) + \nabla p - \eta\,\triangle\mathbf{v} - \mathbf{f} = 0\,. \tag{6.15}$$

Der Spannungstensor ist durch $\underline{\underline{\sigma}} = \eta\underline{\underline{\gamma}}$ gegeben, mit dem *Dehnungsratentensor* $\underline{\underline{\gamma}} = \nabla\mathbf{v} + (\nabla\mathbf{v})^T$. Der viskose Spannungstensor verschwindet nur dann nicht, wenn innerhalb des Fluids viskose Reibung entsteht. Dies ist der Fall, wenn innerhalb des Fluids Geschwindigkeitsgradienten bestehen. Die Gleichungen (6.13) sind nichts anderes als lokale Erhaltungssätze:

$$\frac{\partial\varrho}{\partial t} + \nabla\cdot\mathbf{g} = 0\,, \tag{6.16a}$$

$$\frac{\partial e}{\partial t} + \nabla\cdot\mathbf{j}_e = 0\,, \tag{6.16b}$$

$$\frac{\partial\mathbf{g}}{\partial t} + \nabla\underline{\underline{\sigma}} = 0\,, \tag{6.16c}$$

wobei $\mathbf{g}(\mathbf{r},t) = \varrho(\mathbf{r},t)v(\mathbf{r},t)$ die Massenstromdichte, $\mathbf{j}_e = e\mathbf{v} - \kappa\nabla T$ die Energiestromdichte und $\underline{\underline{\sigma}}$ die Impulsstromdichte bezeichnen. Die *Transportableitung* $\partial/\partial t + \mathbf{v}\cdot\nabla$ ist ein für die Hydrodynamik typischer Operator, der beschreibt, dass die zeitliche Änderung einer Größe an einem bestimmten Ort nicht nur durch die lokale zeitliche Änderung, sondern auch durch den Transport dieser Größe von und zu diesem Ort erfolgt.

Abhängig von den jeweiligen Fließbedingungen des Fluids können die Terme der nichtlinearen Navier-Stokes-Gleichung sehr unterschiedlich groß sein. Im Allgemeinen lassen sich keine analytischen Lösungen ableiten und häufig resultiert *Turbulenz* [6.15]. Zur groben Klassifikation von Lösungen eignet sich die *Reynolds-Zahl* $R = \varrho v_0 l_0/\eta$. v_0 ist hier eine typische Fließgeschwindigkeit und l_0 eine charakteristische Längenskala. Im Fall $R \ll 1$ lässt sich Gl. (6.15) nähern durch

$$\nabla p = \eta\,\triangle\mathbf{v} - \mathbf{f} = 0\,. \tag{6.17}$$

Diese Gleichung beschreibt einen stationären *lamellaren Fluss*.

Nanostrukturierte Flüssigkeiten liegen vor, wenn es sich um kolloidale Suspensionen, um Emulsionen, um Flüssigkristalle oder um Polymerlösungen handelt. Die

Heterogenität, die eine Folge der Granularität auf der Nanometerskala ist, bewirkt, dass sich entsprechende Fluide zwar in mancherlei Hinsicht wie gewöhnliche Flüssigkeiten verhalten, z. B. im Hinblick auf eine kontinuumstheoretische Hydrodynamik, in vielerlei Hinsicht aber auch komplexere Phänomene zu beobachten sind, die bei gewöhnlichen Fluiden nicht auftreten. Man spricht daher bei solchen nanodispersen Fluiden von *komplexen Fluiden*. Um präziser in unserer Terminologie zu werden, sei an dieser Stelle bemerkt, dass wir unter einem *Fluid* eine Substanz mit endlicher Viskosität verstehen wollen, die einer quasistatischen Scherung keinen Widerstand entgegensetzt. Dies sind Gase und Flüssigkeiten, für die entsprechende Relationen wie beispielsweise die Navier-Stokes-Gleichung (6.13c) gleichermaßen gelten , was den übergeordneten Begriff motiviert. Im vorliegenden Kontext geht es ausschließlich um Flüssigkeiten. Aber auch dieser, intuitiv klar erscheinende Begriff bedarf einer Präzisierung und vor allem Differenzierung. *Gewöhnliche* oder *Newtonsche Fluide* lassen sich, wie diskutiert, durch die Navier-Stokes-Gleichung beschreiben. *Komplexe* oder *Nichtnewtonsche Fluide* sind nun solche, für deren Beschreibung Gl. (6.13) nicht ausreichend ist, weil es aufgrund der Nanostrukturierung innere Freiheitsgrade gibt. Eine Konsequenz hiervon ist, dass zusätzliche hydrodynamische Variablen mit individuellen Erhaltungssätzen benötigt werden könnten, beispielsweise für die Konzentration von Systembestandteilen. Eine weitere Konsequenz könnte in einer spontanen Symmetriebrechung des Fluids bestehen, die aufgrund von Anisotropien zustande kommt und die beispielsweise bei Flüssigkristallen auftritt. Auch dabei werden weitere hydrodynamische Variablen zur Beschreibung benötigt. Andere komplexe Phänomene resultieren daraus, dass mikroskopische Relaxationsprozesse so langsam ablaufen können, dass sie Zeitkonstanten erreichen, die für hydrodynamische Prozesse charakteristisch sind. Man benötigt in diesem Fall zusätzliche makroskopische, dynamische Gleichungen zur Beschreibung der nicht hydrodynamischen Variablen. Dies ist beispielsweise der Fall bei der Beschreibung der *viskoelastischen Eigenschaften* von Polymerlösungen.

Wie bereits bemerkt, ist es angezeigt, den Begriff der Flüssigkeit gegenüber der alltagssprachlichen Verwendung weiter zu fassen. So sind archetypische komplexe Fluide oder Flüssigkeiten auch Treibsand, Sand-Wasser-Gemische, Pasten und Teige. Das Deformations- und Fließverhalten komplexer Fluide ist Gegenstand der *Rheologie*. Im Rahmen dieses anwendungsnahen Wissenschaftszweigs wurden zahlreiche experimentelle Methoden entwickelt zur Quantifizierung von Eigenschaften, wie *Thixotropie, Rheopexie* und *Dilatanz* [6.16].

Da ursächlich für das Verhalten komplexer Fluide die Wechselwirkung diskreter Nanostrukturen mit der umgebenden Flüssigkeitsmatrix ist [6.17], erscheint es sinnvoll, als ein erstes, einfachstes Modellsystem zunächst ein sphärisches Nanopartikel in einer Newtonschen Flüssigkeit zu betrachten. Es ist evident, dass Nanopartikel in flüssiger Matrix das Druck- und Geschwindigkeitsfeld der Flüssigkeit in ihrer Umgebung stören. Unterliegen sie einem lokalen Scherfeld, so rotieren sie in der Matrix und diese Rotation stört ebenfalls die Umgebungsfelder und manifestiert sich damit in einer erhöhten Scherviskosität der Flüssigkeit.

Bewegt man das Nanopartikel mit einer Geschwindigkeit **u** durch eine makroskopisch ruhende Flüssigkeitsmatrix, so muss gelten $\mathbf{v}(\mathbf{r}) = \mathbf{u}$[2] für $r = r_0$ und $\lim_{r\to\infty} \mathbf{v}(\mathbf{r}) = 0$. Dabei haben wir den Koordinatenursprung im Zentrum des Partikels mit dem Radius r_0 angenommen. Für inkompressible Flüssigkeiten und eine Reynolds-Zahl von $R(r_0, u, \varrho, \eta) \ll 1$ gilt Gl. (6.17):

$$\nabla p + \eta \nabla \times (\nabla \times \mathbf{v}) - \mathbf{f} = 0 \,. \tag{6.18}$$

Die Struktur dieser Gleichung und die Inversionssymmetrie von **u** und **v** führen dazu, dass $\mathbf{v}(\mathbf{r}) = \nabla \times \nabla h(\mathbf{r}) \times \mathbf{u}$ gelten muss, wobei $h(\mathbf{r})$ eine noch zu bestimmende skalare Funktion ist. Bei Konstanz von **v** und mit $\mathbf{f} = 0$ ergibt sich für $r > r_0$ aus Gl. (6.18) $\triangle^2 h(\mathbf{r}) = 0$. Dies führt mit den Randbedingungen für $\mathbf{v}(\mathbf{r})$ schließlich auf $h(r) = 3rr_0/4 + r_0^3/(4r)$ und damit zu

$$\mathbf{v}(\mathbf{r}) = -\frac{3r_0}{4}\frac{\mathbf{u} + \mathbf{e_r}(\mathbf{u}\cdot\mathbf{e_r})}{r} + \frac{r_0^3}{4}\frac{3\mathbf{e_r}(\mathbf{u}\cdot\mathbf{e_r}) - \mathbf{u}}{r^3} \,, \tag{6.19a}$$

mit radialen Einheitsvektoren $\mathbf{e_r}$. Aus Gl. (6.18) ergibt sich damit schließlich für das Druckfeld

$$p(\mathbf{r}) = p_0 - \frac{3\eta r_0 \mathbf{u}\cdot\mathbf{e_r}}{2r^2} \,. \tag{6.19b}$$

Mit der Geschwindigkeitsverteilung aus Gl. (6.19a) lässt sich der viskose Spannungstensor aus Gl. (6.14) an jedem Oberflächenelement des Partikels berechnen. Dazu bieten sich aus Symmetriegründen sphärische Koordinaten mit der polaren Achse entlang von **u** an:

$$\sigma_{rr} = 2\eta \frac{\partial u_r}{\partial r} \tag{6.20a}$$

und

$$\sigma_{r\Theta} = \eta\left(\frac{1}{r}\frac{\partial u_r}{\partial \Theta} + \frac{\partial u_\Theta}{\partial r} - \frac{u_\Theta}{r}\right) \,. \tag{6.20b}$$

An der Partikeloberfläche gilt dann $\sigma_{rr} = 0$ sowie

$$\sigma_{r\Theta} = -\frac{3\eta}{2r_0} u \sin\Theta \tag{6.21a}$$

und mit Gl. (6.19b)

$$p = p_0 - \frac{3\eta}{2r_0} u \cos\Theta \,. \tag{6.21b}$$

2 Dazu muss **u** hinreichend klein sein, und man spricht von Kriechfluss.

Die auf das Partikel wirkende Kraft ergibt sich aus dem Spannungstensor und aus dem Druck an der Oberfläche

$$F = \oint dO\big([p - \sigma_{rr}]\cos\Theta + \sigma_{r\Theta}\sin\Theta\big) = 6\pi\eta r_0 u\ . \tag{6.22}$$

Dies ist die Stokes-Formel für die Kraft, die erforderlich ist, um ein kugelförmiges Partikel mit der Geschwindigkeit **u** durch eine Flüssigkeit der Viskosität η zu bewegen. Damit lässt sich die Geschwindigkeitsverteilung aus Gl. (6.19a) schreiben als

$$\mathbf{v}(\mathbf{r}) = -\frac{1}{8\pi\eta r}\left(\underline{\underline{1}} + \mathbf{e_r}\mathbf{e_r} + \frac{r_0^2}{3r^2}\left[\underline{\underline{1}} - 3\mathbf{e_r}\mathbf{e_r}\right]\right)\mathbf{F}\ . \tag{6.23a}$$

Für $r \gg r_0$ entspricht diese derjenigen, die man für eine Kraft $\delta(\mathbf{r})\mathbf{F}$, die an ein punktförmiges Partikel angreift, erwarten würde:

$$\mathbf{v}(\mathbf{r}) = -\frac{1}{8\pi\eta r}\left(\underline{\underline{1}} + \mathbf{e_r}\mathbf{e_r}\right)\mathbf{F} = -\underline{\underline{\Omega}}(\mathbf{r})\mathbf{F}\ . \tag{6.23b}$$

$\underline{\underline{\Omega}}(\mathbf{r})$ bezeichnet man als *Oseen-Tensor*.

Im Folgenden betrachten wir nun eine große Anzahl von Nanopartikeln, etwa eine kolloidale Suspension. Auf jedes als punktförmig angenommenes Partikel möge jeweils die konstante Kraft $\mathbf{F}_i$ wirken. Die Volumenkraftdichte ist dann

$$\mathbf{f}(\mathbf{r}) = \sum_i \delta(\mathbf{r} - \mathbf{r}_i)\mathbf{F}_i\ . \tag{6.24a}$$

Mit Gl. (6.23b) folgt daraus für das durch die Partikel gestörte Geschwindigkeitsfeld

$$\mathbf{v}(\mathbf{r}) = \sum_i \underline{\underline{\Omega}}(\mathbf{r} - \mathbf{r}_i)\mathbf{F}_i\ . \tag{6.24b}$$

Man erkennt also, dass die Störung von $\mathbf{v}(\mathbf{r})$ an dem Ort eines Partikels $\mathbf{r} = \mathbf{r}_j$ durch alle anderen Partikel erzeugt wird. Im Allgemeinen hat das Geschwindigkeitsfeld am Ort eines Partikels zwei Komponenten $\mathbf{v}(\mathbf{r}_j) = \mathbf{v}_0(\mathbf{r}_j) + \Delta\mathbf{v}(\mathbf{r}_j)$. $\mathbf{v}_0$ ist die Verteilung für die Flüssigkeitsmatrix ohne Partikel und $\Delta\mathbf{v}$ der Beitrag gemäß Gl. (6.24b), der durch die Partikel zustande kommt. Nach dem Stokesschen Gesetz Gl. (6.22) gilt dann

$$\mathbf{u}_j - \left[\mathbf{v}_0(\mathbf{r}_j) + \Delta\mathbf{v}(\mathbf{r}_j)\right] = \frac{\mathbf{F}_i}{\mu}\ , \tag{6.25}$$

wobei $\mu = 6\pi\eta r_0$ der effektive Reibungskoeffizient der als punktförmig angenommenen Partikel mit $r_0 \ll |\mathbf{r}_i - \mathbf{r}_j|$ ist. Damit ergibt sich die Bewegungsgleichung für das j-te Teilchen:

$$\frac{\partial\mathbf{r}_j}{\partial t} = \mathbf{v}_0(\mathbf{r}_j) + \sum_{i \neq j} \underline{\underline{\Omega}}(\mathbf{r}_j - \mathbf{r}_i)\mathbf{F}_i + \frac{\mathbf{F}_i}{\mu} = v_0(\mathbf{r}_j) + \sum_i H_{ij}F_i\ , \tag{6.26a}$$

mit dem *Mobilitätstensor*

$$\underline{\underline{H}}(\mathbf{r}_i - \mathbf{r}_j) = \begin{cases} (1/\mu)\underline{\underline{1}} & \text{für } i = j \\ \underline{\underline{\Omega}}(\mathbf{r}_i - \mathbf{r}_j) & \text{für } i \neq j \end{cases}\ . \tag{6.26b}$$

Gleichung (6.26) zusammen mit konkreten Modellen für $f(\mathbf{r})$ aus Gl. (6.24) bildet die Grundlage für die *Stokessche Dynamik* [6.18]. Ziel dieser ist es, die makroskopischen Eigenschaften des komplexen Fluids aus dem Verhalten der individuellen Nanopartikel und auch demjenigen der Flüssigkeitsmatrix zu berechnen. Bisher hatten wir beispielhaft eine kolloidale Suspension fester Partikel in einer Flüssigkeit angenommen. Die formulierten Zusammenhänge gelten aber genauso für Emulsionen, bei denen eine Flüssigkeit in einer anderen dispergiert ist oder für Gase, in denen Tröpfchen oder Partikel dispergiert sind.

Eine makroskopische Eigenschaft eines Fluids ist seine Viskosität η. Diese wird durch eine dispergierte Phase modifiziert, was bereits 1906 durch *A. Einstein* (1879–1955, Physiknobelpreis 1921) gezeigt wurde [6.19]. Nehmen wir in der unmittelbaren Umgebung eines Partikels i ein lineares Scherfeld an, so sind die Geschwindigkeitskomponenten gegeben durch $v_i = y_{ij}x_j$, mit $y_{ij} = 0$ für $i = j$. Befindet sich nun das Partikel bei $\mathbf{r} = 0$ innerhalb des Scherfelds, so verursacht dies eine Rotation des Partikels und eine Störung $\Delta\mathbf{v}$ der ursprünglichen Verteilung $\mathbf{v}_0$. Als Pendant zu Gl. (6.19) erhalten wir in diesem Fall [6.20]

$$\Delta v_i = \left[\frac{5}{2}\left(\frac{r_0^5}{r^7} - \frac{r_0^3}{r^5}\right)\right] y_{jk}x_ix_jx_k - \left(\frac{r_0}{r}\right)^5 y_{ij}x_j \,, \tag{6.27a}$$

mit $\mathbf{r} = (x_1, x_2, x_3)$ und

$$p = -5\eta_0 \frac{r_0^3}{r^5} y_{ij}x_ix_j \,. \tag{6.27b}$$

η_0 ist die Viskosität der Matrix. Der effektive Spannungstensor innerhalb eines Volumens V_0 um ein Partikel ergibt sich durch Mittelung:

$$\begin{aligned}\langle\sigma_{ij}\rangle = \eta_0\left(\left\langle\frac{\partial v_i}{\partial x_j}\right\rangle + \left\langle\frac{\partial v_j}{\partial x_i}\right\rangle\right) - \langle p\rangle\delta_{ij} \\ + \frac{1}{V_0}\int\limits_{V_0} d^3r\left[\sigma_{ij} - \eta_0\left(\frac{\partial v_i}{\partial x_j} + \frac{\partial v_j}{\partial x_i}\right) + p\delta_{ij}\right] .\end{aligned} \tag{6.28}$$

Mithilfe von $\sigma_{ij} = \partial(\sigma_{ik}x_j)/\partial x_k$ und des Gaußschen Satzes lässt sich das Integral in Gl. (6.28), welches nur für das Partikelvolumen ungleich Null ist, berechnen:

$$\langle\sigma_{ij}\rangle = \left[\left\langle\frac{\partial v_i}{\partial x_j}\right\rangle + \left\langle\frac{\partial v_j}{\partial x_i}\right\rangle + \frac{20\pi}{3} y_{ij} r_0^3 c\right]\eta_0 \,. \tag{6.29a}$$

Damit beträgt die effektive Viskosität η des komplexen, nanostrukturierten Fluids

$$\eta = \left(1 + \frac{5}{2}c\right)\eta_0 \,, \tag{6.29b}$$

mit dem durch die Partikel besetzten relativen Volumenanteil $c = (4\pi r_0^3/3)N$. N ist dabei die Anzahl der Partikel pro Volumeneinheit. Es gilt also in jedem Fall $\eta > \eta_0$, wie bereits durch A. Einstein gezeigt [6.19]. Gleichung (6.29) gilt nur für $c \ll 1$ bei lamellarem Scherfluss. Bei größerer Partikelkonzentration muss die hydrodynamische Wechselwirkung zwischen den Partikeln, die durch den Oseen-Tensor aus Gl. (6.23b) quantifiziert wird, berücksichtigt werden, was zu weiteren Termen vom Typ $\alpha c^2 + \beta c^3 + \ldots$ in Gl. (6.29b) führt [6.21].

Eine typische Eigenschaft nanostrukturierter Fluide ist die Scherratenabhängigkeit der Viskosität. Diese ist allgemein darauf zurückzuführen, dass bei hinreichend großen Scherraten die Verteilung der dispergierten Phase nicht dem Gleichgewichtszustand entspricht oder dass Relaxationsvorgänge auf mikroskopischer Skala nicht schnell genug ablaufen. Dies kann beispielsweise bei Polymerlösungen der Fall sein, wenn die einzelnen Polymermoleküle nicht ihre Gleichgewichtskonfiguration einnehmen. Man kann die Scherratenabhängigkeit der Viskosität und ihre Konsequenzen auf die Fließeigenschaften eines komplexen Fluids am besten an der Scherverdünnung (*Strukturviskosität, Scherentzähung*) einer kolloidalen Suspension von Nanopartikeln studieren.

In einer verdünnten Lösung wird die Zeit, in der eine Gleichgewichtsverteilung der Partikel erreicht wird, durch die Diffusivität der Partikel determiniert: $D = k_B T/(6\pi\eta r_0)$. Ein Partikel benötigt also die Zeit $t_D(r_0) = r_0^2/D$, um über die Distanz r_0 zu diffundieren. Ist die Diffusionskonstante D nicht groß genug, also t_D nicht klein genug, so kommt es zu einer scherratenabhängigen Viskosität mit dem empirischen Verhalten $\eta(y) = \alpha\eta^{n-1}$. Dabei ist $0,15 \leq n \leq 0,8$. Ein stationärer Fluss des komplexen Fluids durch eine Röhre ist mit einer räumlichen Scherratenverteilung verbunden. Ausgangspunkt der Beschreibung ist hier Gl. (6.15) für den stationären Fall und eine ortsabhängige Viskosität $\eta(\mathbf{r})$ in Komponentenschreibweise:

$$-\frac{\partial p}{\partial x_i} + \frac{\partial \eta}{\partial x_k}\left(\frac{\partial v_i}{\partial x_k} + \frac{\partial v_k}{\partial x_i}\right) + \eta\frac{\partial^2 v_i}{\partial x_k^2} = 0 \tag{6.30a}$$

Die Geometrie legt es nahe, Zylinderkoordinaten zu wählen. Das liefert

$$\frac{\Delta p}{l} = \frac{1}{r}\frac{d}{dr}\left(r\eta\frac{d v_z}{d r}\right) . \tag{6.30b}$$

$\Delta p/l$ ist der Druckabfall pro Röhrenlänge. Mit $y = d v_z/d r$ und $\eta(y)$ wie zuvor gegeben folgt nach radialer Integration von Gl. (6.30b)

$$v_z(r) = \left(\frac{\Delta p}{2\alpha l}\right)^{1/n}\frac{nR}{n+1}\left[1 - \left(\frac{r}{R}\right)^{1+1/n}\right] . \tag{6.31}$$

Für $n = 1$ und $\alpha = \eta_0$ resultiert das *Hagen-Poiseuille-Gesetz* mit parabolischem $v_z(r)$-Profil, wie in Abb. 6.3 gezeigt. Für $n < 1$ weicht der Verlauf zunehmend ab. Scherverdünnung wird insbesondere an bestimmten Polymerlösungen beobachtet. Komplexe Fluide können auch eine *Dilatanz* oder *Scherverzähung* zeigen, die in einer Zunahme der Viskosität mit steigender Scherrate besteht. Dilatanz tritt insbesondere auf, wenn

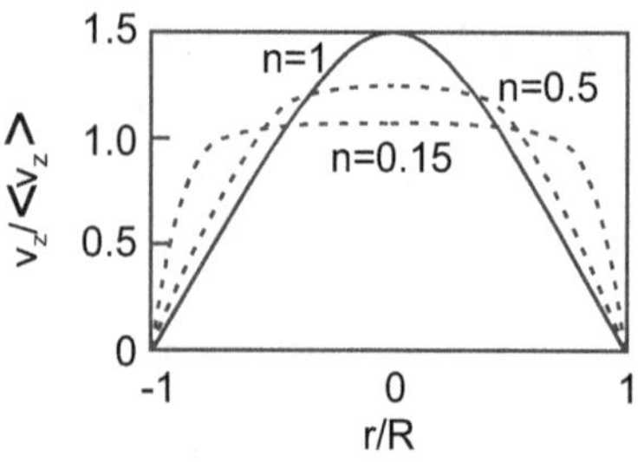

Abb. 6.3. Geschwindigkeitsprofile in einer Röhre für ein Newtonsches Fluid ($n = 1$) und für komplexe Fluide ($n < 1$). R bezeichnet den Röhrenradius und $\langle v_z \rangle$ die mittlere Geschwindigkeit.

sich Polymermoleküle scherratenbedingt stärker verhaken, wird aber auch bei granularer Materie beobachtet.

Sind die in einer flüssigen Matrix dispergierten Partikel oder Moleküle anisotrop, so können aufgrund einer Orientierungsordnung anisotrope makroskopische Eigenschaften des komplexen Fluids auftreten. Die Orientierungsordnung der dispergierten Phase kann dabei feldinduziert auftreten oder/und spontan. Magnetfeldinduziert tritt sie beispielsweise bei Stäbchenkolloiden auf Basis ferromagnetischer Materialien auf, spontan bei Flüssigkristallen, wie in Abschn. 6.4 genauer diskutiert wird. Wie in Abb. 6.4 dargestellt, wird die Vorzugsrichtung durch den *Direktor* $\hat{\mathbf{n}}$ spezifiziert, mit $|\hat{\mathbf{n}}| = 1$ und $\hat{\mathbf{n}} = -\hat{\mathbf{n}}$, der seinerseits durchaus örtlich und zeitlich variieren kann: $\hat{\mathbf{n}} = \hat{\mathbf{n}}(\mathbf{r}, t)$. Im uniaxial geordneten Zustand des komplexen Fluids ist die Scherviskosität abhängig von der Orientierung von $\hat{\mathbf{n}}$ in Bezug auf die Scherebene. Nehmen wir an, $\hat{\mathbf{n}}$ sei entlang der x_3-Achse orientiert, so ergibt für die Komponenten des nach Gl. (6.14) gegebenen Spannungstensors

$$\sigma_{12} = \sigma_{21} = \eta_3 \left(\frac{\partial v_1}{\partial x_2} + \frac{\partial v_2}{\partial x_1} \right) , \tag{6.32a}$$

$$\sigma_{23} = \eta_4 \frac{\partial v_2}{\partial x_3} + \eta_1 \frac{\partial v_3}{\partial x_2} , \tag{6.32b}$$

$$\sigma_{32} = \eta_2 \frac{\partial v_2}{\partial x_3} + \eta_4 \frac{\partial v_3}{\partial x_2} , \tag{6.32c}$$

$$\sigma_{31} = \eta_4 \frac{\partial v_3}{\partial x_1} + \eta_2 \frac{\partial v_1}{\partial x_3} , \tag{6.32d}$$

$$\sigma_{13} = \eta_1 \frac{\partial v_3}{\partial x_1} + \eta_4 \frac{\partial v_1}{\partial x_3} . \tag{6.32e}$$

Die jeweils identischen Ableitungsterme in Gl. (6.32b) und Gl. (6.32c) einerseits und in Gl. (6.32d) und Gl. (6.32e) andererseits zeigen, dass es sich um *Onsager-Relationen* handelt, die in Abschn. 4.3.1 diskutiert wurden.

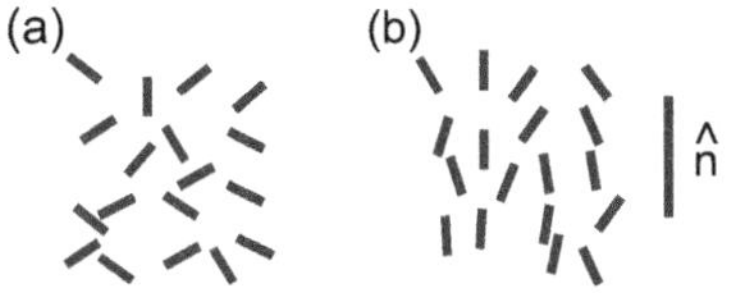

Abb. 6.4. (a) Ungeordnetes komplexes Fluid mit anisotroper disperser Phase. (b) Orientierungsordnung mit dem Direktor $\hat{\mathbf{n}}$.

6.4 Dynamik von anisotropen dispergierten Nanopartikeln und Flüssigkristallen

Wir hatten in Abschn. 6.3 den Einfluss dispergierter Nanopartikel auf die makroskopische Dynamik komplexer Fluide studiert. Dabei wurden die Partikel zumeist der Einfachheit halber als sphärisch betrachtet und nur pauschaliert analysiert, wie sich eine Anisotropie der Viskosität manifestiert. In natürlichen und technischen Systemen sind sphärische Partikel aber eher die Ausnahme als die Regel. Die Anisotropie dispergierter Partikel hat gegenüber sphärischen Partikeln zur Folge, dass neben den in jedem Fall vorhandenen translatorischen Freiheitsgraden zusätzlich auch rotatorische bestehen. Wenn ein uniaxial anisotropes Nanopartikel mit der Geschwindigkeit $\mathbf{v}$ durch ein Fluid bewegt wird, so ist nach Gl. (6.22) die auf es wirkende hydrodynamische Kraft gegeben durch

$$\mathbf{F}^{(R)} = \left[\mu_{\|}\mathbf{ee} + \mu_{\perp}\left(\underline{\underline{1}} - \mathbf{ee}\right)\right]\mathbf{v}\,, \tag{6.33a}$$

wobei $\mathbf{e}$ der Einheitsvektor parallel zur Teilchenlängsachse ist und $\mu_{\|}$ und $\mu_{\perp}$ die Reibung bei Bewegung parallel und senkrecht zur Partikelachse spezifizieren. Das mit einer Winkelgeschwindigkeit $\boldsymbol{\omega}$ verbundene Drehmoment ist gegeben durch

$$\boldsymbol{\tau}^{(R)} = -\mu_R\boldsymbol{\omega}\,, \tag{6.33b}$$

mit dem Reibungskoeffizienten μ_R.

Eine Wechselwirkung der Partikel untereinander führt zur Kraft

$$\mathbf{F}_j^{(I)} = -\nabla_{\mathbf{r}_j}\Phi(\mathbf{r}_1, \ldots, \mathbf{r}_N, \mathbf{e}_1, \ldots \mathbf{e}_N) \tag{6.34a}$$

auf das j-te Teilchen, wobei $\mathbf{r}_i$ die Positionen und $\mathbf{e}_i$ die Orientierungen aller anderen Teilchen angeben. Das durch die Wechselwirkung ausgeübte Drehmoment ist gegeben durch

$$\boldsymbol{\tau}_j^{(I)} = -(\mathbf{e}_j \times \nabla_{\mathbf{e}_j})\Phi. \tag{6.34b}$$

Die Wahrscheinlichkeit, ein Partikelensemble $\mathbf{r}_1, \ldots, \mathbf{r}_N, \mathbf{e}_1, \ldots, \mathbf{e}_N$ zur Zeit t zu finden, wird durch die Wahrscheinlichkeitsdichtefunktion $P(\{\mathbf{r}_i\}, \{\mathbf{e}_i\}, t)$ beschrieben. Im thermodynamischen Gleichgewicht ist dann $P = \exp(-\Phi/[k_BT])$. Die Kraft, die aus der thermischen Anregung der Partikel über Stöße mit Molekülen der Flüssigkeitsmatrix resultiert, und die damit Ursache der in Abschn. 4.3.3 diskutierten Brownschen Molekularbewegung ist, ergibt sich zu [6.22]

$$\mathbf{F}_j^{(Br)} = -k_B T \nabla_{\mathbf{r}_j} \ln P \,. \tag{6.35a}$$

Das resultierende Drehmoment ist gegeben durch

$$\boldsymbol{\tau}_j^{(Br)} = -k_B T (\mathbf{e}_j \times \nabla_{\mathbf{e}_j}) \ln P \,. \tag{6.35b}$$

Im Gleichgewichtszustand des Systems muss dann gelten $\mathbf{F}_j^{(R)} + \mathbf{F}_j^{(I)} + \mathbf{F}_j^{(Br)} = 0$ sowie $\boldsymbol{\tau}_j^{(R)} + \boldsymbol{\tau}_j^{(I)} + \boldsymbol{\tau}_j^{(Br)} = 0$. Daraus ergibt sich zum einen die Translationsgeschwindigkeit

$$\mathbf{v}_j = \left(D_{\parallel} \mathbf{e}_j \mathbf{e}_j + D_{\perp} \left[\underline{\underline{1}} - \mathbf{e}_j \mathbf{e}_j \right] \right) \frac{\nabla_{\mathbf{r}_j} \Phi + \mathbf{F}_j^{(Br)}}{k_B T} \,, \tag{6.36a}$$

mit den Diffusionskonstanten $D_{\parallel} = k_B T/\mu_{\parallel}$ und $D_{\perp} = k_B T/\mu_{\perp}$. Die mittlere Diffusionskonstante ist $\langle D \rangle = (D_{\parallel} + 2D_{\perp})/3$. Zum anderen erhalten wir für die Winkelgeschwindigkeit

$$\boldsymbol{\omega}_j = \frac{D_R}{k_B T} \left(\boldsymbol{\tau}_j^{(Br)} - [\mathbf{e}_j \times \nabla_{\mathbf{e}_j}] \Phi \right) \,, \tag{6.36b}$$

mit $D_R = k_B T/\mu_R$. Mit $\mathbf{v}_j$ und $\boldsymbol{\omega}_j$ aus Gl. (6.36) folgt für die Bewegungsgleichung der Wahrscheinlichkeitsdichtefunktion [6.22]

$$\begin{aligned} \frac{\partial P}{\partial t} = \sum_i \Bigg\{ & \frac{3\langle D \rangle}{4} \nabla_{\mathbf{r}_i} \cdot \left(\underline{\underline{1}} + \mathbf{e}_i \mathbf{e}_i \right) \left(\nabla_{\mathbf{r}_i} P + \frac{P}{k_B T} \nabla_{\mathbf{r}_i} \Phi \right) \\ & + D_R \left(\mathbf{e}_i \times \nabla_{\mathbf{e}_i} \right) \cdot \left([\mathbf{e}_i \times \nabla_{\mathbf{e}_i}] P + \frac{P}{k_B T} [\mathbf{e}_i \times \nabla_{\mathbf{e}_i}] \Phi \right) \Bigg\} \,. \end{aligned} \tag{6.37}$$

Explizit angenommen haben wir bei Ableitung dieser *Smoluchowski-Relation*, dass sich die Diffusionskonstanten $D_{\parallel}$, $D_{\perp}$ und D_R in besagter Weise aus den Reibungskoeffizienten ergeben und $\langle D \rangle$ aus $D_{\parallel}$ und $D_{\perp}$. Implizit haben wir damit Partikel mit hinreichend großem Aspektverhältnis bei Vernachlässigung hydrodynamischer Wechselwirkungen, wie sie in Abschn. 6.2 diskutiert wurden, angenommen.

Wenn wir zusätzlich zu den bisherigen Annahmen noch ein hinreichend verdünntes Kolloid annehmen, so kann mit $\Phi \to 0$ in Gl. (6.37) ein einzelnes Partikel betrachtet werden:

$$\frac{\partial P}{\partial t}(\mathbf{r}, \mathbf{e}, t) = \frac{3\langle D \rangle}{4} \nabla \cdot \left(\underline{\underline{1}} + \mathbf{e}\mathbf{e} \right) \nabla P(\mathbf{r}, \mathbf{e}, t) + D_R (\mathbf{e} \times \nabla_{\mathbf{e}})^2 P(\mathbf{r}, \mathbf{e}, t). \tag{6.38a}$$

Unter Berücksichtigung der Tatsache, dass jede Orientierung $\mathbf{e}$ dieselbe Wahrscheinlichkeit besitzt und dass $\oint d\mathbf{e} \left(\underline{\underline{1}} + \mathbf{e}\mathbf{e} \right) = (4/3)\underline{\underline{1}}$ gilt, folgt

$$\frac{\partial P}{\partial t}(\mathbf{r}, t) = \langle D \rangle \triangle P(\mathbf{r}, t) \,. \tag{6.38b}$$

Hieraus ergibt sich die mittlere quadratische Auslenkung des Partikels vom Ausgangspunkt $\mathbf{r}_0$ bei $t = 0$:

$$\langle r^2 \rangle = \int dr\, r^2 P(\mathbf{r}, t) = \langle D \rangle t \int d^n r\, r^2 \triangle P(\mathbf{r}, t) = 2n \langle D \rangle t\,. \tag{6.39}$$

n quantifiziert hier die räumliche Dimension. Für $n = 1$ haben wir damit das Resultat aus Gl. (4.64d) reproduziert.

Die rotatorische Diffusion manifestiert sich darin, dass, ausgehend von einer Orientierung $\mathbf{e}_0$ zum Zeitpunkt $t = 0$, eine Partikelorientierung $\mathbf{e}(t)$ zum Zeitpunkt t vorliegt, die mit $\mathbf{e}_0$ einen Winkel $\Theta(t)$ bildet. Da wie im translatorischen Fall keine Vorzugsrichtung vorliegt, dient $\langle \cos^2 \Theta \rangle(t) = [\mathbf{e}_0 \cdot \mathbf{e}(t)]^2$ zur Quantifizierung. Anstelle von Gl. (6.38b) erhalten wir dann

$$\frac{\partial P}{\partial t}(\mathbf{e}, t) = D_R(\mathbf{e} \times \nabla_{\mathbf{e}})^2 P(\mathbf{e}, t)\,. \tag{6.40}$$

Dies führt zu

$$\frac{d}{dt}\langle \cos^2 \Theta \rangle = -2D_R \left[3\langle \cos^2 \Theta \rangle + 1\right] \tag{6.41a}$$

und damit zu

$$\langle \cos^2 \Theta \rangle(t) = \frac{2}{3} \exp(-6D_R t)\,. \tag{6.41b}$$

Die Gleichungen (6.40) und (6.41) beschreiben die statistisch gemittelte Dynamik uniaxialer, nicht wechselwirkender, starrer Nanopartikel in einem Kolloid. Aus der Messung von $\langle r^2 \rangle$ und $\langle \cos^2 \Theta \rangle$ lassen sich die Diffusionskonstanten $\langle D \rangle$ und $\langle D_R \rangle$ experimentell bestimmen.

Zu einer kollektiven Rotationsdiffusion kann es kommen, wenn Fluktuationen der durch Gl. (6.41b) gegebenen Gleichgewichtsverteilung durch interpartikulare Wechselwirkungen, die wir bisher ja ausgeschlossen hatten, anwachsen. Dies kann dann zu einem rotatorischen Phasenübergang von der ungeordneten Phase in Abb. 6.4(a) in die *nematisch* geordnete Phase aus Abb. 6.4(b) führen. Betrachten wir dazu der Einfachheit halber Partikel, die rein sterisch miteinander wechselwirken, in einer Paarpotentialnäherung

$$\Phi\Big(\{\mathbf{r}_i\}, \{\mathbf{e}_i\}\Big) = \sum_{i<j} w\left(\mathbf{r}_i - \mathbf{r}_j, \mathbf{e}_i, \mathbf{e}_j\right)\,. \tag{6.42}$$

Damit resultiert aus der Smoluchowski-Relation (6.37)

$$\frac{\partial P}{\partial t}(\mathbf{e}_i, t) = D_R(\mathbf{e}_i \times \nabla_{\mathbf{e}_i}) \cdot \left[(\mathbf{e}_i \times \nabla_{\mathbf{e}_i}) P(\mathbf{e}_i, t) - \frac{P(\mathbf{e}_i, t)}{k_B T} \langle \boldsymbol{\tau}(\mathbf{e}_i, t) \rangle \right], \tag{6.43a}$$

mit dem Drehmoment

$$\langle \boldsymbol{\tau}(\mathbf{e}_i, t) \rangle = -\varrho \int d(\mathbf{r}_i - \mathbf{r}_j) \oint d\mathbf{e}_j\, P(\mathbf{e}_j, t)$$
$$g(\mathbf{r}_i - \mathbf{r}_j, \mathbf{e}_i, \mathbf{e}_j, t)(\mathbf{e}_i \times \nabla_{\mathbf{e}_i}) w(\mathbf{r}_i, \mathbf{r}_j, \mathbf{e}_i, \mathbf{e}_j). \tag{6.43b}$$

$\varrho = N/V$ ist die Partikeldichte und g die Paarkorrelationsfunktion, die im thermodynamischen Gleichgewicht gegeben ist durch

$$g(\mathbf{r}_i - \mathbf{r}_j, \mathbf{e}_i, \mathbf{e}_j, t) = \exp\left(\frac{-w(\mathbf{r}_i - \mathbf{r}_j, \mathbf{e}_i, \mathbf{e}_j)}{k_B T}\right) . \tag{6.43c}$$

$\langle \tau(\mathbf{e}_i, t) \rangle$ in Gl. (6.43b) ist das auf das anisotrope Partikel i wirkende Drehmoment, welches aus der kollektiven Wechselwirkung mit allen anderen Partikeln resultiert. Dementsprechend ist Gl. (6.43a) die Einteilchen-Smoluchowski-Relation unter Wirkung von $\langle \tau(\mathbf{e}_i, t)\rangle = -(\mathbf{e}_i \times \nabla_{\mathbf{e}_i}) w_{eff}$. Das effektive oder *Doi-Edwards-Potential* lässt sich bei ausschließlicher Berücksichtigung sterischer Wechselwirkungen in Gl. (6.42) in einfacher Form durch die Partikelabmessungen determinieren [6.23] und wird in dieser Form als *Maier-Saupe-Potential* bezeichnet. Mit diesem resultiert aus Gl. (6.43a)

$$\frac{d}{dt}\langle \cos^2 \Theta\rangle = -4D_R \left[-\frac{1}{2} + \frac{3}{2}\left(1 + \frac{K}{2}\right)\langle \cos^2 \Theta\rangle \right.$$
$$\left. -3K\langle \cos^2 \Theta\rangle^2 + \frac{9}{4}\langle \cos^2 \Theta\rangle^3\right] , \tag{6.44}$$

mit dem geometrieabhängigen Konzentrationsfaktor $K = 3cL/(5l)$. L und l bezeichnen die Partikelhauptachsen, c den Volumenanteil an Partikeln.

Im isotropen Fall gemäß Abb. 6.4(a) ist $\langle \cos^2 \Theta\rangle = 1/3$ und damit $d\langle \cos^2 \Theta\rangle/dt = 0$; es handelt sich also um eine stabile Phase. Betrachten wir nun eine Fluktuation δ: $\langle \cos^2 \Theta\rangle = 1/3 + \delta$. Aus Gl. (6.44) folgt in erster Ordnung

$$\frac{d\delta}{dt} = -2D_R(3 - K)\delta . \tag{6.45a}$$

Daraus folgt unmittelbar

$$\delta(t) = \delta(t = 0) \exp\left(-6D_R^{(eff)} t\right) \tag{6.45b}$$

mit $D_R^{(eff)} = D_R(1 - K/3)$. Die Gleichungen (6.44) und (6.45) bilden das Pendant zu Gl. (6.40) und (6.41). Der effektive Rotations-Diffusions-Koeffizient $D_R^{(eff)}$ bestimmt, wie schnell eine Fluktuation randomisiert wird. Für $D_R^{(eff)} \to 0$ friert die kollektive Rotationsdiffusion gleichsam ein. Für $D_R^{(eff)} < 0$ wächst nach Gl. (6.45b) die Fluktuation zeitlich an, und die geordnetere nematische Phase mit $\langle \cos^2 \Theta\rangle \to 1$ entsteht gemäß Abb. 6.4(b). Die Phasengrenze zwischen ungeordneter und nematischer Phase wird also durch die kritische Konzentration $cL/l = 5$ determiniert. Rechnungen mit realistischeren Annahmen für w_{eff} liefern $cL/l = 4$ [6.24].

Nematische Flüssigkristalle bestehen im einfachsten Fall aus starren, stäbchenförmigen Molekülen, die sich unterhalb einer kritischen Temperatur T_C – dem *Klärpunkt* – in der nematischen Phase gemäß Abb. 6.4(b) ordnen. Die Rotationssymmetrie des komplexen Fluids wird damit spontan gebrochen. Die Richtung des Direktors $\hat{\mathbf{n}}$ im idealen System ist jedoch zufällig: Dreht man $\hat{\mathbf{n}}$, so resultieren keine Rückstellkräfte,

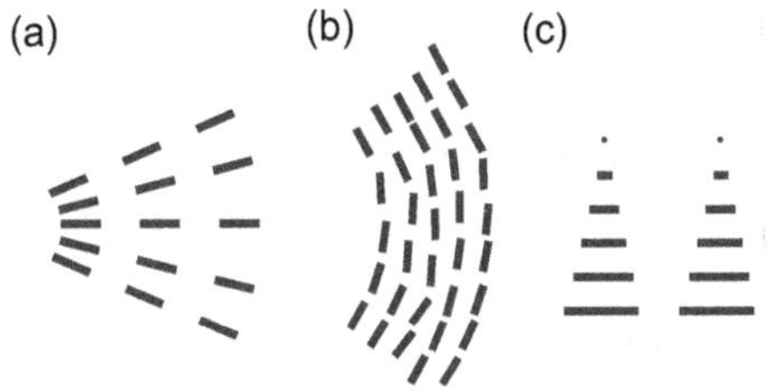

Abb. 6.5. Fundamentaldeformationen des Direktorfelds $\hat{\mathbf{n}}(\mathbf{r}, t)$. (a) Spreizung, (b) Verbiegung und (c) Verdrillung.

der Grundzustand ist entartet. Die Drehung $\delta\hat{\mathbf{n}}$ mit $\delta\hat{\mathbf{n}} \cdot \hat{\mathbf{n}} = 0$ ist die zur Brechung der Rotationssymmetrie gehörende hydrodynamische Variable. Die inhomogene Drehung des Direktors gemäß Abb. 6.5 führt zu einem Anwachsen der freien Energie. Die Relaxation im homogenen Zustand erfolgt umso langsamer, je geringer die Inhomogenität ist, erfolgt also hydrodynamisch[3]. Jede beliebige Deformation des Direktorfelds lässt sich in die drei Fundamentaldeformationen aus Abb. 6.5 zerlegen. Die freie Energie, die als *Frank-Energie* bezeichnet wird, ist durch

$$E_F = \frac{1}{2} \int d^3r \left[K_1 \left(\nabla \cdot \hat{\mathbf{n}}\right)^2 + K_2 \left(\hat{\mathbf{n}} \cdot \left[\nabla \times \hat{\mathbf{n}}\right]\right)^2 + K_3 \left(\hat{\mathbf{n}} \times \left[\nabla \times \hat{\mathbf{n}}\right]\right)^2 \right] \tag{6.46}$$

gegeben, wobei K_1, K_2 und K_3 als *Frank-Konstanten* bezeichnet werden. Von besonderem Interesse für die makroskopischen Eigenschaften des anisotropen komplexen Fluids ist die Dynamik von $\hat{\mathbf{n}}(\mathbf{r}, t)$ [6.25]. Neben den Erhaltungssätzen (6.16) für gewöhnliche Fluide benötigen wir noch eine Gleichung, welche lokal die Zeitabhängigkeit des Direktorfelds beschreibt:

$$\frac{\partial \hat{\mathbf{n}}}{\partial t} + \mathbf{Y} = 0 \,, \tag{6.47}$$

wobei die Dynamik des Systems durch $\mathbf{Y}(t)$ determiniert wird. Nunmehr differenzieren wir die Ströme der Erhaltungssätze (6.16) sowie $\mathbf{Y}$ in Form reversibler und dissipativer Anteile: $\mathbf{g} = \mathbf{g}^{(r)} + \mathbf{g}^{(d)}$, $\mathbf{j}_e = \mathbf{j}_e^{(r)} + \mathbf{j}_e^{(d)}$, $\underline{\underline{\sigma}} = \underline{\underline{\sigma}}^{(r)} + \underline{\underline{\sigma}}^{(d)}$ und $\mathbf{Y} = \mathbf{y}^{(r)} + \mathbf{j}^{(d)}$. Da die Geschwindigkeit unter Zeitumkehr das Vorzeichen wechselt, die reversiblen Anteile aber zeitumkehrinvariant sein müssen, findet man

$$Y_i^{(r)} = v_j \frac{\partial \hat{n}_i}{\partial j} - \frac{1}{2}(\delta_{ik} - \hat{n}_i \hat{n}_k)\hat{n}_j \left[\frac{\partial v_k}{\partial j} - \frac{\partial v_j}{\partial k} + \lambda \left(\frac{\partial v_j}{\partial k} + \frac{\partial v_k}{\partial j} \right) \right] . \tag{6.48}$$

Der erste Term in der eckigen Klammer beschreibt eine Ankopplung des Direktors an eine Rotationsströmung bei antisymmetrischem Geschwindigkeitsgradienten. λ ist dabei der phänomenologische Strömungsorientierungsparameter, der von der

3 Für die Dispersionsrelation gilt dann $\lim_{k \to 0} \omega(k) = 0$.

Beschaffenheit des Fluids, von Druck und Temperatur abhängt [6.26]. $\hat{\mathbf{n}}(\mathbf{r}, t)$ lässt sich aus Gl. (6.48) für gegebene Strömungsfelder $\mathbf{v}(\mathbf{r}, t)$ ableiten. Die Abhängigkeit des Direktorfelds vom Strömungstyp lässt sich am einfachsten für Scherströmungen $\mathbf{v} \sim z\mathbf{e}$ demonstrieren, die sich aus einer Rotations- und einer Elongationsströmung zusammensetzen. In beiden Strömungstypen wird der Direktor in unterschiedlicher Weise gedreht. Das Ergebnis ist $\hat{\mathbf{n}} = \cos\Theta_0\mathbf{e}_x + \sin\Theta_0\mathbf{e}_y$ mit $\cos(2\Theta_0) = 1/\lambda$ für die stationäre Orientierung des Direktors bei $|\lambda| > 1$ [6.26]. Der Effekt lässt sich optisch über eine Scherdoppelbrechung nachweisen.

Neben der Orientierung des Direktors durch das Strömungsfeld gibt es auch den umgekehrten Effekt. Eine Deformation des Direktorfelds erzeugt Spannungen in der Flüssigkeit, die Ihrerseits zur Anregung eines Strömungsfelds führen können (*Back Flow-Effekt*). Diese manifestiert sich im viskosen Spannungstensor $\underline{\underline{\sigma_{ij}^{(r)}}}$ aus Gl. (6.16c) in Form von Back Flow-Termen, die neben dem hydrostatischen Druck und neben dem Transportterm auftreten.

Über die molekulare Polarisierbarkeit und über Ladungen können Kopplungen an elektrische Felder $\mathbf{E}$ realisiert werden. Es tauchen dann entsprechende Zusatzterme im thermodynamischen Potential in Gl. (6.46) auf. Eine Vielzahl weiterer Effekte [6.27], die insbesondere auch für die Funktion von Flüssigkristallanzeigen (*LCD, liquid Crystal Displays*) von Bedeutung sind [6.28], resultieren. In $Y_i^{(d)}$ tritt die Rotationsviskosität η für Direktordrehungen neben einer Kreuzkopplung $\eta^{(E)}$ zwischen Direktordrehungen und dem elektrischen Feld in Erscheinung. $\sigma_{ij}^{(r)}$ beinhaltet einen Viskositätstensor: $\sigma_{ij}^{(r)} = -\eta_{ijkl}\partial v_k/\partial l$. $\mathbf{j}_e$ aus Gl. (6.16b) resultiert aus einer anisotropen Wärmeleitung und dem anisotropen *Peltier-Effekt*: $j_{e_i}^{(d)} = -\kappa_{ij}\partial T/\partial j + \pi_{ij}E_j/T$ [6.29]. Für den anisotropen Ladungstransport ist neben dem Leitfähigkeitstensor der anisotrope *Seebeck-Effekt* und eine Kreuzkopplung zwischen elektrischer Stromdichte und Direktordrehungen von Bedeutung [6.30].

Flüssigkristalle sind heute von überragender Bedeugung für Anzeigentechnologien. Sie sind aber auch von Bedeutung in grundlegender Hinsicht, da sie einen besonderen Zustand weicher kondensierter Materie repräsentieren. Einerseits haben Flüssigkristalle Fließeigenschaften einer Flüssigkeit, andererseits repräsentieren sie Eigenschaften, die nur von Festkörpern oder sogar nur von Einkristallen her bekannt sind. Dazu gehört die molekulare Ordnung, die verantwortlich ist für die besonderen optischen Eigenschaften, wie die Doppelbrechung. Bereits im 19. Jahrhundert waren niedermolekulare Flüssigkristalle bekannt [6.31]. Ihre Eigenschaften wurden in der ersten Hälfte des 20. Jahrhunderts erstmals systematisch analysiert [6.32]. In der zweiten Hälfte des 20. Jahrhunderts wurden dann flüssigkristalline Polymere entdeckt [6.33]. Das technische Interesse wurde durch die Entdeckung der elektrooptischen Schaltbarkeit stimuliert [6.34], die als Meilenstein der Entwicklungsgeschichte von LCD anzusehen ist [6.35].

Flüssigkristalle werden nach *thermotropen* und *lyotropen* Phasen unterteilt. Die thermotrope Phase tritt beim Schmelzen oder Erstarren entsprechender Substanzen in einem Übergangsbereich zwischen fester und flüssiger Phase auf. Der Phasenübergang in die flüssigkristalline Phase tritt als Funktion der Temperatur ein. Lyotrope Flüssigkristalle werden durch amphiphilische Substanzen in einem Lösungsmittel gebildet. Die in Abschn. 4.4.2 diskutierten Mizellen, Vesikel, Liposomen und Membranen können Überstrukturen bilden, die zu einer spontanen Symmetriebrechung führen.

Flüssigkristalle können eine Vielzahl von Phasen bilden, die als *Mesophasen* bezeichnet werden und sich nach dem Grad der Positions- und Ortientierungsordnung unterscheiden lassen. Ferner kann die Ordnung in dem in Abschn. 5.2.2 diskutierten Sinne lang- oder kurzreichweitig sein. Die isotrope Phase und die nematische Phase wurden bereits in Abb. 6.4 dargestellt. Bei der nematischen Phase sind die Schwerpunkte der kalamitischen Moleküle statistisch verteilt. Die Orientierungsordnung ist jedoch langreichweitig und weist charakteristische topologische Defekte auf. Daneben gibt es auch biaxiale Nematen [6.36]. Elektrische und magnetische Felder können die Orientierungsordnung verstärken [6.27].

Bei niedrigeren Temperaturen können thermotrope Flüssigkristalle *smektische Phasen*, aufweisen, wie in Abb. 6.6 dargestellt. Neben einer Orientierungsordnung weisen die smektischen Phasen, von denen es eine Vielzahl gibt [6.26; 6.27], eine Positionsordnung auf. Chirale Moleküle ohne Inversionssymmetrie können chirale nematische oder smektische Phasen bilden, wie ebenfalls in Abb. 6.6 dargestellt. Technisch von Bedeutung ist noch die Blaue Phase [6.37], unter deren Verwendung erstmals im Jahre 2008 eine LCD-Anzeige realisiert wurde. Kolumnare Phasen werden durch scheibenförmige oder polycatenare Mesogene gebildet [6.26; 6.27].

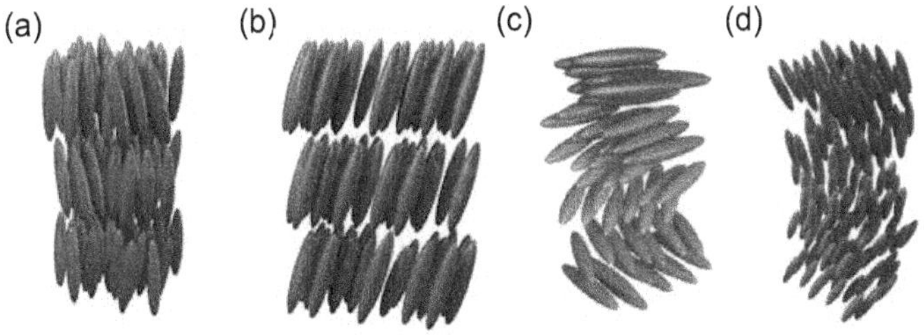

Abb. 6.6. Flüssigkristalline Phasen. (a) Smektische A-Phase, (b) smektische C-Phase, (c) chirale (cholisterische) nematische Phase und (d) chirale smektische C^*-Phase.

6.5 Kolloide

Kolloidale Suspersionen sind seit langem studierte Nanosysteme, die auf vielfältige Weise natürlich vorkommen und gleichzeitig von ungeheurer technischer Bedeutung sind [6.38]. Sie bestehen typischerweise in dispergierten Nanopartikeln im Größenbereich von etwa zehn bis einige hundert Nanometer in einer niedermolekularen Matrix. Die Teilchenpositionen sind lokal stark korreliert, ohne dass es jedoch eine langreichweitige Ordnung gibt. Während die reibungsbehaftete Dynamik der Nanopartikel sich fundamental von der ballistischen der Lösungsmittelmoleküle unterscheidet, so sind doch die resultierenden Ordnungsphänomene im thermodynamischen Gleichgewicht vergleichbar, obwohl die Längenskalen so unterschiedlich sind. Zur Beschreibung der Vielteilchensysteme ist es aus offensichtlichen Gründen nicht möglich, die Newtonschen Bewegungsgleichungen der suspendierten Partikel zu lösen. Vielmehr sind natürlich statistische Ansätze sinnvoll, die eine Wahrscheinlichkeit dafür liefern, dass zu einer gegebenen Zeit ein bestimmter Satz von Partikelkoordinaten vorliegt. Die Methoden der Statistischen Mechanik erlauben es, sowohl Gleichgewichtsphänomene zu beschreiben als auch die Dynamik im Ungleichgewicht. Die Behandlung der Grundlagen kolloidaler Systeme erlaubt es uns, verschiedene Ansätze und Strategien, auf die wir uns insbesondere in den zwei vorausgegangenen Abschnitten gestützt haben, a posteriori zu verifizieren und zu vertiefen. Dabei können wir uns auf ein umfangreiches Fundament an Methoden zur Behandlung fluider Nanostrukturen stützen [6.39].

In Abschn. 4.1 und 4.2 hatten wir Wechselwirkungen behandelt, die maßgeblich für die Interaktion von Kolloidpartikeln sind. Im allgemeinen Fall sind dies van der Waals-Wechselwirkungen, elektrostatische Wechselwirkungen und sterische Wechselwirkungen. Im Fall von Ferrofluiden sind, wie in Abschn. 4.1 diskutiert, noch magnetostatische Wechselwirkungen maßgeblich. Elektrostatische Wechselwirkungen resultieren aus der Adsorption von Ionen an der Oberfläche der Kolloidpartikel sowie aus der Dissoziation ionisierbarer Oberflächengruppen. Jedes geladene Kolloidpartikel ist von einer diffusen Schicht von entgegengesetzt geladenen Ionen umgeben, wie in Abb. 6.7 dargestellt. Ein Überlapp der Hülle von Gegenionen benachbarter Partikel führt zu repulsiven elektrostatischen Wechselwirkungen, die dazu benutzt werden können, eine kolloidale Suspension zu stabilisieren. Die Repulsion, welche aus der abgeschirmten gleichnamigen Ladung der Kolloidpartikel über die Coulomb-

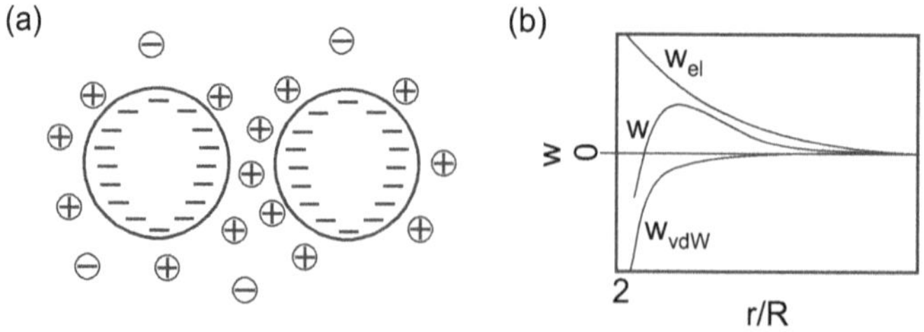

Abb. 6.7. (a) Kolloidpartikel mit elektrisch geladener Oberfläche und Wolken aus Gegenionen sowie einzelnen Koionen. (b) Paarpotential w, welches sich additiv aus w_{el} und w_{vdW} ergibt.

Wechselwirkung resultiert, liefert die *DLVO-Theorie*[4] in Form des effektiven Paarpotentials [6.38]

$$w_{el}(r) = Z^2 \lambda_B \left(\frac{\exp(R/\lambda_D)}{1 + R/\lambda_D} \right)^2 \frac{\exp(-r/\lambda_D)}{r} k_B T \, . \tag{6.49}$$

Z quantifiziert die renormierte Oberflächenladung der Partikel vom Radius R. $\lambda_B = e^2/(4\pi\varepsilon_0\varepsilon_r k_B T)$ ist die *Bjerrum-Länge*. λ_D bezeichnet die *Debye-Länge*, die wir für $\varepsilon_r = 1$ bereits in Gl. (2.79b) verwendet haben. Gemäß der Ergebnisse aus Abschn. 4.2 und insbesondere aus Abschn. 4.2.4 ist die van der Waals-Wechselwirkung zwischen den Partikeln gegeben durch

$$w_{vdW}(r) = -\frac{H_n}{6} \left[\frac{2R^2}{r^2 - 4R^2} + \frac{2R^2}{r^2} + \ln\left(1 - 4\frac{R^2}{r^2}\right) \right] \, . \tag{6.50}$$

H_n ist hier die *Hamaker-Konstante* für den nicht retardierten Fall. In Gl. (6.49) und (6.50) ist $r > 2R$ vorausgesetzt, nicht jedoch notwendigerweise einer der Grenzfälle für $r \gg R$ mit $w_{vdW} \sim -1/r^6$ oder für $r \approx 2R$ mit $w_{vdW} \sim -1/(r - 2R)$. Dominiert w_{el} für alle Abstände die Gesamtwechselwirkung, so werden die Kolloidpartikel häufig als *Yukawa-Partikel* bezeichnet, da das Wechselwirkungspotential in diesem Fall dem Yukawa-Potential aus Gl. (6.49) entspricht. In der Regel beinhaltet das Lösungsmittel eine gewisse natürliche Konzentration an Ionen, ist also streng genommen ein Elektrolyt. Beispielsweise beinhaltet Wasser bei pH7 10^{-7} M (1 M=1 mol/dm^3) an H_3O^+- und OH^--Ionen. Dies hat einen Einfluss auf w_{el}, wie man unmittelbar an λ_D sieht.

Eine adäquate Renormierung im Sinne von Abschn. 4.2.3 vorausgesetzt, ergibt sich die Gesamtenergie eines Systems aus Teilchen durch Summation über Paarpotentiale:

$$E(\{\mathbf{r}_i\}) = \sum_{i<j} w(|\mathbf{r}_i - \mathbf{r}_j|) \, . \tag{6.51}$$

Die Wahrscheinlichkeit, das Teilchenensemble in der Verteilung $\{\mathbf{r}_i\}$ zu finden, ist gegeben durch

$$P(\{\mathbf{r}_i\}) = \frac{1}{Z} \exp\left(-\frac{E(\{\mathbf{r}_i\})}{k_B T}\right) , \tag{6.52a}$$

mit

$$Z = \int d^3 r_1 \ldots \int d^3 r_N \exp\left(-\frac{E(\{\mathbf{r}_i\})}{k_B T}\right) \, . \tag{6.52b}$$

4 DLVO steht für B.V. Derjaguin (1902–1994), L.D. Landau (1908–1968, Nobelpreis für Physik 1962), E.J.W. Verwey (1905–1981) und J. Th. G. Overbeck (1911-2007).

Die Verteilungsfunktion für ein Subensemble von $n \ll N$ Teilchen ist gegeben durch [6.40]

$$\varrho_N^{(n)}(\{\mathbf{r}_i\}) = N(N-1)\dots(N-n+1)\int d^3r_{n+1}\dots\int d^3r_N P_N(\{\mathbf{r}_i\})\,. \tag{6.53}$$

Für ein homogenes System ist

$$\varrho_N^{(n)}(\mathbf{r}_1,\dots,\mathbf{r}_n) = \varrho_N^{(n)}(\mathbf{r}_1+\Delta\mathbf{r},\dots,\mathbf{r}_n+\Delta\mathbf{r}) \tag{6.54}$$

für einen beliebigen Vektor $\Delta\mathbf{r}$. Damit ist $\varrho_N^{(1)} = \varrho = N/V$. Ferner gilt $\varrho_N^{(2)} = \varrho_N^{(2)}(\mathbf{r}_1-\mathbf{r}_2)$. Die Längenskala, auf der die Kolloidpartikel korreliert sind, wird durch die Korrelationslänge $\xi(T)$ bestimmt. Für $|\mathbf{r}_i-\mathbf{r}_j| \gg \xi$ und $N \gg 1$ gilt dann

$$\varrho_N^{(n)}(\{\mathbf{r}_i\}) = \prod_{i=1}^{n}\varrho_N^{(1)}(\mathbf{r}_i) = \varrho^n\,. \tag{6.55}$$

Paarkorrelationen werden durch die Korrelationsfunktion $g(\mathbf{r}_1,\mathbf{r}_2)$, die uns schon in Abb. 2.2 und in Gl. (5.5) begegnete, charakterisiert:

$$g_N(\mathbf{r}_1,\mathbf{r}_2) = \frac{\varrho_N^{(2)}(\mathbf{r}_1,\mathbf{r}_2)}{\varrho_N^{(1)}(\mathbf{r}_1)\varrho_N^{(2)}(\mathbf{r}_2)}\,. \tag{6.56}$$

Für ein homogenes, isotropes Kolloid hat die Paarkorrelationsfunktion radialen Charakter:

$$g(r) = \frac{\varrho_N^{(2)}(r)}{\varrho^2} = \frac{N(N-1)}{\varrho^2}\int d^3r_3\dots\int d^3r_N P_N\{\mathbf{r}_i\}\,. \tag{6.57}$$

$\varrho g_N(r)$ gibt offensichtlich die mittlere Partikeldichte in der Distanz r von einem betrachteten Partikel an. Für das thermodynamische Limit $N/V \to \infty$ hat $g(r)$ folgende charakteristische Eigenschaften: $g(r) \geq 0$, $\lim_{r\to\infty} g(r) = 1$, $g(r) \approx 0$ für $w(r)/(k_BT) \gg 1$ und $g(r) = \exp(-w(r)/[k_BT]) + \mathcal{O}(\varrho)$. Aus der zuletzt genannten Relation ergibt sich das *Potential der mittleren Kraft* [6.41] über

$$g(r) = \exp\left(-\frac{\tilde{w}(r)}{k_BT}\right)\,, \tag{6.58}$$

wobei wir thermodynamisches Gleichgewicht annehmen. Mit $g(r)$ aus Gl. (6.57) folgt bei Betrachtung eines Teilchenpaars

$$\begin{aligned}\nabla_{\mathbf{r}_1}\tilde{w}(r_{12}) &= \frac{\int d^3r_3\dots\int d^3r_N\nabla_{\mathbf{r}_1}E(\{\mathbf{r}_i\})\exp(-E(\{\mathbf{r}_i\})/[k_BT])}{\int d^3r_3\dots\int d^3r_N\exp\left(-E(\{\mathbf{r}_i\})/[k_BT]\right)}\\ &= \left\langle\nabla_{\mathbf{r}_1}E(\{\mathbf{r}_i\})\right\rangle_{12}\,.\end{aligned} \tag{6.59}$$

Der letzte Ausdruck symbolisiert, dass $-\nabla_{\mathbf{r}_1}\tilde{w}(\mathbf{r}_1\mathbf{r}_2)$ gerade der Kraft zwischen den Partikeln bei $\mathbf{r}_1$ und $\mathbf{r}_2$ entspricht, wenn der Beitrag aller anderen Partikel durch Mittelung über alle möglichen Positionen $\mathbf{r}_i$ erfasst wird. Das Potential der mittleren Kraft

$\tilde{w}(r)$ beinhaltet damit Vielteilcheneffekte und hat in der Regel einen anderen räumlichen Verlauf als das Paarpotential $w(r)$, selbst wenn dieses im Sinne von Abschn. 4.2.3 renormiert wurde, um Vielteilcheneffekte in der Dispersionswechselwirkung zu berücksichtigen. Dies wird wie folgt deutlich: Gemäß Gl. (6.51) erhalten wir

$$\nabla_{\mathbf{r}_1} E(\{\mathbf{r}_i\}) = \sum_{i>1} \nabla_{\mathbf{r}_1} w(r_{1i}) \,. \tag{6.60}$$

Nach Gl. (6.59) gilt

$$\nabla_{\mathbf{r}_1} \tilde{w}(r_{12}) = \nabla_{\mathbf{r}_1} w(r_{12}) + \varrho \int d^3 r_3 \left[\frac{g^{(3)}(\mathbf{r}_1, \mathbf{r}_2, \mathbf{r}_3)}{g(r_{12})} - 1 \right] \nabla_{\mathbf{r}_1} w(r_{13}) \,. \tag{6.61a}$$

Als Pendant zu Gl. (6.56) haben wir hier

$$g^{(3)}(\mathbf{r}_1, \mathbf{r}_2, \mathbf{r}_3) = \frac{\varrho_N^{(3)}(\mathbf{r}_1, \mathbf{r}_2, \mathbf{r}_3)}{\varrho^3} \,. \tag{6.61b}$$

$g^{(3)}$ wird als *Triplettverteilungsfunktion* bezeichnet. Gleichung (6.61) repräsentiert die niedrigste Ordnung der *Yvon-Born-Green-Hierarchie* von Gleichungen für reduzierte Wahrscheinlichkeitsdichtefunktionen [6.42]. Die mittlere Kraft auf ein Teilchen bei $\mathbf{r}_1$ resultiert aus der direkten Wechselwirkung mit einem bei $\mathbf{r}_2$ sowie aus der gemittelten Wechselwirkung mit einem bei $\mathbf{r}_3$, wobei die jeweilige Position $\mathbf{r}_3$ gewichtet wird mit einem Faktor, der die Wahrscheinlichkeit dafür angibt, dass bei $\mathbf{r}_3$ ein Partikel vorhanden ist, wenn bei $\mathbf{r}_1$ und $\mathbf{r}_2$ Partikel existieren. Aus Gl. (6.61) folgt direkt $\lim_{\varrho\to 0} \tilde{w}(r) = w(r)$ und damit nach Gl. (6.58) $\lim_{\varrho\to 0} g(r) = \exp(-w(r)/[k_B T])$.

In erster Ordnung in ϱ lässt sich $g^{(3)}$ faktorisieren [6.42]: $g^{(3)}(\mathbf{r}_1, \mathbf{r}_2, \mathbf{r}_3) \approx g(r_{12})\, g(r_{13})\, g(r_{23})$. Substituiert man entsprechend $g^{(3)}$ in Gl. (6.61a), so resultiert die nichtlineare *Born-Green-Integrodifferentialgleichung*, aus der man $g(r)$ für ein konkret angenommenes Paarpotential $w(r)$ erhält [6.41].

Die Verläufe von $\tilde{w}(r)$ und $g(r)$ für ein Hartkugelmodell wechselwirkender Partikel sind in Abb. 6.8 dargestellt. Der Verleich mit Abb. 6.7 zeigt die Unterschiede im Verlauf von $w(r) = w_{vdw}(r)$ und $\tilde{w}(r)$, die durch Vielteilcheneffekte bedingt sind. Ein charakteristischer solcher Effekt ist die *Verarmungswechselwirkung*, die sich in einer Attraktion eines Partikelpaars manifestiert, die auftritt, wenn sich zwischen den Partikeln bei geringen Abständen keine weiteren Partikel befinden.

Die bisherigen Ausführungen sind keineswegs beschränkt auf die Wechselwirkungen und räumlichen Verteilungen von Kolloidpartikeln in einer flüssigen Matrix, sondern beschreiben auch das Verhalten der Flüssigkeitsmatrix selbst, wenn die molekularen Bestandteile der Flüssigkeit über isotrope Paarpotentiale miteinander wechselwirken. Dies ist allerdings für reale Flüssigkeiten in der Regel eine Idealisierung. In jedem Fall wäre für die Flüssigkeitsmatrix natürlich nicht $\varrho \to 0$ realisierbar, was für Kolloidteilchen durchaus häufig den Gegebenheiten entspricht. Der wesentliche Gegenstand der Theorie einfacher und komplexer Flüssigkeiten besteht darin,

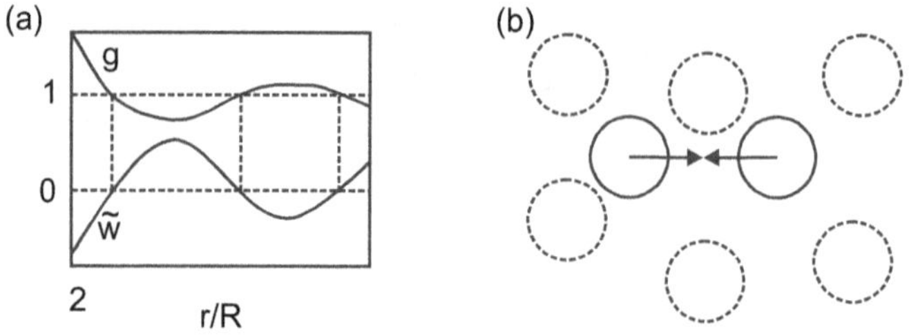

Abb. 6.8. (a) Potential der mittleren Kraft $\tilde{w}(r)$ und Paarkorrelationsfunktion $g(r)$ für ein Hartkugelmodell. (b) Verarmungswechselwirkung eines Teilchenpaars.

$g(r)$ basierend auf einer Kenntnis der oder Annahme über die Paarpotentiale, $w(\mathbf{r}_i - \mathbf{r}_j)$ zu bestimmen. Aus den statischen Paarkorrelationen $g(r)$ lassen sich dann wiederum thermodynamische und rheologische Eigenschaften bestimmen. Die aus Gl. (6.51) resultierende innere Energie eines N-Teilchensystems ist beispielsweise gegeben durch

$$E = N \left(\frac{2}{3} k_B T + 2\pi\varrho \int_0^\infty dr\, r^2 g(r) w(r) \right) \tag{6.62}$$

und setzt sich zusammen aus einem kinetischen Anteil und einem Exzessanteil, der dadurch zustande kommt, dass ein betrachtetes Partikel mit $4\pi r^2 \varrho g(r) dr$ Nachbarpartikeln in einer Entfernung r wechselwirkt. Ebenfalls ergibt sich aus der klassischen *Virialgleichung* [6.43] der Druck als

$$p = \varrho \left(k_B T - \frac{2\pi}{3} \varrho \int_0^\infty dr\, r^3 g(r) \frac{dw}{dr} \right) , \tag{6.63}$$

wiederum bestehend aus einem kinetischen Anteil und einem Exzessanteil.

Von besonderer Bedeutung ist auch der *statische Strukturfaktor* $S(q)$, der im Wesentlichen als die Fourier-Transformierte von $g(r)$ gegeben und experimentell direkt zugänglich ist:

$$S(q) = \frac{1}{N} \left\langle \left| \sum_{i=1}^{N} \exp(i\mathbf{q} \cdot \mathbf{r}_i) \right|^2 \right\rangle . \tag{6.64a}$$

$\langle\rangle$ charakterisiert hier einen Ensemblemittelwert. Aus Gl. (6.64a) folgt [6.42]

$$S(q) = 1 + \varrho \int d^3 r \exp(i\mathbf{q} \cdot \mathbf{r}) h(r) = 1 + 4\pi\varrho \int_0^\infty dr\, r^2 h(r) \frac{\sin(qr)}{qr} , \tag{6.64b}$$

mit $h(r) = g(r) - 1$. Umgekehrt folgt

$$g(r) = 1 + \frac{1}{2\pi^2 \varrho r} \int_0^\infty dq\, q \sin(qr) \left[S(q) - 1 \right] . \tag{6.64c}$$

L. Ornstein (1880–1941) und *F. Zernike* (1888–1966, Nobelpreis für Physik 1953) führten im Rahmen ihrer Untersuchungen zur *kritischen Opaleszenz* von Flüssigkeiten im Jahre 1914 die *Ornstein-Zernike-Gleichung* ein [6.44], die Grundlage aller Methoden zur Berechnung von $g(r)$ und $S(q)$ ist:

$$\begin{aligned} h(r_{12}) &= c(r_{12}) + \varrho \int d^3 r_3\, c(r_{13}) h(r_{13}) \\ &= c(r_{12}) + \varrho \int d^3 r_3\, c(r_{13}) c(r_{23}) + \int d^3 r_3\, d^3 r_4 c(r_{13}) c(r_{24}) c(r_{34}) \\ &\quad + \ldots . \end{aligned} \tag{6.65}$$

Die *totale* Korrelation $h(r_{12})$ zwischen zwei Partikeln 1 und 2 setzt sich zusammen aus der *direkten* Korrelation $c(r_{12})$ sowie aus *indirekten* Korrelationsanteilen, die aus der direkten Korrelation zwischen Partikeln resultieren, die sich in der Umgebung der Partikel 1 und 2 befinden. Damit ergibt sich $h(r_{12})$ in Gl. (6.65) aus einer Rekursion. Dabei folgt $\lim_{\varrho \to 0} c(r) = h(r) = \exp(-w(r)/[k_B T]) - 1$, woraus sich wiederum speziell $\lim_{\varrho \to \infty} c(r) = h(r) = -w(r)/(k_B T)$ ergibt. Durch Fourier-Transformation von Gl. (6.65) erhält man ferner

$$S(q) = \frac{1}{1 - \varrho \tilde{c}(q)} \geq 0 , \tag{6.66}$$

wobei $\tilde{c}(q)$ die Fourier-Transformierte von $c(r)$ bezeichnet.

Die Einführung der direkten Korrelation $c(r)$ erweist sich als sehr nützliches Konzept [6.42]. Auf Basis einer Näherung, welche $c(r)$ in Bezug setzt zu $g(r)$ bzw. $h(r)$ für alle interpartikulären Distanzen r, lässt sich aus der Ornstein-Zernike-Gleichung (6.65) eine geschlossene Integralgleichung zur Bestimmung von $h(r)$ bzw. $g(r)$ ableiten. Mehrere Approximationen sind etabliert, die als *Abschlussrelationen* bezeichnet werden.

Die *MSA-Näherung* (*Mean-Spherical Approximation*) geht von der exakten asymptotischen Form von $c(r)$ aus: $c(r) \approx -w(r)/(k_B T)$ für $r > 2R$. Verwendet man diese Näherung in der aus Gl. (6.65) resultierenden Form

$$h(r) = c(r) + \varrho \int d^3 r' c(|\mathbf{r} - \mathbf{r}'|) h(r') \tag{6.67}$$

der Ornstein-Zernike-Gleichung, so resultiert eine lineare Integralgleichung für $g(r)$, die im Hinblick auf viele interpartikuläre Wechselwirkungen $w(r)$ analytisch gelöst werden kann. Neben der MSA-Abschlussrelation wurden verschiedene nichtlineare Abschlussrelationen publiziert, von denen die *Percus-Yevick-Näherung* [6.45] häufig Verwendung findet. Aus der Ornstein-Zernicke-Gleichung (6.65) folgt $c(r) = g(r) - g_i(r)$, wobei $g(r)$ die direkte und $g_i(r)$ die indirekte Korrelation charakterisiert. Mit Gl. (6.58) folgt

$$g_i(r) = 1 + \varrho \int dr' \, c(r')[g(|\mathbf{r} - \mathbf{r}'|) - 1] \approx \exp\left(\frac{\tilde{w}(r) - w(r)}{k_B T}\right) . \tag{6.68a}$$

Hieraus wiederum folgt

$$c(r) \approx g(r)\left[1 - \exp\left(\frac{w(r)}{k_B T}\right)\right] = g(r) - y(r) = f(r)y(r)\,. \tag{6.68b}$$

Diese Abschlussrelation ist exakt in erster Ordnung in ϱ. Die *Kavitätsfunktion* ist gegeben durch

$$y(r) = g(r)\exp\left(\frac{w(r)}{k_B T}\right) \tag{6.68c}$$

und die *Mayer-f-Funktion* durch

$$f(r) = \exp\left(-\frac{w(r)}{k_B T}\right) - 1\,. \tag{6.68d}$$

Substitution von Gl. (6.68b) in Gl. (6.67) liefert dann

$$y(r) = 1 + \varrho \int d^3r' \left[\exp\left(-\frac{w(|\mathbf{r}-\mathbf{r}'|)}{k_B T}\right) y(|\mathbf{r}-\mathbf{r}'|) - 1\right] f(r')y(r')\,. \tag{6.69}$$

Diese nichtlineare Integralgleichung lässt sich insbesondere für eine *Hartkugelflüssigkeit* analytisch lösen [6.46]. Hartkugeln mit $w(r) \to \infty$ für $r \leq 2R$ und $w(r) = 0$ für $r > 2R$ dienen gleichsam als idealisiertes, einfaches Referenzsystem in der Theorie der Flüssigkeiten. Es gilt dann

$$c(r) = g(r)\left[1 - \exp\left(\frac{w(r)}{k_B T}\right)\right] = 0 \tag{6.70}$$

für $r > 2R$. Für die Kavitätsfunktion folgt

$$y(r) = \exp\left(\frac{w(r)}{k_B T}\right) g(r) = \begin{cases} g(r)\,, & r > 2R \\ -c(r)\,, & r \leq 2R \end{cases}\,. \tag{6.71}$$

Offensichtlich ist $\lim\limits_{r \searrow 2R} g(r) = -\lim\limits_{r \nearrow 2R} c(r)$. Aus Gl. (6.69) folgt damit

$$y(r) = 1 + \varrho \left[\int\limits_{r' \leq 2R} d^3r' y(r') - \int\limits_{\substack{r' \leq 2R \\ |\mathbf{r}-\mathbf{r}'| > 2R}} d^3r' y(r') y(|\mathbf{r}-\mathbf{r}'|)\right]\,. \tag{6.72}$$

Die Lösung dieser quadratischen Integralgleichung ist gegeben durch [6.47]

$$c(r) = \frac{1}{(1-\Phi)^4}\left\{6\Phi\left(1 + \frac{\Phi}{2}\right)^2 \frac{r}{2R} + (1+2\Phi)^2\left[1 + \frac{\Phi}{2}\left(\frac{r}{2R}\right)^3\right]\right\}\,. \tag{6.73}$$

$\Phi = 4\pi\varrho R^3/3$ bezeichnet hier die Partikelvolumenkonzentration. Ferner wird $r \leq 2R$ vorausgesetzt, da nach Gl. (6.70) $c(r) = 0$ für $r > 2R$ gilt. Durch Fourier-Transformation erhält man den statischen Strukturfaktor nach Gl. (6.66):

$$S(2qR) = \frac{1}{F_1^2(2qR) + F_2^2(2qR)} , \tag{6.74a}$$

mit

$$F_1(2qR) = 1 - 12\frac{\Phi}{(1-\Phi)^2}\left[(1+2\Phi)\frac{2qR - \sin(2qR)}{(2qR)^3} + \left(1+\frac{\Phi}{2}\right)\frac{\cos(2qR)-1}{(2qR)^2}\right] \tag{6.74b}$$

und

$$F_2(2qR) = -12\frac{\Phi}{(1-\Phi)^2}\left[(1+2\Phi)\left(\frac{\cos(2qR)-1}{(2qR)^3} + \frac{1}{4qR}\right) + \left(1+\frac{\Phi}{2}\right)\frac{\sin(2qR)-2qR}{(2qR)^2}\right] . \tag{6.74c}$$

$g(r)$ kann aus $S(q)$ durch eine inverse Fourier-Transformation gewonnen werden [6.39]. Der Verlauf von $c(r)$, $g(r)$ und $S(q)$ ist in Abb. 6.9 dargestellt. Numerische Lösungen mit der Percus-Yevick-Abschlussrelation wurden für weitere Geometrien der harten Partikel sowie für variierende Dimensionen untersucht [6.47].

Ein insbesondere für die Nanotechnologie interessanter Aspekt der intermolekularen Wechselwirkungen und daraus resultierender Korrelationen ergibt sich, wenn Flüssigkeiten zwischen zwei eng benachbarten, glatten Oberflächen eingeschlossen werden (*Confined liquids*). Die Folge sind *Solvatationskräfte* (*Solvationskräfte, Solvatisierungskräfte*) [6.48]. Ihr Zustandekommen ist schematisch in Abb. 6.10 dargestellt. Eine Grenzfläche zur Dampfphase, zu einer anderen Flüssigkeit oder zu einem Festkörper modifiziert zunächst einmal die intermolekularen Korrelationen gegenüber den bisher berechneten. Während es an einer Dampf-Flüssigkeits-Grenzfläche sowie an einer Flüssigkeits-Flüssigkeits-Grenzfläche kaum zu molekularen Dichtevariationen kommt, wie in Abb. 6.10(a) gezeigt, treten, bedingt durch molekulare Ordnungsprozesse, an Festkörper-Flüssigkeits-Grenzflächen periodische Dichteschwankungen auf, wie Abb. 6.10(b) zeigt. Diese lagenförmige Ordnung der Flüssigkeitsmoleküle verstärkt sich noch zwischen zwei Grenzflächen, wie Abb. 6.10(c) zeigt. Sie tritt selbst dann aus entropischen Gründen auf, wenn es keine expliziten Wechselwirkungen zwischen der Festkörperoberfläche und den Flüssigkeitsmolekülen gibt. Die oszillatorische Dichtevariation führt zu einer oszillatorischen Solvatationskraft.

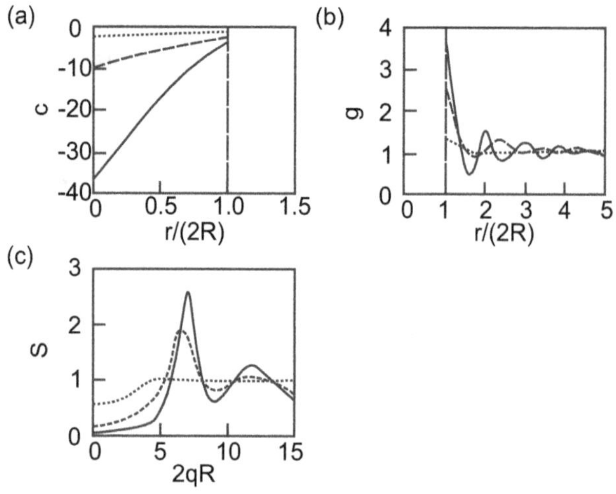

Abb. 6.9. (a) Direkte Korrelation, (b) radiale Verteilungsfunktion und (c) statischer Strukturfaktor für eine Hartkugelflüssigkeit in der Percus-Yevick-Näherung. Die Volumenkonzentrationen betragen 0,1 (gepunktet), 0,3 (gestrichelt) und 0,45 (durchgezogen).

Der *Solvatationsdruck* für eine Entfernung r der beiden in Abb. 6.10(c) dargestellten Oberflächen ergibt sich aus dem *Kontaktwerttheorem* [6.48; 6.49]:

$$p(r) = k_B T(\varrho_0(r) - \varrho_0^\infty) . \tag{6.75}$$

ϱ_0 bezeichnet die molekulare Oberflächendichte und ϱ_0^∞ speziell diejenige für unendlich weit separierte Oberflächen, was dem in Abb. 4.10(b) dargestellten Fall entspricht. Mit $\lim_{r\to 0} \varrho_0(r) = 0$ folgt $\lim_{r\to 0} p(r) = -k_B T \varrho_0^\infty$, was eine endliche adhäsive Kontaktkraft charakterisiert. Approximativ folgt aus Gl. (6.75) mit oszillierendem $\varrho_0(r)$ [6.48]

$$p(r) = -k_B T \varrho_0^\infty \cos\left(\pi \frac{r}{R}\right) \exp\left(-\frac{r}{2R}\right) . \tag{6.76}$$

Durch Integration über r und mit $\varrho_0^\infty = \sqrt{2}/(2R)^3$ erhält man die Adhäsionsenergie $E = \sqrt{2} k_B T/(16\pi^2 R^2)$.

Optimiert für die Messung kleinster Oberflächenkräfte ist der *Surface Force Apparatus (SFA)* [6.50]. Es gelangen Messungen der abstandsabhängigen Solvatationskraft für die unterschiedlichsten Oberflächen und Flüssigkeiten. Aus Sicht der Nanostrukturforschung ist interessant, dass sich Solvatationskräfte auch mit dem Rasterkraftmikroskop (*AFM, atomic force microscope*) messen lassen [6.49; 6.51]. Da die Sonde geometrisch erheblich von einer ebenen Oberfläche abweicht, kann Gl. (6.76) nicht einfach mit einer Fläche multipliziert werden, sondern es muss ein den Krümmungsradius der Sonde berücksichtigender Geometriefaktor mit einbezogen werden [6.52]. Dennoch ergibt sich für die auf die Sonde des Kraftmikroskops einwirkende Kraft $F(r) \sim \cos(\pi r/R) \exp(-r/[2R])$. Abbildung 6.11 zeigt ein experimentelles Resultat [6.53]. Verwendet wurde hier *Squalan*, ein acrylischer Triterpenkohlenwasserstoff, dargestellt

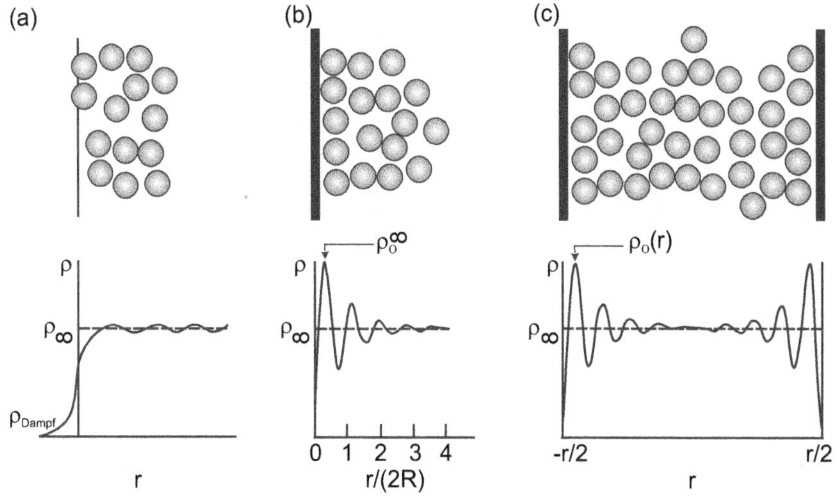

Abb. 6.10. Molekulare Ordnung und Dichtevariationen von Flüssigkeiten an und zwischen Grenzflächen. (a) Dampf-Flüssigkeits-Grenzfläche, (b) und (c) Festkörper-Flüssigkeits-Grenzflächen.

in Abb. 6.11(a). Das 2,6,10,15,19,23-Hexamethyltetracosan besitzt die Summenformel $C_{30}H_{62}$. Auf einer atomar glatten Oberfläche pyrolitischen Graphits (HOPG, higly oriented pyrolitic graphite) bilden die Squalanmoleküle geordnete Lagen, wie die rastertunnelmikroskopische (*STM, Scanning Tunneling Microscope*) Aufnahme in Abb. 6.11 (b) zeigt. Die mit dem Rasterkraftmikroskop aufgenommene Kraft-Abstandskurve in Abb. 6.11(c) zeigt deutlich sechs Solvatationssprünge, die dann auftreten, wenn die Sondenspitze des Kraftmikroskops eine Lage von Squalanmolekülen aus dem Kontaktbereich drängt.

Einen sehr detaillierten Einblick in die den Solvatationsphänomenen zugrunde liegenden Ordnungsprozesse und in die Konformationsdynamik der Flüssigkeitsmoleküle vermitteln Molekulardynamiksimulationen. Abbildung 6.12 zeigt entsprechende Ergebnisse für Squalan, für das die experimentellen Resultate in Abb. 6.11 dargestellt sind und n-Hexadecan, ein höheres Alkan mit der Summenformel $C_{16}H_{34}$ [6.54]. Während es sich beim n-Hexadecan um eine lineare Kette handelt, ist Squalan ein verzweigtes Alkan, was durchaus Unterschiede in den Solvatationsoszillationen erwarten lässt. Abbildung 6.12(a) und (c) zeigt die Flüssigkeiten zwischen den Festkörperoberflächen bei einer Filmdicke von nur noch vier molekularen Lagen. Während sich bei Squalan die Flüssigkeitslagen durchdringen, ist dies offensichtlich bei n-Hexadecan nicht der Fall. Insbesondere die Aufsicht auf die Flüssigkeitslagen in Abb. 6.12(b) und (d) zeigt deutlich die unterschiedliche Konformationsdynamik beider Flüssigkeiten. Der Verlauf der resultierenden Solvatationsoszillationen ist schließlich in Abb. 6.12(e) dargestellt.

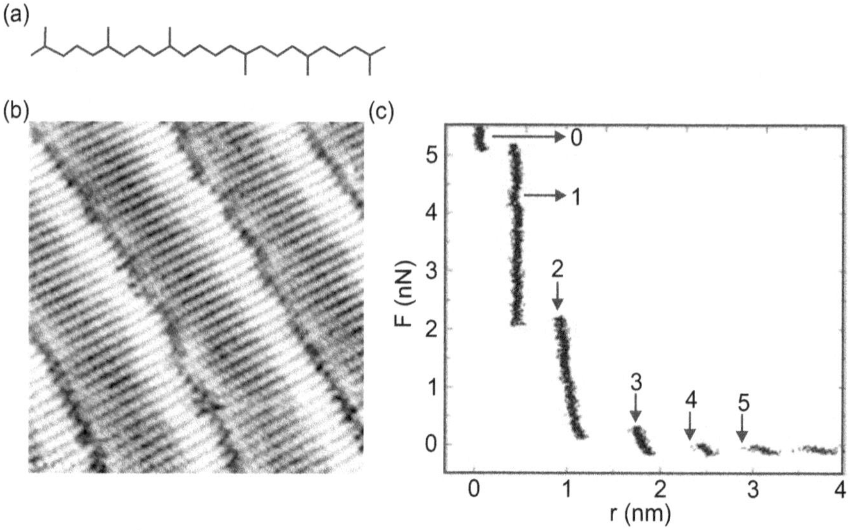

Abb. 6.11. (a) Squalanmolekül. (b) Geordnete Lage von Squalanmolekülen auf einem HOPG-Substrat bei einem Bildausschnitt von 23 nm × 13 nm. Die Abbildung erfolgte mittels STM [6.53]. (c) Kraft-Abstandskurve, aufgenommen mittels AFM. Die Diskontinuitäten entstehen durch sukzessives „Herausdrücken" von fünf Lagen von Squalanmolekülen [6.53].

Die bisher diskutierten Formalismen zur Charakterisierung effektiver Paarpotentiale und Radialverteilungen sind, wie bereits einleitend bemerkt, sowohl anwendbar auf die Moleküle der Flüssigkeitsmatrix als auch auf die Verteilung kolloidal suspendierter Partikel. Bei Kolloiden handelt es sich allerdings um eine zwei- oder mehrkomponentige Flüssigkeit, bei der neben der Wechselwirkung monodisperser Partikel auch diejenige zwischen den unterschiedlichen Bestandteilen des Systems, also beispielsweise diejenige zwischen Flüssigkeitsmolekülen und Kolloidpartikeln, zu berücksichtigen ist. Wir müssen also zur Beschreibung von Kolloiden den bisherigen Formalismus für Mischungen oder polydisperse Systeme erweitern. Betrachten wir dazu ein System, welches aus n unterschiedlichen Spezies, alle in Form N_i identischer sphärischer Partikel mit Radius R_i und Teilchenzahldichte $\varrho_i = N_i/V$ besteht. Die interpartikulären Wechselwirkungen werden als paarweise additiv angenommen. Mit $i, j = 1 \ldots, n$ sind die Paarpotentiale $w_{ij}(r)$, die radialen Verteilungsfunktionen $g_{ij}(r) = h_{ij}(r) + 1$ und die direkte Korrelationsfunktion $c_{ij}(r)$ zu berücksichtigen, um allen Wechselwirkungen Rechnung zu tragen. Damit gibt es jeweils $n(n+1)/2$ partielle Anteile, wobei $w_{ij}(r) = w_{ji}(r)$, $g_{ij}(r) = g_{ji}(r)$ und $c_{ij}(r) = c_{ji}(r)$ gelten muss. Die Ornstein-Zernike-Gleichung (6.67) muss durch $n(n+1)/2$ gekoppelte Gleichungen des Typs

$$h_{ij}(r) = c_{ij}(r) + \sum_{k=1}^{n} \varrho_k \int d^3r' c_{ik}(|\mathbf{r} - \mathbf{r}'|) h_{kj}(r') \qquad (6.77)$$

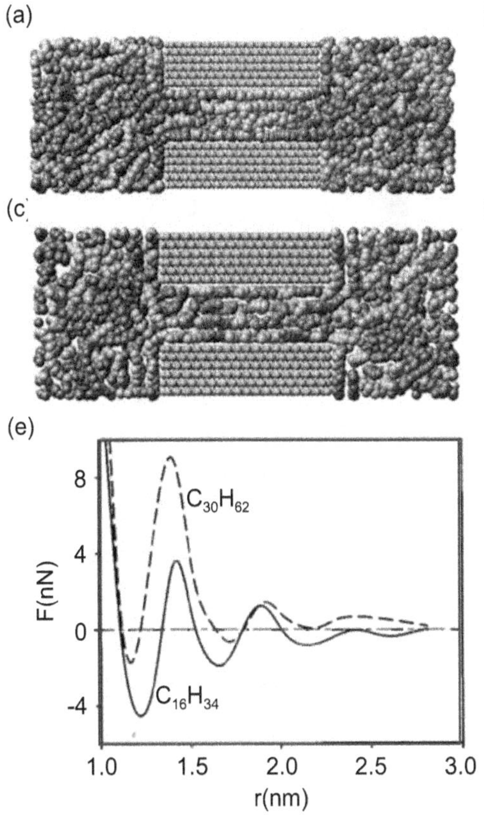

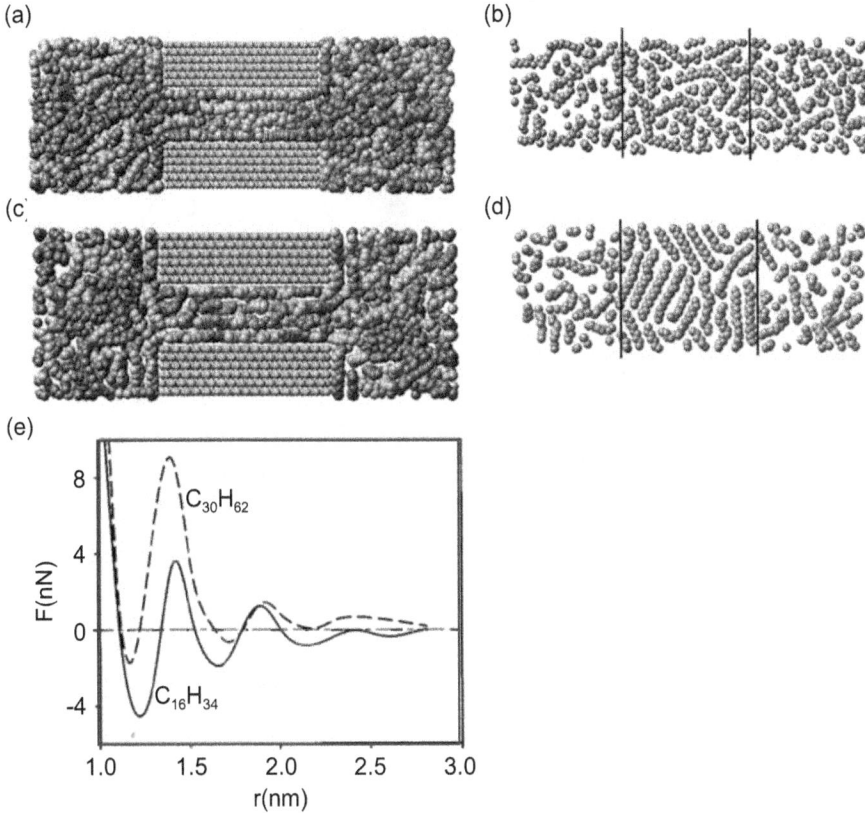

Abb. 6.12. Molekulardynamiksimulationen zum Solvatationsverhalten von Squalan und n-Hexadecan [6.54]. (a) Seitenansicht und (b) Aufsicht für Squalan. (c) Seitenansicht und (d) Aufsicht für n-Hexadecan. (e) Solvatationskräfte als Funktion der Separation der Festkörperoberflächen.

ersetzt werden. Die indirekte Korrelation zwischen zwei Partikeln i und j beinhaltet jetzt die Beiträge aller anderen Spezies, gewichtet mit ihrer Dichte ϱ_k für $k = 1, \ldots, n$. Da Gl. (6.77) $n(n+1)/2$ unbekannte direkte Korrelationsfunktionen $c_{ij}(r)$ enthält, benötigen wir ebenso viele Abschlussrelationen etwa des MSA-Typs: $c_{ij}(r) \approx -w_{ij}(r)/(k_B T)$ für $r > R_i + R_j$. Gemäß Gl. (6.64b) resultiert ein entsprechender Satz statischer Strukturfaktoren:

$$S_{ij}(q) = \delta_{ij} + \sqrt{\varrho_i \varrho_j} \int d^3 r \exp(i\mathbf{q} \cdot \mathbf{r}) h_{ij}(r) \,. \tag{6.78}$$

Gleichung (6.77) gibt uns die Möglichkeit, nunmehr die Wechselwirkungen zwischen Kolloidpartikeln unter Beteiligung des Dispersionsmediums einerseits und zwischen Kolloidpartikeln und Dispersionsmedium sowie weiteren Bestandteilen eines polydispersen Gemischs andererseits zu berechnen. Um die Vorgehensweise zu verdeutlichen, betrachten wir ein ladungsstabilisiertes Kolloid, wie in Abb. 6.7(a) dargestellt.

Das Dispersionsmedium wird als kontinuierlich und die positiv geladenen Gegenionen werden als punktförmig angesehen. Aufgrund der globalen Ladungsneutralität gilt $\varrho_1 Z + \varrho_2 Z_G = 0$, wenn ϱ_1 und Z die Dichte und Ladung der Kolloidpartikel quantifizieren und ϱ_2 sowie Z_G die entsprechenden Werte für die Gegenionen. Dabei liegt typischerweise $|Z| \gg |Z_G| = 1$ vor. Aus Gl. (6.77) folgt nach Fourier-Transformation

$$\tilde{h}_{ij}(q) = \tilde{c}_{ij}(q) + \sum_{k=1}^{n} \varrho_k \tilde{c}_{ik}(q)\tilde{h}_{kj}(q)\,. \tag{6.79a}$$

Im vorliegenden Fall wird daraus

$$\tilde{h}_{ij}(q) = \tilde{c}_{ij}(q) + \varrho_1 \tilde{c}_{i1}(q) + \varrho_2 \tilde{c}_{i2}(q)\tilde{h}_{2j}(q)\,, \tag{6.79b}$$

für $i = 1, 2$ und $j = 1, 2$. Die drei aus Gl. (6.79b) resultierenden Ornstein-Zernike-Gleichungen liefern Informationen über Paarkorrelationen zwischen Kolloidpartikeln, zwischen Kolloidpartikeln und Gegenionen und zwischen Gegenionen. Mit

$$\tilde{h}_{11}(q) = \tilde{c}_{eff}(q) + \varrho_1 \tilde{c}_{eff}(q)\tilde{h}_{11}(q) \tag{6.80a}$$

und

$$\tilde{c}_{eff}(q) = \tilde{c}_{11}(q) + \frac{\varrho_2 \tilde{c}_{12}^2(q)}{1 - \varrho_2 \tilde{c}_{22}(q)} \tag{6.80b}$$

erhalten wir eine einkomponentige Darstellung für die effektiven direkten Korrelationsfunktionen, in der die Korrelationen zwischen Kolloidpartikeln und Gegenionen sowie zwischen Gegenionen implizit enthalten sind. Zur Lösung von Gl. (6.80b) benötigen wir geeignete Abschlussrelationen, von denen die einfachste die bereits eingeführte MSA-Näherung ist. Für die Gegenionen gilt dann $c_{22}(r) = -w_{22}(r)/(k_B T) = -\lambda_B Z_G^2/r$, wobei λ_B die im Zusammenhang mit Gl. (6.49) eingeführte Bjerrum-Länge bezeichnet. Die Fourier-Transformation liefert

$$\tilde{c}_{22}(q) = -4\pi \frac{\lambda_B Z_G^2}{q^2} \tag{6.81}$$

Wechselwirkungen mit den Kolloidpartikeln beinhalten neben dem langreichweitigen Coulomb-Anteil noch den kurzreichweitigen Hartkugelanteil, der dem durch die Partikel besetzten „verbotenen" Volumen Rechnung trägt: Damit kann in $c_{ij}(r)$ in einen kurzreichweitigen und einen langreichweitigen Anteil separiert werden: $c_{ij}(r) = c_{ij}^{(k)}(r) - \lambda_B Z_i Z_j / r$. Dann folgt

$$\tilde{c}_{12}(q) = \tilde{c}_{12}^{(k)}(q) - 4\pi \frac{\lambda_B Z Z_G}{q^2} \tag{6.82a}$$

und

$$\tilde{c}_{11}(q) = \tilde{c}_{22}^{(k)}(q) - 4\pi \frac{\lambda_B Z^2}{q^2}\,. \tag{6.82b}$$

Mit Gl. (6.80b), (6.81) und (6.82) folgt

$$\tilde{c}_{eff}(q) = \tilde{c}_{11}^{(k)}(q) + \varrho_2 \left[\tilde{c}_{12}^{(k)}(q)\right]^2 - 4\pi \frac{\lambda_B}{q^2 + 1/\lambda_D} \left[Z + \varrho_2 Z_G \tilde{c}_{12}^{(k)}(q)\right]^2 . \tag{6.83}$$

$\lambda_D = 1/(2Z_G\sqrt{\pi\lambda_B\varrho_G})$ ist die Debye-Länge, die im Zusammenhang mit Gl. (6.49) diskutiert wurde. Eine inverse Fourier-Transformation resultiert in

$$c_{eff}(r) = \frac{1}{(2\pi)^3} \int d^3r \exp(-i\mathbf{q}\cdot\mathbf{r})\tilde{c}_{eff}(q) . \tag{6.84}$$

Für eine geringe Konzentration an Kolloidteilchen mit $\varrho_1 \to 0$ lassen sich $c_{12}(r)$ und $h_{12}(r)$ auf Basis der MSA-Approximation analytisch angeben:

$$g_{12}(r) = \left[1 - \lambda_B Z Z_G \frac{\exp(R/\lambda_D)}{1 + R/\lambda_D} \frac{\exp(-r/\lambda_D)}{r}\right] \Theta(r - R) , \tag{6.85a}$$

$$c_{12}(r) = -\left[1 + \frac{\lambda_B}{R} Z Z_G \frac{R/\lambda_D}{1 + R/\lambda_D}\right] \Theta(R - r) - Z Z_G \lambda_D \frac{1}{r}\, \Theta(r - R) \tag{6.85b}$$

und

$$c_{12}^{(k)}(r) = -\left[1 + \lambda_B Z Z_G \left(\frac{1/\lambda_D}{1 + R/\lambda_D} - \frac{1}{r}\right)\right] \Theta(R - r) . \tag{6.85c}$$

Mit $w_{eff}(r) = -k_B T \lim_{\varrho_1 \to 0} c_{eff}(r) = -k_B T \lim_{\varrho_1 \to 0} h_{11}(r)$ sowie mit Gl. (6.80) und (6.83) bis (6.85) folgt schließlich Gl. (6.49). w_{eff} ist dadurch geprägt, dass die Gegenionenwolken, die in Abb. 6.7(a) dargestellt sind, das Coulomb-Feld der Kolloidpartikel abschirmen.

Die MSA-Näherung für punktförmige Gegenionen führt zu Resultaten, die identisch mit denjenigen der *Debye-Hückel-Theorie* der Elektrolyte sind. Speziell für hinreichend schwache Partikelladungen mit $\exp(-w_{eff}(r)/[k_B T]) \approx 1 - w_{eff}/(k_B T)$ ist ferner $w_{eff}(r) = \tilde{w}_{11}(r)$. Das effektive Paarpotential der Kolloidpartikel entspricht in diesem Fall dem Potential der mittleren Kraft, wie in Gl. (6.58) eingeführt.

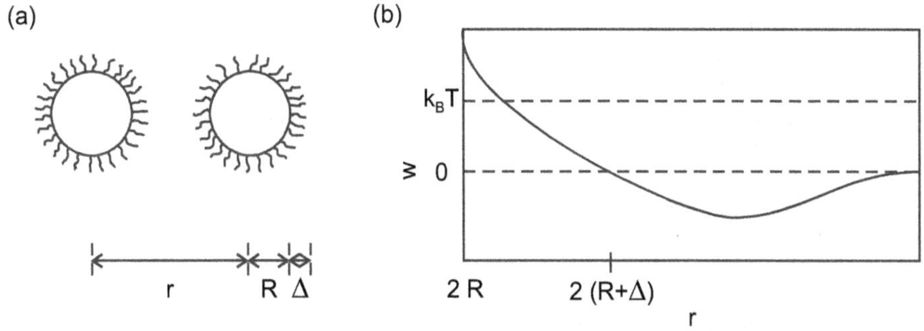

Abb. 6.13. Sterisch stabilisiertes Kolloid. (a) Mittels amphiphilischer Moleküle oder Polymere stabilisierte Kolloidpartikel. (b) Wechselwirkung als Funktion des interpartikulären Abstands.

Wie hier für ladungsstabilisierte Kolloide geschehen, lassen sich effektive Paarpotentiale und radiale Verteilungsfunktionen auch für sterisch stabilisierte Kolloide, wie in Abb. 6.13(a) gezeigt, berechnen. Dafür sind natürlich modifizierte Wechselwirkungen $w(r)$ zu berücksichtigen, die gemäß Abb. 6.13(b) ein langreichweitiges van der Waals-Potential und einen „weichen" Verlauf der sterischen Repulsion beinhalten. Speziell im Fall der bereits in Abschn. 4.1 diskutierten *Ferrofluide* sind die Dipol-Dipol-Wechselwirkungen nach Gl. (4.2) in $w(r)$ zu berücksichtigen.

Literatur

[6.1] J.-P. Hansen and F.R. McDonald, *Theory of Simple Liquids* (Academic Press, Amsterdam, 2006).

[6.2] S. Hunklinger, *Festkörperphysik* (Oldenbourg, München, 2011)

[6.3] A.V. Zvelindovsky (Ed.), *Nanostructured Soft Matter – Experiment, Theory, Simulation and Perspectives* (Springer, Dodrecht, 2007); T.A. Witten, *Structured Fluids: Colloids, Polymers, Surfactants* (Oxford Univ. Press, Oxford, 2010); R.A.L. Jones, *Soft Condensed Matter* (Oxford Univ. Press, Oxford, 2002); I. Hamley, *Introduction to Soft Matter* (Wiley, Chichester, 2000).

[6.4] F. Gompper, J.K.G. Dhont und D. Richter, Physik in unserer Zeit **34**, 12 (2003); **34**, 19 (2003).

[6.5] Y. Bar-Cohen, *Biomimetics: Biologically Inspired Technologies* (CRC Press, Boca Raton, 2006).

[6.6] S. Dietrich, *Wetting Phenomena*, in: C. Domb and J. Lebowitz (Eds), *Phase Transitions and Critical Phenomena*, Vol. 12 (Academic Press, London, 1988); P.-G. de Gennes, Rev. Mod. Phys. **57**, 827 (1985).

[6.7] J. Zakhasov, Eur. J. Mech. B **18**, 327 (1999).

[6.8] D. Langevin (Ed.), *Light Scattering by Liquid Surfaces and Complementary Techniques* (Dekker, New York, 1992).

[6.9] D.K. Schwartz, M.L. Schlossmann, E.H. Kawamoto, G.J. Kellog, P.S. Pershan and B.M. Ocko, Phys. Rev. A **41**, 5687 (1990).

[6.10] D. Beaglehole, Physica A **200**, 696 (1993).

[6.11] D. Amit, *Field Theory, the Renormalization Group, and Critical Phenomena* (McGraw Hill, New York, 1978).

[6.12] W. Gebhardt und U. Krey, *Phasenübergänge und kritische Phänomene - Eine Einführung* (Vieweg, Braunschweig, 1980); I. Herbut, *A Modern Approach to Critical Phenomena* (Cambridge Univ. Press, Cambridge, 2007).

[6.13] P.C. Hohenberg and I. Halperin, Rev. Mod. Phys. **49**, 435 (1977).

[6.14] M.E. Fisher, Rev. Mod. Phys. **46**, 597 (1974); **70**, 653 (1998).

[6.15] S.B. Pope, *Turbulent Flows* (Cambridge Univ. Press, Cambridge, 2000).

[6.16] R.I. Tanner, *Engineering Rheology* (Oxford Univ. Press, Oxford, 2000).

[6.17] R.G. Larson, *The Structure and Rheology of Complex Fluids* (Oxford Univ. Press, Oxford, 1999).

[6.18] F.J. Brady and G. Bossis, Ann. Rev. Fluid Mech. **20**, 111 (1988); D.R. Voss and F.J. Brady, J. Fluid Mech. **407**, 167 (2000).

[6.19] A. Einstein, Ann. Phys. **19**, 289 (1906); **34**, 591 (1911).

[6.20] L.D. Landau und E.M. Lifshitz, *Hydrodynamik* (Akademie-Verlag, Berlin 1990).

[6.21] G.K. Batchelor and J.T. Green, J. Fluid Mech. **56**, 401 (1972).
[6.22] M.P. Lettinga, *The dynamics of rods in different phases*, in: J.K.G. Dhont, G. Gompper, G. Nägele, D. Richter and R.G. Winkler (Eds), *Soft Matter – From Synthetic to Biological Materials* (Schriften des Forschungszentrums Jülich, 2008).
[6.23] M. Doi and S.F. Edwards, *The Theory of Polymer Dynamics* (Oxford Univ. Press, Oxford, 1988).
[6.24] R. F. Kayser Jr. and J.H. Reveché, Phys. Rev. A **17**, 2076 (1978).
[6.25] L.D. Landau und E.M. Lifshitz, *Elastizitätstheorie* (Akademie-Verlag, Berlin, 1990).
[6.26] S. Chandrasekhar, *Liquid Crystals* (Cambridge Univ. Press, Cambridge, 1994).
[6.27] P.G. de Gennes and J. Probst, *The Physics of Liquid Crystals* (Oxford Univ. Press, Oxford, 1995).
[6.28] M. Schadt, Displays **13**, 11 (1992).
[6.29] S.R. de Groot and P. Mazur, *Nonequilibrium Thermodynamics* (Dover, New York, 1985).
[6.30] H.R. Brand and H. Pleiner, J. Physique **45**, 563 (1984).
[6.31] F. Reinitzer, Monatsh. Chem. **9**, 421 (1988); O. Lehmann, Z. Phys. Chem. **4**, 462 (1989).
[6.32] G. Friedel, Ann. Physique **18**, 273 (1922); D. Vorlander, Z. Phys. Chem. **105**, 211 (1923).
[6.33] H. Keiker and B. Scheurle, Angew. Chem. Int. Ed. **8**, 884 (1969); G.W. Gray, K.J. Harrison and J.A. Nash, Electronics Lett. **9**, 130 (1973).
[6.34] G. Heilmeier and L.A. Zanoni, Appl. Phys. Lett. **13**, 91 (1986).
[6.35] H. Kawamoto, Proc. IEEE **90**, 460 (2002).
[6.36] A. Madsen, T. Dingemanns, M. Nakata and E.T. Samulski, Phys. Rev. Lett. **92**, 145505 (2004).
[6.37] T. Seidemann, Rep. Prog. Phys. **53**, 659 (1990).
[6.38] W.B. Russel, D.A. Saville and W.R. Schowalter, *Colloidal Dispersions* (Cambridge Univ. Press, Cambridge, 1991); J.K.G. Dhont, *An Introduction to Dynamics of Colloids* (Elsevier, Amsterdam, 1996).
[6.39] G. Nägele, Phys. Rep. **272**, 215 (1996).
[6.40] V.I. Kalikmanow, *Staticstical Theory of Fluids* (Springer, Berlin, 2001).
[6.41] P.A. Egelstaff, *An Introduction to the Liquid State* (Carendon Press, Oxford, 1992).
[6.42] G. Nägele, *Theories of Fluid Microstructures*, in J.K.G. Dhont, G. Gompper, G. Nägele, D. Richter and R.G. Winkler (Eds), *Soft Matter – From Synthetic to Biological Materials* (Schriften des Forschungszentrums Jülich, 2008).
[6.43] J.-L. Barrat and J.-P. Hansen, *Basic Concepts for Simple and Complex Liquids* (Elsevier, Amsterdam, 2003).
[6.44] L.S. Ornstein and F. Zernike, Proc. Acad. Sci. Amsterdam **17**, 793 (1914).
[6.45] J.K. Percus and G.J. Yevick, Phys. Rev. **110**, 1 (1958).
[6.46] M.S. Wertheim, Phys. Rev. Lett. **10**, 321 (1963).
[6.47] M. Adda-Bedia, E. Katzav and D. Vella, J. Chem. Phys. **128**, 184508 (2008); J. Chem. Phys. **129**, 144506 (2008).
[6.48] J.N. Israelachvili, *Intermolecular and Surface Forces* (Academic Press, London, 1992).
[6.49] B. Capella and G. Dietler, Surf. Sci. Rep. **34**, 1 (1999)
[6.50] J. Israelachvili, Y. Min, M. Akbulut, A. Alij, G. Carver, W. Greene, K. Kristiansen, E. Meyer, N. Pesika, K. Rosenberg and H. Zeng, Rep. Prog. Phys. **73**, 1 (2010).
[6.51] S.J. O'Shea, M.E. Welland and T. Raymont, Appl. Phys. Lett. **60**, 2356 (1992).
[6.52] S.J. O'Shea, M.E. Welland and J.B. Pethica, Chem. Phys. Lett. **223**, 336 (1994).
[6.53] N.N. Gosvami, S.K. Sinha and S. J. O'Shea, Phys. Rev. Lett. **100**, 076101 (2008).
[6.54] J. Gao, W.D. Luedtgke and U. Landman, J. Chem. Phys. **106**, 4309 (1997).

7 Polymere

Polymere sind kettenförmige Moleküle, bei denen sich molekulare Einheiten periodisch wiederholen. Bei der Polymerisation können diese Moleküle Netzwerke bilden. So resultierende Materialien sind von außerordentlich großer technischer Bedeutung. Polymere haben charakteristische grundlegende Eigenschaften und wechselwirken in charakteristischer Weise mit Oberflächen. Polymerelektrolyte und Polyelektrolyte unterscheiden sich von einfachen Elektrolyten, indem die gelösten molekularen Spezies vielfache Elementarladungen aufweisen können.

7.1 Grundlegende Eigenschaften

Polymere sind linear oder verzweigt kettenförmige Moleküle, die aus einer mehr oder weniger großen Anzahl identischer Einheiten, den *Monomeren*, aufgebaut sind. Es handelt sich um ein *Homopolymer*, wenn der Aufbau in nur einem Monomer besteht. *Copolymere* sind hingegen aus verschiedenen Monomeren aufgebaut. Zu unterscheiden ist ferner zwischen anorganischen und organischen Polymeren sowie zwischen natürlichen und synthetischen Polymeren. Unter den natürlichen organischen Polymeren bilden *Biopolymere* natürlich eine wichtige Unterkategorie. Synthetische organische Polymere sind *Kunststoffe*. Homogene Polymermischungen werden als *Polymerblends* bezeichnet.

Polymere haben ein unkonventionelles Phasendiagramm, da es keine Gasphase gibt. Die flüssige Phase ist hochviskos, zeigt aber gleichzeitig elastische Eigenschaften, weswegen man von *Viskoelastizität* spricht. Polymere kristallisieren nie vollständig, sondern häufig dominiert ein glasartiger Zustand, wie in Abschn. 5.2.4 diskutiert. Neben den reinen Polymersystemen zeigen auch Polymerlösungen viele ungewöhnliche Eigenschaften, was wiederum auf die große Anzahl von Konformationsfreiheitsgraden pro Molekül zurückzuführen ist. Dabei hängen die physikalischen Eigenschaften stark von der Flexibilität und Länge sowie vom Verzweigungsgrad der Polymerketten ab. Die Anzahl der Monomere wird in Form des Polymerisationsgrads gemessen. Der Bezug zum vorliegenden Kontext ist offensichtlich: Die typische Größe von Polymermolekülen liegt genau in dem für nanostrukturierte Materie relevanten Größenbereich. Dies zeigt Abb. 7.1 in Form rasterkraftmikroskopischer Abbildungen von Polymermolekülen, die aus einer wässrigen Lösung mit variierendem pH-Wert auf einer Substratoberfläche adsorbiert wurden. Zum einen wird deutlich, dass die Konformation der Moleküle stark abhängig vom pH-Wert ist, zum anderen, dass bei Kettendicken von weniger als 1 nm die Länge oder Ausdehnung der Ketten bei einigen 10 nm oder mehr liegen kann. Im Folgenden wollen wir diskutieren, wie sich molekulare Konformationen, wie in Abb. 7.1 sichtbar, statistisch charakterisieren lassen und wie sich aus den entsprechenden Charakteristika globale physikalische Eigenschaften ableiten lassen.

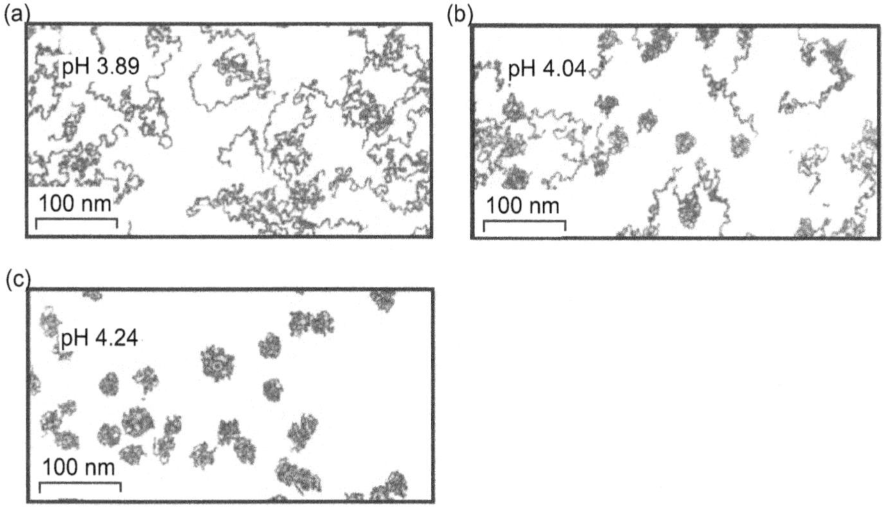

Abb. 7.1. Rasterkraftmikroskopische Abbildung einzelner Poly(2-Venylpyridin)-Moleküle $(C_7H_7N)_n$, adsorbiert aus wässriger Lösung mit variierendem pH-Wert auf einem Glimmersubstrat [7.1]. Die Kettendicke beträgt etwa 0,4 nm.

In einfachster Näherung könnte die Polymerkette als Abfolge von n Monomeren der Länge l betrachtet werden, wobei die relative Orientierung der Monomere zueinander als völlig variabel angesehen wird. Dies ist in Abb. 7.2(a) dargestellt. Der Vektor zwischen Anfang und Ende der Kette wäre dann im Ensemblemittelwert gegeben durch

$$\langle \mathbf{R}_{AE} \rangle = \left\langle \sum_{i=1}^{n} \mathbf{r}_i \right\rangle = 0 \,. \tag{7.1}$$

Der Vektor verschwindet, da keine Vorzugsrichtung ausgezeichnet ist. Die mittlere Distanz ist dann gegeben durch

$$\sqrt{\langle \mathbf{R}_{AE}^2 \rangle} = \sqrt{\sum_{i=1}^{n} \langle r_i^2 \rangle + 2 \sum_{\substack{i,j=1 \\ i<j}}^{n} \langle \mathbf{r}_i \cdot \mathbf{r}_j \rangle} = \sqrt{n}\, l \,. \tag{7.2}$$

Die zweite Summe verschwindet dabei, weil keine Korrelationen zwischen $\mathbf{r}_i$ imd $\mathbf{r}_j$ bestehen, die mittlere Kettenausdehnung ist also proportional zu $\sqrt{n}$, während die Gesamtlänge proportional zum Polymerisationsgrad n ist.

Ein weiteres verbreitetes Maß für die Kettenausdehnung ist der *Trägheitsradius* oder *gyroskopische Radius*, der uns bereits in Abb. 5.19 für ein Dendrimer begegnete.

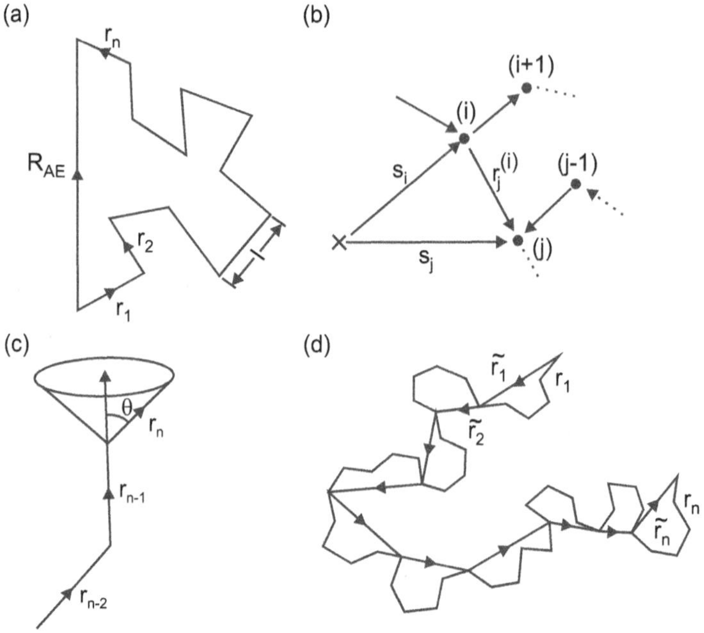

Abb. 7.2. Schematische Darstellung von Polymerketten. (a) Ideal flexible Kette. (b) Geometrie zur Bestimmung des Trägheitsradius. (c) Kette mit fixiertem Bindungswinkel. (d) Kette mit realen Segmenten $\mathbf{r}_i$ und fiktiven Kuhn-Segmenten $\tilde{r}_i$.

Maßgeblich sind hier nach Abb. 7.2(b) die Positionen der Monomere in Bezug auf den Massenschwerpunkt des aus $n + 1$ Monomeren bestehenden Polymers:

$$\mathbf{R}_T^2 = \frac{1}{n+1}\sum_{i=0}^{n} s_i^2 = \frac{1}{n+1}\sum_{i=0}^{n}\left(\mathbf{s}_0 + \mathbf{r}_i^{(0)}\right)^2$$

$$= s_0^2 + \frac{1}{n+1}\left[2\mathbf{s}_0 \cdot \sum_{i=1}^{n}\mathbf{r}_i^{(0)} + \sum_{i=1}^{n}\left(\mathbf{r}_i^{(0)}\right)^2\right] . \tag{7.3a}$$

Mit $\sum_{i=0}^{n} \mathbf{s}_i = 0$ folgt

$$\mathbf{s}_0 = -\frac{1}{n+1}\sum_{i=1}^{n}\mathbf{r}_i^{(0)} \tag{7.3b}$$

und

$$\mathbf{s}_0^2 = \frac{1}{(n+1)^2}\sum_{i,j=1}^{n}\mathbf{r}_i^{(0)} \cdot \mathbf{r}_j^{(0)} . \tag{7.3c}$$

Mit $2\mathbf{r}_i^{(0)} \cdot \mathbf{r}_j^{(0)} = (\mathbf{r}_i^{(0)})^2 + (\mathbf{r}_j^{(0)})^2 - (\mathbf{r}_j^{(i)})^2$ folgt schließlich aus Gl. (7.3a)

$$\mathbf{R}_T^2 = \frac{1}{(n+1)^2} \sum_{\substack{i,j=0 \\ i<j}}^{n} \left(\mathbf{r}_j^{(i)}\right)^2 . \tag{7.4}$$

Die Verbindungsvektoren $\mathbf{r}_j^{(i)}$ sind nach Abb. 7.2(b) Vektoren, die Anfang und Ende einer Teilkette des Polymers verbinden. Damit sind sie gemäß Gl. (7.1) und (7.2) determiniert: $(\mathbf{r}_j^{(i)})^2 = (j-i)l^2$. Es folgt aus Gl. (7.4)

$$\langle \mathbf{R}_T^2 \rangle = \frac{l^2}{(n+1)^2} \sum_{\substack{i,j=0 \\ i<j}}^{n} (j-i) = \frac{l^2}{2(n+1)^2} \sum_{j=1}^{n} j(j+1) = \frac{n(n+2)}{(n+1)} \frac{l^2}{6} . \tag{7.5}$$

Für $n \gg 1$ reduziert sich dies auf $\langle \mathbf{R}_T^2 \rangle = nl^2/6$. Vergleicht man dies mit Gl. (7.2), so folgt für die beiden Maßstäbe zur Charakterisierung der Polymergröße $\langle \mathbf{R}_T^2 \rangle = \langle \mathbf{R}_{AE}^2 \rangle / 6$.

Bisher wurde implizit angenommen, dass der Winkel zwischen benachbarten Segmenten des Polymers beliebig sein kann und statistisch verteilt ist. Dies ist in Anbetracht der Tatsache, dass die Segmente über kovalente Bindungen verbunden sind, gegebenenfalls eine unzulängliche Vereinfachung [7.2]. Nehmen wir an, dass der Winkel, wie in Abb. 7.2(c) dargestellt, immer Θ beträgt, Segemente aber beliebig zueinander tordiert sein können, so gilt $\langle \mathbf{r}_i \cdot \mathbf{r}_{i+1} \rangle = l^2 \cos\Theta$. Für weiter entfernte Segmente reduziert sich die Korrelation gemäß $\langle \mathbf{r}_i \cdot \mathbf{r}_j \rangle = l^2 (\cos\Theta)^{|j-i|}$ [7.2]. Damit erhält man nun aus Gl. (7.2)

$$\begin{aligned} \langle \mathbf{R}_{AE}^2 \rangle &= nl^2 + 2l^2 \sum_{\substack{i,j=1 \\ i<j}}^{n} (\cos\Theta)^{j-i} \\ &= l^2 \left[n + \sum_{k=1}^{n-1} \cos^k\Theta \, (n-k) \right] \\ &= \frac{nl^2}{1-\cos\Theta} \left[1 + \cos\Theta - \frac{2\cos\Theta(1-\cos^n\Theta)}{n(1-\cos\Theta)} \right] . \end{aligned} \tag{7.6}$$

Dies vereinfacht sich für $n \gg 1$ wiederum zu $\langle \mathbf{R}_{AE}^2 \rangle = nl^2(1+\cos\Theta)/(1-\cos\Theta)$. Die Flexibilität eines Polymers lässt sich dann charakterisieren durch

$$C_\infty = \lim_{n\to\infty} \frac{\langle \mathbf{R}_{AE}^2 \rangle}{nl^2} = \frac{1+\cos\Theta}{1-\cos\Theta} . \tag{7.7}$$

Verwendet man beispielsweise $\cos\Theta = 1/3$ für den Bindungswinkel bei tetraedrischer Koordination, so erhält man $C_\infty = 2$. Für reale Polymere ist $4 \le C_\infty \le 10$ charakteristisch [7.3], wobei $C_\infty = 1$ einem ideal flexiblen Polymer entspräche. Abbildung 7.3 zeigt die Anordnungen einiger typischer Polymere. Da die Korrelation von Polymersegmenten gemäß $\langle \mathbf{r}_i \cdot \mathbf{r}_j \rangle = (\cos\Theta)^{|j-i|}$ mit wachsendem Abstand $|j-i|$ abnimmt, kann man

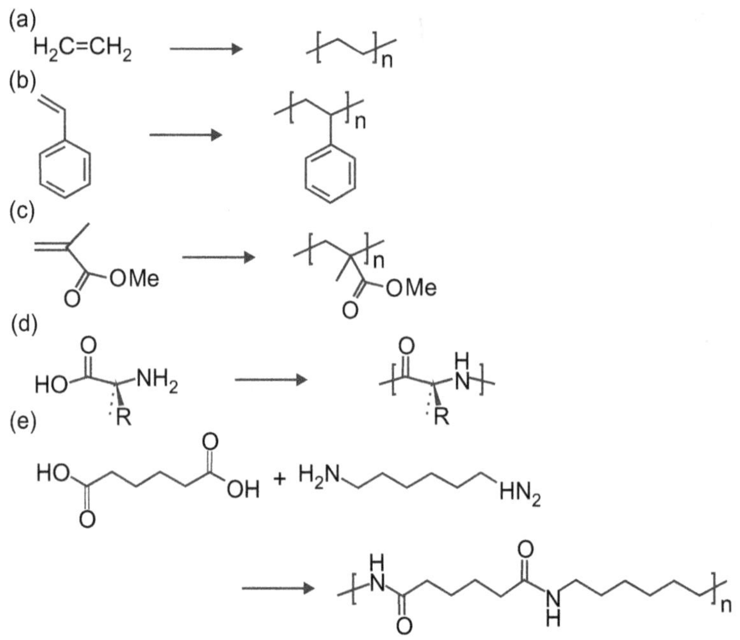

Abb. 7.3. Beispiele für reale Polymere. (a) Polyethylen, (b) Polystyrol, (c) Polymethylmethacrylat (PMMA), (d) Protein (Peptid) und (e) Polyamid (Nylon66).

jeweils Punkte *i* und *j* bestimmen, die nur noch eine verschwindende Korrelation aufweisen. Der Verbindungsvektor $\mathbf{r}_j^{(i)}$ definiert das *Kuhn-Segment*, wie in Abb. 7.2(d) dargestellt. Für alle Kuhn-Segmente, die eine fiktive Kette unterschiedlich langer, völlig unkorrelierter Segmente bilden, ist dann gemäß Gl. (7.2)

$$\langle \mathbf{R}_{AE}^2 \rangle_K = \sum_{i=1}^{n_K} \langle \tilde{r}_i^2 \rangle + 2 \sum_{\substack{i,j=1 \\ j<i}}^{n_K} \langle \tilde{\mathbf{r}}_i \cdot \tilde{\mathbf{r}}_j \rangle = n_K l_K^2 \,. \tag{7.8}$$

n_K und l_K bezeichnen Anzahl und mittlere Länge der Kuhn-Segmente. Sowohl die *Konturlänge* $L = n_K l_K = nl$ als auch $\langle \mathbf{R}_{AE}^2 \rangle_K = L l_K = C_\infty L l$ sind modellunabhängige Observablen, welche die Elemente der fiktiven Kuhn-Kette in Relation setzen zu den mikroskopischen Eigenschaften eines Polymers: $l_K = C_\infty l$ und $n_K = n/C_\infty$. Definiert man die Konturlänge abweichend, so ergeben sich entsprechend modifizierte charakteristische Parameter des Kuhn-Modells [7.4; 7.5].

Reale Polymerketten, wie in Abb. 7.3 dargestellt, sind thermischen Fluktuationen unterworfen, die zu einer Abnahme der Orientierungskorrelation entlang einer Segmentlänge l führen. Dies hat zur Folge, dass die lokale Orientierung durch ein statistisches Mittel gegeben ist [7.6]: $\langle \cos\Theta \rangle = \exp(-l k_B T/\kappa)$. κ quantifiziert hier die Steifigkeit. Für $l k_B T/\kappa \ll 1$ ergibt sich damit aus Gl. (7.6)

$$\langle \mathbf{R}_{AE}^2 \rangle = 2 l_p^2 \left[n_p - 1 + \exp(-n_p) \right] \,. \tag{7.9}$$

Die *Persistenzlänge* ist gegeben durch $l_p = \kappa/(k_B T)$ und der zugehörige Polymerisationsgrad durch $n_p = nlk_B T/\kappa$. Während für ein hochflexibles Polymer mit $n_p \gg 1$

$$\langle \mathbf{R}_{AE}^2 \rangle = 2n_p l_p^2 \tag{7.10a}$$

gilt, so erhält man für ein steifes mit $n_p \ll 1$

$$\langle \mathbf{R}_{AE}^2 \rangle = 2(n_p l_p)^2 \; . \tag{7.10b}$$

In Abb. 7.4 ist schematisch und anhand realer Konfigurationen das Verhalten von Polymeren unterschiedlicher Steifigkeit dargestellt. In natürlichen und artifiziellen Systemen treten die unterschiedlichsten Steifigkeiten auf, so dass n_p sich im Allgemeinen über große Bereiche erstreckt. Die in Abb. 7.1 dargestellten Polymerketten sind offensichtlich durch $n_p \gg 1$ charakterisiert.

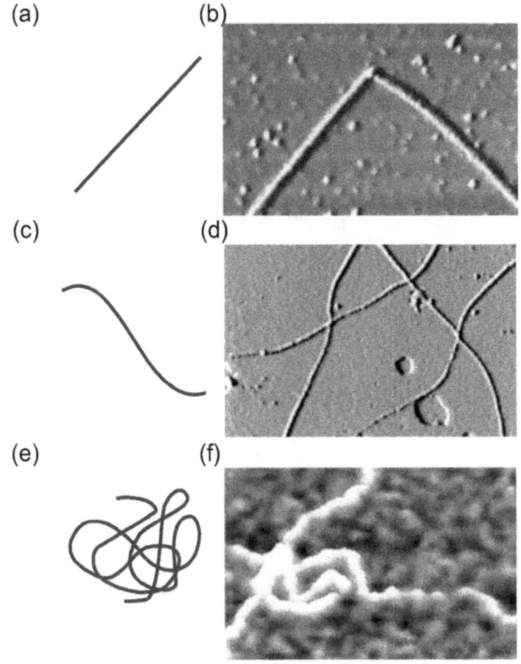

Abb. 7.4. Verhalten von Polymerketten unterschiedlicher Steifigkeit bei variierendem Polymerisationsgrad n_p. (a) $n_p \ll 1$ findet man beispielsweise für Mikrotubuli, die in der AFM-Aufnahme (b) abgebildet sind. (c) $n_p \approx 1$ findet man für Aktinfilamente, wie mittels AFM in (d) abgebildet [7.7]. (e) $n_p \gg 1$ charakterisiert beispielsweise DNA, abgebildet mittels AFM in (f) [7.8].

Verwendet man das durch Gl. (7.8) definierte Kuhn-Modell, so erhält man $l_K = 2l_p$ und $n_K = n_p/2$ im Hinblick auf eine Relation zu Gl. (7.9). Damit lassen sich dann die

Grenzfälle aus Gl. (7.10) entsprechend ausdrücken. Zudem erhält man für den Trägheitsradius aus Gl. (7.5) [7.9]

$$\langle \mathbf{R}_T^2 \rangle = l_K^2 \left(\frac{n_K}{6} - \frac{1}{4} + \frac{1}{4n_K} - \frac{1}{8n_K^2} \left[1 - \exp(-2n_K) \right] \right) , \quad (7.11)$$

mit den Grenzfällen

$$\langle \mathbf{R}_T^2 \rangle = \frac{n_K l_K^2}{6} , \quad (7.12a)$$

für $n_K \gg 1$ und

$$\langle \mathbf{R}_T^2 \rangle = \frac{(n_K l_K)^2}{12} , \quad (7.12b)$$

für $n_K \ll 1$.

Bislang haben wir, gegeben durch Gl. (7.2), (7.6) und (7.9), die statistisch gemittelte Distanz zwischen Anfang und Ende der Polymerkette als Maß für ihre Ausdehnung betrachtet. Um dieses Maß richtig einordnen zu können, ist es instruktiv, zu analysieren, welche Verteilung sich für $\mathbf{R}_{AE}$ ergibt. Dazu betrachten wir wieder die idealisierte Zufallskette in Form der frei rotierenden Kette aus Abb. 7.2(a) oder der Kuhn-Kette aus Abb. 7.2(d). Die Wahrscheinlichkeitsdichte für einen konkreten Abstand $\mathbf{R}_{AE}$ ist gegeben durch

$$p(\mathbf{R}_{AE}) = \left\langle \delta \left(\mathbf{R}_{AE} - \sum_j \mathbf{r}_j \right) \right\rangle , \quad (7.13)$$

wobei die statistische Unabhängigkeit der Segmente durch $\mathbf{r}_i \cdot \mathbf{r}_j = \delta_{ij} l^2$ charakterisiert ist. Eine Fourier-Transformation liefert dann

$$\begin{aligned} \tilde{p}(\mathbf{Q}_{AE}) &= \left\langle \int d^3\mathbf{R}_{AE} \exp(i\mathbf{Q}_{AE} \cdot \mathbf{R}_{AE})\, \delta\Big(\mathbf{R}_{AE} - \sum_j \mathbf{r}_j\Big) \right\rangle \\ &= \left\langle \exp\Big(i\mathbf{Q}_{AE} \cdot \sum_j \mathbf{r}_j\Big) \right\rangle . \end{aligned} \quad (7.14a)$$

Damit erhalten wir wiederum

$$\begin{aligned} \tilde{p}(\mathbf{Q}_{AE}) &= \int d^3r_1\, p_1(\mathbf{r}_1) \ldots \int d^3r_n\, p_n(\mathbf{r}_n) \exp\Big(i\mathbf{Q}_{AE} \cdot \sum_j \mathbf{r}_j\Big) \\ &= \int d^3r_1\, p_1(\mathbf{r}_1) \ldots \int d^3r_n\, p_n(\mathbf{r}_n) \left[1 - \frac{1}{2} \sum_j (\mathbf{Q}_{AE} \cdot \mathbf{r}_j)^2 + \ldots \right] . \end{aligned} \quad (7.14b)$$

Dies lässt sich auch schreiben als

$$\begin{aligned} \tilde{p}(Q_{AE}) = 1 - \frac{1}{6} \sum_j \left\langle (Q_{AE}\, r_j)^2 \right\rangle + \ldots \quad &= \quad 1 - \frac{n}{6}(Q_{AE} l)^2 + \ldots \\ &\approx \quad \exp(-\frac{n}{6} Q_{AE}^2\, l^2) . \end{aligned} \quad (7.14c)$$

Die Güte der Näherung in dieser Gleichung steigt mit wachsender Kettenlänge. Nach Rücktransformation von Gl. (7.14c) und mit $\langle \mathbf{R}_{AE}^2 \rangle = nl^2$ folgt

$$p(R_{AE}) = \frac{3}{\sqrt{3(2\pi\langle \mathbf{R}_{AE}^2 \rangle)^3}} \exp\left(-\frac{3\mathbf{R}_{AE}^2}{2\langle \mathbf{R}_{AE}^2 \rangle}\right) . \tag{7.15}$$

Die a priori gegebenen Binomialverteilung der Kettenendabstände kann also durch eine Gauß-Verteilung angenähert werden, die im Kontext des *zentralen Grenzwertsatzes* [7.10] als exakt anzusehen ist. Während $\mathbf{r}_j$ für ein einzelnes Segment der Polymerkette eine Kugeloberfläche beschreibt, so beschreibt $\mathbf{R}_{AE}$ dennoch eine dreidimensionale Gauß-Verteilung.

Das Modell der *Gaußschen Kette* erhält man nun aus dem Kuhn-Modell, wenn man annimmt, dass die einzelnen Kuhn-Segmente nach Abb. 7.2(d) so viele Monomere beinhalten, dass sie jeweils eine Gaußsche Orientierungsverteilung aufweisen. Die Verteilungsfunktion von n_K Segmenten ist dann

$$p(\mathbf{R}_0, \ldots, \mathbf{R}_{n_K}) = \frac{1}{\sqrt{(2\pi l_K^2/3)^{3n_K}}} \exp\left(-\frac{3}{2l_K^2} \sum_{i=1}^{n_K} (\mathbf{R}_i - \mathbf{R}_{i-1})^2\right) . \tag{7.16}$$

$\mathbf{R}_i$ beschreibt dabei die Position eines Kuhn-Segments. Der Grenzfall der kontinuierlichen Kette ist dann gegeben durch ein Pfadintegral:

$$p \sim \exp\left(-\frac{3}{2l_K} \int ds \left[\frac{\partial \mathbf{R}}{\partial s}\right]^2\right) . \tag{7.17}$$

Damit lässt sich die folgende *Greensche Funktion* definieren:

$$G(\mathbf{R}, \mathbf{R}', n_K) = \frac{\int_{\mathbf{R}}^{\mathbf{R}'} d^3R \, \exp\left(-\int_0^{n_K} ds[3/(2l_K)(\partial\mathbf{R}/\partial s)^2 + 1/(k_B T)U(\mathbf{R})]\right)}{\int d^3R' \int_{\mathbf{R}}^{\mathbf{R}'} d^3R \, \exp\left(-3/(2l_K) \int_0^{n_K} ds(\partial\mathbf{R}/\partial s)^2\right)} . \tag{7.18}$$

Diese Greensche Funktion ist Lösung von

$$\left(\frac{\partial}{\partial n_K} - \frac{l_K^2}{6} \triangle_{\mathbf{R}} + \frac{1}{k_B T} U(\mathbf{R})\right) G(\mathbf{R}, \mathbf{R}', n_K) = \delta(\mathbf{R} - \mathbf{R}')\delta(n_K) . \tag{7.19}$$

Dies ist ein wichtiger Ausgangspunkt zur Beschreibung der Polymerdynamik [7.58]: Die beiden ersten Operatoren links sind charakteristisch für die *Diffusionsgleichung* (4.66). n_K ist dabei das Pendant zur Diffusionszeit. Andererseits entspricht der Teil auf der linken Seite von Gl. (7.19) in toto der Schrödinger-Gleichung (3.6) mit einem Potential $U(\mathbf{R})$. n_K entspräche hier einer imaginären Zeit.

Die Bedeutung der Greenschen Funktion aus Gl. (7.18) lässt sich in einfacher Weise verdeutlichen, wenn wir, wie in Abb. 7.5(a), ein einfaches, isoliertes Polymerknäuel

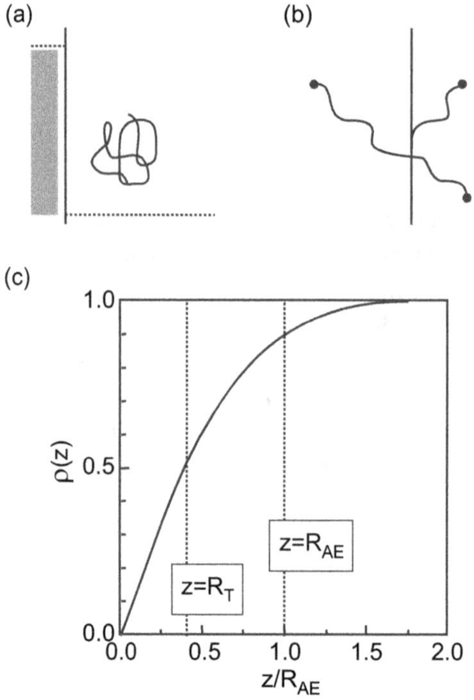

Abb. 7.5. (a) Isoliertes Polymerknäuel nahe einer Oberfläche. (b) Spiegelung nicht möglicher Kettenabschnitte. (c) Normierte Polymerkonzentration nahe einer Oberfläche mit $R_{AE} = \sqrt{\langle \mathbf{R}_{AE}^2 \rangle}$ und $R_T = \sqrt{\langle \mathbf{R}_T^2 \rangle}$.

aus einer verdünnten Polymerlösung in der Nähe einer Oberfläche betrachten. Für ein völlig potentialfreies Polymer ist die Greensche Funktion durch $p(\mathbf{R}_{AE})$ aus Gl. (7.15) gegeben. Ist der Halbraum $z < 0$ durch ein unendliches repulsives Potential gekennzeichnet, so wird die Lösung für die Greensche Funktion unter diesen Umständen durch Spiegelung des im verbotenen Bereich befindlichen Polymersegments gemäß Abb. 7.5(b) bestimmt:

$$G(\mathbf{R}, \mathbf{R}', n_K) = \frac{1}{\sqrt{(2\pi n_K l_K^2/3)^3}} \exp\left(-\frac{3}{2n_K l_K^2}\left[(X-X')^2 + (Y-Y')^2\right]\right) \left\{\exp\left(-\frac{3}{2n_K l_K^2}[Z-Z']^2\right) - \exp\left(-\frac{3}{2n_K l_K^2}[Z+Z']^2\right)\right\} . \quad (7.20)$$

Die Wahrscheinlichkeit, das Polymer in einer bestimmten Entfernung von der Oberfläche zu finden – oder die normierte Polymerdichte – ergibt sich durch Integration über $G(\mathbf{R}, \mathbf{R}', n_K)$:

$$c(Z) \equiv \varrho(Z) = \int d^3R' \; G(\mathbf{R}, \mathbf{R}', n_K) = \operatorname{erf}\left(\sqrt{\frac{3}{2\langle \mathbf{R}^2_{AE}\rangle}} Z\right) , \tag{7.21}$$

mit der Fehlerfunktion, die uns bereits in Gl. (1.1) begegnete. Nach Abb. 7.5(c) findet man bei $z = \sqrt{\langle \mathbf{R}^2_{AE}\rangle}$ eine Polymerkonzentration von ca. 90 %, während die Konzentration für $z = \sqrt{\langle \mathbf{R}^2_{T}\rangle}$ nur noch ca. 50 % beträgt. Dieser Verarmungseffekt ist entropischer Natur: Nahe an der Oberfläche reduziert sich die Anzahl der möglichen Polymerkonformationen, was mit einem Entropieverlust einherginge. Dieser wird im thermodynamischen Gleichgewicht vermieden.

Die in Abb. 7.5(c) dargestellte Verarmungszone in der Nähe von Oberflächen ist eine Folge der sehr großen *Konformationsentropie* der Polymere. Diese ist auch für die *Entropieelastizität*, die sich bei *Elastomeren* bobachten lässt, verantwortlich. Bei diesen Stoffen handelt es sich um hochmolekulare Polymere, welche durch *Vulkanisierung* oder Bestrahlung mit γ-Strahlen vernetzt werden, wie schematisch in Abb. 7.6 dargestellt. Gummielastische Stoffe verhalten sich reversibel bis zu Dehnungen, die mehrere 100 % betragen können. Elastische Moduln sind vergleichsweise klein und nehmen nahezu linear mit der Temperatur zu. Spannungs-Dehnungs-Kurven folgen nur bei extrem kleinen Dehnungen dem Hookeschen Gesetz. Wenn $\lambda_z = L/L_0 \equiv \lambda$ die Dehnung charakterisiert, so manifestieren sich Volumenerhaltung und Isotropie des Polymers in $\lambda_x = \lambda_y = 1/\sqrt{\lambda}$. In einem ebenfalls auf *H. Kuhn* zurückgehenden Modell nimmt man an, dass aufgrund der makroskopischen Deformation die Koordinaten der chemisch vernetzten Stellen (*cross links*) *affin* transformieren: $(x', y', z') = (x/\sqrt{\lambda}, y/\sqrt{\lambda}, \lambda z)$. Die mit der Dehnung verbundene Änderung der freien Energie ist $\Delta\mathcal{F}(\lambda) = \Delta U(\lambda) - T\Delta S(\lambda)$. Für Elastomere bei nicht zu niedrigen Temperaturen gilt nun $\Delta U(\lambda) \ll T\Delta S(\lambda)$, und die Rückstellkraft wird damit durch den entropischen Anteil dominiert. Die Greensche Funktion für ein Kettensegment zwischen zwei Vernetzung-

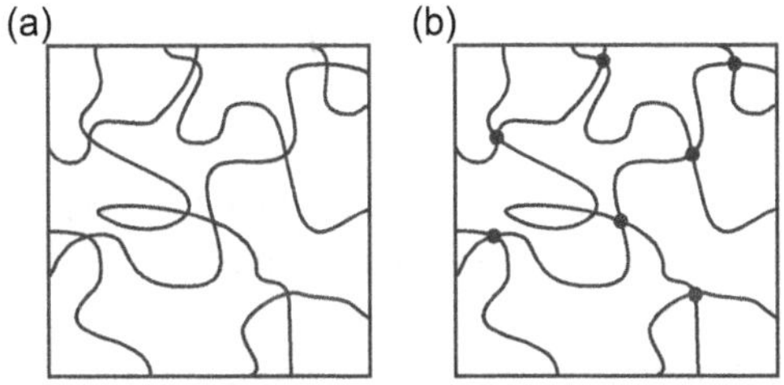

Abb. 7.6. (a) Polymernetzwerk mit topologischer Vernetzung. (b) Netzwerk nach Vulkanisierung, die zur chemischen Vernetzung führt.

punkten gemäß Abb. 7.6(b) ist wiederum durch Gl. (7.15) gegeben:

$$G(\mathbf{R},\mathbf{R}',n)=\frac{1}{\sqrt{(2\pi\langle\mathbf{R}_{AE}^2\rangle/3)^3}}\exp\left(-\frac{3}{2\langle\mathbf{R}_{AE}^2\rangle}\left[\frac{X^2+Y^2}{\lambda}+(\lambda Z)^2\right]\right). \tag{7.22}$$

Damit ergibt sich für die mit der Dehnung verbundene Energiedifferenz

$$\Delta\mathcal{F}(\lambda)=-k_BTn\langle\ln p(\lambda)-\ln p(\lambda=1)\rangle=\frac{n}{2}\left(\frac{2}{\lambda}+\lambda^2-3\right)k_BT\,. \tag{7.23}$$

Hieraus lässt sich die Rückstellkraft berechnen:

$$\frac{\partial\Delta\mathcal{F}}{\partial L}=n\left(\lambda-\frac{1}{\lambda^2}\right)\frac{k_BT}{L_0}\,. \tag{7.24}$$

Daraus ergibt sich die Spannung

$$\sigma(\lambda)=n\left(\lambda-\frac{1}{\lambda^2}\right)\frac{k_BT}{V}=\frac{RT\varrho}{\langle m_{cl}\rangle}\left(\lambda-\frac{1}{\lambda^2}\right)\,. \tag{7.25}$$

Hier bezeichnet $R = k_BN_A$ die Gaskonstante, $\varrho \approx 1\,\mathrm{g/cm^3}$ die Dichte und $\langle m_{cl}\rangle$ die mittlere molekulare Masse eines Segments zwischen zwei Vernetzungspunkten. Es ist offensichtlich, dass der Elastizitätsmodul mit wachsender Temperatur wächst.

Mittels Rasterkraftmikroskopie kann das Spannungs-Dehnungs-Verhalten einzelner Polymerketten quantitativ analysiert werden. Für die einzelne Kette ist die Entropie gegeben durch $S = S_0 - 3k_Bz^2/(2\langle\mathbf{R}_{AE}^2\rangle)$. Für eine dehnende Kraft $F \ll k_BT/l$[5] ergibt sich ein Hookescher Bereich mit $z = F\langle\mathbf{R}_{AE}^2\rangle(3k_BT)$. Abbildung 7.7(a) zeigt schematisch, wie sich ein Polymer zwischen der funktionalisierten Sonde eines Rasterkraftmikroskops und der ebenfalls funktionalisierten Substratoberfläche befestigen lässt [7.11]. Vergrößert man sukzessive den Abstand zwischen Sonde und Substrat, so resultieren Kraft-Abstandskurven, wie in Abb. 7.7(b) gezeigt. Es treten typischerweise Kräfte im Bereich einiger 100 pN auf. Übersteigt F einen kritischen Wert, so reißt die Kette. Der $F(z)$-Verlauf ist in toto wesentlich komplizierter als es dem Hookeschen Bereich entspricht und lässt sich mit einem verfeinerten Kuhn-Modell beschreiben [7.12]:

$$z=\left[\coth\left(\frac{Fl_K}{k_BT}\right)-\frac{k_BT}{Fl_K}\right]\left(L+\frac{n_k}{k_K}F\right)\,, \tag{7.26}$$

wobei l_K, n_K und k_K die Länge, Anzahl und Elastizität der Kuhn-Segmente bezeichnen und L die Konturlänge. Der durch Gl. (7.26) gegebene Verlauf ist in Abb. 7.7(b) als durchgezogene Linie dargestellt. Die Anpassung liefert für Polyethylenglykolgruppen $l_K = (0,65 \pm 0,08)\,\mathrm{nm}$, $k_K = (6,2 \pm 0,6)\,\mathrm{N/m}$ und $L = (9,5 \pm 1,0)\,\mathrm{nm}$ [7.11].

Bei der Beschreibung mehr oder weniger verdünnter Polymerlösungen sind weitere Aspekte von Bedeutung, die bei Betrachtung von Einzelketten oder chemisch vernetzten Polymeren nicht relevant sind. In einer Lösung ist das von einer Polymerkette

5 Die freie Energie wurde zuvor mit $\mathcal{F}$ bezeichnet und wird es ebenfalls im Folgenden.

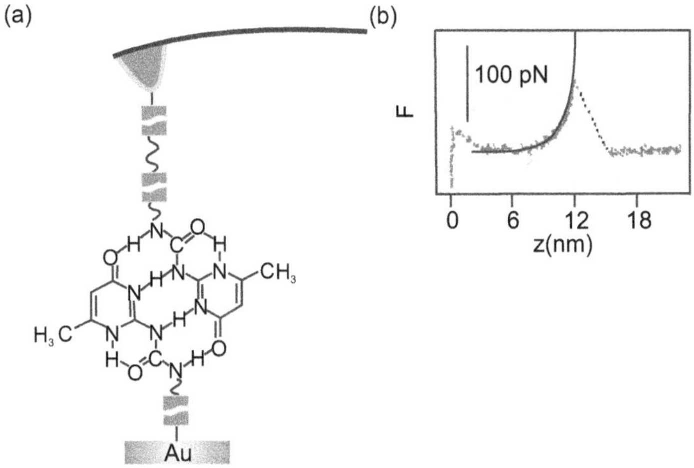

Abb. 7.7. Einzelmolekülkraftspektroskopie mit dem Rasterkraftmikroskop. (a) Supramolekulares, durch vier Wassterstoffbrückenbindungen geformtes Polymer zwischen UPy-Einheiten, die mit der AFM-Spitze und dem Substrat verbunden sind [7.11]. (b) Kraft-Abstandskurve bei Dehnung von Polyethylenglykolgruppen (PEG, $C_{2n}H_{4n+2}O_{n+1}$) [7.11].

beanspruchte Volumen durch $V \approx R^d$ gegeben, wobei R die Größe der Kette quantifiziert und d die Dimension. In diesem Volumen ist die Monomerdichte dann $\varrho \approx n/R^d$. Monomere, die entlang der Kette weit voneinander entfernt sind, können in einem Knäuel sterisch miteinander wechselwirken. Die damit verbundene repulsive Energie ist durch $E \sim \varrho^2 V = n^2/R^d$ gegeben [7.13]. Für die Entropie der Kette erhält man $S = k_B \ln p(R) \approx -3k_B R^2/(2nl^2)$.

Damit folgt für die freie Energie $\mathcal{F} = E - TS = cn^2/R^d - 3k_B TR^2/(2nl^2)$, mit einer Konstante c. Aus $\partial\mathcal{F}/\partial R = 0$ erhält man schließlich $R \sim n^\nu$, mit $\nu = 3/(2+d)$. In drei Dimensionen erhält man also $\nu = 3/5$ und aus rigoroseren Theorien $\nu = 0,588$ [7.13]. Der gegenüber $\nu = 1/2$ für die einfache Zufallskette vergrößerte Wert impliziert, dass die Polymerkette „anschwillt" aufgrund des teilweise verbotenen Volumens innerhalb des Knäuels. Das hier diskutierte einfache Modell geht auf *P.J. Flory* (1910–1985, Nobelpreis für Chemie 1974) zurück [7.14]. $R_F \sim n^\nu$ wird als *Flory-Radius* bezeichnet und ν als *Flory-Exponent*.

Für eine Reihe weiterer, gerade in der Nanotechnologie relevanter Fälle, in denen sich Polymerketten unter die Entropie einschränkenden Randbedingungen befinden, wurden wichtige, universelle *Skalierungsrelationen* gefunden, die einen Zusammenhang zwischen bestimmten Observablen und Charakteristika der einzelnen Polymerkette liefern. Viele dieser Skalierungsrelationen gehen auf *P.G. de Gennes* (1932–2007, Nobelpreis für Physik 1991) zurück [7.15; 7.16]. Eine typische, die Entropie einschränkende Randbedingung ist für eine Polymerkette in einer Röhre des Durchmessers $D \ll \sqrt{\langle \mathbf{R}_{AE}^2 \rangle}$ gegeben,wobei zusätzlich $D \gg l$ gelten möge. Während entlang der

Röhre $\langle R_{\parallel} \rangle = \sqrt{\langle \mathbf{R}_{AE}^2 \rangle}$ gilt, muss für die querschnittsparallele Ausdehnung $\langle R_{\perp} \rangle \approx D$ gelten. Dies führt zu einer Entropiereduktion von $\Delta S = k_B(\sqrt{\langle \mathbf{R}_{AE}^2 \rangle}/D)^m \sim n^{m/2}$. Da andererseits sicherlich $\Delta S \sim n$ gelten muss, resultiert offensichtlich $m = 2$. Damit ist ein Anstieg der freien Energie von $\Delta \mathcal{F} = k_B T \langle \mathbf{R}_{AE}^2 \rangle / D^2$ verbunden. Diese Relation gilt für die unterschiedlichsten Einschlüsse (*confinements*) von Polymerketten.

Auch das Adsorptionsverhalten von Polymerketten lässt sich unter vereinfachenden Annahmen leicht charakterisieren [7.17]. Mit der zuvor abgeleiteten Einschlussenergie ergibt sich in diesem Fall für die Änderung der freien Energie $\Delta \mathcal{F} = (\langle \mathbf{R}_{AE}^2 \rangle / D^2 - \varepsilon f_a n) k_B T$. Die dimensionslose Konstante ε charakterisiert hier die Bindungsenergie der die Oberfläche berührenden Monomere, die einen Bruchteil f_a aller Monomere ausmachen. D ist hier die Dicke der Zone weg von der Oberfläche, über die sich die Polymerkette ausdehnt. Mit $f_a \approx l/D$ erhält man $D \approx l/\varepsilon$ für $D \gg \sqrt{\langle \mathbf{R}_{AE}^2 \rangle}$ und $\varepsilon \ll 1$. Daraus ergibt sich die Bindungsenergie $E_B \approx -n\varepsilon^2 k_B T$.

Wie wir bereits im Zusammenhang mit dem Flory-Radius gesehen haben, ermöglichen es einfache Skalierungsargumente, Effekten Rechnung zu tragen, die für reale Polymere beobachtbar sind, für idealisierte Zufallsketten jedoch nicht resultieren. Dazu gehören insbesondere Wechselwirkungen zwischen einzelnen, entlang der Kette weit entfernten Monomeren, die für spezielle Konformationen jedoch einen geringen Abstand haben können, wie in Abb. 7.8(a) dargestellt, und die dann über van der Waals- oder Coulomb-Kräfte miteinander wechselwirken können. Eine auf die Kette wirkende Zugspannung wird zunächst dazu führen, dass großräumige Schleifen allmählich glatt gezogen werden, während lokal durchaus Knäuel einer durchschnittlichen Ausdehnung $\xi = k_B T/F$ bestehen bleiben, weil die Wirkung der Kraft auf diese Knäuel zunächst gering ist. Auf einer groben Längenskala von $r \gg \xi$ lässt sich die Polymerkette dann als Kette voneinander unabhängiger Knäuel beschreiben, wobei auf verfeinerter Längenskala $r < \xi$ jedes Knäuel die Konformationsdynamik einer Flory-Kette, wie zuvor diskutiert, aufweist. Dieses aus einer Kombination aus grob- und feinkörniger Betrachtungsweise resultierende Modell geht auf de Gennes zurück.

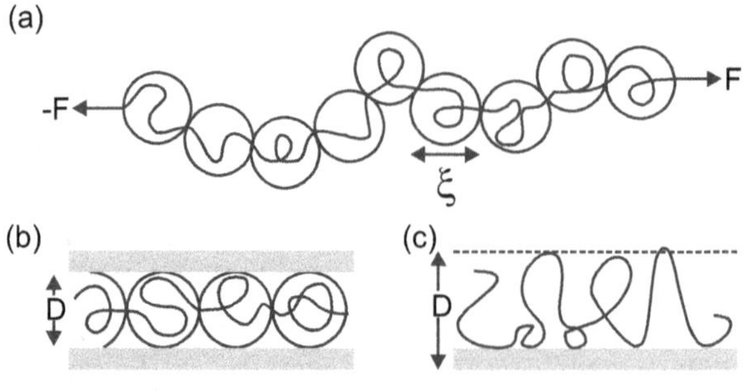

Abb. 7.8. Blob-Modell für Polymerketten (a) unter Zugspannung und (b) in eindimensionalen Einschlüssen. (c) Adsorption einer Polymerkette.

Er bezeichnete es als *Blob-Modell* [7.15]. Damit gilt $\xi = l\, n_B^{3/5}$ bzw. $n_B = (k_B T/[lF])^{5/3}$ für die Anzahl der Monomere in einem durchschnittlichen Knäuel des Durchmessers ξ. Die Länge der gedehnten Kette ergibt sich zu $L = \xi n/n_B = nl(Fl/[k_B T])^{2/3}$.

Für kleine Kettenausdehnungen mit $R_F \ll \xi$ kann man $L = \Phi(R_F/\xi)R_F$ mit einer dimensionslosen Funktion Φ erwarten. Da andererseits für kleine Kräfte $F\,L \sim R_F/\xi$ erwartet werden kann, folgt $L = R_F^2/\xi = R_F^2 F/(k_B T) = l\, n^{6/5} F/(k_B T)$. Bemerkenswerterweise ist die Länge der gespannten Polymerkette nicht einfach proportional zu n, wie im Fall der idealen Zufallskette. Die Nichtlinearität in n resultiert daher, dass Kräfte nicht einfach nur längs der Polymerkette übertragen werden, sondern vielmehr auch über Monomer-Monomer-Kontakte mit repulsiver Wechselwirkung.

Der Effekt des ausgeschlossenen Volumens, der bei realen Polymeren a priori zu berücksichtigen ist, wird besonders deutlich in effektiv eindimensionalen Einschlüssen, wie in Abb. 7.8(b) dargestellt. Nehmen wir an, für den zylindrischen Einschluss ist $l \ll R_F \ll D$ gegeben. Die Ausdehnung der Polymerkette entlang der Röhre ist dann gegeben durch $\langle R_\| \rangle = R_F \Phi(R_F/D)$, mit $\lim_{R_F/D \to 0} \Phi(R_F/D) = 1$. Andererseits sollte $\lim_{R_F/D \to \infty} \Phi(R_F/D) = (R_F/D)^m$ für eine sehr dünne Röhre gelten. Mit $\langle R_\| \rangle \sim n$ und $R_F \sim n^{3/5}$ folgt schließlich $m = 2/3$ und damit $\langle R_\| \rangle = n(l/D)^{2/3} l$. Dieses Resultat weicht signifikant von $\langle R_\| \rangle \sim \sqrt{n}$ ab, was wir zuvor für die ideale Zufallskette unter identischen Confinement-Bedingungen erhalten hatten.

De Gennes hat ein entsprechendes Resultat mittels des Blob-Modells erhalten [7.15]. Gemäß Abb. 7.8(b) verhält sich die Polymerkette wie eine Kette von Knäueln des Durchmessers D. Für jeden Knäuel werden ungestörte Verhältnisse angenommen: $D = l\, n_B^{3/5}$. Damit würde man für die longitudinale Ausdehnung der Kette $\langle R_\| \rangle = (n/n_B)D$ erhalten, was exakt mit dem zuvor abgeleiteten Resultat übereinstimmt.

Entsprechend des Ansatzes für $\langle r_\| \rangle$ können wir für die freie Energie ansetzen $\Delta\mathcal{F} = \Phi(R_F/D)k_B T$, mit $\lim_{R_F/D \to \infty} \Phi(R_F/D) = (R_F/D)^m$. Da gemäß Abb. 7.8(b) $\Delta\mathcal{F}$ proportional zur Anzahl der Knäuel und damit zu n ist, folgt offenbar $m = 5/3$ und damit $\Delta\mathcal{F} = n(l/D)^{5/3} k_B T$, was gegenüber dem Anstieg der freien Energie der einfachen Zufallskette erhöht ist, wie man es intuitiv auch angenommen hätte. Damit können wir jetzt ein realistischeres Ergebnis für die Bindungsenergie bei Adsorption einer Polymerkette gemäß Abb. 7.8(c) erhalten, als zuvor für die idealisierte Zufallskette abgeleitet: $\Delta\mathcal{F} = n[(l/D)^{5/3} - \varepsilon f_a]k_B T$.

Abbildung 7.9 zeigt Polymerlösungen unterschiedlicher Konzentration. Die kritische Konzentration, bei der eine Überlappung von Ketten einsetzt, ist gegeben durch $\varrho^* = n/R_F^3 = n^{1-3\nu}/l^3$. In drei Dimensionen hätten wir $\nu = 3/5$ und damit $\varrho^* = 1/(l^3 n^{4/5})$. Der Polymeranteil beträgt dann $c^* = \varrho^* l^3$. Bei Überlappung hat das Polymernetz eine Konfiguration, wie in Abb. 7.10(a) schematisch dargestellt. Die Korrelationslänge ξ beschreibt hier die durchschnittliche Maschenweite. Bei größeren Konzentrationen $c > c^*$ ist $\sqrt{\langle \mathbf{R}_{AE}^2 \rangle} \gg \xi$ und wir erwarten aus topologischen Gründen, dass

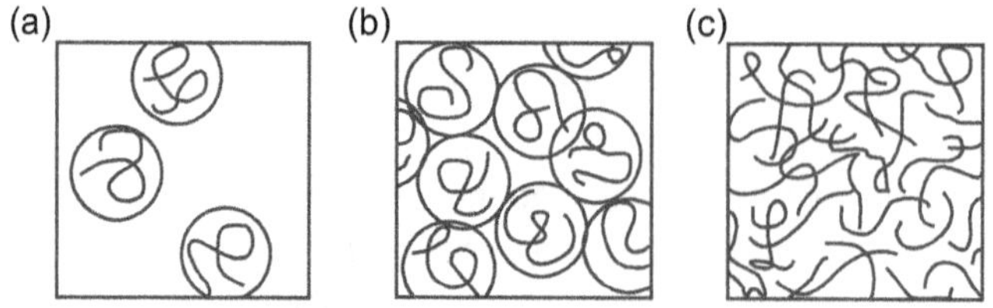

Abb. 7.9. Polymerlösungen unterschiedlicher Konzentration. (a) Verdünnt, (b) Einsatz der Überlappung und (c) konzentriert.

$\xi(c)$ unabhängig von $\sqrt{\langle \mathbf{R}_{AE}^2 \rangle}$ und damit unabhängig von n ist. Für $c \approx c^*$ hingegen ist $\xi \approx R_F$. Damit ist der Verlauf durch $\xi(c) = R_F(c^*/c)^m$ gegeben. Für $R_F \sim n^{3/5}$ und $c^* \sim 1/n^{4/5}$ ergibt sich $m = 3/4$ oder $\xi(c) = l/c^{3/4}$.

Aus Sicht des de Gennesschen Blob-Modells besteht das Polymernetz aus einer nahezu dichten Packung von Polymerknäueln des Durchmessers ξ, wie in Abb. 7.10(b) dargestellt. Damit gilt $\xi = n_B^{3/5} l$. Daraus erhalten wir mit dem zuvor abgeleiteten Ausdruck für ξ dann $n_B = (\xi/l)^{5/3} = 1/c^{5/4}$.

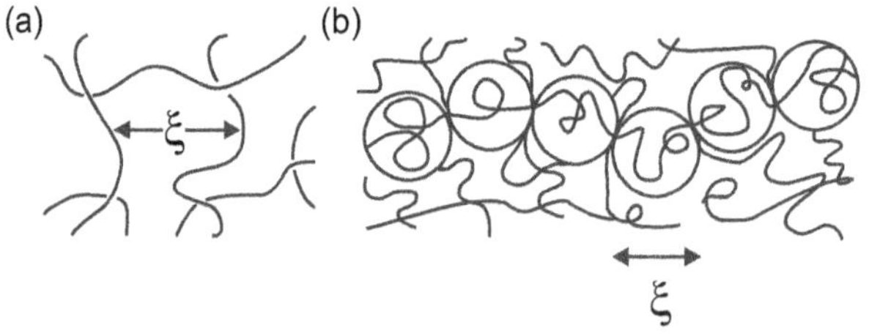

Abb. 7.10. (a) Dichtes Polymernetz mit der Korrelationslänge ξ. (b) Blob-Modell für das dichte Polymernetz.

Eine interessante und vor allem praktisch sehr wichtige Frage ist, wie sich die Kettenausdehnung, präziser $\sqrt{\langle \mathbf{R}_{AE}^2 \rangle}$, als Funktion der Polymerkonzentration c verhält. Das *Flory-Theorem*, welches wir zuvor bereits implizit verwendet haben, besagt, dass sich Polymerketten auf großer Längenskala, also bei grobkörniger Betrachtung, wie ideale Zufallsketten verhalten. Damit gilt insbesondere $\sqrt{\langle \mathbf{R}_{AE}^2 \rangle} \sim n$ [7.18]. Betrachten wir eine ideale Zufallskette aus n/n_B Polymerknäueln (Blobs), so erhalten wir $\sqrt{\langle \mathbf{R}_{AE}^2 \rangle} = l^2 n/c^{1/4}$ für $c^* \ll c \ll 1$ [7.19; 7.20].

In Abschn. 6.5 hatten wir Paarkorrelationen und damit Dichtekorrelationen für Kolloide betrachtet. Als wichtig, weil über Streumethoden direkt experimentell zugänglich, hat sich der in Gl. (6.64a) definierte statische Strukturfaktor erwiesen. Ein solcher lässt sich auf für Polymernetzwerke angeben[6]:

$$\mathcal{S}(\mathbf{q}) \sim \int d^3r \langle \delta\varrho(0)\delta\varrho(\mathbf{r})\rangle \exp(i\mathbf{q}\cdot\mathbf{r})\,. \tag{7.27a}$$

Die lokale Dichtefluktuation ist hier gegeben durch $\delta\varrho(\mathbf{r}) = \varrho(\mathbf{r}) - \langle\varrho\rangle$. Damit gilt

$$\langle \delta\varrho(0)\delta\varrho(\mathbf{r})\rangle = \langle \varrho(0)\varrho(\mathbf{r})\rangle - \langle\varrho\rangle^2\,. \tag{7.27b}$$

Die Korrelationsfunktion $g(\mathbf{r}) \sim \langle\varrho(0)\varrho(\mathbf{r})\rangle$ lässt sich für Polymere sinnvollerweise in den Eigenanteil $g_e(\mathbf{r})$ und eine Korrelation mit Nachbarketten $g_n(\mathbf{r})$ unterteilen. Im Rahmen des Blob-Modells ist der Eigenanteil durch das simple Skalierungsverhalten $g_e(r) \sim 1/(l^2 r)$ für $r < \xi \ll R_F$ für eine Polymerkette ohne Berücksichtigung des Volumenausschlusses gegeben. Berücksichtigt man diesen, so erhält man $g_e(r) \sim 3/(l^5 r^4)^{1/3}$. Die Resultate für $g_e(\mathbf{r})$ wurden bereits vor langer Zeit von *P. Debye* (1884–1966, Nobelpreis für Chemie 1936) abgeleitet [7.21] und von *S.F. Edwards* verifiziert [7.22].

Nachdem wir uns einen ersten groben Überblick über das Verhalten mehr oder weniger idealisierter Polymerketten und insbesondere über das Skalierungsverhalten verschafft haben, sollten die gewonnenen Erkenntnisse etwas vertieft und verallgemeinert sowie um eine Betrachtung dynamischer Phänomene ergänzt werden. Ausgangspunkt ist die *Flory-Huggins-Theorie* [7.14] mit dem in Abb. 7.11 schematisch dargestellten Gittermodell für eine Polymerlösung. Jeder Gitterplatz ist entweder durch ein Lösungsmittelmolekül oder durch ein Monomer besetzt. Befinden sich bereits i Polymere auf dem Gitter, so ist die Anzahl der möglichen Konformationen für die Polymerkette [7.14]

$$\nu_{i+1} \approx (N - in)\left(1 - i\frac{n}{N}\right)^{n-1} z(z-1)^{n-2}. \tag{7.28a}$$

N ist die Anzahl der Gitterplätze und n, wie bisher, die Anzahl der Monomere entlang der Kette. z ist die Koordinationszahl des Gitters, die nicht zwangsläufig bei $z = 4$ liegen muss. Es ist evident, dass Eigenüberschneidungen nicht berücksichtigbar sind. Allerdings besagt das zuvor schon zitierte Flory-Theorem, dass bei hoher Polymerkonzentration die Konformationen der Ketten durch diejenigen der eingangs diskutierten Zufallskette gegeben sind. Unter diesen Bedingungen erscheint damit auch das Gittermodell aus Abb. 7.11 adäquat. Aus Gl. (7.28a) folgt

$$\nu_{i+1} \approx (N - in)^n \left(\frac{z-1}{N}\right)^{n-1}\,. \tag{7.28b}$$

Die Gesamtzahl der Konfigurationen von N_p Polymeren ist

$$\Omega = \frac{1}{N_p!}\prod_{i=1}^{N_p} \nu_i\,. \tag{7.29}$$

6 Hier mit $\mathcal{S}$ bezeichnet, um Verwechslungen mit der Entropie S auszuschließen.

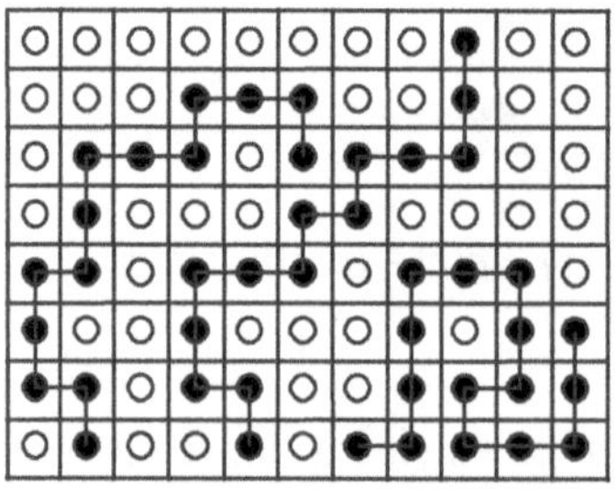

Abb. 7.11. Gittermodell einer Polymerlösung.

Mit $S = k_B \ln \Omega$ ergibt sich daraus für die Entropie [7.14]

$$S = -k_B \left(N_L \ln \frac{N_L}{N_L + N_p n} + N_p \ln \frac{N_p}{N_L + N_p n} - N_p(n-1)\ln \frac{z-1}{e} \right) . \qquad (7.30)$$

$N_L = N - N_p n$ ist die Anzahl der Lösungsmittelmoleküle. Der Anteil von S, der auf die Konformationsunordnung der Polymere entfällt, ist gegeben durch

$$S(N_L = 0) = N_p k_B \left(l\,nn + (n-1)l\,n\frac{z-1}{e} \right) . \qquad (7.31)$$

Die Mischungsentropie $\Delta S = S(N_L) - S(N_L = 0)$ ist dann

$$\Delta S = -k_B \left(N_L \ln \frac{N_L}{N_L + N_p n} + N_p \ln \frac{N_p n}{N_L + N_p n} \right) . \qquad (7.32a)$$

Mit den Konzentrationen $c_L = N_L/(N_L + N_p n)$ und $c_p = N_p n/(N_L + N_p n)$ ergibt das

$$\Delta S = -k_B \left(c_L \ln c_L + \frac{c_p}{n} \ln c_p \right) . \qquad (7.32b)$$

In einer realen Polymerlösung werden nicht alle möglichen Konformationen einer Polymerkette energetisch gleichwertig und damit gleich wahrscheinlich sein. Vielmehr wird jedes Monomer a priori einem Potential $U(\mathbf{r}_i)$ ausgesetzt sein, das die Wechselwirkung mit anderen Monomeren und äußere Einflüsse widerspiegelt. Damit beträgt das statistische Gewicht einer Kette aus n Monomeren $\exp\left(- \left[\sum_{i=1}^{n} U(\mathbf{r}_i) \right] /[k_B T] \right)$. Sind die Anfangs- und Endpunkte durch $\mathbf{r}'$ und $\mathbf{r}$ gegeben, so ist die Summe aller statistischen Gewichte für alle möglichen Konformationen gegeben durch $z^n g_n(\mathbf{r}', \mathbf{r})$. Bei Hinzufügen eines Monomers gilt

$$g_{n+1}(\mathbf{r}', \mathbf{r}) = \frac{1}{z} \sum_{\mathbf{r}''} g_n(\mathbf{r}', \mathbf{r}'') \exp\left(\frac{-U(\mathbf{r})}{k_B T} \right) , \qquad (7.33)$$

wobei $\mathbf{r}''$ hier eine nächste Nachbarposition zu $\mathbf{r}'$ markiert. Da die Ausrichtung eines Monomers durch einen *Markov-Prozess* gegeben ist, gilt ferner

$$g_n(\mathbf{r}', \mathbf{r}) = \sum_{\mathbf{r}''} g_{n'}(\mathbf{r}', \mathbf{r}'') g_{n-n'}(\mathbf{r}'', \mathbf{r}) , \qquad (7.34)$$

für $0 < n' < n$. Die *Zustandssumme* ist dann gegeben durch

$$Z(\{U(\mathbf{r})\}) = \sum_{\mathbf{r}'',\mathbf{r}'} g_n(\mathbf{r}'', \mathbf{r}') . \tag{7.35}$$

Die Konzentration von Monomeren am Ort $\mathbf{r}$ ist gegeben durch eine gewichtete Summe über alle Ketten mit einem Monomer n' am Ort $\mathbf{r}$:

$$\langle c(\mathbf{r})\rangle = \frac{1}{Z(n)} \sum_{\mathbf{r}'',\mathbf{r}'} \sum_{n'=0}^{n} g_{n'}(\mathbf{r}', \mathbf{r}) g_{n-n'}(\mathbf{r}, \mathbf{r}') . \tag{7.36}$$

Mit Gl. (7.34) erhält man daraus $\sum_{\mathbf{r}} \langle c(\mathbf{r})\rangle = 1$, was $\langle c(\mathbf{r})\rangle = 1$ für $n(\mathbf{r}) = 0$ impliziert. Alternativ lässt sich $\langle c(\mathbf{r})\rangle$ auch über die Ableitung der Zustandssumme aus Gl. (7.35) ausdrücken:

$$\exp\left(-\frac{U + dU}{k_B T}\right) - \exp\left(-\frac{U}{k_B T}\right) \approx \frac{dU}{k_B T} \exp\left(-\frac{U}{k_B T}\right) . \tag{7.37}$$

Damit folgt

$$dg_n(\mathbf{r}'', \mathbf{r}') = -\frac{1}{k_B T} \sum_{n'=0}^{n} g_{n'}(\mathbf{r}'', \mathbf{r}') g_{n-n'}(\mathbf{r}, \mathbf{r}') dU(\mathbf{r}) . \tag{7.38}$$

Mit Gl. (7.35) schließlich ergibt sich

$$\langle c(\mathbf{r})\rangle dU(\mathbf{r}) = -\frac{d(\ln Z(U))}{k_B T} \tag{7.39a}$$

oder

$$\langle c(\mathbf{r})\rangle = -\frac{1}{k_B T} \left.\frac{\partial \ln Z(U)}{\partial U}\right|_{\mathbf{r}} . \tag{7.39b}$$

In ähnlicher Weise erhält man für die Fluktuationen der Monomerkonzentration

$$\delta\langle c(\mathbf{r})\rangle = -\left(\langle c(\mathbf{r}) c(\mathbf{r}')\rangle - \langle c(\mathbf{r})\rangle\langle c(\mathbf{r}')\rangle\right) \frac{\delta U(\mathbf{r}')}{k_B T} = -\langle \delta c(\mathbf{r}) \delta c(\mathbf{r}')\rangle \frac{\delta U(\mathbf{r}')}{k_B T} , \tag{7.40}$$

mit $\delta c(\mathbf{r}) = c(\mathbf{r}) - \langle c(\mathbf{r})\rangle$. $\langle c(\mathbf{r})\rangle$ variiert also als Folge einer Potentialvariation $\delta U(\mathbf{r}')$. Nach Gl. (7.39b) lässt sich die Korrelationsfunktion der Monomerdichte schreiben als

$$\langle \delta c(\mathbf{r}) \delta c(\mathbf{r}')\rangle = \frac{1}{k_B T} \frac{\partial}{\partial U} \left(\left.\frac{\partial}{\partial U} \ln Z(U)\right|_{\mathbf{r}} \right)\Bigg|_{\mathbf{r}'} . \tag{7.41}$$

Nach Gl. (7.27a) ist der statische Strukturfaktor gegeben durch

$$\mathcal{S}(\mathbf{q}) = \sum_{\mathbf{r}} \langle \delta c(0) \delta c(\mathbf{r})\rangle \exp(i\mathbf{q} \cdot \mathbf{r}) . \tag{7.42a}$$

Für nicht miteinander wechselwirkende Polymerketten ist dann $\mathcal{S}(q)$ wiederum durch das im Zusammenhang mit Gl. (7.27) bereits erwähnte klassische Debye-Resultat [7.21] gegeben:

$$\mathcal{S}(q) = \frac{72}{n(lq)^2}\left[\exp\left(-\frac{n(lq)^2}{6}\right) + \frac{n(lq)^2}{6}\right] . \tag{7.42b}$$

Wir hatten bereits angemerkt, dass Gl. (7.24) ein wichtiger Ausgangspunkt zur Beschreibung der Polymerdynamik ist. Im Folgenden wollen wir zunächst unter Dynamik die Diffusion freier Polymerketten verstehen. Ausgehend von Gl. (7.17) ist die innere Energie der Gaußschen Kette gegeben durch

$$U = \frac{\mu}{2}\int_0^L ds \left(\frac{\partial \mathbf{R}}{\partial t}\right)^2 , \tag{7.43}$$

also durch ihre kinetische Energie. μ ist hier die Masse pro Kettenlänge. Für die freie Energie erhalten wir damit

$$\mathcal{F} = U - TS = \int_0^L ds \left[\frac{\mu}{2}\left(\frac{\partial \mathbf{R}}{\partial t}\right)^2 + \frac{3k_BT}{2l_K}\left(\frac{\partial \mathbf{R}}{\partial s}\right)^2\right] - TS_0 . \tag{7.44}$$

S_0 resultiert aus der konfigurationsabhängigen Normierung der Wahrscheinlichkeit aus Gl. (7.17). Der Term $\partial\mathbf{R}/\partial s$ charakterisiert eine Spannung entlang der Polymerkette, die rein entropisch bedingt ist: $|\mathbf{R}(s_1) - \mathbf{R}(s_2)|$ wird tendentiell minimiert, weil so die Anzahl möglicher Konfigurationen der Monomere zwischen s_1 und s_2 und damit die Entropie maximiert wird. Interpretiert man $\mathcal{F}$ in Gl. (7.44) als *Hamilton-Funktion*, so erhält man die Bewegungsgleichung für die Polymerkette:

$$\mu\frac{\partial^2 \mathbf{R}}{\partial t^2} + \zeta\frac{\partial \mathbf{R}}{\partial t} - \frac{3k_BT}{l_K}\frac{\partial^2 \mathbf{R}}{\partial s^2} = \mathbf{f}(s,t) . \tag{7.45}$$

Diese Gleichung wird auch als Langevin-Gleichung bezeichnet. $\zeta\partial\mathbf{R}/\partial t$ charakterisiert die Reibung der Polymerkette gegenüber einem ruhenden Medium. $\mathbf{f}(s,t)$ ist die *Langevin-Kraft*, welche die durch das Wärmebad bedingte Stochastik liefert: $\langle\mathbf{f}(s,t)\rangle = 0$ und $\langle f_i(s_1,t_1)f_j(s_2,t_2)\rangle = 2k_BT\zeta\,\delta(s_1 - s_2)\,\delta(t_1 - t_2)\delta_{ij}$. Der Vorfaktor $2k_BT\zeta$ als *Einstein-Relation* resultiert, damit für die Lösung von Gl. (7.45) auch $\langle[\mathbf{R}(s') - \mathbf{R}(s)]^2\rangle = l_K|s - s'|$ gilt. In Polymerschmelzen dominiert der Reibungsterm gegenüber dem Beschleunigungsterm, so dass eine Fourier-Transformation von Gl. (7.45) liefert

$$\zeta\frac{\partial \tilde{\mathbf{R}}}{\partial t}(q,t) + \frac{3k_BT}{l_K}q^2\tilde{\mathbf{R}}(q,t) = \tilde{\mathbf{f}}(q,t) . \tag{7.46a}$$

Die Lösung lautet

$$\tilde{\mathbf{R}}(q,t) = \frac{1}{\sqrt{L}}\int_0^L \mathbf{R}(s,t)\exp(-iqs)ds \tag{7.46b}$$

und somit

$$\mathbf{R}(s,t) = \frac{1}{\sqrt{L}} \sum_q \tilde{\mathbf{R}}(q,t) \exp(iqs) \,. \tag{7.46c}$$

Die Korrelationsbeziehung für die Langevin-Kraft ist Fourier-transformiert $\langle \tilde{f}_i(q_1, t_1)\, \tilde{f}_j(q_2, t_2)\rangle = 2k_B T \zeta\, \delta(t_1 - t_2)\, \delta_{q_1,-q_2}\, \delta_{ij}$. Aus Gl. (7.46b) erhält man

$$\tilde{\mathbf{R}}(q,t) = \frac{1}{\zeta} \int_{-\infty}^{t} d\tau \exp\left(-\frac{3k_B T}{l_K \zeta}(t-\tau) q^2\right) \tilde{\mathbf{f}}(q,\tau) \,. \tag{7.46d}$$

Speziell für die Schwerpunktbewegung der Polymerkette erhält man daraus

$$\frac{1}{L}\left\langle \left[\tilde{\mathbf{R}}(0,t_1) - \tilde{\mathbf{R}}(0,t_2)\right]^2 \right\rangle = 6\frac{k_B T}{\zeta L} |t_1 - t_2| \,. \tag{7.47}$$

Die Diffusionskonstante für den Schwerpunkt der Kette ist dann gegeben durch $D_R = k_B T/(\zeta L)$. Sie wird als *Rouse-Diffusionskonstante* bezeichnet. Ebenfalls aus Gl. (7.46b) folgt durch Rücktransformation

$$\left\langle [R_i(s_1,t_1) - R_i(s_2,t_2)]^2 \right\rangle = \frac{2l_K}{3L} \sum_q \frac{1}{q^2} \left[1 - \cos(q[s_1 - s_2]) \exp\left(-\frac{3k_B T}{l_K \zeta} q^2 |t_1 - t_2|\right)\right] . \tag{7.48a}$$

Für $L \gg l_K$ kann die Summe durch ein Integral ersetzt werden:

$$\left\langle [R_i(s_1,t_1) - R_i(s_2,t_2)]^2 \right\rangle = \frac{l_K}{3\pi} \int_{-\infty}^{\infty} dq \frac{1}{q^2} \left[1 - \cos(q[s_1 - s_2]) \exp\left(-\frac{3k_B T}{l_K \zeta} q^2 |t_1 - t_2|\right)\right] . \tag{7.48b}$$

Für die gleichzeitige Korrelation lässt sich das Integral berechnen und es folgt

$$\left\langle [R_i(s_1,t) - R_i(s_2,t)]^2 \right\rangle = \frac{l_K}{3} |s_1 - s_2| \,. \tag{7.49a}$$

Für die zeitliche Korrelation am selben Ort ergibt sich hingegen

$$\left\langle [R_i(s,t_1) - R_i(s,t_2)]^2 \right\rangle = 2\sqrt{\frac{l_K k_B T}{3\pi\zeta} |t_1 - t_2|} \,. \tag{7.49b}$$

Während der Schwerpunkt der Kette gemäß Gl. (7.47) wie ein gewöhnliches punktförmiges Teilchen über eine Strecke $\sim \sqrt{t}$ diffundiert, so diffundiert ein einzelner Punkt entlang der Polymerkette über eine Strecke $\sim \sqrt[4]{t}$.

Die Verwendung des Integrals in Gl. (7.48b) setzt $k|t_1 - t_2|/\zeta(2\pi/L)^2 \ll 1$ voraus. Gleichung (7.49) beschreibt damit die anfängliche Diffusion für nicht zu große Zeiten. Für große Zeiten trägt hingegen nur noch der Term $q = 0$ in Gl. (7.48a) bei. Dies führt dann auf Gl. (7.47) für die Diffusion eines jeden Punktes entlang s. Die hier präsentierte Charakterisierung der Eigendiffusion der freien Gaußschen Polymerkette ist als *Rouse-Modell* bekannt [7.23].

Polymere zeigen ausgeprägte *viskoelastische Eigenschaften*. Hierunter versteht man allgemein die Kombination aus viskosem und elastischem Verhalten, die dadurch geprägt ist, dass nach abrupter Deformation eines Materials mit der Zeit ein Rückgang der Spannung erfolgt, dass bei konstanter Spannung eine zeitlich fortschreitende Deformation auftritt und dass sich der Elastizitätsmodul bei mechanischer Belastung ändert. Es treten also *Relaxations-*, *Kriech-* und *Hystereseeffekte* auf. Für vergleichsweise kleine Abweichungen vom ideal elastischen Verhalten bei kristallinen Festkörpern, wie in Kap. 5 beschrieben, sind kristalline Defekte, wie beispielsweise Versetzungen, verantwortlich. Demgegenüber zeigen polymere Schmelzen oder Festkörper ein deutlich ausgeprägteres viskoelastisches Verhalten, das ursächlich mit inneren Relaxationsprozessen der Polymermoleküle zu tun hat. Insbesondere sind *Molekülverhakungen*, *Streck-*, *Entschlaufungs-* und *Entknäuelungsprozesse* zu berücksichtigen.

Wir hatten bereits anhand von Abb. 7.1 und 7.4 gesehen, dass AFM eine nützliche Technik darstellt, um Polymere auf einer nanotechnologisch interessanten Längenskala zu untersuchen. Neben der rein topographischen Information können zusätzlich auch Daten erhalten werden, die Aufschluss über das mechanische Verhalten von Polymeroberflächen liefern [7.24]. Insbesondere lässt sich auch das viskoelastische Verhalten charakterisieren. Beispielhaft seien an dieser Stelle AFM-Analysen diskutiert, die an Polyvinylalkohol (PVA) durchgeführt wurden. Das Monomer dieses technisch wichtigen Polymers hat die Summenformel C_2H_4O. Der Polymerisationsgrad beträgt typischerweise 500 bis 2500 bei leichter Verzweigung. Mittels eines *Electrospinning-Verfahrens* lassen sich aus PVA Nanofasern erzeugen [7.25]. Abbildung 7.12(a) zeigt eine AFM-Aufnahme einer freitragend präparierten Nanofaser mit einer Länge von 2,79 μm und einem Durchmesser von 124 nm [7.26]. Abbildung 7.12(b) zeigt eine simultan aufgenommene Verteilung der Oszillationsamplitude der Probe, die als Folge einer periodischen Anregung – also eines speziellen AFM-Betriebsmodus – resultiert. Eine Auswertung von Amplitude und Phase dieser Oszillation erlaubt eine Bestimmung der Elastizitäts- und Viskositätsmoduln der Probe auf Nanometerskala [7.26]. Abbildung 7.12(c) zeigt den E-Modul als Funktion der Oszillationsfrequenz, wobei ein Faserbereich, wie in Abb. 7.12(b) markiert, für die Auswertung des Oszillationsverhaltens berücksichtigt wurde. Die Ergebnisse lassen zum einen auf ein rein elastisches Verhalten der Fasern schließen und unterstreichen zum anderen die Bedeutung frequenzabhängiger Messungen des E-Moduls [7.26].

Durch periodisches Einfrieren und Auftauen einer wässrigen PVA-Lösung lassen sich PVA-Hydrogele herstellen [7.27]. *Hydrogele* sind wasserenthaltende, aber

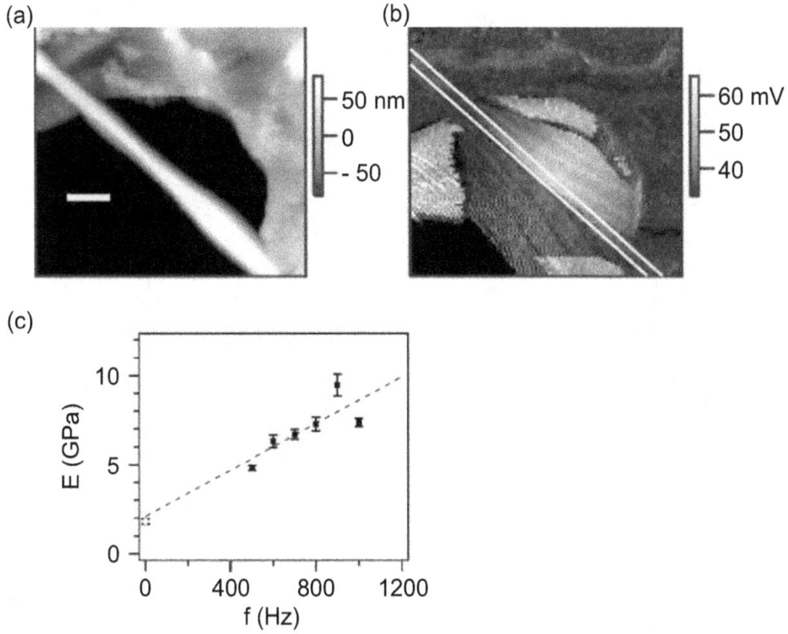

Abb. 7.12. (a)AFM-Abbildung der Topographie einer freitragenden PVA-Faser [7.26]. (b) Simultan detektierte Verteilung der Oszillationsamplitude bei periodischer Anregung der Probe mit 500 Hz [7.26]. (c) E-Modul einer ähnlichen PVA-Faser als Funktion der Anregungsfrequenz.

wasserunlösliche Polymere, die aufgrund hydrophiler Bestandteile in Wasser unter signifikanter Volumenzunahme quellen, ohne dass das Polymernetzwerk zerstört wird [7.28]. Abbildung 7.13 zeigt den mittels der AFM-Oszillationstechnik gemessenen Betrag des E-Moduls als Funktion der thermischen Zyklen zwischen $-20°$ C und $20°$ C bei der Präparation der PVA-Hydrogele [7.26]. Hier besteht im dargestellten Parameterraum ein linearer Zusammenhang. Abbildung 7.13(b) zeigt für ein PVA-Hydrogel, welches auf Basis von vier thermischen Zyklen hergestellt wurde, den Verlauf des *komplexen* E-Moduls als Funktion der Frequenz. Der komplexe Modul beinhaltet einen reellen „Speicheranteil“ E' und einen imaginären „Verlustanteil“ E''. Dieser Verlustanteil, der den viskosen Anteil des viskoelastischen Verhaltens repräsentiert, nimmt mit wachsender Frequenz zu und dominiert schließlich. Offensichtlich sind Relativbewegungen der Polymerketten Ursache dieses mit der Frequenz zunehmenden viskosen Verhaltens [7.26].

Wie lässt sich nun das viskoelastische Verhalten in Bezug setzen zur mikroskopischen Struktur eines Polymers? Dazu betrachten wir, wie bei der Charakterisierung der Viskosität von Flüssigkeiten, das Verhalten gegenüber einer Schubspannung. Wir

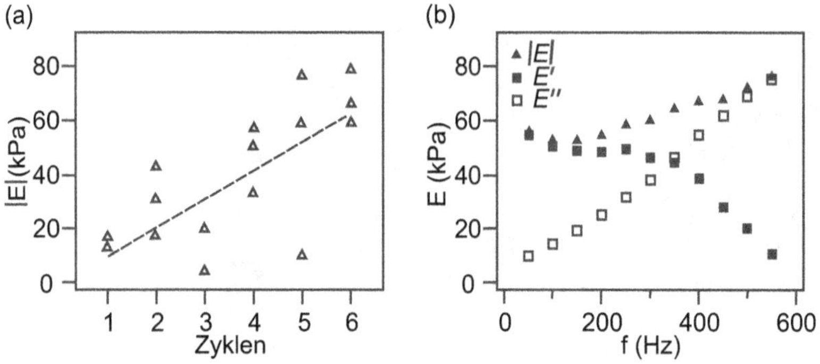

Abb. 7.13. Elastizitätsmoduln von PVA-Hydrogelfilmen, gemessen mittels AFM [7.26]. (a) Betrag des E-Moduls bei 50 Hz als Funktion der thermischen Zyklen bei Herstellung des Hydrogels. (b) Frequenzabhängigkeit des komplexen E-Moduls für ein bei vier Zyklen hergestelltes Hydrogel.

nehmen Bezug auf Abb. 7.14:

$$\sigma = \int_{-\infty}^{t} g(t-t')\frac{\partial v_x}{\partial z}(t')dt' , \tag{7.50}$$

mit $\mathbf{v}_x = (\partial v_x/\partial z)z\mathbf{e}_x$. Die Zeitabhängigkeit der Antwortfunktion g impliziert, dass das Polymer mehr oder weniger langsam relaxiert, wenn sich die Scherströmung $\mathbf{v}_x$ ändert. Die Polymerketten im Spalt der Breite Δz führen zu einer vertikalen Kraftübertragung als Folge der Schubspannung. Diese ist gegeben durch

$$F(t)\frac{3k_BT}{l_K}\sum_N\left(\frac{\partial X}{\partial s}\right)_N . \tag{7.51}$$

N numeriert hier die Ketten innerhalb des Spalts in Abb. 7.14 durch. Die Anzahl der Monomere einer Kette im Spalt ist

$$\frac{\Delta s_N}{l} = \frac{1}{l}\frac{\Delta z}{(\partial Z/\partial s)_N} . \tag{7.52}$$

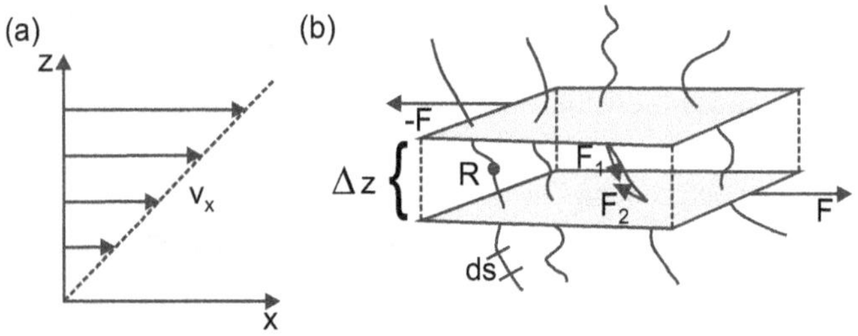

Abb. 7.14. (a) Scherströmung. (b) Geometrie zur Berechnung der Schubspannungen für ein Polymernetzwerk. Über den fiktiven Spalt erfolgt eine Kraftübertragung in vertikale Richtung.

Für den Betrag pro Monomer erhalten wir dann

$$F = \frac{3k_BT}{l_K l \Delta z} \sum_n \left(\frac{\partial X}{\partial s}\right)_n \left(\frac{\partial Z}{\partial s}\right)_n . \tag{7.53}$$

Die Spannung ergibt sich aus dem Erwartungswert:

$$\sigma = 3k_BT\varrho_K \left\langle \frac{\partial X}{\partial s} \frac{\partial Z}{\partial s} \right\rangle . \tag{7.54}$$

ϱ_K ist hier die Dichte der Kuhn-Segmente im Spalt Δz. In Gegenwart der Scherströmung ergibt sich statt Gl. (7.46a) nunmehr

$$\zeta \left[\frac{\partial \tilde{\mathbf{R}}}{\partial t}(q,t) - \frac{\partial v_X}{\partial Z}(t)\tilde{z}(q,t)\mathbf{e}_X \right] + \frac{3k_BT}{l_K} q^2 \tilde{\mathbf{R}}(q,t) = \tilde{\mathbf{f}}(q,t) . \tag{7.55}$$

Der Reibungsterm beinhaltet jetzt die Relativgeschwindigkeit der Kette gegenüber dem strömenden Medium. Gegenüber der Lösung aus Gl. (7.46a) beinhaltet die X-Komponente einen Zusatzterm, während die Y- und Z-Komponenten identisch sind: $\tilde{X}(q,t) = \tilde{X}_0(q,t) + \tilde{X}_1(q,t)$, $\tilde{Y}(q,t) = \tilde{Y}_0(q,t)$ und $\tilde{Z}(q,t) = \tilde{Z}_0(q,t)$. Diese Zusatzkomponente ist gegeben durch

$$\frac{\partial \tilde{X}_1}{\partial t}(q,t) + \frac{3k_BT}{l_K\zeta} q^2 \tilde{X}_1(q,t) = \frac{\partial v_X}{\partial Z}(t)\tilde{Z}_0(q,t) \tag{7.56a}$$

oder

$$\tilde{X}_1(q,t) = \int_{-\infty}^{t} \exp\left(-\frac{3k_BT}{l_K\zeta} q^2[t-\tau]\right) \tilde{Z}_0(q,\tau)d\tau . \tag{7.56b}$$

Nur dieser Zusatzterm $\tilde{X}_1(q,t)$ liefert einen Beitrag zur Schubspannung aus Gl. (7.54):

$$\sigma = \frac{l_K\varrho_K k_BT}{L} \sum_{q \neq 0} \int_{-\infty}^{t} \exp\left(-\frac{6k_BT}{l_K\zeta} q^2[t-\tau]\right) d\tau . \tag{7.57}$$

Dieses Ergebnis verdeutlicht, wie die variierende Relaxationszeit unterschiedlicher q-Moden das „Gedächtnis“ der Antwortfunktion aus Gl. (7.50) beeinflusst:

$$g(t) = \frac{l_K\varrho_K k_BT}{L} \sum_{q \neq 0} \exp\left(-\frac{6k_BT}{l_K\zeta} q^2 t\right) = l_K\varrho_K \sqrt{\frac{k_BT\zeta l_K}{24\pi t}} . \tag{7.58}$$

Das Ergebnis auf der rechten Seite wurde erhalten, indem die Summe durch das entsprechende Integral ersetzt wurde. Dies ist nur möglich für Zeiten, die klein sind gegenüber der typischen Relaxationszeit aus dem Rouse-Modell: $t \ll \tau_R = \zeta l_K L^2/(3\pi^2 k_BT)$. Ansonsten muss die Summe für $q = \nu\pi/L$ mit $\nu \geq 0$ ausgeführt werden.

Der Viskositätsmodul ist allgemein gegeben durch

$$\sigma_{ij} = \eta \left(\frac{\partial v_i}{\partial r_j} + \frac{\partial v_j}{\partial r_i} \right) . \tag{7.59a}$$

Damit erhalten wir aus der Deformation des Polymernetzwerks[7]

$$\eta = \int_0^\infty g(t)dt = \frac{1}{36} l_K^2 \varrho_K L \zeta . \tag{7.59b}$$

Bei konstanter Dichte ist also die Viskosität eines Polymernetzwerks proportional zur Kettenlänge und zur Reibung. Für die Frequenzabhängigkeit der mechanischen Eigenschaften erhalten wir aus Gl. (7.57) mit

$$\frac{\partial v_x}{\partial z}(t) = \int_{-\infty}^{\infty} \frac{\partial v_x}{\partial z}(\omega) \exp(-i\omega t) d\omega , \tag{7.60a}$$

$$\sigma(t) = \int_{-\infty}^{\infty} \sigma(\omega) \exp(-i\omega t) d\omega \tag{7.60b}$$

und $\sigma(\omega) = g(\omega) \partial v_x / \partial z$:

$$g(\omega) = \frac{l_K \varrho_K k_B T}{L} \sum_{\nu=1}^{\infty} \frac{\tau_\nu}{1 - iw\tau_\nu} , \tag{7.61a}$$

mit

$$\tau_\nu = \frac{L^2 l_K \zeta}{6\pi k_B T} \frac{1}{\nu^2} . \tag{7.61b}$$

Wir haben im Rahmen der bisherigen Diskussion gesehen, dass die spezifischen Eigenschaften des Polymernetzwerks Ursache für das ungewöhnliche viskoelastische Verhalten entsprechender Festkörper ist. Von großer Bedeutung für eine Vielzahl technischer Prozesse ist darüber hinaus auch das viskose Verhalten von Polymerschmelzen und Polymerlösungen, das aufgrund der Geometrie und Flexibilität der Polymermoleküle ebenfalls Abweichungen gegenüber der Viskosität einfacher Flüssigkeiten erwarten lässt. Sehr charakteristisch ist die „Antwort" auf eine konstante Schubspannung σ: Man beobachtet eine zeitabhängige Verzerrung mit einem charakteristischen Plateau im Zeitraum $\tau_0 \lesssim t \lesssim \tau_1$. Zunächst deformiert sich das Polymernetzwerk derart, dass die lose miteinander verflochtenen Ketten in einen verhakten Zustand

7 Das gegebenenfalls innerhalb des Polymernetzwerks vorhandene Medium liefert ebenfalls einen Beitrag zu η.

geraten: Dies geschieht nach der Zeit τ_0. Dieser Zustand ist, wie zuvor bereits eingehend diskutiert, durch ein gummielastisches Verhalten charakterisiert. Durch Diffusion werden jedoch allmählich Verhakungen gelöst und andere entstehen neu. Dies geschieht nach einer charakteristischen Zeit τ_1 und manifestiert sich in einer charakteristischen Viskosität η. Die sterische Behinderung einer Polymerkette durch andere Ketten führt dazu, dass sich eine Kette kurzzeitig nur entlang ihrer eigenen Kontur bewegen kann, gleichsam, als wäre sie in einer Röhre eingesperrt. Die Bewegung innerhalb der Röhre ähnelt einem Schlängeln, weswegen dieses Phänomen von de Gennes als *Reptation* bezeichnet wurde [7.29]. Auf längerer Zeitskala wird dann auch die Röhre selbst diffundieren. Abbildung 7.15(a) zeigt das entsprechende Szenario. Wenn der Röhrendurchmesser mit d bezeichnet wird, so verhält sich die Röhre auf einer Skala oberhalb von d ebenfalls gemäß Abb. 7.15(b) wie eine Gaußsche Kette, gleichsam wie eine Kette, die aus Monomeren der Läge d besteht. Beträgt die Länge des betrachteten Röhrenabschnitts L_R, so gilt $dL_R = l_K L$. Im dynamischen Verhalten der Kette können die durch die Röhrenwand repräsentierten Einschränkungen des diffusiven Verhaltens dadurch berücksichtigt werden, dass die in die Fouriertransformierte Bewegungsgleichung (7.46a) eingehenden stochastischen Kräfte $\tilde{\mathbf{f}}(q, t)$ für $q < q_0$ verschwinden. Dieser „Kunfstgriff" führt dazu, dass kleine Wellenzahlen q, die große Auslenkungsamplituden verursachen, unterhalb eines Grenzwerts q_0 unwirksam werden. Zur Berechnung von q_0 betrachten wir Gl. (7.48b) für $s_1 = s_2$ und $|t_1 - t_2| \to \infty$ und fordern für die maximale mittlere Auslenkung

$$\sum_{i=x,y} \left\langle [r_i(s, t_1) - R_i(s, t_2)]^2 \right\rangle \leq d^2 \,, \tag{7.62a}$$

wobei x und y die Koordinaten parallel zum Röhrenquerschnitt in Abb. 7.15 spezifizieren. Daraus folgt

$$\int_{q_0}^{\infty} \frac{dq}{q^2} = \frac{1}{q_0} \tag{7.62b}$$

oder $q_0 = 4l_K/(3\pi d^2)$. Diese Relation kann zur Abschätzung von d verwendet werden, wenn q_0 experimentell zugänglich ist. Dazu bietet sich die Zeit τ_0 an, die dadurch gegeben ist, dass die Kette während dieser Zeit nach Anlegen einer Schubspannung frei diffundieren kann, bevor sie an die Wand stößt. Aus Gl. (7.49b) folgt $d^4 = 16 l_K k_B T \tau_0/(3\pi\zeta)$ und somit $1/\tau_0 = 3\pi k_B T q_0^2/(\zeta l_K)$. Bis auf den Faktor π entspricht dieses Ergebnis dem Rouse-Modell: $\tau_R(q_0) = \zeta l_K/(3k_B T)(d/\pi)^2$. Im Hinblick auf die längste Relaxationszeit aus dem Rouse-Modell $\tau_R = \zeta/(3k_B T)(L/\pi)^2$ gilt $\tau_0/\tau_R \approx (q_R/q_0)^2 \ll 1$, mit $q_R = \pi/L$ und $q_0 = \pi/d$.

Entlang der z-Richtung kann die Polymerkette frei diffundieren und maßgeblich ist die Diffusionskonstante aus dem Rouse-Modell: $D_R = k_B T/(L\zeta)$. Die Wahrscheinlichkeit, mit der der Schwerpunkt der Kette entlang der Röhre in der Zeit t über eine

Distanz z diffundiert, gehorcht der Diffusionsgleichung [7.30]:

$$\frac{\partial}{\partial t} p(z, t) = D_R \frac{\partial^2}{\partial z^2} p(z, t) \,. \tag{7.63}$$

Fourier-Transformation auf das Intervall $[-L_R, L_R]$, welches die maximal relevanten Auslenkungen des Kettenschwerpunkts abdecken möge, liefert

$$p(z, t) = \frac{1}{L_R} \sum_{n=-\infty}^{\infty} \exp\left(i q_n z - \frac{t}{t_n} \right) \,, \tag{7.64}$$

mit $q_n = 4\pi/L_R$ und $t_n = 1/(dq_n^2) = \tau_1/n^2$. Die neben τ_0 charakteristische Zeitkonstante $\tau_1 = (l_K/[\pi d])^2 L^3 \zeta/(k_B T)$ wird sich eben gerade als die Zeitkonstante erweisen, die das Auftreten des viskosen Fließens markiert.

Die Diffusion der Kette entlang der longitudinalen Achse lässt sich so interpretieren, dass ein Ende der Kette abgebaut und das andere verlängert wird. Dieser Prozess ist natürlich stochastisch und die Kettenenden werden, über längere Zeiträume betrachtet, ständig ab- und mit neuer Orientierung der Röhre wieder aufgebaut. Das nach einer Zeit t noch nicht umgebaute Röhrensegment besitzt die Länge

$$\left\langle \tilde{L}(t) \right\rangle = L_R - 2\langle |z(t)| \rangle = L_R - 2 \int_0^{L_R} z\, p(z, t)\, dz \,. \tag{7.65a}$$

Mit Gl. (7.64) liefert das

$$\left\langle \tilde{L}(t) \right\rangle = L_R \sum_{\substack{n>0 \\ n \text{ ungerade}}} \frac{8}{(\pi n)^2} \exp\left(-\frac{t}{t_n} \right) \,. \tag{7.65b}$$

Für $t \ll \tau_1$ lässt sich dies zu $\langle \tilde{L}(t) \rangle \approx L_R - 4\sqrt{D_R t/\pi}$ vereinfachen. Für $t > \tau_1$ gilt hingegen $\langle \tilde{L}(t) \rangle \approx (8L_R/\pi^2) \exp(-t/\tau_1)$. Das „Gedächtnis" an eine gegebene Röhre verschwindet nach Erreichen der Zeit τ_1. Damit lässt sich in einfacher Weise die Diffusion des Kettenschwerpunkts charakterisieren. Gemäß Gl. (7.47) folgt

$$\left\langle [\mathbf{R}(t) - \mathbf{R}(t = 0)]^2 \right\rangle = 6 D_{\text{Rep}} |t| \,, \tag{7.66}$$

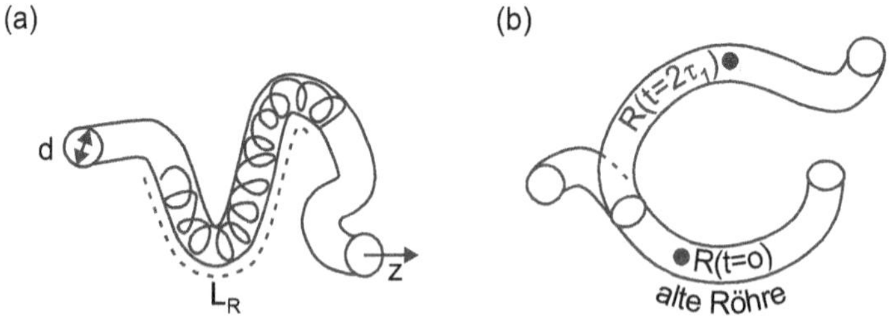

Abb. 7.15. Reptationsmodell. (a) Röhrengeometrie für die reduzierte Diffusion einer Polymerkette. (b) Diffusion der Röhre selbst.

Nehmen wir an, dass zum Zeitpunkt $t = 2\tau_1$ der Weg des Schwerpunkts $L_R/2$ beträgt, die Kette also die alte Röhre ganz verlassen hat. Dann gilt $\langle[\mathbf{R}(2\tau_1) - \mathbf{R}(t = 0)]^2\rangle \approx D_R L_R/2$. Dabei nehmen wir an, dass, wie in Abb. 7.15(b) dargestellt, die alte Röhre zusammen mit der neuen Röhre ebenfalls eine Gaußsche Kette bildet. Aus Gl. (7.66) folgt dann für die *Reptations-Diffusionskonstante*

$$D_{\mathrm{Rep}} \approx \frac{dL_R}{24\tau_1} = \frac{\pi^2}{24}\frac{d}{L_R}D_R = \frac{\pi^2 d^2 k_B T}{24 l_K L^2 \zeta}\,. \tag{7.67}$$

D_{Rep} ist damit gegenüber der Diffusionskonstante der freien Kette um $1/L$ reduziert und hängt zusätzlich von d^2 ab, was zur experimentellen Bestimmung des Röhrendurchmessers verwendet wird.

Auf Basis der bisherigen Diskussion kann man nun das spezifische Verhalten von Polymerschmelzen, wie es makroskopisch zugänglich ist, verstehen [7.30]. Wir nehmen wiederum Bezug auf Gl. (7.50). Wird die Schmelze zum Zeitpunkt $t = 0$ instantan verzerrt, so ist $\sigma(t) = g(t)\partial v_x/\partial z$. Für $0 \le t \lesssim \tau_0$ entspricht der Verlauf von $g(t)$ dem Ergebnis des Rouse-Modells. Nach Gl. (7.58) folgt

$$g(t) = l_K \varrho_K \sqrt{\frac{\zeta l_K k_B T}{24\pi t}}\,. \tag{7.68}$$

Für $\tau_0 \lesssim t \ll \tau_1$ haben wir eine konstante Schubspannung, da keine Relaxation stattfindet: $\sigma_{xz} = G\,\partial(\Delta x)/\partial z$, mit dem Schubmodul

$$G = \frac{\sqrt{2}}{3\pi}\varrho_K\left(\frac{l_K}{d}\right)^2 k_B T \approx \varrho_K k_B T\left(\frac{l_K}{d}\right)^2, \tag{7.69}$$

den man aus Gl. (7.68) für $t = \tau_0$ erhält. Dieser ist unabhängig von L und ζ und variiert proportional zu T. Die Steifigkeit der Schmelze nimmt also mit zunehmender Temperatur zu, was wir als Spezifikation der Gummielastizität bereits kennengelernt haben.

Für $t \approx \tau_1$ lösen sich die Verhakungen der Ketten und es sollte $g(z) \sim \langle\tilde{L}(t)\rangle/L_R$ gelten. Damit erhalten wir

$$g(t) = G\frac{\langle\tilde{L}(t)\rangle}{L_R} \approx \varrho_K k_B T\left(\frac{l_K}{d}\right)^2 \frac{8}{\pi^2}\sum_{\substack{n>0\\ n\ \mathrm{ungerade}}}\frac{1}{n^2}\exp\left(-\frac{t}{t_n}\right) \tag{7.70}$$

für $t \gtrsim \tau_1$.

Die gesamte bisherige Diskussion in diesem Abschnitt ist darauf ausgerichtet, die nanoskalige Struktur und Dynamik der Polymere in Bezug zu setzen zu den die Festkörper, Schmelzen und Lösungen charakterisierenden Spezifika. Insbesondere spielen im Hinblick auf dynamische Phänomene die topologische Interaktion der Ketten und die auf sie wirkenden entropischen Kräfte als generische nanoskalige Eigenschaften eine bedeutende Rolle. Für hinreichend verdünnte Polymerlösungen müssen wir allerdings noch ein anderes, uns schon aus Abschn. 6.3 bekanntes generisches Phänomen berücksichtigen: die hydrodynamische Wechselwirkung. Bewegt sich ein Monomer im Lösungsmittel, so wird über Reibung ein Strömungsfeld erzeugt. Dieses Strömungsfeld wechselwirkt ebenfalls über Reibung mit den anderen Polymersegmenten und koppelt dadurch die Bewegung aller Monomere. Diesem Umstand wird in Form des *Zimm-Modells* Rechnung getragen [7.31].

Das Strömungsfeld $\mathbf{v}(\mathbf{r})$, welches durch eine Kraft $\mathbf{F}$ in einer Flüssigkeitsmatrix verursacht wird, ist durch

$$\mathbf{v}(\mathbf{r}) = \underline{\underline{\Omega}}(\mathbf{r})\mathbf{F} \tag{7.71a}$$

gegeben, wobei $\underline{\underline{\Omega}}$ das nach *C.W. Oseen* (1879–1944) benannte Tensorfeld ist, welches bereits in Gl. (6.23b) eingeführt wurde. Mittels der Navier-Stokes-Gleichung für inkompressible Flüssigkeiten erhält man [7.32]

$$\underline{\underline{\Omega}}(\mathbf{r}) = \frac{1}{8\pi\eta r}\left(\underline{\underline{1}} - \frac{\mathbf{rr}}{r^2}\right) . \tag{7.71b}$$

Der Oseen-Tensor entspricht der Greenschen Funktion für die Stokes-Gleichung. η bezeichnet die Viskosität des Lösungsmittels und r die Distanz zur „Punktkraft". Für ein Monomer am Ort $\mathbf{R}_n$ wird das Strömungsfeld durch die Beiträge aller anderen Monomere hervorgerufen:

$$\mathbf{v}(\mathbf{R}_n) = \sum_{m \neq n} \underline{\underline{\Omega_{nm}}}\mathbf{F}_m . \tag{7.72a}$$

$\mathbf{F}_m$ ist wiederum durch die Rousesche Bewegungsgleichung (7.45) gegeben:

$$\mathbf{v}(\mathbf{R}_n) = \sum_{m \neq n} \underline{\underline{\Omega_{nm}}}\left[\frac{3k_BT}{l_K}\frac{\partial^2\mathbf{R}}{\partial s^2} + \mathbf{f}_m\right] = \sum_{m \neq n} \underline{\underline{\Omega_{nm}}}\left[\frac{3k_BT}{l_K^2}\frac{\partial^2\mathbf{R}}{\partial m^2} + \mathbf{f}_m\right] . \tag{7.72b}$$

Hier haben wir den Laufindex der Kuhnschen Segmente als kontinuierlich variierende Größe angenommen. Berücksichtigt man die resultierende hydrodynamische Kraft in der *Rouse-Gleichung* (7.45), so resultiert die Zimm-Gleichung:

$$\zeta\frac{\partial\mathbf{R}}{\partial t}(n) = \frac{3k_BT}{l_K^2}\frac{\partial^2\mathbf{R}}{\partial n^2}(n) + \zeta\sum_{m \neq n} \underline{\underline{\Omega_{nm}}}\left(\frac{3k_BT}{l_K^2}\frac{\partial^2\mathbf{R}}{\partial m^2}(m) + \mathbf{f}_m\right) . \tag{7.73}$$

Diese gekoppelte, nichtlineare partielle Differentialgleichung kann nicht ohne weiteres gelöst werden. Eine Standardlösung unter vereinfachenden Rahmenbedingungen erhält man, wenn eine Orientierungsmittelung des Oseen-Tensors durchgeführt wird und man ferner die Abstände der Polymerketten unter Annahme einer Gaußschen Konfiguration mittelt. Dann erhält man für den Oseen-Tensor [7.33]

$$\left\langle \underline{\underline{\Omega_{nm}}} \right\rangle = \frac{\underline{\underline{1}}}{\sqrt{6\pi^3|n-m|}\,\eta l_K} . \tag{7.74}$$

Einsetzen dieses Ausdrucks in Gl. (7.73) linearisiert die Differentialgleichung. Eine anschließende Fourier-Transformation, wie vorher im Rahmen des Rouse-Modells explizit durchgeführt, diagonalisiert Gl. (5.158) näherungsweise. Unter Vernachlässigung der kleinen Nichtdiagonalelemente kann die Gleichung dann problemlos gelöst werden. Anstelle der Rouse-Zeitkonstante $\tau_R = \zeta l_K/(3k_BT)(L/\pi)^2 = \zeta\langle R_{AE}^2\rangle_K^2/$

$(3\pi^2 k_B T l_K^2)$ als längste Relaxationszeit des idealisierten Polymernetzwerks erhalten wir nunmehr die modifizierte Zimm-Zeitkonstante $\tau_Z = \eta\sqrt{n_K^3/3}\; l_K^3/(\pi k_B T) = \eta\langle R_{AE}^2\rangle_K^{3/2}/(\sqrt{3}\pi k_B T)$. Für den Diffusionskoeffizienten ergibt sich statt $D_R = k_B T/(n_K\zeta)$ im Zimm-Modell $D_Z = 8k_B T/(3\eta l_K\sqrt{6\pi^3 n_k} = 8k_B T/(3\eta\sqrt{6\pi^3\langle R_{AE}^2\rangle_K})$. Die hydrodynamische Wechselwirkung der Polymerketten führt also gegenüber dem Modell der freien Ketten zu einem qualitativ geänderten Verhalten der Polymerlösung.

Das räumlich-zeitliche Verhalten von Polymersystemen kann mit quasielastischer Neutronenstreuung und namentlich mit Neutronenspinechospektroskopie (NSE) charakterisiert werden [7.34]. Statt des bisher behandelten statischen Strukturfaktors ist dafür allerdings dem *dynamischen Strukturfaktor* $S(q, t)$ Rechnung zu tragen. Dieser lässt sich sowohl im Rahmen des Rouse-Modells [7.35] wie auch im Rahmen des Zimm-Modells [7.36] berechnen.

Wir hatten bereits im Zusammenhang mit der Kettenstatistik gezeigt, dass mithilfe von Skalenüberlegungen häufig grundlegende Zusammenhänge auf einfache Art verifiziert werden können. Diese Strategie kann auch auf die Polymerdynamik übertragen werden. Betrachtet man eine Polymerkette auf einer „grobkörnigeren" Skala, die einer Maßstabsänderung um den Faktor $\lambda > 1$ entspricht, so ergeben sich offensichtliche Transformationsregeln: $n \to n/\lambda$, $c \to c/\lambda$, $l \to l/\lambda^\nu$. c bezeichnet hier die Monomerkonzentration. Die dritte Vorschrift folgt aus der Translationsinvarianz von $\sqrt{\langle R_{AE}^2\rangle} = l\, n^\nu$ mit $\nu = 3/(2 + d)$ für die Dimension d. Nehmen wir an, dass sich jede statische oder dynamische Größe gegenüber einer Transformation wie $\Gamma \to \lambda^\varepsilon \Gamma$ verhält. Für die Zimmsche Diffusionskonstante würden wir $D_Z = k_B T/(\eta l_K)\Phi(n_K)$ mit der Skalenfunktion Φ erwarten. Daraus folgt mit dem zuvor erschlossenen Transformationsverhalten von l sofort $k_B T/(\eta l_K)\Phi(n_K) = k_B T/(\eta l_K \lambda^\nu)\Phi(n_K/\lambda)$ und damit $\Phi(n_K) \sim 1/n_K^\nu$. Daraus ergibt sich $D_Z \sim k_B T/(\eta l_K n_K^\nu)$.

7.2 Polymer-Oberflächen-Wechselwirkungen

Polymere an und in Wechselwirkung mit Oberflächen sind in vielerlei Hinsicht von großer technischer Bedeutung. Genannt seien hier beispielhaft die Einbettung von Rußpartikeln in das Gumminetzwerk von Autoreifen, Farben auf Oberflächen oder die Stabilisierung von Kolloiden durch Polymerliganden. Zur Einführung in dieses Themenfeld wollen wir auf der Basis des bisher Erarbeiteten ideale, bewegliche Polymerketten bei ausschließlich entropischer Wechselwirkung betrachten und beispielsweise attraktive Wechselwirkungen mit Oberflächen vernachlässigen. Für eine Zufallskette mit den Anfangs- und Endkoordinaten $\mathbf{r}$ und $\mathbf{r}'$ ist die Zustandssumme gegeben durch

$$Z(\mathbf{r}, \mathbf{r}') = \int d^3 r_1 \ldots \int d^3 r_{n-1}\, p(\mathbf{r} - \mathbf{r}_1) \ldots p(\mathbf{r}_{n-1} - \mathbf{r}') \,. \tag{7.75a}$$

Gemäß Gl. (7.15) finden wir dann

$$Z(\mathbf{r},\mathbf{r}') = \frac{1}{\sqrt{\pi^3}(2\mathcal{R})^3}\exp\left(-\left[\frac{\mathbf{r}-\mathbf{r}'}{2\mathcal{R}}\right]^2\right), \tag{7.75b}$$

mit der Segmentlänge l und $\mathcal{R}^2 = nl^2$. Mit

$$\langle R_{AE}^2\rangle = \frac{\int d^3r'(\mathbf{r}-\mathbf{r}')^2 Z(\mathbf{r},\mathbf{r}')}{\int dr' Z(\mathbf{r},\mathbf{r}')} = 6\mathcal{R}^2 \tag{7.76}$$

folgt nach Gl. (7.5) $\mathcal{R} = \sqrt{\langle R_T^2\rangle}$.

Der Verlauf der Zufallskette entspricht einem Zufallsweg, wie er für die in Abschn. 4.3.3 behandelte Brownsche Molekularbewegung der Diffusionsprozesse typisch ist. In der Tat gilt

$$Z(\mathbf{r},\mathbf{r}') - \left(\frac{\partial}{\partial(\mathcal{R}^2)} - \Delta\right) Z(\mathbf{r},\mathbf{r}') = 0 \tag{7.77a}$$

und

$$Z(\mathbf{r},\mathbf{r}')|_{\mathcal{R}=0} = \delta(\mathbf{r}-\mathbf{r}')\,. \tag{7.77b}$$

Diese Relationen charakterisieren die Diffusion eines Punkts, wobei $\mathcal{R}^2$ der Diffusionszeit aus Gl. (4.66) entspricht.

Im Folgenden nehmen wir an, dass die Polymersegmente dem externen Potential $U(\mathbf{r}) = l^2u(\mathbf{r})$ ausgesetzt sind. In der Zustandssumme sind dann Boltzmannsche Gewichtsfaktoren des Typs $G(\mathbf{r}) = \exp(-l^2u(\mathbf{r})/[k_BT])$ zu berücksichtigen:

$$\begin{aligned} Z(\mathbf{r},\mathbf{r}') = \int d^3r_1 \ldots \int d^3r_{n-1}\, p(\mathbf{r}-r_1)\, G\left(\frac{\mathbf{r}+\mathbf{r}_1}{2}\right) \\ \ldots p(\mathbf{r}_{n-1}-\mathbf{r}')\, G\left(\frac{\mathbf{r}_{n-1}+\mathbf{r}'}{2}\right)\,. \end{aligned} \tag{7.78}$$

Dabei ist die Zustandssumme natürlich symmetrisch gegenüber einer Vertauschung von Anfang und Ende: $Z(\mathbf{r},\mathbf{r}') = Z(\mathbf{r}',\mathbf{r})$. Wir betrachten jetzt wiederum den Übergang zu einer kontinuierlichen Gaußschen Kette: $l \to 0$ und $\mathcal{R} = \text{const}$. Dazu betrachten wir die Änderung von $Z(\mathbf{r},\mathbf{r}')$ bei Addition eines Segments:

$$Z(\mathcal{R}^2+l^2,\mathbf{r},\mathbf{r}') - Z(\mathcal{R}^2,\mathbf{r},\mathbf{r}') = l^2\frac{\partial}{\partial(\mathcal{R}^2)}Z(\mathcal{R}^2,\mathbf{r},\mathbf{r}')\,. \tag{7.79}$$

Mit $\mathbf{s} = (\mathbf{r}''-\mathbf{r}')/(2l)$ und Gl. (7.78) erhalten wir

$$\begin{aligned} Z(\mathcal{R}^2+l^2,\mathbf{r},\mathbf{r}') &= \int d^3\mathbf{r}''\, Z(\mathcal{R}^2,\mathbf{r},\mathbf{r}'')\, p(\mathbf{r}''-\mathbf{r}')\, G\left(\frac{\mathbf{r}''+\mathbf{r}'}{2}\right) \\ &= \frac{1}{\sqrt{\pi^3}}\int d^3s\, Z(\mathcal{R}^2,\mathbf{r},\mathbf{r}'+2l\mathbf{s})\exp\left(-s^2-\frac{l^2u(\mathbf{r}+l\mathbf{s})}{k_BT}\right) \\ &= Z(\mathcal{R}^2,\mathbf{r},\mathbf{r}'+2l\mathbf{s})\,. \end{aligned} \tag{7.80}$$

Eine Reihenentwicklung dieses Ausdrucks nur bis zur quadratischen Ordnung liefert mit $\exp(-l^2 u(\mathbf{r}' + l\mathbf{s})/[k_B T]) \approx 1 - l^2 u(\mathbf{r} + l\mathbf{s})/[k_B T]$ [7.37]

$$Z(\mathcal{R}^2 + l^2, \mathbf{r}, \mathbf{r}') - Z(\mathcal{R}^2, \mathbf{r}, \mathbf{r}') = l^2 \left[\Delta_{\mathbf{r}'} - \frac{u(\mathbf{r}')}{k_B T} \right] Z(\mathcal{R}^2, \mathbf{r}, \mathbf{r}') \, . \tag{7.81}$$

Mit Gl. (7.79) folgt hieraus schließlich die modifizierte Diffusionsgleichung

$$\left(\frac{\partial}{\partial(\mathcal{R}^2)} - \Delta + \frac{u(\mathbf{r})}{k_B T} \right) Z(\mathbf{r}, \mathbf{r}') = 0 \, , \tag{7.82}$$

mit $Z(\mathbf{r}, \mathbf{r}')|_{\mathcal{R}=0} = \delta(\mathbf{r} - \mathbf{r}')$.

Oberflächen werden im Folgenden grundsätzlich der Einfachheit halber als komplett undurchdringlich betrachtet. So gilt $u(\mathbf{r}) = 0$ in der Lösung und $u(\mathbf{r}) \to \infty$ im „verbotenen" Bereich. Damit erfüllt $Z(\mathbf{r}, \mathbf{r}')$ Gl. (7.77a) in der Lösung und zusätzlich die *Dirichletsche Randbedingung* $Z(\mathbf{r}, \mathbf{r}') \to 0$ wenn $\mathbf{r}$ oder $\mathbf{r}'$ in der Oberfläche liegen. Die Zustandssumme

$$\mathcal{Z}(\mathbf{r}) = \int d^3\mathbf{r}' Z(\mathbf{r}, \mathbf{r}') \tag{7.83}$$

beschreibt die Kettenkonformationen bei nur einem fixierten Ende. Auch $\mathcal{Z}(\mathbf{r},)$ erfüllt die Diffusionsgleichung (7.77a), allerdings mit der Anfangsbedingung $\mathcal{Z}(\mathbf{r}, \mathbf{r}')|_{\mathcal{R}=0} = 1$. Für Orte fernab der Oberfläche sollte nach Gl. (7.75b) $\mathcal{Z}(\mathbf{r}) = 1$ für beliebige $\mathcal{R}$ gelten.

Nahe einer Oberfläche erhält man, wie bereits in Abschn. 7.1 diskutiert, die Lösung der Diffusionsgleichung (7.77a) durch Spiegelung: Von dem durch Gl. (7.75b) gegebenen Diffusionspol, der bei $\mathbf{r}' = (x', y', z')$ startet, wird ein zweiter Pol, der bei $\mathbf{r}_S' = (x', y', -z')$ startet, subtrahiert. Daraus resultiert für $\mathcal{Z}(\mathbf{r}, \mathbf{r}')$ dann Gl. (7.20). Ferner resultiert

$$\mathcal{Z}(\mathbf{r}) = \int_{z'>0} d^3r' Z(\mathbf{r}, \mathbf{r}') = \operatorname{erf} \frac{z}{2\mathcal{R}} \, . \tag{7.84}$$

Für ein Partikel mit Radius R erhalten wir [7.38]

$$\mathcal{Z}(\mathbf{r}) = \int_{r'>R} d^3r' Z(\mathbf{r}, \mathbf{r}') = 1 - \frac{R}{r} \left(1 - \operatorname{erf} \frac{r - R}{2\mathcal{R}} \right) \, , \tag{7.85}$$

wobei das Zentrum des Partikels im Ursprung angenommen wurde. $\mathcal{Z}(\mathbf{r})$ erfüllt zum einen Gl. (7.77a) und zum anderen die zuvor diskutierten Anfangs- und Randbedingungen. Für $R \to \infty$ und $r - R = \text{const}$ sowie $\mathcal{R} \to \infty$ erhalten wir hingegen $\mathcal{Z}(\mathbf{r}) \to 1 - R/r$. Die Verarmungszone, die in Abb. 7.5(b) dargestellt ist, ist hier von der Größenordnung R für kleine Partikel und von der Größenordnung $\mathcal{R}$ für große Partikel und ebene Substrate. Von Bedeutung für das Gesamtsystem ist damit das Größenverhältnis $R/\mathcal{R}$ von Partikeln und Polymerketten.

Aus Gl. (7.85) folgt

$$\lim_{r \searrow R} \mathcal{Z}(r) = \left(\frac{1}{\sqrt{\pi}\mathcal{R}} + \frac{1}{R}\right)(r - R) . \tag{7.86}$$

Setzen wir dies in Relation zur Zustandssumme an einer planaren Oberfläche, so erhalten wir

$$\lim_{r \searrow R} \frac{\mathcal{Z}_{sp}(r)}{\mathcal{Z}_{pl}(r)} = 1 + \sqrt{\pi}\frac{\mathcal{R}}{R} . \tag{7.87}$$

Die Zustandssumme an der Oberfläche eines Nanopartikels ist damit größer als diejenige an der Oberfläche eines ebenen Substrats und sie wächst mit abnehmendem Partikelradius an. Für die Differenz der freien Energien erhalten wir

$$F_{sp} - F_{pl} = -k_B T \ln \frac{\mathcal{Z}_{sp}}{\mathcal{Z}_{pl}} = -k_B T \left[\sqrt{\pi}\frac{\mathcal{R}}{R} + O\left(\frac{\mathcal{R}^2}{R^2}\right)\right] . \tag{7.88}$$

Die freie Energie der Polymerketten an der Oberfläche eines Nanopartikels ist damit erwartungsgemäß kleiner als an der Oberfläche eines ebenen Substrats, weil die Anzahl möglicher Konformationen der Ketten größer ist.

Immergieren wir ein Nanopartikel in einer Polymerlösung aus N Ketten innerhalb des Volumens V, so führt dies zu einer Änderung der freien Energie des Gesamtsystems:

$$F_p - F = -Nk_B T \ln \frac{\int\limits_{V-V_p} d^3r\, \mathcal{Z}(r)}{\int\limits_{V} d^3r\, \mathcal{Z}_0(r)} = -Nk_B T \ln \left(1 - \frac{\int\limits_{V} d^3r\, [\mathcal{Z}_0(r) - \mathcal{Z}(r)]}{\int\limits_{V} d^3r\, \mathcal{Z}_0(r)}\right) , \tag{7.89a}$$

wobei $V - V_p$ das Volumen außerhalb des Partikels und $\mathcal{Z}_0(r)$ die Zustandssumme ohne Partikel bezeichnen. Die Entwicklung des Logarithmus führt zu [7.37]

$$F_p - F = 4\pi R^3 \left(\frac{1}{3} + \frac{2}{\sqrt{\pi}}\frac{\mathcal{R}}{R} + \left[\frac{\mathcal{R}}{R}\right]^2\right) p , \tag{7.89b}$$

wobei $p = Nk_B T/V$ den idealen Gasdruck der Polymerlösung bezeichnet. Für kleine Krümmungen der Partikeloberfläche, $R/\mathcal{R} \gg 1$, folgt aus Gl. (7.89a)

$$F_p - F = p \left[V_p + \oint\limits_{O_p} dO_p \mathcal{R} \left(\frac{2}{\sqrt{\pi}} + \frac{\mathcal{R}}{R}\right)\right] \tag{7.90}$$

mit dem Partikelvolumen V_p und der Partikeloberfläche O_p. Aufgrund des zweiten Terms des Integranden nimmt die freie Energie mit wachsendem R, also für eine abnehmende Krümmung, ab. Wir finden hier also genau das Gegenteil von dem, was wir für Polymere, die an der Oberfläche von Partikeln wirklich verankert sind, in Form von Gl. (7.88) gefunden hatten. Dafür sinkt die freie Energie bei zunehmender Partikelkrümmung.

Entsprechende Überlegungen lassen sich für beliebig gekrümmte Oberflächen bei hinreichend kleinen Krümmungen erweitern. In diesem Fall können wir eine *Helfrich-Entwicklung* für die Krümmungsenergien durchführen [7.39]. Dafür müssen insbesondere sphärische und zylindrische Oberflächen betrachtet werden [7.37]. Wir betrachten die *Laplace-Transformierte* der Zustandssumme $\mathcal{Z}(\mathbf{r}, \mathcal{R})$ aus Gl. (7.83):

$$\chi(q, \mathbf{r}) = \int_0^\infty d(\mathcal{R}^2) \exp\left(-[\mathcal{R}q]^2\right) \mathcal{Z}(\mathbf{r}, \mathcal{R}) \,. \tag{7.91}$$

Mit

$$\int_0^\infty d(\mathcal{R}^2) \exp\left(-[\mathcal{R}q]^2\right) \frac{\partial}{\partial(\mathcal{R}^2)} \mathcal{Z}(\mathbf{r}, \mathcal{R}) = -\mathcal{Z}(\mathbf{r}, 0) + q^2 \chi(q, \mathbf{r}) \tag{7.92}$$

folgt aus der Diffusionsgleichung (7.77a)

$$(q^2 - \triangle)\chi(q, \mathbf{r}) = 1 \,. \tag{7.93}$$

$\chi(q, \mathbf{r})$ erfüllt ebenfalls die Dirichletsche Randbedingung, wenn $\mathbf{r}$ einen Punkt der gekrümmten Oberfläche adressiert. Wenn $r_\perp$ den Abstand zum Zentrum eines sphärischen, zylindrischen oder auch plättchenförmigen Partikels quantifiziert, so finden wir in jedem Fall $\chi = \chi(q, r_\perp)$. Ferner gilt

$$\triangle\chi = \left(\frac{d^2}{dr_\perp^2} + \frac{\mathcal{D} - 1}{r_\perp} \frac{d}{dr_\perp}\right)\chi \,, \tag{7.94}$$

mit $\mathcal{D} = 1, 2$ oder 3 für plättchenförmige, zylindrische oder sphärische Partikel. Damit folgt schließlich [7.40]

$$\chi(q, r_\perp) = \frac{1}{q^2}\left[1 - \left(\frac{R}{r_\perp}\right)^\nu \frac{K_\nu(r_\perp q)}{K_\nu(Rq)}\right] \,, \tag{7.95}$$

mit $\nu = (\mathcal{D} - 2)/2$ und den modifizierten Bessel-Funktionen K_ν. R ist der Partikelradius und für das plättchenförmige Partikel die Dicke. Bei kleiner Krümmung $R/\mathcal{R} \gg 1$ und damit $Rq \gg 1$ lassen sich die modifizierten Bessel-Funktionen entwickeln, was zu

$$\left.\frac{d\chi}{dr_\perp}\right|_{r_\perp = R} = \frac{1}{q} + \frac{\mathcal{D} - 1}{2Rq^2} + \frac{(\mathcal{D} - 1)(\mathcal{D} - 3)}{8R^2 q^3} \tag{7.96a}$$

und

$$\left.\frac{d\mathcal{Z}}{dr_\perp}\right|_{r_\perp = R} = \frac{1}{\sqrt{\pi}\mathcal{R}} + \frac{\mathcal{D} - 1}{2R} + \frac{(\mathcal{D} - 1)(\mathcal{D} - 3)\mathcal{R}}{4\sqrt{\pi}R^2} \tag{7.96b}$$

führt. Damit folgt

$$\frac{\mathcal{Z}_{sp,zy}}{\mathcal{Z}_{pl}} = 1 + \frac{\sqrt{\pi}(\mathcal{D} - 1)}{2} \frac{\mathcal{R}}{R} + \frac{(\mathcal{D} - 1)(\mathcal{D} - 3)}{4} \left(\frac{\mathcal{R}}{R}\right)^2 \tag{7.97a}$$

und

$$F_{sp,zy} - F_{pl} = \frac{(\mathcal{D}-1)}{2}\left(-\sqrt{\pi}\frac{\mathcal{R}}{R} + \left(\frac{\mathcal{R}}{R}\right)^2\left[\frac{\pi(\mathcal{D}-1)}{4} + \frac{3-\mathcal{D}}{2}\right]\right)k_BT\,. \tag{7.97b}$$

Für $\mathcal{D} = 3$ resultieren daraus Gl. (7.87) und (7.88).

Mit der mittleren Krümmung $H = (1/R_1 + 1/R_2)/2$ und der Gaußschen Krümmung $K = 1/(R_1R_2)$ für die Hauptkrümmungsradien R_1 und R_2 folgt für eine beliebig und schwach gekrümmte Oberfläche mit daran verankerten Polymerketten aus Gl. (7.97b) [7.41]

$$F - F_{pl} = \left(-\pi\mathcal{R}H + \left[1 + \frac{\pi}{2}\right](\mathcal{R}H)^2 - \mathcal{R}^2K\right)k_BT\,. \tag{7.98}$$

Eine wichtige Unterkategorie der Polymere bilden die *Copolymere*. Hierbei handelt es sich um *Heteropolymere*, die aus zwei oder mehr unterschiedlichen Monomereinheiten aufgebaut sind. Sie lassen sich in die in Abb. 7.16 dargestellten Gruppen unterteilen. [7.42]. Von besonderer Bedeutung für zahlreiche Anwendungen sind *Diblockcoplomyere*, die in Abb. 7.16(c) dargestellt sind und die uns bereits in Abb. 4.14 begegneten. Flexibel sind beispielsweise Membranen aus *Surfactantmolekülen*[8]. Verankert man daran Polymerketten, so kann die durch Gl. (7.98) gegebene Änderung der freien Energie ein gegenüber der undekorierten Membran modifiziertes mechanisches Verhalten, etwa eine variierende Biegesteifigkeit, zur Folge haben:

$$F - F_{pl} = \frac{1}{4}k_BT\sigma\left(\mathcal{R}_A^2 + \mathcal{R}_B^2\right)\oint_O dO\left[\frac{\pi}{2}\left(\frac{1}{R_1} + \frac{1}{R_2}\right)^2 + \left(\frac{1}{R_1} - \frac{1}{R_2}\right)^2\right]\,. \tag{7.99}$$

Dabei haben wir angenommen, dass die Diblockcopolymere mit den symmetrischen Blöcken A und B und den mittleren Blockausdehnungen $\sqrt{6\mathcal{R}_A^2}$ und $\sqrt{6\mathcal{R}_B^2}$ nicht überlappen und mit der konstanten Dichte σ von Ankerpunkten über die Membran

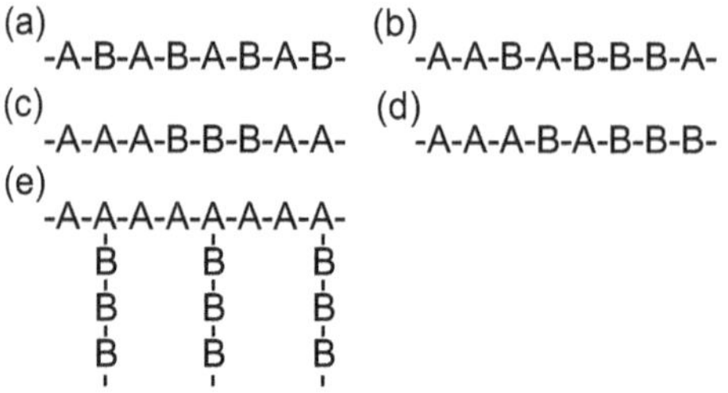

Abb. 7.16. Binäre Polymere. (a) Alternierendes Copolymer. (b) Statistisches Copolymer. (c) Blockcopolymer. (d) Gradientencopolymer. (e) Pfropfcopolymer.

8 Surfactant ist ein Kunstwort und steht für surface active agent, also für eine grenzflächenaktive Substanz. Ein Beispiel ist in Abb. 4.11 dargestellt.

verteilt sind. Die Beiträge für einzelne Polymere nach Gl. (7.98) können dann einfach addiert werden. In Gl. (7.99) wurde zusätzlich noch die Relation $H^2 - K = (1/R_1 - 1/R_2)^2/4$ genutzt. Bezeichnet man die Biegesteifigkeiten der undekorierten Membran mit $\kappa_\pm^{(0)}$ [7.43], so ergibt sich nach Gl. (7.99) durch die Verankerung der Polymere eine Zunahme der Steifigkeit:

$$\kappa_+ = \kappa_+^{(0)} + \frac{\pi}{4} k_B T \sigma (\mathcal{R}_A^2 + \mathcal{R}_B^2) \tag{7.100a}$$

und

$$\kappa_- = \kappa_-^{(0)} + \frac{1}{2} k_B T \sigma (\mathcal{R}_A^2 + \mathcal{R}_B^2) \; . \tag{7.100b}$$

Auch die Immersion in einer Lösung aus Polymeren, die nicht an der Membranoberfläche verankert sind, induziert Biegesteifigkeiten. Ausgehend von Gl. (7.90) und bei asymptotischer Entwicklung der Laplace-Transformierten aus Gl. (7.95) erhalten wir [7.37]

$$F_M - F = p \left(V_M + \oint_{O_M} dO_M \left[\frac{2}{\sqrt{\pi}} (\mathcal{R} + \mathcal{R}^2 H) - \frac{1}{6\sqrt{\pi}} \mathcal{R}^3 \left(\frac{1}{R_1} - \frac{1}{R_2} \right)^2 \right] \right) . \tag{7.101}$$

Mit M sind die durch die Membran definierten Größen bezeichnet. Für plättchenförmige, zylindrische oder sphärische Partikel lassen sich aus Gl. (7.101) wiederum analytische Lösungen, ähnlich wie in Gl. (7.89b), ableiten.

In Abb. 7.5 hatten wir die Polymerkonzentration in der Nähe einer ebenen Oberfläche dargestellt, wie sie aus einfachsten Überlegungen resultiert. Im Sinne einer Verallgemeinerung des Resultats, aber auch zur Behandlung des wichtigen Falls von Kolloidpartikeln in Polymerlösung, erscheint es sinnvoll, das Monomerdichteprofil für beliebig gekrümmte Oberflächen abzuleiten, insbesondere auch, weil dieses den Druck auf die Oberfläche determiniert. Normiert auf das Lösungskontinuum ist die Monomerdichte nahe einer beliebig geformten Oberfläche gegeben durch

$$c(\mathcal{R}, \mathbf{r}) = \frac{1}{\mathcal{R}^2} \int_0^{\mathcal{R}^2} d(\mathcal{R}'^2)\, \mathcal{Z}(\mathcal{R}', \mathbf{r})\, \mathcal{Z}(\mathcal{R} - \mathcal{R}', \mathbf{r}) \; . \tag{7.102}$$

Unter Verwendung der Laplace-Transformierten aus Gl. (7.95) lassen sich insbesondere für plättchenförmige, sphärische oder zylindrische Partikel geschlossene Ausdrücke für c ableiten. Für kugelförmige Partikel erhält man so

$$\chi_{sp}(q, r) = \frac{1}{q^2} \left[1 - \frac{R}{r} \exp(-[r - R]q) \right] \; . \tag{7.103}$$

Damit folgt aus Gl. (7.102)

$$c(\mathcal{R}, r) = \left(\frac{r - R}{\mathcal{R}} \right)^2 \left(1 + \frac{4}{\sqrt{\pi}} \frac{\mathcal{R}}{R} + \left[\frac{\mathcal{R}}{R} \right]^2 \right) \tag{7.104}$$

für $r \to R$. Der durch die Polymerlösung auf die Partikeloberfläche ausgeübte Druck ist durch $p_{sp} = (dF/dR)/(4\pi R^2)$ gegeben. F ist die freie Energie aus Gl. (7.89b). Damit erhalten wir

$$p_{sp} = p\left[1 + \frac{4}{\sqrt{\pi}}\frac{\mathcal{R}}{R} + \left(\frac{\mathcal{R}}{R}\right)^2\right] \qquad (7.105)$$

mit dem idealen Polymerdruck, den wir mit Gl. (7.89b) eingeführt hatten. Somit ist die Polymerkonzentration nach Gl. (7.104) in der Tat proportional zum Druck auf die Oberfläche des Partikels, fällt aber gleichzeitig quadratisch mit abnehmendem Abstand zur Partikeloberfläche ab.

Weitere Details der Wechselwirkung von Polymeren mit Oberflächen lassen sich elegant unter Verwendung feldtheoretischer Werkzeuge, die auch Anwendung in der Vielteilchenphysik finden, ableiten [7.43].

7.3 Polyelektrolyte und Polymerelektrolyte

Polyelektrolyte sind wässrige Polymerlösungen aus Polymeren, die als *Polysäuren* anionische, als *Polybasen* kationische oder als *Polyampholyte* sowohl anionische als auch kationische dissoziierbare Gruppen tragen. *Polymerelektrolyte* sind Elektrolyte anorganischer Salze, bei denen die Polymermatrix die Rolle des wässrigen Lösungsmittels konventioneller Elektrolyte übernimmt. Sowohl bei Polyelektrolyten als auch bei Polymerelektrolyten wird das Verhalten stark durch die Nanoskaligkeit der Polymere determiniert, was eine Diskussion der Eigenschaften im vorliegenden Kontext sinnvoll erscheinen lässt. Wir wollen zunächst und ausführlich die Eigenschaften der Polyelektrolyte diskutieren und abschließend kurz auf die Polymerelektrolyte eingehen.

Abbildung 7.17 zeigt ein anionisches Polymermolekül am Beispiel eines Polyacrylsäurederivats. In Abb. 7.17(a) ist das ungelöste, elektrisch neutrale Molekül aufgrund seiner Flexibilität verknäuelt, wie wir es für ein ideales, freies Polymer erwarten. Im wässrigen Milieu dissoziieren die Carboxylgruppen zu anionischen Carboxylatgruppen. Durch elektrostatische Wechselwirkung der Monomere wird die Polymerkette gestreckt, was einen starken Einfluss auf die rheologischen Eigenschaften der Polymerlösung haben kann. Dies ist in Abb. 7.17(b) dargestellt. Durch Zusatz von Salzen kann, wie in Abb. 7.17(c) dargestellt, wieder eine Verknäuelung induziert werden, wenn die Aufladung des Polymers kompensiert wird. Im dargestellten Fall handelt es sich um einen *schwachen* Polyelektrolyten: Der Dissoziationsgrad hängt vom pH-Wert der Lösung ab. Bei *starken* Polyelektrolyten ist dies nicht der Fall. Allerdings kann auch hier der Verknäuelungsgrad, wie in Abb. 7.17(c) dargestellt, über die Salzkonzentration variiert werden.

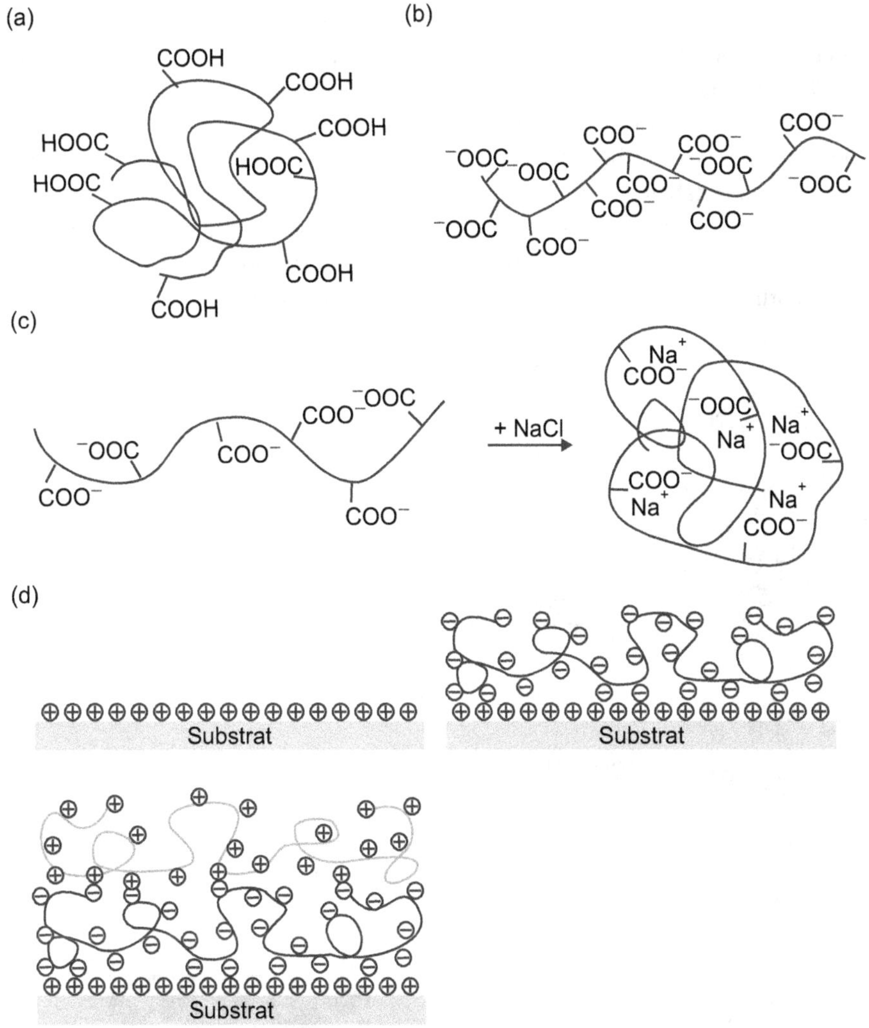

Abb. 7.17. Enstehung und Verhalten von Polyelektrolyten. (a) Polyacrylsäurederivat im undissoziierten Zustand. (b) Dissoziation der Carboxylgruppen zu Carboxylatgruppen und Streckung des Moleküls. (c) Verknäuelung bei Neutralisation durch Zusatz von Salzen. (d) Adsorption an funktionalisierten Oberflächen.

Eine wichtige Anwendung ist die Deposition monomolekularer Polyelektrolytschichten auf funktionalisierten Substraten, wie in Abb. 7.17(d) dargestellt. Hier sind neben elektrostatischen Wechselwirkungen insbesondere auch die in den beiden vorangegangenen Abschnitten diskutierten entropischen Wechselwirkungen von Bedeutung. Kettenlängen können mehr als 10 μm betraten, sehr häufig sind aber gerade nanoskalige Strukturen von Interesse [7.44]. Für die Analyse adsorbierter Schichten an Oberflächen bieten sich dann im Besonderen die Rastersondenverfahren an. Abbildung 7.18 zeigt eine sehr spezielle Polyelektrolytkonfiguration, die durch *sphärische Polyelektrolytbürsten* gebildet wird [7.45]. Diese sind Kern-Schale-Polymerpartikel. Der Kern besteht aus Polystyrol. Die Polyelektrolytketten definierter Länge, welche die Hülle bilden, können, wie in Abb. 7.18(a), anionischen, oder, wie in Abb. 7.18(b), kationischen Charakter haben. Die Polymerbürsten wechselwirken insbesondere mit geladenen Substratoberflächen. Die negativ geladene Spaltfläche eines Glimmerkristalls ist aufgrund ihrer nur atomaren Korrugation ein Standardbeispiel. Abbildung 7.18(c) zeigt in Form einer AFM-Aufnahme, dass die anionischen Polyelektrolytbürsten ei-

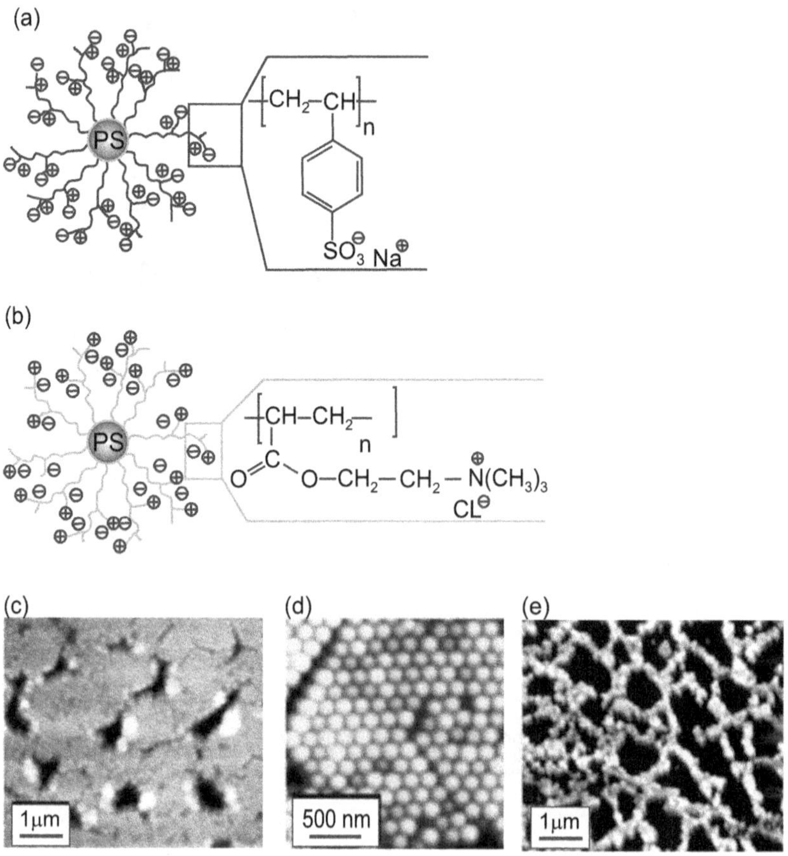

Abb. 7.18. Aufbau und Adsorptionsverhalten von Polyelektrolytbürsten [7.45]. (a) Polystyrolkern (PS) und Natriumpolystyrolsulphonatketten bilden eine anionische Polyelektrolytbürste. (b) PS-Kern und Poly-(2-(Acryloxy)Ethyl)-Trimetylammoniumchloridketten bilden eine kationische Polyelektrolybürste. (c) AFM-Abbildung der anionischen Polyelektrolybürsten auf Glimmer. (d) Anordnung bei höherer Auflösung. (e) AFM-Abbildung der kationischen Polyelektrolybürsten auf Glimmer.

ne lokal geordnete, hexagonal-dichteste Packung auf der Glimmeroberfläche bilden. Details zeigt die Abbildung höherer Auflösung in Abb. 7.18(d). Offensichtlich führen die repulsiven Wechselwirkungsanteile zwischen Polyelektrolytbürsten und Substrat zu einer hohen Mobilität der Polymerteilchen, die wiederum eine gut ausgebildete Gleichgewichtsanordnung zur Folge hat. Abbildung 7.18(e) zeigt, dass kationische Polyelektrolytbürsten eine netzwerkartige Struktur bilden, die ihre Ursache in der rein attraktiven Wechselwirkung mit dem negativ geladenen Substrat hat. Derartige Untersuchungen sind von Bedeutung für viele Anwendungsbereiche, in denen Polymer-Oberflächen-Wechselwirkungen essentiell sind, wie beispielsweise für Beschichtungen und Farben oder auch medizintechnische Produkte.

Es ist evident, dass Polyelektrolyte Eigenschaften besitzen, die wir in den beiden vorangegangenen Abschnitten im Zusammenhang mit Polymerlösungen bereits eingehend diskutiert haben. Darüber hinaus ist anzunehmen, dass Polyelektrolyte auch Eigenschaften konventioneller Elektrolyte besitzen. Daraus und aus weiteren Gründen resultiert eine gewisse Komplexität im Verhalten, die sich insbesondere an folgenden Gesichtspunkten festmachen lässt: Neben kurzreichweitigen entropischen Effekten, die auf dem durch die Polymere ausgeschlossenen Volumen basieren, sind langreichweitige elektrostatische Kopplungen zu berücksichtigen. Die Gegenladungen zu den ionisierten Polymermolekülen sind in Form verteilter Ionen im Lösungsmittel vorhanden und bilden komplexe räumlich-zeitliche Verteilungen, die wiederum die langreichweitigen elektrostatischen Kopplungen zwischen Teilen einer Polymerkette und zwischen verschiedenen Polymerketten beeinflussen. Da es sich bei einem Dissoziationsgleichgewicht um ein dynamisches Gleichgewicht handelt, ist der Ladungszustand einer Polymerkette keine nur von der chemischen Natur des Moleküls abhängige Konstante, sondern vielmehr eine auch von der Umgebung abhängige Größe. Sowohl die Wechselwirkung einer Kette mit sich selbst als auch diejenige mit der Gegenionenwolke bestimmt den lokalen Dissoziationsgrad entlang einer Kette, wie sie in Abb. 7.17(b) dargestellt ist. Der Dissoziationsgrad wiederum beeinflusst die Anzahl der möglichen Konformationen, wie der Vergleich von Abb. 7.17(a) und (b) zeigt. Die Konformationen der Kette wiederum beeinflussen die Gegenelektronenwolke sowie den lokalen und damit auch globalen Dissoziationsgrad. Diese Interdependenzen erfordern a priori eine selbstkonsistente Behandlung des Gesamtprolblems. Allerdings lassen sich wesentliche Eigenschaften für den vergleichsweise einfachen Fall der starken Polyelektroyte analysieren, für die der Dissoziationsgrad als maximal und konstant betrachtet werden kann. Die folgende Diskussion setzt diesen Fall voraus.

Bereits in Abschn. 2.2.2 hatten wir diskutiert, dass Überschussladungen in einem Plasma abgeschirmt werden, was zu einem exponentiellen Abfall des elektrostatischen Potentials gemäß Gl. (2.79a) führt. Hingegen würde man für eine freie Ladung im Vakuum $\Phi(r) \sim 1/r$ erwarten. Ein ganz analoges Verhalten erhalten wir auch für Elektrolyte und insbesondere für Polyelektrolyte. Die folgende Analyse detailliert ebenfalls die zunächst nur oberflächlich geführte Diskussion zum Verhalten geladener Kolloidteilchen in Abschn. 6.5 und konkret in Gl. (6.49). Betrachten wir $n^{(+)}$ positiv und $n^{(-)}$ negativ geladene Teilchen der Spezies α und β in einer Lösung, so ist die elektrostatische Gesamtenergie gegeben durch

$$U = \frac{e}{2} \sum_{\alpha=1}^{2} \sum_{i=1}^{n_\alpha} \mathcal{Z}_\alpha \Phi\left(\mathbf{r}_i^{(\alpha)}\right) , \tag{7.106a}$$

mit

$$\Phi(\mathbf{r}) = \frac{e}{\varepsilon} \sum_{\beta=1}^{2} \sum_{j=1}^{n_\beta} \frac{\mathcal{Z}_\beta}{|\mathbf{r} - \mathbf{r}_j^{(\beta)}|} . \tag{7.106b}$$

$\mathcal{Z}$ bezeichnet hier die Valenz der Partikel[9] und $\varepsilon = \varepsilon_0 \varepsilon_r$ ist die Dielektrizitätskonstante der Lösung. Der kanonische Mittelwert von Φ, den wir erhalten für ein bei $\mathbf{r}'$ fixiertes Partikel der Spezies α ist gegeben durch

$$\langle \Phi(\mathbf{r}, \mathbf{r}') \rangle_\alpha = \frac{V}{n_\alpha} \left\langle \sum_{i=1}^{n_\alpha} \Phi(\mathbf{r}) \delta(\mathbf{r}' - \mathbf{r}) \right\rangle , \tag{7.107}$$

wobei V das Gesamtvolumen bezeichnet und die Mittelung, wie bereits in den vorherigen Abschnitten benutzt, gemäß

$$\langle \ldots \rangle = \frac{1}{Z} \int_V \ldots \exp\left(-\frac{E}{k_B T}\right) d^{3n} r \tag{7.108}$$

durchgeführt wird. Z bezeichnet hier die Zustandssumme. Aus Gl. (7.107) folgt dann

$$\begin{aligned} \triangle \langle \Phi(\mathbf{r}, \mathbf{r}') \rangle_\alpha &= \left\langle \frac{V_e}{n_\alpha \varepsilon} \sum_{\beta=1}^{2} \sum_{i=1}^{n_\alpha} \sum_{j=1}^{n_\beta} \mathcal{Z}_\beta \, \delta\left(\mathbf{r} - \mathbf{r}_j^{(\beta)}\right) \delta\left(\mathbf{r}' - \mathbf{r}_i^{(\alpha)}\right) \right\rangle \\ &= -\frac{\left\langle \varrho(\mathbf{r}, \mathbf{r}') \right\rangle_\alpha}{\varepsilon} , \end{aligned} \tag{7.109}$$

mit der mittleren Ladungsdichte $\langle \varrho(\mathbf{r}, \mathbf{r}') \rangle_\alpha$ bei Anwesenheit eines bei $\mathbf{r} = \mathbf{r}'$ fixierten Partikels der Spezies α.

In Gl. (6.58) hatten wir das Potential der mittleren Kraft eingeführt, mit dem sich die Ladungsdichte des anisotropen Systems ausdrücken lässt durch

$$\langle \varrho(\mathbf{r}) \rangle_\alpha = \sum_{\beta=1}^{2} \varrho_\beta \mathcal{Z}_\beta \exp\left(-\frac{\tilde{\omega}_{\alpha\beta}(\mathbf{r})}{k_B T}\right) . \tag{7.110}$$

$\varrho_\beta = n_\beta / V$ ist die Kontinuumsdichte für Partikel der Spezies β. Gemäß des klassischen Näherungsansatzes von *P. Debye* und *E. Hückel* (1896–1980) [7.46],

$$\tilde{\omega}_{\alpha,\beta}(\mathbf{r}) \approx \mathcal{Z}_\beta e \langle \Phi(\mathbf{r}) \rangle_\alpha , \tag{7.111}$$

9 $\mathcal{Z}$ ist hier nicht mit der Zustandssumme Z zu verwechseln.

erhalten wir die *Poisson-Boltzmann-Gleichung*

$$\triangle\langle\Phi_\alpha(r)\rangle = -\frac{e}{\varepsilon}\sum_{\beta=1}^{2}\varrho_\beta \mathcal{Z}_\beta \exp\left(-\frac{\mathcal{Z}_\beta e\langle\Phi(r)\rangle_\alpha}{k_B T}\right) . \tag{7.112}$$

Für $\mathcal{Z}_\beta e\langle\Phi(r)\rangle_\alpha/(k_B T) \ll 1$ und ein gesamtladungsmäßig neutrales System folgt

$$\triangle\langle\Phi(r)\rangle_\alpha = \kappa^2\langle\Phi(r)\rangle_\alpha , \tag{7.113a}$$

mit

$$\kappa^2 = 4\pi\lambda_B \sum_{\beta=1}^{2}\mathcal{Z}_\beta^2\varrho_\beta . \tag{7.113b}$$

λ_B ist die bereits im Zusammenhang mit Gl. (6.49) eingeführte Bjerrum-Länge. Weiterhin gilt $1/\kappa = \lambda_D$ für die in Gl. (2.79b) eingeführte fundamentale Debye-Länge, gegeben durch $\lambda_D = \sqrt{\varepsilon k_B T/\sum_{\beta=1}^{2}\mathcal{Z}_\beta^2\varrho_\beta}$.

Bisher haben wir punktförmige, geladene Partikel betrachtet. Werfen wir nun einen Blick darauf, wie sich das Debye-Hückel-Potential für Partikel endlicher Ausdehnung, wie es Polymerketten sind, verhält. Dazu nehmen wir der Einfachheit halber zunächst sphärische Teilchen des Durchmessers d an:

$$\triangle\langle\Phi(r)\rangle_\alpha = \begin{cases} \kappa^2\langle\Phi(r)\rangle_\alpha, & r > d \\ 0, & 0 \le r \le d \end{cases} . \tag{7.114a}$$

Die Transformation in Kugelkoordinaten liefert

$$\frac{1}{r^2}\frac{d}{dr}\left(r^2\frac{d\langle\Phi(r)\rangle_\alpha}{dr}\right) = \begin{cases} \kappa^2\langle\Phi(r)\rangle_\alpha, & r > d \\ 0, & 0 \le r \le d \end{cases} . \tag{7.114b}$$

Mit der Randbedingung $\lim_{r\to\infty}\langle\Phi(r)\rangle_\alpha = 0$ folgt

$$\langle\Phi(r)\rangle_\alpha = \frac{\mathcal{Z}_\alpha e}{4\pi\varepsilon(1+\kappa d)}\frac{\exp(-\kappa[r-d])}{r} \tag{7.115a}$$

für $r > d$ und

$$\langle\Phi(r)\rangle_\alpha = \frac{\mathcal{Z}_\alpha e}{4\pi\varepsilon}\left(\frac{1}{r} - \frac{\kappa}{1+\kappa d}\right) , \tag{7.115b}$$

für $0 < r < d$, wobei wir die Stetigkeit von $\langle\Phi(r)\rangle_\alpha$ und $d\langle\Phi(r)\rangle_\alpha/dr$ genutzt haben.

In den zwei vorherigen Abschnitten wurde deutlich, dass sphärische Partikel nicht unbedingt ein geeignetes Modell für Polymerketten sind, aber gemäß Abb. 7.18 in manchen Fällen durchaus sein können. Zur Behandlung der generellen Eigenschaften von Polyelektrolyten müssen wir die Diskussion der Elektrostatik besser den

Realitäten anpassen [7.47]. Ein erster Schritt ist die Betrachtung eindimensionaler Stäbchen mit Ladungsdichte $\sigma = q/l$. Natürlich lässt diese Näherung die Flexibilität von Polymerketten gänzlich außer Acht. Betrachten wir das Potential genügend nahe zu einem Partikel, so dass keine Abschirmeffekte durch Gegenionen oder andere Partikel zu berücksichtigen sind:

$$\Phi(r) = -\frac{\sigma}{2\pi\varepsilon} \ln \frac{r}{R} . \tag{7.116}$$

R ist eine hinreichend große Entfernung mit $\Phi(R) \approx 0$. Die Wahrscheinlichkeit, Gegenionen innerhalb eines Zylinders vom Radius r_0 um das Makroion zu finden, ist $p(r < r_0) = Z_{<r_0}/Z_\infty$, mit den Zustandssummen

$$Z(\mathcal{R}) = 2\pi \int\limits_0^{\mathcal{R}} \exp\left(\frac{\mathcal{Z}e\Phi(r)}{k_BT}\right) r dr = 2\pi R^{2\mathcal{Z}\lambda_B/e} \int\limits_0^{\mathcal{R}} r^{1-2\mathcal{Z}\lambda_B\sigma/e} dr , \tag{7.117}$$

wobei $Z_{<r_0} = Z(\mathcal{R} = r_0)$ und $Z_\infty = Z(R \to \infty)$ gilt. Z ist aufgrund der Abschirmung, die zu einem exponentiellen Abfall des Potentials führt, a priori endlich. Für $\sigma \geq e/(\mathcal{Z}\lambda_B)$ divergiert allerdings $Z_{<r_0}$ und es folgt $p(r < r_0) = 1$ für ein beliebiges r_0. Das bedeutet, dass Gegenionen auf dem Makroion kondensieren, bis $\sigma - \sigma_{\text{kond}} = e/(\mathcal{Z}\lambda_B)$. Diese *Manning-Kondensation* [7.48] ist ein Spezifikum der eindimensionalen Makroionen, welches aus der Betrachtung singulärer punktförmiger Ladungen nicht ableitbar ist.

Eine realistischere Diskussion der Eigenschaften von Polyelektrolyten muss natürlich insbesondere der Flexibilität der Polymerketten Rechnung tragen, also die Befunde aus der statistischen Mechanik und die Skalierungargumente, die wir in den beiden vorherigen Abschnitten gewürdigt haben, berücksichtigen. Neben den entropischen Beiträgen zur freien Energie sind jetzt allerdings insbesondere auch die elektrostatischen zu berücksichtigen. Um ein Gefühl für diese zuletzt genannten Beiträge zu erhalten, betrachten wir zunächst die elektrostatische Energie einer homogen geladenen Kugel. Die Ladungsdichte sei gegeben durch $\varrho(R) = n\mathcal{Z}e/(4/3\,\pi R^3)$. Für das resultierende elektrostatische Potential gilt nach dem Gaußschen Integralsatz

$$\frac{1}{\varepsilon} \int\limits_V \varrho(\mathbf{r}) d^3r = \oint\limits_{\mathcal{O}} \mathbf{E}(\mathbf{r}) \cdot d\mathbf{s} , \tag{7.118}$$

wobei $\mathcal{O}$ die das Volumen V umschließende Oberfläche, $d\mathbf{s}$ den nach außen zeigenden Normalenvektor eines differentiellen Oberflächenelements und $\mathbf{E}$ das elektrische Feld bezeichnen. Handelt es sich bei dem betrachteten Volumenbereich um eine Kugel mit dem Radius r, so folgt für das elektrische Feld an der Oberfläche

$$E(r) = \begin{cases} \dfrac{n\mathcal{Z}e}{4\pi\varepsilon} \dfrac{r}{R^3} , & r \leq R \\[2ex] \dfrac{n\mathcal{Z}e}{4\pi\varepsilon} \dfrac{1}{r^2} , & r > R \end{cases} . \tag{7.119}$$

Mit $E(r) = -d\Phi/dr$ folgt für das Potential

$$\Phi(r) = -\int_{\infty}^{r} E(r')dr' = \begin{cases} \frac{n\mathcal{Z}e}{4\pi\varepsilon}\frac{1}{r}, & r > R \\ \frac{n\mathcal{Z}e}{8\pi\varepsilon}\frac{3R^2 - r}{R^3} & r \leq R \end{cases} . \tag{7.120}$$

Die elektrostatische Energie der Ladungen unter dem Einfluss ihres Eigenfelds ist

$$U = \frac{1}{2}\int_{V(R)} \varrho(\mathbf{r})\Phi(\mathbf{r})d^3r = \frac{3(n\mathcal{Z}e)^2}{20\pi\varepsilon}\frac{1}{R} . \tag{7.121}$$

Betrachten wir nun einen beliebig geformten räumlichen Bereich, der durch eine charakteristische Ausdehnung R gekennzeichnet sei. Es könnte sich also um eine Polymerkette mit $R = R_{AE}$ handeln, wie in Abschn. 7.1 diskutiert. Wird nun der Volumenbereich affin skaliert, so ändern sich alle Dimensionen um den Faktor R'/R, wenn wir von $V(R)$ zu $V(R')$ übergehen. Die elektrostatische Energie ist gegeben durch

$$U(R) = \frac{1}{8\pi\varepsilon}\int\int_{V(R)} \frac{\varrho(\mathbf{r}_1)\varrho(\mathbf{r}_2)}{|\mathbf{r}_1 - \mathbf{r}_2|} d^3r_1 d^3r_2 . \tag{7.122}$$

Mit $\varrho(\mathbf{r}) \to (R/R')^3\varrho(\mathbf{r})$, $d^3r \to (R/R')^3 d^3r$ und $|\mathbf{r}_1 - \mathbf{r}_2| \to (R'/R)|\mathbf{r}_1 - \mathbf{r}_2|$ folgt dann für den beliebig geformten räumlichen Bereich $U(R') = (R/R')\, U(R)$, also der in Gl. (7.121) für die Kugel gefundene Zusammenhang $U \sim 1/R$. Dieser resultiert natürlich aus dem entsprechenden langreichweitigen Verlauf von $\Phi(r)$. Betrachtet man beispielsweise die kurzreichweitige repulsive Wechselwirkung, die zum ausgeschlossenen Volumen einer Polymerkette führt, so ist das Paarpotential durch $\delta(\mathbf{r}_1 - \mathbf{r}_2)$ gegeben. Damit folgt aus Gl. (7.122)

$$U(R) \sim \int_{V(R)} [\varrho(\mathbf{r})]^2 d^3r . \tag{7.123}$$

Dabei ist ϱ jetzt die örtliche Monomerdichte. Damit folgt $U(R') = (R/R')^3 U(R)$ und somit $U \sim n^2/R^3$. Verwendet man dieses Skalierungsverhalten, so erhält man im Flory-Modell den in Abschn. 7.1 diskutierten Zusammenhang $R \sim n^\nu$ mit $\nu = 3/5$ in drei Dimensionen.

Mit U aus Gl. (7.121) folgt für die freie Energie

$$F = \left(\frac{R^2}{nl^2} + \frac{3}{5}n^2\mathcal{Z}^2e^2\frac{\lambda_B}{R}\right) k_BT . \tag{7.124}$$

Mit $dF/dR = 0$ folgt $R \sim n([\mathcal{Z}l]^2\lambda_B)^{1/3}$. Die Folge der Polymerladung ist also, dass sich die Kettenausdehnung entsprechend $R \sim n$ verhält und nicht entsprechend $R \sim \sqrt{n}$, wie für die Gaußsche Kette, oder entsprechend $R \sim n^\nu$, wie für die sich selbst meidende Kette.

In der bisherigen Diskussion des Einflusses der Elektrostatik auf die Konformationen der Polymerketten haben wir völlig die möglichen Beiträge der Gegenionen vernachlässigt, was legitim ist, wenn eine hinreichend große Verdünnung der Polymermoleküle vorausgesetzt wird. Kann dies nicht vorausgesetzt werden, so werden die Verhältnisse deutlich komplexer. Gehen wir davon aus, dass die ionisierten Monomere miteinander über Debye-Hückel-Potentiale gemäß Gl. (7.115a) wechselwirken. Die elektrostatische Gesamtenergie ist dann für ein Polyelektrolytmolekül gegeben durch

$$U = k_B T \lambda_B \sum_{\substack{i,j=0 \\ i>j}}^{n} \mathcal{Z}_i \mathcal{Z}_j \frac{\exp(-\kappa|\mathbf{r}_i - \mathbf{r}_j|)}{|\mathbf{r}_i - \mathbf{r}_j|} . \tag{7.125}$$

Zur Charakterisierung entropischer Beiträge wollen wir für die Polymerketten des Polyelektrolyten das Modell der semiflexiblen Kette heranziehen, welches wir in Abschn. 7.1 im Zusammenhang mit Gl. (7.7) bereits vorgestellt haben. Dort haben wir eine entlang der Kette exponentiell abfallende Orientierungskorrelation der Segmente angenommen. Im Folgenden wollen wir das erhaltene Ergebnis auf eine etwas allgemeinere Grundlage stellen. Dazu wählen wir die realistischere Annahme, dass nicht die Segmentlänge fest vorgegeben ist, sondern ihr Mittelwert: $\sqrt{\langle R_i^2 \rangle} = l$ für $\mathbf{R}_i = \mathbf{r}_i - \mathbf{r}_{i-1}$. Die Semiflexibilität wird durch $\langle \mathbf{R}_i \cdot \mathbf{R}_{i+1} \rangle = tl^2$ repräsentiert. $t = 0$ entspricht der völlig freien Zufallskette und $t = 1$ dem Grenzfall eines starren Stabs wie in Abb. 7.4(a). Die Zustandssumme ist dann gegeben durch

$$Z = \int d^{3n}r \, \exp\left(- \sum_{i=1}^{n} \lambda_i \mathbf{R}_i^2 + \sum_{i=1}^{n-1} \mu_i \mathbf{R}_i \cdot \mathbf{R}_{i+1} \right) . \tag{7.126}$$

λ_i und μ_i sind die Lagrange-Multiplikatoren, die durch die gewählten Randbedingungen und durch Symmetriebedingungen festgelegt werden: $\lambda_i = \lambda_{n-1}$ und $\mu_i = \mu_{n-i}$. Eine genauere Analyse [7.49] zeigt, dass $\mu_1 = \mu_2 = \ldots = \mu_{n-1} \equiv \mu$ und $\lambda_1 = \lambda_2 = \ldots = \lambda_{n-1} \equiv \lambda$ sowie $\lambda_1 = \lambda_n$ gilt. Die verbleibenden Lagrange-Multiplikatoren werden dann durch die Randbedingungen

$$\left\langle \sum_{i=2}^{n-1} R_i^2 \right\rangle = (n-2)l^2 , \tag{7.127a}$$

$$\langle R_1^2 \rangle = \langle R_n^2 \rangle = l^2 \tag{7.127b}$$

und

$$\left\langle \sum_{i=1}^{n-1} \mathbf{R}_i \cdot \mathbf{R}_{i+1} \right\rangle = (n-1)l^2 t , \tag{7.127c}$$

festgelegt. Da die Zustandssumme in Gl. (7.126) aus multidimensionalen Gaußschen Integralen besteht, kann sie mithilfe von

$$\int \exp\left(-\frac{\mathbf{x} \cdot \underline{\underline{M}}\mathbf{x}}{2} \right) d^n x = \sqrt{\frac{(2\pi)^n}{\det \underline{\underline{M}}}} \tag{7.128a}$$

und

$$\int x_i x_j \exp\left(-\frac{\mathbf{x}\cdot\underline{\underline{M}}\mathbf{x}}{2}\right) d^n x = \sqrt{\frac{(2\pi)^n}{\det \underline{\underline{M}}}} \left(\underline{\underline{M}}^{-1}\right)_{ij} \tag{7.128b}$$

in geschlossener Form berechnet werden [7.49]. Mit $\lambda = 3(1+t^2)/[2l^2(1-t^2)]$, $\lambda_1 = \lambda/(1+t^2)$ und $\mu = 2t\lambda_1$ folgt das einfache Ergebnis

$$Z = \sqrt{\left(\frac{2\pi l^2}{3}\right)^{3n} (1-t^2)^{3(n-1)}} \,. \tag{7.129}$$

Ferner erhalten wir für die Kettenausdehnung

$$\langle R_{AE}^2\rangle = nl^2\left(\frac{1+t}{1-t} + \frac{2t}{n}\,\frac{t^n-1}{(t-1)^2}\right) . \tag{7.130}$$

Bisher wurden noch nicht die elektrostatischen Beiträge berücksichtigt. Zu ihrer Berücksichtigung muss der Integrand in Gl. (7.126) mit $\exp(-\lambda_B \sum_{i,j=0}^{n} \exp(-\kappa|\mathbf{r}_i-\mathbf{r}_j|)/|\mathbf{r}_i-\mathbf{r}_j|)$ multipliziert werden. Dies hat allerdings zur Folge, dass die modifizierte Zustandssumme nicht mehr in geschlossener analytischer Form berechnet werden kann. Stattdessen bietet sich ausgehend von Z aus Gl. (7.126) eine Störungsrechnung unter Verwendung eines „Test-Hamiltonians" an[10]. Dieser beinhaltet $t \to t_T$ als zunächst freien Parameter, der dann schließlich durch die Forderung $\langle R_{AE}^2\rangle = \langle R_{AE}^2\rangle_T$ determiniert wird, Mit

$$\begin{aligned}
\langle R_{AE}^2\rangle &= \frac{\int R_{AE}^2(\mathbf{r}_i)\exp(-H/[k_BT])d^{3n}r}{\int \exp(-H/[k_BT])d^{3n}r} \\
&= \frac{\langle R_{AE}^2 \exp(-[H-H_T]/[k_BT])\rangle_T}{\langle \exp([-H-H_T]/[k_BT])\rangle_T} \\
&= \langle R_{AE}^2\rangle_T - \frac{1}{k_BT}\Big[\langle R_{AE}^2(H-H_T)\rangle_T \\
&\qquad + \langle R_{AE}^2\rangle_T\langle H-H_T\rangle_T + \mathcal{O}([H-H_T]^2)\Big] \,.
\end{aligned} \tag{7.131}$$

Mit der zuvor genannten Randbedingung folgt

$$\langle R_{AE}^2\rangle_T\langle H-H_T\rangle_T - \langle R_{AE}^2(H-H_T)\rangle_T = 0 \,. \tag{7.132}$$

Die Berechnung der entsprechenden Gaußschen Integrale gemäß Gl (7.126) liefert

$$\left[(\lambda-\lambda_T)C_1 + (\lambda_1-\lambda_1^{(T)})C_2 + (\mu-\mu_T)C_3\right] l^2 + C_4 = 0 \,. \tag{7.133a}$$

---

10 Für Probleme unter Verwendung von $\exp(-H/[k_BT])$ wird hier die aus der Quantenmechanik bekannte Terminologie verwendet.

Die Konstanten besitzen die komplizierte Zusammensetzung [7.50]

$$\begin{aligned}
C_1 &= \frac{1}{l^4}\left(\langle R_{AE}^2\rangle_T \left\langle \sum_{i=2}^{n-1} R_i^2 \right\rangle_T - \left\langle R_{AE}^2 \sum_{i=2}^{n-1} R_i^2 \right\rangle_T\right) \\
&= \frac{2}{3(1-t_T)^2}\left(-n\left[(1+t_T)^2 + 2t_T^{n+1}\right] \right. \\
&\qquad \left. +2(1-t_T^n)\frac{1-t_T+2t_T(1+t_T+t_T^2)}{1-t_T^2}\right), \qquad (7.133b)
\end{aligned}$$

$$\begin{aligned}
C_2 &= \frac{1}{l^4}\left(\langle R_{AE}^2\rangle_T\langle R_1^2 + R_n^2\rangle_T - \langle R_{AE}^2(R_1^2+R_n^2)\rangle_T\right) \\
&= -\frac{4}{3}\left(\frac{t_T^n - 1}{t_T - 1}\right)^2, \qquad (7.133c)
\end{aligned}$$

$$\begin{aligned}
C_3 &= \frac{1}{l^4}\left(\langle R_{AE}^2\rangle_T \left\langle \sum_{i=1}^{n-1} \mathbf{R}_i\cdot\mathbf{R}_{i+1} \right\rangle_T - \left\langle R_i^2 \sum_{i=1}^{n-1} \mathbf{R}_i\cdot\mathbf{R}_{i+1} \right\rangle_T\right) \\
&= \frac{2}{3(1-t_T^2)}\left[(n-1)(1-t_T^2)t_T^n + t_T^{2n} - t_T^2\right] - C_1 - \frac{C_2}{2} \qquad (7.133d)
\end{aligned}$$

und

$$\begin{aligned}
C_4 &= \frac{1}{l^2}\left(\langle R_{AE}^2\rangle_T \left\langle \frac{U}{k_BT}\right\rangle_T - \left\langle R_{AE}^2 \frac{U}{k_BT}\right\rangle_T\right) \\
&= \frac{l^2}{18\pi^2}\int_0^\infty \tilde{u}(q) \sum_{i=1}^{n} \exp\left(-\frac{i(ql)^2}{6}\left[\frac{1+t_T}{1-t_T} + \frac{2t_T}{i}\frac{t_T^i - 1}{(t_T-1)^2}\right]\right) \\
&\quad \left\{ i^2(n-i+1)\left(\frac{1+t_T}{1-t_T}\right)^2 + \frac{2(t_T^i-1)t_T^2}{(t_T-1)^4}\left[(n-i)t_T^{n-i}(t_T^i - 1) \right.\right. \\
&\quad \left.\left. -\frac{(t_T^i-1)(t_T^{n-i+2}-1)(t^{n-i}+1)}{1-t^2} - 2i\frac{1+t_T}{t_T}\left(t_T^{n-i+1}-1\right)\right]\right\} q^4 dq\,. \qquad (7.133e)
\end{aligned}$$

$\tilde{u}(q)$ ist die Fourier-Transformierte des auf die thermische Energie normierten Debye-Hückel-Potentials zwischen zwei Ladungen:

$$\tilde{u}(q) = \frac{e^2}{4\pi\varepsilon k_BT}\int \frac{\exp(-\kappa r)}{r}\exp(-\mathbf{q}\cdot\mathbf{r})d^3r = \frac{4\pi\lambda_B}{\kappa^2+q^2}\,. \qquad (7.134)$$

Damit lässt sich C_4 aus Gl. (7.133e) numerisch berechnen. Einsetzen von C_1, C_2, C_3 und C_4 in Gl. (7.133a) liefert eine Bestimmungsgleichung für t_T. Mit dem Resultat lassen sich dann alle Charakteristika der Polyelektrolytketten und insbesondere $\sqrt{\langle R_{AE}^2\rangle}$

mittels der Substitution $t \to t_T$ berechnen. Die Lagrange-Parameter in Gl. (7.133a) müssen selbstkonsistent iterativ bestimmt werden, da bei Anwesenheit elektrostatischer Wechselwirkungen die in Gl. (7.127) angegebenen Mittelwerte nicht mehr die einfachen analytischen Lösungen besitzen [7.50]. Das Ergebnis einer entsprechenden Rechnung ist in Abb. 7.19 dargestellt. Man erkennt hier deutlich das Kollabieren der Kettenausdehnung mit abnehmender Abschirmlänge λ_D. Den entsprechenden Effekt sieht man sehr schön in Abb. 7.1 und schematisch in Abb. 7.17.

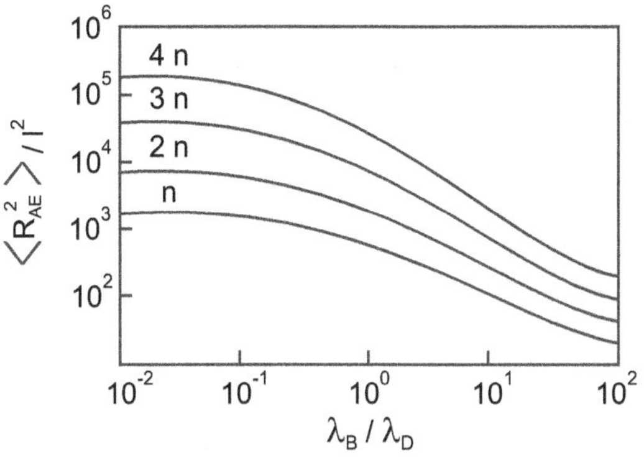

Abb. 7.19. Ausdehnung von Polyelektrolytketten variierenden Polymerisationsgrads als Funktion der Debyeschen Abschirmlänge λ_D [7.51].

In Abschn. 7.1 hatten wir in Form von Gl. (7.44) bereits diskutiert, dass eine Polymerkette einer entropischen Spannung ausgesetzt ist, die daraus resultiert, dass eine kleine Segmentlänge $|\mathbf{R}(s_2) - \mathbf{R}(s_1)|$ der Kette $\mathbf{R}(s)$ die Anzahl möglicher Konformationen zwischen s_1 und s_2 erhöht, was zu einer entsprechenden Maximierung der Entropie führt. Im Folgenden wollen wir diejenige Eigenschaft der Polymerkette untersuchen, die am direktesten durch die elektrostatischen Wechselwirkungen tangiert wird: die Biegesteifigkeit. Diese wird üblicherweise in From der Persistenzlänge l_P charakterisiert, die wir bereits im Zusammenhang mit Gl. (7.9) eingeführt hatten. Im vorliegenden Kontext ist sie definiert durch $l_P = (1+t)/(1-t)\; l/2$ für nichtionisierte Polymere. Für $n \gg 1$ ist dann $\langle R_{AE}^2 \rangle = 2nll_P$, was dem Resultat aus Gl. (7.10a) entspricht. Für das ionisierte Polymer ist wiederum die Situation für $t \to t_T$ zu betrachten. Die Biegeenergie der Kette ist durch

$$U_B = \frac{l_P}{2} k_B T \int_0^\infty \left| \frac{d^2\mathbf{R}}{ds^2} \right|^2 ds \tag{7.135}$$

gegeben. Die Entfernung der Zentren zweier benachbarter Monomere ist

$$\mathbf{R}(s) - \mathbf{R}(s') = \int_{s'}^{s} \frac{dR}{ds}(s'')ds'' \,. \tag{7.136}$$

Nehmen wir eine schwache Biegung, also relativ starre Ketten an, so gilt

$$\left.\frac{d\mathbf{R}}{ds}\right|_{s''} = \left.\frac{d\mathbf{R}}{ds}\right|_{s'} + \left.\frac{d^2\mathbf{R}}{ds^2}\right|_{s'} (s'' - s') + \frac{1}{2}\left.\frac{d^3\mathbf{R}}{ds^3}\right|_{s'} (s'' - s')^2 + \dots \,. \tag{7.137}$$

Substitution in Gl. (7.136) liefert

$$|\mathbf{R}(s) - \mathbf{R}(s')| = |s - s'| - \frac{1}{24}\left|\frac{d^2\mathbf{R}}{ds^2}(s')\right|^2 |s - s'|^3 + \dots \,. \tag{7.138}$$

Die elektrostatische Energie aus Gl. (7.125) ist gegeben durch

$$U = \frac{\lambda_B}{l^2} k_B T \int_0^\infty ds' \int_{s'}^\infty ds \, \frac{\exp(-\kappa|\mathbf{R}(s) - \mathbf{R}(s')|)}{|\mathbf{R}(s) - \mathbf{R}(s')|} \,. \tag{7.139}$$

Substitution gemäß Gl. (7.138) innerhalb des Integranden liefert

$$\begin{aligned} \frac{\exp(-\kappa|\mathbf{R}(s) - \mathbf{R}(s')|)}{|\mathbf{R}(s) - \mathbf{R}(s')|} &\approx \frac{\exp(-\kappa|s - s'|)}{|s - s'|} \\ &+ \frac{1}{24}\left|\frac{d^2\mathbf{R}}{ds^2}(s')\right|^2 \exp(-\kappa|s - s'|)\left[|s - s'| + \kappa(s - s')^2\right] \,. \end{aligned} \tag{7.140}$$

Der erste Term dieses Resultats ist unabhängig von der Kettenkonformation. Er liefert damit in der Zustandssumme Z eine Konstante und ist irrelevant für die Berechnung jeder beliebigen thermodynamischen Größe. Der zweite Term in Gl. (7.140), eingesetzt in Gl. (7.139), führt zu

$$U = \frac{\lambda_B}{8\kappa^2 l^2} \int_0^\infty \left|\frac{d^2\mathbf{R}}{ds^2}(s')\right|^2 ds' \,. \tag{7.141}$$

Durch Vergleich mit Gl. (7.135) wird deutlich, dass die elektrostatische Energie eine im Vergleich zur Biegeenergie identische Form besitzt. In niedrigster Ordnung führt also die elektrostatische Wechselwirkung der Monomere über das Debye-Hückel-Potential zu einer Zunahme der Biegesteifigkeit. Die effektive Biegeenergie ergibt sich aus Gl. (7.135), wenn die Persistenzlänge gemäß $l_P \to l_P + \lambda_B/(4\kappa^2 l^2)$ transformiert wird. Dies impliziert, dass statistisch gemittelte Eigenschaften der Polyelektrolytkette aus denen der entsprechenden nichtionisierten Polymerkette durch Transformation der Persistenzlänge ermittelt werden können.

Bei Polymerelektrolyten dient, wie eingangs erwähnt, das Polymer als Lösungsmittel für anorganische Salze. Der Vorteil bei Verwendung einer Polymermatrix besteht quasi darin, die vorteilhaften Eigenschaften fester und flüssiger Elektrolyte zu vereinigen [7.52]. Hauptanwendungsbereiche sind Lithiumionen-Polymer-Akkumulatoren und Brennstoffzellen. Von besonderer Bedeutung sind Polymerelektrolyte mit guter Leitfähigkeit. Diesbezüglich kommen auch Polymergele zum Einsatz.

Es ist essentiell, dass das Polymer polare Gruppen aufweist, was für Polyethylenimin (C_2H_5N), Polyethylenoxid (C_2H_4O) oder auch Polyamide gegeben ist. Als Salz sind speziell Alkalisalze mit großen Anionen, wie ClO_4^- und $CF_3SO_3^-$ geeignet, die gut löslich sind. Die Leitfähigkeit ist stark temperaturabhängig, wobei unterschiedliche Mechanismen des Ionentransfers relevant sein können: $1/\sigma \sim \exp(B/[T - T_0])$. $1/\sigma$ folgt also der *Vogel-Fulcher-Tammann-Gleichung*, die charakteristisch ist für die Viskosität glasartiger Materialien.

Ein komplexer Gegenstand aktueller Forschung im Gebiet der Polymerelektrolyte ist der Mechanismus der ionischen Leitfähigkeit und sein Bezug zur Dynamik der Polymerketten [7.53]. Die etablierten Modelle [7.54] gehen von zwei Beiträgen zum Ionentransport aus. Kationen, wie in Abb. 7.20 dargestellt, vollführen einerseits eine Brownsche Molekularbewegung, wie in Abschn. 4.3.3 diskutiert. Nach Gl. (4.64d) ergibt sich für die zurückgelegte Distanz nach einer Zeit t $\langle r^2(t)\rangle \sim t$. Nach einer Zeit t_∞ erreicht $\langle r^2\rangle$ einen Maximalwert mit $\langle r^2(t_\infty)\rangle = \langle r^2(t \to \infty)\rangle$, der durch die begrenzende Topologie der koordinativen Bindungen an die polaren Gruppen der Polymerketten bedingt ist. Eine langreichweitige Diffusion, wie in Abb. 7.20 dargestellt, ist nur aufgrund der Dynamik des Polymernetzwerks möglich. Wie in Abschn. 7.1 diskutiert, kann die langzeitige Dynamik des Polymernetzwerks durch diskontinuierliche „Restrukturierungsereignisse", die durchschnittlich nach einer Zeit τ_R stattfinden, beschrieben werden. τ_R ergibt sich beispielsweise aus dem Rouse-Modell. Für $\tau_R \gg t_\infty$ ist dann die kationische Diffusionskonstante gegeben durch $D = \langle r^2(t_\infty)\rangle/(6\tau_R)$. Mit $\sigma \sim D$ folgt $\sigma \sim 1/\tau_R$. Außerdem gilt nach dem Rouse-Modell für die Viskosität $\eta \sim \tau_R$, also $\sigma \sim 1/\eta$.

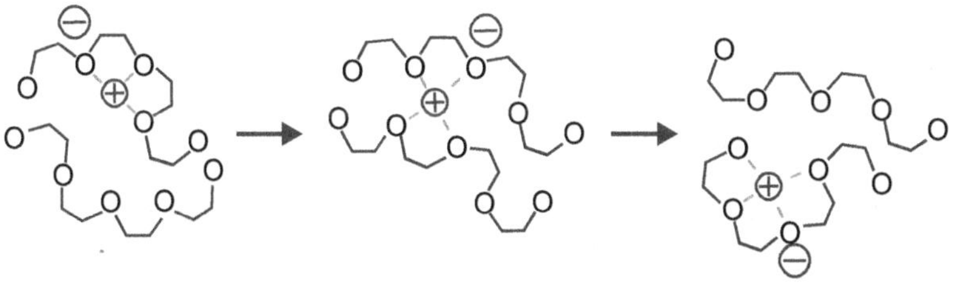

Abb. 7.20. Mechanismus der ionischen Leitfähigkeit von Polymerelektrolyten. Die Anionen sind deutlich beweglicher als die Kationen, deren langreichweitiger Transport auf Restrukturierungsprozessen des Polymernetzwerks beruht.

Trotz der wachsenden technologischen Bedeutung von Polymerelektrolyten für Lithiumbatterien [7.55] und Brennstoffzellmembranen [7.56] bestehen grundlegende, mit dem ionischen Transport verbundene Fragestellungen, die einer detaillierten Lösung bedürfen. Dazu gehört gerade im vorliegenden Kontext auch der Einfluss von Nanopartikeln als Füllbestandteil [7.57]. In jedem Fall kann jedoch nachdrücklich festgestellt werden, dass Polymerelektrolyte nanostrukturierte Funktionswerkstoffe mit wachsendem Anwendungspotential darstellen, die gleichsam die Vorteile von Festkörperelektrolyten mit denjenigen flüssiger Elektrolyte verbinden.

Literatur

[7.1] Y. Roiter and S. Minko, J. Am. Chem. Soc. **127**, 15688 (2005).

[7.2] P.J. Flory, *Statistical Mechanics of Chain Molecules* (Wiley, New York, 1969).

[7.3] J. Brandrup, E.H. Immergut and E.A. Grulke (Eds), *Polymer Handbook* (Wiley-VCH, Weinheim, 2003).

[7.4] G. Strobl, *The Physics of Polymers* (Springer, Berlin, 1996).

[7.5] R.G. Larson, *The Structure and Rheology of Complex Fluids* (Oxford Univ. Press, Oxford, 1999).

[7.6] L.D. Landau und E.M. Lifschitz, *Statistische Physik* (Akademie-Verlag, Berlin, 1987).

[7.7] Woehlke group, Technical University of Munich; bio.ph.tum.de.

[7.8] J. Hu, Y. Zhang, H. Gao, M. Li and U. Hartmann, Nano Lett. **2**, 55 (2002).

[7.9] H. Frielinghaus, *Conformation of Polymer Chains*, in J.K.G. Dhont, G. Gompper, G. Nägele, D. Richter and R.G. Winkler (Eds), *Soft Matter – From Synthetic to Biological Matter* (Schriften des Forschungszentrums Jülich, 2008).

[7.10] F. Schwabl, *Statistische Mechanik* (Springer, Berlin, 2006).

[7.11] S. Zou, H. Schönherr and G.J. Vancso, Angew. Chem. Int. Ed. **44**, 956 (2005) .

[7.12] T. Hugel and M. Seitz, Macromol. Rapid Commun. **22**, 989 (2001), A. Janshoff, M. Neitzert, Y. Oberdörfer and H. Fuchs, Angew. Chem. **112**, 3346 (2000); W. Zhang and X. Zhang, Prog. Polym. Sci. **28**, 1271 (2003).

[7.13] L. Schaefer, *Excluded Volume Effects in Polymer Solutions: As Explained by the Renormalization Group* (Springer, Berlin, 1999).

[7.14] P.J. Flory, *Principles of Polymer Chemistry* (Cornell Univ. Press, Ithaca, 1971).

[7.15] P.G. de Gennes, *Scaling Concepts in Polymer Physics* (Cornell Univ. Press, Ithaca, 1979).

[7.16] J. des Cloiseaux and G. Jannink, *Polymers in Solution: Their Modelling and Structure* (Clarendon Press, Oxford, 1990).

[7.17] P. Eisenriegler, *Polymers Near Surfaces* (World Scientific, Singapore, 1991).

[7.18] P.J. Flory, J. Chem. Phys. **17**, 303 (1949).

[7.19] S.F. Edwards, Proc. Poy. Soc. (London) **88**, 303 (1966).

[7.20] M. Daoud, I.P. Cotton, B. Farnoux, G. Janninck, G. Sarma, H. Benoit, R. Duplessix, C. Picot and P.G. de Gennes, Macromolecules **8**, 804 (1975).

[7.21] P. Debye, J. Phys. Colloid Chem. **51**, 18 (1947).

[7.22] S.F. Edwards, Proc. Roy. Soc. (London) **85**, 605 (1965).

[7.23] P.E. Rouse, J. Chem. Phys. **21**, 1272 (1953).

[7.24] S.N. Maganov and D.H. Reneker, Annu. Rev. Mater. Sci. **27**, 175 (1997); H. Schönherr and G.J. Vancso, *Scanning Force Microscopy of Polymers* (Springer, Berlin, 2010).

[7.25] A. Fernot and I.S. Chronakis, Curr. Opin. Colloid Interface Sci. **8**, 64 (2003).

[7.26] N. Yang, K.K.H. Wong, J.R. de Bruyn and J.L. Hutter, Mes. Sci. Technol. **20**, 025703 (2009).

[7.27] L.E. Millon, M.P. Nieh, J.L. Hutter and W.K. Wong, Macromolecules **40**, 3655 (2007).

[7.28] H. Li, *Smart Hydrogel Modeling* (Springer, Berlin, 2010).

[7.29] P.G. de Gennes, J. Chem. Phys. **55**, 572 (1971).

[7.30] G. Eilenberger, *Diffusion und Viskosit ät an Polymerschmelzen*, in: D. Richter und T. Springer (Hrsg.), *Physik der Polymere* (Schriften des Forschungszentrums Jülich, 1991).

[7.31] B.H. Zimm, J. Chem. Phys. **24**, 269 (1956).

[7.32] S. Kim and S.J. Karilla, *Microhydrodynamics: Principles and Selected Applications* (Dover, Mineola, 2005); G.K. Batchelor, *An Introduction to Fluid Dynamics* (Cambridge Univ. Press, Cambridge, 2000).
[7.33] D. Richter, *Polymerdynamik*, in: D. Richter und T. Springer (Hrsg.), *Physik der Polymere* (Schriften des Forschungszentrums Jülich, 1991).
[7.34] F. Mezei, C. Pappas and T. Gutberlet (Eds), *Neutron Spin Echo Spectroscopy*, Lecture Notes in Physics **601** (Springer, Heidelberg, 2003).
[7.35] P.G. de Gennes, Physics **3** , 37 (1967).
[7.36] E. Dubois-Violette and P. G. de Gennes, Pyhsics **3**, 181 (1967).
[7.37] E. Eisenriegler, *Polymers near Surfaces*, in: J.K.G. Dhont, G. Gompper and D. Richter (Eds), *Soft Matter: Complex Materials on Mesoscopic Scale* (Schriften des Forschungszentrums Jülich, 2002).
[7.38] R. Lipowsky, Europhys. Lett. **30**, 197 (1995).
[7.39] W. Helfrich, Z. Naturforsch. **28**c, 693 (1973).
[7.40] E. Eisenriegler, A. Hanke and S. Dietrich, Phys. Rev. E **54**,1134 (1996).
[7.41] C. Hiergeist and R. Lipowsky, J. Physique (Paris) II, **6**, 1465 (1996).
[7.42] J.M.G. Cowie, Chemie und Physik der Synthetischen Polymeren (Springer, Berlin 2000).
[7.43] A. Klümper and H. Meyer-Ortmanns (Eds), *Field Theoretical Tools for Polymer and Particle Physics*, Lecture Notes in Physics **508** (Springer, Berlin, 1998).
[7.44] A. Distler, *Wässrige Polymerdispersionen* (Wiley-VCH, New York, 1999).
[7.45] H. Gliemann, Th. Koch, M. Ballauf und T. Schimmel, Photonik **2**, 81 (2005).
[7.46] P. Debye und E. Hückel, Phys. Z. **24**, 185 (1923).
[7.47] S. Rice and N. Nagasawa, *Polyelectrolyte Solutions* (Academic Press, London, 1961); F. Oosawa, *Polyelectrolytes* (Marcel Dekker, New York, 1971); M. Mandel, *Polyelectrolytes* (Ridel, Dodrecht, 1988); M. Hara (Ed.) *Polyelectrolytes: Science and Technology* (Marcel Dekker, New York, 1993).
[7.48] G.S. Manning, J. Chem. Phys. **51**, 924 (1969).
[7.49] R.G. Winkler, P. Reinecker and L. Harnau, J. Chem. Phys. **101**, 8119 (1994).
[7.50] R. Zorn, *Polyelectrolytes*, in: J.K.G. Dhont, G. Gompper, G. Nägele, D. Richter and R. Winkler (Eds), *Soft Matter – From Synthetic to Biological Materials* (Schriften des Forschungszemtruns Jülich, 2008).
[7.51] T. Hofmann, R.G. Winkler and P. Reineker, J. Chem. Phys. **118**, 6624 (2003).
[7.52] F.M. Gray, *Solid Polymer Electrolytes: Fundamentals and Technlogical Applications* (Wiley-VCH, Weinheim, 1991).
[7.53] B. Liu and G.C. Bazan (Eds), *Conjugated Polyelectrolytes: Fundamentals and Applications* (Wiley-VCH, Weinheim, 2012).
[7.54] A. Maitra and A. Heuer, Phys. Rev. Lett. **98**, 227802 (2007).
[7.55] A.M. Stephan, European Polymer Journal **42**, 21 (2006); R.C. Agrawal and G.P. Pandey, J. Phys. D: Appl. Phys. **41**, 223001 (2008).
[7.56] H. Zhang and P.K. Shen, Chem. Soc. Rev. **41**, 2382 (2012); Y. Wang, K.S. Chen, J. Mishler, S.C. Sho and X. Cordobes Adroher, Applied Energy **88**, 981 (2011).
[7.57] J. Koetz and S. Kosmella, *Polyelectrolytes and Nanoparticles* (Springer, Berlin, 2007).
[7.58] M. Doi and S.F. Edwards, *The Theory of Polymer Dynamics* (Oxford Univ. Press, Oxford, 1988).

8 Kategorien mehrphasiger Systeme

Feste, flüssige und gasförmige Phasen koexistieren in Form von weicher kondensierter Materie häufig in komplexen Konfigurationen. Die Eigenschaften eines Systems werden dann durch die Eigenschaften der einzelnen Phasen, aber auch durch diejenigen der Phasengrenzen geprägt. Dies ist beispielsweise für Dispersionskolloide der Fall.

8.1 Phasengrenzen

In Abschn. 5.1 hatten wir bereits auf die zentrale Bedeutung des Begriffs der thermodynamischen Phase für eine Kategorisierung der kondensierten Materie hingewiesen. Im Bereich der nanostrukturierten weichen Materie sind speziell mehrphasige Systeme wissenschaftlich interessant und von großer Anwendungsrelevanz. Aufgrund der Nanoskaligkeit kommt den Phasengrenzen eine sehr große Gewichtung zu, so dass wir zunächst einen Blick auf die thermodynamischen Eigenschaften der Phasengrenzen allgemein werfen sollten.

Thermodynamisch lassen sich Phasengrenzen, wie sie bereits in den Abschnitten 2.2.1, 5.2.1 und 6.2 explizit vorkamen, neben den Volumenphasen eines Systems behandeln, wenn wir die Grenzflächenenergie oder Grenzflächenspannung y in den thermodynamischen Fundamentalgleichungen berücksichtigen. So ist eine Änderung der inneren Energie gegeben durch

$$dU = F\,dS - p\,dV + \sum_i \mu_i\,dn_i + y\,dA\ , \tag{8.1a}$$

mit dem chemischen Potential μ_i und der Teilchenzahländerung dn_i der Komponente i und der Grenzflächenänderung dA. Entsprechend gilt für die Enthalpie

$$dH = T\,dS + Vdp + \sum_i \mu_i\,dn_i + y\,dA\ , \tag{8.1b}$$

für die freie Energie

$$dF = -S\,dT - p\,dV + \sum_i \mu_i\,dn_i + y\,dA \tag{8.1c}$$

und schließlich für das Gibbssche Potential

$$dG = S\,dT + Vdp + \sum_i \mu_i\,dn_i + y\,dA\ . \tag{8.1d}$$

Daraus ergibt sich als thermodynamische Definition der Grenzflächenenergie

$$y = \left(\frac{\partial U}{\partial A}\right)_{S,V,n_i} = \left(\frac{\partial H}{\partial A}\right)_{S,p,n_i} = \left(\frac{\partial F}{\partial A}\right)_{T,V,n_i} = \left(\frac{\partial G}{\partial A}\right)_{T,p,n_i}\ . \tag{8.2}$$

Es ist evident, dass die thermodynamischen Potentiale damit nicht durch eine Volumenphase festgelegt sind, sondern durch eine Nachbarphase über die Grenzfläche beeinflusst werden. y wird durch die stoffliche Zusammensetzung der benachbarten Phasen bestimmt. Thermodynamische Einflussgrößen sind die Temperatur, die Konzentration der Mischphasen und der Druck. Dieser Zusammenhang manifestiert sich in der *Gibbs-Duhem-Gleichung*

$$A\,dy = -S\,dT - \sum_i n_i\,d\mu_i + V dp\,. \tag{8.3}$$

Diese Relation resultiert aus Gl. (8.1d) mit

$$dG = \sum_i (n_i\,d\mu_i + \mu_i\,dn_i) + y\,dA + A\,dy\,. \tag{8.4}$$

Für konstanten Druck und konstante Temperatur resultiert

$$A\,dy = -\sum_i n_i\,d\mu_i\,. \tag{8.5}$$

Unter Anwendung des *Schwarzschen Satzes* für vollständige Differentiale erhält man ferner aus Gl. (8.1d) die beiden *Maxwell-Beziehungen*

$$\left(\frac{\partial y}{\partial T}\right)_{p,A,n_i} = -\left(\frac{\partial S}{\partial A}\right)_{T,p,n_i} \tag{8.6a}$$

und

$$\left(\frac{\partial y}{\partial p}\right)_{T,A,n_i} = \left(\frac{\partial V}{\partial A}\right)_{T,p,n_i}\,. \tag{8.6b}$$

8.2 Mehrphasige Systeme

Mehrphasige nanostrukturierte Systeme hatten wir bereits in Abschn. 5.2.5 in Form nanokristalliner Festkörper betrachtet sowie natürlich bei der Diskussion von Benetzung, Kolloiden und Polymeren. Nachdem wir diesbezüglich zunächst zahlreiche Eigenschaften der genannten speziellen Systeme behandelt haben, sollten nun einige generelle Betrachtungen zu mehrphasigen Systemen folgen, wobei insbesondere auch die Rolle der Phasengrenzen zu berücksichtigen ist.

Im Kontext der weichen nanostrukturierten Materie lässt sich eine Vielzahl von interessanten mehrphasigen Systemen unter dem Begriff des *Kolloids* subsummieren, der dann allerdings gegenüber seiner bisherigen Verwendung im Einklang mit der heute etablierten Terminologie zu erweitern ist. Demnach stellen Kolloide spezielle disperse Systeme dar. In einem solchen System ist eine Substanz oder sind mehrere Substanzen in einem zusammenhängenden Medium verteilt. Die dispergierten Substanzen können Einzelmoleküle, molekulare Aggregate oder eine eigenständige Phase sein. In inkohärenten Systemen wird das zusammenhängende Medium als Dispersionsmedium bezeichnet. In kohärenten Systemen, wie z. B. bei Gelen, sind sowohl

Tab. 8.1. Kategorien von Dispersionskolloiden.

Disperse Phase → **Dispersionsmedium ↓**	**fest**	**flüssig**	**gasförmig**
fest	festes Sol	Lyogel	fester Schaum, Xerogel
flüssig	Sol	Emulsion	Schaum
gasförmig	festes Aerosol	flüssiges Aerosol	–

die dispergierte Substanz wie auch das Dispersionsmedium zusammenhängend und beide durchdringen sich gegenseitig. *Kolloiddisperse Systeme* besitzen die im vorliegenden Kontext interessante Nanoskaligkeit und sind von molekulardispersen und grobdispersen zu unterscheiden.

Basierend auf der thermodynamischen Stabilität des kolloidalen Zustands werden kolloiddisperse Systeme in *Assoziationskolloide* und *makromolekulare Lösungen* einerseits und in *Dispersionskolloide* andererseits eingeteilt. Assoziationskolloide sind thermodynamisch stabile, hydrophile Systeme. Durch spontane und reversible Assoziation von Tensideinzelmolekülen zu Assoziaten in polaren oder apolaren Dispersionsmedien entstehen *Mizellen* mit kolloidalen Dimensionen. Den charakteristischen Aufbau der Mizellen hatten wir bereits in Abb. 4.11 dargestellt und in Abschn. 4.4.2 Details des molekularen Ordnungsprozesses diskutiert. Molekülkolloide sind ebenfalls thermodynamisch stabil und bestehen in Lösungen hydrophiler Hochpolymere, die typisch aus 10^3 bis 10^9 kovalent verknüpften Atomen bestehen. Bei den Dispersionskolloiden handelt es sich um thermodynamisch meta- oder instabile Systeme, bestehend aus Dispersionsmedium und disperser Phase. Dispersionskolloide lassen sich, wie in Tab. 8.1 dargestellt, je nach Aggregatzustand von Dispersionsmedium und disperser Phase kategorisieren. Besitzen die dispergierten Partikel eine schmale Größenverteilung, so wird diese Verteilung als *monodispers* bezeichnet, sonst als *polydispers*. Häufig sind Dispersionskolloide polydispers und *polyform*.

Nach Tab. 8.1 sind für *Schäume* und flüssige *Aerosole* Flüssigkeits-Gas-Grenzflächen relevant. Die Grenzflächenenergie aus Gl. (8.2) hängt nach der Regel von *R. Eötvös* (1848–1919) zunächst einmal für eine Flüssigkeit linear von der Temperatur ab und verschwindet für die kritische Temperatur: $\gamma V^{2/3} = k(T_C - T_0 - T)$. V ist hier das Molvolumen, $k = 2,1 \cdot 10^{-7}$ J/K mol$^{-2/3}$ die *Eötvös-Konstante*, T_C die kritische Temperatur und $T_0 \approx 6$ K. Neben dieser Temperaturabhängigkeit und einer relativ schwachen Druckabhängigkeit der Grenzflächenspannung ist für die Stabilität gerade von nanoskaligen Systemen noch der *kapillare Krümmungsdruck* von Bedeutung. Abbildung 8.1 zeigt, dass sowohl Flüssigkeit in einer gasförmigen Matrix, also Tropfen, als auch Gasblasen in einer Flüssigkeitsmatrix nanoskalig auftreten können. Ist die Grenzfläche gekrümmt, so ändert sich die Bedingung für das thermodynamische Gleichgewicht beider Phasen. Das mechanische Gleichgewicht kann nur dadurch ge-

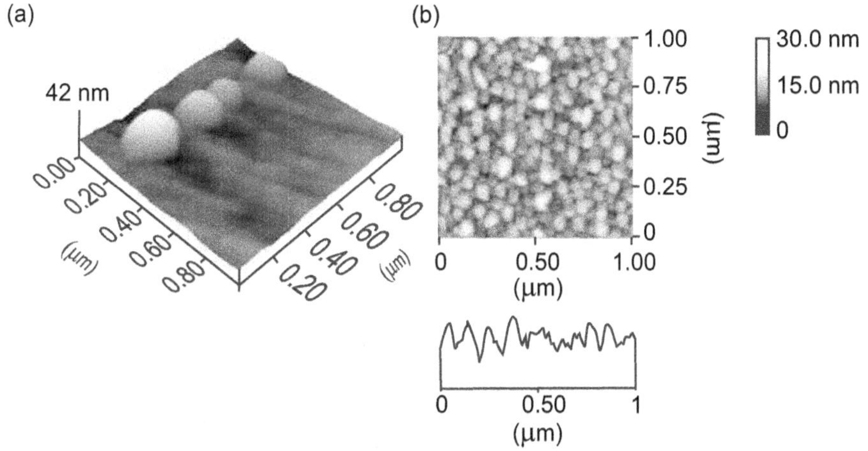

Abb. 8.1. Rasterkraftmikroskopische Aufnahmen von nanodispersen Flüssigkeits-Gas-Systemen. (a) Wassertropfen auf einer Kupferoberfläche in Luft [8.1]. (b) Luftblasen an einer hydrophoben Glasoberfläche in Wasser [8.2].

wahrt sein, dass beide Phasen unter unterschiedlichen Drücken stehen. Die Krümmung induziert einen zusätzlichen Druck, der senkrecht zur Grenzfläche in das Innere der Phase mit der nach außen gekrümmten Oberfläche gerichtet ist. Die Größe des kapillaren Krümmungsdrucks ist durch die *Laplace-Gleichung* gegeben: $p_K = \gamma(1/r_i + 1/r_2)$. r_1 und r_2 sind hier die Hauptkrümmungsradien der Grenzfläche. Für eine Kugeloberfläche erhält man dann $p_K = 2\gamma/r$, was mit dem bereits in Gl. (2.74) angegebenen Kohäsionsdruck von Nanopartikeln übereinstimmt. Für eine ebene Oberfläche verschwindet der Krümmungsdruck.

Da in einer gekrümmten Grenzfläche ein gegebenes Molekül gegenüber einer ebenen Grenzfläche je nach Krümmungssinn mit mehr oder weniger vielen benachbarten Molekülen wechselwirkt, wird auch der Dampfdruck kleiner oder größer sein als für eine ebene Grenzfläche. Der Dampfdruck kleiner Tröpfchen ist durch die *Kelvin-Gleichung* gegeben: $\ln(p/p_\infty) = \gamma V(1/r_1 + 1/r_2)/(RT)$. V ist hier das molare Volumen und R die Gaskonstante. Für Wasser bei 20° erhält man beispielsweise $\gamma V/(RT) = 0,54\,\text{nm}$. Mit $r_1 = r_2 \equiv r$ folgt $p/p_\infty \to 1$ für $r \to \infty$ sowie $p/p_\infty = 0,9$ für $r = -10\,\text{nm}$ und $p/p_\infty = 0,5$ für $r = -1,6\,\text{nm}$. Die geometrieinduzierte Modifikation des Dampfdrucks wird also erst bei Tröpfchengrößen mit $r \lesssim 10\,\text{nm}$ signifikant.

Die Flüssigkeits-Gas-Grenzfläche mit ihrer Grenzflächenenergie ist Ursache einer auf der Nanometerskala sehr relevanten und häufig dominanten Kraft, der *Kapillarkraft*. Ihr Zustandekommen lässt sich mithilfe von Abb. 8.2 deuten. r_1 ist hier für einen konkaven Meniskus negativ anzusetzen. Θ_1 und Θ_2 geben die *Kontaktwinkel* an. Die exakte Form des Meniskus lässt sich für gegebene Kontaktwinkel bei gegebenem Wert für r_2 selbstkonsistent berechnen [8.3]. Aus der Meniskusform folgt dann eine Projektionsfläche Ω_{xy}. Mit $p_K = \gamma(1/r_1 + 1/r_2) = RT\ln(p/p_\infty)V$ erhält man für die durch

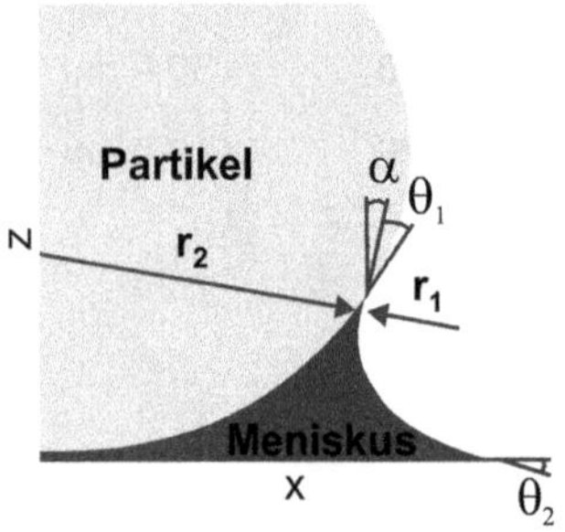

Abb. 8.2. Geometrie zur Berechnung von Kapillarkräften.

den kapillaren Krümmungsdruck induzierte Kraft $F_K = RT\ln(p/p_\infty)\Omega_{xy}/V$. Die durch die Grenzflächenspannung bedingte Kraftkomponente ist durch $F_y = yl\cos\alpha$ gegeben, wobei l der Umfang des Kontakts zwischen Meniskus und Partikel ist. Für große Partikel mit $r_2 \gg |r_1|$ vereinfacht sich dies zu $F_K = \pi r_M^2 RT\ln(p/p_\infty/V$, wobei r_M hier der Radius der Kontaktlinie am oberen Ende des Meniskus in Abb. 8.2 ist. Haben wir ein sphärisches Partikel mit $r_2 \gg |r_1|$ vorliegen, so führen $\Delta p = y/r_1$ und $r_M^2 = 2r_2|r_1|(\cos\Theta_1 + \cos\Theta_2)$ zu $F_K = 2\pi r_2(\cos\Theta_1 + \cos\Theta_2)y$. Der gängigste Ausdruck für die Kapillarkraft folgt dann mit $\Theta_1 = \Theta_2 \equiv \Theta$, $r_2 = r$ und $F_y \ll F_K$: $F = 4\pi yr\cos\Theta$. Damit wird die Kapillarkraft für hinreichend große Partikel unabhängig von der relativen Feuchte p/p_∞. Für kleinere Partikel ist hingegen eine Abhängigkeit von der relativen Feuchte zu erwarten. Weiterhin kann für kleine Partikel $F_y > F_K$ gelten [8.3], so dass der vereinfachende Standardausdruck für F ebenfalls aus diesem Grunde unzutreffend wird. Für Wasser mit $y = 72,8\,\mathrm{mJ/m^2}$ ergibt sich eine auf den Partikelradius normierte Kapillarkraft von typisch $F \leq 1\mathrm{nN/nm}$ [8.3].

In realen Systemen handelt es sich in den seltensten Fällen um reine flüssige und gasförmige Phasen, die miteinander wechselwirken. In der Regel sind beide Phasen Mischphasen. Die Gasphase enthält nicht nur den Flüssigkeitsdampf, sondern besteht beispielsweise in Luft. Die Flüssigkeit könnte eine Mischung verschiedener Komponenten sein. Mischphasen resultieren in einer gegenüber den reinen Phasen modifizierten Grenzflächenenergie. Zudem unterscheiden sich die Konzentrationsverhältnisse in der Grenzfläche von denjenigen der Phasenvolumina.

Stoffe, deren Zusatz zu einer Flüssigkeit eine Erniedrigung der Grenzflächenenergie bewirkt, werden als Surfactant[11], also als *grenzflächenaktiv* bezeichnet. Führen bereits geringste Mengen zu einer drastischen Reduktion von y, so spricht man von einem *Tensid*. Der Grund für eine starke Anreicherung der Tenside an Flüssigkeits-Gas-Grenzflächen liegt in ihrer chemischen Natur. Es handelt sich um amphiphile Moleküle, die aus *lyophilen* und *lyophoben* Gruppen aufgebaut sind. In wässrigen Systemen wäre von *hydrophilen* und *hydrophoben* Gruppen zu sprechen. Dank der starken Wech-

11 Surfactant leitet sich von Surface Active Agent ab.

selwirkung der hydrophilen Gruppen mit dem Wasser als Lösungsmittel können die Tenside trotz der hydrophoben Gruppen in Wasser gehalten werden. An Flüssigkeits-Gas-Phasengrenzen findet positive Adsorption statt – die Tensidmoleküle reichern sich wie in Abb. 8.3 dargestellt, orientiert an. Die polaren Gruppen sind dem Lösungsmittel zugekehrt, die apolaren der Gasphase. Ab einer charakteristischen Konzentration lagern sich die Tensidmoleküle dann zu dynamischen Aggregaten, den *Mizellen*, zusammen. Dieser Prozess wurde ausführlich im Zusammenhang mit Selbstorganisationsprozessen in Abschn. 4.4.2 besprochen.

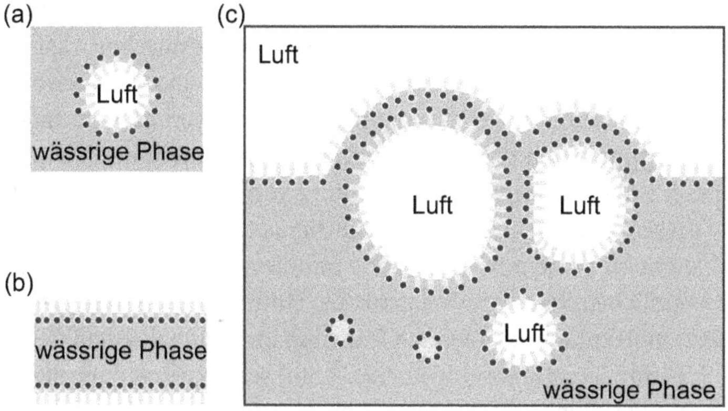

Abb. 8.3. Wirkung von Tensiden. (a) Adsorption an der durch die Gasblase gebildeten Grenzfläche. (b) Adsorption an einer Flüssigkeitslamelle. (c) Bildung von Schaum.

Klassifiziert nach der chemischen Struktur der hydrophilen Kopfgruppen lassen sich Tenside in *ionische, zwitterionische* und *anionische* Spezies einteilen. Zwitterionische oder *amphotere* Tenside verfügen über hydrophile Gruppen, deren Ladungszustand vom pH-Wert der Lösung abhängig ist. Die natürlich vorkommenden Phospholipide (Abb. 4.11) sind amphoter. Typische Grenzflächenenergien bei Zusatz von Kohlenwasserstofftensiden liegen bei 30 bis 40 mJ/m^2. Bei Verwendung von Perfluortensiden lassen sich diese bis auf 15 mJ/m^2 absenken.

Als Schaum wird nach Tab. 8.1 die Dispersion gasförmiger Stoffe in einem flüssigen Dispersionsmedium bezeichnet. Bei Kugelschaum stehen die spärischen Gasblasen nicht miteinander in Wechselwirkung. Selbst bei Abwesenheit grenzflächenaktiver Substanzen sind die kolloidalen Gasdispersionen nur kurzfristig stabil. Bei Polyederschäumen haben die polyedrischen Blasen einen Volumenanteil, der denjenigen der dichtesten Kugelpackung von 74 % übersteigt. Bei Anwesenheit von Tensiden können sich nanoskalige Lamellen bilden, die alternativ auch durch Nanopartikel stabilisiert werden können, was die Diskussion der Schäume im vorliegenden Kontext rechtfertigt [8.4].

Die Dispersion flüssiger Partikel in einer Gasphase ist nach Tab. 8.1 als *Aerosol* zu bezeichnen. Aerosole sind für gewöhnlich polydispers. Häufig spielen dabei gerade die nanoskaligen Flüssigkeitspartikel eine wichtige Rolle. Dies ist der Fall beispielsweise bei der Zusammensetzung der Erdatmosphäre und ihrem Einfluss auf die Klimaentwicklung oder im Hinblick auf umwelttoxikologische Gesichtspunkte, bei Sprühdepositionsprozessen oder auch bei der Anwendung von Inhalationsverfahren. Aus der spezifischen Sicht der Nanotechnologie sind weniger Nebel als nanoskalige Aerosole interessant, als vielmehr die Handhabung einzelner nanoskaliger Tropfen und ein Verständnis ihrer Wechselwirkung mit Nanosystemen. Abbildung 8.4 zeigt die Wechselwirkung eines Wassernanotropfens mit einer Graphenlage. Solche Wechselwirkungen müssen zum einen beim experimentellen Umgang mit Nanosystemen berücksichtigt werden, zum anderen können sie gezielt zur Manipulation von Nanosystemen eingesetzt werden. Die Handhabung flüssiger Nanopartikel ist auch von großem Interesse für Lab On A Chip-Technologien [8.6]. Dabei erreicht man heute unter Verwendung von *Nanodispensern* die kontrollierte Handhabung von al-Volumina (10^{-15} l) [8.7]. Zu nennen ist in diesem Kontext auch die *Dip-Pen-Nanolithographie (DPN)* [8.8]. Als „Nanodispenser" dient hier eine mikrofabrizierte Cantileversonde, beispielsweise diejenige eines gewöhnlichen Rasterkraftmikroskops. Mittels dieser Sonde lassen sich nun Moleküle einer molekularen Tinte durch Diffusion innerhalb des gebildeten Meniskus auf einem Substrat deponieren, wie in Abb. 8.5(a) schematisch dargestellt. Ursprünglich wurden so Alkanthiole auf Goldoberflächen in definierten Mustern deponiert. Heute wird DPN mit den unterschiedlichsten molekularen Tinten verwendet [8.9] und dient zur Herstellung selbst metallischer Nanostrukturen, wie Abb. 8.5(b) zeigt.

Abb. 8.4. Molekulardynamiksimulation der durch einen Wassernanotropfen induzierten Faltung einer Graphenlage [8.5]. Der Tropfen umfasst 1300 H_2O-Moleküle bei einem Durchmesser von 2,1 nm. Die Abmessungen des Graphenstreifens betragen 30 nm x 2 nm.

Emulsionen sind nach Tab. 8.1 disperse Mischungen zweier nicht kontinuierlich mischbarer Flüssigkeiten. Öl und Wasser können beispielsweise Öl-in-Wasser- und Wasser-in-Öl-Emulsionen bilden. Auch bei Emulsionen kann der Volumenanteil der dispersen Phase deutlich höher als derjenige der dichtesten Kugelpackung liegen. Al-

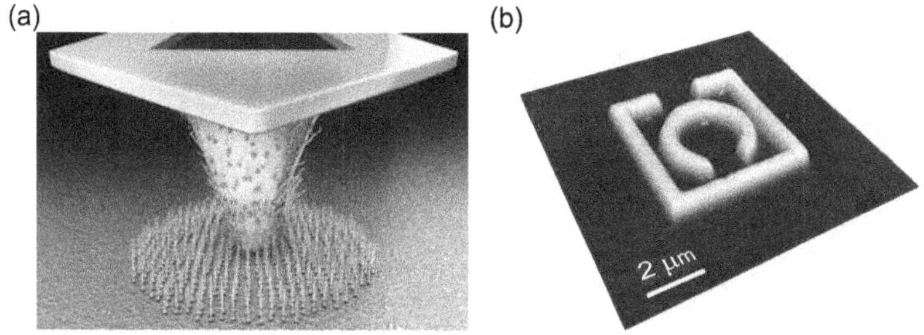

Abb. 8.5. (a) Schematische Darstellung der DPN-Deposition von Molekülen auf einer Substratoberfläche. (b) DPN-deponierte Goldstruktur auf einem Siliziumsubstrat, abgebildet mittels Rasterkraftmikroskopie [8.10]

lerdings kann bei einer kritischen Konzentration auch eine *Phaseninversion* eintreten: Die disperse Phase wird zur kontinuierlichen und die kontinuierliche zur dispersen [8.11]. Emulsionen lassen sich wie Schäume durch Zusatz von Tensiden – in der Regel hier als *Emulgatoren* bezeichnet – stabilisieren. Eine im vorliegenden Kontext wichtige Spezies sind die Nanoemulsionen, die aufgrund von Partikelgrößen kleiner 100 nm transparent sind und zudem thermodynamisch stabil. Das ternäre Phasendiagramm für Mikro- oder Nanoemulsionen mit Emulgator ist im Allgemeinen sehr reich. Ein Beispiel ist in Abb. 8.6 dargestellt. Allen möglichen Strukturen und weiteren, wie den *Schwammstrukturen*, gemeinsam sind die großen internen Grenzflächen, die nur als Folge einer stark reduzierten Grenzflächenspannung möglich sind. Viele Anwendungen der Emulsionen sind direkt mit ihren großen Grenzflächen verbunden. Die unterschiedlichen Konfigurationen des dispersen Systems und die Übergänge zwischen diesen Konfigurationen hängen direkt mit den elastischen Eigenschaften der Grenzflächen zusammen. In Abschn. 9.2 diskutieren wir die Eigenschaften flexibler Membranen in detaillierter Form, so dass hier nur die Kausalität zwischen Grenzflächenelastizität und nanoskaliger Struktur der Emulsion zu erörtern ist.

Die Krümmungsenergie der flexiblen, elastischen Grenzflächen kann als Funktion der Invarianten des Krümmungstensors angesetzt werden [8.12]. Für die beiden punktuellen Hauptkrümmungsradien r_1 und r_2 sind die mittlere Krümmung $1/r_1 + 1/r_2$ und die Gaußsche Krümmung $1/(r_1 r_2)$ Invarianten des Krümmungstensors. Die Krümmungsenergie ist dann gegeben durch

$$E = \frac{K}{2} \int_O dO \left(\frac{1}{r_1} + \frac{1}{r_2} - \frac{1}{r_0} \right)^2 + \overline{K} \int_O \frac{dO}{r_1 r_2} \,. \tag{8.7}$$

K ist eine elastische Konstante und quantifiziert den energetischen Aufwand für Krümmungsänderungen weg von einer spontanen Krümmung $1/r_0$. $\overline{K}$ charakterisiert die Bildung von Sattelpunktkonfigurationen. Für Öl in Wasser ist definitionsgemäß $1/r_0 > 0$, während für Wasser in Öl $1/r_0 < 0$ anzusetzen ist. Für sphärische Partikel

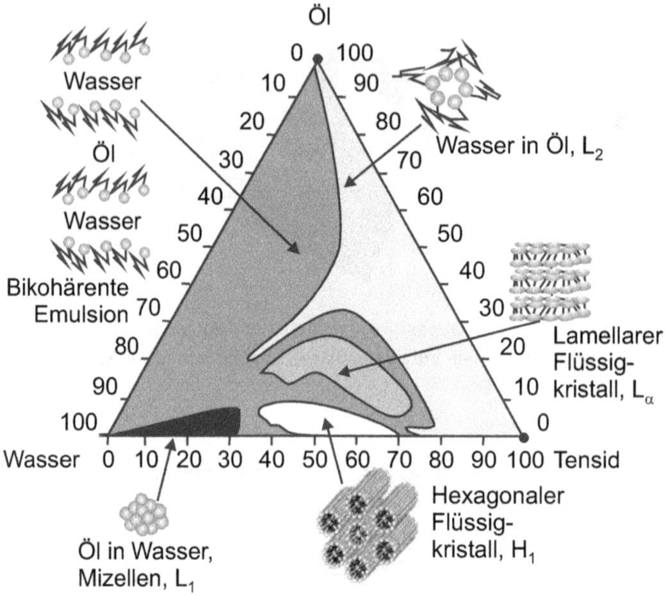

Abb. 8.6. Ternäres Phasendiagramm eines Öl-Wasser-Systems für einen bestimmten Emulgator.

ist $1/r_1 = 1/r_2 \equiv 1/r$ zu berücksichtigen. Bei gegebenem Volumen der dispergierten Partikel von $V = 4\pi N/(3r^3)$ und einer konstanten Oberfläche der inkompressiblen Emulgatorschicht von $O = 4\pi N r^2 = c_E \Omega$ erhält man für den Tropfenradius $r = 3V/(c_E O_s)$. c_E bezeichnet hier die relative Konzentration der Tenside bei einer spezifischen Oberfläche O_s.

Bei geringer Konzentration der dispersen Phase erhalten wir zunächst kleine Tröpfchen mit $r < r_0$. Mit wachsendem Volumenanteil wird der Tröpfchenradius zunehmen, bis für $r > r_0$ eine *Phasenseparation* auftritt, das *Emulsifikationsversagen*. Bei dieser Betrachtung haben wir zunächst den zweiten Term auf der rechten Seite von Gl. (8.7) vernachlässigt. Dieser Term lässt sich mit dem *Gauß-Bonnet-Theorem* berechnen, was $4\pi C_T \overline{K}$ liefert. Dabei ist C_T eine topologische Konstante mit $C_T = 1$ für kugelförmige Partikel. Für $\overline{K} < 0$ wird die elastische Energie durch monodisperse Partikel minimiert, wobei der Radius durch $R = r_0[1 + \overline{K}/(2K)]$ gegeben ist. Allerdings müssen die sich tatsächlich organisierenden Strukturen die als konstant gegebene totale Grenzfläche und das als konstant gegebene totale Volumen der dispersen Phase aufweisen. Nimmt man als Referenz die Energie der lamellaren Struktur aus Abb. 8.6 so ergibt sich für kugelförmige Tropfen die Abweichung

$$(\Delta E)_K = (2K + \overline{K})\frac{1}{R^2}\left[\left(1 - \frac{1}{\alpha}\right)^2 - 1\right] , \qquad (8.8a)$$

mit $\alpha = r/R$. Für zylindrische Anordnungen, die ebenfalls in Abb. 8.6 dargestellt sind, erhält man

$$(\Delta E)_Z = (2K + \overline{K})\frac{1}{R^2}\left[\frac{9}{16\alpha^2}\frac{2K}{2K + \overline{K}} - \frac{3}{2\alpha}\right] . \tag{8.8b}$$

Trägt man nun das Verhältnis $\alpha = r/R$ von erzwungenem zu spontanem Krümmungsradius als Funktion von $-\overline{K}/(2K + \overline{K})$ auf, so erhält man das Phasendiagramm der Mikroemulsion, welches das Regime des Emulsifikationsversagens sowie die Regime sphärischer Partikel, zylindrischer und lamellarer Strukturen aufweist [8.13]. Reine, globulare Phasen sind nur für $\overline{K} < 0$ möglich.

Unsere bisherige Betrachtung ignoriert thermische Fluktuationen, wie wir sie bereits in Abschn. 4.3.3 diskutiert haben. Wenn eine konstante Gesamtgrenzfläche angenommen wird, so kann eine Fluktuation eines Tropfens nur darin bestehen, dass dieser eine „Überschussoberfläche“ besitzt, die neben der Ungleichgewichtsoberfläche zur Verfügung steht. Der Abweichung von der perfekt sphärischen Geometrie kann durch Entwicklung nach Kugelfunktionen Rechnung getragen werden:

$$r(\Omega) = r\left[1 + \sum_{\substack{l,m \\ l\neq 1}} a_{lm} Y_{lm}(\Omega)\right] . \tag{8.9}$$

a_{lm} ist die zur Kugelfunktion Y_{lm} gehörende Fluktuationsamplitude. Ω spezifiziert den betrachteten Raumwinkel. Die Konstanz von Gesamtgrenzfläche und Gesamtvolumen der dispergierten Phase führt zu einem Zusammenhang $a_{lm} = a_{lm}(r)$. Für die elastische Energie gemäß Gl. (8.7) erhält man [8.14]

$$E = E_0 + \frac{K}{2}\sum_{\substack{l,m \\ l\neq 1}} \varepsilon_l |a_{lm}|^2 , \tag{8.10a}$$

mit

$$\varepsilon_l = 4\left(3 - 2l(l+1) + \frac{1}{4}\left[(l+1)l\right]^2\right) - \left(8\alpha - 6\frac{\overline{K}}{K}\right)\left(1 - \frac{l}{2}[l+1]\right) . \tag{8.10b}$$

Aufgrund des Äquipartitionstheorems muss für die mittleren Fluktuationsamplitudenquadrate

$$\langle a_l^2 \rangle = \frac{k_B T}{K}\frac{1}{\varepsilon_l} \tag{8.11}$$

gelten.

$$\langle a_0^2 \rangle = \frac{1}{6 - 4\alpha + 3\overline{K}/K}\frac{k_B T}{2K} \tag{8.12a}$$

beschreibt Variationen im Tröpfchenradius und damit die Polydispersität der Emulsion und

$$\langle a_2^2 \rangle = \frac{1}{4\alpha - 3\overline{K}/K} \frac{k_B T}{4K} \tag{8.12b}$$

Fluktuationen, die zu einer rotationsellipsoidalen Tröpfchenform führen. Wenn das Modul der Sattelpunktselastizität $\overline{K}$ negativ ist, so begünstigt dies die Polydispersität, während die Formfluktuationen abnehmen. Nach dem bereits erwähnten Gauß-Bonnet-Theorem koppelt $\overline{K}$ an die Tröpfchenzahl und $\overline{K} < 0$ führt tendentiell zu einer Erhöhung dieser. Formfluktuationen setzen Überschussoberfläche voraus, was tendentiell die Tröpfchenzahl reduziert.

Bisher haben wir thermodynamische Ensemblemittelwerte betrachtet. Wenden wir uns jetzt dem Verhalten eines individuellen Tropfens oder Partikels zu. Die Dynamik der Formfluktuationen wird durch die Grenzflächenelastizität, aber auch durch Dissipation aufgrund der Bewegung in einer inkompressiblen flüssigen Phase determiniert. Die gedämpften Autokorrelationsfunktionen für die einzelnen Formfluktuationsmoden zerfallen wie

$$\langle a_{l'm'}(t) a_{lm}(0) \rangle = \delta_{ll'} \delta_{mm'} \langle a_{lm}^2 \rangle \exp\left(-\frac{t}{\tau_{lm}}\right) . \tag{8.13}$$

Die Fluktuationsfrequenzen sind gegeben durch

$$\frac{1}{\tau_{lm}} = \frac{K}{\eta r^3} \frac{l(l+1)(l+2)(l-1)}{(2l+1)(2l^2+2l-1)} \left[(l+3)(l-2) + 4\alpha - 3\frac{K}{\overline{K}}\right] . \tag{8.14}$$

η bezeichnet hier die Viskosität der Dispersion. Auch die Dynamik der lamellaren Phasen aus Abb. 8.6 in Form kleiner Undulationen lässt sich in analoger Weise charakterisieren [8.15]. Experimentell lassen sich die Struktur und die Fluktuationsdynamik von Emulsionen insbesondere mit der Neutronenkleinwinkelstreuung [8.16] und der Neutronenspinechospektroskopie [8.17] analysieren.

Im Rahmen unserer auf Tab. 8.1 basierenden systematischen Analyse müssten wir nach Systemen, welche die Eigenschaften der Füssigkeits-Gas- und der Flüssigkeits-Flüssigkeits-Grenzfläche involvieren, nunmehr die *Sole*, welche Festkörper-Flüssigkeits-Grenzflächen einschließen, behandeln. Dies ist allerdings bereits in den Abschnitten 6.2, 6.4 und 6.5 geschehen, was zeigt, dass die Bedeutung der Sole unter den kolloiddispersen Systemen aus Sicht der Nanostrukturforschung und Nanotechnologie eine herausragende ist. Auch aus diesem Grunde hatten wir Sole in Abschn. 6.5 zunächst synonym zu Kolloiden behandelt.

Eine besondere, bislang nicht explizit diskutierte Situation besteht im Fall der *Gele*, wie in Abb. 8.7 dargestellt. Ihre Struktur ist durch eine *Bikohärenz* von Dispersionsmittel und disperser Phase geprägt. Dispergierte Substanz und Dispersionsmittel durchdringen einander vollständig. Gele mit flüssigem Dispersionsmittel werden als *Lyogele*, im Fall von Wasser als *Hydrogele* bezeichnet. Handelt es sich um ein gasförmiges Dispersionmedium, so spricht man von *Xerogelen* und im Fall der Luft von

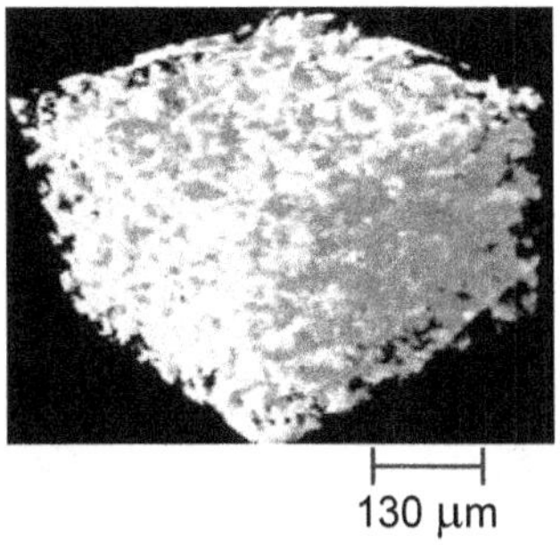

Abb. 8.7. Elektronentomographische Aufnahme der Struktur eines Gels [8.18].

Aerogelen. Strukturell sind die Gele insbesondere von den in Abschn. 5.27 diskutierten und anhand eines Beispiels in Abb. 5.17 dargestellten porösen Festkörpern und von den zuvor erwähnten festen Schäumen zu unterscheiden. Die Unterschiede in der nanoskaligen Struktur manifestieren sich direkt in Unterschieden des makroskopischen Verhaltens. Rheologisch betrachtet verhalten sich Gele wie viskoelastische Fluide. Ihre Eigenschaften liegen somit zwischen denen einer idealen Flüssigkeit und denen eines Festkörpers. Damit handelt es sich bei den Gelen um eine spezifische Konfiguration nanostrukturierter weicher Materie. Phänomenologisch wird einem viskoelastischen Fluid dann ein Gelcharakter zugeschrieben, wenn der Speichermodul denjenigen des Verlustmoduls übersteigt [8.19]. Basiert das Feststoffnetzwerk eines

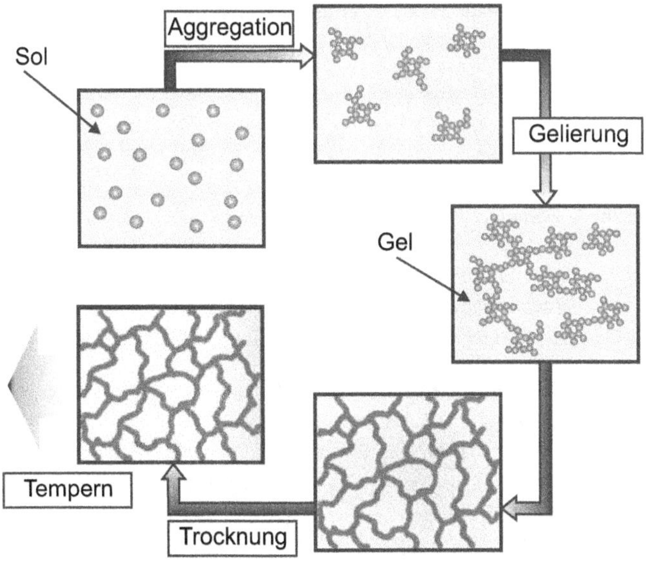

Abb. 8.8. Sol-Gel-Synthese.

Gels auf kovalenten Bindungen, so bezeichnet man es als *Hauptvalenzgel*. Handelt es sich um Coulomb- oder Wasserstoffbrückenbindungen, so liegt ein *Nebenvalenzgel* vor. Das Netzwerk kann aus organischen oder anorganischen Verbindungen bestehen. Ein Standardverfahren der chemischen Nanotechnologie zur Herstellung von nichtmetallischen anorganischen oder hybridpolymeren Gelen aus Solen ist der *Sol-Gel-Prozess*, wie in Abb. 8.8 dargestellt [8.20]. Die Hydrolyse der Präkursorverbindungen und die Kondensation der dabei entstehenden Spezies stellen die wesentlichen ersten Prozessschritte einer jeden Sol-Gel-Synthese dar. Daran schließt sich die Gelbildung an, die zu einer Transformation des viskosen Sols in ein viskoelastisches Gel führt. Optional kann dann über eine Trocknung ein Xerogel erzeugt werden. Das dann vorliegende Feststoffnetzwerk entspricht in der Regel nicht demjenigen des Lyogels, sondern zeigt aufgrund von mehr oder weniger starken Schrumpfungsprozessen eine modifizierte Mikrostruktur. Nebenvalenzgele zeigen allerdings ein gegenüber Wärmebehandlungszyklen teilweise reversibles Verhalten.

Literatur

[8.1] R. Wang and M. Kido, Surf. Interface Anal. **37**, 1105 (2005).
[8.2] J. W. G. Tyrrell and P. Attard, Langmuir **18**, 160 (2002).
[8.3] O.H. Pakarinen, A.S. Foster, M. Paajanen, T. Kalinainen, J. Katainen, I. Makkonen, J. Lahtinen and R.M. Nieminen, Modelling Simul. Mater. Sci. Eng. **13**, 1175 (2005).
[8.4] H.-D. Dörfer, *Grenzflächen und kolloid-disperse Systeme* (Springer, Heidelberg, 2002).
[8.5] N. Pattra, B. Wang and P. Král, NanoLett. **9**, 3766 (2009).
[8.6] V. Vespini, S. Coppola, S. Grilli, M. Paturzo and P. Ferraro, Lab Chip **11**, 3148 (2011).
[8.7] P. Ferraro, S. Coppola, S. Grilli, M. Paturzo and V. Vespini, Nature Nanotechnology **5**, 429 (2010).
[8.8] R.D. Piner, J. Zhu, F. Xu, S. Hong and C. Mirkin, Science **283**, 661 (1999).
[8.9] D.S. Ginger H. Zhang and C. Mirkin, Angew. Chem. Int. Ed. **43**, 30 (2004); K. Salaita, Y. Wang and C. Mirkin, Nature Nanotechnology **2**, 146 (2007).
[8.10] www.wikipedia.org/wiki/File:Square_circ_metastruk.png
[8.11] G. Lagaly, O. Schultz und R. Ziemehl, *Dispersionen und Emulsionen* (Steinkopff, Darmstadt, 1997).
[8.12] W. Helfrich, Z. Naturforsch. **28**c, 693 (1973).
[8.13] D. Richter, *Dynamik von Mikroemulsionen*, in: K. Kehr und H. Müller-Krumphaar (Hrsg.), *Dynamik und Strukturbildung in kondensierter Materie* (Schriften des Forschungszentrums Jülich, 1997).
[8.14] S.T. Millner and S.A. Safran, Phys. Rev. A **36**, 4371 (1987).
[8.15] P.G. de Gennes and C. Taupin, J. Phys. Chem. **86**, 2294 (1982).
[8.16] Z. Balucani and M. Zoppi, *Dynamics of the Liquid State* (Oxford Univ. Press, Oxford, 1995).
[8.17] F. Mezei, C. Pappas and T. Gutberlet (Eds), *Neutron Spin Echo Spectroscopy*, Lecture Notes in Physics **601** (Springer, Heidelberg, 2003).
[8.18] www.cosmeticsbusiness.com/technical/article_page/making_sense_of_texture/47062
[8.19] J.D. Ferry, *Viscoelastic Properties of Polymers* (Wiley, New York, 1980).
[8.20] S. Sepeur, *Nanotechnologie – Grundlagen und Anwendungen* (Vincenz Network, Hannover, 2008).

9 Nanostrukturierte weiche Materie biologischen Ursprungs

Nanostrukturierte weiche Materie biologischen Ursprungs ist eine faszinierende und außerordentlich vielfältige Kategorie der weichen kondensierten Materie, die dadurch gekennzeichnet ist, dass sie sich evolutionär entwickelt hat. Auch weiche Materie biologischen Urprungs lässt sich physikalisch beschreiben und trotz ihrer Vielfalt in Form grundlegender Gesetzmäßigkeiten charakterisieren. Dies umfasst Membranen, Vesikel, aber auch das Zytoskelett von biologischen Zellen.

9.1 Einordnung

Es gibt mannigfaltige Bezüge zwischen Nanostrukturforschung und Nanotechnologie auf der einen Seite und den Biowissenschaften und Biotechnologien auf der anderen Seite. Nanoskalige Funktionseinheiten spielen in der hierarchischen Struktur biologischer Systeme eine universelle und tragende Rolle. Praktisch alle der in Kap. 6 bis 8 besprochenen Formen der weichen kondensierten Materie treten auch in biologischen Systemen auf, so dass einerseits die für diese Materieformen resultierenden statischen und dynamischen Eigenschaften auch für das Verhalten biologischer Systeme relevant sind und andererseits die diskutierten Strategien zur Theoriebildung hier, zumindest teilweise, ebenfalls erfolgreich im Sinne einer quantifizierenden Biophysik eingesetzt werden können. Im Bereich der Nanostrukturforschung kann anorganische weiche Materie zuweilen als Modellsystem für die in der Regel komplexe strukturierte Materie biologischen Ursprungs angesehen werden. Zuweilen ist es aber auch die Absicht, spezifische Eigenschaften eines biologischen Systems in einem artifiziellen zu implementieren. Artifizielle und biologische Nanosysteme koexistieren wiederum, wenn Resultate der Nanostrukturforschung oder Nanotechnologie verwendet werden, um die Funktionalität eines biologischen Systems zu entschlüsseln oder zu manipulieren. Sie koexistieren auch, wenn umgekehrt Nanostrukturen oder Prozesse biologischen Ursprungs eingesetzt werden, um technische Nanosysteme zu realisieren oder zu optimieren. Der transdisziplinäre Bereich, der beide Durchdringungsrichtungen subsummiert, wird häufig als *Nanobiotechnologie* bezeichnet und in Kap. 31 vorgestellt. Im Folgenden soll die Bedeutung nanoskaliger Funktions- und Struktureinheiten für den Aufbau und das Verhalten weicher kondensierter Materie biologischen Ursprungs diskutiert werden. Dazu erscheint es sinnvoll, den hierarchischen Aufbau biologischer Systeme kurz zu umreißen.

Alle Bestandteile der belebten Welt können bei zunehmender Komplexität in verschiedenen Ebenen angeordnet werden: Biomoleküle, Zellen, Bestandteile von Organismen, komplette Organismen, Ökosysteme und planetare Systeme. Die Zunahme der Komplexität der einzelnen Ebenen resultiert daraus, dass die Elemente einer Ebene und ihre Interaktionen die Eigenschaften der nächst komplexeren Ebene determinieren. Genau daraus resultiert die dezidierte Bedeutung nanoskaliger Strukturen für die Biologie: Die Vielfalt der Strukturen und ihrer Funktionalitäten in einem Größenbereich zwischen den Biomolekülen und etwa Organellen ist einerseits groß und beinhaltet andererseits gleichsam in kodierter Form die Bau- und Funktionsprinzipien, die in den unterschiedlichsten biologischen Systemen vorkommen und die daher von universeller Bedeutung sind.

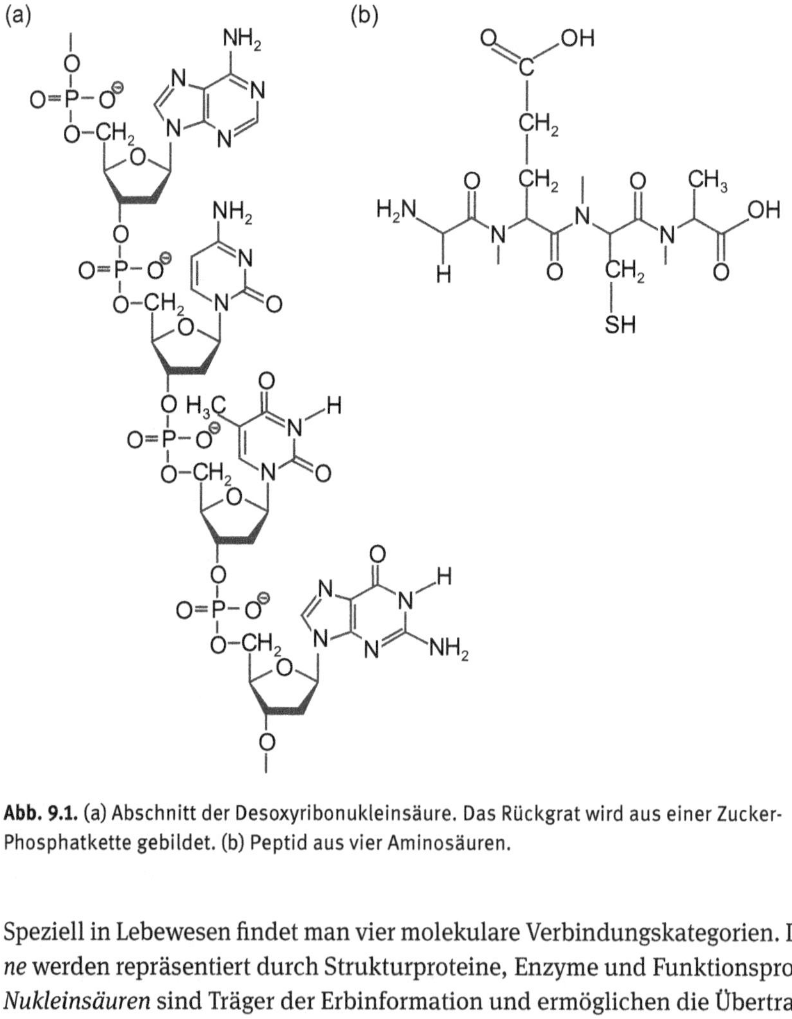

Abb. 9.1. (a) Abschnitt der Desoxyribonukleinsäure. Das Rückgrat wird aus einer Zucker-Phosphatkette gebildet. (b) Peptid aus vier Aminosäuren.

Speziell in Lebewesen findet man vier molekulare Verbindungskategorien. Die *Proteine* werden repräsentiert durch Strukturproteine, Enzyme und Funktionsproteine. Die *Nukleinsäuren* sind Träger der Erbinformation und ermöglichen die Übertragung dieser auf Proteine. *Kohlehydrate* in Form von Einzel- oder Polymerzucker ermöglichen den biochemischen Energieerzeugungs- und Speicherungsprozess. *Lipide* in Form von Fettsäuren und Triglyceriden, dienen ebenfalls der Energiespeicherung und der Verteilung von Energie. Triglyceride sind zudem für den Aufbau der Zellmembran von elementarer Bedeutung. Drei der genannten vier molekularen Kategorien sind Polymere. Proteine bestehen aus Aminosäuren, Nukleinsäuren aus Zuckermolekülen, Phosphatgruppen und organischen Ringsystemen und Kohlehydrate aus verknüpften Zuckermolekülen. Abbildung 9.1 zeigt, dass Nukleinsäuren und Proteine einem universellen Bauprinzip folgend aufgebaut sind. Die Heteropolymere besitzen ein jeweils einheitliches „Rückgrat" und daran befestigte variable Seitenketten.

Die Nukleinsäuren können als *Desoxyribonukleinsäure* (*DNA*) oder als *Ribonukleinsäure* (*RNA*) vorliegen. Gemäß Abb. 9.2 besitzt DNA einen Doppelstrang mit jeweils komplementär gepaarten Basenpaaren, die nichtkovalent gebunden sind. Die Weitergabe der Erbinformation erfolgt durch semikonservative Replikation. Der Doppelstrang öffnet sich dazu. Dann wird an jede Base der komplementäre Partner angelagert. Eine neue Zucker-Prosphatstruktur realisiert die Bindung an den restlichen Strang. Dieser Mechanismus stellt sicher, dass eine identische Kopie der ursprünglichen DNA hergestellt wird. Die RNA in Abb. 9.2 sorgt für die Umsetzung der genetischen Information bei der Proteinsynthese. Die RNA liegt in der Regel einzelsträngig und intramolekular weitgehend hybridisiert vor. Sie kann aber auch doppelsträngig vorliegen. Die Einzelsträngigkeit begünstigt dreidimensionale RNA-Strukturen und eine Reaktivität, die für die DNA in dieser Form nicht gegeben ist. Zu unterscheiden ist zwischen *Messenger-RNA (mRNA)*, *ribosomaler RNA* (*rRNA*) und *Transfer-RNA* (*tRNA*).

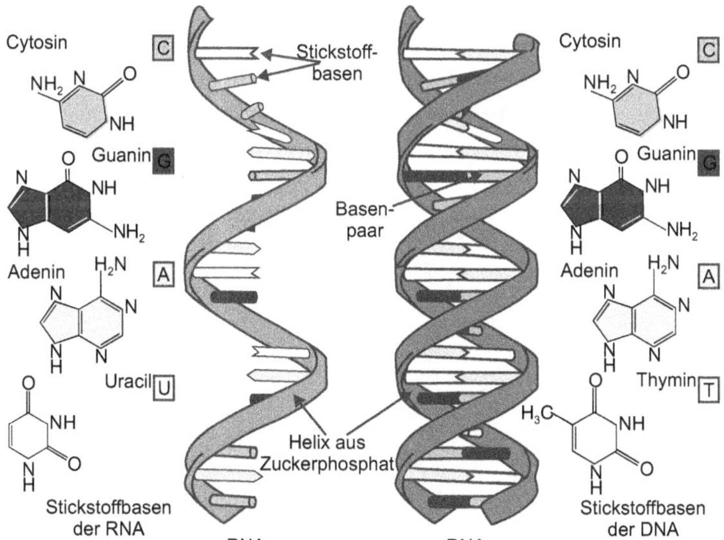

Abb. 9.2. RNA- und DNA-Strang mit den jeweils vier Nukleobasen [9.1].

Proteine oder Eiweiße sind aus proteinogenen Aminosäuren aufgebaute biologische Makromoleküle. Beim Menschen handelt es sich um 21 verschiedene Aminosäuren. Das kleinste Protein besteht aus zwei Aminosäuren, das größte bekannte aus über 30.000 Aminosäuren. Kleine Proteine werden als *Peptide* bezeichnet. Das haploide humane Genom umfasst rund 20.300 proteinkodierende Gene, die aber eine weitaus größere Zahl an Proteinen produzieren. Die Proteinsynthese findet in den *Ribosomen* statt. Je nach Funktion benötigen Proteine eine gewisse Anzahl an Aminosäuren. Die Funktion der Proteine umfasst die Strukturgebung von Zellen, den Transport von Metaboliten, das Pumpen von Ionen, die Katalyse biochemischer Reaktionen und die Erkennung von Botensubstanzen.

Bei den Proteinen besteht eine enge Kausalität zwischen Funktion und Form. Die Beschreibung der räumlichen Struktur erfolgt auf vier hierarchischen Ebenen, wie in Abb. 9.3 dargestellt. Die *Primärstruktur* beschreibt die Aminosäuresequenz, nicht aber den räumlichen Aufbau. Jedes Kettenglied der Polypeptidkette entspricht einer Aminosäure. Die Sekundärstruktur zeigt das Auftreten bestimmter Motive, wie *α-Helix*, *β-Faltblatt*, *β-Schleifen* und *Random Coils*, die aus Wasserstoffbrückenbindungen zwischen den Peptidbindungen des Polypeptidrückgrats resultieren. Zwei der Motive sind in Abb. 9.3(b) und (c) dargestellt. Die in Abb. 9.3(c) dargestellte *Tertiärstruktur* zeigt die räumliche Anordnung der Polypeptidkette, die eine Folge des Gleichgewichts zwischen kovalenten und Wasserstoffbrückenbindungen einerseits und hydrophoben, elektrostatischen und van der Waals-Wechselwirkungen andererseits sind. Die in Abb. 9.3(d) gezeigte *Quartärstruktur* resultiert aus der Zusammenlagerung von *Protomeren* zu Proteinkomplexen. Protomere können sowohl unterschiedliche Proteine wie auch identische *Präproteine* sein. Einige Proteine ordnen sich auf Basis ihrer Quartärstruktur zu einer weiteren Suprastruktur. Unter physiologischen Ausgangsbedingungen führt eine definierte Primärstruktur zu einer definierten Tertiär- oder Quartär-

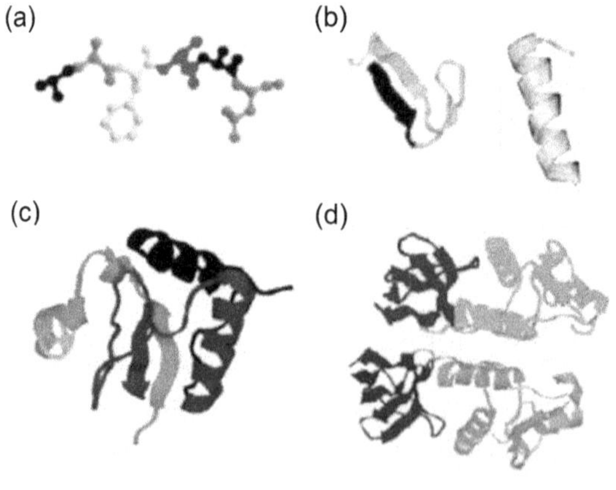

Abb. 9.3. Struktur von Proteinen [9.2]. (a) Primärstruktur, (b) Sekundärstruktur, (c) Tertiärstruktur und (d) Quartärstruktur.

struktur. Es handelt sich damit um einen, wie in Abschn. 4.4 anhand anderer Beispiele diskutierten *Selbstorganisationsprozess*. Zu diesem Prozess benötigen manche Proteine „Faltungshelfer", die *Chaperone*.

Abbildung 9.4 zeigt die Größenverhältnisse der vier genannten Kategorien von Biomolekülen. Die dreidimensionale Struktur insbesondere von Proteinen lässt sich im Idealfall mittels Röntgenstrukturanalyse, die allerdings die Proteinkristallisation voraussetzt, oder aus NMR-Messungen erhalten. Daten sind frei zugänglich über die *Protein Data Bank* [9.3]. Die dreidimensionale Darstellung erfolgt dann mittels geeigneter Graphikprogramme.[12]

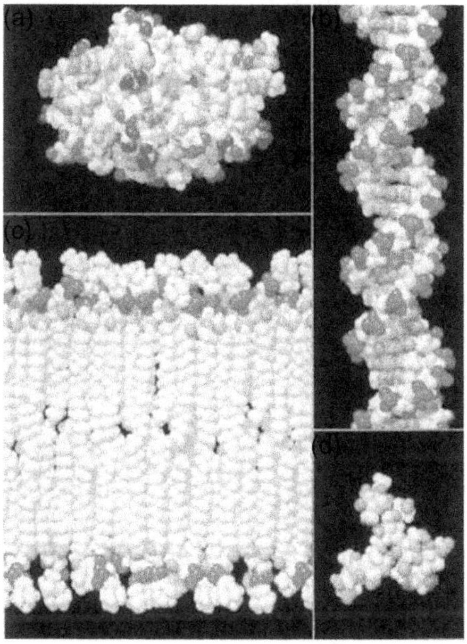

Abb. 9.4. Moleküle der vier Biomolekülkategorien. (a) Protein, (b) DNA, (c) Lipide in einer Zellmembran und (d) Polysaccharid.

Die zuvor diskutierten biologischen Makromoleküle, die ihrerseits typisch nanoskalige Abmessungen aufweisen, organisieren sich teilweise in komplexen Prozessen zu größeren Kompartimenten, die dann beispielsweise Bestandteil eines Virus oder auch von Zellen sind. *Membranen* sind dabei eine häufig auftretende Strukturform. Sie sind in fast allen Prozessen der zellulären Aktivitäten involviert. Diese reichen von einfachen mechanischen Funktionen über metabolischen Transport bis hin zu hochkomplexen biochemischen Prozessen, wie immunologische Erkennung oder Biosynthe-

12 Beispiele sind jmol [9.4] und BALLView [9.5].

se. Biologische Membranen sind in der Regel hochkomplex und existieren in einer großen Variabilität. Vorherrschende Membrantypen enthalten 500 oder mehr unterschiedliche Proteine, die in einer Doppelschicht aus *Phospholipiden* und *Glycolipiden* mit verschiedenen Kopfgruppen und hydrophoben Ketten bestehen, wie sie bereits im Zusammenhang mit Abb. 4.11 kurz diskutiert wurde. Daneben kommen auch *Steroide* (wie z. B. Cholesterin) und andere amphiphile Moleküle vor. Speziell die Zellmembran erlaubt die Interdiffusion ungeladener und unpolarer Moleküle, wie O_2 oder CO_2. Größere Moleküle oder Aggregate oder geladene Spezies, wie Protonen oder Na^+ können nur durch spezielle Kanäle mit der Umgebung ausgetauscht werden. Damit kann die Membran einen Ionengradienten zwischen intra- und extrazellulärem Raum stabilisieren und damit auch ein resultierendes elektrisches Feld. Je nach Lipidzusammensetzung der Membran weist diese eine hohe Fluidität mit Begünstigung der Interdiffusion und Diffusivität von Lipidmolekülen entlang der Membran auf. Außerdem bestimmt die Lipidzusammensetzung die Begünstigung von großen oder kleinen Krümmungsradien und determiniert die Membransteifigkeit. Die eingebauten Proteine haben üblicherweise eine amphiphile Struktur, wobei der hydrophobe Teil innerhalb der Membran angeordnet ist. Eine typische Membran, wie in Abb. 9.5 dargestellt, ist unter physiologischen Bedingungen eine hochgradig dynamische Struktur mit Protein- und Lipiddiffusion innerhalb der Membran und Interdiffusion atomarer und molekularer Spezies zwischen Innen- und Außenseite. Aufgrund bestimmter Stimuli, etwa bei einer variierenden Temperatur, können Membranen ihre Lipid- und Proteinzusammensetzung zudem variieren.

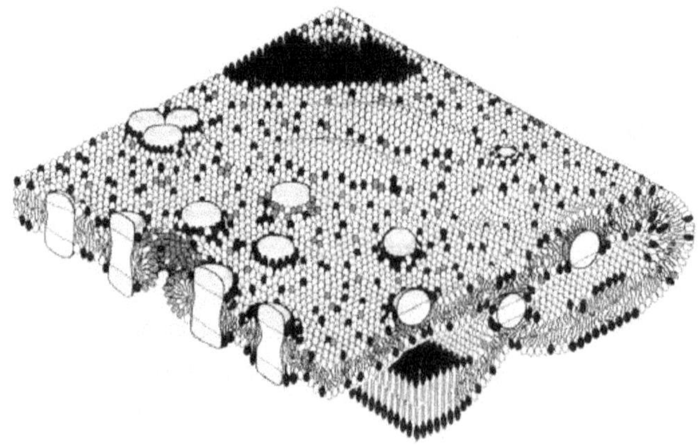

Abb. 9.5. Schematische Darstellung einer Membran mit variierender Lipidzusammensetzung und -konzentration und integralen und peripheren Proteinen. Kleine Krümmungsradien entstehen durch Einbau konischer Lipide in die äußere Lage und keilförmiger in die innere.

Eine erstaunliche Form nanostrukturierter biologischer Materie stellen die *Viren* dar, an denen sich bereits viele typische evolutionäre Strategien und Konzepte des Aufbaus biologischer Systeme beobachten lassen, obwohl sie nach gängiger Auffassung nicht zu den Lebewesen zählen [9.6].[13] Viren sind infektiöse Partikel mit typischen Abmessungen im Bereich 15 nm bis 440 nm, die sich außerhalb von Zellen durch Übertragung verbreiten, aber eine geeignete Wirtszelle zur Vermehrung benötigen. Im Wesentlichen ist ein Virus eine Nukleinsäure, die einen Code zur Steuerung des Stoffwechsels der Wirtszelle enthält, insbesondere zur Replikation der Virusnukleinsäure und des weiteren Aufbaus der Viruspartikel. Viren kommen in der Wirtszelle in Form ihrer Nukleinsäure – entweder DNA oder RNA – vor und außerhalb der Zellen als *Virionen*. Diese umgeben die Nukleinsäure meistens mit einer Proteinhülle, dem *Kapsid*. Die Hülle kann aber auch aus *Ribonucleoproteinen* bestehen und zusätzlich von einer Lipiddoppelschicht, durchsetzt mit Membranproteinen, umgeben sein. Diese Membran wird dann im eigentlichen Sinn als Virushülle bezeichnet und ist das Kriterium für die Unterscheidung zwischen behüllten und unbehüllten Viren. Manche Virionen besitzen weitere Bestandteile [9.6]. Das Proteinkapsid kann unterschiedliche Formen haben, wie beispielsweise ikosaedrisch oder helikal. Viren sind im vorliegenden Kontext nicht nur als nanoskalige Formen biologischer Materie interessant, sondern auch, weil Methoden der Nanotechnologie mit sehr großem Erfolg für die Identifikation, Analyse und Klassifikation von Viren eingesetzt werden [9.7]. Mit etwa 4000 identifizierten Virenarten aus 80 Familien ist vermutlich nur ein Bruchteil aller existierenden Arten bekannt, da allein 1,8 Millionen rezente Arten von Lebewesen bekannt sind, die jeweils Wirte für unzählige angepasste Viren sein könnten. Abbildung 9.6 zeigt rasterkraftmikroskopische Aufnahmen von verschiedenen Virenarten.

Die *Zelle* ist diejenige biologische Struktureinheit, die maßgeblich für den Aufbau von Organen und Organismen ist. Sie ist die kleinste lebende Einheit. Es gibt Einzeller und Vielzeller, bei denen Zellen zu funktionalen Einheiten verbunden sind. Zellen sind im Wesentlichen aus den diskutierten molekularen und supramolekularen Formen der biologischen Materie aufgebaut und beziehen als Struktureinheiten mit einer typischen Größe von 1 μm bis 30 μm ihre komplexe Funktionalität wesentlich aus komplexen Nanostrukturen in ihrem Inneren. Generell sind Zellen aus einer Reihe charakteristischer Funktionseinheiten aufgebaut [9.8]. Dies verdeutlicht Abb. 9.7 anhand einer schematischen Darstellung.

Im Bereich des *Nukleolus* liegen besondere Abschnitte der DNA mehrerer Chromosomen – in Proteinen verpackter DNA – die als Nukleolusorganisatorregionen bezeichnet werden und Informationen für die Erzeugung ribosomaler RNA enthalten.

Im *Nukleus* ist das gesamte Erbgut, zu *Chromatin* verpackt, lokalisiert.

Die Aufgabe der *Ribosomen* besteht darin, die Proteinbiosynthese oder Translation durchzuführen: Kodiert in Form der DNA-Sequenz übermittelt die mRNA die Infor-

13 Hierzu gibt es durchaus eine Kontroverse [9.6].

Abb. 9.6. AFM-Abbildungen einiger Viren [9.7]. (a) Ikosaedrischer Trespen-Mosaikvirus (brome mosaic virus, BMV), (b) helikaler stäbchenförmiger Tabak-Mosaikvirus (TMV), (c) Bakteriophage und (d) das vergleichsweise große ikosaedrische Tipula-Virus.

mation zum Aufbau der entsprechenden Proteine. Ribosomen bestehen also in RNA-Proteinkomplexen.

In *Vesikeln* können lokalisiert unterschiedliche biochemische Prozesse ablaufen. Sie bestehen aus einer Einfach- oder Doppelmembran oder Proteinschicht.

Im *Rauen Endoplasmatischen Reticulum (ER)* finden Translation, Proteinfaltung, posttranslatorische Modifikationen von Proteinen sowie Transport von Transmembranproteinen und sekretorischen Proteinen statt. Außerdem dient das ER als intrazellulärer Kalziumspeicher und ist damit wesentlich für die Signatransduktion.

Der nach *C. Golgi* (1844–1926) benannte *Golgi-Apparat* umfasst die Gesamtheit aller *Dictyosomen* einer Zelle. Die Dictyosomen bestehen aus Stapeln mehrerer *Cisternen* – flachen, glatten und von einer Membran umschlossenen Strukturen. In ihrem Innern werden Oligo- und Polysaccharidketten an Proteine geheftet. Am äußeren Ende schnüren sich *Golgi-Vesikel* ab, um die vom ER übernommenen und modifizierten Proteine zu transportieren.

Die *Mikrotubuli* bestehen aus polymerisiertem *Tubulin* und besitzen als röhrenförmige Gebilde einen Durchmesser von 15–25 nm. Sie ziehen bei der Zellteilung die Chromatiden zu den Polen der Zelle und bilden ein Gerüst zur Wahrung der Zellform. Ferner transportieren sie Vesikel und Granula durch die Zellen, wofür *Motorproteine*,

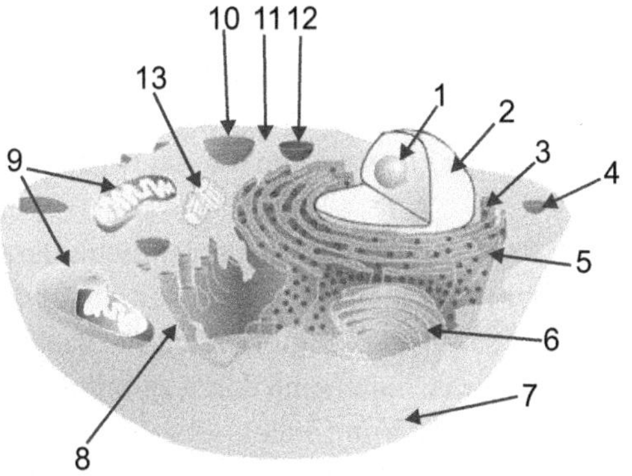

Abb. 9.7. Schematische Darstellung einer tierischen Zelle [9.9]. (1) Nukleolus, (2) Nukleus, (3) Ribosomen, (4) Vesikel, (5) Raues Endoplasmatisches Reticulum (ER), (6)Golgi-Apparat, (7) Mikrotubuli, (8) Glattes ER, (9) Mitochondrien, (10) Lyosom, (11) Zytoplasma, (12) Peroxisomen und (13) Zentriolen.

wie *Dynein* und *Kinesin* erforderlich sind. Für viele Einzeller bilden Mikrotubuli das *Flagellum*.

Mitochondrien sind von einer Doppelmembran umschlossene Organellen, deren Hauptfunktion es ist, unter Sauerstoffverbrauch *Adenosintriphosphat (ATP)* herzustellen, welches den Energietransport innerhalb der Zelle realisiert.

Lyosomen sind nanoskalige von einer Membran umschlossene Zellorganellen, die vom Golgi-Apparat gebildet werden und *hydrolytische Enzyme* und *Phosphatasen* enthalten. Die Enzyme dienen der Verdauung von aufgenommenen Fremdstoffen.

Als *Zytoplasma* wird der gesamte Zellinhalt zwischen Nukleus und Zellmembran bezeichnet.

In den *Peroxisomen*, bei denen es sich um mit einer einfachen Membran umhüllte Vesikel handelt, laufen biochemische Reaktionen ab, die ungeschützt für die Zelle gefährlich wären. Insbesondere enthalten die Peroxisomen Enzyme für den Stoffwechsel von Wasserstoffperoxid (H_2O_2).

Zentriolen sind zylindrische Strukturen mit einer Größe von ca. 170 nm × 500 nm, die zusammen mit der *perizentriolaren Matrix* das *Zentrosom* bilden. Sie sind bedeutsam für die Bildung des *Spindelapparats* zur Trennung der Chromosomen.

Zu unterscheiden ist einerseits zwischen *prokaryotischen* und *eukaryotischen* Zellen und andererseits zwischen tierischen, pflanzlichen und Pilzzellen. Prokaryotische Zellen besitzen keinen echten Nukleus und weisen einen vergleichsweise einfachen inneren Aufbau auf. Zu den *Prokaryoten*, die meist als Einzeller existieren, zählen Bakterien und Archaeen. Eukaryotische Zellen, wie in Abb. 9.7 abgebildet, besitzen einen Nukleus mit einer Doppelmembran, wobei beide Membranlagen einen Abstand von ca. 15 nm haben. Die Vielzahl eukaryotischer Zellen resultiert aus den vielfältigen Aufgaben, die sie in Organismen übernehmen.

Die eukaryotischen Zellen lassen sich in tierische, pflanzliche und Pilzzellen differenzieren. Ein wichtiger Unterschied zwischen tierischen und sonstigen Zellen besteht in der Zellwand. Tierische Zellen haben keine Zellwand, während diese aus Proteinen aufgebaute Hülle die Zellen von Pflanzen, Bakterien Pilzen, Algen und von manchen Archaeen umgibt.

Die Einleitung und Hierarchisierung der biologischen Materie verdeutlicht, dass wesentliche Phänomene und Funktionalitäten in biologischen Systemen aus dem nanoskaligen Aufbau dieser Materieform resultieren. Daher gibt es engste Bezüge zwischen Nanostrukturforschung und Lebenswissenschaften und damit verbundener Technologie. Nanostrukturforschung hilft bei der Aufklärung biologischer Strukturen und Mechanismen und somit bei der Entwicklung biotechnologischer, medizinischer und pharmazeutischer Verfahren einerseits, andererseits lassen sich der komplexe Aufbau und die Funktionalität biologischer Materie und Systeme im Sinne einer *Biomimetik* oder *technischen Bionik* nutzen.

9.2 Membranmechanik

Im vorangegangenen Abschnitt wurde verdeutlicht, dass Membranen von sehr großer Wichtigkeit für weiche biologische Materie sind. Sie sind formgebend, erlauben die Aufrechterhaltung chemischer oder ionischer Gradienten und den selektiven Transport molekularer Bestandteile. Aus Sicht von Nanostrukturforschung und Nanotechnologie sind Membranen allgemein in Bezug auf ihre universellen Eigenschaften interessant, also auch solche technischen Ursprungs. Hinsichtlich der Beschreibung genereller Eigenschaften besteht aber zunächst keinerlei Anlass, zwischen biologischen und artifiziellen Membranen zu unterscheiden. Betrachten wir also eine Membran als eine quasizweidimensionale Anordnung von Atomen oder Molekülen, die sich in ihrer Zusammensetzung von dem dreidimensionalen Medium, in dem sie emergiert ist, unterscheidet. Die Anordnung ist quasizweidimensional, wenn wir von einer Dicke der Membran im Nanobereich und von demgegenüber großen Lateralabmessungen ausgehen. Dann sind Membranen hochflexibel und leicht zu deformieren. Bei der Charakterisierung der mechanischen Eigenschaften kann in der Regel von einer ideal zweidimenionalen Anordnung ausgegangen werden, wobei die globale Form und Fluktuationen dieser dann durch eine elastische Energie determiniert werden. Diese hängt wiederum von den molekularen Eigenschaften, dem Aufbau und von Wechselwirkungen der Membranbestandteile untereinander ab. Die Charakterisierung der Membranmechanik kann also a priori unter Annahme einer gegebenen elastischen Energie und gegebener Werte der elastischen Moduln erfolgen und muss zunächst nicht dem detaillierten Aufbau Rechnung tragen. Der molekulare Aufbau determiniert allerdings das funktionelle Verhalten der elastischen Größen [9.10].

Starten wir unsere Diskussion der Membranmechanik im Kontext der weichen Materie mit Fluidmembranen, die dadurch gekennzeichnet sind, dass molekulare Bestandteile innerhalb der Membran diffundieren können. Die Membran widersteht damit keiner Scherspannung, ihre Form wird allerdings durch die Krümmungselastizität determiniert.

In der Differentialgeometrie von Oberflächen ist eine Oberfläche durch das Vektorfeld $\mathbf{r}(x_1, x_2)$ gegeben, welches das zweidimensionale Koordinatensystem x_1, x_2 auf ein im dreidimensionalen Raum gekrümmtes Objekt abbildet. In einem beliebigen Punkt der Objektoberfläche wird die Tangentialebene dann aufgespannt durch $\mathbf{t}_i = \partial\mathbf{r}(x_1, x_2)/\partial x_i$ für $i = 1, 2$. Der *metrische Tensor* ist dann durch $g_{ij}(x_1, x_2) = \mathbf{t}_i \cdot \mathbf{t}_j$ gegeben. Der metrische Tensor bestimmt die Euklidische Distanz zwischen zwei infinitesimal unterschiedlichen Punkten der Oberfläche [9.11]: $ds^2 = [\mathbf{r}(x_1 + dx_1, x_2 + dx_2) - \mathbf{r}(x_1, x_2)]^2 = \mathbf{t}_i \cdot \mathbf{t}_j dx_i dx_j = g_{ij}(x_1, x_2) dx_i dx_j$, wobei wir die Einsteinsche Summenkonvention benutzt haben. Das aufgespannte infinitesimale Oberflächenelement ist bestimmt durch $dO = |\mathbf{t}_1 dx_1 \times \mathbf{t}_2 dx_2| = \sqrt{t_1^2 t_2^2 - (\mathbf{t}_1 \cdot \mathbf{t}_2)^2} dx_1 dx_2 = \sqrt{\det \underline{\underline{g}}(x_1, x_2)} dx_1 dx_2$. Der Normaleneinheitsvektor in einem Punkt der Oberfläche ist gegeben durch $\mathbf{e}_n = \mathbf{t}_1 \times \mathbf{t}_2 / |\mathbf{t}_1 \times \mathbf{t}_2|$. Der Krümmungstensor $\underline{\underline{\kappa}}$ ist dann festgelegt durch $\partial\mathbf{e}_n/\partial x_i = -\kappa_{ij}\mathbf{t}_j$. Diagonalisierung von $\underline{\underline{\kappa}}$ liefert die Hauptkrümmungen $1/r_1$ und $1/r_2$ als Eigenwerte.

Die Krümmungsenergie einer fluiden Membran ist, wie bereits im Zusammenhang mit Gl. (6.233) diskutiert, nach *W. Helfrich* [9.82] in erster Ordnung von $1/r_1$ und $1/r_2$ gegeben durch

$$E = \int_O dO \sqrt{\det \underline{\underline{g}}} \left(\gamma + K \left[\frac{1}{r_1} + \frac{1}{r_2} - \frac{1}{r_0} \right]^2 + \frac{\overline{K}}{r_1 r_2} \right) . \tag{9.1}$$

γ ist hier die Grenzflächenspannung oder -energie und K die Biegesteifigkeit. $\overline{K}$ ist der Sattelpunktmodul und $1/r_0$ die spontane Krümmung. Für amphiphile Moleküle oder Tenside ist γ sehr klein oder verschwindet tatsächlich, was wir bereits in Gl. (6.233) berücksichtigt hatten. Der Satz von *C.F. Gauß* (1777–1855) und *P.O. Bonnet* (1819-1892) liefert nun eine Verbindung zwischen der Geometrie einer Membran und ihrer Topologie, indem eine Beziehung zwischen Krümmung und *Euler-Charakteristik* hergestellt wird:

$$\int \frac{dO}{r_1 r_2} = 2\pi\chi_E . \tag{9.2}$$

Die Euler-Charakteristik χ_E ist für eine geschlossene Membran eine topologische Invariante, hat also unabhängig von der aktuellen Form der Membran einen konstanten Wert. χ_E ergibt sich aus der Triangulierung der geschlossenen Membran zu $\chi_E = n_E - n_K + n_F$, wobei n_E die Anzahl der Ecken, n_K die Anzahl der Kanten und n_F die Anzahl der Dreiecke angeben. Nach dem *Eulerschen Polyedersatz* erhält man für ein beliebiges konvexes Polyeder $\chi_E = 2$. Ein solches Polyeder ist insbesondere topologisch äquivalent zu einem sphärischen Partikel. Für einen Torus erhält man $\chi = 0$, ebenso, wie für zwei parallele nicht miteinander verbundene Membranen. Sind die Membranen hingegen an einer Stelle miteinander verbunden, so ergibt sich $\chi = -2$.

Weicht eine Membran nur moderat von einer perfekten Ebene ab, so empfiehlt sich eine Parametrisierung in Form der *Monge-Darstellung*: $\mathbf{r}(x_1, x_2) = (x_1, x_2, h(x_1, x_2))$. $h(x_1, x_2)$ ist die lokale Distanz zu der durch x_1 und x_2 aufgespannten Ebene. Damit ergibt sich $\mathbf{t}_1(x_1, x_2) = (1, 0, \partial h/\partial x_1)$ und $\mathbf{t}_2(x_1, x_2) = (0, 1, \partial h/\partial x_2)$. Für den Einheitsnormalenvektor des durch $\mathbf{t}_1$ und $\mathbf{t}_2$ aufgespannten Flächenelements folgt damit $\mathbf{e}_n = (-\partial h/\partial x_1, -\partial h/\partial x_2, 1)/\sqrt{1+(\nabla h)^2}$. Dies resultiert in der Hauptkrümmung $1/r_1 + 1/r_2 = \nabla \cdot [\nabla h/\sqrt{1+(\nabla h)^2}]/2$ und in der Gaußschen Krümmung $1/(r_1 r_2) = [\partial^2 h/\partial x_1^2 \, \partial^2 h/\partial x_2^2 - (\partial^2 h/(\partial x_1 \partial x_2))^2]/[1+(\nabla h)^2]^2$.

Für eine nahezu ebene Membran ist $|\nabla h| \ll 1$ und die Biegeenergie in Gl. (9.1) lässt sich in einer Näherung erster Ordnung ausdrücken durch

$$E = \frac{K}{2} \int_O dO \left(\triangle h(\mathbf{x})\right)^2 . \tag{9.3}$$

Dabei haben wir $y = 0$ angesetzt. Auch der auf der Gaußschen Krümmung basierende Term aus Gl. (9.1) verschwindet nach Gl. (9.2), da für die betrachtete Membran $\chi_E = 0$ vorliegt. Durch Fourier-Transformation erhalten wir ferner

$$h(\mathbf{x}) = \frac{1}{(2\pi)^2} \int d^2q \; h(\mathbf{q}) \exp(i\mathbf{q} \cdot \mathbf{x}) . \tag{9.4}$$

Damit ergibt sich aus Gl. (9.3)

$$E = \frac{K}{8\pi^2} \int d^2q \, q^4 |h(\mathbf{q})|^2 . \tag{9.5}$$

Aus diesem Ausdruck können wir nun problemlos das Fluktuations-oder *Undulationsspektrum* für die Membran erhalten. Da die Undulationsmoden im Fourier-Raum entkoppelt sind und auf jede Undulationsmode nach dem Äquipartitionstheorem $k_B T/2$ an Energie entfällt, ergibt sich

$$\langle h(\mathbf{q}) h(\mathbf{q}') \rangle = \frac{k_B T}{K q^4} \delta(\mathbf{q} + \mathbf{q}') . \tag{9.6}$$

Membranfluktuationen lassen sich charakterisieren in Form der Fluktuation des Winkels zwischen dem lokalen Normalenvektor $\mathbf{e}_n$ und einem Referenznormalenvektor $\mathbf{e}_z$: $\cos\Theta = \mathbf{e}_n \cdot \mathbf{e}_z \approx 1 - \Theta^2/2$. In der gewählten Monge-Darstellungt folgt dann $\mathbf{e}_n \cdot \mathbf{e}_z = 1/\sqrt{1+(\nabla h)^2} \approx 1 - (\nabla h)^2/2$. Mit Gl. (9.6) erhalten wir für die Winkelfluktuationen somit

$$\langle \Theta^2 \rangle = \langle (\nabla h)^2 \rangle = \frac{k_B T}{(2\pi)^2 K} \int \frac{d^2q}{q^2} = \frac{k_B T}{2\pi K} \ln \frac{L}{a} . \tag{9.7}$$

Den Ausdruck auf der rechten Seite erhält man bei periodischen Randbedingungen für eine Membran der Länge L, die aufgebaut ist aus molekularen Einheiten der Länge a. Wenn die Membranausdehnung wächst, so nimmt $\langle \Theta^2 \rangle$ logarithmisch zu. Damit wird für ein bestimmtes $L \equiv \xi$ die Bedingung $|\nabla h| \ll 1$ verletzt, die wir in Gl. (9.5) vorausgesetzt haben. Die sich daraus ergebende Persistenzlänge ist gegeben durch

$$\xi = a \exp\left(2\pi \frac{K}{k_B T}\right) . \tag{9.8}$$

Offensichtlich hat die Biegesteifigkeit einen extremen Einfluss auf ξ, was ein konkretes Beispiel verdeutlicht [9.12]: Für Lipide mit $a = 1\,\text{nm}$ und $K = 10 k_B T$ erhalten wir $\xi = 10^{24}\,\text{km}$! Für Tenside mit $a = 1\,\text{nm}$ aber $K = 0{,}5\, k_B T$ erhalten wir hingegen $\xi = 25\,\text{nm}$.

In der Beschreibung der mechanischen Eigenschaften vieler komplexer weicher Materialien hat aus heutiger Sicht auch die klassische Elastizitätstheorie, die gegen Mitte des vorigen Jahrhunderts wesentlich entwickelt wurde [9.83], grundlegende Bedeutung [9.12]. Wir wollen daher die wichtigsten Resultate kristalline Membranen betreffend im vorliegenden Kontext kurz Revue passieren lassen.

Wird ein n-dimensionaler kristalliner Festkörper deformiert, so überlagert sich jeder Position $\mathbf{r}$ des ungestörten Kristallgitters eine Verschiebung $\mathbf{u}(\mathbf{r})$. Ist die infinitesimale Distanz zwischen zwei Punkten von der Deformation durch $d\mathbf{r}$ gegeben, so beträgt sie nach Deformation $d\mathbf{r}' = d\mathbf{r} + d\mathbf{u}$. Mit $du_i = (\partial u_i / \partial x_k) dx_k$ für $i = 1, \ldots, n$ erhalten wir für die quadratische Distanz zwischen zwei Punkten $ds'^2 = ds^2 + 2u_{ik} dx_i dx_k$ mit dem *Verzerrungstensor*

$$u_{ik} = \frac{1}{2}\left(\frac{\partial u_i}{\partial x_k} + \frac{\partial u_k}{\partial x_i} + \frac{\partial u_l}{\partial x_i}\frac{\partial u_l}{\partial x_k}\right) . \tag{9.9}$$

In allen hier relevanten Fällen sind die Verschiebungen u_i und ihre Ableitungen nach den Koordinaten hinreichend klein und der letzte Term in Gl. (9.8) ist vernachlässigbar. Der symmetrische Tensor $\underline{\underline{u}}$ lässt sich lokal diagonalisieren und besitzt die Eigenwerte $u^{(1)}, \ldots, u^{(n)}$. Ein Längenelement dx_i geht aufgrund der Deformation über in $dx_i' = (1 + u^{(i)}) dx_i$. Für ein Volumenelement dV folgt durch Deformation $dV \to dV' = dV \prod\limits_i (1 + u^{(i)})$. Für kleine Verschiebungen vereinfacht sich das zu $dV' = dV(1 + \sum\limits_i u^{(i)})$. Die Summe der Eigenwerte des Verzerrungstensors ist aber seine erste Invariante und ist gleich seiner Spur: $dV' = [1 + Sp\ \underline{\underline{u}}] dV$.

Für kleine Verzerrungen ist die mit der Verzerrung verbundene freie Energie quadratisch in der Verzerrung [9.83]:

$$E = \frac{1}{2} \int d^n r \left[2\mu\, Sp\ \underline{\underline{u}}^2 + \lambda\, Sp^2 \underline{\underline{u}}\right] . \tag{9.10}$$

Die Bedeutung der *Lamé-Koeffizienten* μ und λ wird deutlich, wenn wir zwei elementare Deformationen eines kubischen Festkörpers betrachten. Für eine homogene Kompression erhalten wir $\mathbf{r}' = \alpha \mathbf{r}$ und damit $\mathbf{u} = (\alpha - 1)\mathbf{r}$, woraus sich $\underline{\underline{u}} = (\alpha - 1)\underline{\underline{1}}$ ergibt. Damit wiederum erhalten wir $Sp\ \underline{\underline{u}} = n(\alpha - 1)$ und $Sp\ \underline{\underline{u}}^2 = n(\alpha - 1)^2$. Die Energie des deformierten Körpers beträgt dann $E = K Sp^2 \underline{\underline{u}} V/2$. Der *Kompressionsmodul* ist in diesem Fall gegeben durch $K = 2\mu/n + \lambda$. Eine Scherdeformation wird demgegenüber durch

$u_i = \alpha x_2$ und $u_2 = u_3 = \ldots = u_n = 0$ beschrieben. Damit erhalten wir $u_{12} = u_{21} = \alpha/2$ und $Sp\ \underline{\underline{u}} = 0$ sowie $Sp\ \underline{\underline{u}}^2 = \alpha^2/2$. So beträgt die Deformationsenergie in diesem Fall $E = \mu\ Sp\ \underline{\underline{u}}^2\ V/2$. μ ist der *Schermodul.*

Wird ein elastischer Körper durch ein externes Kraftfeld der Dichte $\mathbf{f}(\mathbf{r})$ deformiert, so beträgt die freie Energie des deformierten Körpers

$$E = \frac{1}{2} \int d^n r \left[2\mu\ Sp\ \underline{\underline{u}}^2 + \lambda\ Sp^2 \underline{\underline{u}} + \int_0^{\mathbf{u}(\mathbf{r})} d\mathbf{u}' \cdot \mathbf{f}(\mathbf{r} + \mathbf{u}') \right] . \tag{9.11}$$

Der *Spannungstensor* $\underline{\underline{\sigma}}$ ergibt sich aus $\nabla_{\mathbf{u}(\mathbf{r})} E = 0$. Dies impliziert $\partial \sigma_{ij}/\partial x_i + f_i = 0$, mit $\underline{\underline{\sigma}} = 2\mu\ \underline{\underline{u}} + \lambda\ Sp\ \underline{\underline{u}}\ \underline{\underline{1}}$. Da der Verzerrungstensor $\underline{\underline{u}}$ symmetrisch ist, ist dies der Spannungstensor ebenfalls. Das Element σ_{ij} des Spannungstensors quantifiziert die i-te Komponente der externen Kraft auf ein Einheitsoberflächenelement senkrecht zur x_j-Achse. In Bezug auf die x_i-Achse beschreibt σ_{11} eine axiale Komponente, während σ_{21} und σ_{31} Tangentialkräfte quantifizieren.

Bei Abwesenheit externer Kräfte ist die mechanische Gleichgewichtsbedingung $\partial \sigma_{ij}/\partial x_i = 0$. Aufgrund der Symmetrie von $\underline{\underline{\sigma}}$ lässt sich der Spannungstensor mithilfe der *Airyschen Spannungsfunktion* χ umschreiben, die aus der Scheibentheorie der Technischen Mechanik bekannt ist [9.83]: $\sigma_{ij} = \varepsilon_{ik}\ \varepsilon_{jl}\ \partial^2 \chi/(\partial x_k \partial x_l)$. $\underline{\underline{\varepsilon}}$ ist der total antisymmetrische Tensor zweiter Stufe: $\sigma_{11} = \partial^2 \chi/\partial x_2^2$, $\sigma_{22} = \partial^2 \chi/\partial x_1^2$ und $\sigma_{12} = \partial^2 \chi/(\partial x_1 \partial x_2)$. Das Deformationsfeld u_{ij} hängt mit der Spannungsverteilung über

$$\begin{aligned} u_{ij} &= \frac{1}{2}\left(\frac{\partial u_j}{\partial x_i} + \frac{\partial u_i}{\partial x_j}\right) = \frac{1+\nu}{\mathcal{E}} \sigma_{ij} - \frac{\nu}{\mathcal{E}} \sigma_{ll} \delta_{ij} \\ &= \frac{1+\nu}{\mathcal{E}} \varepsilon_{ik}\ \varepsilon_{jl} \frac{\partial^2 \chi}{\partial x_k \partial x_l} - \frac{\nu}{\mathcal{E}} \triangle \chi \delta_{ij} . \end{aligned} \tag{9.12}$$

zusammen. $\mathcal{E}$ und ν sind der Elastizitätsmodul und die Poisson-Zahl für zwei Dimensionen. Sie lassen sich durch die Lamé-Koeffizienten ausdrücken: $\mathcal{E} = 4\mu(\mu + \lambda)/(2\mu + \lambda)$ und $\nu = \lambda/(2\mu + \lambda)$. Thermodynamische Stabilität setzt $\mu, K > 0$ voraus. Damit folgt in zwei Dimensionen $-1 < \nu < 1$.

Durch beidseitige Multiplikation von Gl. (9.12) mit $\varepsilon_{ik}\varepsilon_{jl}\partial^2/(\partial x_k \partial x_l)$ erhalten wir

$$\frac{1}{\mathcal{E}} \triangle^2 \chi = \varepsilon_{ik}\varepsilon_{jl} \frac{\partial^2 u_{ij}}{\partial x_k \partial x_l} . \tag{9.13}$$

Dieser Zusammenhang ist insbesondere nützlich zur Charakterisierung des Einflusses von Defekten auf das mechanische Verhalten einer Membran. Elastische Deformationen der Membran müssen nämlich nicht immer durch äußere Kraftwirkungen hervorgerufen werden, sie können auch als Folge topologischer Defekte auftreten. Die in diesem Kontext relevanten Defekte, *Dislokationen* und *Disklinationen*, sind schematisch für ein Dreiecksgitter in Abb. 9.8 dargestellt. Eine Dislokation oder Versetzung ist der Endpunkt einer zusätzlichen Linie von Gitterpunkten, die sich in Abb. 9.8(a) von rechts oben bis zum Zentrum des Gitters erstreckt. In einem Gitter sechsfach koordinierter Schnittpunkte ist eine Dislokation ein Gitterpunkt mit fünf- oder siebenzähliger Koordination, wie in Abb. 9.8(b) und (c) dargestellt. Der Vergleich von Dislokation und Disklination zeigt, dass die Dislokation in einem Paar aus Gitterpunkten mit fünf- und siebenzähliger Koordination besteht und damit als Paar zweier gebundener Disklinationen betrachtet werden kann.

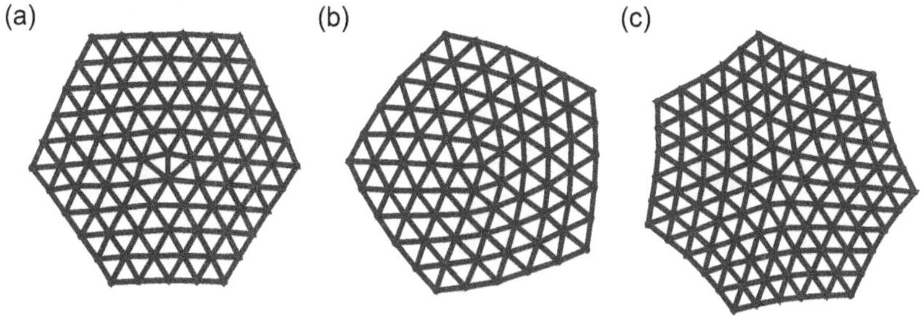

Abb. 9.8. Topologische Defekte von Membranen. (a) Dislokation in einem Dreiecksgitter. (b) Disklination mit fünfzähliger Koordination. (c) Disklination mit siebenzähliger Koordination.

In einem nicht oder schwach deformierten Gitter gilt für einen geschlossenen Umlauf $\oint dn_i = \oint (\partial n_i/\partial x_k) dx_k = 0$. Umschließt der Umlauf hingegen den Kern einer Versetzung, dann ist der Verzerrungsvektor **u** durch ein Inkrement **b**, den *Burgers-Vektor*, gegeben [9.13]: $\oint dn_i = b_i$. Damit folgt über den Stokeschen Integralsatz

$$\oint \frac{\partial u_i}{\partial x_j} dx_j = \int \varepsilon_{lj} \frac{\partial^2 u_i}{\partial x_l \partial x_j} dO \,. \tag{9.14}$$

Da $\partial^2 u_i/(\partial x_l \partial x_j)$ symmetrisch in den Indizes l und j ist, ε_{lj} aber antisymmetrisch, verschwindet das Oberflächenintegral in Gl. (9.14) überall, nur nicht am Kern der Versetzung, wo die Ableitungen von u_i divergieren. Damit erhalten wir für eine Versetzung am Ort $\mathbf{r}_0$

$$\varepsilon_{lj} \frac{\partial^2 u_i}{\partial x_l \partial x_j} = b_i \, \delta(\mathbf{r} - \mathbf{r}_0) \,. \tag{9.15}$$

Ähnlich den Versetzungen in kristallinen Festkörpern können im Direktorfeld von Flüssigkristallen topologische Singularitäten auftreten. Beim Abkühlen aus der isotropen ungeordneten Phase ändert sich an verschiedenen Orten der Ordnungszustand. Im Grenzbereich zwischen Domänen unterschiedlicher Ausrichtung kommt es zur Ausbildung von Defekten. Im Rahmen der topologischen Theorie der Defekte [9.14] lassen sich Defekte anhand von Symmetrieeigenschaften einheitlich klassifizieren. So findet man Analogien zwischen Vortices in Supraleitern und suprafluidem

Helium, kosmischen Strings und eben Disklination in Flüssigkristallen [9.14]. Bei der Klassifikation von Disklinationen geht man vor wie bei der Klassifikation von Dislokationen. Um den Defekt, wie in Abb. 9.8(b) und (c) dargestellt, wird eine Schleife gelegt und der Umlauf im Rahmen der *Homotopietheorie* [9.15] charakterisiert.

Zur Charakterisierung der Disklinationen gemäß Abb. 9.8(b) und (c) ziehen wir am besten die örtliche Verteilung des Bindungswinkels Θ heran [9.16]. Jeder Umlauf, der die Disklination einschließt, liefert als Inkrement die Stärke der Disklination: $\oint d\Theta = \oint (\partial\Theta/\partial x_i) dx_i = s$. Für das sechszählige Dreiecksgitter muss s ein Vielfaches von $2\pi/6$ betragen. Für die fünfzählig koordinierte Disklination in Abb. 9.8(b) erhalten wir $s = 2\pi/6$ und für die siebenzählig koordinierte aus Abb. 9.8(c) $s = -2\pi/6$. Analog zu Gl. (9.15) erhalten wir nun

$$\varepsilon_{lj} \frac{\partial^2 \Theta}{\partial x_l \partial x_j} = s\, \delta(\mathbf{r} - \mathbf{r}_0)\,. \tag{9.16}$$

Da das Bindungswinkelfeld $\Theta(\mathbf{r})$ die lokale Rotation des Bindungswinkels quantifiziert, muss für kleine Deformationen $\Theta = \varepsilon_{ij}/2\ \partial u_j/\partial x_i$ gelten. Aus Gl. (9.13) erhalten wir nunmehr

$$\begin{aligned} \frac{1}{\mathcal{E}} \Delta^2 \chi &= \frac{1}{2} \varepsilon_{ik} \varepsilon_{jl} \frac{\partial^2}{\partial x_k \partial x_l} \left(\frac{\partial u_j}{\partial x_i} - \frac{\partial u_i}{\partial x_j} \right) + \varepsilon_{ik} \varepsilon_{jl} \frac{\partial^3 u_i}{\partial x_k \partial x_l \partial x_j} \\ &= \varepsilon_{kl} \frac{\partial^2 \Theta}{\partial x_k \partial x_l} + \varepsilon_{kl} \frac{\partial}{\partial x_k} \left(\varepsilon_{jl} \frac{\partial^2 u_i}{\partial x_l \partial x_j} \right)\,. \end{aligned} \tag{9.17}$$

Betrachten wir den allgemeinsten Fall einer Membran mit beiden diskutierten Fällen topologischer Defekte, so erhalten wir also aus Gl. (9.13) und (6.257)

$$\frac{1}{\mathcal{E}} \Delta^2 \chi = \sum_\alpha s_\alpha \delta(\mathbf{r} - \mathbf{r}_\alpha) + \sum_\beta b_i^{(\beta)} \varepsilon_{ik} \frac{\partial}{\partial x_k} \delta(\mathbf{r} - \mathbf{r}_\beta)\,. \tag{9.18}$$

α und β numerieren die Disklinationen und Dislokationen.

Zur Lösung von Gl. (9.18) werden topologische Randbedingungen benötigt, um konkrete Lösungen zu erhalten. So ergibt sich beispielsweise für eine ausgedehnte Membran mit einer einzigen zentralen Versetzung [9.13; 9.16].

$$\chi = \frac{\mathcal{E}}{4\pi} b_i\, \varepsilon_{ij}\, r_j \ln r\,;, \tag{9.19}$$

wobei r hier die Distanz zum Kern der Versetzung quantifiziert. Aus Gl. (9.19) lässt sich das Spannungsfeld ableiten, was sich für den angenommenen Fall mit einer Transformation in Polarkoordinaten anbietet [9.12]:

$$\sigma_{rr} = \frac{1}{r} \frac{\partial \chi}{\partial r} + \frac{1}{r^2} \frac{\partial^2 \chi}{\partial \phi^2} = \frac{\mathcal{E}}{4\pi} \frac{b}{r} \sin\phi\,, \tag{9.20a}$$

$$\sigma_{r\phi} = -\frac{\partial}{\partial r} \left(\frac{1}{r} \frac{\partial \chi}{\partial \phi} \right) = -\frac{\mathcal{E}}{4\pi} \frac{b}{r} \cos\phi\,, \tag{9.20b}$$

$$\sigma_{\phi\phi} = \frac{\partial^2 \chi}{\partial r^2} = \frac{\mathcal{E}}{4\pi} \frac{b}{r} \sin\phi \,. \tag{9.20c}$$

Die Deformation nach Gl. (9.12) und die Spannung nach Gl. (9.20) fallen also mit $\sim 1/r$ mit wachsender Distanz von der Versetzung ab.

Für die mit der Versetzung verbundene Deformationsenergie erhält man nach Gl. (9.11)

$$E = \frac{1}{2\mathcal{E}} \int d^2r \left[(\Delta\chi)^2 - (1+\nu)\varepsilon_{ik}\, \varepsilon_{jl} \frac{\partial^4 \chi}{\partial x_k \partial x_l \partial x_i \partial x_j} \right] \,. \tag{9.21a}$$

Mit $\Delta\chi = \sigma_{rr} + \sigma_{\phi\phi}$ erhalten wir unter Verwendung von Gl. (6.260a) und (6.260b) schließlich

$$E = \frac{\mathcal{E} b^2}{8\pi} \ln \frac{R}{a} \,. \tag{9.21b}$$

R ist dabei der Membranradius und a die Ausdehnung des Versetzungskerns unterhalb derer die kontinuumstheoretische Beschreibung der Membraneigenschaften nicht mehr sinnvoll ist.

Für eine Disklination ist die Berechnung der Deformationsenergie etwas komplizierter, da die Randbedingungen genauer zu spezifizieren sind [9.16]. In diesem Fall ist die Airysche Spannungsfunktion

$$\chi = \frac{\mathcal{E} s}{8\pi} r^2 \left(\ln \frac{r}{R} - \frac{1}{2} \right) \,. \tag{9.22a}$$

Damit ergibt sich die Deformationsenergie zu

$$E = \frac{\mathcal{E} s^2}{32\pi} R^2 \,. \tag{9.22b}$$

Der Vergleich von Gl. (6.261b) und (6.262b) zeigt, dass die Deformationsenergie für eine Membran mit hinreichend großer Ausdehnung für Disklinationen viel größer ist als für Dislokationen, weshalb Disklinationen in kristallinen Festkörpern in der Regel nicht auftreten. Die von *J.M Kosterlitz, D.J. Thouless, B.I. Halperin, D.R. Nelson* und *A.P. Young* konzipierte Theorie [9.17] (*KTHNY-Theorie*), welche die Phasenübergänge in zwei Dimensionen charakterisiert, erklärt, ausgehend von den Energien in Gl. (6.261b) und (6.262b) das Schmelzen in zwei Dimensionen. Danach führt das defektvermittelte Schmelzen zweidimensionaler hexagonaler Kristalle zum Durchlauf zweier kontinuierlicher Phasenübergänge bis zum Vorliegen einer isotropen Flüssigkeit. Im ersten Phasenübergang dissoziieren ursprünglich vorhandene Dislokationspaare in freie Dislokationen. Die resultierende Phase wird *hexatisch* genannt. Die Translationsordnung geht verloren, aber die Orientierungsordnung besteht weiterhin. Die Dissoziation der Dislokationen in Disklinationen führt zu einem zweiten Phasenübergang, der die Membran schließlich in eine isotrope Flüssigkeit verwandelt.

Das Schmelzverhalten von Membranen kann mittels der Deformationsenergien aus Gl. (6.261b) und (6.262b) analysiert werden. Die maßgebliche freie Energie ist durch $F = E - TS$ gegeben, wobei die Entropie durch die Anzahl der möglichen Positionen des Versetzungskerns, also durch die Zahl der Gitterplätze gegeben ist: $S = k_B \ln(R/a)$. Damit folgt

$$F = \left(\frac{\mathcal{E}b^2}{8\pi} - 2k_BT\right)\ln\frac{R}{a}\,. \tag{9.23}$$

Bei der Temperatur $T_s = \mathcal{E}b^2/(16\pi k_B)$ verschwindet die freie Energie. Versetzungen breiten sich aus und zerstören die langreichweitige Translationsordnung. Die Membran beginnt zu schmelzen. Die freie Energie für Disklinationen unter Berücksichtigung von Gl. (6.262b) ist in diesem Moment für hinreichend große R weiterhin positiv. Die durch kurzreichweitige Translations- und langreichweitige Orientierungsordnung gekennzeichnete und im Rahmen der KTHNY-Theorie postulierte Phase wird, wie bereits bemerkt, als hexatisch bezeichnet. In dieser Phase werden Disklinationen durch freie Versetzungen „abgeschirmt“, wie schematisch in Abb. 9.9 dargestellt, was die freie Gesamtenergie entsprechend reduziert.

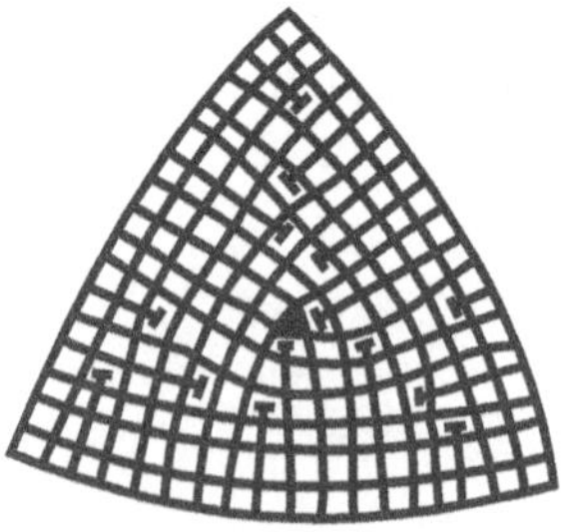

Abb. 9.9. Dreizählige Disklination in einer vierzählig koordinierten Membran. Die Versetzungswolke schirmt die Disklination ab und ermöglicht einheitliche Bindungslängen.

Komplexer ist das Verhalten dünner Membranen, wenn sie nicht aufgrund äußerer Randbedingungen nahezu planar, sondern beliebig gekrümmt sein können. Die gegenüber derjenigen der ideal planaren Membran beliebig gekrümmte Topographie wird, wie zu Beginn dieses Abschnitts formuliert, durch das Auslenkungsfeld $\mathbf{u}(\mathbf{r})$ und die Auslenkung $h(\mathbf{r})$ beschrieben: $(x_1, x_2, 0) \to (x_1 + u_1, x_2 + u_2, h)$. Der Verzerrungstensor ist damit gegeben durch

$$u_{ij} = \frac{1}{2}\left(\frac{\partial u_j}{\partial x_i} + \frac{\partial u_i}{\partial x_j} + \frac{\partial u_k}{\partial x_i}\frac{\partial u_k}{\partial x_j} + \frac{\partial h}{\partial x_i}\frac{\partial h}{\partial x_j}\right)\,. \tag{9.24a}$$

Für kleine Auslenkungsgradienten können die $(\partial u_k/\partial x_i)(\partial u_k/\partial x_j)$-Terme vernachlässigt werden:

$$u_{ij} = \frac{1}{2}\left(\frac{\partial u_j}{\partial x_i} + \frac{\partial u_i}{\partial x_j} + \frac{\partial h}{\partial x_i}\frac{\partial h}{\partial x_j}\right)\,. \tag{9.24b}$$

Die Energie der deformierten Membran setzt sich zusammen aus der Verzerrungsenergie und der Krümmungsenergie. Unter Verwendung der Airyschen Spannungsfunktion ergibt sich, wie zuvor für planare Membranen ausgeführt,

$$K\triangle^2 h + \varepsilon_{ik}\varepsilon_{jl}\frac{\partial^2}{\partial x_k \partial x_l}\left(\frac{\partial \chi}{\partial x_i}\frac{\partial \chi}{\partial x_j}\right) = 0 \tag{9.25a}$$

und

$$\frac{1}{\mathcal{E}}\triangle^2 \chi = \varrho - \frac{1}{r_1 r_2}\,. \tag{9.25b}$$

$\varrho(\mathbf{r})$ quantifiziert hier die lokale Disklinationsdichte und $1/(r_1 r_2)(\mathbf{r})$ die lokale Gaußsche Krümmung.

Das Resultat in Gl. (9.25) ist für defektfreie Platten identisch mit dem entsprechenden Resultat für große Auslenkungen dünner Platten, wie es aus der klassischen von *A. Föppl* (1854–1924) und *Th. von Kármán* (1881–1963) abgeleiteten Theorie [9.18] folgt. Die gekoppelten nichtlinearen *Föppl-von Kármán-Gleichungen* sind selbst unter einfachsten Randbedingungen nicht leicht zu lösen, beschreiben aber eine Vielzahl von Phänomenen von der Technischen Festigkeitslehre [9.19] bis hin zur Membran biologischer Zellen [9.20].

Der Zusammenhang zwischen Membrantopologie und Disklinationen lässt sich an einfachen exemplarischen Fällen illustrieren. Betrachten wir eine fünfzählig koordinierte Disklination, wie in Abb. 9.8(b) dargestellt, in der Mitte einer kreisförmigen, sehr dünnen Membran. Die Membran wird vertikal leicht deformierbar und horizontal vergleichsweise steif sein, was im Grenzfall durch $\mathcal{E} \to \infty$ charakterisiert wird. Dies gilt beispielsweise für ein Blatt Papier, das biegsam, aber nicht dehnbar ist [9.20; 9.21]. In diesem Fall resultiert aus Gl. (6.265b) $\varrho(\mathbf{r}) = 1/(r_1 r_2)(\mathbf{r})$. Diese Relation wird nur durch eine Kegelgeometrie erfüllt, bei der die Gaußsche Krümmung überall verschwindet, nur nicht an der Spitze. Die Kegelgeometrie wird durch die Disklinationsstärke betimmt: $h = \pm\sqrt{s/\pi}\, r$. Während die Dehnungsenergie voraussetzungsgemäß verschwindet, ist die Biegeenergie der konischen Struktur $E = s[K \ln(R/a) + \overline{K}]$. Der Vergleich mit einer planaren Membran zeigt, dass die Ausbeulung der Membran zu einer Reduktion der Disklinationsenergie von $\sim R^2$ zu einer logarithmischen Abhängigkeit führt.

Für eine siebenfach koordinierte Disklination, wie in Abb. 9.8(c) dargestellt, erhält man entsprechend $h = \sqrt{2|s|/(3\pi)}\, r \sin(2\phi)$ mit der Biegeenergie $E = 3|s|[K \ln(R/\,a) - \overline{K}]$. Die resultierende Membrangeometrie ist in Abb. 9.10 im Vergleich zur konischen Membran dargestellt.

Für Versetzungen gestaltet sich das Problem auch unter einfachsten Rahmenbedingungen so, dass keine analytischen Näherungen für die Geometrie der deformierten Membran bekannt sind [9.12]. Abbildung 9.10(c) zeigt eine numerisch erhaltene Gleichgewichtsstruktur, die aus der in Abb. 9.8(a) dargestellten planaren Anordnung resultiert.

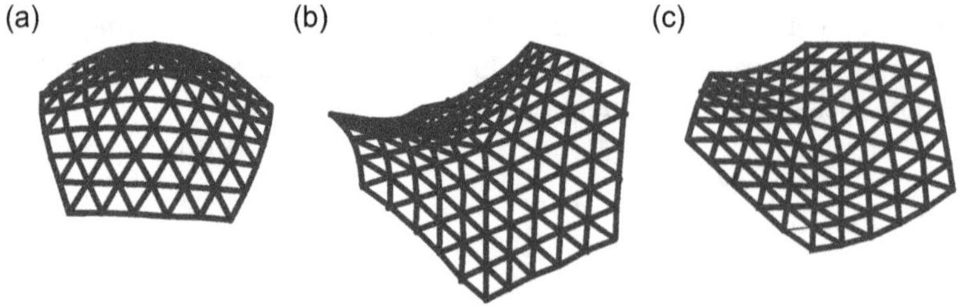

Abb. 9.10. Membrandeformationen aufgrund singulärer, zentral angeordneter topologischer Defekte. (a) Fünf- und (b) siebenzählig koordinierte Disklination. (c) Dislokationen.

Ausgehend von den ersten Pionierarbeiten [9.17; 9.21] wurde das Phänomen des *zweidimensionalen Schmelzens* intensiv theoretisch untersucht, wobei bis heute nicht alle Unklarheiten und Kontroversen geklärt werden konnten [9.22]. Experimentell wurde zweidimensionales Schmelzen an Plasmen [9.23], an zweidimensionalen Elektronenverteilungen [9.24] und Kolloiden [9.25] studiert. Die sehr unterschiedlichen Systeme dokumentieren, dass eine gewisse Universalität zugrunde liegt [9.22]. Im Kontext von Nanostrukturforschung und Nanotechnologie sind natürlich zum einen dünnste Festkörpermembranen, beispielsweise aus kristallinen Halbleitermaterialien, von Bedeutung, zum anderen eben Membranen in Systemen weicher nanostrukturierter Materie und insbesondere auch biologischer Materie. Einige mit dem zuletzt genannten Sachverhalt verbundene Aspekte sollen im Folgenden diskutiert werden.

Die freie Energie einer Dislokation in einer Membran ist, wie bereits zuvor diskutiert, gegeben durch $F = E - TS$. Hieraus resultiert nun, da E mit wachsender Membrangröße konvergiert, S aber logarithmisch mit R wächst, $F < 0$ für hinreichend große R. Für $T > 0$ wird also die kristalline Struktur der Membran destabilisiert – die Tieftemperaturphase ist die hexatische Phase. Der Übergang in die flüssige Phase wird durch die freie Energie der Disklinationen determiniert. Der logarithmische Verlauf der Biegeenergie einer gleichen Anzahl fünf- und siebenzählig koordinierter Disklinationen liefert nun $F = 2(|s|K - k_B T)\ln(R/a)$. Daraus ergibt sich die Übergangstemperatur $T_S = \pi K/(3k_B)$.

Vergleicht man die R^2-Abhängigkeit der elastischen Energie planarer Disklinationen mit der $\ln(R/a)$-Abhängigkeit gebogener Membranen, so wird deutlich, dass der Membranradius R einen kritischen Wert, den Biegeradius r_B, überschreiten muss, bevor sich die Membran disklinationsinduziert verbiegt. Die zuvor diskutierten elastischen Energien liefern das Skalenverhalten $r_B \sim \sqrt{K/(\mathcal{E}|s|)}$. Dieses Skalenverhalten wird durch detailliertere Rechnungen [9.16] bestätigt. Diese liefern für Dislokationen $r_B \sim K/(\mathcal{E}b)$.

Betrachten wir ein kristallines Vesikel. Bei geschlossener Membran und weitgehend sphärischer Topologie ergeben sich aus der Eulerschen Formel exakt zwölf fünfzählig koordinierte Disklinationen. Bei gegebener Biegesteifigkeit K und gegebenem Elastizitätsmodul $\mathcal{E}$ ist für ein Vesikel des Radius $R < r_B$ die Dehnungsenergie klein und die Biegeenergie dominiert. Das Vesikel ist sphärisch. Für $R > r_B$ kann die Gesamtenergie durch Ausbeulung der Membran reduziert werden, und es bildet sich eine konusförmige Geometrie im Bereich der Disklinationen aus. Das Vesikel nimmt die Gestalt eines abgerundeten Oktaeders an. Bei wachsender *Föppl-von Kármán-Zahl* $y = \mathcal{E}R^2/K$ nähert sich die Vesikelgeometrie immer mehr der ikosaedrischen Form an [9.26].

Bereits vor mehr als 100 Jahren warf *J.J. Thomson* (1856–1940, Nobelpreis für Physik 1906), der versuchte, das Periodensystem der Elemente mithilfe starrer Elektronenhüllen der Atome zu erklären, die Frage auf, ob tatsächlich fünf Disklinationen bei sphärischer Geometrie einer Konfiguration minimaler Energie entsprechen [9.27]. A priori könnte eine Konfiguration mit mehr Defekten eine niedrigere Energie haben. Gesucht wird also eine Defektkonzentration $\varrho(\mathbf{r})$, die identisch ist mit einer gegebenen Gaußschen Krümmung von $1/(r_1 r_2) = 1/R^2$. Für geschlossene Membranen mit endlicher Anzahl von Gitterplätzen ist es offensichtlich, dass die Bedingung $\varrho = 1/R^2$ nicht exakt erfüllbar ist. Neben einer energetisch optimalen Defektverteilung sind daher immer lokale Gitterdehnungen erforderlich. Theoretische [9.28] und experimentelle [9.29] Arbeiten zeigen, dass die Konfiguration niedrigster Energie offenbar darin besteht, dass an den zwölf Kanten eines fiktiven Ikosaeders Korngrenzen auf der sphärischen Kristalloberfläche gebildet werden, die aus einer Reihe von Versetzungen, die aus einer Kombination fünf- und siebenzählig koordinierter Disklinationen bestehen, zusammengesetzt sind. Insbesondere für kristalline Membranen mit größerem Durchmesser werden komplexere Muster von Korngrenzen energetisch günstiger als exakt zwölf fünfzählig koordinierte Disklinationen.

Abbildung 9.6 zeigt, dass Viren eine hochsymmetrische Geometrie aufweisen. Das in diesem Kontext bereits angesprochene Kapsid besteht in einer komplexen Proteinstruktur, die der Verpackung des Virengenoms dient. Die Anzahl von Proteinuntereinheiten, von *Kapsomeren*, ist dabei vorgegeben und charakteristisch. Bei unbehüllten Viren besteht eine wichtige Funktionalität des Kapsids in der Wechselwirkung mit der Wirtszelle, die letztendlich das Eindringen des Virus ermöglicht. Bei behüllten Viren interagiert das Kapsid mit der Virushülle und trägt zur Stabilität bei. Die Struktur und insbesondere auch die Symmetrie des Kapsids sind kausal verbunden mit biologischen Funktionalitäten, wie Pathogenität, Virusreplikation und Umweltstabilität. Konsequenterweise dient daher die Kapsidstruktur zur Kategorisierung von Viren innerhalb der *Virustaxonomie*.

Nahezu sphärische Viren wurden pionierhaft in von *F. Crick* (1916–2004) und *J.D. Watson* (Nobelpreis für Physiologie zusammen mit F. Crick und M. Wilkins (1916–2004) 1962) durchgeführten frühen Arbeiten untersucht [9.30]. Bereits in diesen Arbeiten wurde erkannt, dass die Verpackung des Virengenoms aus vielen identischen Untereinheiten bestehen muss, die zusammen eine bevorzugt ikosaedrische Geometrie ausbilden. Dies legt es nahe, die Formen von Viren, wie in Abb. 9.6 abgebildet, über das diskutierte Verhalten geschlossener kristalliner Membranen zu beschreiben [9.31].

Wie aus unserer Diskussion der Topologie kristalliner Membranen zu erwarten, ist die am häufigsten auftretende Form von Viren das regelmäßige Ikosaeder. Dieses ist eben unter allen regelmäßigen Polyedern dasjenige mit dem größten Volumen bei gegebener Kantenlänge. Allerdings muss zwischen der Morphologie des Kapsids und seiner Symmetrie deutlich unterschieden werden: Viele Viren erscheinen kugelförmig in der Röntgenstrukturanalyse oder im Elektronenmikroskop. Verbindet man allerdings die Molekülpositionen der Kapsomere, so wird die ikosaedrische Symmetrie deutlich.

Bei einigen Viren lagern sich die Kapsomere schraubenförmig zu einer helikalen Quartärstruktur um die zu verpackende Nukleinsäure. Dabei bildet sich, wie in Abb. 9.6(a) dargestellt, eine Zylinderform. Es gibt auch Kapside, die weder eindeutig ikosaedrisch noch eindeutig helikal sind, aber dennoch eine hochsymmetrische Geometrie aufweisen, wie in Abb. 9.11 dargestellt. Die konische Röhre mit hexagonalem Kapsomergitter weist genau zwölf fünfeckige Maschen auf, was nach dem bereits erwähnten Eulerschen Polyedersatz der Minimalzahl an Fünfecken einer aus Sechsecken bestehenden geschlossenen Oberfläche entspricht. Es wird angenommen, dass auch in diesem Fall eine enge Kausalität zwischen Membranstruktur und Funktionalität der Membran bei der Freisetzung des Genoms in der Wirtszelle besteht. Weitere Viren besitzen eine komplexe, aber nicht eindeutig geometrisch zu den genannten Kategorien zuzuordnende Geometrie.

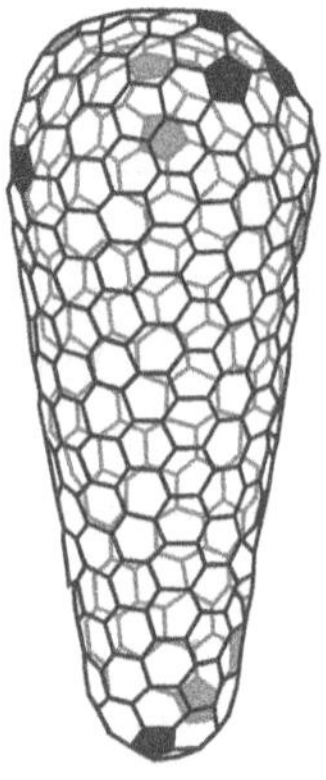

Abb. 9.11. Komplexes konisches Kapsid mit markierten zwölf fünfeckigen Maschen [9.35].

Kapside entstehen aufgrund von Selbstorganisation der Kapsomere in Prozessen, wie sie in Abschn. 4.4 diskutiert werden [9.32]. Vermutlich entsprechen sie in ihrer Struktur einem metastabilen energetischen Zustand [9.33] bei schwacher Wechselwirkung zwischen den Kapsomeren [9.34]. Dies ermöglicht eine Assemblierung des Kapsids beim Ausschleusen aus der Zelle und einen Zerfall beim Eintritt in die Zelle. Unbehüllte Viren erlauben zudem eine Kristallisation, welche zum einen Grundlage der Röntgenstrukturanalyse ist, zum anderen ein Aspekt in der kontroversen Diskussion über die Zuordnung der Viren zu den Lebensformen [9.6].

Biologische Membranen sind natürlich in Bezug auf ihre strukturelle Zusammensetzung a priori kompliziert. Bei der Analyse auf molekularer Ebene leisten heute nanoanalytische Verfahren, allen voran AFM, wichtige Beiträge. Dies zeigt Abb. 9.12. Trotz des molekular komplexen und in der Regel aperiodischen Aufbaus sind die zuvor diskutierten kontinuumsmechanischen Ansätze, die kristalline Strukturen mit definierter Koordination und wohldefinierte Defektverteilungen voraussetzen, zu wichtigen Werkzeugen bei der Charakterisierung der Membranmorphologie und -mechanik geworden. Dies soll im folgenden anhand einiger detaillierterer Betrachtungen verdeutlicht werden.

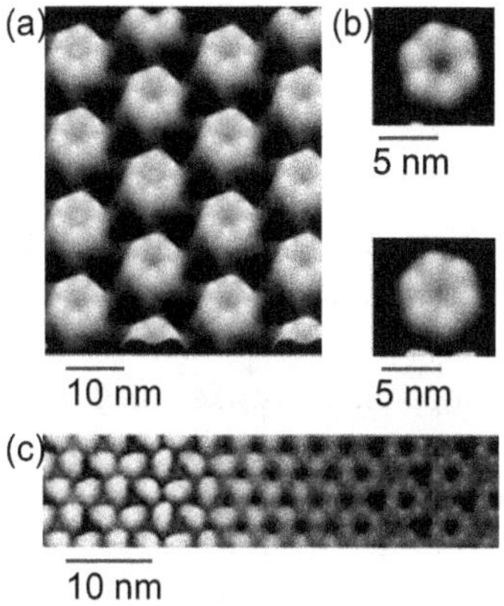

Abb. 9.12. Rasterkraftmikroskopische Abbildungen von Membranproteinen [9.36]. (a) Poren des Oberflächenproteins (*HPI layer*) von Deinococcus radiodurans wechseln reversibel zwischen offenen und geschlossenen Konformationen. (b) Ligandeninduziertes Schließen der Kommunikationskanäle (CX26) der Rattenleberzelle. (c) Variation des pH-Werts von 7 (links) auf 3 (rechts) lässt die extrazelluläre Domäne des Proteins OMPF kollabieren und führt zum Schließen des transmembralen Kanals.

Das diskutierte Membranmodell erlaubt es sogar, Details des Verhaltens von Membranensemblen und des Phasendiagramms, wie rudimentär in Kap. 8 diskutiert, zu verstehen. Betrachten wir beispielsweise eine binäre Mischung aus Wasser und einem Tensid. Wir nehmen an, dass das Tensid Strukturen bildet, deren Form und Fluktuationen nur durch die Krümmungsenergie determiniert werden [9.28]. Gehen wir entsprechend der Paradigmen der statistischen Mechanik vor, so ist die Zustandssumme

$$Z = \sum_{\text{Topol.}} \int d\mathbf{r} \exp\left(\frac{H(\mathbf{r})}{k_B T}\right) \tag{9.26}$$

zu berechnen. Die Integration erstreckt sich über alle Membrangeometrien mit Parametrisierung $\mathbf{r}(\mathbf{x}_1, \mathbf{x}_2)$ der Oberfläche für eine jeweils vorgegebene Topologie. $\mathbf{x}_1, \mathbf{x}_2$ ist ein Koordinatensystem wie zu Beginn des Abschnitts diskutiert. Allerdings sind nur Parametrisierungen zu betrachten, die zu wirklich unterschiedlichen zweidimensionalen Formen im dreidimensionalen Raum und damit zu unterschiedlichen Phasen führen. Das durch Gl. (9.26) formulierte Problem ist zu komplex, um eine universelle Lösung abzuleiten. Vielmehr müssen wir rational motivierte Simplifikationen definieren. Lassen wir also zunächst einmal mögliche Fluktuationen außer Acht. Wir gehen von der zuvor diskutierten Krümmungsenergie der Membran aus:

$$E = \int dO \sqrt{\det \underline{\underline{g}}} \left[y + 2K \left(\frac{1}{r_1} + \frac{1}{r_2} - \frac{1}{r_0} \right)^2 + \frac{\overline{K}}{r_1 r_2} \right] . \tag{9.27a}$$

Dies lässt sich schreiben als

$$E = \int \frac{dO}{2} \left[K_+ \left(\frac{1}{r_1} + \frac{1}{r_2} \right)^2 + K_- \left(\frac{1}{r_1} - \frac{1}{r_2} \right)^2 \right] . \tag{9.27b}$$

Dabei ist $K_+ = K + \overline{K}/2$ und $K_- = K - \overline{K}/2$. Hieraus resultiert für lamellare Phasen das Stabilitätskriterium $-2K < \overline{K} < 0$. Instabilitäten resultieren für $K_+ \to 0$ oder $K_- \to 0$. Im ersten Fall kostet es keine Energie, $1/r_1 + 1/r_2$ zu maximieren, solange $|1/r_1 - 1/r_2|$ klein bleibt. Es kostet also keine Energie, amphiphile Doppellagenvesikel mit $1/r_1 \approx 1/r_2 = 1/r$ zu bilden. Im zweiten Fall, für $K_- \to 0$, kostet es keine Energie, wenn $|1/r_1 - 1/r_2|$ anwächst, solange $1/r_1 + 1/r_2$ hinreichend klein ist. Damit können sich *Minimalflächen* mit $1/r_1 \approx 1/r_2$ formen [9.37].

Aus den bisherigen Betrachtungen ergibt sich ein charakteristisches Skalenverhalten. Betrachten wir einen Membranausschnitt mit der lokalen Krümmung $1/r$ und der Krümmungsenergie E und skalieren bei gegebener Geometrie um den Faktor α, so erhalten wir $1/r \to 1/(\alpha r)$. Damit ergibt sich aber $E \to E$. Die Krümmungsenergie ist also invariant unter dieser Skalentransformation. Die Krümmungsenergiedichte hängt damit vom Oberflächen-Volumen-Verhältnis ab, welches proportional zur Tensidkonzentration ist. Allein auf Basis dieser Betrachtung können Übergänge zwischen verschiedenen Mesophasen bei variierender Tensidkonzentration nicht verstanden werden. Dazu sind vielmehr entropische Betrachtungen nötig.

Fluktuationen oder Undulationen haben einen signifikanten Einfluss auf das Phasendiagramm von Membranensemblen, was eine detailliertere Behandlung mit Methoden der statistischen Mechanik nahelegt. Für weitestgehend planare Membranen ist, wie diskutiert, die elastische Energie gegeben durch

$$E(h) = \frac{1}{2} \int dO \left[K(\triangle h)^2 + y(\nabla h)^2 + U h^2 \right] . \tag{9.28}$$

Hier bezeichnet y die Grenzflächenenergie und U ein beliebiges Potential. Mit

$$h(\mathbf{r}) = \int d^2 q \, \tilde{h}(\mathbf{q}) \exp(i\mathbf{q} \cdot \mathbf{r}) \tag{9.29}$$

und $\mathbf{q} = 2\pi(1/\lambda_x, 1/\lambda_y)$ entkoppeln die einzelnen Undulationsmoden:

$$E(\mathbf{q}) = \frac{1}{2}\int d^2q\, \tilde{h}(\mathbf{q})\tilde{h}(-\mathbf{q})\left[Kq^4 + yq^2 + U\right] . \tag{9.30}$$

Das Äquipartitionstheorem liefert

$$k_BT \sim \left(Kq^4 + yq^2 + U\right)\left\langle |\tilde{h}(q)|^2\right\rangle . \tag{9.31}$$

Hieraus ergibt sich das Fluktuationsspektrum

$$\left\langle |\tilde{h}(q)|^2\right\rangle \sim \frac{k_BT}{Kq^4 + yq^2 + U} . \tag{9.32}$$

Integration über alle Undulationsmoden liefert das Fluktuationspektrum eines Orts auf der Membranoberfläche:

$$\langle |h(\mathbf{r})|\rangle = \frac{1}{2\pi}\int d^2q \left\langle |\tilde{h}(q)|\right\rangle \approx \frac{1}{4}\sqrt{\frac{k_BT}{\pi^3K}}R . \tag{9.33}$$

Je größer die Membran ist, desto mehr Undulationsmoden mit großer Wellenlänge und großer Amplitude tragen zu den Fluktuationen bei, was intuitiv unmittelbar verständlich ist.

Für die Undulation der Membran ist, wie beispielsweise für die Brownsche Molekularbewegung eines Kolloidpartikels, das *Fluktuations-Dissipations-Theorem* maßgeblich [9.38]. Danach erhält man für eine Undulationsmode $\tilde{h}(q)$ mit $q = 2\pi/\lambda$

$$\frac{d\tilde{h}(q)}{dt} = -\tilde{\Omega}(q)\left[Kq^4\tilde{h}(q) + f(t)\right] . \tag{9.34}$$

$\underline{\underline{\tilde{\Omega}}}(\mathbf{q})$ ist hier der Oseen-Tensor, der die hydrodynamische Wechselwirkung der Membran mit dem Immersionsmedium beschreibt. $f(t)$ ist eine unbekannte stochastische Kraft mit konstanter spektraler Dichte: $\langle f(t)\rangle = 0$. Für eine planare Membran erhalten wir $\tilde{\Omega}(q) = 1/(4\eta q)$. Mit $\tau = Kq^3/(4\eta)$ und $\langle f(t)f(t')\rangle = 0$ für $|t - t'| \gg \tau$ folgt

$$\tilde{h}_q(t) = \exp\left(-\tilde{\Omega}(q)Kq^4t\right)\left[\tilde{h}_0 + \tilde{\Omega}(q)\int_0^t dt' \exp\left(\tilde{\Omega}(q)Kq^4t'\right)f(t')\right] . \tag{9.35}$$

Die mittlere quadratische Fluktuationsamplitude ergibt sich entsprechend zu

$$\begin{aligned}\left\langle |\tilde{h}_q(t)|^2\right\rangle &= \exp(-2\omega_q t)\Bigg[\left|\tilde{h}_q(0)\right|^2 \\ &\quad + \tilde{\Omega}^2(q)\int_0^t dt' \int_0^t dt'' \exp\left(\omega_q[t' + t'']\right)\langle f(t')f(t'')\rangle\Bigg] ,\end{aligned} \tag{9.36}$$

mit $\omega_q = \tilde{\Omega}(q)Kq^4$. Für $t \to \infty$ ist das Vesikel im thermodynamischen Gleichgewicht und das Äquipartitionstheorem muss gelten. Die rücktreibende Kraft der fluktuierenden Membran ist gegeben durch

$$\frac{Kq^2}{\tilde{\Omega}(q)} = \frac{1}{k_B T} \int_{-\infty}^{\infty} dt \left\langle f(0)f(t) \right\rangle \; . \tag{9.37}$$

Die klassische Variante des Fluktuations-Dissipations-Theorems basiert auf Argumenten der Gleichgewichtsthermodynamik. Nichtgleichgewichtssysteme verletzen diese klassische Variante. Neuere generalisierte Varianten des Fluktuations-Dissipations-Theorems erstrecken ihre Gültigkeit auch auf *Markov-Systeme* [9.39] und sind damit geeignet zur Anwendung auf Nichtgleichgewichtssysteme, wie *molekulare Motoren* oder Polymere mit Rouse-Dynamik, wie in Abschn. 7.1 diskutiert.

Die Fluktuationen einer Lokation auf der Membran lassen sich zweckmäßigerweise durch ein Leistungsspektrum charakterisieren. Aus Gl. (9.34) ergibt sich die Autokorrelationsfunktion

$$\left\langle \tilde{h}_q(t)\tilde{h}_{q'}(0) \right\rangle = 2\pi\delta(\mathbf{q} + \mathbf{q}') \left\langle \tilde{h}_q \tilde{h}_{q'} \right\rangle \exp\left(- \omega(q)t \right) \; . \tag{9.38}$$

Fourier-Transformation in den Frequenzraum ergibt

$$\begin{aligned} P(\omega) &= \frac{1}{(2\pi)^2} \int d^2q \int_{-\infty}^{\infty} dt \left\langle \tilde{h}_q(t)\tilde{h}_{-q}(0) \right\rangle \exp(-i\omega t) \\ &= \frac{1}{\pi} \int dq\, q \left\langle \tilde{h}_q \tilde{h}_{-q} \right\rangle \frac{\omega(q)}{\omega^2(q) + \omega^2} \\ &= \frac{k_B T}{4\pi\eta} \int dq \frac{1}{(Kq^2)^3 + \omega^2} \; . \end{aligned} \tag{9.39}$$

Daraus resultiert schließlich

$$P(\omega) \sim \frac{k_B T}{\sqrt[3]{K\eta^2\omega^5}} \; . \tag{9.40}$$

Entsprechende Fluktuationsspektren wurden unter anderem für die Membran von roten Blutzellen gemessen [9.40].

Kurzreichweitige thermische Fluktuationen führen zu einer modifizierten effektiven Biegesteifigkeit K_{eff}. Fluktuierende Membranen weisen auf einer Längenskala $\gg \lambda$ eine erhöhte Biegesteifigkeit auf, während für fluide Membranen $K > K_{\text{eff}}$ resultiert. Bei Diskussion des Phasenverhaltens ist nunmehr K_{eff} anstelle von K zu berücksichtigen, was durchaus zu einem modifizierten Phasendiagramm führen kann [9.41].

Ein biologisch höchst relevantes Membranensemble sind Membrandoppellagen, etwa Lipiddoppellagen. Undulationsmoden sorgen dafür, dass die benachbarten Membranen anders miteinander wechselwirken, als im idealisierten statischen Fall. Die Membranen weisen ein durch Fluktuationen vergrößertes ausgeschlossenes Volumen auf. Nähern wir uns zunächst der Situation, indem wir annehmen, dass die

Summe der mittleren Fluktuationsamplitudenquadrate gleich dem Quadrat des Abstands zwischen den Membranen ist:

$$\langle h_1^2(x_1, x_2)\rangle + \langle h_2^2(x_1, x_2)\rangle = 2\varepsilon \left(\frac{d}{2}\right)^2 . \tag{9.41}$$

$\varepsilon < 1$ ist in der Größenordnung von Eins. Mit Gl. (9.36) folgt für $y = 0$

$$\frac{k_B T}{(2\pi)^2} \int d^2q \left(\frac{1}{K_1 q^4 + U_1} + \frac{1}{K_2 q^4 + U_2}\right) = \frac{\varepsilon}{2} d^2 . \tag{9.42a}$$

Mit $U = Q/K$ folgt für identische Membranen

$$\frac{k_B T}{(2\pi)^2 K} \int d^2q \frac{1}{q + Q} = \frac{\varepsilon}{2} d^2 . \tag{9.42b}$$

Hieraus ergibt sich für das begrenzende Potential U das Skalenverhalten $Q \sim 1/d$:

$$Q = \sqrt{\frac{k_B T}{2K\varepsilon}} \frac{1}{d} . \tag{9.43}$$

Die Skalierungsanalyse liefert entsprechend für die spezifische freie Grenzflächenenergiedifferenz $F \sim 1/d^2$:

$$\begin{aligned} \frac{F}{O} &= -\frac{k_B T}{O} \left[\ln \prod_q \exp\left(-\frac{E_q}{k_B T}\right) - \ln \prod_q \exp\left(-\frac{E_q^{(b)}}{k_B T}\right)\right] \\ &= k_B T \int d^2q \ln \frac{q^4 + Q^4}{q^4} = \frac{\pi}{2} k_B T Q^2 = \frac{\pi^2}{4\varepsilon K}\left(\frac{k_B T}{d}\right)^2 . \end{aligned} \tag{9.44}$$

$E_q^{(b)}$ quantifiziert hier die Modenenergie für die amplitudenmäßig nach Gl. (9.41) begrenzte Membran. Für den *Fluktuationsdruck* erhält man $p \sim 1/d^3$:

$$p = -\frac{1}{O}\frac{\partial F}{\partial d} = \frac{\pi^2}{2\varepsilon}\frac{(k_B T)^2}{K d^3} . \tag{9.45}$$

In der nächst realistischeren Annäherung an das Problem zweier identischer wechselwirkender Membranen nehmen wir an, dass beide Membranen gemäß Gl. (9.41) eine Amplitudenbegrenzung erfahren. Wenn wir zudem eine fluktuationsabhängige Biegesteifigkeit $K = y/q$ annehmen, so erhalten wir statt Gl. (6.282a)

$$\frac{k_B T}{(2\pi)^2 y} \int \frac{d^2q}{q^3 + Q^3} = \frac{\varepsilon}{4} d^2 . \tag{9.46}$$

Damit folgt

$$Q = \frac{4 k_B T}{3\sqrt{3}\, \varepsilon y d^2} , \tag{9.47a}$$

$$\frac{F}{O} = \frac{32\pi^2 (k_B T)^2}{27\sqrt{3}\, \varepsilon^2 y^2 d^4} \tag{9.47b}$$

und

$$p = \frac{128\pi^2(k_B T)^2}{27\sqrt{3}\,\varepsilon^2 y^2 d^5}\,. \tag{9.47c}$$

In einer maximal realistischen Annäherung an die Beschreibung zweier wechselwirkender Membranen einer Doppelmembranstruktur, in der die starke Abhängigkeit der Fluktuationsamplituden von der Wellenlänge adäquate Berücksichtigung findet, muss die elastische Gesamtenergie des Systems adäquat, wenn auch empirisch, angesetzt werden. Dabei müssen neben der Fluktuationsenergie der Einzelmembranen ihre spezifische Interaktion sowie ein homogener Fluktuationsdruck als Lagrange-Parameter berücksichtigt werden [9.42]. Daraus ergeben sich dann maximal realistische Werte für $\langle|\tilde{h}(\mathbf{q})|^2\rangle$ sowie Q, F/O und p.

Im Hinblick auf unsere entwickelten Modelle ist am intensivsten die Membran der roten Blutzelle untersucht worden [9.43]. Diese besteht aus einer Lipiddoppellage und einem zweidimensionalen Spektrinzytoskelett. In dem gebräuchlichen simplifizierten Modell wird die komplexe Struktur aus Lipiddoppellage und Zytoskelett durch eine fluide Membran (Lipiddoppellage) und eine starre polymerisierte Membran (Zytoskelett) angenähert. Beide Membranen wechselwirken nur über das ausgeschlossene Volumen. Diskrete Wechselwirkungen werden im Rahmen der Kontinuumstheorie durch einen homogenen Fluktuationsdruck beschrieben [9.41]. Experimentell findet man für den Abstand zwischen Lipiddoppellage und Zytoskelett $d \approx 30$ nm [9.43]. Fluktuationen sind in derselben Größenordnung, womit es sich um ein typisches Problem der Nanostrukturphysik handelt.

9.3 Vesikel

Vesikel sind, wie wir bereits in Abschn. 9.1 gesehen haben, als Zellkompartimente in biologischen Systemen von Bedeutung. Sie besitzen aber auch als artifizielle Entitäten in der Nanobiotechnologie, wie in Kap. 31 ausgeführt, eine beachtliche Anwendungsrelevanz. Wir wollen im Folgenden die Eigenschaften fluider Vesikel aus übergeordneter, verallgemeinernder Sicht ohne spezifischen funktionellen Bezug diskutieren. Dabei besteht aber ein durchaus enger Eigenschaftsbezug zu den in Kap. 8. diskutierten Membranen sowie, im Sinne vereinfachender Modellsysteme, auch zur im folgenden Abschnitt diskutierten Zellmechanik.

Aus begrifflicher Sicht ist im vorliegenden Kontext zu bemerken, dass mit *Liposom* (lipos, soma – Fett, Körper) in der Regel im technischen Kontext 50 bis 1000 nm große sphärische Vesikel (vesicula – Bläschen) bezeichnet werden. Liposomen bilden sich spontan aus *amphiphilen Lipiden*, wie beispielsweise *Phosphatidylcholin* (*Lecithin*), im wässrigen Medium. In Abb. 4.11(b) wurde die typische liposomale Struktur bereits gezeigt.

Vesikel bestehen grundsätzlich aus geschlossenen Lipiddoppellagen mit dipolarer oder geladener hydrophiler Kopfgruppe und zwei hydrophoben Kohlenwasserstoffschwanzgruppen. Vesikel können eine einzelne Lipiddoppellage aufweisen oder auch mehrere konzentrische. Biogene und auch artifizielle Vesikel weisen eine mannigfaltige Formenvielfalt auf, wie Abb. 9.13 zeigt. Übergänge zwischen unterschiedlichen Vesikelgeometrien werden beispielsweise durch Temperaturänderungen oder Änderungen der osmotischen Bedingungen induziert [9.44]. Die jeweilige Form eines Vesikels sollte sich als Konfiguration minimaler Membranenergie determinieren lassen. Im vorangegangenen Abschnitt hatten wir diskutiert, dass die lokale Flächenenergiedichte gegeben ist durch $dE/dO = K/2(1/r_1 + 1/r_2) + \overline{K}/(r_1 r_2)$. K ist die gewöhnliche und $\overline{K}$ die Gaußsche Biegesteifigkeit der Membran, deren lokale Krümmung durch r_1 und r_2 beschrieben wird. Für Phospholipidmembranen ist ein typischer Wert durch $K \approx 10^{-19}$ J gegeben, was etwa dem Vierzigfachen der thermischen Energie bei Raumtemperatur entspricht.

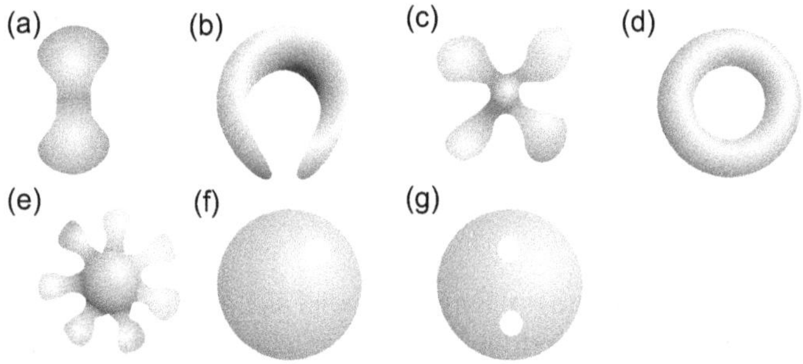

Abb. 9.13. Typische Vesikelformen.

Würde sich die Topologie der Vesikel ändern, so wäre dies zwangsläufig temporär mit exponierten freien Kanten verbunden, deren Energie außerordentlich groß wäre. Daher können wir in der Regel von einer gegebenen Topologie ausgehen. Nach dem bereits zitierten Gauß-Bonnet-Theorem hängt das Oberflächenintegral über den Gaußschen Term der Flächenenergiedichte der Membran nur von der Topologie ab, ist also als konstant zu betrachten. Daher können wir für Vesikel

$$E_K = \frac{K}{2} \oint dO \left(\frac{1}{r_1} + \frac{1}{r_2} \right)^2 \tag{9.48}$$

ansetzen. Da die Vesikelmembran eine geringe Kompressibilität und keinen molekularen Austausch mit dem Immersionsmedium aufweist, kann die Oberfläche O ebenfalls als konstant betrachtet werden. Da andererseits die Membran permeabel für das Immersionsmedium ist, wird sich das Volumen eines Vesikels immer so adjustieren, dass kein Gradient des osmotischen Drucks über die Membran besteht.

Unter Verwendung der Lagrange-Multiplikatoren Λ und λ erhalten wir für die freie Energie des Vesikels $F = E_K + \Lambda O + \lambda V$. Die Vesikelform ergibt sich dann aus der Lösung der Euler-Lagrange-Gleichung $\delta F = 0$ bei geeigneter Parametrisierung der Form unter Nutzung von Symmetrien [9.45]. Die resultierenden stationären Vesikelformen entsprechen lokalen Energieminima und Sattelpunkten im Zustandsraum und hängen vom reduzierten Volumen $v = 3/(4\pi)V/\sqrt{(O/4\pi)^3}$ ab. In Abhängigkeit von diesem Parameter lassen sich einige der in Abb. 9.13 dargestellten Geometrien als lokale Minima von F im Zustandsraum identifizieren [9.46]: Die prolate Form aus Abb. 9.13(a) erhält man für $v \gtrsim 0,65$, eine entsprechende oblate für $0,65 \gtrsim v \gtrsim 0,59$. Für $v \lesssim 0,59$ resultieren stomatozytenartige Formen, wie in Abb. 9.13(b).

Weitere Vesikelformen lassen sich verstehen, wenn berücksichtigt wird, dass die Membran in einer Doppelschicht besteht. Beide Schichten wechselwirken zwar entropisch miteinander, der Austausch von amphiphilen Molekülen ist aber auf relevanten Zeitskalen unterbunden. Quantifiziert o die Gleichgewichtsfläche, die von einem Molekül beansprucht wird, so ist die Gleichgewichtsflächendifferenz zwischen äußerer und innerer Schicht gegeben durch $\Delta O_0 = (n_a - n_i)o$, wobei n_a und n_i die Anzahl der Moleküle in der jeweiligen Schicht beschreiben. Die tatsächliche Flächendifferenz ist dann durch

$$\Delta O = d \oint dO \left(\frac{1}{r_1} + \frac{1}{r_2} \right) . \tag{9.49}$$

d ist hier der Abstand der Membranschichten. Empirisch zeigt sich [9.47], dass dieses harte Kriterium besser zu ersetzen ist durch einen „Flächendifferenzelastizitätsbeitrag“ in der elastischen Energie des Vesikels nach Gl. (9.8):

$$E = E_K + \frac{\alpha \pi K}{2d^2 O}(\Delta O - \Delta O_0)^2 . \tag{9.50}$$

Minimierung der sich hieraus ergebenden freien Gesamtenergie liefert eine Fülle zusätzlicher Vesikelformen [9.48], die sich in einem zweidimensionalen Phasendiagramm verorten lassen. Neben dem reduzierten Volumen v ist hier die zweite Zustandsgröße eine skalierbare charakteristische Zahl von Lipidmolekülen des Vesikels: $n_0 = \Delta O_0/(2dR)$. R ist hier die Vesikelgröße. Die in Abb. 9.13 schematisch dargestellten Formen lassen sich so erklären. Bei Abb. 9.13(a) bis (d) haben wir von einer sphärischen Topologie mit $g = 0$ auszugehen, die bei allen Phasenübergängen erhalten bleibt. Für Formen höheren Geschlechts g[14] wurden ebenfalls Phasendiagramme berechnet [9.49]. Für $g \geq 2$ resultiert *konforme Diffusion*: Da E_K nach Gl. (9.8) invariant unter konformen Transformationen innerhalb des dreidimensionalen

14 Das Geschlecht als topologische Invariante hängt direkt mit der Euler-Charakteristik zusammen: $\chi = 2(1 - g)$. g bezeichnet im vorliegenden Kontext die Anzahl der Löcher der Membran. Für Vesikel wie in Abb. 9.13(d) oder (f) erhalten wir $g = 1$ und für solche gemäß Abb. 9.13(g) $g = 2$.

Raums ist, kommt es zu einer kontinuierlichen Entartung der Form minimaler Energie bei gegebenem v und n_0. Dies wurde auch experimentell verifiziert.

Sowohl für die Analyse von Vesikeln als auch aus Sicht vieler nanobiotechnologischer Anwendungen sind Details der Adsorption von Vesikeln an Oberflächen relevant [9.50]. Abb. 9.14 zeigt eine AFM-Aufnahme von Vesikeln auf einem Festkörpersubstrat. Aus makroskopischer Sicht ist im Falle der Adhäsion zusätzlich zur elastischen Energie aus Gl. (9.48) die Adhäsionsenergie $E_a = -wO^*$ zu berücksichtigen. w ist die Flächenenergiedichte oder das Adhäsionskontaktpotential und O^* die effektive Grenzfläche. Der in Abschn. 6.2 eingeführte Kontaktwinkel ist notwendigerweise $\Theta = \pi$, da jeder Knick eine unendliche elastische Energie zur Folge hätte. Dies impliziert $1/r_2^* = 0$ entlang der Kontaktlinie zwischen Vesikel und Substrat. Aus der Minimierung der freien Energie folgt ferner [9.52] $1/r_1^* = \sqrt{2w/K}$. Das reduzierte Adhäsionspotential $v = wR^2/K$ mit $R = \sqrt{O/4\pi^2}$ determiniert nun, ob die Wechselwirkung mit dem Substrat in ein Regime schwacher oder starker Adhäsion fällt. Für schwache Adhäsion mit $v \approx 1$ muss v oberhalb eines kritischen Werts liegen, um zu gewährleisten, dass der durch Adhäsion bedingte Energiegewinn den Aufwand an Krümmungsenergie übersteigt. Sonst findet keine Adhäsion statt. Im Fall starker Adhäsion $v \gg 1$ ist E_K irrelevant und die Vesikelgeometrie wird nur durch Maximierung von O^* für gegebene Werte von O und V bestimmt. Das adsorbierte Vesikel besteht also in einer sphärischen Kappe und einem effektiven Kontaktwinkel $\Theta^*(v)$, ähnlich wie wir es bereits in Abb. 6.2 dargestellt hatten. Für $v = 1$ resultiert $\Theta^* = \pi$ für ein ideal kugelförmiges Vesikel und für $v = 0$ eine Pfannkuchenform mit $\Theta^* = 0$. Formell erfüllt Θ^* die bereits in Gl. (6.3) aufgeführte *Young-Gleichung* $w = \gamma^*(1 + \cos\Theta^*)$. Dabei ist γ^* eine von v und w unabhängige „Grenzflächenenergie“ [9.52].

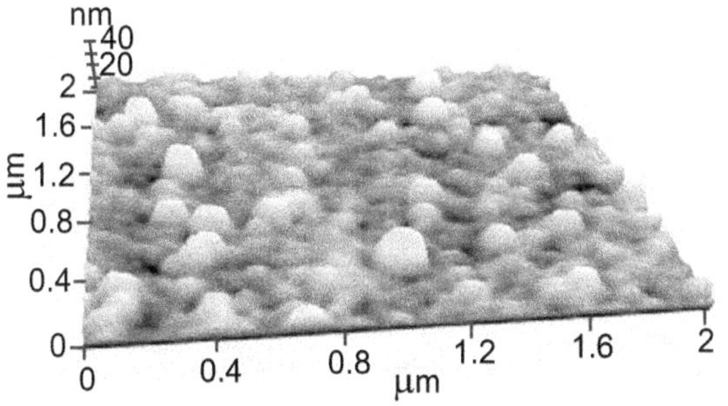

Abb. 9.14. Flüssigkeits-AFM-Aufnahme von Phospholipidvesikeln auf einem TiO_2-Substrat, aufgenommen im kontaktlosen Modus [9.51].

Eine detaillierte Diskussion der Vesikeladsorption erfordert definitiv eine mesoskopische Sichtweise, die auch den in Abschn. 9.2 diskutierten Membranfluktuationen Rechnung trägt. Auch muss einer Vielzahl unterschiedlicher Membran-Substrat-Wechselwirkungen, die sich in van der Waals-, elektrostatischen, Hydratations- und sterischen Kräften äußern, Rechnung getragen werden [9.53]. Attraktive und repulsive Kräfte gemeinsam lassen sich durch ein Potential $v(d)$ mit mehr oder weniger kompliziertem abstandsabhängigem Verlauf charakterisieren. Wie wir im vorangegangenen Abschnitt gesehen haben, beschränkt ein starres Substrat das Fluktuationsspektrum der Membran. Dies manifestiert sich in einem Fluktuationspotential v_F [9.54].

Betrachten wir eine Membran, welche durch ein lineares Potential εd in Richtung auf das Substrat bei $d = 0$ gedrückt wird. Die Gesamtenergie der Membran ist dann, wie in Abschn. 9.2 diskutiert,

$$E = \oint dO \left[\frac{K}{2} (\triangle d)^2 + \frac{y^*}{2} (\nabla d)^2 + \varepsilon d + v_F(d) \right] . \tag{9.51}$$

Wenn d_0 der Gleichgewichtsabstand mit $\varepsilon = -\partial v_F / \partial d(d_0)$ und $h(\mathbf{r}) = d(\mathbf{r}) - d_0$ ist, so folgt nach Fourier-Transformation

$$E = \frac{1}{8\pi^2} \int d^2 q \left(K q^4 + y^* q^2 + \frac{\partial^2 v_F}{\partial d^2} \left| \tilde{h}_q \right|^2 \right) . \tag{9.52}$$

Auf kleiner Längenskala mit $q \gg 1/\xi$ wird E durch den elastischen Anteil dominiert. Für $q \ll 1/\xi$ werden die Fluktuationen in relevanter Weise durch das sterische Potential modifiziert. Die Korrelationslänge ist dabei durch $K/\xi^4 + y^*/\xi^2 = \partial^2 v_F / \partial d^2$ gegeben.

Nimmt man an, dass ξ die einzig relevante Längenskala ist, so liefert die Dimensionsanalyse $v_f(d) = \alpha k_B T / \xi^2$ mit $\alpha \approx 1$. Damit folgt für das Fluktuationspotential

$$K \left(\frac{v_F(d)}{\alpha k_B T} \right)^2 + y^* \frac{v_F(d)}{\alpha k_B T} = \frac{\partial^2 v_F}{\partial d^2}(d) . \tag{9.53a}$$

Die Lösung liefert

$$v_F(y^*, d) = \frac{3 \alpha k_B T y^*}{2K} \frac{1}{\sinh^2(\sqrt{y^*/(k_B T)}\, l/2)} . \tag{9.53b}$$

Erwartungsgemäß divergiert $v_F(d)$ für $d \to 0$ und verschwindet für $d \to \infty$. Bei Abwesenheit elastischer Membranspannung, also für $y^* = 0$, resultiert aus Gl. (6.293b) das klassische *Helfrich-Potential.*

Wenn nun das Gesamtpotential der Vesikelmembran nahe dem Substrat gegeben ist durch $v_\Sigma(d) = v(d) + v_F(d)$, so beträgt die freie Energie des gebundenen Teils der Vesikelmembran

$$\begin{aligned} E &= \int dO \left[(\Delta d)^2 + v_\Sigma(d) + y^* \right] \approx \frac{1}{8\pi^2} \int d^2 q \Big[K q^4 + (y^* - w) q^2 \\ &\quad + \frac{\partial^2 v_\Sigma}{\partial d^2}(d = d_0) \left| \tilde{h}_q \right|^2 \Big] . \end{aligned} \tag{9.54}$$

Dabei haben wir die Entwicklung $h(\mathbf{r}) = d(\mathbf{r}) - d_0$ für kleine Fluktuationsamplituden genutzt. Es ergibt sich $dO \approx dx\, dy [1 + (\nabla h)^2]/2$ und $v(d) \approx -w + \partial^2 v / \partial d^2 (d = d_0)\, h^2/2$.

Im zweiten Ausdruck von Gl. (9.54) tritt an die Stelle der effektiven Grenzflächenspannung γ^* die modifizierte Grenzflächenspannung $\gamma^* - w = -w\cos\Theta^*/(1+\cos\Theta^*)$. Berücksichtigt man, dass $w = -v_\Sigma(d_0)$ gilt, so lässt sich nunmehr die Vesikeladsorption für jeden beliebigen Verlauf von $v(d)$ selbstkonsistent bestimmen. Das Fluktuationsspektrum ist nach dem Äquipartitionstheorem gegeben durch

$$\left\langle \left|\tilde{h}_q\right|^2 \right\rangle = \frac{k_B T}{Kq^4 + (\gamma^* - w)q^2 + \partial^2 v_\Sigma/\partial d^2(d = d_0)} \,. \tag{9.55}$$

Dynamische Effekte beinhalten insbesondere Formveränderungen von Vesikeln unter dem Einfluss externer Felder, etwa hervorgerufen durch hydrodynamischen Fluss oder auch durch eine optische Pinzette [9.44]. Bei der Analyse sind hierarchisch unterschiedliche Dissipationsmechanismen zu berücksichtigen [9.44], wobei für große Vesikel mit Mikrometerabmessungen die Viskosität des Immersionsmittels wesentlich ist. Ausgangspunkt unserer folgenden Betrachtungen sind die hydrodynamischen Formalismen aus Abschn. 6.3. Wir beginnen mit der Navier-Stokes-Gleichung (7.45) für inkompressible Flüssigkeiten. Die Scherviskosität liegt für wässrige Systeme in der Größenordnung von $\eta \approx 10^{-3}$ Js/m^3. Da die im Zusammenhang mit Gl. (7.4) definierte Reynolds-Zahl mit $R \approx 10^{-6}$ klein ist, können wir auch im vorliegenden Fall *Stokesschen Fluss* nach Gl. (6.17) voraussetzen. Im Allgemeinen ist die Lösung dieser inhomogenen partiellen Differentialgleichung die Lösung der homogenen, die $\mathbf{v}_{\text{ext}}$, den extern erzeugten Fluss, liefert, und superponiert eine spezielle Lösung der inhomogenen Gleichung:

$$\mathbf{v}_{\text{ind}}(\mathbf{r}) = \int d^3r' \,\underline{\underline{\Omega}}(\mathbf{r},\mathbf{r}')\mathbf{f}(\mathbf{r}') \,. \tag{9.56}$$

$\underline{\underline{\Omega}}$ ist der in Gl. (6.23b) eingeführte Oseen-Tensor, der gleichzeitig die Greensche Funktion von Gl. (6.17) ist:

$$\Omega_{ij}(\mathbf{r},\mathbf{r}') = \frac{1}{8\pi\eta|\mathbf{r}-\mathbf{r}'|}\left(\delta_{ij} + \frac{(r_i - r_i')(r_j - r_j')}{|\mathbf{r}-\mathbf{r}'|^2}\right) . \tag{9.57}$$

Man erkennt noch einmal den bereits in Abschn. 6.3 diskutierten Sachverhalt, dass die Hydrodynamik zu einer langreichweitigen Wirkung $\sim 1/|\mathbf{r}-\mathbf{r}'|$ einer Kraft $\mathbf{f}$ am Ort $\mathbf{r}'$ auf die Fließgeschwindigkeit $\mathbf{v}$ am Ort $\mathbf{r}$ führt. Die Gesamtgeschwindigkeit beinhaltet den externen und den induzierten Beitrag: $\mathbf{v} = \mathbf{v}_{\text{ext}} + \mathbf{v}_{\text{ind}}$. Dabei wird natürlich die Linearität der Navier-Stokes-Gleichung in Form von Gl. (6.17) vorausgesetzt.

Die Kraftdichte in Gl. (9.56) wird sowohl durch Randbedingungen an das System einschließende Oberflächen als auch durch von der Membran verursachte Kräfte generiert. Mit den Befunden aus dem vorhergehenden Abschnitt folgt

$$\mathbf{f}(\mathbf{r}') = -\oint dO\, \nabla_{\boldsymbol{\varrho}} E\, \delta(\mathbf{r}' - \boldsymbol{\varrho}) \,. \tag{9.58}$$

E ist hier die gesamte Membranenergie, beispielsweise nach Gl. (9.50), und $\boldsymbol{\varrho}$ adressiert einen Ort auf der Membranoberfläche.

Ferner gilt

$$\nabla_{\boldsymbol{\varrho}} E = \sqrt{\det \underline{\underline{g}}}\left\{ -y^{*}\left(\frac{1}{r_1}+\frac{1}{r_2}\right)+K\left[\left(\frac{1}{r_1}+\frac{1}{r_2}\right)\right.\right.$$
$$\left.\left.\left(\frac{1}{2}\left(\frac{1}{r_1}+\frac{1}{r_2}\right)^2-2K\right)+2\triangle\left(\frac{1}{r_1}+\frac{1}{r_2}\right)\right]\mathbf{e}_n - g_{ij}\boldsymbol{\varrho}_i\frac{\partial y^{*}}{\partial x_j}\right\}\,, \tag{9.59a}$$

mit dem *Laplace-Beltram-Operator*

$$\triangle \equiv \frac{1}{\sqrt{\det \underline{\underline{g}}}}\frac{\partial}{\partial x_i}\left(g_{ij}\sqrt{\det \underline{\underline{g}}}\,\frac{\partial}{\partial x_j}\right) = g_{ij}\frac{\partial^2}{\partial x_i \partial x_j}\,. \tag{9.59b}$$

Hier ist $\underline{\underline{g}}$ der metrische Membrantensor, wie in Abschn. 9.2 eingeführt, und $\mathbf{e}_n$ bezeichnet den Normalenvektor. Für eine gegebene Verteilung $\mathbf{f}(\mathbf{r}')$ kann nun über Gl. (9.56) und (6.297) $\mathbf{v}(\mathbf{r})$ überall in der Flüssigkeit berechnet werden und speziell auf der Membranoberfläche $\boldsymbol{\varrho} = \boldsymbol{\varrho}(t)$. Unter dem Einfluss der Stokesschen Flüssigkeitsdynamik wird die Membran deformiert, da sie undurchlässig ist für Wasser. Die Tangentialkomponenten des Flusses induzieren den Fluss von Lipiden innerhalb der fluiden Membran. Die dafür resultierende Bewegungsgleichung der Membran ergibt sich, wenn man annimmt, dass lokal der Membran- mit dem Tangentialfluss des Immersionsmediums übereinstimmt: $\partial\boldsymbol{\varrho}/\partial t = \mathbf{v}(\boldsymbol{\varrho})$. Bei dieser Formulierung wird sowohl der Membrandeformation unter Einfluss von Normalkomponenten des Flusses als auch dem Fluss innerhalb der Membran Rechnung getragen. Die Verteilung $y^{*}(\mathbf{r}, t)$ ergibt sich aus der Forderung, dass der Membranfluss lokaler Imkompressibilität gehorcht: $\partial\sqrt{\det \underline{\underline{g}}}/\partial t = 0$. Dies impliziert $g_{ij}\boldsymbol{\varrho}_i\partial^2\boldsymbol{\varrho}/(\partial x_j \partial t) = 0$. Damit kann dann die Vesikelform unter dem Einfluss der elastischen Membranenergie und hydrodynamischer Wechselwirkungen selbstkonstistent berechnet werden [9.55].

Für eine nahezu planare Membran können Membranfluktuationen auch unter Berücksichtigung hydrodynamischer Wechselwirkungen analytisch ermittelt werden, so wie wir es in Abschn. 9.2 in elementarer Weise diskutiert hatten. Benutzen wir für $\boldsymbol{\varrho}$ die Monge-Repräsentation $\boldsymbol{\varrho} = (x, y, h(x, y, t))$, so erhalten wir das Relaxationsverhalten [9.56]

$$h(x, y, t) = h(x, y, 0) = \exp\left(-\frac{Kq^3}{\eta}\right)\,. \tag{9.60a}$$

Die dynamischen Korrelationen sind gegeben durch

$$\left\langle \tilde{h}_q(t)\tilde{h}_q(0)\right\rangle = \left\langle \left|\tilde{h}_q\right|^2\right\rangle \exp\left(-\frac{Kq^3}{\eta}\right)\,. \tag{9.60b}$$

Ein in vielen Anwendungen wichtiger Spezialfall betrifft Vesikel unter dem Einfluss einer Scherströmung. Ein Scherfluss entlang einer bestimmten Achse, beispielsweise x, lässt sich zerlegen in eine das Vesikel elongierende Komponente, die um $\pi/4$

gegenüber dieser Achse verkippt ist, und in eine rotierende Komponente:

$$\mathbf{v}_{\mathrm{ext}}(\mathbf{r}) = \frac{\partial \gamma}{\partial t} y \mathbf{e}_x = \frac{\partial \gamma}{\partial t}\left(\frac{y}{2}\mathbf{e}_x + \frac{x}{2}\mathbf{e}_y\right) - \frac{1}{2}\frac{\partial \gamma}{\partial t}\mathbf{e}_z \times \mathbf{r} = \mathbf{v}_{el}(\mathbf{r}) + \mathbf{v}_{\mathrm{rot}}(\mathbf{r})\,. \tag{9.61}$$

Detailliertere Berechnungen zeigen, wie Vesikel entsprechend ausgerichtet und deformiert werden [9.57].

Will man auch nur halbwegs der Komplexität biologischer Systeme gerecht werden, so sind im Kontext einer Diskussion des Verhaltens von Vesikeln weitere Gesichtspunkte zu berücksichtigen. So kann die Membran mehrere unterschiedliche Lipide beinhalten, und es kann zu einer Kopplung von lokaler Krümmung und lokaler Lipidzusammensetzung kommen [9.58]. Formveränderungen können durch Licht oder eine variierende chemische Zusammensetzung induziert werden [9.59]. Auch tritt Verschmelzung von Vesikeln auf [9.60]. Schließlich muss berücksichtigt werden, dass biologische Systeme häufig *aktive Systeme* sind, bei denen biochemische Prozesse zur mechanischen Bewegung führen. Dies gilt in besonderer Weise auch für Membranen [9.61].

9.4 Zytoskelett und Zellmechanik

Das Zytoplasma einer Zelle besteht in einer Lösung von Proteinen, RNA, DNA und einfachen Ionen. Dies führt bei Suspension einer Zelle – beispielsweise eines isolierten Bakteriums – in Wasser zu einem osmotischen Druck $p = 2\gamma/r$. Für eine sphärische Bakterienzelle mit $r = 250\,\mathrm{nm}$ beträgt die Grenzflächenenergie typisch $\gamma = 0,1\,\mathrm{J/m^2}$, was die Belastbarkeit einer gewöhnlichen Lipiddoppelschicht, wie bisher im Zusammenhang mit Membranen diskutiert, bereits übersteigt. Deshalb besitzen Bakterien neben der Membran eine Hülle aus vernetzten *Peptidoglykanen*, aus Zuckern und Aminosäuren zusammengesetzten Makromolekülen, die eine Quervernetzung bilden können. Dazu ist ein Enzym als *Transpeptidase* erforderlich.

Auch eukaryotische Zellen sind in unterschiedlichen Kontexten großen mechanischen Belastungen ausgesetzt, denen einfache Vesikel gleicher Größe nicht standhalten würden. Dies ist der Fall bei der Zellteilung, beim Wandern von Zellen durch den Organismus oder bei den periodischen Kontraktionen von Herzzellen. Auch eukariotische Zellen besitzen ein aus Proteinen aufgebautes Netzwerk in ihrem Zytoplasma, welches zu einer komplexen Biomechanik der gesamten Zelle Anlass gibt. Bei diesem *Zytoskelett* handelt es sich nicht um ein starres Skelett, sondern vielmehr um ein dynamisches Geflecht von Strukturen, oder präziser um ein *aktives Gel*. Zytoskelettelemente erfüllen dabei nicht nur mechanische Funktionen, sondern sind auch für sensorische Funktionen, wie die Signalübertragung zwischen Zellen, unerlässlich.

Bei eukariotischen Zellen ist zwischen drei Klassen von Zytoskelettfilamenten zu unterscheiden, die jeweils durch unterschiedliche Proteinklassen gebildet werden, spezifische Begleitproteine besitzen und unterschiedliche Funktionen für das

Zytoskelett übernehmen. *Aktinfilamente, Intermediärfilamente* und *Mikrotubuli* sind an der mechanischen Stabilisierung der Zelle beteiligt. Oberflächendifferenzierungen werden durch Aktinfilamente und Mikrotubuli unterstützt. Auch alle Formen aktiver Bewegung erfolgen über diese beiden Filamenttypen, da sie über spezifische *Motorproteine* verfügen.

Mikrotubuli, wie in Abb. 7.4(a) dargestellt, sind Hohlzylinder mit einem Durchmesser von etwa 25 nm, die sich aus dem Protein *Tubulin* zusammensetzen. Mit den Motorproteinen *Dynein* und *Kinesin* sind sie intrazellulär für die Bewegung und Befestigung der Organellen im Zytosol sowie für längere Transportvorgänge zuständig. So werden beispielsweise im Fall der *Mytosespindel* die replizierten Chromosomen an die beiden Kernpole gezogen. Der Auf- und Abbau der Mikrotubuli, die sich vergleichsweise wenig an der mechanischen Stabilisierung der Zelle beteiligen, kann sehr dynamisch stattfinden und geht vom *Zentrosom* aus.

Aktinfilamente, wie in Abb. 7.4(b) dargestelt, sind aus *Aktin* bestehende Fasern mit etwa 7 nm Durchmesser. Vor allen unterhalb der Plasmamembran und in den Plasmaausbuchtungen, wie *Mikrovilli* und *Pseudopodien*, stabilisieren sie die Form der Zelle. Außerdem fixieren sie membranständige Proteine und werden in *Adhärenskontakten* gebildet. Der Auf- und Abbau erfolgt ebenfalls dynamisch. Die Motorproteine des Aktins definieren die Proteinklasse der *Myosine*. Auf der *Aktin-Myosin-Interaktion* basiert die Bewegung der Muskulatur, aber auch die Verspannung der Aktinfilamente und der Kurzstreckentransport beispielsweise von Vesikeln.

Intermediärfilamente sind ein Sammelbegriff für eine Reihe von Proteinfilamenten mit einem Durchmesser von 9 bis 11 nm. Sie sind die stabilsten Bestandteile des Zytoskeletts und können am besten Zugkräfte aufnehmen. Sie dienen in der Hauptsache der mechanischen Stabilisierung von Zellen.

Abbildung 9.15 zeigt in einer stark vereinfachenden Darstellung die relevanten Elemente der Zellbiomechanik. Die *Plasmamembran* schließt die gesamte eukaryotische Zelle ein, wobei innere Kompartimente ebenfalls von Membranen umschlossen sind. Das Zytoskelett stabilisiert die Plasmamembran und kann gleichzeitig aktiv Kräfte erzeugen. Diese Kräfte, hervorgerufen durch den Einfluss der Motorproteine auf das aktive Gel, werden an den Adhärenskontakten nach außen übertragen. Während der überwiegende Teil der Zelle mechanisch hochflexibel ist, ist der Nukleus nur begrenzt deformierbar.

Wie bereits erwähnt, besitzen prokaryotische Zellen ebenfalls ein Polymernetzwerk, das an das Zytoskelett der Eukarioten erinnert. Die zugrunde liegenden Polymere sind homolog zu denen der drei eukarytosischen Polymerklassen. Pflanzenzellen weisen hingegen nur Aktinfilamente und Mikrotubuli auf.

Einerseits lassen sich die Filamente des Zytoskeletts innerhalb gewisser Grenzen durch die in Abschn. 7.1 für Polymere diskutierten Größen charakterisieren. Dies ist beispielsweise die Biegesteifigkeit, die für die drei genannten Filamenttypen vergleichsweise groß ist. Die Konturlänge ist im Mikrometerbereich und die Persistenzlänge reicht von 1 μm für Intermediärfilamente über 15 μm für F-Aktin bis 1–6 mm

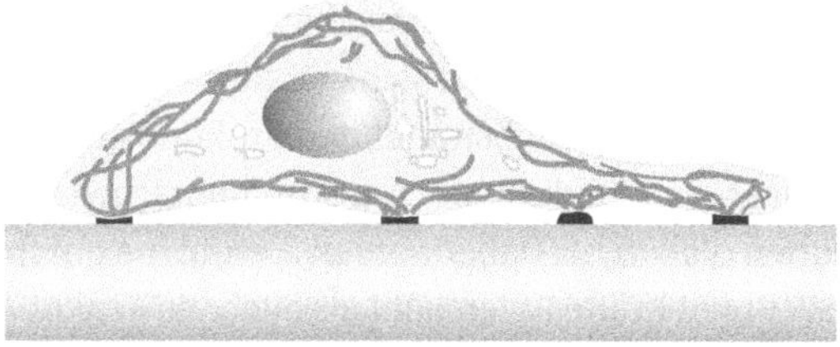

Abb. 9.15. Mechanisch relevante Bestandteile einer eukaryotischen Zelle mit Nukleus, inneren Kompartimenten, Zytoskelett und Adhärenspunkten.

für Mikrotubuli [9.62]. Andererseits differiert das Zytoskelett offenbar erheblich gegenüber einfachen Polymermaterialien, indem es fernab vom thermodynamischen Gleichgewicht durch aktive Prozesse modifiziert wird. Dabei wird chemische Energie in mechanische Arbeit umgesetzt. Dies geschieht durch Hydrolyse von *Adenosintriphosphat (ATP)* oder *Guanosintriphosphat (GTP,* $C_{10}H_{16}N_5O_{14}P_3$*)*. Die Strukturformel von ATP ($C_{10}H_{16}N_5O_{13}P_3$) ist in Abb. 9.16(a) dargestellt. Abbildung 9.16(b) zeigt das Kalottenmodell. Aktinfilamente und Mikrotubuli generieren Kräfte, indem sie an einem Ende schneller polymerisiert werden als am anderen, während ATP hydrolysiert wird. In einem weiteren dynamischen Prozess können *molekulare Motoren* Aktinfilament oder Mikrotubuli relativ zueinander bewegen. Die polymerisierenden und depolymerisierenden Aktinfilamente bewegen die Zellmembran in eine bestimmte Richtung und sind damit Grundlage der Zellmobilität [9.63].

Das Zytoskelett besitzt eine äußerst komplexe biochemische Zusammensetzung und reagiert auf eine Fülle biochemischer Signale. Dieses erhebliche Maß an Komplexität macht es erforderlich, Aussagen über die Zellmechanik anhand simplifizierter Minimalmodelle zu treffen. Dementsprechend rudimentär ist unser heutiges Wissen über das Zusammenwirken aller biochemischen Komponenten, die relevant für die Zelldynamik sind.

(a) (b)

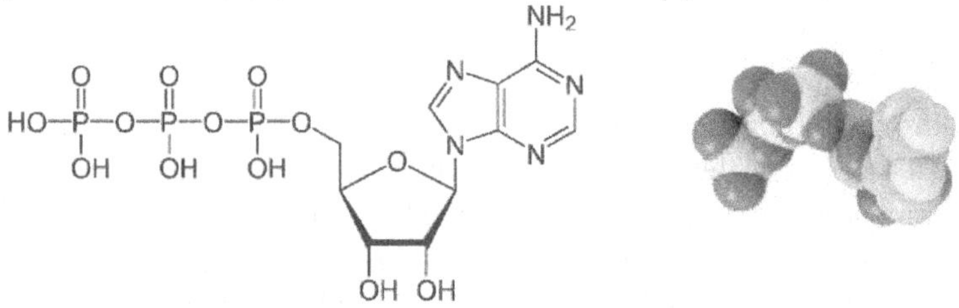

Abb. 9.16. (a) Strukturformel von ATP und (b) Kalottenmodell.

Sowohl theoretisch als auch experimentell wurde die Biomechanik von Zellen in den letzten Jahren intensiv erforscht. Die Zellmechanik lässt sich charakterisieren mit Mikropipetten, optischen Pinzetten, mit elastischen Substraten und Fraktionsmikroskopie sowie mittels AFM. Im Rahmen der Modellbildung werden kontinuumsmechanische wie auch mikroskopische Theorien diskutiert. Dabei werden sowohl die durch das Zytoskelett auf die Umgebung ausgeübten Kräfte untersucht als auch die Reaktionen der Zelle auf äußere Kräfte oder Stimuli. Insbesondere die Reaktion auf Stimuli ist vielfältig und komplex. So zeigt Abb. 9.17 eine Beeinflussung der Zelladhäsion durch ein mikrostrukturiertes Substrat. Ein vollständiges Verständnis der Generik des aktiven Transports bleibt auch heute die große wissenschaftliche Herausforderung.

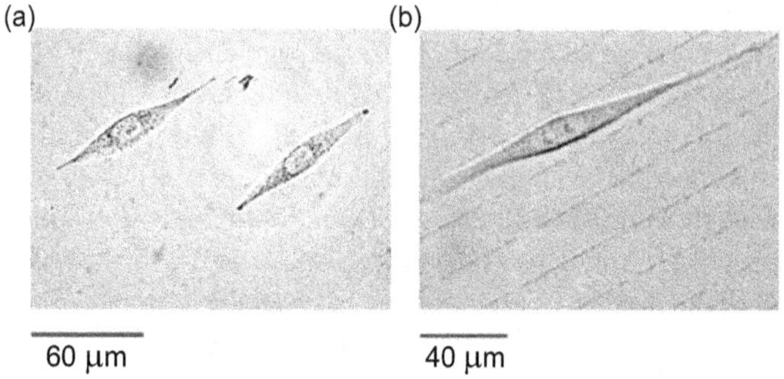

Abb. 9.17. Zelladhäsion auf mikrostrukturiertem Substrat [9.64]. Die MG63-Osteoblasten sind vollständig nur in 20 μm breiten Streifen lokalisiert, während der Rest des Substrats gemieden wird.

Zunächst wollen wir die Besonderheiten eines aktiven Gels am Beispiel des Aktinnetzwerks beleuchten. Wenngleich auch an allen biochemischen Prozessen der Zelle komplexe molekularbiologische Prozesse beteiligt sind, die sich in ihrer vollen Komplexität bis heute teilweise nur unvollständig verstehen lassen, so können dennoch viele Eigenschaften des Zytoskeletts auf der Basis abstrakter stochastischer Methoden verstanden werden. Im Kontext einer solchen Modellbildung sollte zunächst die Bildung und Auflösung einzelner Aktinfilamente als fundamentaler Bestandteil des dynamischen Zytoskeletts betrachtet werden.

Aktin ist ein Strukturpolymer, welches Bestandteil aller eukariotischen Zellen ist. Aktin dient, wie bereits erwähnt, der Stabilisierung der äußeren Zellform, dem intrazellulären Transport und ist zentraler Bestandteil des Kontraktionsapparats von Muskeln. Das Monomer wird als *G-Aktin* bezeichnet. Es polymerisiert dynamisch zu *F-Aktin*, dem Hauptbestandteil von Mikrofilamenten. G-Aktin bindet das Nukleotid ATP. Dieses Monomer kann sich mit weiteren Aktinmonomeren verbinden, wobei gleichzeitig das ATP zu ADP durch Abspaltung eines Phosphatrests hydrolysiert wird. Gemäß Abb. 9.18 entsteht so das F-Aktin. Das Filament besteht aus zwei Ketten polymerisierter G-Aktine, die helixartig umeinander gewunden sind.

Jedes Aktinfilament besitzt ein Plus- und ein Minusende. ATP bindet bevorzugt am Plusende und das Filament wächst daher an diesem Ende. Das ATP wird zu ADP und die Bindungsaffinität zu den benachbarten Aktinen wird dadurch reduziert. Am Minusende des Filaments läuft die Hydrolyse des ATP schneller ab als die Anlagerung eines neuen ATP-Aktins, so dass ADP dissoziiert und das Filament sukzessive verkürzt wird. Da ATP durch G-Aktin stärker als ADP gebunden wird, wird das Nukleotid damit durch die Aktinmonomere ausgetauscht, was den weiteren Einbau von G-Aktin am Plusende ermöglicht.

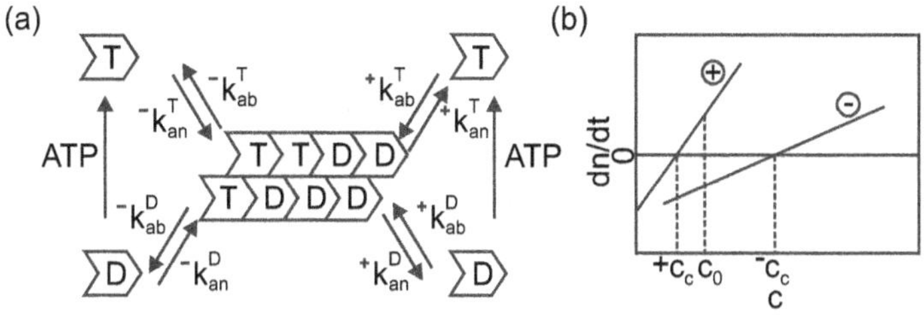

Abb. 9.18. (a) Polymerisation und Depolymerisation von Aktinfilamenten. (b) Polymerisation und Depolymerisation für beide Enden des Filaments.

Die stochastischen Prozesse, die zur Polymerisation und Depolymerisation der Aktinfilamente führen, lassen sich in Form von Ratengleichungen pauschalieren. Dabei sind gemäß Abb. 9.18(a) acht Raten zu berücksichtigen: $^+k^D_{an/ab}$ und $^+k^T_{an/ab}$ für das Plusende und vier entsprechende Raten für das Minusende. Für das Wachstum des Plusendes gilt dann $dn^+/dt = c^+k_{an} - {}^+k_{ab}$. c bezeichnet hier die Umgebungskonzentration an globulärem (G-)Aktin. Bis zu einer kritischen Konzentration c_c erfolgt keine Polymerisation und Depolymerisation; das betrachtete Filamentende bleibt unverändert. Bei c_c muss offensichtlich $dn/dt = 0$ gelten, so dass für die beiden Enden des Aktinfilaments $^+c_c = {}^+k_{ab}/{}^+k_{an}$ und $^-c_c = {}^-k_{ab}/{}^-k_{an}$ gilt. Abbildung 9.18(b) zeigt die unterschiedlichen Polarisations- und Depolarisationsraten beider Enden von Aktinfilamenten schematisch in Abhängigkeit von der G-Aktinkonzentration. Für $c < {}^+c_c$ schrumpfen die Filamente an beiden Enden. Für $^+c_c < c < {}^-c_c$ wächst das Filament am Plusende und schrumpft am Minusende. Für $c > {}^-c_c$ wächst das Filament an beiden Seiten. Speziell für $c = c_0$ mit $c_0 = ({}^+k_{ab} + {}^-k_{ab})/({}^+k_{an} + {}^-k_{an})$ wächst das Filament am Plusende mit derselben Rate, mit der es am Minusende schrumpft. Dieses als *Treadmilling* bezeichnete Phänomen führt dazu, dass das Filament sich bei konstanter Länge in Richtung des Plusendes bewegt, wobei Monomere permanent durch das Filament verschoben werden.

Für die Organisation des Zytoskeletts von Zellen, die beispielsweise zu dem spektakulären Zellverhalten aus Abb. 9.17 führt, sind Myriaden von *Helferproteinen* erforderlich, was den Prozessen die bereits erwähnte biochemische Komplexität verleiht. Aktinnetzwerke, und selbst schon die Aktinfilamente, besitzen Eigenschaften, die mit synthetischen Polymeren nicht erzielbar sind. Dennoch lassen sich, wie bereits erwähnt, Aktinnetzwerke grob mithilfe der Formalismen aus Abschn. 7.1 charakterisieren [9.65]. Die Dynamik von Aktinfilamenten lässt sich an Lösungen mittels rheologischer Verfahren analysieren. Die Mikrorheologie, beispielsweise unter Verwendung magnetischer Pinzetten, erlaubt die Bestimmung viskoelastischer Eigenschaften lebender Zellen, woraus wiederum auf das spezifische Verhalten des Zytoskeletts geschlossen werden kann [9.66].

Es wurde bereits erwähnt, dass Aktinfilamente auch für den intrazellulären Transport von Bedeutung sind. Dies ist aber beispielsweise auch für die Mikrotubuli, wie in Abb. 9.19 dargestellt, der Fall. *Motorproteine*, wie *Dynein* und *Kinesin*, wandern entlang von Protofilamenten entlang des Tubulus. In ähnlicher Weise bewegt sich *Myosin* entlang von Aktinfasern, was Grundlage der Muskelfunktion ist. Ribosomen, 20–25 nm große Partikel aus r-RNA und ribosomalen Proteinen, bewegen sich entlang von m-RNA-Strängen und translatieren den genetischen Code in Polymere hinein.

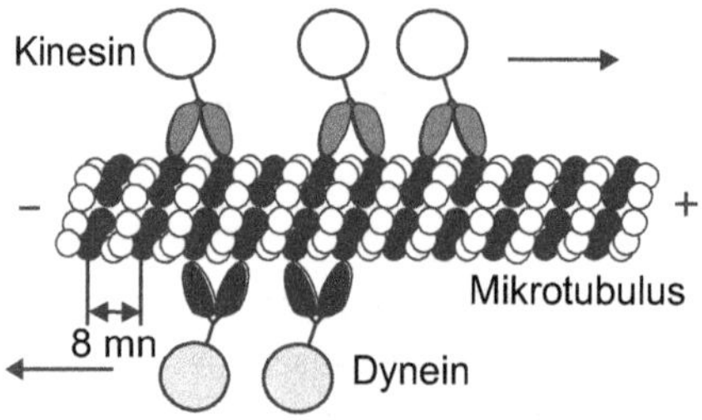

Abb. 9.19. Bewegung von Motorproteinen entlang von Mikrotubuli.

Für das kollektive Resultat eines entsprechenden intrazellulären Transportprozesses ist die statistische Mechanik einer Vielzahl von Motorproteinen entlang eines Pfads von besonderer Bedeutung [9.67]. Dabei befinden wir uns offenbar in einem thermodynamischen Ungleichgewichtszustand. In der Nichtgleichgewichtsmechanik ist der *vollständig asymmetrische einfache Ausschlussprozess (TASEP, Totally Asymmetric Exclusion Process)* zu einer gewissen Bedeutung gelangt. Diesen Prozess wollen wir im Folgenden zugrunde legen, um den Strom molekularer Maschinen, wie in Abb. 9.19 dargestellt, zu charakterisieren.

Der einfache Ausschlussprozess ist maßgeblich für eine Reihe von einfachen statistischen Modellen für den eindimensionalen Teilchentransport. Angenommen werden N Gitterplätze, wobei jeder einzelne Platz entweder besetzt oder unbesetzt ist. Die Dynamik der Teilchen wird durch die Raten y und δ determiniert, die angeben, mit welcher Wahrscheinlichkeit sich ein Teilchen nach links oder rechts bewegt. Für $y = \delta$ handelt es sich um einen symmetrischen Ausschlussprozess, für $y \neq \delta$ um einen asymmterischen. Für $y = 0$ und $\delta = 1$ handelt es sich um einen vollständig asymmetrischen Ausschlussprozess. Im vorliegenden Fall wollen wir zusätzlich zu TASEP noch offene Randbedingungen mit einer Partikeleintrittsrate α und einer Austrittsrate β annehmen. Diese Raten haben, im Gegensatz zu Gleichgewichtssystemen, einen kritischen Einfluss und können randbedingungsinduzierte Phasenübergänge verursachen [9.68]. Da die imaginären Gitterplätze $i = 0$ und $i = N + 1$ nicht mit einer Wahrscheinlichkeit von 0 oder 1 mit Teilchen besetzt sind, sondern mit einer aufrecht erhaltenen von α und $1 - \beta$, entsteht ein Teilchenstrom über das Gitter. Insbesondere die Teilchendichte- und Stromverteilungen sind von direkter biologischer Relevanz im vorliegenden Kontext. Da es sich bei TASEP um einen Markov-Prozess handelt, ist die Wahrscheinlichkeit, das System zum Zeitpunkt t in der Konfiguration K zu finden, gegeben durch

$$\frac{dp}{dt}(K,t) = \sum_{K' \neq K} \left[\omega_{K' \to K}\, p(K', T) - \omega_{K \to K'}\, p(K,t)\right] \tag{9.62}$$

$\omega_{K' \to K}$ ist die Übergangsrate aus der Konfiguration K' in die Konfiguration K. Aus dieser Mastergleichung lassen sich entsprechend der Standardstrategien der Quantenmechanik, die wir vielerorts in Kap. 3 beschrieben haben, die Dichteverteilungen $\langle n_i \rangle$ der Teilchen an den Gitterplätzen i berechnen:

$$\frac{d}{dt}\langle n_i \rangle = \big\langle n_{i-1}(1 - n_i)\big\rangle - \big\langle n_i(1 - n_{i+1})\big\rangle\,, \tag{9.63a}$$

für $2 \le i \le N - 1$ und

$$\frac{d}{dt}\langle n_1 \rangle = \alpha\big[1 - \langle n_1 \rangle\big] - \big\langle n_1(1 - n_2)\big\rangle \tag{9.63b}$$

sowie

$$\frac{d}{dt}\langle n_N \rangle = \big\langle n_{N-1}(1 - n_N)\big\rangle - \beta\langle n_N \rangle\,. \tag{9.63c}$$

Aus der Kontinuitätsgleichung für diskrete Teilchen, $dj_i/dr = j_i - j_{i-1}$ und $d\langle n_i \rangle/dt + dj_i/dr = 0$, erhält man den lokalen Teilchenstrom [9.69]

$$j_i = \langle n_i(1 - n_{i+1})\rangle\,. \tag{9.64}$$

Von Bedeutung sind insbesondere die stationären Zustände, die aus dem TASEP-Ansatz folgen. Im Rahmen einer vereinfachenden Effektivfeldtheorie vernachlässigen wir alle örtlichen Korrelationen $\langle n_i n_j \rangle$. Mit $\langle n_i \rangle \equiv \varrho_i$ und $d\varrho_i/dt = 0$ erhalten wir für die gemittelte Teilchendichte die Bewegungsgleichung

$$\varrho_{i-1}(1 - \varrho_i) - \varrho_i(1 - \varrho_{i+1}) = 0\,. \tag{9.65a}$$

Für den Teilchenstrom folgt

$$J_i = \varrho_i(1 - \varrho_{i+1})\,. \tag{9.65b}$$

Dieser nichtlineare Satz von Gleichungen spannt einen Raum nichttrivialer Lösungen auf. Eine fundamentale Eigenschaft ist die lokale Erhaltung des Stroms entlang des Pfads: $j_i = J_{i-1}$.

Es ist nun zweckmäßig, das TASEP-Modell in einen Kontinuumsansatz zu überführen. Wenn wir die Länge des Pfads mit N Gitterplätzen zu $L = 1$ renormieren und die infinitesimale Gitterkonstante mit $\varepsilon \equiv L/N = 1/N \ll 1$ bezeichnen, so ist die räumliche Koordinate durch $r = i/N$ mit $0 \leq r \leq 1$ gegeben. Die lokale Teilchendichte lässt sich jetzt in eine Taylor-Reihe entwickeln:

$$\varrho(r \pm \varepsilon) = \varrho(r) \pm \varepsilon \frac{\partial \varrho}{\partial r} + \frac{1}{2}\varepsilon^2 \frac{\partial^2 \varrho}{\partial r^2} + \dots \,. \tag{9.66}$$

Alternativ zu Gl. (6.305b) erhält man

$$(2\varrho - 1)\frac{\partial \varrho}{\partial r} = 0 \,. \tag{9.67}$$

Dies ist zu betrachten mit der Randbedingung $\varrho(0) = \alpha$ und $\varrho(1) = 1 - \beta$. Bei einer Differentialgleichung erster Ordnung mit zwei Randwerten handelt es sich um ein überbestimmtes System. $\varrho(r) = 1/2$ stellt eine Lösung für den speziellen Fall $\alpha = \beta = 1$ dar. $\varrho_\alpha(r) = \alpha$ und $\varrho_\beta(r) = 1 - \beta$ erfüllen nur den linken oder rechten Randwert. Die Kombination liefert zwei nicht überlappende Bereiche ϱ_α für $0 \leq r < r_0$ und ϱ_β für $r_0 < r \leq 1$. Bei r_0 befindet sich eine *Domänengrenze*, für die aufgrund der Stromerhaltung $j_\alpha(r_0) = j_\beta(r_0)$ gelten muss. Diese Domänengrenze bewegt sich mit einer Geschwindigkeit von $v = \beta - \alpha$ [9.70]. Es resultieren unterschiedliche Phasen: Für $\beta < 1/2$ und $\alpha > \beta$ ist der Strom $j_\alpha = \varrho_\alpha(1 - \varrho_\alpha)$ in der linken Domäne größer als $j_\beta = \varrho_\beta(1 - \varrho_\beta)$ in der rechten. Dies resultiert in einer Phase hoher Dichte. Dichte und Strom sind durch die Austrittsrate, also durch β bestimmt. Die Effektivfeldtheorie liefert die konstante Dichte $\varrho_i = 1 - \beta > 1/2$ und den konstanten Strom $j_i = \beta(1 - \beta)$. Für $\alpha < 1/2$ und $\alpha < \beta$ ergibt sich hingegen eine Phase niedriger Dichte mit $j_i = \alpha(1 - \alpha)$ und $\varrho_i = \alpha < 1/2$. Schließlich erhalten wir für $\alpha > 1/2$ und $\beta > 1/2$ einen gesättigten Strom mit dem Maximalwert $j = 1/4$ bei einer Dichte von $\varrho = 1/2$. Diese Phase ist die Phase maximalen Stroms.

Während die Phasengrenzen zwischen den Phasen niedriger und hoher Dichte einerseits und der Hochstromphase andererseits Übergänge zweiter Ordnung definieren, sind die Phasen niedriger und hoher Dichte voneinander durch einen Übergang erster Ordnung separiert. Für $\alpha = \beta < 1/2$ erhalten wir $v = 0$. Rigorosere Betrachtungen [9.71] zeigen allerdings, dass die Domänengrenze eine stochastische Bewegung entlang des Pfads vollführt. Die daraus resultierende kontinuierliche Besetzungswahrscheinlichkeit beträgt $\varrho(r) = \alpha + (1 - \beta - \alpha)r$.

Eine halbwegs realistische Beschreibung des zytoskelettbasierten aktiven Transports erfordert je nach Art des Transports eine Reihe von Vereinfachungen des TASEP-Modells. Der intrazelluläre Transport entlang von Filamenten hat in den letzten Jahren zur Entwicklung einer ganzen Reihe unterschiedlicher getriebener Gitter-Gas-Modelle inspiriert. Ein fundamentaler spezifischer Aspekt ist dabei die Möglichkeit der lokalen

Anhaftung und Lösung der Motorproteine bei endlicher Residenzzeit an einem Gitterpunkt. In realiter resultieren diese Ad- und Desorptionen aus thermischen Fluktuationen, welche temporär zu Überwindung der Bindungsenergie der Motoren führen, da diese Bindungsenergie typisch nur einige $k_B T$ beträgt. Hieraus resultiert die typische Stochastik der Motorbewegung, die im Folgenden etwas genauer spezifiziert werden soll.

Ein naheliegender Ansatz ist die *Langmuir-Kinetik*, welche der Ad- und Desorptionskinetik einfacher Partikel, gekoppelt an ein ein Bulkreservoir, Rechnung trägt [9.72]. Damit kombiniert man gleichsam den Prototyp eines Gleichgewichtsmodells mit einem paradigmatischen Ungleichgewichtsmodell. Nehmen wir an, dass die Desorption von besetzten Gitterplätzen mit der Rate ω_D erfolgt und die Adsorption an unbesetzten mit der Rate ω_A. In Abhängigkeit davon, ob es sich um ein kanonisches oder großkanonisches Ensemble von Motoren handelt, wird das Reservoir entweder als endlich oder unendlich angesehen. Der Einfachheit halber wollen wir es als unendlich und homogen in Raum und Zeit ansehen. Läge ausschließlich eine Langmuir-Kinetik vor, so wäre die Teilchendichte im Gleichgewicht nur von dem Verhältnis $K = \omega_D/\omega_A$ abhängig: $\varrho_L = K/(K+1)$. Dieses Ergebnis ist, insbesondere für große Systeme, robust gegenüber Änderungen der Randbedingungen, da es sich um einen Gleichgewichtsprozess handelt. Der TASEP-Ansatz hingegen resultiert in einem Ungleichgewichtszustand mit endlichem Teilchenstrom bei großer Abhängigkeit von den Randbedingungen. Ein interessantes Wechselspiel zwischen den unterschiedlichen Dynamiken resultiert, wenn wir vergleichbare Fluktuationsraten wählen. Dazu führen wir globale Ad- und Desorptionsraten Ω_A und Ω_D ein, die unabhängig von der Größe des Systems sind: $\omega_A = \Omega_A/N$ und $\omega_D = \Omega_D/N$. Ein Teilchen wird sich damit im Mittel über $N_T = 1/\omega_D$ Gitterplätze bewegen, bevor Desoption eintritt. In Bezug auf die Gesamtlänge des Systems wird also der relative Anteil $n_T = 1/(N\omega_D)$ zurückgelegt. Das gewählte Skalenverhalten von ω_D sorgt dafür, dass dieser Anteil endlich ist: $n_T = 1/\Omega_D$. Verhältnisse von Ad- und Desorptionsraten zu Diffusionsraten lassen sich experimentell bestimmen und betragen für Kinesin beispielsweise 0,02 bis 0,1 [9.65]. Für die stationäre Dichte ergibt sich nunmehr die Bewegungsgleichung

$$\varrho_{i-1}(1-\varrho_i) - \varrho_i(1-\varrho_{i+1}) - \omega_D\varrho + \omega_A(1-\varrho_i) = 0\,, \tag{9.68a}$$

oder im Kontinuumslimes

$$(2\varrho - 1)\frac{\partial\varrho}{\partial r} - \omega_D\varrho + \omega_A(1-\varrho) = 0\,. \tag{9.68b}$$

Dabei haben wir wiederum im Sinne der Effektivfeldtheorie die räumlichen Korrelationen der Teilchen vernachlässigt.

Obwohl die weitere Diskussion für beliebige K erfolgen kann [9.73], lassen sich charakteristische Zusammenhänge bereits für $\Omega_A = \Omega_D \equiv \Omega$ und $K = 1$ ableiten. Aus Gl. (6.308b) resultiert dann

$$\left(\frac{\partial\varrho}{\partial r} - \Omega\right)(2\varrho - 1) = 0\,. \tag{9.68c}$$

Die drei Lösungen hierzu sind $\varrho = \varrho_L = 1/2$ und $\varrho(r) \equiv \varrho_\alpha(r) = \alpha + \Omega r$ sowie $\varrho(r) \equiv \varrho_\beta(r) = 1-\beta-\Omega+\Omega r$. Das aktuelle Dichteprofil setzt sich nun aus verschiedenen Kombinationen dieser Fundamentallösungen zusammen. Das resultierende Phasendiagramm ist entsprechend reichhaltiger [9.74]. Was bleibt, ist die Hochstromphase für hohe Teilcheneingangs- und -ausgangsraten α und β und $\varrho = \varrho_L = 1/2$. Auch die Trennung zweier Domänen ϱ_α und ϱ_β durch eine Domänenwand tritt auf. Wenn $j_\alpha(r_0) = j_\beta(r_0)$ gilt, so ist die Domänenwand bei r_0 lokalisiert. Gegenüber dem einfachen TASEP-Ansatz ergibt sich jetzt allerdings eine Koexistenz der Phasen hoher und niedriger Dichte. Wenn innerhalb des Systems kein Ort r_0 existiert, an dem j_α und j_β identisch sind, so existiert wiederum entweder die Phase niedriger oder diejenige hoher Dichte, wenn $\alpha \gg \beta$ oder $\beta \gg \alpha$ vorliegt. Das Phasendiagramm weist auch eine Dreiphasenkoexistenz der Regime hoher und niedriger Dichte sowie maximalen Stroms auf. Auch eine Koexistenz von Regimen maximalen Stroms mit solchen niedriger oder hoher Dichte kann auftreten, so dass das Phasendiagramm in der Tat a priori alle überhaupt erdenklichen Phasenkombinationen aufweist [9.74].

Die im bisher Diskutierten gewählte Strategie zur Erklärung eines äußerst komplexen biomechanischen Vorgangs – des aktiven Transports – besteht darin, ohne Bezug auf die vorliegende biochemische Komplexität einfache Modelle mit einer möglichst geringen Anzahl von Annahmen heranzuziehen, um zu einem Ergebnis zu kommen, welches dem Resultat des komplexen Phänomens möglichst weitgehend entspricht. Ist die Entsprechung nicht befriedigend, so müssen weitere Annahmen gemacht werden, die einem höheren Maß an Komplexität Rechnung tragen. Eine solche Erweiterung des TASEP-Modells bei Berücksichtigung der Langmuir-Kinetik ist die Berücksichtigung von Dimeren, die den Kopfgruppen von Kinesin besser entsprechen als die bisher angenommenen Monomere. Wenn dies auch nicht zu gravierenden Änderungen des Phasendiagramms führt, so ist es im Detail doch ein Schritt in Richtung einer größeren Realitätsnähe [9.75].

Eine weitere Zusatzannahme, welche das TASEP-Modell realistischer erscheinen lässt, ist die Annahme einer gewissen Unordnung entlang der Gitterplätze des Pfads. Aus biologischer Sicht wird diese Unordnung durch Imperfektionen entlang eines Mikrotubulus nahegelegt, welche die Affinität zu den Kopfgruppen der Motoren lokal variieren. Das Resultat im Hinblick auf den aktiven Transport sind mehr oder weniger ausgeprägte Modifikationen des Phasendiagramms mit neuen defektinduzierten Phasen [9.76].

Mikrotubuli bilden die intrazellulären Pfade für die Bewegung von Dynein und Kinesin. Diese Pfade bestehen aus zwölf bis vierzehn parallelen Einzelpfaden. Obwohl die Motorproteine offensichtlich in der Regel auf einem Einzelpfad wandern, ist nicht viel über die Statistik möglicher einzelner Wechsel zwischen den Einzelpfaden bekannt. Es wurden aber Erweiterungen des TASEP-Ansatzes im Hinblick auf zwei oder mehr parallele Pfade vorgenommen [9.77]. Wiederum resultieren neue Zustände, die in diesem Fall durch den Stau von Partikeln induziert sein können. Auch das Wechselspiel zwischen getriebenem und rein diffusivem Transport in ringförmigen Pfaden wurde analysiert und zeigt insbesondere Limitierungen des Effektivfeldansatzes im Fall stark unterschiedlicher Zeitskalen für beide Prozesse [9.78].

Die vorgestellten stochastischen Modelle auf Basis des TASEP-Ansatzes sind bei vergleichsweise wenigen Annahmen in der Lage, Details der ribosomalen mRNA-Translation [9.76; 9.79] oder der Bewegung von Kinesin und Dynein auf Mikrotubuli [9.65] – also äußerst komplexe biochemische und biomechanische Prozesse – zu beschreiben. Dies ermöglicht ein zumindest rudimentäres Verständnis der Generik des aktiven Transports und einen groben Einblick in die faszinierende Funktionsweise molekularer Motoren [9.80].

Unter *Adhäsion* versteht man die attraktive Wechselwirkung zwischen den Oberflächen zweier in Kontakt befindlicher Körper. *Bioadhäsion* beschreibt a priori alle Adhäsionsphänomene im Kontext biogener Materie. In diesem Kontext können sich extrem viele unterschiedliche „Körper" in Kontakt befinden: Makromoleküle, Organellen, Zellen, Gewebearten und Biomineralien. In biologischen Systemen ist vielfach Adhäsion von fundamentaler Wichtigkeit, etwa bei der Verbindung von Epithelzellen zu dichten Verbänden. In anderen Fällen darf aus funktionellen Gründen keine Adhäsion auftreten, etwa zwischen roten Blutzellen. Generell ist die Bioadhäsion ein sehr diverses Feld, das, betrachtet man es auf Zellebene, sehr direkte und enge Bezüge zum Zytoskelett und zur Zellmechanik einerseits und zu nanoskaligen Strukturelementen und insbesondere nanoskaligen funktionellen Molekülen andererseits hat. Dies lässt es notwendig erscheinen, bestimmte Aspekte der Bioadhäsion, präziser der spezifischen Bioadhäsion, im vorliegenden Kontext genauer zu diskutieren.

Wie bereits bemerkt, ist Adhäsion der kumulative Effekt kurzreichweitiger Wechselwirkungen zwischen Oberflächen von Körpern in Kontakt. Besteht eine namhafte Adhäsion zwischen einer gegebenen Oberfläche und nahezu jeder beliebigen anderen Oberfläche, so sprechen wir von *unspezifischer Adhäsion*. Diese liegt als Bioadhäsion beispielsweise vor, wenn sich Biofilme auf der inneren Oberfläche von Wasserleitungen bilden oder auch in Form der Plaquebildung auf der Oberfläche unserer Zähne. Verantwortlich für unspezifische Adhäsion sind Wechselwirkungen physikalischer Natur, wie wir sie in Abschn. 4.2, 6.4 und 7.1 zum Teil beschrieben haben. Beispiele für solche Wechselwirkungen sind also van der Waals-Kräfte, elektrostatische Kräfte, sterische und entropische Kräfte. Häufig können die Wechselwirkungen in Form additiver Potentiale behandelt werden, was die Beschreibung der Szenarien insbesondere dann vereinfacht, wenn mehrere unterschiedliche Wechselwirkungen gleichzeitig zu berücksichtigen sind. Ein in Abschn. 7.3 behandeltes Beispiel für einen solchen Ansatz stellt die DLVO-Theorie dar. Ein Beispiel für die unspezifische Bioadhäsion ist die Bildung von Biofilmen aus dicken Schichten von Bakterien, die an vielen Oberflächen anhaften. Die Adhäsion sowie die Kohäsion innerhalb der Bakterienschicht wird durch eine Polysaccharidmatrix mit polymerer Struktur, die durch die Bakterien gebildet wird, hervorgerufen. Typisch beträgt die spezifische Wechselwirkungsenergie für diese unspezifischen Wechselwirkungen 0,5–5 kJ/mol.

Im Hinblick auf die unspezifische Adhäsion von Zellen werden generelle drei Mechanismen diskutiert. „Mechanische“ Beiträge resultieren daraus, dass die Zellmembran durch aktiven Transport so gestaltet werden kann, dass sie eine maximale Grenzfläche mit einer weiteren Oberfläche, etwa derjenigen einer anderen Zelle oder derjenigen eines Substrats, bilden kann. Relevante Parameter sind Oberflächenrauigkeiten und die Fähigkeit der Zelle, die Membran anzupassen. Elektrostatische Beiträge resultieren, wenn sich zwischen der Zellmembran und der weiten Oberfläche eine elektrische Doppelschicht bildet, wie wir sie in Abschn. 7.3 diskutiert haben. Dazu müssen die involvierten Oberflächen allerdings polarisierbar sein. Diffusionsbeiträge wiederum resultieren, wenn die wechselwirkenden Oberflächen Polymere aufweisen, die interdiffundieren können. Dabei sind die Polymere typisch hochmobil an der Zellmembran und führen zunächst eine makroskopische Brownsche Bewegung aus, bis die Wechselwirkung mit der gegenüberliegenden Oberfläche in einer mikroskopischen stochastischen Bewegung resultiert, welche die Grundlage der Polymer-Polymer-Wechselwirkung bildet. Es ist davon auszugehen, dass in der Regel mehrere Beiträge zur unspezifischen Bioadhäsion zu berücksichtigen sind und dass die unspezifische Bioadhäsion häufig auch neben *spezifischen Adhäsionsprozessen* eine Rolle spielt.

Im vorliegenden Kontext ist die spezifische Adhäsion von wesentlich größerer Tragweite als die unspezifische. Gerade eukaryotische Zellen sind hochspezialisiert. Sie treten in den unterschiedlichsten Verbünden mit multizellulären Organismen auf. Dabei muss die Zelladhäsion gegenüber der extrazellulären Matrix oder gegenüber benachbarten Zellen genau spezifiziert sein. Adhäsion darf nur an genau definierten Oberflächen auftreten und muss sich gegebenenfalls in Bezug auf Stärke und Spezifität mit der Zeit sogar ändern, beispielsweise während der embryonalen Entwicklung. Dies kann nicht erreicht werden durch die Mechanismen der unspezifischen Adhäsion, sondern nur durch spezifische Bindungen, *Schlüssel-Schloss-Mechanismen* oder *Rezeptor-Ligand-Wechselwirkungen.* Spezifische Bindungen treten ausschließlich zwischen biologischen Makromolekülen auf, sind relevant für DNA, RNA und Proteine. Proteine haben, wie bereits dargestellt, eine wohldefinierte dreidimensionale Struktur und die Oberfläche hat eine spezielle Topographie mit einem Muster von chemischen Gruppen, die an einer Vielzahl schwacher physikalischer Wechselwirkungen teilnehmen. Hierzu zählen wiederum Wasserstoffbrückenbindungen, elektrostatische Wechselwirkungen, van der Waals-Kräfte und hydrophobische Wechselwirkungen. Die Reichweite dieser Wechselwirkungen ist von der Größenordnung 0,1 nm. Außerdem spielt häufig die relative Orientierung der wechselwirkenden molekularen Gruppen eine Rolle. Alle genannten Wechselwirkungen tragen zu Bindungsenthalpien in der Größenordnung von 0,3–3 $k_B T$ bei. Damit ist keine einzelne Wechselwirkung in der Lage, die Bindung zweier Proteine wirklich zu stabilisieren. Es erscheint evident, dass zwei beliebige Proteine in der Regel keine stabile Verbindung eingehen können. Eine ausgeprägte Adhäsion setzt vielmehr voraus, dass Proteine ausgedehnte Oberflächenbereiche aufweisen müssen, die zum Bindungspartner in Bezug auf Form und Wechselwirkungsart passen. Die resultierende Bindung ist damit hochspezifisch und unter Umständen nur für ein Protein möglich. Die Evolution hat unzählige zueinander passende Paare molekularer Spezies hervorgebracht, die mit einer unglaublichen Spezifität binden. Beispielsweise kann das Immunsystem Antigene im Blutplasma mit einer Empfindlichkeit von 10^{-12} Mol/l aufspüren. Da das Blutplasma eine Proteinkonzentration im millimolaren Bereich aufweist, impliziert dies eine Bindungsspezifität von $1 : 10^9$! Das Konzept der *molekularen Erkennung* ist ursächlich für die spezifische Adhäsion, aber keineswegs nur hier maßgeblich, sondern von zentraler Bedeutung in vielen Bereichen der Biologie.

Die spezifische Bioadhäsion erfolgt also über molekulare Erkennung zwischen komplementären Zelladhäsionsmolekülen an der Oberfläche der adhärenten Zellen. Eukaryotische Zellen adhärieren nur an sehr speziellen Oberflächen und Positionen. Um diese Spezifität zu erreichen, hat die Natur in Anbetracht der sehr vielen potentiellen Bindungsstellen in einem Organismus eine außerordentliche Vielfalt von Adhäsionsmolekülen hervorgebracht.

Welcher Bezug besteht nun zwischen der spezifischen Bioadhäsion und dem Zytoskelett, also der Biomechanik der Zelle? Kontakte zwischen Zellen werden häufig durch supramolekulare Aggregate an der Zelloberfläche etabliert. Auch die Bindung an eine extrazelluläre Matrix wird durch Zelladhäsionsmoleküle etabliert. Innerhalb der Zelle sind diese Adhäsionskomplexe mit dem Zytoskelett der Zelle verbunden. Dies führt dazu, dass adhärente Zellen erheblichen mechanischen Kräften widerstehen können. Die Arten der Verbindung zwischen äußeren Zelladhäsionsmolekülen und den Filamenten des inneren Zytoskeletts ist nicht in allen Teilen verstanden. Die extrazelluläre Matrix besteht in einem polymeren Netzwerk, welches das wesentliche Element des verbindenden Gewebes darstellt. Diese extrazelluläre Matrix kann entweder dreidimensional in Form eines Gels organisiert sein, in das die Zellen wiederum durch multiadhärente Moleküle in Kontakt mit dem Zytoskelett eingebunden sind, oder in Form einer *Basalmembran*, also einer Schicht aus vernetzten Polymeren, die die Grundlage für eine stabile Schicht von Zellen darstellt.

Hunderte von Zelladhäsionsmolekülen sind mittlerweile bekannt. Entsprechend ihres Aufbaus und ihrer Funktionalität ordnet man sie verschiedenen Familien zu. Vier dieser Familien sind von besonderer Wichtigkeit. *Cadherine* (von calcium adhering) sind besonders wichtig für Zell-Zell-Kontakte. Es handelt sich um calciumionenabhängige transmembrane Glykoproteine. Mehr als vierzig Mitglieder dieser Familie sind bekannt. Sie etablieren im Wesentlichen eine homophile Adhäsion und binden sich mit ihrem zytoplasmatischen Ende direkt an das Zytoskelett. Adhäsionsmoleküle der Nervenzellen etablieren eine weitere Familie. Im Gegensatz zu den Cadherinen hängt hier das Adhäsionspotential nicht von der Anwesenheit von Ca^{2+}-Ionen ab. Die Moleküle weisen eine Affinität zu *Polysialinsäure* auf. *Selectine* (von selective lectins) wiederum unterstützen die heterophile Adhäsion. gegenüber Nachbarzellen. E-, P- und L-Selectine unterscheiden sich in den bindenden Liganden und in ihrer Aminosäurestruktur und werden in unterschiedlichen Zellen exprimiert. *Integrine* sind ebenfalls Transmembranproteine, welche im Besonderen für die Bindung zwischen Zellen und extrazellulärer Matrix von Bedeutung sind. Aber auch die Signalübertragung zwischen Zellen verläuft über Integrine. Integrine können ihre Affinität durch Bindung von Zielmolekülen ändern, genauso wie ihre Bindung an das Zytoskelett.

Spezifische Bioadhäsion über molekulare Erkennung und die Dynamik des Zytoskeletts bilden also gemeinsam die Basis für das biomechanische Verhalten von Zellen und Zellverbünden in einer gegebenen Umgebung. Alle wesentlichen Strukturmerkmale sind dabei nanoskalig. Es handelt sich also quasi um eine ausgeklügelte natürliche Nanotechnologie, die über hierarchische Strukturierung letztlich auch die makroskopische Biomechanik ganzer Organismen bestimmt. Diese makroskopische Biomechanik ist also bereits auf Nanometerskala kodiert. Es ist daher von Interesse, die Bindungsstärke von einzelnen spezifischen Bindungen experimentell zu analysieren. Dies ist in zweierlei Hinsicht ein ambitioniertes Anliegen. Zum einen müssen klar definierte Modellsysteme mit hinreichend wenigen Adhäsionspunkten realisiert werden. Dabei bedient man sich sowohl der Modellmembranen großer Vesikel, die mit einzelnen Adhäsionsmolekülen dotiert werden, als auch echter Zellen. In vielen Experimenten wurden wegen ihrer spezifischen Eigenschaften rote Blutzellen verwendet. Rezeptor oder Ligand sind auf einer Referenzoberfläche angebracht. Zum anderen müssen sehr kleine, innerhalb des Modellsystems wirkende Kräfte lastabhängig gemessen werden. Hierzu wurden verschiedene Techniken entwickelt, die auf optischen Pinzetten, Mikropipetten, auf der Hydrodynamik adhärenter Mikropartikel oder auf AFM basieren [9.81]. Unabhängig davon, mit welcher Methode die Kräfte, die typischerweise im pN-Bereich liegen, gemessen oder erzeugt werden, sind fundamentale Aspekte der Chemokinetik zu berücksichtigen, welche die Auswertungen der Messungen komplizieren. Belastet man einzelne Bindungen mit bestimmten Kräften, so reagieren sie mit entsprechenden Gegenkräften. Spannungs-Dehnungs-Kurven weisen aber einen stochastischen Charakter auf, sowie eine Abhängigkeit von der Änderungsgeschwindigkeit der Kraft. Das Entstehen einer spezifischen Bindung besteht, wie jede chemische Reaktion, in einer Phasenraumbewegung entlang eines eindimensionalen Pfads. Der *Reaktionspfad* verbindet den dissoziierten Zustand des Systems mit dem gebundenen. Beide Zustände entsprechen lokalen Minima der freien Enthalphie G. Der Reaktionspfad ist nun die Verbindung zwischen beiden Zuständen mit der geringsten Aktivierungsenerghie. Die Dissoziationsrate hängt für einen gegebenen Komplex bei gegebener Temperatur nur vom Enthalpiemaximum entlang des Reaktionspfads ab:

$$k_{\mathrm{diss}}^{0} = \alpha \exp\left(-\frac{\Delta G}{k_B T}\right) . \tag{9.69}$$

α ist eine modellabhängige Konstante. Wenn wir annehmen, dass eine mechanische Kraft F, die auf den Komplex wirkt, das Enthalphieprofil entlang des Reaktionspfads im Phasenraum verkippt, so resultiert die modifizierte Dissoziationsrate

$$k_{\mathrm{diss}}(F) = \alpha \exp\left(-\frac{\Delta G(F)}{k_B T}\right) = k_{\mathrm{diss}}^{0} \exp\left(\frac{F(r_{\max} - r_{\min})}{k_B T}\right) . \tag{9.70}$$

$k^0_{\text{diss}}(F)$ beschreibt die Dissoziationsrate bei einer statischen Kraft F. In einem realen Versuch wird aber die Kraft sukzessive erhöht. Die Wahrscheinlichkeit $p(t)$ dafür, dass eine bei $t = 0$ existierende Bindung zum Zeitpunkt t auch noch existiert, ist gegeben durch

$$\frac{dp}{dt} = -k_{\text{diss}}(t)\, p(t) + \left[1 - p(t)\right] k_{\text{bind}} , \tag{9.71}$$

mit $p(t = 0) = 1$ und $p(t) = p(F = t\, \partial F/\partial t)$. k_{bind} ist die Rate, mit der die Bindung etabliert wird, und $\partial F/\partial t$ wird als konstant angenommen. Bei einer einzelnen Bindung verschwindet k_{bind}, sobald der Komplex dissoziiert ist, womit angenommen wird, dass eine zerstörte Bindung nicht neu formiert wird. Bei vielen parallelen Bindungen kann diese Annahme nicht gemacht werden. Aus Gl. (9.71) folgt

$$\frac{dp}{dF} = -\frac{k_{\text{diss}}(F)}{\partial F/\partial t} , \tag{9.72a}$$

mit $p(F = 0) = 1$. Dies resultiert in

$$p(F) = \exp\left(-\frac{1}{\partial F/\partial t \int\limits_0^F k_{\text{diss}}(f)\,df} \right) . \tag{9.72b}$$

Dieser Ausdruck zeigt explizit die Abhängigkeit von der Kraftveränderungsgeschwindigkeit. Unter Verwendung von Gl. (9.70) erhalten wir schließlich für den Medianwert der gemessenen Kraft

$$\tau_{1/2} = \frac{k_B T}{r_{\max} - r_{\min}} \ln\left(1 + \frac{r_{\max} - r_{\min}}{k_B T\, k^0_{\text{diss}}} + \ln 2 \right) . \tag{9.73}$$

Die mittlere gemessene Dehnungskraft hängt also logarithmisch von der Kraftveränderungsrate ab. Dies ist experimentell an vielen geeigneten Modellsystemen verifiziert worden.

Die Beschreibung der Biomechanik, ausgehend von den Filamenten des Zytoskeletts über die Transmembranproteine bis hin zu den Zelladhäsionsgruppen ist Voraussetzung dafür, an geeigneten artifiziellen oder natürlichen Modellsystemen erhaltene experimentelle Daten überhaupt interpretieren zu können. Selbst das hier präsentierte einfache Modell hat sich dabei gut bewährt, wobei im Falle vieler paralleler Adhäsionskontakte weiter Verfeinerungen vorgenommen oder sogar Molekulardynamikrechnungen durchgeführt werden müssen.

Literatur

[9.1] commons.wikimedia.org/File:Difference_DNA_RNA-EN.svg.

[9.2] upload.wikimedia.org/wikipedia/commons/0/0b/ProteinStructures.png.

[9.3] H.M. Berman, J. Westbrook, Z. Feng, G. Gilliland, T.N. Bhat, H. Weissig, I.N. Shindyalov and P.E. Bourne, Nucleic Acids Res. **28**, 235 (2000); H. Berman, K. Henrick, H. Nakamura and J.L. Markley, Nucleic Acids Res. **35**, D301 (2007).

[9.4] jmol.sourceforge.net.

[9.5] www.ballview.org.

[9.6] J. Carter and V. Saunders, *Virology – Principles and Applications* (Wiley, Chichester, 2012).

[9.7] Y. G. Kuznetsov and A. McPherson, Microbiol. Mol. Biol. Rev. **75**, 268 (2011).

[9.8] B. Alberts A. Johnson, J. Lewis, M. Raft, K. Roberts and P. Walter, *Molekularbiologie der Zelle* (Wiley-VCH, Weinheim, 2004).

[9.9] upload.wikimedia.org/wikipedia/commons/1a/Bilogical_cell.svg.

[9.10] D.R. Nelson, T. Piran and S. Weinberg (Eds), *Statistical Mechanics of Membranes and Surfaces* (World Scientific, Singapore, 1989); S.A. Safran, *Statistical Thermodynamics of Surfaces, Interfaces and Membranes* (Addison-Wesley, Reading, 1994); W.M. Gelbart, A. Ben-Shaul and D. Roux, *Micelles, Membranes, Microemulsions and Monolayers* (Springer, Berlin, 1995).

[9.11] E. Kreyszig, *Differential Geometry* (Dover Publications, New York, 1991).

[9.12] G. Gompper, *Mechanics and Statistical Mechanics of Membranes*, in: G. Gompper, U.B. Kaupp, J.K.G. Dhont, D. Richter and R.G. Winkler (Eds), *Physics Meets Biology* (Schriften des Forschungszentrums Jülich, 2004).

[9.13] F.R.N. Nabarro, *Theory of Crystal Dislocations* (Clarendon, Oxford, 1967).

[9.14] H.-R. Trebin, Adv. Phys. **31**, 195 (1982); N.D. Mermin, Rev. Mod. Phys. **51**, 591 (1979); A.-Ch. Davis and R. Brandenberger, *Formation and Interaction of Topological Defects* (Plenum, New York, 1995).

[9.15] B.Gray, *Homotopy Theory. An Introduction to Algebraic Topology* (Academic Press, New York, 1975); A. Hatcher, *Algebraic Topology* (Cambridge Univ. Press, Cambridge, 2002); G.W. Witehead, *Elements of Homotopy Theory* (Springer, New York, 1995).

[9.16] H.S. Seung and D.R. Nelson, Phys. Rev. A **38**, 1005 (1988).

[9.17] J.M. Kosterlitz and D.J. Thouless, J. Phys. C: Solid State Phys. **5**, 124 (1972); **6**, 1181 (1973); B.I. Halperin and D.R. Nelson, Phys. Rev. Lett. **41**, 121 (1978); D.R. Nelson and B.I. Halperin, Phys. Rev. B **19**, 2457 (1979); A.P. Young, Phys. Rev. B **19**, 1855 (1979).

[9.18] A. Föppl, *Vorlesungen über technische Mechanik* (Teubner, Leipzig, 1907); Th. von Kármán, Enzyk. d. Math. Wiss. **IV**, 311 (1910).

[9.19] E. Cerda and L. Mahdevan, Phys. Rev. Lett. **90**, 074302 (2003).

[9.20] R.D. Schroll, E. Katifori and B. Davidovitch, Phys. Rev. Lett. **106**, 074301 (2011).

[9.21] J.M. Kosterlitz, J. Phys. C **7**, 1046 (1974); J. José, L.P. Kadanoff, S. Kirkpatrick and D.R. Nelson, Phys. Rev. B **16**, 1217 (1977).

[9.22] K.J. Strandburg, Rev. Mod. Phys. **60**, 161 (1988); Rev. Mod. Phys. **61**, 747 (1989).

[9.23] R.A. Quinn and J. Goree, Phys. Rev. E **64**, 051404 (2001).

[9.24] C.C. Grimmes and G. Adams, Phys. Rev. Lett. **42**, 795 (1979).

[9.25] Q.-H. Wei, C. Bechinger, D. Rudhardt and P. Leiderer, Phys. Rev. Lett. **81**, 2606 (1998).

[9.26] T. A. Witten and H. Li, Europhys. Lett. **23**, 51 (1993); A. Lobkovski, S. Gentges, H. Li, D. Morse and T.A. Witten, Science **270**, 1482 (1995); A. Lobkovsky, Phys. Rev. E **53**, 3750 (1996).

[9.27] J.J. Thomson, Phil. Mag. **7**, 237 (1904).

[9.28] A. Perez-Garido and M.A. Moore, Phys. Rev. B **60**, 15628 (1999); M.J. Bowick, D.R. Nelson and A. Travesset, Phys. Rev. B **62**, 8738 (2001); M.J. Bowick, A. Cacciuto, D.R. Nelson and A. Travesset, Phys. Rev. Lett. **89**, 185502 (2002.

[9.29] A.R. Bausch, M.J. Bowick, A. Cacciutu, A.D. Dinsmore, M.F. Hsu, D.R. Nelson, M.G. Nikolaidis, A. Travesset and D.A. Weitz, Science **299**, 1716 (2003)

[9.30] F. Crick and J. Watson, Nature **177**, 473 (1956).
[9.31] J. Lindmar, L. Mirny and D.R. Nelson, Phys. Rev. E **68**, 051910 (2003).
[9.32] E. Hiebert, J.B. Bancroft and C.E. Bracker, Virology **3**, 492 (1968).
[9.33] J. R. Lingappa, R.L. Martin, M.L. Wong, D. Ganem, W.J. Welch and V.R. Lingappa, J. Cell. Biol. **125**, 99 (1994); F. Robijn, F. Bruinsma and W.M. Gelbart, Phys. Rev. Lett. **90**, 248101 (2003); H.D. Nguyen, V.S. Reddy and C.L. Lii, Nano Lett. **7**, 338 (2007).
[9.34] P. Ceres and A. Zlotnick, Biochem. **41**, 11525 (2003).
[9.35] upload.wikimedia.org/wikipedia/commons/3/3a/Conic_capsid.jpg.
[9.36] D.J. Müller, Biospektrum **12**, 483 (2006).
[9.37] H. Karcher und K. Poltier, Spektrum der Wissenschaft **10**, 96 (1990); R.H. Templer, J.M. Seddon, N.A. Warrender, A. Syrykli, Z. Huang, R. Winter and J. Erbes, J. Phys. Chem. B **102**, 7251 (1998).
[9.38] H.B. Callen and T.A. Walton, Phys. Rev. **83**, 34 (1951).
[9.39] J. Prost, J.F. Joanny and J.M.R. Parrondo, Phys. Rev. Lett. **103**, 090601 (2009); T. Speck and U. Seifert, Phys. Rev. E **79**, 040102 (2009); G.S. Agarwal, Z. Phys. **252**, 25 (1972).
[9.40] T. Betz, M. Lenz, J.-F. Joanny and C. Sykes, Proc. Nat. Acad. Sci. USA **106**, 15320 (2009).
[9.41] D.C. Morse, Phys. Rev. E **50**, R2423 (1994).
[9.42] T. Auth, *Statistical Mechanics of Membranes*, in: J.K.G. Dhont, G. Gompper, G. Nägele, D. Richter and R.G. Winkler (Eds), *Soft Matter – From Synthetic to Biological Materials* (Schriften des Forschungszentrums Jülich, 2008).
[9.43] B.S. Bull, R. S, Weinstein and R.A. Kopman, Blood Cells **12**, 25 (1986); V. Heinrich, K. Ritchie, M. Mohandas and E. Evans, Biophys. J. **81**, 1452 (2001); I. Bernhardt and J.C. Ellory (Eds), *Red Cell Membrane Transport in Health and Desease* (Springer, Heidelberg, 2003).
[9.44] U. Seifert, *Fluid Vesicles*, in: G. Gompper, U.B. Kaupp, J.K.G. Dhont, D. Richter and R.G. Winkler (Eds), *Physics meets Biology* (Schriften des Forschungszentrums Jülich, 2004).
[9.45] U. Seifert, Adv. Phys. **46**, 13 (1997).
[9.46] U. Seifert, K. Brendl and R. Lipowsky, Phys. Rev. A **44**, 1182 (1991).
[9.47] L. Miao, U. Seifert, M. Wortis and H.G. Döbereiner, Phys. Rev. E **49**, 5389 (1994).
[9.48] M. Jaric, U. Seifert, W. Wintz and M. Wortis, Phys. Rev. E **52**, 6623 (1995).
[9.49] F. Jülicher, U. Seifert and R. Lipowsky, Phys. Rev. Lett. **71**, 452 (1993).
[9.50] W. Wintz, H.G. Döbereiner and U. Seifert, Europhys. Lett. **33**, 403 (1996).
[9.51] Application Note, Park Systems Inc., Santa Clara, CA 95054, USA; www.parkafm.com.
[9.52] U. Seifert and R. Lipowsky, Phys. Rev. A. **42**, 4768 (1990).
[9.53] R. Lipowsky, *Structure and Dynamics of Membranes – From Cells to Vesicles*, in: R. Lipowsky and E. Sackmann (Eds), *Handbook of Biological Physics* (Elsevier, Amsterdam, 1995).
[9.54] U. Seifert, Phys. Rev. Lett. **74**, 5060 (1995).
[9.55] U. Seifert, Eur. Phys. J. B **8**, 405 (1999).
[9.56] F. Brochard and J.F. Lennon, J. Physique **36**, 1035 (1975).
[9.57] M. Kraus, W. Wintz, U. Seifert and R. Lipowsky, Phys. Rev. Lett. **77**, 3685 (1996).
[9.58] T. Baumgart, S. Hess and W. Webb, Nature **425**, 821 (2003).
[9.59] H.G. Döbereiner, Curr. Op. Coll. Interf. Sci. **5**, 256 (2000).
[9.60] G. Lei and R. McDonald, Biophys. J. **85**, 1585 (2003).
[9.61] S. Ramaswamy and M. Rao, C.R. Acad. Sci. **2**, 817 (2001).
[9.62] C. Brangwynne, G. Koernderink, E. Barry, Z. Dogic, F. McKintosh and D. Weitz, Biophys. J. **93**, 346 (2007).
[9.63] M. Footer, J. Kerssenmakers, J. Theriot and M. Dogterum, Proc. Natl. Acad. Sci. USA **104**, 2181 (2007).
[9.64] J. Loichen and U. Hartmann, Euro. Biophys. J. **38**, 891 (2009).

[9.65] J. Howard, *Mechanics of Motor Proteins and the Cytoskeleton* (Sinauer Press, Sunderland, 2001).

[9.66] B. Alberts, A. Johnson, J. Lewis, M. Raft, K. Roberts and P. Walter, *Molecular Biology of the Cell* (Taylor & Francis, New York, 2007).

[9.67] C.T. McDonald, J. H. Gibbs and A.C. Pipkin, Biopolymers **6**, 1 (1968).

[9.68] J. Krug, Phys. Rev. Lett. **67**, 1882 (1991).

[9.69] B. Derrida, E. Domany and D. Mukamel, J. Stat. Phys. **69**, 667 (1992); B. Derrida and M.R. Evans, J. Physique I **3**, 311 (1993).

[9.70] A.B. Kolomeisky, G.M. Schütz, E.B. Kolomeisky and J.P. Skaley, J. Phys. A **31**, 6911 (1998)

[9.71] E.D. Andjel, M.D. Bramson and T.M. Liggett, Prob. Th. Rel. Fields **78**, 231 (1988).

[9.72] A. Permeggiani, T. Franosch and E. Frey, Phys. Rev. Lett. **90**, 086601 (2003); E. Frey and A. Viltan, Chem. Phys. **284**, 287 (2002).

[9.73] A. Permeggiani, T. Franosch and E. Frey, Phys. Rev. E **70**, 046101 (2004).

[9.74] E. Frey, *Generic Principles of Active Transsport*, in: J.K.G. Dhont, G. Gompper, G. Nägele, D. Richter and R.G. Winkler (Eds), *Soft Matter – From Synthetic to Biological Materials* (Schriften des Forschungszentrums Jülich, 2008).

[9.75] G. Lakatos and T. Chou, J. Phys. A: Math. Gen. **36**, 2027 (2003); L.B. Shaw, P.K.P. Zia and K.H. Lee, Phys. Rev. E **68**, 021910 (2003).

[9.76] T.Chou and G. Lakatos, Phys. Rev. Lett. **93**, 198101 (2004); P. Pierobon, T. Franosch and E. Frey, Phys. Rev. E **74**, 031920 (2001).

[9.77] T. Mitsudo and H. Hayakawa, J. Phys. A: Math. Gen. **38**, 3087 (2005); V. Popkov and I. Peschel, Phys. Rev. E **64**, 026126 (2001); V. Popkov and G.M. Schütz, J. Stat. Phys. **112**, 523 (2003); E. Pronina and A.B. Kolomeisky, Physica A **372**, 12 (2006).

[9.78] H. Hinsch and E. Frey, PHys. Rev. Lett. **97**, 095701 (2006).

[9.79] G. Tripathy and M. Barma, Phys. Rev. E **58**, 1911 (1998); C.T. McDonald, J.H. Gibbs and A.C. Pipkin, Biopolymers **6**, 1 (1968).

[9.80] M. Schliwa and G. Wöhlke, Nature **422**, 759 (2003); A.D. Metha, M. Rief, J.A. Spudich, D.A. Smith and R. M. Simmons, Science **283**, 1689 (1999).

[9.81] R. Merkel, Phys. Rep. **346**, 343 (2001).

[9.82] W. Helfrich, Z. Naturforsch. **28**c, 693 (1973).

[9.83] L.D. Landau und E.M. Lifshitz, *Elastizitätstheorie* (Akademie-Verlag, Berlin, 1990).

10 Bewegung und Transport in biologischen Systemen

In biologischen Systemen gibt es zahlreiche Phänomene, die mit Bewegung und Transport zu tun haben. Von großer Bedeutung sind nanoskalige Prozesse und die Konversion chemischer in kinetische Energie. Molekulare Motoren führen zur Lokomotion auf Nanometerskala. Die entsprechenden biologischen Phänomene sind von großer Relevanz für potentielle technische Anwendungen.

10.1 Lokomotion auf Nanometerskala

Fortbewegung ist ein essentieller Bestandteil des Lebens. Deshalb findet man die aktive Bewegung biologischer Individuen auf allen Ebenen, angefangen bei den Einzellern. Die aktive Fortbewegung in flüssigen Medien ist im Kontext von Nanostrukturforschung und Nanotechnologie in mehrfacher Hinsicht von Interesse. Zum einen sind die Bestandteile schwimmender biologischer Einzeller nanoskalig und zum anderen ist die eigenständige Fortbewegung auf Nanometerskala in flüssigen Medien eine der großen Herausforderungen für die heutige Nanotechnologie [10.1]. Seit den bahnbrechenden Arbeiten von *E.M. Purcell* (1912–1997, Nobelpreis für Physik 1952), der die Auswirkungen von hydrodynamischen Wechselwirkungen auf das Leben von Bakterien untersuchte [10.2], ist die Bewegung biologischer Mikroschwimmer systematisch untersucht worden [10.3] und eine Vielzahl synthetischer Mikroschwimmer wurde analysiert.

Starten wir wieder von der bereits durch Gl. (6.15) gegebenen Navier-Stokes-Gleichung und ziehen die im Zusammenhang mit Gl. (6.17) eingeführte Reynolds-Zahl $R = \varrho v_0 l_0/\eta$ heran, so stellen wir fest, dass für Mikroschwimmer immer $R \ll 1$ anzunehmen ist. Für ein typisches Bakterium mit $l_0 = 50\,\mu\text{m}$ und einer Geschwindigkeit von $v_0 = 10\,\text{l}_0/\text{s}$ erhalten wir für Wasser mit einer kinematischen Viskosität von $\mu/\varrho = 10^{-6}\,\text{m}^2/\text{s}$ einen Wert von $R = 0,025$. Damit reduziert sich die Navier-Stokes-Gleichung auf die bereits in Gl. (6.17) gegebene Stokes-Gleichung. Das Leben bei niedriger Reynolds-Zahl hat für Bakterien eine Reihe hydrodynamischer Konsequenzen. Fortbewegung auf kleiner Längenskala bei kleiner Absolutgeschwindigkeit entspricht der Fortbewegung makroskopischer Lebewesen bei extrem großer Viskosität. Massenträgheit wird irrelevant und die Lokomotion ist beendet in dem Moment, in dem der Antrieb stoppt. Zudem ist die Stokes-Gleichung zeitreversibel. Eine zeitreversible Bewegung eines Mikroorganismus resultiert damit in einer oszillatorischen, aber nicht in einer gerichteten Bewegung.

Wichtige Antriebselemente der Eukaryoten sind *Flagellen* oder *Geißeln* und *Zilien*. Diese *Undulipodien* sind Grundlage einer sehr effektiven Lokomotion mit unterschiedlichen Antriebsprinzipien. Die Flagellen der Eukaryoten sind fadenförmige Gebilde, die von der Zellmembran umgeben sind. In ihrem Innern bestehen sie aus einem Bündel von Mikrotubuli, dem *Axonem*. Der Durchmesser der Eukaryotengeißeln beträgt 250–300 nm und die Länge wenige bis zu mehr als 150 μm.

Mit einem Flagellum sind beispielsweise *Spermatozoen* ausgestattet. Grundlage der Bewegung ist hier eine Biegewelle des Flagellums, die in einer schlangenartigen Bewegung resultiert. Die lokalen Biegungen werden wiederum durch Motorproteine – hier Dynein – hervorgerufen, die benachbarte Mikrotubuli gegeneinander verschieben. Bewegungen des Flagellums können in anderen Fällen auch eher schraubenförmig verlaufen.

Zilien sind 5–10 μm lange und 250 nm dicke Zytoplasmafortsätze eukaryotischer Zellen. Sie sind weitestgehend baugleich mit den Flagellen, kommen in der Regel aber in größerer Anzahl an der Oberfläche von Ein- und Vielzellern vor. Das koordinierte ruderförmige Schlagen von Ziliengruppen ist Grundlage einer sehr effektiven Fortbewegung von beispielsweise Wimpertierchen. Zilien dienen aber auch dem Bewegen des umgebenden Mediums bei festsitzender Zelle, was den Stofftransport innerhalb von Vielzellern ermöglicht, oder dem Herbeistrudeln von Nahrungsteilchen wasserbewohnender Kleintiere.

Die Flagellen der Prokaryoten sind gewendelte Proteinfäden außerhalb der Zellmembran, die sich nicht verformen. Sie werden vielmehr durch einen Motor in der Zellmembran, wie in Abschn. 10.2 diskutiert, in Rotation versetzt und induzieren auf diese Weise einen Schub oder Zug. Abbildung 10.1 zeigt Salmonellen, die entsprechende Flagellen besitzen und sich damit gezielt fortbewegen.

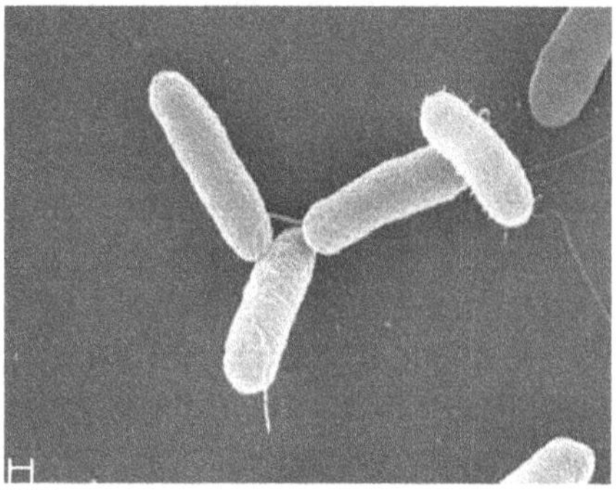

Abb. 10.1. Salmonella Typhimurium mit deutlich sichtbaren Flagellen [10.4].

Von großer Bedeutung für die Lokomotion mithilfe von Flagellen oder Zilien ist die Anisotropie der hydrodynamischen Reibung eines fadenförmigen Körpers, wie wir sie bereits ansatzweise in Abschn. 6.4 diskutiert haben. Nach Gl. (6.22) ist die Kraft, die benötigt wird, um eine Kugel des Durchmessers d mit der Geschwindigkeit $\mathbf{v}$ in einer viskosen Flüssigkeit zu bewegen, gegeben durch $\mathbf{F} = \mu\mathbf{v}$. Der Stokessche Reibungskoeffizient ist $\mu = 3\pi\eta d$. Approximieren wir eine Geißel durch eine Kette von Kugeln, so ist die Dynamik der Kugel n durch die hydrodynamische Wechselwirkung mit allen anderen Kugeln bestimmt. Einen völlig analogen Sachverhalt hatten wir in Abschn. 7.1 für Polymerlösungen diskutiert. In Analogie zur Langevin-Gleichung (7.45) ist im vorliegenden Fall

$$\mathbf{v}_n = \frac{\partial \mathbf{R}_n}{\partial t} = \sum_m \underline{\underline{\Omega_{nm}}} \left(\mathbf{f}_m - \nabla_{\mathbf{R}_m} U \right) \tag{10.1}$$

$U(\mathbf{R}_1, \mathbf{R}_2 \ldots)$ ist das Wechselwirkungspotential der Kugeln und $\mathbf{f}_m$ eine externe Kraft. Der Oseen-Tensor wurde bereits in Gl. (6.23b) eingeführt und in Gl. (7.71b) spezifiziert. Ist die externe Kraft auf alle Bestandteile der Kette gleich und die Wechselwirkung zwischen ihnen zu vernachlässigen, was für kurze Zeiträume gilt, dann erhalten wir

$$\mathbf{v} \equiv v_n = \left(\frac{1}{\mu} \underline{\underline{1}} + \sum_{m \neq n} \underline{\underline{\Omega_{nm}}} \right) \mathbf{f} \,. \tag{10.2}$$

Daraus ergeben sich die beiden Hauptreibungskoeffizienten über $\mathbf{F} = \mu_{\parallel} \mathbf{v}_{\parallel} + \mu_{\perp} \mathbf{v}_{\perp}$. Bei Orientierung der Teilchenkette entlang der x-Achse und unter Annahme der Kraft $\mathbf{f} = f\mathbf{e}$ liefert Gl. (10.2)

$$\mathbf{v} = \left[\mathbf{e} + \frac{3}{4} \int_d^{L/2} \frac{dx}{x} \Big(\mathbf{e} + [\mathbf{e} \cdot \mathbf{e}_\mathbf{x}] \Big) \mathbf{e}_\mathbf{x} \right] \frac{f}{\mu} \,. \tag{10.3}$$

Wenn die Kraft nun entweder parallel oder senkrecht zur Längsachse der Teilchenkette orientiert ist, so lassen sich unmittelbar die Hauptreibungskoeffizienten ermitteln. Mit $F = Lf/d$ erhalten wir für $L \gg d$ $\mu_{\perp} = 2\mu_{\parallel}$ und $\mu_{\perp} = 4\pi\eta L / \ln(L/d)$. Die logarithmische Divergenz dieses Ausdrucks resultiert aus der langreichweitigen hydrodynamischen Wechselwirkung zwischen den Bestandteilen der Kette, die den Reibungskoeffizienten im Vergleich zu einer Kette nicht wechselwirkender Kugeln reduziert.

Auf Basis der bisherigen Ausführungen können wir nunmehr typische Geschwindigkeiten der nanoskaligen Lokomotion berechnen. Betrachten wir beispielsweise die periodische Bewegung des Flagellums von Spermatozoen. Diese Bewegung der Geißel wird gut durch $y(x, t) = A \sin(kx - \omega t)$ beschrieben. Am Ort x ist dann die Geschwindigkeit des Flagellums $v_y(x, t) = \partial y / dt = A\omega \cos(kx - \omega t)$. Für den lokalen Tangentialvektor gilt $\mathbf{T}(x, t) \sim (1, \partial y / \partial x, 0) = (1, Ak \cos(kx - \omega t), 0)$. Für $\mathbf{v} = (0, v_y, 0) = \mathbf{v}_{\parallel} + \mathbf{v}_{\perp}$ erhält man mit $\mathbf{v}_{\parallel} = (\mathbf{v} \cdot \mathbf{T})\mathbf{T}/T^2$

$$\mathbf{v}_{\parallel} = \frac{A^2 \omega k \cos^2(kx - \omega t)}{1 + A^2 k^2 \cos^2(kx - \omega t)} \mathbf{T} \,. \tag{10.4}$$

Die daraus resultierende Kraft in Bewegungsrichtung ist

$$F_x = (\mu_{\parallel} - \mu_{\perp}) \int dx \frac{A^2 \omega k \cos^2(kx - \omega t)}{1 + A^2 k^2 \cos^2(kx - \omega t)} \,. \tag{10.5}$$

Die Kraft senkrecht zur Achse des Flagellums verschwindet, wenn sie entlang des gesamten Flagellums gemittelt wird. Für hinreichend kleine Amplituden $A \ll L$ folgt $F_x = (\mu_\parallel - \mu_\perp)A^2\omega k/2$ und mit $v_x \approx F_x/\mu_\parallel$ $v_{\text{Loko}} = -(\mu_\perp/\mu_\parallel - 1)A^2\omega k/2$. Dieses Ergebnis beinhaltet verschiedene fundamentale Aspekte. So setzt Lokomotion eine Reibungsanisotropie voraus, da $v_{\text{Loko}} \sim (\mu_\parallel - \mu_\perp)$ gilt. Bei Wellenausbreitung in eine bestimmte Richtung ist v_{Loko} entgegengesetzt orientiert. Ferner gilt $v_{\text{Loko}} \sim \omega k$ aber $v_{\text{Loko}} \sim A^2$. Bemerkenswert ist auch, dass v_{Loko} unabhängig von der Viskosität η der Flüssigkeit ist.

Nähern sich Mikroschwimmer einer Oberfläche, so ändert sich in der Regel ihr Schwimmverhalten [10.5]. Dies ist auf hydrodynamische Wechselwirkungen mit der Oberfläche zurückzuführen. Betrachten wir dazu einen Schwimmer, der viel kleiner ist als seine Distanz zur Oberfläche. Wir können dann die komplexe Anordnung durch Annahme eines *Kraftdipols* im Rahmen einer Fernfeldnäherung beachtlich vereinfachen. Ein hydrodynamischer Kraftdipol ist durch die Wirkung entgegengesetzt gleichgroßer Kräfte an beiden Enden charakterisiert. $\mathbf{f}_1(\mathbf{r}) = f_0\,\delta(\mathbf{r}-\mathbf{r}_0)\mathbf{e}$ und $\mathbf{f}_2(\mathbf{r}) = -f_0\,\delta(\mathbf{r}+\mathbf{r}_0)\mathbf{e}$, mit $\mathbf{e} = \mathbf{r}_0/r_0$. Gleichung (6.23b) charakterisiert das Geschwindigkeitsfeld einer viskosen Flüssigkeit als Resultat einer am Ursprung angreifenden Kraft auf einen Punkt. Für das Geschwindigkeitsfeld des bei $\mathbf{r}_0$ befindlichen Kraftdipols erhalten wir entsprechend

$$\mathbf{v}(\mathbf{r}) = \frac{p}{8\pi\eta r^3}\left(3\frac{(\mathbf{r}\cdot\mathbf{e})^2}{r^2} - 1\right)\mathbf{r}\,, \tag{10.6}$$

mit dem Dipolmoment $p = 2f_0r_0$. Wie bei elektrischen Ladungs- und magnetischen Polverteilungen fällt für den hydrodynamischen Dipol das Feld mit $\sim 1/r^2$ schneller ab als dasjenige eines Monopols.

Befindet sich der Kraftdipol nun in der Nähe einer Oberfläche, an der $\mathbf{v}(\mathbf{r}) = 0$ gilt (*No Slip Condition)*, so lässt sich die Stokessche Gleichung auch für diesen Fall exakt lösen und sogar für komplexere Fälle [10.6]. Für den Kraftdipol können wir auch zu einer Lösung kommen mit dem Verfahren der Spiegelladungen, wie aus der Elektrostatik bekannt: $v^0(\mathbf{r}-\mathbf{r}_0,\mathbf{e}) = \mathbf{v}(\mathbf{r}-\mathbf{r}_0,\mathbf{e}) + \mathbf{v}(\mathbf{r}-\mathbf{r}_1,\mathbf{e}')$. Für $\mathbf{r}_0 = (x_0, y_0, z_0)$ ist $\mathbf{r}_1 = (x_0, y_0, -z_0)$, wenn sich die Oberfläche bei $z = 0$ befindet. $\mathbf{e}'$ entspricht der Spiegelung von $\mathbf{e}$ an der Oberfläche. Es folgt offensichtlich $v_z^0(x, y, 0) = 0$. Allerdings ist die No-Slip-Randbedingung nicht erfüllt. Stattdessen erfährt der Dipol nahe der Oberfläche eine hydrodynamische Kraft, die durch seine Wechselwirkung mit dem Spiegeldipol bedingt ist und durch die z-Komponente des Geschwindigkeitsfelds des Spiegeldipols am Ort des Dipols bestimmt wird:

$$v_z(z_0) = -\frac{p}{32\pi\eta z_0^2}\left(1 - 3[\mathbf{e}\cdot\mathbf{e}_z]^2\right)\,. \tag{10.7}$$

Die resultierende hydrodynamische Kraft ist also attraktiv und variiert mit dem Abstand zur Oberfläche wie das Geschwindigkeitsfeld mit dem Abstand zum Dipol.

Eine exaktere Lösung unter Verwendung des *Blake-Tensors* [10.7] liefert

$$v_z(\Theta, z) = -\frac{3p}{64\pi\eta z^2}\left(1 - 3\cos^2\Theta\right) . \tag{10.8}$$

Der Orientierungswinkel Θ gibt die relative Orientierung zwischen Flagellum und Oberflächennormale an. Bei oberflächenparalleler Bewegung, $\Theta = \pi/2$, ist die hydrodynamische Wechselwirkung, wie zuvor erwähnt, attraktiv. Bei Fortbewegung senkrecht zur Oberfläche, $\Theta = 0$, wird sie allerdings repulsiv. Das *hydrodynamische Drehmoment* orientiert das Flagellum immer parallel zur Oberfläche [10.7].

Die bisherige Diskussion hat gezeigt, dass sowohl die elongierte Form als auch die hydrodynamischen Wechselwirkungen zur Attraktion von Mikroschwimmern durch Oberflächen beitragen. Um die mit der Form verbundenen sterischen Effekte genauer zu betrachten, vernachlässigen wir zunächst einmal die hydrodynamischen Wechselwirkungen und betrachten einen selbstgetriebenen Stab, der zusätzlich *Brownschem Rauschen*, wie in Abschn. 4.3.3 behandelt, unterworfen ist. In diesem Fall wird die Parallelstellung durch das ausgeschlossene Volumen an einer Oberfläche begünstigt, während Fluktuationen zur Abweichung von dieser Orientierung führen und damit zu repulsiven Wechselwirkungen. Passive stabförmige Partikel werden also aus dem oberflächennahen Bereich verdrängt, weil ihre Entropie dort erniedrigt wäre. Mikroschwimmer hingegen sammeln sich bevorzugt an der Oberfläche, selbst wenn hydrodynamische Aspekte, die dieses Verhalten, wie zuvor diskutiert, ebenfalls begünstigen, jetzt nicht betrachtet werden. Dieser vielleicht unerwartete Sachverhalt wird deutlich, wenn man Analogien zieht zwischen elongierten Mikroschwimmern und Polymerketten mit all ihren möglichen Konformationen, wie in Abschn. 7.1 diskutiert [10.8]. Im Zusammenhang mit Gl. (6.36b) haben wir die Rotations-Diffusions-Konstante $D_R \sim k_B T/(\eta L^3)$ für stäbchenförmige Teilchen abgeleitet. Verwendet man diese, so erhält man für die im Zusammenhang mit Polymeren in Gl. (6.94) definierte Persistenzlänge $l_P \sim v_{\text{Loko}}/D_R \sim \eta v_{\text{Loko}} L^3/(k_B T)$. Die Wahrscheinlichkeit, den Schwimmer innerhalb einer Distanz von $L/2$ von der Oberfläche entfernt zu finden, beträgt $P = \tau_O/(\tau_O + \tau_V)$. τ_O ist die Aufenthaltszeit nahe der Oberfläche und τ_V diejenige im Volumen fernab der Oberfläche. Betrachten wir nun ein Polymermolekül, welches, ähnlich wie in Abb. 7.5(b) dargestellt, einseitig nahe der Oberfläche befestigt und tangential zur Oberfläche orientiert ist. Nach Gl. (6.49) ist die Biegesteifigkeit κ durch l_P bestimmt: $l_P = \kappa/(k_B T)$. Bewegt sich nun, ausgehend von der geschilderten Anfangssituation, das Molekül unter Einfluss der Brownschen Stochastik mit v_{Loko}, so nimmt die Distanz zur Oberfläche zeitlich zu: $\langle z\rangle \sim \sqrt{k_B T (v_{\text{Loko}} t)^3/\kappa}$. Für den Orientierungswinkel aus Gl. (10.8) erhält man $\langle\Theta\rangle \sim \sqrt{k_B T v_{\text{Loko}} t/\kappa}$. v_{Loko} liegt dabei, wie zuvor diskutiert, in der Oberflächenebene. Mit $\langle z\rangle(t = \tau_O) = L/2$ folgt $\tau_O \sim \sqrt[3]{l^2 l_P}/v_{\text{Loko}} \sim \sqrt[3]{\eta L^5/v_{\text{Loko}}^2/(k_B T)}$. Um jetzt die Wahrscheinlichkeit zu ermitteln, mit der man den Mikroschwimmer nahe der Oberfläche findet, muss noch τ_V abgeschätzt werden. Hier ist zwischen einem ballistischen und einem diffusiven Regime zu unterscheiden. Ballistisch bewegt sich der Schwimmer im Gesamtsystem auf geradlinigen Trajektorien zwischen zwei gegenüberliegenden Oberflächen im Abstand d. In diesem Fall erhält man $\tau_V \sim d\sqrt[3]{l_p/L}/v_{\text{Loko}} \sim \sqrt[3]{\eta L^2/(v_{\text{Loko}} k_B T)}\, d$. Die Skalierungsargumente resultieren also in $P = L/(L + cd)$, mit einer Konstanten c [10.8]. Für hinreichend große Antriebskräfte $\mathbf{f}$ und damit Geschwindigkeiten $\mathbf{v}_{\text{Loko}}$ konvergiert also die Oberflächendichte der Mikroschwimmer. Ansonsten findet man mittels der diskutierten Skalierungsrelationen eine Zunahme dieser Dichte mit zunehmender Länge L und Antriebskraft f der Schwimmer [10.8].

Ähnlich wie mit Oberflächen wechselwirken Mikroschwimmer hydrodynamisch auch untereinander [10.9]. Maßgeblich ist die Wechselwirkung zwischen den hydrodynamischen Kraftdipolen, wie durch Gl. (10.6) beschrieben. Es gibt sowohl Mikroschwimmer, die sich nach vorn drücken (*Pushers*), wie die in Abb. 10.1 gezeigten Salmonellen oder Spermatozoen, als auch solche, die sich nach vorn ziehen mit einem vorn lokalisierten Flagellum, welches die Flüssigkeit nach hinten drückt (*Pullers*). Da jeweils das Dipolmoment ein unterschiedliches Vorzeichen aufweist, sollten auch die hydrodynamischen Kräfte zwischen Pushers und Pullers unterschiedlich sein: Pushers ziehen sich an und Pullers stoßen sich ab, was auch durch hydrodynamische Rechnungen bestätigt wird [10.9].

Detailliertere Untersuchungen [10.5] zeigen, dass sich nebeneinander schwimmende Pushers aufgrund ihrer hydrodynamischen Wechselwirkungen im Nahfeld in Bezug auf die Geißelbewegungen synchronisieren können, was aber eine nicht streng sinusförmige Bewegung der Flagellen voraussetzt. Diese Synchronisation (*Phase Locking*) ist Ursache eines interessanten Kollektiverhaltens von Mikroschwimmern. In größeren Ensemblen bilden sich aufgrund hydrodynamischer Wechselwirkungen Cluster oder Aggregate synchronisierter Mikroschwimmer. Gäbe es keinerlei Fluktuationen und nur perfekte Synchronisation, so würden diese Aggregate zeitlich kontinuierlich anwachsen. Nehmen wir aber eine Gauß-Verteilung $\delta = \sqrt{(\Delta\omega)^2}/\langle\omega\rangle$ der Antriebsfrequenzen an, so können für $\delta > 0$ Mikroschwimmer ein Cluster nach einer endlichen Zeit verlassen, weil ihre Phasendifferenz zu den anderen Mikroschwimmern des Clusters aufgrund von Abweichungen von der mittleren Frequenz $\langle\omega\rangle$ zeitlich zunimmt. Gleichzeitig kann das Aggregat wachsen durch Aufnahme weiterer Mikroschwimmer aus der Umgebung mittels Synchronisation. Diese Balance von Wachstums- und Schrumpfungsprozessen führt zu einer endlichen mittleren Größe der Aggregate mit $\langle n\rangle = \sum_\nu ng(n)$. $g(n)$ ist hier die normierte Clusterverteilung und ν nummeriert die Cluster durch. Hydrodynamische Rechnungen [10.5] liefern $\langle n\rangle \sim 1/\delta^y$ mit $y = 0{,}2$. Dieser Typ von Potenzgesetz steht für ein zugrunde liegendes universelles Verhalten von Systemen selbstgetriebener Objekte [10.10].

Mikroschwimmer sind ein instruktives Beispiel dafür, wie nanoskalige Strukturen und Dynamik zu einem nichttrivialen Lokomotionsverhalten führen können. Hydrodynamisch gesteuerte Selbstorganisationsprozesse führen dann zu einem einfachen *Schwarmverhalten*. Nanostrukturforschung ist zum einen die Grundlage für ein Verständnis der zugrundeliegenden Phänomene, zum anderen können die beschriebenen biologischen Strukturen und Prozesse Ausgangspunkt artifizieller nanotechnologischer Strukturen mit der Fähigkeit zur Lokomotion auf Nanometerskala sein.

10.2 Molekulare Motoren

In den zwei vorangegangenen Abschnitten hatten wir anhand der globalen Betrachtung zellmechanischer Phänomene gesehen, dass *molekulare Motoren* von vitaler Bedeutung für die Funktionsweise von Zellen sind [10.11]. Sie sind verantwortlich für die Kontraktion von Muskeln, ermöglichen intrazellulären Transport, führen die genomische Transkription durch, oder ermöglichen Eukaryoten und Prokaryoten eine eigenständige Lokomotion. Aus Sicht der Nanostrukturforschung und Nanotechnologie ist es von Interesse, die physikalischen Funktionsprinzipien der unterschiedlichen Motorvarianten zu verstehen und die Kausalität zwischen Struktur und Funktion zu verifizieren. Außerdem möchte man die Interaktion der Motoren mit der Umgebung, in der sie sich befinden, analysieren [10.12].

Als Motor bezeichnen wir im vorliegenden Kontext zunächst einmal jede Vorrichtung, welche eine gegebene Energieform in mechanische Arbeit konvertiert. Konventionelle Motoren werden mittels der klassischen Mechanik, Thermodynamik und eventuell Elektrodynamik beschrieben. Betrachten wir molekulare Motoren als subzelluläre Strukturen, so sind diese, wie wir beispielsweise anhand der Motorproteine gesehen haben, einer ausgeprägten Stochastik als Folge thermischer Prozesse ausgesetzt. Auch wird chemische Energie direkt in mechanische Arbeit konvertiert, wobei thermisch aktivierte Prozesse erneut eine stochastische Komponente bedingen. Diese inhärenten stochastischen Quellen mache eine Behandlung molekularer Motoren mit den Methoden der statistischen Mechanik a priori notwendig.

In den meisten Fällen resultiert die chemische Energie aus der Hydrolyse von Adenosintriphosphat, wie in Abb. 9.16 dargestellt. Aber auch die Hydrolyse von Guanosintriphosphat, oder von Nukleosidtriphoshaten spielen eine Rolle. Der chemomechanische Prozess besteht darin, dass eine Serie von Einzelreaktionen letztendlich zu Konformationsänderungen der beteiligten Moleküle führt. Damit besteht die inkrementelle Bewegung molekularer Motoren in winzigen Einzelschritten auf Nanometerskala. Diese Prozesse sind gegenwärtig Gegenstand einer sehr aktiven Forschung [10.13], denn es bestehen noch verschiedene ungeklärte Fundamentalfragen [10.14; 10.15]. Es ist hilfreich, zunächst einmal die molekularen Motoren im Hinblick auf Funktion und Struktur in verschiedenen Kategorien zu klassifizieren [10.14].

Offensichtlich ist die Funktion des Motors, der mit dem Flagellum eines Bakteriums, wie in Abb. 10.2 dargestellt, verbunden ist. Das Flagellum, dessen Funktion ja im vorangegangenen Abschnitt beschrieben wurde, ist über einen Haken mit dem in der Zellwand verankerten Motorkomplex verbunden. Das gesamte System besteht vollständig aus Proteinen. Die Geißel wird durch Rotation des molekularen Motors angetrieben. Es handelt sich hier also um einen Rotationsmotor, der im Folgenden als

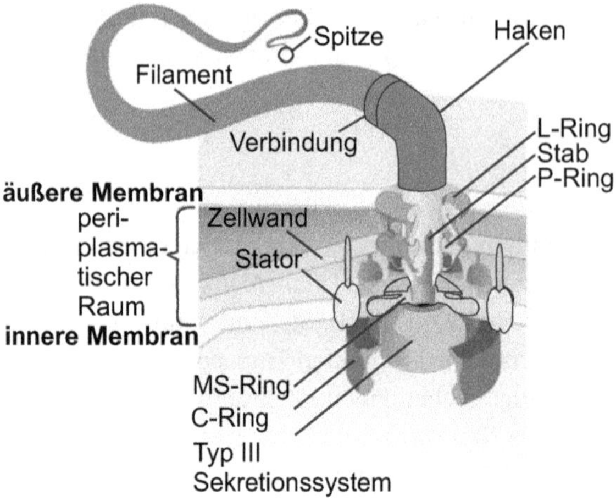

Abb. 10.2. Schema eines Komplexes aus Flagellum und molekularem Motor eines Bakteriums.

erste Motorkategorie in exemplarischer Weise im Hinblick auf Aufbau und Funktion genauer diskutiert werden soll.

Der Rotationsmotor, der wie in Abb. 10.2 das Flagellum eines Bakteriums – beispielsweise des besonders gut bekannten E. coli – antreibt, wird chemisch angetrieben durch den Fluss von Protonen über die Zellmembran. Entsprechende Motorproteine gehören zur *F_0F_1-ATPase-Familie*. Das Enzym *ATP-Synthase* ist ein Transmembranprotein, das entweder als ATP-verbrauchende Protonenpumpe oder als protonengetriebener Motor fungieren kann. Die ATP-Synthase ist also ein chemomechanischer Energiewandler. Unter physiologischen Bedingungen besteht die Hauptaufgabe des Enzyms darin, die Synthese von ATP zu katalysieren. *Adenosin* ($C_{10}H_{13}N_5O_4$) mit einer zweiteiligen Phosphatkette wird, wie bereits früher erwähnt, als Adenosindiphosphat (ADP, $C_{10}H_{15}N_5O_{10}P_2$) bezeichnet. ATP ist um ca. 45 kJ/mol energiereicher als ADP. Die ATP-Synthase koppelt nun die ATP-Synthese mit dem Transport von Protonen – oder auch anderen Ionen – entlang eines Protonengefälles oder Ionengefälles über die Membran. ATP-Synthase besteht aus zwei Komplexen: Der wasserlösliche Komplex F_1 katalysiert die Synthese von ATP und der wasserunlösliche F_0-Komplex ist in die Zellmembran eingebaut und transportiert Protonen. Dies erklärt auch die Alternativbezeichznung F_0F_1-ATPase.

ATP stellt Stoffwechselvorgängen Energie zur Verfügung. Der Verbrauch an ATP – für einen Menschen kann er bei mehr als 80 kg pro Tag liegen – wird durch ATP-Synthese regeneriert. Dabei nutzt die ATPase die Energie des Protonengradienten über die Zellmembran. ATPase kommt vor in der Zellmembran von Prokaryoten und in der Thylakoidmembran von Chloroplasten. Die Aufklärung des Funktionsprinzips der ATPase ist mit den Namen *P.D. Boyer* und *J.E. Walker* (gemeinsamer Nobelpreis für Chemie 1997) verbunden sowie mit *J.C. Skou*, welcher 1957 die erste Protonenpumpe entdeckte.

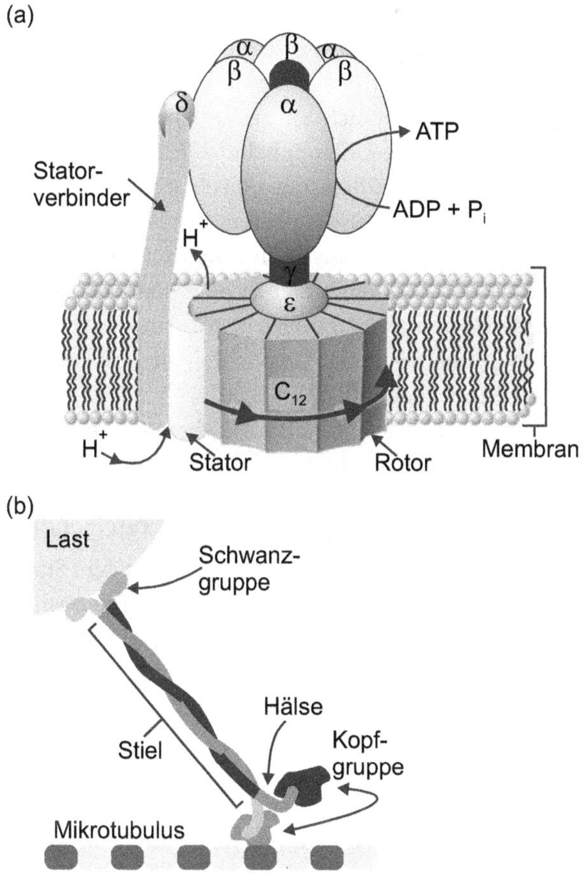

Abb. 10.3. Molekulare Motoren. (a) Rotationsmotor in Form der ATP-Synthase von E. coli. (b) Linearmotor in Form von Kinesin.

In Abb. 10.3(a) ist das Transmembranenzym schematisch im Detail dargestellt. Mechanisch gesehen lässt es sich in einen drehenden Rotor und einen Stator gliedern. Wegen des fluiden Charakters der Membran führt der Stator eine Drehbewegung gegenläufig zum Rotor aus. Die F_0-Einheit setzt sich zusammen aus hydrophoben Proteinen und besteht aus drei Untereinheiten: Der Stator dient zur Kraftübertragung auf den Statorverbinder und ist gleichzeitig Teil des Mechanismus, der die Protonenbewegung in eine Drehbewegung umsetzt. Der Stator verbindet die Membran mit der F_1-Komponente und dient der weiteren Kraftübertragung. Der Rotor besteht bei E. coli aus zwölf Spiralen, die zu einem Ring angeordnet sind. Im Innern dieses Rings befindet sich eine isolierende Schicht – wahrscheinlich aus Phospholipiden –, so dass hier kein Protonenfluss auftritt. Jede Peptidkette des Rotors verfügt über ein aktives Zentrum. Wenn hier Protonen abgespalten werden, so ändert sich die Konformation der Peptidkette in einen mechanisch gespannten Zustand. Wird wieder ein Proton aufgenommen, so dreht sich die Kette zurück. Diese Rückdrehung übt wiederum eine Kraft auf den Stator aus.

Die wasserlösliche F_1-Komponente befindet sich an der Innenseite der Membran. Verschiedene Peptide α bis ε bilden die Untereinheiten. Je drei α- und β-Untereinheiten bilden den $F_1(\alpha\beta)_3$-Komplex, in dem die Umsetzung von ADP zu ATP stattfindet. Zwischen den Peptiden existieren drei Poren, durch die Substrat und Produkt ein- und austreten können. In drei katalytischen Zentren des $F_1(\alpha\beta)_3$-Komplexes wird das ATP produziert. Die $F_1\gamma$-Untereinheit ist eine drehbare Achse, welche die Drehbewegung des in der Membran platzierten Rotors an die katalytischen Zentren des $F_1(\alpha\beta)_3$-Komplexes überträgt. Die Untereinheiten $F_1\delta$ und $F_1\varepsilon$ stellen gemäß Abb. 10.3(a) gleichsam Bindeglieder dar.

Wie sieht nun im Detail der Mechanismus aus, der über die chemomechanische Konversion zur Drehung der molekularen Maschine führt? Hierzu gibt es eine plausible, aber hypothetische Modellvorstellung. Jedes F_0-Partikel aus dem Rotor hat einen *Asparaginsäurerest (ASP-Rest,* $C_4H_7NO_4$). Mit einer Ausnahme sind die ASP-Carboxylgruppen protoniert. Die ASP-Gruppe des Rotorpeptids unmittelbar neben dem Stator steht unter dem Einfluss einer *Argininggruppe* ($C_6H_{14}N_4O_2$) des Stators. Die positive Ladung stabilisiert über elektrostatische Wechselwirkung die negative Ladung der deprotonierten ASP-Gruppe. Das negativ geladene Peptid weicht in seiner räumlichen Struktur von den übrigen Peptiden ab und ist aufgrund seiner Krümmung mechanisch gespannt. Sobald dieses Peptid ein Proton aufnimmt, was aus der COO^--Gruppe eine COOH-Gruppe werden lässt, geht die spannungsreiche Struktur in den entspannten Normalzustand über. Dabei wird auf den Stator eine Kraft ausgeübt, die zur Drehung des Peptids führt. Die Drehung des Rotors bringt das ursprünglich negativ geladene Peptid auf die andere Seite des Statorarginins. Der Ring ist bei zwölf Peptideinheiten um 30° gedreht. Gleichzeitig steht nun das Nachbarpeptid des ursprünglich negativ geladenen Peptids unter dem Einfluss der positv geladenen Argininggruppe des Stators. Das Molekül wird deprotoniert und gespannt. Das Proton wird in Richtung des Zellinnern transportiert. Bezüglich des Peptidrings des Rotors ist damit wieder die Ausgangssituation hergestellt. Allerdings wurde zwischenzeitlich chemische Energie in mechanische Arbeit gewandelt und ein Proton von außen nach innen transportiert.

Die Umsetzung von ADP und Phosphat in ATP im $F_1(\alpha\beta)_3$-Komplex erfolgt in den drei katalytischen Zentren, die nacheinander unterschiedliche Formen annehmen. Eine hohe Affinität gegenüber ADP und Phosphat ermöglicht eine Bindung der Substrate. Sodann bekommt das Zentrum einen hydrophoben Charakter, der die *Kondensation* zu ATP energetisch begünstigt. In der geöffneten Form wird abschließend ATP ausgestoßen. Dieser abschließende Schritt erfordert einen Energieaufwand, der durch die Drehbewegung ermöglicht wird. Bei einer Drehung um 360° entstehen in drei Schritten drei ATP-Moleküle. Da sich die molekulare Maschine bei jedem Protonendurchgang um 30° dreht, werden für jedes ATP-Molekül vier Protonen benötigt.

Die am Beispiel von E. coli diskutierte ATP-Synthese kommt in Varianten, wie erwähnt, auch in anderen Organismen vor. Die transmembranen Motorproteine sind aus Sicht von Nanostrukturforschung und Nanotechnologie als molekulare Maschinen äußerst interessant, weil sie chemomechanischen Funktionsprinzipien unterliegen, die im Vergleich zu konventionellen Maschinen zu erstaunlichen mechanischen und thermodynamischen Eigenschaften führen [10.15; 10.16]. Sie dienen damit als Leitbild in der Entwicklung artifizieller nanoskaliger Maschinen, von denen in den vergangenen Jahren unterschiedlichste Varianten vorgestellt und erforscht wurden [10.17]. Aber auch die natürlichen Motorproteine [10.18] lassen sich isolieren und auf Substraten unter künstlichen nanotechnischen Bedingungen studieren und betreiben.

Die zweite Kategorie molekularer Motoren könnte man als Linearmotoren bezeichnen. In diese Kategorie fallen die *Zytoskelettmotorproteine*, die *Nukleinsäuretranslokasen* und die *Polymerisationsmotoren*, die alle bereits im vorangegangenen Abschnitt erwähnt wurden.

Zytoskelettmotoren sind zu unterscheiden anhand des Substrats, auf dem sie sich bewegen. Die Hydrolyse von ATP findet wiederum an ATPase-Zentren statt und der Ausstoß von ADP führt zu Konformationsänderungen von Molekülen, wobei mechanische Kräfte generiert werden, die auf Motorprotein und Substrat wirken. Diese resultiert in einer Relativbewegung zwischen Motor und Substrat. Damit handelt es sich wiederum um einen chemomechanischen Prozess, wie bereits im Zusammenhang mit den Rotationsmotoren diskutiert. Die Kopfregion der Motorproteine, in denen die ATP-Hydrolyse läuft, bindet an das Substrat. Im Fall von Kinesin und Dynein ist dies ein Mikrotubulus, im Fall von Myosin ein Aktinfilament. Kinesine und Dyneine haben eine Schwanzregion, die an die zu transportierende Last bindet. Der Aufbau ist in Abb. 10.3(b) dargestellt. Kinesine bewegen sich mittels eines Mechanismus, der bereits im vorhergehenden Abschnitt beschrieben wurde, in der Regel zum Plusende der Mikrotubuli und damit weg vom Zentrum der Zelle. Bei Dynein ist dies umgekehrt. Die ATP-Hydrolysezyklen führen zu einer schrittweisen Bewegung. Myosine sind verantwortlich für die Kontraktion von Muskeln. Die Kopfregion bindet an Aktinfilamente und die ATP-Hydrolyse generiert die Kraft, die für einen Schritt entlang des Filaments erforderlich ist. Dabei übt das Molekül eine Kraft auf das Filament aus und zieht an ihm. Bei Ausstoß von ADP und bei erneuter Bindung von ATP kommt es zu einer Desorption vom Aktinfilament. Der nächste Hydrolyseprozess resultiert wiederum in einer Adsoprtion. Der kollektive Prozess sehr vieler Motorproteine generiert die beachtliche Kraft, die mit der Muskelkontraktion verbunden ist.

Nukleinsäuretranslokasen sind Motorproteine, welche sich entlang von DNA- und RNA-Strängen bewegen. Der chemomechanische Prozess basiert wiederum auf der Hydrolyse von ATP, aber der biologische Verwendungszweck der Motoren ist ein völlig anderer als bei den Zytoskelettmotoren. Sie dienen der Transformation genetischer Information in biologische Strukturen. *Helikasen* separieren die Doppelstränge der

DNA, was für die Transkription und Replikation erforderlich ist. *RNA-Polymerasen* sind Enzyme, die RNA polymerisieren, wobei sie genetische Abschnitte der DNA als Template nutzen. *DNA-Polymerase* katalysiert die Polymerisation von Desoxyribonukleotiden in einen DNA-Strang, der komplementär zu demjenigen Strang ist, der als Templat genutzt wird. Ribosomen wiederum bewegen sich entlang von mRNA und produzieren dabei Proteine.

Ebenfalls in die Kategorie der Linearmotoren gehören die Polymerisationsmotoren, deren Funktion bereits im vorigen Abschnitt beschrieben wurde. Gemeint sind Mikrotubuli und Aktinfilamente selbst, die in einem Nichtgleichgewichtsprozess durch Polymerisation und Depolymerisation ihre Position und Ausdehnung innerhalb der Zellen verändern [10.19].

Ein übergreifender genereller Aspekt aller zuvor diskutierten Motoren ist, dass die Hydrolyse von ATP zu Konformationsänderungen der Motorproteine führt, die ihrerseits wiederum mechanische Arbeit verursachen. Eine Vielzahl chemomechanischer Zyklen führt dann zur Motorbewegung. Zur Charakterisierung dieser Bewegung reicht es allerdings nicht aus, nur die einzelnen chemomechanischen Zyklen in ihrer Abfolge zu betrachten. Die umgebende Flüssigkeit verursacht zusätzlich hydrodynamische Effekte und vor allem *Brownsche Kräfte*. Diese resultieren in probabilistischen Einflüssen, die auch durch die thermisch aktivierte ATP-Hydrolyse und durch die Diffusion von Molekülen zusätzlich hervorgerufen werden. Zur Berücksichtigung dieser probabilistichen Effekte gibt es zwei komlementäre Ansätze, die *Brownsche* oder *molekulare Ratsche* (*Brownian Ratchet*) und den *Zufallsweg* (*Random Walk*).

Eine Brownsche Ratsche ist eine Nanomaschine, die aus Brownscher Molekularbewegung eine gerichtete Bewegung erzeugt. Dies setzt voraus, dass von außen Energie in das System gebracht wird, was bereits von *R. Feynman* (1918–1988, Nobelpreis für Physik 1965) im Jahre 1962 gezeigt wurde. Solche Systeme, die seit etwa 1995 intensiver und gezielt erforscht werden, bezeichnet man in der Regel als *Brownsche Motoren* [10.20].

Motorproteine auf Mikrotubuli oder Aktinfilamenten führen eine eindimensionale Zufallsbewegung aus, die zur Position $x(t)$ zum Zeitpunkt t führt. Der Stochastik kann dabei durch Ansatz einer Langevin-Funktion Rechnung getragen werden:

$$\zeta \frac{d}{dt} x(t) = f(t)\ . \tag{10.9}$$

Die phänomenologische Zufallskraft $f(t)$ berücksichtigt alle stochastischen Einflüsse auf das Motorprotein. Bei Abwesenheit äußerer Kräfte wirkt dieser Kraft nur die durch den Reibungskoeffizienten ζ quantifizierte Reibungskraft entgegen. In der Regel kann die Zufallskraft in Form einer Gauß-Verteilung mit $\langle f(t) \rangle = 0$ und zeitlich unkorreliert mit $\langle f(t) f(t') \rangle = 2\zeta k_B T \delta(t - t')$ angenommen werden. Diese stochastische Dynamik repräsentiert also einen idealen Markov-Prozess: Jede Änderung der Motorposition hängt ab von der gegenwärtigen Position, nicht aber von der Historie. Die Wahrscheinlichkeitsverteilung für die Motorpositionen $x(t)$ ist dann durch eine Gauß-Verteilung gegeben:

$$P(x,t) = \frac{1}{\sqrt{4\pi Dt}} \exp\left(-\frac{(x-x_0)^2}{4Dt}\right) , \tag{10.10}$$

mit $x_0 = x(t=0)$ und der Diffusionskonstante $D = k_B T/\zeta$. Diese Wahrscheinlichkeitsverteilung ist die Lösung der *Fokker-Planck-Gleichung*

$$\frac{\partial}{\partial t} P(x,t) = D \frac{\partial^2}{\partial x^2} P(x,t) . \tag{10.11}$$

Die Langevin-Gleichung (10.9) beschreibt nicht die gerichtete Zufallsbewegung eines Motors, da eine ideale Zufallskraft der angenommenen Form keine Drift in eine Richtung resultieren lässt. Dies resultiert aus dem *zweiten Hauptsatz der Thermodynamik*, wonach im thermodynamischen Gleichgewicht Wärme nicht vollständig in mechanische Energie konvertiert werden kann. Allerdings bewegen sich die Motorproteine entlang eines periodischen Potentials $V(x)$, welches in der externen Kraft $F(x) = -dV(x)/dx$ resultiert. Intuitiv könnte man annehmen, dass ein sägezahnförmiges Potential zu einer gerichteten Bewegung Brownscher Motoren entlang der Potentialratsche führen könnte. Aber auch in diesem Fall würde es sich um ein Perpetuum mobile handeln und man kann leicht zeigen, dass eine beliebige räumlich periodische Kraft in Gl. (10.9) nicht zu einer Driftbewegung führen kann [10.13].

Die bisherige Argumentation für die Abwesenheit von Drift setzt ein thermodynamisches Gleichgewicht voraus. Molekulare Motoren arbeiten aber inhärent unter Ungleichgewichtsbedingungen. In jedem chemomechanischen Zyklus gibt es einen Energieeintrag durch Hydrolyse von ATP, GTP oder NTP. Ohne katalytisches Zentrum würde allerdings die Temperatur in einer Zelle nicht ausreichen, um die Energiebarriere für den Hydrolyseprozess zu überwinden. Allerdings wird die notwendige Katalyse durch die Motoren selbst an bestimmten Orten und zu bestimmten Zeiten zur Verfügung gestellt. Die Motoren bewegen sich also mit einem Potential, welches periodisch in Ort und Zeit ist. Bezogen auf das zuvor angenommene Sägezahnpotential hieße dies im einfachsten Fall, dass das Potential periodisch ein- und ausgeschaltet würde. Ist das Potential eingeschaltet, so bewegt sich der Motor in ein lokales Minimum des Sägezahnverlaufs. Bei danach ausgeschalteter Potentiallandschaft gibt es keine bevorzugte Bewegungsrichtung. Allerdings ist wegen des Ratschencharakters die Wahrscheinlichkeit dafür, beim nächsten Einschalten des Potentials im linken oder rechten Nachbarminimum zu landen, unterschiedlich. In Richtung des steileren Potentialanstiegs ist die Wahrscheinlichkeit erhöht, weil der Diffusionsweg bis zum Erreichen eines Potentialmaximums geringer ist, wie Abb. 10.4 zeigt. Die korrespondierende Bewegungsgleichung ist jetzt gegeben durch

$$\zeta \frac{d}{dt} x(t) = F(x,t) + f(t) . \tag{10.12}$$

$F(x,t)$ hängt generell von der Art des Motors, vom Filament, auf dem er sich bewegt und von der Umgebung ab. Der Ratschenmechanismus ist allerdings unabhängig von der jeweiligen räumlich-zeitlichen Form. Diese muss nur abgestimmt sein auf mittlere Diffusionszeiten und -längen.

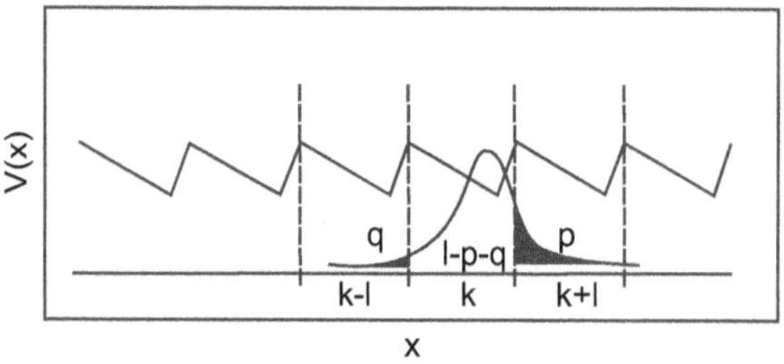

Abb. 10.4. Brownsche Ratsche. Das Potential variiert zeitlich periodisch zwischen sägezahnförmig und konstant. Ein Motorprotein bewegt sich dadurch mit der Wahrscheinlichkeit $p > q$ von k nach $k + 1$ und mit der Wahrscheinlichkeit q nach $k - 1$. Es verbleibt mit der Wahrscheinlichkeit $1 - p - q$ bei k.

Komplementär lässt sich die Motorbewegung über längere Zeitabschnitte auch über das Modell des Zufallswegs beschreiben. Dieses geht, ohne auf chemomechanische Zyklen einzugehen, davon aus, dass aufgrund aller deterministischen und stochastischen Antriebskräfte ein Übergang von k nach $k + 1$ mit der Rate p und von k nach $k - 1$ mit der Rate q stattfindet, wie in Abb. 10.4 dargestellt. Daraus ergibt sich die Wahrscheinlichkeitsverteilung

$$P(k, t) = pP(k - 1, t) + qP(k + 1, t) - (p + q)P(k, t) \tag{10.13}$$

in Analogie zur Fokker-Planck-Gleichung (10.11). Diese ergibt sich, wenn man die Gitterkonstante a einführt und eine Taylor-Entwicklung von Gl. (10.13) in a durchführt. Die resultierende Diffusionskonstante ist durch $D = a^2(p+q)/2$ gegeben und der Driftterm durch $-v dP/dt$, mit $v = a(p-q)$. Aufgrund der Taylor-Entwicklung ist es möglich, die Motorbewegung auf einer Zeitskala zu studieren, bei der der Motor viele Schritte gemacht hat und bei der die betrachteten räumlichen Fluktuationen groß gegenüber a sind. In diesem Fall liefern das Ratschenmodell und das Modell des Zufallswegs dieselben Resultate, was ja auch zu erwarten ist.

Unabhängig vom Typ des molekularen Motors lassen sich einige generelle Charakteristika diskutieren, die insbesondere von Bedeutung sind für die Entwicklung artifizieller molekularer Maschinen, beispielsweise für die Realisierung künstlicher Muskeln. Wir wollen dies am Beispiel der Linearmotoren diskutieren, wobei eine analoge Diskussion auch für Rotationsmotoren [10.21] geführt werden kann.

Es ist sehr überraschend, dass sich mechanische Eigenschaften von Linearmotoren völlig unabhängig von Größe und Beschaffenheit und unabhängig davon, ob es sich um technische Konstruktionen oder biologische Maschinen handelt, durch eine Skalierungsrelation beschreiben lassen, ähnlich, wie in Abschn. 2.1 skizziert. Die maximal von einem Linearmotor erzeugte Kraft hängt danach nur von seiner Masse ab

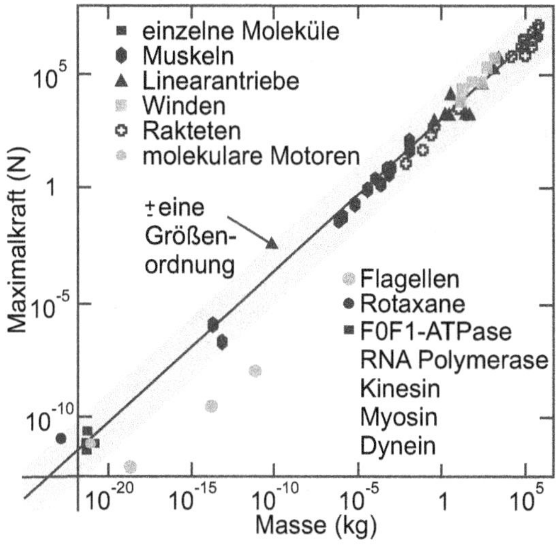

Abb. 10.5. Kraft-Masse-Relation für Linearmotoren [10.22]. Die durchgezogene Regressionslinie wurde durch Auswertung einer Vielzahl unterschiedlicher Daten von technischen und biologischen Motoren empirisch ermittelt und erstreckt sich über 25 Größenordnungen bezüglich der Motormasse.

[10.22]: $F = 878\sqrt[3]{m^2}$[15] und damit $F \sim m^{2/3}$. Die praktische Relevanz dieses Zusammenhangs geht aus Abb. 10.5 hervor. Die Skalierungsrelation lässt sich in einfacher Weise interpretieren. Der Querschnitt einer Struktur, die ein lineares Skalenverhalten in der Masse zeigt, muss zwangsläufig mit einem Exponenten von 2/3 skalieren. Ändert sich also die zulässige mechanische Spannung nicht, so wächst die Maximalkraft in der angegebenen Weise. Allerdings ist der zuvor angegebene numerische Koeffizient von 878 erstaunlich klein: Für ein typisches technisches Polymer erhält man Zugfestigkeiten in der Größenordnung von $\sigma = 50\,\mu\text{Pa}$ bei Dichten von ca. $\varrho = 1,4\,\text{g/cm}^3$. $F = \sigma\sqrt[3]{(m/\varrho)^2}$ liefert $\sigma/\sqrt[3]{\varrho^2} = 396.850$. Die typische Spannung, gemittelt über den Motorquerschnitt, ist also ca. 452 mal kleiner als die Zugfestigkeit eines typischen technischen Materials. Die Ursache liegt darin begründet, dass sowohl in biologischen als auch in technischen Motoren Belastungsgrenzen nicht erreicht werden, um Verschleiß und Ermüdung zu vermeiden, und dass nie der gesamte Motorquerschnitt zur Kraftübertragung genutzt wird.

Für technische Motoren ist der Wirkungsgrad, mit dem chemische oder elektrische Energie in mechanische Arbeit konvertiert werden, eine zentrale Größe. Die ATP-Synthase als Rotationsmotor hat einen Wirkungsgrad von nahezu 100 % [10.23]. Eine Kraft von 7 pN bei einer Schrittgröße von 8 nm als Folge der Hydrolyse eines ATP-Moleküls ergibt für Kinesin einen Wirkungsgrad von 50 % [10.24]. Große Elektromo-

15 $[F] = \text{N}$, $[m] = \text{kg}$

toren erreichen Wirkungsgrade von nahezu 100 %, aber die Effizienz sinkt unter 20 % für Mikromotoren [10.25]. Auf molekularer Skala lassen sich mit Polymergelen sogar nur Effizienzen in der Größenordnung von 10^{-6} erreichen [10.26].

Der vergleichsweise hohe Wirkungsgrad molekularer Maschinen lässt sich nur durch Optimierung des chemomechanischen Zyklus erreichen [10.25]. Die Natur bevorzugt offenbar pulsartige Antriebsmechanismen [10.26], wobei eine große Änderung der freien Energie pro „Treibstoffmolekül" zu einer maximalen Effizienz des chemomechanischen Zyklus führt [10.27].

Interessanterweise können wir auch den maximal möglichen Wirkungsgrad anhand der fundamentalen Betrachtungen, die wir in Abschn. 3.8 zu Informations- und Energieflüssen in Nanosystemen angestellt haben, diskutieren [10.28]. Der Übergang eines molekularen Motors in einen neuen Zustand durch Konformationsänderung eines Moleküls beinhaltet implizit eine Wahl zwischen unterschiedlichen Zuständen. Verbunden mit dieser Wahl ist eine Zunahme an Information innerhalb des Systems, was äquivalent zu einer entsprechenden Energieabnahme ist. Wie in Abschn. 3.8.1 ausgeführt, beträgt die minimale Energiedissipation pro Bit an Information $\Delta E = k_B T \ln 2$. Dieser Betrag limitiert die Änderung an freier Energie innerhalb eines chemomechanischen Zyklus.

Synthetische molekulare Motoren, beispielsweise auf der Basis von DNA [10.29], basieren häufig auf diffusiven Prozessen und nicht auf schlagartigen Antriebsmechanismen *(Power Stroke Mechanisms)*, was ihre Effizienz, wie zuvor erwähnt, unterhalb theoretisch erreichbarer Werte limitiert. Aber es wurden auch schlagartige Antriebsmechanismen bei synthetischen molekularen Motoren, beispielsweise auf der Basis von *Rotaxanen* [10.30], realisiert. Im Hinblick auf die technische Verwendung molekularer Motoren ist aber nicht nur ihr thermodynamischer Wirkungsgrad von Bedeutung, sondern auch die Notwendigkeit, ein Ensemble aus einer großen Anzahl von Motoren zu realisieren, bei dem der Wirkungsgrad des Ensembles mit demjenigen des Einzelmotors vergleichbar ist. Dass dies möglich ist, zeigt wiederum die natürliche Realisierung von Motorensembles, beispielsweise in Form von Muskelgewebe. Dieses hat einen Wirkungsgrad von 20–40 % [10.31], was beweist, dass ein Ensemble von größenordnungsmäßig 10^{20} molekularen Motoren mit einem Wirkungsgrad betrieben werden kann, der demjenigen des Einzelmotors gleicht. Soll dies erreicht werden, so muss das Design des Einzelmotors bereits auf den kollektiven Operationsmodus abgestimmt sein [10.32].

Experimentell gelingt es heute, biomolekulare Motoren zusammen mit nanoskaligen technischen Komponenten zu funktionellen Nanosystemen zu integrieren. Diese erlauben dann einerseits ein detailliertes Studium der Eigenschaften der biologischen Motoren und andererseits die Analyse potentieller Anwendungen solcher Hybridstrukturen. Abbildung 10.6 zeigt eines der ersten und bislang spektakulärsten Beispiele [10.33]. Auf einem nanostrukturierten, biochemisch funktionalisierten Substrat wurden F1-ATPase-Motoren in Form eines regulären Felds gebunden. An jeden Motor wurde durch spezifische Bindung ein ebenfalls biofunktionalisierter nanoskaliger Metallflügel befestigt. Eine schematische Darstellung des entstehenden Komplexes ist in Abb. 10.6(a) dargestellt. In einem Immersionsmittel, in dem sich ATP befindet, beginnen sich die Flügel zu drehen, wie dies die Videosequenz in Abb. 10.6(b) zeigt. Die biologischen Motoren arbeiten also auch in einer vollständig unphysiologischen Atmosphäre.

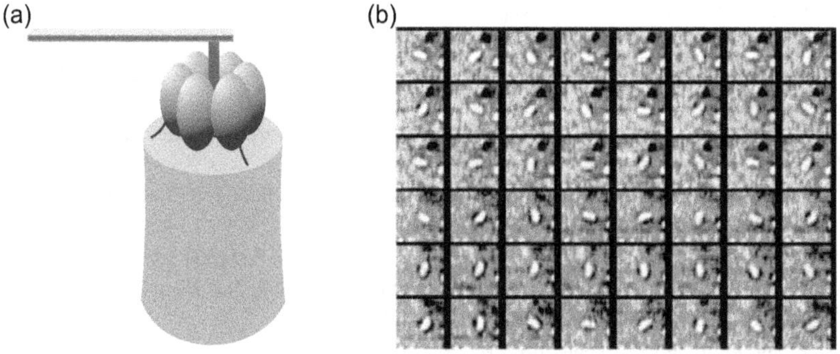

Abb. 10.6. Hybridsystem aus nanostrukturierten Komponenten und biomolekularen Motoren [10.33]. (a) F1-ATPase auf einer Nickelstruktur des Substrats mit einem gebundenen nanostrukturierten Nickelflügel. (b) Ausschnitte aus einer Videosequenz [10.34] von Nanopropellern, die sich mit 8,3 Umdrehungen pro Minute gegen den Uhrzeigersinn drehen. Die Propeller haben Abmessungen von $750\,nm \times 150\,nm$. Die Konzentration an ATP beträgt 2 mM.

Literatur

[10.1] G.A. Ozin, I. Manners, S. Founier-Bidoz and A. Arsenault, Adv. Mat. **17**, 3011 (2005).

[10.2] E.M. Purcell, Am. J. Phys. **45**, 3 (1977).

[10.3] E. Langa and T.R. Powers, Rep. Prog. Phys. **72**. 096601 (2009); T. Ishikawa, J. R. Soc. Interface **6**, 815 (2009).

[10.4] V. Brinkmann, Max-Planck-Institut für Infektionsbiologie, Berlin; upload. wikimedia.org/commons/e/ee/salmonella_typhimurium.png.

[10.5] G. Gompper, *Microswimmers*, in: J.K.G. Dhont, G. Gompper, T.R. Lang, D. Richter, M. Ripoll, D. Willbold and R. Zorn (Eds), *Macromolecular Systems in Soft and Living Matter* (Schriften des Forschungszentrums Jülich, 2011).

[10.6] J.R. Blake, Proc. Camb. Philos. Soc. **70**, 303 (1971).

[10.7] A.P. Berke, L. Turner, H.C. Berg and E. Lauga, Phys. Rev. Lett. **101**, 038102 (2008)

[10.8] J. Elgeti and G. Gommer, Europhys. Lett. **85**, 38002 (2009).

[10.9] I.O. Götze and G. Gompper, Phys. Rev. E **82**, 041921 (2010).

[10.10] C. Huepe and M. Aldana , Phys. Rev. Lett. **92**, 168701 (2004); T. Vicsek, A. Czirók, E. Ben-Jacob, I. Cohen and O. Sochet, Phys. Rev. Lett. **75**, 1226 (1995).

[10.11] M. Schliwa (Ed.), *Molecular Motors* (Wiley-VCH, New York, 2003).

[10.12] G.M. Schütz, *Motion of Molecular Motors*, in: J.K.G. Dhont, G. Gompper, P.R. Lang, D. Richter, M. Ripoll, D. Willbold and R. Zorn (Eds), *Macromolecular Systems in Soft and Living Matter* (Schriften des Forschungszentrums Jülich, 2011).
[10.13] R. Lipowski and S. Klumpp, Physica A **352**, 53 (2005).
[10.14] D. Chowdbury, Comput. Sci. Eng. **10**, 70 (2008).
[10.15] P.C. Nelson, M. Radosavlevic and S. Bromberg, *Biological Physics: Energy, Information, Life* (Freeman, New York, 2004).
[10.16] H. Hess, Annu. Rev. Biomed. Eng. **13**, 429 (2011); A.B. Kolomeisky and M.F. Fisher, Annu. Rev. Phys. Chem. **58**, 675 (2007).
[10.17] M. Mickler, E. Schleiff and Th. Hugel, ChemPhysChem **9**, 1503 (2008); Th. Hugel and Ch. Lumme, Curr. Op. Biotech. **21**, 683 (2010).
[10.18] C. Bustamante, Y.R. Chemla, N.R. Forde and D. Izhaky, Annu. Rev. Biochem. **73**, 705 (2004); R. Mallik and S.P. Gross, Curr. Biol. **14**, R971 (2004).
[10.19] J.A. Theriot, Traffic **1**, 19 (2000); T. Antal, P.L. Krapivsky and S. Redner, J. Stat. Mech. L05004 (2007).
[10.20] R.D. Astumian and F. Nori, Phys. Tod. **55**, 33 (2002); P. Hänggi, F. Marchesoni and F. Nori, Ann. Physik (Leipzig) **14**, 51 (2005); P. Hänggi and F. Marchesoni, Rev. Mod. Phys. **81**, 387 (2009).
[10.21] P.D. Boyer, Annu. Rev. Biochem. **66**, 717 (1997).
[10.22] J.H. Marden and C.R. Allen, Proc. Natl. Acad. Sci. USA **99**, 4161 (2002).
[10.23] H.Y. Wang and G. Oster, Nature **196**, 279 (1998); K. Kinosita, R. Yasuda, H. Noji and K. Adachi, Phil. Tans. R. Soc. B **355**, 473 (2000).
[10.24] D.L. Coy, M. Wagenbach and J. Howard, J. Biol. Chem. **274**, 3667 (1999).
[10.25] K. Uchino, S. Cagati, B. Koc, S. Dong, P. Bouchilloux and M. Strauss, J. Electroceram. **13**, 393 (2004).
[10.26] L. Yeghiazarian S. Mahagan, C. Montemagno, C. Cohen and U. Wiesner, Adv. Mater. **17**, 1869 (2005).
[10.27] A. Permeggiani, F. Jülicher, A. Ajdari and J. Prost, Phys. Rev. E **60**, 2127 (1999).
[10.28] T.D. Schneider, J. Theor. Biol. **148**, 125 (1991); Nuclueic Acid Res. **38**, 5995 (2010).
[10.29] P. Yin, H. Yan, X.G. Daniell, A.J. Turberfield and J.H. Reif, Angew. Chem. Int. Ed. **43**, 4906 (2004).
[10.30] Y. Liu, A.H. Flood, P.A. Bonvallett, S.A. Vignon, B.H. Northrop, H.R. Tseng, J.O. Jeppesen, T.J. Huang, B. Brough, M. Baller, S. Magonov, S.D. Solares, W.A. Goddard and C.-M. Ho, J. Am. Chem. Soc. **127**, 9745 (2005).
[10.31] N.P. Smith, C.J. Barclay and D.S. Loiselle, Prog. Biophys. Mol. Biol. **88**, 1 (2005); C.J. Barclay, R.C. Woledge and N.A. Curtin, Prog. Biophys. Mol. Biol. **102**, 53 (2010).
[10.32] J. Howard, Nature **389**, 561 (1997).
[10.33] R.K. Soong, G.D. Bachand, H.P. Neves, A.G. Olkhovets, H.G. Craighead and C.D. Montemagno, Sciene **290**, 1555 (2000).
[10.34] falcon.aben.cornell.edu/News2.htm.

11 Biomolekulare Prozesse

Von großer Bedeutung für biologische Phänomene sind nanoskalige Biomoleküle, die sich in einige fundamentale Kategorien einordnen lassen. Die entsprechenden Biomoleküle transportieren Information und Energie und sind für die mechanischen Eigenschaften und für Bewegungsabläufe in biologischen Systemen verantwortlich. Für neuronalen Informationstransport ist die elektrische Leitung in biologischen Systemen von Bedeutung. Da grundsätzlich für viele Phänomene Energien verantwortlich sind, die in der Größenordnung der thermischen Energie bei Raumtemperatur liegen, sind auch stochastische Prozesse in biologischen Systemen bedeutsam.

11.1 Nanoskalige Biomoleküle

Biomoleküle und insbesondere Biopolymere in Form von Proteinen und DNA/RNA zeigen generell eine bemerkenswerte Vielfalt an Funktionalitäten, welche Grundlage der komplexen Vorgänge in Zellen sind. Typischerweise sind nanoskalige Dimensionen relevant, wobei die Länge der Polymere sich durchaus deutlich bis in den Mikrometerbereich erstrecken kann. Ein Verständnis biologischer Vorgänge setzt ein Verständnis biomolekularer Prozesse voraus. Andererseits, und dies macht eine Diskussion dieser Prozesse im Kontext der Nanostrukturforschung und Nanotechnologie besonders interessant, können biomolekulare Prozesse im Sinne einer molekularen Bionik – und sogar teilweise die Biomoleküle selbst – für technische Zwecke eingesetzt werden. Der zuletzt genannte Aspekt wurde bereits in Abschn. 4.4.3 im Zusammenhang mit der Selbstorganisation von DNA-Molekülen verdeutlicht. Um diese Aspekte weiter zu vertiefen, werden zunächst einmal die Eigenschaften der Proteine, die bislang noch nicht summarisch diskutiert wurden, spezifiziert und dann die Möglichkeit, biomolekulare Prozesse und die Biomoleküle selbst für technische Zwecke zu verwenden, analysiert.

Proteine unter in vivo-Bedingungen sind Grundlagen der Genexpression, des zellulären Metabolismus, des Transports und der Speicherung, der Signaltransduktion sowie der mechanischen Eigenschaften von Zellen und Gewebe. Proteine sind Polypeptide, also lineare Polymere, die aus Aminosäuren aufgebaut sind. Obwohl hunderte von Aminosäuren in Organismen identifiziert wurden, findet man in der kanonischen Proteinsynthese nur einen Satz von zwanzig von ihnen. Jedes Protein zeichnet sich durch eine spezifische Abfolge der Aminosäuren, die man als *Primärstruktur* bezeichnet, aus. Tabelle 11.1 zeigt die zwanzig kanonischen Aminosäuren und ihr relatives Vorkommen in Proteinen. An nichtproteinogenen natürlich vorkommenden Aminosäuren sind mehr als 250 bekannt.

Die proteinogenen Aminosäuren aus Tab. 11.1 sind diejenigen Bausteine, aus denen eine immense Anzahl von Proteinen aufgebaut ist. In wässriger Lösung, also unter nativen Bedingungen, bilden Polypeptidketten dreidimensional kompakte

Tab. 11.1. Die zwanzig kanonischen Aminosäuren.

Aminosäure	Dreibuchstabencode	Einbuchstabencode	Vorkommen in Proteinen (%)
Alanin	Ala	A	9,0
Arginin	Arg	R	4,7
Asparigin	Asn	N	4,4
Apariginsäure	Asp	D	5,5
Cystein	Cys	C	2,8
Glutamin	Gln	Q	3,9
Glutaminsäure	Glu	E	6,2
Glycin	Gly	G	7,5
Histidin	His	H	2,1
Isoleucin	Ile	I	4,6
Leucin	Leu	L	7,5
Lysin	Lys	K	7,0
Metheonin	Met	M	1,7
Phenylalamin	Phe	F	3,5
Prolin	Pro	P	4,6
Serin	Ser	S	7,1
Threonin	Thr	T	6,0
Tryptophan	Trp	W	1,1
Tyrosin	Tyr	Y	3,5
Valin	Val	V	6,9

Strukturen, wobei diese Strukturen durch die Primärstruktur, d. h. durch die Aminosäuresequenz determiniert wird. Dies ist schematisch in Abb. 9.3 dargestellt. Die Faltung der Polypeptidkette wird im Wesentlichen verursacht durch die Wechselwirkung ihrer Bestandteile mit dem Lösungsmittel. Apolare Gruppen befinden sich bevorzugt im Innern des Proteins, während polare oder geladene Seitenketten der Aminosäuren tendentiell eher dem Lösungsmittel zugewandt sind. Allerdings können polare Gruppen im Innern der Proteine nicht gänzlich vermieden werden, was insbesondere für die polaren N–H- und C=O-Bindungen gilt. Für diese Gruppen ist dann von großer Bedeutung ihr Potential, Wasserstoffbrückenbindungen zu etablieren. In Proteinen vorherrschende Wasserstoffbrückenbindungen sind O–H··O, N–H··O, N–H··N und N–H··S. Aufgrund dieser zusätzlichen inneren Wasserstoffbrückenbindungen führt die *Proteinfaltung* zu stabilen Strukturen mit nur geringen thermischen Fluktuationen der Bestandteile um ihre Gleichgewichtspositionen. Die in Abb. 9.3 dargestellte Sekundärstruktur weist charakteristische Strukturelemente, wie *α-Helix*, *β-Faltblatt*, *β-Schleifen* sowie ungeordnete (*Random Coil*) Strukturen auf. Die diese Strukturen charakterisierenden *Diederwinkel* werden zur Klassifikation in Form eines *Ramachandran-Diagramms* aufgetragen. Als Tertiärstruktur wird die der Sekundärstruktur übergeordnete räumliche Anordnung der Polypeptidkette bezeichnet. Proteinkomplexe bilden dann schließlich die Quartärstruktur oder weiter übergeordnete Strukturen.

Eine *Proteindomäne* ist ein Bereich innerhalb der Aminosäuresequenz eines Proteins, der aufgrund definierter Eigenschaften von seiner Umgebungssequenz unterschieden werden kann. Man unterscheidet zwischen *funktionellen* und *strukturellen Domänen*. Strukturelle Domänen sind durch eine charakteristische Faltung, die relativ häufig und in unterschiedlichen Proteinen anzutreffen ist, charakterisiert. Funktionelle Domänen bestimmen kooperativ eine komplette Funktion eines Proteins, etwa die katalytische Aktivität eines Enzyms. Proteindomänen sind im Hinblick auf ihre Funktion und Struktur in diversen Proteindatenbanken archiviert [11.1].

Der fundamentale Prozess der Proteinfaltung ist Gegenstand intensiver Forschung [11.2]. Dafür gibt es verschiedene Gründe. Die Akquisition experimenteller Daten über die dreidimensionale Struktur von Proteinen aus Kernspinresonanzmessungen (*Nuclear Magnetic Resonance, NMR*) oder Röntgenstrukturanalysen ist aufwendig und nicht in allen Fällen möglich. Missfaltungen von Proteinen sind an verschiedenen schwerwiegenden Erkrankungen beteiligt. Schließlich gibt es ein großes Interesse an der biotechnologischen Verfügbarkeit von Proteinen [11.3]. Die Forschung zur Proteinfaltung wiederum konzentriert sich auf drei Fragestellungen. Was sind genau die Wechselwirkungen, die bei gegebener Aminosäuresequenz zu einer genau definierten Tertiärstruktur führen? Worin besteht also die Kodierung der Faltung? Des Weiteren ist von Interesse eine Vorhersage der Tertiärstruktur bei bekannter Aminosäuresequenz. Schließlich möchte man auch die *Faltungskinetik* verstehen. Die Faltung läuft in manchen Fällen sehr schnell ab, in anderen vergleichsweise langsam [11.4].

Der Prozess der Proteinfaltung ist seit mehr als achtzig Jahren bekannt [11.5]. Man hatte erkannt, dass die Denaturierung von Proteinen in ihrer Entfaltung und nicht in einer atomaren Modifikation besteht. Der native Zustand eines Proteins ist der thermodynamisch stabile Zustand, unabhängig davon, welche Vorgeschichte das Protein durchlaufen hat [11.6]. Abbildung 11.1 zeigt schematisch die reversible Denaturierung eines Proteins, bei wechselnder Zusammensetzung der umgebenden wässrigen Lösung, also insbesondere variierender Konzentration an Denaturierungsmittel. Das Protein nimmt trotz einer großen Anzahl prinzipiell möglicher Bindungen bei der Zurückfaltung exakt wieder die Faltungskonfiguration des Ausgangsstatus an. Allerdings würde das stochastische Auftreten aller möglichen Bindungskonstellationen vor Erreichen der thermodynamisch stabilen Konstellation für große Proteine eine Zeitspanne benötigen, die das Alter des Universums übersteigt. Dieser zuerst von *C. Levinthal* (1922–1990) thematisierte Sachverhalt wird als *Levinthal-Paradoxon* bezeicnet. Das Paradoxon wird aufgelöst, wenn man annimmt, dass es kurzlebige intermediäre Faltungskonstellationen und bevorzugte Abläufe der Faltung entlang von *Faltungsrouten* gibt.

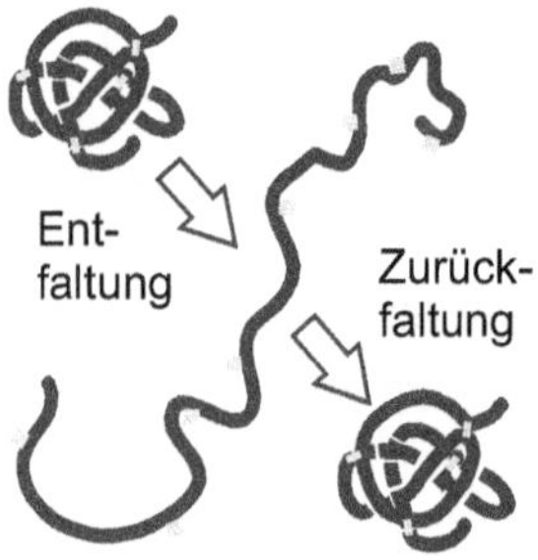

Abb. 11.1. Entfaltung und Rückfaltung eines Proteins bei variierender Konzentration des Denaturierungsmittels.

Das einfachste Szenario für einen Übergang vom nativen in den entfalteten Zustand ist in Abb. 11.2 gezeigt. Der native (N) ist vom ungefalteten (U) Zustand durch eine Energiebarriere getrennt. Die Anwendbarkeit der Gleichgewichtsthermodynamik setzt eine vollständige Reversibilität der Übergangsprozesse $N \leftrightarrow U$ voraus. Für eindomänige Proteine ist dieses Szenario oft erfüllt, während multidomänige Proteine häufig irreversible Entfaltungsprozesse aufweisen. Das gefaltete Protein wird gemäß Abb. 11.2 durch die freie Energie

$$\Delta G^0 = G^U - G^N = \Delta H - T\Delta S \;. \tag{11.1}$$

stabilisiert. Dabei spielen im Allgemeinen entropische und enthalpische Prozesse eine Rolle. Die enthalpischen Beiträge resultieren von intermolekularen Bindungen, beispielsweise von Wasserstoffbrückenbindungen. Entropische Beiträge resultieren hingegen aus Konformationsfreiheitsgraden des Proteins und der Hydratationswech-

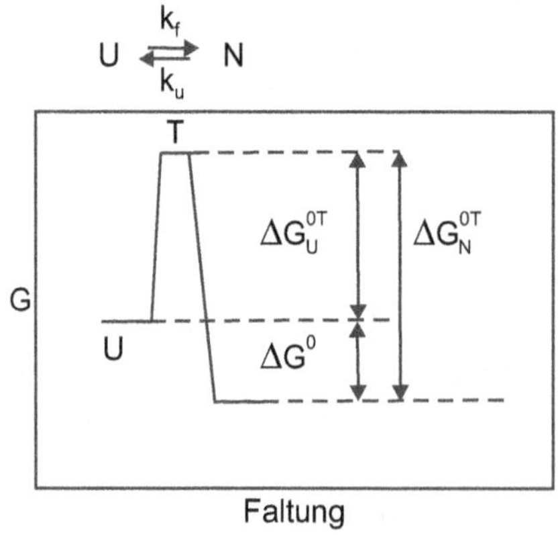

Abb. 11.2. Energieprofil für eine Zweizustandsreaktion, bei der der gefaltete native Zustand (*N*) vom ungefalteten (*U*) Zustand durch einen Übergangszustand (*T*) mit Energiebarriere getrennt ist.

selwirkung mit dem umgebenden Wasser. ΔG^0 ist häufig nicht größer als einige $k_B T$ bei Raumtemperatur (1–4 kJ/mol), was Folge einer subtilen Balance attraktiver und repulsiver Wechselwirkungen ist. Die Höhe der Energiebarriere (T) bestimmt, wie schnell das System den Gleichgewichtszustand einnimmt. Im Fall irreversibler $N \to U$-Übergänge können nur Informationen über die Entfaltungskinetik und damit über die kinetische Stabilität erhalten werden, wobei in diesem Fall wiederum die energetische Lage ΔG_N^{0T} des Übergangszustands relevant ist.

In einem Zweizustandsprozess, wie in Abb. 11.2 dargestellt, ist die Entfaltungsrate durch

$$k_U = k_0 \exp\left(-\frac{\Delta G_N^{0T}}{k_B T}\right) \tag{11.2}$$

gegeben. Experimentell kann man aus einer Messung der Faltungs- und Entfaltungsraten die Höhe der Energiebarriere in Abb. 11.2 ermitteln:

$$\Delta G^0 = G_U^{0T} - G_N^{0T} = k_B T \ln \frac{k_f}{k_U} \ . \tag{11.3}$$

k_f und k_U hängen von der Wirksamkeit und Konzentration des Denaturierungsmittels ab.

Generell ist gemäß Abb. 11.3 zwischen einer primär kinetischen und einer primär thermodynamischen Stabilisierung von Proteinen zu unterscheiden. Die diesbezügliche Information erhält man ebenfalls aus einer Analyse der Faltungs- und Denaturierungsraten.

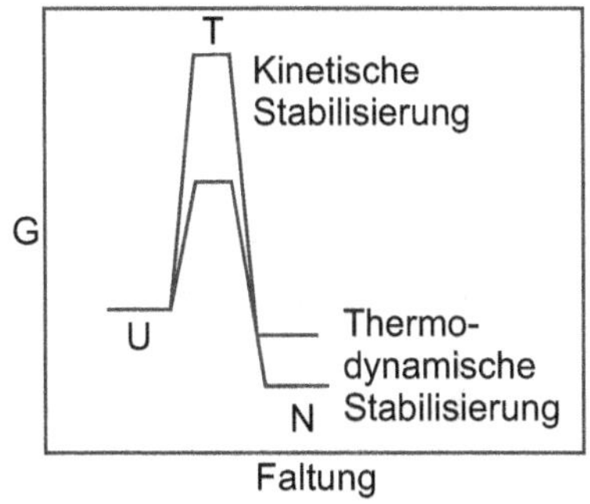

Abb. 11.3. Kinetische versus thermodynamische Stabilisierung von nativen Proteinen.

Die Faltung großer Proteine erfolgt auf Basis der Etablierung und des Aufbrechens einer Vielzahl intramolekularer Kontakte. Daher ist im Allgemeinen die Betrachtung einer einzelnen Faltungsroute innerhalb der Energielandschaft eine viel zu starke Vereinfachung. Realistischer ist die Annahme eines multidimensionalen Energieprofils, wie in Abb. 11.4 gezeigt. Ein solches trichterartiges Profil bietet eine große Zahl unterschiedlicher und alternativer Faltungsrouten mit verschiedenen Zwischenzuständen unterschiedlicher Lebensdauer.

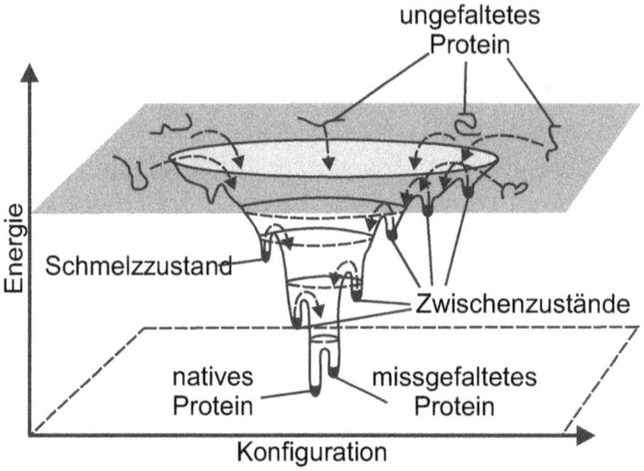

Abb. 11.4. Schematische Darstellung des Faltungstunnels von Proteinen. Im ungefalteten Zustand hat das Protein eine große freie Energie, im korrekt gefalteten die niedrigste. Zwischenzustände können sehr unterschiedliche Lebensdauern haben.

Klassische Techniken zur in vitro-Untersuchung der Proteinfaltung sind Fluoreszenzmessungen, Zirkulardichroismusanalysen, Infrarotspektroskopie, NMR, dynamische Lichtstreuung und Kleinwinkelröntgenstreuung. Jenseits dieser klassischen Techniken zur Analyse von Proteinensembles sind in den letzten Jahren Techniken entwickelt worden, die es gestatten, die Proteinfaltung an einzelnen Molekülen zu untersuchen [11.7]. Diese basieren auf Einzelmolekülfluoreszenz oder Kraftspektroskopie unter Verwendung von optischen Pinzetten oder AFM. Möglich sind Untersuchungen der Faltung und der Faltungsdynamik im Gleichgewicht und auch während der Faltung oder der Entfaltung. Abbildung 11.5 zeigt das Ergebnis eines AFM-basierten Entfaltungsprozesses, bei dem der experimentelle Aufbau ähnlich demjenigen ist, der in Abb. 7.7 schematisch dargestellt ist. Die sukzessive Entfaltung des Multidomänenproteins äußert sich bei konstanter Geschwindigkeit, mit der der Substrat-Sonde-Abstand vergrößert wird, in dezidierten Sprüngen der auf die Sonde wirkenden Kraft. Die Domänen entfalten sich dabei entweder in einem zweistufigen Prozess $N \to U$, oder in einem dreistufigen Prozess über einen Zwischenstand $N \to I \to U$.

Wie bereits erwähnt, sind neben der dynamischen Kraftspektroskopie Einzelmolekülfluoreszenztechniken von großer Bedeutung für das Studium der Proteinfaltung und ihrer Dynamik. Eine wichtige Voraussetzung für diese Kategorie von experimentellen Techniken ist die Verfügbarkeit heller und photostabiler Fluoreszenzfarbstoffe (*Dyes*). Anwendung finden hauptsächlich die *Fluoreszenzkorrelationsspektroskopie* (*FCS, Fluorescence Correlation Spectroscopy*) und auf *Förster-Resonanz (FRET, Förs-*

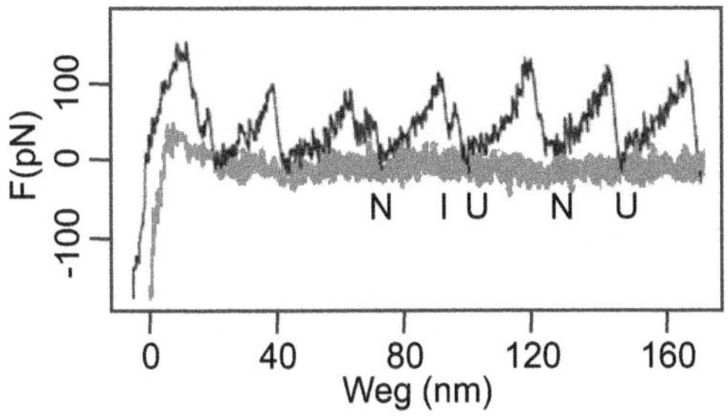

Abb. 11.5. AFM-Entfaltungsexperiment [11.8].Der Aufbau entspricht in etwa dem in Abb. 7.7 gezeigten. Der Entfaltungsprozess läuft entweder für einzelne Domänen zweistufig ($N \rightarrow U$) ab oder über einen Zwischenzustand dreistufig ($N \rightarrow I \rightarrow U$).

ter Resonance Energy Transfer) basierende Techniken [11.9]. FCS zeichnet sich durch eine relative präparatorische und analytische Einfachheit aus: In einem konfokalen Lasermikroskop wird die Diffusionsbewegung eines an das Protein gebundenen Farbstoffmoleküls durch das konfokale Volumenelement beobachtet und die Diffusionszeit bestimmt. Dies erlaubt dann die Deduktion eines Werts für den hydrodynamischen Radius des Proteins im jeweiligen Zustand. Förster-Energietransfer tritt zwischen zwei *Fluorophoren*, dem Donator und dem Akzeptor, auf, wenn der Abstand zwischen beiden einige Nanometer beträgt [11.10]. Grundlage für FRET ist eine strahlungslose Dipol-Dipol-Wechselwirkung [11.11]. Die Farbstoffmoleküle sind an definierten Lokationen des Proteins gebunden und erlauben über eine Messung der Transfereffizienz eine Abstandsbestimmung zwischen jeweils zwei Lokationen im Bereich 2–8 nm.

Wenngleich auch die beschriebenen Einzelmolekültechniken im Kontext von Nanostrukturforschung und Nanotechnologie als besonders relevant erscheinen, so muss doch klar festgestellt werden, dass die *Röntgenkristallographie* sicherlich die wichtigste Methode der Strukturbiologie im Hinblick auf die Auflösung der dreidimensionalen Strukturen der Biomoleküle ist [11.12]. Mehr als 85 % der Einträge der *Proteindatenbank* (PDB) [11.13], mehr als 70.000, basieren auf Ergebnissen von Röntgenstrukturanalysen. Schon die ersten Aufklärungen von Proteinstrukturen des Myoglobins [11.14] und des Hämoglobins [11.15] Ende der 1950iger Jahre, die eng mit den Namen *J.C. Kendrew* (1917–1997) und *M.F. Perutz* (1914–2002) verbunden sind (gemeinsamer Nobelpreis für Chemie 1962), zeigten die besondere Bedeutung des Verfahrens für die Analyse der Proteinfaltung. Aber auch gerade wegen der Bedeutung der Röntgenstrukturanalyse von Biomolekülen im Allgemeinen sollen die Grundlagen der Methode im Folgenden zumindest grob skizziert werden.

Grundlage des hohen Informationsgehalts von Röntgenbeugungsmustern ist, dass eine große Anzahl identischer oder nahezu identischer Gitterbausteine in einem möglichst idealen dreidimensionalen Gitter, wie in Abschn. 5.2.2 und 5.2.6 diskutiert, angeordnet sind [11.16]. Die Proteinkristallisation ist ein kritischer Prozessschritt, da ausschließlich empirische Methoden und keine allgemein verwendbaren Strategien zur Verfügung stehen. In empirischer Weise müssen optimale Parameterkoordinaten in einem multidimensionalen physikalisch-chemisch-biochemischen Parameterraum ermittelt werden, die zu einer Proteinkristallisation führen. Die Parameter umfassen beispielsweise Druck, Temperatur, Salzkonzentrationen, pH-Wert und ionische Konzentrationen. Zusätzlich kann es sich als notwendig erweisen, die Proteinstruktur durch *Proteolyse* zu modifizieren. Abbildung 11.6(a) zeigt typische Proteinkristalle, wie sie bei geeigneter Präparation erhalten werden können. In Abb. 11.6(b) ist ein repräsentatives Röntgendiffraktogramm eines speziellen Proteins dargestellt.

(a) (b)

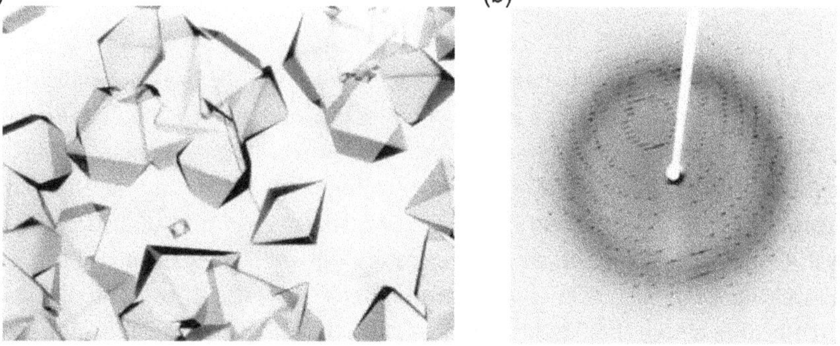

Abb. 11.6. (a) Polarisationsmikroskopische Aufnahme von unter Weltraumbedingungen gewachsenen Glucose-Isomerase-Proteinkristallen [11.17]. Typische Lateralabmessungen der Kristalle liegen im Bereich von 100 μm. (b) Röntgendiffraktogramm von SARS-3Clpro-Protease [11.18].

Die erste Proteinkristallisation gelang *J.B. Summer* (1887–1955) 1926 für das Enzym Urease und für die Proteine Concanavalin A und B. Ausgebaut wurde die Methode der Proteinkristallisation durch *J.H. Northrop* (1891–1987) insbesondere durch Untersuchungen des Pepsins (gemeinsamer Nobelpreis für Chemie 1946). Anfang der 1930er Jahre gelang es *J.D. Bernal* (1901–1971) und *D.C. Hodgkin* (1919–1994, Nobelpreis für Chemie 1964), von Proteinkristallen ausreichend scharfe Beugungsbilder zu erhalten. Allerdings war es zu dieser Zeit noch nicht möglich, aus solchen Beugungsbildern die dreidimensionale Proteinstruktur abzuleiten, weil der große numerische Aufwand zwingend den Einsatz von Rechnern erfordert. Die Rekonstruktion wurde dann, wie zuvor erwähnt, Anfang der 1960er Jahre erstmals bewältigt.

Vor dem Einbau in das Röntgendiffraktometer werden Proteine in der Regel mit flüssigem Stickstoff gekühlt, um Strahlenschäden zu minimieren. Die benötigten Einkristalle hoher Qualität werden heute in der Regel im Rahmen von *Hochdurchsatzverfahren (High Throughput Methods)* hergestellt und analysiert. Messstationen (Beam Lines) an Synchrotronanlagen sind zuweilen mit Robotern ausgestattet, die das Diffraktionsverhalten der Kristalle testen, geeignete Proben auswählen und Datensätze auswerten.

Liegt ein Proteinkristall vor, so lassen sich die Diffraktionsmuster mittels der aus der Festkörperphysik bekannten Formalismen interpretieren. Die faktische Komplexität resultiert allerdings daraus, dass Proteine als Gitterpunkte ja aus vielen Tausend Atomen bestehen, wie dies in Abschn. 5.2.6 für Nanopartikel dargelegt wurde. Die durch eine Einheitszelle gestreute Röntgenwelle wird durch den *Strukturfaktor*

$$F(\mathbf{S}) = \int_{EZ} \varrho(\mathbf{r}) \exp(i2\pi\mathbf{r} \cdot \mathbf{S}) d^3 r \tag{11.4}$$

charakterisiert. **S** ist ein Vektor senkrecht zur jeweiligen reflektierenden Netzebenenschar und $\varrho(\mathbf{r})$ die elektronische Zustandsdichte. Die von einem Einkristall mit $N_1 \times N_2 \times N_3$ Einheitszellen gestreute Welle wird dann charakterisiert durch

$$\mathcal{F}(\mathbf{S}) = F(\mathbf{S}) \sum_{n_1=0}^{N_1} \exp(i2\pi n_1 \mathbf{a} \cdot \mathbf{S}) \sum_{n_2=0}^{N_2} \exp(i2\pi n_2 \mathbf{b} \cdot \mathbf{S}) \sum_{n_3=0}^{N_3} \exp(i2\pi n_3 \mathbf{c} \cdot \mathbf{S}) \,. \tag{11.5}$$

a, **b**, **c** sind die Basisvektoren der Einheitszellen. Für Kristalle aus vielen Einheitszellen sind die Exponentialterme in Gl. (11.5) durch Deltafunktionen gegeben und $\mathcal{F}(\mathbf{S})$ verschwindet nur dann nicht, wenn die *Laue-Bedingung* $\mathbf{a} \cdot \mathbf{S} = h$, $\mathbf{b} \cdot \mathbf{S} = k$ und $\mathbf{c} \cdot \mathbf{S} = l$ erfüllt ist. Die Tripel (hkl) aus ganzzahligen Werten definieren Netzebenen des Kristalls, die senkrecht zu denjenigen Richtungen orientiert sind, entlang derer Elementarwellen konstruktiv interferieren. Diese Richtungen manifestieren sich in dem Diffraktionsmuster in Abb. 11.6(b) als diskrete Intensitätsmaxima, also als dunkle Punkte. Das Diffraktionsmuster hängt dabei nur vom Arrangement des Kristallgitters, also von der Position der einzelnen Proteine, nicht aber von der Proteinstruktur ab. Die Proteinstruktur ist vielmehr in der Intensitätsverteilung, also in der Amplitudenverteilung des Strukturfaktors kodiert. Nehmen wir die Elektronenverteilung in der unmittelbaren Nachbarschaft eines Atomkerns als sphärisch an und zwischen benachbarten Atomen als verschwindend, so vereinfacht sich Gl. (11.4) zu

$$F(\mathbf{S}) = \sum_{j=1}^{\nu} f_j \exp(i2\pi\mathbf{r}_j \cdot \mathbf{S}) \,, \tag{11.6}$$

ν ist die Anzahl der Atome in der Elementarzelle, $\mathbf{r}_j$ ihre individuelle Position und f_j ihr Streufaktor. Die elektronische Zustandsdichte $\varrho(\mathbf{r})$ lässt sich dann aus gemessenen Strukturfaktoren, also aus dem Diffraktionsmuster bestimmen:

$$\varrho(\mathbf{r}) = \frac{1}{V} \sum_{h,k,l} F(h,k,l) \exp(-i2\pi\mathbf{r} \cdot \mathbf{q}) \,. \tag{11.7}$$

V ist das Volumen der Elementarzelle. Bei der Summation über alle $\mathbf{q} = (h, k, l)$ sind nur solche Vektoren **q** zu berücksichtigen, für die die Laue-Bedingung erfüllt ist. Je weiter die Punkte in Abb. 11.6(b) vom Zentrum entfernt sind, desto kleiner ist die Distanz zwischen reflektierenden Netzebenen. Die äußersten Punkte repräsentieren damit Feinstrukturdetails höchster Auflösung. Man erkennt in Abb. 11.6(b) auch, dass die Intensität mit wachsendem Streuwinkel abnimmt. Die räumliche Auflösung ist nur durch den kleinsten Netzebenenabstand definiert, für den sich noch ein kompletter Satz an Diffraktionspunkten ergibt. Wasserstoffatome lassen sich nur bei einer Auflösung von besser als 0,1 nm lokalisieren. Um atomare Positionen im Allgemeinen zu determinieren, muss eine Auflösung von etwa 0,3 nm erreicht werden. Aus den experimentellen Daten lassen sich nur Intensitäten $\sim |F(\mathbf{q})|^2$ ermitteln, nicht aber die Phasen. Zur Brechung der elektronischen Zustandsdichte in Gl. (11.7) werden aber a priori auch Phaseninformationen benötigt.

Die Phasen von Strukturfaktoren können experimentell mittels zweier alternativer Verfahren ermittelt werden. Für den *isomorphen Ersatz* verwendet man zum Austausch schwere Atome, welche das Diffraktionsmuster definiert ändern. Aus den Änderungen können dann die Phasen rekonstruiert werden. Synchrotronstrahlung erlaubt die Messung von Diffraktionsmustern bei unterschiedlicher Wellenlänge. Bei der anomalen Dispersion nutzt man das anomale Streuverhalten bestimmter Elemente und ihrer Verbindungen. Ersetzt man beispielsweise die gewöhnliche Aminosäure *Methionin* durch das Derivat *Selenmethionin*, bei dem der Schwefel des Metionins durch den anomalen Streuer Selen ersetzt ist, so erhält man für unterschiedliche Wellenlängen der Röntgenstrahlung unterschiedliche Modifikationen des Diffraktionsmusters. Aus den Abweichungen gegenüber dem Methioninreferenzmuster lässt sich die Phase des Strukturfaktors berechnen.

Aufgrund der großen Anzahl bereits kategorisierter Proteine und Proteinbestandteile [11.13] können für ein unbekanntes Protein häufig bekannte ähnliche Proteine oder Proteindomänen identifiziert werden, die dann eine approximative Rekonstruktion der Phase des jeweiligen Strukturfaktors gestatten. Bei diesem zunehmend häufig angewendeten Näherungsverfahren spricht man von *molekularem Austausch (Molecular Displacement)*.

Wenn zumindest approximative Strukturphasen bekannt sind, kann nach Gl. (11.7) die Elektronendichteverteilung berechnet werden. Dabei können, soweit bekannt, Zusatzinformationen, wie beispielsweise die Aminosäuresequenz, mit einfließen. Diese Sequenz muss dann dem Proteinrückgrat zugeordnet werden, was mithilfe der Elektronendichteverteilung erfolgt. Danach werden die Seitenketten platziert. Diese Prozesse werden durch numerische Programmpakete stark unterstützt und teilweise automatisiert[16]. Die so erhaltene Elektronendichteverteilung wird dann wiederum benutzt, um die nach Gl. (11.6) berechnete Amplitude des Strukturfaktors mit den gemessenen Werten zu vergleichen. Der Vergleich berechneter und gemessener Werte

---

16 Beispiele für etablierte Modellierungssoftware sind ARP/wARP [11.19], RESOLVE [11.20] und TEXTAL [11.21].

wird iterativ zur Verfeinerung des Modells verwendet. Abbildung 11.7 zeigt exemplarisch den Weg von der Proteinkristallisation bis zur Detektion von Proteinstruktur und Elektronendichteverteilung.

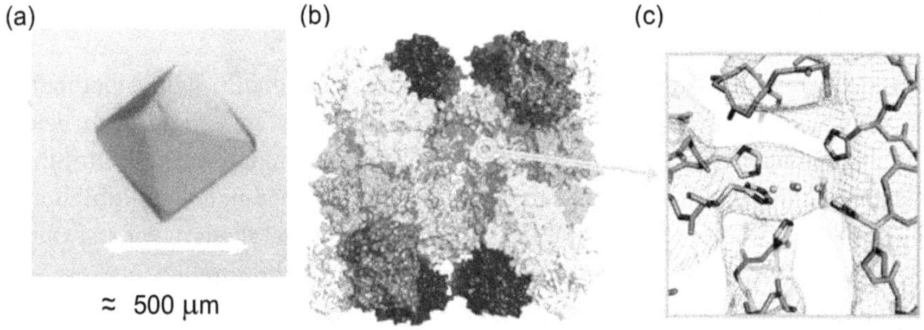

Abb. 11.7. Strukturaufklärung des Hämocyanins des Kaiserskorpions [11.22]. (a) Hämocyaninkristall. (b) Modell des 24-meren Proteinkomplexes. (c) Elektronendichteverteilung des aktiven Zentrums, an dem der Sauerstoff gebunden wird.

Bei einer Verfeinerung des Proteinmodells müssen gegebenenfalls auch thermische Effekte berücksichtigt werden. Die thermische Unschärfe der atomaren Positionen reduziert die Amplitude der beobachteten Reflexe. Die thermische Unschärfe wird in Form des atomaren *B-Faktors*, $B = 8\pi^2\langle r_A^2\rangle$, berücksichtigt, der durch die mittlere quadratische Auslenkung des Atoms aus der Gleichgewichtsposition gegeben ist. Bei isotropem B-Faktor ergibt sich für den Strukturfaktor statt Gl. (11.6)

$$F(\mathbf{S}) = \sum_{j=1}^{V} f_j^0 \exp(-B_j S^2) \exp(i2\pi \mathbf{r}_j \cdot \mathbf{S}) . \tag{11.8}$$

Neben den atomaren Positionen werden im Rahmen der Verfeinerungsstrategien auch die Ausdehnungen der Elektronenwolken in Form isotroper oder sogar anisotroper B-Faktoren optimiert. Heute finden bei derartigen Optimierungsstrategien innovative numerische Ansätze [11.23], wie Maximalwahrscheinlichkeitsmethoden oder die Molekulardynamik des simulierten Schmelzens [11.24], Anwendung.

Wie in den vorangegangenen Abschnitten mehrfach ausgeführt, basiert eine Vielzahl biologischer Prozesse auf *Protein-Protein-Wechselwirkungen*. Dazu gehören beispielsweise wesentliche Funktionen des Immunsystems, die Regulation von Enzymen, die Signaltransduktion oder die Zelladhäsion. Viele Prozesse involvieren nicht nur die paarweise Interaktion von Proteinen, sondern die Wechselwirkung multipler Proteine. Diese ist auch Grundlage der Quartärstruktur von Proteinen, wie in Abb. 9.3 gezeigt. Dabei lagern sich die Proteine zu funktionellen Komplexen zusammen, wobei die Komplexbildung reversibel ist. Für die Erzielung biologischer Funktionen ist die Spezifität der Protein-Protein-Interaktion, wie bereits im Zusammenhang mit der Zelladhäsion diskutiert, von größter Bedeutung. Das Verständnis der Protein-Protein-Wechselwirkung auf atomarer Skala hat sich in den letzten Jahren zu einem hochinteressanten und dynamischen Forschungsfeld mit großer Anwendungsrelevanz entwickelt, welches aufgrund der charakteristischen Abmessungen der wechselwirkenden Partner und der entstehenden Aggregate einen unmittelbaren Bezug zur Nanostrukturforschung besitzt.

In den vergangenen Jahren haben wiederum Röntgendiffraktionsmethoden, NMR, aber auch Kryo-TEM als wesentliche experimentelle Techniken dazu beigetragen, eine Vielzahl von Proteinkomplexen strukturell aufzuklären [11.13]. Die Strukturpalette reicht hier von binären Komplexen, wie Homodimeren, Enzym-Inhibitoren und Antigen-Antikörper-Paaren, bis hin zu multiplen Untereinheiten, wie bei Oligomeren, Chaperonen und Viruskapsiden. Werkzeuge zur strukturellen Analyse von Proteinkomplexen werden im Internet bereitgestellt [11.25].

Proteine können aufgrund der Wechselwirkung mit anderen Proteinen ihre Konformation ändern, diese kann aber auch erhalten bleiben. Eine Schlüsselbedeutung kommt der Grenzfläche zwischen den Proteinen eines Komplexes zu. Diese variiert in charakteristischer Weise für spezifische und unspezifische Wechselwirkungen, also komplementäre und nicht komplementäre Proteinflächen, für Homodimere gegenüber Heterodimeren und für Proteinkristalle gegenüber in vivo-geformten Komplexen. Auch die Form der Grenzfläche ist ein Charakteristikum. Sie schließt generell Hohlräume ein und kann aus mehreren nicht zusammenhängenden oder zusammenhängenden Bereichen (*Recognitive Patches*) bestehen. Der Grenzflächenbereich unterscheidet sich in der Regel auch chemisch von denjenigen Oberflächenbereichen der Proteine, die direkt dem Lösungsmittel ausgesetzt sind. Er weist häufig einen größeren Anteil an aromatischen und aliphatischen Resten auf. Der Unterschied im Hinblick auf unpolare kohlenstoffhaltige oder polare stickstoff-, sauerstoff- oder schwefelhaltige Gruppen ist hingegen vergleichsweise gering [11.26].

Von besonderem Interesse ist natürlich die Interproteinwechselwirkung selbst. Im Fall spezifischer Wechselwirkung komplementärer Oberflächenbestandteile von Proteinen kommt es zu relativ engen, lokal begrenzten Kontakten, für die dann van der Waals-Wechselwirkungen eine maßgebliche Rolle spielen. Zudem kann es im Fall polarer Oberflächengruppen zur Ausbildung von Wasserstoffbrückenbindungen kommen. Bei unspezifischer Interproteinwechselwirkung, und damit in Proteinkristallen, sind diese Wechselwirkungsarten nur gering ausgeprägt und die Packung der Proteine ist nur vergleichsweise locker. Langreichweitige Coulomb-Wechselwirkungen beeinflussen primär die Kollisionsrate der Makromoleküle und führen zu einer bestimmten relativen Orientierung der wechselwirkenden Partner. Damit haben sie einen direkten Einfluss auf die Protein-Protein-Affinität.

Eine bedeutsame Rolle für die gegenseitige „Erkennung" der spezifisch wechselwirkenden Proteine spielen auch Wassermoleküle des umgebenenden Lösungsmittels. Zum einen kann die Verdrängung des Wassers aus dem Grenzflächenbereich einen energetisch vorteilhaften hydrophoben Effekt zur Folge haben. Zum anderen können Wassermoleküle ausgedehnte Wasserstoffbrückennetzwerke mit den Aminosäuregruppen an den Oberflächen der wechselwirkenden Proteine ausbilden. Röntgenanalysen zeigen so variierende Hydratationsanteile bei Homo- und Heterodimeren sowie bei Proteinkristallen [11.27]. Somit kann zwischen „trockenen“ und „feuchten“ Protein-Protein-Grenzflächen unterschieden werden. Spezifische Grenzflächen sind für gewöhnlich trocken, unspezifische zwischen nicht komplementären Oberflächen feucht.

Eine außerordentlich große Bedeutung für die Analyse von Proteinaggregaten haben heute Vorhersagen, die auf Computersimulationen beruhen. Solche Simulationen werden als *Docking-Simulationen* bezeichnet. Ein typisches Ergebnis zeigt Abb. 11.8 Die verwendeten Algorithmen generieren mutmaßliche Aggregate und versehen diese mit einer Bewertung [11.29]. Ausgehend von den atomaren Koordinaten der N Atome der wechselwirkenden Proteine werden dabei im einfachsten Fall keinerlei Konformationsänderungen aufgenommen. Dies reduziert die Anzahl der Freiheitsgrade von $3N$ auf drei translatorische und drei rotatorische. Konformationsänderungen werden dann im Rahmen von Verfeinerungsalgorithmen berücksichtigt. Allerdings gibt es seit einigen Jahren auch Docking-Simulationen, welche in vollem Umfang Konformationsänderungen von Seitenketten, die Bewegung von Proteindomänen oder globale Bewegungen eines Proteins zulassen [11.30].

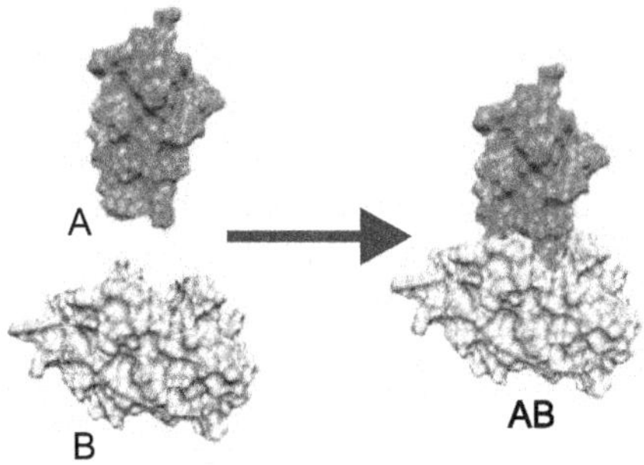

Abb. 11.8. Protein-Protein-Docking [11.28].

Die Bewertung mutmaßlicher Proteinaggregate kann sich auf wissensbasierte Energiefunktionen stützen [11.31]. Diese wiederum resultieren aus empirischen Bindungswahrscheinlichkeiten für Aminosäuregruppen der wechselwirkenden Proteine:

$$F = -k_B T \ln \frac{p(\alpha_1, \alpha_2)}{p(\alpha_1)p(\alpha_2)} \,. \tag{11.9}$$

Hier ist F die freie Energie, $p(\alpha_1, \alpha_2)$ die Wahrscheinlichkeit dafür, die Aminosäuregruppen α_1 und α_2 an der Grenzfläche gebunden zu finden und $p(\alpha_i)$ die Wahrscheinlichkeit α_i an der Oberfläche des Proteins zu finden. Es zeigt sich, dass bestimmte komplementäre Oberflächenbereiche (Recognition Patches, *Hot Spots)* generell von größerer Bedeutung für die Bildung von Aggregaten sind, als andere Oberflächenbereiche [11.32].

Die in der Proteindatenbank [11.33] am besten repräsentierte Kategorie von assemblierten Proteinen sind die bereits in Abschn. 9.2 kurz beschriebenen Kapside. Diese verpacken das Virusgenom sowie Proteine und weitere Virenbestandteile. Das Kapsid hat die besondere Eigenschaft, dass es diese Bestandteile sicher einschließt, wenn die Viren aus der Wirtszelle ausgeschleust werden, ebenso das Genom aber freisetzt, wenn eine neue Wirtszelle befallen wird. Diese Balance des Kapsids zwischen Stabilität und Instabilität muss sich, wie bereits erwähnt, in den thermodynamischen Eigenschaften widerspiegeln und letztlich auf die Art der Proteinassemblierung zurückzuführen sein.

Das Kapsid fast aller sphärischen Viren hat eine *ikosaedrische Symmetrie*. Eine Vielzahl von Viren ohne gemeinsamen Wirt haben evolutionär unabhängig diese Struktur entwickelt. Ein Ikosaeder wird durch zwanzig gleichseitige Dreiecke aufgespannt und besitzt damit zwölf Ecken, die durch jeweils fünf Kanten gebildet werden, und insgesamt dreißig Kanten. Das Ikosaeder ist einer der fünf *Platonischen Körper* und ein reguläres Polyeder: Alle Flächen, Kanten und Ecken sind untereinander gleichartig. Ikosaeder haben ferner sechs fünfzählige, zehn dreizählige und fünfzehn zweizählige Drehachsen sowie fünfzehn Symmetrieebenen. Sie sind zentralsymmetrisch.

Da Proteine nicht die intrinsische dreizählige Symmetrie einer Facette der Kapsidfläche aufweisen, muss jede Facette durch mindestens drei Proteine aufgespannt werden. Damit bestehen Viruskapside aus mindestens sechzig Proteinuntereinheiten. Am häufigsten werden in der Tat Ikosaederstrukturen mit sechzig oder hundertachtzig identischen Untereinheiten oder mit hundertachtzig Untereinheiten unterschiedlicher Aminosäuresequenz, aber identischer Faltung gefunden [11.33]. Die besondere strukturbiologische Bedeutung der Ikosaederform liegt wohl darin begründet, dass das Ikosaeder unter allen regelmäßigen Polyedern bei gegebenem Durchmesser das größte Volumen aufweist. Das Virengenom wird damit optimal verkapselt, was vermutlich zur evolutionären Selektion dieser Kapsidgeometrie geführt hat.

Insgesamt umfassen die Proteine und Proteinkomplexe eine große Vielfalt biologischer Funktionalitäten. *Toxine* führen zur Störung physiologischer Vorgänge. *Antikörper* dienen zur Vermeidung von Infektionen. *Enzyme* erlauben als Biokatalysatoren spezifische biochemische Reaktionen. *Ionenkanäle* regulieren die *osmotische Homöostase* sowie die Erregbarkeit von Nerven und Muskeln. *Transportproteine*, wie das Hämoglobin, realisieren den Transport aller für einen Organismus wichtigen Substanzen. *Membranrezeptoren* erkennen und binden Bausteine jenseits der Membran und transferieren Informationen über diese. Physiologische Steuerungsfunktionen übernehmen die *Hormone*. *Blutgerinnungsfaktoren* vermeiden starken Blutverlust, aber auch den totalen Verschluss eines Gefäßes. Die Reihe der Funktionalitäten ließe sich mit zunehmend spezifischeren Beispielen, wie etwa der Bedeutung bestimmter

Proteine für die Photosynthese oder mit der Autofluoreszenz bestimmter Lebewesen[17] fortsetzen.

Als ein repräsentatives Beispiel für hochgradig spezifische Funktionen eines Proteins wollen wir im Folgenden das *Bakteriorhodopsin* diskutieren, was in den vergangenen vierzig Jahren intensiv untersucht wurde und noch immer von großem wissenschaftlichen Interesse ist. Es handelt sich um ein integrales Membranprotein von Halobakterien. Das Bakteriorhodopsin fungiert als Lichtenergiekonverter der *phototrophen Energiegewinnung* dieser Bakterien. Die Lichtenergie wird hier in den Aufbau eines Protonengradienten über die Bakterienmembran investiert. Der Protonengradient ist wiederum Energiequelle für die ATP-Synthase, wie in Abschn. 10.1 beschrieben. Das Protein besteht aus 248 Aminosäuren und durchzieht die Zellmembran unter Ausbildung einer Pore. In dieser Pore befindet sich ein an das Protein gebundenes *Retinalmolekül*, welches als *Chromophor* fungiert. Trimere von Bakteriorhodopsin ordnen sich in der Bakterienmembran in zweidimensionaler hexagonaler Gitterstruktur zur *Purpurmembran* an. Abbildung 11.9 zeigt hochaufgelöst die Details dieser Struktur.

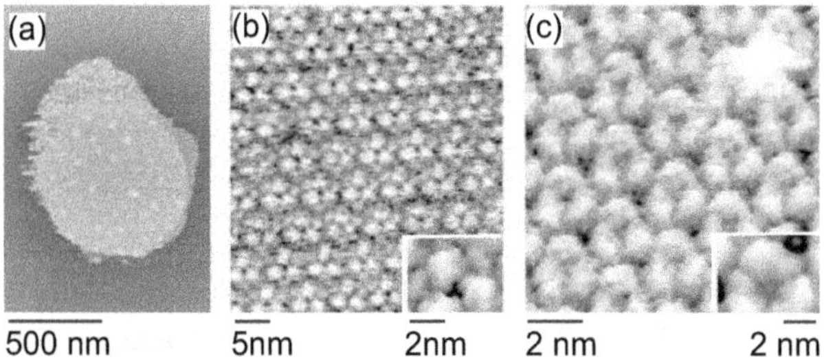

Abb. 11.9. Rasterkraftmikroskopische Aufnahmen im Kontaktmodus bei Auflagekräften von weniger als 100 pN [11.34]. (a) Purpurmembran von Halobacterium salinarum in Pufferlösung, adsorbiert auf einem Substrat. (b) Extrazelluläre und (c) zytoplasmatische Seite der Membran mit Bakteriorhodopsintrimeren.

In einem mehrstufigen in Abb. 11.10 dargestellten Prozess werden durch lichtinduzierte Isomerisierung des Chromophors und bedingt durch Veränderung von Protonenaffinitäten von Aminosäuren Protonen von der zytoplasmatischen zur extrazellulären Seite der Membran durch die Pore gepumpt. Das Durchlaufen des Photozyklus ist mit einem reversiblen Farbwechsel des Proteins von Purpur (Absorptionsmaximum 570 nm) nach Gelb (410 nm) verbunden. Der Photozyklus ist in Abb. 11.10 dargestellt.

Neben Komplexen aus Proteinen sind auch Protein-DNA-Komplexe von großer Wichtigkeit. Im vorliegenden Kontext ist wiederum die Nanoskaligkeit dieser Komplexe der Bezug. Eine Diskussion ist aber auch aus Sicht der Nanostrukturforschung

17 Autofluoreszierende Proteine kommen beispielsweise in Quallen vor.

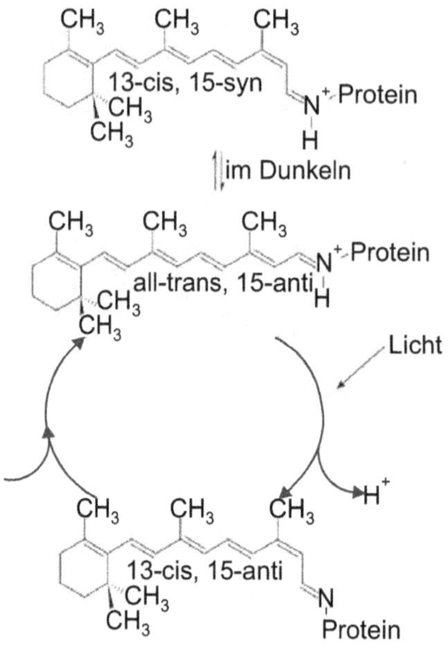

Abb. 11.10. Photozyklus von Bakteriorhodopsin [11.35]. Der Chromophor liegt unbelichtet in einem Gemisch aus all-trans- und 13-cis-Retinal vor, bei Belichtung nur noch in 13-cis-Konformation. Das Proton wird nach Belichtung aus energetischen Gründen in einer Folge unidirektionaler Verschiebeprozesse über die Zellmembran transportiert.

deshalb angezeigt, weil diese Komplexe ein ausgeklügeltes Beispiel dafür sind, wie extrem lange Polymerstränge hierarchisch geordnet und hocheffizient gepackt werden können. In dieser Hinsicht sind auch die vielfältigsten Anwendungsbezüge erkennbar.

Zunächst einmal muss festgestellt werden, dass praktisch alle nativ vorkommenden Proteine sowie DNA und RNA elektrisch geladene Polymere sind [11.36]. Der humane DNA-Strang ist beispielsweise etwa 2 m lang und stark negativ geladen. Die spezifische Ladung beträgt eine Elektronenladung pro 0,17 nm Länge. Dies resultiert in einer Gesamtladung von $\approx 10^{10}$ Elektronenladungen. Dennoch sind DNA-Stränge kompakt in einem Zellkern eines Durchmessers von einigen μm untergebracht. Zudem müssen viele Abschnitte des DNA-Strangs gegenüber einer Vielzahl von Proteinen, wie Regulationsproteine, RNA-Polymerasen und Transkriptionsfaktoren, exponiert sein [11.37].

Auf der untersten Ebene sind kurze DNA-Segmente mit einer Länge von typisch 50 nm eng um positiv geladene *Histonproteine* mit einem Durchmesser von einigen nm gewickelt. Die resultierenden DNA-Protein-Komplexe werden als *Nukleosom* bezeichnet. Die einzelnen Partikel sind über *Verbindungs-DNA-Abschnitte* miteinander verbunden. Durch diese Komplexierung verringert sich die Linearausdehnung der DNA-Stränge um das Siebenfache.

Auf der nächsten Ebene faltet sich die Kette aus Nukleosom-Kern-Partikeln zu einer dichteren Struktur, der *Chromatinfaser*. Diese Faser hat einen Durchmesser von etwa 30 nm. Auf einer weiteren Packungsebene führt eine Reihe von Faltungen letztlich zu der hochdichten Chromosomenstruktur. Die Länge der Chromosomen ist etwa 10^4 mal geringer als die Konturlänge des ursprünglichen DNA-Strangs. Diese hocheffiziente Packung des DNA-Polymers erfolgt in der *Metaphase* der *Mitose*, also vor der Zellteilung. In der langen Phase nach der Zellteilung bis zur nächsten Metaphase ist der Packungsgrad der DNA deutlich geringer.

Es besteht eine enge Kausalität zwischen der Packung der DNA-Stränge und der Regulation ihrer Funktion. Auch wenn letztendlich die Details der DNA-Faltung auf den höheren Ebenen jenseits der Chromatinfaser bei weitem nur lückenhaft verstanden sind, so gibt es doch fundierte theoretische Ansätze zur Beschreibung [11.38]. Wir wollen im Folgenden die wichtigsten Resultate im Kontext der Nanostrukturforschung zusammenfassen.

Der Aufbau von DNA-Doppelsträngen ist in Abb. 9.2 dargestellt. Jedes DNA-Monomer, also jedes Nukleotid, besteht aus einem Zucker, *Desoxyribose* ($C_5H_{10}O_4$), mit einer Phosphatgruppe und einer der aromatischen Basen Adenin, Guanin, Cytosin oder Thymin. Ein Einzelstrang entsteht aufgrund kovalenter Bindungen zwischen Zuckern und Phosphaten. Diese formen durch ihre alternierende Abfolge das Rückgrat. Der Doppelstrang entsteht dadurch, dass zwei komplementäre Einzelstränge mittels zweier Wasserstoffbrückenbindungen zwischen Adenin und Thymin und dreier zwischen Guanin und Cytosin aneinander gebunden werden. Die resultierende Helix ist rechtsgängig. Die Basen liegen innen und die Zucker-Phosphatgruppen aussen. Die Konturlänge pro Basenpaar ist 0,34 nm und der Durchmesser der Doppelhelix 2 nm. Die Ebene der Basenpaare ist nahezu senkrecht zur Helixachse und der Steigungswinkel beträgt 34,3°. Damit wird eine Windung der Helix durch 10,5 Nukleotidpaare gebildet. Die longitudinale Länge pro Windung beträgt 3,4 nm. Beim Umeinanderwickeln der Einzelstränge verbleiben zwangsläufig seitlich Lücken, so dass hier die Basen direkt an der Oberfläche liegen. Damit entstehen zwei Furchen, eine 2,2 nm breite (*Major Groove*) und eine 1,2 nm breite (*Minor Groove*). Die Polymere können extrem lang sein. Das größte menschliche Chromosom enthält $2,47 \cdot 10^8$ Basenpaare.

DNA-Moleküle lassen sich auf geeigneten Substraten abscheiden und dann hochauflösend, beispielsweise mittels AFM, abbilden. Eine derartige Aufnahme zeigt Abb. 11.11 DNA-Stränge auf Substraten können einerseits gezielt im Hinblick auf ihre mechanischen Eigenschaften untersucht werden [11.65] und sind andererseits Bestandteile äußerst interessanter synthetischer Systeme für potentielle nanotechnologische Anwendungen, die wir in Kap. 13 besprechen.

Die Übereinanderanordnung der Basenpaare resultiert aus hydrophoben und van der Waals-Wechselwirkungen mit einer Stabiliserungsenergie von 16–63 kJ/mol [11.37]. Bei 70–80° C schmelzen die Doppelstränge. Zur korrekten Beschreibung der biochemischen, aber auch der mechanischen Eigenschaften von DNA muss berücksichtigt werden, dass die Polymere unter physiologischen Bedingungen stark geladen

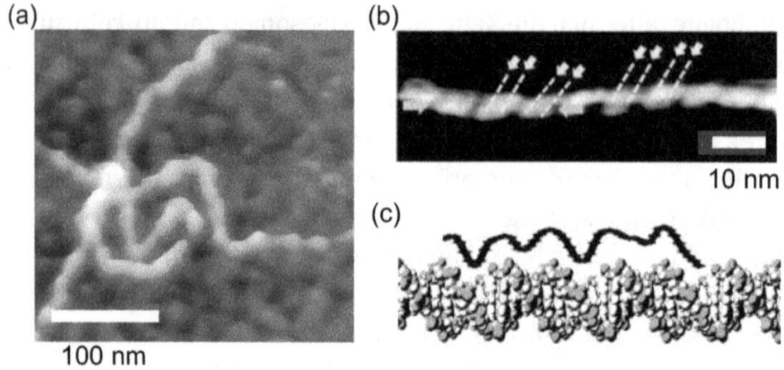

Abb. 11.11. Abbildung von DNA-Molekülen auf Substraten mittels AFM. (a) Knäuel von DNA-Strängen in der Übersicht [11.65]. (b) Hochaufgelöste Abbildung der Doppelhelix mit (c) schematischer Darstellung der Kontrastentstehung [11.39].

sind und damit viele der in Abschn. 7.3 diskutierten Mechanismen höchst relevant für die molekularen und Ensembleeigenschaften werden. Bei pH-Werten von 6,5–7 und Salzkonzentrationen von etwa 100 mM dissoziiert ein Proton von jeder Phosphatgruppe. Damit resultiert eine Negativladung von zwei Elektronenladungen pro Basenpaar. Dies wiederum hat die hohe Ladungsdichte von 5,88 e/nm zur Folge, welche einen signifikanten Einfluss auf die Steifigkeit der Polymerstränge hat, wie auch in Abschn. 7.3 diskutiert. Koionen und Gegenionen aufgrund der Dissoziation von Salzen führen allerdings unter physiologischen Bedingungen dazu, dass die Debyesche Abschirmlänge, die wir in Abschn. 6.5 und 7.3 genauer diskutiert haben, etwa 1 nm beträgt [11.40]. Wie in Abschn. 7.1 diskutiert, kann die Biegesteifigkeit durch die Persistenzlänge quantifiziert werden [11.41]. Diese gibt an, jenseits welcher Distanz entlang der Polymerkette keine Korrelationen mehr in der Orientierung von Kettengliedern bestehen. Für DNA unter physiologischen Bedingungen beträgt die Persistenzlänge etwa 50 nm [11.42] und damit etwa 147 Basenpaare. Für eine unendliche Salzkonzentration konvergiert dieser Wert gegen 30 nm [11.43].

Proteine, welche an die DNA im Zellkern binden, werden in *Histone* und andere Proteine unterteilt. Der Histonkern im Nukleosom ist ein Oktamer, bestehend aus acht Histonproteinen, von denen jeweils zwei identisch sind. Bei den Histonen handelt es sich um relativ kleine Proteine aus 102–135 Aminosäuren. Histone sind stark basisch und reich an *Lysin* und *Arginin*, zwei Aminosäuren, die unter physiologischen Bedingungen positv geladen sind. Ein Histonoktamer weist damit eine Positivladung von bis zu 106 e auf [11.42]. Es hat eine scheibenförmige Geometrie mit einem Durchmesser von 7 nm und einer Höhe von 5,5 nm [11.37].

Aufgrund ihrer Positivladung und auch aufgrund ihrer geometrischen Struktur sind Histonoktamere ideal konstituiert für die Bindung von DNA auf einer unteren Ebene der Chromosomenorganisation. Diese untere Ebene stellt in der hierarchischen Packung von DNA das Nukleosom dar, welches aus dem *Chromatosom*, einer Einheit aus etwa 165 Basenpaaren des DNA-Strangs mit den Histonproteinen, und einem kurzen Teilstück Verbindungs-DNA (*Linker-DNA*), welches jeweils aufeinander folgende Chromatosomen miteinander verbindet, besteht. Diese Anordnung ist in Abb. 11.12 schematisch dargestellt.

Abb. 11.12. Durch Linker-DNA verbundene Nukleosome in schematischer Darstellung.

Durch biochemische Behandlung können die einzelnen Chromatosome voneinander getrennt werden und es entstehen die Nukleosom-Kern-Partikel aus 146 Basenpaaren DNA, welche in einer linkswendigen Helix um das Histonoktamer gewunden sind. Die resultierende scheibenförmige Struktur hat einen Durchmesser von 11 nm, wobei der Histonkern 7 nm einnimmt. Die Dicke der Scheibe beträgt 5,5 nm. Diese Partikel sind erstaunlicherweise identisch für alle eukaryotischen Zellen.

Unter physiologischen Bedingungen organisiert sich die in Abb. 11.12 dargestellte Kette aus Nukleosomen weiter in Form der Chromatinfaser mit einem Durchmesser von etwa 30 nm. Obwohl verschiedene, zumeist geometrisch motivierte Modelle vorgeschlagen wurden, sind derzeit die genannten Selbstorganisationsmechanismen unbekannt [11.44]. Allerdings entsteht in reversibler Weise bei reduzierter Salzkonzentration aus der Chromatinfaser eine entpackte Faser mit einem Durchmesser von etwa 10 nm, die im Aufbau der Darstellung in Abb. 11.12 ähnelt. Dies, wie auch zahlreiche weitere Experimente auf der Ebene der Chromatinfaser sowie auf der Ebene der Nukleosom-Kern-Partikel zeigen, dass elektrostatische Wechselwirkungen essentiell für die Selbstorganisation der DNA-Histon-Komplexe sind.

Details der Kopplung, die für die Bildung des Nukleosoms verantwortlich sind, können im Rahmen eines Modells verstanden werden, welches wesentliche Aspekte der Diskussion von Polyelektrolyten in Abschn. 7.3 aufgreift. So lässt sich für die freie Energie eines Nukleosom-Kern-Partikels zunächst

$$E(\mathbf{r}(s)) = E_{\mathrm{DNA}}(\mathbf{r}(s)) + E_{\mathrm{DNA-H}}(\mathbf{r}(s)) \tag{11.10a}$$

ansetzen. E_{DNA} charakterisiert den reinen DNA-Beitrag und $E_{\mathrm{DNA-H}}$ die Wechselwirkung zwischen DNA-Strang und Histonoktamer. $\mathbf{r}(s)$ mit $0 \le s \le L$ parametrisiert in üblicher Weise die Polymerkonfiguration in Bezug auf einen Ursprung im Zentrum des

Histonkerns bei einer Gesamtlänge von L. Dann ist

$$\begin{aligned} E_{\mathrm{DNA}}(\mathbf{r}(s)) &= k_B T \left(\frac{l_P}{2} \int_0^L ds \left(\frac{\partial^2 \mathbf{r}}{\partial s^2} \right)^2 \right. \\ &\left. + \sigma \lambda_B \int_0^L ds \int_s^L ds' \frac{\exp\left(-\left|\mathbf{r}(s) - \mathbf{r}(s')\right| / \lambda_D \right)}{\left|\mathbf{r}(s) - \mathbf{r}(s')\right|} \right) . \end{aligned} \tag{11.10b}$$

Angenommen wurde hier, wie in Abschn. 7.3, eine Debye-Hückel-Paarwechselwirkung zwischen den Inkrementen des DNA-Strangs. l_P bezeichnet hier wie in Gl. (7.135) die Persistenzlänge und λ_B sowie λ_D die im Zusammenhang mit Gl. (6.49) eingeführte Bjerrum-Länge und die Debye-Länge. σ quantifiziert die eindimensionale Ladungsdichte, die, wie erwähnt, unter physiologischen Bedingungen mit $\sigma = 5,88\,\mathrm{e/nm}$ angenommen werden kann. Für die Abschirmlänge erhält man dann $\lambda_D \approx 1\,\mathrm{nm}$. Für die DNA-Histon-Wechselwirkung folgt

$$\begin{aligned} E_{\mathrm{DNA\text{-}H}}(\mathbf{r}(s)) &= -k_B T \frac{Z \sigma \lambda_B}{1 + R_H/\lambda_D} \int_0^L ds \left[\frac{\exp\left(-\left[r(s) - R_H\right] / \lambda_D \right)}{r(s)} \right. \\ &\left. - \alpha \exp\left(-\frac{r(s) - R_H}{r_0} \right) \right] . \end{aligned} \tag{11.10c}$$

Der erste Term beschreibt die attraktive Wechselwirkung zwischen dem Histonkern mit der Ladungszahl Z und dem Radius R_H als Makroion und dem DNA-Strang. Der zweite Term charakterisiert eine „weiche" Repulsion zwischen den DNA-Monomeren und dem Histonkern mit einer relativen Stärke $\alpha \ll 1/R_H$ und einer Reichweite von $r_0 > \lambda_D$. Aus Gl. (11.10) entnimmt man bei genauer Betrachtung, dass das Komplexierungsverhalten von einem Wechselspiel zwischen Salzkonzentration, Makroionenladung und Persistenzlänge abhängen sollte.[18]

Die Polyelektrolyt-Makroionen-Komplexe im Zellkern sind stark gekoppelt. Diese Situation liegt vor, wenn die Polymerketten und/oder die Makroionen stark geladen sind und/oder wenn die Polyelektrolytketten vergleichsweise steif sind, also eine hinreichende Persistenzlänge haben. In Anbetracht der großen Ladung der DNA-Stränge und der Histonkerne sowie der großen Persistenzlänge im Vergleich zum Histondurchmesser ist von einer starken Kopplung auszugehen. Die DNA-Stränge sind unter diesen Bedingungen direkt an der Oberfläche des Histonkerns adsorbiert und zeigen auf-

18 Typische Werte für λ_D, und damit für die Salzkonzentration, sowie für Z und l_P unter physiologischen Bedingungen wurden zuvor benannt.

grund der Repulsion zwischen den Strangabschnitten eine ausgeprägte laterale Ordnung. Thermische Fluktuationen sind gering. Damit liegt eine Grundzustandskonfiguration $\tilde{\mathbf{r}}(s)$ vor, für die

$$\left.\frac{\partial E_{\text{DNA-H}}\left(\mathbf{r}(s)\right)}{\partial \mathbf{r}(s)}\right|_{\tilde{\mathbf{r}}(s)} = 0 \tag{11.11}$$

gilt. Die entsprechende Grundzustandskonfiguration lässt sich numerisch ermitteln [11.45]. In Abhängigkeit von den Ladungsverhältnissen des Polyelektrolyt-Makroion-Komplexes sowie der Salzkonzentration lassen sich vier Grundzustandsphasen oder Symmetrieklassen unterscheiden [11.46].

Thermische Fluktuationen werden relevant, wenn die Betrachtung auf den nanotechnologisch verallgemeinerten Fall der Komplexierung von geladenen Kolloidpartikeln und Polyelektrolytketten ausgedehnt wird oder wenn das Dissoziations-Assoziations-Gleichgewicht der Nukleosom-Kern-Partikel in Lösung betrachtet werden soll. Zu berücksichtigen ist unter diesen Umständen insbesondere die Konformationsentropie. Diese erhält man aus einer Analyse der Hauptschwingungsmoden, die aus Fluktuationen um den Grundzustand herum resultieren. Wird der vom Grundzustand $\mathbf{G}_0$ abweichende Zustand durch den Zustandsvektor $\mathbf{G} = (g_1, \ldots, g_n)$ beschrieben, so ist die Zustandsenergie für hinreichend kleine Fluktuation in üblicher und im Zusammenhang mit quantenmechanischen Phänomenen besprochener Weise[19] mittels Störungsrechnung aus der Grundzustandsenergie ermittelbar:

$$E(\mathbf{G}) = E(\mathbf{G}_0) + \frac{1}{2}(\mathbf{G} - \mathbf{G}_0)^T \underline{\underline{H}}(\mathbf{G} - \mathbf{G}_0) \,. \tag{11.12a}$$

$(\mathbf{G} - \mathbf{G}_0)^T$ bezeichnet hier den transponierten Differenzzustandsvektor und

$$H_{nm}(\mathbf{G}_0) = \left.\frac{\partial^2 E}{\partial g_n \partial g_m}\right|_{\mathbf{G}=\mathbf{G}_0} \tag{11.12b}$$

die *Hesse-Matrix*. In dieser Sattelpunktapproximation ergibt sich ein Spektrum von Anregungen in harmonischer Näherung. Die Normalmoden erhält man in üblicher Weise durch Diagonalisierung der Hesse-Matrix: $\underline{\underline{H}}\,\underline{\underline{M}} = \underline{\underline{M}}\,\underline{\underline{\Lambda}}$. $\underline{\underline{M}}$ ist die Matrix der Eigenmoden und $\underline{\underline{\Lambda}}$ die Diagonalmatrix der Eigenwerte $\Lambda_{nm} = \lambda_n \delta_{nm}$. Der Diskretisierungsgrad kann hier für die Modenindizierungen einige hundert Werte umfassen [11.46].

In einer Lösung aus Histonen und DNA-Strängen oder, allgemeiner formuliert, aus geladenem Kolloidpartikel und entgegengesetzt geladenen Polyelektrolytketten wird die Bildung von Komplexen durch die elektrostatischen Wechselwirkungen getrieben. Die entropischen Beiträge aufgrund des Verlusts von Konformations- und Translationsfreiheitsgraden begünstigen hingegen die Dissoziation. Die thermodynamische

19 Wie beispielsweise in Abschn. 3.6.2 dargestellt.

Stabilität der Komplexe wird dann durch $\Delta F = F_{\mathrm{DNA\text{-}H}} - F_{\mathrm{DNA}}$ quantifiziert. Die freie Energie ergibt sich dabei aus der Differenz zwischen der Grundzustandsenergie nach Gl. (3.336) und der Summe der entropischen Beiträge zu jeder Eigenmode, die sich letztendlich aus Gl. (11.12) ergibt. Die Konzentration von Komplexen folgt dann aus dem *Massenwirkungsgesetz* zu $c_{\mathrm{DNA\text{-}H}} \sim c_0^2 \exp(-\Delta F/[k_B T])$. c_0 ist hier die identische Ausgangskonzentration von Polymerpartikeln und Polyelektrolytketten.

11.2 Ladungstransport in biogenen Systemen

Elektrische Signale und Ladungstransport unter Beteiligung von Neuronen und Muskeln sind von grundlegender Bedeutung für viele physiologische Prozesse, für die biologische Signalverarbeitung sowie für Lern- und Gedächtnisprozesse des zentralen Nervensystems. Im Kontext der Nanostrukturforschung und Nanotechnologie ist der Ladungstransport in biogenen Systemen eine faszinierende Alternative zum Ladungstransport in Festkörpersystemen, wie wir in Abschn. 3.6 studiert haben. Im Rahmen visionärer Anwendungsperspektiven scheinen technische Implementierungen der Grundlagen und Strategien des biologischen Ladungstransports und der biologischen Signalverarbeitung durchaus vorstellbar.

Essentiell für den Ladungstransport in biologischen Systemen ist, wie bei Festkörpersystemen, die Aufrechterhaltung von Ladungsgradienten. Im Konkreten sind von ausschlaggebender Bedeutung Ionengradienten über biologische Membranen hinweg, die eine definierte Größe und gegebenenfalls Veränderbarkeit aufweisen. Aufbau und Aufrechterhalten eines solchen Gradienten setzen den gegenüber den Medien auf beiden Seiten der Membran modifizierten Transport von Ionen voraus. Insbesondere ist eine verminderte oder selektive Ionendurchlässigkeit von Membranen von großer Bedeutung für biologische Systeme. Betrachten wir dazu eine Lipiddoppelmembran, wie sie etwa in Abb. 4.11 dargestellt wurde. Im Hinblick auf die Möglichkeit des ionischen Transports durch diese Membran ist zunächst einmal von Bedeutung, dass Ionen im wässrigen Medium von einer Hydrathülle umgeben sind. Die Hydratationswechselwirkung hatten wir in Abschn. 6.5 genauer diskutiert. Im vorliegenden Kontext ist die Größe der Hydratationswechselwirkung relevant. Sie lässt sich aus der *Hydratationswärme* eines Ions abschätzen. Diese resultiert aus dem Anstieg der Enthalpie, der sich ergibt, wenn ein Mol freier Ionen aus dem Vakuum in ein Wasserreservoir überführt wird. Im Detail kann dazu die Summe der Enthalpieänderungen bei der Entstehung eines Salzkristalls aus gasförmigen Ionen und der anschließenden Lösung des Kristalls in Wasser betrachtet werden. Da aber die Lösungsenthalpie von Salzen relativ klein ist und die Temperaturänderung des Lösungsmittels entsprechend, sind die Ion-Wasser-Wechselwirkungen etwa so groß wie diejenigen, die den Salzkristall stabilisieren. Für NaCl beträgt beispielsweise die mit der Bildung des Kristalls aus freien Ionen im Vakuum verbundene Enthalpie

$-787,3$ kJ/mol, die Lösungsenthalpie 3,8 kJ/mol und die Hydratationsenthalpie für die Na^+/Cl^--Paare entsprechend $-783,5$ kJ/mol.

M. Born (1882–1970, Nobelpreis für Physik 1954) lieferte eine kontinuumstheoretische Erklärung der Hydratationsenergie als einen einfachen Zugang zu der an sich komplexen Struktur eines von Wassermolekülen in dynamischer Koordination umgebenen Ions [11.47]. Wird ein Ion mit dem Radius R und der Ladung Ze aus dem Vakuum in ein Medium mit der relativen Dielektrizitätskonstante ε_r transferiert, so beträgt die freie Transferenergie

$$E = \frac{(Ze)^2}{8\pi\varepsilon_r\varepsilon_0 R} . \tag{11.13a}$$

Für den ionischen Transfer zwischen zwei Medien beträgt die Differenz der *Born-Energie* entsprechend

$$\Delta E = E_2 - E_1 = \frac{(Ze)^2}{8\pi\varepsilon_0 R}\left(\frac{1}{\varepsilon_r^{(2)}} - \frac{1}{\varepsilon_r^{(1)}}\right) . \tag{11.13b}$$

Betrachtet man nun ein K^+-Ion mit $R = 0,138$ nm, das sich aus wässrigem Medium mit $\varepsilon_r^{(1)} = 80$ in die Lipiddoppelmembran mit $\varepsilon_r^{(2)} = 4$ bewegt, so erhalten wir $\Delta E = 48k_BT$, was 117,2 kJ/mol entspricht. Die Wahrscheinlichkeit für den hypothetisch angenommenen Transportprozess beträgt

$$p = \frac{\exp(-E_2/k_BT)}{\exp(-E_1/k_BT) + \exp(-E_2/K_BT)} . \tag{11.14}$$

Für das gewählte Beispiel erhalten wir $p = 6,5 \cdot 10^{-22}$; die Membran ist also aus elektrostatischen Gründen undurchlässig.

Nun findet man aber an vielen biologischen Membranen dennoch eine beträchtlich größere Permeabilität, als nach dem diskutierten Beispiel zu erwarten. Die Ursache besteht im aktiven oder passiven Transport durch integrale Membranproteine, wie wir sie in Abschn. 10.2 schon kennengelernt haben.

Der aktive Transport ist ein Energie verbrauchender Prozess, der in den allermeisten Fällen an die Hydrolyse von ATP gekoppelt ist: $ATP \rightarrow ADP + P_i$. Die mit diesem Hydrolyseprozess verbundene Energiefreisetzung beträgt 31 kJ/mol. ATP-hydrolysierende Enzyme werden, wie zuvor erwähnt, als ATPase bezeichnet. Eines der am intensivsten untersuchten Transportsysteme ist die *Na^+-K^+-ATPase* in der Plasmamembran höherer Eukaryoten. Dieses Transportsystem wird häufig auch als Na^+-K^+-Pumpe bezeichnet, da es Na^+ aus der und K^+ in die Zelle pumpt. Die mit der Hydrolyse intrazellulären ATPs verbundene Reaktion läuft dabei ab nach dem Schema

$$3Na^+(\downarrow) + 2K^+(\uparrow) + ATP + H_2O \leftrightarrow 3Na^+(\uparrow) + 2K^+(\downarrow) + ADP + P_i . \tag{11.15}$$

Hier bezeichnet ($\downarrow$) den Transport in die und ($\uparrow$) denjenigen aus der Zelle. Die Na^+-K^+-ATPase separiert also Ladungen über die Membran. Drei positive Ladungen

Tab. 11.2. Durch ATPasen hervorgerufene Konzentrationsgradienten für wichtige Ionenspezies und Gleichgewichtspotentiale.

Ion	intrazell. (mM)	extrazell. (mM)	U (mV)
K^+	140	5	−84
Na^+	5–15	145	85–57
Cl^-	4–15	110	−83– −50
Ca^{2+}	10^{-4}	1,5	120
organ.	138	9	–

werden aus der Zelle transportiert und zwei in die Zelle. Der resultierende Konzentrationsgradient ist verantwortlich für die elektrische Anregung von Nerven- und Muskelzellen. Zellen verbrauchen 30–70 % des ATP-Vorrats zur Aufrechterhaltung ihrer zytosolischen Na^+- und K^+-Konzentration.

Transiente Änderungen der zytosolischen Ca^{2+}-Konzentration triggern verschiedene Zellreaktionen, wie beispielsweise die Muskelkontraktion oder die Freisetzung von Neurotransmittern. Die Ca^{2+}-Konzentration im *Zytosol* ist mit ≈ 100 nM außergewöhnlich niedrig, wenn sie mit der extrazellulären Konzentration von $\approx 1,5$ mM verglichen wird. Der hohe Konzentrationsgradient wird durch die *Ca^{2+}-ATPase* realisiert, welche Ca^{2+} aus dem Zytosol über die Membran pumpt auf Kosten der intrazellulären ATP-Hydrolyse [11.48]. Tabelle 11.2 zeigt die Konzentrationsgradienten der biologisch wichtigsten Ionen, die durch ATPasen hervorgerufen werden, in der Zusammenfassung.

Der Ionengradient über eine Zellmembran wird temporär durch das Öffnen und Schließen von *Ionenkanälen* modifiziert. Diese Ionenkanäle determinieren damit die elektrische Aktivität aller Zellen. Sie sind von besonderer Bedeutung für die Generation von *Aktionspotentialen* und für ihre Propagation entlang der Axone von Neuronen oder für die Transmission von Aktionspotentialen über *Synapsen*. Spannungsgesteuerte Ionenkanäle (*Voltage-Gated Channels)* werden aktiviert durch Änderungen des *Membranpotentials*, ligandgesteuerte Ionenkanäle (*Ligand-Gated Channels*) durch Bindung eines Liganden an einen Rezeptor, an ein Kanalpolypeptid. Es können entweder extrazelluläre Liganden, wie *Neurotransmitter*, oder intrazelluläre Botenstoffe (*Messengers*), wie Ca^{2+}, *Adenosinmonophosphat* (($C_{10}H_{14}N_5O_7P$), *Guanosinmonophosphat* ($C_{10}H_{14}N_5O_8P$) oder *Inosittriphosphat* ($C_6H_{12}O_6$) relevant sein.

Die meisten spannungsmodulierten Ionenkanäle sind ionenselektiv, indem sie zwischen Kationen und Anionen scharf diskriminieren und ebenfalls zwischen unterschiedlichen Kationen unterscheiden. Die Selektion von Alkaliionen oder nach unterschiedlichen Valenzen ist nicht perfekt. Relative Permeabilitäten bewegen sich typisch zwischen $10^{-3} \lesssim v_P^{(1)}/v_P^{(2)} \lesssim 10^{-1}$. Nichtselektive Kanäle erlauben den Transport von Na^+/Ca^{2+} oder Na^+/K^+-Ionenströmen.

Das Membran- oder Transmembranpotential ist durch die Differenz zwischen äußerem und innerem elektrischen Potential gegeben: $\Delta V = V_i - V_a$. Das Potential V_0 im nicht angeregten Zustand einer Zelle entspricht dann V_i, wenn $V_a = 0$ angenommen wird. Man findet typisch $-70\,\text{mV} < V_0 < -60\,\text{mV}$ für ein Neuron, bei dem ein Überschuss an negativen Ladungen im intrazellulären Medium durch Wirkung der Na^+-K^+-ATPase gegenüber dem extrazellulären Medium entsteht. Die transiente Öffnung und Schließung von Ionenkanälen führt nun zur Signalübertragung zwischen Neuronen durch Fluss elektrischer Ströme über die Zellmembran. Der Stromfluss, der a priori durch Kationen und Anionen getragen wird, wird durch die Richtung des positiven Nettostroms definiert. Kationen bewegen sich also in Stromrichtung und Anionen entgegen dieser Richtung. Ein Stromfluss modifiziert die Membranpolarisation: Eine verringerte Ladungstrennung mit weniger negativem Potential wird als *Depolarisation* bezeichnet. Eine stärkere Ladungstrennung mit negativerem Membranpotential als *Hyperpolarisation*. *Elektronische Potentiale* resultieren nicht in einer elektrischen Anregung von Ionenkanälen und führen zu einer *passiven Membranreaktion*. Hyperpolarisationen und geringe Depolarisationen sind meist auf passive Reaktionen zurückzuführen. Bei Überschreiten eines Schwellwerts der Depolarisation reagiert die Membran aktiv und öffnet potentialgesteuerte Kanäle, was zur Erzeugung des Aktionspotentials führt.

Schauen wir uns nun genauer an, wie das Membranpotential von den ionischen Konzentrationen im extra- und intrazellulären Raum abhängt. Dazu betrachten wir der Einfachheit halber zunächst eine Zellmembran, die aufgrund ihrer Ionenkanäle nur für K^+-Ionen permeabel ist. Wenn diese Ionenkanäle offen sind, so wird K^+ aus dem Zellinnern nach außen transportiert. Nach dem ersten Fickschen Gesetz, welches wir in Abschn. 4.3.3 diskutiert hatten, wird ein Partikelstrom durch einen Konzentrationsgradienten getrieben. Im Innern der Zelle ist die K^+-Konzentration nach Tab. 11.2 deutlich erhöht. Damit wird der extrazelluläre Bereich stärker positiv und der intrazelluläre stärker negativ geladen. Allerdings ist der Abfluss von K^+-Ionen selbstregulierend: Der durch den K^+-Fluss bewirkte Potentialverlauf wirkt elektrostatisch dem Fluss entgegen. Es wird also ein Gleichgewicht erreicht, in dem die chemische oder thermodynamische Kraft exakt durch die elektrostatische ausbalanciert wird. Dies ist der Fall für das *Kaliumgleichgewichtspotential* U_K. Wenn die Membran nur Kaliumkanäle aufweist, so erhalten wir $V_0 = U_K$. Für eine beliebige Ionensorte lässt sich das Gleichgewichtspotential entsprechen der bereits 1889 von *W. Nernst* (1864–1941, Nobelpreis für Chemie 1920) angegebenen Relation berechnen:

$$U = \frac{RT}{ZF} \ln \frac{c_a}{c_i} \,. \tag{11.16}$$

Hier bezeichnen c_a und c_i die Konzentration außen und innen. R, Z und F sind die Gaskonstante, die ionische Valenz und die Faraday-Konstante. Mit $RT/F = 25\,\text{mV}$ bei Raumtemperatur und dem K^+-Gradienten aus Tab. 11.2 erhalten wir $U_K = V_0 =$

-84 mV. In entsprechender Weise liefert die *Nernst-Gleichung* auch die Gleichgewichtspotentiale anderer Ionen, wie in Tab. 11.2 angegeben.

Neuronen im Ruhezustand sind im Gegensatz zu den meisten anderen Körperzellen permeabel für K^+, Na^+ und Cl^-. Es stellt sich offensichtlich die Frage, wie sich in diesem Fall das Membranpotential ergibt. Betrachten wir zunächst wieder eine Membran mit ausschließlich K^+-Kanälen, aber ausgesetzt zusätzlich den Na^+, Cl^- und A^--Konzentratoinsgradienten aus Tab. 11.2. In diesem Fall ist das Ruhepotential V_0 wiederum durch den K^+-Gradienten im Gleichgewicht determiniert: $V_0 = U = -84$ mV. Öffnen sich jetzt zusätzlich Na^+-Kanäle, so treibt der chemische Gradient die Ionen von außen nach innen. Auch das negative Membranpotential treibt Na^+ in die Zelle. Der Na^+-Strom depolarisiert die Membran bezüglich des K^+-Gleichgewichtspotentials. Allerdings wird in der Realität der Wert von $U_{Na} = 57$ mV nicht annähernd erreicht, da die Zahl der K^+-Kanäle bedeutend größer ist als die Zahl der Na^+-Kanäle.

Die Depolarisation gegenüber U_K führt zu einer Reduktion der elektrostatischen Kraft und der K^+-Strom ist nicht länger im Gleichgewicht. Dies führt zu einem Netto-K^+-Strom aus der Zelle, der entgegen dem Na^+-Strom in die Zelle wirkt. Es kann ein Membranpotential erreicht werden, bei dem der K^+-Strom aus der Zelle gerade den Na^+-Strom in die Zelle kompensiert. Dieses Potential beträgt $U_{K-Na} = -60$ mV und ist nur wenig positiver als U_K.

Berücksichtigt werden muss neben der elektrochemischen Kraft ganz offensichtlich auch der ionische Leitwert der Membran, der von der Anzahl offener spezifischer Kanäle abhängt. Während der K^+-Leitwert groß ist, ist der Na^+-Leitwert vergleichsweise gering, und es reicht eine kleine nach außen gerichtete elektrochemische Kraft, um den durch eine große Kraft getriebenen Na^+-Strom ins Innere der Zelle zu kompensieren. Da der K^+- und der Na^+-Strom das Ruhepotential bestimmen, resultiert $V_0 \neq U_K$ und $V_0 \neq U_{Na}$. Ein zweckmäßiges Maß für die globale Durchlässigkeit einer Membran für einen bestimmten Ionentyp ist die Permeabilität v_p, welche einer Geschwindigkeit entspricht, mit der sich ein bestimmter Ionentyp durch die Zellmembran bewegt. Beispielsweise findet man für einen bestimmten Zelltyp $v_P^K = 5 \cdot 10^{-7}$ cm/s, $v_P^{Na} = 5 \cdot 10^{-9}$ cm/s und $v_P^{Cl} = 5 \cdot 10^{-8}$ cm/s. Unter Verwendung von Permeabilitäten ist dann das Ruhepotential einer Zelle mit Ionenkanälen für die Spezies $1, \ldots, n$ durch die *Goldman-Hodgkin-Katz-Gleichung (GHK-Gleichung)* gegeben [11.49]:

$$V_0 = \frac{RT}{F} \ln \frac{\sum_{j=1}^{n} v_P^{(j)} c_a^{(j)}}{\sum_{j=1}^{n} v_P^{(j)} c_i^{(j)}} . \tag{11.17}$$

Hier wurde der Einfachheit halber $Z_j = 1$ angenommen. Es ist offensichtlich, dass eine sehr große Permeabilität einer einzigen Spezies wieder auf die Nernst-Gleichung (11.16) führt.

Das Aktionspotential besteht in einer kurzzeitigen Umkehr oder zumindest in einer kurzzeitigen signifikanten Veränderung des Membranpotentials einer Muskelzelle oder eines Neurons. In Muskelzellen führt das Aktionspotential zu Kontaktströmen, in Neuronen konstituiert es den Nervenimpuls. Das Aktionspotential propagiert in Form einer Anregungswelle entlang der Muskelfaser oder entlang eines Nervs. Typische Ausbreitungsgeschwindigkeiten liegen bei 1–150 m/s.

Wenn eine Zelle durch ein sensorisches Signal oder einen Neurotransmitter stimuliert wird, öffnen unspezifische Ionenkanäle und Na^+ diffundiert in die Zelle. Dies führt zu einer lokalen Depolarisation und Modifikation des Membranpotentials. Wird dabei ein Schwellwert erreicht, so öffnen spannungsgesteuerte Natriumkanäle, wodurch sich der Na^+-Strom in die Zelle erhöht. Der verstärkte Na^+-Strom führt bei positiver Rückkopplung zur weiteren Öffnung von Na^+-Kanälen, bis das Aktionspotential seinen Maximalwert erreicht. Dann sind typisch einige Dutzend Kanäle pro μm^2 Zellmembran geöffnet. Wären dabei ausschließlich Na^+-Ionen relevant, so würde $V_{max} \approx U_{Na} = 57$ mV unter Berücksichtigung von Tab. 11.2 zu erwarten sein. Schließlich führt die Membranpolarisation zur *Inaktivierung* der Kanäle. Ein inaktivierter Kanal ist allerdings von einem geschlossenen zu unterscheiden: Damit der Kanal wieder geöffnet werden kann, muss er von der Inaktivierung zunächst in den geschlossenen Zustand übergehen. Bei Inaktivierung der Na^+-Kanäle tritt gleichzeitig eine Öffnung spannungsgesteuerter K^+-Kanäle auf. K^+-Ionen verlassen die Zelle und das Membranpoential erreicht letztendlich wieder den Ruhezustand, was als *Repolarisation* bezeichnet wird. Häufig ist dabei ein leichtes Überschwingen, eine Hyperpolarisation zu beobachten, was auf einen zunächst noch erhöhten Na^+-Fluss aus der Zelle zurückzuführen ist.

Die Zeitspanne zwischen Inaktivierung der Na^+-Kanäle und Schließen der Kanäle führt dazu, dass ein Neuron, nachdem ein Aktionspotential generiert wurde, nicht unmittelbar ein weiteres generieren kann. Dies ist erst möglich nach einer gewissen Erholzeit von einigen ms.

Für eine Vielzahl physiologischer Vorgänge in Organismen ist die Propagationsmöglichkeit des Aktionspotentials von großer Bedeutung. Wie wird das durch Aktivierung von Na^+- und K^+-Kanälen generierte Aktionspotential zwischen benachbarten Zellen transferiert? Neuronen haben, wie in Abb. 11.13 dargestellt, ein System der chemischen Signaltransmission entwickelt. Das Aktionspotential stimuliert die Freisetzung kleiner organischer Moleküle, die als *Neurotransmitter* bezeichnet werden. Es handelt sich um endogene biochemische Botenstoffe, welche Informationen von einem Neuron über die *Synapse* zum benachbarten weitergeben. Speicherorte der Neurotransmitter sind synaptische Vesikel. Die Freisetzung erfolgt durch *Exozytose*. Dabei fusioniert die Vesikelmembran mit der präsynaptischen Membran und die Transmittermoleküle werden in den synaptischen Spalt entlassen. Durch Diffusion erreichen sie die Rezeptoren des postsynaptischen Neurons. Der wichtigste erregende Neurotransmitter des zentralen Nervensystems ist *Glutamat* (dissoziierte Glutaminsäure $C_5H_9NO_4$), die wichtigsten hemmenden sind *γ-Aminobuttersäure* ($C_4H_9NO_2$) und Glycin ($C_2H_5NO_2$). Weitere wichtige Neurotransmitter sind *Noradrenalin* $C_8H_{11}NO_3$, *Acetylcholin* ($C_7H_{16}NO_2$), *Dopamin* ($C_8H_{11}NO_2$) und *Serotonin* ($C_{10}H_{12}N_2O$). *Neuromodulatoren* modulieren die Wirkung der Neurotransmitter.

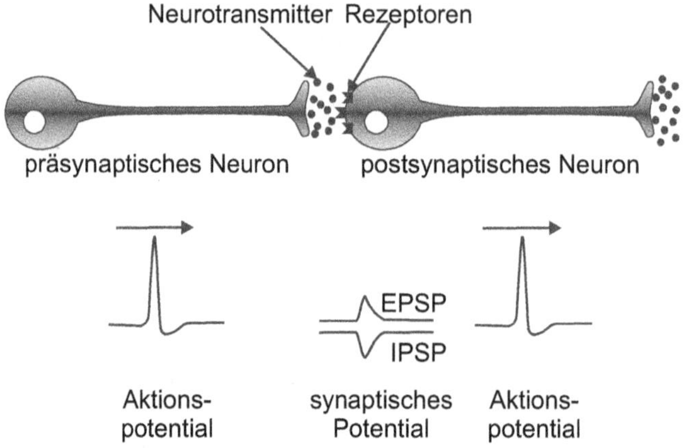

Abb. 11.13. Propagation von Aktoinspotentialen zwischen Neuronen. EPSP bezeichnet das exitorische postsynaptische Potential und IPSP das inhibitorische postsynaptische Potential.

Die Fusion von Vesikeln und Plasmamembran der Neuronen ist eng verknüpft mit der Aktivierung spannungsgesteuerter Ca^{2+}-Kanäle, die einen ionischen Fluss in die Zelle regulieren. Nach der Exozytose, die typischerweise einige ms beansprucht, werden die Vesikel durch Endozytose wieder aufgenommen und erneut mit Neurotransmittern gefüllt. Die Aktivierung der postsynaptischen Rezeptoren führt entweder zu einer Depolarisation oder zu einer Hyperpolarisation des postsynaptischen Neurons [11.50].

Innerhalb eines Neurons kommt es zu einem passiven Ionenstrom, da ein Potentialgradient entsteht, sobald lokal Ionenkanäle im Bereich der Rezeptoren aktiviert werden. Der passive Strom führt sukzessive zur Depolarisation oder Hyperpolarisation weiterer Membranbereiche. Schließlich erreicht die temporäre Potentialänderung das Ende eines Neurons. Der Leitwert innerhalb des Neurons skaliert wie bei einem Elektronenstrom durch einen Leiter quadratisch mit mit Durchmesser. Dies erklärt eventuell, dass es *Axone*, wie in Abb. 11.14 dargestellt, gibt, die einen Durchmesser von 1 mm erreichen.[20] Ein Leckstrom aus den Axonen heraus wird durch die *Myelinisierung*, die Umgebung der Axone durch eine lipidreiche Biomembran, minimiert. *Myelin* isoliert und trägt so zur Erhöhung der Ausbreitungsgeschwindigkeit des Aktionspotentials bei. Nackte Axone weisen Ausbreitungsgeschwindigkeiten von 0,1–10 m/s auf, myelinierte von bis zu 150 m/s. An den *Ranvier-Schnürungen* in Abb. 11.14 ist die Myelin-

---

20 Dies tritt bei Invertebraten, wie beispielsweise bei Tintenfischen auf.

scheide unterbrochen und man findet eine erhöhte Dichte an Na^+- und K^+-Kanälen. Hier kann sich das Aktionspotential also gut ausbreiten.

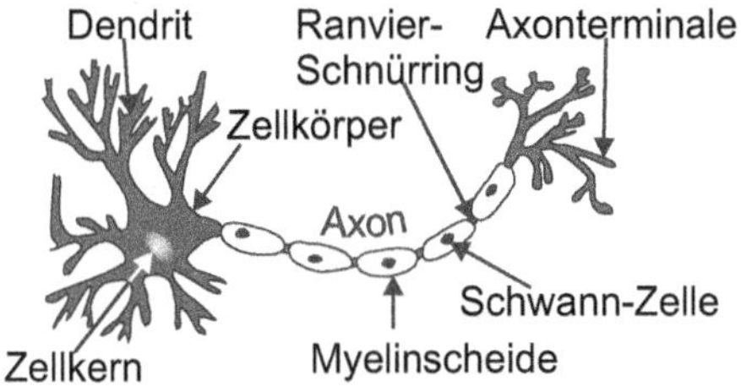

Abb. 11.14. Detaillierter Aufbau einer Nervenzelle.

Der bemerkenswerteste Aspekt des Ladungstransports in biogener Materie ist die hohe Selektivität gegenüber ionischen Spezies. Verdeutlichen wir dies einmal an der Selektivität von K^+-Kanälen. Diese sind einer umfangreichen Proteinfamilie zuzuordnen, deren Mitglieder man in Achaeen, Bakterien und Eukaryoten antrifft. Gemeinsam ist allen Mitgliedern dieser Proteinfamilie eine Proteinsäuresequenz, die strukturell den Selektivitätsfilter für K^+ konstituiert. Dieser Filter erlaubt insbesondere den Transfer von K^+-Ionen mit einen Rate, die dem Diffusionslimit entspricht, und die Blockade von Na^+-Ionen. Der Selektionsmechanismus ist so wirkungsvoll, dass trotz der geringen Differenz im Ionenradius, dieser beträgt für K^+ 1,33 Å und für Na^+ 0,95 Å, eine 10^3 mal bessere Leitfähigkeit für K^+ realisiert wird. Dabei wird für die Transferrate immer noch das Diffusionslimit erreicht [11.51]. Im Zentrum der Membran beträgt der Kanaldurchmesser der K^+-Pore etwa 1 nm, was den Transfer des Ions trotz der eingangs diskutierten dielektrischen Repulsion ermöglicht.

Wie aber entsteht die Selektivität gegenüber K^+? Im Selektivitätsfilter wechselwirkt das K^+-Ion mit vier Lagen von Carbonylgruppen und einer Lage von Threoninhydroxyl. Diese atomaren Lagen konstituieren vier K^+-Bindungsstellen, an denen K^+ in dehydratisierter Form bindet. Die Hydrathülle von K^+ wird damit perfekt substituiert. Im Mittel besetzen zwei K^+-Ionen die vier Bindungsstellen des Selektivitätsfilters. Diffundiert ein weiteres Ion in den Filter, so verlässt ein K^+-Ion den Filter auf der entgegengesetzten Seite. Für den Ionentransfer ist dabei die schwache Bindung an den Filter sowie die elektrostatische Repulsion zwischen den K^+-Ionen essentiell, um einen hohen Leitwert zu realisieren. Für Na^+-Ionen substituiert der Filter die Hydrathülle entsprechend weniger gut, woraus der sehr viel geringere Leitwert der Kanäle resultiert.

Die spannungs- oder ligandinduzierte Konformationsänderung des K^+-Kanals führt zum Öffnen oder Schließen. Ionenkanäle sondieren die Membranspannung dadurch, dass sie die Membranpermeabilität implizit erfassen. Bei spannungsgesteuerten Kanälen ergibt sich daraus ein Rückkoppelmechanismus, der Voraussetzung für die Generation von Aktionspotentialen ist. Die spannungsinduzierten Konformationsänderungen basieren auf der Umverteilung von Ladungen.

Der Ladungstransport in biogener Materie ist Grundlage von Hybridsystemen, die aus biologischen Informationsverarbeitungselementen, wie Proteinen, Zellen oder Zellverbänden, und elektronischen Bauelementen, wie Feldeffekttransistoren, bestehen. Die funktionelle Kopplung biologischer Prozesse mit elektronischer Informationsverarbeitung besitzt einen Reihe potentieller Anwendungen, die in den Bereichen Biosensoren, Neurowissenschaften und Informatik liegen. Beispiele sind pharmakologische bzw. toxikologische Lab On A Chip-Konzepte für Hochdurchsatztests von Wirkstoffen, selektive Biosensoren mit hohem Erkennungspotential und Signalamplifikationskaskaden und komplette neuronale Netzwerke zur Erforschung der räumlich-zeitlichen Dynamik von Gehirnen. Transmembranströme von beispielsweise K^+-Ionen lassen sich messen, wenn Zellen direkt auf Feldeffekttransistoren (*FET*) kultiviert werden [11.52]. Im Idealfall lässt sich der Source-Drain-Strom direkt mit der Ladungsänderung außerhalb der Zelle in Membrannähe korrelieren. Entsprechende FET haben entweder nichtmetallisierte Gateelektroden oder metallisierte. Metallisierte Gates können entweder in direktem Kontakt zum Elektrolyten sein oder sind elektrisch isoliert (*Floating Gates*). Ionisch sensitive FET werden als *ISFET* bezeichnet [11.52]. Die nichtinvasive Neuron-Silizium-Kopplung [11.53] ist von sehr großer Bedeutung für die erwähnten Hybridsysteme und ihre Einsatzbereiche. Aber auch die Stimulation von Neuronen durch technische Bauelemente [11.54] besitzt eine erhebliche Bedeutung insbesondere in Bezug auf die Neuroprothetik [11.55].

11.3 Stochastische Prozesse in biologischen Systemen

Zellen sind, wie wir gesehen haben, makromolekulare Systeme mit einem hohen Maß an Dynamik: Molekulare Komponenten werden ständig synthetisiert und wieder aufgelöst. Damit kommt es zu Fluktuationen der Dichte molekularer Spezies, die sich umso stärker manifestieren, je kleiner die absolute Anzahl der jeweiligen Spezies ist. Einerseits muss die Zelle im Hinblick auf die vielfältigen physiologischen Funktionen robust gegenüber diesen Fluktuationen sein, andererseits ist gerade dieses stochastische Rauschen von großer Bedeutung für eine Reihe makroskopischer Phänomene [11.56].

Für identische Zelltypen gibt es durchaus eine große Variabilität im Proteinvorkommen, und sie können in unterschiedlichen phänotypischen Zuständen existieren. Die Analyse der Stochastik *gentischer Regulationsnetzwerke* ist damit von Bedeutung für die Frage danach, wie der *Genotyp* generell den *Phänotyp* determiniert. Die diesbezügliche Forschung hat klar die große Bedeutung stochastischer Prozesse und stochastischen Rauschens für die Variabilität biologischer Systeme unter Beweis gestellt [11.56]. Bespielsweise ermöglicht Rauschen probabilistische Differenzierungsstrategien von Bakterien. Es koordiniert große Regulone in der multizellulären Entwicklung von Organismen und beschleunigt generell die Evolution. Die Betrachtung von Rauschspektren bietet aufgrund der großen Bedeutung stochastischer Prozesse für molekularbiologische Signalnetzwerke einen tiefen Einblick in die Funktionalität biologischer Systeme, fast schon analog zur Auswertung der Rauschspektren für nanoskalige Schaltkreise, wie wir sie in Abschn. 3.6.3 diskutiert hatten.

Betrachten wir als exemplarischen Fall die Expression von Proteinen, ausgehend von einem einzelnen Gen. Die zwei biochemischen Komponenten des Prozesses bestehen in der Transkription und in der Translation. Wenn die entsprechende Promotorregion des Gens eingeschaltet ist, entsteht durch Transkription mRNA des entsprechenden Gens. Bei der anschließenden Translation werden dann aus den mRNA-Templaten Proteine synthetisiert. Die Produktion von RNA und Proteinen in einer Zelle würde zu einem ständigen Anwachsen dieser molekularen Bausteine führen, wenn es nicht auch zu einem Zerfall käme. Der Zerfall führt zu einem stationären Gleichgewicht mit einer mittleren Proteinzahl $\langle p \rangle$. Die momentane Anzahl der Proteine p fluktuiert allerdings, da Promotoren in stochastischer Weise ein und ausgeschaltet werden. Das Rauschen η_p im Expressionsniveau wird, wie für stochastische Prozesse üblich, durch eine Standardabweichung $\sigma_p = \sqrt{(\Delta p)^2}$ quantifiziert: $\eta_p = \sigma_p / \langle p \rangle$. Die Rauschstärken sind oder der *Fano-Faktor* ist, wie bereits in Gl. (3.396) für elektronische Systeme eingeführt, gegeben durch $F = \sigma_p^2 / \langle p \rangle = (\Delta p)^2 / \langle p \rangle$. Das *Poisson-Rauschen*, wie ebenfalls in Abschn. 3.6.3 diskutiert, liefert für $\sigma_p^2 = \langle p \rangle$ gerade $F = 1$ und dient zur Kategorisierung anderer stochastischer Verteilungen, die entweder zu $F > 1$ oder $F < 1$ führen können.

Die Stochastik bei der Expression eines Gens ist als *intrinsisches Rauschen* aufzufassen und ist nur eine von vielen Rauschquellen. *Extrinsisches Rauschen* wird beispielsweise durch Fluktuation der Ribosomenzahl oder der ATP-Konzentration generiert. Die typischen Zeitkonstanten für intrinsisches und extrinsisches Rauschen sind unterschiedlich: Während die intrinsischen promotorgesteuerten Prozesse im Minutenbereich variieren, sind es bei extrinsischen Schwankungen typisch Zeiträume, die durch den Zellzyklus bestimmt sind [11.57].

Im Detail betrachtet, hat das intrinsische Rauschen der Genexpression, welches sich gut durch stochastische Modelle beschreiben lässt, eine Reihe unterschiedlicher molekularer Ursachen. Dazu gehört die stochastische Bindung von Transkriptionsfaktoren, die entweder die Bindung von RNA-Polymerase an die Promotorregion stimuliert oder unterdrückt. Weiterhin kann die Transkriptionsmaschinerie nur mit einer gewissen Wahrscheinlichkeit die erfolgreiche Transkription der mRNA liefern.

Die Reaktionskinetik im Hinblick auf die Entstehung von p Proteinen und r RNA-Molekülen lässt sich in Form von Langevin-Gleichungen charakterisieren [11.58]:

$$\frac{dp}{dt} = k_p r - \gamma_p p + \eta_p \tag{11.18a}$$

und

$$\frac{dr}{dt} = k_r r - \gamma_r r + \eta_r \,. \tag{11.18b}$$

k_p und k_r quantifizieren die Transkriptions- und Translationsraten und y_p sowie y_r die entsprechenden Zerfallsraten. Angenommen wird *weisses Rauschen* mit $\langle \eta_i(t) \rangle = 0$ und $\langle \eta_i(t)\eta_i(t + \Delta t) \rangle = q_i\, \delta(\Delta t)$. q_i bezeichnet die Rauschamplitude. Wenn wir ferner annehmen, dass der Transkriptionsprozess ein Poisson-Rauschen aufweist, $\langle (\Delta r)^2 \rangle = \langle r \rangle$, so erhält man aus Gl. (11.18) im stationären Zustand

$$\langle p \rangle = \frac{k_r k_p}{y_r y_p} \,. \tag{11.19}$$

Dieses Ergebnis lässt sich wie folgt interpretieren: Die Transkription ist für längere Zeiträume an- und abgeschaltet. Im angeschalteten Zustand wird jedes mRNA-Molekül k_p/y_r mal translatiert. k_p/y_r ist dabei die mittlere Anzahl synthetisierter Proteine während eines Promotoreinschaltvorgangs. Die mittlere Anzahl der Proteine $\langle p \rangle$ ergibt sich dann durch Multiplikation mit der Einschaltfrequenz k_r/y_p.

Heute ist es möglich, mittels Einzelmolekülexperimenten einzelne Transkriptionsphasen nachzuweisen [11.59]. Damit konnte gezeigt werden, dass die Wahrscheinlichkeitsverteilung für die Anzahl p gebildeter Proteine gegeben ist durch

$$P(p) = \frac{p^{k_r/y_p - 1} \exp(-y_r p/k_p)}{(k_p/y_r)^a \Gamma(a)} \,, \tag{11.20}$$

wobei $\Gamma(a)$ die Gamma-Funktion bezeichnet. Damit folgt aus Gl. (11.18) für die Rauschstärke

$$F = 1 + \frac{k_p/y_r}{y_p/k_r + 1} \,. \tag{11.21}$$

Der Fano-Faktor übersteigt also denjenigen für Poisson-Rauschen. Für einen großen Einschaltzeitraum k_p/y_r wird das Poisson-Rauschen der Transkription durch den Einschaltzeitraum verstärkt. Eine Proteinzahl von beispielsweise 10^4 kann mit $k_r = k_p = 10^2$ oder auch mit $k_r = 10^3$ und $k_p = 10$ erzielt werden, wenn $y_r = y_p = 1$ angenommen wird. Allerdings sind in beiden Fällen die Rauschstärken nach Gl. (11.21) sehr unterschiedlich. Rauschen kann damit auf der Translationsebene kontrolliert werden [11.60].

Stochastische Effekte in biologischen Systemen sind offenbar in vielen Fällen ein Evolutionsergebnis, das zu komplexer Funktionalität einzelner Zellen oder multizellulärer Organismen führt. Diese Funktionalisierungsstrategie, die ihren Ursprung in nanoskaligen Prozessen hat, ist in technischen Systemen unbekannt, könnte aber zukünftig für Nanosysteme durchaus zu neuen Konstruktionsprinzipien führen. Die Bedeutung biologischen Rauschens soll daher noch einmal anhand der komplexen Überlebensstrategie von Bakterien deutlicher dargestellt werden [11.61].

Die Ursache variabler Phänotypen genetisch identischer Populationen von Bakterien können in extern verursachtem Stress begründet sein. Unterschiedliche Antworten einzelner Zellen auf Stimuli lassen sich, wie wir gesehen haben, auf die Architektur des regulatorischen genetischen Netzwerks zurückführen. Generell wird die

Genexpressionsrate durch eine Abfolge diskreter molekularer Prozesse, wie der RNA-Polymerase, der Bindung und Loslösung von Repressor- und Aktivatormolekülen sowie dem Abbau von mRNA bestimmt. Experimente auf Basis quantitativer Fluoreszenzmikroskopie zeigen, dass der stochastische Charakter dieser molekularen Prozesse, der in toto zum Rauschen der Genexpression führt, letztendlich in einer Optimierung der regulatorischen Netzwerke resultiert. Dabei wird über die Rauschamplitude, wie durch Gl. (11.21) gegeben, der relative Anteil verschiedener Phänotypen einer Zellpopulation gesteuert. Bei Bakterien, die zwischen verschiedenen Phänotypen wechseln können, wie beispielsweise *Bacillus subtilis*, wird das genetische Schalten durch Stressfaktoren beeinflusst. Während der exponentiellen Wachstumsphase koexistieren verschiedene Erscheinungsformen des Bakteriums. In der stationären Phase entwickelt ein reproduzierbarer Anteil Kompetenz und ein anderer initiiert die Sporulation [11.61]. Detaillierte Untersuchungen lieferten eine bimodale Verteilung eines *Reportergens* für die Expression des Masterregulators für die Kompetenzentwicklung, also für die Befähigung zur DNA-Transformation.

Die Multimodalität von Bakterien hat ihre evolutionäre Ursache in einer gegenüber einer Monomodalität erhöhten Überlebensrate. Ein kleiner Anteil einer Bakterienkultur differenziert in einen physiologischen Zustand, der unter extremen Bedingungen überlebt, aber unter Normalbedingungen gegebenenfalls benachteiligt ist. So können Sporen unter extremen Bedingungen überleben, ihre Physiologie ist aber temporär stillgelegt. Kompetente Zellen wachsen langsamer als vegetative Zellen. Es ist aber davon auszugehen, dass die Wachstumsrate einer Gesamtpopulation für stochastisches Schalten bei flukturierender Umgebung höher ist als für ein Schalten als Antwort auf einen biochemischen Detektionsprozess, der als deterministisch anzusehen wäre [11.62]. Allerdings kann die Schaltrate zwischen verschiedenen physiologischen Zuständen eines Bakteriums der Umgebung angepasst werden [11.63].

Aufgrund der inhärenten Stochastik auf molekularer Skala lassen sich keine Vorhersagen über das detaillierte Verhalten einzelner Zellen machen, sondern nur Ensemblemittelwerte für eine Zellpopulation angeben. Die Variabilität bezüglich der Genexpression ist dabei sehr hoch, wobei die Varianz stark exprimierter Gene geringer ist als diejenige vergleichsweise schwach exprimierter.

Es ist davon auszugehen, dass zukünftig noch zahlreiche regulatorische Netzwerke von Zellen identifiziert werden, die bi- oder multimodale Genexpressionsmuster generieren. Stochastisches Schalten kann dabei auf ein einzelnes molekulares Dissoziationsereignis zurückgeführt werden [11.64]. Vollkommen offen ist allerdings gegenwärtig, auf welche Weise Prozesse, die eine exakte zeitliche Koordination und Proteinkonzentration benötigen, robust gegenüber dem Rauschen der Genexpression sind oder wie das Rauschen temporär reduziert wird [11.61].

Literatur

[11.1] Ein Beispiel ist zu finden unter www.ncbi.nih.gov/index.html.

[11.2] J. Buchner and Th. Kiefhaber (Eds), *Protein Folding Handbook* (Wiley-VCH, Weinheim, 2005).

[11.3] K.A. Dill, S.B. Ozkan, M.S. Shell and T.R. Weikl, Annu. Rev. Biophys. **37**, 289 (2008).

[11.4] B. Nölting, *Protein Folding Kinetics* (Springer, Berlin, 1999).

[11.5] K.A. Dill, Biochemistry **29**, 7133 (1990).

[11.6] C.B. Anfinsen, Science **181**, 223 (1973).

[11.7] A. Borgia, P.M. Williams and J. Clarke, Annu. Rev. Biochem. **77**, 101 (2008).

[11.8] S.P. Ng and J. Clarke, J. Mol. Biol. **371**, 851 (2007).

[11.9] B. Schuler, ChemPhysChem **6**, 1206 (2005); X. Michalet, S. Weiss and M. Jager, Chem. Rev. **106**, 1785 (2006); C. Joo, H. Balci, Y. Ishitsuka, C. Buranachai and T. Hai, Annu. Rev. Biochem, **77**, 51 (2008).

[11.10] L. Stryer and R.P. Hangland, Proc. Natl. Acad. Sci. USA **58**, 719 (1967).

[11.11] T. Förster, Ann. Phys. **2**, 55 (1948).

[11.12] J. Dreuth, *Principles of Protein X-ray Crystallography* (Springer, New York, 1994).

[11.13] www.rcsb.org.

[11.14] J.C. Kendrew, G. Bodo, H.M. Dintzis, R.G. Parrish, H. Wyckoff and D.C. Phillips, Nature **181**, 662 (1958).

[11.15] M.F. Perutz, M.G. Rossmann, A.E. Cullis, H. Muirhead, G. Will and A.C. North, Nature **185**, 416 (1960).

[11.16] it.iucr.org.

[11.17] NASA Marshall Space Flight Center; mix.msfc.gov/.

[11.18] upload .wikimedia .org/wikipedia/commons/7/7d/X-ray_diffraction_pattern_3 clpro.jpg.

[11.19] G. Langer, S.X. Cohen, V.S. Lanzim and A. Perrakis, Nature Protocols **3**, 1171 (2008).

[11.20] T.C. Terwilliger, Methods Enzymol. **374**, 22 (2003).

[11.21] T.R. Ioerger and J.C. Sacchettini, Methods Enzymol. **374**, 244 (2003).

[11.22] E. Jaenicke, B. Pairet, H. Hartmann und H. Decker, PLOS ONE **7**, e32548 (2012).

[11.23] G. Bicogne, Meth. Enzymol. **276**, 361 (1997); N.S. Pannu and R.J. Read, Acta Cryst. **D58**, 768 (2002).

[11.24] A.T. Bringer, Nature **355**, 472 (1992).

[11.25] www.biochem.ulc.ac.uk/bsm/PP/server; dip/doe-mbi.ucla.edu/; capri.ebi.ac.uk; resources.boseinst.ernet.in/resources/bioinfo/interface/; mgl.scripps.edu /people/goodsell/interface/; www.ebi.ac.uk/msd-srv/prot_int/pistart.html.

[11.26] R.P. Bahadur and M. Zacharias, Cell. Mol. Life Sci. **65**, 1059 (2008); R.P. Bahadur, F. Rodier and J. Janin, J. Mol. Biol. **367**, 574 (2007).

[11.27] R. Rodier, R.P. Bahadur, P. Chakrabarti and J. Janin, Proteins **60**, 36 (2005).

[11.28] upload.wikimedia.org/wikimedia/en-labs/7/7f/Protein_Protein_Docking.JPG.

[11.29] I. Halperin, B. Ma, H.J. Wolfson and R. Nussinov, Proteins **47**, 409 (2002).

[11.30] B. Strobel, *Protein Assembly*, in J.K.G. Dhont, G. Gompper, P.R. Lang, D. Richter, M. Ripoll, D. Willbold and R. Zorn (Eds), *Macromolecular Systems in Soft and Living Matter* (Schriften des Forschungszentrums Jülich, 2011).

[11.31] R. Chen and Z. Weng, Proteins **47**, 281 (2002); G. Moont, H.A. Gabb and M.E. Sternberg, Proteins **35**, 364 (1999).

[11.32] I.S. Moreich, P.A. Fernandes and M.J. Ramos, Proteins **68**, 803 (2007).

[11.33] J. Janin, K. Henrick, J. Moult, L.T. Eyck, M.J.E. Sternberg, S. Vagda, I.A. Vakser and S.J. Wodak, Proteins **52**, 2 (2003); predicationcenter.llnl.gov/casp1/Casp1.html.

[11.34] D.J. Müller and A. Engel, Nature Protocols **2**, 2191 (2007).

[11.35] upload.wikimedia.org/wikipedia/commons/c/cf/BacteriorhodopsinCyclus.svg.
[11.36] C. Holm, P. Kékicheff and R. Podagornik (Eds), *Electrostatic Effects in Soft Matter and Biophysics* (Kluwer, Dodrecht, 2001).
[11.37] B.M. Turner, *Chromatin and Gene Regulation* (Blackwell, Oxford, 2001); K.E. Van Holde, *Chromatin* (Springer, New York, 2004.
[11.38] H. Schiessel,J. Phys. D: Condens. Matter **15**, R 699 (2003).
[11.39] C. Leung, A. Bestembayeva, R. Thorogate, J. Stinson, A. Pyne, C. Marcovich, J. Yang, U. Drechsler, M. Despont, T. Jankowski, M. Tschope and B.W. Hoogenboom Nano Lett. **12**, 3846 (2012).
[11.40] P.M.V. Résibois, *Electrolyte Theory* (Harper and Row, New York, 1968).
[11.41] A.Y. Grosberg and A.R. Khokhlov (Eds), *Statistical Physics of Macromolecules* (AIP, New York, 1994).
[11.42] M. Rief, H. Clausen-Schaumann and H. Gaub, Nat. Struct. Biol. **6**, 346 (1999)
[11.43] E.S. Sobel and J.A. Harpst, Biopolymers **31**, 1559 (1991).
[11.44] C.L. Woodcock, Curr. Opin. Struct. Biol. **16**, 213 (2006); K. van Holde and J. Zlatanova, Semin. Cell Dev. Biol. **18**, 651 (2007).
[11.45] K.K. Kuntze and R.R. Netz, Phys. Rev. Lett. **85**, 4389 (2000); Phys. Rev. E **66**, 011918 (2002); H. Boroudjerdi and R. R. Netz, Europhys. Lett. **64**, 413 (2003); Europhys. Lett. **71**, 1022 (2005); J. Phys.: Condens. Matter **17**, S 1137 (2005).
[11.46] H. Boroudjerdi, A. Naji and R. R. Netz, *DNA and Chromatin*, in: J.K.G. Dhont, G. Gompper, P.R. Lang, D. Richter, M. Ripoll, D. Willbold and R. Zorn (Eds), *Macromolecular Systems in Soft and Living Matter* (Schriften des Forschungszentrums Jülich, 2011).
[11.47] M. Born, Zeitschr. f. Physik **1**, 45 (1990).
[11.48] D. Voet, J.G. Voet and Ch.W. Pratt, *Lehrbuch der Biochemie* (Wiley-VCH, Weinheim, 2002).
[11.49] B. Hille, *Ion Channels in Excitable Membranes* (Sinauer, Sunderland, 2001); H.R. Cluchtag, *Voltage-Sensitive Ion Channels* (Springer, Dodrecht, 2010).
[11.50] Z.W. Hall, *Molecular Neurobiology* (Sinauer, Sunderland, 1992).
[11.51] D.A. Doyle, J.M. Cabral, R.A. Pfuetzner, A. Kuo, J.M Gullus, S.L. Cohen, B.T. Chait and R. McKinnon, Science **280**, 69 (1998); J.H. Morais-Cabral, A. Kaufman and R. McKinnon, Nature **414**, 37 (2001); Y. Zhou, J.H. Morais-Cabral, A. Kaufman and R. McKinnon, Nature **414**, 43 (2001); Y. Zhou and R. McKinnon, J. Mol. Biol. **333**, 965 (2003).
[11.52] A. Offenhäusser, S. Ingebrandt, M. Pabst and G. Wrobel, *Interfacing Neurons and Silicon-Based Devices*, in: J.K.G. Dhont, G. Gompper, T.R. Lang, D. Richter, M. Ripoll, D. Willbold and R. Zorn (Eds), *Macromolecular Systems in Soft and Living Matter* (Schriften des Forschungszentrums Jülich, 2011).
[11.53] P. Fromherz, A. Offenhäusser, T. Vetter and J. Weis, Science **252**, 1290 (1991).
[11.54] P. Fromherz and A. Stett, Phys. Rev. Lett. **75**, 1670 (1995).
[11.55] A. Abott, Nature **442**, 125 (2006).
[11.56] A. Elder and M.B. Elowitz, Nature **467**, 167 (2010); N. Maheshri and E.K. O'Shea, Annu. Rev. Bioph. Biom. **36**, 413 (2007); A. Raj and A. van Oudenaarden, Cell **135**, 216 (2008); C. Davidson and M.G. Surette, Annu. Rev. Genet. **42**, 253 (2008).
[11.57] N. Rosenfeld, J. Young, A. Aalon, P.S. Swain and M.B. Elowitz, Science **307**, 1962 (2005).
[11.58] J. O. Rädler, *Noise in Biology - The Functional Role of Stochastic Gene Expression*, in: J.K.G. Dhont, G. Gompper, T.R. Lang, D. Richter, M. Ripoll, D. Willbold and R. Zorn (Eds), *Macromolecular Systems in Soft and Living Matter* (Schriften des Forschungszentrums Jülich, 2011).
[11.59] E.M. Ozbudak, M. Thattai, I. Kurtser, A.D. Grossmann and A. van Oudenaarden, Nature Genet. **31**, 69 (2002); L. Cai, N. Friedman and X.S. Xie, Nature **440**, 358 (2006).
[11.60] M. Thattai and A. van Oudenaarden, PNAS **98**, 8614 (2001).

[11.61] B. Maier, Biospektrum **2**, 150 (2010).
[11.62] E. Kussel and S Leibler, Science **309**, 2075 (2005).
[11.63] M. Acar, J.T. Mettetal and A. van Oudenaarden, Nature Genet. **40**, 471 (2008).
[11.64] P.J. Choi, L. Cai, K. Frieda and X.S. Xie, Science **322**, 442 (2008).
[11.65] J. Hu, Y. Zhang, H. Gao, M. Li and U. Hartmann, Nano Lett. **2**, 55 (2002).

12 Biomineralisation und biomimetische Synthese

Biologische Systeme sind in der Lage, mineralische Materialien zu synthetisieren, die in der Natur weit verbreitet sind. Kristalline Resultate weisen zum Teil erstaunliche Eigenschaften und häufig eine Nanostrukturierung auf. Biomineralisation spielt sich bei Energien von der Größenordnung der thermischen Energie bei Raumtemperatur ab und ist damit von großem Interesse auch für die Herstellung technischer Materialien. Grundsätzlich wird der biomimetischen Nanotechnologie, deren Ergebnis beispielsweise künstliche Spinnenseide oder Geckohaftfolien sind, eine wachsende Bedeutung zukommen.

12.1 Biomineralisation

Als Biomineralisation bezeichnet man die Fähigkeit von Organismen, anorganische Minerale zu synthetisieren und aus diesen zumeist komplexe Strukturen aufzubauen [12.1]. Grundlage sind zum ersten Fällungs- und Oxidationsreaktionen, zum zweiten Reaktionen, bei denen perfekt kristalline Materie, wie in Abschn. 5.2.2 behandelt, generiert wird, sowie zum dritten Reaktionen, die zu Verbundwerkstoffen führen. Diese zuletzt genannten Reaktionen werden in der Regel im engeren Sinn als Grundlage der Biomineralisation betrachtet. Verbundmaterialien aus weicher kondensierter Materie und vergleichsweise harten kristallisierten Mineralen lassen es angezeigt erscheinen, die Biomineralisation im vorliegenden Kontext der weichen biologischen Materie zu behandeln, wie auch die Tatsache, dass viele nanoskalige Strukturen, die wir bereits in den vorherigen Kapiteln diskutiert haben, eine Schlüsselfunktion für die Biomineralisation besitzen.

Das Endoskelett des Menschen oder die viel filigraneren Exoskelette von Kalkalgen und Radiolarien verdeutlichen, welche Struktur und Form biomineralisierte Materie annehmen kann. Gelänge es, die zugrunde liegenden Mechanismen bis in nanoskalige Dimensionen aufzuklären, so könnte man Prozesse der Biomineralisation auf die Synthese artifizieller Systeme übertragen. Dieser im besten Sinne bionische Ansatz könnte zur Entwicklung naturidentischer Knochen- und Zahnersatzmaterialien führen sowie auch zur Herstellung neuartiger Verbundmaterialien.

Eine Vielzahl von Organismen ist in der Lage, anorganisches Material mit zumeist ungewöhnlichen mechanischen Eigenschaften zu erzeugen, was bemerkenswert ist, da dies unter Umgebungsbedingungen im Hinblick auf Druck und Temperatur erfolgt [12.2]. Bei den Kompositmaterialien, die von besonderem Interesse sind, ist ein überwiegender Anteil des anorganischen Materials mit einem kleinen Anteil organischen Materials kombiniert. Von Belang ist vor allem das Zusammenspiel der organischen und anorganischen Anteile, welches für die Entstehung von komplexen und hochgradig funktionalen Strukturen eine große Bedeutung hat. Abbildung 12.1 zeigt Strukturen aus dem in Bezug auf Häufigkeit prominentesten Biomaterial Kalziumkarbonat ($CaCO_3$), die durch einzellige Kalkalgen gebildet werden.

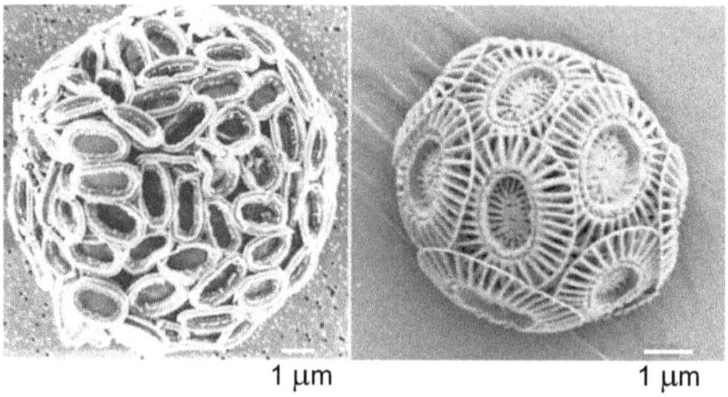

Abb. 12.1. Coccolithen der einzelligen Kalkalgen Pleurochyrsis carterae (links) und Emiliania huxleyi (rechts) [12.3].

Biomineralien sind häufig hierarchisch gegliedert. Auf verschiedenen Größenskalen existieren unterschiedliche Strukturierungsprinzipien, die jeweils ineinandergreifen und in komplexen Überstrukturen resultieren.

Erste Funde fossiler, biogener Materialien stammen aus dem Kambrium (ca. 550 Millionen Jahre) [12.4]. Erste skelettbildende Lebewesen verwendeten zu einem Drittel Kalziumphosphat ($Ca_3(PO_4)_2$) und zu zwei Dritteln Kalziumkarbonat. Zudem wurden zwei Bakterienarten identifiziert, die amorphes Siliziumdioxid (SiO_2) und Magnetit (Fe_3O_4) synthetisieren. Biomineralien aus dem Kambrium weisen eine deutliche Ähnlichkeit zu heutigen Biomaterialien auf [12.5], was für eine erstaunliche evolutionäre Stabilität der Materialien und teilweise sogar Strukturen spricht. Andererseits verwenden heutige mineralisierende Organismen in toto eine Vielzahl von Substanzen, wie aus Tab. 12.1 zu entnehmen ist.

Die meisten Biomineralien enthalten nur ein anorganisches Material. Sind mehrere Materialien vertreten, so befinden sich diese in der Regel in Kompartimenten, wie es beispielsweise bei der Muschelschale der Fall ist. Die äußere prismatische Schicht besteht meist aus *Kalzit*, während die innere Perlmuttschicht aus *Aragonit* aufgebaut ist. Weitere Bestandteile beider Schichten sind Proteine, Polysaccharide und Wasser.

Die beiden *Polymorphe* des Kalziumkarbonats – Kalzit und Aragonit – bilden neben amorphem Siliziumdioxid den Großteil auch der skelettbildenden Mineraliengruppe. Weniger häufig findet man *Vaterit*, amorphes Kalziumkarbonat und *Apatit*. Das zuletzt genannte findet man fast ausschließlich bei Vertebraten.

Biomineralien lassen sich in drei Gruppen einteilen [12.6]. Die erste Gruppe konstituiert sich aus multikristallinen Strukturen, die beispielsweise bei Zähnen, Knochen und Schalen vorliegen. Die zweite Gruppe subsummiert Materialien, die weitest-

Tab. 12.1. Mineralien, die durch Biomineralisation entstehen [12.8].

Gruppe	Bezeichnung	Zusammensetzung
Karbonate	Kalzit	$CaCO_3$
	Mg-Kalzit	$Mg_xCa_{1-x})CO_3$
	Aragonit	$CaCO_3$
	Vaterit	$CaCO_3$
	Monohydrokalzit	$CaCO_3 \cdot H_2O$
	Protodolomit	$CaMg(CO_3)_2$
	Hydrocerrussit	$Pb_3(CO_3)_2(OH)_2$
	Kalziumkarbonat amorph	$CaCO_3 \cdot H_2O, CaCO_3$
Phosphate	Oktakalziumphosphat	$Ca_8H_2(PO_4)_6$
	Brushit	$CaHPO_4 \cdot 2H_2O$
	Francolit	$Ca_{10}(PO_4)_6F_2$
	Dahllit	$Ca_5(PO_4, CO_3)_3(OH)$
	Whitlockit	$Ca_{18}H_2(Mg, Fe)^{2+}(PO_4)_{14}$
	Struvit	$Mg(NH_4)(PO_4) \cdot 6H_2O$
	Vivanit	$Fe_3^{2+}(PO_4)_2 \cdot 8H_2O$
	Kalziumphosphat amorph	variabel
	Kalziumpyrophosphat amorph	$Ca_2P_2O_7 \cdot 2H_2O$
Sulfate	Gips	$CaSO_4 \cdot 2H_2O$
	Barit	$BaSO_4$
	Celestit	$SrSO_4$
	Jarosit	$KFe_3^{3+}(SO_4)_2(OH)_6$
Sulfide	Pyrit	FeS_2
	Hydrotroilit	$FeS \cdot nH_2O$
	Sphalerit	ZnS
	Wurtzit	ZnS
	Galenit	PbS
	Greigit	Fe_3S_4
	Mackinavit	$(Fe, Ni)_9S_8$
	Pyrrhotit amorph	$Fe_{1-x}S, 0 \le x \le 0,17$
	Akanthit	Ag_2S
Arsenate	Auripigment	As_2S_3
Chloride	Atakamit	$Cu_2Cl(OH)_3$
Fluoride	Fluorit	CaF_2
	Hieratit	K_2SiF_6
Metalle	Schwefel	S
Oxide	Magnetit	Fe_3O_4
	Siliziumdioxid amorph	SiO_2
	Ilemenit amorph	$Fe^{2+}TiO_3$
	Maghemit amorph	Fe_2O_3
	Manganoxid amorph	Mn_3O_4

Hydroxide, hydratisierte Oxide	Geothit	$\alpha - FeOOH$
	Lepidokrokit	$y - FeOOH$
	Ferrihydrit	$5Fe_2O_3 \cdot 9H_2O$
	Todorokit	$(Mn^{2+}CaMg)Mn_3^{4+}O_7 \cdot H_2O$
	Birnessit	$Na_4Mn_{14}O_{27} \cdot 9H_2O$
Organische Kristalle	Earlandit	$Ca_3(C_6H_5O_2)_2 \cdot 4H_2O$
	Whewellit	$CaC_2O_4 \cdot H_2O$
	Weddelit	$CaC_2O_4 \cdot (2 + x)H_2O, x < 0,5$
	Glushinskit	$MgC_2O_4 \cdot 4H_2O$
	Manganoxalat	$Mn_2C_2O_4 \cdot 2H_2O$
	Natriumurat	$C_5H_3N_4NaO_3$
	Harnsäure	$C_5H_4N_4O_3$
	Kalziumtartrat	$C_4H_4CaO_6$
	Kalziummalat	$C_4H_4CaO_5$
	Paraffin	$C_nH_{2n+2}, 18 \le n \le 32$
	Guanin	$C_5H_3(NH_2)N_4O$

gehend aus Einkristallen bestehen. Skelettbereiche aus kalzitischen Einkristallen, wie man sie bei Stachelhäutern findet, gehören dazu. Die dritte Gruppe beinhaltet Materialien, die amorphe Komponenten aufweisen. Hierbei handelt es sich meistens um Siliziumdioxid.

Die organischen Makromoleküle interagieren auf allen hierarchischen Ebenen mit den Mineralien. Die geladenen funktionellen Gruppen machen sie zu idealen Bausteinen für die Wechselwirkung mit polaren ionischen Festkörpern [12.7]. Von Bedeutung sind insbesondere strukturgebende Makromoleküle, wie Kollagen in Knochen und Zähnen oder Chitin in Schalentieren und Muschelschalen.

Aus Tab. 12.1 wird deutlich, dass Kalzium das prominenteste Kation in biogenen Materialien ist. Kalzium enthaltende Mineralien machen etwa 50 % aller bekannten Biomaterialien aus. Dies ist eigentlich nicht überraschend, da Kalzium von großer Bedetung für den zellulären Metabilismus ist. Etwa 25 % aller Biominerale sind amorph. Amorphes SiO_2 wird von vielen Organismen gebildet. Amorphe Biominerale können sich bei gegebener chemischer Zusammensetzung durchaus im Grad der Nahordnung unterscheiden, wie wir dies in Abschn. 5.2.4 für konventionelle amorphe Materialien diskutiert haben.

Kalziumkarbonat ist das am stärksten vertretene Biomineral. Es sind acht Polymorphe bekannt, von denen sieben kristallin sind. Drei der Polymorphe sind reines Kalziumkarbonat: *Kalzit, Aragonit* und *Vaterit*. Zwei Polymorphe – Monohydrokalzit und die stabilen Formen des amorphen Kalziumkarbonats – beinhalten ein H_2O-Molekül pro $CaCO_3$-Molekül.

Die spezifische Verteilung von Polymorphen verdeutlicht, dass Organismen nicht nur bestimmte Mineralien synthetisieren, sondern dass zudem genetisch genau festgelegt ist, welche Polymorphe es sind, die ausgefällt werden. Eine große derzeitige

Herausforderung der Forschung besteht darin, die Mechanismen zu klären, die zur nahezu 100%igen Auswahl eines bestimmten Polymorphs führen.

Phosphate machen etwa 25 % biogener Mineralien aus. Das verbreitetste Mineral ist hier karboniertes *Hydroxylapatit*, auch als *Dahlit* bezeichnet. Nichtkarboniertes Hydroxylapatit entsteht offenbar nicht durch Biomineralisation.

Bemerkenswert ist, dass jede der Mineralienkategorien eine oder mehrere Phasen beinhaltet, die Wasser oder Hydroxylgruppen aufweisen. Diese Hydratisierung oder Hydratation liegt bei etwa 60 % der biogenen Minerale vor. H_2O- oder OH^--haltige Phasen haben deutlich niedrigere Energiebarrieren für Nukleation und Wachstum in wässrigen Lösungen, weswegen sie häufiger auftreten als die entsprechenden reinen Formen. Gemäß der *Ostwald-Lussac-Stufenregel* ist bei Fällung aus übersättigter Lösung die Kristallisation der löslichsten Komponente begünstigt. Eisenhaltige Biomineralien machen einen Anteil von 40 % aller durch Lebewesen synthetisierten Biomineralien aus. Die Magnetitmineralisation wird als einer der ältesten Biomineralisierungsprozesse überhaupt angesehen und könnte damit besonders gut einen Einblick in noch unbekannte Aspekte der Biomineralisation liefern [12.9].

„Organische Minerale" in Tab. 12.1 beinhalten kristalline Phasen organischer Moleküle, die durch Organismen in ähnlicher Weise gebildet werden wie die echten Minerale. Man kann davon ausgehen, dass viele derartige Materialien noch gar nicht entdeckt wurden und in vielen Fällen ist die Funktion der organischen Minerale unklar. Selbst DNA kann durch Bakterien in kristallinen Phasen gebildet werden, wenn die Bakterien Stress ausgesetzt werden und ihr Metabolismus zum Erliegen kommt [12.10].

Im Vergleich zu anorganisch synthetisierten Mineralen besitzen Biominerale häufig eine komplexe äußere Morphologie, selbst Einkristalle, die nicht einfach nur die Beschaffenheit des Kristallgitters, wie in Abschn. 5.2.2 diskutiert, widerspiegelt. Dies wird deutlich anhand von Abb. 12.1. Die Formen wären keinesfalls durch technische Kristallisationsprozesse zu erreichen. Organismen induzieren häufig eine Händigkeit innerhalb der Morphologie. Für einige Fälle konnte nachgewiesen werden, dass die Chiralität durch chirale organische Moleküle hervorgerufen wird [12.11].

Biomineralisationsprozesse lassen sich in Abhängigkeit ihres Grads an biologischer Kontrolle in zwei Kategorien einteilen: Biologisch induzierte und biologisch kontrollierte Mineralisation. Grundsätzlich erfordern die Nukleation und das Wachstum von Biomineralen einen lokalisierten Volumenbereich, in dem eine hinreichende ionische Übersättigung aufrecht erhalten wird. Den Grad der biologischen Kontrolle kann man daran festmachen, wo die ionischen Bestandteile des Biominerals wie in Form von Ionen oder als ungeordnete feste Phase konzentriert werden, wie die Translokation erfolgt und wie die Transformation der Endprodukte erfolgt.

Biologisch induzierte Mineralisation resultiert aus einer Interaktion zwischen biologischer Aktivität und der Umgebung. Zelloberflächen wirken kausal durch metabolische Prozesse in Form von pH-Wert-Änderungen, der CO_2-Konzentration oder der Proteinsekretion auf die Nukleation und das Wachstum von Mineralien. Dabei besteht nur eine geringe biologische Kontrolle über die mineralische Morphologie. Heterogenität ist ein Merkmal der biologisch induzierten Mineralisation.

Biologisch kontrollierte Mineralisation resultiert aus der Nutzung zellulärer Prozesse für die Nukleation, das Wachstum, die Morphologie und den Depositionsort der Mineralien. Bei variierendem Grad der Kontrolle setzt dies Isolation der Mineralisationsprozesse gegenüber der Umbegung voraus. A priori lassen sich die Prozesse nach dem Mineralisationsort in Bezug zur verantwortlichen Zelle unterscheiden in extrazelluläre, interzelluläre und intrazelluläre Biomineralisation.

Bei der *extrazellulären Mineralisation* produziert die Zelle eine makromolekulare äußere Matrix, die den Mineralisationsort definiert. Die Matrix besteht aus Proteinen, Polysacchariden und Glycoproteinen. Die Morphologie dieser Matrix ist genetrisch programmiert und damit hochgradig kontrolliert. Eine Übersättigung von Kationen in der Matrix wird entweder durch Ionenpumpen in der Zellmembran oder durch kationengefüllte Vesikel, die im Innern der Zelle gebildet und durch die Zellmembran transportiert werden, realisiert. Der Anionentransport resultiert aus den entstehenden pH-Gradienten in Form passiver Diffusion. Durch Zusammenwirken vieler Zellen eines epithelialen Gewebes entstehen beispielsweise Zähne und Knochen [12.4]. Eine Schlüsselbedeutung haben die Matrixproteine, die offenbar die Nukleation einzelner Mineralien direkt beeinflussen können [12.12].

Die *kontrollierte interzelluläre Biomineralisation* findet man bei einzelligen Organismen, die in Kolonien auftreten. Die Zellzwischenräume bilden das Templat für die Biomineralisation. Die *Epidermis* der einzelnen Organismen steuert die Morphologie des Biominerals, das sich zu einem Exoskelett ausformen kann.

Die *kontrollierte intrazelluläre Mineralisation* bietet der Zelle ein hohes Maß an Kontrolle. Sie tritt in Vesikeln oder Vakuolen auf, wodurch der Fluss an Kationen und Anionen in der Regel wohldefiniert ist. Nach Nukleation kann das Mineral entweder in der Zelle verbleiben oder in den extrazellulären Bereich transportiert werden.

Ein spektakuläres Beispiel für intrazelluläre Minerale sind *Magnetosomen*. Hierbei handelt es sich um Magnetit (Fe_3O_4) oder Greigit (Fe_3S_4) in Form von 20–120 nm großen Kristallen, die der Orientierung im Magnetfeld der Erde dienen.

Die *Magnetotaxis* oder *Magnetorezeption* findet sich sowohl bei Prokaryoten, wie dem Bakterium *Magnetospirillum magnetotacticum*, wie auch bei den eukaryotischen Organismen. Abbildung 12.2 zeigt verschiedene magnetotaktische Bakterien und Magnetosomen im Detail. Bei Bakterien ist der der Magnetotaxis zugrunde liegende Mechanismus im Vergleich zu demjenigen bei Insekten, Fischen, Vögeln und Säugetieren gut verstanden [12.13]. Gerade deshalb wird hier die komplexe, durch die Biomineralisation hervorgerufene Funktionalität deutlich [12.13]. Die Magnetosomen zeigen bei einer großen Variabilität ein sehr großes Maß an kristallographischer Perfektion, wie Abb. 12.3 zeigt. Die Magnetosomen sind daher ein hervorragendes Beispiel für kristallographisch weitestgehend perfekte natürliche Nanopartikel. Aufgrund der magnetostatischen Wechselwirkungen zwischen den zumeist superparamagnetischen Parti-

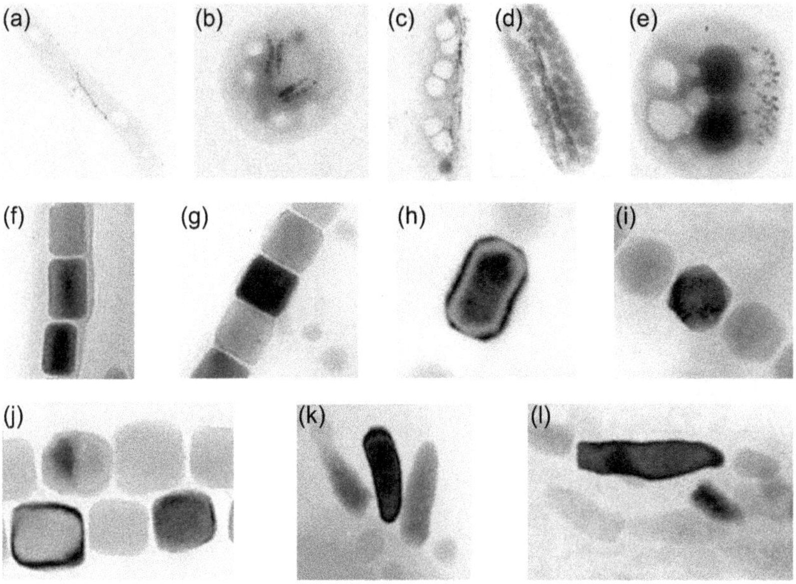

Abb. 12.2. (a)–(e) Verschiedene magnetotaktische Bakterien mit Magnetosomen in unterschiedlichen Anordnungen. (f)–(l) Unterschiedliche, jeweils in eine Membran eingeschlossene Magnetosomen. Die Abbildungen entstanden mithilfe der Transmissionselektronenmikroskopie [12.14].

keln organisieren sich die Partikel selbstständig etwa in Form von Ketten, wie in Abb. 12.2 sichtbar ist.

Der intrazelluläre Verbleib des Biominerals wie bei den Magnetosomen ist eher als Ausnahme zu betrachten. In den meisten Fällen wird das intrazellulär erzeugte Mineral in den extrazellulären Raum transferiert. Hierbei gibt es zahlreiche unterschiedliche Prozesse unter Beteiligung von Vesikeln, Vakuolen oder mittels Exozytose. Der Grad der intrazellulären Organisation des Biomaterials variiert ebenfalls [12.15].

Ein Verständnis eines biologisch kontrollierten Mineralisationsprozesses setzt voraus, dass zum einen der Kristallisierungspfad vollständig bekannt ist und dass zum anderen bekannt ist, auf welche Weise die Morphologie und Geometrie des entstehenden intra- oder extrazellulären Minerals kontrolliert wird. Mit Kontrolle ist dabei nicht nur das genetische Programm gemeint, sondern auch die biologisch-chemisch-physikalischen Mechanismen, die zwischen genetischer Kodierung und der entstandenen Mineralkonfiguration liegt.

Ein Kristallisationspfad beschreibt die Bewegung von Ionen räumlich, ausgehend von ihrer Quelle bis hin zu dem finalen Mineral. Den Zellen kommt bei der biologisch kontrollierten Mineralisation natürlich eine Schlüsselfunktion entlang der Kristallisationspfade zu [12.17]. Abbildung 12.4 zeigt drei häufig vorkommende Kristallisationspfade. Ionen werden aus dem Meer-, Süßwasser oder der Körperflüssigkeit aufgenommen durch Endozytose, Ionenkanäle oder mittels Transportern. Der Transport

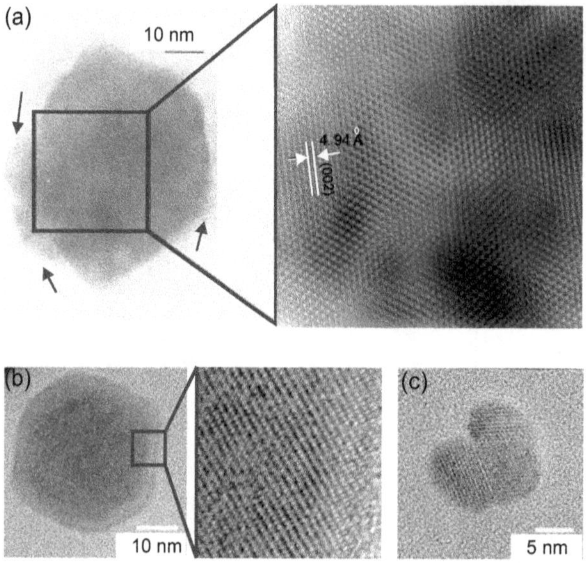

Abb. 12.3. Hochauflösende transmissionselektronenmikroskopische Abbildungen von Magnetosomen [12.16]. (a) Greigit mit Fourier-transformierter Abbildung. (b) Magnetit mit kuboktaedrischer Form. (c) Zwillingskorngrenzen.

innerhalb der Zelle erfolgt dann in Richtung spezieller Vesikel. Diese Vesikel werden in den extrazellulären Raum oder in ein großes Vesikel überführt. Die innerhalb der Transportvesikel vorhandene ungeordnete Phase wird in eine geordnete Phase transformiert. Daraus entsteht dann die jeweilige Mineralisationsform, wobei im Falle von Abb. 12.4(c) diese auch innerhalb der Zelle entstehen kann.

Nukleationsprozesse, wie wir sie in Abschn. 5.2.1 diskutiert haben, spielen in der Biologie wegen der hohen Temperaturen einer Schmelze keine Rolle. Vielmehr ist der zweite Kristallisationsweg, die Kristallisation aus übersättigten Lösungen, relevant. Dazu müssen die Konzentrationen der gelösten Bestandteile eines Materials kritische Werte erreichen. Dann bilden sich für eine hinreichend lange Zeit Moleküle, so dass ein Nukleus entstehen kann. Ähnlich wie in Abschn. 5.2.1 diskutiert, muss dieser Nukleus eine kritische Größe aufweisen, bei der die Grenzflächenenergie des Aggregats gleich seiner Volumenenergie ist. Das Besondere an der biologisch kontrollierten Mineralisation ist nun, dass biologische Makromoleküle und Molekülionen in komplexer Weise mit der mineralischen Ausscheidung wechselwirken können, so dass deren Morphologie und Geometrie definiert beeinflusst wird [12.18]. Beispielsweise kann das Wachstum in bestimmten Richtungen unterdrückt werden, oder es kann, wie bereits erwähnt, eine Chiralität aufgeprägt werden. Auch können so komplexe Verbundmaterialien entstehen. Der Einfluss von Biomolekülen auf die Morphologie und Geometrie der gebildeten Biominerale ist noch weitestgehend unbekannt und konnte nur für wenige Beispiele exemplarisch verifiziert werden [12.18].

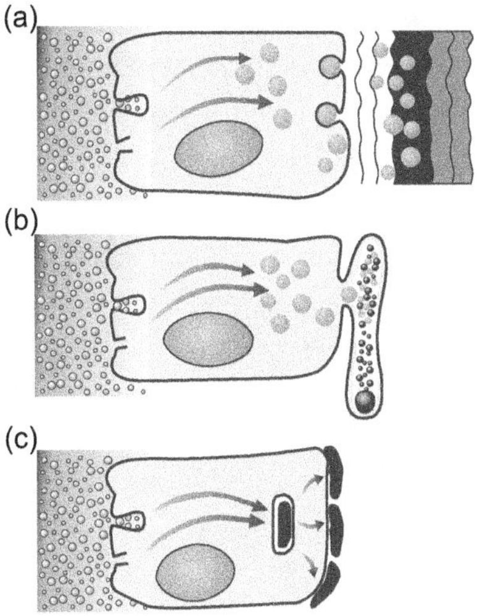

Abb. 12.4. Kristallisationspfade der biologisch kontrollierten Biomineralisation. (a) Extrazelluläre Mineralisation unter Beteiligung einer Matrix. (b) Intrazelluläre Mineralisation in einem großen Vesikel. (c) Intrazelluläre Mineralisation in Vesikeln.

Die Fällungs- und Oxidationsreaktionen, bei denen nahezu perfekt kristallisierte Minerale synthetisiert werden, sind vergleichsweise einfach, was sich anhand einiger exemplarischer Beispiele verdeutlichen lässt.

Tiere, Pilze und viele Bakterien sind *heterotroph*. Sie verwenden organische Verbindungen zum Aufbau ihrer Baustoffe. Es gibt aber auch *autotrophe* Lebewesen – beispielsweise Pflanzen und bestimmte Bakterien, die ihre Baustoffe ausschließlich aus anorganischen Stoffen aufbauen. Dazu ist eine Energiezufuhr nötig, die beispielsweise durch *Photosynthese* realisiert werden kann. Von *Cyanobakterien* gebildete *Stromatolithen* bestehen aus Kalziumkarbonat. Die autotrophen Bakterien verbrauchen Kohlendioxid:

$$Ca^{2+} + 2HCO_3^- \rightarrow CaCO_3 + CO_2 + H_2O \,. \tag{12.1}$$

Das CO_2 wird in die Biomasse eingebaut. Die gelösten ionischen Bestandteile werden durch die Stoffwechseltätigkeit der Mikroorganismen in ungelöste Substanzen überführt.

Die Oxidation gelöster Fe^{2+}-Ionen kann durch bestimmte Mirkoorganismen mittels Nitrationen beschleunigt werden:

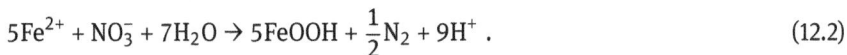

$$5Fe^{2+} + NO_3^- + 7H_2O \rightarrow 5FeOOH + \frac{1}{2}N_2 + 9H^+ \,. \tag{12.2}$$

Die Ablagerung von Eisen(II)-Oxidhydrat an der Zellmembran der Mikroorganismen führt zur *Vererzung*. Die *chemoautotrophen* Bakterien gewinnen aus der Fällungsreaktion die zur Aufrechterhaltung ihrer metabolischen Prozesse erforderliche Energie.

Manganknollen sind knollenförmige Ablagerungen, die bis zu 27 % aus Mangan bestehen. Ferner sind Eisen, Kupfer, Kobalt, Zink und Nickel Bestandteile. Sie sind in 4000–6000 m Tiefe auf dem Meeresboden zu finden. Sie resultieren aus der Biomineralisation von Mangan(IV)-Oxid:

$$Mn^{2+} + \frac{1}{2}O_2 + H_2O \rightarrow MnO_2 + 2H^+ \,. \tag{12.3}$$

Diese Reaktion dient den Mikroorganismen zur Anreicherung von Nährstoffen in ihrer Umgebung, für die MnO_2 eine Adsorptionssubstanz darstellt. Die Biomineralisation nach Gl. (12.3) dient auch zur Elimination von Mangan im Rahmen der Trinkwasseraufbereitung mittels Mikroorganismen.

Wiederum zur Erzeugung von Energie im Rahmen chemoautotropher Prozesse dient die Biomineralisation von Eisensulfiden, wie *Pyrit* und *Markasit*:

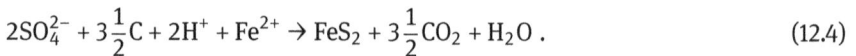

$$2SO_4^{2-} + 3\frac{1}{2}C + 2H^+ + Fe^{2+} \rightarrow FeS_2 + 3\frac{1}{2}CO_2 + H_2O \,. \tag{12.4}$$

Der Kohlenstoff resultiert hier aus der in fossilen organischen Substanzen enthaltenen Zellulose, die den Mikroorganismen des Sulfats dient. Zudem müssen Fe^{2+}-Ionen zugegen sein. Dieses Milieu besteht in Grundwasserleitern.

Eis ist ebenfalls ein Mineral. Bestimmte Tiere reichern ihr Blut mit *Eisnukleationsproteinen* an, welche die Eisbildung fördern und so kontrollieren, dass die sich bildenden Kristalle die Zellen nicht zerstören. Auch bestimmte Bakterien bilden Proteine, welche die Eisbildung fördern.

Kalziumkarbonat in Form klarer Kalzitkristalle haben je nach optischer Achse einen Brechungsindex von $1,66 \geq n \geq 1,47$. Man findet Lebewesen mit Augen, in die optisch korrekt orientierte Mikrolinsen aus Kalzitkristallen integriert sind.[21] Bestimmte Fische besitzen *Gehörsteine* aus Aragonit, die unter akustischen Gesichtspunkten optimal geformt sind.[22]

Komplexer als die einphasigen Biominerale sind die biologischen Verbundmaterialien. Bei technischen Verbundmaterialien sollen durch Kombination verschiedener Materialien neue Eigenschaften realisiert werden, welche die beteiligten Materialien einzeln nicht aufweisen. Stahlbeton wäre ein diesbezügliches Beispiel. Die Evolution hat Verbundmaterialien aus Biomineralen und organischen Bestandteilen aus demselben Grund hervorgebracht. In der Natur sind Verbundstoffe daher weit verbreitet. In der Regel liegen die mineralischen Bestandteile meist in Form von Nanopartikeln vor, so dass man von *Nanokompositen* sprechen kann. Knochen, Zähne sowie Schalen von Eiern, Muscheln und Kieselalgen sind Beispiele. Tierische Knochen bestehen zu 65 % aus Hydroxylapatit, welches aus Phosphat- und Kalziumionen in den *Osteoblasten* mineralisiert wird. 35 % machen organische Komponenten – zumeist *Kollagen* –

21 Einige Trilobitenarten, die vor 350 Millionen Jahren lebten sowie ein heute lebender Seestern.
22 Zebrafische.

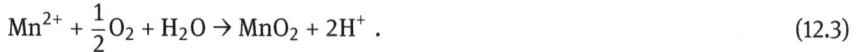

aus. Zahnschmelz besteht zu 95 % aus Mineralen, überwiegend Hydroxylapatit. *Perlmutt* ist die innerste Schalenschicht schalenbildender Mollusken. Es besteht zu 95 % aus Kalziumkarbonat und zu 5 % aus einer organischen Matrix. Abbildung 12.5 zeigt die Aragonitplättchen mit 5–15 μm Lateralabmessung und 0,5 μm Dicke, die zu Stapeln angeordnet sind. Zwischen den Plättchen befindet sich die organische Matrix, die einen Plättchenabstand von 30–50 nm bewirkt und die aus einem Chitinkern und zwei darauf befindlichen Proteinschichten besteht, darunter *Seidenfibroin*. Die organische Matrix hat zum einen einen sehr starken Einfluss auf den Wachstumsprozess des Perlmutts und zum anderen beeinflusst sie in funktioneller Weise die mechanischen Eigenschaften der Schale. Risse in der Schale werden durch die Verbundstruktur, die einer Ziegelsteinmauer ähnelt, an der Ausbreitung stark gehindert. Die irisierenden Eigenschaften des Perlmutts resultieren ebenfalls aus der Verbundstruktur. Da die Plättchendicken in Abb. 12.5 in der Größenordnung der Wellenlänge des sichtbaren Lichts liegen, kommt es zu einer ausgeprägten Vielstrahleninterferenz von transmittierten und reflektierten Lichtanteilen. Die resultierende Farbe ist abhängig vom Betrachtungswinkel.

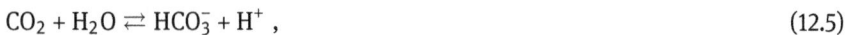

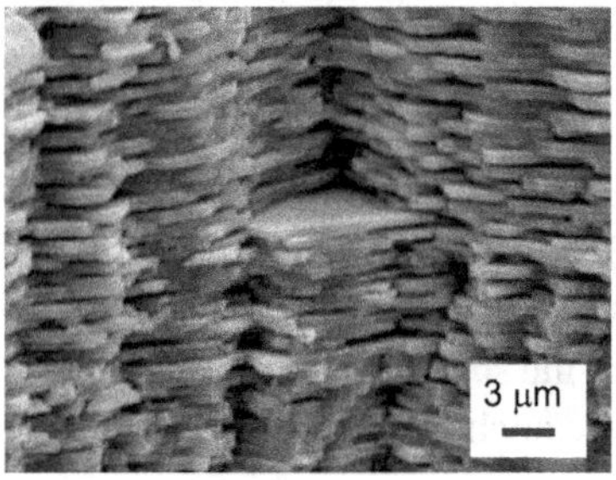

Abb. 12.5. Rasterelektronenmikroskopische Aufnahme eines Perlmuttbruchstücks [12.19].

Heute stehen wir erst am Anfang eines kompletten Verständnisses von Biomineralisationsprozessen. Eine ganze Reihe offener Fragen besteht noch. Welche Rolle spielen *Carboanhydrasen*, welche die Hydratisierung und Dehydratisierung von Kohlendioxid und Kohlensäure katalysieren,

$$CO_2 + H_2O \rightleftarrows HCO_3^- + H^+ , \quad (12.5)$$

für die Bildung von Kalziumkarbonat? Sie könnten eine wichtige Rolle bei der Steuerung von Mineralisationsraten spielen.

Welche transienten Präkursoren liegen vor Bildung des Minerals beispielsweise in den Vesikeln in Abb. 12.4 vor? Häufig findet man amorphe Phasen, die zur Bildung der kristallinen Minerale leicht wieder zu destabilisieren sind, sich aber anfangs nur unter Mitwirkung von Additiven, die eine Kristallisation aus der übersättigten Lösung verhindern, bilden lassen.

Das große Oberflächen-zu-Volumen-Verhältnis biologischer Nanokomposite, wie Knochen, erlaubt die Adsorption von Stoffen nicht nur an der Oberfläche des Komposits, sondern auch in seinem Innern. Es liegt damit ein komplexes nanokristallines Material mit sehr großer innerer Grenzfläche vor, für das auch einige der in Abschn. 5.2.5 für technische Masterialien diskutierte Mechanismen relevant sein können. Insbesondere kann sich das Material durch Adsorptions- und Diffusionsprozesse zeitlich verändern, was für Knochen auch zutrifft. In diesem Zusammenhang ist auch von Bedeutung, welche Rolle strukturelle Korrelationen und Unordnung, wie in Abschn. 2.2.1 diskutiert, spielen und welchen Einfluss die Einlagerung von Biomolekülen hat.

Schließlich stellt sich die Frage nach den spektakulären Formen, in denen Biominerale teilweise vorliegen. Sind diese ein Ergebnis des Kristallisationsprozesses oder erfüllen sie im jeweiligen Fall eine Funktion, an die die Evolution den Kristallisationsprozess perfekt angepasst hat?

Neben dem biologischen Erkenntnisgewinn sind die ungeklärten Fragen auch von vitaler Bedeutung für die Nanotechnologie im Hinblick auf eine technische Implementierung der Biomineralisation zur Erzeugung von Nanopartikeln oder Nanokompositen. Die Synthese aus wässrigen Lösungen bei Raumtemperatur hat natürlich große Vorteile gegenüber Kristallisation aus der Schmelze bei zum Teil hohen Temperaturen. Außerdem ist der Ablauf der biologisch kontrollierten Mineralisation viel perfekter definiert als technische Kristallisationsprozesse. Es existieren komplexe Verbundmaterialien, und die Biomineralisation erlaubt die perfekte Penetration der Minerale durch enge Poren. Damit lassen sich gerade auf Nanometerskala mechanisch feste Skelettstrukturen erzeugen. Der Charme, den Biomineralisationsprozesse für technische Anwendungen haben, ist offensichtlich. Dabei sind sowohl biologisch induzierte und kontrollierte Prozesse potentiell einsetzbar, wie auch biomimetische Verfahren auf der Basis hinreichend gut verstandener Prozesse.

12.2 Biomimetische Nanotechnologie

Die *Bionik* oder *Biomimetik* (*Biomimetics*) ist die wissenschaftliche Disziplin, deren Gegenstand die Übertragung von Bau- und Funktionsprinzipien sowie Phänomenen der belebten Natur in technische Systeme ist [12.20]. Zum einen wird Bionik in Form einer Analogiesuche betrieben, indem gezielt nach Strukturen und Phänomenen gesucht wird, die zur Lösung bekannter technischer Problemstellungen herangezogen werden können. Zum anderen können im Rahmen biologischer Grundlagenforschung Strukturen oder Phänomene charakterisiert werden, die sich im Nachhinein als geeignet für die Übertragung in technische Systeme erweisen. Ein diesbezügliches Beispiel ist der *Lotuseffekt* [12.21].

Es ist offensichtlich, dass Nanostrukturforschung und Nanotechnologie auf der einen Seite und Bionik auf der anderen Seite zahlreiche Bezüge zueinander haben [12.22]: Methoden der Nanostrukturforschung und Nanotechnologie unterstützen beispielsweise bionische Forschung auf der Nanometerskala. Biomimetik wiederum ist die Grundlage der Implementierung von Bau- und Funktionsprinzipien sowie Phänomenen, wie wir sie in den vorangegangenen Abschnitten für nanoskalige biologische Strukturen und Systeme kennengelernt haben. Gerade der zuletzt genannte Bezug der Disziplinen zueinander, die Nutzung biologischer Konzepte für nanotechnologische Problemlösungen, soll im Folgenden etwas detaillierter ausgeführt werden.

Es ist evident, dass einige biologische Strategien für die Realisierung nanoskaliger Materialien, Strukturen oder Bauelemente gegenüber den konventionellen Herstellungsverfahren ungeheure Vorteile haben oder sogar bestimmte Realisierungen überhaupt erst ermöglichen. Bestimmte biologische Strategien haben dabei einen enormen Querschnittscharakter und sind damit im Hinblick auf ein vollständiges Veständnis und eine bionische Umsetzung von prioritärer Bedeutung. Hier wären etwa die Prinzipien der biologischen Selbstorganisation, wie sie beispielsweise der Entstehung von Viren zugrunde liegt, zu nennen. Auch molekulare Motoren, Ionenpumpen oder die Proteinproduktion wären von grundlegender Bedeutung für eine molekulare Nanotechnologie [12.23]. Schließlich ist in diesem Kontext sicher auch die Biomineralisation zu nennen, deren bionische Umsetzung zu vollkommen neuartigen, technisch zu verwendenden Materialien führen würde. Vor allem sind es ungeheure Informationsdefizite, die uns gegenwärtig am Einsatz einer umfassenden bionischen Nanotechnologie hindern. Aber es gibt auch stetige Fortschritte der biomimetischen Nanotechnologie.

Ein biogenes Material mit besonderen mechanischen Eigenschaften ist *Spinnenseide*. Eine Analyse der Struktur-Eigenschafts-Beziehungen zeigt, dass auch im Fall der Spinnenseide nanoskalige Strukturmerkmale von großer Bedeutung für die herausragenden makroskopischen Eigenschaften sind [12.24].

Spinnen, welche die Fähigkeit besitzen, proteinbasierte Nanomaterialien in Form von Fasern zu assemblieren, bevölkern die Erde seit 450 Millionen Jahren. Etwa die Hälfte der 40.000 heute bekannten Arten nutzt das Beutefangprinzip des Seidennetzes. Verbreitet sind Radnetze, bestehend aus fünf Seidenarten, die mittels verschiedener Drüsen der Spinnen produziert werden. Rahmen und Speichen des Radnetzes bestehen aus einer extrem reißfesten Seide. Die Fangspirale besteht aus einem Hilfsfaden und dem Fangfaden, bestehend aus *flagelliformer Seide*. Diese ist extrem dehnbar und dissipiert hervorragend mechanische Energie. Der Klebstoff auf dem Fangfaden besteht aus einer weiteren Seidenart, ebenso die „Zementierung“ der Knotenpunkte zwischen den Einzelfäden.

Betrachten wir die mechanischen Eigenschaften der Seidenfasern etwas quantitativer. Eine typische Honigbiene besitzt eine Masse von 120 mg. Die maximale Fluggeschwindigkeit beträgt etwa 3,1 m/s. Prallt die Biene auf das Spinnennetz, so muss eine kinetische Energie von 0,55 mJ dissipiert werden. Flagelliforme Fasern mit einem Durchmesser von 1–5 μm bewirken und überstehen dies. Tabelle 12.2 gibt einen Überblick über wesentliche mechanische Eigenschaften von Seidenfilamenten im Vergleich zu technischen Fasern. Synthetische Materialien zeigen typisch eine größere

Steifigkeit und Zugfestigkeit, während die biogenen Fasern elastischer sind. Sie zeigen insbesondere eine wohlausgewogene Balance zwischen Elastizität und Festigkeit und ihre herausragende Eigenschaft ist die Zähigkeit, also die Fähigkeit, Energie zerstörungsfrei zu dissipieren.

Aufgrund ihrer besonderen Eigenschaften findet Spinnenseide Beachtung bereits seit dem Alterum. Seit etwa 150 Jahren wird sie intensiv erforscht. Allerdings werden erst seit wenigen Jahren in zunehmendem Maße die besonderen Struktur-Eigenschafts-Korrelationen offensichtlich [12.25]. Beigetragen hat hierzu zum einen die Entschlüsselung der Seidenproteine und ihrer Sequenz und zum anderen die Aufklärung der nanoskaligen Primär-, Sekundär-, Tertiär- und Quartärstrukturen.

Die Sekundärstruktur der MA-Seide aus Tab. 12.2 entspricht der eines nativ entfalteten Proteins mit schlaufen- und helixähnlichen Strukturen, wie in Abb. 9.3 dargestellt. Die helixartigen Strukturen erhöhen die Löslichkeit, da sie bevorzugt Wasserstoffbrücken zwischen polymeren Seitenketten und dem Lösungsmittel begünstigen. Außerdem können sie thermodynamisch in die β-Faltblattstruktur des späteren Seidenfadens umgewandelt werden [12.26]. Die außergewöhnlichen mechanischen Eigenschaften der Spinnenseide resultieren aus der Bildung einer elastischen Matrix mit anisotropen kristallinen Einschlüssen aus gestapelten β-Faltblattstrukturen. Diese sind entlang der Faserachse ausgerichtet. Kleine Kristalle aus dicht gepackten β-Faltblättern besitzen einen Durchmesser von 2–3 nm, große mit variablen Abständen zwischen den β-Faltblättern einen Durchmesser von 70–500 nm [12.26].

Abbildung 12.6 zeigt schematisch den natürlichen *Spinnprozess*. In der für die jeweilige Seidenart zuständigen Spinndrüse wird die Proteinlösung durch den Spinkanal geleitet. Durch Zuführung von Kalium- und Phosphationen wird zum einen der pH-Wert reguliert, zum anderen eine Trennung von Proteinen und Wasser realisiert. Die resultierende Proteinphase zeigt nach Entzug des Wassers durch Epithelzellen ei-

Tab. 12.2. Mechanische Eigenschaften biogener und synthetischer Fasern [12.24].

Material	Dichte (g/cm³)	Zugfestigkeit (GPa)	Dehnbarkeit %	Zähigkeit (MJ/m³)
MA-Seide[23]	1,3	1,1	27	180
FLAG-Seide[24]	1,3	0,5	270	150
Insektenseide[25]	1,3	0,6	18	70
Nylon	1,1	0,95	18	80
Kevlar	1,4	3,6	2,7	50
Kohlenstofffaser	1,8	4	1,3	25
Stahl	7,8	1,5	0,8	6

23 Große ampullate Drüse Araneus diadematus.

24 Flagelliforme Seide (kleine ampullate Drüse) von Araneus diadematus.

25 Seidenwurm Bomyx mori.

ne Kolloidstruktur. An der Spinnwarze wird der Seidenfaden herausgezogen, was aufgrund der Schwerkraft beim Abseilen oder mit den Hinterbeinen realisiert wird. Die entstehende Dehnströmung richtet die Seidenproteine anisotrop aus, was aufgrund der resultierenden Interaktion zwischen den Proteinen zu den finalen außergewöhnlichen Fasereigenschaften führt.

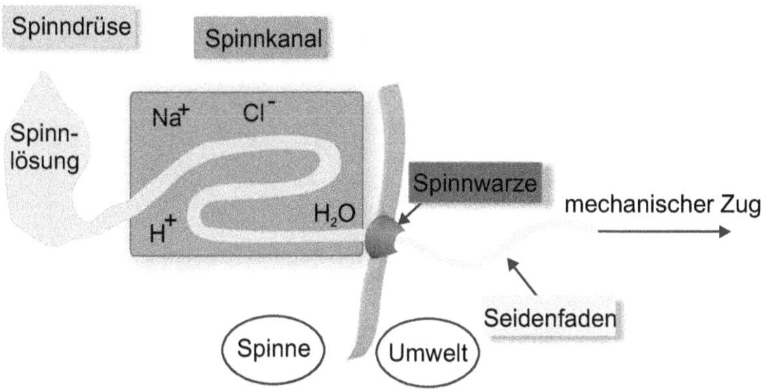

Abb. 12.6. Schematische Darstellung des biogenen Spinnprozesses [12.26].

Der Spinprozess lässt sich in vitro analysieren, wie in Abb. 12.7(a) dargestellt. Rekombinant hergestellte Seidenproteine durchlaufen unter bestimmten Bedingungen eine Flüssig-Flüssig-Phasentrennung. Ein Zusatz von Phosphationen führt zur Bildung der Kolloidphase der Polymere. Die Fasern entstehen nur bei Anwesenheit einer Dehnströmung und bei einem adäquaten pH-Wert.

Wie ausgefeilt der biogene Spinnprozess ist, erkennt man daran, dass der klassische technische Spinnprozess, dessen wichtigster Schritt die Extrusion durch eine Drüse ist, nicht zu Seidenfasern führt, deren Eigenschaften vergleichbar mit denen biogener Fasern wären. Extrusion erlaubt nicht die perfekte Ausrichtung der Seidenproteine. Ein bionisches Spinnverfahren, wie in Abb. 12.7(b) schematisch dargestellt, zielt darauf ab, die biologischen Prozesse technisch zu imitieren. Spezielle naturähnliche Ionenaustauschkanäle zusammen mit einem Zugmechanismus stellen den chemomechanischen Mechanismus in der Spinndrüse nach. Dadurch entstehen in der Tat naturähnliche Seidenfasern.

Abbildung 12.8 zeigt natürliche Spinnenseide von verschiedenen Teilen des Spinnennetzes. Die unterschiedliche Morphologie der einzelnen Seidenarten ist deutlich sichtbar. Durch die inzwischen beherrschte rekombinante biotechnologische Produktion und kontrollierte Formgebung von Seidenproteinen lassen sich heute erste Seidenprodukte technisch herstellen. Aufgrund der besonderen mechanischen Eigenschaften könnten Spinnenseidenproteine zukünftig zu einem wichtigen biopolymeren Werkstoff mit enormem Anwendungspotential werden.

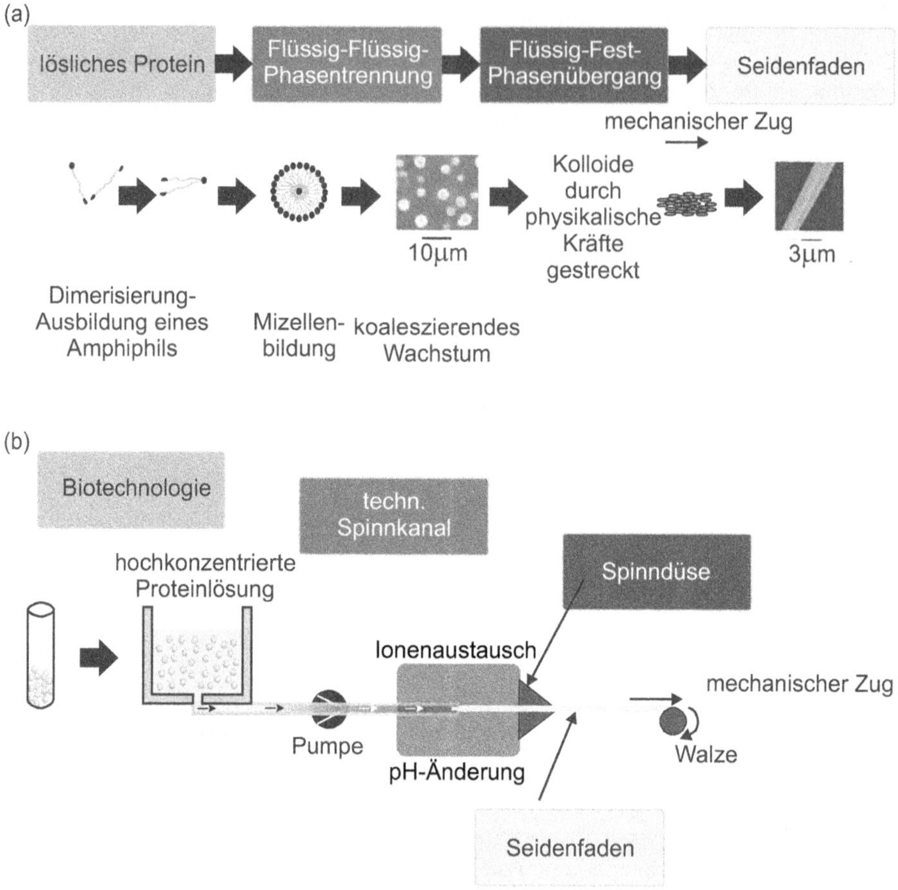

Abb. 12.7. (a) Modell für den Ablauf des biogenen Spinnprozesses von Seide, basierend auf in vitro-Analysen [12.26]. (b)Schematische Darstellung des bionischen Spinnprozesses [12.26].

Bei der biomimetischen Herstellung von Spinnenseide verwendet man rekombinant hergestellte Seidenproteine, also ein Ausgangsmaterial, welches naturidentisch oder naturnah ist und biotechnologisch hergestellt wird. Der Spinnprozess hingegen imitiert nur vergleichsweise grob die Natur und basiert auf rein nichtbiologischen Komponenten. Insgesamt handelt es sich also um ein biotechnologisch-biomimetisches Herstellungsverfahren als Paradebeispiel eines bionischen Ansatzes unter Verwendung nanoskaliger Komponenten biologischen Ursprungs. Derzeit werden zahlreiche zu dieser Kategorie zu zählende Ansätze der biomimetischen Nanotechnologie unter Verwendung von Biomolekülen verfolgt. Andere Ansätze der biomimetischen Nanotechnologie orientieren sich nur an Konzepten der belebten Natur, verwenden aber ansonsten vollkommen artifizielle Materialsysteme. Ein diesbezügliches Paradebeispiel sind *Adhäsionsvorrichtungen in Anlehnung an die Anatomie des Geckos*, dessen

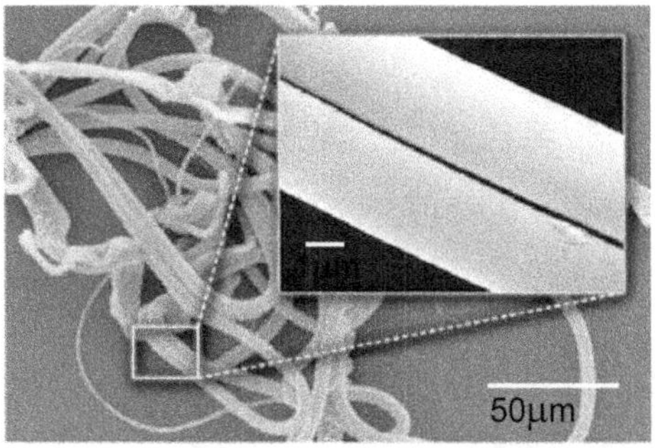

Abb. 12.8. Elektronenmikroskopische Abbildung verschiedener Spinnenseidenfasern. Die Ausschnittsvergrößerung zeigt die sehr glatte Oberfläche von MA-Seide [12.24].

erstaunliche Hafteigenschaften, die ihn beispielsweise dazu befähigen, kopfüber an der Decke zu laufen, von höchster technischer Anwendungsrelevanz und mittlerweile biologisches Vorbild für eine Fülle technischer Vorrichtungen, wie beispielsweise „Geckohaftfolien" sind.

Geckos sind eine Familie der Schuppenkriechtiere und haben sich aufgrund ihrer großen Anpassungsfähigkeit vielfältige Lebensräume erobert. Sie sind zwischen 1,6 und 40 cm groß. Das Maximalgewicht beträgt etwa 300 g. Lamellengeckos besitzen die Fähigkeit zur perfekten Adhäsion und können auch kopfüber an extrem glatten Oberflächen, etwa Glasscheiben, laufen. Der Gecko selbst kann die Haftung innerhalb von Mikrosekunden ohne großen Kraftaufwand wieder lösen. Er ist das massenreichste Tier, welches das Prinzip des trockenen Haftens nutzt. Die besonderen Hafteigenschaften des Geckos sind eng mit der besonderen Struktur der Füße verbunden. Zunächst weisen, wie in Abb. 12.9(a) dargestellt, die Füße eine feine Lamellenstruktur auf. Bei hoher Auflösung in Abb. 12.9(b) erkennt man, dass die Lamellen aus Feldern feiner dichter Haare aus *Keratin* zusammengesetzt sind. Jedes dieser *Setae* hat einen Durchmesser von etwa 5 μm, 14.000 bedecken gerade 1 mm^2. An der Spitze spalten die Setae in 100 bis 1000 *Spatulae* mit einer Länge von etwa 200 nm auf, wie in Abb. 12.9(c) dargestellt.

Die Fähigkeit zur Adhäsion und Bewegung an senkrechten Wänden und sogar kopfüber hängend ist verbreitet bei einer Reihe von Lebewesen mit stark variierender Masse. Dazu zählen Insekten und Spinnen. Die Adhäsionsfähigkeit ist auf sehr effiziente Haftmechanismen zurückzuführen, deren Grundlage die Wechselwirkung zwischen strukturierten Oberflächenelementen des Tiers und dem Substrat ist. Dabei spielen Haare oder Setae eine Schlüsselrolle. Entsprechende Haftsysteme haben sich evolutionär mehrmals unabhängig entwickelt [12.29]. Zu den propagierten hypothetischen Wechselwirkungen gehören Klebeprozesse über Flüssigkeiten, Saugnapfprozesse und elektrostatische Kräfte [12.30]. Da Insekten Sekrete an der Kontaktfläche absondern, Spinnen und Geckos aber nicht, muss man von unterschiedlichen Mechanismen ausgehen. Heute gilt es als unstrittig, dass im Fall des Geckos als massen-

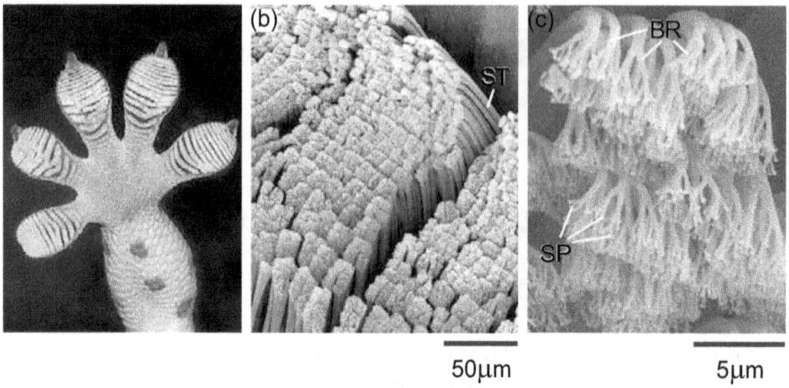

Abb. 12.9. Struktur eines Geckofußes. (a) Lamellenstruktur [12.27]. (b) Setae (ST) und (c) Spatulae (SP) mit Verzweigungen [12.28].

reichstem Tier mit ausgeprägter Adhäsionsfähigkeit van der Waals-Kräfte, wie ausführlich in Abschn. 4.2 diskutiert, maßgeblich sind [12.31]. Es konnte gezeigt werden, dass sich die Adhäsionseigenschaften von Tieren mittels klassischer Kontaktmechanik beschreiben lassen [12.32] und dass sich die charakteristische Größenskala haariger Adhäsionsstrukturen bei Tieren sehr unterschiedlicher Größe mithilfe der Kontakttheorie erklären lässt [12.33]. Gerade diese Erkenntnis ist Grundlage einer biomimetischen, rein technischen Implementierung des Mechanismus der trockenen Adhäsion [12.34].

Abbildung 12.10 zeigt, dass die Flächendichte der Spatulae an den Enden der Setae in signifikanter Weise mit der Masse der Tiere ansteigt. Die Größe der Strukturen bewegt sich dabei zwischen etwa 200 nm und 5 μm [12.33]. Abbildung 12.11 zeigt anhand des Ergebnisses systematischer Messungen, dass über die unterschiedlichsten Lebewesen hinweg eine Skalierungsrelation, wie in generalisierter Weise in Abschn. 2.1 diskutiert, über etwa sechs Größenordnungen in der Masse Gültigkeit besitzt [12.33].

Nehmen wir vereinfachend an, dass Setae halbkugelförmig mit einem Radius R enden. Im rein elastischen Grenzfall wird der Kontaktdurchmesser d für ein ebenes Substrat durch die *Hertz-Gleichung* gegeben:

$$d^3 = 12\frac{RF}{E^*}\,, \tag{12.6}$$

wobei E^* ein effektiver Elastitizätsmodul und F die Kompressionskraft ist. Attraktive Wechselwirkungen zwischen Setaoberfläche und Substrat lassen sich im Rahmen der JKR-Theorie [12.34] berücksichtigen:

$$d^3 = 12\frac{R}{E^*}\left(F + 3\pi Ry + \sqrt{6\pi RyF + (3\pi Ry)^2}\right)\,, \tag{12.7}$$

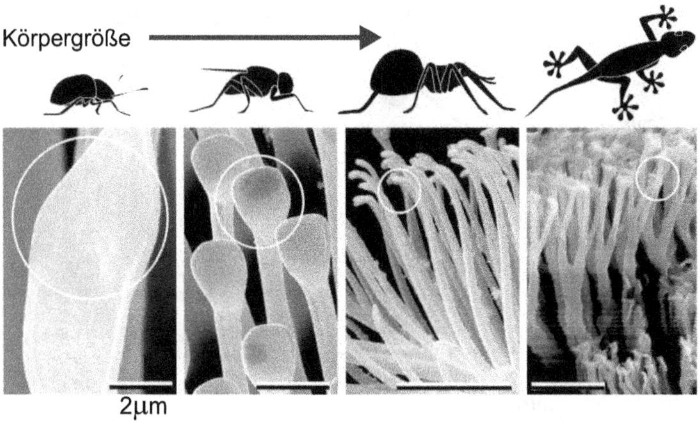

Abb. 12.10. Spatulaartige Strukturen verschiedener Tiere [12.33].

wobei y die Flächendichte der Adhäsionsenergie ist. Die attraktive Wechselwirkung führt zu einer Ablösekraft

$$F_A = \frac{3}{2}\pi R y \,. \tag{12.8}$$

Dieser Zusammenhang verdeutlicht sofort den Vorteil haariger Adhäsionsstrukturen. Wäre R der Radius des gesamten Befestigungsorgans etwa einer Fliege, so würden unrealistisch große Adhäsionsenergiedichten benötigt, um die Schwerkraft des Tiers zu kompensieren. Deshalb wurde evolutionär das Prinzip der Kontaktaufspaltung entwickelt: Spaltet man den Kontakt in n Kontakte mit jeweils dem Radius $R/\sqrt{n}$ auf, so wächst nach Gl. (12.8) $\tilde{F}_A$ gemäß der Skalierungsrelation $\tilde{F}_A = \sqrt{n}F_A$. Für van der Waals-Wechselwirkungen mit $10\,\mathrm{mJ/m^2} \lesssim y \lesssim 50\,\mathrm{mJ/m^2}$ benötigt die Fliege $10^3 \lesssim n \lesssim 10^4$ Setae, um die Gravitation zu überwinden, was durch die haarförmigen Strukturen in Abb. 12.10 realisiert wird.

Mit wachsender Größe eines Lebewesens wächst die Masse aus Dimensionalitätsgründen natürlich schneller als die Kontaktfläche zwischen Fuß und Substrat. Es muss zur sicheren Adhäsion daher eine Kompensation dieses Effekts durch zunehmende Kontaktaufspaltung in Form immer feinerer Haarstrukturen erfolgen. In Bezug auf das Skalierungsverhalten zwischen Masse und Flächendichte der Setae ist zwischen Skalierungskategorien zu unterscheiden. Bei der *selbstähnlichen Skalierung* ist der Kontaktradius durch den Durchmesser δ der Setae gegeben: $R = \delta/2$. Die Adhäsionskraft aus Gl. (12.8) ist dann gegeben durch $F_A = 3n\pi\delta y/4$. Hat der Gesamtkontakt zwischen Fuß und Substrat den Durchmesser D, so ist die Flächendichte σ an Setae durch $\sigma = n/D^2 = 1/\delta^2$ gegeben. Damit erhält man

$$F_A = \frac{3}{4}\pi D^2 y\sqrt{\sigma} \,. \tag{12.9}$$

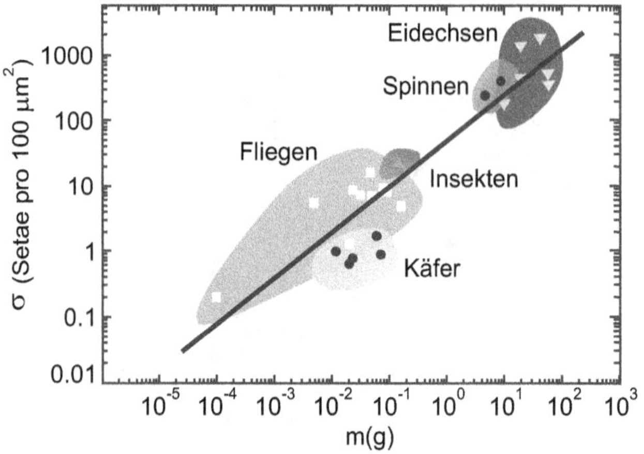

Abb. 12.11. Flächendichte der Spatulae in Abhängigkeit von der Tiermase für verschiedene Tiergruppen [12.33].

Diese Kraft muss die Gravitationskraft k-fach überkompensieren, wobei $k > 1$ ein Sicherheitsfaktor ist. Damit erhält man schließlich

$$\sigma = 4\kappa^2 \sqrt[3]{m^2}\,, \tag{12.10a}$$

mit

$$\kappa = \frac{2kg}{3\pi y} \sqrt[3]{f^2 \varrho^2}\,. \tag{12.10b}$$

Wir haben angenommen, dass die Masse des Tiers durch $m = D^3 \varrho f$ gegeben ist. f ist ein dimensionsloser Formfaktor. g in Gl. (12.10b) ist die Erdbeschleunigung. κ ist eine systemabhängige Konstante, die unabhängig von der Größe des Tiers ist.

Bei der *krümmungsinvarianten Skalierung* ist R unabhängig vom Setadurchmesser. Damit folgt aus Gl. (12.8) $F_A = 3n\pi Ry/2$. Die k-fache Kompensation der Gravitationskraft liefert in diesem Fall

$$\sigma = \frac{\kappa}{R} \sqrt[3]{m}\,. \tag{12.11}$$

Das $\sigma(m)$-Verhalten, welches zu erwarten ist, hängt also von der Skalierungskategorie ab. Die Ausgleichsgerade in Abb. 12.11 zeigt, dass die selbstähnliche Skalierung gemäß Gl. (12.10) die Setadichte bei einer Massenvariation der Tiere über sechs Größenordnungen befriedigend beschreibt. Aus der Anpassung an die experimentellen Daten ergibt sich ferner $\kappa = 3,8 \cdot 10^6/(m^3 \sqrt{kg})$ [12.33].

Betrachtet man die einzelnen Tiergruppen in Abb. 12.11 jeweils separat, so ähnelt das Skalierungsverhalten eher der krümmungsinvarianten Skalierung gemäß Gl. (12.11). Daraus extrahiert man dann $R = 1,6\,\mu m$ für Fliegen und $R = 0,3\,\mu m$ für Eidechsen [12.33].

Das Aufspalten eines Kontakts mit gegebener Gesamtkontaktfläche in eine Vielzahl von Mikro- und schließlich Nanokontakten führt also zur Erhöhung der Adhäsionskraft und macht die Haftung gleichzeitig invarianter gegenüber Unregelmäßigkeiten der Substratoberflächen und Defekten in einzelnen Teilkontakten. Die Adhäsion einzelner Spatulae konnte mittlerweile in einer Anordnung ähnlich derjenigen in Abb. 7.7 mit dem Rasterkraftmikroskop quantifiziert werden [12.35]. Für die Geckospatulae beträgt sie $F_A \approx 10\,\text{nN}$. Durch derartige Messungen lässt sich auch gezielt und kontrolliert der Einfluss weiterer Wechselwirkungsanteile, beispielsweise derjenige von Kapillarkräften, wie in Kap. 8 behandelt, analysieren [12.36]. Auch können entsprechende Messungen an einzelnen Spatulae Aufschluss über den Mechanismus des gezielten Lösens der Adhäsion innerhalb kürzester Zeiträume liefern [12.37].

Die trockene Adhäsion ist natürlich für die unterschiedlichen technischen Anwendungen von Interesse, so dass haarartige Adhäsionssysteme seit knapp zehn Jahren im Hinblick auf biomimetische Realisierungen intensiv analysiert werden [12.38]. Von besonderem Interesse sind dabei massenproduktionstaugliche multiskalig strukturierte Systeme. Dabei kommen Strukturierungsmethoden für mikroelektromechanische Systeme (MEMS) zum Einsatz. Feinste Haarstrukturen mit Durchmessern im 100 nm-Bereich – gleichsam artifizelle Spatulae – können durch Verwendung von Polymeren realisiert werden. Abbildung 12.12 zeigt ein Beispiel für ein rein artifizelles Gecko-inspiriertes Haftsystem. Zahlreiche weitere Ansätze sind denkbar [12.38].

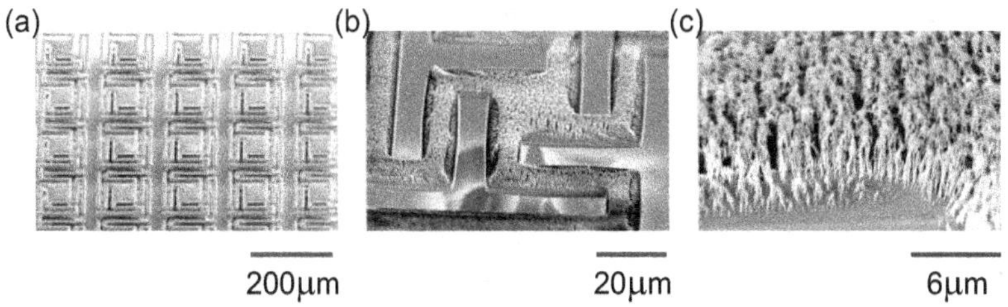

Abb. 12.12. Elektronenmikroskopische Aufnahme eines multiskaligen Adhäsionssystems auf Basis von SiO_2-Strukturen und Polymerhaaren bei unterschiedlichen Vergrößerungen [12.39].

Literatur

[12.1] P. Behrens and E. Bäuerlein (Eds), *Handbook of Biomineralization* (Wiley-VCH, Weinheim, 2009).

[12.2] J.F.V. Vincent, *Structuaral Biomaterials* (Macmillan, London, 1982).

[12.3] Max-Planck-Institut für Molekulare Pflanzenphysiologie; www.mpimp-golm.mpg.de/15419/scheffel.

[12.4] H.A. Lowenstam and S. Weiner, *On Biomineralization* (Oxford Univ. Press, Oxford, 1989).

[12.5] S. Bengtson, S.C. Morris, J.W. Schopf and C. Klein, *Early Evolution of Metazoa* (Plenum, New York, 1992).
[12.6] S. Weiner and L. Addadi, J. Mat. Chem. **7**, 689 (1997).
[12.7] L. Addadi and S. Weiner, Angew. Chem. Int. Ed. **31**, 153 (1992); Angew. Chem. **104**, 159 (1992).
[12.8] S. Weiner and P.M. Dove, Rev. Min. Geochem. **554**, 1 (2003).
[12.9] J.L. Kirschvink and J.W. Hagadorn, *A Grand Unified Theory of Biomineralization*, in: E. Bäuerlein (Ed.), *Biomineralization* (Wiley-VCH, Weinheim, 2000).
[12.10] A. Minsky, E. Shimoni and D. Frenkel-Krispin, Nature Rev. Mol. Cell Biology **3**, 50 (2002).
[12.11] C.A. Orme, A. Noy, A. Wieczbicki, M.T. McBride and M. Grandhave, Nature **411**, 775 (2001).
[12.12] B.A. Gotliv, L. Addadi and S. Weiner, Chem. Bio. Chem. **4**, 522 (2003).
[12.13] R.P. Blakemore, Annu. Rev. Microbiol. **36**, 217 (1982).
[12.14] Max-Planck-Institut für Kolloid- und Grenzflächenforschung; www.mpg.de/ 388136/forschungsSchwerpunkt.
[12.15] D. Schüler (Ed.), *Magnetoreception and Magnetosomes in Bacteria* (Springer, Berlin, 2007).
[12.16] D. Faivre and D. Schüler, Chem. Rev. **108**, 4875 (2008).
[12.17] S. Weiner and L. Addadi, Annu. Rev. Mater. Res. **41**, 21 (2011).
[12.18] L. Addadi and S. Weiner, Angew. Chem. Int. Ed. **31**, 153 (1992); S. Weiner and L. Addadi, Trends Biochem. Sci. **16**, 252 (1991); J. M. Didymus, P. Oliver and S. Mann, J. Chem. Soc. Faraday Trans. **89**, 2891 (1993).
[12.19] upload.wikimedia.org/wikipedia/de/e/ec/Nacre_fracture.jpg.
[12.20] W. Nachtigall, *Bionik* (Springer, Berlin, 2002).
[12.21] W. Barthlott and C. Neinhuis, Planta **202**, 1 (1997).
[12.22] G.M. Whitesides, Nature Biotechnology **21**, 1161 (2003).
[12.23] M. Sarikaya, C. Tamerler, A.K.-Y. Jen, K. Schulten and F. Baneyx, Nature Materials **2**, 577 (2003).
[12.24] L. Römer and Th. Scheibel, Prion **2**, 154 (2008).
[12.25] R.V. Lewis, Chem. Rev. **106**, 3762 (2006).
[12.26] Th. Scheibel, BIOspektrum **1**, 23 (2009).
[12.27] upload.wikimedia.org/wikipedia/commons/b/b2/Gecko_foot_on_glass.jpg.
[12.28] H. Yao and H. Gao, J. Mech. Phys. Solids **54**, 1120 (2006).
[12.29] O. Breidbach, Mikrokosmos **69**, 200 (1980); H. Schliemann, Funkt. Biol. Med. **2**, 169 (1983).
[12.30] J.D. Gillet and V.B. Wigglesworth, Proc. R. Soc. London B **111**, 364 (1932).
[12.31] K. Autumn, M. Sitti, Y.C.A. Lang, A.M. Paetti, W.R. Hansen, S. Sponberg, T.W. Kenny, R. Fearing, J.N. Israelachvili and R.J. Fall, Proc. Nat. Acad. Sci, USA **99**, 12252 (2002).
[12.32] E. Arzt, S. Enders and S. Gorb, Z. Metallkde **93**, 345 (2002).
[12.33] E. Arzt, S. Gorb and R. Spolenak, Proc. Natl. Acad. Sci. USA **100**, 10603 (2003).
[12.34] K.L. Johnson, K. Kendall and A.D. Roberts, Proc. R. Soc. London A **324**, 301 (1971).
[12.35] G. Huber, S.N. Gorb, R. Spolenak and E. Arzt, Biol. Lett. **1**, 1 (2005).
[12.36] G. Huber, H. Mantz, R. Spolanek, K. Mecke, K. Jacobs, S.N. Gorb and E. Arzt, Proc. Natl. Acad. Sci. USA **102**, 16293 (2005).
[12.37] H. Gao, X. Wang, H. Yao, S.N. Gorb and E. Arzt, Mech. Mat. **37**, 275 (2005).
[12.38] Ch. Greiner, *Gecko-Inspired Nanomaterials*, in: C. Kummer (Ed.), *Biomimetic and Bioinspired Nanomaterials* (Wiley-VCH, Weinheim, 2010).
[12.39] M.T. Northen and K.L. Turner, Nanotechnology **16**, 1159 (2005).

13 DNA

DNA ist ein Biopolymer. Die molekulare Zusammensetzung kodiert die Erbinformation von Lebewesen. DNA kann auch künstlich synthetisiert werden, was aufgrund der hohen natürlichen Speicherdichte die Anwendung als technischer Massenspeicher nahelegt. Darüber hinaus eignet sich DNA auch für die Durchführung einer enorm großen Anzahl von Rechenschritten in paralleler Weise. Das DNA-Computing kann zur Lösung ganz bestimmter Problemstellungen eingesetzt werden. Die physikalischen und chemischen Eigenschaften der DNA machen sie sehr geeignet für eine DNA-Nanotechnologie, die eine äußerst vielversprechende Möglichkeit zur Herstellung komplexer Nanoarchitekturen darstellt.

13.1 DNA als Massenspeicher

Digitale Daten in DNA zu speichern ist eigentlich eine naheliegende Idee. Schließlich sind die Bausteine aller Lebewesen so kodiert. DNA ist der Speicher des Erbguts. Die evolutionär entwickelten Vorteile der DNA schließen eine hohe Speicherstabilität ein. DNA kann intakt tausende von Jahren unter einfachen Bedingungen bei geringem Energieaufwand überstehen. Sie ließ sich beispielsweise aus Mammutknochen extrahieren, die trocken, kühl und in Dunkelheit lagerten.

Den Aufbau von DNA haben wir in den Abschnitten 4.4.3 und 9.1 beschrieben. Das Molekül besteht vorwiegend aus einer unvorstellbar langen Abfolge der Basen A, C, G und T. Der ACGT-Code speichert die jeweilige Erbinformation und kann a priori natürlich den binären 01-Schlüssel ersetzen. DNA lässt sich in beliebigen Sequenzen synthetisieren und die Sequenz lässt sich durch Sequenzierung wieder auslesen. Dabei ist ein intrinsischer Vorteil die hohe Speicherdichte. 1 g DNA könnte den Inhalt von 10^6 CD speichern. Derzeit beträgt der Umfang aller existierenden digitalen Daten etwa 3 ZB (Zetabyte, 10^{21} Byte). Dies ist mehr als alle verfügbaren Festplatten böten. Die aus heutiger Sicht bestehenden Nachteile einer DNA-Archivierung größerer Datenmengen sind allerdings auch unmittelbar evident. Die Synthese von DNA zur Speicherung von 1 MB an Information würde heute etwa 12.400 US$ kosten. Die Sequenzierung würde Kosten von 220 US$ verursachen. Diese Rahmenbedingungen sind allerdings aus wissenschaftlicher Sicht zunächst einmal sekundär und könnten sich zukünftig ohnehin grundlegend ändern.

DNA wird seit geraumer Zeit im Hinblick auf Speicheranwendungen systematisch untersucht [13.1]. Informationsdichte und Langzeitstabilität sind dabei, wie bereits erwähnt, die attraktivsten Aspekte [13.2]. In ersten Realisierungsversuchen ließen sich allerdings nur geringe Datenmengen speichern [13.3] Ein Heraufskalieren war entweder ausgeschlossen [13.4], oder es ließen sich keine Fehlerkorrekturmechanismen implementieren. Auch spielte die Kosteneffizienz bei der potentiellen

Skalierung in Richtung großer Datenmengen keine ernsthafte Rolle [13.5]. Vor kurzem wurde allerdings ein Ansatz publiziert, der potentiell geeignet scheint, in praktisch handhabbarer Weise umfangreiche Informationen in synthetischer DNA zu speichern [13.6]. 739 kB an Festplatteninhalt, entsprechend 5,2 Mb an *Shennon-Information* [13.7], konnten gespeichert und fehlerfrei gelesen werden.

Die Kodierung der digitalen Ausgangsinformation kann wie in Abb. 13.1 dargestellt erfolgen. Zunächst wird der binäre Code mittels eines *Huffman-Codes* [13.7] in einen ternären Code überführt. Im dargestellten Beispiel handelt es sich beim Ausgangscode um einen ASCII-Code. Jedes Byte wird dabei durch fünf oder sechs ternäre Ziffern (*Trits*) ersetzt. In der DNA-Synthese wird jedes Trit dann durch eines der drei Nukleotide ersetzt, welche nicht dem zuvor verwendeten Nukleotid entsprechen. Damit werden homopolymere Abschnitte, die bei der Sequenzierung häufiger zu Fehlern führen, vermieden. Die entstehenden DNA-Segmente der Länge von 100 Basenpaaren (bp) besitzen einen Überlapp von 75 bp, was eine Vierfachredundanz repräsentiert. Jedes zweite Segment ist zudem als komplementärer DNA-Strang in Bezug auf den eigentlichen Strang ausgeführt, um die Datensicherung weiter zu erhöhen. Schließlich erhält ein Segment noch an beiden Enden eine Indexinformation, um es zur Rekonstruktion eines kompletten Files später richtig zuordnen zu können. Insgesamt beinhaltet jeder DNA-Strang so 117 Nukleotide (nt).

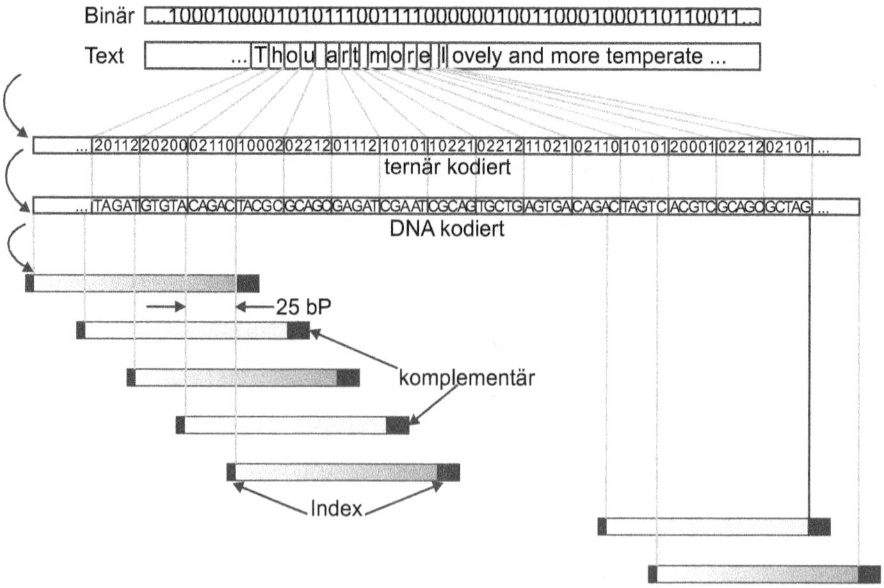

Abb. 13.1. Kodierung digitaler Information in DNA am Beispiel eines ASCII-Texts [13.6].

DNA-Stränge lassen sich bei hohem Automatisierungsgrad in vorgegebener Folge von Oligonukleotiden synthetisieren [13.8]. Dabei wird eine große Anzahl von Kopien eines jeden DNA-Strangs erzeugt.[26] Auch die Sequenzierung erfolgt bei hohem Automatisierungsgrad, wobei fehlerhafte DNA-Stränge automatisch erkannt und ausgesondert werden [13.6]. Die Rekonstruktion der ursprünglichen Information erfolgt durch einen Dekodierungsprozess in umgekehrter Reihenfolge des in Abb. 13.1 dargestellten Kodierungsprozesses.

Im beschriebenen Experiment [13.6] wurden fünf unterschiedliche und verbreitete Dateiformate in Form von mehr als 150.000 unterschiedlichen DNA-Strängen gespeichert und vollständig fehlerfrei rekonstruiert. Da die Methode skalierbar ist, langzeitstabil und hochdicht, stellt sich die Frage, inwieweit DNA-Speicher zur Archivierung großer Datenmengen bei seltener Zugriffsmöglichkeit geeignet sind oder zukünftig sein werden. Diese Frage hängt eng mit dem Skalierungsverhalten der Methode zusammen. Die Anzahl der Basen der synhetisierten DNA wächst linear mit dem Umfang der zu speichernden Information, die Anzahl der Basen für den Indexbereich in Abb 13.1 wächst hingegen logarithmisch mit der Anzahl der zu indizierenden Fragmente. Die Relation zwischen Informationsvolumen und Basenzahl ist also sublinear. Setzt man eine konstante Länge der DNA-Fragmente wie in Abb. 13.1 voraus, so lässt sich der Kodierungsfehler oder die Kodierungseffizienz abschätzen. Ebenso las-

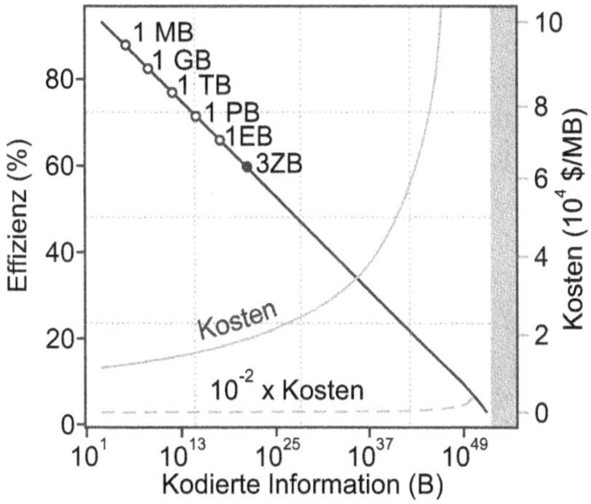

Abb. 13.2. Effizienz und Kosten für DNA-Speicher unter heutigen technischen Rahmenbedingungen [13.6]. Die Effizienz wird gemessen durch den Anteil der Basen, die für die Kodierung nutzbar sind. 3 ZB entspricht dem geschätzten Volumen heute digital verfügbarer Daten. Dargestellt sind ebenfalls die Kosten bei hundertfacher Reduktion gegenüber der heutigen Höhe, beispielsweise durch Verwendung längerer DNA-Fragmente.

26 Im beschriebenen Beispiel $\approx 1,2 \cdot 10^7$ bei einem Fehler pro 500 Basen.

sen sich die Kosten pro gegebenem Speichervolumen in Abhängigkeit vom Gesamtvolumen abschätzen. Das Ergebnis ist in Abb. 13.2 dargestellt. Ein Datenvolumen von 3 ZB entspricht dem geschätzten global verfügbaren Volumen an digitaler Information derzeit. Man erkennt, dass die DNA-Speicherung skalierbar bis weit über dieses Limit hinaus ist, auch, wenn die Kodierungseffizienz abnimmt. Setzt man eine Reduktion der Kosten der DNA-Synthese um zwei Größenordnungen voraus, was dem gegenwärtigen Trend folgend in weniger als 10 Jahren erreichbar sein würde, so könnten DNA-basierte Archive in weniger als 50 Jahren kosteneffizient sein [13.6].

Zusammenfassend kann man feststellen, dass der Vorteil des DNA-Speichers in der hohen Speicherdichte liegt[27] sowie in der hervorragenden Langzeitstabilität unter einfachen Lagerbedingungen. Zudem lässt sich problemlos durch Standardamplifikationsprozesse eine ungeheure Anzahl von Kopien der gespeicherten Information herstellen. Andererseits ist die Zugriffszeit natürlich sehr lang und die Kosten sind hoch. DNA-Speicher könnten bei Berücksichtigung der genannten Aspekte in einigen Jahrzehnten eine relevante Lösung für große Langzeitarchive mit seltenem Zugriff sein.

13.2 DNA Computing

In Abschn. 3.4 hatten wir bereits eine unkonventionelle Art der Datenverarbeitung kennengelernt: die Quanteninformationsverarbeitung. Sie kann nur realisiert werden, indem es gelingt, weitestgehend ungestörte physikalische Systeme so von der Außenwelt abzuschirmen, dass genügend lange Kohärenzzeiten des Quantensystems resultieren. Dann kann Information so verarbeitet werden, dass sehr viele mögliche Lösungen eines Problems, beispielsweise in Form eines massiv verschränkten Clusterzustands, gleichzeitig betrachtet werden, um letztendlich die richtige Lösung zu identifizieren.

DNA Computing ist ein vollkommen anderer Ansatz der unkonventionellen Datenverarbeitung. Wie das Quantum Computing ist die Methode nur für bestimmte Algorithmen extrem leistungsfähig und nicht universell. Sie ist massiv parallelisierend. Im Gegensatz zu Quantum Computing spielt sich DNA Computing aber in einer verrauschten Umgebung in biologischen Systemen in vivo oder in vitro ab und schließt eine äußerst geringe Energiedissipation ein [13.9]. DNA Computing [13.10] ist die wohl vielversprechendste Variante des biomolekularen Computings, welches bereits seit geraumer Zeit theoretisch und auch experimentell in vielfältigen Ansätzen betrachtet wird [13.11]. DNA Computing muss einerseits im Kontext grundlegender Aspekte der Informatik gesehen werden, die historisch etwa mit den Begriffen der *Turing-Maschinen* [13.12] und der *von Neumann-Zellularautomaten* [13.13] verbunden sind. An-

27 Im beschriebenen Experiment wurden 2,2 PB/g erreicht.

dererseits bestehen enge Bezüge zu nanotechnologischen Aspekten der DNA, wie sie in Abschn. 4.4.3 diskutiert wurden und in Abschn. 13.4 aufgegriffen werden.

Ausgangspunkt für das DNA Computing ist der spezifische Aufbau der DNA-Doppelstränge, den wir in Abschn. 9.1 bereits diskutiert haben. Im vorliegenden Kontext ist der in Abb. 13.3(a) dargestellte Aufbau von DNA-Strängen von Bedeutung. Bei den Basen handelt es sich entweder um ein *Purin*, nämlich Adenin (A) oder Guanin (G), oder um ein *Pyrimidin*, nämlich Thymin (T) oder Cytosin (C). Die fünf Kohlenstoffatome der *Desoxyribose* sind von 1' bis 5' durchnummeriert. Am 1'-Ende dieses Zuckers ist die Base gebunden. Am 5'-Ende hängt der Phosphatrest. An der 3'-Position ist eine OH-Gruppe vorhanden, welche die Desoxyribose über eine *Phosphodiesterbindung* mit dem 5'-Kohlenstoffatom des Zuckers des nächsten Nukleotids verbindet. Jeder Einzelstrang besitzt also ein 5'- und ein 3'-Ende. *DNA-Polymerasen*, die in Zellen die Synthese von DNA-Strängen durchführen, können neue Nukleotide nur an den OH-Gruppen der 3'-Enden anfügen. Der Einzelstrang wächst also immer von 5' nach 3'. *Sticky Ends* (Klebeenden), wie in Abb. 13.3(c) dargestellt, entstehen bei einem Restriktionsschritt mit bestimmten *Restriktionsenzymen*. Ein solcher Restriktionsschritt ist in Abb. 13.3 (b) exemplarisch dargestellt. Die Erkennungssequenzen der Restriktionsenzyme sind *palindromisch*. Die Enzyme lagern sich an solchen Abschnitten des Doppelstrangs an, an denen beide Einzelstränge gegenläufig dieselbe Sequenz aufweisen. Dadurch entstehen identische Sticky Ends. Werden die gewünschten DNA-Abschnitte mit unterschiedlichen Enzymen ausgeschnitten, so werden unterschiedliche Sticky Ends wie in Abb. 13.3 (c) erzeugt. Sticky Ends ermöglichen die Verknüpfung von DNA-Abschnitten über *Ligation*. Dabei handelt es sich um eine enzymkatalytische Verknüpfung zweier DNA- oder RNA-Segmente an ihren Enden. Es wird das 3'- Hydro-

(a)

```
5'-A C C T G T T T G C -3'
3'-T G G A C A T A C G -5'
```

(b)

Erkennungssequenz	Restriktionsschritt	
5'-GAATTC-3'	5'-G	AATTC-3'
3'-CTTAAG-5'	3'-CTTAA	G-5'

(c)

```
A C C T G G A A T T
          C C T T A A A T A C G
```

Abb. 13.3. DNA-Stränge in schematischer Darstellung. (a) Kurzer Doppelstrang mit den 5'- und 3'-Enden der Einzelstränge. (b) Restriktionsschritt mit einem palindromischen Restriktionsenzym. (c) Doppelstrang mit unterschiedlichen Sticky Ends.

xyende mit dem 5'-Phosphatende der Nukleinsäuresegmente mithilfe des Enzyms *Ligase* durch Ausbildung einer Phosphodiesterbindung verbunden.

Abbildung 13.4 zeigt eine AFM-Aufnahme von DNA-Strängen auf einem Substrat. Auf den DNA-Strängen ist die *Endonuklease EcoR I* sichtbar, welche als Restriktionsenzym den in Abb. 13.3(b) dargestellten Restriktionsschritt realisiert. Die Endonuklease spaltet dabei eine innere Phosphodiesterbindung.

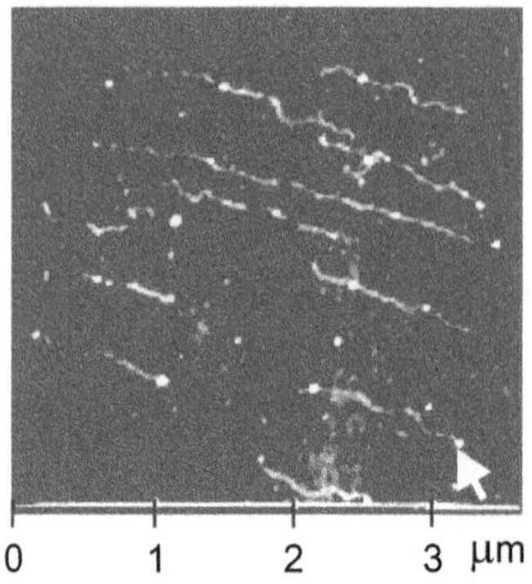

Abb. 13.4. λ-DNA-Stränge auf einem funktionalisierten Glimmersubstrat [13.14]. Auf den DNA-Strängen erkennt man Restriktionsenzyme, die in einem Fall mit einem Pfeil gekennzeichnet sind.

Die Herstellung von DNA-Strängen beliebiger Länge mit beliebiger Abfolge der Basenpaare erfolgt mittels der Methoden der *künstlichen Gensynthese*, die zur *synthetischen Biologie* zu zählen ist. Im Gegensatz zur *molekularen Klonierung* und zur *Polymerasekettenreaktion (Polymerase Chain Reaction, PCR)* wird bei der *Oligonukleotidsynthese* keine bereits existierende DNA benötigt. Es ist möglich, in Organismen funktionsfähige Gene zu synthetisieren. Ebenso können beliebige Sequenzen de novo synthetisiert werden, was für das DNA Computing von Bedeutung ist. Heute ist es möglich, das gesamte Erbgut von Prokaryoten mit > 10^6 Basenparen komplett zu synthetisieren. Die Implementierung in zuvor von ihrem eigenen Erbgut befreiten Bakterien führt zu lebens- und vermehrungsfähigen Bakterien [13.4].

Die heute zur Synthese verwendete Methode basiert auf einer *Phosphoramiditsynthese* und umfasst vier Schritte, die zyklisch wiederholt werden, um der wachsenden Oligonukleotidkette weitere Nukleoside hinzuzufügen. Der erste Schritt besteht in einer Tritylabspaltung (*Deblocking*). Die Tritylschutzgruppe wird mittels einer organischen Säure vom letzten Nukleotid der Kette abgespalten. Dadurch entsteht ein reaktives Oligomolekül, welches die Kopplung an das nächste hinzugefügte Nukleosid ermöglicht. Im nächsten Schritt (*Coupling*) wird das hinzugefügte Nukleosid unter Einsatz einer weiteren schwachen organischen Säure chemisch an die bestehende Kette gebunden. Nebenprodukte und ungebundene Nukleoside werden entfernt. Der dritte Schritt (*Capping*) trägt der Tatsache Rechnung, dass die Kopplung von hinzugefügten Nukleosiden an reaktive Ketten nicht fehlerfrei abläuft. Dann wird ein Oligo produziert, dem das vorhergehende Nukleotid fehlt und das eine falsche Sequenz darstellt. Durch Einsatz eines Acetylierungsmittels werden alle nicht umgesetzten Oligoketten irreversibel blockiert. Dadurch nehmen sie an nachfolgenden Polymerisationsschritten nicht mehr teil. Im letzten Schritt (*Oxidation*) wird die Bindung zwischen dem neuen Nukleosid und der Kette durch Oxidation stabilisiert. Dies ist dann die Voraussetzung für eine erneute Durchführung des ersten Schritts zur Anbindung eines neuen Nukleosids. Zur Isolation und Reinigung der gewünschten Gene verwendet man die *Polyacrylamid-Gelelektophorese* (*PAGE*) oder die *Hochleistungs-Flüssigkeits-Chromatographie* (*HPLC*).

Die Abfolge der Nukleotide eines synthetischen Gens wird wie bei natürlichen Genen mittels *DNA-Sequenzierung* bestimmt. Dabei werden nur kurze DNA-Abschnitte mit typisch $< 10^3$ Basenpaaren abgelesen. Nach Erhalt der Sequenz wird dann der nächste *Primer* mit einer Sequenz aus dem Ende der zuvor sequenzierten Kette hergestellt (*Primer Walking*). Bei einer großen Anzahl von Basenpaaren, also vielen Genen, werden die Sequenzinformationen der kurzen Stränge unter Verwendung von Methoden der Bioinformatik wieder zusammengesetzt. Erst die *DNA-Sequenzanalyse* liefert dann verwertbare genetische Informationen. Moderne Ansätze, Ansätze der zweiten Generation, umfassen unter anderem die *Pyrosequenzierung*, die *Sequenzierung durch Hybridisierung*, die halbleiterbasierte *Ionen-DNA-Sequenzierung*, die *Brückensynthese*, die *Zwei-Basen-Sequenzierung* und die *Sequenzierung mit gepaarten Enden*.

Von Bedeutung für die Sequenzierung ist die zuvor erwähnte PCR, die eine in vitro-Amplifikation des genetischen Materials erlaubt. Von großer Bedeutung sind *DNA-Polymerase-Enzyme*. Diese kommen in allen Lebewesen vor und verdoppeln während der Replikation die DNA. Dazu binden sie an einen Einzelstrang und synthetisieren mithilfe eines kurzen komplementären Oligonukleotids, welches als Primer bezeichnet wird, einen dazu komplementären Strang. DNA-Polymerase lässt sich in vitro verwenden. Die doppelsträngige natürliche oder synthetische DNA wird dazu bei 96° C in zwei Einzelstränge getrennt. Um wirksam zu bleiben, müssen die verwendeten DNA-Polymerasen thermostabil sein. Sie dürfen nicht denaturieren.

In der Praxis wird die PCR eingesetzt, um kurze DNA-Segmente von typisch bis zu $3 \cdot 10^3$ Basenpaaren zu vervielfältigen. Verschiedene Komponenten werden für den Standardablauf benötigt: Zu vervielfältigende Abschnitte der Ausgangsgene (Template), zwei Primer zur Markierung der Startpositionen auf den Einzelstängen der DNA, thermostabilie DNA-Polymerasen, *Desoxyribonukleosidtriphosphate* als Ausgangsbausteine für die DNA-Synthese, MG^{2+}-Ionen für die Funktion der Polymerase und Pufferlösungen für eine geeignete chemische Umgebung.

Bei Sequenzierungsmethoden der dritten Generation wird keine Amplifikation mehr benötigt, weil einzelne Moleküle analysiert werden. Dadurch entfällt der Nachteil, dass DNA-Polymerasen manche genetischen Sequenzen bevorzugt replizieren, wodurch weniger häufig replizierte Sequenzen übersehen werden können.

Für das DNA Computing ist die Verbindung von Einzelsträngen, den Oligonukleotiden, zu Doppelsträngen von fundamentaler Bedeutung. Diese *Hybridisierung* läuft durchaus nicht immer fehlerfrei ab und ist von den Reaktionsbedingungen abhängig. Beispielsweise nimmt die Hybridisierungsstringenz mit wachsender Temperatur zu. Als *Schmelztemperatur* bezeichnet man diejenige Temperatur T_m, bei der gerade die Hälfte perfekt hybridisierter Oligonukleotide dissoziiert ist. Das Hybridisierungs-Dissoziations-Gleichgewicht für zwei komplementäre Oligonukleotide O_1 und O_2 wird durch

$$O_1 + O_2 \leftrightarrows O_1 O_2 \tag{13.1}$$

beschrieben. Die Richtung, in der die Reaktion abläuft, wird durch das Vorzeichen der Änderung der freien Gibbschen Energie bestimmt:

$$\Delta G = (\Delta G)_0 + RT \ln Q\,. \tag{13.2a}$$

$(\Delta G)_0$ ist die Änderung der freien Energie unter Standardbedingungen für Druck und Konzentration und R die Gaskonstante. Die relative Konzentration der Doppelstränge ist durch

$$Q = \frac{[O_1 O_2]}{[O_1][O_2]} \tag{13.2b}$$

gegeben, wobei molare Konzentrationen betrachtet werden. Im Ratengleichgewicht von Gl. (13.1) gilt $\Delta G = 0$ und somit

$$(\Delta G)_0 = RT \ln Q_0\,, \tag{13.3a}$$

mit der Gleichgewichtskonzentration

$$Q_0 = \frac{[O_1 O_2]_0}{[O_1]_0[O_2]_0}\,. \tag{13.3b}$$

In den DNA-Computern findet die Informationsverarbeitung in Form einer Vielzahl von Reaktionen vom Typ Gl. (13.1) statt. Bei jedem Verarbeitungsschritt wird das durch Gl. (13.3) spezifizierte Reaktionsgleichgewicht erreicht. Das Ratengleichgewicht impliziert eine thermodynamische Reversibilität, die beim DNA Computing in eine logische überführt wird [13.15]. Beim DNA-Computer ist es nun essentiell, dass viele Reaktionen vom Typ Gl. (13.1) entlang des mit der gewünschten Informationsverarbeitung verbundenen Reaktionspfads ablaufen. Der DNA-Computer ist damit sehr eng mit der den Reaktionsprozessen zugrunde liegenden Hybridisierungschemie verbunden, was im Vergleich zur konventionellen digitalen Datenverarbeitung eine vollkommen andere Implementierung der Problemstellung erfordert.

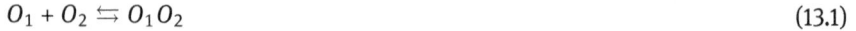

Frühe Konzepte zum DNA Computing [13.16] waren motiviert durch die Suche nach Möglichkeiten, die Energiedissipation pro Verarbeitungsschritt zu minimieren. Diese Problematik hatten wir in Abschn. 3.8 genauer betrachtet. DNA-basierte Computer arbeiten nahe am thermodynamischen Gleichgewicht. Andere frühe Überlegungen betrafen die Implementierung regulärer Sprachen in DNA [13.17]. Das große wissenschaftliche Interesse am DNA Computing, welches heute besteht, wurde durch eine Arbeit von *L.M. Adleman* im Jahr 1994 entfacht [13.18].

Das Problem des Handlungsreisenden (*Traveling Salesman Problem, TSP*) ist ein kombinatorisches Optimierungsproblem. Es besteht darin, die Reihenfolge für den Besuch mehrerer Orte so zu bestimmen, dass die Reisestrecke des Handlungsreisenden nach Rückkehr zum Ausgangsort möglichst kurz ist. Das Problem ist relevant für viele Anwendungsfelder, beispielsweise für die Tourenplanung, die Logistik oder das Design von Mikrochips. Komplexitätstheoretisch gehört TSP zur Klasse der *NP-äquivalenten Probleme*. Es ist daher davon auszugehen, dass die Laufzeit des deterministischen Algorithmus, der für dieses Problem stets optimale Lösungen liefert, im besten Fall exponentiell von der Anzahl der Städte abhängt. Schon für wenige Städte kann die Laufzeit eines solchen Algorithmus unpraktikabel viel Zeit beanspruchen [13.19]. Offensichtlich ist TSP exakt lösbar. Dazu brauchen nur alle möglichen Rundreisen berechnet und die kürzeste ausgewählt zu werden. Bei der einfachsten Variante, dem symmetrischen TSP, gibt es bei n Städten $(n-1)!/2$ verschiedene Rundreisen. Für $n = 15$ wären das $43 \cdot 10^9$ und für $n = 18$ bereits $1,77 \cdot 10^{14}$. Der rasche Zuwachs an Reisemöglichkeiten mit wachsender Städtezahl spiegelt sich in der zunehmenden Rechenzeit wider: Liefert ein Rechner die Lösung für 30 Städte in einer Stunde, so würde man mit diesem Rechner für 32 Städte mehr als 40 Tage Rechenzeit benötigen! TSP ist ein Spezialfall eines Hamilton-Pfad-Problems [13.20]. Abbildung 13.5 illustriert einen *Hamilton-Pfad* in einem gerichteten Graphen. Ein solcher Graph mit dem Eingangsknoten K_{ein} und dem ausgangsknoten K_{aus} besitzt dann einen Hamilton-Pfad, wenn es eine Sequenz von Einmalverbindungen $V_1, \ldots, V_n$ gibt, die in K_{ein} beginnt und in K_{aus} endet und die jeden anderen Knoten genau einmal umfasst. In Abb. 13.5 sind für $K_{ein} = K_0$ und $K_{aus} = K_6$ gerade die V_i mit $1 \leq i \leq 6$ gegeben durch $K_{i-1} \rightarrow K_i$. Der Pfad wird also demgemäß $0 \rightarrow 1 \rightarrow 2 \rightarrow 3 \rightarrow 4 \rightarrow 5 \rightarrow 6$ durchlaufen. Würde man die Verbindung $2 \rightarrow 3$ entfernen, so würde der Graph in Abb. 13.5 keinen Hamilton-Pfad mehr besitzen. Dies wäre beispielsweise auch der Fall für $K_{ein} = K_3$ und $K_{aus} = K_5$.

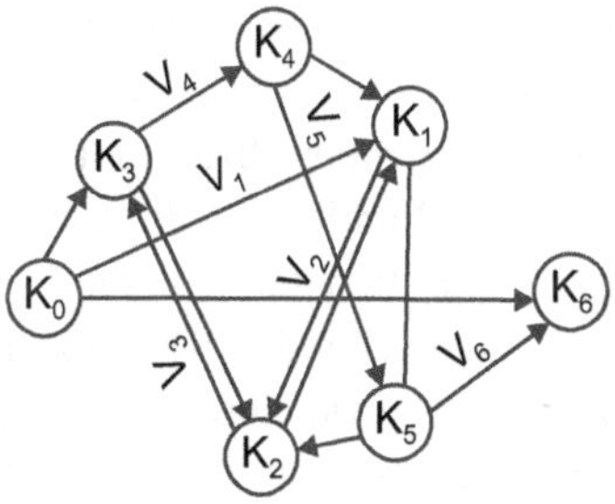

Abb. 13.5. Gerichteter Graph mit Hamilton-Pfad.

L.M. Adleman hat nun das in Abb. 13.5 dargestellte Problem mittels DNA Computing unter Verwendung verfügbarer Biotechnologie real gelöst [13.18]. Dabei ist er gemäß dem einzigen Algorithmus zur exakten Problemlösung vorgegangen: 1. Generiere Zufallspfade durch den Graphen. 2. Betrachte nur solche Pfade, die mit K_{ein} beginnen und mit K_{aus} enden. 3. Betrachte nur Pfade mit n Knoten, wenn der Graph n Knoten hat. 4. Betrachte nur solche Pfade, die alle Knoten des Graphen wenigstens einmal beinhalten. 5. Wenn ein Pfad übrig bleibt, so handelt es sich um den Hamilton-Pfad. Dieser Algorithmus lässt sich in Form der DNA-Hybridisierung und DNA-Ligation realisieren, wenn die Knoten und Verbindungen in Abb. 13.5 genetisch kodiert werden. Ein diesbezügliches Beispiel zeigt Tab. 13.1. V_7 ist die Verbindung $K_6 \rightarrow K_0$, durch die der Hamilton-Pfad zum Hamilton-Kreis wird. Bei TSP kehrt der Handlungsreisende üblicherweise zum Ausgangspunkt zurück.

Tab. 13.1. Mögliche Kodierung des Graphen aus Abb. 13.5 Die Verbindung V_i besteht aus dem Watson-Crick-Komplement vom 3'-10mer-Anteil von V_{i-1} und vom 5'-10mer-Anteil von V_i.

Knoten	Gen	Verbindung	Gen
K_0	5'TACTCATATGGGGTTATACG3'	V_1	3'CCCAATATGCGAGGCGGACC5'
K_1	5'CTCCGCCTGGGCTTAGCTTA3'	V_2	3'CGAATCGAATCTAGGAGAGA5'
K_2	5'GATCCTCTGTTTCCTCAGCT3'	V_3	3'AAGGAGTCGACCGAGGTGAA5'
K_3	5'GGCTCCACTTACTCTCTTGT3'	V_4	3'TGAGAGAACAATACCCGATC5'
K_4	5'TAZGGGCTAGCGGTCCGGTT3'	V_5	3'GCCAGGCCAACGGGAACATC5'
K_5	5'GCCCTTGTAGTCTCGGGTCC3'	V_6	3'AGAGCCCAGGAAGGACATTG5'
K_6	5'TTCCTGTAACTTGCCTCTAA3'	V_7	3'AACGGAGATTATGAGTATAC5'

Wegen der immensen Anzahl von Oligonukleotidketten, die an einer Hybridisierungsreaktion teilnehmen – typisch etwa 10^{13} Kopien eines jeden Gens – stellt die Hybridisierung eine massiv parallele Generation zufälliger Pfade dar. Diese entspricht dem Schritt 1 im zuvor beschriebenen Algorithmus. Nach der Hybridisierung sollte sich der Hamilton-Pfad in Form korrekter genetischer Sequenzen innerhalb des Gemischs aller Sequenzen befinden. Schritt 2 des Algorithmus besteht in einem PCR-Prozess mit Primern, die jeweils K_{ein} und K_{aus} repräsentieren. Die entsprechenden Oligonukleotide haben stumpfe Enden, um zyklische Wiederholungen des Hamilton-Pfads zu vermeiden. Schritt 3 besteht in einer gelelektrophoretischen Separation der richtigen Sequenzen. Magnetische Partikel (*Beads*) mit den Knoten entsprechenden Sequenzen werden zusammen mit einem magnetischen Separationsschritt verwendet, um Schritt 4 des Algorithmus zu implementieren. Danach erfolgt eine weitere Amplifikation und Gelelektrophorese als Schritt 5. Die übrig gebliebenen Moleküle repräsentieren den richtigen Pfad. Bleiben keine übrig, so gibt es keinen Hamilton-Pfad.

Der große Vorteil des DNA Computing ist die große Anzahl paralleler Rechenoperationen, die in einem kleinen Volumen bei geringer Energiedissipation durchgeführt werden: Typisch $10^{12}/\mu l$ bei 10^{-10}–10^{-9}W/μl Energiedissipation. Allerdings skaliert die benötigte DNA-Menge beim Adleman-Ansatz exponentiell mit der Anzahl der Knoten des Pfadproblems, so dass man bei 200 Knoten eine Menge an DNA brauchte, welche die Masse der Erde überstiege [13.9]. Dennoch wurde in den letzten Jahren eine Vielzahl von Algorithmen entwickelt, welche es ermöglicht, bekannte Probleme, beispielsweise aus dem Bereich der Kombinatorik, vorteilhaft mittels DNA Computing zu lösen [13.9; 13.21]. Biochemisch lassen sich alle Ansätze in drei Kategorien einordnen. Der *intermolekulare Ansatz* ist der von Adleman, welcher auf der Hybridisierung von DNA-Molekülen basiert. Beim *intramolekularen Ansatz* werden innerhalb einzelner DNA-Moleküle programmierbare *Zustandsmaschinen* implementiert [13.22]. Schließlich nutzt der *supramolekulare Ansatz* die Selbstorganisation von DNA-Strängen unterschiedlicher Sequenz zur Durchführung von Rechenoperationen [13.23]. Generalisierend betrachtet ist das DNA Computing eine spezielle Variante des biomolekularen Computings [13.11]. Biomolekulare Computer bestehen aus molekularen, autonomen und programmierbaren Einheiten, wobei Input, Output, Software und Hardware in Form von Biomolekülen materialisiert sind.

Ein weiterer Aspekt des DNA Computing besteht darin, dass Informationsverarbeitung und biochemische Eigenschaften wie in natürlichen biologischen Zellen auch in artifiziellen Systemen eng miteinander verknüpft sind. Vorstellbar erscheinen daher biomolekulare Computer, die programmiert in einem diagnostischen oder therapeutischen Kontext innerhalb der Zelle operieren, um in situ Diagnosen oder die Synthese von Medikamenten durchzuführen [13.9]. In rein artifizellen technischen Systemen, wie wir sie in Abschn. 13.4 behandeln, kann der genetische Code der DNA gezielt so gewählt werden, dass sich durch Selbstorganisation vordefinierte Nanostrukturen bilden, wie schon in Abschn. 4.4.2 an einem Beispiel gezeigt, was in gewisser Weise der Auswahl bestimmter Pfade eines Graphen, wie bei der Diskussion des Hamilton-Pfad-Problems oder von TSP dargestellt, entspricht.

13.3 Physikalische Eigenschaften der DNA

Bislang haben wir in Abschn. 4.4.2, 9.1 sowie 13.1 primär die biochemischen Eigenschaften der DNA und daraus resultierende Phänomene diskutiert. Insbesondere für die *DNA-Nanotechnologie* sind aber auch spezifische physikochemische Eigenschaften [13.24] von Interesse. Diese Eigenschaften hängen allerdings entscheidend davon ab, in welchem Milieu sich die DNA befindet und in welcher Konformation sie vorliegt. So hat das DNA-Wasser-System spezielle Eigenschaften [13.25], aber auch die *Supercoiled DNA* [13.26]. Intrinsische Spezifika der DNA sind ihre große axiale und Torsionssteifigkeit, ihre große axiale Ladungsdichte und gleichzeitig moderate Oberflächenladungsdichte[28] und die Superposition zweier unterschiedlicher Bindungsstrukturen[29] [13.27].

Die kanonische Struktur eines linearen DNA-Moleküls ist, wie in Abb. 9.2 dargestellt, die *B-Struktur*: eine antiparallele, rechtsgängige Doppelhelix mit *Watson-Crick-Basenpaaren*. Daneben existieren noch A- und Z-DNA-Konfigurationen, deren von der B-Konfiguration abweichender Verlauf in Tab. 13.2 spezifiziert ist.

Tab. 13.2. Einige Eigenschaften von A-, B- und Z-DNA.

Eigenschaft	**A**	**B**	**Z**
Drehsinn	rechts	rechts	links
Durchmesser (nm)	2,6	2,0	1,8
Basenpaare pro Windung	11,6	10,0	12
Windung je Basenpaar (°)	31	36	60
Anstieg pro Windung (nm)	3,4	3,4	4,4
Anstieg pro Base (nm)	0,29	0,34	0,74
Neigungswinkel der Basenpaare zur Achse (°)	20	6	7

DNA kann unterschiedliche Konformationen in Abhängigkeit von den Umgebungsparametern besitzen. In Abhängigkeit vom pH-Wert, von der Salzzusammensetzung und -konzentration sowie von der Temperatur können sich nicht nur die einzelnen Größen in Tab. 13.2 ändern, sondern es ist ein polymorphes Verhalten, also Übergänge zwischen unterschiedlichen Konfigurationen, zu beobachten. Als Schmelzpunkt T_m wird, wie gesagt, diejenige Temperatur bezeichnet, bei der die Hälfte eines gegebenen Quantums an Doppelsträngen in Einzelstränge denaturiert ist. Der Schmelzpunkt hängt vom Einbettungsmedium, aber auch von der genetischen Sequenz ab. T_m steigt, wenn mehr CG-Basenpaare vorliegen, da diese gegenüber AT-Basenpaaren entropisch günstiger sind. Dies ist nicht auf eine unterschiedliche Anzahl von Wasserstoffbrückenbindungen zurückzuführen, sondern auf eine unterschiedliche Stapelwechselwirkung. Bei statistischer Basenzusammensetzung findet man $T_m \approx 87°$ C für rein AT-haltige, $T_m \approx 81°$ C und für CG-haltige $T_m \approx 93°$ C. Bei kurzen Strängen von etwas weniger als 50 Basenpaaren kommt es zu einer zusätzlichen Absenkung von T_m und zu einer Abhängigkeit von der Kettenlänge, da die Enden weniger stark gebunden sind. Unterhalb von T_m tritt *Renaturierung* ein.

28 Zwei Prosphatgruppen pro 3.4 Å und pro 210 $Å^2$.

29 Eine relativ homogene Anordnung aus Phosphatladungen, die unspezifisch mit kationischen Liganden wechselwirkt und eine heterogene Anordnung von gestapelten Basenpaaren, die spezifisch mit Liganden wechselwirkt.

Die *Enthalpie der Denaturierung* lässt sich kalorimetrisch bestimmen. Für die *Denaturierungsentropie* gilt dann $\Delta S = \Delta H / T_m$. Da die Differenz der Wärmekapazität ΔC_p zwischen denaturiertem und nativem Zustand nicht verschwindet, sind ΔH und ΔS abhängig von der Temperatur und von allen Größen, die einen Einfluss auf T_m haben. Eine Analyse der thermodynamischen Größen, approximiert für Normalbedingungen, also der Enthalpie, der Entropie und der freien Energie als Funktion der Basenzusammensetzung und Umgebungsbedingungen, gibt einen Einblick in die nicht kovalente Wechselwirkungen, die zur Helixstabilität beitragen.

Bei den mechanischen Eigenschaften von DNA-Strängen sind insbesondere die Biegesteifigkeit und die Torsionssteifigkeit von Interesse. DNA lässt sich sehr gut mit den in Abschn. 7.1, 7.2 und 7.3 abgeleiteten Modellen für Polymere und Polyelektrolyte beschreiben. Die Biegesteifigkeit ist danach eng mit der Persistenzlänge l_p verbunden, die im Zusammenhang mit Abb. 7.4 definiert wurde. l_p ist natürlich ebenfalls von der Temperatur und den Umgebungsbedingungen abhängig. Bei abnehmendem Salzgehalt nimmt die Persistenzlänge zu, wie es auch entsprechend des in Abschn. 7.3 diskutierten Verhaltens für Polyelektrolyte zu erwarten ist. l_p liegt in der Größenordnung von einigen 10 nm. Die freie Biegeenergie für ein Polymersegment ist dann für eine Biegekraftkonstante von $f_B = l_p k_B T$ gegeben durch $\Delta G = f_B \Theta^2/(2L)$. Θ ist hier der Winkel zwischen den Tangentenvektoren beider Enden der Kette und L die Konturlänge. Typisch findet man einige cal bp $\text{mol}^{-1}(°)^{-2}$.

Im Vakuum oder an Luft und auf Substraten lässt sich DNA an Einzel- und Doppelsträngen auch detailliert mittels AFM untersuchen. Neben Versuchen zur axialen Elastizität mittels Kraftspektroskopie, wie in Abb. 7.7 dargestellt, wurden auch Versuche zur lateralen Biegesteifigkeit auf Substraten mittels AFM durchgeführt. Abbildung 13.6 zeigt ein Beispiel für eine dazu durchgeführte Manipulation einzelner DNA-Stränge.

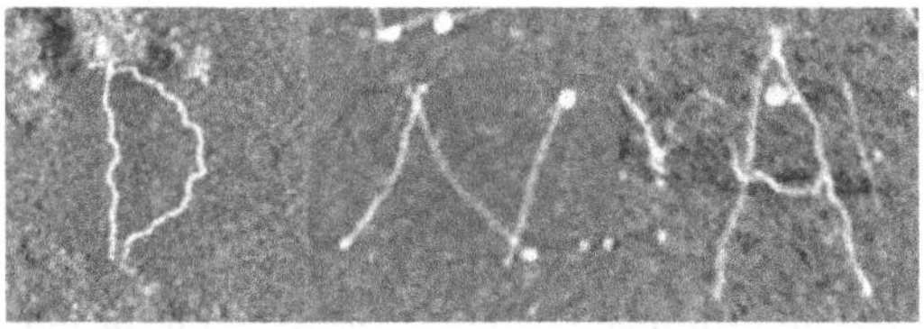

Abb. 13.6. Anordnung einzelner DNA-Stränge auf funktionalisiertem Glimmer. Die molekulare Manipulation und Abbildung wurden mittels AFM durchgeführt [13.28].

Auch die Torsionssteifigkeit und Torsionsfluktuationen wurden analysiert. Die Torsionssteifigkeit quantifiziert diejenige Energie, die aufgewendet werden muss, um den Winkel zwischen den Basenpaaren um einen bestimmten Betrag zu modifizieren. Für einen idealen Zylinder ist die Energie, welche benötigt wird für eine Verdrillung um den Winkel Θ, gegeben durch $U = f_T \Theta^2/2$. f_T ist die Torsionskraftkonstante, die für DNA einige 10 cal bp $\text{mol}^{-1}(°)^{-2}$ beträgt. Torsionsfluktuationen sind durch

$\langle\Theta\rangle = \sqrt{RT/f_T}$ gegeben. Für typische Torsionssteifigkeiten erhält man unter Normalbedingungen Fluktuationen von 3–6°.

Sowohl Eukaryoten als auch Prokaryoten besitzen Enzyme, die *Topoisomerasen*, die unter ATP-Verbrauch einen oder beide DNA-Stränge auftrennen, durch Rotation um die Helixachse die Windungszahl pro Längeneinheit ändern und dann die freien Enden wieder ligieren. Nimmt die Windungszahl pro Längeneinheit zu, so spricht man von *negativem Supercoiling*. Die Konfigurationsänderungen setzen die DNA unter Torsionsspannung. Besitzt ein linearer Strang mindestens ein freies Ende, so kann sich die DNA entspannen, indem sie sich um die eigene Achse dreht. Sind hingegen beide Enden fixiert, so wird der Strang superhelikale Windungen oder sogar Schleifen ausbilden. Dies ist in Abb. 13.7(a) gezeigt.

Bei Prokaryoten oder Chromatinschleifen findet man ringförmig geschlossene DNA. Da hier ein Spezialfall zweier fixierter Enden vorliegt, kann die mechanische Spannung aufgrund der Supercoilings nur durch Ausbildung superhelikaler Strukturen abgebaut werden, wie in Abb. 13.7(b) gezeigt. Abbildung 13.8 zeigt AFM-Aufnahmen des Supercoiling an geschlossenen Plasmiden.

Konventionsgemäß wird eine rechtsgängige *Superhelix* durch eine positive *Helizität* und eine linksgängige durch eine negative gekennzeichnet. Das Supercoiling wird durch die *Verbindungszahl* (*Linking Number*) L quantifiziert. Für die entspannte DNA mit ausschließlicher sekundärer Watson-Crick-Helizität ist L_0 gegeben durch Division der Gesamtzahl der Basenpaare N durch die Anzahl der Basenpaare pro Windung der Helix: $L_0 = N/10,4$. L gibt damit an, wie oft für ein gegebenes DNA-Molekül ein Einzelstrang um den anderen Einzelstrang gewunden ist. Beim Auftreten einer Superhelix ist $L = T + W$. T ist hier die Anzahl der sekundären Watson-Crick-Windungen der Helix und W ist die Anzahl der tertiären Superwindungen. Wenn die DNA unterwunden ist, was bei biologischer DNA in der Regel der Fall ist, so ist $L < T$, also $W < 0$. Unterwundene DNA ist unter Spannung und das Supercoiling mit einer negativen Windungszahl W kompensiert gerade diese Spannung. Die Beziehung zwischen T und W impliziert ferner, dass, wenn eine sekundäre Windung enzymatisch entfernt wird, eine rechtsgängige tertiäre Superwindung ebenfalls entfernt wird oder, wenn der DNA-Strang entspannt ist, eine linksgängige Superwindung ergänzt werden muss. Die Verbindungsdifferenz definiert den Unterschied eines DNA-Strangs gegenüber dem identischen relaxierten Strang: $\Delta L = L - L_0$. Für negatives Supercoiling ist $\Delta L < 0$, was die *Unterwindung* der DNA impliziert. Die *spezifische Verbindungsdifferenz* ist durch $\sigma = \Delta L/L_0$ gegeben und beschreibt die *superhelikale Dichte*. Die Gibbssche freie Energie des Supercoiling ist dann durch $\Delta G/N = 10,4\,RT\sigma^2$ gegeben [13.24; 13.26].

Neben den thermodynamischen und mechanischen Eigenschaften der DNA in unterschiedlichen Konfigurationen sind in den vergangenen Jahren auch die elektronischen Transporteigenschaften in den Mittelpunkt des physikalisch-nanotechnologischen Interesses gerückt. Dafür gibt es im Wesentlichen zwei fundamentale Gründe:

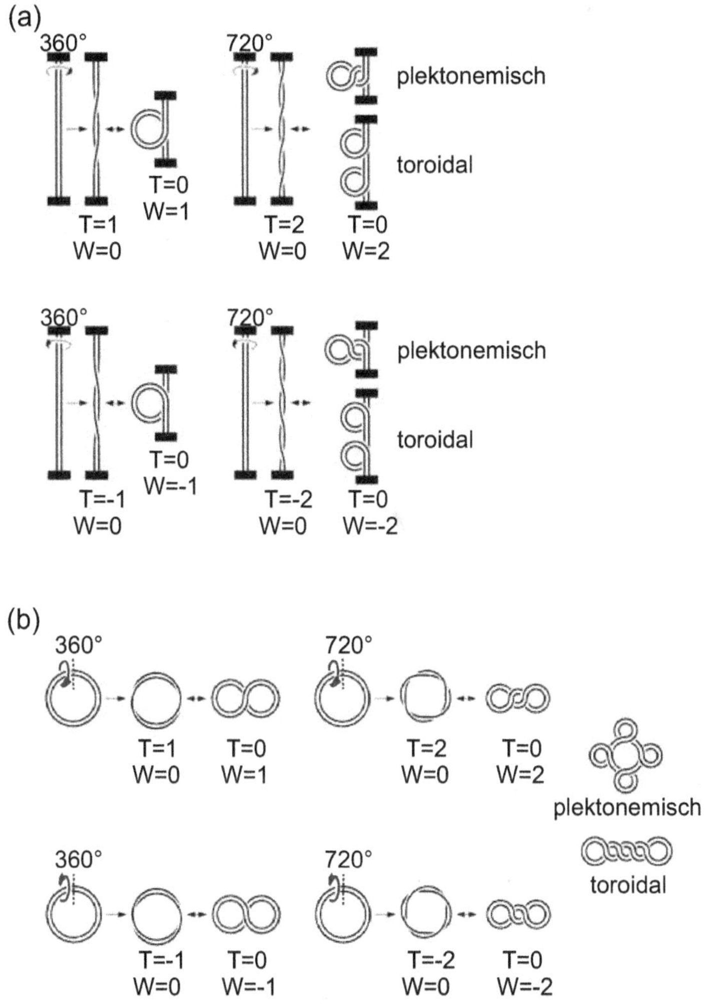

Abb. 13.7. Superhelikale Strukturen aufgrund von Supercoiling bei DNA-Strängen mit festen Enden. Die Topologie wird durch Verdrillung (Twist, T) und durch die Windung (Writhe, W) charakterisiert. (a) Lineares Molekül [13.29] und (b) Ringmolekül [13.30].

Zum Ersten, weil der Elektronentransport längs von DNA-Strängen einen Beitrag zum Reparaturmechanismus bei Strahlenschäden liefern könnte [13.32], zum anderen, weil elektronische Leitfähigkeit im Zusammenhang mit den Selbstorganisationsprozessen, die wir in Abschn. 4.4.2 diskutiert haben, sowie im Zusammenhang mit der im folgenden Abschnitt diskutierten DNA-Nanotechnologie äußerst interessante Möglichkeiten für die Herstellung neuartiger nanoelektronischer Bauelemente liefern würde.

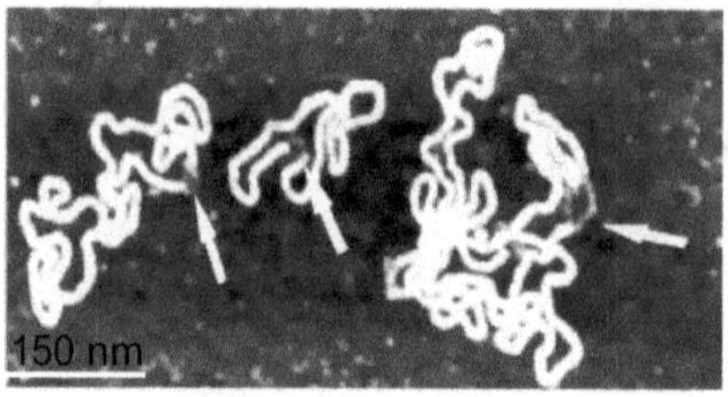

Abb. 13.8. AFM-Aufnahme des Supercoilings von Plasmiden [13.31]. Die Pfeile kennzeichnen einzelsträngige Bereiche.

Während zunächst Transportmessungen nur an einer Vielzahl von DNA-Strängen gleichzeitig unter teils nicht optimal kontrollierbaren Bedingungen durchgeführt werden konnten [13.33] und sich das Interesse auf *Ladungsmigration* unter Flüssigkeitsbedingungen konzentrierte, gelang es später unter genau definierten Bedingungen außerhalb von Flüssigkeiten an wenigen Strängen, die gleichzeitig vermessen wurden, die elektronische Leitfähigkeit klar zu verifizieren [13.34]. Heute liegt eine Vielzahl an experimentellen und theoretischen Befunden vor, die auch Aussagen über einzelne DNA-Stränge zulassen und die ein vielschichtiges Bild ergeben.

Mittels elektrochemischer Methoden misst man die DNA-basierte Ladungsmigration in Lösungen zwischen Donatoren und Akzeptoren als Funktion der Distanz zwischen ihnen. DNA-Moleküle lassen sich durch Oxidation oder Reduktion mittels chemischer oder physikalischer Wege dotieren. In der Regel werden die Guaninbasen bevorzugt oxidiert. Ladungsmigration findet statt, indem das entstehende Kation entlang des DNA-Strangs zur nächsten oxidierbaren Lokation wandert. In Frage stehende Prozesse sind *Hopping* oder *Superaustausch*. Die Migration kann zu einer Spaltung des DNA-Strangs führen. Die Ergebnisse von Migrationsmessungen bestehen in Ensemblemittelwerten, welche Informationen über die Abhängigkeit der Leitfähigkeit von der Basensequenz und vom Donator-Akzeptor-Abstand liefern. Klar geklärt werden konnte ein langreichweitiger Ladungstransfer mit einer mit wachsender Donator-Akzeptor-Distanz abnehmenden Transferrate. Der genaue Zusammenhang zwischen Transferrate und Distanz ist allerdings aufgrund widersprüchlicher Resultate bislang nicht geklärt worden[13.35].

Mithilfe festkörperphysikalischer Methoden misst man die durch Elektronen und Löcher hervorgerufene Leitfähigkeit einzelner DNA-Stränge oder ganzer Bündel zwischen zwei metallischen Elektroden. Dazu wird über den DNA-Strang eine elektrische Potentialdifferenz angelegt. Die Rolle von Donator und Akzeptor übernehmen dann die Elektroden. Die Elektroden fungieren also als Ladungsträgerreservoir und die Leitfähigkeit der DNA wird dann durch die molekularen Enenergieniveaus oder durch die Bandstruktur bestimmt, ähnlich wie wir es in Abschn. 4.6.3 diskutiert haben. In diesem Kontext stellt sich dann vielleicht die Frage, ob DNA ein Isolator, ein Halbleiter oder ein Metall ist.

Bei DNA handelt es sich um ein eindimensionales weiches Biopolymer mit einer zumeist enorm großen Anzahl von Segmenten, die a priori Kontakte und phasenkohärente Inseln konstituieren und dies determiniert das Transportverhalten. Eventuell würde man also *Anderson-Lokalisierung* [13.36] erwarten.

Auch im Hinblick auf festkörperbasierte Leitfähigkeitsmessungen ergibt sich ein sehr heterogenes Bild: Die Befunde reichen von gut isolierendem Verhalten bis zur induzierten Supraleitung. Allerdings erlaubt die große Vielzahl an Messungen die Identifikation gewisser Interpretationstrends. Die meisten Messungen zeigen, dass der Leitwert mit wachsender Länge des DNA-Strangs abnimmt und dass die Transporteigenschaften extrem davon abhängen, ob die DNA-Stränge weitestgehend ihre native Form behalten. Auch liefern die DNA-Bündel, wie zu erwarten, größere Leitwerte als einzelne DNA-Stränge. Auch die Abhängigkeit der Leitfähigkeit von der Basensequenz, von einer Zugspannung[30] und von einer Deformation durch Intermolekular- und Oberflächenwechselwirkungen wurden qualitativ verifiziert. Gemessene Temperaturabhängigkeiten der Leitfähigkeit liefern ebenfalls kontroverse Resultate, selbst im Hinblick auf einen groben Trend. Auch sind die Art der Kopplung an die Elektroden, die gegebenenfalls vorhandene Luftfeuchtigkeit sowie die Zusammensetzung eines flüssigen Immersionsmittels von Bedeutung. Schließlich zeigten verschiedene Messungen sogar lichtinduzierte Leitfähigkeit.

Was liefern aber nun Modelle der Theorie für Aussagen in Hinblick auf die zu erwartende Leitfähigkeit von DNA-Strängen? Um die verschiedenen diesbezüglichen Ansätze zu bewerten, sollten wir uns kurz noch einmal die probaten archetypischen Grundmodelle zur Beschreibung des elektronischen Transports ansehen.

Beim klassischen makroskopischen Transport in Festkörpersystemen ist der elektrische Widerstand eine zentrale Größe. Kontinuumstheoretisch ist er proportional zur Länge eines Leiters und umgekehrt proportional zur Querschnittsfläche. Beim Transport in nanoskaligen Systemen, wie in Abschn. 3.6.3 behandelt, resultiert ein komplexeres Verhalten, beispielsweise in Form diskreter Leitwerte, was auf die jetzt explizit dominanten Welleneigenschften der Elektronen zurückzuführen ist. Auch der Transport durch einzelne Moleküle stellt sich als Transport in einem nanoskaligen System, also, aus Sicht der Theorie, als quantenmechanisches Streuproblem dar. Dieses entspricht a priori dem in Abb. 3.69 betrachteten. Die Elektroden, zwischen denen sich das DNA-Molekül befindet, fungieren als Reservoire. E_F ist die Fermi-Energie der identischen Kontakte. μ_1 und μ_2 sind die chemischen Potentiale der Elektroden, so dass bei einer Potentialdifferenz $\mu_2 = \mu_1 - eV$ gilt. Liegt eine solche Potentialdifferenz V über einem DNA-Strang vor, so könnte ein Strom I fließen, vorausgesetzt, das DNA-Molekül besitzt mindestens ein elektronisches Niveau ε, welches besetzt und entleert werden kann. Liegt genau ein solches Niveau vor, so beträgt der relative Anteil an Elektronen, die das Niveau besetzen, $\mu_1 = 2f(\varepsilon, \mu_1)$ und $\mu_2 = 2f(\varepsilon, \mu_2)$. $f(\varepsilon, \mu)$ ist hier die

30 Zugspannungen können zu Konformationsänderungen führen [13.37].

in Gl. (3.258) angegebene Fermi-Verteilung. Unter Nichtgleichgewichtsbedingungen liegt die Anzahl n der Elektronen, welche zum Strom beitragen, zwischen n_1 und n_2. Daraus resultieren die Teilströme

$$I_i = \frac{e\Gamma_i}{\hbar}(n_i - n) , \tag{13.4}$$

mit $i = 1, 2$. Γ_i sind Kopplungsenergien, die die Elektronentransferraten zwischen Elektroden und Molekülen charakterisieren. Im stationären Zustand ist $I = I_1 = I_2$ und damit

$$n = 2\frac{\Gamma_1 f(\varepsilon, \mu_1) + \Gamma_2 f(\varepsilon, \mu_2)}{\Gamma_1 + \Gamma_2} . \tag{13.5}$$

Daraus folgt für den Strom durch den DNA-Strang

$$I = \frac{2e}{\hbar}\frac{\Gamma_1\Gamma_2}{\Gamma_1 + \Gamma_2}\left[f(\varepsilon, \mu_1) - f(\varepsilon, \mu_2)\right] . \tag{13.6}$$

Dieser Ausdruck korrespondiert zu dem fundamentalen Ausdruck in Gl. (3.371a). Die Γ_i determinieren also den Transmissionskoeffizienten für den Transport durch den DNA-Strang.

Wegen der Kopplung der Elektroden an den diskreten Zustand ε wird dieser nur eine endliche Lebensdauer haben. Dies führt zu einer Verbreiterung des Zustands, den wir als Lorentz-artig annehmen. Die resultierende Zustandsdichte ist dann

$$\varrho(E) = \frac{1}{2\pi}\frac{\Gamma_1\Gamma_2}{(E - \varepsilon)^2 + (\Gamma_1 + \Gamma_2)^2/4} . \tag{13.7}$$

Der Strom durch den DNA-Strang ist dann

$$I = \frac{2e}{\hbar}\int_{-\infty}^{\infty} dE \frac{\Gamma_1\Gamma_2}{\Gamma_1 + \Gamma_2}\left[f(E, \mu_1) - f(E, \mu_2)\right] . \tag{13.8}$$

Für reale Moleküle, und damit auch für DNA-Polymere, ist von multiplen überlappenden Niveaus auszugehen. Ein solches Szenario lässt sich in angemessener Weise im Rahmen von *Nichtgleichgewichts-Green-Funktionen* behandeln. Die Greensche Funktion wird definiert durch

$$G(E) = \frac{1}{E - \varepsilon + i(\Gamma_1 + \Gamma_2)/2} . \tag{13.9}$$

Damit gilt

$$\varrho(E) = -\frac{\mathrm{Im}\big(G(E)\big)}{\pi} . \tag{13.10}$$

Üblicherweise wird jetzt ε durch eine Hamilton-Matrix $\underline{\underline{H}}$ und die Energieverschmierung Γ durch eine Eigenenergiematrix $\underline{\underline{\Sigma}}$ ersetzt:

$$\underline{\underline{G}}(E) = E\left(\underline{\underline{1}} - \underline{\underline{H}} - \underline{\underline{\Sigma_1}} - \underline{\underline{\Sigma_2}}\right)^{-1} . \tag{13.11}$$

Daraus folgt schließlich

$$\varrho(E) = \frac{1}{2\pi}\, Sp\left(i \left[\underline{\underline{G}}(E) - \underline{\underline{G}}^{\dagger}(E) \right] \underline{\underline{1}} \right) , \tag{13.12}$$

womit sich der Strom schreiben lässt als

$$I = \frac{2e}{\hbar} \int_{-\infty}^{\infty} dE\; Sp\left(\Gamma_1 \underline{\underline{G}} \Gamma_2 \underline{\underline{G}}^{\dagger} \right) \left[f(E, \mu_1) - f(E\mu_2) \right] . \tag{13.13}$$

Damit ist das Problem reduziert auf das Auffinden eines geeigneten Hamilton-Operators $\hat{H}$, welcher das System Elektrode-DNA-Elektrode möglichst realitätsnah beschreibt [13.38].

Die Berechnung der Transporteigenschaften von DNA ist also in Form von Gl. (13.13) auf die Berechnung der elektronischen Struktur in Form einer Bestimmung des Hamilton-Operators und insbesondere desjenigen des DNA-Moleküls zurückgeführt worden. Für die Berechnung der elektronischen Struktur liefert uns im Wesentlichen die Molekülphysik die notwendigen Instrumentarien.

Bereits im Jahr 1962 gab es Überlegungen, dass die Interbasenhybridisierung von p_z-Orbitalen, die senkrecht zu den Ebenen der gestapelten Basenpaare orientiert sind, zu einer elektronischen Leitfähigkeit führen könnte [13.39]. Diese Überlegungen basierten auf der Erkenntnis, dass die Basen aromatische Einheiten sind, deren atomare p_z-Orbitale delokalisierte π-bindende und π^*-antibindende Orbitale formen können. Die Kopplung zwischen benachbarten Basenpaaren führt zu einer Verbreiterung des Energieniveaus der π-Elektronen. Dies wiederum könnte zu ausgedehnten Zuständen mit reduzierter Energielücke entlang der DNA-Stränge führen. Bei sehr starker Kopplung und verschwindender Energielücke wäre die Leitfähigkeit sogar die eines Metalls. Bei hinreichend kleiner Energielücke sollte ein Dotieren mit Donatoren oder Akzeptoren zu einem Verhalten ähnlich dem eines konventionellen dotierten Halbleiters führen. Aber, wie schon erwähnt, könnte auch eine Anderson-Lokalisierung resultieren [13.40].

Wohl am naheliegendsten ist der Einsatz von *Tight-Binding-Hamiltonians*. Diese eröffnen einen einfachen Zugang zur elektronischen Struktur und können mithilfe experimenteller oder theoretischer ab initio-Daten optimiert werden. Aufgrund der gegebenen Anordnung der wechselwirkenden p_z-Orbitale bietet sich ein *Hückel-Modell* an, bei dem eine lineare Kombination der atomaren Orbitale zu Molekularorbitalen angenommen wird. Legt man die in Abb. 13.9 angenommene Geometrie der p_z-Orbitale benachbarter Basenpaare zugrunde, so koppeln diese durch $pp\sigma$- und $pp\pi$-Hybridisierung. Die korrespondierenden Hybridisierungsmatrixelemente unterschiedlichen Vorzeichens können in semiempirischer Weise mittels des *Slater-Koster-Ansatzes* berechnet werden [13.41]. Damit ergibt sich

$$M_{ppx} = \varepsilon_{ppx} \frac{\hbar^2}{md^2} \exp\left(-\frac{d}{r_c} \right) , \tag{13.14}$$

mit $\varepsilon_{pp\sigma} > 0$ und $\varepsilon_{pp\pi} < 0$. m ist die Elektronenmasse und r_c ein Abklingradius, welcher den exponentiellen Abfall der Wellenfunktionen bei großen Distanzen modelliert. Das elektronische Tanrsfermatrixelement ist dann durch Kombination der $pp\sigma$- und $pp\pi$-Hybridisierung gegeben:

$$\begin{aligned} M &= M_{pp\sigma} \sin^2 \varphi + M_{pp\pi} \cos^2 \varphi \\ &= \frac{\hbar^2}{md^2} \exp\left(-\frac{d}{r_c}\right) \left[(\varepsilon_{pp\sigma} - \varepsilon_{pp\pi}) \frac{z^2}{l^2 + z^2} + \varepsilon_{pp\pi}\right] . \end{aligned} \tag{13.15}$$

l, z und d sind in Abb. 13.9 spezifiziert.

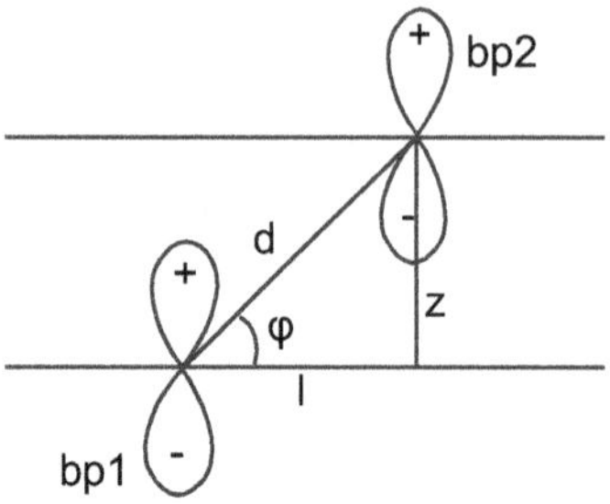

Abb. 13.9. Interbasenhybridisierung von p_z-Orbitalen.

Nimmt man ferner an, dass die molekularen Orbitale verschiedener Basenpaare orthogonal zueinander orientiert sind, so ist die gegenseitige Kopplung durch

$$T_{nm} \sum_{i=1}^{N_1} \sum_{j=1}^{N_2} M_{ij}^{12} c_i^{1,n} c_j^{2,m} \tag{13.16}$$

gegeben. N_k sind die Anzahl der p_z-Orbitale der Basenpaare k für $k = 1, 2$. $G - C$ hat dabei 19 und $A - T$ 18 p_z-Orbitale. $c_i^{1,n}$ ist der i-te LCAO-Koeffizient[31] des n-ten molekularen Orbitals des Basenpaars 1. M_{ij} ist die außerhalb der Diagonale angeordnete Blockmatrix mit $N_1 \times N_2$ Elementen der Hamilton-Matrix $\underline{\underline{H}}$ mit $(N_1 + N_2) \times (N_1 + N_2)$ Elementen. Daraus folgt für den Tight-Binding-Hamiltonian

$$\hat{H}_{TB} = \hat{H}_1 + \hat{H}_2 + \hat{H}_T = \sum_{n=1}^{N_1} E_{1,n} + \sum_{m=1}^{N_2} E_{2,m} + \sum_{n=1}^{N_1} \sum_{m=1}^{N_2} T_{nm} . \tag{13.17}$$

$\hat{H}_1$ und $\hat{H}_2$ charakterisieren die Energien der isolierten Basenpaare mit den entsprechenden orbitalen Energien $E_{1,n}$ und $E_{2,m}$. $\hat{H}_T$ quantifiziert die Kopplung. Mit $\hat{H}_{TB}$

31 LCAO steht für Linear Combination of Atomic Orbitals.

und einem Modell für die Kopplung des DNA-Strangs an die Elektroden sollte es möglich sein, Quantenleitwerte und Strom-Spannungs-Charakteristika für den elektronischen Transport durch DNA-Stränge abzuleiten.

Die Befunde aus den unterschiedlichsten Arbeiten zur theoretischen Charakterisierung der Leitfähigkeit von DNA sind ähnlich kontrovers wie diejenigen aus den experimentellen Arbeiten [13.42]. Grundsätzlich lassen sich die Ansätze zwei Kategorien zuordnen: der Kategorie der semiempirischen Ansätze und der Kategorie der ab initio-Ansätze, die sich wiederum in *Hartree-Fock-*, *DFT-*[32] und *Quanten-Molekulardynamik-Ansätze* unterteilen lässt.

Semiempirische Ansätze basieren zumeist auf der *Marcus-Theorie* [13.43]. Diese Theorie liefert Elektronentransferraten zwischen zwei molekularen Lokationen auch dann, wenn diese nicht durch Bindung direkt miteinander gekoppelt sind. Durch Oxidation oder Reduktion wird eine Donatorbase in einen angeregten Zustand versetzt, der energetisch nahe bei demjenigen einer Akzeptorbase liegt. Wenn beide Basen dicht genug zusammenliegen, dann tritt Elektronentunneln zwischen Donator und Akzeptor ein. Die Elektronentransferrate ist gegeben durch

$$\kappa = \frac{H_{DA}^2}{\hbar}\sqrt{\frac{\pi}{E_R k_B T}}\exp\left(-\frac{(\Delta G - E_R)^2}{4E_R k_B T}\right) . \qquad (13.18)$$

Der Tunnelprozess setzt voraus, dass vibronische Anregungen die eng beieinander liegenden Niveaus in Resonanz bringen. Im Gleichgewicht sind sie voneinander durch die Energiedifferenz ΔG separiert. Die Energie eines vertikalen strahlungslosen Übergangs zwischen der *Born-Oppenheimer-Energieoberfläche* für eine Ladung am Donator und derjenigen für eine Ladung am Akzeptor ist die *Reorganisationsenergie* E_R. Diese Energie muss aufgebracht werden, um die Donator- und Akzeptorniveaus in Resonanz zu bringen. H_{DA} ist die elektronische Kopplung zwischen Donator und Akzeptor und beinhaltet im Wesentlichen die Abhängigkeit der Elektronentransferrate vom Donator-Akzeptor-Abstand r. Oft wird ein exponentieller Ansatz verwendet: $H_{DA} \sim \exp(-r/[2r_T])$. r_T ist die Tunnellänge. Der Boltzmann-Faktor in Gl. (13.18) quantifiziert die Wahrscheinlichkeit, mit der ein Ausgangszustand erreicht wird, der letztendlich den Tunnelprozess erlaubt. Die exponentielle Abhängigkeit, die für H_{DA} von der Donator-Akzeptor-Distanz angesetzt wird, reflektiert die üblichen Charakteristika des Tunneleffekts als Mechanismus des kohärenten Ladungstransfers. Ist $r \gg r_T$, wird die Ladung zwischen Donator und Akzeptor in inkohärenter Weise entweder durch thermische Aktivierung oder durch multiple Sprünge im Grenzfall kleiner Polaronen transportiert. Gleichung (13.18) setzt ferner voraus, dass Born-Oppenheimer-Energieflächen für die verschiedenen Zustände des Moleküls vorliegen, die paraboloid und identisch gekrümmt sind.

Resultate, die mittels Gl. (13.18) erhalten werden, sind gut geeignet für den Vergleich mit experimentellen Resultaten [13.44]. Es lässt sich dann auf den Ladungs-

32 Dichte-Funktional-Theorie.

transferprozess und charakteristische Größen wie beispielsweise die Tunneldistanz r schließen. Unterschiedliche Temperaturabhängigkeiten für das Hoch- und das Tieftemperaturregime lassen sich gut erklären durch thermische Aktivierung bei hohen Temperaturen und Hopping über variable Distanzen bei niedrigen Temperaturen. Für den dabei auftretenden inkohärenten Ladungstransfer sollte es eine algebraische Abhängigkeit zwischen H_{DA} und r geben.

Die Denomination *ab initio* impliziert die Berechnung eines Systems, ausgehend von etablierten physikalischen Gesetzen (*First Principles*) ohne Annahme spezieller Modelle oder Anpassungsparameter. Wie in Abschn. 3.5.4 dargestellt, ist die simpelste Methode zur Berechnung der elektronischen Struktur eines Systems das *Hartree-Fock-Verfahren*. Dieses vernachlässigt die Coulomb-Wechselwirkung eines Elektrons mit allen anderen Elektronen und ersetzt diese durch einen Mittelwert. Dadurch werden Systemenergien in der Regel überschätzt und häufig geht man so vor, dass die Hartree-Fock-Resultate nachträglich sukzessive mittels Störungsrechnung, beispielsweise nach der *Møller-Plesset-Methode*, korrigiert werden, um der repulsiven Elektron-Elektron-Wechselwirkung besser Rechnung zu tragen.

Die *Dichtefunktionaltheorie* (*DFT*) ist eine rigorosere Vorgehensweise bei der Berechnung der elektronischen Eigenschaften von Vielteilchensystemen. Aus der ortsabhängigen Verteilung der Elektronendichte ergeben sich weitere physikalische Eigenschaften eines Systems. DFT-Rechnungen sind stets aufwändiger als Hartree-Fock-Ansätze, die ihrerseits aufwändiger als die empirischen theoretischen Modelle sind. Dennoch haben sowohl die empirischen als auch alle Arten von ab initio-Methoden dazu beigetragen, dass wir heute einen gewissen Informationsstand bezüglich des elektronischen Transports entlang von DNA-Strängen haben.

Hartree-Fock-Rechnungen sind geeignet, um die Bindung und Stapelanordnung von DNA-Basen [13.45] und die Energieaufspaltung in Abhängigkeit von ihrer Orientierung und ihrem Abstand [13.46] zu berechnen. DFT-Rechnungen werden herangezogen, um die elektronischen Eigenschaften kompletter DNA-Stränge zu analysieren. Die ersten ab initio-Bandstrukturrechnungen wurden für kanonische B-DNA ohne Lösungsmittel [13.47][33] und für relaxierte A-DNA [13.48][34] durchgeführt.

Alle Rechnungen zeigen, dass die elektronischen Eigenschaften von DNA-Strängen extrem stark von ihrer Konfiguration und von den Umgebungsbedingungen abhängen. Neben der in der Biologie hauptsächlich vorkommenden B-Konformation tritt bei niedriger Luftfeuchte in Experimenten ebenfalls die auch in Tab. 13.2 charakterisierte A-Konformation auf. Darüber hinaus kann auch die *S-Konformation* (Stretched DNA) induziert werden. A priori sind beim Transport Elektronen sowie Löcher im Hinblick auf Hopping-Prozesse zu berücksichtigen. Die Rechnungen zeigen ferner, dass Guanin aufgrund seines niedrigen Ionisationspotentials eine Schlüsselrolle für La-

---

33 Verwendet wurde der FIREBALL-DFT-Code [13.49].

34 Verwendet wurde der SIESTA-DFT-Code [13.50].

dungstransport und Ladungsmigration spielt. Sind Gegenionen im Lösungsmittel vorhanden, wie unter physiologischen Bedingungen, so haben diese einen signifikanten Einfluss auf die Ladungsmigration, indem sie alle relevanten Energieniveaus modifizieren. Fluktuationen der DNA-Stränge im Lösungsmittel sowie lösungsmittelinduzierte Verunreinigungszustände der DNA-Stränge sind ebenfalls zu berücksichtigen.

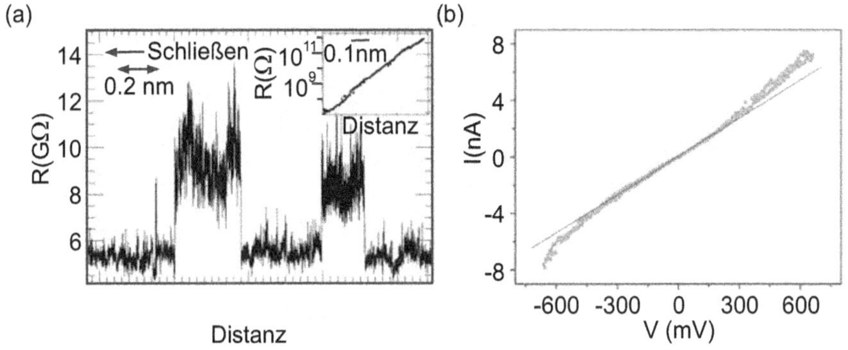

Abb. 13.10. Einzelne DNA-Stränge an Luft im MCBJ [13.51]. (a) Widerstandsänderungen bei Variation des Elektrodenabstands. Oben rechts ist die Variation für einen leeren Tunnelkontakt dargestellt. (b) Strom-Spannungs-Verlauf bei festem Elektrodenabstand im Vergleich zur linearen Tunnelkennlinie.

Aufgrund der vielen widersprüchlichen Resultate aus Theorie und Experiment, aufgrund der vielen Freiheitsgrade, die aufgrund von Umgebungs- und Präparationsbedingungen resultieren und aufgrund der generellen Komplexität der Fragestellung ist heute das elektronische Transportverhalten von DNA-Strängen generell nicht hinreichend gut genug verstanden. Von großer Bedeutung ist es damit, theoretische und experimentelle Resultate in Einklang zu bringen. Dies setzt voraus, dass experimentelle Untersuchungen unter präzise kontrollierten und reproduzierbaren Rahmenbedingungen durchgeführt werden. Zudem sollten diese Rahmenbedingungen variierbar sein. Eine diesbezüglich sehr geeignete Anordnung stellt der bereits in Abb. 3.67 dargestellte *mechanisch kontrollierbare Bruchkontakt (MCBJ)* dar. Er lässt sich in Vakuum, an Luft sowie in Flüssigkeiten betreiben. Abbildung 13.10(a) zeigt, dass DNA-Moleküle, welche die Goldelektroden des Kontakts verbinden, zu einem Kontaktwiderstand in der Größenordnung einiger GΩ führen. Öffnen und Schließen des Kontakts mit Änderungen des Elektrodenabstands von einigen nm führt zu Sprüngen im Kontaktwiderstand. Diese können a priori aus Änderungen der Anzahl der Moleküle zwischen den Elektroden oder aus Konformationsänderungen der DNA-Stränge resultieren. Da die Thiol-Gold-Bindung der DNA-Moleküle sehr stabil ist, muss die atomare Struktur des Bruchkontakts in die Überlegungen mit einbezogen werden. Abbildung 13.10(b) zeigt Strom-Spannungs-Kennlinien bei festem Elektrodenabstand. Diese Kennlinien zeigen eine vom linearen Verlauf, der für Tunneln im Kleinsignalbereich charakteristisch ist, abweichende Form, welche für DNA-Stränge auch in anderen Messanordnungen gefunden wurde. Daten wie diejenigen aus Abb. 13.10 sind sehr gut geeignet für einen direkten Vergleich mit theoretischen Resultaten, insbesondere, wenn sie von einzelnen DNA-Strängen resultieren.

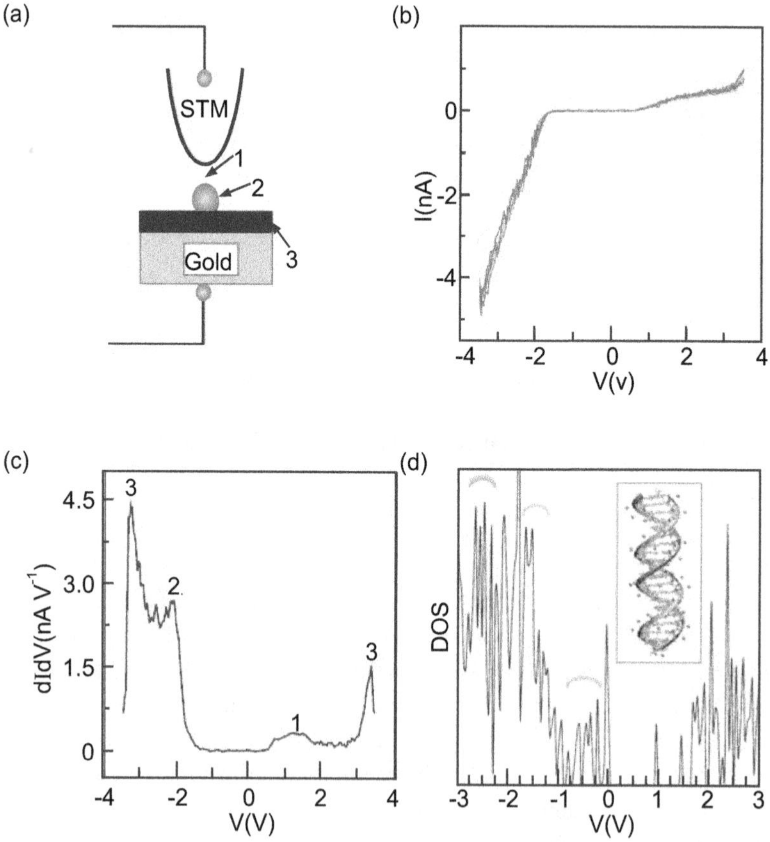

Abb. 13.11. Analyse der elektronischen Zustandsdichte von DNA-Doppelsträngen [13.52]. (a) Anordnung zur Durchführung der STM/STS-Messungen. Zwischen STM-Spitze und Molekül (2) sowie zwischen Molekül und Substrat bilden sich die Tunnelkontakte 1 und 3. (b) I(V)- und (c) dI/dV-Kurven, welche bei 78 K aufgenommen wurden. (d) DOS aus DFT-Rechnungen. Der Ursprung der Energieskala wurde auf den höchsten besetzten Zustand gelegt. Berücksichtigt wurden auch das DNA-Rückgrat sowie Na^+-Gegenionen. Die periodisch fortgesetzte Einheitszelle umfasst 10 GC-Paare. Zwei Einheiten sind mit Rückgrat und Gegenionen dargestellt.

Einen direkten Zugang zur elektronischen Zustandsdichte einzelner DNA-Stränge bieten STM/STS-Messungen, wie in Abschn. 3.2 erläutert. Abbildung 13.11(a) zeigt schematisch die Messanordnung, die aus zwei Tunnelkontakten auf beiden Seiten des DNA-Moleküls besteht. In dieser Anordnung wurden doppelsträngige Poly(G-C)-DNA-Moleküle analysiert [13.52]. Typische spektroskopische Daten sind in Abb. 13.11(b) und (c) dargestellt. Die I(V)-Kennlinie zeigt eine deutliche Energielücke einer Weite von etwa 2,5 eV. Die dI/dV-Spektren, welche direkt proportional zur elektronischen Zustandsdichte (*DOS, Density of States*) sind, zeigen ausgeprägte Peaks bei $\pm 3,3$ eV, $-2,3$ eV und 1,3 eV. Die ortsaufgelöste Zustandsdichte lässt sich mittels ab initio-DFT-Rechnungen ermitteln [13.52][35], was einen direkten Vergleich zwischen Experiment und Theorie zulassen sollte. Das Resultat solcher Rechnungen ist in Abb. 13.11(d) dargestellt. Die DOS weist zahlreiche Peaks auf, die sich zum Teil auf ähnlich Zustände zurückführen lassen und in drei Gruppen zusammengefasst werden können. Der Abstand der Peakgruppen bei $-2,5$ eV, $-1,5$ eV und $-0,5$ eV ist in etwa von der Größenordnung des Abstands zwischen einigen experimentell ermittelten Peaks [13.52]. Ein detaillierterer Vergleich zwischen theoretischen und experimentellen Daten ermöglicht es, die Peaks aus den STS-Spektren einzelnen orbitalen Gruppen der Nukleinbasen, des Rückgrats und der Gegenionen zuzuordnen [13.52].

13.4 DNA-Nanotechnologie

Im Kontext von Selbstorganisationsphänomenen hatten wir die *DNA-Nanotechnologie* bereits in Abschn. 4.4.3 gestreift. Im Hinblick auf nanoskalige Bauelemente und Materialien der Zukunft ist die DNA-Nanotechnologie das wohl am weitesten durchdachte und entwickelte Bottom Up-Verfahren. Die Disziplin entwickelt sich seit den 1980er Jahren [13.54] stetig weiter [13.55].

Es gibt verschiedene Gründe dafür, dass DNA eine herausragende Stellung auch aus konstruktionstechnischer Sicht besitzt. Zunächst einmal ist die Kohäsion der Sticky Ends die am besten determinierte und voraussagbare intermolekulare Wechselwirkung aller molekularen Systeme im Hinblick auf Affinität, Diversität und Struktur. Zusätzlich existiert eine etablierte und automatisierte Biochemie zur Synthese von DNA in vorgegebener Sequenz [13.56]. Weiterhin sind zahlreiche Enzyme, wie Ligasen, Restriktionsenzyme, Exonukleasen und Topoisomerasen bekannt, die zur Manipulation von DNA-Strängen eingesetzt werden können. Schließlich ist das Molekül mit einer Persistenzlänge von etwa 50 nm unter Normalbedingungen vergleichsweise steif. Aus konstruktionstechnischer Sicht ist von großer Bedeutung, dass verschiedene genau definierte Verzweigungsformen existieren, wie beispielsweise die bereits in Abschn. 4.4.3 behandelten und in Abb. 13.12 schematisch dargestellten Holliday-Kreuzungen. Diese zusammen mit den Sticky Ends führen zur Bildung zweidimensionaler periodischer Strukturen, wie ebenfalls in Abb. 13.12 dargestellt. Solche

35 Verwendet wurden Quantum-ESPRESSO-Codes [13.53].

Strukturen lassen sich beispielsweise als Template für die regelmäßige Anordnung anderer Bausteine verwenden. So war die ursprüngliche Motivation für diese Art der Nanotechnologie die erzwungene periodische Anordnung von Biomolekülen, die in dieser „kristallinen Form“ dann mittels Röntgendiffraktion analysierbar wären [13.54].

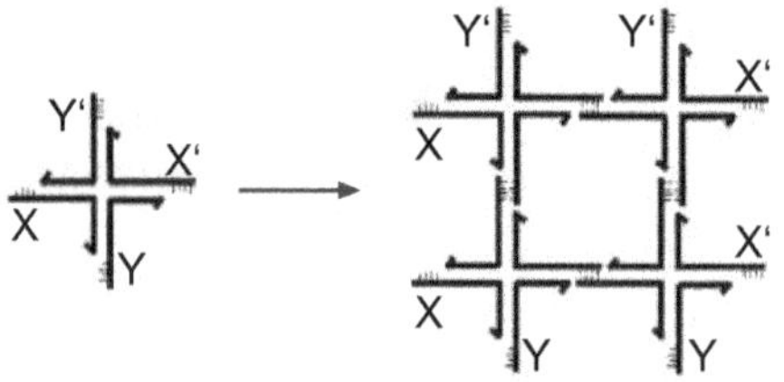

Abb. 13.12. Aufbau von periodischen DNA-Strukturen. Holliday-Kreuzungen können über Sticky Ends X und Y durch Bindung an die Komplemente X' und Y' miteinander verbunden werden.

Wichtig für die DNA-Nanotechnologie ist, dass die ursprünglichen Komponenten der späteren Konstruktion nicht einfach nur diese Konstruktion ergeben können, sondern dass die gewünschte Konstruktion auch die unter thermodynamischen Aspekten wahrscheinlichste darstellt. Dies erfordert die thermodynamische Analyse aller möglichen Sequenzen im Hinblick auf die Stabilität der gewünschten Konstruktion. Empirisch wurde so die Methode der Sequenzierungssymmetrie-Minimierung gefunden [13.57].

Verzweigungen wurden mit 3, 4, 5, 6, 8 und 12 Armen hergestellt. Aufgrund der Flexibilität der Winkel zwischen den Armen konzentrierte sich die Konstruktion zunächst auf topologische und nicht auf geometrische Ziele. Maßgebliches Kriterium ist die Konnektivität aus der Graphentheorie. Sie quantifiziert die Anzahl der Knoten oder Vertices, mit denen jeder gegebene Vertex verbunden ist. Das erste synthetisierte Objekt einer nichttrivialen Konnektivität von 3 oder größer ist in Abb. 13.13(a) gezeigt. Die Würfelecken bestehen aus dreiarmigen Verzweigungen der Doppelstränge. Da jede Fläche jeweils zweifach mit jeder der vier Nachbarflächen verbunden ist, handelt es sich bei dem Objekt um ein Hexacatenan [13.58]. Ebenfalls als komplexes *Catenan* konnte der in Abb. 13.13(b) dargestellte Oktaeder synthetisiert werden [13.59]. Sechs Stränge bilden quadratische Flächen und acht Stränge hexagonale.

Zur Erzeugung geometrisch wohldefinierter und stabiler Strukturen bedarf es steiferer Moleküle als der doppelsträngigen und steiferer Verzweigungen als der Holliday-Kreuzungen. Entsprechende molekulare Anordnungen sind in Abb. 13.14 dargestellt. Diese Schlüsselmotive der DNA-Nanotechnologie entstehen durch einfachen oder mehrfachen reziproken Austausch der DNA-Rückgrate. Der Austausch kann dabei zwischen Strängen der selben oder entgegengesetzter Polarität stattfinden.

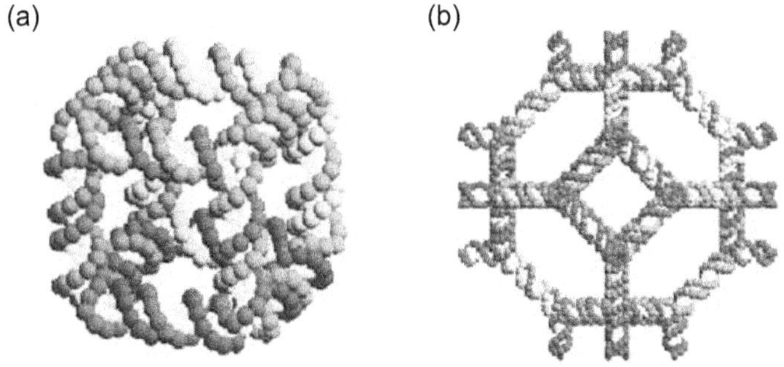

Abb. 13.13. Dreidimensionale DNA-Strukturen der Konnektivität 3. (a) Hexacatenan [13.58] und (b) 14-Catenan in Form eines Oktaeders [13.59].

Mit dem steiferen DX-Motiv aus Abb. 13.14 lassen sich periodische zweidimensionale Anordnungen herstellen. Beispiele zeigt Abb. 13.15. Eine Komponente ist hier das DX-Molekül A, die andere das DX-Molekül B*, mit einer Domäne, die aus der Bildebene herausragt. Natürlich lassen sich weitere DX-Komponenten verwenden, um kompliziertere periodische Muster zu erzeugen. Dass auch aperiodische Muster möglich sind, hatten wir bereits in Form des DNA-Origamis in Abb. 4.19 gesehen. Ein zu den Mustern in Abb. 13.15 korrespondierendes Beispiel ist in Abb. 13.16 dargestellt.

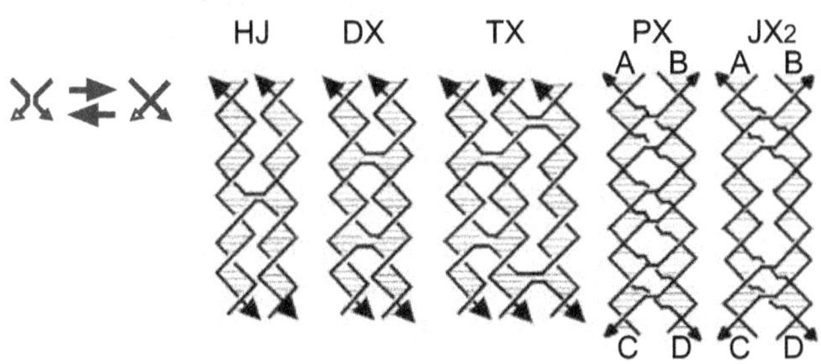

Abb. 13.14. Standardmotive der DNA-Nanotechnologie [13.55]. Dargestellt sind der reziproke Austausch der DNA-Rückgrate und der Auflösungsprozess. Die Holliday-Kreuzung (HJ) resultiert aus einem reziproken Austausch. Die Doppelüberkreuzung (DX) und Tripelüberkreuzung weisen entsprechend mehrere Austauschpunkte auf. Paranemische DNA (PX) zeigt einen Austausch der Stränge der Doppelhelices an vielen Punkten. Bei der JX_2-Anordnung fehlen gegenüber der PX-Anordnung zwei mögliche Austauschpunkte.

Nanotechnologisch relevant werden DNA-Anordnungen natürlich insbesondere, wenn sie mit Funktionalitäten ausgestattet werden [13.61]. Dies ist beispielsweise der Fall bei nanomechanischen Bauelementen auf DNA-Basis, die man bereits relativ frühzeitig untersuchte [13.62]. Heute gibt es insbesondere durch Kombination von DNA mit weiteren funktionalen nanoskaligen Einheiten vielfältige Möglichkeiten zur

Herstellung nanotechnologischer Bauelemente und nanostrukturierter Materialien [13.63]. Aufgrund der Vielzahl der präsentierten und diskutierten Ansätze erscheint es sinnvoll, im vorliegenden Kontext einige generelle Konstruktionsprinzipien und Strategien zusammenzufassen.

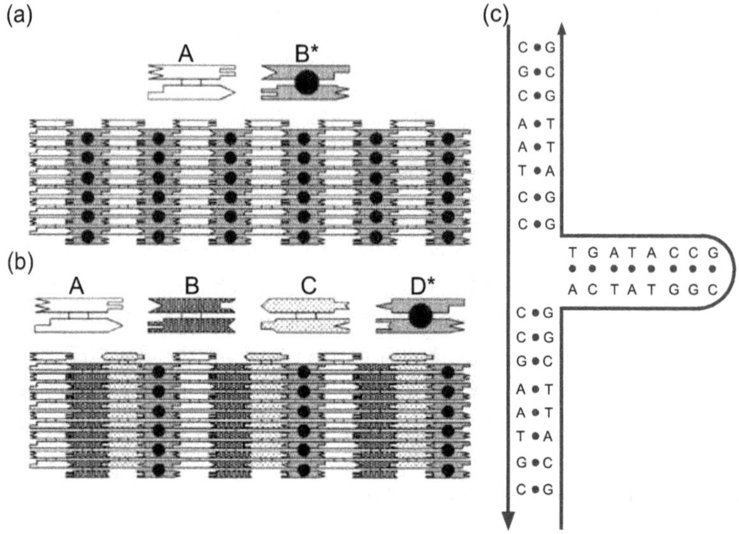

Abb. 13.15. Periodische Anordnungen von DX-Molekülen [13.55]. Die Spezies B^* und D^* beinhalten Domänen, die aus der Abbildungsebene herausstehen. (a) Zweikomponentiges und (b) vierkomponentiges Muster. (c) Domänen, wie sie die Komponenten B^* und D^* besitzen.

In Abschn. 13.3 hatten wir die elektronischen Eigenschaften von DNA diskutiert. Die fundamentalsten Prozesse des Ladungstransfers, *kohärentes Tunneln* und *diffusives thermisches Hopping*, ließen sich in verschiedenen Messungen unter unterschiedlichen Randbedinungen eindeutig nachweisen. Dennoch sind die Elektronentransferraten bei nackten DNA-Strängen so gering, dass sie für nanoelektronische Bauelemente in dieser Form nicht geeignet erscheinen. Allerdings sind verschiedene Strategien der „Metallisierung" von DNA-Strängen entwickelt worden, welche die Stränge zu passablen oder guten nanoskaligen Leitern machen. Abbildung 13.17 zeigt die M-DNA [13.64]. Zur Herstellung wird das Aminoproton der DNA-Basenpaare durch Zn^{2+}, Ni^{2+} oder Co^{2+} ersetzt. Dadurch wird die DNA zu einem molekularen Draht mit guter Leitfähigkeit [13.65]. Andere Verfahren der Metallisierung auf Basis von DNA-Templaten wurden für Pd, Au, Pt und Cu demonstriert, wobei der Drahtdurchmesser von einigen bis zu etwa 100 nm reichte. Auch lässt sich mittels proteingestützter Verfahren die Metallisierung lokal adressieren [13.67]. Drähte, wie sie in Abb. 13.17(b) dargestellt sind, wurden bezüglich ihrer Transporteigenschaften detailliert analysiert [13.68].

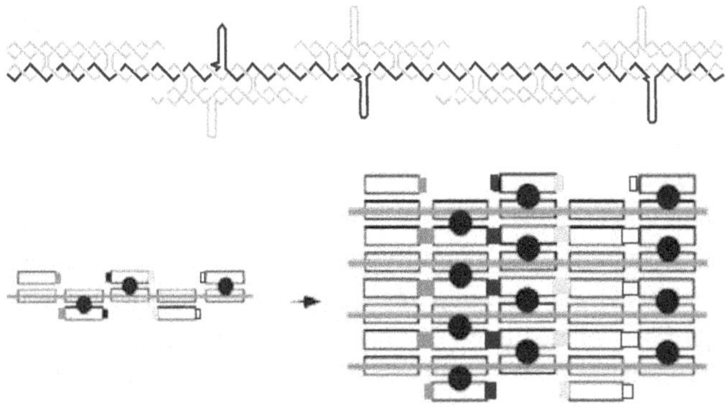

Abb. 13.16. Aperiodische Anordnung von DX-Molekülen [13.60].

Aufgrund der hohen molekularen Erkennungsfähigkeit, der von der Basensequenz abhängenden Bindungsstärke und der definierten Synthese lassen sich DNA-Stränge sehr variabel zum Verbinden von Nanopartikeln einsetzen [13.69]. *DNA-Linker* können so für die kontrollierte Aggregation von Nanomaterialien genutzt werden, wobei die Distanz zwischen den Nanopartikeln, die Form der Anordnung, die Bindungsstärke des Netzwerks sowie die Größe und Identität der Nanopartikel von außen vorgegeben werden können. Ein Beispiel für derartige DNA-Nanopartikel-Konjugate zeigt Abb. 13.18.

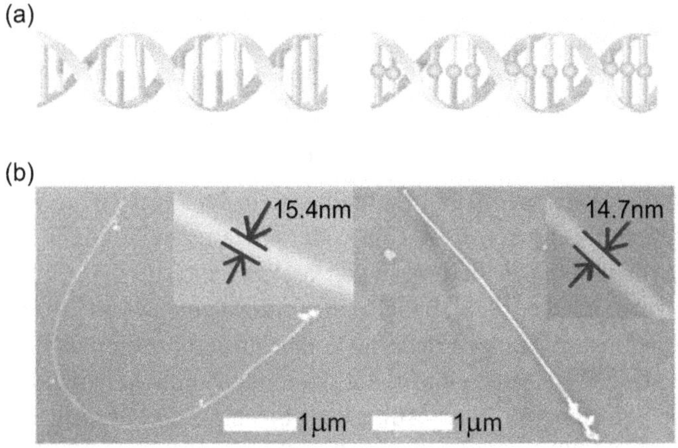

Abb. 13.17. (a) DNA und M-DNA in schematischer Darstellung. (b) λ- und synthetische DNA können als Template für Silbernanodrähte, die in der SEM-Aufnahme sichtbar sind, genutzt werden [13.66].

Die Kopplung von DNA an kleine Goldnanopartikel kann auch genutzt werden, um dem molekularen Komplex sehr dosiert Energie zuzuführen. In einem hochfrequenten Magnetfeld wirkt das Partikel als Antenne, was über induzierte Wirbelströme zu einer induktiven Erwärmung führt. Diese kann in einer Dehybridisierung der DNA resultieren [13.71]. Abbildung 13.19 zeigt Resultate eines entsprechenden Experiments, in dem eine Frequenz von 1 GHz und Goldpartikel mit einem Durchmesser von 1,4 nm verwendet wurden. Dehybridisierung und Hybridisierung lassen sich absolut reversibel induzieren. Dabei ist bemerkenswert, dass gelöste Biomoleküle absorbierte Wärme in weniger als 50 ps dissipieren können [13.72]. Das Experiment zeigt, dass nanopartikuläre Antennen geeignet sein können für die Fernsteuerung biomolekularer Aktivität.

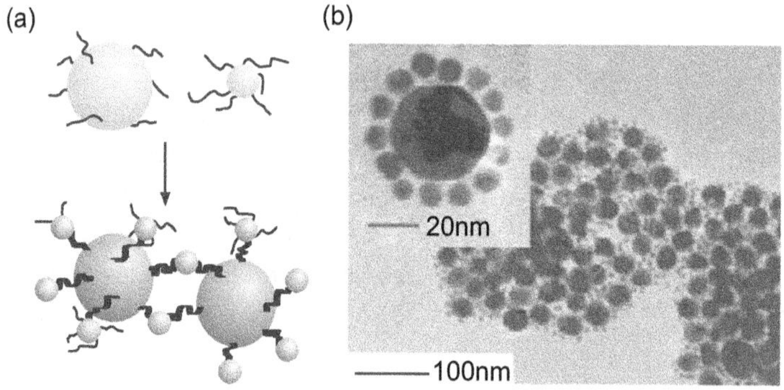

Abb. 13.18. Bildung von DNA-Nanopartikel-Konjugaten durch Hybridisierung komplementärer DNA-Stränge [13.70]. (a) Schematische Darstellung des Prozesses. (b) TEM-Aufnahme. Die Teilabbildung oben links zeigt eine Satellitenstruktur, die sich für ein großes Mengenverhältnis von 8 nm- zu 30 nm-Partikeln bildet.

Bei Anbindung metallischer Nanopartikel an DNA greift man in der Regel auf die Nutzung weniger Standardbindungstypen wie die Thiol- oder primäre Aminbindung zurück. Ein entsprechender Baukasten an Bindungstypen lässt sich auch für die Bildung von DNA-Protein-Konjugaten nutzen [13.73]. Dabei kommen kovalente wie nichtkovalente Bindungsarten zum Einsatz. Semisynthetische Konjugate kombinieren natürliche Proteine mit synthetischen DNA-Sequenzen. Resultierende Funktionalitäten liegen insbesondere in den Bereichen der Diagnostik mittels Biochips, der Sensorik, der Biofunktionalisierung von Oberflächen katalytischer Reaktionskaskaden sowie adaptiver Materialien [13.73].

Lichtsammelsysteme, wie sie der Photosynthese zugrunde liegen, sind hochgradig funktionale biologische Bauelemente [13.74]. Die sehr hohe Effizienz der natürlichen Photosynthese resultiert aus der perfekten Organisation einer Vielzahl von *Chromophoren*, welche jeweils spezifische optische und Redoxeigenschaften besitzen, so dass sichtbares Licht effizient absorbiert und die resultierende Anregungsenergie des

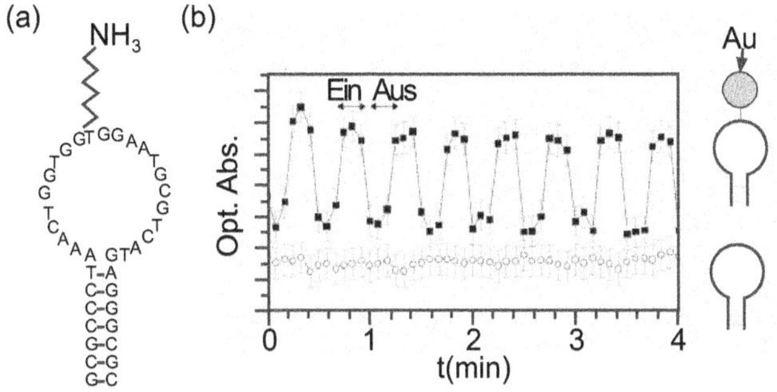

Abb. 13.19. Induktiv gesteuerte Dehybridisierung von DNA [13.71]. (a) Haarnadel-DNA-Molekül mit Aminogruppe, welche zum Anbinden eines 1,4 nm großen Au-Partikels dient. (b) Optische Absorption bei 260 nm, welche mit periodisch ein- und ausgeschaltetem 1 GHz-Magnetfeld variiert. Die Variation ist auf zyklische Dehybridisierung – Hybridisierung der DNA zurückzuführen. Messungen an DNA ohne Nanopartikel zeigen keinen Effekt.

Chromophors danach transferiert wird. Durch Anordnung chlorophyllhaltiger Lichtsammelkomplexe zu Antennen um ein gemeinsames Reaktionszentrum, wie in Abb. 13.20 dargestellt, wird der Absorptionsquerschnitt maximiert und das Absorptionsspektrum verbreitert. Die Lichtenergie wird zwischen eng benachbarten Chomophoren strahlungslos über den *Förster-Resonanz-Energietransfer (FRET)* ausgetauscht, bis ein Exziton innerhalb weniger ps in das Reaktionszentrum gelangt. Absorption von Licht überführt das Chromophor in einen angeregten Zustand. Je nach Aufbau der konjugierten Doppelbindungen des Chromophors unterscheidet sich das Absorptionsspektrum. Bei pflanzlichen Chlorophyllen wird primär rotes und blaues Licht absorbiert, grünes nicht. Das angeregte Chlorophyll kann ein Elektron an einen Akzeptor übertragen, wodurch ein Chlorophyllradikal verbleibt. Über eine Elektronentransportkette kann ein Elektron aber auch zum Chlorophyllradikal gelangen. Dabei werden Protonen durch die Zellmembran transloziert, was zur Konversion der Lichtenergie in ein elektrisches und in ein osmotosches Potential führt [13.76].

Artifizielle Energiesammelsysteme zeigen ebenfalls einen unidirektionalen Energietransfer [13.77] und konvertieren Licht in chemische Potentiale [13.78]. Die große Herausforderung ist es, multiple Chromophore in Feldern anzuordnen, in denen der Abstand zwischen den Chromophoren und ihre relative Orientierung zueinander genau definiert sind. Außerdem muss das Verhältnis von Donatoren zu Akzeptoren genau einstellbar sein. Diese Einflussgrößen determinieren die Effizienz des FRET-Prozesses. Die strukturelle DNA-Nanotechnologie ist a priori zur Assemblierung optimierter Lichtsammeleinheiten sehr gut geeignet, da sie voll adressierbare Nanoarchitekturen der unterschiedlichsten Geometrie und Beschaffenheit herzustellen erlaubt. Neben Nanopartikeln und Proteinen, wie zuvor erwähnt, werden auch *Quantum Dots* [13.79], Kohlenstoffnanoröhrchen [13.80], virale Kapside [13.81] und funktionale Moleküle [13.82] mittels DNA-Gerüsten vernetzt. Genauso lassen sich chromophormar-

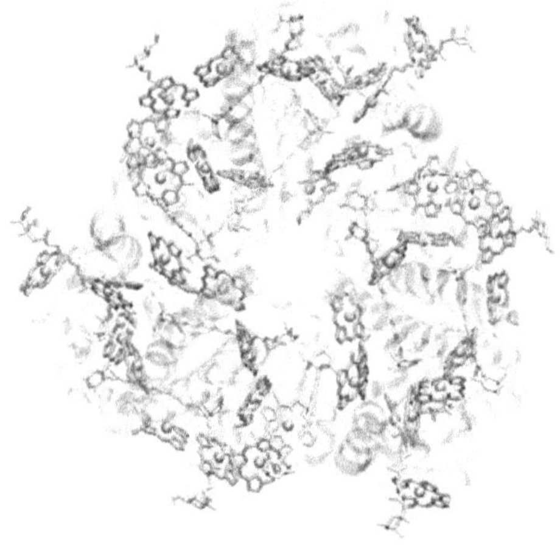

Abb. 13.20. Lichtsammelkomplex LHC2 [13.75], der als Transmembranprotein bei höheren Pflanzen vorkommt. Chlorophylle und Carotinoide werden nichtkovalent durch ein Proteingerüst gebunden.

kierte Oligonukleotide durch sequenzspezifische Hybridisierung in DNA-Netzwerke einbauen [13.83]. Unter Verwendung eines chromophormarkierten DNA-Bündels aus sieben Helices wurde die in Abb. 13.21 schematisch dargestellte Lichtsammelantenne synthetisiert. Zwei verschiedene Donatoren mit den Hauptabsorptions- und Hauptemissionslinien $\lambda_1^{ab} = 400\,\text{nm}$, $\lambda_1^{em} = 438\,\text{nm}$, $\lambda_2^{ab} = 550\,\text{nm}$ und $\lambda_2^{em} = 556\,\text{nm}$ auf den äußeren DNA-Strängen wurden kombiniert mit einem zentralen Akzeptor mit $\lambda_3^{ab} = 650\,\text{nm}$ und $\lambda_3^{em} = 668\,\text{nm}$. Bei Anregung des primären Donators lässt sich eine stufenförmige Energietransferkaskade hin zu den auf der inneren Helix befindlichen Akzeptoren beobachten. Die Effizienz der FRET-Prozesse hängt dabei stark von der Anordnung der Donatoren zueinander und zu den Akzeptoren ab sowie auch vom Verhältnis der Donatoren untereinander und zu den Akzeptoren. Die stufenweisen FRET-Prozesse lassen sich mittels zeitaufgelöster Fluoreszenzanalyse nachweisen und finden im ps-Bereich statt [13.83]

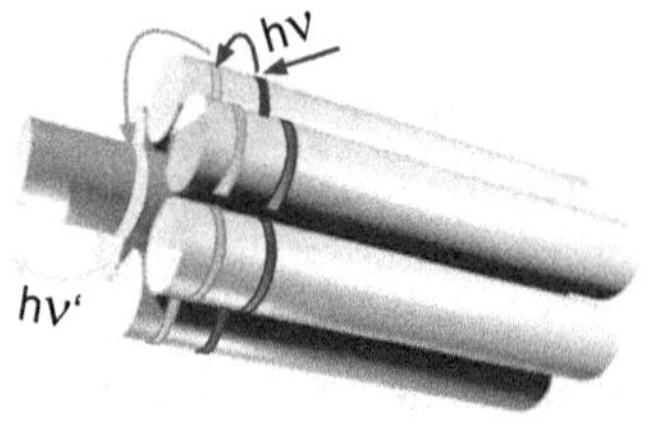

Abb. 13.21. Artifizelle Lichtsammelantenne auf Basis struktureller DNA-Nanotechnologie [13.83]. Zwei Donatorchromophore sind auf den äußeren Helices des DNA-Bündels gebunden und das Akzeptorchromophor an der zentralen Helix.

DNA-Architekturen formen sich in Lösung. Das hat a priori im Hinblick auf Anwendungen den Nachteil, dass nur periodische Strukturen mehr oder weniger definiert auf einem Substrat angeordnet sind. Bei komplexen Objekten, die beispielsweise als DNA-Origami [13.84] hergestellt werden, ist die Lage der einzelnen Objekte auf dem Substrat zufällig, was eine Verwendung in nanoelektronischen Bauelementen [13.85] erschwert. Allerdings lassen es Kombinationen aus lithographischen und chemischen Funktionalisierungsprozessen zu, „Klebeflächen" (*Sticky Pads*) zu generieren, an denen DNA-Origami definiert in Bezug auf den Ort, aber auch auf die relative Orientierung zum Substrat selektiv deponiert werden können [13.86]. Dabei wird ausgenutzt, dass lithographisch hergestellte Strukturen in ihren Abmessungen den größten charakteristischen Abmessungen von DNA-Origami vergleichbar hergestellt werden können. Abbildung 13.22 zeigt mittels eines solchen *Mix and Match-Verfahrens* hergestellte Strukturen.

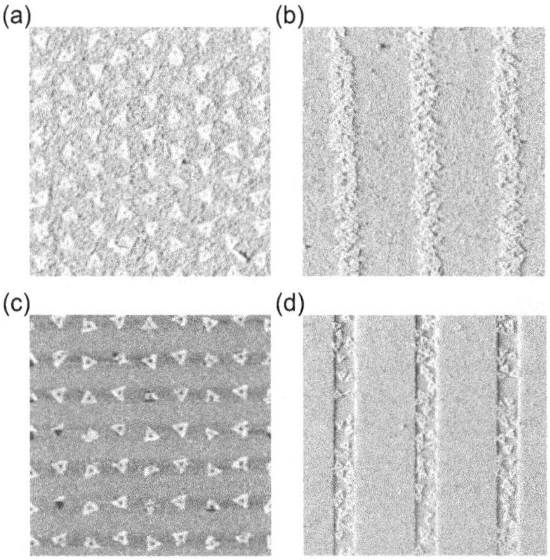

Abb. 13.22. AFM-Aufnahmen der Anordnung dreieckiger DNA-Origami mit einer Kantenlänge von 127 nm auf lithographisch strukturierten und chemisch funktionalisierten Substraten [13.86]. (a) Winkelorientierte Anordnung auf 110 nm-Dreiecken in einer Trimethylsilyl-(TMS)-Schicht auf einem SiO_2-Substrat. (b) Zufällige dichte Anordnung auf 300 nm breiten Linien in TMS/SiO_2. (c) Winkelorientierte Anordnung in 110 nm-Dreiecken, die in diamantartigem Kohlenstoff (diamond-like carbon, DLC) mit einer Tiefe von 0,5–1,5 nm geätzt wurden. (d) Zufällige Anordnung auf 200 nm breiten DLC-Linien.

Die Möglichkeit, DNA-Strukturen in defninierter Weise auf technologisch interessanten Substraten anzuordnen, macht die DNA-Nanotechnologie außerordentlich interessant für die Nanoelektronik und für weitere Gebiete. Im diskutierten Sinn lassen sich die DNA-Strukturen weiter funktionalisieren und werden dadurch funktionell relevant für elektronische Transportprozesse. Auch besteht durch die Möglichkeit von DNA-Proteinbindungen ein neuer Zugang zur Analyse einzelner Biomoleküle und zu fortgeschrittenen Biotechnologien.

Die strukturelle DNA-Nanotechnologie ist zweifellos eine der Schlüsselstrategien der Nanotechnologie mit multidisziplinärem Anwendungsspektrum. Die Möglichkeit zur intelligenten Herstellung komplexer priodischer und aperiodischer Strukturen sowie einzelner Objekte, die gezielt auf Substraten deponierbar sind, und das inhärente Potential zur Massenproduktion machen die DNA-Nanotechnologie vielleicht sogar zur Schlüsseltechnologie schlechthin. Neben ein- und dreidimensionalen Strukturen, organisierten Nanomaterialien und funktionalen Strukturen sind mittels der strukturellen DNA-Nanotechnologie sogar komplette DNA-Nanomaschinen synthetisierbar [13.87]. Das Zukunftspotential DNA-basierter technologischer Ansätze ist damit keinesfalls absehbar.

Literatur

[13.1] E.B. Baum, Science **268**, 583 (1995).

[13.2] J.P.L. Cox, Trends Biotechnol. **19**, 247 (2001); T.J. Anchordoquy and M.C. Molina, Cell Preserv. Technol. **5**, 180 (2007); J. Bonnet, M. Colote, D. Coudy, V. Couallier, J. Portier, B. Morin and S. Tuffet, Nucleic Acids Res. **38**, 1531 (2010).

[13.3] C.T. Clelland, V. Risca and C. Bancroft, Nature **399**, 533 (1999); M. Ailenberg and O.D. Rotstein, Biotechniques **47**, 747 (2009).

[13.4] D.G. Gibson, J.I. Glass, C. Lartigue, G.A. Benders, M.G. Montagne, L. Ma, M.M. Moodie, C. Marryman, S. Vashee, R. Krishnakuma, N. Assad-Garcia, C. Andrews-Pfannkoch, E.A. Denisova, L. Young, Z.Q. Qui, Th. Segall-Shapiro, Ch. H. Calvey, P.P. Parma, C.A. Huttchison III; H.O. Smith and J.C. Venter, Science **329**, 52, (2010).

[13.5] G.M. Church, Y. Gao and S. Kosuri, Science **337**, 1628 (2012).

[13.6] N. Goldman, P. Bertone, S. Chen, Ch. Dessimoz, E.M. LeProust, B. Sipos and E. Birnay, Nature **494**, 77 (2013).

[13.7] D.J.C. McKay, *Information Theory, Intereference, and Learning Algorithms* (Cambridge Univ. Press, Cambridge, 2003).

[13.8] E.M. LeProust, B.J. Peck, H.B. McCuen, B. Moore, E. Namsarev and M.H. Caruthers, Nucleic Acids Res. **38**, 2522 (2010).

[13.9] Z. Ezziane, Nanotechnology **17**, R27 (2006).

[13.10] Z. Ignatova, I. Martinez- Pérez and K.-H. Zimmermann, *DNA Computing Models* (Springer, Berlin, 2008).

[13.11] G. Paun (Ed.), *Computing with Bio-Molecules: Theory and Experiments* (Springer, Berlin, 1998).

[13.12] O. Wiener, M. Bonnik and R. Hödicke, *Eine elementare Einführung in die Theorie der Turing-Maschinen* (Springer, Wien, 1998).

[13.13] J.E. Hopcroft, R. Motwani and J.D. Ullman, *Introduction to Automata Theroy, Languages and Computation* (Addison-Wesley, Reading, 2000).

[13.14] M.Q. Li, Appl. Phys. A **68**, 255 (1999).

[13.15] R. Deaton, M. Garzon, J. Rose, D.R. Franceschetti and S.E. Steven, Jr., Fundamenta Informaticae **30**, 23 (1997).
[13.16] C.H. Bennett, IBM J. Res. Dev. **17**, 525 (1973).
[13.17] T. Head, Bull. Math. Biology **49**, 737 (1987).
[13.18] L.M. Adleman, Science **266**, 1021 (1994).
[13.19] D.L. Applegate, R. Bixby, V. Chvàtal and W.J. Cook, *The Traveling Salesman Problem: A Computational Study* (Princeton Univ. Press. Princeton, 2007).
[13.20] R. Diestel, *Graphentheorie* (Springer, Berlin, 2010).
[13.21] J. Xu and G. Tan, J. Comp. Theor. Nanosci. **4**, 1219 (2007).
[13.22] K. Sakamoto D. Kiga, K. Komiya, H. Gouzu, S. Yokoyama, S. Ikeda, H. Sugiyma and M. Hagiya, Biosystems **52**, 81 (1999).
[13.23] E. Wintree, The Bridge **33**, 31 (2003).
[13.24] M.T. Record, Jr., S.H. Mazur, P. Melançon, J.-H. Roe, S.L. Shaner and L. Unger, Ann. Rev. Biochem. **50**, 997 (1981).
[13.25] V. Maleev, M.A. Semenov, A. Gasan and V.A. Kashpur, Biofizika **38**, 768 (1993).
[13.26] A.V. Vologodskii and N. R. Cozarelli, Annu. Rev. Biophys. Biomol. Struct. **23**, 609 (1993).
[13.27] S.M. Hecht (Ed.) *Bioorganic Chemistry: Nucleic Acids* (Oxford Univ. Press, New York, 1996).
[13.28] J. Hu, Y. Zhang, H. Gao, M. Li and U. Hartmann, Nano Lett. **2**, 55 (2002).
[13.29] commons.wikimedia.org/wiki/File:Linear_DNA_Supercoiling.png
[13.30] commons.wikimedia.org/wiki/File:Circular_DNA_Supercoiling.png
[13.31] J. Adamcik, J.-H. Jeon, K.J. Karczewski, R. Metzler and G. Dietler, Soft Matter **8**, 8651 (2012).
[13.32] P.J. Dandliker, R.E. Holmlin and J.V. Barton, Science **257**, 1465 (1997).
[13.33] M.R. Arkin, E.D.A. Stemp, R.E. Holmlin, J.K. Barton, A. Hörmann, E.J.C. Olson and P.F. Barbara, Science **273**, 475 (1996); F.D. Lewis, T. Wu, Y. Zhang, R.L. Letsinger, S.R. Greenfield and M.R. Wasielewski, Science **277**, 673 (1997).
[13.34] H.-W. Fink and Ch. Schönenberger, Nature **398**, 407 (1999).
[13.35] P.T. Henderson, D. Jones, G. Hampikian, Y.Z. Kan and G.B. Schuster, Proc. Natl. Acad. Sci. USA **96**, 8353 (1999).
[13.36] P.W. Anderson, Phys. Rev. **109**, 1492 (1958).
[13.37] C. Bustamante, Z. Bryant and S.B. Smith, Nature **421**, 423 (2003).
[13.38] J. Yi, Phys. Rev. B **77**, 193109 (2008).
[13.39] D.D. Eley and D.I. Spivey, Trans. Faraday Soc. **58**, 411 (1962).
[13.40] P. Carpena, P. Barnaola-Galvan, P.C. Ivanov and H.E. Stanley, Nature **418**, 955 (2002).
[13.41] J.C. Slater and G.F. Coster, Phys. Rev. **94**, 1489 (1954); W.A. Harrison, *Electronic Structure and the Properties of Solids* (Dover, New York, 1989).
[13.42] R.G. Endres, D.L. Cox and R.R.P. Singh, Rev. Mod. Phys. **76**, 195 (2004).
[13.43] R.A. Marcus, J. Chem. Phys. **24**, 966 (1956); J. Chem. Phys. **24**, 979 (1956); J. Phys. Chem. B **102**, 10071 (1998).
[13.44] R.A. Marcus, Rev. Mod. Phys. **65**, 599 (1993).
[13.45] J. Sponer, J. Leszczynski and P. Holeza, J. Phys. Chem. **100**, 1965 (1996); J. Phys. Chem. **100**, 5590 (1996).
[13.46] M.K. Lee, M.J. Shephard, S. Risser, S. Priyadarshy, M.N. Paddon-Row and D.N. Beratan, J. Phys. Chem. A **104**, 7593 (2000).
[13.47] F.D. Lewis, R.L. Letsinger and M.R.Wasielewski, Acc. Chem. Res. **34**, 159 (2001).
[13.48] D. Sanchez Portal, P. Ordejon, E. Artacho and J.M. Soler, Int. J. Quantum Chem. **65**, 453 (1997).
[13.49] J.P. Lewis, P. Jelínek, J. Ortega, A.A. Demkow, D.G. Trabada, B. Haycock, H. Wang, G. Adams, J. K. Tomfoler, E. Abad, H. Wang and D.A. Drabold, Phys. Stat. Sol. B **248**, 1989, (2011); fireball.phys. wvu.edu.

[13.50] icmab.cat.leem/siesta/.
[13.51] N. Kang, A. Erbe and E. Scheer, New J. Phys. **10**, 023030 (2008).
[13.52] E. Shapir, H. Cohen, A. Calzolari, C. Cavazzoni, D.A. Ryndyk, G. Cuniberti, A. Kotlyar, R. Di Felice and D. Porath, Nature Mat. **7**, 68 (2008).
[13.53] www.quantum-espresso.org.
[13.54] N.C. Seeman, J. Theor. Biol. **99**, 237 (1982).
[13.55] N.C. Seeman, Mol. Biotechnol. **37**, 246 (2007).
[13.56] M.H. Caruthers, Science **230**, 281 (1985).
[13.57] N.C. Seeman, J. Biomol. Struc. Dynam. **8**, 573 (1990); N.C. Seeman and N.R. Kallenbach, Biophys. J. **44**, 201 (1983).
[13.58] J. Chen and N.C. Seeman, Nature **350**, 631 (1991).
[13.59] Y. Zhang and N.C. Seeman, J. Am. Chem. Soc. **114**, 2656 (1992).
[13.60] H. Yan, T.H. LaBean, L.P. Feng and J.H. Reif, Proc. Natl. Acad. Sci. USA **100**, 8103 (2003).
[13.61] P. Guo and F. Haque (Eds), *RNA Nanotechnology and Therapeutics* (CRC Press, Boca Raton, 2014).
[13.62] N.C. Seman, Trends Biochem. Sci. **30**, 119 (2005).
[13.63] T.H. LaBean and H. Li, nanotoday **2**, 26 (2007).
[13.64] J.S. Lee, L.J.P. Latimer and R.S. Reid, Biochem. Cell Biol. **71**, 162 (1993).
[13.65] S.D. Wetting, C.Z. Li, Y.T. Lang, H.B. Kraatz and J.S. Lee, Anal. Sci. **19**, 23 (2003).
[13.66] S.H. Park, M.W. Prior, T.H. LaBean and G. Finkelstein, Appl. Phys. Lett. **89**, 033901 (2006).
[13.67] K. Keren, A. Krueger, R. Gilard, G. Ben-Yoseph, U. Sivan and E. Braun, Science **297**, 72 (2002).
[13.68] H. Yan, S.H. Park, G. Finkelstein, J.H. Reif and T.H. LaBean, Science **301**, 1882 (2003); H. Yan and T.H. LaBean, Nano Lett. **5**, 693 (2005).
[13.69] C.A. Mirkin, R.L. Letsinger, R.C. Mucic and J.J. Storhoft, Nature **382**, 607 (1996); A.P. Alivisatos, K.P. Johnsson, X. Peng, T.E. Wilson, C.J. Loweth, M.P. Bruchez, Jr., and P.G. Schultz, Nature **382**, 609 (1996).
[13.70] C.A. Mirkin, Inorg. Chem. **39**, 2258 (2000).
[13.71] K. Hamad-Schifterli, M.J. Schwartz, A.T. Santos, S. Zhang and J. M. Jacobson, Nature **415**, 152 (2002).
[13.72] T. Lian, Y. Kholodenko and R.M. Hochstrasser, J. Phys. Chem. **98**, 11648 (1994).
[13.73] C.M. Niemeyer, nanotoday **2**, 42 (2007).
[13.74] H. Scheer and S. Schneider (Eds), *Photosynthetic Light Harvesting Systems* (de Gruyter, Berlin, 1988).
[13.75] upload.wikimedia.org/wikipedia/commons/4/49/LHCII.jpg.
[13.76] D.L. Andrews (Ed.), *Energy Harvesting Materials* (World Scientific, Singapore, 2005).
[13.77] K. Boenemann, J.R. Deschamps, S. Buckhout-White, D.E. Prashun, J.B. Blanco-Canosa, P.E. Dawson, M.H. Stewart, K. Susumu, R.E. Goldman, M. Ancona and I.L. Medintz, ASC Nano **4**, 7253 (2010).
[13.78] D. Gust, T.A. Moore and A.L. Moore, Acc. Chem. Res. **26**, 198 (1993); Acc. Chem. Res. **34**, 40 (2001).
[13.79] J. Shama, Y. Ke, C. Lin, R. Chhabra, Q. Wang, J. Nangreave, Y. Liu and H. Yan, Angew. Chem. Int. Ed. **47**, 5157 (2008); H. Bin, C. Onodera, C. Kidwell, Y. Tan, E. Granguard, W. Kuang, J. Lee, W.B. Knowlton, B. Yurke and W.L. Hughes, Nano Lett. **10**, 3367 (2010).
[13.80] H.T. Maune, S.-P. Han, R.D. Barish, M. Bockrath, W.A. Goddard, III, P.W.K. Rothemund and E. Winfree, Nature Nanotechnol. **5**, 61 (2010).
[13.81] N. Stephanopulos, M. Liu, G. Tong, Z. Li, Y. Liu, H. Yan and M.B. Francis, Nano Lett. **10**, 2714 (2010).

[13.82] N.V. Voigt, T. Tørring, A. Rotaru, M.F. Jacobsen, J.B. Ravushek, R. Subramani, W. Manouk, J. Kgems, A. Mokhir, F. Besenbacher and K.V. Gothelf, Nature Nanotechnol. **5**, 200 (2010); H. Liu, T. Tørring, M. Dong, O.B. Rosen, F. Besenbacher and K.V. Gothelf, J. Am. Chem. Soc. **132**, 18054 (2010).

[13.83] P.K. Dutta, R. Varghese, J. Nagreave, S. Liu, H. Yan and Y. Liu, J. Am. Chem. Soc. **133**, 11985 (2011).

[13.84] P.W.K. Rothemund, Nature **440**, 297 (2006).

[13.85] K. Kennen, R.S. Berman, E. Buchstein, U. Sivan and E. Braun, Science **302**, 1380 (2003).

[13.86] R.J. Kershner, L.D. Bozano, C.M. Michael, A.M. Hung, A.R, Farnof, J.N. Cha, C.T. Rettner, M. Bersani, J. Frommer, P.W.K. Rothemund, G.M. Wallraff, Nature Nanotechnol. **4**, 557 (2009).

[13.87] Nature Nanotechnology Focus 2011; www.nature.com/nnano/focus/dna-nano technology/index.html.

14 Emergente Chiralität

Chiralität beruht auf einem rechts-links-Symmetriebruch. Was lässt Chiralität entstehen und welche Eigenschaften haben natürliche und künstliche chirale Moleküle und Strukturen? Chirale Nanostrukturen lassen sich für vielfältige Zwecke verwenden und haben ganz spezifische Eigenschaften.

14.1 Symmetrie und Entstehung

Chiralität ist im allgemeinen Sinn eine Symmetrieeigenschaft eines Objekts und soll im vorliegenden Kontext im Zusammenhang mit Grundbausteinen der Nanotechnologie und nanoskaligen Systemen generell diskutiert werden. Der Begriff wurde erstmalig von *Lord Kelvin* (*W. Thomson*, 1824–1907) im Jahr 1904 verwendet [14.1]. Die verallgemeinernde zeitgemäße Definition liefert die *Gruppentheorie* [14.2]. Im Rahmen der hier relevanten Symmetrieeigenschaft ist es hinreichend, eine Chiralität eines Objekts gleichzusetzen mit der Abwesenheit einer Drehspiegelachse, also dem Fehlen von S_n-Symmetrieelementen, wie wir sie schon in Abschn. 5.2.2 diskutiert haben. Eine Spiegelung eines Objekts führt dann nicht zu einer Selbstabbildung. In den meisten Fällen besteht ein zweckmäßiges Kriterium darin, dass ein chirales Objekt sowohl keine Spiegelebene (σ der S_1) als auch keine Inversionssymmetrie (i oder S_2) aufweist. Bei dieser Betrachtungsweise wird deutlich, dass Chiralität eher etwas Gewöhnliches als etwas sehr Spezielles ist. Ein beliebiges, zufällig entstandenes dreidimensionales Objekt wird mit großer Wahrscheinlichkeit weder eine Spiegel- noch eine Inversionssymmetrie aufweisen. Allerdings sind viele durch Anordnung von Atomen konstituierte Objekte durchaus auch achiral, denken wir etwa an Moleküle oder kristalline Festkörper. Hierbei handelt es sich natürlich nicht um Zufallsstrukturen, sondern um atomare Gleichgewichtsanordnungen aufgrund intra- und intermolekularer Wechselwirkungen, wie wir sie in Abschn. 4.1 diskutiert haben. In diesem Kontext stellt sich dann Chiralität als besondere Eigenschaft dar.

Für die folgende Diskussion sind einige Aspekte von besonderer Bedeutung: Zunächst einmal beobachtet man Chiralität auf sehr unterschiedlichen Längenskalen. Auf molekularer Ebene haben wir die in Kap. 13 diskutierte DNA oder auch die in Kap. 9 verschiedentlich diskutierten Proteine kennengelernt. Abbildung 14.1 zeigt die Chiralität der Gehäuse zweier unterschiedlicher Spezies von Seeschnecken. Diese Chiralität erfordert Konsistenz über große Reichweiten. Bei biologischen Objekten ist eine inhärente Chiralität auf allen Längenskalen nichts Außergewöhnliches. Gerade die Chiralität biologischer Strukturen impliziert unmittelbar verschiedene Fragen: Wie kommt eine konsistente langreichweitige Chiralität zustande? Ist Chiralität mit Funktionalitäten verbunden, die achirale Strukturen nicht haben können? Warum wird im Einzelfall eine Links- oder Rechtshändigkeit in einem Ensemble bevorzugt und warum existieren Exemplare mit nicht bevorzugter Händigkeit? Diese Fragen und weitere sind auch für die Chiralität von Nanostrukturen von Bedeutung.

Abb. 14.1. Chiralität von Schneckengehäusen [14.3]. Links ist das in der Regel linkshändige Gehäuse von Neptunea angulata gezeigt und rechts das in der Regel rechtshändige von Neptunea despectiva.

Im Zusammenhang der Begriffe *Emergenz* und Chiralität soll insbesondere die Frage adressiert werden, wie chirale Nanostrukturen aus völlig symmetrischen Bausteinen entstehen können. So sind atomare Orbitale hochgradig symmetrisch und verfügen über Spiegel- und Inversionssymmetrien. Dennoch lassen sich auf einfache Weise chirale Strukturen aus einer einzigen Atomsorte aufbauen. Ein einfach zu verstehendes Beispiel sind die bereits in Abschn. 3.5.4 kurz und in Abschn. 16.3 ausführlicher besprochenen *Kohlenstoffnanoröhrchen*. Abbildung 14.2 zeigt eine atomar aufgelöste Abbildung eines solchen Röhrchens, auf der man die durch Gl. (3.316) definierte Chiralität deutlich erkennt. Ursachen und Konsequenzen dieser Chiralität wurden ausführlich untersucht [14.5]. Die Kohlenstoffnanoröhrchen entsprechen strukturell einem aufgerollten Streifen Graphen, bei dem, um Versetzungen zu vermeiden, identische Gitterpunkte an den Rändern des Streifens aufeinander liegen müssen. Da dies aber nicht nur für horizontal gegenüberliegende Gitterpunkte erfüllt ist, können, wie in Abschn. 3.5.4 diskutiert, die unterschiedlichsten Chiralitäten (n, m) resultieren. Diese sind somit einfach eine Konsequenz der Aufrechterhaltung des Graphengitters.

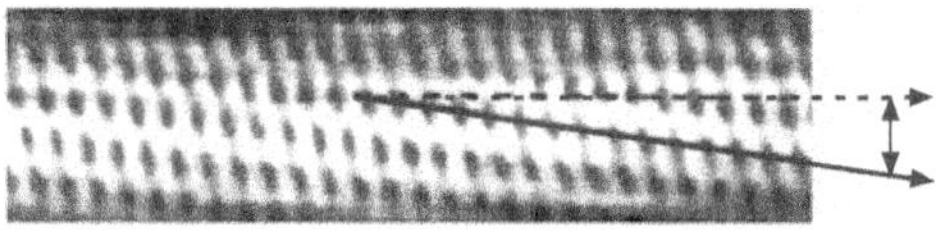

Abb. 14.2. Rastertunnelmikroskopische Aufnahme eines Kohlenstoffnanoröhrchens, welche die langreichweitige Chiralität der atomaren Anordnung zeigt [14.4].

Typischerweise werden Kohlenstoffnanoröhrchen in einem Dampf-Flüssigkeits-Festkörperprozess, ähnlich wie er in Abb. 4.15 gezeigt ist, synthetisiert. Dabei kommt in der Regel ein metallischer Katalysator auf einem Substrat zum Einsatz. Elementarer Kohlenstoff wird in einer langsamen Gasphasenreaktion bei niedrigem Druck und hoher Temperatur generiert. Der Kohlenstoff löst sich dann im geschmolzenen metallischen Katalysator, was schließlich zur Übersättigung führt. Daraus wiederum resultiert eine Nukleation in Form des Nanoröhrchens an der Grenzfläche zum Substrat. Der Katalysatortropfen wird dann an die Spitze des Röhrchens transportiert. Der Umfang des Katalysatortröpfchens könnte einen Einfluss auf den Durchmesser des Röhrchens haben und auch die (n, m)-Tupel bestimmen. Wenn das erste Segment des Röhrchens geformt ist, determiniert dies die Chiralität im sukzessiven Wachstum.

Auch Schraubenversetzungen in Kristallen führen zu einer Chiralität des ansonsten hochsymmetrischen achiralen Kristallgitters [14.6]. Bei einer Schraubenversetzung, wie in Abb. 14.3 dargestellt, liegt der *Burgers-Vektor* parallel zur Versetzungslinie. Die dadurch konstituierte Chiralität des ansonsten achiralen Atomgitters ist offensichtlich.

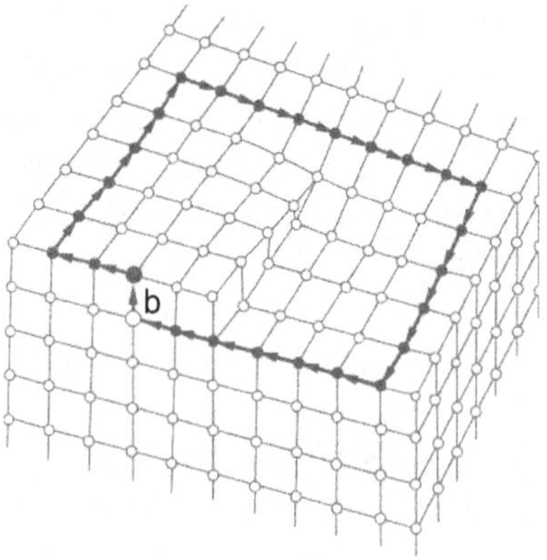

Abb. 14.3. Schraubenversetzung mit Burgers-Vektor.

Auch die Frage nach besonderen Funktionalitäten, die sich aus einer Chiralität ergeben, kann anhand der Kohlenstoffnanoröhrchen unter Verweis auf die bereits in Abschn. 3.5.4 geführte Diskussion beantwortet werden. Die Chiralität hat einen ausschlaggebenden Einfluss auf die elektronische Bandstruktur der Röhrchen und determiniert, ob es sich um metallische oder halbleitende Exemplare handelt. In diesem Sinn ist also Chiralität kausal mit Funktionalität verbunden. Ein solcher Zusammenhang mit ganz anderen Funktionalitäten besteht natürlich auch für die in Abb. 14.1 dargestellten Schneckenhäuser. Die spannendere Frage ist, ob sich Links- und Rechtshändigkeit in den Funktionalitäten unterscheiden. Dies ist offensichtlich im Hinblick auf die elektronischen Eigenschaften von Kohlenstoffnanoröhrchen nicht der Fall, könnte aber hypothetisch im Hinblick auf das häufig vorkommende gehäufte Auftreten einer Händigkeit bei biologischen Strukturen wie den Schneckenhäusern in Abb. 14.1 aus einem evolutionären Vorteil resultieren. Natürlich wäre a priori auch ein genetisch kodierter Zufall denkbar.[36]

Selbstverständlich gibt es offensichtliche Fälle, in denen ein essentieller Funktionalitätsunterschied zwischen einer Links- und einer Rechtshändigkeit besteht. Dies ist bei allen technischen Einrichtungen der Fall, bei denen eine Kopplung zwischen Rotationsbewegung und axialer Bewegung genutzt wird. So bestimmt natürlich die Chiralität eines Korkenziehers oder einer Schraube, in welche Richtung sich die Achse bei vorgegebener Drehrichtung bewegt. Wie bei einem Flugzeugpropeller, bei einem Hubschrauberrotor oder einer Turbine wäre aber die Funktionalität auch bei anderer Chiralität und Drehrichtung realisierbar.

Da die meisten Biomoleküle chiral sind, ist es zur Realisierung einer *molekularen Erkennung* zwischen einem pharmazeutischen Wirkstoff und den entsprechenden Molekülen essentiell, den Wirkstoff enantioselektiv herzustellen [14.7]. In diesem Fall reduziert sich die Frage nach dem enantioselektiven Unterschied der Wirkstoffmoleküle auf die Frage nach möglichen enantioselektiven Vorteilen eines Biomoleküls. Diese Frage ist allerdings unbeantwortet, so dass gegenwärtig gänzlich ungeklärt ist, ob es fundamentale Unterschiede zwischen entgegengesetzten Händigkeiten überhaupt gibt. Je nach Kontext lässt sich diese Frage aber auch beantworten. So ist seit 1956 bekannt, dass es physikalische Prozesse gibt, welche die ansonsten vorherrschende *Erhaltung der Parität* verletzen. Allerdings sind *paritätsverletzende Prozesse* bislang ausschließlich bei der *schwachen Wechselwirkung* bekannt. Die Frage, warum menschliche DNA und baumumschlingende Lianen eine bevorzugte Chiralität aufweisen, könnte a priori sowohl durch einen genetischen Zufall als auch durch bislang unbekannte Kausalitäten zwischen Eigenschaft und Funktion zu beantworten sein.

Unabhängig von der Beantwortung dieser Frage liegen die Ursachen auch langreichweitiger konsistenter Chiralität von Objekten auf atomarer Ebene. Es ist daher sinnvoll, sich einige Begrifflichkeiten und Mechanismen der Chiralitätsbildung an einfachen molekularen Systemen zu verdeutlichen, um dann die Relevanz von Chiralität für Nanostrukturen zu erörtern.

Als *Chiralitätszentrum*[37] bezeichnet man in der *Stereochemie* einen Punkt in einem Molekül, der mit einem Atom zusammenfallen kann, aber nicht muss, mit einem Satz an Substituenten in einer derartigen räumlichen Anordnung, dass sie mit der entsprechenden spiegelbildlichen Anordnung nicht zur Deckung gebracht werden kann. Eine gängige Form des Stereozentrums ist das asymmetrisch substituierte Kohlenstoffatom, welches vier unterschiedliche Substituenten trägt. Ein Beispiel zeigt Abb. 14.4.

36 Der Uhrzeigerdrehsinn heutiger Windkraftanlagen ist beispielsweise eine reine Konvention.
37 Synonym auch Stereozentrum oder stereogenes Zentrum.

Der Begriff Substituent beinhaltet auch freie Elektronenpaare. Damit können nicht nur tetraedrisch koordinierte Kohlenstoffatome oder Ammoniumverbindungen vom Amintyp Chriralitätszentren sein, sondern auch pyramidal koordinierte Atome wie Stickstoffatome in sterisch gebundenen Aminen, Phosphoratome in Phosphanen oder Schwefelatome in Sulfoxiden. Während ein einzelnes Chiralitätszentrum immer ein chirales Molekül bedingt, haben mehrere Chiralitätszentren nicht immer eine chirale Struktur zur Folge. So resultieren mehrere zueinander spiegelbildliche Chiralitätszentren in einer *achiralen Mesoverbindung*. Es gibt aber auch chirale Verbindungen ohne Chiralitätszentren, die eine axiale, helikale oder planare Chiralität aufweisen.

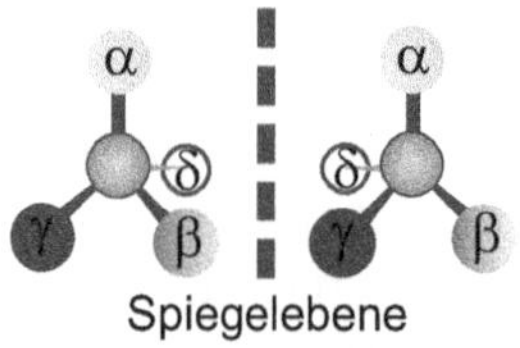

Abb. 14.4. Molekül mit zentralem Kohlenstoffatom als Chiralitätszentrum. Die Enantiomere können durch Spiegelung nicht zur Deckung gebracht werden.

Chiralitäts- oder Stereozentren haben Stereoisomere zur Folge. Sind diese spiegelbildlich zueinander, so bezeichnet man sie als *Enantiomere*, andernfalls als *Diastereomere*. Die räumliche Anordnung der Substituenten an einem Chiralitätszentrum wird nach den *CIP-Regeln* von *R.S. Cahn* (1899–1981), *Ch.K. Ingold* (1893–1970) und *V. Prelog* (1906–1998) mit rectus (R) und sinister (S) bezeichnet. Die ältere Konvention von *E. Fischer* (1852–1919, Nobelpreis für Chemie 1902) ist die *D- und L-Nomenklatur*, mit der heute noch Zucker und teilweise Aminosäuren klassifiziert werden.

Chiralität tritt auch bei anorganischen Stoffen auf. So besitzt Quarz zwei enantiomorphe Formen mit helikaler Chiralität. Von den in Abschn. 5.2.2 diskutierten kristallographischen Punktgruppen sind elf enantiomorph. Von den 230 Raumgruppen resultieren die 65 *Sohncke-Raumgruppen* in chiralen Kristallen.

Bei den Biomolekülen ist jeweils ein Enantiomer dominant oder ausschließlich vorhanden. So findet man in der Natur ausschließlich D-Glucose und keine L-Glucose. Biochemische Reaktionen werden durch Enzyme katalysiert. Da auch die Enzyme chiral sind, sind sie in der Lage, Reaktionen *enantioselektiv* zu steuern. Daraus resultiert letztendlich eine durchgängige Chiralität der Biomoleküle. Chiralität ist auch die Voraussetzung für geordnete Sekundärstrukturen wie beispielsweise die α-Helix von Proteinen, die in der Natur nur aus enantiomerreinen L-Aminosäuren aufgebaut ist. Damit ist klar, dass Enantiomere chiraler Moleküle unterschiedliche physiologische Wirkung wie beispielsweise eine unterschiedliche Toxizität oder eine unterschiedliche Wirkung als Arzneistoff haben.

Ein identisches Vorkommen beider Enantiomere wird als *Racemat* bezeichnet. Eine racemische Biochemie würde die Existenz zweier separater Syntheseapparate voraussetzen. Allerdings kommen, wie bereits erwähnt, Racemate in den natürlichen Biosystemen nicht vor. Unklar bleibt, wie ebenfalls bereits bemerkt, was genau das dominante Enantiomer auszeichnet: eine zufällige Selektion am Anfang der Evolutionskette, die sich evolutionär selbst verstärkt hat oder fundamentalere Eigenschaften? Einzig die Paritätsverletzung bei der Schwachen Wechselwirkung ist wohl wegen der energetischen Größenordnung auszuschließen.

14.1.1 Chirale Nanostrukturen

Aufgrund einer konsistenten langreichweitigen Chiralität können auch Nanostrukturen chiral sein. Kohlenstoffnanoröhrchen wurden bereits erwähnt. Grundsätzlich stellt sich die Frage, ob Chiralität in Form rationaler Syntheseprozesse in Nanostrukturen gezielt induziert werden kann. So wäre es möglich, makroskopische Bauelemente der Mechanik wie Propeller oder Federn nanoskalig zu realisiseren. Chirale metallische Nanostrukturen könnten eine neue Form der *asymmetrischen Katalyse* ermöglichen. Auch könnten chirale Nanostrukturen einen zusätzlichen Freiheitsgrad in der Wechselwirkung mit Biomolekülen etablieren.

In der molekularen Synthese gibt es eine Reihe von Möglichkeiten, die es erlauben, Chiralität zu induzieren. Diese sind auch Grundlage der Biosynthese chiraler Moleküle. Eine asymmetrische sterische Umgebung einer chiralen Komponente, asymmetrische Katalyse oder auch eine symmetriebrechende Oberfläche in Gegenwart einer *prochiralen Spezies* führen zu chiralen Produkten. Wenn eine molekulare Struktur an Größe zunimmt, sind nicht unbedingt die Mechanismen auf atomarer Ebene relevant für eine konsistente Chiralität, sondern es können neue Mechanismen relevant werden, die auf atomarer Ebene keine Rolle spielen. Wird beispielsweise ein Draht in ein zylindrisches Gefäß gezwungen, so nimmt er Spiralform an. Dies ist natürlich ein Ergebnis der Minimierung der freien Gesamtenergie, die bei Knicken im Draht größer wäre. Bei Biomolekülen kommt die Chiralität auf eine letztendlich ähnliche Weise zustande, durch Packung eindimensionaler molekularer Ketten. Hier führt die Minimierung der Gesamtenergie zu einer Maximierung der Anzahl der Bindungen und Wechselwirkungen zwischen Atomen und molekularen Resten. In der in Abb. 14.5 dargestellten proteinogenen α-Helix formen zwei Aminosäurereste, welche vier Einheiten entlang der Kette auseinander liegen, eine Wasserstoffbrückenbindung. Die konsistente L-Chiralität der Aminosäuren ist essentiell für eine einheitliche Drehrichtung des Peptidrückgrats in Form einer rechtshändigen Helix. Auch die in Abb. 4.17 und Abb. 14.5 abgebildeten DNA-Stränge in Form einer Doppelhelix sind rechtshändig. Die konsistente D-Chiralität des Zuckers ist wiederum Voraussetzung für eine konsistente Chiralität des Rückgrats. Die resultierende Packung maximiert die Anzahl der Wasserstoffbrückenbindungen zwischen komplementären Nukleotiden und optimiert die π-π-Stapelung von benachbarten Leitersprossen.

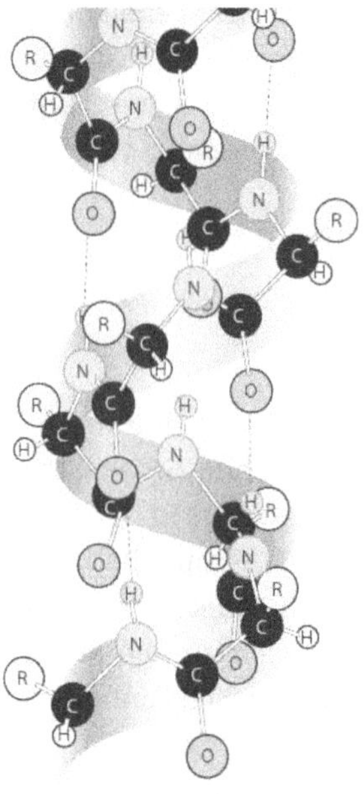

Abb. 14.5. Peptid-α-Helix. Die gestrichelten Linien symbolisieren Wasserstoffbrückenbindungen.

Chirale Biomoleküle sind offensichtliche Beispiele chiraler Nanoobjekte. Allerdings sind sie eben eine spezifische Kategorie von Nanoobjekten, und es ist von Interesse, auch artifizielle und anorganische chirale Nanoobjekte mittels rationaler Herstellungsverfahren zu erzeugen. Dazu bedarf es symmetriebrechender Phänomene. Naheliegend ist es, die entsprechenden molekularen Mechanismen quasi durch Transkription auf die nanoskalige Superstruktur zu übertragen. Dies kann beispielsweise durch dichte Packung vieler chiraler Moleküle erfolgen. Auf diese Weise kann die Händigkeit eines Moleküls auf diejenige eines davon weit entfernten Moleküls übertragen werden. Neben den erwähnten Biomolekülen kommen kleine organische Moleküle, die amphiphil sind [14.8], als perfekt definierte molekulare Grundbausteine in Frage. Auch Aminosäuren, Zucker, Lipide und ihre Analoga sind geeignete chirale Grundbausteine für eine Selbstorganisation chiraler Überstrukturen.

Abbildung 14.6 zeigt helikale molekulare Drähte, die sich durch Selbstorganisation kleiner helikaler Moleküle bilden. Poly(p-phenylen-vinylen) (PPV) ist ein 1968 erstmalig synthetisiertes leitfähiges Polymer, bei dem 1990 Elektrolumineszenz entdeckt wurde [14.9]. Die Wiederholsequenz ist C_8H_6. PPV wird für organische Leuchtdioden (*OLED*, Organic Light Emitting Diodes), Photovoltaikzellen und komplette Displays verwendet. Unter Verwendung zweier PPV-Derivate entstehen durch Selbstorga-

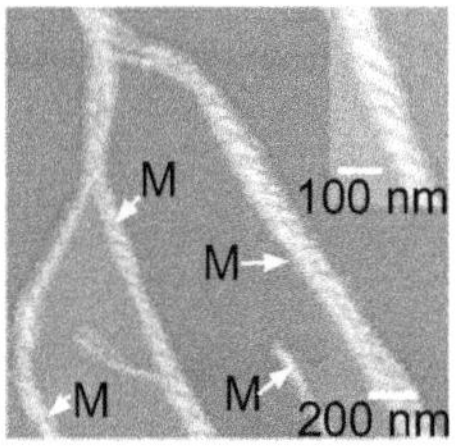

Abb. 14.6. AFM-Aufnahme helikaler Strukturen aus zwei unterschiedlichen PPV-Derivaten [14.10]. Es treten ausschließlich M-Helices auf.

nisation aufgrund einer π-π-Stapelung benachbarter aromatischer Ringe die in Abb. 14.6 sichtbar gemachten helikalen Strukturen. Ähnliche molekulare Superstrukturen können interessanterweise auch aus der Selbstorganisation achiraler Grundbausteine resultieren, genauso wie achirale Überstrukturen durch Selbstorganisation chiraler Grndbausteine entstehen können [14.11]. Ein bemerkenswertes Beispiel für eine chirale Überstruktur, die sich durch Selbstorganisation achiraler molekularer Grundbausteine bildet, zeigt Abb. 14.7. *Coronen* (Hexabenzobenzol) gehört zu den polyzyklischen aromatischen Kohlenwasserstoffen, zu den *Circulenen*. Das Molekül mit der Summenformel $C_{24}H_{12}$ besteht aus sechs anellierten Benzolringen und ist etwa 1 nm groß. Abbildung 14.7(a) zeigt ein Derivat des *Hexabenzocoronens* (HBC). Dieses ist amphiphil und kann quasi als kleines Graphenfragment mit 13 verbundenen Benzolringen betrachtet werden. Das Molekül zeigt eine starke Tendenz zur Stapelbildung über π-π-Wechselwirkung. Genau dies ist auch die Ursache für die Bildung von Überstrukturen, wie in Abb. 14.7(b) gezeigt. Die durch Selbstorganisation entstandenen bandartigen Strukturen zeigen deutlich eine helikale Ausprägung, obwohl das HBC achiral ist. Die supramolekulare Struktur ähnelt damit einem verdrillten Geschenkband, dessen helikale Struktur dadurch entsteht, dass eine Schneide unter einem gewissen Winkel ($\neq 90°$) entlang des Bands geführt wird. Dieses Analogon zeigt Abb. 14.7(c).

HBC gehört zu den organischen Halbleitern und hier zu den konjugierten Molekülen. Diese Klasse organischer Halbleiter wird durch linear kondensierte Ringsysteme, durch zweidimensional kondensierte Ringsysteme, durch Metallkomplexe, durch dendritische und Starburst-Moleküle sowie durch heterozyklische Oligomere konstituiert. Daneben gibt es die Klasse der konjugierten Polymere mit den heterozyklischen Polymeren und den Kohlenwasserstoffketten. Organische Halbleiter werden neben rein elektronischen Anwendungen auch für optoelektronische wie OLED und organische Solarzellen eingesetzt.

Wie bei Graphit resultiert die Leitfähigkeit der organische Kohlenstoffverbindungen aus der sp2-Hybridisierung. Drei äquivaltente *sp*2-Hybridorbitale liegen dabei bekanntlich bei einem Winkel von 120° in einer Ebene. Die Bindung zu Nachbaratomen erfolgt über *σ-Bindungen* in dieser Ebene, während senkrecht dazu pz-basierte *π-Bindungen* auftreten. Zwischen zwei Nachbaratomen können σ- und π-Bindungen

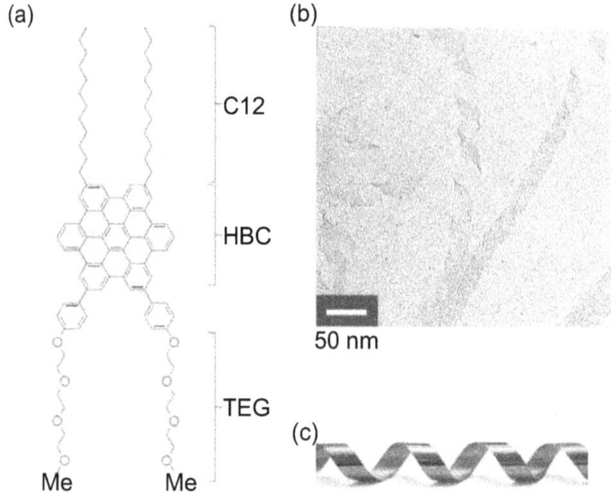

Abb. 14.7. (a) Chemische Zusammensetzung des achiralen HBC-Moleküls. C12 bezeichnet zwei Dodecylketten und TEG zwei Triethylenglycolketten. (b) Transmissionselektronenmikroskopische Aufnahme der HBC-Überstruktur [14.12]. (c) Geschenkband als Analogon.

gleichzeitig auftreten, was als *Doppelbindung* bezeichnet wird. Da es keine bevorzugte π-Bindung mit einem der drei Hybridorbitale gibt, findet quasi eine Überlagerung aller möglichen σ-π-Kombinationen statt, die energetisch günstiger ist als eine definierte σ-π-Kombination. In der *konjugierten Struktur* sind die π-Bindungen nicht mehr lokalisierbar. Die elektronische Leitfähigkeit organischer Verbindungen beruht gerade auf den delokalisierten π-Elektronen.

Auch die Farbigkeit organischer Pigmente basiert auf intramolekularer elektronischer Leitfähigkeit. Die delokalisierten π-Elektronen werden durch Licht angeregt zu einem Übergang vom höchsten besetzten Molekülorbital (Highest Occupied Molecular Orbital, *HOMO* in das niedrigste unbesetzte Orbital (Lowest Unoccupied Molecular Orbital, *LUMO*). HOMO und LUMO resultieren aus den bindenden und antibindenden π-Molekülorbitalen. Die Energiedifferenz liegt nahe dem oder im spektralen Bereich des sichtbaren Lichts. Je größer die π-Delokalisation, desto kleiner die Energiedifferenz zwischen bindenden und antibindenden Zuständen.

Der intermolekulare Ladungstransport in organischen Halbleitern ist von der molekularen Anordnung, von den intermolekularen Wechselwirkungen, von der Unordnung und natürlich von der Temperatur abhängig. In ungestörten organischen Kristallen koppeln die π-Systeme über Wasserstoffbrückenbindungen oder van der Waals-Wechselwirkungen. Dadurch kommt es zu einer HOMO- und LUMO-Aufspaltung in Valenz- und Leitungsbänder. Voraussetzung für den bandartigen Transport, der sich in Form der in Abschn. 3.6.2 diskutierten Formalismen beschreiben lässt, ist eine hinreichend niedrige Temperatur deutlich unterhalb der Raumtemperatur. Bei höheren

Temperaturen dominiert thermisch aktiviertes *Polaron-Hopping* [14.13]. Hopping ist auch der dominante Transportprozess in ungeordneten organischen Halbleitern.

Bei Polymerketten sind die π-Bindungen über die gesamte Kette delokalisiert, so dass ein quasi-eindimensionales elektronisches System vorliegt. Dotieren kann die Bandlücke eliminieren und zu quasi-metallischer Leitfähigkeit führen. Der Transport zwischen Polymerketten erfolgt wiederum über Hopping. Bei orientierten Polymerketten tritt so eine stark anisotrope Leitfähigkeit des organischen Materials auf.

Die Koassemblierung bestimmter Präkursoren und oberflächenaktiver Substanzen (Surface Active Agent, *Surfactant*) kann ebenfalls zu chiralen Nanostrukturen führen, sowohl für chirale auch auch für achirale Surfactants. Abbildung 14.8 zeigt chirale Strukturen aus mesoporösem SiO_2. Die mesoporösen Strukturen weisen teilweise helikale wie auch zylindrische Kanäle auf. Die helikale Form der SiO_2-Stäbchen kann je nach Surfactant und Syntheseprozess stark variieren und die Stäbchen können, wie in Abb. 14.8(c) sichtbar, verdrillt sein. Zahlreiche Experimente deuten darauf hin, dass chirale Surfactants zu einer bevorzugten Händigkeit der SiO_2-Überstruktur führen, achirale aber zu racemischen Gemischen. Allerdings ist dieser Befund genauso wenig verifiziert wie der genaue Mechanismus, über den Surfactants als Template für chirale Überstrukturen wirken [14.17].

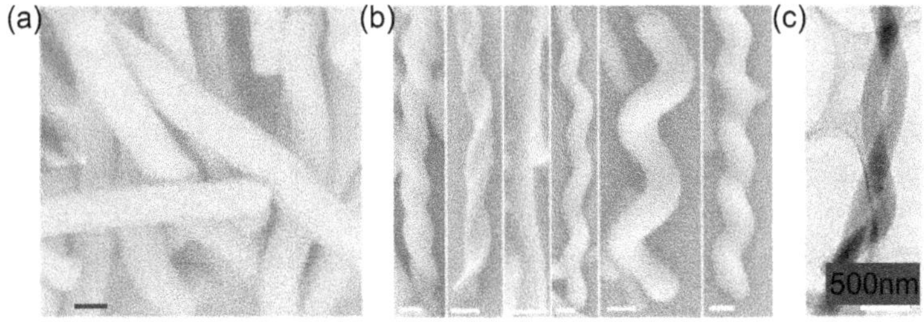

Abb. 14.8. Elektronenmikroskopische Abbildungen mesoporöser SiO_2-Strukturen, welche durch Koassemblierung von Surfactants synthetisiert wurden. (a) Verwendung chiraler Surfactants [14.14]. Der Balken in der rasterelektronenmikroskopischen Aufnahme umfasst 100 nm. (b) Verwendung achiraler Surfactants [14.15]. Die Balken in den rasterelektronischen Aufnahmen umfassen jeweils 150 nm. (c) Transmissionselektronenmikroskopische Aufnahme der Verdrillung von Strängen bei Verwendung achiraler Surfactants [14.16].

Auch Polymere mit chiralen oder achiralen Kettenelementen können chirale Überstrukturen bilden [14.11]. Abbildung 14.9 zeigt helikale Strukturen, die sich durch Selbstorganisation in Lösungen von Polymergemischen mit Komponenten unterschiedlicher Löslichkeit bilden. In einem blockselektiven Lösungsmittel agglomeriert der unlösliche Block oder unlösliche Blöcke eines Blockcopolymers. Es formen sich nanoskalige mizellare Aggregate, die gegenüber weiterer Aggregation durch löslichere Blöcke stabilisiert werden. Abhängig von der Zusammensetzung der Copolymere, von der Grenzflächenspannung zwischen Lösungsmittel und unlöslichen Blöcken und von weiteren Faktoren sind die Aggregate sphärisch, vesikular, tubular oder zylindrisch. Besonders interessant ist die Verwendung von Triblockcopolymeren, wie sie Abb. 14.9 zugrunde liegt. In diesem Fall kann die Blockselektivität des Lösungsmittels so gewählt werden, dass ein beliebiger Block oder zwei beliebige Blöcke des Triblockcopolymers ABC löslich sind. Dies führt zu wesentlich komplexeren Aggregaten als bei Diblockcopolymeren, zu denen eben auch die helikalen Strukturen in Abb. 14.9 zu zählen sind [14.18].

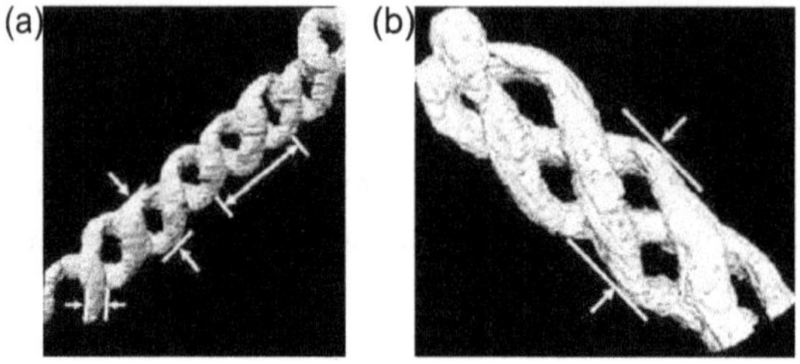

Abb. 14.9. Elektronenholographische Abbildungen von Polymerhelices, die sich durch einen komplexen Selbstorganisationsprozess in Lösungen aus Polmergemischen bilden können [14.18]. (a) Doppelhelix und (b) Tripelhelix.

In räumlich stark eingeschränkter Umgebung, vor allem in Nanoporen, können Grenzflächenwechselwirkungen, Symmetriebrüche, strukturelle Frustration und induzierte Entropieverluste einen dominanten Einfluss auf molekulare Selbstorganisationsprozesse haben. Mesoporöse und mesostrukturierte Filme stellen daher ausgesprochen interessante Template für die Synthese von Nanostrukturen und nanostrukturierten Materialien dar. Ganz besonders interessant ist die Selbstorganisation von Blockcopolymeren in Mesoporen, wenn die Porenabmessungen kommensurabel mit Superstrukturen der Polymere, wie beispielsweise in Abb. 14.10 gezeigt, sind. Dann ist durchaus mit Effekten durch Volumenbegrenzung (Confinementeffekten) zu rechnen. Andererseits hat die organisch-anorganische Koassemblierung von oberflächenaktiven Substanzen in Form von Blockcopolymeren und SiO_2 zur hochgradig reproduzierbaren Herstellung von hexagonalen SiO_2-Mesostrukturen (SBA-15) [14.19] und anderen SiO_2-Mesophasen mit lamellarer oder kubischer Symmetrie geführt [14.20]. Die Zusammensetzung der Blockcopolymere beeinflusst dabei die resultierende Mesophase.

Abbildung 14.10 zeigt nun Surfactant-SiO_2-Mesostrukturen, die sich in Poren unterschiedlichen Durchmessers von porösem anodischem Al_2O_3 formen. Teilweise handelt es sich bei den abgebildeten Strukturen um inverse Strukturen [14.22], die sich durch elektrochemisches Auffüllen der Freiräume mit Silber bilden. Es ist offensichtlich, dass sich aufgrund der Confinementeffekte für Porendurchmesser im

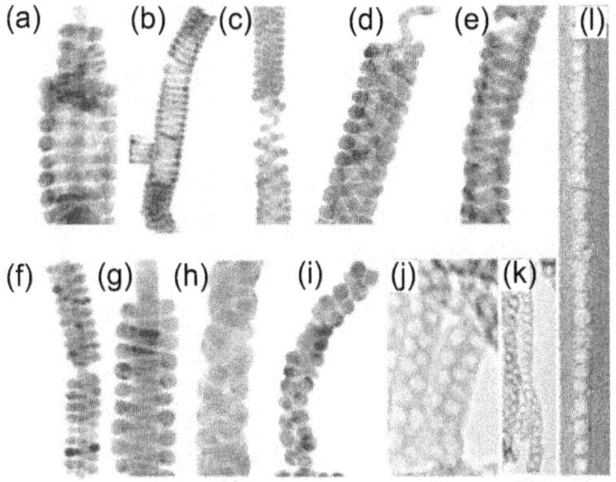

Abb. 14.10. Transmissionselektronenmikroskopische Aufnahmen von Mesostrukturen, welche durch Koassemblierung eines Triblockcopolymers und von SiO_2 in den Poren von mesoporösem Al_2O_3 entstanden [14.21]. (a)–(i) Inverse Silberstrukturen bei Porendurchmessern von 64 nm, 62 nm, 51 nm, 45 nm, 41 nm, 40 nm, 31 nm und 28 nm. (j), (k) Freistehende SiO_2-Fasern bei Durchmessern von 28 nm und 18 nm. (l) SiO_2-Faser innerhalb einer Al_2O_3-Nanopore von 18 nm.

Bereich von 31 nm bis 64 nm helikale Mesostrukturen bilden. Diese werden für mesoporöse Filme von SiO_2 nicht beobachtet. Außerdem wird sehr deutlich, dass die Chiralität und der Typ der Überstrukturen sehr empfindlich vom Porendurchmesser abhängen. Für die kleinsten Porendurchmesser verschwindet schließlich die Chiralität der Überstrukturen. Abbildung 14.11 fasst die Beobachtungen in Abhängigkeit des Porendurchmessers noch einmal übersichtlich zusammen.

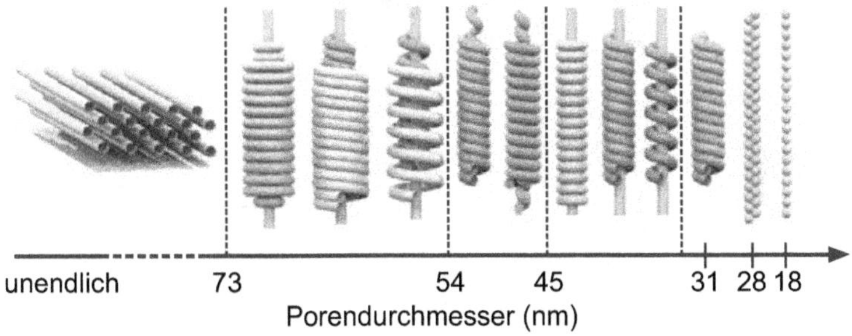

Abb. 14.11. Zusammenfassung und Verdeutlichung der experimentellen Ergebnisse aus Abb. 14.10 [14.21].

Helikale Nanopartikelanordnungen oder anorganische helikale Nanodrähte lassen sich synthetisieren, indem chirale organische Strukturen als Template verwendet werden. Nach Nukleation und Deposition des anorganischen Materials kann das

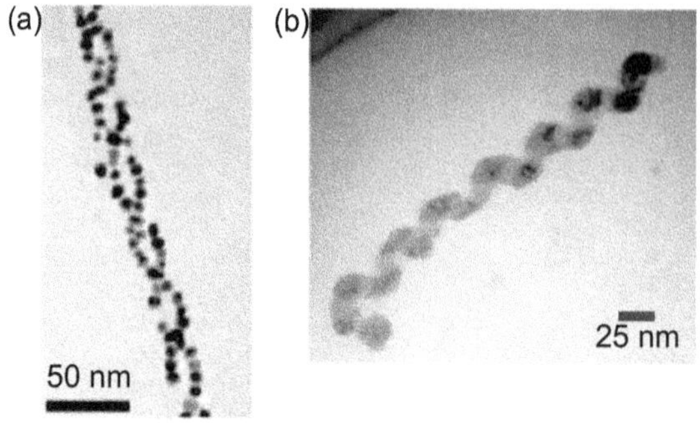

Abb. 14.12. (a) Chirale Überstruktur aus Gold-Nanopartikeln, die unter Verwendung eines Polypeptidsubstrats synthetisiert und mittels Transmissionselektronenmikroskopie (TEM) abgebildet wurden [14.23]. (b) TEM-Aufnahme eines helikalen CdS-Filaments, welches unter Verwendung eines Lipidanalogons synthetisiert wurde [14.24].

organische Templat durch Kalziierung entfernt werden. Abbildung 14.12 zeigt Beipiele für anorganische chirale Nanostrukturen, welche unter Verwendung organischer Template hergestellt werden.

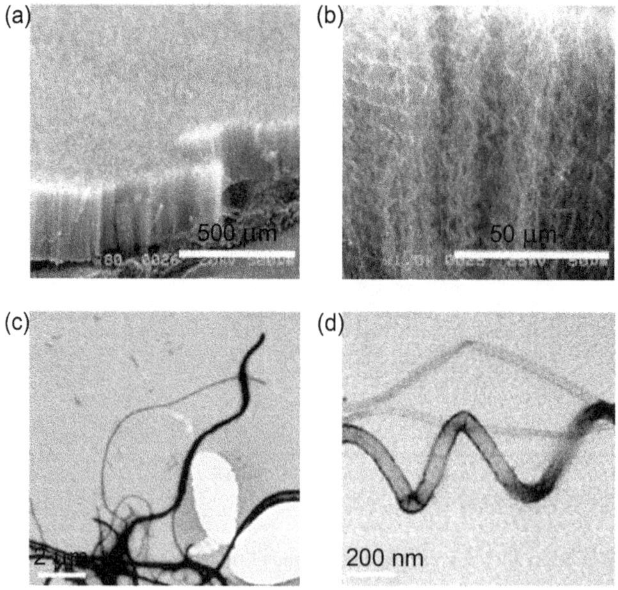

Abb. 14.13. Rasterelektronenmikroskopische Aufnahme (Scanning Electron Microscopy, SEM) helikaler CNT [14.25]. (a) Ausgerichtetes CNT-Feld. (b) Ausschnittsvergrößerung von (a). (c), (d) Helikale Struktur einzelner CNT.

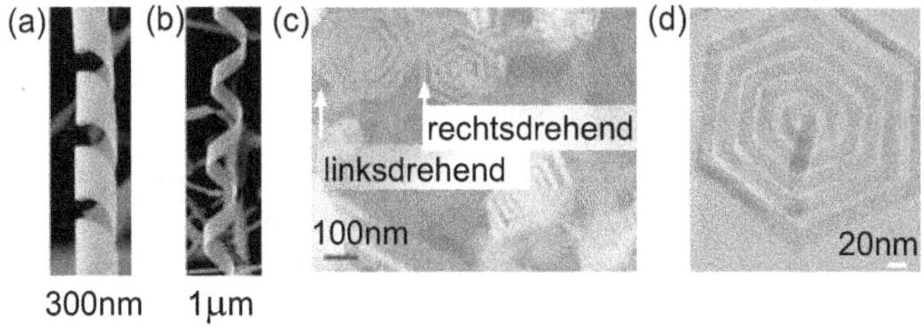

Abb. 14.14. Chirale Nanostrukturen von Kristallen mit Wurzitgitter. (a) SEM-Aufnahme eines linkshändigen Nanostreifens aus ZnO und (b) rechtshändiger Streifen [14.29]. (c) SEM-Aufnahme von $CrSi_2$-Nanonetzen und (d) TEM-Aufnahme [14.30].

Kohlenstoffnanoröhrchen (Carbon Nanotubes, CNT) können unter bestimmten Wachstumsbedingungen nicht nur die kristalline Chiralität wie in Abb. 14.2 aufweisen, sondern sogar eine ausgeprägte weitere helikale Überstruktur aufweisen, wie in Abb. 14.13 zu sehen ist. Als Ursache werde verschiedene Mechanismen, beispielsweise die *asymmetrische Extrusion* und kinetisch bedingte Symmetriebrüche diskutiert [14.11].

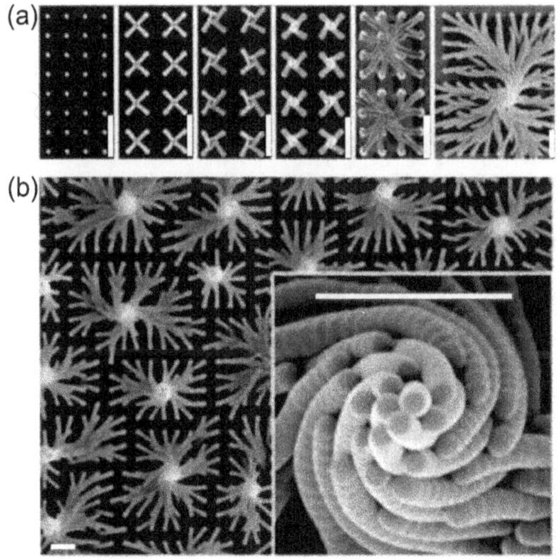

Abb. 14.15. Selbstorganisation von Polymerborsten unter dem Einfluss von Kapillarkräften [14.31]. (a) SEM-Aufnahmen, in denen die Balkenlänge 4 μm beträgt. Oben links sind einzelne Borsten erkennbar, in den anderen Teilbildern tetramere Helices und helikale Bündel vierter Ordnung. (b) SEM-Aufnahme eines großen helikalen Bündels, resultierend aus hierarchischer Organisation. Die Balkenlänge beträgt 3 μm.

Eine Reihe weiterer Mechanismen kann zu chiralen einkristallinen oder polykristallinen Nanosuperstrukturen führen [14.26]. Dazu gehören sterisch induzierte CNT-Helices [14.27] und elektrostatisch induzierte Helices in Einkristallen mit Wurzitstruktur, wie beispielsweise ZnO [14.28]. Abbildung 14.14 zeigt chirale einkristalline Strukturen von Materialien mit Wurzitkonfiguration.

Auch mittels postsynthetischer Prozesse lassen sich chirale Nanostrukturen aus ursprünglich achiralen Konfigurationen erzeugen [14.11]. Relevante Mechanismen bestehen in der Erzeugung mechanischer Spannungen durch thermische Behandlung, in der Nutzung von Confinementeffekten bei leichzeitiger Applikation mechanischer Kräfte und in der Nutzung von Kapillarkräften. Abbildung 14.15 zeigt, wie sich aus Polymerborsten unter dem Einfluss von Kapillarkräften helikale Strukturen entwickeln.

14.1.2 Eigenschaften chiraler Nanostrukturen

Chiralität ist im bisherigen Kontext zunächst primär einmal nur eine Symmetrieeigenschaft einer Nanostruktur. Andererseits sind seit der Entdeckung der Chiralität der *Tartarsäure* 1948 enantioselektive Prozesse sehr in den Mittelpunkt chemischer und biochemischer Analytik gelangt. Ausschlaggebend hierfür ist nicht nur ein grundlagenorientiertes Interesse, sondern es sind auch anwendungsorientierte Erfordernisse und Möglichkeiten. Zu den anwendungsgetriebenen Erfordernissen zählt natürlich insbesondere der Bedarf an enantioselektiver Synthese pharmazeutischer Wirkstoffe, der daraus resultiert, dass der Erkennungsmechanismus zwischen Wirkstoff und Targetmolekülen der Chiralität der Biomoleküle Rechnung tragen muss. Zu den durch den Freiheitsgrad der Chiralität eröffneten Möglichkeiten gehört beispielsweise die enantioselektive Katalyse. Im Gesamtkontext der Nanotechnologie sind neben chemischen und biochemischen Eigenschaften chiraler Nanostrukturen noch die physikalischen Eigenschaften, die spezifisch aus der Chiralität resultieren, von Bedeutung. Diese physikalischen Eigenschaften chiraler Objekte werden spätestens seit Erfindung der archimedischen Schraube im dritten Jahrhundert v. Chr. auf vielfältige Weise ingenieurtechnisch genutzt. Viele der Anwendungen entsprechen dabei derjenigen der archimedischen Schraube, der Kopplung zwischen Rotations- und axialer Bewegung durch eine Helix. Das Herunterskalieren chiraler Bauelemente bis in den Nanometerbereich könnte eine neue Dimension der Nanomechanik eröffen. Aber auch das Hochskalieren molekularer Chiralität bis in den Nanometerbereich bietet ein interessantes Anwendungspotential. So nutzt man auf vielfältige Weise die Eigenschaft chiraler Moleküle, die Polarisationsebene von Licht zu drehen. *Chirale plasmonische Nanostrukturen* haben eine entsprechende Eigenschaft und unter ihrer Verwendung wären leistungsfähige plasmonische Polarisatoren denkbar [14.32].

Mechanische Eigenschaften von chiralen Nanostrukturen können mithilfe von Nanomanipulatoren gemessen werden. Die elementarste Messung besteht in der Bestimmung von abstandsabhängigen Rückstellkräften bei der Elongation der chiralen Struktur. Ein Beispiel zeigt Abb. 14.16.

Mittels nanoskaliger Helices sollten sich axiale, räumlich stark begrenzte Magnetfelder erzeugen lassen. Transportmessungen zur Bestimmung der Induktivität wur-

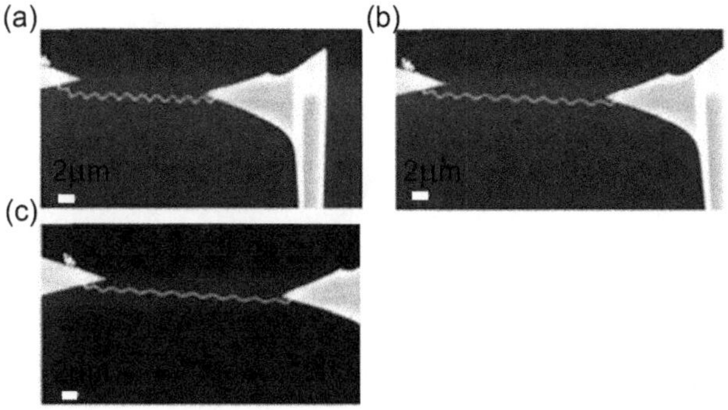

Abb. 14.16. SEM-Aufnahmen einer Kraft-Abstands-Messung an einem helikalen Kohlenstofffilament [14.33].

den an helikalen Mikrofilamenten durchgeführt, die unter Verwendung pflanzlicher Gefäße als Template hergestellt wurden [14.34]. Abbildung 14.17 zeigt die Anordnung zur Transportmessung. Induktivitäten der Helices mit einem Durchmesser von etwa 50 μm und einer Länge von 1 mm liegen im pH-Bereich.

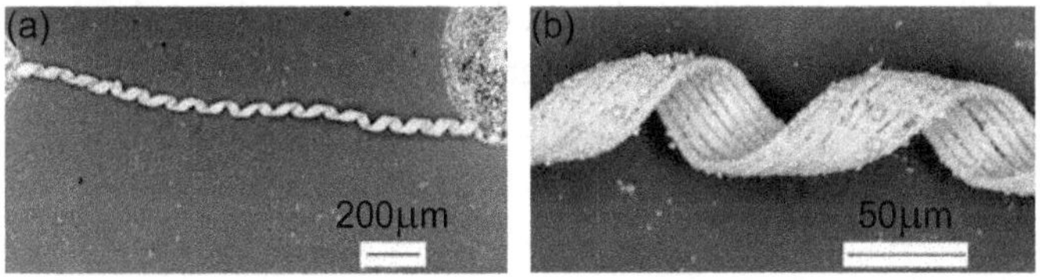

Abb. 14.17. SEM-Aufnahmen helikaler templatbasierter Silbernanofilamente [14.34]. (a) Anordnung für Transportstrommessungen. (b) Details des helikalen Filaments.

Wie in Abschn. 3.6.6 ausgeführt, gehört MgB_2 zu den unkonventionellen Supraleitern, wobei die Supraleitung der metallischen Verbindung erst im Jahr 2001 entdeckt wurde. In den letzten Jahren gelang die Synthese von achiralen [14.35] und auch von chiralen [14.36] MgB_2-Nanodrähten. Abbildung 14.18 zeigt die chirale Variante, die zur Erzeugung vergleichsweise großer Magnetelder auf Nanometerskala durchaus relevant wäre. Dabei ist vorteilhaft, dass die Sprungtemperatur in der Größenordnung derjenigen des Massivmaterials liegt [14.36].

Spezifisch durch die Chiralität bedingte optische Eigenschaften von Nanostrukturen basieren prädominant auf dem *Zirkulardichroismus*, also auf einer Asymmetrie in der Absorption von links- und rechtszirkular polarisiertem Licht. Zirkulardichroismus chiraler Nanostrukturen ist in den letzten Jahren zu einem bevorzugten Forschungsthema geworden [14.31]. Interessant könnte hier besonders der Einfluss lokalisierter *Oberfächenplasmonen* sein [14.37].

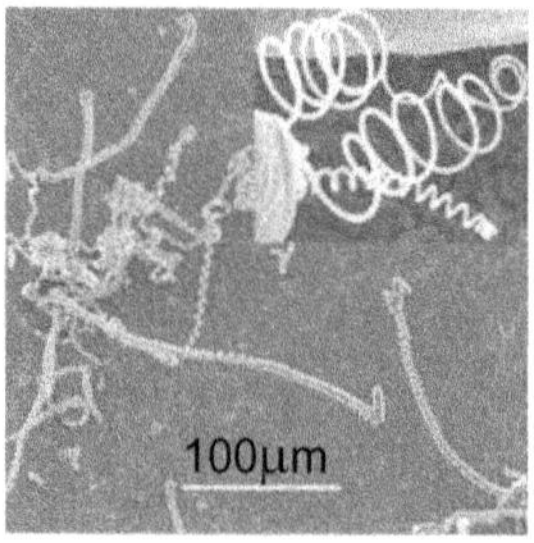

Abb. 14.18. SEM-Aufnahmen von supraleitenden MgB_2-Nanohelices auf einem Siliziumsubstrat [14.36].

Bei der asymmetrischen Katalyse konzentrieren sich Überlegungen auf hochindizierte Metalloberflächen, die *Vizinalflächen*, die wir in Abschn. 2.2.3 schon einmal erwähnt hatten. *Kinken* an diesen Oberflächen sind häufig chiral im Hinblick auf die Koordinationsumgebung kleiner Moleküle. Dies ermöglicht die chirale Erkennung von Molekülen aufgrund der atomaren Struktur der Festkörperoberfläche [14.38]. Abbildung 14.19 zeigt das atomare Modell einer (643)-Oberfläche eines kubisch flächenzentrierten Metalls. Die Chiralität resultiert aus dem Verlauf der Stufenkanten, die durch zwei unterschiedliche Orientierungen definiert sind, und die Terrassen mit lokaler (111)-Orientierung begrenzen. Jede Oberfläche eines kubisch flächenzentrierten Metalls, für deren *Millersche Indices* $h \neq k \neq l$ und $h \cdot k \cdot l \neq 0$ gilt, ist chiral [14.39].

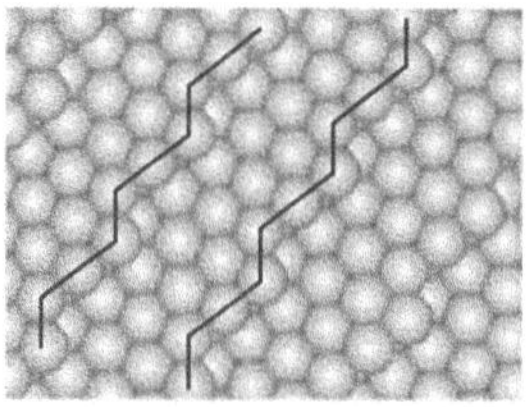

Abb. 14.19. (643)-Vizinaloberfläche eines kubisch flächenzentrierten Metalls.

An sich achirale Kristalloberflächen, wie beispielsweise jene des Kalzits ($CaCO_3$) in Abb. 14.20(a), können in Anwesenheit chiraler Moleküle, wie beispielsweise der *Asparaginsäure* ($C_4H_7NO_4$), chirale Strukturen wie in Abb. 14.20(b) aufweisen. Kalzit ist geochemisch hochrelevant für Untersuchungen zur Entstehung des Lebens, da es in der archaischen Ära das verbreitetste Mineral in den Ozeanen war [14.40]. Zudem adsorbiert Kalzit Aminosäuren [14.41]. Die enantiomerselektive Katalyse an Kalzitoberflächen könnte damit rein hypothetisch die Ursache für das enantiomerreine Vorkommen der Biomoleküle sein [14.42].

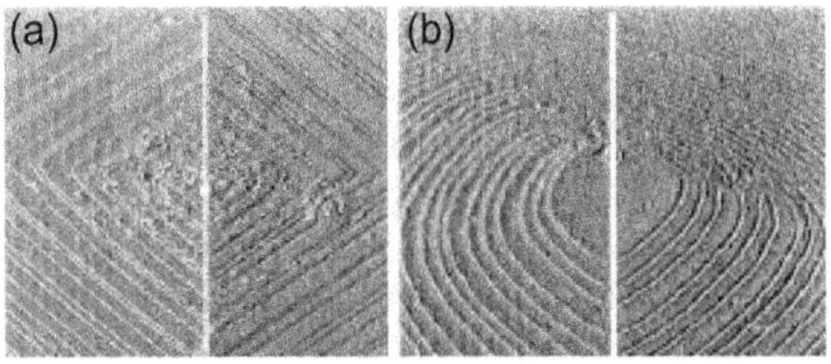

Abb. 14.20. AFM-Aufnahmen einer $(10\bar{1}4)$-Spaltfläche eines Kalzitkristalls in übersättigter Kalziumkarbonatlösung [14.43]. (a) Achirale Stufenkantenanordnung. (b) Chirale Strukturen bei Anwesenheit von Asparaginsäure in L-(links) und D-Konfiguration (rechts).

Literatur

[14.1] R. Flood, M. McCartney and A. Whitaker, *Kelvin: Life, Labours and Legacy* (Oxford Univ. Press, Oxford, 2008).

[14.2] M. Petitjean, Symmetry: Culture and Science **18**, 99 (2007); **21**, 27 (2010).

[14.3] www.wikimedia.org/wikipedia/commons/4/4c/Nepunea_-_links%26rechts_gewonden.jpg.

[14.4] J.W. Wilder, L.C. Venema, A.G. Rinzler, R.E. Smalley and C. Dekker, Nature **391**, 59 (1998).

[14.5] P.M. Ajayan, Chem. Rev. **99**, 1987 (1999); H. Dai, Acc. Chem. Res. **35**, 1035 (2002).

[14.6] D. Hall and D.J. Bacon, *Introduction to Dislocations* (Pergamon, Oxford, 1984).

[14.7] A. Berthod, Anal. Chem. **78**, 2093 (2006); M. Zhang, G. Qing and T. Sun, Chem. Soc. Rev. **41**, 1972 (2012).

[14.8] D.K. Smith, Chem. Soc. Rev. **38**, 684 (2009).

[14.9] J.H. Burroughs, D.D.C. Bradley, A.R. Brown, R.N. Marks, K. Mackay, R.H. Friend, P.L. Bum and A.B. Holmes, Nature **347**, 539 (1990).

[14.10] A. Ajayagosh, R. Vaghese, S.J. George and C. Vijayakumar, Angew. Chem. Int. Ed. **45**, 1141 (2006).

[14.11] Y. Wang, J. Xu, S. Wang and H. Chen, Chem. Soc. Rev. **42**, 2930 (2013).

[14.12] J.P. Hille, W. Jin, A. Kosaka, T. Fukushima, H. Ichihara, T. Shimomura, K. Ito, T. Hashizume, N. Ishii and T. Aida, Science **304**, 1481 (2004).

[14.13] J.L. Brédas, J.P. Calbert, D.A. da Sivo Filho and F. Cornil, Proc. Natl. Acad. Sci. USA **99**, 5804 (2002).

[14.14] S. Che, Z. Liu, T. Oshuna, K. Sakamoto, O. Terasaki and T. Tatsumi, Nature **429**, 281 (2004).

[14.15] Y. Han, L. Zhao and Y. Ynig, Adv. Mat. **19**, 2454 (2007).

[14.16] X. Wu, H. Jin, Z. Liu, T. Oshuna, O. Terasaki, K. Sakamoto and S. Che, Chem. Mat. **18**, 241 (2006).

[14.17] H. Qiu and S. Che, Chem. Soc. Rev. **40**, 1259 (2011).

[14.18] J. Dupont, G. Liu, K. Niihara, R. Kimoto and H. Jinnai, Angew. Chem. Int. Ed. **48**, 6144 (2009).

[14.19] D.Y. Zhao, Q.S. Huo, J.L. Feng, B.F. Chmelka and G.D. Stucky, J. Am. Chem. Soc. **120**, 6024 (1998).

[14.20] D.Y. Zhao, J.L. Feng, Q.S. Huo, N. Melosh, G.H. Frederickson, B.F. Chmelka and G.D. Stucky, Science **279**, 548 (1998).

[14.21] Y. Wu, G. Cheng, K. Katsov, S.W. Sides, J. Wang, J. Tang, G.H. Frederickson, M. Moskovites and G.D. Stucky, Nature Mat. **3**, 816 (2004).

[14.22] S.H. Joo, R. Kyoo, M. Kruk and M. Jaroniec, J. Phys. Chem. B **106**, 4640 (2002).

[14.23] C.-L. Chen, P. Zhang and N.L. Rosi, J. Am. Chem. Soc. **130**, 13555 (2008).
[14.24] E.D. Sone, R.E. Zubarev and S.I. Stupp, Angew. Chem. Int. Ed. **41**, 1705 (2002).
[14.25] V. Bajpai, L.M. Dai and T. Ohashi, J. Am. Chem. Soc. **126**, 5070 (2004).
[14.26] M. Yang and N.A. Kotov, J. Mater. Chem. **21**, 6775 (2011); Z.L. Wang, Mat. Sci. Eng. R **64**, 33 (2009); H. Wang and T. Wu, J. Mat. Chem. **21**, 15095 (2011).
[14.27] Q. Zhang, M.Q. Zhao, D.M. Tang, F. Li, J. Q. Huang, B.L. Liu, W.Z. Zhu, Y.H. Zhang and F. Wei, Angew. Chem. Int. Ed. **49**, 3642 (2010).
[14.28] X.Y. Kong and Z.L. Wang, NanoLett. **3**, 1625 (2003); Appl. Phys. Lett. **84**, 975 (2004); X.Y. Kong, Y. Ding, R. Yang and Z.L. Wang, Science **303**, 1348 (2004).
[14.29] P.X. Gao, Y. Ding, W.J. Mai, W.L. Hughes, C.S. Lao, and Z.L. Wang, Science **309**, 1700 (2005).
[14.30] H. Wang, J.-C. Wu, Y. Shen, G. Li, Z. Zhang, G. Xing, D. Guo, D. Wang, Z. Dong and T. Wu, J. Am. Chem. Soc. **132**, 15875 (2010).
[14.31] B. Pokroy, S.H. Kang, L. Mahadevan and J. Aizenberg, Science **323**, 237 (2009).
[14.32] C. Gautier and T. Bürgi, ChemPhysChem **10**, 483 (2009); R. Jin, Nanoscale **2**, 343 (2010); C. Noguez and I.L. Garzon, Chem. Soc. Rev. **38**, 757 (2009); A. Guerro-Martínez, J. L. Alonso-Gómez, B. Agnié, M.M. Cid and L.M. Liz-Marzán, Nano Today **6**, 381 (2011); A. Kuzyk, R. Schreiber, Z. Fan, G. Pardatscher, E.-M. Roller, A. Hogele, F.C. Simmel, A.O. Govorov and T. Liedl, Nature **483**, 311 (2012).
[14.33] X.Q. Chen, S.L. Zhang, D.A. Dikin, W.Q. Ding, R.S. Ruoff, L.J. Pan and Y. Nakayama, Nano Lett. **3**, 1299 (2003).
[14.34] K. Komata, S. Suzuki, M. Ohtsuka, M. Nakagowa, I. Iyoda and A. Yamada, Adv. Mat. **23**, 5509 (2011).
[14.35] M. Nath and B.A. Parkinson, Adv. Mat. **18**, 1865 (2006).
[14.36] M. Nath and B.A. Parkinson, J. Am. Chem. Soc. **129**, 11302 (2007).
[14.37] Z. Zhu, W. Liu, Z. Li, B. Han, Y. Zhou, Y. Gao and Z. Tang, ACS Nano **6**, 2326 (2012).
[14.38] R.M. Harzen and D.S. Sholl, Nature Mat. **2**, 367 (2003).
[14.39] D.S. Sholl, A. Astagiri and T.D. Power, J. Phys. Chem. B **105**, 4771 (2001).
[14.40] D.Y. Summer, Am. J. Sci. **297**, 455 (1997).
[14.41] S. Weiner, and L. Addadi, J. Mat. Chem. **7**, 689 (1997); P.W. Carter and R.M. Mitterer, Geochim. Cosmochim. Acta **42**, 1231 (1978).
[14.42] R. Popa, J. Mol. Evol. **44**, 121 (1997); N. Lahav, *Biogenesis: Theories of Life's Origin* (Oxford Univ. Press, New. York, 1999).
[14.43] R.M. Hazen and D.S. Sholl, Nature Mat. **2**, 367 (2003).

15 Supramolekulare Chemie

Die supramolekulare Chemie ist die wohl universellste und vielseitigste Bottom up-Kategorie zur Herstellung funktionaler Nanostrukturen. Wichtige Bestandteile sind die molekulare Erkennung und Wirt-Gast-Beziehungen. Die supramolekulare Chemie beinhaltet eine große Anzahl mittlerweile gut bekannter molekularer Kategorien. Diese molekularen Grundbausteine lassen sich untereinander sowie beispielsweise mit Nanopartikeln, Clustern oder auch Kohlenstoffgrundbausteinen kombinieren.

15.1 Begriffsbestimmung und disziplinäre Einordnung

Der Beginn der supramolekularen Chemie wurde eingeleitet durch die pionierhaften Arbeiten von *R. Woodward* (1917–1979, Nobelpreis für Chemie 1965) zur organischen Synthese, von *C. Pederson* (1904–1989, Nobelpreis für Chemie 1987), zur Erforschung der *Kronenether*, von *D. Cram* (1919–2001, Nobelpreis für Chemie 1987), zur *Wirt-Gast-Chemie* und von *J.-M. Lehn* (Nobelpreis für Chemie 1987) zur Erforschung der *Kryptanden*. Generalisierend betrachtet, hat die supramolekulare Chemie ihre Wurzeln in der organischen, der Kolloid-, der Koordinations-, der Polymer- und in der Biochemie. „Supra" bringt zum Ausdruck, dass es sich um eine Chemie jenseits des Atoms oder Moleküls handelt, um eine „Chemie der intermolekularen Bindung" [15.1]. Die supramolekulare Chemie involviert das Design, die Synthese und die Charakterisierung molekularer Komplexe. Dabei besteht ein grundlegender Aspekt darin, dass die Moleküle eines supramolekularen Komplexes ihre individuelle Struktur weitestgehend behalten, aber ihre chemische Natur sich durchaus ändert.

Da supramolekulare Komplexe durch Zusammenlagerung koordinativ gesättigter Spezies entstehen, sind die in Abschn. 4.1 und 4.2 behandelten intermolekularen Wechselwirkungen von entscheidender Wichtigkeit. Sie übernehmen für die entstehenden supramolekularen Einheiten, die *Übermoleküle*[38], quasi die Funktion der kovalenten Wechselwirkungen in Molekülen. Die Partner einer supramolekularen Spezies werden als *molekularer Rezeptor* und *Substrat* bezeichnet, wobei das Substrat für gewöhnlich die kleinere Komponente ist, die gebunden werden soll. Intermolekulare Wechselwirkungen sind auch die Basis für die hochselektiven Erkennungs-, Reaktions-, Transport- und Regulationsprozesse, denen wir in biologischen Systemen begegnen. Das Design technischer Rezeptoren mit hoher Selektivität erfordert die rationale Nutzung der energetischen und stereochemischen Besonderheiten nichtkovalenter Wechselwirkungen im Bereich einer definierten molekularen Architektur.

Die Bindung eines Substrats an einen Rezeptor ergibt ein Übermolekül auf Basis molekularer Erkennung. Rezeptoren, die neben der selektiven Bindung noch reakti-

---

38 Der Begriff wurde bereits in den 1930er Jahren eingeführt [15.2].

ve Funktionen ausüben, können am gebundenen Substrat Umwandlungen auslösen, was dem Verhalten einer supramolekularen Reagens oder eines supramolekularen Katalysators entspricht. So kann es beispielsweise zur *Translokation* eines gebundenen Substrats kommen, indem der Rezeptor als Carrier fungiert. *Molekulare Erkennung, Transformation* und *Translokation* sind die grundlegenden Funktionen supramolekularer Spezies. Im Zusammenhang mit geordneten polymolekularen Aggregaten und Phasen, wie dünnen Schichten, Membranen, Vesikeln oder auch Flüssigkristallen, können funktionelle Übermoleküle zur Entwicklung molekularer Funktionseinheiten führen, also zur Grundlage nanoskaliger Funktionseinheiten und molekularer Maschinen werden. Abbildung 15.1 zeigt die Begrifflichkeiten und die disziplinäre Einordnung der supramolekularen Chemie im Überblick.

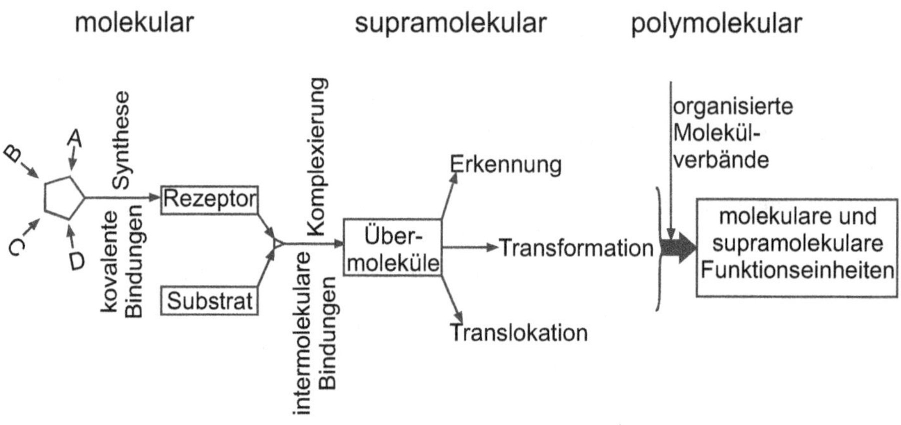

Abb. 15.1. Zusammenhang zwischen molekularer und supramolekularer Chemie [15.3].

Im Hinblick auf die supramolekulare Synthese ist es nützlich, sich die Unterschiede zwischen einer kinetisch kontrollierten und einer thermodynamisch kontrollierten Synthese zunächst einmal zu verdeutlichen. Dies tut Abb. 15.2. Kinetische Reaktionen sind im Wesentlichen irreversibel. Das Resultat hängt von den Reaktionsraten der Konstituenten ab. Der Übergangszustand K hat eine relativ niedrige Aktivierungsenergie. Bei thermodynamischer Kontrolle läuft die Reaktion in ein thermodynamisches Gleichgewicht. Der in diesem Fall maßgebliche Übergangszustand T hat eine vergleichsweise hohe Aktivierungsenergie. Bei jeder realen Synthese sind sowohl thermodynamische als auch kinetische Reaktionsanteile vorhanden. Allerdings können die Syntheseparameter so gewählt werden, dass die kinetische oder die thermodynamische Kontrolle dominiert.

Bei niedrigen Temperaturen ist das kinetische Produkt bevorzugt aufgrund der niedrigeren Aktivierungsenergie. Die geringere Stabilität ist dann weniger entscheidend. Bei höheren Temperaturen steht ausreichend thermische Energie zur Überwin-

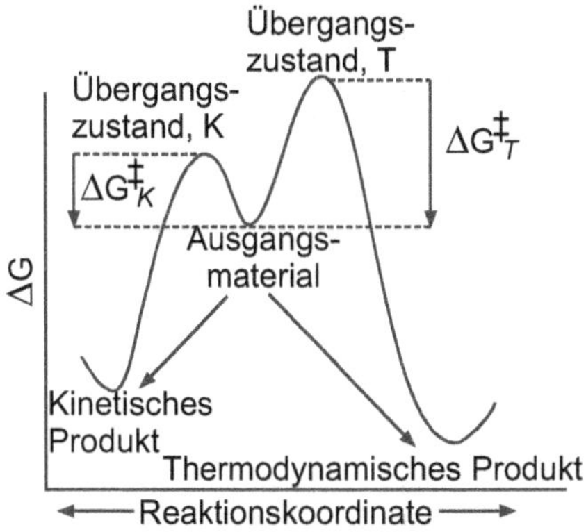

Abb. 15.2. Kinetische versus thermodynamische Reaktionskontrolle.

dung der höheren Aktivierungsenergie zur Verfügung. Dadurch wird primär das thermodynamisch stabile Reaktionsprodukt geformt. Dies ist ebenfalls bei hinreichend langen Reaktionszeiten der Fall. Kinetische Produkte werden dann in thermodynamische transformiert.

Im Bereich der molekularen Chemie sind zumeist kovalente Bindungen relevant. Das Formen und Aufbrechen intramolekularer Bindungen führt zu kinetischen oder thermodynamischen Produkten. In der supramolekularen Chemie sind andererseits schwache intermolekulare Wechselwirkungen relevant. Das Aufbrechen und Formen von solchen Bindungen führt in der Regel zu thermodynamischen Produkten. Gegenüber kinetischen Produkten besteht ein höheres Maß an Reversibilität. Allerdings können diese grundsätzlichen Verhältnisse durch *Templateffekte* beeinflusst werden. Beim *kinetischen Templateffekt* wird das Ergebnis einer chemischen Reaktion dadurch beeinflusst, dass ein Reaktionspfad eine sterische Komponente erhält. Template üben also eine sterische Kontrolle auf chemische Reaktionen aus. So führen Reaktionen in Nanokavitäten aufgrund von Confimentent-Effekten zu Produkten, die unter gewöhnlichen Reaktionsbedingungen nie resultierten. Beispiele dafür haben wir in Kap. 14 kennengelernt. Es bestehen damit gewisse Analogien zu katalytischen Effekten, bei denen die Aktivierungsenergie dadurch reduziert wird, dass kinetische stabile Zwischenzustände geformt werden. Beim *thermodynamischen Templateffekt* bewegt sich das Reaktionsgleichgewicht in Richtung eines metallstabilisierten Produkts mit großer Reaktionsrate [15.4]. Ohne das Templatmetall würden andere Reaktionsprodukte zu einer Produktmischung beitragen. Die Fähigkeit des Metallkations, den besten Liganden zur Formung eines energetisch bevorzugten Komplexes zu finden, ändert das Reaktionsgleichgewicht zugunsten des thermodynamisch stabilen Produkts [15.5].

Thermodynamische Faktoren sind entscheidend für Selektivität, molekulare Erkennung, Selbstorganisation und Selbstreplikation. Allgemein bestehen komplexe Syntheseprozesse in einer Vielzahl von Schritten, welche sowohl thermodynamische als auch kinetische Faktoren beinhalten. Beispielsweise kann ein Selbstorganisationsprozess zunächst einen π-π-Stapelprozess beinhalten. Nachfolgende kovalente Reaktionen können dann kinetische Faktoren beinhalten. Wasserstoffbrückenbindungen wiederum sind als attraktive Wechselwirkung charakteristisch für thermodynamische selbstreplizierende Systeme, die Präkursormoleküle formen, die in späteren Prozessen kovalent modifiziert werden. Auch die Wirkung von Enzymen beinhaltet thermodynamische wie kinetische Komponenten. Ein potentielles Substrat wird in eine aktive Bindungstasche mittels intermolekularer Kräfte gelotst. Dies wird dann unter kinetischen Bedingungen modifiziert, wobei ein völlig neues Molekül entsteht. Die Entfernung eines Wasserstoffatoms vom Substrat, die in Form eines Oxidationsprozesses in der Bindungstasche des Enzyms erfolgt, erfordert einen kinetischen Confinementeffekt und die Applikation von Spannungen auf die infrage stehende Bindung. Erst wenn die genannten Voraussetzungen gegeben sind, kann die enzymatische Wirkung unter physiologischen Bedingungen eintreten.

Wie bereits im Zusammenhang mit Abb. 15.1 angedeutet, ist das Prinzip der Erkennung, Information und Komplementarität die Basis der supramolekularen Chemie. Der Rezeptor, der auch als Wirt bezeichnet wird, hat durch seine Form eine bestimmte Information gespeichert. Er hat damit auch eine spezifische Funktionalität. Auch das Substrat, welches auch als Gast bezeichnet wird, verkörpert durch seinen Aufbau eine gewisse Information. Der Rezeptor erkennt nun das Substrat, und es entsteht ein Übermolekül, Supramolekül oder Wirt-Gast-Komplex. Die supramolekulare Chemie wird daher auch als Wirt-Gast-Chemie bezeichnet [15.6]. Organisierte Molekülverbände entstehen dann durch supramolekulare Selbstorganisation hin zu oligomolekularen Supramolekülen, zu molekularen Schichten oder Membranen. Jenseits der molekularen Stufe sind auf allen Stufen intermolekulare Wechselwirkungen involviert. Während wir Prinzipien der molekularen Selbstorganisation bereits in Abschn. 4.4 und Aspekte der intermolekularen Wechselwirkungen in Abschn. 4.1 und 4.2 tangiert haben, wurde die molekulare Erkennung noch nicht thematisiert und soll im Folgenden deshalb genauer diskutiert werden.

15.2 Molekulare Erkennung

Grundlegend für die supramolekulare Chemie ist die Schlüssel-Schloss-, Wirt-Gast- oder Rezeptor-Substrat-Wechselwirkung. Sie ist die Grundlage für die Bildung von Koordinationsverbindungen, welche einen Liganden und ein Metall involvieren, für die Enzym-Substrat-Spezifität in biologischen Systemen sowie für die Antikörper-Antigen-Relation als Grundlage des Immunsystems. Die Wirt-Gast-Wechselwirkung, die auf Komplementarität der wechselwirkenden Partner basiert, führt zur molekularen Erkennung als charakteristisches Spezifikum der supramolekularen Chemie. Dies veranschaulicht Abb. 15.3 in schematischer Weise. Die hexagonale Gaststruktur passt geometrisch perfekt zu der komplementären Wirtstruktur. Wirtmoleküle und Gastmoleküle formen auf der Basis molekularer Erkennung eine supramolekulare Struktur, die solange wächst, wie es ein Angebot an Präkursoren gibt oder wie der Komplex löslich ist. Das Über- oder Supramolekül besteht dann aus allen durch schwache intermolekulare Wechselwirkungen gebundenen Wirt- und Gastmolekülen. Es ist also terminologisch konsequent, zwischen einem Supra- und einem Supermolekül zu unterscheiden. So können Kohlenstoffnanoröhrchen durchaus Präkursoren eines supramolekularen Komplexes sein. Sie selbst bestehen aber ausschließlich aus kovalent gebundenen Kohlenstoffatomen und bilden damit ein extrem elongiertes Supermolekül.

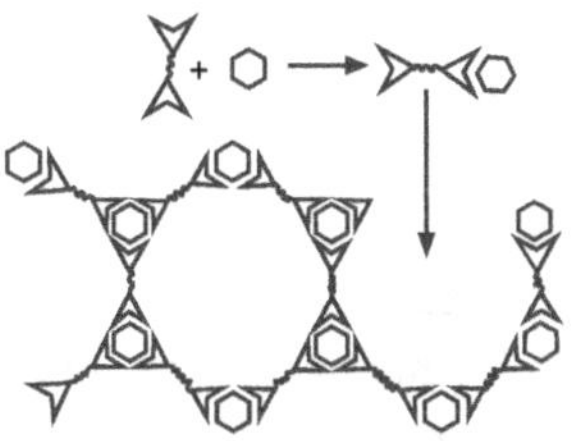

Abb. 15.3. Entstehung eines supramolekularen Komplexes aus Wirt- und Gastmolekülen. Die Gäste sind konventionsgemäß die kleineren Spezies, also hier die Hexagone.

Molekulare Erkennung ist die Selektion und Bindung des Gasts durch den Wirt. Die reine Bindung beinhaltet noch keine Erkennung, sondern erst die „zweckgebundene" Bindung. Dies impliziert die Beteiligung klar definierter intermolekularer Wechselwirkungen. Der Wirt-Gast-Komplex als Supramolekül ist durch seine thermodynamische und kinetische Stabilität gekennzeichnet. Für den Bindungsprozess, wie in Abb. 15.3 dargestellt, sind die aufzuwendende oder freiwerdende Energie und der beteiligte Informationsfluss charakteristisch und bestimmen die Selektivität. Molekulare Erkennung entspricht der Speicherung und dem Auslesen von Information auf supramolekularer Ebene. Die Information wird durch die Struktur des Wirts und des Gasts sowie durch die Art, Anzahl und Anordnung der Bindungsstellen repräsentiert. Sie wird mit Bildung und Zerfall des Supramoleküls ausgelesen. Die paarweise Komplementarität beinhaltet dabei sowohl elektronische wie auch geometrische Komponenten.

A priori beinhaltet die den Wirt betreffende Rezeptorchemie das gesamte Spektrum an Gast- oder Substratspezies: kationische, anionische neutrale Spezies organischer, anorganischer oder biologischer Natur. Trotz der daraus resultierenden vielfältigen Möglichkeiten der Bildung supramolekularer Komplexe lassen sich einige generelle Bauprinzipien für molekulare Rezeptoren ableiten. So ist beispielsweise evident, dass für eine besondere Selektivität der molekularen Erkennung Rezeptor und Substrat über eine möglichst große Kontaktfläche verfügen können sollten. Dies ist der Fall, wenn der Wirt den Gast so umhüllen kann, dass an möglichst vielen Lokationen nichtkovalente Wechselwirkungen zum Tragen kommen, die kritisch von der Größe,

Form und Architektur des Substrats abhängen. So bilden Rezeptoren mit intramolekularen Hohlräumen, in die das Substrat hineinpasst, *Kryptate*, Einschlusskomplexe.

Eine adäquate Balance zwischen Starrheit und Flexibilität ist für die dynamischen Eigenschaften von Rezeptor und Substrat von Bedeutung. Zwar kann eine Erkennung schon durch starr aufgebaute Rezeptoren erreicht werden, allerdings erfordern Austauschvorgänge, Regulation, Kooperativität und Allosterie eine strukturelle Flexibilität. Diese ist bei biologischen Rezeptor-Substrat-Wechselwirkungen besonders wichtig, wo Regulation eine Anpassung des Rezeptors an das Substrat voraussetzt. Im Hinblick auf ein rationales Design von Rezeptoren mit bestimmten dynamischen Eigenschaften sind Methoden des rechnergestützten Moleküldesigns von enormer Bedeutung, da damit auch komplexe, mit der Dynamik der Komplexierung verbundene Effekte berücksichtigt werden können. Während bei der statischen molekularen Erkennung entsprechend der klassischen Schlüssel-Schloss-Hypothese von *E. Fischer* (1852-1919, Nobelpreis für Chemie 1902) eine Komplexierung zwischen einem Rezeptor und einem Substrat erfolgt, involviert die dynamische molekulare Erkennung, basierend auf einem dynamischen Gleichgewicht, mehrere Rezeptoren und häufig viele Bindungsstellen und mehrere Substrate. *Allosterische Effekte* bestehen darin, dass die Bindungswahrscheinlichkeit an einer Stelle des Rezeptors von der An- oder Abwesenheit von Bindungen an anderen Bindungsstellen des Rezeptors abhängt. Hieraus resultiert auch die Möglichkeit der *regulierten Substratbindung*.

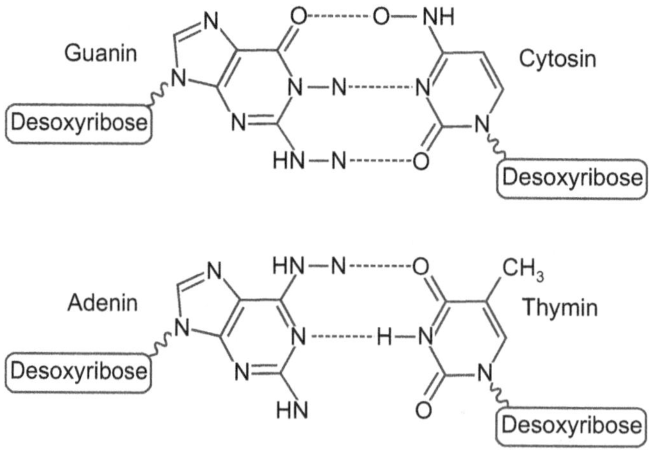

Abb. 15.4. DNA-Supramolekül aus Purin-Pyrimidin-Basenpaaren. Die intermolekularen Wechselwirkungen bestehen in drei oder zwei Wasserstoffbrückenbindungen.

Ein schon in mehreren Kontexten diskutiertes Musterbeispiel molekularer Erkennung und Komplementarität ist DNA. Abbildung 15.4 zeigt zwei supramolekulare Bausteine des Biopolymers. Hier basiert die Komplementarität auf Wasserstoffbrückenbindungen zwischen den heterozyklischen Nukleobasen der Gruppe der Purine – Adenin und Guanin – und der Gruppe der Pyrimidine – Cytosin und Thymin. Das Kettenmolekül ist aufgebaut aus den Desoxyribonukleotiden, die wiederum aus dem kovalent gebundenen Rückgrat, aus dem Zucker Desoxyribose und Phophatsäure sowie der jeweiligen Nukleobase bestehen. Desoxyribose und Phosphatsäureeinheiten sind für jedes Nukleotid identisch.

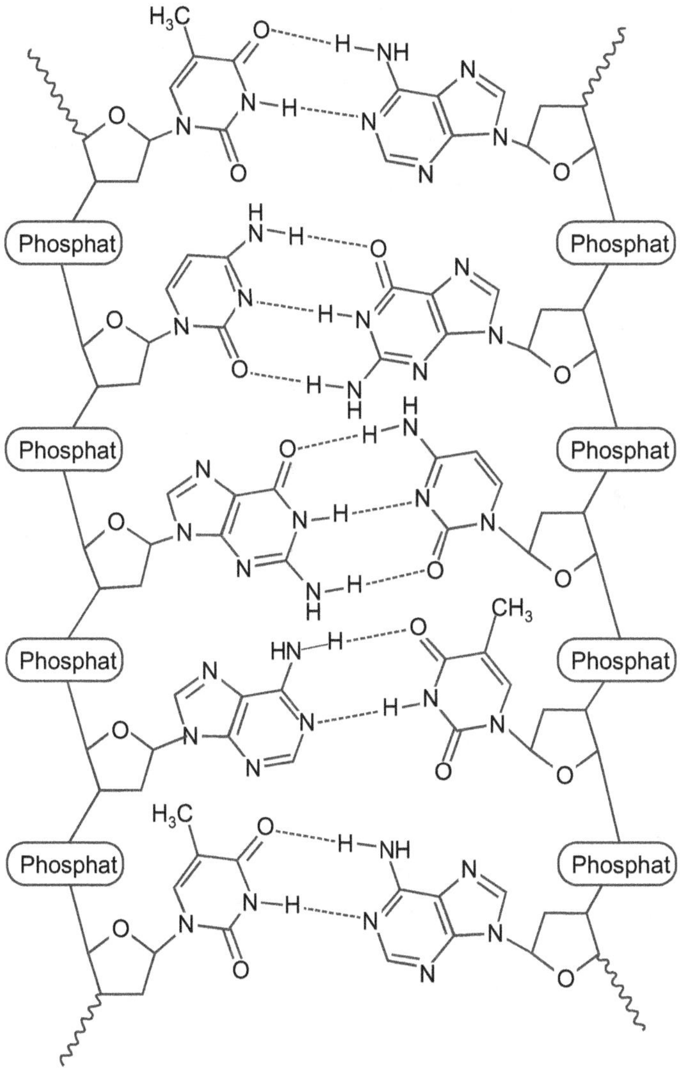

Abb. 15.5. Ausschnitt aus der DNA-Doppelhelix. Information ist in Form der Abfolge der Basenpaare kodiert.

Die Einheiten aus Base und Zucker werden als Nukleoside bezeichnet. Die Phosphatreste sind aufgrund ihrer negativen Ladung hydrophil. In wässriger Lösung besitzt DNA aufgrund der Phosphatreste insgesamt eine negative Ladung, und es können keine weiteren Protonen mehr abgegeben werden. Der Begriff Desoxyribonukleinsäure bezieht sich auf einen Zustand, in dem Protonen an die Phosphatreste angelagert sind.

Betrachtet man einen größeren Ausschnitt aus einem DNA-Strang in Abb. 15.5, so wird deutlich, weshalb molekulare Erkennung verbunden ist mit der Speicherung und dem Auslesen von Information. Die genetische Information ist in Form der Abfolge der Nukleotide gespeichert. So besitzt das größte menschliche Gen $2,5 \cdot 10^6$ Nukleotide [15.7]. Es paaren sich immer nur Adenin und Thymin mit zwei und Cytosin und Guanin mit drei Wasserstoffbrückenbindungen. Damit sind die Sequenzen in beiden Strängen der Doppelhelix komplementär. Die Bindung der Einzelstränge ist hochgradig spezifisch. Die π-π-Stapelwechselwirkungen zwischen zwei aufeinander folgenden Basenpaaren stabilisiert die Doppelhelix. Die Selbstorganisation der DNA in Form der α-Helix ist eine Folge der Kooperation von Wasserstoffbrückenbindungen, enthalpischer Stapelwechselwirkungen und entropisch getriebener hydrophobischer Wechselwirkungen.

15.3 Synthetische supramolekulare Wirtstrukturen

Die Anzahl denkbarer supramolekularer Strukturen ist offensichtlich unbegrenzt, und die Anzahl erforschter Spezies ist sehr groß, wie schon anhand der bislang diskutierten supramolekularen biologischen Bausteine deutlich wird. Auch wurden unzählige synthetische supramolekulare Strukturen untersucht und die unterschiedlichsten Präkursoren synthetisiert. Für das Design von Wirtstrukturen ist die Beschaffenheit der Gastspezies von primärer Bedeutung. Substrate können beispielsweise die unterschiedlichsten Geometrien wie sphärisch, linear, trigonal-planar, tetraedrisch oder oktaedrisch aufweisen. Dies ist insbesondere für das Rezeptordesign von Bedeutung. Interessant ist in diesem Kontext, dass 70–75 % der biologischen Substrate anionisch sind.

Wirt-Gast-Komplexe existieren in verschiedenen Konfigurationen: Bei Verkapselung ist der Gast vom Wirt umschlossen. Bei Verschachtelung (*Nesting*) hingegen sitzt der Gast an der Oberfläche des Wirts. Insbesondere kann er hier auch mit einer Ecke oder Kante assoziiert sein (*Perching*). Ebenso kann sich der Gast nur in der Nähe der Oberfläche des Wirts aufhalten oder aber von diesem so umschlossen sein, dass es einen Ausgangskanal zur Dekomplexierung gibt.

Auf einer höheren Komplexierungsebene können Wirtmaterialien mit anderen Wirtmaterialien Komplexe und somit *Superwirte* bilden. Manche Wirte können auch mehrere Gäste binden, andere können Gäste unter bestimmten Umständen wieder entlassen. Generell gibt es Wirtstrukturen für neutrale Gäste, für Anionen, für Kationen oder für beide gleichzeitig sowie für Zwitterionen. Bei enzymatischen Vorgängen handelt es sich nicht um atomare Gastspezies, sondern um molekulare in Form von Alkoholen, Aminosäuren oder Peptiden.

Im Hinblick auf eine supramolekulare Nanotechnologie ist es notwendig, das Wesen der Wirt-Gast-Wechselwirkungen umfassend zu erforschen, um die Wechselwirkungen dann rational und gezielt zum Aufbau der Komplexe aus Präkursoren zu nutzen. Ein Nanomaterial ist dann gleichsam das Ergebnis aller Wirt-Gast-Wechselwirkungen und verkörpert die kooperativen Eigenschaften der Präkursoren. Trotz der Vielfalt möglicher Präkursoren und Nanomaterialien lassen sich einige Grundbausteine der Nanotechnologie benennen, deren Strukturen und Eigenschaften die Wege weisen, entlang derer Synthesestrategien aufgebaut werden können. Zur Bezeichnung von Wirtspezies und supramolekularen Komplexen hat sich eine Nomenklatur etabliert, bei der die Endung „and" die Wirtspezies bezeichnet: Kryptand, Catenand. Die Endung „at" hingegen bezeichnet den Wirt-Gast-Komplex: Kryptat, Catenat.

Chelatkomplexe oder *Chelate* involvieren einen Liganden mit mehr als einem freien Elektronenpaar, der mindestens zwei Koordinationsstellen des Zentralatoms einnimmt, wie in Abb. 15.6(a) dargestellt. Beim Zentralatom handelt es sich meist um ein zweifach positiv geladenes Metallatom wie Fe^{2+}, Cu^{2+}, Ru^{2+} etc. Liganden und Zentralatom sind über koordinative Bindungen verknüpft: Das bindende Elektronenpaar wird allein vom Liganden bereitgestellt. Chelatkomplexe sind aufgrund der Mehrzähnigkeit und Verknüpfung der Liganden vergleichsweise stabil. Der *Chelateffekt* hat zwei Ursachen: Zum einen ist die Entropieabnahme bei Chelatbildung vergleichsweise gering, was zu einer thermodynamischen Stabilisierung gegenüber nichtchelatisierten Liganden führt. Zum anderen kann Dekomplexierung erst nach Auflösung aller Bindungen zum Zentalatom erfolgen.

Biologische Beispiele für Chelatkomplexe sind *Häm*, Chlorophyll oder Vitamin B12. In der medizinischen Chelattherapie ist *Ethylendiamintetraacetat* von Bedeutung. Chelate sind wichtige Grundbausteine der synthetischen supramolekularen Nanotechnologie, weil sie Metalle auf Basis einer *Lewis-Säure-Erkennung* binden, was als Ausgangspunkt zur Formung großer Komplexe genutzt werden kann, wie in Abb. 15.6(a) dargestellt.

Abbildung 15.6(b) zeigt einen Kronenether. Dabei handelt es sich um zyklische Ether, deren Aufbau in der Abfolge von Ethylenoxieinheiten, $-CH_2-CH_2-O-$, an eine Krone erinnert. Kronenether mit *m* Ringliedern und *n* Sauerstoffatomen werden mit [*m*]Krone-*n* bezeichnet. In Abb. 15.6(b) handelt es sich entsprechend um einen [24]Krone-8-Ether. Vorhandene Substituenten, beispielsweise der Sauerstoffatome, werden als Präfixe vorangestellt. Ein diesbezügliches Beispiel ist Diaza-[18]Krone-6. Ein weiteres Beispiel für eine Substitution wäre Dicyclohexano-[18]Krone-6.

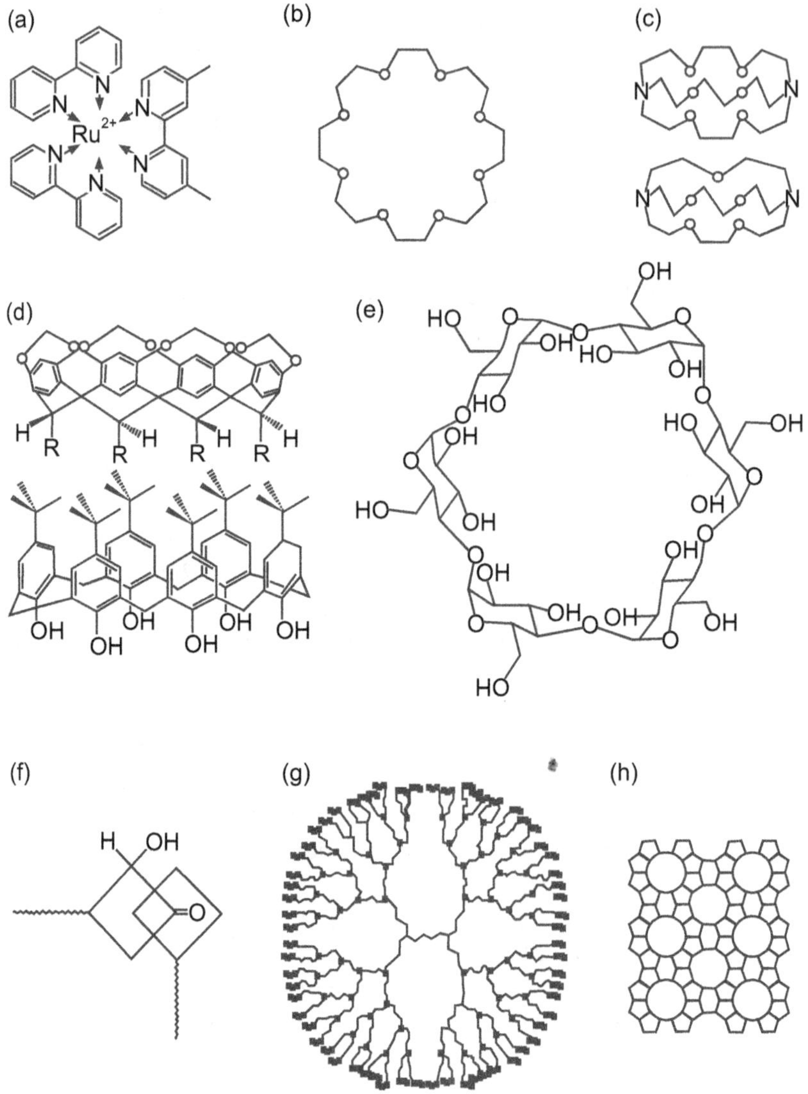

Abb. 15.6. Synthetische Wirte für supramolekulare Komplexe. (a) Chelat, (b) Kronenether [24]Krone-8, (c) [2.2.2]Kryptand (oben) und [2.2.1]Kryptand, (d) Sphärand (oben) und Cyclophan, (e) α-Cyclodextrin, (f) [2]Catenan, (g) Dendrimer, (h) Zeolith.

Im vorliegenden Kontext ist die Fähigkeit der Kronenether zur Komplexierung von Kationen von besonderer Bedeutung. Dabei entstehen dann die *Coronate*. Die Komplexierung im Falle von Metallkationen erfolgt durch attraktive Wechselwirkung mit den negativ polarisierten Sauerstoffatomen. Kronenether sind ein äußerst wichtiges Bindeglied zwischen anorganischer, organischer und Biochemie. Die Kavität des Kronenethers lässt sich so designen, dass Kationen unterschiedlicher Größe aufgenommen werden können: Der [12]Krone-4, bestehend aus vier Sauerstoffatomen und vier aliphatischen Ethylgruppenbrücken, hat eine Kavität von 1,2–1,5 Å, was perfekt für ein Li^+-Kation ist. [21]Krone-7 besitzt eine Kavität von 3,4–4,3 Å, was perfekt für die Aufnahme eines Cs^+-Kations ist. Bei guter Übereinstimmung von Innendurchmesser und Kationen wird eine bemerkenswerte Selektivität erreicht: Dicyclohexano[18]Krone-6 bindet K^+-Ionen etwa hundertmal besser als Na^+-Ionen.

Aufgrund der ausgewogenen Hydrophobie-Hydrophilie-Balance sind Kronenether sowohl in den meisten organischen Lösungsmitteln als auch in Wasser löslich. Sie besitzen damit die Fähigkeit, ionische, hydrophile Verbindungen in organische Phasen zu überführen. Mit kronenethervermittelten Reaktionen gelingt es, ansonsten kaum mögliche Reaktionen durchzuführen. Mit chiralen Kronenethern lässt sich bei der *Michael-Reaktion* praktisch eine hundertprozentige Enantiomerselektivität erzielen. Kronenether sind sowohl in der synthetischen als auch in der analytischen Chemie von Bedeutung und werden mittels der intramolekularen *Williamson-Ethersynthese* hergestellt [15.8].

Durch Überbrückung der Öffnung von Kronenethern erhält man die in Abb. 15.6(c) dargestellten Kryptanden, die speziell mit Alkali - und Erdalkamimetallionen noch stärkere und selektivere Komplexe – die Kryptate – bilden können [15.9]. Den Brückenkopf bilden jeweils zwei Stickstoffatome, die wie Kronenether durch Ethylenbrücken miteinander verbunden sind. Die Nomenklatur besteht darin, dass die Anzahl der Sauerstoffatome in der ersten, zweiten und dritten Brücke durch Punkte getrennt vorangestellt wird. In Abb. 15.6(c) handelt es sich demnach um [2.2.2]Kryptand und [1.2.2]Kryptand. Kryptanden sind quasi ein dreidimensionales Analogon zu den Kronenethern.

Neben den monozyklischen Kronenethern, die auch als *Coronanden* bezeichnet werden, sind weitere Ligandensysteme bekannt, die in vielen Fällen Ehtergruppen als Bindungsstellen für Kationen aufweisen. Zu den bizyklischen Systemen gehören neben den bereits diskutierten Kryptanden auch die in Abb. 15.6(d) dargestellten *Sphäranden*. Die offenkettigen Systeme werden als *Podanden* bezeichnet.

Phane sind chemische Verbindungen, die aus einem Aromaten bestehen, der durch eine zumeist aliphatische Kette überbrückt ist. Ist der Aromat ein Benzolring, so wird die Verbindung als *Cyclophan* bezeichnet. Meist handelt es sich um zwei Benzolringe mit mindestens zwei aliphatischen Ketten, die gegenüberliegende Kohlenstoffatome miteinander verbrücken. Bei derartigen Molekülen handelt es sich also um polyzyklische aromatische Kohlenwasserstoffe. Wichtige Verbindungsklassen sind die *Metacyclophane*, die *Paracyclophane* und die *[n, m]Cyclophane*. Zusätzlich existieren noch *Orthocyclophane*. Besonders wegen ihrer geometrischen Struktur sind Cyclophane, ein Beispiel ist ebenfalls in Abb. 15.6(d) dargestellt, wichtige Grundbausteine der supramolekularen Chemie. Das einfachste Cyclophan besteht aus einem Benzolring und einem Alkan als Brücke. Sehr prominent ist auch das [2.2]Paracyclophan. Cyclophane binden anionische hydrophobe Gäste. Diese Wirkung und die Bindungsselektivität wird durch eine Positivladung des Cyclophans noch verstärkt.

Die positive Ladung attrahiert das Anion und die hydrophobe Bindungstasche liefert die Bindungsselektivität. Makrocyclische Cyclophane können röhrenartige Strukturen bilden, welche kleinere Moleküle aufnehmen können.

Abbildung 15.6(e) zeigt ein *Cyclodextrin*. Cyclodextrine gehören zu den *zyklischen Oligosacchariden*. Sie bestehen aus α-1,4-glykosidisch verknüpften Glucosemolekülen. Diese bilden eine toroidale Struktur mit einer zentralen Kavität. Je nach Anzahl der Glucoseeinheiten werden die Cyclodextrine benannt. Ein griechischer Buchstabe als Präfix quantifiziert dabei die Zahl der Glucoseeinheiten: α-Cyclodextrin besitzt 6 Glucosemoleküle und eine Kavität mit einem Durchmesser von 4,7–5,3 Å. β-Cyclodextrin besitzt 7 Glucoseeinheiten bei einem Hohlraum von 6.0–6,5 Å Durchmesser. γ-Cyclodextrin mit 8 Glucoseeinheiten eine Kavität von 7,5–8,3 Å Durchmesser. Die Höhe der Kavität beträgt in allen Fällen 7,9 Å. Die Kavität der Cyclodextrine ist hydrophob, die Aussenfläche polar. Die Komplexbildung findet mit apolaren organischen Verbindungen statt. Dies eröffnet pharmazeutische Anwendungen und Anwendungen im Lebensmittelbreich sowie weitere Anwendungen in anderen Bereichen.

Abbildung 15.6(f) zeigt ein *Catenan*. Catenane sind Verbindungen, die aus zwei oder mehr verknüpften Ringen, meist Makrozyklen, bestehen. Die Ringe lassen sich nur trennen, wenn mindestens eine kovalente Bindung eines Rings gebrochen wird. Die Anzahl der Ringe eines Catenans wird wiederum als Präfix vorangestellt. Ein [5]Catenan ähnelt den olympischen Ringen. Es wurde 1994 synthetisiert und als *Olympiadan* bezeichnet [15.10]. Da die Makrozyklen eines Catenans nicht kovalent miteinander verbunden sind, ist das Catenan selbst ein supramolekularer Komplex. Eng verwandt mit den Catenanen sind die *Rotaxane*. Sie bestehen aus mindestens einem Molekül mit einer linearen Einheit, auf welches mindestens ein Makrozyklus aufgefädelt ist, ohne dass es kovalente Bindungen zwischen den Molekülen gibt. Makrozyklen werden durch nichtkovalente Wechselwirkungen an bestimmten Positionen der linearen Moleküle gehalten. Dies kann zum Beispiel durch geeignete Endgruppen der linearen Moleküle erfolgen. Rotaxane werden als wichtige Grundbausteine einer supramolekularen Nanotechnologie betrachtet.

Eine ganz andere Art von Grundbausteinen der supramolekularen Nanotechnologie zeigt Abb. 15.6. *Dendrimere* sind Verbindungen, deren Struktur, ausgehend von einem Verzweigungskern, verästelt ist. Die Verästelungen bestehen aus repetitiven Einheiten, die eine radiale Symmetrie ergeben. Verzweigungen können je nach Dendrimer zu zwei oder mehreren Verknüpfungsstellen führen. Dendrimere eines bestimmten Typs haben eine definierte Struktur und sind monodispers. Man zählt sie zu den *Kaskadenpolymeren*. Ausgehend vom Kern definiert man anhand der durchlaufenden Verzweigungsstellen die Generationen. Hat der Initiatorkern beispielsweise drei reaktive Gruppen, so führt eine Synthesesequenz mit Bildung von zwei neuen Gruppen im ersten Schritt zu einer Generation 0 mit sechs reaktiven Gruppen. Bei der Generation 1 sind es zwölf. Dendrimere wachsen also exponentiell. Das Wachstum wird allerdings begrenzt durch die zunehmende Dichte der endständigen Gruppen. Die molekulare Struktur nähert sich bei wachsender Generationenzahl einer Kugel an, wie in Abb. 15.6(g) deutlich wird [15.11]. Würde man den Dendrimerkern entfernen, so würde man in Abhängigkeit von der Konnektivität eine bestimmte Anzahl gleicher Fragmente erhalten, die als *Dendrone* bezeichnet werden. Das Innere von Dendrimeren eignet sich zur Bildung supramolekularer Wirt-Gast-Komplexe. In dem als Wirt fungierenden Dendrimer befindet sich der Gast, etwa in molekularer Form, in einer speziellen Nanoumgebung, die sich deutlich von der Peripherie unterscheidet. Dadurch wird es beispielsweise gelingen, schwer lösliche Gastmoleküle in Wasser zu lösen [15.11].

Eine wiederum völlig anders geartete Kategorie von Wirtmaterialien sind die in Abb. 15.6(h) gezeigten *Zeolithe*. Bei ihnen handelt es sich um kristalline *Alumosilikate*. Mehr als 150 synthetische und 48 natürlich vorkommende Zeolithe sind bekannt. Die allgemeine Zusammensetzung eines Zeoliths ist $M^{n+}_{x/n}[(AlO_2)^-_x(SiO_2)_y] \cdot zH_2O$. n quantifiziert die Ladung des Kations M, welches wiederum typischerweise zur Gruppe der Alkali- oder Erdalkalimetalle gehört. Die Kationen kompensieren die Ladung der negativ geladenen Aluminiumtetraeder und werden nicht in das Kristallgitter eingebaut, sondern halten sich in Hohlräumen des Gitters auf. Sie sind beweglich und bei bestehendem Gitter austauschbar. z gibt die Beladung der Struktur mit Wassermolekülen an. Wasser und andere niedermolekulare Stoffe können aufgenommen und beim Erhitzen in reversibler Weise wieder abgegeben werden. Das molare Verhältnis y/x von SiO_2 zu AlO_2^- wird als *Modul* bezeichnet. Nach der *Löwenstein-Regel* gilt $y/x \geq 1$. Tabelle 15.1 zeigt die Zusammensetzung einiger synthetischer Zeolithe.

Tab. 15.1. Synthetische Zeolithe.

Bezeichnung	**Zusammensetzung**
Zeolith A	$Na_{12}[(AlO_2)_{12}(SiO_2)_{12}] \cdot 27H_2O$
Zeolith X	$Na_{86}[(AlO_2)_{86}(SiO_2)_{106}] \cdot 264H_2O$
Zeolith Y	$Na_{56}[(AlO_2)_{56}(SiO_2)_{136}] \cdot 250H_2O$
Zeolith L	$K_9[(AlO_2)_9(SiO_2)_{27}] \cdot 27H_2O$
Mordenit	$Na_{8,7}[(AlO_2)_{8,7}(SiO_2)_{39,3}] \cdot 24H_2O$
ZSM5	$Na_{0,3}H_{3,8}[(AlO_2)_{4,1}(SiO_2)_{91,9}]$
ZSM11	$Na_{0,1}H_{1,7}[(AlO_2)_{1,8}(SiO_2)_{94,2}]$

Zeolithe bestehen aus einer mikroporösen Gerüststruktur aus AlO_4- und SiO_4-Tetraedern. Al- und Si-Atome sind durch O-Atome miteinander verbunden. Je nach Strukturtyp ergibt sich eine Anordnung aus gleichförmigen Poren und/oder Kanälen. Darin können Stoffe adsorbiert werden. Adsorbate, wie beispielsweise Wasser, können durch Erhitzen wieder desorbiert werden. Da nur Moleküle adsorbiert werden können, die einen kleineren kinetischen Durchmesser besitzen als die Poren des Zeoliths, können Zeolithe als *Molekularsiebe* verwendet werden. Je nach Porengröße spricht man von *Mikro*- oder *Mesoporen*[39]. Die spezifische innere Oberfläche kann 10^3 m^2/g bei Weitem übersteigen.

Generell werden zwei Eigenschaften der Zeolithe in der Anwendung genutzt. Zum Ersten ist dies die Fähigkeit zum Ionenaustausch. Durch die dreiwertigen Al-Atome, denen formal zwei zweiwertige O-Atome zugeordnet werden können, haben Zeolithe eine anionische Gerüstladung. Die Kationen befinden sich an der inneren und der äußeren Oberfläche. In wasserhaltigen Zeolithen liegen die Kationen zudem in gelöster Form in den Porensystemen vor und können auf diese Weise leicht ausgetauscht werden. Die zweite wichtige Eigenschaft der Zeolithe ist ihre große Adsorptionskapazität. Sie erlaubt die Einlagerung großer Mengen neutraler Gastspezies. Dies kann beispielsweise Grundlage für die Herstellung von zeolithbasierten Katalysatoren sein.

Selbstverständlich zeigt Abb. 15.6 nur eine exemplarische Auswahl synthetischer Wirtmaterialien. Auf molekularer Ebene gibt es weitere relevante Wirte, wie etwa *Chlatrate* oder auch *Fullerene*. Und auch auf kristalliner Ebene, auf der der Kristall das Supermolekül darstellt, umfassen weitere Wirtkonfigurationen etwa die in Abschn. 5.2.7 diskutierten porösen Festkörper.

Eine weitere Kategorie supramolekularer Komplexe hatten wir bereits in Abschn. 4.4.2 und namentlich in Abb. 4.11 im Zusammenhang mit Selbstorganisationsprozessen kennengelernt. Amphiphile Moleküle organisieren sich zu einer Vielzahl unterschiedlicher Komplexe in wässriger Lösung. Die Surfactants können dabei anionisch, kationisch, zwitterionisch oder nichtionisch sein. Die möglichen Komplexe, wie kugelförmige, zylindrische oder planare Gebilde hängen von der chemischen Zusammensetzung der Amphiphile ab. Sie stellen Niedrigenergiephasen dar. Die einfachste dieser Phasen ist die mizellare Phase. Mizellen und ähnliche Komplexe sind supramolekulare Strukturen, da sie aufgrund intermolekularer Wechselwirkungen organisiert sind. Ausgehend von Langmuir-Blodgett-Filmen über Mizellen bis zu Vesikeln bieten amphiphile Moleküle eine Vielzahl von Designoptionen für die supramolekulare Nanotechnologie.

Biologische supramolekulare Wirtspezies sind zwar nicht synthetisch, können aber im Hinblick auf Designprinzipien hervorragend als Ausgangsbasis für bionische Ansätze genutzt werden. Dies ist wohl der zielgerichtetste Weg, um zu einer wirklich komplexen supramolekularen Nanotechnologie zu kommen. Biologische Funktionseinheiten sind immer supramolekular. Sie transferieren Information, erlauben Metabolismus, sind Fabriken für neue Strukturen und begrenzen gegenüber einer Umgebung. Supramolekulare Wirte in Form von Enzymen, DNA, Häm, Ionophoren, Neurorezeptoren und sonstigen biochemischen Rezeptoren binden Substrate wie Zucker, Interkalate, Übergangsmetallionen, Alkalimetallionen, Acetylcholin als wichtigsten Neurotransmitter und Hormone. Molekulare Erkennung ist in der Tat die wohl fundamentalste Grundlage des Lebens an sich.

39 Mikroporös für < 2 nm und mesoporös für 2–50 nm.

15.4 Supramolekulare Nanotechnologie

Um der heute vorherrschenden Begrifflichkeit und der supramolekularen Nanotechnologie in voller Breite gerecht zu werden, muss die auf J.-M. Lehn zurückgehende Abb. 15.1 etwas verallgemeinert werden. Außerdem sollte ein Bezug zwischen der in der supramolekularen Chemie gebräuchlichen Bezeichnung „Substrat“ und der in der Oberflächenphysik gebräuchlichen hergestellt werden. Abbildung 15.7 schafft Aufklärung. Präkursoren als kovalent gebundene, mittels traditioneller synthetischer Chemie hergestellte Spezies formen Wirte und können auch Gäste formen, wenn diese keinen atomaren Charakter haben. Aufgrund intermolekularer Wechselwirkungen formen Wirte und Gäste Supramoleküle, die wiederum aufgrund intermolekularer Wechselwirkungen integrierte hierarchische Nanostrukturen bilden können. Beispiele für Supramoleküle wären etwa Chlorophyll, Häm oder auch Vitamin B12, solche für polymolekulare Nanostrukturen Enzymkomplexe, Antikörper oder auch gefüllte Vesikel. Supermoleküle sind sehr große „Moleküle“ wie Kohlenstoffnanoröhrchen, Zeolithe oder Festkörper. Charakteristisch ist ihre Homogenität, die daraus resultiert, dass Elementarzellen in großer Zahl wiederholt werden. In diesem Sinne sind Supermoleküle Substrate für weitere atomare, molekulare oder supramolekulare Spezies. Die Adsorption kann in Form einer Physisorption oder einer Chemisorption erfolgen. Damit ist der Bezug zur Dünnschichtdeposition auf einem Substrat im Sinne der Ober- und Grenzflächenphysik offensichtlich, und es ist somit begrifflich zwischen einem molekularen Substrat im Kontext von Abb. 15.1 und einem supermolekularen im Kontext von Abb. 15.7 entsprechend zu unterscheiden.

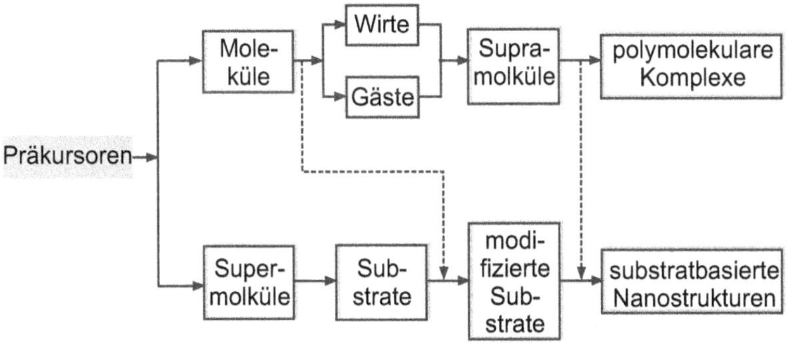

Abb. 15.7. Syntheserouten der supramolekularen Nanotechnologie.

Entlang der beiden in Abb. 15.7 dargestellten Syntheserouten wurden in den vergangenen Jahrzehnten unzählige und unterschiedlichste supramolekulare Komplexe synthetisiert, wobei in Bezug auf Komplexität und Funktionalität zunehmend beachtliche Erfolge erzielt wurden [15.12]. Im Folgenden sollen einige wenige repräsentative Beispiele den Stand der Ergebnisse verdeutlichen.

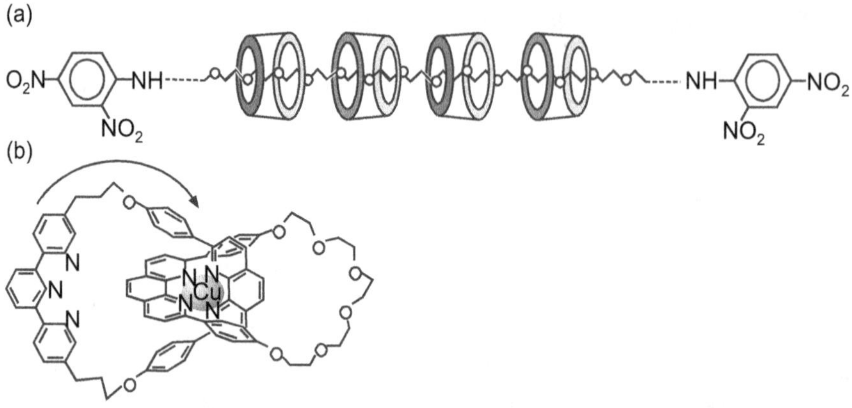

Abb. 15.8. (a) Rotaxan und (b) Catenan.

Abbildung 15.8 zeigt die Realisierung von Rotaxanen und Catenanen. Als molekulare Ringe für Rotaxane haben sich Cyclodextrin und Kronenether besonders bewährt aufgrund ihrer Selbstorganisationseigenschaften in Form molekularer Erkennung. Cyclodextrin kann lineare Polymere, wie Polyethylenglycol, in wässriger Phase aufnehmen [15.13]. Die Cyclodextrinringe richten sich aufgrund von Wasserstoffbrückenbindungen zwischen primären und sekundären Hydroxylgruppen aus. Spezielle Endgruppen an den Polymeren verhindern den Verlust zyklischer Moleküle. Catenane lassen sich beispielsweise durch tetraedrische Koordination von Cu(I) präparieren [15.14]. Rotaxane sind besonders interessante Grundbausteine der supramolekularen Nanotechnologie, weil sich die Relativpositionen der molekularen Komponenten des supramolekularen Komplexes durch äußere Stimuli modifizieren lassen. Dies ermöglicht die molekulare Konstruktion eines nanoskaligen Shuttles, wie in Abb. 15.9(a) dargestellt [15.15]. In dem dargestellten Beispiel resultiert die elektrochemische Oxidation der Benzidineinheit in translatorischer Bewegung des Cyclophanrings aufgrund elektrostatischer Abstoßung. Durch elektrochemische Reduktion erfolgt die entgegengesetzte Bewegung des Cyclophans. Der Prozess ist also reversibel.

Der in Abb. 15.9(b) dargestellte „molekulare Aufzug“ [15.16] nutzt einen ähnlichen Effekt. Zwei miteinander verbundene molekulare Einheiten schließen ein pH-schaltbares Rotaxan ein. Bei niedrigem pH-Wert binden die CH_2NH_2-Positionen das makrozyklische Molekül, während bei hohem pH-Wert eine Deprotonierung die Wasserstoffbrückenbindungen verhindert, was dazu führt, dass das zyklische Molekül zu den Bipyridin-Dikation-Positionen wandert. Die Stabilisierung der Position erfolgt durch π-π-Stapelwechselwirkungen.

Abb. 15.10(a) zeigt eine „molekulare Steckverbindung“ für einen elektronischen Kontakt [15.17]. Ein sekundäres Dialkylammoniumzentrum fungiert als Stecker zu einer Buchse in Form von Dibenzo[24]Krone-8. Der zentrale Teil besteht aus einer steifen Biphenylverbindung. Daran schließt sich eine 15-Naphto[36]Krone-10-Einheit an, die

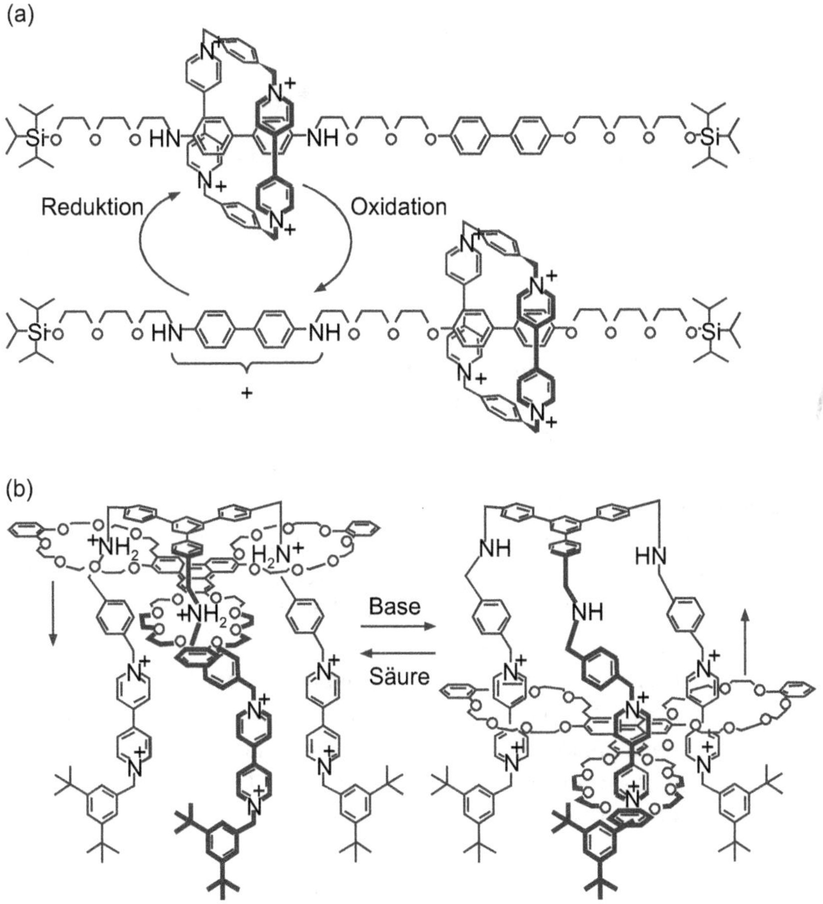

Abb. 15.9. (a) Molekulares Shuttle und (b) molekularer Aufzug.

als Buchse für einen 4,4'-Bipyridin-Dikation-Stecker fungiert. Beide Verbindungen der dreikomponentigen Anordnung sind reversibel extern steuerbar durch Säure-/Base- bzw. Reduktions-/Oxidationsstimuli. Der supramolekulare Komplex erlaubt elektronischen Transport von einer Quelle zu einer Senke.

Als *Pseudorotaxane* werden supramolekulare Komplexe bezeichnet, bei denen der Makrozyklus nicht durch endständige Gruppen am Verlassen des linearen Moleküls gehindert wird, sondern nur durch Wechselwirkungen mit der linearen Komponente aufgefädelt ist. Pseudorotaxane eignen sich zur Herstellung von Nanoventilen für Poren des mesoporösen Siliziums, welches wir in Abschn. 5.2.7 diskutiert haben. Experimentell wurde für den in Abb. 15.10(b) dargestellten Versuch ein Pseudorotaxan als Pfropfen für eine Nanopore verwendet [15.18]. Ein angebundenes 1,5-Dioxinaphtalen enthaltendes Derivat wechselwirkt mit Cyclobis(Paraquat-p-Phenyl), welches damit eine externe Kontrolle des Porenschlusses zulässt.

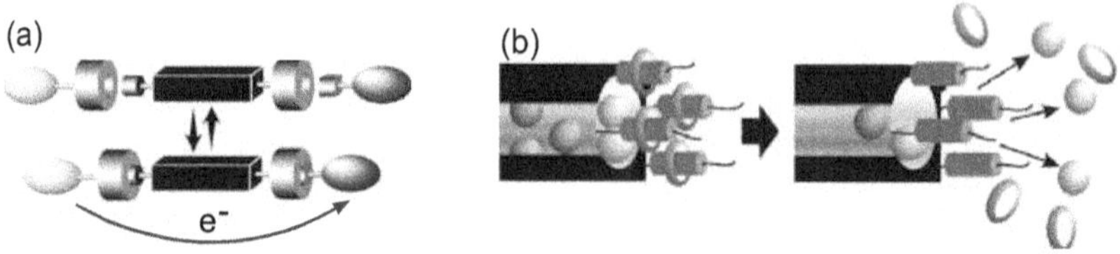

Abb. 15.10. (a) Reversibel schaltbarer molekularer Elektronenleiter aus Rotaxanen. (b) Pseudorotaxanventile an zylindrischen Nanoporen.

Die *Komplexchemie* als Teildisziplin der anorganischen Chemie, die auch als *Koordinationschemie* bezeichnet wird, befasst sich mit Komplexen bzw. mit Koordinationsverbindungen aus einem oder mehreren Zentralteilchen und einem oder mehreren Liganden. Die Zentralteilchen sind meist geladene oder ungeladene Atome aus Übergangsmetallen. Bei Komplexverbindungen steuern meist die Liganden sämtliche Elektronen für die Bindungen bei und nicht, wie bei einer kovalenten Bindung, beide Bindungspartner. Somit lässt sich die Bildung von Komplexen als Säure-Base-Reaktion im Sinne der *Lewis-Definition* verstehen. Strategien der Komplexchemie können verwendet werden, um präzise strukturierte Wirtmaterialien für supramolekulare Komplexe herzustellen. Intensiv erforscht wurden in den letzten Jahren metallorganische Netzwerke (*MOF, Metal Organic Frameworks*) und *Koordinationspolymere* [15.19]. Wie Abb. 15.11 zeigt, können metallorganische Netzwerke aus Metallatomen und organischen Liganden periodische Netzwerkstrukturen in zwei und drei Dimensionen und einer Vielzahl unterschiedlicher Geometrien bilden. MOF haben exzellente Eigenschaften

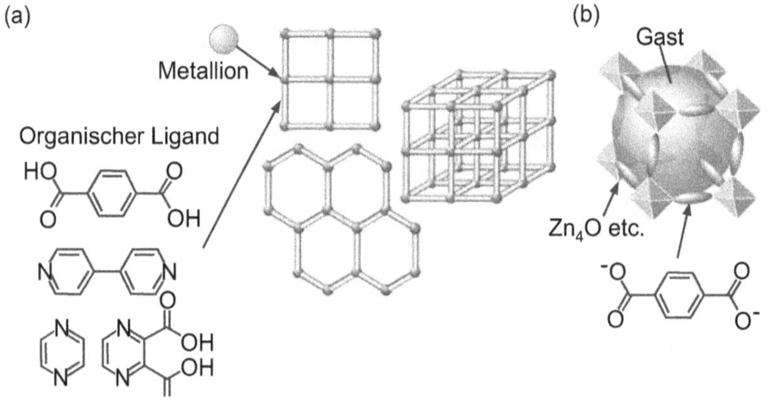

Abb. 15.11. (a) Aufbau von MOF und (b) MOF mit einem Zinkoxidkomplex und eingelagertem Gast.

im Hinblick auf die Aufnahme von Gastspezies. Gastmoleküle zeigen unter den Confinementeinflüssen häufig ein unkonventionelles Verhalten [15.20].

Solvophobie und *Solvophilie* sind Ursache der Selbstorganisation amphiphiler Moleküle. Die inhärente Eigendynamik der Prozesse führt dazu, dass sich die supramolekularen Aggregate selbst in einem dynamischen Gleichgewicht befinden und gleichzeitig in mechanischer Hinsicht flexibel sind. Typische Beispiele sind etwa Liposomen und Vesikel, die sich durch Selbstorganisation von Lipiden oder ähnlichen Molekülen bilden. Handelt es sich um natürlich vorkommende Lipide, wie Phospholipide oder Glycolipide, so spricht man von Liposomen, sonst von Vesikeln. Vesikel als supramolekulare Gebilde sind wichtige Grundbausteine der Nanotechnologie. Sie dienen zur Verkapselung, beispielsweise von pharmazeutischen Substanzen, und können als Template im Sinne des unteren Synthesewegs in Abb. 15.7 fungieren. Abbildung 15.12 zeigt eine diesbezügliche Synthesestrategie. So lässt sich ein Siloxannetzwerk kovalent an ein Lipiddoppelschichtvesikel binden [15.21]. Dadurch entsteht ein Cerasom.

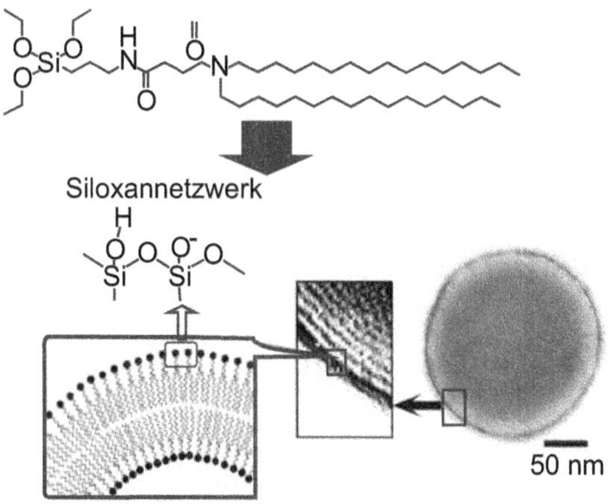

Abb. 15.12. Herstellung multilagiger Cerasomen [15.12].

In ähnlicher Weise lassen sich auch andere funktionelle Gruppen mit Lipiden verbinden. So führt die Einbindung von chemischen Einheiten, die zur Formung von Wasserstoffbrückenbindungen neigen, zur Selbstorganisation von supramolekularen Komplexen höherer Ordnung, wie in Abb. 15.13 gezeigt. Diese Komplexe sind wichtige Bausteine der supramolekularen Nanotechnologie.

In Kap. 8 hatten wir den Begriff des Gels erläutert. Im hier vorliegenden Kontext können Nebenvalenzgele ebenfalls als supramolekulare Komplexe betrachtet werden, da ihre molekularen Bestandteile nicht kovalent, sondern durch Dipol-Dipol-Wechselwirkungen oder Wasserstoffbrückenbindungen gebunden sind. In den vergangenen Jahren wurde eine Vielzahl von niedermolekularen *Gelatoren* entwickelt, welche neue Formen der Gelbildung, insbesondere von Organogelen, erlauben. Ein Beispiel für ein supramolekulares Gel mit erstaunlicher Funktionalität besteht in einer Kombination intensiv vernetzter Kohlenstoffnanoröhrchen mit einer ionischen Flüssigkeit [15.22].

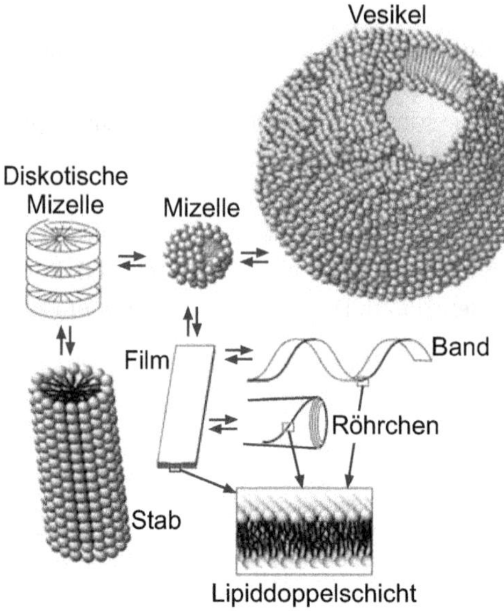

Abb. 15.13. Supramolekulare Nanotechnologie unter Verwendung von Lipiddesignstrategien.

Auch die in Abschn. 6.4 diskutierten Flüssigkristalle haben supramolekularen Charakter. Dies wird unmittelbar deutlich anhand von Abb. 15.14(a). Flüssigkristalle auf Basis eines Folsäurederivats sind durch Waserstoffbrückenbindungen stabilisiert [15.23]. Aufgrund von Selbstorganisationsprozessen bildet sich eine smektische Phase aus. Setzt man ein Alkalimetallsalz hinzu, so induziert der kationische Gast einen Übergang in eine kolumnare Phase.

Technische Anwendungen von Flüssigkristallen basieren auf induzierten Orientierungswechseln der molekularen Einheiten. Dies ist möglich durch Photoisomerisation einer einzelnen Monolage auf der Oberfläche eines Substrats [15.24]. Auf diese Weise lassen sich selbst dicke Schichten eines Flüssigkristalls optisch schalten, wie in Abb. 15.14(b) dargestellt.

Supramolekulare Komplexe sind auch unter dem Einfluss von Confinementeffekten studiert worden. So können in mesoporösen SiO_2-Filmen kolumnare Ladungstransferkomplexe mittels eines Sol-Gel-Prozesses erzeugt werden, wie in Abb. 15.15 dargestellt. Ein *Ladungstransferkomplex* (*Charge Transfer Complex*) ist ein Komplex im Sinne der zuvor diskutierten Komplexchemie, der durch Wechselwirkung eines Elektronendonators mit einem Akzeptor gebildet wird. Dabei wird ein Elektron

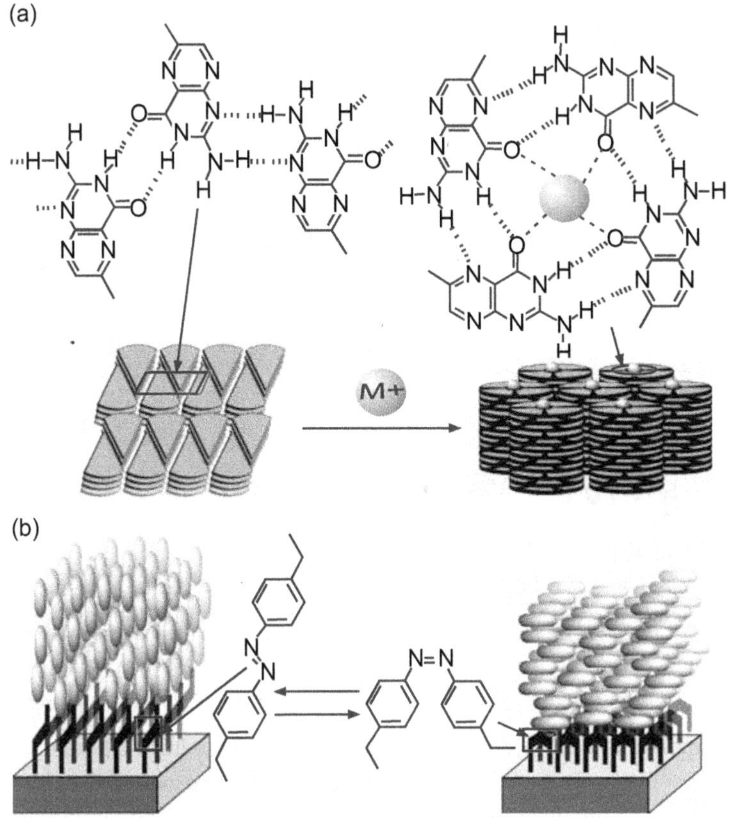

Abb. 15.14. (a) Ioneninduzierte Phasenänderung eines Flüssigkristalls. (b) Schalten eines Flüssigkristalls durch Photoisomerisation einer Monolage.

zwischen den Orbitalen zweier Atome oder Moleküle, respektive zweier Liganden, übertragen. Ausgelöst wird der elektronische Übergang durch Absorption von Licht. Ladungstransferkomplexe weisen daher häufig intensive Farben auf. Viele klassische Pigmente, wie Cadmiumsulfid (gelb), sind Ladungstransferkomplexe. Im Falle der eindimensionalen Komplexe in Abb. 15.15 wird der supramolekulare Komplex durch den amphiphilen Donator Triphenylen und verschiedene Akzeptoren gebildet [15.25]. Dadurch, dass die SiO_2-Wände die Ladungstransferkomplexe umschließen, wird keine Solvatochromie an den Kompositfilmen beobachtet, deren Farbe von dem verwendeten Akzeptor abhängt.

Ein weiterer interessanter Grundbaustein der supramolekularen Nanotechnologie sind die *Porphyrine*, organische Farbstoffmoleküle, die aus vier Pyrrolringen bestehen, die wiederum durch vier Methingruppen zyklisch miteinander verbunden sind. Porphyrine und ähnliche Moleküle sind von essentieller Bedeutung für viele biologische Systeme. Sie spielen beispielsweise bei der Photosynthese eine maßgebliche

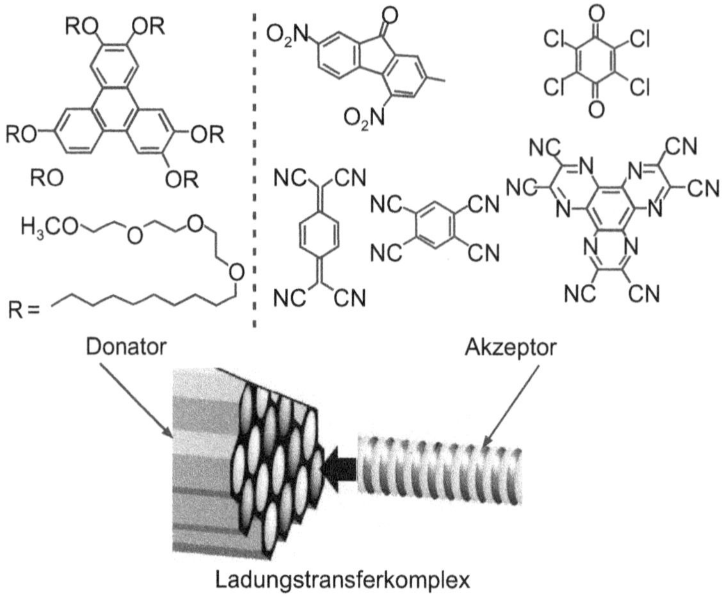

Abb. 15.15. Eindimensionale supramolekulare Ladungstransferkomplexe in den Poren mesoporösen Siliziumdioxids.

Rolle. Weiterhin kommen sie als Häm in Hämoglobin und in den verschiedenen Cytochromen vor. Im Hinblick auf synthetische Strukturen kann eine große molekulare Formenvielfalt durch Selbstorganisation von Porphyrinen realisiert werden, da Porphyrine chemisch leicht zu modifizieren sind. Eine zentrale Rolle für die Selbstorganisation spielen Koordinationswechselwirkungen, die beispielsweise für die nichtkovalente Vernetzung konjugierter Felder von Porphyrineinheiten genutzt werden kann, wie in Abb. 15.16 gezeigt. Unter Verwendung von Porphyrinderivaten lassen sich auch ganze Porphyrinnanoröhrchen sowie nanostrukturierte Porphyrinfestkörper herstellen [15.12].

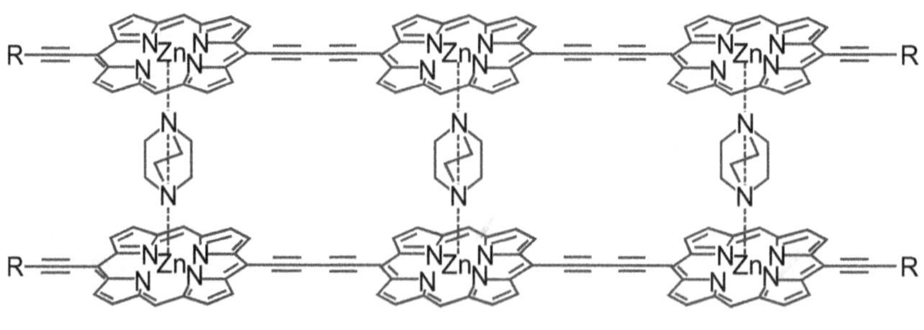

Abb. 15.16. Stabile Leiterkomplexe aus konjugierten Zinkporphyrinoligomeren und linearen bidentaten Liganden wie beispielsweise 1,4-Diazobicyclo[2.2.2]Octan und 4,4'-Bipyridin [15.26].

Auch die in Abschn. 3.6.6 bereits genannten und in Kap. 16 dezidierter diskutierten Fullerene sind wichtige Grundbausteine der Nanotechnologie und insbesondere auch der supramolekularen Nanotechnologie. Durch geeignete Substitution können Fullerene in stabilisierte Anionen konvertiert werden, die im Gegensatz zu den hochgradig hydrophoben Fullerenen amphiphil sind. So resultiert die Pentasubstitution durch Phenylringe in einer Negativladung des 50-π-Elektronensystems in der Umgebung der Substitutionsstellen. Bei Lösung des Kaliumsalzes des Pentaphenylfullerens in Wasser kommt es zu einer Selbstorganisation der Fullerenanionen in Form von vesikularen Strukturen [15.27], wie in Abb. 15.17(a) gezeigt. Da die Fullerene natürlich ganz andere Eigenschaften als Lipide haben, zeigen auch die Fullerenvesikel ein unkonventionelles Verhalten. Lipidähnliche Doppelschichten wiederum lassen sich synthetisieren, wenn Fullerene durch Substitution mit Dreifachalkylketten ausgestattet werden [15.28], wie in Abb. 15.17(b) dargestellt.

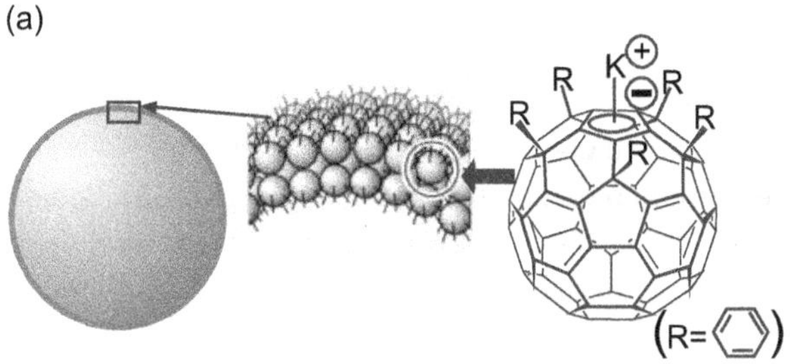

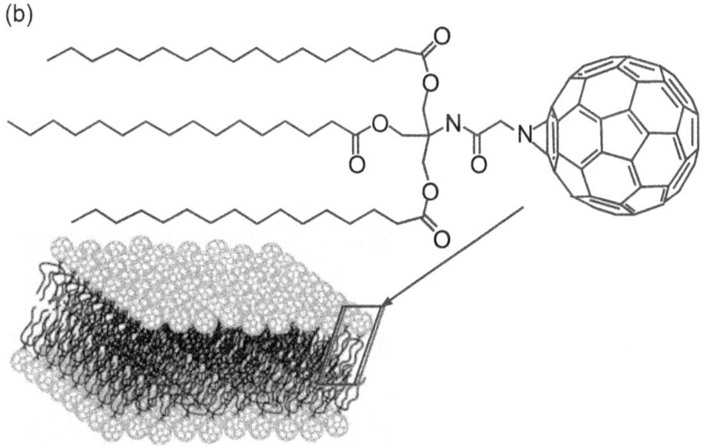

Abb. 15.17. (a) Bildung von Fullerenvesikeln aus anionischen Fullerenderivaten. (b) Lipidpartikel-Doppelschicht aus alkylmodifizierten Fullerenderivaten.

Calixarene bilden eine weitere Klasse organischer makrozyklischer Verbindungen. Sie bestehen aus Phenoleinheiten, die jeweils in Orthostellung zur OH-Gruppe mit Methylbrücken verbunden sind. Die Schreibweise Calix[*n*]arene quantifiziert die Zahl der enthaltenen Monomere. Auf Basis molekularer Erkennung lassen sich polymerartige Netzwerke aus Calix[5]arenen und Fullerenen synthetisieren, wie Abb. 15.18 zeigt. Dabei kommt es zwischen Fulleren und Calixaren zu einer intermolekularen Wechselwirkung [15.29].

C_{60}-Moleküle können potentiell bis zu sechs zusätzliche Elektronen aufnehmen. Das macht sie interessant als molekulare Ladungsspeicher, beispielsweise im Kontext molekularelektronischer Komponenten. Die Stabilität der Reduktionsprodukte, also der C_{60}-Anionen, wird sehr stark durch die Umgebung beeinflusst und insbesondere durch Gegenkationen und ihren Hydratationsstatus. Diese Sachverhalte müssen bei der Synthese funktioneller supramolekularer Fullerenkomplexe berücksichtigt werden.

In Abschn. 3.5.4 und 3.5.6 wurden bereits die besonderen Eigenschaften des Graphens angesprochen. In Kap. 16 wird Graphen dezidierter diskutiert. Aufgrund der hohen Querschnittsbedeutung des Graphens als äußerst anwendungsrelevanter Grundbaustein der Nanotechnologie kommt auch graphenartigen Molekülen oder Graphenderivaten als Grundbaustein der supramolekularen Nanotechnologie große Bedeutung zu. *Coronen* gehört zu den polyzyklischen aromatischen Kohlenwasserstoffen, zu den *Circulenen*. Das Molekül besteht aus sechs anellierten Benzolringen. Coronene fungieren als Präkursoren für die Herstellung von Graphenschichten, zeigen aber auch interessante Selbstorganisationsphänomene, die zu einer Vielzahl komplexer supramolekularer Strukturen führen [15.30]. Hexa-Peri-Hexabenzocoronen und daraus resultierende supramolekulare Komplexe wurden bereits in Abb. 14.7 dargestellt. Anwendungspotential wird insbesondere im Bereich der Molekularelektronik gesehen.

Polymermaterialien, deren Grundlage wir ausführlich in Kap. 7 besprochen haben, sind hinsichtlich ihrer physikalischen Eigenschaften und damit auch hinsichtlich ihres Anwendungspotentials sehr stark abhängig vom Ordnungszustand. Es ist daher von großer Bedeutung, Methoden zu entwickeln, die es erlauben, strukturell wohldefinierte Polymermaterialien rational zu designen. Entsprechende Methoden werden durch die supramolekulare Chemie bereitgestellt. Intermolekulare Wechselwirkungen zwischen Polymerketten und zwischen Polymerketten und oligomeren Molekülen ermöglichen die Induktion komplexer Selbstorganisationsprozesse von Polymerketten.

Von besonderer Bedeutung ist der polymere Ordnungsgrad für elektrisch leitfähige Polymere, weil die effektive *Konjugationslänge* und die Anisotropie elektronischer und photoelektronischer Eigenschaften empfindlich von der Orientierung und Anordnung der Polymerketten abhängen. Intrinsisch leitfähige Polymere besitzen eine elektronische Leitfähigkeit, die mit derjenigen der Metalle vergleichbar ist. Die Leitfähigkeit dieser speziellen Polymere wird durch konjugierte Doppelbindungen erreicht, die

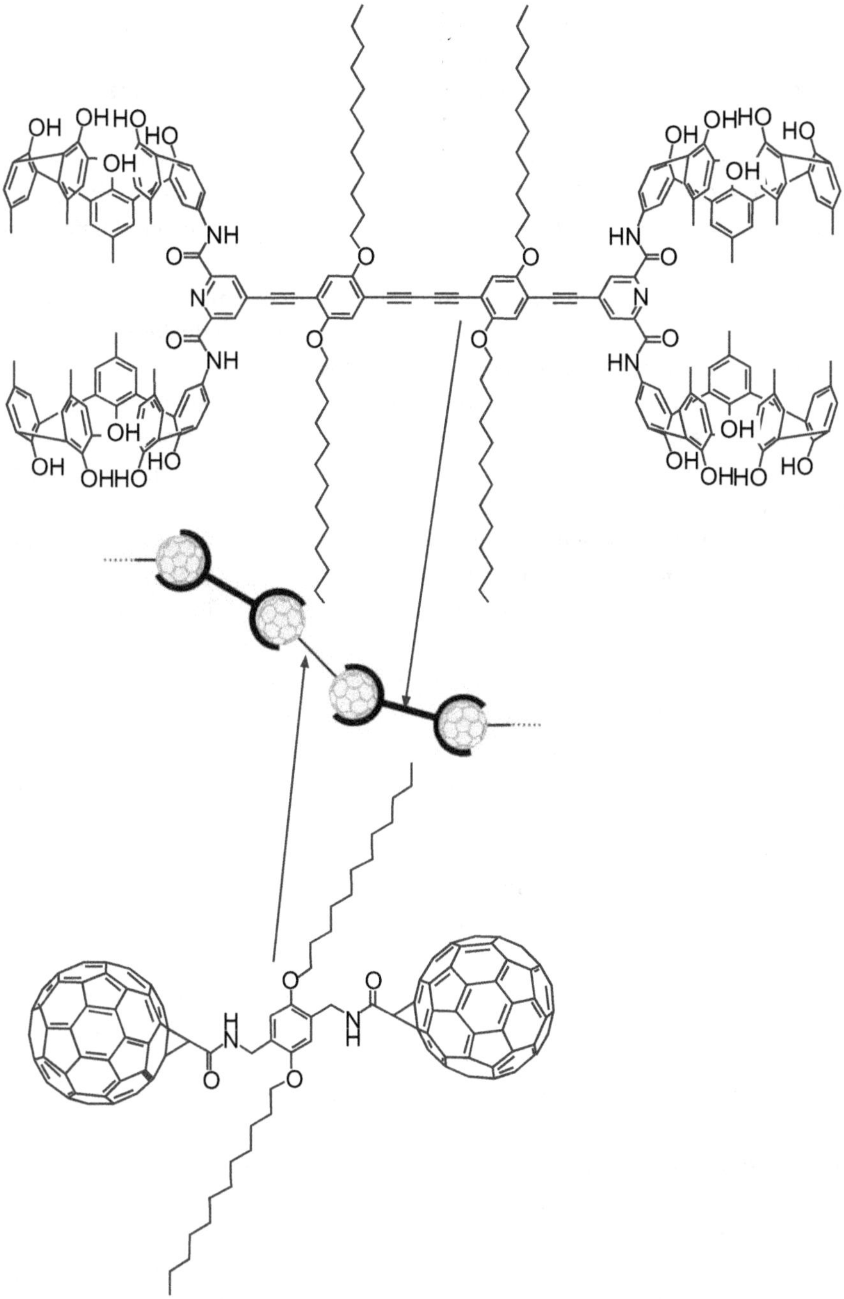

Abb. 15.18. Supramolekulare Netzwerke aus Calix[5]arenen und Fullerenen.

eine freie Beweglichkeit von Ladungsträgern in dotiertem Zustand ermöglichen. Bekannte Vertreter sind Polypyrrole und die Polythiophene. Die Leitfähigkeit basiert auf der Bewegung von Defektelektronen durch das ausgedehnte π-Elektronensystem.Bei einigen Polymeren, wie bei Polyacetylen und Poly-p-Phenylen, ist ein negativ geladenes Polymergerüst mit freien Anionen als Gegenionen für den Ladungstransport verantwortlich. Die Gesamtleitfähigkeit eines Polymermaterials wird wesentlich durch den intermolekularen Transport definiert. Sie erstreckt sich über einen Bereich von 10^{13} – 10^{3} S/cm [15.31].

Im Idealfall kann das Polymergerüst reversibel elektrochemisch oxidiert und reduziert werden. Dadurch kann die Leitfähigkeit zwischen dem reduzierten isolierenden und dem oxidierten leitfähigen Zustand variiert werden. Durch den Oxidationsvorgang werden Defektelektronen in die konjugierten Polyemerketten injiziert. Die Oxidation führt zu einer positiven Aufladung des Polymergerüsts. Anionen werden daher zur Ladungskompensation in die Polymerschicht eingelagert. Während eines Reduktionsprozesses werden sie in den Elektrolyten zurückgedrängt. Die Oxidation resultiert in einer p-Dotierung. Pionierarbeit hinsichtlich des Verständnisses der Transportprozesse leitfähiger Polymere wurde insbesondere durch *A.J. Heeger*, *A.G MacDiarmid* (1927-2007) und *H. Shirakawa* (gemeinsamer Nobelpreis für Chemie 2000) geleistet.

Abbildung 15.19(a) zeigt, wie sich mittels kleiner Porphyrinoligomere als anordnungsinduzierende Moleküle für konjugierte Polymere geordnete Strukturen erzeugen lassen. Durch intramolekulare Wechselwirkungen ohne kovalente Bindungen werden die konjugierten Polymere in geordneter Weise in die Poly-Pseudorotaxanstruktur integriert [15.32].

Eine weitere Strategie zur Orientierung von konjugierten Polymeren zeigt Abb. 15.19(b). Wenn das Polymer eine substituierende mesomorphe Gruppe aufweist, dann sind die Ketten nicht nur lösbar in organischen Lösungsmitteln, sondern lassen sich auch durch spontane oder extern induzierte Orientierung geordnet anordnen [15.33]. Innerhalb der Flüsigkristalldomänen erfolgt die Anordnung spontan. Die Domänen wiederum können über Scherspannungen oder elektrische Felder makroskopisch orientiert werden.

Biomoleküle und ihre synthetischen Analoga eignen sich evidenterweise in ganz besonderem Maße für das Design komplexer supramolekularer Nanostrukturen, weil sie entweder durch die Evolution dafür vorgesehen sind oder sich in Anlehnung an evolutionär entstandene Assemblierungsstrategien besonders dafür eignen. In Kap. 13 hatten wir bereits zahlreiche Beispiele der DNA-Nanotechnologie kennengelernt. Abbildung 15.20 (a) zeigt ein weiteres. Nanokapseln aus DNA lassen sich durch genetische Kodierung von Doppelstranggerüststrukturen herstellen [15.34]. Einfache biomolekulare Bausteine zeigen zuweilen erstaunliche Selbstorganisationsprozesse. So entstehen molekulare Nanodrähte durch Assemblierung von ATP und dichlorsubstituierte Thiacyaninfarbstoffen [15.35], wie in Abb. 15.20(b) schematisch dargestellt.

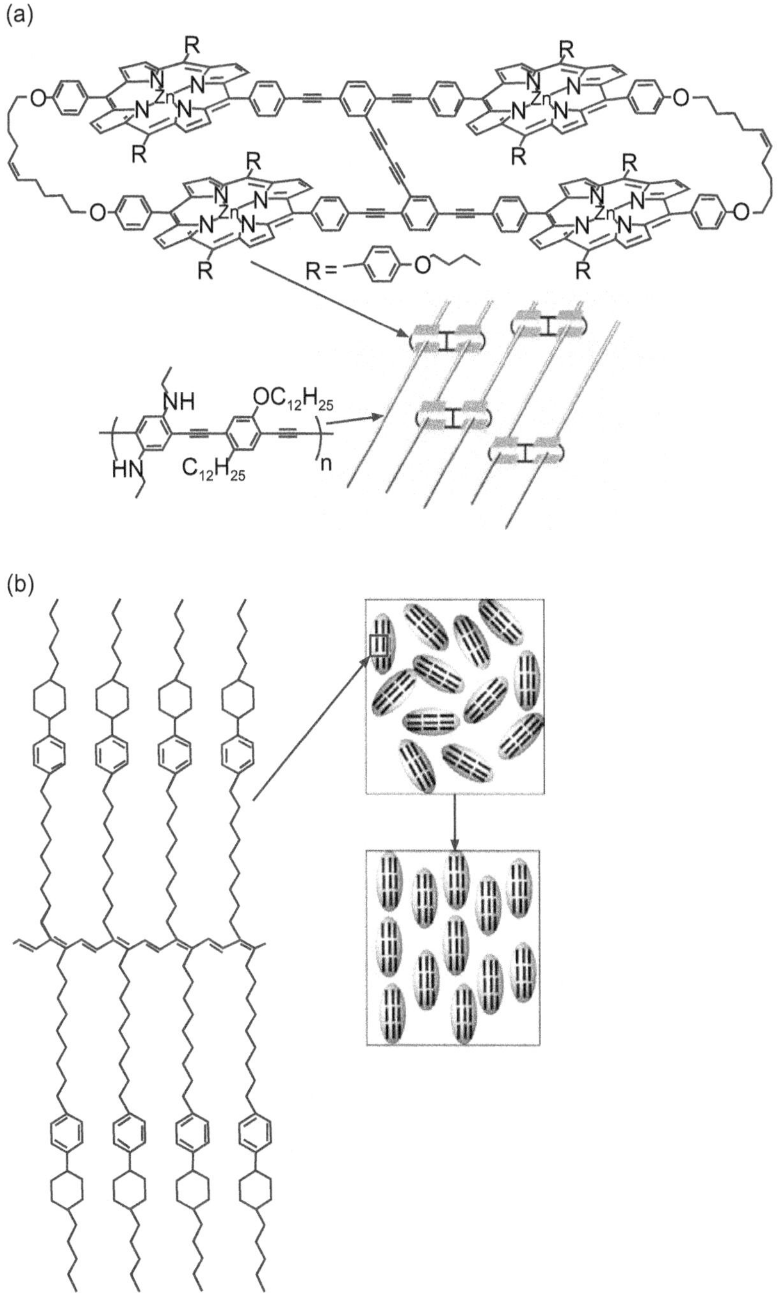

Abb. 15.19. (a) Pseudorotaxannetzwerke geordneter konjugierter Polymere mit Porphyrinoligomeren als ordnende molekulare Elemente. (b) Spontane Anordnung von konjugierten Seitenkettenpolymeren und extern induzierte Orientierung der flüssigkristallinen Domänen.

Betrachten wir einkristalline Festkörpernanopartikel als Supermoleküle, so ist auch die Selbstorganisation von kolloidalen Nanopartikeln als Phänomen der supramolekularen Chemie zu betrachten. Im vorliegenden Kontext ist diese Betrachtungsweise aus konzeptionellen Gründen, aber auch, weil in komplexen Nanotechnologien Nanopartikel neben wirklich typischen Grundbausteinen der supramolekularen Chemie häufig involviert sind, durchaus angemessen [15.36]. Ein diesbezügliches Beispiel, schematisch dargestellt in Abb. 15.21, besteht in der Herstellung von geordneten Arrays anorganischer Nanopartikel unter Verwendung von Biomaterialien. Dabei erfolgt eine Strukturübertragung vom organischen in das anorganische System.

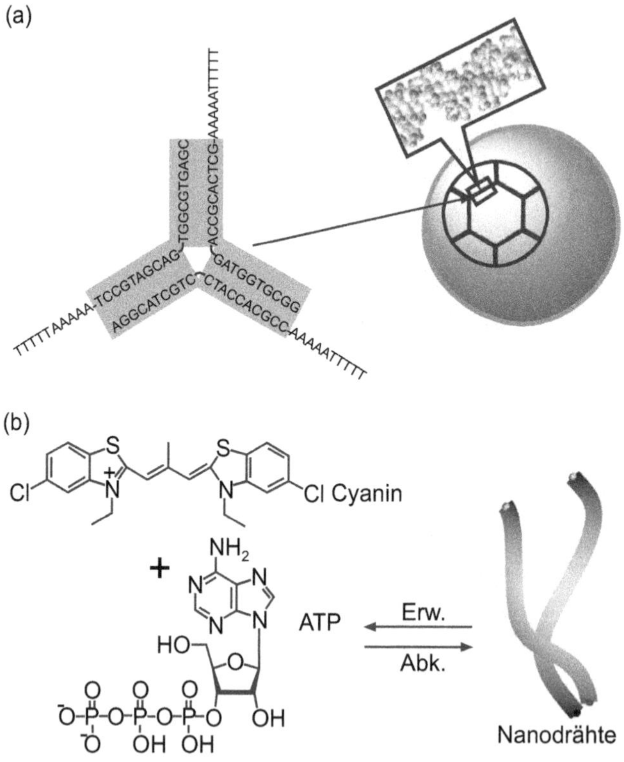

Abb. 15.20. (a) DNA-Nanokapseln und (b) Nanodrähte aus ATP und Cyaninfarbstoff.

Ferritin ist ein Proteinkomplex, der in Tieren, Pflanzen und Bakterien vorkommt und als Eisenspeicher dient. Die mit Eisenhydroxit-Oxid gefüllten scheibenförmigen Proteine, die aus 24 gleichen Untereinheiten aufgebaut und in Abb. 15.21(a) gezeigt sind, haben einen Durchmesser von etwa 8 nm. Die Untereinheiten haben beim Menschen 170–180 Aminosäuren und etwa 4000 Fe-Atome. Die Aufgaben des Ferritins sind Oxidation von Fe(II), Transport von Fe(III) in das Molekülinnere, Aufbau des Fe-Minerals im Innern und Mobilisierung des Fe. In Abb. 15.21(b) wurde Ferritin zunächst als Langmuir-Monolage assembliert, dann auf hydrophobisiertem Si abgeschieden, was zu einer zweidimensionalen hexagonalen Anordnung führt. Schließlich wurden die organischen Bestandteile durch Veraschung entfernt. Tempern in Wasserstoffatmosphäre resultiert schließlich in einer hexagonalen Anordnung 6 nm großer superparamagnetischer Fe-Partikel [15.37]. Es erfolgte perfekte Strukturübertragung vom supramolekularen organischen polymolekularen Komplex in einen nanopartikulären Komplex.

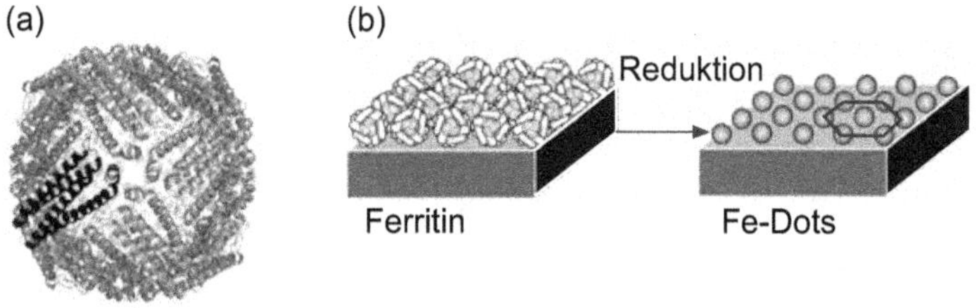

Abb. 15.21. (a) Struktur des Ferritins [15.38]. (b) Die Strukturübertragung vom supramolekularen organischen Komplex in einen anorganischen nanopartikulären Komplex.

Cyclodextrin bildet Wirt-Gast-Komplexe mit zahlreichen Gastspezies. Diese Eigenschaft kann zur Synthese supramolekularer Hydrogele aus einwandigen Kohlenstoffnanoröhrchen (*Single-Walled Carbon Nanotubes, SWNT*) genutzt werden. SWNT lassen sich aufgrund von π-π-Wechselwirkungen mit pyrenmodifizierten β-Cyclodextrinen funktionalisieren. Aufgrund der Löslichkeit der Cyclodextrine sind die funktionalisierten SWNT wasserlöslich. Gleichzeitig können die Cyclodextrine an der Oberfläche der SWNT Gastmoleküle in ihrer sphärischen Kavität aufnehmen. Dies kann, wie in Abb. 15.22 dargestellt, zur Vernetzung über Polymere mit Gastbindungsstellen genutzt werden [15.39].

Ein zunehmend wichtiges Teilgebiet der supramolekularen Nanotechnologie ist die Selbstorganisation funktioneller Strukturen an Grenzflächen. Zum einen herrschen hier besondere physiko-chemische Bedingungen, zum anderen ist die Immobilisation der supramolekularen Objekte häufig ein technischer Vorteil. Eine besondere Bedeutung kommt den Grenzflächen zwischen Flüssigkeit und Gas sowie zwischen zwei Flüssigkeiten zu. Dies sieht man bereits im Kontext der Strukturen aus amphiphilen Molekülen. So entstehen Langmuir-Blodgett-Filme an der Wasser-Luft-Grenzfläche durch einen spezifischen Selbstorganisationsprozess, für den das Vorhandensein der Grenzfläche essentiell ist.Die assemblierten Filme wiederum zeigen an der Grenzfläche im Hinblick auf molekulare Erkennung von Gästen häufig eine gegenüber der reinen flüssigen Phase stark modifizierte Effizienz in Abhängigkeit von der Art der Wirt-Gast-Wechselwirkung [15.40]. Auch hier lassen sich konzeptionelle Aspekte wiederum auf Supermoleküle in Form von Nanopartikeln übertragen. Ein

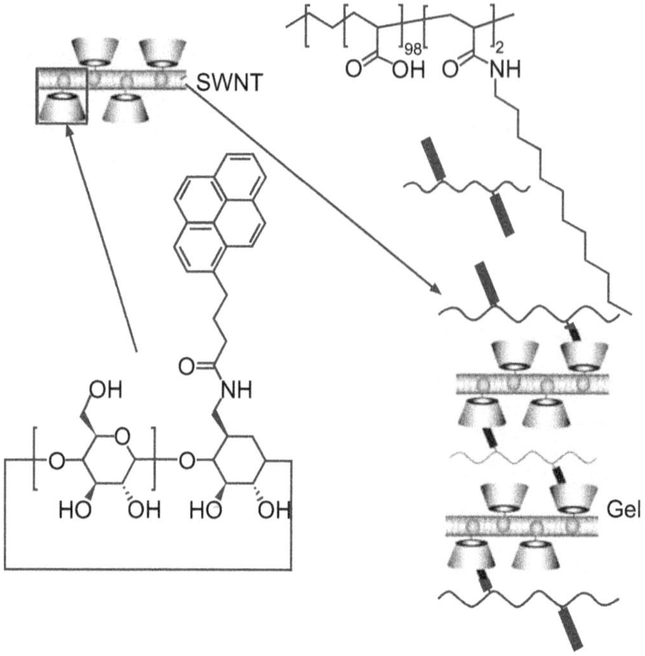

Abb. 15.22. Supramolekulares Hydrogel aus Kohlenstoffnanoröhrchen.

technologisch wichtiges Beispiel sind die *Kolloidosomen* [15.41]. Wie schematisch in Abb. 15.23 dargestellt, entstehen selbstassemblierte Mikrostrukturen kolloidaler Nanopartikel in Emulsionen, beispielsweise aus Wasser in Öl.

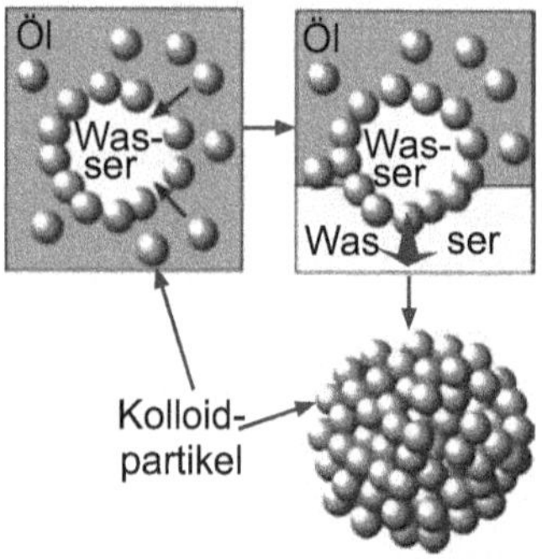

Abb. 15.23. Entstehnung von Kolloidosomen.

An der Grenzfläche der Emulsionströpfchen sammeln sich die Nanopartikel an und bilden elastische Hüllen. Diese Kolloidosomen lassen sich isolieren durch Transfer in dasjenige Medium, welches sich in ihrem Innern befindet. Größe und Elastizität der Kolloidmembran lassen sich präzise kontrollieren. Abbildung 15.24 zeigt, dass der Membranaufbau aus weitestgehend perfekt dicht gepackten Partikeln besteht. Die Größe der Kolloidpartikel definiert die Porengröße und damit die Permeabilität der Membran, die beispielsweise für das Freisetzen medikamentöser Inhaltsstoffe von Bedeutung ist.

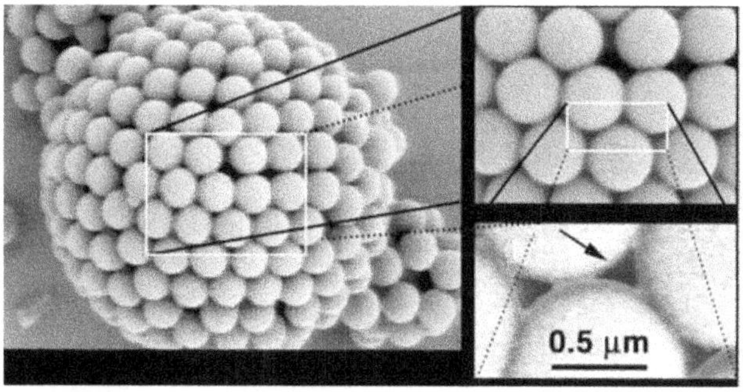

Abb. 15.24. (a) Rasterelektronenmikroskopische Aufnahme eines getrockneten 10 μm großen Kolloidosoms aus 0,9 μm großen Polysterenkugeln [15.41]. Verwendet wurde eine Emulsion von Öl in Wasser. (b) und (c) zeigen Ausschnittsvergrößerungen. Der Pfeil markiert eine Pore.

Überträgt man Langmuir-Blodgett-Filme auf Festkörpersubstrate, so lassen sich Anordnungen mit komplexer Funktionalität herstellen. Insbesondere molekularsensorische Anwendungen wurden untersucht. Bringt man beispielsweise elektronisch oder ionisch leitfähige Amphiphile mit spezifischen Bindungsstellen für Gäste auf eine Elektrode auf, so kann durch elektrochemische Messung die Bindung eines Gasts mit hoher Spezifität gemessen werden [15.42]. Dabei können auch gemischte Langmuir-Blodgett-Filme verwendet werden.

An Grenzflächen können sich auch hochkomplexe Wirt-Gast-Systeme selbst organisieren, die in der homogenen flüssigen Phase nicht entstünden. So zeigt Abb. 15.25 die Formation einer Schachtelstruktur um ein zylindrisches Gastmolekül. Das biphenylartige Gastmolekül mit einer langen Alkykette fungiert hier als Templat für die amphiphilen Liganden mit Pd(II)-Endkappen [15.42].

Unter Nutzung intermolekularer Wechselwirkungen lassen sich auch mehrlagige Filme herstellen. Dabei können wiederum die unterschiedlichsten Wechselwirkungen gezielt genutzt werden, so dass es zu einem hohen Grad an molekularer Erkennung kommt. Dies wiederum ist dann Grundlage für eine perfekte Schichtfolge. Sehr vielfältig einzusetzen ist die elektrostatische lagenweise Deposition von alternierend kationischen und anionischen Schichten. Sie wurde verwendet, um Polyelektrolyte, leitfähige Polymere, Blockcopolymere, Dendrimere, Nanopartikel, aber auch Biomaterialien wie Proteine, Nukleinsäuren, Saccharide und sogar Viruspartikel geordnet

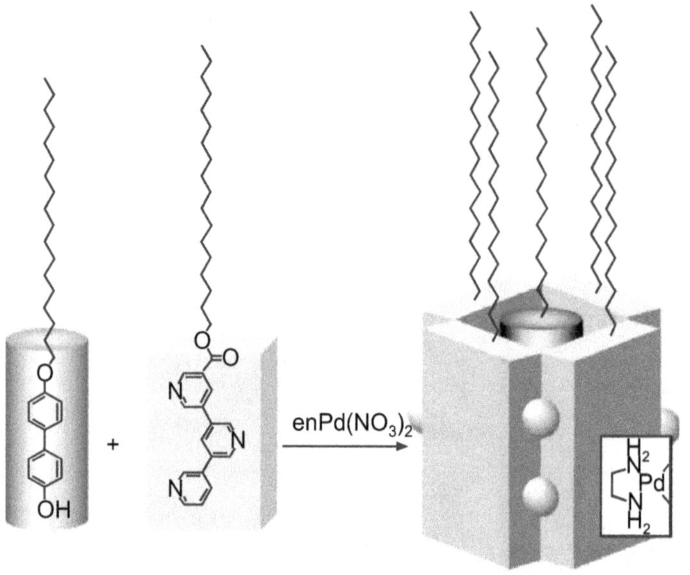

Abb. 15.25. Selbstorganisation einer supramolekularen Schachtelstruktur um ein zylindrisches Gastmolekül an der Wasser-Luft-Grenzfläche.

zu deponieren. Abbildung 15.26 zeigt schematisch die Deposition mehrlagiger Filme in Form supramolekularer Komplexe unter Ausnutzung unterschiedlicher intermolekularer Wechselwirkungen.

Technologisch verwandt mit der beschriebenen Aufbringung von supramolekularen Komplexen auf Substrate sind die *selbstorganisierenden Monoschichten (Self-Assembled Monolayer, SAM)*. Substanzen, wie Alkanthiole, Alkyltrichlorsilane und Fettsäuren, bilden auf geeigneten Festkörpersubstraten spontan einfache, hoch geordnete Monoschichten [15.44]. Bei der Wechselwirkung zwischen Molekülen und Substrat kann es sich um schwache Oberflächenwechselwirkungen und supramolekulare Komplexe handeln oder um starke, die auf der Wechselwirkung affiner Kopfgruppen mit dem Substrat beruhen. Gängige Kopfgruppen schließen Thiole, Silane und Phosphonate ein. Die Chemisorption kann aus der gasförmigen oder flüssigen Phase erfolgen. Die molekulare Ordnung entsteht durch gleichmäßige Anordnung der Kopfgruppen auf dem Substrat und der Endgruppen entfernt vom Substrat. Intermolekulare Wechselwirkungen innerhalb des Adsorbats sind van der Waals- sowie sterische Wechselwirkungen. Per Kopfgruppe chemisorbierte Filme sind deutlich stärker an das Substrat gebunden als physisorbierte supramolekulare Spezies und Langmuir-Blodgett-Schichten. So beträgt die Bindungsenergie von Trichlorsilan und Hydroxylgruppen ca. 450 kJ/mol und diejenige einer Thiol-Metall-Bindung ca. 100 kJ/mol. Als funktionale Endgruppe werden häufig -OH, $-NH_2$, -COOH oder -SH verwendet. Die Verknüpfung von SAM und supramolekularer Nanotechnologie eröffnet äußerst in-

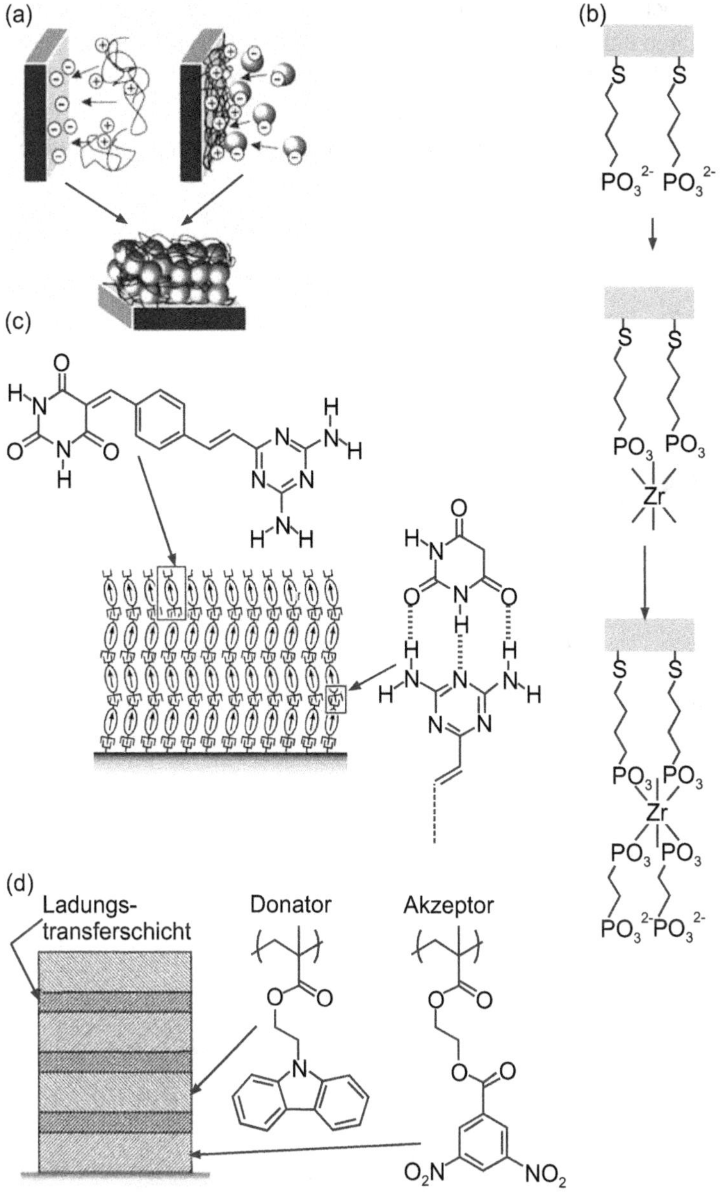

Abb. 15.26. Mehrlagige Filme als supramolekulare Komplexe bei unterschiedlichen intermolekularen Wechselwirkungen. (a) Elektrostatische Interaktion, (b) Metall-Phosphat-Komplex, (c) Wasserstoffbrückenbindungen und (d) Ladungstransferkomplex.

teressante Anwendungsfelder, wie Abb. 15.27 zeigt. So lassen sich Rotaxane als SAM über eine Gold-Thiol-Bindung auf mikrofabrizierte Si-Biegelemente (Cantilever) deponieren. Durch elektrochemische Reduktion und Oxidation lässt sich die Distanz zwischen den molekularen Ringen reversibel zwischen 4,2 und 1,4 nm variieren. Die Kontraktion einer Vielzahl von Rotaxankomplexen[40] führt zur Durchbiegung der mechanischen Elemente. Damit imitieren die chemomechanischen Bauelemente die Funktion von Muskeln. Aus den Messdaten lässt sich die pro Rotaxan ausgeübte Kraft mit etwa 10 pN abschätzen [15.45].

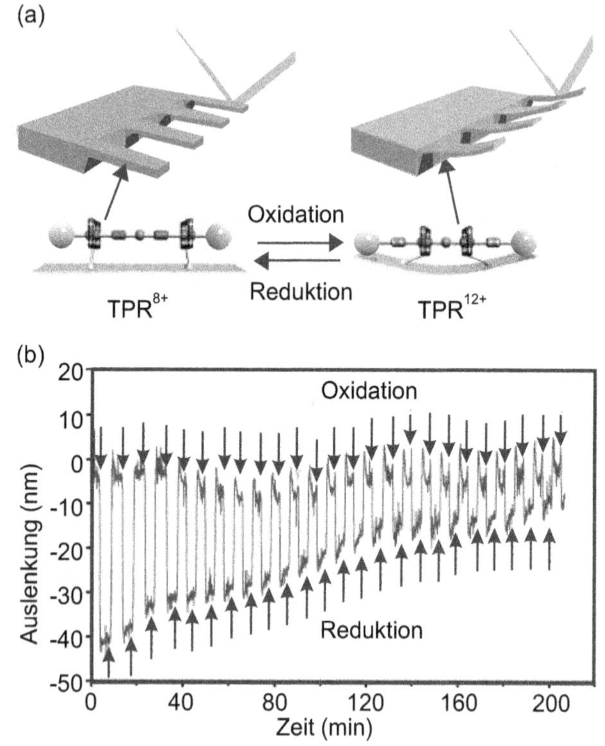

Abb. 15.27. Künstlicher Muskel, bestehend aus Rotaxan-SAM auf mikrofabrizierten Cantilevern [15.45]. (a) Mechanismus der mittels Auslenkung eines Laserstrahls gemessenen Verbiegung. (b) Verbiegung bei 25 Oxidatins-Reduktions-Zyklen.

Die Struktur supramolekularer Komplexe auf Substraten hängt generell vom Wechselspiel zwischen Substrat- und Adsorbateigenschaften und von der Wechselwirkung zwischen den supramolekularen Komplexen ab. Bei epitaxialer Adsorption kann dies genutzt werden, um komplexere supramolekulare Muster zu erzeugen. Zwei Beispiele sind in Abb. 15.28 gezeigt. So kann die epitaxiale Adsorption von Alkylketten auf

40 Es befinden sich größenordnungsmäßig $6 \cdot 10^{12}$ Rotaxane auf einem Cantilever der Abmessung $500\,\mu m \times 100\,\mu m \times 1\,\mu m$ mit einer Federkonstante von 0,02 N/m [15.45].

geeigneten Substraten genutzt werden, um zweidimensionale Felder regelmäßig geordneter supramolekularer Komplexe zu bilden. Abbildung 15.28(a) zeigt zickzackförmige Anordnungen von Fullerenderivaten auf hochorientiertem pyrolytischen Graphit (HOPG). Die Distanz zwischen den Lamellen aus modifizierten C_60-Molekülen mit drei Hexadecylketten beträgt 6,3 nm [15.46]. Auch Koordinationskomplexe können auf geeigneten Substraten gleichmäßige Muster bilden. Abbildung 15.28(b) zeigt Organoplatinkomplexe auf einem Au(111)-Substrat. Verwendet wurden Bipyridinliganden zur Erzeugung quadratischer Einheiten [15.47].

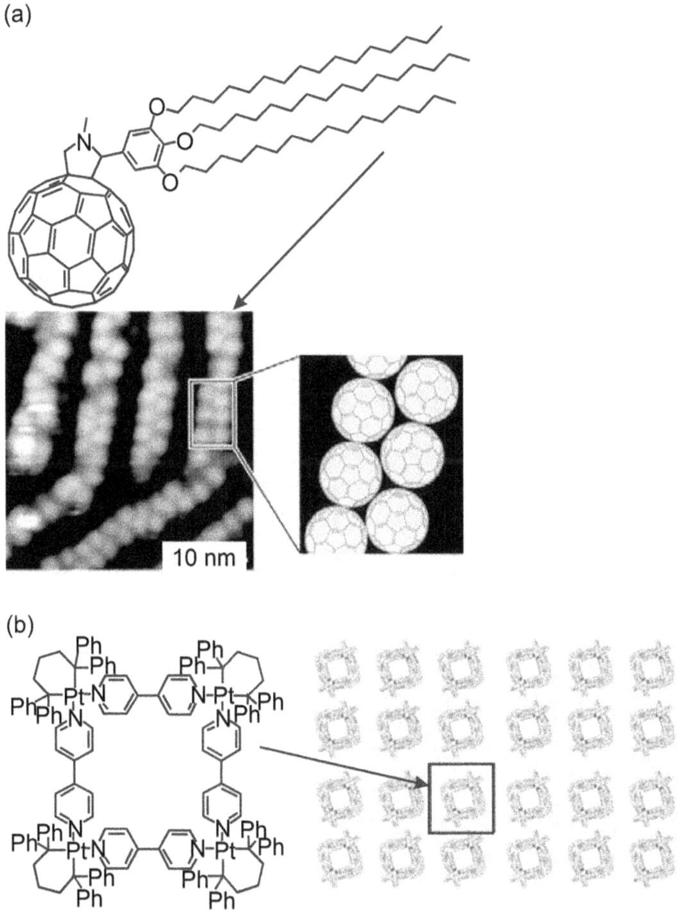

Abb. 15.28. Anordnungen von supramolekularen Komplexen auf Substraten. (a) STM-Aufnahme von C_60-Derivaten auf HOPG [15.46]. (b) Modell für die Anordnung von Organoplatinkomplexen auf Au(111) [15.47].

Aus den vorgestellten Beispielen wird deutlich, dass die supramolekulare Nanotechnologie ein äußerst breites Anwendungsspektrum besitzt, welches von der Lebensmitteltechnologie über die Pharmazie bis hin zur Molekularelektronik reicht [15.48]. So werden uns supramolekulare Bausteine besonders bei der Diskussion der Applikationen der Nanotechnologie häufig in den unterschiedlichsten Kontexten begegnen. Wirklich komplexe nanoskalige Funktionseinheiten, Nanobauelemente und Nanomaschinen, hergestellt in Massenproduktion, erscheinen generell nur realisierbar unter Verwendung supramolekularer Nanotechnologie. Dies lässt sich auch an biologischen Systemen beobachten, in denen nanoskalige Funktionseinheiten grundsätzlich supramolekular aufgebaut sind. Im Hinblick auf ein rationales Design komplexer supramolekularer Strukturen erscheinen daher bionische Ansätze vielversprechend.

Neben supramolekular aufgebauten Kontinuumsmaterialien, wie beispielsweise supramolekularen Polymeren oder auch Gelen [15.49] sind selbstassemblierte Individualstrukturen, wie beispielsweise die Kolloidosomen, von großem Anwendungsinteresse. Ein weiteres äußerst anwendungsrelevantes Einsatzgebiet der supramolekularen Chemie sind die molekulare Photonik, Elektronik und Ionik, die ebenfalls noch in den entsprechenden Anwendungskontexten in Kap. 28 zu diskutieren sein werden.

Literatur

[15.1] J.-M. Lehn, *Supramolecular Chemistry: Concepts and Perspectives* (VCH, Weinheim, 1995); Angew. Chem. **100**, 91 (1988).

[15.2] K.L. Wolf, H. Frahm and H. Harms, Z. Phys. Chem. Abt. B **36**, 17 (1937).

[15.3] J.-M. Lehn, Angew. Chem. **100**, 91 (1988).

[15.4] P.D. Beer, P.A. Gale and D.K. Smith, *Supramolecular Chemistry* (Oxford Univ. Press, Oxford, 2003).

[15.5] N.J. Turro, *Supramolecular Chemistry*, in G.L. Hornyak, H.F, Tibbals, J. Dutta and J.J. Moore (Eds), *Introduction to Nanoscience and Nanotechnology* (CRC Press, Boca Raton, 2009).

[15.6] J.W. Steed and J.L. Atwood, *Supramolecular Chemistry* (Wiley, West Sussex, 2009); J.W. Steed, D.R. Turner and K. Wallace, *Core Concepts in Supramolecular Chemistry and Nanotechnology* (Wiley, West Sussex, 2007); H.-J. Schneider and A. Yatsimirsky, *Principles and Methods in Supramolecular Chemistry* (Wiley-VCH, Weinheim, 2000).

[15.7] www.ensemble.org

[15.8] F. Vögtle, *Supramolekulare Chemie* (Teubner, Stuttgart, 1989).

[15.9] B. Dietrich, *Cryptands*, in: G.W. Gokel (Ed.), *Comprehensive Supramolecular Chemistry* (Elsevier, Oxford, 1996).

[15.10] D.B. Amabilino, P.R. Ashton, A.S. Reder, N. Spencer and J.F. Stoddart, Angew. Chem. Int. Ed. **33**, 1286 (1994).

[15.11] H.B. Mekelburger, W. Jaworek and F. Vögtle, Angew. Chem. **104**, 1609 (1992); D.A. Tomalia, A.M. Naylor and W.A. Goddard III, Angew. Chem. **102**, 119 (1990); M. Fischer and F. Vögtle, Angew. Chem. **111**, 934 (1999).

[15.12] K. Ariga, J.P. Hill, M.V. Lee, A. Vinu, R. Charvet and S. Acharya, Sci. Technol. Adv. Mat. **9**, 014109 (2008).

[15.13] A. Harda, J. Li and M. Kamachi, Nature **356**, 325 (1992); Nature **364**, 516 (1993); A. Harda, Acc. Chem. Res. **34**, 456 (2001).
[15.14] A. Livoreil, C.O. Dietrich-Buchecker and J.-P. Sauvage, J. Am. Chem. Soc. **116**, 9399 (1994).
[15.15] R.A. Bissel, E. Cordova, A.E. Kaifer and J.F. Soddart, Nature **369**, 133 (1994).
[15.16] J.D. Badjic, V. Balzani, a. Credi, S. Silvi and J.F. Soddart, Science **303**, 1845 (2004); J.D. Badjic, C.M. Ronconi, J.F. Soddart, V. Balzani, S. Silvi and A. Credi, J. Am. Chem. Soc. **128**, 1489 (2006).
[15.17] G. Rogez, B.F. Ribera, A. Credi, R. Balladini, M.T. Gandolfi, V. Balzani, Y. Liu, B.H. Northtrop and J.F. Soddart, J. Am. Chem. Soc. **129**, 4633 (2007).
[15.18] T.D. Nguyen, Y. Liu, S. Saha, K.C.-F. Leung, J.F. Soddart and J.I. Zink, J. Am. Chem. Soc. **9**, 627 (2007).
[15.19] M. Eddaoudi, D.B. Moler, H. Li, B. Chen, T.M. Reineke, M. O'Keefe and O.M. Yaghi, Acc. Chem. Res. **34**. 319 (2001); K.S. Suslick, P. Bhyrappa, J.H. Chou, M.E. Kosal, S. Nakagi, D.W. Smithenry and S.R. Wilson, Acc. Chem. Res. **38**, 283 (2005).
[15.20] R. Kitaura, S. Kitagawa, Y. Kubota, T.C. Kobayahi, K. Kindo, Y. Mita, A. Matsuo, M. Kobayashi, H.C. Chan, T.C. Ozawa, M. Suzuki, M. Sakata and M. Takata, Science **298**, 2358 (2002).
[15.21] K. Katagiri, K. Ariga and J. Kikuchi, Chem. Lett. **661**, 243 (1999); K. Katagiri, M. Hashizume, K. Ariga, T. Terashuna and J. Kikuchi, Chem. Eur. J. **13**, 5272 (2007).
[15.22] T. Fukushima, A. Kosaka, Y. Ishimura, T. Yamamoto, T. Tukigawa, N. Ishii and T. Aida, Science **300**, 2072 (2003); T. Fukushima and T. Aida, Chem. Eur. J. **13**, 5048 (2007).
[15.23] T. Kato, Science **295**, 2414 (2002); Y. Kunikawa, M. Nishii and T. Kato, Chem. Eur. J. **10**, 5942 (2004).
[15.24] K. Ichimura, Chem. Rev. **100**, 1847 (2000).
[15.25] A. Okabe, T. Fukushima, K. Ariga and T. Aida, J. Am. Chem. Soc. **41**, 3414 (2002).
[15.26] P.N. Taylor and H.L. Anderson, J. Am. Chem. Soc. **121**, 11538 (1999); T.E.O. Screen, J.R.G. Thorne, R.G. Denning, D.G. Buchnall and H.L. Anderson, J. Mat. Chem. **13**, 2796 (2003).
[15.27] S. Zhou, C. Burger, B. Chu, M. Sawamura, N. Nagahama, M. Toganoh, U.E. Hackler, H. Isobe and E. Nakamura, Science **291**, 1944 (2001).
[15.28] H. Murakami, Y. Watanabe and N. Nakashima, J. Am. Chem. Soc. **118**, 4484 (1996); T. Nakanishi, M. Morita, H. Murakami, T. Sagara and N. Nakashima, Chem. Eur. J. **8**, 1641 (2002); T. Nakanishi, H. Kouzai, M. Morita, H. Murakami, T. Sagara, K. Ariga and T. Nakashima, J. Nanosci. Nanotechnol. **6**, 1779 (2006).
[15.29] T. Haino, Y. Matsumoto and Y. Fukazawa, J. Am. Chem. Soc. **127**, 8936 (2005).
[15.30] A.M. van de Craats, J.M. Warman, K. Müllen, Y. Geerts and J.D. Brand, Adv. Mat. **10**, 36 (1998); A.F. Thünemann, S. Kubowicz, C. Burger, M.D. Watson, . Tchebotareva and K. Müllen, J. Am. Chem. Soc. **125**, 352 (2003); W. Pisula, M. Kastler, D. Wasserfallen, R.J. Davies, M.-C. García-Gutíerrez and K. Müllen, J. Am. Chem. Soc. **128**, 14424 (2006).
[15.31] .H.-J. Mair und S. Roth (Hrsg.), *Elektrisch leitende Kunststoffe* (Hanser, München, 1989).
[15.32] R. Wakabayashi, Y. Kubo, K. Kaneko, M. Takendi and S. Shinkai, J. Am. Chem. Soc. **128**, 8744 (2006).
[15.33] K. Akagi, Bull. Chem. Soc. Jpn. **80**, 649 (2007).
[15.34] K. Matsuura, T. Yamashita, Y. Igami and N. Kimizuka, Chem. Commun. **376** (2003).
[15.35] M. Morikawa, M. Yoshihara, T. Endo and N. Kimizuka, J. Am. Chem. Soc. **127**, 1358 (2005).
[15.36] A.S. Sonin, J. Mat. Chem. **8**, 2557 (1998); Z. Tang and N.A. Kotov, Adv. Mat. **17**, 951 (2005).
[15.37] I. Yamashita, Thin Solid Films **393**, 12 (2001); M. Okuda, Y. Iwahori, I. Yamashita and H. Yoshimura, Biotechnol. Bioeng. **84**, 187 (2003).
[15.38] www.upload.wikimedia.org/wikipedia/commons/6/67/Ferritin.png.
[15.39] T. Ogoshi, Y. Takashima, H. Yamagushi and A. Harada, J. Am. Chem. Soc. **129**, 4878 (2007).

[15.40] I. Kuzmenko, H. Rapaport, K. Kjaer, J. Als-Nielsen, I. Weissbuch, M. Lahav and L. Leiserowitz, Chem. Rev. **101**, 1659 (2001); K. Ariga, J.P. Hill and H. Endo, Int. J. Mol. Sci. **8**, 864 (2007).

[15.41] A.D. Dinsmore, M.F. Hsu, M.G. Nikolaides, M. Marquez, A.R. Bausch and D.A. Weitz, Science **298**, 1006 (2002).

[15.42] T. Miyahara and K. Kurihara, J. Am. Chem. Soc. **126**, 5684 (2004).

[15.43] M. Ayoyagi, H. Minamikawa and T. Shimizu, Chem. Lett. **33**, 860 (2004).

[15.44] J.C. Love, L.A. Eshroft, J.K. Kriebel, R.G. Nuzzo and G.M. Whitesides, Chem. Rev. **105**, 1103 (2005).

[15.45] Y. Liu, A.H. Flood, P.A. Bonvallet, S.A. Vignon, B.H. Northrop, H.R. Tseng, J.O. Jeppesen, T.J. Huang, B. Brough, M. Baller, S. Magonov, S.D. Solares, W.A. Goddard, C.-M. Ho and J.F. Soddart, J. Am. Chem. Soc. **127**, 9745 (2005).

[15.46] T.Nakanishi, N. Miyashita, T. Michinabu, Y. Wakayama, T. Tsurnoka, K. Ariga and D.G. Kurth, J. Am. Chem. Soc. **128**, 6328 (2006).

[15.47] Q.-H. Yuan, L.-J. Wan, H. Jude and P.J. Stang, J. Am. Chem. Soc. **127**, 16279 (2005).

[15.48] H.J. Schneider (Ed.), *Applications of Supramolecular Chemistry* (CRC Press, Boca Raton, 2012).

[15.49] A.R. Hirst, B. Escuder, J.F. Miravet and D.K. Smith, Angew. Chem.**120**, 8122 (2008).

16 Kohlenstoffgrundbausteine

Kohlenstoffgrundbausteine lassen sich in zwei-, ein- und nulldimensionale Allotrope unterteilen. Das zweidimensionale Allotrop ist das Graphen, welches in einer hexagonal angeordneten Monolage von Kohlenstoffatomen besteht und, in geeigneter Weise übereinander geschichtet, einen Graphitkristall ergäbe. Graphen lässt sich durch Spaltung von Graphit herstellen oder auch mittels geeigneter Depositionsmethoden direkt auf einem Substrat deponieren. Graphen eröffnet aufgrund seiner ganz besonderen Eigenschaften quasi eine ganz neue relativistische Festkörperphysik, deren spektakulärstes Resultat die Dirac-Fermionen sind. Neben seinem modellhaften Charakter, der sich in besonderen elektronischen und vibronischen Eigenschaften wiederspiegelt, eröffnet das Graphen auch außerordentlich vielversprechende Anwendungsperspektiven, insbesondere im Bereich der Elektronik und zur Substitution konventioneller Halbleiter.

Das eindimensionale Allotrop des Kohlenstoffs sind die Kohlenstoffnanoröhrchen, die quasi als aufgewickelte Rolle von Graphen betrachtet werden können und die dementsprechend ebenfalls besondere elektronische, aber auch mechanische Eigenschaften besitzen. Mehrwandige Kohlenstoffnanoröhrchen bestehen in konzentrisch ineinander steckenden einwandigen Röhrchen.

Fullerene – das prominenteste ist das C_{60}-Molekül – sind quasi nulldimensionale Kohlenstoffallotrope und entstehen, wenn in eine Graphenlage eine bestimmte Anzahl von Fünfecken eingebaut wird. Konzentrisch ineinander steckende Fullerene werden als Kohlenstoffzwiebeln bezeichnet.

16.1 Kohlenstoffallotrope

Als *Allotropie* bezeichnet man die Eigenschaft mancher Stoffe, bei gegebenem Aggregatzustand in unterschiedlichen Strukturformen vorzukommen. So kann Sauerstoff beispielsweise in der gewöhnlichen molekularen Form als O_2 oder auch als Ozon O_3 vorkommen. Weißer, schwarzer und roter Phosphor wären ein weiteres Beispiel. Das mit Sicherheit strukturell und im Hinblick auf physikalisch-chemische Eigenschaften reichhaltigste Beispiel für Allotropie aber zeigt das Element Kohlenstoff.

Diamant ist die kubische Modifikation des Kohlenstoffs. Es handelt sich bei Diamant um das härteste natürlich vorkommende Material. Gleichzeitig verfügt Diamant über die höchste Wärmeleitfähigkeit aller Minerale. Bei Raumtemperatur und Normaldruck ist Diamant metastabil. Die Aktivierungsenergie für den Phasenübergang in die thermodynamisch stabilere Kohlenstoffmodifikation ist so hoch, dass eine Umwandlung bei Raumtemperatur nicht stattfindet.

Im Gegensatz zum sp^3-hybridisierten Diamant ist der *Graphit* sp^2-hybridisiert und zeigt einen hexagonalen Schichtaufbau, wie in Abb. 3.61 gezeigt wurde. Als Folge dieses Aufbaus ist Graphit stark anisotrop, insbesondere im Hinblick auf die elektrische Leitfähigkeit und die Härte. Während die Bindungsenergie zwischen benachbarten Atomen in der Ebene 4,3 eV beträgt, beträgt sie senkrecht dazu nur 0,07 eV. Delokalisierte π-Elektronen innerhalb der Ebenen führen zu einer nahezu metallischen Leitfähigkeit. Orthogonal dazu resultiert eine thermische und elektronische Isolation. Die leichte Spaltbarkeit entlang der Ebenen lässt Graphit als weiches Material erscheinen.

Amorpher Kohlenstoff, der technisch von erheblicher Bedeutung ist, kann ein nahezu beliebiges Verhältnis zwischen sp^2- und sp^3-hybridisierten Konfigurationen beinhalten und wird synthetisch hergestellt. Weitere Variabilitäten des Kohlenstoffs umfassen hexagonalen *Lonsdaleit* und *Chaoit*. Alle genannten Kohlenstoffallotrope sind im Grunde genommen dreidimensional, nicht nur im Hinblick auf ihre räumliche Ausdehnung, sondern vor allem im Hinblick auf die physikalischen Eigenschaften, die sich in der Regel vollkommen kontinuumstheoretisch in drei Dimensionen beschreiben lassen. Dies ist anders beim *Graphen*, welches wir peripher bereits in Abschn. 3.5.4 und 3.6.4 behandelt haben. Die strukturelle Zweidimensionalität hat eine völlig neue Physik zur Folge, die in ganz besonderen Eigenschaften resultiert. Am spektakulärsten ist dabei sicherlich die Tatsache, dass die maßgebliche relativistische Festkörperphysik die Erforschung und Nutzung quantenrelativistischer Phänomene erlaubt, welche in der experimentellen Hochenergiephysik nur schwer oder überhaupt nicht zugänglich sind. Konzeptionell repräsentiert Graphen eine neue Klasse praktisch handhabbarer Materialien, die eine Dicke von nur einem Atom haben.

Rollt man Graphen auf, so entstehen einwandige oder mehrwandige, quasi eindimensionale Kohlenstoffnanoröhrchen. Diese haben durchaus individuelle physikalische Qualitäten, was gegenüber dem Graphen der Eindimensionalität geschuldet ist. Gleichzeitig spiegeln sich viele Eigenschaften des fundamentalen Bausteins Graphen auch in dem Grundbaustein Kohlenstoffnanoröhrchen wider, wie wir anhand der Diskussion der elektronischen Eigenschaften auch in Abschn. 3.5.4 gesehen haben.

Wickelt man die Graphenlagen wiederum in Form geschlossener Körper mit geringem Aspektverhältnis auf, so entstehen die *Fullerene*, von denen das prominenteste das *Buckminster-Fulleren* C_{60} aus Abb. 3.61 ist. Neben C_{60} besitzen auch C_{70}, C_{76}, C_{80}, C_{82}, C_{86}, C_{90} und C_{94} eine vergleichsweise hohe Stabilität. Viele Fullerene bestehen aus 12 Kohlenstofffünfecken, die von einer unterschiedlichen Anzahl von Sechsecken umgeben sind. Das kleinste Fulleren, C_{20}, ist ein Dodekaeder und besteht nur aus pentagonalen Kohlenstoffringen. C_{60} hat eine Ikosaedergeometrie bei einem Durchmesser von 0,7 nm.[41] Die Fullerene mit mehr als 60 C-Atomen besitzen eine geringere Symmetrie. C_{70} ist annähernd ein Ellipsoid mit D_{5h}-Symmetrie. Bei den Fullerenen handelt es sich, wie schon im vorherigen Abschnitt diskutiert, um Kohlenstoffmoleküle oder -supermoleküle. Dies gilt natürlich auch für Graphen und Kohlenstoffnanoröhrchen. Aufgrund ihres symmetrischen Aufbaus und ihrer Quasi-Nulldimensionalität besit-

41 Der van der Waals-Durchmesser beträgt 1 nm.

zen Fullerene ebenfalls eine Reihe spezifischer physikalischer und chemischer Eigenschaften, die sie zu eigenständigen Grundbausteinen der Nanotechnologie machen.

Quasi eine Brückenfunktion zwischen mehrwandigen Kohlenstoffnanoröhrchen und Fullerenen nehmen die *Kohlenstoffzwiebeln* (*Carbon Onions*) ein. Sie können einerseits als ineinander geschachtelte Fullerene mit konzentrisch zunehmendem Durchmesser betrachtet werden, oder aber als mehrwandige Kohlenstoffnanoröhrchen mit verschwindender Länge, so dass nur die Kappen der Enden vorhanden sind. Neben den perfekt sphärischen Zwiebeln gibt es noch graphitische Nanopartikel mit stark facettierter Gestalt und größeren Hohlräumen. Kohlenstoffzwiebeln sind weniger gut erforscht als die anderen Kohlenstoffgrundbausteine, was durchaus auch an der Verfügbarkeit dieser Allotrope liegt.

Im Folgenden werden Herstellungsmethoden und wichtige Eigenschaften der genannten Kohlenstoffgrundbausteine der Nanotechnologie diskutiert. Dabei kommt natürlich dem Graphen die wichtigste Bedeutung zu, weil alle anderen Grundbausteine quasi aus Graphenstückchen oder Graphenlagen aufgebaut sind. Dies gilt ja sogar für Graphit, welches aus einer Vielzahl von Graphenlagen besteht, so dass ein dreidimensionales Material entsteht. Graphen ist aber nicht nur konzeptionell von größter Bedeutung, sondern auch im Hinblick auf sein nanotechnologisches Anwendungspotential. Dies spiegelt sich in der Flaggschiffinitiative der Europäischen Kommission wider, im Rahmen derer die Erforschung von Graphen im Zeitraum von 2013 bis 2023 mit einer Milliarde Euro gefördert wird [16.1]. Auch der Nobelpreis für Physik an *A. Geim* und *K. Novoselov* im Jahr 2010 für ihre Forschungen an Graphen unterstreicht die besondere Bedeutung des Materials [16.2].

16.2 Graphen

16.2.1 Graphen im Überblick

Graphen ist das zweidimensionale Kohlenstoffallotrop, bei dem jedes Kohlenstoffatom von drei weiteren umgeben ist, was zur Ausbildung eines bienenwabenförmigen Musters führt. Wegen der Vierwertigkeit des Kohlenstoffs treten je Wabe drei delokalisierte Doppelbindungen auf. Die Existenz von Graphen ist a priori überraschend. In einer Verallgemeinerung des *Mermin-Wagner-Theorems*, welches wir bereits in Abschn. 3.7.1 im Zusammenhang mit dem Magnetismus niedrigdimensionaler Strukturen erwähnt haben, wurde schließlich bewiesen, dass es keine kristalline Fernordnung im Ein- und Zweidimensionalen geben kann [16.3]. Strikt zweidimensionale Strukturen sind thermodynamisch instabil! Die erstmalige Darstellung freier, einschichtiger Graphenkristalle im Jahr 2004 [16.4] lässt sich durch die Existenz metastabiler Zustände [16.5] und durch eine unregelmäßige Welligkeit der Monolagen [16.6] erklären. Dies relativiert die Gültigkeit der vor mehr als 70 Jahren formulierten Theorien von *R.E. Peierls* (1907–1995) [16.7] und von *L.D. Landau* (1908–1968, Nobelpreis für Physik 1962)

[16.8]. Mittlerweile konnten zahlreiche weitere zweidimensionale Systeme experimentell realisiert werden, wie etwa *Bornitrid* [16.9] oder Silicen [16.10]. Abbildung 16.1 zeigt einen freitragenden Bornitidfilm mit atomaren Defekten.

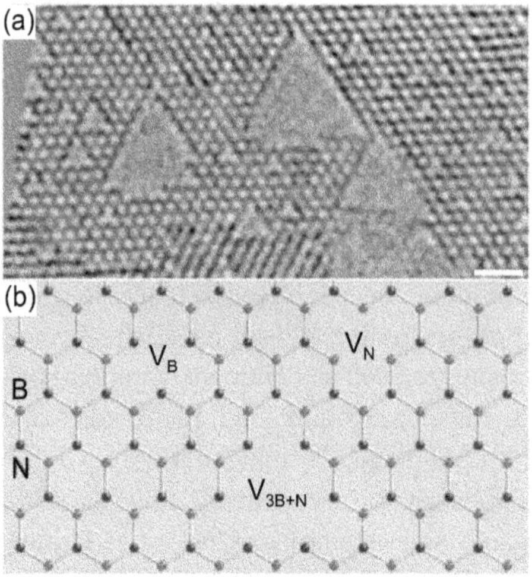

Abb. 16.1. Freistehende hexagonale BN-Monolage [16.12]. (a) Hochauflösende transmissionselektronenmikroskopische Aufnahme. Der Skalenbalken umfasst 1 nm. (b) Modell für die atomaren Defekte. V_B und V_N bezeichnen Monovakanzen von B und N.

Hexagonales BN hat eine ähnliche zweidimensionale Struktur wie Graphen, besitzt aber gänzlich andere physikalische Eigenschaften [16.11]. Abbildung 16.2 zeigt Silicen auf einer Ag(111)-Oberfläche. Gerade dieses Beispiel zeigt, dass grundsätzlich zu unterscheiden ist zwischen zweidimensionalen Strukturen, die auch isoliert von einem Substrat stabil existieren können und solchen, für deren Selbstorganisation und Stabilität das Substrat eine entscheidende Rolle spielt. In dem zuletzt genannten Fall kann die zweidimensionale Struktur im Hinblick auf ihre morphologischen, physikalischen und chemischen Eigenschaften nur bedingt unabhängig vom Substrat gesehen werden. Freitragend herstellbar sind neben Graphen auch die *Übergangsmetalldichalkogenid* von Typ MX_2. Für $M = Mo, W$ und $X = S, Se, Te$ wird eine gut bekannte Familie schichtartiger Materialien definiert. Massivkristalle vom Typ $2H-MX_2$ kristallisieren in hexagonaler Struktur mit der Raumgruppe $P6_3/mmc$, die der Raumgruppennummer 194 entspricht.[42] Die $X-M-X$-Schichteinheiten sind van der Waals-gebunden. Eine derartige Einheit definiert eine MX_2-Monolage. Eine solche Monolage besteht aus zwei hexagonalen Chalkogenatomen (X) und einer dazwischenliegenden Lage von Übergangsmetallatomen in trigonal-prismatischer Anordnung, wie in Abb.

42 Die Nomenklatur wurde in Abschn. 5.2.2 erläutert.

16.3 gezeigt. Wegen der starken ionisch-kovalenten Bindungen innerhalb der Monolagen und der vergleichsweise schwachen van der Waals-Bindungen zwischen ihnen lassen sich die Kristalle analog zu Graphit spalten. So gelang der Nachweis 0,65 nm dicker isolierter Monolagen von 1H-MoS_2 mit Bienenwabenstruktur [16.11]. In der Folge wurden isolierte Monolagen von MoS_2, $MoSe_2$, $MoTe_2$, WS_2, $TeSe_2$, $NiTe_2$, *BN* und Bi_2Te_2 durch Exfoliation entsprechender Kristalle hergestellt [16.14].

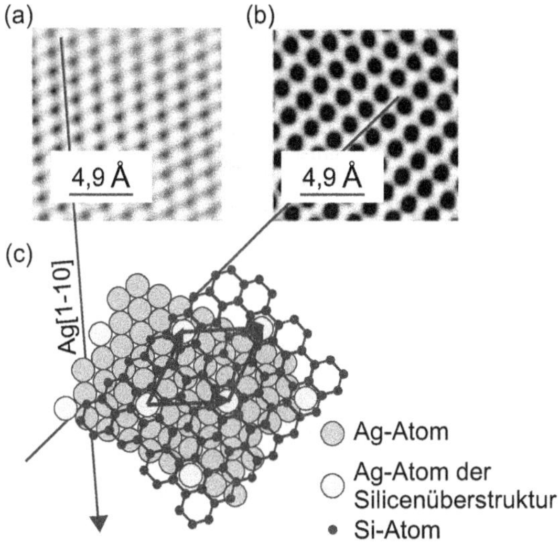

Abb. 16.2. Bildung einer Silicenüberstruktur auf einem Ag(111)-Substrat [16.13]. (a) STM-Aufnahme der gefüllten Zustände des nackten Substrats. (b) Gefüllte Zustände desselben Substrats, ohne Rotation nach Deposition einer Si-Monolage. (c) Modell der $(2\sqrt{3} \times 2\sqrt{3})R30°$-Überstruktur.[43]

Graphen muss einerseits im Kontext zahlreicher zweidimensionaler, ein Atom dicker Schichten in freitragender und an Substrate gebundener Form gesehen werden, andererseits aber auch im Hinblick auf seine Einzigartigkeit und vor allem im Hinblick auf seine hier zu thematisierende Bedeutung als Grundbaustein der Nanotechnologie. Besondere Eigenschaften des Graphens sind dabei insbesondere auf die sehr hohe Reinheit und Perfektion zurückzuführen, in der Graphen heute verfügbar ist, wie auch auf die zweidimensionale relativistische Quantenelektrodynamik, die sich in den Dirac-Fermionen manifestiert. Insbesondere theoretische Arbeiten haben sich sehr viel stärker auf Graphen konzentriert als auf andere zweidimensionale Systeme. Hochreine, fast defektfreie Materialien haben sich häufig als Ausgangspunkt für eine „neue Physik“ erwiesen, so auch das Graphen.

43 Die Nomenklatur wurde in Abschn. 5.2.2 erläutert.

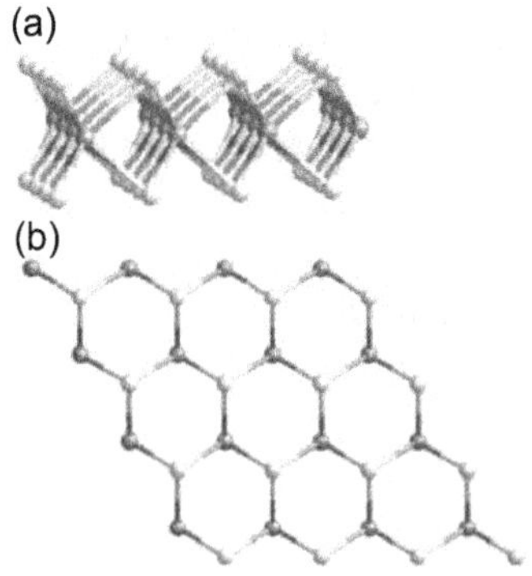

Abb. 16.3. Atomare Anordnung von Übergangsmetalldichalkogeniden vom Typ $1H - MX_2$. (a) Seitenansicht einer Monolage und (b) Aufsicht.

Der erstmaligen Realisation von Graphenproben [16.4] und dem Nachweis masseloser Dirac-Fermionen [16.15] ging eine lange Zeit experimenteller und theoretischer Vorarbeiten voraus. Im Jahr 1859 beschrieb *B.C. Brodie Jr.* (1817–1880) die lamellare Struktur von thermisch reduziertem Graphitoxid [16.16]. Die Arbeiten wurden 1918 durch *V. Kohlschütter* (1874–1938) und *P. Haenni* aufgegriffen [16.17]. Erste transmissionselektronenmikroskopische Aufnahmen von wenigen Graphenlagen wurden durch *G. Ruess* und *F. Vogt* 1948 veröffentlicht [16.18]. *H.-P. Boehm* berichtete bereits 1962 über einlagige Kohlenstoffschichten [16.19] und prägte den Begriff Graphen [16.20]. In theoretischer Hinsicht wird Graphen seit mehr als 60 Jahren untersucht [16.21]. Das Ziel der frühen Arbeiten war es, durch vereinfachende Annahme des simpel aufgebauten Graphens die Eigenschaften verschiedener kohlenstoffbasierter Materialien zu beschreiben. Vor 30 Jahren begann man dann zu realisieren, dass Graphen ein interessantes festkörperbasiertes Analogon zur elementarteilchenbasierten Quantenelektrodynamik konstituiert [16.22]. Allerdings wurde Graphen als rein „akademisches Material" der theoretischen Physik betrachtet und die reale Existenz wurde aus den genannten Gründen ausgeschlossen [16.23].

Die Wabenstruktur des Graphens resultiert daraus, dass bei sp^2-Hybridisierung jedes Kohlenstoffatom gleichwertige σ-Bindungen zu anderen C-Atomen ausbildet. Die C-C-Bindungslänge beträgt $a = 1,42\,\text{Å}$. Die dritten nicht hybridisierten $2p$-Orbitale sind senkrecht zur Graphenebene orientiert und bilden ein delokalisiertes π-Bindungssystem aus. Gemäß Abb. 3.62(a) besteht Graphen aus zwei äquivalenten Atomlagen A und B, denen die C-Atome zugeordnet sind. Die Atomlagen sind horizontal um die C-C-Bindungslänge gegeneinander verschoben. Die zweiatomige Einheitszelle wird durch die in Gl. (3.309) gegebenen Einheitsvektoren aufgespannt, die vom Aufatom auf die jeweils übernächsten Nachbarn zeigen. Die Gitterkonstante beträgt $\sqrt{3}a = 2,46\,\text{Å}$. Je nach Kontext ist Graphen als zweidimensionaler Einkristall oder als ebenes Supermolekül aus vernetzten Benzolringen zu betrachten. Konsequenterweise können Benzol, Hexabenzocoronen oder Naphtalen als wasserstoffsubstituierte Graphenvariante betrachtet werden, wie dies in Kap. 15 auch angedeutet wurde.

Die ersten Graphenflocken wurden durch *Exfoliation* von HOPG gewonnen. Ein Klebeband wird auf den HOPG-Kristall gedrückt und anschließend schnell abgezogen. Die im Klebstoff zurückbleibenden Graphitschichten unterschiedlicher Dicke werden dann auf einen mit Photolack beschichteten Siliziumwafer übertragen, in dem das Klebeband auf diesen aufgedrückt wird. Anschließend wird die Photoschicht mit Propanon aufgelöst und der Wafer mit Wasser und 2-Propanol gespült. Bei Auflösen der Photoschicht haften Graphitflocken an der Waferoberfläche. Die dünnsten Schichten umfassen wenige Graphenlagen bis hin zu einer Lage. Die Technik wurde in den letzten Jahren optimiert [16.11] und liefert heute routinemäßig Proben sehr hoher Güte, die bei geeigneter Anordnung auch freitragend sein können.

Vermutlich wäre das Graphen bis heute nicht entdeckt, wenn es nicht unter bestimmten Umständen im Lichtmikroskop sichtbar wäre. Ist der Si-Wafer mit einer 300 nm dicken SiO_2-Schicht bedeckt, so wird durch Interferenzkontrasteffekte die fast vollständig transparente Graphenschicht sichtbar, wie Abb. 16.4 zeigt.[44]

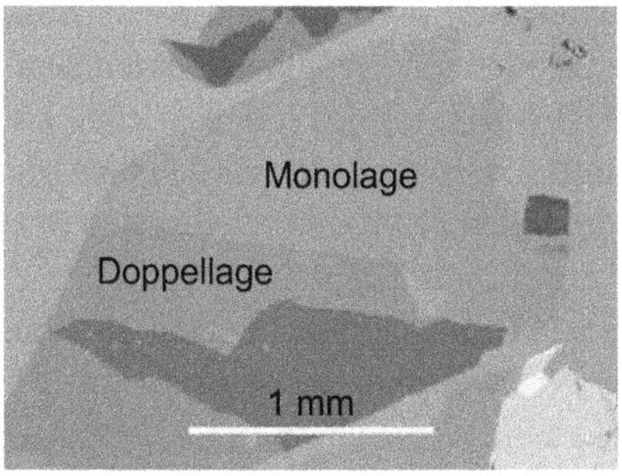

Abb. 16.4. Lichtmikroskopische Interferenzkonstrastaufnahme von Graphenflocken auf einem oxidierten Si-Wafer [16.24].

Bei einem weiteren Exfoliationsprozess werden in einem Sauerstoffplasma Vertiefungen in das HOPG geätzt. Isolierte Plateaus (*Mesas*) bleiben dabei stehen. Danach wird ein mit Klebstoff benetzter Glasträger auf die Oberfläche gedrückt und wieder abgezogen. Danach werden die im Klebstoff verbliebenen Graphitflocken wiederholt mit Klebeband abgezogen, bis nur noch sehr dünne Graphitschichten übrig bleiben. Der Klebstoff wird in Propanon aufgelöst und die im Propanon gelösten Graphenschichten mit einem oxidierten Si-Wafer herausgefischt.

Graphen kann epitaktisch auf metallischen Substraten wachsen. Dabei werden Präkursoren in Gegenwart geeigneter Substrate zersetzt, beispielsweise Ethen in Ge-

44 Bei Weißlichtbeleuchtung verschiebt sich das Violett der SiO_2-Schicht nach Blau.

genwart von Iridium [16.25]. Auch kann die Löslichkeit von Kohlenstoff in Übergangsmetallen genutzt werden [16.26]. Beim Erhitzen löst sich der Kohlenstoff im Metall. Beim Abkühlen ordnet er sich in Form einer Graphenschicht auf der Oberfläche an. Eine weitere Möglichkeit besteht in der thermischen Zersetzung hexagonaler Siliziumcarbidoberflächen. Oberhalb des Schmelzpunkts von Si verdampft dieses bevorzugt aufgrund seines gegenüber dem C höheren Dampfdrucks. Das Verfahren kann im Ultrahochvakuum [16.27] sowie in einer Inertgasatmosphäre [16.28] realisiert werden. Die Anzahl und Struktur der epitaktisch gewachsenen Graphenschichten hängen empfindlich von den Prozessparametern ab. Große Graphenflächen werden schließlich durch *chemische Gasphasenabscheidung* (*Chemical Vapour Deposition, CVD*) monoatomarer C-Schichten auf Folien aus inerten Trägermaterialien, beispielsweise auf Kupferfolie, und nachträgliches Auflösen des Trägermaterials synthetisiert [16.29].

Die genannten Verfahren zur Herstellung von Graphenschichten haben sich als durchaus erfolgreich im Kontext der Forschung erwiesen, sind aber nicht oder nur bedingt tauglich für eine Massenproduktion von Graphen. Hier sind chemische Verfahren durchaus vielversprechender. So kann Graphen durch Reduktion von *Graphitoxid* hergestellt werden. Graphitoxid, früher auch als *Graphitsäure* bezeichnet, ist eine nichtstöchiometrische Verbindung von Kohlenstoff, Sauerstoff und Wasserstoff. Sie kann aus Graphit unter Einwirkung starker Oxidantien gewonnen werden. Graphitoxid hat eine mit Graphit vergleichbare Schichtstruktur [16.30]. In basischen Lösungen zerfällt Graphitoxid in Flocken monomolekularer Dicke, die als *Graphenoxid* bezeichnet werden [16.31]. Aufgrund seiner hydrophilen Eigenschaften löst sich Graphitoxid auch in Wasser leicht auf, wobei es wiederum in Graphenoxidflocken zerfällt. Durch Reduktion sollte sich aus Graphenoxid Graphen herstellen lassen. Eine solche Reduktion kann durch eine Behandlung mit *Hydrazin* erreicht werden [16.31]. Eine weitere Möglichkeit ist die Behandlung mit einem Wasserstoffplasma [16.32].

Weitere Stoßrichtungen der Graphensynthese umfassen den Bottom Up-Aufbau aus polyzyklischen Aromaten [16.33] sowie die chemische Exfoliation von Graphit mittels organischer Lösungsmittel [16.34]. Vielversprechend für die Massenproduktion erscheint auch eine zweistufige Reaktion, bei der im ersten Schritt in einer Solvothermalsynthese Natrium und Ethanol untereinander umgesetzt werden. Die Pyrolyse des Reaktionsgemischs mit dem Hauptbestandteil Natriumethoxid führt zu Graphen als einem von mehreren Reaktionsprodukten [16.35].

Graphen hat ungewöhnliche physikalische Eigenschaften, die es für zahlreiche Anwendungen interessant erscheinen lassen. Einen Überblick gibt Tab. 16.1. Der Elastizitätsmodul entspricht dem des Graphits entlang der Basalebenen und ist fast so groß wie derjenige des Diamants. Die Zugfestigkeit ist die größte Bekannte und ist etwa 125 mal größer als diejenige von Stahl [16.36].

Interessanterweise sollte die dynamische elektrische Leitfähigkeit $\sigma(\omega)$ von Graphen nicht von der Frequenz ω abhängen, sondern über einen großen Frequenzbe-

Tab. 16.1. Einige Eigenschaften von Graphen.

Eigenschaft	**Wert**
Schichtdicke	3,35 Å
Flächenmasse	$7,57 \cdot 10^{-7}$ kg/m^2
E-Modul	1020 GPa
Zugfestigkeit	$1,25 \cdot 10^{11}$ Pa
Wärmeleitfähigkeit	≈ 5000 W/(K m)
Spez. elektr. Wid.	31 Ωm
Optische Absorption	2,3 %

reich durch $\sigma = e^2/(4\hbar)$ gegeben sein [16.37].[45] Für die Leitfähigkeit des Graphens bei hinreichend kleinen Anregungsfrequenzen sind Übergänge der Elektronen zwischen Valenz- und Leitungsband verantwortlich. Graphen ist ein Halbleiter mit verschwindender Bandlücke. Ursache für die Konstanz der dynamischen Leitfähigkeit ist die lineare Dispersionsrelation in der Umgebung der Dirac-Punkte, die bereits in Abschn. 3.5.4 thematisiert wurde. Zwischen dynamischer Leitfähigkeit $\sigma(\omega)$ einer Schicht im optischen Bereich des Spektrums und dem Transmissionskoeffizienten besteht die einfache Relation

$$T(\omega) = \frac{1}{(1 + 2\pi\sigma(\omega)/c)^2} \,. \tag{16.1}$$

Mit der *Feinstrukturkonstante* $\alpha = e^2/(4\pi\varepsilon_0\hbar c) = 1/137$ erhält man für den Absorptionskoeffzizienten einer Graphenlage $1 - T = \pi\alpha \approx 0,023$. Dieser Befund wurde in der Tat experimentell bestätigt [16.38].

Graphen lässt sich heute, wie in Abb. 16.5 dargestellt, problemlos in hoher Qualität durch Exfoliation oder durch epitaktisches Wachstum auf Metallen, Halbleitern oder Isolatoren herstellen. Dies ist Voraussetzung dafür, dass sehr klar definierte experimentelle Arbeiten an Graphen erfolgen konnten und können. Darüber hinaus gibt es ein solides theoretisches Verständnis vieler an Graphen beobachtetert Phänomene. Von zentraler Bedeutung für eine Vielzahl von Phänomenen ist das pseudorelativistische Verhalten der Quasiteilchen in Graphen. Quasiteilchen wurden in Abschn. 2.2.4 eingeführt.

Konventionell kategorisiert ist Graphen ein Halbleiter mit verschwindender Energielücke. Elektronischer Transport lässt sich, wie in Abschn. 3.5.3 ausgeführt, im Rahmen eines *Tight-Binding-Modells* verstehen. Die Nächste-Nachbar-Hopping-Energie beträgt, wie im Zusammenhang mit Gl. (3.313) angegeben, $t = 2,8$ eV. Leitungs- und Valenzbänder berühren sich in den sechs *Dirac-Punkten*, von denen zwei voneinander

45 Wie bereits in Abschn. 3.6.4 dargestellt, besitzt $\varrho = 1/\sigma$ in zweidimensionalen Systemen die Einheit eines Widerstands R und σ damit die Einheit eines Leitwerts G. Im vorliegenden Kontext ist tatsächlich die Leitfähigkeit quantisiert.

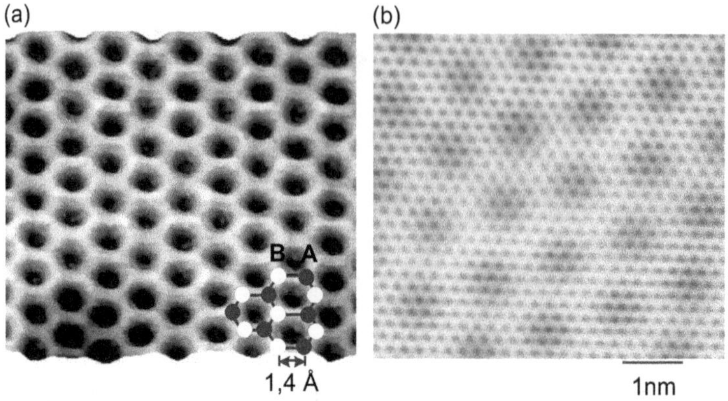

Abb. 16.5. STM-Aufnahmen von Graphen. (a) Atomar aufgelöstes Graphengitter mit den Untergittern A und B [16.39]. (b) Wegen einer Gitterfehlanpassung von 1,8 % gegenüber hexagonalem Bornitrid kommt es zur Ausbildung eines Moiré-Musters [16.40].

unabhängig und die übrigen durch die Gittersymmetrie jeweils ineinander überführbar sind. In der Nähe der Dirac-Punkte ist die Dispersionsrelation linear und durch Gl. (3.314) gegeben.

Die hohe Defektfreiheit von Graphen spiegelt sich auch in einem ausgeprägten *ambipolaren elektrischen Feldeffekt* wider. Die Ladungsträger können kontinuierlich zwischen Elektronen und Löchern variiert werden bei Konzentrationen von bis zu $N \approx 10^{13}/\text{cm}^2$ und Mobilitäten, welche $\mu = 1,5 \cdot 10^4 \text{cm}^2/(\text{Vs})$ auch unter Umgebungsbedingungen übertreffen [16.4; 16.11; 16.41]. Die Mobilität hängt zudem nur schwach von der Temperatur ab und selbst bei Raumtemperatur ist sie durch Streuung an Fremdatomen begrenzt. Mobilitäten in der Größenordnung von $1 \cdot 10^6 \text{cm}^2/(\text{Vs})$ scheinen möglich. Zwar zeigt auch InSb als undotierter Massivhalbleiter Werte von $\mu \approx 7,7 \cdot 10^5 \text{cm}^2/(\text{Vs})$, jedoch zeigt Graphen selbst im elektrostatisch oder chemisch dotierten Zustand mit $N > 10^{12}/\text{cm}^2$ eine hohe Mobilität [16.42]. Hieraus resultiert ballistischer Transport bei einer kritischen Distanz von ≈ 300 nm bei 300 K. auch die Beobachtbarkeit des *Quanten-Hall-Effekts* bei Raumtemperatur, wie in Abschn. 3.6.4 diskutiert, ist auf die extreme elektronische Qualität des Graphens zurückzuführen.

Graphen nimmt unter allen zweidimensionalen Systemen eine Sonderrolle ein, vor allem wegen der besonderen Natur seiner Ladungsträger. Diese verhalten sich wie relativistische Partikel und an die Stelle der *Schrödinger-Gleichung*, welche für gewöhnlich die elektronischen Eigenschaften eines Materials beschreibt, tritt jetzt die *Dirac-Gleichung* [16.43]. Natürlich verhalten sich nicht die massebehafteten Elektronen im Graphen relativistisch, sondern ihre Wechselwirkung mit dem periodischen Potential des Graphens wird beschrieben durch Quasiteilchen bei niedrigen Energien, welche präzise durch die Dirac-Gleichung mit einer „effektiven Lichtgeschwindigkeit" von $v_F \approx 10^6$ m/s charakterisiert werden. Dies ist ein sehr interessanter und neuer Fall des in Abschn. 2.2.4 diskutierten Quasiteilchenkonzepts. Die Quasiteilchen werden als *masselose Dirac-Fermionen* bezeichnet. Sie gleichen Elektronen, welche ihre Ruhemasse verloren haben oder Neutrinos mit einer erworbenen Ladung e. Das quasirelativistische Verhalten von Elektronenwellen innerhalb eines atomaren Bienenwabengitters ist seit langem bekannt, erhält aber eine völlig neue Relevanz mit dem Wechsel des Graphens von einem „akademischen"zu einem realen Material. Damit manifestieren sich quantenelektrodynamische Phänomene in den experimentell erfassbaren Transporteigenschaften des Graphens. Der maßgebliche *Hamilton-Operator* ist

$$\underline{\underline{H}} = \hbar v_F \begin{pmatrix} 0 & k_x - iky \\ k_x + iky & 0 \end{pmatrix} = \hbar v_F \hat{\boldsymbol{\sigma}} \cdot \mathbf{k} \,. \tag{16.2}$$

mit der fixen *Fermi-Geschwindigkeit* v_F und dem Quasiteilchenwellenvektor $\mathbf{k}$. $\hat{\boldsymbol{\sigma}}$ ist der *Pauli-Matrixvektor*. Das durch Gl. (3.314) gegebene lineare Spektrum, $E = \hbar v; v_F k$, ist nicht die einzige essentielle Eigenschaft der Bandstruktur. So werden die elektronischen Zustände für $E \approx 0$, dort, wo Valenz- und Leitungsbänder überlappen, durch Beiträge beider Subgitter A und B generiert. Die Wellenfunktionen sind daher zweikomponentig, es handelt sich um die in Abschn. 3.4.1 eingeführten *Spinoren*. Dies legt es nahe, vom *Pesuospin* der Quasiteilchen in Graphen zu sprechen. Der Pauli-Matrixvektor $\hat{\boldsymbol{\sigma}}$ in Gl. (16.2) wurde bereits in Gl. (3.153) eingeführt. Er wirkt hier auf den Pseudospin der Quasiteilchen und nicht auf den Elektronenspin. Quantenelektrodynamische Effekte sind häufig umgekehrt proportional zur Lichtgeschwindigkeit c. Damit sind sie für Graphen um den Faktor $c/v_F \approx 300$ verstärkt gegenüber konventionellen Effekten. Also sollten pseudospinbasierte Effekte solche den realen Elektronenspin betreffende deutlich dominieren.

In Analogie zur klassischen Quantenelektrodynamik kann man auch im Fall des Graphens eine Chiralität definieren. Diese besteht formal in einer Projektion von $\hat{\boldsymbol{\sigma}}$ auf die Bewegungsrichtung $\mathbf{k}$. Die Chiralität ist positiv für Elektronen und negativ für Löcher. Die Chiralität spiegelt wider, dass k-Elektronenzustände und -k-Löcherzustände in einer Beziehung zueinander stehen, da sie aus denselben Untergittern des Graphens resultieren. Das Konzept des Pseudospins und der Chiralität ist sehr sinnvoll schon allein aus dem Grund, dass viele Phänomene aus der Erhaltung dieser Größen resultieren [16.44].

Bei einigen dreidimensionalen Halbleitern mit schmaler Bandlücke kann die Lücke durch Veränderungen in der Zusammensetzung des Materials oder durch Applikation hohen Drucks geschlossen werden. Eine verschwindende Bandlücke erfordert keine Dirac-Fermionen, die wiederum konjugierte Elektronen und Lochzustände implizieren, ist aber in einigen Fällen durchaus mit Dirac-Fermionen verbunden. Die Schwierigkeit, die Bandlücke gerade zu schließen und dennoch die Moblität der Ladungsträger groß zu halten, die Schwierigkeit der externen Kontrolle der elektronischen Eigenschaften von dreidimensionalen Materialien, etwa durch den elektrischen Feldeffekt, und die vergleichsweise gering ausgeprägten Quanteneigenschaften in dreidimensionalen Halbleitern beschränkten lange Zeit die Analysen auf die Bestimmung des Zusammenhangs zwischen Ladungsträgerkonzentration und effektiver Masse der Ladungsträger bei Halbleitern mit kleiner oder verschwindender Bandlücke [16.45]. Die an Graphen beobachteten Phänomene legen es nahe, generell einen neuen Blick auf bekannte Halbleiter mit verschwindender Bandlücke zu werfen, weil Dirac-Fermionen selbst für häufig diskutierte Materialien wie Graphit eine Relevanz besitzen könnten [16.46].

Die Quantenelektrodynamik des Graphens hat neuartige spektakuläre Phänomene zur Folge: zwei chirale Quanten-Hall-Effekte, eine minimale Quantenleitfähigkeit im Limit verschwindender Ladungsträgerkonzentration und eine starke Unterdrückung von Quanteninterferenzeffekten.

Das eigentliche Markenzeichen der masselosen Dirac-Fermionen ist ein relativistisches Analogon des ganzzahligen Quanten-Hall-Effekts, wie bereits in Abb. 3.78 gezeigt. Die Hall-Leitfähigkeit σ_H zeigt einen leiterförmigen Verlauf mit äquidistanten Stufen, der sich über den *Neutralitätspunkt* $N = 0$ erstreckt, wo die Ladungsträger von Elektronen in Löcher wechseln. Die Sequenz ist um 1/2 gegenüber dem klassischen Quanten-Hall-Effekt verschoben: $\sigma_H = \pm 4e^2(\nu + 1/2)/h$. ν quantifiziert hier den Landau-Niveau-Index und der Faktor vier resultiert aus der spin- und $\mathbf{K}$-$\mathbf{K}'$-Entartung. Der halbzahlige Quanten-Hall-Effekt resultiert aus der durch die Quantenelektrodynamik determinierten Quantisierung des elektronischen Spektrums unter dem Einfluss eines Magnetfelds B: $E_\nu = \pm v_F\sqrt{2e\hbar B\nu}$. $\pm$ bezieht sich wiederum auf Elektronen und Löcher. Die Existenz eines Zustands bei $E = 0$, der von Elektronen und Löchern geteilt wird, resultiert direkt in der unkonventionellen Quanten-Hall-Sequenz [16.47]. Ein alternativer Zugang resultiert aus der Kopplung zwischen Pseudospin und Bahnbewegung, die zu einer geometrischen Phase von π führt, die entlang der Zyklotrontrajektorien akquiriert wird. Diese Phase wird als *Berry-Phase* bezeichnet, und es besteht ein enger Bezug zu der in Abschn. 3.6.4 geführten Diskussion [16.48]. Die Berry-Phase führt zu einer π-Verschiebung der Phase der Quantenoszillationen und im Quanten-Hall-Effekt-Limit zur Verschiebung um eine halbe Stufe.

Eine Doppellage Graphen zeigt ebenfalls einen anomalen Quanten-Hall-Effekt. Zwar erhält man die übliche Sequenz von $\sigma_H = \pm 4e^2\nu/h$, jedoch fehlt das erste Plateau bei $\nu = 0$. Dies impliziert, dass eine Doppelschicht Graphen sich am Neutralitätspunkt $N = 0$ metallisch verhält. Der Ursprung der Anomalie liegt in einem sehr ungewöhnlichen Verhalten der Quasiteilchen in doppellagigem Graphen, welches im Kontrast zu Gl. (16.2) durch

$$\underline{\underline{H}} = -\frac{\hbar^2}{2m}\begin{pmatrix} 0 & (k_x - ik_y)^2 \\ (k_x + ik_y)^2 & 0 \end{pmatrix} \tag{16.3}$$

beschrieben wird. Dieser Hamilton-Operator kombiniert nichtdiagonale Struktur, ähnlich derjenigen der *Dirac-Gleichung* mit dem aus der Schrödinger-Gleichung stammenden Term $\hat{p}^2/(2m)$. Die resultierenden Quasiteilchen sind, ähnlich wie die masselosen Dirac-Fermionen chiral, besitzen aber eine Masse von $m \approx 0{,}05 m_e$. Chirale massebehaftete Partikel stellen im Rahmen der relativistischen Quantenphysik quasi ein Oxymoron dar. Die Landau-Quantisierung ist gegeben durch $E_\nu = \pm\hbar\omega_c\sqrt{\nu(\nu-1)}$. Die beiden Niveaus $\nu = 0$ und $\nu = 1$ bei $E = 0$ sind entartet. ω_c quantifiziert die *Zyklotronfrequenz*. Die Entartung führt zu einem fehlenden $E = 0$ - Plateau und zu einer Stufe mit doppelter Höhe. Massebehaftete Dirac-Fermionen resultieren ebenfalls in einem Pseudospin, dessen orbitale Rotation zu einer geometrischen Phase von 2π führt. Diese Phase kann für das quasiklassische Limit $\nu \gg 1$ nicht von einer verschwindenden Phase unterschieden werden, führt aber eben zu einer doppelten Entartung des Landau-Niveaus für $E = 0$.

Der elektrische Feldeffekt, also die elektrostatische Dotierung, führt bei doppellagigem Graphen zu einem Übergang des anomalen in den klassischen Quanten-Hall-Effekt. Eine gemäß Abb. 3.78 angelegte Gatespannung ändert nicht nur die Ladungsträgerkonzentration N, sondern induziert auch eine elektronische Asymmetrie zwischen den beiden Graphenlagen, was zu einer Bandlücke führt [16.50]. Diese eliminiert die zusätzliche Entartung für $E = 0$ und führt zur Aufspaltung der Doppelstufe in zwei Stufen gewöhnlicher Höhe. Doppellagiges Graphen ist bislang das einzige Material, bei dem mittels des elektrischen Feldeffekts die Bandlücke zwischen $\Delta E = 0$ und $\Delta E \approx 0,3$ eV variiert werden kann.[46] Abbildung 16.6 zeigt die Hall-Leitfähigkeit für den anomalen und den durch Dotierung induzierten klassischen Verlauf.

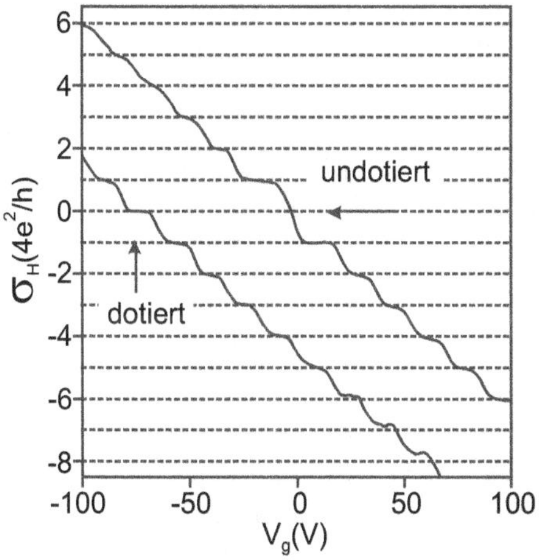

Abb. 16.6. Anomaler Quanten-Hall-Effekt für undotiertes zweilagiges Graphen sowie klassischer Verlauf der Hall-Leitfähigkeit bei elektrostatischer Dotierung über eine Gatespannung V_g [16.51].

Ein weiteres Charakteristikum von Graphen ist die nicht verschwindende Nullfeldleitfähigkeit für $N = 0$. Vielmehr zeigt Graphen eine minimale Quantenleitfähigkeit von e^2/h pro Ladungsträgertyp. Für konventionelle Systeme führt eine derart niedri-

46 Dabei wird gemäß Abb. 3.78 SiO_2 als Dielektrikum verwendet.

ge Leitfähigkeit zu einem Metall-Isolator-Übergang bei niedrigen Temperaturen, der jedoch für Graphen nicht beobachtet wird. Eine minimale Quantenleitfähigkeit für Dirac-Fermionen wurde durch verschiedene Theorien vorausgesagt [16.52]. Der experimentelle Vergleich des Verhaltens masseloser und massebehafteter Dirac-Fermionen für Graphen und seine Doppellage erlaubt es, zwischen Chiralitäts- und Masselosigkeitseffekten zu unterscheiden. Graphendoppelschichten zeigen ebenfalls eine minimale Quantenleitfähigkeit. Dies impliziert, dass die Chiralität dafür verantwortlich ist.

In Abschn. 3.6.3 hatten wir diskutiert, wie Quanteninterferenzeffekte zur *schwachen Lokalisierung* führen, die bei tiefen Temperaturen für metallische Systeme mit großem Widerstand grundsätzlich zu einem Magnetwiderstandsbeitrag führen sollte. Dies wiederum kann bei $\sigma \approx e^2/h$ zu einem Metall-Isolator-Übergang führen. Für konventionelle Materialien haben sich diese Phänomene als absolut universell erwiesen, aber für Graphen fehlt die schwache Lokalisierung. Selbst nahe dem Neutralitätspunkt wurde kein Niedrigfeldmagnetwiderstand $(B < 1)$ T beobachtet [16.53].

Das Bild der *Landau-Fermi-Flüssigkeit* für Quasiteilchen, wie in Abschn. 2.2.4 diskutiert, basiert darauf, dass man das elektronische Verhalten eines Materials dadurch beschreiben kann, dass die Vielkörperinteraktionen der Elektronen in den Quasiteilcheneigenschaften, beispielsweise in der effektiven Masse, korrekt berücksichtigt werden. Ob dieses Bild auch für Graphen am Neutralitätspunkt, wo die Dirac-Punkte mit dem chemischen Potential zusammenfallen, gilt, ist eine seit geraumer Zeit nicht vollständig geklärte Frage [16.54]. Elektron-Elektron- und Elektron-Phonon-Wechselwirkungen zeigen substantielle Änderungen bei Annäherung an den Neutralitätspunkt, also im halbmetallischen Regime, inklusive Renormierungen wegen starker Elektron-Elektron-Wechselwirkungen, ähnlich einer „marginalen“ Fermi-Flüssigkeit [16.55], für welche die Phasenkohärenzlänge mit abnehmender Energie der Zustände verschwindet. Eigentlich würde man mit abnehmender Temperatur eine starke Zunahme der Phasenkohärenzlänge des Graphens erwarten [16.56]. Weiter entfernt vom Dirac-Punkt, wo Graphen zum guten Metall wird, ist das Verhalten gut verstanden. Die in Abschn. 3.6.3 diskutierten *universellen Leitwertfluktuationen* zeigen das zu erwartende Verhalten und die schwache Lokalisierung manifestiert sich im Wesentlichen wie zu erwarten in einem Magnetwiderstandsbeitrag. Während erste Theoren positive, negative und verschwindende Lokalisierung voraussagten, ist heute sehr gut verstanden, dass für große N und bei Abwesenheit von Interbandstreuung keine schwache Lokalisierung auftreten sollte, weil die trianguläre Krümmung der Fermi-Fläche die Zeitumkehrsymmetrie innerhalb jedes Bandminimums zerstört [16.57]. Mit zunehmender Interbandstreuung zwischen den $\mathbf{K}$- und $\mathbf{K}'$-nahen Bandminima aufgrund atomarer Effekte sollte die normale negative schwache Lokalisierung wieder entstehen. Variationen der Interbandstrukturen erklären die zwischen verschiedenen Proben beobachtete Variation des Magnetwiderstands. Auch könnten elastische Spannungen aufgrund der mikroskopischen Wellung des Graphens die Zeitumkehrsymmetrie zerstören, obwohl hinreichend große Interbandstreuraten vorliegen. Derartige mechanische Spannungen in Graphen wirken äquivalent zu einem magnetischen Zufallsfeld, welches ebenfalls die Zeitumkehrsymmetrie zerstören und schwache Lokalisierung unterdrücken würde [16.58]. Dieser Mechanismus wird auch als extern zugänglicher, unabhängiger Steuerparameter für eine graphenbasierte Carbonelektronik diskutiert [16.59].

Die Vielteilchenphysik nahe der Dirac-Punkte von Graphen ist heute generell einer der großen Forschungsschwerpunkte der Nanostrukturphysik. Wechselwirkungseffekte sollten aufgrund schwacher Abschirmung, verschwindender Zustandsdichte und einer großen Kopplungskonstante $e^2/(\hbar v_F) \approx 1$, die auch als "effektive Feinstrukturkonstante" bezeichnet wird [16.60], maximal ausgeprägt sein. Dies lässt weitere neuartige Phänomene im Zusammenhang mit dem Quanten-Hall-Effekt erwarten sowie Quanten-Hall-Ferromagnetismus und exzitonische Bandlücken [16.61].

Ein zweiter aktueller Forschungsschwerpunkt ist die Verifikation grundlegender quantenelektrodynamischer Effekte, bei denen das *Klein-Paradoxon* und die *Zitterbewegung* hervorzuheben sind. Im Jahr 1929 erhielt *O. Klein* (1894-1977) eine überraschende Lösung durch Anwendung der Dirac-Gleichung auf das in Abschn. 3.2.2 behandelte Problem des Tunnelns durch eine Potentialbarriere [16.62]. Kleins Resultat zeigt, dass relativistische Partikel perfekt durch beliebig weite und hohe Barrieren tunneln können [16.63]. Zudem durchtunneln auch nichtrelativistische Teilchen entsprechende Barrieren, wenn die Barrierenhöhe von der Größenordnung der Ruheenergie der Partikel ist: $U \approx mc^2$. Die entsprechenden Effekte sollten sich an Graphen messen lassen [16.64]. Die Zitterbewegung ist eine schnelle Bewegung von Elementarteilchen, die ebenfalls aus der Dirac-Gleichung resultiert. Die Existenz dieser Bewegung wurde 1930 durch *E. Schrödinger* (1887–1961, Nobelpreis für Physik 1933) postuliert als Ergebnis seiner Analyse relativistischer Wellenpakete von Elektronen im Vakuum [16.65]. Eine Interferenz zwischen positiven und negativen – also elektronischen und positronischen – Energiezuständen führt zu einer Fluktuation der Position eines Elektrons um den Mittelwert mit einer Frequenz von $\omega = 2mc^2/\hbar \approx 1,6\cdot10^{21}$ Hz. Die Zitterbewegung könnte verantwortlich sein für die endliche Leitfähigkeit von $\approx e^2/h$ im ballistischen Fall sowie für Zusatzbeiträge zum in Abschn. 3.6.3 behandelten *Schrotrauschen* (*Shot Noise*). Unter Umständen lässt sich der Effekt an Graphen durch direkte Visualisierung von Dirac-Trajektorien nachweisen [16.66]. Aufgrund seiner grundlegenden Bedeutung wird die Zitterbewegung in Graphen mit den unterschiedlichsten experimentellen Techniken und theoretischen Herangehensweisen untersucht [16.67].

Aufgrund seines quantenelektrodynamischen Modellcharakters eignet sich Graphen selbst dazu, grundlegende kosmologische Probleme experimentell zu analysieren, die ebensowenig wie das Klein-Paradoxon oder die Zitterbewegung an freien Elementarteilchen experimentell zugänglich wären [16.68]. Gerade diese Möglichkeiten der experimentellen Quantelektrodynamik lassen die Grundlagenforschung an Graphen gegenwärtig in einer sehr dynamischen Entwicklung erscheinen [16.69].

Auch im Hinblick auf topologisch nichttriviale Materiezustände, die Anlass zu dem in Abschn. 3.6.4 diskutierten Quanten-Spin-Hall-Effekt [16.70] geben, ist Graphen ein ausgesprochen interessantes Material. Kürzlich gefundene nichtlokale Transportphänomene, ähnlich den in Abschn. 3.6.5 diskutierten, die allerdings bei hohen Temperaturen und niedrigen Magnetfeldern immer noch zu beobachten sind, deuten auf eine Aufhebung der Spin- und Dirac-Punkt-Entartung hin. Ursache könnte ein *„Flavor-Hall-Effekt“* sein, der sowohl im klassischen als auch im Quanten-Hall-Regime auftreten kann [16.71]. Auch die Induktion von Pseudomagnetfeldern in einer Größenordnung von 300 T über kristaline Spannungen des Graphens resultiert in topologisch interessanten Zuständen, welche durch den Pseudospin adressiert werden [16.72].

Neben den spektakulären elektronischen Eigenschaften und den durchaus ungewöhnlichen mechanischen Eigenschaften besitzt Graphen weitere besondere Eigenschaften, die es aus Sicht der Nanostrukturforschung noch zusätzlich interessant machen und auch weitere Anwendungspotentiale erschließen [16.73]. Dabei ist wiederum das sehr hohe Maß an Defektfreiheit ein wesentlicher Aspekt. Besonders interessant sind Phänomene, welche keine Analoga bei konventionellen Materialien besitzen. So kontrahiert Graphen mit wachsender Temperatur über den gesamten Temperaturbereich, was auf die Dominanz von Membranphononen zurückzuführen ist [16.74]. Auch zeigt Graphen gleichzeitig eine elastische Dehnbarkeit von 20 %, eine hohe Biegsamkeit, aber auch eine große Sprödigkeit bei hohen Spannungen [16.75]. Auch die Impermeabilität von Graphen gegenüber Gasen und selbst gegenüber Helium ist einzigartig [16.76].

Einiges spricht dafür, dass die optischen Eigenschaften von Graphen ebenso interessant sind wie die elektronischen und dass ein großes Anwendungspotential gerade in optoelektronischen und photonischen Phänomenen begründet ist [16.77]. Neben der bereits erwähnten linearen optischen Absorption zeigt Graphen Lumineszenz, wenn eine Bandlücke induziert wird. Dies kann über lithographische Prozesse, bei denen Graphen in Form von *Quantum Dots* resultiert, erreicht werden oder über Prozesse, die die Leitfähigkeit des π-Elektronennetzwerks vermindern. Lumineszente graphenbasierte Materialien können heute routinemäßig so hergestellt werden, dass der infrarote, der sichtbare und der ultraviolette Bereich adressiert werden [16.78].

Graphen lässt sich physikalisch oder chemisch funktionalisieren. So ist reines Graphen unlöslich in Wasser und anderen gängigen Lösungsmitteln. Die Anbindung funktionaler Gruppen durch Physi- oder Chemisorption erlaubt jedoch das Dispergieren in Lösungsmitteln, ohne dass sich die elektronischen Eigenschaften des Graphens signifikant ändern. Verschiedene neuartige Strategien stehen für die Funktionalisierung bereit [16.79]. Kovalente Funktionalisierung beinhaltet beispielsweise eine Amidierung [16.80] oder die Anbindung von Alkylketten [16.81]. Physisorption beinhaltet die Bedeckung mit Surfactans oder die Anbindung aromatischer Moleküle über π-π-Wechselwirkungen [16.82].

Die Selbstassemblierung von Kohlenstoffnanostrukturen ist anwendungstechnisch von großem Interesse. Hochgeordnete Gaphenfilme konnten durch Selbstassemblierung von Graphenflocken an Flüssigkeits-Flüssigkeits-Grenzflächen erzeugt werden. An Luft-Flüssigkeits-Grenzflächen wurden insbesondere freistehende Graphenoxidmembranen erzeugt [16.83]. Auch Graphenhydrogele wurden synthetisiert [16.84].

Wie in Tab. 16.1 angegeben, hat Graphen eine extrem große spezifische Oberfläche von $2,6 \cdot 10^3$ m^2/g. Diesem rechnerischen Maximalwert stehen experimentell bestimmte Werte von 0,27–1,55·10^3 m^2/g gegenüber [16.85]. Graphen adsorbiert in nahezu idealer Weise H_2, CO_2 und CH_4.

Auch im optischen Bereich gibt es weitere Besonderheiten des Graphens. So kommt es bei Anwesenheit von Graphen zur Auslöschung (*Quenching*) der Fluoreszenz aromatischer Moleküle [16.86] aufgrund eines photoinduzierten Elektronentransfers. Ein solcher Elektronentransfer könnte auch die an Graphen beobachtete *oberflächenverstärkte Raman-Streuung* (*Surface Enhanced Raman Scattering, SERS*) erklären [16.87].

Die Intensität, mit der an Graphen geforscht wird, ist nicht nur der interessanten und vielschichtigen Physik geschuldet, sondern auch einem breiten Anwendungspotential. Allerdings ist es sinnvoll, zwischen fundierten Anwendungsmöglichkeiten und solchen, die prinzipiell denkbar sind, zu unterscheiden. Sehr fundierte und auch naheliegende Anwendungsmöglichkeiten des Graphens liegen in einer *graphenbasierten Elektronik*. Die Basis dafür besteht insbesondere in der hohen Mobilität μ der Ladungsträger selbst bei höchsten feldinduzierten Konzentrationen N. Damit ist ballistischer Transport bei Raumtemperatur möglich. Bei Raumtemperatur arbeitende ballistische Transistoren könnten ein Schlüsselbauelement einer Carbonelektronik werden. Die hohe Fermi-Geschwindigkeit v_F sowie Kontakte ohne Schottky-Barriere könnten Schaltzeiten in der Größenordnung von 10^{-13} s möglich machen. Dies wäre die Basis für eine THz-Elektronik. Für Logikapplikationen ist die Abwesenheit einer Energielücke am Neutralitätspunkt ein grundsätzliches Problem. Allerdings können Energielücken in Graphen lokal durch Supergittereffekte induziert werden, die auftreten, wenn Graphen auf passenden Substraten wie BN oder SiC deponiert wird. Ein entsprechender Supergittereffekt ist in Abb. 16.5(b) sichtbar. Die regelbare Energielücke, die elektrostatisch in doppellagigem Graphen induziert werden kann, ist für die Herstellung durchstimmbarer Infrarotlaser und -detektoren interessant.

Wegen des linearen Spektrums und des großen v_F-Werts ist die durch Konstriktionen hervorgerufene Energielücke (*Confimement Gap*) relativ groß: $\Delta E \approx \pi\hbar v_F/(2d)$. Für den Raumtemperaturbetrieb muss die kritische Dimension d etwa 10 nm betragen [16.88]. Im Hinblick auf Anwendungen im Bereich der Elektronik würde sich Graphen natürlich a priori als Material für den Kanal von Feldeffekttransistoren (FET) anbieten. Andererseits ließen sich auch Einzelelektronentransistoren (SET-Transistoren), wie bereits in Abschn. 3.2.3 angesprochen und in Abb. 3.34 gezeigt, durch lithographische Bearbeitung von Graphenstreifen herstellen. Ein Beispiel ist in Abb. 16.7 gezeigt.

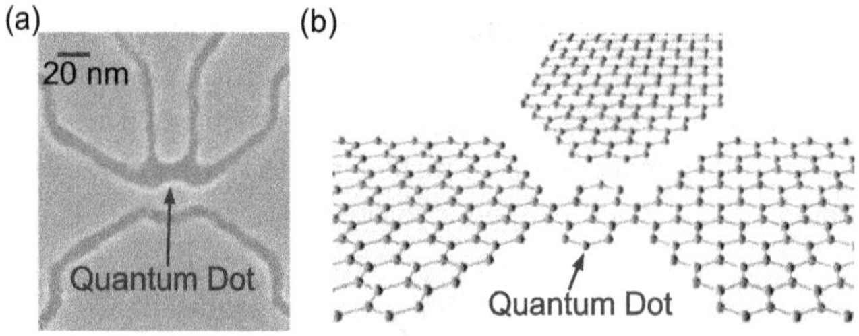

Abb. 16.7. Monolithisch aus Graphen hergestellter SET-Transistor [16.89]. (a) Reale Struktur und (b) schematische Anordnung.

Im Hinblick auf ein Herunterskalieren bis in den nm-Bereich ist natürlich außerordentlich vielversprechend, dass Graphenstrukturen stabil sind bis quasi zum einzelnen Benzolring. Damit ist es möglich, in einen Bereich vorzustoßen, der zwischen demjenigen der typischen Top-Down-SET-Technologie und demjenigen der Bottom Up-Molekularelektronik liegt. Eine Kombination des SET-Prinzips mit einer monolithischen Graphenarchitektur ist deshalb so reizvoll, weil leitfähige Kanäle, Quantum Dots, Barrieren und Kontakte alle lithographisch in die Graphenmonolage geprägt werden können, während weitere Eigenschaften spezieller Materialien für die Funktionsweise eines SET-Transistors nur eine untergeordnete Bedeutung haben [16.90]. Graphen-SET-Transistoren sind heute Gegenstand systematischer und breit angelegter Forschungsaktivitäten [16.91]. Weiter reichende Visionen erstrecken sich auch auf den in Abschn. 3.4 vorgestellten Bereich der Quanteninformationstechnologie. Hier könnte Graphen Grundlage für die Realisierung von Spin-Qubits mit außerordentlich langen Kohärenzzeiten sein [16.92]. Die bislang schon im industriellen Prototypmaßstab hergestellten Graphen-FET erreichen mit Grenzfrequenzen von mehr als 100 GHz bereits beachtliche Schaltzeiten [16.93]. Der Aufbau entsprechender Transistoren ist in Abb. 16.8 dargestellt.

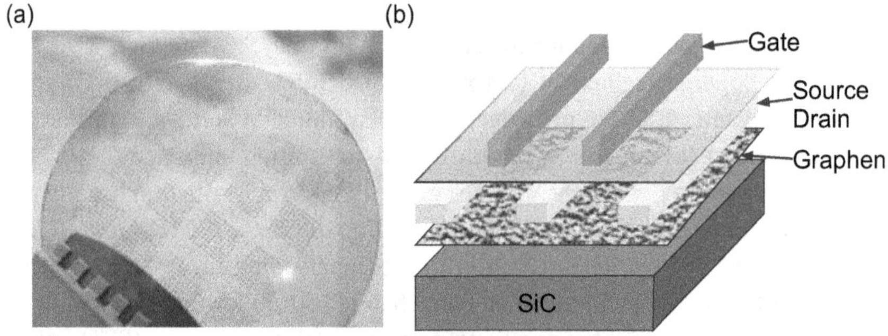

Abb. 16.8. Im Prototypmaßstab industriell hergestellte Graphen-FET [16.93]. (a) Zwei-Zoll-Wafer mit strukturiertem, monolagigen, epitaktischen Graphenfilm auf einem SiC-Substrat. (b) Aufbau eines einzelnen FET.

Spin Valve-Transistoren und supraleitende FET sind eng verwandte Forschungsobjekte im Bereich der Elektronik. In diesem Kontext ist interessant, dass ein ausgeprägtes hysteretisches Magnetwiderstandsverhalten [16.94] wie auch ein ausgeprägter *Proximity-Effekt* [16.95] an Graphen nachgewiesen wurden.

Neben der Elektronik sind Photonik und Optoelektronik weitere fundierte Anwendungsfelder für Graphen. In diesen Anwendungsfeldern kommt transparenten Leitern eine besondere Bedeutung zu, da diese für Anzeigen, Touch-Screens, LED und Solarzellen benötigt werden. Eine maßgebliche Größe ist der Flächenwiderstand $R_F = \varrho/d$. $\varrho = 1/\sigma_=$ ist der spezifische Gleichstromwiderstand des Materials und d die Filmdicke. Der Widerstand eines Films der Länge l und Weite w wäre dann gegeben durch $R = R_F l/w$. l/w ist die Anzahl der Quadrate der Kantenlänge w, welche gerade den rechteckigen Film bedecken würden. Daher gibt man den Flächenwiderstand R_F häufig in $\Omega/\square$ an.[47] Halbleiterbasierte konventionelle transparente Leiter sind dotiertes ZnO, SnO_2 und In_2O_3 sowie ternäre Kombinationen dieser. Das vorherrschende technisch verwendete Material ist Indium-Zinn-Oxid (Indium Tin-Oxid, *ITO*), ein dotierter n-Halbleiter aus 90 % In_2O_3 und 10 % SnO_2. Der Transmissionskoeffizient beträgt $T \approx 0,8$.[48] Für ITO auf Glas erhält man $R_F \approx 10\,\Omega/\square$.

Wegen seiner geringen linearen Absorption, die wir eingangs bereits diskutierten, ist Graphen a priori bestens als transparenter Leiter geeignet. Für das zweidimensionale Graphen ist der Flächenwiderstand durch $R_F = 1/(\sigma_= n)$ gegeben, wenn n die Anzahl der geschichteten Graphenlagen quantifiziert. Damit ist nach Gl. (16.1) der Transmissionskoeffizient gegeben durch [16.96]

$$T = \frac{1}{\left(1 + n\sigma/[2\varepsilon_0 c]\right)^2} = \frac{1}{\left(1 + Z_0\sigma/[2\sigma_= R_F]\right)^2}\,, \tag{16.4}$$

mit der Impedanzkonstante des Vakuums von $Z_0 = 1/(\varepsilon_0 c) = 377\,\Omega$. Für eine Graphenlage ist $\sigma_= = N\mu e$. Für $N \to 0$ erhalten wir allerdings $\sigma_= \to 4e^2/h$ und damit $R_F \approx 4\,k\Omega/\square$ bei $T \approx 0,977$ am Neutralitätspunkt. Damit ist Graphen im Vergleich zu ITO transparenter, aber weniger gut leitfähig. In der Praxis liegt aber häufig eine Ladungsträgerkonzentration von $N = 10^{12} - 10^{13}/\text{cm}^2$ sowie eine Mobilität von $10^3 - 10^4\ \text{cm}^2/(Vs)$ vor. So sind dann Flächenwiderstand und Transparenz von Graphen und ITO durchaus vergleichbar und die sonstigen Vorteile von Graphen lassen es zu einer vielversprechenden Alternative zu ITO werden.

Photovoltaische Elemente konvertieren Energie aus dem sichtbaren optischen Spektrum in elektrische Energie. Derzeit dominiert Silizium, und darauf basierende Zellen erreichen einen maximalen Wirkungsgrad von $\eta \approx 25$ %. Organische photovoltaische Zellen basieren auf Polymeren zur Lichtabsorption und für den elektrischen

---

47 Nominell ist R_F in Ω gegeben.

48 T wird in der Regel für eine Wellenlänge von $\lambda = 550$ nm bestimmt, da hier die größte spektrale Empfindlichkeit des menschlichen Auges vorliegt.

Transport. Ihr Vorteil besteht in der ökonomisch attraktiven Produzierbarkeit, allerdings ist η geringer als bei Si-basierten Zellen. Die nach *M. Grätzel* benannte Farbstoffzelle, die der in Abschn. 12.2 erörterten biomimetischen Nanotechnologie zuzuordnen ist, besteht aus zwei planaren Elektroden. Auf der Arbeitselektrode ist eine Monoschicht eines lichtempfindlichen Farbstoffs aufgebracht. Auf der Gegenelektrode befindet sich eine katalytische Schicht. Der Bereich zwischen den Elektroden ist mit einem Redoxelektrolyten gefüllt. Im Labormaßstab wurden Wirkungsgrade von $\eta > 10\,\%$ erreicht. Kommerzielle Module weisen Wirkungsgrade von $\eta \approx 2$–$3\,\%$ auf. Wie in Abb. 16.9 dargestellt, kann Graphen verschiedene Funktionen in photovoltaischen Elementen erfüllen. Es kann als transparenter Leiter fungieren, als photoaktives Material, als Kanal für den Ladungstransport und als Katalysator. Transparente Elektroden sind für konventionelle, organische und Grätzel-Zellen von Bedeutung, wie in Abb. 16.9(a)–(c) gezeigt.

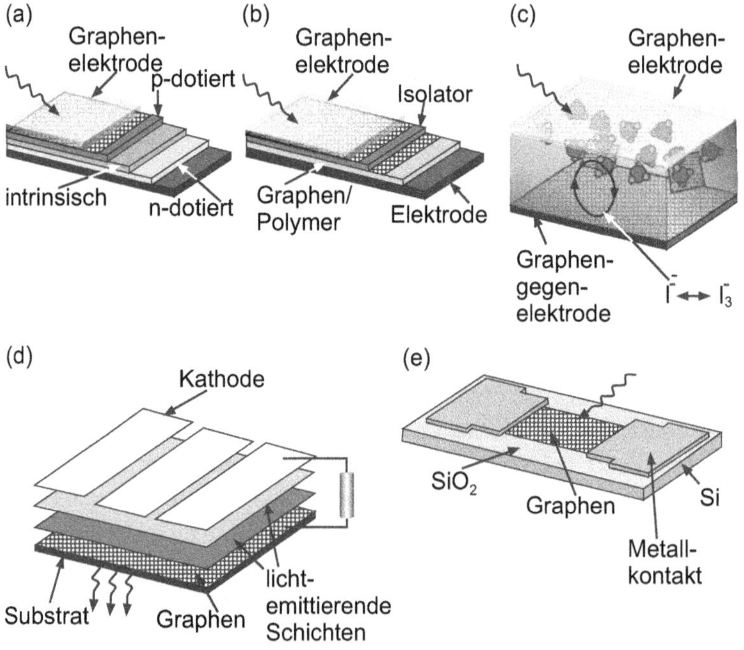

Abb. 16.9. Photonische und optoelektronische Anwendungen von Graphen. (a) Siliziumsolarzelle, (b) Organische Solarzelle, (c) Grätzel-Zelle, (d) OLED und (e) Photodetektor.

Organische Leuchtdioden (*Organic Light Emitting Diodes, OLED*) besitzen eine elektrolumineszente Schicht zwischen zwei ladungsinjizierenden Elektroden, von denen mindestens eine transparent ist. Löcher werden in das höchste besetzte Orbital (*Highest Occupied Molecular Orbital, HOMO*) des Polymers aus der Anode injiziert. Aus der Kathode werden Elektronen in das unterste unbesetzte Orbital (*Lowest Unoccu-

pied Molecular Orbital, LUMO) injiziert. OLED finden heute Anwendung vor allem in ultradünnen Anzeigen. Unter Verwendung von Graphen, wie in Abb. 16.9(d) gezeigt, können solche Anzeigen äußerst flexibel gestaltet werden. Graphen hat eine Austrittsarbeit von 4,5 eV [16.97], was vergleichbar mit derjenigen von ITO ist. Damit lässt sich die Austrittsarbeit der Injektoren an das HOMO und das LUMO der Polymerschicht anpassen.

Photodetektoren messen den Photonenfluss oder die optische Leistung durch Konversion in ein elektrische Signal. Photodetektoren sind äußerst weit verbreitet. In der Regel basiert ihre Funktion auf dem *inneren Photoeffekt*, bei dem Photonenabsorption in der Anregung von Ladungsträgern aus Valenz- und Leitungsband resultiert. Die spektrale Bandbreite ist durch die Absorptionscharakteristik des verwendeten Materials begrenzt. IV- und III-V-Halbleiter zeigen eine Begrenzung für große Wellenlängen, da sie transparent werden, wenn die Photonenenergie unterhalb der Bandlücke liegt. Graphen zeigt, wie diskutiert, eine lineare Absorption im Regime UV bis THz. Graphenbasierte Photodetektoren, wie in Abb. 16.9(e) dargestellt, arbeiten potentiell über einen viel größeren Wellenlängenbereich als konventionelle. Zudem wird die Ansprechzeit durch die Ladungsträgermobilität determiniert und damit sind die Graphendetektoren ultraschnell. Das photoelektrische Verhalten von Graphen wurde sowohl experimentell als auch theoretisch ausführlich untersucht [16.98]. Erreichbare Ansprechzeiten könnten die Bandbreite bis in den THz-Bereich ausweiten. Auch der photothermoelektrische Effekt [16.99], der in der Konversion von photonischer Energie zunächst in Wärme und dann in ein elektrisches Signal besteht, könnte für graphenbasierte Photodetektoren relevant sein [16.100].

Berührungsempfindliche Bildschirme, Touch-Screens, erlauben die direkte Interaktion mit der Bildschirmanzeige. Verbreitet sind resistive und kapazitive Touch-Screens [16.101]. Bei resistiven Systemen führt eine Berührung dazu, dass zwei transparente leitfähige Schichten lokal im Kontakt kommen. Die Koordinaten des Kontaktpunkts werden auf Basis der Widerstandswerte berechnet. Matrixsysteme besitzen streifenförmige horizontale und vertikale Elektroden, analoge Systeme bestehen in unstrukturierten Flächenelektroden. Typische Werte sind $R_F \approx 0,5\text{–}2\,\mathrm{k}\Omega/\square$ und $T > 0,9$ bei $\lambda = 550\,nm$ [16.101]. Damit bieten sich Graphenfilme als Elektrodenmaterial an. Prototyp-Touch-Screens wurden bereits hergestellt [16.29]. Kapazitive Systeme werden im High-End-Bereich bevorzugt [16.101]. Abbildung 16.10(a) zeigt ein graphenbasiertes kapazitives System. Der Berührungsort wird bei kapazitiven Systemen über durch die Leitfähigkeit des menschlichen Körpers bedingte lokale Kapazitätsänderung determiniert [16.101].

Polymerdispergierte Flüssigkristallfilme, häufig bezeichnet als „Smart Windows“, wurden in den 1980er Jahren eingeführt [16.102]. In Transmission unterliegt Licht einer starken Vorwärtsstreuung, was die Filme milchig erscheinen lässt. Wenn Polymer und Flüssigkristall einen ähnlichen Brechungsindex besitzen, so kann die Ausrichtung des Flüssigkristalls, der im transparenten Polymer eingelagert ist, zu einer vollkommenen Transparenz des Kompositfilms führen [16.103]. Als transparentes

Elektrodenmaterial lässt sich wiederum, wie in Abb. 16.10(b) dargestellt, Graphen verwenden.

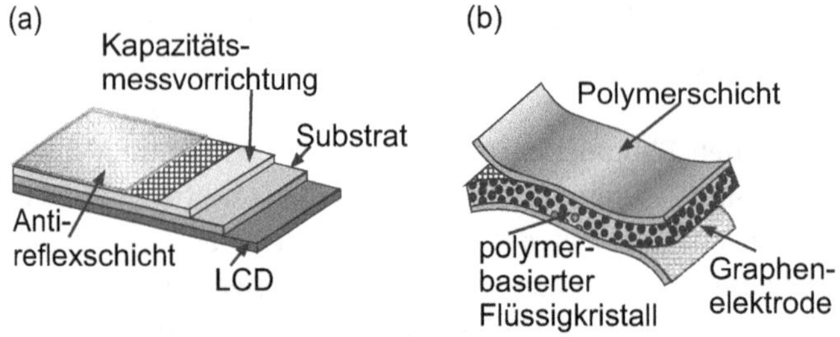

Abb. 16.10. (a) Graphenbasierter kapazitiver Touch-Screen. (b) Graphenbasiertes Smart Window.

Viele photonische Anwendungen basieren auf Materialien mit nichtlinearen optischen oder elektrooptischen Eigenschaften [16.104]. Beispielsweise erfordern Laser, die ultrakurze Pulse bis in den Sub-ps-Bereich liefern, ein optisches Element, welches als sättigbarer Absorber bezeichnet wird, das die kontinuierliche Lichtwelle in eine Folge ultrakurzer Pulse zerlegt [16.105]. Die lineare Dispersion der Dirac-Fermionen in Graphen impliziert eine diesbezügliche hohe Relevanz des Materials: Für jede Anregungsenergie gibt es ein Elektronen-Loch-Paar in Resonanz. Die hohe Mobilität, kombiniert mit der Absorption und der Pauli-Blockade, macht Graphen zu einem idealen sättigbaren Absorber [16.106]. Graphen-Polymer-Komposite und funktionalisiertes Graphen wurden für ultraschnelle Laser bereits erfolgreich eingesetzt [16.107].

Optische Begrenzer bestehen in Materialien, die einen großen Transmissionskoeffizienten bei geringer Intensität und einen vergleichsweise kleinen bei hoher Intensität aufweisen. Derartige Begrenzer sind von großer Bedeutung für optische Sensoren und zum Schutz des menschlichen Auges. Die nichtlineare Materialcharakteristik ist allerdings nur für bestimmte spektrale Fenster verfügbar, während großes Interesse daran besteht, optische Begrenzer zu haben, die ein entsprechendes Verhalten über den gesamten sichtbaren Bereich bis in den Nahinfrarotbereich zeigen. Graphendispersionen zeigen ein ausgesprochen breitbandiges Begrenzerverhalten [16.108]

Optische Frequenzwandler dienen hauptsächlich dazu, den durch Laser zugänglichen Wellenlängenbereich zu erweitern. Gängige Verfahren sind *Frequenzverdopplung, parametrische Verstärkung* und *Oszillation* sowie die *Vier-Wellen-Mischung*. Die nicht-lineare Frequenzerzeugung in Graphen sollte für hinreichend große Feldstärken möglich sein [16.109]. Sowohl die Erzeugung der zweiten Harmonischen eines 150 fs-Lasers bei $\lambda = 800\ nm$ [16.110] als auch die Vier-Wellen-Erzeugung von wellenlängenregelbarem Licht im Nahinfrarotbereich [16.111] wurde demonstriert. Von Bedeutung für entsprechende Verfahren ist insbesondere eine vergleichsweise große, möglichst wellenlängenunabhängige, nichtlineare Suszeptibilitat [16.112].

Der THz-Bereich ist höchst interessant für eine ganze Reihe technischer Anwendungen [16.112]. Allerdings gibt es bislang einen Mangel an effizienten THz-Quellen und -Detektoren. Die Frequenz von Graphenplasmawellen liegt im THz-Bereich [16.113], genauso wie die Energielücke von Graphennanobändern oder die durchstimmbare Energielücke von Graphendoppellagen. Vorgeschlagene THz-Quellen basieren auf elektrischem oder optischem Pumpen [16.113]. Erste experimentelle Resultate im Hinblick auf optisch gepumpte Quellen sind vielversprechend [16.114].

Sowohl im Bereich Elektronik als auch im Bereich Optik ist Graphen ein außerordentlich vielversprechendes Material für bekannte und zum Teil auch für völlig neuartige Anwendungen. Dies liegt zum einen an den außergewöhnlichen physikalischen Eigenschaften, wie beispielsweise hohe Ladungsträgermobilität oder lineare optische Absorption. Zum anderen ist aber Graphen auch deshalb interessant, weil es monolithische Strukturen erlaubt, vergleichsweise einfach mit weiteren Materialien kombinierbar, flexibel, kostengünstig und nicht toxisch ist.

Auch weniger subtile Eigenschaften, wie beispielsweise das divergente Oberfläche-zu-Volumen-Verhältnis, sind für verschiedene Massenapplikationen durchaus höchst interessant. So wird Graphen eine unter Umständen bedeutende Rolle im Bereich innovativer Energieerzeugungs- und -nutzungskonzepte zugeschrieben [16.115]. Naheliegend sind auch graphenbasierte Kompositmaterialien [16.116], die beispielsweise in gut leitfähigen Kunststoffen bei geringstem Graphenfüllgrad bestehen. Auch die Substitution von Graphit durch Graphen in elektrischen Batterien erscheint vielversprechend [16.116]. Besonders die Frage, inwieweit sich Graphen als ultimativer Hydrogenspeicher wirklich eignet, wird fortgesetzt diskutiert [16.117]. In jedem Fall ist die Eignung als Material für hochempfindliche Gassensoren bereits unter Beweise gestellt worden [16.42].

Die außerordentlich interessante Grundlagenphysik sowie das unvergleichliche Anwendungspotential des Graphens rechtfertigen es, im Folgenden im Detail auf grundlegende Aspekte einzugehen.

16.2.2 Dirac-Fermionen in Graphen

Die meisten der ungewöhnlichen Eigenschaften des Graphens resultieren aus der Existenz masseloser Dirac-Fermionen. Die fundamentalen Eigenschaften dieser Quasiteilchen, welche den in Abschn. 2.2.4 besprochenen Quasiteilchenzoo um ein wahrlich exotisches Exemplar bereichern, wollen wir im Folgenden im Detail analysieren. Dabei knüpfen wir zunächst an die in Abschn. 3.5.4 im Zusammenhang mit Gl. (3.312) geführte Diskussion an.

In Abb. 3.62(a) hatten wir das Bienenwabengitter von Graphen dargestellt und die Untergitter A und B verdeutlicht. Die Basis der elektronischen Zustände beinhaltet zwei π-Zustände, die jeweils den Atomen der Untergitter zuzuordnen sind. In der Nächste-Nachbar-Approximation gibt es keine Hopping-Prozesse innerhalb der Untergitter, sondern nur zwischen ihnen. Der Tight-Binding-Hamilton-Operator ist damit durch

$$\underline{\underline{H}}(\mathbf{k}) = \begin{pmatrix} 0 & tS(\mathbf{k}) \\ tS^*(\mathbf{k}) & 0 \end{pmatrix} , \tag{16.5a}$$

mit dem Hopping-Parameter t und

$$S(\mathbf{k}) = \sum_{\boldsymbol{\delta}} \exp(i\mathbf{k} \cdot \boldsymbol{\delta}) \tag{16.5b}$$

gegeben. $\boldsymbol{\delta}$ steht dabei für die von einem Untergitteratom ausgehenden drei Vektoren zu den nächsten Nachbarn. Die Energie ist dann durch $E_\pm(\mathbf{k}) = \pm t|S(\mathbf{k})|$ gegeben, woraus sich das bereits in Gl. (3.313) angegebene Resultat für $t' = 0$ ergibt. Speziell folgt $S(\mathbf{K}) = S(\mathbf{K}') = 0$, was bedeutet, dass sich Valenz- und Leitungsband in den Neutralitätspunkten schneiden. Mit $\mathbf{k} \approx \mathbf{K}$ und $\mathbf{k}' \approx \mathbf{K}'$ erhält man

$$\underline{\underline{H_{K,K'}}}(\mathbf{q}) = \hbar v_F \begin{pmatrix} 0 & q_x \mp iq_y \\ q_x \pm iq_y & 0 \end{pmatrix} , \tag{16.6}$$

mit $\mathbf{q} = \mathbf{k} - \mathbf{K}, \mathbf{k}' - \mathbf{K}'$ sowie $v_F = 3ta/(2\hbar)$ als Elektronengeschwindigkeit an den **K**-Punkten. Werden übernächste Nachbarn berücksichtigt, so resultiert Gl. (3.313). Die Elektron-Loch-Symmetrie ist jetzt gebrochen und der Neutralitätspunkt verschiebt sich von $E = 0$ nach $E = 3t'$. Das Verhalten von $\underline{\underline{H_{K,K'}}}$ gemäß Gl. (16.6) ändert sich nicht. Für die Hopping-Parameter erhält man durch Vergleich mit Ab-Initio-Berechnungen $t = 2{,}97$ eV,[49] $t' = 0{,}073$ eV und $t'' = 0{,}33$ eV [16.118].

Das Spektrum in Abb. 16.11 weist Sattelpunkte am Symmetriepunkt M der Brillouin-Zone auf. Nach Gl. (3.307) treten hier van Hove-Singularitäten mit $\delta_Q \sim -\ln|E - E_M|$ auf [16.120]. Die Positionen dieser Singularitäten liegen bei $E_M^+ = -t - t' + 3t'' \approx -2{,}05$ eV und bei $E_M^- = t - t' - 3t'' \approx 1{,}91$ eV.

Um Elektron- und Lochzustände nahe der Fermi-Energie zu beschreiben, verwendet man die effektiven Hamilton-Operatoren aus Gl. (16.6) und die Transformationen $q_x \to i\partial/\partial x$ sowie $q_y \to i\partial/\partial y$. Diese Transformationen implizieren eine Effektive-Masse-Näherung [16.121]. Damit folgt

$$\hat{H}_K = -i\hbar v_F \hat{\boldsymbol{\sigma}} \cdot \nabla \tag{16.7a}$$

und

$$\hat{H}_{K'} = \underline{\underline{H_K^T}} . \tag{16.7b}$$

49 Der Wert weicht geringfügig von dem in Abschn. 3.5.4 angegebenen ab, weil unterschiedliche Quellen benutzt wurden.

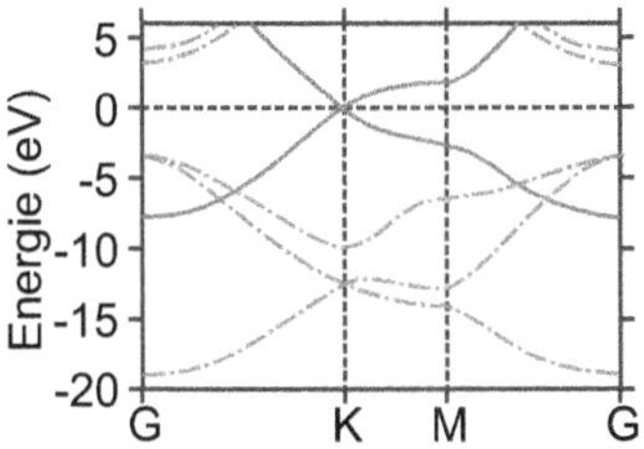

Abb. 16.11. Bandstruktur von Graphen [16.119]. Die durchgezogenen Linien zeigen σ-Bänder und die gestrichelten π-Bänder.

$\hat{\boldsymbol{\sigma}}$ ist hier der zweidimensionale Pauli-Matrixvektor gemäß Gl. (3.153). Der komplette Niedrigenergie-Hamilton-Operator wird durch eine 4 × 4-Matrix repräsentiert, welche die Untergitter A und B sowie die konischen Punkte K und K' berücksichtigt. K und K' werden in der Bandstrukturterminologie auch als *Täler* bezeichnet. In der Basis

$$\Psi = \begin{pmatrix} \psi_{KA} \\ \psi_{KB} \\ \psi_{K'A} \\ \psi_{K'B} \end{pmatrix} \tag{16.8a}$$

ist

$$\underline{\underline{H}} = \begin{pmatrix} \hat{H}_K & 0 \\ 0 & \hat{H}_{K'} \end{pmatrix}, \tag{16.8b}$$

während wir für

$$\Psi = \begin{pmatrix} \psi_{KA} \\ \psi_{KB} \\ \psi_{K'B} \\ -\psi_{K'A} \end{pmatrix} \tag{16.9a}$$

die symmetrische Form

$$\hat{H} = -i\hbar v_F \underline{\underline{1_{KK'}}} \otimes \hat{\boldsymbol{\sigma}} \cdot \nabla \tag{16.9b}$$

erhalten [16.122]. $\underline{\underline{1_{KK'}}}$ ist die Einheitsmatrix im Raum der Täler, während $\hat{\boldsymbol{\sigma}}$ im Raum der Untergitter wirkt. Im Idealfall und bei örtlich moderat variierenden Störungen, die durch Unordnung, elektrische oder magnetische Felder erzeugt werden, sollten die Täler komplett entkoppelt sein. Nur bei atomar variierenden Störungen können sich die Zustände mischen.

Der Hamilton-Operator in Gl. (16.9b) ist ein zweidimensionales Analogon des Dirac-Hamilton-Operators für masselose Fermionen [16.123]. An die Stelle der Lichtgeschwindigkeit tritt $v_F \approx c/300$. Die Ähnlichkeit zwischen ultrarelativistischen Partikeln mit $E \gg mc^2$, also effektiv masselosen Partikeln, und Quasiteilchen in Graphen ist Ursache dafür, dass sich an Graphen grundlegende quantenrelativistische Effekte untersuchen lassen, die sonst nur unter großem Aufwand[50] oder gar nicht beobachtbar sind. Der interne Freiheitsgrad in der Dirac-Gleichung, der Teilchenspin, wird zum Untergitterindex. Die Dirac-Spinoren beschreiben dementsprechend für Graphen die Verteilung der Elektronen auf die Untergitter A und B. Die entsprechende Quantenzahl wird als *Pseudospin* bezeichnet. Zwei weitere Freiheitsgrade entsprechen den nicht äquivalenten Tälern mit einer Quantenzahl, die häufig als *Isospin* bezeichnet wird, und dem realen Spin. In der allgemeinsten Form ist der Hamilton-Operator also sogar durch eine 8 × 8-Matrix gegeben. Abbildung 16.12 veranschaulicht die Verhältnisse zusammenfassend. Die Spin-Bahn-Kopplung führt zur Mischung von Spin und Pseudospinzuständen und zur Öffnung einer Energielücke [16.124]. Diese ist aber wegen der kleinen Spin-Bahn-Wechselwirkung in der Größenordnung von $10^{-2}K$ [16.125].

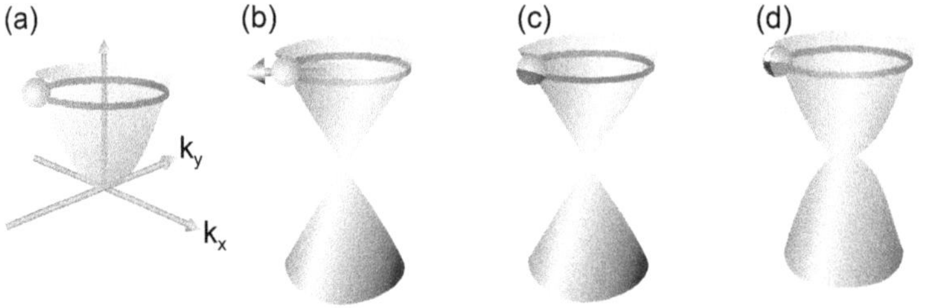

Abb. 16.12. Spektren verschiedener Quasiteilchen. (a) Schrödinger-Fermionen beschrieben durch $\hat{H} = \hat{p}^2/(2m^*)$. (b) Ultrarelativistische Dirac-Fermionen beschrieben durch $\hat{H} = c\hat{\boldsymbol{\sigma}} \cdot \hat{\mathbf{p}}$. (c) Masselose Dirac-Fermionen beschrieben durch $\hat{H} = v_F\hat{\boldsymbol{\sigma}} \cdot \hat{\mathbf{p}}$. (d) Massebehaftete chirale Fermionen beschrieben durch $\hat{H} = \hat{\boldsymbol{\sigma}}\hat{p}^2/(2m^*)$.

Für echte Dirac-Fermionen im dreidimensionalen Raum ist $\underline{\underline{H}}$ eine 4 × 4-Matrix wegen zweier Spinprojektionen und zweier Ladungen für Teilchen und Antiteilchen. Im Zweidimensionalen sind Teilchen und Antiteilchen nicht unabhängig voneinander. Elektronen und Löcher sind Linearkombinationen von Zuständen der Subgitter A und B. Die Wirkung des Hamilton-Operators aus Gl. (16.7a) auf eine ebene Welle mit dem Wellenvektor $\mathbf{k}$ liefert die 2 × 2-Matrix $\hbar v_F \hat{\boldsymbol{\sigma}} \cdot \mathbf{k}$, welche durch die unitäre Transformation

$$\hat{U}_{\mathbf{k}} = \frac{1}{\sqrt{2}}\left(1 + \boldsymbol{\vartheta}_{\mathbf{k}} \cdot \hat{\boldsymbol{\sigma}}\right) , \tag{16.10}$$

mit $\boldsymbol{\vartheta}_{\mathbf{k}} = (\cos\phi_{\mathbf{k}}, -\sin\phi_{\mathbf{k}})$ und dem Polarwinkel $\phi_{\mathbf{k}}$ des Vektors $\mathbf{k}(\vartheta_{\mathbf{k}} \perp \mathbf{k})$ diagonalisiert wird. Die Eigenfunktionen

$$\psi_K^{\mp}(\mathbf{k}) = \frac{1}{\sqrt{2}}\begin{pmatrix} \exp(-i\phi_{\mathbf{k}}/2) \\ \pm\exp(i\phi_{\mathbf{k}}/2) \end{pmatrix} \tag{16.11a}$$

50 Beispielsweise in Teilchenbeschleunigern.

beschreiben Elektronen- und Lochzustände mit Energien von $E^{\mp} = \pm\hbar v_F k$. Für das Tal $\mathbf{K}'$ folgt

$$\psi^{\mp}_{K'}(\mathbf{k})\frac{1}{\sqrt{2}}\begin{pmatrix} \exp(i\phi_{\mathbf{k}}/2) \\ \pm\exp(-i\phi_{\mathbf{k}}/2) \end{pmatrix} \tag{16.11b}$$

in der Basis aus Gl. (16.8a).

Per definitionem gilt für Elektronen und Löcher

$$\frac{\mathbf{k}\cdot\hat{\boldsymbol{\sigma}}}{k}\psi^{\mp} = \pm\psi^{\mp} \, . \tag{16.12}$$

Das impliziert sofort, dass Elektronen und Löcher eine definierte Ausrichtung des Pseudospins besitzen, nämlich für Elektronen parallel und für Löcher antiparallel zur Bewegungsrichtung. Damit sind diese Zustände *chiral*, was typisch für masselose Dirac-Fermionen ist [16.123]. Die Chiralität ist von ausschlaggebender Bedeutung für relativistische Effekte, wie noch zu zeigen sein wird.

Masselose Dirac-Fermionen sind eine Konsequenz der Linearisierung des Hamilton-Operators gemäß Gl. (16.7). Berücksichtigt man noch einen quadratischen Term, so resultiert eine trigonale Verzerrung (*Warping*) [16.126]. Als Folge ist die Dispersionsrelation nicht länger isotrop, sondern besitzt jetzt eine dreizahlige Symmetrie. Für ein gegebenes Tal zerstört die trigonale Verzerrung die Zeitumkehrsymmetrie, während weiterhin $E(\mathbf{k}+\mathbf{K}) = E(-\mathbf{k}-\mathbf{K})$ gilt.

Die Abwesenheit einer Energielücke und der konische Punkt sind im Übrigen symmetriegeschützt. Verwenden wir wieder die Basis aus Gl. (16.8a) und $\mathbf{K} = -\mathbf{K}'$, so führt eine Zeitumkehr zur Umkehr des Wellenvektors oder zur Änderung des Tals:

$$\hat{T}\psi_{KA,B} = \psi^{\star}_{KA,B} = \psi_{K'A,B} \, . \tag{16.13a}$$

Die Inversionstransformation ändert auch die Untergitter:

$$\hat{I}\psi_{KA,B} = \psi_{K'B,A} \, . \tag{16.13b}$$

Die Invarianz gegenüber diesen Symmetrien erfordert

$$\hat{H}_K = \hat{H}^{\star}_{K'} \tag{16.14a}$$

und

$$\hat{H}_K = \hat{\sigma}_x \hat{H}_{K'} \hat{\sigma}_x \, . \tag{16.14b}$$

Da für eine 2 × 2-Matrix $\underline{\underline{M}}$ in der Tat $\underline{\underline{\sigma_x}}\,\underline{\underline{M}}\,\underline{\underline{\sigma_x}} = \underline{\underline{M}}$ gilt, vertauscht die Operation in Gl. (16.14b) wirklich die Untergitter A und B. Wenn wir die gleichzeitige Erfüllung von Gl. (16.13a) und (16.13b) für ein gegebenes Tal fordern, so resultiert

$$\hat{H}_K = \hat{\sigma}_x \hat{H}^{\star}_K \hat{\sigma}_x \, . \tag{16.15}$$

Daraus kann man folgern, dass eine Störung, die invariant unter $\hat{T}$ und $\hat{I}$ ist, zwar den konischen Punkt verschieben, nicht jedoch eine Energielücke öffnen kann. Es gilt $H_{K_{11}} = H_{K_{22}}$ und die Bandaufspaltung ist durch $\pm|H_{K_{12}}|$ gegeben. Wenn die beiden Untergitter nicht mehr äquivalent sind, dann gibt es keine Inversionssymmetrie mehr. Dies führt zur Öffnung einer Energielücke. Genau dieser Effekt tritt auf, wenn Graphen auf hexagonalem BN deponiert wird [16.127].

Viele grundlegende Untersuchungen zu den elektronischen Eigenschaften von Festkörpern erfordern die Applikation externer Magnetfelder. Im Zusammenhang mit Graphen ist insbesondere der anomale Quanten-Hall-Effekt, den wir grob bereits in Abschn. 3.6.4 diskutiert haben, von Belang. Es ist im vorliegenden Kontext geboten, sich das Verhalten von masselosen Dirac-Fermionen in Magnetfeldern genauer anzusehen. Der maßgebliche Hamilton-Operator ist durch

$$\hat{H} = \frac{\hat{\boldsymbol{\pi}}^2}{2m} + U(\mathbf{r}) \tag{16.16}$$

gegeben. $\hat{\boldsymbol{\pi}} = -i\hbar\nabla - e\mathbf{A}$ ist hier der kinetische Impuls unter dem Einfluss des Vektorpotentials, der uns bereits in Abschn. 3.4.3 begegnet ist. $U(\mathbf{r})$ ist das periodische Potential des Graphengitters. Die Vertauschungsrelationen für $\hat{\boldsymbol{\pi}}$ sind

$$\left[\hat{\boldsymbol{\pi}}_x, \hat{\boldsymbol{\pi}}_y\right] = \left[\hat{\boldsymbol{\pi}}_y, \hat{\boldsymbol{\pi}}_x\right] = \frac{ie}{\hbar}\mathbf{B}\,, \tag{16.17}$$

mit $\mathbf{B} = \nabla \times \mathbf{A}$ entlang der z-Achse. Eine allgemeine Lösung der Schrödinger-Gleichung entwickeln wir wie üblich unter Verwendung einer *Wannier-Basis*:

$$\psi = \sum_i c_i \varphi_i(\mathbf{r})\,. \tag{16.18a}$$

Die Wannier-Funktion des Zustands i ist gegeben durch

$$\varphi_i(\mathbf{r}) = \varphi_0(\mathbf{r} - \mathbf{R}_i) = \exp\left(-\frac{i}{\hbar}\mathbf{R}_i \cdot \hat{\mathbf{p}}\right)\varphi_0(\mathbf{r})\,. \tag{16.18b}$$

φ_0 entspricht der Wannier-Funktion am Ursprung. Es ist sinnvoll, eine Radialgleichung zu verwenden:

$$\mathbf{A} = \frac{1}{2}\mathbf{B} \times \mathbf{r} = \left(-\frac{B_y}{2}, \frac{B_x}{2}, 0\right)\,. \tag{16.19}$$

Damit bietet sich eine gegenüber Gl. (16.18) leicht modifizierte Basis an:

$$\psi = \sum_i a_i \tilde{\varphi}_i(\mathbf{r})\,, \tag{16.20a}$$

mit

$$\tilde{\varphi}_i(\mathbf{r}) = \exp\left(-\frac{i}{\hbar}\mathbf{R}_i \cdot \hat{\boldsymbol{\Pi}}\right)\varphi_0(\mathbf{r}) \tag{16.20b}$$

und

$$\hat{\boldsymbol{\Pi}} = \hat{\mathbf{p}} + e\mathbf{A} \,. \tag{16.20c}$$

Es gilt dann

$$\left[\hat{\Pi}_k, \hat{\pi}_l\right] = \left[\hat{\Pi}_k, \hat{H}\right] = 0 \tag{16.21a}$$

sowie

$$\left[\exp\left(\frac{i}{\hbar}\mathbf{R}_i \cdot \hat{\boldsymbol{\Pi}}\right), \, U(\mathbf{r})\right] = 0 \,, \tag{16.21b}$$

mit dem periodischen Potential aus Gl. (16.16). Damit muss die Hamilton-Matrix in der Basis aus Gl. (16.20) die Form

$$H_{ij} = \int d^2r\varphi_0^\star(\mathbf{r})\hat{H}\exp\left(\frac{i}{\hbar}\mathbf{R}_i \cdot \hat{\boldsymbol{\Pi}}\right)\exp\left(-\frac{i}{\hbar}\mathbf{R}_j \cdot \hat{\boldsymbol{\Pi}}\right)\varphi_0(\mathbf{r}) \tag{16.22}$$

annehmen. Die Wannier-Funktionen variieren nur über Distanzen von wenigen Gitterkonstanten, so dass $r \approx a$ und $|\mathbf{R}_i - \mathbf{R}_j| \approx a$ anzunehmen ist. Die magnetische Länge ist hingegen sehr viel größer als die interatomare Distanz: $l_B = \sqrt{\hbar/(eB)} \gg a$. Damit kann Gl. (16.22) vereinfacht werden zu

$$H_{ij}(\mathbf{B}) = \exp\left(-\frac{ie}{\hbar}\left(\mathbf{R}_i \times \mathbf{R}_j\right) \cdot \mathbf{B}\right) t_{ij} \,. \tag{16.23}$$

$t_{ij} = H_{ij}(B = 0)$ ist der Hopping-Parameter.

Der Bezug zwischen den Operatoren $\hat{\pi}_k$ und den bosonischen Erzeugern und Vernichtern, die wir in Abschnitt 3.4.4 erstmalig einführten, ist durch

$$\hat{\pi}_- = \hat{\pi}_x - i\hat{\pi}_y = \sqrt{2e\hbar B}\,\hat{a} \tag{16.24a}$$

und

$$\hat{\pi}_+ = \hat{\pi}_x + i\hat{\pi}_y = \sqrt{2e\hbar B}\,\hat{a}^\dagger \tag{16.24b}$$

gegeben. Unter Berücksichtigung von Gl. (16.7)a und Gl. (16.23) lässt sich die Hamilton-Matrix schreiben als

$$\underline{\underline{H}} = v_F \begin{pmatrix} 0 & \hat{\pi}_- \\ \hat{\pi}_+ & 0 \end{pmatrix} = \sqrt{2e\hbar B}\, v_F \begin{pmatrix} 0 & \hat{a} \\ \hat{a}^\dagger & 0 \end{pmatrix} . \tag{16.25}$$

Die Schrödinger-Gleichung lautet dann

$$\begin{pmatrix} 0 & \hat{a} \\ \hat{a}^\dagger & 0 \end{pmatrix}\begin{pmatrix} \psi_1 \\ \psi_2 \end{pmatrix} = \varepsilon \begin{pmatrix} \psi_1 \\ \psi_2 \end{pmatrix} , \tag{16.26a}$$

mit

$$E = \sqrt{2}\,\frac{\hbar v_F \varepsilon}{l_B} \,. \tag{16.26b}$$

Diese Näherung setzt voraus, dass wir Zustände nahe **K** betrachten, da Gl. (16.7) die diesbezügliche Näherung ist. Für Zustände nahe **K'** müssen ψ_1 und ψ_2 im Spinor in Gl. (16.26a) vertauscht werden.

Gleichung (16.26a) liefert für $\psi_1 = 0$ und $\psi_2 = |0\rangle$, den Grundzustand eines harmonischen Oszillators, eine Lösung bei verschwindender Energie. Diese Lösung ist vollständig pseudospinpolarisiert. Für eine gegebene Richtung **B** gehören die Elektronen bei **K** und **K'** komplett in das Untergitter A oder B. Bei Feldumkehr kehrt sich auch die Zugehörigkeit zu A oder B um. Das komplette Eigenwertspektrum findet man nun genau so, wie wir es für den harmonischen Oszillator in Abschn. 3.3.3 kennengelernt haben. Der Teilchenzahloperator ist wieder durch $\hat{N} = \hat{a}^\dagger a$ gegeben. Anwendung von $\hat{a}^\dagger$ auf die zweite Spinorkomponente in Gl. (16.26a) liefert $\hat{a}^\dagger \hat{a} \psi_2 = \varepsilon^2 \psi_2$. Die Eigenwerte sind $\varepsilon_n^2 = n = 0, 1, 2, \ldots$. Damit sind die Eigenenergien von masselosen Dirac-Elektronen in einem Magnetfeld gegeben durch $E_n^\pm = \pm \hbar \omega_c \sqrt{n}$. Das *Zyklotronquantum* $\hbar \omega_c$ ist durch die Zyklotronfrequenz bestimmt, die uns unter anderem bereits in Abschn. 3.6.2 begegnete: $\omega_c = \sqrt{2}\, v_F / l_B$.

Es ist wichtig, sich den Unterschied zwischen relativistischen Dirac-Elektronen und gewöhnlichen Elektronen in Festkörpern zu verdeutlichen. Für nichtrelativistische Elektronen hatten wir $E_n = (n + 1/2)\hbar \tilde{\omega}_c$ mit $\tilde{\omega}_c = eB/(2\pi m^*)$ im Zusammenhang mit Gl. (3.346) erhalten. m^* ist hier effektive Masse. Im Gegensatz zur konventionellen *Landau-Quantisierung* sind die Niveaus der pseudorelativistischen Elektronen nicht äquivalent. Ferner existiert für sie ein Grundzustand mit verschwindender Energie, der aufgrund der Symmetrie bei **K** durch Elektronen und Löcher gleichermaßen geteilt wird. Dieser Grundzustand ist chiral, er gehört vollständig zu nur einem Untergitter. Die Existenz dieses besonderen Grundzustands hat fundamentale topologische Ursachen und führt zu dramatischen Konsequenzen für die elektronischen Eigenschaften des Graphens.

Zum Auffinden der Eigenfunktionen zu den Eigenenergien $E_n \sim \sqrt{n}$ muss die Eichung für das Vektorpotential festgelegt werden. Die Radialgleichung aus Gl. (16.19) liefert Lösungen mit Radialsymmetrie. Zweckmäßiger ist es aber hier, die *Landau-Eichung* $\mathbf{A} = (0, Bx, 0)$ zu verwenden. Aus Gl. (16.26a) folgt dann

$$\psi_{1,2}(x, y) = \psi_{1,2}(x) \exp(ik_y y) \,. \tag{16.27}$$

Unter Verwendung der dimensionslosen Ortskoordinate $X = \sqrt{2}(x/l_B - l_B k_y)$ und bei Berücksichtigung von $\lim_{X \to \infty} \psi_1 = 0$ liefert Gl. (7.44a) mit (7.45) dann

$$\psi_{1n}(X) = D_n(-X) \tag{16.28a}$$

und

$$\psi_{2n}(X) = i\sqrt{n}\, D_{n-1}(-X) \,. \tag{16.28b}$$

Die *Weber-Funktionen* [16.128]

$$D_n(X) = (-1)^n \exp\left(\frac{X^2}{4}\right) \frac{d^n}{dX^n} \exp\left(-\frac{X^2}{2}\right) \tag{16.29}$$

fallen gemäß $\sim \exp(-X^2/4)$ für $X \to \pm\infty$ ab.

Die Existenz eines Landau-Grundzustands mit verschwindender Energie ist im Einklang mit einem der wichtigsten Theoreme der modernen Mathematischen Physik, mit dem *Atiyah-Singer-Indextheorem* [16.129], auf welches wir bereits in Abschn. 3.6.4 hingewiesen hatten. Dieses Theorem ist von besonderer Wichtigkeit für die Quantenfeldtheorie sowie auch für die Superstringtheorie [16.130]. In seiner einfachsten Form besagt das Theorem, angewendet auf die kinetische Energie aus Gl. (16.16) bei periodischen Randbedingungen in x- und y-Richtigung, dass der *Index* von $\hat{H}$ proportional zum magnetischen Gesamtfluss Φ durch die Probe ist:

$$\mathrm{Index}(\hat{H}) = N_+ - N_- = \frac{\Phi}{\Phi_0} \,. \tag{16.30}$$

$\Phi_0 = h/e$ ist das magnetische Flussquant, welches wir bereits aus Abschn. 3.4.5 kennen. $N_\pm$ quantifiziert die Anzahl der Lösungen mit verschwindender Energie und positiver oder negativer Chiralität: $\hat{H}\psi_1 = 0$ bei $\psi_2 = 0$ sowie $\hat{H}\psi_2 = 0$ bei $\psi_1 = 0$. Für ein homogenes Feld erhält man $N_+ = \Phi/\Phi_0$ und $N_- = 0$ [16.131].

Das Atiyah-Singer-Theorem besagt für Graphen, dass der Landau-Grundzustand topologisch geschützt und damit robust gegenüber Inhomogenitäten des Magnetfelds ist [16.133]. Dies erkennt man explizit, wenn der Grundzustand für ein inhomogenes Feld berechnet wird, wie wir es in Abschn. 3.6.6 im Zusammenhang mit dem *Aharanov-Casher-Effekt* [16.132] kennengelernt haben.

Das durch $E_n = \pm\hbar\omega_c\sqrt{n}$ gegebene Spektrum der Dirac-Elektronen in einem homogenen Magnetfeld wirft einen Widerspruch zur semiklassischen Lifshitz-Onsager-Quantisierungsbedingung auf [16.134]. Danach sollte die durch $E(k_x, k_y) = E_n$ eingeschlossene Fläche im **k**-Raum gegeben sein durch

$$S(E_n) = \frac{2\pi eB}{\hbar}\left(n + \frac{1}{2}\right) \,. \tag{16.31}$$

Für masselose Dirac-Fermionen ist dies andererseits gerade ein Kreis mit dem Radius $k(E) = E/(\hbar v_F)$ und $S(E) = (E/[\hbar v_F])^2$. Damit wäre die semiklassische Relation aus Gl. (16.31) nur für hochangeregte Zustände mit $n \gg 1$ erfüllt.

Der Übergang $n \to n + 1/2$ folgt aus der Existenz von zwei Umkehrpunkten einer klassischen Umlaufbahn. In einem generelleren Kontext wird er bedingt durch den *Keller-Maslov-Index*. Dieser lässt sich mithilfe der Sattelpunktapproximationen in der Pfadintegralformulierung der Quantenmechanik ableiten [16.135]. Für den sehr speziellen Fall der Dirac-Fermionen ist die korrekte semiklassische Relation

$$S(E_n) = \frac{2\pi eB}{\hbar} n \,. \tag{16.32}$$

Dies liefert zusammen mit $E = \hbar v_F\sqrt{\pi S(E)}$ das zuvor erhaltene korrekte Spektrum.

Im vorliegenden Kontext bietet es sich an, eines der tiefgründigsten Konzepte der modernen Quantenmechanik, welches uns bereits in Abschn. 3.6.4 begegnete, aufzugreifen: die *Berrry-* oder *geometrische Phase* [16.136]. Wenn wir den **k**-Vektor um einen

Polarwinkel von 2π rotieren, so kehren die Wellenfunktionen aus Gl. (16.11) ihr Vorzeichen um:

$$\psi^{\pm}(\phi_{\mathbf{k}} = 2\pi) = -\psi^{\pm}(\phi_{\mathbf{k}} = 0) \ . \tag{16.33}$$

Dieses Verhalten wäre nicht ungewöhnlich, wenn wir einen Spin im Spinraum rotierten. Allerdings befinden wir uns im Realraum, und der Pseudospin ist nur eine Adressierung des jeweiligen Untergitters. Gleichung (16.33) hat deshalb eine tiefe geometrische und topologische Bedeutung.

Betrachten wir nun gemäß der Berryschen Vorstellungen über die adiabatische Entwicklung eines Quantensystems die Entwicklung von elektronischen Zuständen im **k**-Raum [16.137]. Die *Bloch-Zustände*, wie wir sie bereits in Abschn. 3.5.4 kennengelernt haben, entwickeln sich unter dem Einfluss elektrischer und magnetischer Felder ausgehend von

$$\psi_{n\mathbf{k}}(\mathbf{r}) = u_{n\mathbf{k}}(\mathbf{r}) \exp(i\mathbf{k} \cdot \mathbf{r}) \ . \tag{16.34}$$

Eingesetzt in die Schrödinger-Gleichung ergibt sich für die Bloch-Amplitude bei moderater Variation $\mathbf{k} = \mathbf{k}(t)$

$$i\hbar \frac{\partial |u(t)\rangle}{\partial t} = \hat{H}_{\text{eff}}(\mathbf{k}(t))|u(t)\rangle \ . \tag{16.35}$$

Die zeitabhängigen Bandzustände $|n, \mathbf{k}\rangle$ erfüllen die stationäre Schrödinger-Gleichung:

$$\hat{H}_{\text{eff}}(\mathbf{k})|n, \mathbf{k}\rangle = E_n(\mathbf{k})|n, \mathbf{k}\rangle \ , \tag{16.36}$$

mit $|n, \mathbf{k}\rangle = u_{n\mathbf{k}}(\mathbf{r})$. Bei Abwesenheit von Interbandübergängen ist ein Lösungsansatz für Gl. (16.35)

$$|u(t)\rangle = |u(0)\rangle \exp\left[\frac{i}{\hbar} \int_0^t dt' E_n(\mathbf{k}(t'))\right] \exp\left[i y_n(t)\right] |n, k(t)\rangle \ , \tag{16.37}$$

mit $|u(0)\rangle = |n, \mathbf{k}(0)\rangle$. Einsetzen ergibt

$$\frac{\partial y_n(t)}{\partial t} = i\langle n, \mathbf{k}(t)|\nabla_k|n, \mathbf{k}(t)\rangle \frac{d\mathbf{k}(t)}{dt} \ . \tag{16.38}$$

Wenn wir nun eine periodische Bewegung annehmen mit $\mathbf{k}(\tau) = \mathbf{k}(0)$, dann liefert die Integration von Gl. (16.38) gerade die Berry-Phase:

$$y_n = i \oint_C d\mathbf{k} \langle n, \mathbf{k}|\nabla_{\mathbf{k}}|n, \mathbf{k}\rangle \ , \tag{16.39}$$

wobei C die durch den Endpunkt von $\mathbf{k}(t)$ markierte Linie ist. Für nichtentartete Bänder ist offensichtlich $y_n = 0$. Für entartete Bänder und insbesondere für die Konusendpunkte des Graphens gilt dies hingegen nicht. Mittels des Stokeschen Satzes kann das

Ringintegral in Gl. (16.39) durch ein Oberflächenintegral substituiert werden:

$$y_n(C) = -\mathrm{Im} \int_S d\mathbf{S} \cdot \nabla_{\mathbf{k}} \times \langle n, \mathbf{k} | \nabla_{\mathbf{k}} | n, \mathbf{k} \rangle \ . \tag{16.40}$$

Aus Gl. (16.36) folgt

$$\nabla_{\mathbf{k}} \hat{H}_{\text{eff}} | n \rangle + (\hat{H}_{\text{eff}} - E_n) | \nabla_{\mathbf{k}} n \rangle = \nabla_{\mathbf{k}} E_n | n \rangle \ . \tag{16.41}$$

Hieraus wiederum ergibt sich

$$\langle m | \nabla_{\mathbf{k}} n \rangle = \frac{\langle m | \nabla_{\mathbf{k}} \hat{H}_{\text{eff}} | n \rangle}{E_n - E_m} \ , \tag{16.42}$$

wobei wir $\langle m | n \rangle = 0$ benutzt haben. Substituiert man dieses Ergebnis über

$$d\mathbf{S} \cdot \nabla_{\mathbf{k}} \times \langle n, \mathbf{k} | \nabla_{\mathbf{k}} | n, \mathbf{k} \rangle = d\mathbf{S} \cdot \langle \nabla_{\mathbf{k}} n | \times | \nabla_{\mathbf{k}} n \rangle \ , \tag{16.43a}$$

mit

$$\langle \nabla_{\mathbf{k}} n | \times | \nabla_{\mathbf{k}} n \rangle = \sum_m \langle \nabla_{\mathbf{k}} n | m \rangle \times \langle m | \nabla_{\mathbf{k}} n \rangle \ , \tag{16.43b}$$

in Gl. (16.39), so resultiert

$$y_n(C) = -\int_S d\mathbf{S} \cdot \mathbf{V}_n(\mathbf{k}) \ , \tag{16.44a}$$

mit

$$\mathbf{V}_n(\mathbf{k}) = \mathrm{Im} \sum_{m \neq n} \frac{\langle n | \nabla_{\mathbf{k}} \hat{H}_{\text{eff}} | m \rangle \times \langle m | \nabla_{\mathbf{k}} \hat{H}_{\text{eff}} | n \rangle}{(E_m - E_n)^2} \ . \tag{16.44b}$$

Nehmen wir jetzt an, dass wir zwei durch

$$\hat{H}_{\text{eff}} = \frac{1}{2} \mathcal{E}(\mathbf{k}) \cdot \hat{\boldsymbol{\sigma}} \ , \tag{16.45a}$$

mit den Eigenenergien

$$E_\pm(\mathbf{k}) = \pm \frac{1}{2} \mathcal{E}(\mathbf{k}) \tag{16.45b}$$

beschriebene benachbarte Bänder vorliegen haben. Mit der Transformation $\mathbf{k} \to \mathcal{E}$, $d\mathbf{S} \to d\mathbf{S}_{\mathcal{E}}$ und $\nabla_{\mathbf{k}} \to \nabla_{\mathcal{E}}$ folgt dann aus Gl. (16.44)

$$y_\pm(C) = \mp \int_S d\mathbf{S}_{\mathcal{E}} \cdot \mathbf{V}_n(\mathcal{E}) \ , \tag{16.46a}$$

mit $\mathbf{V}_n(\mathcal{E}) = \mathcal{E}/(2\mathcal{E}^3)$. $\mathbf{V}_n$ zeigt anschaulich gesehen ein Verhalten, welches dem elektrischen Fluss einer bei $\mathcal{E} = 0$ lokalisierten Ladung durch die durch C aufgespannte Fläche entspricht. Aus dieser Analogie ergibt sich sofort

$$y_\pm(C) = \mp \frac{1}{2} \Omega(C) \ , \tag{16.46b}$$

mit dem Raumwinkel Ω. Abbildung 16.13 zeigt die Verhältnisse anschaulich. Für masselose Dirac-Fermionen ist $\mathcal{E}(\mathbf{k}) \sim \mathbf{k}$ ein zweidimensionaler Vektor, C spannt einen Kreis auf und damit ist $\Omega = 2\pi$. Hieraus resultiert $\gamma_\pm = \mp\pi$, was im Einklang mit Gl. (16.33) ist.

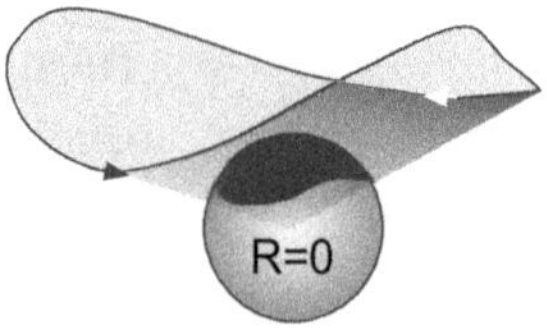

Abb. 16.13. Veranschaulichung der Berry-Phase.

Wichtig ist nun, dass die Berry-Phase die semiklassische Quantisierungsbedingung modifiziert. Betrachten wir wiederum einen adiabatischen Prozess, der in der zeitlichen Entwicklung von Variablen $v_i = v_i(t)$ besteht. Dann gilt $v(\tau) = v(0)$. Wir sind interessiert an dem Entwicklungsoperator

$$\hat{A}(\tau) = \hat{T} \exp\left[-\frac{i}{\hbar}\int_0^\tau dt\hat{H}(v(t))\right] . \qquad (16.47)$$

$\hat{T}$ ist ein Zeitordnungsoperator. Die Pfadintegralberechnung erfordert die Diskretisierung von $[0,\tau]$: $t_n = n\Delta t$, mit $n = 0, 1 \ldots N-1$ und $\Delta t = \tau/N$. In der adiabatischen Näherung beinhaltet die zeitliche Entwicklung des Systems nur Übergänge zwischen identischen Zuständen:

$$\begin{aligned}\hat{A}(\tau) &= \sum_n \langle n(t_0)|\exp\left[-\frac{i}{\hbar}\Delta t\hat{H}(t_0)\right]|n(t_1)\rangle\langle n(t_1)|\exp\left[-\frac{i}{\hbar}\Delta t\hat{H}(t_1)\right]|n(t_2)\rangle \\ &\qquad \ldots\langle n(t_{N-1})|\exp\left[-\frac{i}{\hbar}\Delta t\hat{H}(t_{N-1})\right]|n(\tau)\rangle . \end{aligned} \qquad (16.48)$$

Für $\Delta t \to 0$ erhalten das Überlappintegral

$$\langle n(t)|n(t+\Delta t)\rangle \approx \exp\left[\Delta t\frac{d\mathbf{v}}{dt}\langle n(t)|\nabla_\mathbf{v} n(t)\rangle\right] \qquad (16.49)$$

sowie alle Terme innerhalb von $\langle n|\ldots|n\rangle$ den zusätzlichen Phasenfaktor

$$\prod_{n=0}^{N-1}\langle n(t_n)|n(t_{n+1})\rangle = \exp\left[\int_0^\tau dt\frac{d\mathbf{v}}{dt}\langle n|\nabla_\mathbf{v} n\rangle\right] = \exp\left[i\gamma_n(C)\right] . \qquad (16.50)$$

Dieser Phasenfaktor geht ein in die Quantisierungsbedingung aus Gl. (16.31): $S(E_n) \to S(E_n)+\Delta S(\gamma)$. Für Bloch-Elektronen in einem Magnetfeld erhält man konkret $n+1/2 \to$

$n + 1/2 - \gamma/(2\pi)$ [16.48] und damit die korrekte Quantisierungsbedingung

$$S(E_n) = \frac{2\pi e B}{\hbar}\left(n + \frac{1}{2} - \frac{\gamma}{2\pi}\right) . \qquad (16.51)$$

Dies führt mit $\gamma = \pi$ zu der Quantisierungsbedingung aus Gl. (16.32) für masselose Dirac-Fermionen in Graphen. Es ist bei Betrachtung der Berry-Phase offensichtlich, dass die anomale Landau-Quantisierung für Graphen in den nichttrivialen topologischen Eigenschaften des Systems, bedingt durch die konische Form des Spektrums nahe der **K**-Punkte, begründet ist.

Magnetische Oszillationen, wie wir sie bereits in Abschn. 3.6.4 kennengelernt haben, kommen dadurch zustande, dass durch Veränderung des chemischen Potentials oder des Magnetfelds die Landau-Niveaus sukzessive durch das Fermi-Niveau geschoben werden können. Dadurch kommt es zu einer periodischen Ozillation bestimmter physikalischer Eigenschaften, die von den elektronischen Verhältnissen nahe dem Fermi-Niveau abhängen. Diese Oszillationen werden thermisch und durch Unordnung verschmiert. Der *Shubnikov-de Haas-Effekt* ist experimentell einfach zugänglich und besteht in der Oszillation der Leitfähigkeit. Die Oszillation thermodynamischer Eigenschaften ist schwerer zugänglich. Hier wäre der *de Haas-van Alphen-Effekt* zu nennen, der in Oszillationen der Magnetisierung besteht. Dieser Effekt ist ausgesprochen wichtig für eine detailliertere Interpretation des Verhaltens masseloser Dirac-Fermionen [16.138].

Das thermodynamische Potential für das großkanonische Ensemble nichtwechselwirkender Fermionen mit Energien E_λ ist gegeben durch [16.139]

$$\begin{aligned}\Omega &= -T\sum_\lambda \left[1 + \exp\left(\frac{\mu - E_\lambda}{T}\right)\right] \\ &= -T\int_{-\infty}^{\infty} d\varepsilon \varrho(\varepsilon) \ln\left[1 + \exp\left(\frac{\mu - \varepsilon}{k_B T}\right)\right] , \qquad (16.52a)\end{aligned}$$

mit der Zustandsdichte

$$\varrho(\varepsilon) = \sum_\lambda \delta(\varepsilon - E_\lambda) . \qquad (16.52b)$$

Zu berücksichtigen ist, dass in der Statistischen Mechanik das Energiespektrum als nach unten begrenzt angenommen wird. Dies ist aber für Lösungen der Dirac-Gleichung nicht der Fall. Aus der relativistischen Invarianz resultiert vielmehr [16.140]

$$\Omega = -T\int_{-\infty}^{\infty} d\varepsilon \varrho(\varepsilon) \ln\left[2\cosh\frac{\varepsilon - \mu}{k_B T}\right] . \qquad (16.53)$$

Gegenüber Gl. (16.52a) ergibt sich die Abweichung

$$\Delta\Omega = \frac{1}{2}\int_{-\infty}^{\infty} d\varepsilon \varrho(\varepsilon)(\varepsilon - \mu)\,. \tag{16.54}$$

$\Delta\Omega$ divergiert im Allgemeinen temperaturunabhängig. Wenn aber das Spektrum symmetrisch ist, $\varrho(\varepsilon) = \varrho(-\varepsilon)$, was für die relativistische Invarianz vorauszusetzen ist, und wenn $\mu = 0$ für den halbbesetzen Zustand anzunehmen ist, bei dem alle Löcherzustände besetzt und alle elektronischen unbesetzt sind, dann resultiert $\Delta\Omega = 0$.

Wenngleich Ω in Gl. (16.53) nicht gut definiert ist, so sind es jedoch die Ableitungen nach μ, T und B. So ist beispielsweise

$$\frac{\partial^2\Omega}{\partial\mu^2} = \int_{-\infty}^{\infty} d\varepsilon \varrho(\varepsilon)\frac{\partial f(\varepsilon)}{d\varepsilon} \tag{16.55}$$

als *Quantenkapazität* [16.141] messbar. $f(\varepsilon)$ ist hier die aus Gl. (3.258) bekannte *Fermi-Funktion*. Gleichung (16.3) liefert die *thermodynamische Zustandsdichte*: $D(\mu) = -\partial^2\Omega/\partial\mu^2$. Bei $T = 0$ folgt aus Gl. (16.55)

$$D_{T=0}(\mu) = 4\frac{\Phi}{\Phi_0}\left[\delta(E) + \sum_{\nu=1}^{\infty}\delta\left(E - \hbar\omega_c\sqrt{\nu}\right) + \delta\left(E + \hbar\omega_c\sqrt{\nu}\right)\right]\,. \tag{16.56a}$$

Φ/Φ_0 gibt hier wiederum die Anzahl der Flussquanten in der Probe an. Der Faktor Vier trägt den $\mathbf{K}$-$\mathbf{K}'$- und Spinentartungen Rechnung. Mit

$$\delta(E - x) + \delta(E + x) = 2|E|\delta(E^2 - x^2) \tag{16.56b}$$

und

$$\delta(E) = \frac{d\Theta(E)}{dE} \tag{16.56c}$$

sowie

$$\sum_{\nu=1}^{\infty}\Theta(a - \nu x) = \Theta(a)\left[-\frac{1}{2} + \frac{a}{x} + \frac{1}{\pi}\sum_{\nu=1}^{\infty}\frac{1}{\nu}\sin\frac{2\pi\nu a}{x}\right] \tag{16.56d}$$

folgt [16.138]

$$D_{T=0}(\mu) = 4\frac{\Phi}{\Phi_0}\mathrm{sign}(\mu)\frac{d}{d\mu}\left\{\left(\frac{\mu}{\hbar\omega_c}\right)^2 + \frac{1}{\pi}\arctan\left[\cot\left(2\pi\left[\frac{\mu}{\hbar\omega_c}\right]^2\right)\right]\right\}\,. \tag{16.57}$$

Für $T > 0$ nutzen wir

$$\frac{\partial f(\varepsilon)}{\partial\varepsilon} = -\frac{1}{2\pi}\int_{-\infty}^{\infty} dt \exp\left(i[\mu - \varepsilon]t\right)R(t)\,, \tag{16.58a}$$

mit

$$R(t) = \frac{\pi T t}{\sinh(\pi T t)} \ . \tag{16.58b}$$

Substitution in Gl. (16.55) unter Verwendung von Gl. (16.56) liefert

$$\begin{aligned} D(\mu) &= \frac{4}{\pi}\frac{\Phi}{\Phi_0}\frac{1}{(\hbar\omega_c)^2}\int\int d\varepsilon dt R(t) \exp\left(i[\mu-\varepsilon]t\right) \\ &\qquad |\varepsilon|\left[1+\sum_{\nu=1}^{\infty}\cos\left(2\pi\nu\left[\frac{\varepsilon}{\hbar\omega_c}\right]^2\right)\right] \ . \end{aligned} \tag{16.59}$$

Die Summe über ν beschreibt Oszillationen der thermodynamischen Zustandsdichte. Zur Berechnung der Integrale in Gl. (16.59) kann die Sattelpunktmethode [16.142] herangezogen werden. Dies liefert für den Oszillationsanteil [16.69]

$$D_{\mathrm{osc}}(\mu) = \frac{8|\mu|F}{\pi(\hbar v_F)^2}\sum_{\nu=1}^{\infty}\frac{\nu\xi}{\sinh(\nu\xi)}\cos\frac{\pi\nu\mu^2}{\hbar v_F B} \ , \tag{16.60}$$

mit $\xi = 2\pi^2 T|\mu|/(\hbar v_F^2 B)$. F ist die Fläche der Probe.

Unordnung führt zu einer Verbreiterung der Landau-Niveaus und zu einer Verschmierung der deltafunktionsförmigen Peaks in der Zustandsdichte. Hieraus resultiert letztendlich eine Unterdrückung der Oszillationen [16.138; 16.143]. Eine generalisierte semiklassische Diskussion für eine beliebige Dispersionsrelation im Rahmen der *Lifshitz-Kosevich-Theorie* führt zu einem ähnlichen Resultat mit $\xi = 2\pi^2 T m^\star/(\hbar e B)$. Die effektive *Zyklotronmasse* ist in diesem Fall gegeben durch

$$m^\star = \frac{1}{2\pi}\left.\frac{\partial S(E)}{\partial E}\right|_{E=\mu} \ . \tag{16.61}$$

Für masselose Dirac-Fermionen ist $m^\star = |\mu|/v_F^2$. Dies entspricht der Einsteinschen Äquivalenz von Masse und Energie: $E = mc^2$. Ferner ist für zweidimensionale Systeme $S = \pi k_F^2 \sim N$. Damit erhalten wir einen Zusammenhang zwischen effektiver Masse und Ladungsträgerkonzentration: $m^\star \sim \sqrt{N}$. Der experimentelle Nachweis dieser Relation [16.15; 16.41], dargestellt in Abb. 16.14(a), war der erste direkte Beweis für die reale Existenz masseloser Dirac-Fermionen in Graphen. Die Daten aus Abb. 16.14(a) liefern $v_F \approx 10^6 m/s \approx c/300$. Auch die durch Gl. (16.60) gegebenen Oszillationen wurden experimentell durch Messung der Quantenkapazität C_q nachgewiesen [16.143] und sind in Abb. 16.14(b) dargestellt.

Ausgehend von den Merkmalen des Quanten-Hall-Effekts im Allgemeinen [16.144] äußert sich der Quanten-Hall-Effekt für Graphen mit einem anomalen Charakter [16.15; 16.41], wie wir bereits in Abschn. 3.6.4 gesehen hatten. Dieser anomale Charakter hängt eng mit der Berry-Phase und den topologisch geschützten Grundzuständen zusammen.

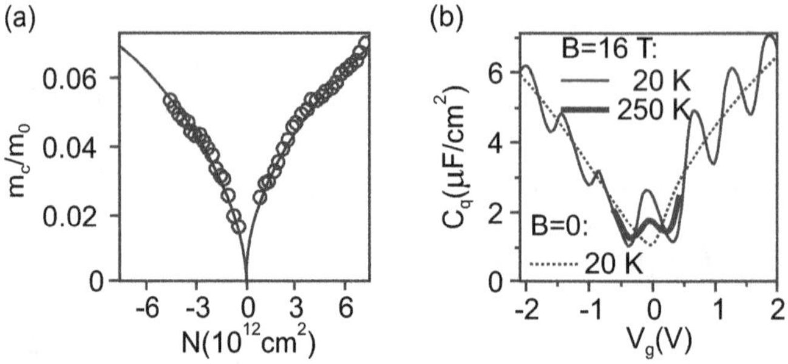

Abb. 16.14. (a) Abhängigkeit der Zyklotronmasse von der Ladungsträgerkonzentration in Graphen [16.15]. (b) Oszillationen der Quantenkapazität als Funktion der Gatespannung[51] für Graphen für zwei verschiedene Temperaturen und zwei verschiedene Magnetfelder [16.143].

Für $\mathbf{B}\|z$ und $\mathbf{E}\|y$ liefert die Lorentz-Kraft $\mathbf{F} = e(\mathbf{E} + \mathbf{v}_F \times \mathbf{B})$ eine Drift der Elektronen in x-Richtung mit $v_X = E/B$. Diese manifestiert sich in einer nichtdiagonalen Hall-Leitfähigkeit: $\sigma_H = Ne/B$. In der Standardtheorie des Quanten-Hall-Effekts wird angenommen, dass alle elektronischen Zustände zwischen den Landau-Niveaus aufgrund von Unordnung lokalisiert sind, was als *Anderson-Lokalisierung* bezeichnet wird. Das impliziert, dass, wenn das Fermi-Niveau zwischen zwei Landau-Niveaus liegt, nur die besetzten Niveaus zum Transport beitragen. Damit ist die Hall-Leitfähigkeit proportional zur Zahl der besetzten Niveaus:

$$\sigma_H = \nu g_S g_T \frac{\Phi}{\Phi_0} \frac{Ne}{B} = g_S g_T \nu \frac{e^2}{h} . \tag{16.62}$$

g_S und g_T sind die Spin- und Talentartungsfaktoren, für die im vorliegenden Fall $g_S = g_T = 2$ gilt. σ_H sollte damit Plateaus als Funktion der Ladungsträgerdichte N aufweisen, wenn wir uns von einem besetzten Landau-Niveau zum nächsten bewegen. Nun ist aber für Graphen das Landau-Niveau bei verschwindender Energie von Elektronen und Löchern zu gleichen Teilen geteilt. Das impliziert, dass, wenn nur Elektronen mit $\mu > 0$ oder nur Löcher mit $\mu < 0$ gezählt werden, dieses Niveau nur halb so viele Zustände wie alle anderen Niveaus beinhalten sollte. Deshalb folgt anstelle von Gl. (16.62)

$$\sigma_H = g_S g_T \left(\nu + \frac{1}{2} \right) \frac{e^2}{h} . \tag{16.63}$$

Der entsprechende halbzahlige Quanten-Hall-Effekt wird in der Tat experimentell auch beobachtet [16.15; 16.41]. Damit ist auch offensichtlich, dass der anomale Quanten-Hall-Effekt in direkter Beziehung steht zu den Nullenergiemoden und damit zum Atiyah-Singer-Theorem. Ein tieferes Verständnis der geometrischen und topologi-

51 Diese ist proportional zur Ladungsträgerkonzentration N.

schen Aspekte des anomalen Quanten-Hall-Effekts von Graphen ergibt sich im Rahmen des Ansatzes von Thouless et al. [16.145].

Es ist sehr instruktiv, den Quanten-Hall-Effekt des Graphens im Kontext der generellen heutigen Quanten-Hall-Physik zu betrachten. Das Gebiet hat sich in den letzten Jahren im Hinblick auf ein vollständiges quantenmechanisches Verständnis stark weiterentwickelt.

Betrachten wir allgemein ein zweidimensionales Elektronensystem in einem periodischen Potential, welches einem homogenen Magnetfeld ausgesetzt ist. Wenn die Anzahl der Flussquanten pro Einheitszelle rational ist, so lassen sich die Eigenzustände des Systems durch den Wellenvektor **k** charakterisieren und lassen sich als Bloch-Zustände in einer geeigneten Superzelle auffassen [16.146]. Diese Zustände lassen sich mit dem Bandindex als $|n, \mathbf{k}\rangle$ schreiben. Nehmen wir an, dass

$$\hat{A} = \sum_{1,2} A_{12} \hat{a}_1^\dagger \hat{a}_2 \tag{16.64}$$

ein Einelektronoperator ist, der sich in zweiter Quantisierung, die wir in Abschn. 3.5.3 bereits eingeführt hatten, mittels der fermionischen Erzeuger und Vernichter schreiben lässt. Die Indices charakterisieren Zustände in einer gegebenen Basis. Der Erwartungswert über einen beliebigen Zustand ist dann, wie bereits in Gl. (3.118) gezeigt,

$$\langle \hat{A} \rangle = \sum_{1,2} A_{12} \langle \hat{a}_1^\dagger \hat{a}_2 \rangle = Sp_2(\hat{A}\hat{\varrho}) \,. \tag{16.65}$$

$\hat{\varrho}$ ist die *Einelektrondichtematrix*. Für nichtwechselwirkende Elektronen ist der Hamilton-Operator

$$\hat{H} = \sum_{1,2} H_{12} \hat{a}_1^\dagger \hat{a}_2 \,. \tag{16.66}$$

Mit

$$\left[\hat{a}_1^\dagger \hat{a}_2, \hat{a}_3^\dagger \hat{a}_4\right] = \delta_{23} \hat{a}_1^\dagger \hat{a}_4 - \delta_{14} \hat{a}_3^\dagger \hat{a}_2 \tag{16.67}$$

kann man zeigen, dass für die Dichtematrix

$$i\hbar \frac{\partial \hat{\varrho}}{\partial t} = \left[\hat{H}, \hat{\varrho}\right] \tag{16.68}$$

gilt. Dabei erfolgt die Matrixmultiplikation in einem Einteilchenraum. So gilt etwa

$$\left(\hat{H}\hat{\varrho}\right)_{12} = \sum_3 H_{13} \varrho_{32} \,. \tag{16.69}$$

Betrachten wir nun eine kleine zeitliche Störung des Systems mit $\hat{H}(t) = \hat{H}_0 + \Delta\hat{H}(t)$, wobei $\hat{H}_0$ diagonal und $\Delta\hat{H}(t) \sim \exp(-iwt + \delta t)$ sein soll, so ist die Korrektur zur Dichtematrix $\Delta\hat{\varrho} = \hat{\varrho}' \exp(-i\omega + \delta t)$ gegeben durch

$$\hat{\varrho}'_{12} = \frac{f(E_1) - f(E_2)}{E_2 - E_1 + \hbar(\omega + i\delta)} \Delta E_{12} \,, \tag{16.70}$$

mit den Eigenenergien E_i zu $\hat{H}_0$ und der bereits in Gl. (3.258) angegebenen Fermi-Verteilung f. Die Störung einer Observablen A, $\Delta A = A' \exp(-i\omega t + \delta t)$, ergibt sich zu

$$\Delta A = Sp\left(\hat{A}\hat{\varrho}'\right) = \sum_{1,2} \frac{f(E_1) - f(E_2)}{E_2 - E_1 + \hbar(\omega + i\delta)} \Delta E_{12} A_{21} \ . \tag{16.71}$$

Im Falle der Hall-Leitfähigkeit ist die Störung gegeben durch $\Delta\hat{H} = -e\hat{\mathbf{r}} \cdot \mathcal{E}$. Der Ortsoperator ist $\hat{\mathbf{r}} = i\nabla_{\mathbf{k}}$ und der Stromoperator

$$\hat{\mathbf{j}} = e\frac{d\hat{\mathbf{r}}}{dt} = \frac{ie}{\hbar}\left[\hat{H}, \hat{\mathbf{r}}\right] \ . \tag{16.72}$$

Mit der Identität aus Gl. (16.41) erhält man für den statischen Fall $\omega = 0$ [16.69]

$$\sigma_H = -\frac{e^2}{2\pi^2 F\hbar} \mathrm{Im} \int d\mathbf{k} \cdot \sum_{E_m<\mu} \sum_{E_n>\mu} \frac{1}{(E_n - E_m)^2} \langle m|\frac{\partial \hat{H}}{\partial k_x}|n\rangle\langle n\frac{\partial \hat{H}}{\partial k_y}|m\rangle \ , \tag{16.73}$$

wobei sich das Integral über die Brillouin-Zone einer magnetischen Superzelle erstreckt. Der Ausdruck in Gl. (16.73) entspricht demjenigen aus Gl. (16.40). Mittels des Stokeschen Satzes folgt

$$\sigma_H = -\frac{e^2}{2\pi h} \mathrm{Im} \sum_n \oint d\mathbf{k} \cdot \langle n|\nabla_{\mathbf{k}}|n\rangle \ . \tag{16.74}$$

Das Umlaufintegral erstreckt sich über die Grenze der Brillouin-Zone und die Summe über alle besetzten Bänder. Das Umlaufintegral liefert die Phasenänderung des Zustands $|n\rangle$ bei Rotation um 2π im $\mathbf{k}$-Raum. Bei topologisch trivialen Zuständen ohne Berry-Phase ergeben sich nur Vielfache von 2π. Damit liefert Gl. (16.74) die Quantisierung der Hall-Leitfähigkeit gemäß Gl. (16.62). Für Graphen ist, wie zuvor gezeigt, eine Berry-Phase von π zu berücksichtigen, was bei Lösung von Gl. (16.74) das Ergebnis aus Gl. (16.63) liefert.

Allerdings wird in der Thouless-Theorie, die ja Grundlage der zuletzt angestellten Betrachtungen ist, keine Unordnung und insbesondere keine Anderson-Lokalisation berücksichtigt. Diese ist aber essentiell für ein wirkliches Verständnis des Quanten-Hall-Effekts. Für eine rigorosere Betrachtung werden Methoden der nichtkommutativen Geometrie [16.147] verwendet. Die grundlegende Bedeutung von Unordnung erkennt man insbesondere anhand der Tatsache, dass der Quanten-Hall-Effekt des Graphens entweder anomal, also halbzahlig, oder normal, also ganzzahlig, sein kann. [16.148]. Dies hängt von der Art der Unordnung ab. So führen kurzreichweitige Streuprozesse zu einer sehr starken Mischung der Zustände aus unterschiedlichen Tälern. In diesem Fall kann der gewöhnliche Quanten-Hall-Effekt beobachtet werden.

Das Zyklotronquantum $\hbar\omega_c$ ist für Graphen viel größer als für die meisten Halbleiter. Die Energielücke zwischen den Landau-Niveaus für $n = 0$ und $n = 1$ beträgt für ein experimentell zugängliches Feld von $B = 45\,\mathrm{T}$ $\Delta E \approx 2800\,\mathrm{K}$ und für $B = 20\,\mathrm{T}$

$\Delta E \approx 1800\,\text{K}$. Deshalb ist der Quanten-Hall-Effekt des Graphens bei Raumtemperatur beobachtbar [16.149].

Experimentell wurden weitere Phänomene im Zusammenhang mit dem Quanten-Hall-Effekt gefunden, die bislang nicht vollständig verstanden sind [16.150]. So treten bei hinreichend großen Magnetfeldern eine Aufhebung der Spin- und Tälerentartung, zusätzliche Plateaus sowie die Öffnung einer Energielücke bei $N = 0$ auf. Der fraktionale Quanten-Hall-Effekt, den wir bereits in Abschn. 3.6.4 erwähnten, tritt bei drei gelagerten Graphenfilmen auf [16.151].

16.2.3 Doppel- und Multigraphenschichten

Mittels der Exfoliationsmethode lässt sich auch mehrschichtiges Graphen präparieren. Von besonderem Interesse ist natürlich doppellagiges Graphen, weil es gestattet, experimentell zu verifizieren, welche besonderen quantenelektrodynamischen Effekte untrennbar mit der realen Zweidimensionalität der einlagigen Graphenschichten verbunden sind [16.51]. Auch die elektronsichen Phänomene bilagigen Graphens lassen sich im Rahmen eines Tight-Binding-Modells verstehen [16.49; 16.152]. Die Kristallstruktur des bilagigen Graphens entspricht derjenigen von zwei aufeinanderfolgenden Graphitlagen, wie sie in Abb. 3.61 dargestellt wurden. Die beiden Lagen sind um 60° gegeneinander verdreht, wie es der *Bernal-Stapelung* des Graphits entspricht. Dadurch liegen die Untergitter vom Typ A direkt übereinander, während dies für die B-Untergitter nicht der Fall ist. Der Hopping-Parameter zwischen übereianderliegenden A-Atomen beträgt $t_\perp = 0,4\,\text{eV}$ [16.153]. Damit resultiert statt des Hamilton-Operators aus Gl. (16.5)

$$\underline{\underline{H}}(\mathbf{k}) = \begin{pmatrix} 0 & tS(\mathbf{k}) & t_\perp & 0 \\ tS^*(\mathbf{k}) & 0 & 0 & 0 \\ t_\perp & 0 & 0 & tS^*(\mathbf{k}) \\ 0 & 0 & tS(\mathbf{k}) & 0 \end{pmatrix} . \tag{16.75}$$

Die Basiszustände beinhalten zuerst die Untergitter A und B der ersten Lage und dann entsprechend der zweiten Lage. Diagonalisierung liefert die vier Eigenwerte

$$E_i = \pm\frac{t_\perp}{2} \pm \sqrt{\left(\frac{t_\perp}{2}\right)^2 + (t|S(\mathbf{k})|)^2} . \tag{16.76}$$

Nahe $\mathbf{K}$ und $\mathbf{K}'$ erhalten wir

$$E_{1,2}(\mathbf{k}) \approx \frac{(t|S(\mathbf{k})|)^2}{t_\perp} \approx \frac{(\hbar q)^2}{2m^*} , \tag{16.77}$$

mit der effektiven Masse $m^* = t_\perp/(2v_F^2) \approx 0,054m$. Allerdings wurden experimentell Werte von $m^* \approx 0,028m$ gefunden [16.154]. In jedem Fall ergibt sich, dass bilagiges

Graphen ebenfalls ein Halbleiter mit verschwindender Bandlücke ist. Allerdings ist das Spektrum nicht linear sondern parabolisch, so wie in Abb. 16.12(d) dargestellt. Die anderen beiden Zweige $E_{3,4}$ sind durch eine Lücke von $2t_\perp$ getrennt und für die Niedrigenergiephysik des Materials irrelevant.

Wenn wir wiederum einen effektiven Hamilton-Operator gemäß Gl. (16.7) einführen, so erhalten wir für bilagiges Graphen

$$\underline{\underline{H_K}} = \frac{1}{2m^\star} \begin{pmatrix} 0 & (\hat{p}_x - i\hat{p}_y)^2 \\ (\hat{p}_x + i\hat{p}_y)^2 & 0 \end{pmatrix} . \tag{16.78}$$

Dieser neuartige Hamilton-Operator unterscheidet sich einerseits vom nichtrelativistischen Schrödinger-Operator und andererseits vom relativistischen Dirac-Operator. Die Eigenzustände dieses Operators haben sehr spezielle chirale Eigenschaften. Elektronen und Lochzustände befinden sich bei $E^{\mp} = \pm(\hbar\mathbf{k})^2/(2m^\star)$. Die Eigenfunktionen sind im Vergleich zu Gl. (16.11) nunmehr gegeben durch

$$\psi_K^{\mp}(\mathbf{k}) = \frac{1}{\sqrt{2}} \begin{pmatrix} \exp(-i\phi_{\mathbf{k}}) \\ \pm\exp(i\phi_{\mathbf{k}}) \end{pmatrix} . \tag{16.79}$$

Die Chiralität ist durch

$$\left(\frac{\mathbf{k}\cdot\hat{\boldsymbol{\sigma}}}{k}\right)^2 \psi^{\mp} = \pm\psi^{\mp} \tag{16.80}$$

charakterisiert.

Bei Anlegen einer Potentialdifferenz U zwischen den Ebenen des bilagigen Graphens öffnet sich eine Energielücke im Spektrum [16.49; 16.155]. Nunmehr ist der Hamilton-Operator aus Gl. (16.75) gegeben durch

$$\underline{\underline{H}}(\mathbf{k}) = \begin{pmatrix} U/2 & tS(\mathbf{k}) & t_\perp & 0 \\ tS^\star(\mathbf{k}) & U/2 & 0 & 0 \\ t_\perp & 0 & -U/2 & tS^\star(\mathbf{k}) \\ 0 & 0 & tS(\mathbf{k}) & -U/2 \end{pmatrix} . \tag{16.81}$$

Die Eigenwerte sind

$$E_i^2(\mathbf{k}) = \left(t|S(\mathbf{k})|\right)^2 + \frac{t_\perp^2}{2} + \frac{U^2}{4} \pm \sqrt{\left(\frac{t_\perp^2}{2}\right)^2 + \left(t_\perp^2 + U^2\right)\left(t|S(\mathbf{k})|\right)^2} . \tag{16.82}$$

Für die tiefliegenden Bänder ist die Dispersion in der Nähe der **K**-Punkte gegeben durch

$$E(\mathbf{k}) \approx \pm\left(\frac{U}{2} - U\left[\frac{\hbar v_F k}{t_\perp}\right]^2 + \frac{(\hbar v_F k)^4}{t_\perp^2 U}\right) . \tag{16.83}$$

Angenommen wurde $\hbar v_F k \ll U \ll t_\perp$. Das Maximum von $E(\mathbf{k})$ liegt bei $k = 0$ und das Minimum bei $k = U/(\sqrt{2}\hbar v_F)$. Die für Anwendungen so wichtige Möglichkeit, die

Bandlücke des bilagigen Graphens durchzustimmen, wurde experimentell verifiziert [16.155; 16.156].

Wenn der Einfluss von Hopping-Prozessen über größere Distanzen – namentlich zwischen den B-Untergittern mit $\tilde{t}_\perp \approx 0,3$ eV – berücksichtigt wird, so treten qualitative Unterschiede in der Nähe der **K**-Punkte auf [16.69]. Bei sehr kleinen Wellenvektoren $ka \leq \tilde{t}_\perp t_\perp / t^2 \approx 10^{-2}$ wird aus dem zuvor abgeleiteten parabolischen Dispersionsgesetz wieder ein lineares. Das erforderliche Dotierungsniveau zu einer entsprechenden Reduktion des Fermi-Wellenvektors $k_F \hat{=} k$ wird mit $N < 10^{11}/\text{cm}^2$ abgeschätzt [16.152]. Das Spektrum zeigt typische Folgen einer trigonalen Verzerrung [16.69].

Für eine dritte Lage Graphen gibt es zwei Anordnungen in Bezug auf die zweite Lage. Die dritte Lage kann um ±60° gegenüber der zweiten Lage gedreht sein. Für −60° ist die dritte Lage genauso orientiert wie die erste. Dies entspricht der Bernal-Stapelung des Graphits. Allerdings existiert auch *turbostratischer Graphit* mit einer unregelmäßigen Stapelfolge. Im Folgenden werden wir zunächst mit der Bernal-Stapelung beginnen und analysieren, wie sich mit wachsender Anzahl von Graphenlagen die elektronischen Eigenschaften des Multischichtsystems verändern [16.155]. Dabei werden wir weiterhin nur die Hopping-Parameter t und $t_\perp$ berücksichtigen und alle weiteren vernachlässigen.

Bezeichnen wir mit $n = 1, 2, \ldots, N$ die betrachtete Graphenlage, so lässt sich die Schrödinger-Gleichung in folgende Teile zerlegen:

$$E\psi_{2n,A}(\mathbf{k}) = tS(\mathbf{k})\psi_{2n,B}(\mathbf{k}) + t_\perp\left[\psi_{2n-1,A}(\mathbf{k}) + \psi_{2n+1,A}(\mathbf{k})\right] , \tag{16.84a}$$

$$E\psi_{2n,B}(\mathbf{k}) = tS^*(\mathbf{k})\psi_{2n,A}(\mathbf{k}) , \tag{16.84b}$$

$$E\psi_{2n+1,A}(\mathbf{k}) = tS^*(\mathbf{k})\psi_{2n+1,B}(\mathbf{k}) + t_\perp\left[\psi_{2n,A}(\mathbf{k}) + \psi_{2n+2,A}(\mathbf{k})\right] , \tag{16.84c}$$

$$E\psi_{2n+1,B}(\mathbf{k}) = tS(\mathbf{k})\psi_{2n+1,B}(\mathbf{k}) . \tag{16.84d}$$

Substitution von ψ_B führt zu

$$\left(E - \frac{\left(t|S(\mathbf{k})|\right)^2}{E}\right)\psi_{n,A}(\mathbf{k}) = t_\perp\left[\psi_{n+1,A}(\mathbf{k}) + \psi_{n-1,A}(\mathbf{k})\right] . \tag{16.85}$$

Für massiven Graphit, $N \to \infty$, mit Bernal-Stapelung führt der Ansatz

$$\psi_{n,A}(\mathbf{k}) = \psi_A(\mathbf{k})\exp(2ink_z c) , \tag{16.86a}$$

mit den Senkrechtkomponenten des Wellenvektors k_z und dem Abstand c zwischen den Graphenlagen, zu

$$E(\mathbf{k}, k_z) = t_\perp\cos(2k_z c)\sqrt{\left[t|S(\mathbf{k})|\right]^2 + \left[t_\perp\cos(2k_z c)\right]^2} . \tag{16.86b}$$

Für N Lagen von Graphen ist $\psi_{0,A} = \psi_{N+1,A} = 0$ zu fordern. Zur Erfüllung dieser Randbedingung bietet sich die Kombination von Lösungen mit k_z und $-k_z$ an. Dies führt zu $\psi_{n,A} \sim \sin(\pi \nu n/[N+1])$ mit $\nu = 1, 2 \dots N$. Für $N = 2$ erhalten wir $\cos(\pi\nu/[N+1]) = \pm 1/2$, womit wir sofort wieder Gl. (16.76) erhalten. Für $N = 3$ erhalten wir demgegenüber $\cos(\pi\nu/[N+1]) = 0, \pm 1/\sqrt{2}$. Dies führt zu

$$E(\mathbf{k}) = \pm \begin{cases} t|S(\mathbf{k})| \\ \frac{t_\perp}{\sqrt{2}} \pm \sqrt{\frac{t_\perp^2}{2} + (t|S(\mathbf{k})|)^2} \end{cases} . \tag{16.87}$$

Damit erhalten wir sowohl konische Spektren, wie in Abb. 16.12(c) als auch parabolische wie in Abb. 16.12(d).

Bei rhomboedrischer Stapelung abc erhalten wir statt Gl. (16.84)

$$E\psi_{1,A}(\mathbf{k}) = tS(\mathbf{k})\psi_{1,B}(\mathbf{k}) + t_\perp \psi_{2,A}(\mathbf{k}) , \tag{16.88a}$$

$$E\psi_{1,B}(\mathbf{k}) = tS^\star(\mathbf{k})\psi_{1,A}(\mathbf{k}) , \tag{16.88b}$$

$$E\psi_{2,A}(\mathbf{k}) = tS^\star(\mathbf{k})\psi_{2,B}(\mathbf{k}) + t_\perp \psi_{1,A}(\mathbf{k}) , \tag{16.88c}$$

$$E\psi_{2,B}(\mathbf{k}) = tS(\mathbf{k})\psi_{2,A}(\mathbf{k}) + t_\perp \psi_{3,A}(\mathbf{k}) , \tag{16.88d}$$

$$E\psi_{3,A}(\mathbf{k}) = tS(\mathbf{k})\psi_{3,B}(\mathbf{k}) + t_\perp \psi_{2,B}(\mathbf{k}) , \tag{16.88e}$$

$$E\psi_{3,B}(\mathbf{k}) = tS^\star(\mathbf{k})\psi_{3,A}(\mathbf{k}) . \tag{16.88f}$$

Substitution von $\psi_{1,B}$ und $\psi_{3,B}$ liefert

$$\left(E - \frac{t^2|S(\mathbf{k})|^2}{E}\right) \psi_{1,A}(\mathbf{k}) = t_\perp \psi_{2,A}(\mathbf{k}) \tag{16.89a}$$

und

$$\left(E - \frac{t^2|S(\mathbf{k})|^2}{E}\right) \psi_{3,A}(\mathbf{k}) = t_\perp \psi_{2,B}(\mathbf{k}) . \tag{16.89b}$$

Damit wiederum erhält man

$$E\left(1 - \frac{t_\perp^2}{E^2 - t^2|S(\mathbf{k})|^2}\right) \psi_{2,A} = tS^\star(\mathbf{k})\psi_{2,B}(\mathbf{k}) \tag{16.90a}$$

und

$$E\left(1 - \frac{t_\perp^2}{E^2 - t^2|S(\mathbf{k})|^2}\right) \psi_{2,B} = tS(\mathbf{k})\psi_{2,A}(\mathbf{k}) . \tag{16.90b}$$

Dies ergibt einen Ausdruck, der die Bestimmung der Energie gestattet:

$$E^2\left(1+\frac{t_\perp^2}{t^2|S(\mathbf{k})|^2-E^2}\right)^2=t^2|S(\mathbf{k})|^2\,. \tag{16.91}$$

In der Nähe von **K** und **K**′, wo $S(\mathbf{k})\to 0$ gilt, liefert Gl. (16.91)

$$E(\mathbf{k})\approx\pm\frac{t^3|S(\mathbf{k})|^3}{t_\perp^2}\sim q^3\,. \tag{16.92}$$

Es liegt also ein energielückenloser Halbleiter mit einem kubischen Spektrum nahe der Neutralitätspunkte für eine Dreifachlage rhomboedrisch gestapelter Graphenschichten vor.

Bei rhomboedrischer Stapelung von N Lagen erhält man statt Gl. (16.92) [16.157]

$$E(\mathbf{q})\sim\pm\frac{t^N}{t_\perp^{N-1}}qN\,. \tag{16.93}$$

Die Zustandsdichte des Graphens ist gegeben durch

$$\varrho(E)=\frac{1}{2\pi^2}\int\limits_{BZ}d^2k\,\delta\big(E-E(\mathbf{k})\big)\,. \tag{16.94}$$

Die Integration läuft über die zweidimensionale Brillouin-Zone des Bienenwabengitters. Für $E\to 0$ kommen die Beiträge in Gl. (16.94) hauptsächlich aus der Nähe der **K**-Punkte:

$$\varrho(E)=\frac{2}{\pi}\int\limits_0^\infty dq\,q\,\delta\big(E-E(\mathbf{q})\big)=\frac{2}{\pi}\frac{q(E)}{|dE/dq|}\,. \tag{16.95}$$

Für $N=1$ folgt sofort

$$\varrho(E)=\frac{2|E|}{\pi(\hbar v_F)^2}\,, \tag{16.96}$$

was einem linearen Verschwinden von ϱ für $E\to 0$ entspricht. Für $N=2$ liefert das im Zusammenhang mit Gl. (16.78) gefundene Spektrum

$$\varrho=\frac{2m^*}{\pi\hbar^2}\,. \tag{16.97}$$

Die elektronische Zustandsdichte ist also konstant und verschwindet nicht für $E\to 0$. Für $N=3$ schließlich erhält man

$$\varrho(E)\sim|E^{2/N-1}\,. \tag{16.98}$$

Bei hinreichend großen Energien zeigt $\varrho(E)$ van Hove-Singularitäten, die den M-Punkten der Bandstruktur in Abb. 16.11 zuzuordnen sind.

In Abb. 16.6 hatten wir den ungewöhnlichen Quanten-Hall-Effekt des zweilagigen Graphens dargestellt. Betrachten wir zunächst wieder die Landau-Quantisierung und starten diesbezüglich mit dem einfachsten Hamilton-Operator aus Gl. (16.78) für Energien im Bereich $E \ll t_\perp$. Für kleine Energien werden Effekte der trigonalen Verzerrung relevant, wie zuvor bereits erwähnt. Bei hinreichend großen Energien sind alle vier Bänder aus Gl. (16.76) zu berücksichtigen. Typisch wären hier Energien $\gtrsim$ 10 meV. Aus Gl. (16.78) ergibt sich der Hamilton-Operator bei Anlegen eines homogenen Magnetfelds:

$$\underline{\underline{H}} = \hbar\omega_c^\star \begin{pmatrix} 0 & \hat{a}^2 \\ \hat{a}^{\dagger 2} & 0 \end{pmatrix} , \tag{16.99}$$

mit $\omega_c^\star 0 = eB/m^\star$. Statt Gl. (16.26a) folgt damit

$$\begin{pmatrix} 0 & \hat{a}^2 \\ \hat{a}^{\dagger 2} & 0 \end{pmatrix} \begin{pmatrix} \psi_1 \\ \psi_2 \end{pmatrix} = \varepsilon \begin{pmatrix} \psi_1 \\ \psi_2 \end{pmatrix} . \tag{16.100}$$

Hier ist ε durch $E = \varepsilon\hbar\omega_c^\star$ definiert. Für das Tal $\mathbf{K}'$ müssen wiederum ψ_1 und ψ_2 im Spinor vertauscht werden. Wiederum existieren Moden mit $\varepsilon = \psi_2 = 0$ und ihre Anzahl ist doppelt so groß wie für eine Grapheneinzelschicht. Sowohl der $n = 0$ – als auch der $n = 1$ – Zustand des harmonischen Oszillators erfüllt $\hat{a}^2|\psi\rangle = 0$: $\hat{a}|0\rangle = 0$, $\hat{a}^2|1\rangle = \hat{a}|0\rangle = 0$. Aus Gl. (16.100) folgt

$$\hat{a}^{\dagger 2}\hat{a}^2\psi_1 = \varepsilon^2\psi_1 , \tag{16.101}$$

und mit $\hat{a}^{\dagger 2}\hat{a}^2 = \hat{a}^\dagger\hat{a}(\hat{a}^\dagger\hat{a} - 1)$ erhalten wir sofort das Spektrum $E_n^\mp = \pm\hbar\omega_c^\star\sqrt{n(n-1)}$.

Die Entartung der Landau-Niveaus ist durch $g_n = \Phi/\Phi_0$ für $n \geq 2$ und durch $g_0 = 2\Phi/\Phi_0$ gegeben. Der Ausdruck für g_0 resultiert direkt aus dem Atiyah-Singer-Indextheorem [16.69]. Für $n \gg 1$ ist das Spektrum gegeben durch $E \approx \hbar\omega_c^\star(n - 1/2)$. Dies ist in Übereinstimmung mit der semiklassichen Quantisierungsbedingung aus Gl. (16.51) für eine Berry-Phase von $y = 2\pi$. Für ein rhomboedrisch gestapeltes System aus N Lagen ist $g_0 = N\Phi/\Phi_0$ und $y = N\pi$ [16.69].

Bei sehr kleinen Energien $|E| \leq \tilde{t}_\perp^2 t_\perp/t^2$ müssen Effekte der trigonalen Verzerrung berücksichtigt werden [16.69]. Diese haben einen Einfluss auf die Landau-Quantisierung. Der maßgebliche Hamilton-Operator ist nun

$$\underline{\underline{H}} = \hbar\omega_c^\star \begin{pmatrix} 0 & \hat{a}^2 + \alpha\hat{a}^\dagger \\ \hat{a}^{\dagger 2} + \alpha\hat{a} & 0 \end{pmatrix} , \tag{16.102}$$

mit $\alpha = 3\tilde{t}_\perp a m^\star \sqrt{2/(eB)}$. Man findet für diesen Hamilton-Operator unabhängig von der Größe des dimensionslosen Parameters α zwei Nullenergiemoden. Nur für $n = 2$ ergibt sich die Korrektur $\varepsilon_2^2 \to 2 - \alpha^2/3$, während sich für $n > 2$ Korrekturen proportional zu α^4 ergeben [16.69]. Es zeigt sich ferner, dass die trigonale Verzerrung keinen Einfluss auf die Berry-Phase des zweilagigen Graphens hat, allerdings schon auf die Verteilung des Berry-Vektorpotentials $\boldsymbol{\Omega}(\mathbf{k}) = -i\langle n|\nabla_\mathbf{k}|n\rangle$.

Man kann die Landau-Quantisierung in Mono- und Bilagengraphen in eleganter Weise einheitlich beschreiben, wenn die applizierten Magnetfelder so groß sind, dass $|E| \geq t_\perp$ anzusetzen ist. Unter dieser Voraussetzung wird aus der parabolischen Dispersion, wie zuvor erwähnt, eine konische. Unter Vernachlässigung der trigonalen Verzerrung ist der Hamilton-Operator durch

$$\underline{\underline{H}} = \begin{pmatrix} 0 & v_F\hat{\pi}_+ & t_\perp & 0 \\ v_F\hat{\pi}_- & 0 & 0 & 0 \\ t_\perp & 0 & 0 & v_F\hat{\pi}_- \\ 0 & 0 & v_F\hat{\pi}_+ & 0 \end{pmatrix} \tag{16.103}$$

gegeben. Dabei verwenden wir die Operatoren aus Gl. (16.24) sowie $t_\perp = \Gamma v_F\sqrt{2e\hbar B}$. Damit erhält man die folgenden Schrödinger-Gleichungen:

$$\hat{a}\psi_2 + \Gamma\psi_3 = \varepsilon\psi_1 \ , \tag{16.104a}$$

$$\hat{a}^\dagger\psi_1 = \varepsilon\psi_2 \ , \tag{16.104b}$$

$$\Gamma\psi_1 + \hat{a}^\dagger\psi_4 = \varepsilon\psi_3 \ , \tag{16.104c}$$

$$\hat{a}\psi_3 = \varepsilon\psi_4 \ . \tag{16.104d}$$

Durch Substitution von ψ_4 und ψ_2 ergibt sich

$$\frac{1}{\varepsilon}\hat{a}\hat{a}^\dagger\psi_1 + \Gamma\psi_3 = \varepsilon\psi_1 \tag{16.105a}$$

und

$$\Gamma\psi_1 + \frac{1}{\varepsilon}\hat{a}^\dagger\hat{a}\psi_3 = \varepsilon\psi_3 \ . \tag{16.105b}$$

Die Substitution $\hat{a}^\dagger\hat{a}\psi_i = n\psi_i$ und $\hat{a}\hat{a}^\dagger\psi_i = (n+1)\psi_i$ liefert schließlich

$$\varepsilon_n^2 = \frac{\Gamma^2 + 2n + 1}{2} \pm \sqrt{\frac{(\Gamma^2 + 2n + 1)^2}{4} - n(n+1)} \ . \tag{16.106}$$

Dieses Resultat [16.158] ist die Grundlage einer vereinheitlichten Beschreibung von Mono- und Bilagengraphen. Für $\Gamma = 0$ erhalten wir den Fall zweier unabhängiger Lagen:

$$\varepsilon_n^2 = n + \frac{1}{2} \pm \frac{1}{2} \ . \tag{16.107a}$$

Für große Werte von Γ, die zu $|E| \ll t_\perp$ führen, erhalten wir hingegen

$$\varepsilon_n^{(1)^2} = \frac{n(n+1)}{\Gamma^2} \tag{16.107b}$$

und

$$\varepsilon_n^{(2)^2} = \Gamma^2 + 2n + 1\,. \tag{16.107c}$$

Gleichung (16.107b) liefert die Landau-Niveaus für niedrig liegende Bänder in der parabolischen Approximation, während Gl. (16.107c)

$$\varepsilon_n^{(2)} \approx \pm\left[\Gamma + \frac{1}{\Gamma}\left(n + \frac{1}{2}\right)\right] \tag{16.108}$$

liefert, was den Landau-Niveaus von Bändern mit zwei Energielücken in parabolischer Näherung entspricht. Für $\Gamma \approx 1$ werden Abweichungen vom parabolischen Verhalten für das Landau-Niveau-Spektrum sehr wichtig. Die daraus resultierenden Felder sind folglich gegeben durch $B \approx 2t_\perp^2\hbar/(9t^2ea^2) \approx 70\,\mathrm{T}$. Dieser Wert lässt sich derzeit in Laborexperimenten nicht statisch erreichen. Allerdings sollten sich bereits bei $B \approx$ 20–30 T Effekte der Abweichung von der parabolischen Dispersion zeigen.

Für bilagiges Graphen resultieren, wie diskutiert, also doppelt so viele Zustände für die Nullenergiemoden wie für monolagiges Graphen. Der Quanten-Hall-Effekt ist damit ganzzahlig, wie in Abb. 16.6 gezeigt. Im Gegensatz zu einem konventionellen zweidimensionalen Elektronengas gibt es allerdings kein Plateau bei der Fermi-Energie.

16.2.4 Elektronischer Transport in Graphen

Wie in Abschnitt 16.2.1 erwähnt, ist neben der Berry-Phase, der Existenz topologisch geschützter Nullenergiemoden und dem anomalen Hall-Effekt auch die Minimalleitfähigkeit in der Größenordnung des Leitwertquantums e^2/h pro Tal und pro Spin eine sehr spezifische Eigenschaft des Graphens [16.159]. Das eigentlich Überraschende ist, dass diese minimale Leitfähigkeit für das ausgedehnte Material eines idealen Kristalls bei Abwesenheit von Streuprozessen zu beobachten ist. Eine Erklärung dafür wurde auf Basis der bereits in Abschn. 16.2.1 erwähnten Zitterbewegung und des in Abschn. 3.6.3 im Detail behandelten Landauer-Büttiger-Formalismus gefunden [16.160]. Neuere theoretische [16.161] und experimentelle Arbeiten [16.162] zeigen, dass Transportprozesse in Graphen in der Tat einen ganz besonderen Charakter haben: Während für ein gewöhnliches Elektronengas in einem Halbleiter bei Abwesenheit von Unordnung Eigenwerte des Hamilton-Operators gleichzeitig Eigenwerte des Stromoperators sein können, vertauscht für Dirac-Fermionen der Stromoperator nicht mit dem Hamilton-Operator. Für konventionelle Elektronengase führt Unordnung dazu, dass der Strom keine Erhaltungsgröße mehr ist und wir eine endliche Leitfähigkeit erhalten. Offensichtlich weist Graphen damit eine intrinsische Unordnung auf [16.163]. Aus quantenstatistischer Sicht ist es daher interessant, sich den pseudodiffusiven Transport in Graphen genauer anzusehen.

Die Zitterbewegung ist ein quantenrelativistisches Phänomen, das erstmalig bereits im Jahr 1930 diskutiert [16.65] und dann sehr viel später, nämlich im Jahr 2010, experimentell für Ionen in einer Falle nachgewiesen wurde [16.164]. Bei geringer Dotierung erweist sich die Zitterbewegung als für den elektronischen Transport in Graphen maßgebliches Phänomen. Die direkte experimentelle Beobachtbarkeit der Zitterbewegung wird gegenwärtig intensiv diskutiert [16.165].

Im Formalismus der zweiten Quantisierung, den wir bereits in Abschn. 3.5.3 eingeführt hatten, schreibt sich der Dirac-Hamilton-Operator als

$$\hat{H} = v_F \sum_{\mathbf{p}} \hat{\Psi}^\dagger_{\mathbf{p}} \boldsymbol{\sigma} \cdot \mathbf{p} \hat{\Psi}_{\mathbf{p}} \,. \tag{16.109}$$

Der korrespondierende Stromoperator ist dann gegeben durch

$$\hat{\mathbf{j}} = e v_F \sum_{\mathbf{p}} \hat{\Psi}^\dagger_{\mathbf{p}} \boldsymbol{\sigma} \hat{\Psi}_{\mathbf{p}} = \sum_{\mathbf{p}} \hat{\mathbf{j}}_{\mathbf{p}} \,. \tag{16.110}$$

$\hat{\Psi}^\dagger_{\mathbf{p}} = (\hat{\psi}^\dagger_{\mathbf{p}1}, \hat{\psi}^\dagger_{\mathbf{p}2})$ sind die Pseudospinor-Elektronenerzeuger. Spin- und Tälerentartungen werden nicht berücksichtigt, was bei einer Berechnung der Leitfähigkeit zu korrigieren wäre. Die Zeitentwicklung der Elektronenoperatoren, $\Psi(t) = \exp(i\hat{H}t/\hbar)\Psi \exp(-i\hat{H}t/\hbar)$, ist gegeben durch

$$\hat{\Psi}_{\mathbf{p}}(t) = \frac{1}{2}\left[\left(1 + \frac{\mathbf{p}\cdot\boldsymbol{\sigma}}{p}\right)\exp\left(-i\frac{E_{\mathbf{p}}t}{\hbar}\right) + \left(1 - \frac{\mathbf{p}\cdot\boldsymbol{\sigma}}{p}\right)\exp\left(i\frac{E_{\mathbf{p}}t}{\hbar}\right)\right]\Psi_{\mathbf{p}} \tag{16.111}$$

und diejenige des Stromoperators durch $\hat{\mathbf{j}}(t) = \hat{\mathbf{j}}_0(t) + \hat{\mathbf{j}}_1(t) + \hat{\mathbf{j}}_1^\dagger(t)$, mit

$$\hat{\mathbf{j}}_0(t) = e v_F \sum_{\mathbf{p}} \hat{\Psi}^\dagger_{\mathbf{p}} \frac{\mathbf{p}\cdot\boldsymbol{\sigma}}{p^2} \mathbf{p} \hat{\Psi}_{\mathbf{p}}(t) \tag{16.112a}$$

und

$$\hat{\mathbf{j}}_1(t) = \frac{e v_F}{2} \sum_{\mathbf{p}} \hat{\Psi}^\dagger_{\mathbf{p}} \left(\boldsymbol{\sigma} - \frac{\mathbf{p}\cdot\boldsymbol{\sigma}}{p^2}\mathbf{p} + \frac{i}{p}\boldsymbol{\sigma}\times\mathbf{p}\right)\hat{\Psi}_{\mathbf{p}} \exp\left(2i\frac{E_{\mathbf{p}}t}{\hbar}\right) \,. \tag{16.112b}$$

$E_{\mathbf{p}} = v_F p$ bezeichnet hier die Teilchenenergie. $\hat{\mathbf{j}}_1(t)$ beschreibt die Zitterbewegung. Die physikalische Interpretation der Zitterbewegung wird durch die Landau-Peierls-Verallgemeinerung der Heisenbergschen Unschärferelation gegeben [16.166]. Im Kontext der Festkörperphysik lässt sich die Zitterbewegung als eine spezielle Art von Interbandübergängen auffassen, bei denen virtuelle Elektron-Loch-Paare entstehen. Die unitäre Transformation aus Gl. (16.10) diagonalisiert den Hamilton-Operator aus Gl. (16.111) und generiert damit Elektronen- und Löcherzustände bei Energien von $E_{\mathbf{p}} = \pm v_F p$. Nach Anwendung dieser Transformation auf den oszillierenden Anteil $\mathbf{j}_1(t)$ aus Gl. (16.112) wird deutlich, dass Interbandübergänge beschrieben werden:

$$\hat{U}^\dagger_{\mathbf{p}} \hat{j}^{(x)}_{\mathbf{p}} \hat{U}_{\mathbf{p}} = e v_F \begin{pmatrix} -\cos\phi_{\mathbf{p}} & -i\sin\phi_{\mathbf{p}} \exp\left(-i\left[\phi_{\mathbf{p}} - 2\frac{E_{\mathbf{p}}t}{\hbar}\right]\right) \\ i\sin\phi_{\mathbf{p}}\exp\left(i\left[\phi_{\mathbf{p}} - 2\frac{E_{\mathbf{p}}t}{\hbar}\right]\right) & \cos\phi_{\mathbf{p}} \end{pmatrix} . \tag{16.113}$$

Die Leitfähigkeit lässt sich mittels des *Kubo-Formalismus* [16.167] berechnen :

$$\sigma(\omega) = \frac{1}{F} \int_0^\infty dt \, \exp(i\omega t) \int_0^{1/T} d\lambda \, \langle \hat{\mathbf{j}}(t - i\lambda)\hat{\mathbf{j}} \rangle \,. \tag{16.114a}$$

F bezeichnet hier die Probenoberfläche. Für perfekte Kristalle vertauschen $\hat{\mathbf{j}}$ und $\hat{H}$ und damit hängt $\hat{\mathbf{j}}$ nicht von der Zeit ab. Das Leitfähigkeitsspektrum nach Gl. (16.114a) beinhaltet dann im Grundzustand nur den Drude-Peak:

$$\sigma_D(\omega) = \frac{\pi}{F} \lim_{T \to 0} \frac{\langle \hat{\mathbf{j}}^2 \rangle}{T} \delta(\omega) \,. \tag{16.114b}$$

Wenn das spektrale Gewicht des Drude-Peaks endlich ist, so divergiert die statische Leitfähigkeit. Die andere Möglichkeit ist, dass sie verschwindet. Im vorliegenden Fall ist das spektrale Gewicht des Drude-Peaks proportional zum Betrag des chemischen Potentials [16.69] und verschwindet damit bei Abwesenheit einer Dotierung. Der oszillierende Term $\hat{\mathbf{j}}_1(t)$ aus Gl. (16.112b), die Zitterbewegung, führt jedoch zu einem nichttrivialen Verhalten von $\sigma(\omega)$ für $T = 0$ und $\mu = 0$. So erhalten wir im statischen Limit [16.168]

$$\sigma = \frac{1}{2FT} \int_{-\infty}^{\infty} dt \, \langle \hat{\mathbf{j}}(t)\hat{\mathbf{j}} \rangle \,, \tag{16.115a}$$

was nach Integration über t zu

$$\sigma = \frac{\pi e^2}{h} \int_0^\infty d\varepsilon \, \varepsilon \delta^2(\varepsilon) \tag{16.115b}$$

führt [16.69]. Die zweite δ-Funktion in diesem Ausdruck resultiert durch Ableitung von Fermi-Funktionen, die bei der Berechnung des Mittels $\langle \hat{\mathbf{j}}(t)\hat{\mathbf{j}} \rangle$ auftreten. Der Ausdruck in Gl. (16.115b) ist zunächst nicht sonderlich gut definiert [16.169] und liefert daher nur einen Zugang zu einem qualitativen Verständnis der Zusammenhänge, nicht aber quantitativ brauchbare Werte für σ.

Immerhin legt Gl. (16.115b) aber folgende Argumentation nahe: Für doppellagiges Graphen kann, wie wir gesehen haben, $\hat{H}$ diagonalisiert werden durch die unitäre Transformation $\hat{U}_{\mathbf{p}}$, wenn $\phi_{\mathbf{p}} \to 2\phi_{\mathbf{p}}$ berücksichtigt wird. Dann resultiert für den Stromoperator wieder Gl. (16.113), mit $v_F \to p/m$ und $\exp(-i\phi_{\mathbf{p}}) \to \exp(-2i\phi_{\mathbf{p}})$. Daraus resultiert wiederum ein quadratisches Strommittel, welches linear von der Teilchenenergie abhängt, obwohl wir ein parabolisches Spektrum nahe der Berührungspunkte der Elektronen- und Löcherbänder haben und eine endliche Zustandsdichte bei verschwindender Energie. Dementsprechend erwarten wir auch für bilagiges Graphen eine Leitfähgigkeit gemäß Gl. (16.115b). Dies wurde experimentell auch bestätigt, indem sowohl für ein- als auch für zweilagiges Graphen eine minimale Leitfähigkeit von e^2/h pro Kanal gefunden wurde.

Ein quantitatives Verständnis des Phänomens der endlichen Leitfähigkeit in Abwesenheit von Ladungsträgern liefert der *Landauer-Büttiger-Formalismus*, den wir bereits in Abschn. 3.6.3 diskutiert hatten. Betrachten wir dazu die einfache, durch Abb. 16.15 gegebene Geometrie mit $L_x \ll L_y$. Für $E \to 0$ folgt aus der Dirac-Gleichung

$$\left(\frac{\partial}{\partial x} + i\frac{\partial}{\partial y}\right)\psi_1 = 0 \tag{16.116a}$$

und

$$\left(\frac{\partial}{\partial x} - i\frac{\partial}{\partial y}\right)\psi_2 = 0 \tag{16.116b}$$

Wegen der Periodizität entlang der Zylinderfläche sollte $\psi_1, \psi_2 \sim \exp(ik_y y)$ sein, mit $k_y = 2\pi n/L_y$ und $n = 0, \pm 1, \pm 2 \ldots$. Damit muss aber ebenfalls $\psi_1, \psi_2 \sim \exp(\pm 2\pi n x/L_x)$ gelten. Da aber gleichzeitig $L_x \ll L_y$ gilt, entsprechen $\psi_1(x)$ und $\psi_2(x)$ den Kantenzuständen in Abb. 16.15.

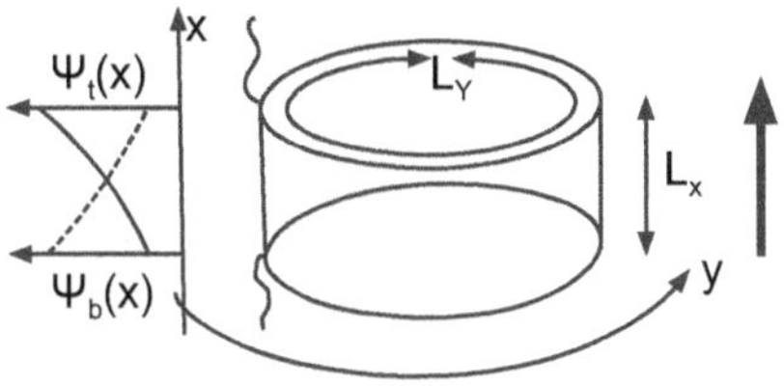

Abb. 16.15. Zylindrische Probe mit elektronischem Transport entlang der eingezeichneten Richtung. $\psi_t(x)$ und $\psi_b(x)$ repräsentieren Wellenfunktionen der Randzustände am oberen und unteren Ende der Probe.

Um den Landauer-Formalismus nutzen zu können, müssen weitere Randbedingungen für $x = 0$ und $x = L_x$ festgelegt werden. Dazu nehmen wir die applizierten Potentiale $U_0 < 0$ und $E_F = v_F k_F = -U_0$ an. Lösungen der Dirac-Gleichung sind dann

$$\psi_1(x) = \begin{cases} \exp(ik_x x) + \varrho \exp(-ik_x x) & , x < 0 \\ a \exp(k_y x) & , 0 \le x \le L_x \\ \tau \exp(ik_x x) & , x > L_x \end{cases} \tag{16.117a}$$

und

$$\psi_2(x) = \begin{cases} \exp(ik_x + i\phi) - \varrho \exp\left(-i[k_x x + \phi]\right) & , x < 0 \\ b \exp(-k_y x) & , 0 \le x \le L_x \\ \tau \exp\left(i[k_x x + \phi]\right) & , x > L_x \end{cases} . \tag{16.117b}$$

Dabei haben wir $\phi = k_y/k_F$ und $k_x = \sqrt{k_F^2 - k_y^2}$ verwendet. Die Stetigkeit der Wellenfunktionen erlaubt die Berechnung des Transmissionskoeffizienten:

$$T_n = |\tau(k_y)|^2 = \frac{\cos^2\phi}{\cosh^2(k_y L_x) - \sin^2\phi} . \tag{16.118a}$$

Mit $k_F L_x \gg 1$ und $\phi \to 0$ folgt

$$T_n \approx \frac{1}{\cosh^2(k_y L_x)} \,. \qquad (16.118b)$$

Wie in Abschn. 3.6.3 ausführlich diskutiert, ist der Leitwert dann gegeben durch

$$G = \frac{e^2}{h} \sum_{n=-\infty}^{\infty} T_n \,, \qquad (16.119)$$

wobei dieser Wert für jeden der vier Kanäle anzusetzen ist. Der *Fano-Faktor* des Schrotrauschens ist

$$F = 1 - \frac{\sum\limits_{n=-\infty}^{\infty} T_n^2}{\sum\limits_{n=-\infty}^{\infty} T_n} \,. \qquad (16.120)$$

Im ballistischen Regime mit $T_n = 0$ oder $T_n = 1$ haben wir $F = 0$ und das Stromrauschen verschwindet. Für Tunnelkontakte mit $0 < T_n \ll 1$ haben wir hingegen $F \approx 1$.

Mit Gl. (16.118b) und (16.119) resultiert für den Leitwert[52]

$$\frac{G}{G_Q} = Sp\left(\underline{\underline{\tau}}^{\dagger}\underline{\underline{\tau}}\right) = \sum_{n=-\infty}^{\infty} \frac{1}{\cosh^2(k_y L_x)} \approx \frac{L_y}{\pi L_x} \,, \qquad (16.121)$$

mit $G_Q = e^2/h$. Für $G = \sigma L_y/L_x$ erhält man eine Leitfähigkeit von $\sigma = e^2/(\pi h)$ pro Kanal, was auch experimentell beobachtet wird [16.170]. Für Kohlenstoffnanoröhrchen mit $L_x \gg L_y$ erhält man hingegen $\sigma = e^2/h$ pro Kanal, was ebenfalls mit experimentellen Resultaten übereinstimmt [16.171], so dass der Landauer-Formalismus in Kombination mit der Dirac-Gleichung ein zutreffendes Bild von der Geometrieabhängigkeit der Leitfähigkeit von graphenartigen Anordnungen liefert.

Der Fano-Faktor für die Anordnung aus Abb. 16.15 ist gemäß Gl. (16.120) $F = 1/3$, was sehr weit vom ballistischen Grenzfall $F = 0$ entfernt ist. Vielmehr verhält sich diesbezüglich Graphen wie ein stark ungeordnetes Metall. Die Zitterbewegung wirkt wie eine intrinsische Unordnung.

Die bisherige Betrachtung lässt sich etwas verallgemeinern, wenn neben periodischen Randbedingungen, wie in Abb. 16.15, auch geschlossene Randbedingungen zugelassen werden. In diesem Fall erhält man für die erlaubten Wellenvektoren $k_y(n) = g\pi(n+y)/L_y$ [16.172]. Für $g = 1$ und $y = 1/2$ liegen geschlossene Randbedingungen vor und für $g = 2$ und $y = 0$ periodische. Mit diesem Ansatz bleiben die zuvor erhaltenen Resultate für σ und F auch für $L_x \gg L_y$ gültig.

Für bilagiges Graphen sind die Verhältnisse σ und F betreffend komplexer [16.172; 16.173] und die Größe $\hbar v_F/t_\perp \approx 10a$ spielt als kritische Dimension im Sinne von Abschn. 3.2 eine Rolle.

52 Dieser Ausdruck resultierte bereits aus Gl. (3.370) und (3.371).

Es ist von praktischer Bedeutung, die Leitfähigkeit für Graphenflocken oder lithographisch hergestellte Nanostrukturen aus Graphen berechnen zu können. Dies gelingt besonders elegant durch *konformes Abbilden (Conformal Mapping)*. Wir wollen das im Folgenden kurz an einem Beispiel diskutieren. Der elektronische Transport in undotiertem Graphen basiert, wie wir gesehen haben, auf Nullenergiemoden des Dirac-Operators, welche sich durch analytische Funktionen von $z = x + iy$ repräsentieren lassen. Für die Geometrie aus Abb. 16.15 sind beispielsweise die Wellenfunktionen gegeben durch

$$\psi_{1n}(z) = \exp\left(\frac{2\pi n z}{L_y}\right) . \tag{16.122}$$

Eine generische Wellenfunktion innerhalb einer Graphenflocke kann deshalb als

$$\Psi(x, y) = \sum_{n=-\infty}^{\infty} \left[\alpha_n \begin{pmatrix} \exp\left(\frac{2\pi n z}{L_y}\right) \\ 0 \end{pmatrix} + \beta_n \begin{pmatrix} 0 \\ \exp\left(\frac{2\pi n z^*}{L_y}\right) \end{pmatrix} \right] \tag{16.123}$$

geschrieben werden. α_n und β_n werden durch die Randbedingungen definiert. Für eine hinreichend kleine Fermi-Wellenlänge λ_F[53] kann für die meisten Moden ein senkrechter Einfall $\phi = 0$ aus den Elektroden in die Graphenflocke angenommen werden. Dies führt zu den Randbedingungen

$$\psi_e = \begin{pmatrix} 1 + \varrho \\ 1 - \varrho \end{pmatrix} \tag{16.124a}$$

und

$$\psi_a = \begin{pmatrix} \tau \\ \tau \end{pmatrix} \tag{16.124b}$$

für die ein- und auslaufende Welle. Unter dieser Annahme ist es sehr einfach, die Leitfähigkeit einer Graphenflocke beliebiger Geometrie zu berechnen, indem man eine konforme Abbildung auf einen Graphenstreifen wählt [16.172]. Beispielsweise transformiert die Abbildung

$$w(z) = R_1 \exp\left(\frac{2\pi z}{L_y}\right) , \tag{16.125a}$$

mit

$$\exp\left(\frac{2\pi L_x}{L_y}\right) = \frac{R_1}{R_2} , \tag{16.125b}$$

einen Streifen der Abmessungen L_x, L_y in einen Ring mit dem inneren Durchmesser R_1 und dem äußeren Durchmesser R_2, wie in Abb. 16.16 dargestellt. Anstelle von Gl.

53 Angenommen wird konkret, dass λ_F klein gegenüber der geometrischen Länge der Flocke ist.

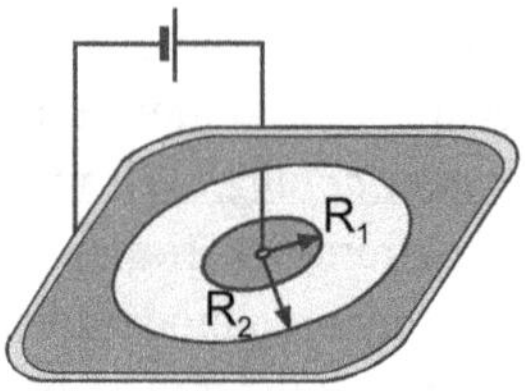

Abb. 16.16. Corbino-Geometrie für die konforme Abbildung.

(16.123) können wir nun ansetzen

$$\Psi(x,y) = \sum_{n=-\infty}^{\infty} \left[\alpha_n \begin{pmatrix} z^n \\ 0 \end{pmatrix} + \beta_n \begin{pmatrix} 0 \\ z^{*n} \end{pmatrix} \right] . \tag{16.126}$$

Das konforme Abbilden erlaubt es uns, sofort die Lösung für die *Corbino-Geometrie* in Abb. 16.16 anzugeben. Entsprechend kann die Lösung für jede Form einer Graphenflocke, die topologisch identisch mit einem Ring ist, angegeben werden [16.172]. Wenn wir nun die Randbedingungen aus Gl. (16.125) kombinieren mit der Ableitung von Gl. (16.112b), dann erhalten wir

$$\cosh(k_y L_x) = \frac{1}{2} \left(\frac{\psi_1(x = L_x)}{\psi_1(x = 0)} + \frac{\psi_1(x = 0)}{\psi_1(x = L_x)} \right) , \tag{16.127a}$$

mit

$$\frac{\psi_1(x = L_x)}{\psi_1(x = 0)} = \frac{\psi_2(x = 0)}{\psi_2(x = L_x)} . \tag{16.127b}$$

Die konforme Abbildung gemäß Gl. (16.125) liefert

$$\frac{\psi_1(x = L_x)}{\psi_1(x = 0)} = \exp\left(\frac{2\pi L_x}{L_y} \right) \to \frac{\psi_1(r = R_2)}{\psi_1(r = R_1)} = \frac{R_1}{R_2} . \tag{16.128}$$

Daraus resultiert der Transmissionskoeffizient

$$T_n = \frac{4}{(R_2/R_1)^n + (R_1/R_2)^n} . \tag{16.129}$$

Vernachlässigt haben wir bislang aber die Berry-Phase der masselosen Dirac-Fermionen. Wenn wir uns entlang der Scheibe in Abb. 16.16 bewegen, beträgt diese gerade π. Deshalb muss in Gl. (16.129) $n \to n + 1/2$ berücksichtigt werden. So ergibt sich schließlich für einen dünnen Ring mit $R_2 - R_1 \ll R_1$ $G = 2G_Q/\ln(R_2/R_1)$ und $F = 1/3$. Dies ist gerade das Resultat, welches durch Gl. (16.121) für einen Streifen mit $L_x = R_2 - R_1$ und $L_y = 2\pi R_1$ abgeleitet wurde. Für $R_1 \ll R_2$ erhält man hingegen $G = 8G_Q R_1/R_2$ und $F = 1 - G/(8G_Q)$.

Die Technik der konformen Abbildung in Kombination mit der allgemeinen Diskussion von Nullenergiemoden des Dirac-Operators kann auch ausgeweitet werden auf Graphenflocken beliebiger, aber topologisch zu einem Ring äquivalenter Geometrie unter dem Einfluss eines externen Magnetfelds. Dies gestattet die Charakterisierung des Aharonov-Bohm-Effekts in Graphen [16.69]. Die Grundlagen dieses Effekts hatten wir in Abschn. 3.5.2 behandelt.

Eine weitere, äußerst interessante Manifestation der relativistischen Quantenmechanik des Graphens besteht im Phänomen des Klein-Tunnelns, welches ein wichtiges Spezifikum des elektronischen Transports in Graphen darstellt. Kurz nach Entdeckung der Dirac-Gleichung durch P. Dirac im Jahr 1928 leitete O. Klein im Jahr 1929 ein überraschendes Resultat zum Tunneln relativistischer Partikel ab [16.62; 16.174]. Für masselose Partikel ist der Transmissionskoeffizient immer Eins und für massebehaftete relativistische Partikel immer größer als Null und geht gegen Eins, wenn die Höhe der Potentialbarriere divergiert. Dieses Phänomen wird als *Klein-Paradoxon* bezeichnet und ist relevant für den Elektronentransport in Graphen [16.175]. Im vorliegenden Kontext betrachten wir die Dirac-Gleichung in Form einer 2×2 - Matrix, welche auf die Wellenfunktion eines ultrarelativistischen oder relativistischen Fermions im zweidimensionalen Raum wirkt. Der maßgebliche Hamilton-Operator ist

$$\hat{H} = -i\hbar c \hat{\boldsymbol{\sigma}} \cdot \nabla + U(x, y)\underline{\underline{1}} + mc^2 \hat{\sigma}_z \, . \tag{16.130}$$

Bei senkrechter Inzidenz kann der eindimensionale Fall für $\hat{H}\Psi = E\Psi$ mit $\Psi = (\psi_1, \psi_2)$ betrachtet werden:

$$-i\hbar c \frac{d\psi_2}{dx} = \left[E - mc^2 - U(x)\right] \psi_1 \tag{16.131a}$$

und

$$-i\hbar c \frac{d\psi_1}{dx} = \left[E + mc^2 - U(x)\right] \psi_2 \, . \tag{16.131b}$$

Betrachten wir nun die Potentialstufe $U(x) = 0$ für $x < 0$ und $U(x) = U_0 > 0$ für $x \geq 0$. Links der Bariere haben wir $\psi_1, \psi_2 \sim \exp(\pm ikx)$, wobei $\mathbf{k}$ die relativistische Dispersionsrelation $E^2 = (\hbar ck)^2 + (mc^2)^2$ erfüllt. Erlaubte Zustände sind durch $E > mc^2$ für Elektronen und $E < -mc^2$ für Löcher gegeben. Betrachten wir nun Elektronen und den Grenzfall $U = 0$. Gleichung (16.131) liefert dann

$$\Psi_e(x) = \begin{pmatrix} 1 \\ \alpha \end{pmatrix} \exp(ikx) \tag{16.132a}$$

für die einfallende Welle und

$$\Psi_r(x) = \begin{pmatrix} 1 \\ -\alpha \end{pmatrix} \exp(-ikx) \tag{16.132b}$$

für den reflektierten Anteil. Dabei ist $\alpha = \sqrt{(E - mc^2)/(E + mc^2)}$. Die allgemeine Lösung des Problems ist dann auch für $U \neq 0$ durch $\Psi(x) = \Psi_e(x) + \varrho \Psi_r(x)$ gegeben. Auf der rechten Seite der Barriere gilt für den dortigen Wellenvektor q die Dispersionsrelation $(E - U_0)^2 = (\hbar cq)^2 + (mc^2)^2$. Für eine genügende Potentialhöhe von

$U_0 > E + mc^2$ ist dann $q = \sqrt{(U_0 - E)^2 - (mc^2)^2}/(\hbar c)$ reell und das Partikel propagiert auch auf der rechten Seite der Barriere. Allerdings gehört das Partikel jetzt gemäß Abb. 16.17(b) dem Löcherkontinuum an. Für eine kleinere Potentialhöhe von $U_0 < E - mc^2$ erhält man propagierende Elektronen auf beiden Seiten der Barriere und für $E - mc^2 < U_0 < E + mc^2$ evaneszente Moden für $x \geq 0$, wie jeweils in Abb. 16.17(a) dargestellt. Für $x \geq 0$ liefert die Schrödinger-Gleichung (16.131) konkret

$$\Psi_t = \begin{pmatrix} 1 \\ -1/\beta \end{pmatrix} \exp(iqx) , \tag{16.133}$$

mit $\beta = \sqrt{(U_0 - E - mc^2)/(U_0 - E + mc^2)}$. Aus $\Psi_e + \varrho\Psi_r = \tau\Psi_t$ für $x = 0$ folgt $1 + \varrho = \tau$ und somit $\alpha(1 - \varrho) = -\tau/\beta$. Damit ergibt sich

$$\varrho = \frac{1 + \alpha\beta}{\alpha\beta - 1} . \tag{16.134}$$

Da α und β reell sind und $0 < \alpha$ sowie $\beta < 1$ gilt, folgt $\varrho < 0$ und $R = \varrho^2 > 1$. Die Stromdichte ist

$$j_x = c\Psi^\dagger \sigma_x \Psi = c(\psi_1^\dagger \psi_2 + \psi_2^\dagger \psi_1) . \tag{16.135}$$

Damit erhält man $j_x^e = 2\alpha c$ und $j_x^r = -2R\alpha c$. Für $U_0 > E + mc^2$ ist also die reflektierte Stromdichte größer als die einfallende, was eine Variante des Klein-Paradoxons darstellt [16.176].

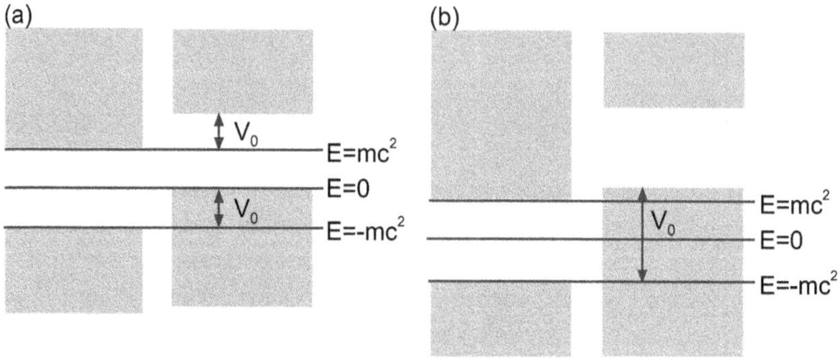

Abb. 16.17. Elektronen- und Löcherkontinua jeweils links und rechts einer Tunnelbarriere. (a) $U_0 < 2mc^2$ und (b) $U_0 > 2mc^2$.

Das Klein-Paradoxon manifestiert sich in weiteren überraschenden Phänomenen. Für $U_0 > E + mc^2$ ist die Gruppengeschwindigkeit der transmittierten Welle

$$v_g = \frac{1}{\hbar}\frac{dE}{dq} = \frac{1}{\hbar}\frac{1}{dq/dE} = \frac{\hbar q c^2}{E - U_0} . \tag{16.136}$$

v ist also antiparallel zu **q**. Offensichtlich beschreibt Gl. (16.133) also ein Teilchen, welches rechts der Barriere nach links propagiert, womit das Paradoxon, welches hier im

Durchtunneln einer unendlich breiten Barriere der Höhe U_0 zu bestehen scheint, verschwindet.

Betrachten wir jetzt eine Barriere endlicher Breite: $U(x) = U_0$ für $|x| \leq x_0$ und $U(x) = 0$ für $|x| > x_0$. In diesem Fall ist $\Psi_t = \tau\psi_e$ und innerhalb der Barriere besitzt die Welle die beiden Anteile $\exp(\pm iqx)$. Die einfach durchzuführende Berechnung [16.177] liefert

$$R = \frac{(1-\alpha^2\beta^2)^2 \sin^2(2qx_0)}{(2\alpha\beta)^2 + (1-\alpha^2\beta^2)^2 \sin^2(2qx_0)} \tag{16.137a}$$

und

$$T = \frac{(2\alpha\beta)^2}{(2\alpha\beta)^2 + (1-\alpha^2\beta^2)^2 \sin^2(2qx_0)} . \tag{16.137b}$$

Damit gilt wie üblich $0 \leq R, T \leq 1$ und $R+T = 1$. Betrachten wir nun die Annäherung an eine unendlich breite Barriere, also den Fall $x_0 \to \infty$. Für $qx_0 = n\pi/2$ erhalten wir eine perfekte Transmission mit $T = 1$. Wenn wir einfach über die raschen Oszillationen von $\sin^2(2qx_0)$ für $x_0 \to \infty$ mitteln und den Mittelwert $1/2$ annehmen, so resultiert aus Gl. (16.137)

$$R_\infty = \frac{(1-\alpha^2\beta)^2}{2(2\alpha\beta)^2 + (1-\alpha^2\beta^2)^2} \tag{16.138a}$$

und

$$T_\infty = \frac{(2\alpha\beta)^2}{2(2\alpha\beta)^2 + (1-\alpha^2\beta^2)^2} . \tag{16.138b}$$

Dieses Resultat widerspricht erneut der anschaulichen Einschätzung; wir haben es wiederum mit einem Paradoxon zu tun, da $R_\infty \neq 1$ und $T_\infty \neq 0$ sind. Selbst für eine unendlich breite und hohe Barriere mit $U_0 \to \infty$ ergibt sich mit $\beta \to 1$

$$\lim_{U_0 \to \infty} T_\infty = \frac{E^2 - (mc^2)^2}{E^2 - (mc^2)^2/2} . \tag{16.139}$$

Im ultrarelativistischen Grenzfall $E \gg mc^2$ resultiert auf jeden Fall $T_\infty(U_0 \to \infty) \approx 1$. Quantenrelativistische Teilchen durchdringen also Barrieren beliebiger Höhe und Breite, was eine angemessene Formulierungsalternative des Klein-Paradoxons darstellt.

Die Heisenbergsche Unschärferelation liefert einen besonderen Zugang zum Tunneleffekt: Aufgrund der Orts-Impuls-Unschärfe kann auch nicht akkurat zwischen kinetischer und potentieller Energie unterschieden werden. Dadurch kann die kinetische Energie in einem gewissen Umfang negativ werden. Im relativistischen Regime kann noch nicht einmal der Ort ohne eine Unschärfe von $\hbar c/E$ festgelegt werden, egal wie präzise der Impuls determiniert wird. Das impliziert, dass die relativistische Quantenmechanik keine Mechanik ist, sondern in jedem Fall eine Feldtheorie [16.178]. A priori ist immer von der Existenz von Teilchen und Antiteilchen auszugehen. Ein Versuch, die Position genauer als mit einer Unschärfe von $\hbar c/E$ zu bestimmen, würde so große Energien erfordern, dass Teilchen-Antiteilchen-Paare generiert würden, die das Auffinden des ursprünglichen Teilchens unmöglich machten. Dieser Befund ist insofern relevant für die Betrachtung des Klein-Paradoxons, als dass explizit die Generation von Elektronen- und Löcherzuständen involviert ist. Die Interpretation von Zuständen mit negativer Energie basiert im Allgemeinen auf der Dirac-Theorie von Löchern [16.178; 16.179]. Diese nimmt an, dass im Vakuum alle Zustände mit negativer Energie besetzt sind. Antiteilchen sind dann die Löcher in diesem energetischen Kontinuum. Das Tunneln eines relativistischen Teilchens für $U_0 > E + mc^2$ findet statt aus einem Zustand aus dem oberen Energiekontinuum für $x < 0$ in Abb. 16.17 in einen Zustand des unteren Kontinuums für $x \geq 0$ hinein. Der Wechsel von der „gewöhnlichen" Situation mit kleiner Barrierehöhe zu der „außergewöhnlichen" mit $U_0 > E + mc^2$ führt gleichsam zu einer Rekonstruktion des Vakuums.

Im ultrarelativistischen Fall, für $m = 0$, folgt aus Gl. (16.137) $T = 1$ und $R = 0$. Dies gilt für beliebige Potentialbarrieren, da barrierenunabhängig $\alpha = \beta = 1$ resultiert. Ein masseloses Dirac-Teilchen kann nur entweder parallel oder antiparallel zur Pseudospinrichtung propagieren. Das skalare Potential $U(x)$ in Gl. (16.130) wirkt nicht auf den Pseudospin und kann daher die Propagationsrichtung nicht umkehren. Obwohl wir hier die eindimensionale Situation der senkrechten Inzidenz angenommen haben, gibt es zwei und dreidimensionale Analoga. Für ultrarelativistische Partikel ist Rückstreuung an einer Potentialbarriere $U(x, y, z)$ verboten [16.178; 16.180]. Die Bedeutung dieser Eigenschaft für Kohlenstoffnanoröhrchen wurde explizit diskutiert [16.181].

Das Tunneln von Dirac-Fermionen unter den zum Klein-Paradoxon führenden Bedingungen wird als Klein-Tunneln bezeichnet. Klein-Tunneln in Graphen wurde erstmalig im Jahr 2009 experimentell verifiziert [16.182]. Im konventionellen Kontext der Festkörperphysik besteht das Klein-Tunneln im Durchtunneln eines *p-n-p-* oder *n-p-n*-Kontakts mit einer Transformation von Elektronen in Löcher und schließlich von Löchern in Elektronen oder der umgekehrten Transformationsreihenfolge. Eine entsprechende Transformation ist exemplarisch in Abb. 16.18 dargestellt. Bei senkrechter Inzidenz auf die Barriere beträgt die Transmission, wie zuvor diskutiert, barrierenunabhängig 100 %. Dies hat aus Anwendungssicht zwei Konsequenzen: Ein *p-n*-Kontakt funktioniert nicht entsprechend der konventionellen Siliziumelektronik. Damit können konventionelle Bauelementekonzepte nicht ohne weiteres in eine Graphenelektronik übernommen werden. Unvermeidliche Inhomogenitäten der elektronischen Dichte von Graphen führen andererseits nicht zu Lokalisierungseffekten und ihr Einfluss auf die Elektronenmobilität ist nicht groß.

Betrachten wir nun die Propagation von masselosen Dirac-Fermionen durch eine Barriere bei beliebigem Einfallswinkel Θ. Dabei nehmen wir $E = \hbar v_F k \geq 0$ an. Die Brechung der Elektronenwelle an der Potentialstufe führt zu einem neuen Propagationswinkel $\tilde{\Theta}$, der durch den Erhalt der y-Komponente des Impulses determiniert wird:

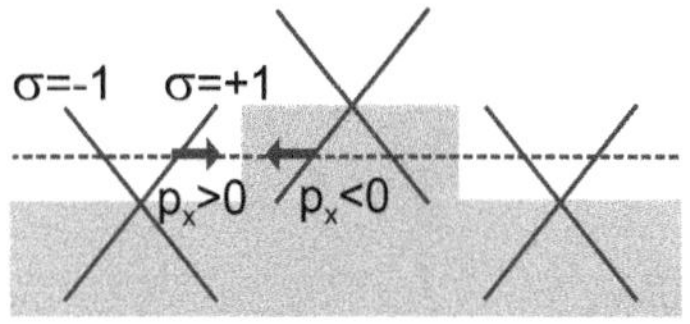

Abb. 16.18. Transformation eines Elektrons in ein Loch innerhalb einer Potentialbarriere. Neben dem Impuls ist auch die Dispersion der elektronischen Zustände für die entgegengesetzten Pseudospinprojektionen eingezeichnet.

$k_y = k \sin \Theta = q_y = q \sin \tilde{\Theta}$, mit $q = |E - U_0|/\hbar v_F$. q bezeichnet den Wellenvektor in der Potentialbarriere. Gemäß Gl. (16.11) gilt für die Spinorkomponenten der einfallenden Welle $\psi_2 = \text{sign}E\ \psi_1 \exp(i\Theta)$. Nach Gl. (16.117) erhält man für die Gesamtwellenfunktion für $E = 0$

$$\psi_1 = \begin{cases} \left[\exp(ik_x x) + \varrho \exp(-ik_x x)\right] \exp(-ik_y y) & , x < -x_0 \\ \left[a \exp(iq_x x) + b \exp(-iq_x x)\right] \exp(ik_y y) & , |x| \le x_0 \\ \tau \exp\left(i[k_x x + k_y y]\right) & , x > x_0 \end{cases} \tag{16.140a}$$

und

$$\psi_2(x) = \begin{cases} \text{sign}E \left[\exp(i[k_x x + \Theta]) \right. \\ \qquad \left. -\varrho \exp(-i[k_x x + \Theta])\right] \exp(ik_y y) & , x < -x_0 \\ \text{sign}(E - U_0)\left[a \exp(i[q_x x + \tilde{\Theta}]) \right. \\ \qquad \left. -b \exp(-i[q_x x + \tilde{\Theta}])\right] \exp(ik_y y) & , |x| \le x_0 \\ \text{sign}E\, \tau \exp(i[k_x x + k_y y + \Theta]) & , x > x_0 \end{cases} , \tag{16.140b}$$

mit $k_x = k \cos \Theta$ und $q_x = q \cos \tilde{\Theta}$. Dabei haben wir berücksichtigt, dass das reflektierte Partikel mit dem Winkel $\pi - \Theta$ propagiert, wobei $\exp(i[\pi - \Theta]) = -\exp(-i\Theta)$ gilt. Im Fall des Klein-Paradoxons gilt ferner $\text{sign}E\, \text{sign}(E - U_0) = -1$, da wir entgegengesetzte Vorzeichen der Energie außerhalb und innerhalb der Barriere haben. Mithilfe der Stetigkeit von ψ_1 und ψ_2 bei $|x| = x_0$ findet man

$$\varrho = 2 \exp\left(i[\Theta - 2k_x x_0]\right) \sin(2q_x x_0) \frac{\sin\Theta - s\tilde{s} \sin\tilde{\Theta}}{s\tilde{s}\left[\exp(-2iq_x x_0) \cos(\Theta + \tilde{\Theta}) + \exp(2iq_x x_0) \cos(\Theta - \tilde{\Theta})\right] - 2i \sin(2q_x x_0)} , \tag{16.141}$$

mit $s = \text{sign}E$ und $\tilde{s} = \text{sign}(E - U_0)$. Die daraus resultierende Transmissionswahrscheinlichkeit $T = 1 - |\varrho|^2$ ist in Abb. 16.19 dargestellt. Wie zuvor im Detail diskutiert, erhalten wir $T = 1$ für $\Theta = 0$. Es gibt aber weitere Einfallswinkel Θ, für die ebenfalls $T = 0$ erhalten wird. Diese sind für $q_x x_0 = \pi n/2$, $n = 0, \pm1, \pm2, \ldots$, gegeben. Diese Bedingung stimmt mit derjenigen für die komplette Transmission bei nichtverschwindender Masse im Zusammenhang mit Gl. (16.137) überein. Auch für andere Potentialformen $U(x)$ lassen sich entsprechende Resonanzen finden [16.183].

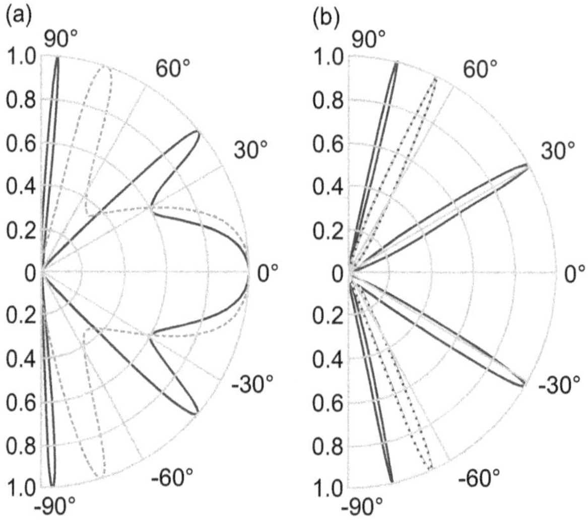

Abb. 16.19. Transmissionswahrscheinlichkeit T in Abhängigkeit vom Einfallswinkel Θ entsprechend Gl. (16.141) für $x_0 = 100$ nm. Die Elektronenkonzentration wird mit $5 \cdot 10^{11}/cm^2$ außerhalb der Barriere angenommen. Die Löcherkonzentration in der Barriere wird mit $1 \cdot 10^{12}/cm^2$ (durchgezogene Kurven) und $3 \cdot 10^{12}/cm^2$ (gestrichelte Kurven) angenommen. Die Werte entsprechen typischen experimentellen Gegebenheiten. (a) Monolage Graphen mit $E_F \approx 80$ meV (durchgezogene Kurve) und $U_0 = 200$ meV (gestrichelte Kurve) sowie $U_0 = 285$ meV (durchgezogene Kurve). (b) Bilage Graphen mit $E_F = 17$ meV und $U_0 = 50$ meV (durchgezogene Kurve) sowie $U_0 = 100$ meV (gestrichelte Kurve).

Wie bereits festgestellt, ist die Gruppengeschwindigkeit für Elektronen parallel zum Wellenvektor und für Löcher antiparallel. Im Fall des Vorliegens des Klein-Paradoxons propagieren die einfallende und die transmittierte Welle definitionsgemäß entlang derselben Richtung, die wiederum durch die Gruppengeschwindigkeit festgelegt ist. Das bedeutet aber, dass die Wellenvektoren für diese Welle antiparallel zueinander orientiert sein müssen. Für masselose Dirac-Fermionen ist die Gruppengeschwindigkeit durch $\mathbf{v}_{\mp} = \pm v_F \mathbf{k}/k$ gegeben.[54] Die einfallende Welle hat den Wellenvektor $\mathbf{k} = k(\cos\Theta, \sin\Theta)$. Die Gruppengeschwindigkeit der Elektronen ist dann durch $\mathbf{v}_- = v_F(\cos\Theta, \sin\Theta)$ gegeben. Die reflektierte Welle hat den Wellenvektor $\mathbf{k}' = k(-\cos\Theta, \sin\Theta)$. Im Fall des Klein-Paradoxons ist die Gruppengeschwindigkeit der transmittierten Welle $\mathbf{v}_+ = v_F(\cos\tilde{\Theta}, \sin\tilde{\Theta})$, während der Wellenvektor durch $\mathbf{q} = -q(\cos\tilde{\Theta}, \sin\tilde{\Theta})$ gegeben ist. Dabei ist $\cos\tilde{\Theta} > 0$, $\tilde{\Theta} = -\Theta$ und $q = |E - U_0|/(\hbar v_F)$. Der Brechungswinkel $\tilde{\Theta}$ ist durch $k_y = k\sin\Theta = q_y = q\sin\tilde{\Theta}$ gegeben: $\sin\tilde{\Theta}/\sin\Theta = -k/q \equiv n$. Der Brechungsindex n ist negativ! Ein p-n-Übergang kollimiert also einen divergierten Elektronenstrahl [16.184]. Diese Eigenschaft des p-n-Übergangs korrespondiert zu dem Verhalten einer Veselago-Linse [16.185] in der

54 $\mathbf{v}_-$ ist die Gruppengeschwindigkeit der Elektronen und $\mathbf{v}_+$ diejenige der Löcher.

Strahlenoptik. Einen negativen Brechungsindex können auch die in Kap. 20 behandelten Metamaterialien besitzen [16.186]. Es ist durchaus instruktiv, sich die Bezüge zwischen Klein-Paradoxon und negativem Brechungsindex genauer anzusehen [16.187].

Zuvor hatten wir das Phänomen der minimalen Leitfähigkeit von e^2/h pro Kanal für hochreine Proben bei Abwesenheit von Ladungsträgern diskutiert. Das Phänomen des Klein-Tunnelns ist nun von großer Wichtigkeit für das Verhalten von ungeordneten Proben, die den realen Proben in der Regel besser entsprechen als Proben mit ungestörtem Gitter. Bei einem stark ungeordneten Material sind Fluktuationen des Potentials U(x,y) größer als die kinetische Energie der Elektronen. Damit sind, wie in Abb. 16.20(a) dargestellt, die Elektronen in „Ladungspfützen" lokalisisert. Zwischen diesen Pfützen gibt es nur eine geringe Tunnelwahrscheinlichkeit. Bei verringerter Fluktuation wächst diese Tunnelwahrscheinlichkeit, und irgendwann erfolgt ein *Perkolationsübergang* [16.188]. Jetzt ist eine große Anzahl von Pfützen durch Tunnelkanäle verbunden. Der Perkolationsübergang ist mit einem *Mott-Anderson-Übergang,* einem Metall-Isolator-Übergang, verbunden. Dabei sind auch die Phasenbeziehungen zwischen den elektronischen Wellenfunktionen von Bedeutung [16.189]. Liegt Klein-Tunneln vor, wie in Abb. 16.20(b) dargestellt, können keine lokalisierten Zustände vorliegen. Für ausgedehnte Zustände, also bei Abwesenheit von *Anderson-Lokalisierung*, kann die mittlere freie Weglänge der Elektronen nicht kleiner als ihre Broglie-Wellenlänge sein [16.189]. Nach der *Einstein-Relation*, die wir bereits im Zusammenhang mit Gl. (3.430) in Abschn. 3.6.5 eingeführt hatten, gilt

$$\sigma = e^2 D \frac{\partial N_0}{\partial \mu_0} \tag{16.142}$$

für den Zusammenhang zwischen Leitfähigkeit und Diffusionskoeffizient D. N_0 und μ_0 sind die Ladungsträgerkonzentration und das chemische Potential im Gleichgewichtszustand. Liegt die Fermi-Statistik vor, so folgt, wie ebenfalls im Zusammenhang mit Gl. (3.430) diskutiert,

$$\frac{\partial N_0}{\partial \mu_0} \approx \varrho(E_F) = 2\frac{E_F}{\pi(\hbar v_F)^2} = 2\frac{k_F}{\pi\hbar v_F} \, . \tag{16.143}$$

Im Zweidimensionalen ist der Diffusionskoeffizient durch $D = v_F\tau/2$ mit der Stoßzeit τ gegeben. Mit der mittleren freien Weglänge $l = v_F\tau$ folgt aus Gl. (16.142)

$$\sigma = 2\frac{e^2 k_F l}{\hbar} \, . \tag{16.144}$$

Wenn wir annehmen, dass die minimal mögliche mittlere freie Weglänge durch $k_F l \approx 1$ gegeben ist, so folgt $\sigma \approx 2e^2/h$, was größenordnungsmäßig wiederum mit $\sigma = e^2/(\pi h)$, wie zuvor für reine Proben abgeleitet, übereinstimmt.

Ladungsträgerpfützen in Graphen sind unvermeidbar, da selbst für freitragendes Graphen Ladungsträgerfluktuationen aufgrund thermischer Biegefluktuationen resultieren [16.190]. Solche Pfützen wurden auch experimentell beobachtet [16.191].

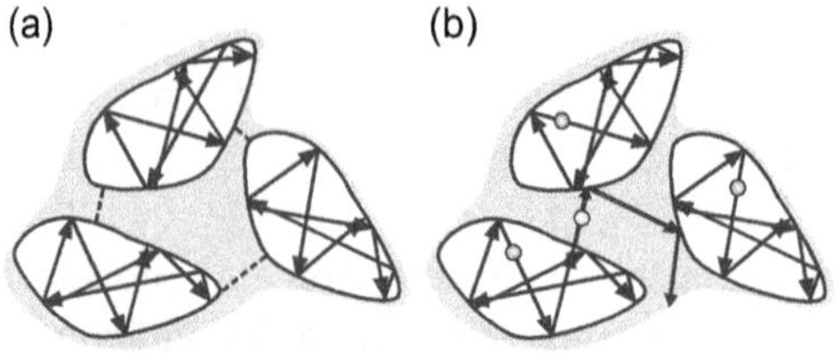

Abb. 16.20. Lokalisierung von Elektronen in Ladungspfützen bei starker Unordnung. (a) Konventionelles Material mit geringer Tunnelrate zwischen den Pfützen. (b) Stark ungeordnetes Graphen mit Klein-Tunneln zwischen den Pfützen.

Auch eine Analyse der minimalen Leitfähigkeit im Licht der klassischen Perkolationstheorie liefert unter bestimmten Umständen den Wert $\sigma \approx e^2/h$ [16.192].

Um zu überprüfen, inwieweit die anomalen Tunneleffekte in Graphen mit der linearen Dispersion, mit dem Pseudospin und der Chiralität verbunden sind, sowie aus Gründen der Anwendung ist es empfehlenswert, sich wiederum das Verhalten von bilagigem Graphen anzusehen. Wir wollen dies unter Annahme kleiner Energien außerhalb und innerhalb der Tunnelbarriere tun: $|E|, |E - U_0| \ll t_\perp$. Die trigonale Verzerrung wird als irrelevant angenommen: $ka, qa > t_\perp \tilde{t}_\perp / t^2$. Eine in y-Richtung propagierende Welle ist dann gegeben durch

$$\begin{pmatrix} \psi_1 \\ \psi_2 \end{pmatrix}(x, y) = \begin{pmatrix} \psi_1 \\ \psi_2 \end{pmatrix}(x) \exp(ik_y y) , \tag{16.145a}$$

mit

$$\left(\frac{d^2}{dx^2} - k_y^2\right)^2 \begin{pmatrix} \psi_1 \\ \psi_2 \end{pmatrix}(x) = k^4 \begin{pmatrix} \psi_1 \\ \psi_2 \end{pmatrix}(x) \tag{16.145b}$$

außerhalb der Barriere. Innerhalb wäre k in Gl. (16.145b) durch q zu ersetzen. Um die Stetigkeit der Lösungen für $x = |x_0|$ zu gewährleisten, ist es notwendig, neben propagierenden auch evaneszente Wellen zu berücksichtigen.

Betrachten wir den Fall $x < -x_0$, so lässt sich die Wellenfunktion als Lösung von

$$\left(\frac{d}{dx} + k_y\right)^2 \begin{pmatrix} \psi_1 \\ \psi_2 \end{pmatrix}(x) = \operatorname{sign}E\, k^2 \begin{pmatrix} \psi_1 \\ \psi_2 \end{pmatrix}(x) \tag{16.146}$$

finden. Lösungen wären

$$\begin{pmatrix} \psi_1 \\ \psi_2 \end{pmatrix}(x) = \begin{pmatrix} \alpha_1 \exp(ik_x x) + \beta_1 \exp(-ik_x x) + y_1 \exp \chi_x x) \\ \operatorname{sign}E \left[\alpha_1 \exp\left(i[k_x x + 2\Theta]\right) + \beta_1 \exp\left(-i[k_x x + 2\Theta]\right) - y_1 h_1 \exp(\chi_x x)\right] \end{pmatrix} , \tag{16.147}$$

mit dem Einfallswinkel Θ, $k_x = k\cos\Theta$, $k_y = k\sin\Theta$, $\chi_x = k\sqrt{1 + \sin^2\Theta}$ und $h_1 = (\chi_x/k - \sin\Theta)^2$. α_1, β_1 und y_1 sind die Amplituden der einfallenden, reflektierten und evaneszenten Wellen. Für $x > x_0$ gibt es hingegen keine reflektierte Welle:

$$\psi_1(x) = \alpha_3 \exp(ik_x x) + \delta_3 \exp(-\chi_x x) \tag{16.148a}$$

und

$$\psi_2(x) = \operatorname{sign}E \left[\alpha_3 \exp\left(i[k_x x + 2\Theta]\right) - \frac{\delta_3}{h_1} \exp(-\chi_x x) \right] . \tag{16.148b}$$

Innerhalb der Barriere besteht die Lösung in dem allgemeinsten Ansatz mit zwei propagierenden und zwei evaneszenten Wellen:

$$\psi_1 = \alpha_2 \exp(iq_x x) + \beta_2 \exp(-iq_x x) + y_2 \exp(\tilde{\chi}_x x) + \delta_2 \exp(-\tilde{\chi}_x x) \tag{16.149a}$$

und

$$\begin{aligned} \psi_2 = \operatorname{sign}(E - U_0) \Big[& \alpha_2 \exp\left(i[q_x x + 2\tilde{\Theta}]\right) + \beta_2 \exp\left(-i[q_x x + 2\tilde{\Theta}]\right) \\ & - y_2 h_2 \exp(\tilde{\chi}_x x) - \frac{\delta_2}{h_2} \exp(-\tilde{\chi}_x x) \Big] , \end{aligned} \tag{16.149b}$$

mit dem Brechungswinkel $\tilde{\Theta}$ und $q_y = k_y$, $q_x = q \cos \tilde{\Theta}$, $\tilde{\chi}_x = q\sqrt{1 + \sin^2 \tilde{\Theta}}$ sowie $k_2 = (\tilde{\chi}_x / q - \sin \tilde{\Theta})^2$. Die Anwesenheit von evaneszenten Wellen ist ein Spezifikum des bilagigen Graphens und tritt nicht auf im reinen Dirac- oder Schrödinger-Fall. Die Amplituden α_1, β_1, y_1 und δ_1 lassen sich numerisch aus den insgesamt acht Stetigkeitsbedingungen für die Wellenfunktiuonen und ihre ersten Ableitungen finden. Typische Resultate für Klein-Tunneln mit $\operatorname{sign}E \operatorname{sign}(E - U_0) = -1$ zeigt Abb. 16.19(b).

Für senkrechte Inzidenz mit $\Theta = \tilde{\Theta} = 0$ lassen sich die Lösungen vollständig analytisch finden. Für den Transmissionskoeffizienten findet man

$$\tau = \frac{\alpha_3}{\alpha_1} = \frac{4ikq \exp(2ikx_0)}{(q + ik)^2 \exp(-2qx_0) - (q - ik)^2 \exp(2qx_0)} . \tag{16.150}$$

Im Gegensatz zu einlagigem Graphen fällt $T = |\tau|^2$ nunmehr exponentiell mit zunehmender Barrierenhöhe und -breite ab. Für eine Potentialstufe mit $x_0 \to \infty$, die man für einen p-n-Übergang vorliegen hat, erhält man $T = 0$. Es gibt also ein Kontinuum von erlaubten Zuständen jenseits der Barriere, aber die Welle dringt dort nicht ein. Für einen beliebigen Einfallswinkel und $x_0 \to \infty$ sowie $U_0 \gg E$ findet man

$$T = \frac{E}{U_0} \sin^2(2\Theta) , \tag{16.151}$$

was wiederum $T = 0$ für $\Theta = 0$ liefert. Dieses Resultat unterscheidet sich vollständig von der perfekten Transmission für $\Theta = 0$ bei einlagigem Graphen.

Eine weitere Manifestation des Klein-Paradoxons ist die perfekte Reflexion. Für einlagiges Graphen resultiert für eine Elektronwellenfunktion an der Barriere eine korrespondierende Lochwellenfunktion mit derselben Richtung des Pseudospins, was, wie erwähnt, zu $T = 1$ führt. Für bilagiges Graphen wird ein Elektron mit Wellenvektor $\mathbf{k}$ in ein Loch mit $i\mathbf{k}$ transformiert, was einer evaneszenten Welle in der Barriere entspricht.

Die Signifikanz des Klein-Paradoxons wird am deutlichsten, wenn wir das Tunneln konventioneller nichtrelativistischer Elektronen für energielückenlose Halbleiter mit nichtchiralen Ladungsträgern betrachten. Diese Situation liegt für bestimmte Heterostrukturen vor [16.193]. Der Transmissionskoeffizient ist für $\Theta = 0$ gegeben durch

$$\tau = \frac{4k_x q_x \exp(2iq_x x_0)}{(q_x + k_x)^2 \exp(-2iq_x x_0) - (q_x - k_x)^2 \exp(2iq_x x_0)} \,. \tag{16.152}$$

Wiederum finden wir Resonanzen bei $2q_x x_0 = n\pi$, mit $n = 0, \pm 1, \pm 2, \ldots$. Die Transmission oszilliert also mit der Barrierendicke, wie in Abb. 16.21 gezeigt. Für Graphen findet man, wie zuvor gezeigt, $T = 1$ für die Monolage und $T = 0$ für die Doppellage bei hinreichender Barrierendicke. Diese drastischen Unterschiede sind im Wesentlichen auf die unterschiedlichen Chiralitäten oder Pseudospins der Quasiteilchen zurückzuführen.

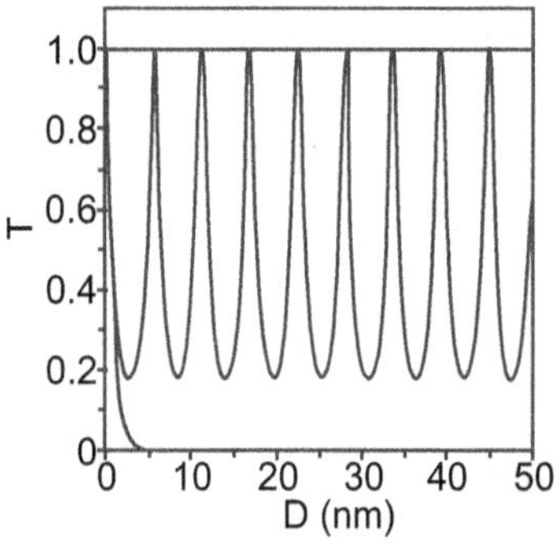

Abb. 16.21. Transmissionswahrscheinlichkeiten T für Elektronen bei senkrechtem Einfall auf eine Tunnelbarriere für ein- und zweilagiges Graphen sowie nichtchirale energielückenlose Halbleiter. D bezeichnet die Barrierenweite. Die Ladungsträgerkonzentrationen sind $N = 0,5 \cdot 10^{12}/cm^2$ und $P = 10^{13}/cm^2$ außerhalb und innerhalb der Barriere. T=1 gilt für monolagiges Graphen, den exponentiellen Verlauf von T(D) erhält man für eine Doppellage.

Bis jetzt haben wir im Wesentlichen defektfreie Graphenmono- und -bilagen vorausgesetzt. Im Hinblick auf die Beschreibung eines realen experimentellen Ergebnisses muss dieses so betrachtet werden, als beschriebe man die elektronischen Transporteigenschaften von Metallen oder Halbleitern ausschließlich durch Resultate, die für defektfreie Materialien erhalten werden. Vieles ließe sich dann nicht adäquat beschreiben und dies gilt auch für Graphen. Experimentell oder in der technischen Anwendung treten durchaus Defekte des Graphengitters auf; die Schichten weisen Unordnung auf. Dies führt zu elektronischen Streuprozessen. Diese lassen sich für konventionelle Transportprozesse in Form der *Boltzmannschen Transportgleichung* berücksichtigen. Wir hatten dies in Abschn. 3.6.2 ausführlich diskutiert. Es ist nun eine spannende Frage, inwieweit der Boltzmannsche Transportformalismus auch für Dirac-Fermionen nutzbar ist. Zur Klärung dieser Frage ist zunächst einmal der Gültigkeitsbereich der Boltzmannschen Streutheorie zu betrachten. Wenn weder das Potential der Streuer noch ihre Konzentration gering ist, so ist die Boltzmann-Theorie auf jeden Fall nicht adäquat, da sie die Anderson-Lokalisierung, die von größter Bedeutung für stark ungeordnete Systeme ist, nicht berücksichtigt. In den letzten Jahrzehnten wurden zur Beseitigung dieses Problems generalisierte Formalismen zur Ableitung kinetischer Gleichungen entwickelt. Diese beinhalten die *Kadanoff-Byam-Ungleichgewichts-Green-Funktionen* und die *diagrammatische Keldysh-Technik* [16.194] sowie den statistischen Ungleichgewichtsoperator [16.195] und weitere Methoden [16.196].

Für Graphen ist die Anwendbarkeit der Boltzmannschen Transportgleichung keineswegs offensichtlich. Im konventionellen Fall vertauscht der Hamilton-Operator für das ungestörte Gitter mit dem Stromoperator. Es liegen also zunächst Zustände vor, die gleichzeitig eine wohldefinierte Energie und einen wohldefinierten Impuls aufweisen. Der Stör-Hamilton-Operator vertauscht hingegen nicht mit dem Stromoperator, was zur Streuung führt. Wie wir zuvor gesehen haben, vertauscht der Dirac-Hamilton-Operator nicht mit dem Stromoperator, was sich in der Zitterbewegung manifestiert. Allerdings vertauscht in diesem Fall der Stör-Hamiltonian

$$\hat{H}_S = \sum_{\mathbf{k},\mathbf{k}'} \hat{\psi}^\dagger_{\mathbf{k}} U_{\mathbf{k}\mathbf{k}'} \hat{\psi}_{\mathbf{k}'} \,, \tag{16.153}$$

mit dem Stromoperator, wenn es sich um ein skalares Streupotential $U_{\mathbf{k}\mathbf{k}'}$ handelt. Von grundlegender Bedeutung für die Beschreibung ist die Einzelelektronendichtematrix $\hat{\varrho}_{12}(\mathbf{k}) = \langle \hat{\psi}^\dagger_{\mathbf{k}2} \hat{\psi}_{\mathbf{k}1} \rangle$ im Raum des Pseudospins. Die resultierende *Boltzmannsche Matrixgleichung* wurde in den letzten Jahren intensiv analysiert [16.197]. Im Folgenden werden die Grundlagen des Ansatzes, der durchaus recht komplex ist, dargestellt. Mittels der unitären Transformation

$$\hat{\psi}_{\mathbf{k}1} = \frac{1}{\sqrt{2}} \left(\hat{\xi}_{\mathbf{k}1} + \hat{\xi}_{\mathbf{k}2} \right) \tag{16.154a}$$

und

$$\hat{\psi}_{\mathbf{k}2} = \frac{\exp(i\varphi_{\mathbf{k}})}{\sqrt{2}} \left(\hat{\xi}_{\mathbf{k}1} - \hat{\xi}_{\mathbf{k}2} \right) \tag{16.154b}$$

lässt sich der Dirac-Hamilton-Operator diagonalisieren:

$$\hat{H}_S = \sum_{\mathbf{k}\mathbf{k}'} \hat{\Xi}^\dagger_{\mathbf{k}} \tilde{U}_{\mathbf{k}\mathbf{k}'} \hat{\Xi}_{\mathbf{k}'} \,. \tag{16.155}$$

Dabei ist $\hat{\Xi}_{\mathbf{k}} = (\hat{\xi}_{\mathbf{k}1}, \hat{\xi}_{\mathbf{k}2})$ und

$$\tilde{U}_{\mathbf{k}\mathbf{k}'} = \frac{U_{\mathbf{k}\mathbf{k}'}}{2} \begin{pmatrix} 1 + \exp\left(i[\varphi_{\mathbf{k}'} - \varphi_{\mathbf{k}}]\right) & 1 - \exp\left(i[\varphi_{\mathbf{k}'} - \varphi_{\mathbf{k}}]\right) \\ 1 - \exp\left(i[\varphi_{\mathbf{k}} - \varphi_{\mathbf{k}'}]\right) & 1 + \exp\left(i[\varphi_{\mathbf{k}} - \varphi_{\mathbf{k}'}]\right) \end{pmatrix} . \tag{16.156}$$

Es ist nun zweckmäßig, folgende 2 × 2 - Dichtematrizen zu definieren:

$$\hat{D}_{\mathbf{k}} = \left\langle \hat{\xi}^{\dagger}_{\mathbf{k}1}\hat{\xi}_{\mathbf{k}1} \right\rangle + \left\langle \hat{\xi}^{\dagger}_{\mathbf{k}2}\hat{\xi}_{\mathbf{k}2} \right\rangle - 1 \,, \tag{16.157a}$$

$$\hat{N}_{\mathbf{k}} = \left\langle \hat{\xi}^{\dagger}_{\mathbf{k}1}\hat{\xi}_{\mathbf{k}1} \right\rangle - \left\langle \hat{\xi}^{\dagger}_{\mathbf{k}2}\hat{\xi}_{\mathbf{k}2} \right\rangle + 1 \tag{16.157b}$$

und

$$g_{\mathbf{k}} = \left\langle \hat{\xi}^{\dagger}_{\mathbf{k}1}\hat{\xi}_{\mathbf{k}2} \right\rangle \,. \tag{16.157c}$$

Damit lässt sich die generalisierte Boltzmannsche Matrixgleichung in folgender Form schreiben [16.163]:

$$\frac{\partial D_{\mathbf{k}}}{\partial t} + \frac{eE_x}{\hbar}\frac{\partial D_{\mathbf{k}}}{\partial k_x} = -\frac{2\pi}{\hbar}\sum_{\mathbf{q}} \left|U_{\mathbf{kq}}\right|^2 \cos^2\frac{\varphi_{\mathbf{k}}-\varphi_{\mathbf{q}}}{2}\,\delta\left(\hbar v_F[k-q]\right)\left(D_{\mathbf{k}}-D_{\mathbf{q}}\right) \,, \tag{16.158a}$$

$$\begin{aligned} \frac{\partial N_{\mathbf{k}}}{\partial t} + \frac{eE_x}{\hbar}\frac{\partial N_{\mathbf{k}}}{\partial k_x} - \frac{2eE_x \sin\varphi_{\mathbf{k}}}{\hbar k}\,\mathrm{Im} g_{\mathbf{k}} &= \frac{2\pi}{\hbar}\sum_{\mathbf{q}} \left|U_{\mathbf{kq}}\right|^2 \\ &\left\{\frac{1}{\pi}\sin(\varphi_{\mathbf{k}}-\varphi_{\mathbf{q}})\left(\frac{1}{q+k}+\frac{1}{q-k}\right)\frac{\mathrm{Re} g_{\mathbf{k}}}{\hbar v_F} - \right. \\ &\left.\left[\cos^2\frac{\varphi_{\mathbf{k}}-\varphi_{\mathbf{q}}}{2}\,(N_{\mathbf{k}}-N_{\mathbf{q}}) + \sin(\varphi_{\mathbf{k}}-\varphi_{\mathbf{q}})\,\mathrm{Im} g_{\mathbf{q}}\right]\right\}\delta(\hbar v_F[k-q]) \end{aligned} \tag{16.158b}$$

und

$$\begin{aligned} \frac{\partial g_{\mathbf{k}}}{\partial t} - 2iv_F k g_{\mathbf{k}} + \frac{eE_x}{\hbar}\frac{\partial g_{\mathbf{k}}}{\partial k_x} + \frac{iE}{2\hbar k}(N_{\mathbf{k}}-1)\sin\varphi_{\mathbf{k}} &= \\ -\frac{\pi}{\hbar}\sum_{\mathbf{q}}\left|U_{\mathbf{kq}}\right|^2 \left\{ -\frac{i}{2}\sin(\varphi_{\mathbf{k}}-\varphi_{\mathbf{q}})D_{\mathbf{q}}\left[\delta(\hbar v_F[k-q]) + \frac{i}{\pi\hbar v_F}\frac{1}{k-q}\right]\right. \\ + 2\cos^2\frac{\varphi_{\mathbf{k}}-\varphi_{\mathbf{q}}}{2}\left[(g_{\mathbf{k}}-g_{\mathbf{q}})\,\delta(\hbar v_F[k-q]) + \frac{i}{\pi\hbar v_F}\frac{g_{\mathbf{k}}-g_{\mathbf{q}}}{k-q}\right] \\ \left. + \frac{1}{\pi\hbar v_F}\frac{N_{\mathbf{q}}}{k+q}\sin(\varphi_{\mathbf{k}}-\varphi_{\mathbf{q}}) - \frac{2i}{\pi\hbar v_F}\frac{g_{\mathbf{k}}+g^{*}_{\mathbf{q}}}{k+q}\sin^2\frac{\varphi_{\mathbf{k}}-\varphi_{\mathbf{q}}}{2}\right\}. \end{aligned} \tag{16.158c}$$

Der Transportstrom ist dann gegeben durch

$$j_x = ev_F\sum_{\mathbf{q}}\left(N_{\mathbf{q}}\cos\varphi_{\mathbf{q}} + 2\sin\varphi_{\mathbf{q}}\,\mathrm{Im} g_{\mathbf{q}}\right) . \tag{16.159}$$

Während Gl. (16.158a) formal der klassischen Boltzmann-Gleichung (3.353) mit (3.354) entspricht, haben Gl. (16.158b) und (16.158c) eine grundsätzlich andere Struktur. Die Streumatrixelemente beinhalten hier dissipative Terme $\sim \delta(\hbar v_F[k-q])$ und reaktive Terme $\sim 1/[\hbar v_F(k-q)]$. Diese Terme können mit virtuellen Interbandübergängen, also mit der Zitterbewegung assoziiert werden.

Wenn wir die nichtdiagonalen Elemente der Dichtematrix in Gl (16.157c) vernachlässigen, also für $g_{\mathbf{k}} = 0$, erhalten wir die Standard-Boltzmann-Gleichung für Dirac-Fermionen

$$\frac{1}{\tau_{\mathbf{k}}} = \frac{\pi}{\hbar} \sum_{\mathbf{q}} |U_{\mathbf{kq}}|^2 \sin^2(\varphi_{\mathbf{k}} - \varphi_{\mathbf{q}}) \delta\big(\hbar v_F [k - q]\big) . \tag{16.160}$$

$\tau_{\mathbf{k}}$ ist die Stoßzeit [16.198]. Bei geringer Konzentration von Punktdefekten ist der spezifische Widerstand dann gegeben durch

$$\varrho = \frac{2}{e^2 v_F^2 N(E_F) \tau(k_F)} . \tag{16.161}$$

$N(E_F)$ bezeichnet hier die Zustandsdichte am Fermi-Niveau und τ die mittlere Stoßzeit. Eine iterative Analyse der nichtdiagonalen Elemente der Dichtematrix zeigt, dass diese vernachlässigbar sind, solange $\hbar/[E_F \tau(k_F)] \ll 1$ gilt.

Nahe dem Neutralitätspunkt sind wir im Regime starker Kopplung. Hier ist Gl. (16.158) a priori nicht gültig. Es müssen Quanteninterferenzeffekte berücksichtigt werden, die zur *schwachen Lokalisierung* führen können, wie in Abschn. 3.6.3 diskutiert. Im Fall des Graphens kann eine Vorzeichenumkehr der Lokalisierungskorrektur zur Leitfähigkeit auftreten, was als *schwache Antilokalisierung* bezeichnet wird. Generell ist die Physik der schwachen Lokalisierung in Graphen hochkomplex und gegenwärtig Gegenstand vieler theoretischer und experimenteller Arbeiten [16.57; 16.196; 16.199].

Wie in Abschn. 3.6.2 festgestellt, ist die Boltzmannsche Tranportgleichung eine Integro-Differentialgleichung, die nur in sehr wenigen Spezialfällen exakt lösbar ist. Im Allgemeinen verwendet man vielmehr einen Variationsansatz [16.200]. Im Rahmen der in Abschn. 3.5.4 vorgestellten *Born-Oppenheimer-Näherung* gibt es einen alternativen Zugang zu den Transporteigenschaften. Dieser basiert auf dem *Kubo-Nakano-Mori-Ansatz* [16.201]. Dieser Ansatz liefert dasselbe Resultat wie der Variationsansatz für die Boltzmann-Gleichung, aber in einer technisch deutlich einfacheren Form. Wendet man den Kubo-Nakano-Mori-Ansatz auf den elektronischen Transport durch Dirac-Fermionen an, so erhält man unter den zuvor diskutierten Rahmenbedingungen für die Stoßzeit [16.69]

$$\frac{1}{\tau} = \frac{2\pi}{\hbar N(E_F)} \sum_{\mathbf{kk}'} \delta(E_{\mathbf{k}} - E_F) \delta(E_{\mathbf{k}'} - E_F)(\cos\varphi_{\mathbf{k}} - \cos\varphi_{\mathbf{k}'})^2 \left| U_{\mathbf{kk}'}^{\mathrm{eff}} \right|^2 . \tag{16.162}$$

Diese Gleichung zusammen mit Gl. (16.161) erlaubt die Analyse des Einflusses der unterschiedlichsten Streuprozesse auf den elektronischen Transport in Graphen. $U_{\mathbf{kk}'}^{\mathrm{eff}}$ ist ein effektives Störpotential, welches sich mithilfe der Streutheorie für Dirac-Fermionen und Punktdefekte ableiten lässt [16.69]. Dabei wird wiederum vorausgesetzt, dass wir uns nicht am Neutralitätspunkt befinden, i. e., dass $1/\varrho \gg e^2/h$ gilt. Dann sind Interbandübergänge vernachlässigbar und es ist nur das (1,1) - Matrixelement aus Gl. (16.156) relevant. Damit gilt dann

$$U_{\mathbf{kk}'}^{\mathrm{eff}} = U_{\mathbf{kk}'} \frac{1 + \exp\big(i[\varphi_{\mathbf{k}'} - \varphi_{\mathbf{k}}]\big)}{2} . \tag{16.163}$$

Reale Graphenproben weisen aber nicht nur Streuzentren auf, sondern auch Wechselwirkungen mit der Umgebung sind gegebenenfalls zu berücksichtigen. Eine gezielt eingesetzte derartige Wechselwirkung ist der Feldeffekt, der in Proben, die wie in Abb. 3.78 dargestellt angeordnet sind, benutzt werden kann, um mittels einer Gatespannung V_g die Ladungsträgerkonzentration N zu variieren. $\sigma(N)$ hat typischerweise eine V-Form mit einem Minimum bei $V_g = 0$, wobei $N \sim V_g$ gilt. Dies impliziert, dass die durch $\sigma = Ne\mu$ gegebene Mobilität μ höchstens schwach von N abhängt und dass $\sigma \sim N$ gilt. Nur am Neutralitätspunkt gibt es Abweichungen. Experimentelle Arbeiten haben gezeigt, dass das Verhalten universell und unabhängig vom Substrat ist. Allerdings hängt μ vom Substrat ab: Für SiO_2 erhält man typischerweise $\mu \approx 10^4\ \mathrm{cm}^2/(Vs)$, aber für BN durchaus eine Größenordnung mehr [16.202].

Die Temperaturabhängigkeit der Leitfähigkeit von Graphen auf einem Substrat ist äußerst gering. Nach der *Matthiessenschen Regel* gilt $1/\mu(T) = 1/\mu_{\mathrm{ext}} + 1/\mu_{\mathrm{int}}(T)$. Extrinsische Einflüsse entstehen durch Defekte und intrinsische beispielsweise durch die Elektron-Phonon-Wechselwirkung. Unter der Annahme, dass μ_{ext} temperaturunabhängig ist und $\lim_{T\to 0} \mu_{\mathrm{int}} = 0$ gilt, findet man, dass der Unterschied in der Leitfähigkeit für $T \to 0$ und Raumtemperatur nur einige Prozent beträgt [16.203]. Das geschilderte Verhalten ist interessanterweise für bilagiges Graphen praktisch identisch. In beiden Fällen resultiert aus Gl. (16.163)

$$\frac{1}{\tau} \approx \frac{2\pi}{\hbar} \varrho(E_F) \left| U_{k_F}^{\mathrm{eff}} \right|^2 , \tag{16.164}$$

mit $U_{k_F}^{\mathrm{eff}} = U_{\mathbf{kk}'}^{\mathrm{eff}}(k, k' \approx k_F)$.[55] Damit wiederum erhält man $\sigma(N) \sim v_F^2/|U_{k_F}^{\mathrm{eff}}|^2$. Für einlagiges Graphen ist $v_F = \mathrm{const}$, während für bilagiges Graphen $v_F \sim \sqrt{N}$ gilt. Der V-förmige $\sigma(N)$-Verlauf impliziert dann, dass $|U_{k_F}^{\mathrm{eff}}| \sim 1/k_F$ für monolagiges und $|U_{k_F}^{\mathrm{eff}}| = \mathrm{const}$ für bilagiges Graphen anzunehmen sind.

Extrinsische Streuprozesse in Graphen werden grundsätzlich durch dieselben Defekte hervorgerufen wie bei Festkörpern mit konventionellem elektronischen Transport. Es kann sich um Fremdatome, ionisiere Fremdatome mit coulombartiger Abschirmung (Screening)[56] und Fremdatome mit magnetischem Moment[57] handeln. Hinzu kommt eine Streuung an der leichten „eingefrorenen" Kräuselung (*Ripple*) der Graphenmono- oder -bilagen afgrund der Substratrauigkeit. Hierbei handelt es sich um einen Typ der extrinischen Streuung, der bei konventionellen Massivfestkörpern oder auch dünnen Filmen nicht vorkommt. Intrinsische Streuung umfasst die Streuung der Dirac-Fermionen an Phononen. Zu berücksichtigen ist bei frei suspendierten Graphenfilmen auch die thermisch angeregte dynamische Kräuselung, die wir in Abschn. 9.2 bereits für dünne Membranen kennengelernt haben. Welche Streumecha-

---

55 Wir haben hier die Zustandsdichte mit ϱ bezeichnet, um Verwechslungen mit der Ladungsträgerdichte zu vermeiden.

56 Wie in Abschn. 2.2.2 behandelt.

57 Wie in Abschn. 2.2.3 behandelt.

nismen maßgeblich die elektronische Mobilität limitieren, hängt von der Probe und der Arbeitstemperatur ab.

Ein inelastischer Streuprozess muss den Energie- und Impulserhaltungssatz erfüllen: $E_{\mathbf{k}} = E_{\mathbf{k}'} \pm \hbar\omega_{\mathbf{q}}$, mit $\mathbf{k}' = \mathbf{k} \pm \mathbf{q}$. Der maximale Impulsübertrag pro Tal ist $q = 2k_F$ und beide Zustände $|\mathbf{k}\rangle$ und $|\mathbf{k}'\rangle$ liegen innerhalb eines Bereichs von $\approx k_B T$ nahe der Fermi-Energie. Wenn $k_B T > \hbar\omega_{2k_F}$ gilt, so kann der Streuprozess als weitestgehend elastisch betrachtet werden. Die Streuwahrscheinlichkeit ist proportional zur Anzahl der thermisch angeregten Phononen und ist damit für $\hbar\omega_{2k_F} \gg k_B T$ vernachlässigbar. Damit brauchen bis zur Raumtemperatur keine optischen Phononen in Graphen berücksichtigt zu werden. Auch brauchen bis zur Raumtemperatur keine optischen Phononen in Graphen berücksichtigt zu werden, da für Phononen mit $\mathbf{q} = \mathbf{K}$ für $T \lesssim 300\,\mathrm{K}$ die Streuwahrscheinlichkeit für Elektron-Phonon-Streuung ebenfalls vernachlässigbar ist. Damit sind wir nur an akustischen Phononen mit $q \ll 1/a$ interessiert.[58] Für diese gibt es drei Zweige: Longitudinale (l) und transversale (t) Phononen in der Lage sowie aus Biegungen resultierende (b) senkrecht zur Lage. Die Dispersionsrelation für den longitudinalen Zweig ist durch $\omega^l_{\mathbf{q}} = v_l q$ mit $v_l = \sqrt{(\chi + 2\mu)/\varrho}$ gegeben. χ und μ sind die Lamé-Konstanten und ϱ ist die Massendichte. Die Dispersionsrelation für den transversalen Zweig ist $\omega^t_{\mathbf{q}} = v_t q$ mit $v_t = \sqrt{\mu/\varrho}$. Für die Biegemoden erhält man $\omega^b_{\mathbf{q}} = \sqrt{\kappa/\varrho}\, q^2$ mit der Biegesteifigkeit $\kappa = Ed^3/(24[1 - \nu^2])$. Hier bezeichnet E den Elastizitätsmodul und ν die Poisson-Zahl, wie in Abschn. 2.2.1 eingeführt. Aus den Dispersionsrelationen lässt sich über $T_{BG} = \hbar\omega_{2k_F}/k_B$ die *Bloch-Grüneisen-Temperatur* abschätzen: Wenn N in der Einheit $10^{12}/\mathrm{cm}^2$ angegeben wird, so liefert dies für die Temperaturen in K $T^l_{BG} = 57\sqrt{N}$ K, $T^t_{BG} = 38\sqrt{N}$ K und $T^b_{BG} = 0{,}1\sqrt{N}$ K. Für $T > T_{BG}$ kann, wie bereits erwähnt wurde, der Streuprozess klassisch behandelt werden. Dies ist für die Biegemoden für alle relevanten Temperaturen der Fall.

Die Elektron-Phonon-Wechselwirkung resultiert aus einem skalaren elektrostatischen Potential sowie aus einem Vektorpotential, welches den Hopping-Parameter moduliert. Diese beiden Anteile lassen sich in einem Elektron-Phonon-Hamiltonian zusammenfassen [16.204]:

$$\hat{H}_{e\text{-}Ph} = \sum_{\mathbf{k}\mathbf{k}'} \left(\hat{a}^\dagger_{\mathbf{k}}\hat{a}_{\mathbf{k}'} + \hat{c}^\dagger_{\mathbf{k}}\hat{c}_{\mathbf{k}'}\right) \left\{ \sum_{\nu\mathbf{q}} U^\nu_{1\mathbf{q}} \left[\hat{b}^\nu_{\mathbf{q}} + \hat{b}^{\nu^\dagger}_{-\mathbf{q}}\right] \delta_{\mathbf{k},\mathbf{k}-\mathbf{q}} + \sum_{\mathbf{q}\mathbf{q}'} U^b_{1\mathbf{q}\mathbf{q}'} \right.$$
$$\left. \left[\hat{b}^b_{\mathbf{q}} + \hat{b}^{b^\dagger}_{-\mathbf{q}}\right] \left[\hat{b}^b_{\mathbf{q}'} + \hat{b}^{b^\dagger}_{-\mathbf{q}'}\right] \delta_{\mathbf{k},\mathbf{k}-\mathbf{q}-\mathbf{q}'} \right\} + \sum_{\mathbf{k}\mathbf{k}'} \left\{ \sum_{\nu\mathbf{q}} U^\nu_{2\mathbf{q}} \hat{a}^\dagger_{\mathbf{k}}\hat{c}_{\mathbf{k}'} \left[\hat{b}^\nu_{\mathbf{q}} + \hat{b}^{\nu^\dagger}_{-\mathbf{q}}\right] \right.$$
$$\left. \delta_{\mathbf{k},\mathbf{k}-\mathbf{q}} + \sum_{\mathbf{q}\mathbf{q}'} U^b_{2\mathbf{q}\mathbf{q}'} \hat{a}^\dagger_{\mathbf{k}}\hat{c}_{\mathbf{k}'} \left[\hat{b}^b_{\mathbf{q}} + \hat{b}^{b^\dagger}_{-\mathbf{q}}\right] \left[\hat{b}^b_{\mathbf{q}'} + \hat{b}^{b^\dagger}_{-\mathbf{q}'}\right] \delta_{\mathbf{k},\mathbf{k}-\mathbf{q}-\mathbf{q}'} \right\}. \quad (16.165)$$

$\hat{a}_{\mathbf{k}}$ und $\hat{c}_{\mathbf{k}}$ sind Elektronenvernichter für die Untergitter A und B und $\hat{c}_{\mathbf{k}'}$ ist der Phononenoperator. $\nu = l, t$ spezifiziert die Zweige für Phononen in der Lage und 1,2 die

58 Für Graphen gilt immer $k_F \ll 1/a$.

Beiträge des skalaren und diejenigen des Vektorpotentials. Die Matrixelemente sind gegeben durch [16.204]

$$U_{1\mathbf{q}}^{l} = g(q)iq\sqrt{\frac{\hbar}{2\varrho F\omega_{\mathbf{q}}^{l}}}\,, \tag{16.166a}$$

$$U_{q}^{t} = 0\,, \tag{16.166b}$$

$$U_{1\mathbf{q}\mathbf{q}'}^{b} = -g(|\mathbf{q}+\mathbf{q}'|)qq'\cos(\varphi_{\mathbf{q}} - \varphi_{\mathbf{q}'})\frac{\hbar}{4\varrho F\sqrt{\omega_{\mathbf{q}}^{b}\omega_{\mathbf{q}'}^{b}}}\,, \tag{16.166c}$$

$$U_{2\mathbf{q}}^{l} = \frac{\hbar v_F \beta}{2a} iq\exp(2i\varphi_{\mathbf{q}})\sqrt{\frac{\hbar}{2\varrho F\omega_{\mathbf{q}}^{l}}}\,, \tag{16.166d}$$

$$U_{2\mathbf{q}}^{t} = \frac{\hbar v_F \beta}{2a} q\exp(2i\varphi_{\mathbf{q}})\sqrt{\frac{\hbar}{2\varrho F\omega_{\mathbf{q}}^{t}}} \tag{16.166e}$$

und

$$U_{2\mathbf{q}\mathbf{q}'}^{b} = -\frac{\hbar v_F \beta}{4a} qq'\exp\left(i[\varphi_{\mathbf{q}} - \varphi_{\mathbf{q}'}]\right)\frac{\hbar}{2\varrho F\sqrt{\omega_{\mathbf{q}}^{b}\omega_{\mathbf{q}'}^{b}}}\,. \tag{16.166f}$$

Hier bezeichnet F die Fläche der Graphenlage. $\beta = -\partial \ln t/\partial \ln a$ ist der *Grüneisen-Parameter*, welcher die Abhängigkeit des Hopping-Integrals t von der interatomaren Distanz a charakterisiert. Dieser Parameter ist relevant für die Streumatrixelemente, die durch das Vektorpotential determiniert werden. Das Vektorpotential wiederum ist durch die Scherkomponenten des Deformationstensors bestimmt [16.205]. Das skalare Coulomb-Potential wiederum resultiert aus spannungsinduzierten Variationen der Ladungsträgerdichte [16.205]. Die Größenordnung des Potentials wird hier durch die charakteristische Energie g geliefert, für die *Dichtefunktionalrechnungen*, welche Abschirmeffekte berücksichtigen,[59] $g \approx 4$ eV liefern [16.206].

Alle Matrixelemente aus Gl. (16.166) verschwinden für $g \to 0$, was für eine Wechselwirkung mit akustischen Phononen typisch ist. Die Biegemoden liefern keine Einzelphononenprozesse, sondern nur Zweiphononenprozesse. Dies ergibt sich direkt aus der Struktur des Deformationstensors [16.204].

Mithilfe von Gl. (16.165) und (16.166) kann nun der resultierende elektrische Widerstand mittels des Kubo-Nakano-Mori-Formalismus oder auf der Basis entsprechender Näherungen mittels der Boltzmannschen Transportgleichung berechnet werden. Dazu wird $\hat{H}_{e\text{-}ph}$ anstelle von $\hat{H}_S$ in Gl. (16.153) substituiert. Die Zeitabhängigkeit der

59 Wenn das unabgeschirmte Potential g_0 beträgt, so ist das abgeschirmte durch $g(k) = g_0/\varepsilon(K)$ gegeben. $\varepsilon(K)$ ist die statische Permittivität: $\varepsilon(K) = 1 + e^2\varrho(k_F)/(2\varepsilon_0 K)$, mit der Zustandsdichte $\varrho = 2k_F/(\pi\hbar v_F)$.

Phononenoperatoren ist $\hat{b}_{\mathbf{q}}(t) = b_{\mathbf{q}} \exp(-i\omega_{\mathbf{q}} t)$ und $\hat{b}^{\dagger}_{\mathbf{q}}(t) = b^{\dagger}_{\mathbf{q}} \exp(i\omega_{\mathbf{q}} t)$. Wenn die Phononen im thermodynamischen Gleichgewicht sind, so ist die Modenverteilung durch die in Abschn. 2.2.4 eingeführte Bose-Einstein-Verteilung gegeben.

$$\left\langle \hat{b}^{\dagger}_{\mathbf{q}} \hat{b}_{\mathbf{q}} \right\rangle = n(\omega_{\mathbf{q}}) = \frac{1}{\exp(\hbar\omega_{\mathbf{q}}/[k_B T]) - 1} \tag{16.167a}$$

und

$$\left\langle \hat{b}_{\mathbf{q}} \hat{b}^{\dagger}_{\mathbf{q}} \right\rangle = 1 + n(\omega_{\mathbf{q}}) \,. \tag{16.167b}$$

Für $T > T^{l,t}_{BG}$ spielen die in Abschn. 3.8.2 diskutierten quantenmechanischen Phänomene keine Rolle und es ist $n(\omega_{\mathbf{q}}) \approx 1 + n(\omega_{\mathbf{q}}) \approx T/T_{BG}$. Damit lässt sich schließlich $|U^{\text{eff}}_{\mathbf{kk}'}|(T, \omega_{\mathbf{q}})$ bestimmen. Die so erhaltene inverse Stoßzeit ist gegeben durch [16.207]

$$\frac{1}{\tau} = \frac{k_F k_B T}{2\varrho\hbar^2 v_F} \left(\left[\frac{g_{\text{eff}}}{v_l}\right]^2 + \left[\frac{\beta\hbar v_F}{2a}\right]^2 \left[\frac{1}{v_l^2} + \frac{1}{v_t^2}\right] \right) , \tag{16.168}$$

mit $g_{\text{eff}} = g/E(q = k_F, 0)$.

Eine akkurate Einbeziehung von Zweiphononenprozessen zeigt allerdings [16.207], dass für $T > 57N\,\text{K}$ die Elektron-Phonon-Wechselwirkung aufgrund der Biegemoden dominiert. Nunmehr findet man

$$\frac{1}{\tau} = \frac{1}{32\pi^3\varrho^2 v_F k_F} \int_0^\infty dK \frac{[D(K)K]^2}{\sqrt{k_F^2 - K^2/4}} \int_0^\infty dq \frac{q^3 n(\omega^b_q)}{\omega^b_q} \int_{|K-q|}^{K+q} dQ \frac{Q^3 \left[n(\omega^b_q) + 1\right]}{\omega^b_q \sqrt{(Kq)^2 - (K^2 + q^2 - Q^2)/4)}} , \tag{16.169a}$$

mit

$$D^2(K) = g\left(1 - \left[\frac{K}{2k_F}\right]^2\right)\left(\frac{\beta\hbar v_F}{2a}\right)^2 . \tag{16.169b}$$

Für Graphenlagen auf einem Substrat sind die intrinsischen Streubeiträge gegenüber den extrinsischen zu vernachlässigen. Für frei suspendierte Graphenlagen, bei denen Defekte durch eine Glühbehandlung der Proben ausgeheilt werden, kann die Mobilität bei tiefen Temperaturen 10^5–$10^6\,\text{cm}^2/(\text{Vs})$ betragen [16.154; 16.208]. In diesem Fall dominieren intrinsische Streuprozesse bei Raumtemperatur vollständig.

16.2.5 Elektronische Eigenschaften von Graphennanostrukturen

Wie im vorherigen Abschnitt erwähnt, kann ein einziger Dirac-Punkt betrachtet werden, wenn keine Mischung der Täler auftritt. Dies ist der Fall, wenn Defektpotentiale nur moderat und nicht atomar scharf variieren. Bei Nanostrukturen aus Graphen sind die Grenzen des Bienenwabengitters natürlich lokal atomar scharf. Deshalb muss der entsprechende Hamiltonian aus Gl. (16.9b) verwendet werden. Der daraus resultierende Stromoperator ist

$$\hat{\mathbf{j}} = v_F \underline{\underline{1_{\mathbf{KK}'}}} \otimes \hat{\boldsymbol{\sigma}} \,. \tag{16.170a}$$

Über den Rand der Nanostruktur muss der Strom verschwinden:

$$\left\langle \Psi | \mathbf{n}(s) \cdot \hat{\mathbf{j}} | \Psi \right\rangle = 0 \,. \tag{16.170b}$$

n ist der Normalenvektor und s parametrisiert einen beliebig geformten Rand. Die einfachsten Randstrukturen haben eine Zickzack- oder Armchairanordnung, wie in Abb. 16.22 dargestellt.

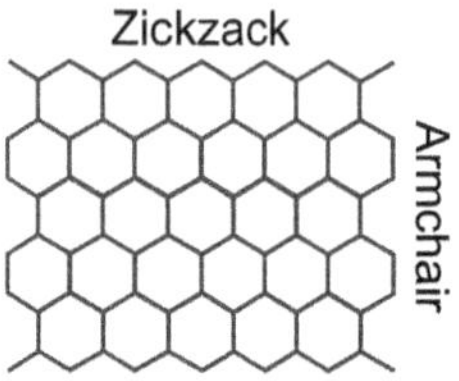

Abb. 16.22. Häufige Kantenorientierungen von Graphennanostrukturen.

Unter Verwendung von Gl. (16.170) lautet die Schrödinger-Gleichung

$$\hbar v_F \left[-i \underline{\underline{1_{\mathbf{KK}'}}} \otimes \hat{\boldsymbol{\sigma}} \cdot \nabla + \hbar \underline{\underline{\mathcal{H}}}\, \delta(\mathbf{r} - \mathbf{r}_B) \right] \Psi = E \Psi \,. \tag{16.171}$$

$\mathbf{r} = \mathbf{r}_B(s)$ ist der Rand der Nanostruktur und $\hat{\mathfrak{H}}$ ein energieunabhängiger Hamilton-Operator. Integriert man Gl. (16.171) entlang einer infinitesimalen Linie parallel zu $\mathbf{n}(s)$, so erhält man die Randbedingung $\hat{A}\Psi = i\hat{\mathfrak{H}}\Psi$ für $\mathbf{r} = \mathbf{r}_B$. Dabei ist

$$\hat{A} = \mathbf{n}\, \underline{\underline{1_{\mathbf{KK}'}}} \otimes \hat{\boldsymbol{\sigma}} = \frac{1}{v_F} \mathbf{nj} \,. \tag{16.172}$$

Diese Randbedingung kann auch alternativ durch $\Psi = \hat{\hat{\mathfrak{H}}}\Psi$ für $\mathbf{r} = \mathbf{r}_B$ ausgedrückt werden. Dabei ist $\hat{\hat{\mathfrak{H}}} = i\hat{A}\hat{\mathfrak{H}}$. Durch iteratives Anwenden der Randbedingung folgt $\hat{\hat{\mathfrak{H}}}^2 = 1$. Nimmt man ferner an, dass die Hermiteschen Operatoren $\hat{A}$ und $\hat{\mathfrak{H}}$ vertauschen, $[\hat{A}, \hat{\mathfrak{H}}] = 0$, so folgt, dass auch $\hat{\hat{\mathfrak{H}}}$ Hermitesch ist sowie auch unitär: $\hat{\hat{\mathfrak{H}}} = \hat{\hat{\mathfrak{H}}}^\dagger = \hat{\hat{\mathfrak{H}}}^{-1}$. Ferner gilt $[\hat{A}, \hat{\hat{\mathfrak{H}}}] = i\hat{A}^2\mathcal{H} + i(\hat{A}\hat{\mathfrak{H}})\hat{A} = 0$. Damit ist die Randbedingung $\Psi = \hat{\hat{\mathfrak{H}}}\Psi$ mit einem möglichst generalisierten Operator $\hat{\hat{\mathfrak{H}}}$ die allgemeinste Repräsentation des Randes einer Graphennanostruktur.

Die allgemeinste Form von $\hat{\hat{\mathfrak{H}}}$ ist gegeben durch [16.122]

$$\hat{\hat{\mathfrak{H}}} = \sin\Lambda\, \underline{\underline{1_{\mathbf{KK}'}}} \otimes \left(\mathbf{n}_1 \cdot \hat{\boldsymbol{\sigma}}\right) + \cos\Lambda \left(\mathbf{m} \cdot \hat{\boldsymbol{\sigma}}_{\mathbf{KK}'}\right) \otimes \left(\mathbf{n}_2 \cdot \hat{\boldsymbol{\sigma}}\right) \,. \tag{16.173}$$

Λ ist ein beliebiger reeller Wert. $\mathbf{n}_1$, $\mathbf{n}_2$ und $\mathbf{m}$ sind dreidimensionale Einheitsvektoren derart, dass $\mathbf{n}_1 \cdot \mathbf{n}_2 = \mathbf{n}_1 \cdot \mathbf{n} = \mathbf{n}_2 \cdot \mathbf{n} = 0$ gilt. $\hat{\boldsymbol{\sigma}}_{\mathbf{KK}'}$ ist der Pauli-Matrixvektor im System der Täler. Generell kann man annehmen, dass die obigen Randbedingungen eine Zeitumkehrsymmetrie besitzen. Diese Zeitumkehrsymmetrie kann gebrochen werden durch eine spontane Polarisation der Täler an den Kanten der Nanostruktur oder durch die Spin-Bahn-Kopplung. Der Zeitumkehroperator ist gegeben durch $\hat{T} = \hat{U}\hat{K}$. Für den Fall der zwei Täler ist dann $\hat{T} = -\sigma^y_{\mathbf{KK}'} \otimes \hat{\sigma}y\hat{K}$. $\hat{\hat{\mathcal{H}}}$ aus Gl. (16.173) kommutiert mit $\hat{T}$ nur für $\Lambda = 0$. Damit gilt im Fall der Zeitumkehrsymmetrie

$$\hat{\hat{\mathcal{H}}} = \left(\mathbf{m} \cdot \hat{\boldsymbol{\sigma}}_{\mathbf{KK}'}\right) \otimes \left(\mathbf{n}_3 \cdot \hat{\boldsymbol{\sigma}}\right) , \tag{16.174}$$

mit $\mathbf{n}_3 \cdot \mathbf{n} = 0$.

Eine weitere Konkretisierung der Randbedingungen erhält man für eine Beschränkung auf Wechselwirkungen zwischen nächsten Nachbarn, was für Graphen, wie erwähnt, in der Regel angemessen ist. Dann gilt $\hat{H}_{AB}\psi_A = E\psi_B$ und $\hat{H}^\dagger_{AB}\psi_B = E\psi_A$. Die Elektron-Loch-Symmetrie $\psi_B \to -\psi_B$ und $E \to -E$ transformiert die Schrödinger-Gleichung entsprechend. Im Fall kleiner Energien $|E| \ll t$ gilt dann $(\hat{\sigma}^z_{\mathbf{KK}'} \otimes \hat{\sigma}_z)\hat{H}(\hat{\sigma}^z_{\mathbf{KK}'} \otimes \hat{\sigma}_z) = -\hat{H}$. Unter Verwendung von $(\hat{\sigma}^z_{\mathbf{KK}'} \otimes \hat{\sigma}_z)^2 = 1$ folgt dann $[\hat{H}, \hat{\sigma}^z_{\mathbf{KK}'} \otimes \hat{\sigma}_z] = 0$. Hieraus resultieren zwei Kategorien erlaubter Randbedingungen

$$\hat{\hat{\mathcal{H}}} = \pm\hat{\sigma}^z_{\mathbf{KK}'} \otimes \hat{\sigma}_z , \tag{16.175a}$$

für $\mathbf{m}, \mathbf{n}_3 \| z$ und

$$\hat{\hat{\mathcal{H}}} = \left(\cos\varphi\, \hat{\sigma}^x_{\mathbf{KK}'} + \sin\varphi\, \hat{\sigma}^y_{\mathbf{KK}'}\right) \otimes \hat{\sigma}_x , \tag{16.175b}$$

für $m_z = n_3^z = 0$. Wir nehmen an, dass die Kante entlang von x verläuft: $\mathbf{n}\|y$ und $\mathbf{n}_3\|x$. Die Randbedingung aus Gl. (16.175a) wird als zickzackartig, diejenige aus Gl. (16.175b) als armchairartig bezeichnet. Der zuerst genannte Typ ist generisch, während der zuletzt genannte nur unter speziellen Bedingungen resultiert.

Betrachten wir im Folgenden die Randbedingungen anhand von Abb. 16.23 unter mikroskopischen Gesichtspunkten. Die Gittervektoren sind durch $\mathbf{R}_{1,2} = a/2(\sqrt{3} \pm 1)$ gegeben. Die Schrödinger-Gleichung ist dann

$$\psi_B(\mathbf{r}) + \psi_B(\mathbf{r} - \mathbf{R}_1) + \psi_B(\mathbf{r} - \mathbf{R}_2) = \varepsilon\psi_A(\mathbf{r}) \tag{16.176a}$$

und

$$\psi_A(\mathbf{r}) + \psi_A(\mathbf{r} + \mathbf{R}_1) + \psi_A(\mathbf{r} + \mathbf{R}_2) = \varepsilon\psi_B(\mathbf{r}) . \tag{16.176b}$$

Dabei ist $\varepsilon = E/t$. Der Winkel zwischen $\mathbf{T} = n\mathbf{R}_1 + m\mathbf{R}_2$ und der Armchairrichtung x ist gegeben durch

$$\varphi = \arctan\left(\frac{1}{\sqrt{3}}\,\frac{n - m}{n + m}\right) , \tag{16.177}$$

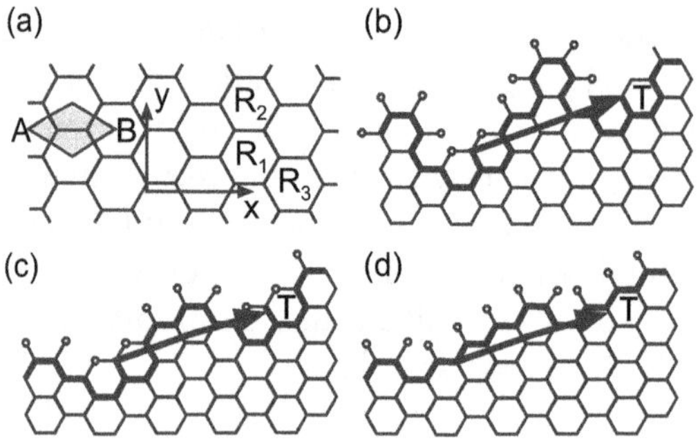

Abb. 16.23. (a) Bienenwabengitter aus einer Einheitszelle mit den zwei Atomen A und B. Die Translation erfolgt entlang der Gittervektoren $\mathbf{R}_1$ und $\mathbf{R}_2$. (b)–(d) zeigt verschiedene periodische Ränder derselben Periode $\mathbf{T} = n\mathbf{R}_1 + m\mathbf{R}_2$. Die Kantenatome (auf der dicken Linie) besitzen unabgesättigte Bindungen (Dangling Bonds). Für den Minimalrand in (d) ist die Zahl der fehlenden nächsten Nachbarn und die Zahl der unabgesättigten Bindungen gerade durch $n + m$ gegeben.

mit $|\varphi| \leq \pi/6$, da die Periode der Rotationssymmetrie $\pi/3$ beträgt.

Nahe den Dirac-Punkten gilt $\varepsilon \approx 0$ in Gl. (16.176). Unter Verwendung des *Blochschen Theorems* sollte

$$\psi_{A,B}(\mathbf{r} + \mathbf{T}) = \exp(i\phi)\,\psi_{A,B}(\mathbf{r}) \tag{16.178}$$

gelten mit $0 \leq \phi < 2\pi$. Senkrecht zum Rand muss

$$\psi_{A,B}(\mathbf{r} + \mathbf{R}_3) = \lambda\psi_{A,B}(\mathbf{r}) \,. \tag{16.179}$$

gelten mit $\mathbf{R}_3 = \mathbf{R}_1 - \mathbf{R}_2$ antiparallel zu y. $\mathbf{R}_3$ hat die Komponente $a\cos\varphi > a\sqrt{3}/2$ senkrecht zu $\mathbf{T}$. Für lokalisierte Kantenzustände ist $|\lambda| < 1$ und für propagierende Zustände $|\lambda| = 1$. Mit $|\lambda| < 1$ fällt $\psi_{A,B}$ aus Gl. (16.179) mit $l = a\cos\ln|\lambda|$ entlang einer Richtung senkrecht zu $\mathbf{T}$ ab. Mit $\mathbf{R}_1 = \mathbf{R}_2 + \mathbf{R}_3$ folgt aus Gl. (16.176) mit $\varepsilon \approx 0$

$$\psi_B(\mathbf{r}) = \psi_B(\mathbf{r} - \mathbf{R}_2 - \mathbf{R}_3) + \psi_B(\mathbf{r} - \mathbf{R}_2) = 0 \tag{16.180a}$$

und

$$\psi_A(\mathbf{r}) = \psi_A(\mathbf{r} + \mathbf{R}_2 + \mathbf{R}_3) + \psi_A(\mathbf{r} + \mathbf{R}_2) = 0 \,. \tag{16.180b}$$

Mit Gl. (16.179) folgt dann

$$\psi_B(\mathbf{r} + R_2) = -\frac{1}{1+\lambda}\psi_B(\mathbf{r}) \tag{16.181a}$$

und

$$\psi_A(\mathbf{r} + R_2) = -(1+\lambda)\,\psi_A(\mathbf{r}) \,. \tag{16.181b}$$

Mit Gl. (16.178) erhalten wir

$$\psi_B(\mathbf{r} + p\mathbf{R}_2 + q\mathbf{R}_3) = \lambda^q(-1-\lambda)^{-p}\psi_B(\mathbf{r}) \tag{16.182a}$$

und

$$\psi_A(\mathbf{r} + p\mathbf{R}_2 + q\mathbf{R}_3) = \lambda^q(-1-\lambda)^p \psi_A(\mathbf{r}) . \tag{16.182b}$$

p und q sind ganze Zahlen. Ferner gilt nach dem Blochschen Theorem $\mathbf{T} = (n+M)\mathbf{R}_2 + n\mathbf{R}_3$. Nach Gl. (16.178) erhalten wir Gleichungen zur Bestimmung von λ:

$$(-1-\lambda)^{m+a} = \exp(i\phi)\lambda^n \tag{16.183a}$$

für das Untergitter A und

$$(-1-\lambda)^{m+a} = \exp(i\phi)\lambda^m \tag{16.183b}$$

für das Untergitter B. Ein Nullenergiezustand ist durch

$$\psi_A = \sum_{p=1}^{P_A} \alpha_p \psi_p \tag{16.184a}$$

und

$$\psi_B = \sum_{p=1}^{P_B} \tilde{\alpha}_p \tilde{\psi}_p \tag{16.184b}$$

gegeben. P_A und P_B sind die Anzahl der Lösungen von Gl. (16.183) innerhalb eines Einheitskreises und ψ_p sowie $\tilde{\psi}_p$ die Eigenzustände. α_p und $\tilde{\alpha}_p$ müssen so gewählt werden, dass ψ_A und ψ_B an unbesetzten atomaren Positionen jenseits der Kante der Nanostruktur verschwinden. Speziell für $\phi = 0$, also im Dirac-Limit, erhält man [16.122] $P_A = (2n+m)/3 + 1$ und $P_B = (2m+n)/3 + 1$. Für propagierende Moden ist dann $\lambda_\pm = \exp(\pm 2\pi i/3)$. Für alle anderen Moden ist $|\lambda| < 1$. Damit sind sie an der Kante lokalisisert. Der korrespondierende Eigenzustand ist $\exp(i\mathbf{K}\cdot\mathbf{r})$ mit $\mathbf{K} = 4\pi\mathbf{R}_3/(3a^2)$. Damit resultiert für die Nullenergiemode insgesamt

$$\psi_A = \psi_1 \exp(i\mathbf{K}\cdot\mathbf{r}) + \psi_4 \exp(-i\mathbf{K}\cdot\mathbf{r}) + \sum_{p=1}^{P_A-2} \alpha_p \psi_p \tag{16.185a}$$

und

$$\psi_B = \psi_2 \exp(i\mathbf{K}\cdot\mathbf{r}) + \psi_3 \exp(-i\mathbf{K}\cdot\mathbf{r}) + \sum_{p=1}^{P_B-2} \tilde{\alpha}_p \tilde{\psi}_p . \tag{16.185b}$$

Die Amplituden ψ_1 und $-i\psi_2$ entsprechen den zwei Komponenten der Wellenfunktion für das Tal $\mathbf{K}$ und $i\psi_3$ sowie $-\psi_4$ denen für das Tal $\mathbf{K}'$.

Nehmen wir an, dass die Anzahl fehlender nächster Nachbarn im Kantenbereich gemäß Abb. 16.23(c)–(d) durch $N_A + N_B$ gegeben ist. Dann gilt $N_A + N_B \geq m + n$. Im Hinblick auf Gl. (16.185) haben wir dann N_A Randbedingungen mit $\psi_A = 0$ und N_B

mit $\psi_B = 0$. Für den Minimalrand gilt $N_A = n$ und $N_B = m$. Für $n > m$ hat man dann $M_A \leq n$ Randbedingungen mit $\psi_A = 0$ für einige atomare Positionen pro Periode. Die einzige Möglichkeit alle Randbedingungen zu erfüllen ist, dass $\psi_A = 0$ auf dem gesamten Rand gilt. Damit ist in Gl. (16.185a) $\psi_1 = \psi_4 = 0$. Gleichzeitig erhalten wir $M_B \geq m+2$ und damit bleiben ψ_2 und ψ_3 in Gl. (16.185b) offen. Dies entspricht nach Gl. (16.175a) der Zickzack-Orientierung mit positivem Vorzeichen. Für $n = m$ erhält man $M_A = M_B = n + 1$ und somit identische Randbedingungen für beide Untergitter. Alle ψ_i in Gl. (16.185) verschwinden nicht, aber es gilt $|\psi_1| = |\psi_4|$ und $|\psi_2| = |\psi_3|$. Für den Fall des Minimalrands kann man zeigen, dass die Armchairrandbedingung nach Gl. (16.175b) die Ausnahme darstellt. Generisch ist vielmehr die Zickzack-Randbedingung nach Gl. (16.175a). Dieser Befund scheint sich auch auf nichtminimale Ränder zu erstrecken sowie auf den Fall von Unordnung im Randbereich [16.209]. Für $n > m$ ist die Dichte der unabhängigen Nullenergiemoden durch

$$\varrho = \frac{M_A - n}{|\mathbf{T}|} = \frac{|m - n|}{3a\sqrt{n^2 + nm + m^2}} = \frac{2}{3a}|\sin\varphi| \tag{16.186}$$

gegeben [16.209]. Für eine Armchairkante mit $\varphi = 0$ gibt es also keine Nullenergiemoden.

Die bisherige Diskussion zu den Randzuständen lässt sich in folgender Weise zusammenfassen: Für reine Zickzack-Kanten gehören alle fehlenden Atome entweder nur zum Untergitter A oder nur zu B. Damit sollten die entsprechenden Komponenten der Wellenfunktionen für die Täler $\mathbf{K}$ und $\mathbf{K}'$ an den Kanten verschwinden. Wenn die Anzahl der fehlenden Atome für A und B unterschiedlich ist, richten sich die Randbedingungen für beide Spezies nach der Mehrheitsspezies. Nur für eine Armchairkante, bei der die Anzahl der Spezies A exakt der von B entspricht, sind alle Komponenten des Dirac-Spinors aus Gl. (16.185) auch am Rand endlich.

Für ein Graphenband der Länge L mit $|y| < L/2$ mit Zickzack-Kanten fehlen auf der einen Seite Atome vom Typ A und auf der anderen Seite solche vom Typ B als nächste Nachbarn. Die Randbedingungen sind dann $\phi(y = L/2) = 0$ und $\chi(y = L/2) = 0$. Dabei ist $\phi = \psi_1$ oder $\phi = \psi_4$ und $\chi = \psi_2$ oder $\chi = \psi_3$. Die Täler sind entkoppelt und wir können sie unabhängig von einander betrachten. Für $\mathbf{K}$ gilt dann

$$\left(\frac{\partial}{\partial x} + i\frac{\partial}{\partial y}\right)\phi(x, y) = ik\chi(x, y) \tag{16.187a}$$

und

$$\left(\frac{\partial}{\partial x} - i\frac{\partial}{\partial y}\right)\chi(x, y) = ik\,\phi(x, y)\,, \tag{16.187b}$$

mit $k = E/(\hbar v_F)$. Lösungen sind

$$\phi(x, y) = \exp(ik_x x)\,\phi(y) \tag{16.188a}$$

und

$$\chi(x, y) = \exp(ik_x x)\chi(y)\,, \tag{16.188b}$$

mit

$$\phi(y) = A\exp(\kappa y) + B\exp(-\kappa y) \tag{16.188c}$$

und

$$\chi(y) = C\exp(\kappa y) + D\exp(-\kappa y)\ , \tag{16.188d}$$

mit $\kappa = \sqrt{k_x^2 - k^2}$. κ kann entweder reell für evaneszente Wellen sein oder imaginär für propagierende. Aus Gl. (16.188) und den Randbedingungen erhält man eine Dispersionsrelation für die Graphennanostruktur:

$$\frac{k_x - \kappa}{k_x + \kappa} = \exp(-2\kappa L)\ . \tag{16.189}$$

Eine nichttriviale reelle Lösung existiert für $k_x > 1/L$. Dies ist als Bedingung für die Existenz von Kantenzuständen anzusehen. Bei einer Energie von $E_K = \pm\hbar v_F\sqrt{k_x^2 - \kappa^2}$ bestehen diese in Linearkombinationen der lokalisierten Zustände der linken und rechten Kante. Abbildung 16.24 zeigt, dass die Kantenzustände die Täler **K** und **K**$'$ miteinander verbinden.

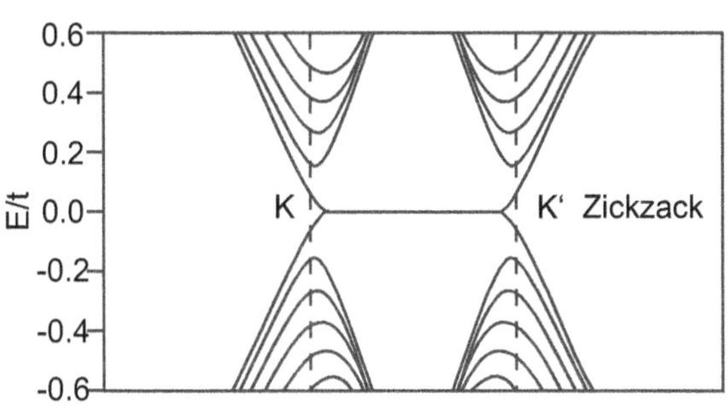

Abb. 16.24. Energiespektrum eines Graphennanostreifens [16.88].

Für ein rein imaginäres $\kappa = ik_y$ wird in Gl. (16.189) $k_x = k_y\cot(k_y L)$. Dieser Zusammenhang beschreibt ausgedehnte stehende Wellen mit diskreten k_y-Werten und Energien von $E = \pm\hbar v_F\sqrt{k_x^2 + k_y^2}$.

Für Nanostreifen mit Armchairkanten sind die Amplituden von Wellenfunktionen, die zu unterschiedlichen Tälern gehören, zwar gleich groß, aber die Phasen können differieren. Die Randbedingungen sind in diesem Fall [16.88]

$$\phi\left(-\frac{L}{2}\right) = \phi'\left(-\frac{L}{2}\right)\ , \tag{16.190a}$$

$$\chi\left(-\frac{L}{2}\right) = \chi'\left(-\frac{L}{2}\right)\ , \tag{16.190b}$$

$$\phi\left(\frac{L}{2}\right) = \exp(2\pi i\alpha)\,\phi'\left(\frac{L}{2}\right)\,, \tag{16.190c}$$

$$\chi\left(\frac{L}{2}\right) = \exp(2\pi i\alpha)\chi'\left(\frac{L}{2}\right)\,. \tag{16.190d}$$

ϕ und χ sind dabei **K** zuzuordnen und ϕ' und χ' dementsprechend **K**$'$. Ist die Anzahl hexagonaler Reihen durch $3n$ gegeben, so gilt $\alpha = 0$. Ist sie durch $3n \pm 1$ gegeben, so gilt hingegen $\alpha = \pm 2/3$. Kantenzustände existieren nicht und die ausgedehnten Zustände sind durch

$$\phi_j(y) = -i\chi_j(y) = \frac{1}{\sqrt{2L}}\exp(ik_j y) \tag{16.191a}$$

und

$$\phi_j'(y) = -i\chi_j'(y) = \frac{1}{\sqrt{2L}}\exp(-ik_j y) \tag{16.191b}$$

gegeben. Dabei gilt $k_j = (j + \alpha)\pi/L$ mit $j = 0, \pm 1, \ldots$.

Für Zickzack-Kanten ist die Elektronbewegung entlang der Kanten mit einer Komponente senkrecht dazu verbunden, wie man an der Dispersionsrelation aus Gl. (16.189) sieht. Dies impliziert interessante Konsequenzen für Graphennanostrukturen mit Konstriktionen wie in Abb. 16.25 dargestellt. Nehmen wir eine moderate Variation der Breite $L(x)$ eines Nanostreifens an: $|dL/dx| \ll 1$. Der Einfachheit halber nehmen wir ferner Spiegelsymmetrie an: $y = \pm L(x)/2$. Betrachten wir die Verhältnisse zunächst für einen konventionellen Leiter. Mit der Randbedingung $\Psi(y = \pm L(x)/2) = 0$ folgt aus der konventionellen Schrödinger-Gleichung die Lösung $\Psi(x, y) = \chi(x)\varphi_x(y)$ mit

$$\varphi_x(y) = \sqrt{\frac{2}{L(x)}}\sin\left(\frac{\pi n\left[2y + L(x)\right]}{L(x)}\right) \tag{16.192}$$

in adiabatischer Näherung [16.210]. Während Gl. (16.192) die stehenden transversalen Elektronenwellen beschreibt, sind propagierende longitudinale als Lösung der Schrödinger-Gleichung

$$\frac{d^2\chi_n(x)}{dx^2} + \left(k^2 - k_n(x)\right)\chi_n(x) = 0 \tag{16.193}$$

gegeben. Dabei ist $k^2 = 2mE/\hbar^2$ und $k_n(x) = \pi n/L(x)$. Für $k > k_n(x)$ sind die Zustände propagierende Wellen mit exponentiell kleiner Reflexionswahrscheinlichkeit. Für den klassisch verbotenen Bereich mit $k > k_n(x)$ klingen die elektronischen Zustände schnell ab. Der Transport im adiabatischen Regime ist also durch die minimale Konstriktionsweite $L_{\min}$ gegeben: Alle Zustände mit $n < kL_{\min}/\pi$ haben Transmissionskoeffizienten nahe Eins, während alle Zustände mit größerem n nicht zum Transport beitragen. Entsprechend des in Abschn. 3.6.3 abgeleiteten Landauer-Büttiger-Formalismus sollte der Leitwert quantisiert sein: $G = 2e^2 n/h$. Jede Transversalmode trägt als unabhängiger Transportkanal bei.

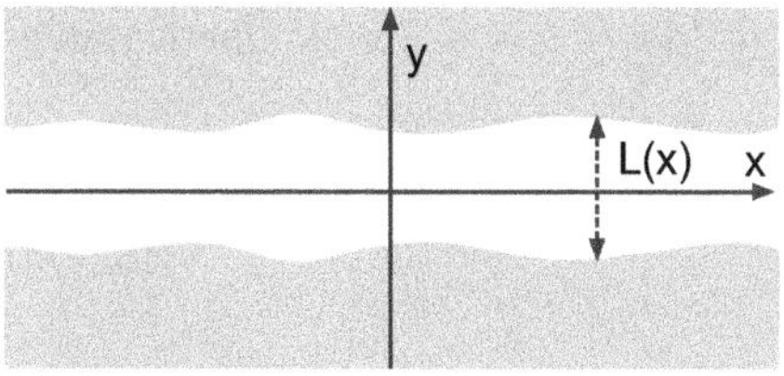

Abb. 16.25. Graphennanostruktur mit moderat variierender Breite.

Für Graphennanostrukturen ist die Situation komplizierter. Wir betrachten ausschließlich Zickzack-Ränder als die generischen Strukturen. Zu lösen ist Gl. (16.187) unter den Randbedingungen $\phi(x, y = -L(x)/2) = \chi(x, y = L(x)/2) = 0$. Ausgangspunkt ist die Entwicklung einer allgemeinen Lösung für die stehenden Wellen mit $k_x = 0$. In diesem Fall resultiert aus der Dispersionsrelation in Gl. (16.189) $k_y = k_j = \pi j/L$, mit $j = \pm 1/2, \pm 3/2, \ldots$. Für die Eigenfunktionen aus Gl. (16.187) resultiert dann

$$\phi_j(y) = \frac{1}{\sqrt{L}} \cos\left(k_j \left[y - \frac{L}{2}\right]\right) \tag{16.194a}$$

und

$$\chi_j(y) = -\frac{1}{\sqrt{L}} \sin\left(k_j \left[y - \frac{L}{2}\right]\right) . \tag{16.194b}$$

Der allgemeinste Ansatz für die kompletten Eigenfunktionen ist

$$\phi(x, y) = \sum_j c_j(x) \phi_j^{(x)}(y) \tag{16.195a}$$

und

$$\chi(x, y) = \sum_j c_j(x) \chi_j^{(x)}(y) , \tag{16.195b}$$

mit $\phi_j^{(x)}(y) = \phi_j(y)$ und $\chi_j^{(x)}(y) = \chi_j(y)$ aus Gl. (16.194) für $L = L(x)$. Mit diesem Ansatz resultiert aus Gl. (16.187a) nach Multiplikation mit $\langle\chi_j|$ sowie aus Gl. (16.187b) nach Multiplikation mit $\langle\phi_j|$

$$\sum_l \left[\frac{dc_l}{dx} \langle\chi_j|\chi_l\rangle + c_l \left\langle\chi_j\middle|\frac{d\chi_l}{dx}\right\rangle\right] = i \sum_l (k - k_l) c_l \langle\chi_j|\phi_l\rangle \tag{16.196a}$$

und

$$\sum_l \left[\frac{dc_l}{dx} \langle\phi_j|\phi_l\rangle + c_l \left\langle\phi_j\middle|\frac{d\phi_l}{dx}\right\rangle\right] = i \sum_l (k - k_l) c_l \langle\phi_j|\chi_l\rangle . \tag{16.196b}$$

In adiabatischer Näherung gilt $\langle\chi_j|d\chi_l/dx\rangle \approx \langle\phi_j|d\phi_l/dx\rangle \approx 0$. Für die Überlappintegrale erhält man

$$\langle\phi_j|\phi_l\rangle = \int_{-L/2}^{L/2} dy\, \phi_j^\dagger \phi_l = \frac{1}{2}\left(\delta_{j,l} + \delta_{j,-l}\right) , \tag{16.197a}$$

$$\langle\chi_j|\chi_l\rangle = \frac{1}{2}\left(\delta_{j,l} - \delta_{j,-l}\right) \tag{16.197b}$$

und

$$\langle\phi_j|\chi_l\rangle = \langle\chi_l|\phi_j\rangle = -\frac{1}{\pi}\begin{cases} \dfrac{1}{l-j}; & l-j = 2n+1 \\ \dfrac{1}{l+j}; & l-j = 2n \end{cases} . \tag{16.197c}$$

Eingesetzt in Gl. (16.196) liefert dies

$$\frac{dc_j(x)}{dx} = -\frac{2i}{\pi}\sum_{\substack{l \\ l-j=2n}} \frac{k-k_l(x)}{j+l}\, c_l(x) . \tag{16.198}$$

Da dieser Zusammenhang eine Kopplung zwischen verschiedenen stehenden Wellen repräsentiert, kann man nicht per se schließen, dass der elektronische Transport durch die Konstriktion adiabatisch abläuft. Dies kann allerdings gezeigt werden, indem man in Gl. (16.198) von diskreten j-Werten zu kontinuierlichen übergeht und die Summe durch ein Integral ersetzt. Diese Transformation ist allerdings nur für hoch angeregte Moden mit $kL \gg 1$ gerechtfertigt. Für diese folgt

$$\frac{dc_j(x)}{dx} = \left[k + k_j(x)\right] c_{-j}(x) \tag{16.199a}$$

und

$$\frac{dc_{-j}(x)}{dx} = \left[k_j(x) - k\right] c_j(x) . \tag{16.199b}$$

Dabei haben wir angenommen, dass $c_j(x)$ eine analytische Funktion der komplexen Variablen j in der unteren komplexen Halbebene ist und $c_{-j}(x)$ der oberen zuzuordnen ist. Aus Gl. (16.199) folgt nach Differentiation mit $dk_j/dx \approx 0$

$$\frac{d^2c_j(x)}{dx^2} + \left[k^2 - k_j^2(x)\right] c_j(x) = 0 . \tag{16.200}$$

Ausgehend von dieser Relation kann die weitere Analyse des Transportprozesses völlig analog zu derjenigen für den konventionellen Transport nichtrelativistischer Elektronen erfolgen. Wieder ist der Leitwert durch engste Konstriktion der Nanostruktur festgelegt. Der Transmissionskoeffizient erreicht Eins, wenn die Energie einer propagierenden Mode das j-te Niveau an der schmalsten Stelle überschreitet. Sonst verschwindet er. Damit ist der Leitwert gemäß dem Landauer-Formalismus quantisiert.

Im Fall von Niedrigenergiemoden gilt Gl. (16.200) nicht. In diesem Fall sind gemäß Gl. (16.199) longitudinale und transversale Moden stark gekoppelt. Gleichzeitig sind unterschiedliche stehende Wellen miteinander verschränkt. Dies impliziert, dass der charakteristische stufenförmige Leitwertverlauf, wie in Abb. 3.68(b) dargestellt, unter diesen Umständen nicht zu erwarten ist [16.211].

Bislang haben wir in Form der Zickzack- und Armchairkanten nur das abgeschlossene Bienenwabengitter des Graphens betrachtet. In Abschn. 2.2.1 hatten wir im Kontext struktureller Korrelationen und kooperativer Phänomene auf die Möglichkeit der Rekonstruktion von Oberflächen hingewiesen. Selbstverständlich können auch Kantenbereiche relaxieren und rekonstruieren. Dichtefunktionalrechnungen [16.212] zeigen, dass im Fall des Graphens die *rekonstruierte 5-7-Kante*, dargestellt in Abb. 16.26 energetisch günstiger ist als die Zickzack- und Armchairkonfigurationen. Zudem sind Zickzack-Kanten chemisch äußerst reaktiv [16.213]. Veränderte Kantenkonfigurationen resultieren in veränderten Randbedingungen für die elektronischen Wellenfunktionen. Da die Kantenkonfigurationen aber im Allgemeinen nicht bekannt sein dürften oder variieren, ist es von Bedeutung, möglichst allgemeine Randbedingungen zu definieren. Diese müssen für gewöhnlich allerdings eine Zeitumkehrinvarianz repräsentieren [16.214]. Damit ist nach Gl. (16.174) die allgemeinste Randbedingung für Graphennanostrukturen gegeben durch

$$\Psi\left(x, y = -\frac{L}{2}\right) = (\mathbf{m}_1 \cdot \hat{\boldsymbol{\sigma}}_{\mathrm{KK}'}) \otimes (\mathbf{n}_1 \cdot \hat{\boldsymbol{\sigma}}_{\mathrm{KK}'})\; \Psi\left(x, y = -\frac{L}{2}\right) \tag{16.201a}$$

und

$$\Psi\left(x, y = \frac{L}{2}\right) = (\mathbf{m}_2 \cdot \hat{\boldsymbol{\sigma}}_{\mathrm{KK}'}) \otimes (\mathbf{n}_2 \cdot \hat{\boldsymbol{\sigma}})\; \Psi\left(x, y) = \frac{L}{2}\right) . \tag{16.201b}$$

$\mathbf{m}_1$ und $\mathbf{m}_2$ sind dreidimensionale Einheitsvektoren. Ferner gilt $\mathbf{n}_1 = (\cos\Theta_1, 0, \sin\Theta_2)$ und $\mathbf{n}_2 = (\cos\Theta_2, 0, \sin\Theta_1)$. Aufgrund der Talsymmetrie ist nur die relative Orientierung von $\mathbf{m}_1$ zu $\mathbf{m}_2$ relevant. Damit kann das Problem mittels dreier Winkel y, Θ_1 und Θ_2 charakterisiert werden. Die allgemeinste Dispersionsrelation $E = E(\mathbf{k})$ für propagierende Wellen vom Typ $\Psi(x, y) \sim \exp(i[kx + qy])$ ist gegeben durch [16.122]

$$\begin{aligned}\cos\Theta_1\cos\Theta_2\left(\cos\omega - \cos^2\Omega\right) + \cos\omega\sin\Theta_1\sin\Theta_2\sin^2\Omega \\ - \sin\Omega\left[\sin\Omega\cos y + \sin\omega\sin(\Theta_1 - \Theta_2)\right] = 0\,.\end{aligned} \tag{16.202}$$

Dabei ist $\omega = 2L\sqrt{E^2/(\hbar v_F)^2 - k^2}$ und $\cos\Omega = \hbar v_F k/E$. Unterschiedliche Lösungen von Gl. (16.202) entsprechen unterschiedlichen stehenden Wellen mit diskreten q_n-

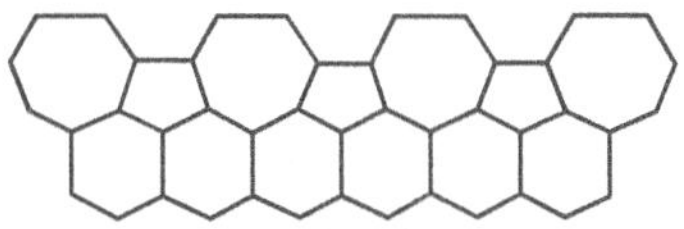

Abb. 16.26. 5-7-Zickzack-Kante des Graphens.

Werten. Eine eingehendere Analyse von Gl. (16.202) zeigt, dass sich für $y \neq 0, \pi$, für $y = \pi$ und $\sin\Theta_1, \sin\Theta_2 > 0$ oder für $y = 0$ und $\sin\Theta_1, \sin\Theta_2 < 0$ eine Energielücke öffnet. Aus der Analyse wird deutlich, dass die Existenz der Zickzack-Konfiguration mit Zuständen beliebig kleiner Energie die absolute Ausnahme darstellt. Für generische Randbedingungen ist die Größenordnung der Energielücke gegeben durch $\Delta E \approx \hbar v_F / L$. Die Existenz einer Energielücke in Graphennanostrukturen ist von entscheidender Bedeutung für elektronische Anwendungen des Graphens. Die beschriebenen Restriktionen durch das Klein-Tunneln treten nicht auf. Feldeffekttransistoren wurden bereits demonstriert. [16.215].

Kommen wir im Folgenden noch einmal auf den halbzahligen Quanten-Hall-Effekt zurück, und zwar im Zusammenhang mit Graphennanostrukturen. Bereits in Abschn. 3.6.4 hatten wir die Bedeutung von Randkanälen, dargestellt in Abb. 3.75, diskutiert. Die Eigenschaften derartiger Kantenzustände in Graphen sollen im Folgenden genauer analysiert werden. Abbildung 16.27 zeigt den Randkanal in klassischer Darstellung. Die Lamor-Rotation der Elektronen ist im Randbereich gestört und Reflexionen führen zu einer gegenüber dem Massivmaterial modifizierten Trajektorie. Das damit verbundene mangnetische Moment ist antiparallel zu dem mit den Trajektorien des Massivmaterials verbundenen und kompensiert dieses vollständig. Ein klassisches System von Elektronen kann daher weder para- noch diamagnetisch sein. Quantenmechanisch betrachtet sind die Randtrajektorien (*Skipping Orbits*) mit Kantenzuständen verbunden, die, wie in Abschn. 3.6.4 diskutiert, den Transportstrom tragen. Diese Zustände sind chiral, da nur eine Propagationsrichtung erlaubt ist. Genau dadurch sind diese Zustände vor Lokalisierung durch Unordnung geschützt: Es gibt keine weiteren Zustände derselben Energie, in die Elektronen gestreut werden könnten. Bei lokalisierten Zuständen im Massivmaterial gibt es so durch den Randkanal einen Beitrag von e^2/h pro Spinrichtung und Kanal zum Leitwert. Das Abzählen der Kantenzustände ist damit ein alternativer Zugang zur Erklärung des anomalen Quanten-Hall-Effekts von Graphen.

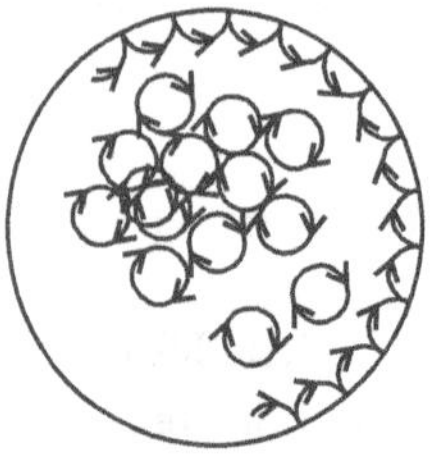

Abb. 16.27. Kantenzustände in Graphen unter dem Einfluss eines externen Magnetfelds.

Nehmen wir an, dass die Halbebene $x < 0$ mit Graphen ausgefüllt ist, das sich, wie in Abschn. 16.2.2 bereits diskutiert, unter dem Einfluss eines Magnetfelds befindet. Die Lösungen der Dirac-Gleichung sind durch Gl. (16.28) und (7.47) gegeben. Die Eigenenergie ε ergibt sich direkt aus den Randbedingungen: $\Psi(x=0)=\Psi'(x=0)$ für die Armchairkante und $\psi_1(x=0)=\psi_1'(x=0)=0$ für die Zickzack-Kante. Gleichung (7.46) liefert jetzt die Energie ε in Abhängigkeit von der Position des Orbitzentrums in Bezug auf den Graphenrand. Das Problem ist einfacher zu analysieren, wenn es in eine andere Form der Schrödinger-Gleichung transformiert wird [16.61; 16.216]. Quadriert und differenziert nach Untergittern lässt sich der Hamilton-Operator aus Gl. (16.25) repräsentieren durch

$$\hat{H}^2 = 2\hbar e B v_F^2 \hat{\mathcal{H}}\,, \tag{16.203a}$$

mit

$$\hat{\mathcal{H}} = -\frac{l_B^2}{2}\left(\frac{d^2}{dx^2} + (x-x_0)^2 - \frac{c c_{\mathbf{KK}'}}{l_B^2}\right)\,. \tag{16.203b}$$

l_B ist die im Zusammenhang mit Gl. (16.23) eingeführte magnetische Länge. $x_0 = l_B^2 k_y$ ist das Zentrum des elektronischen Orbits. Die Konstanten sind gegeben durch $c = 1$ für das Untergitter A und $c = -1$ für B. $c_{\mathbf{KK}'} = 1$ erhält man für das Tal **K**, während $c_{\mathbf{KK}'} = -1$ für $\mathbf{K}'$ gilt. Für Zickzack-Kanten sind die Täler und die Untergitter entkoppelt. Die Eigenwerte des Operators $\hat{\mathcal{H}}$ differieren um Eins.

Die Eigenzustände sind gemäß

$$\hat{\mathcal{H}}(x)\psi(x) = \varepsilon^2\psi(x) \tag{16.204}$$

mit den zuvor spezifizierten Randbedingungen für Zickzack-Kanten festgelegt. Gleichung (16.204) repräsentiert das Eigenwertproblem für einen Doppelpotentialtopf [16.61; 16.216]. Für $|x_0|/l_B \gg 1$ sind die Potentialtöpfe deutlich separiert, und die Tunnelwahrscheinlichkeit zwischen ihnen ist verschwindend für $2\varepsilon^2 \leq (x_0/l_B)^2$. Damit sind die Eigenwerte weitestgehend identisch mit denen ungekoppelter Potentialtöpfe: $\varepsilon_n^2 = n + 1/2 \mp 1/2$.

Tunneln zwischen den Potentialtöpfen führt zu einer Aufspaltung jedes Eigenwerts in Form symmetrischer und antisymmetrischer Zustände:

$$\delta\varepsilon_n^2 = \pm\Delta_n \sim \exp\left(-\int_{x_1}^{x_2} dx\sqrt{\left[(|x|-x_0)^2/l_B^2 \mp 1\right]/2}\right)\,, \tag{16.205}$$

mit den klassischen Umkehrpunkten $x_{1,2}$ der Potentialbarriere. Δ_n resultiert für die antisymmetrischen Eigenfunktionen und $-\Delta_n$ für die symmetrischen. Für das Tal K, für welches das Minuszeichen im Argument der Wurzel in Gl. (16.205) anzusetzen ist, erhält man eine wachsende Abhängigkeit von ε_n von der Koordinate $|x_0|/l_B$, ausgehend von $\varepsilon_n = 0$. Ausgehend vom ersten Landau-Niveau trägt auch das zweite Tal $\mathbf{K}'$ bei, allerdings gehört Δ_n für eine gegebene Energie zu dem Niveau $n \to n-1$. Für eine gegebene Kante gehören die Zustände eines Tals zu einem *Landau-Band* mit nahezu verschwindender Energie. Dieses resultiert aus dem Nullenergie-Landau-Niveau des ausgedehnten Materials. Die Zustände des zweiten Tals sind einer anderen Kante zuzuordnen.

Für Armchairkanten erhält man wieder Gl. (16.203b). Allerdings wird das Vorzeichen des letzten Terms jetzt durch sign x festgelegt. Der $\varepsilon_n^2(x_0/l_B)$-Verlauf bleibt wie zuvor beschrieben erhalten [16.61; 16.216]. Zur Berechnung der Hall-Leitfähigkeit müssen die besetzten Kantenzustände für eine gegebene Fermi-Energie abgezählt werden. Die Analyse zeigt sofort, dass das Landau-Band mit der niedrigsten Energie einen Elektronen- oder einen Lochzustand liefert und alle anderen Landau-Bänder jeweils zwei. Damit erhält man gerade das in Abschn. 16.2.2 diskutierte Resultat.

16.2.6 Optische Eigenschaften und Antwortfunktionen von Graphen

Die spektakulärste Eigenschaft masseloser Dirac-Fermionen, die sich auf die Elektron-Phonon-Wechselwirkung zurückführen lässt, ist die in Abschn. 16.2.2 bereits diskutierte konstante *Opazität* oder Transmission. Diese kann leicht verifiiert werden. Mit dem Vektorpotential $\mathbf{A}(t) = \mathbf{A}\exp(-i\omega t)$ ist die Feldstärke gegeben durch $\mathbf{E}(t) = -\partial\mathbf{A}/\partial t = i\omega\mathbf{A}$. Damit ist der Hamiltonian für Dirac-Elektronen im elektromagnetischen Feld gegeben durch

$$\hat{H} = v_F\hat{\boldsymbol{\sigma}}\cdot(\mathbf{p} - e\mathbf{A}) = \hat{H}_0 + \hat{H}_{e\text{-}ph}\,. \tag{16.206a}$$

Die Elektron-Phonon-Wechselwirkung ist gegeben durch

$$\hat{H}_{e\text{-}ph} = \frac{v_F e}{2}\hat{\boldsymbol{\sigma}}\cdot\mathbf{A} = i\frac{ev_F}{2\omega}\hat{\boldsymbol{\sigma}}\cdot\mathbf{E}\,. \tag{16.206b}$$

Wie in Abb. 16.28 dargestellt, resultiert die Elektron-Phonon-Wechselwirkung in Übergängen von besetzten Lochzuständen $\Psi_h(\mathbf{k})$ in unbesetzte Elektronenzustände $\Psi_e(\mathbf{k})$, wobei $\mathbf{k}$ erhalten bleibt. Interbandübergänge sind aufgrund der Impulserhaltung ausgeschlossen. Das Matrixelement des Hamilton-Operators aus Gl. (16.206b) ist gegeben durch

$$\left\langle \Psi_h|\hat{H}_{e\text{-}ph}|\Psi_e\right\rangle = \frac{ev_F}{2\omega}(E_y\cos\varphi \mp E_x\sin\varphi)\,. \tag{16.207}$$

$-$ gehört zu $\mathbf{K}$ und $+$ zu $\mathbf{K}'$. Das Matrixelement hängt nur vom Polarwinkel φ des

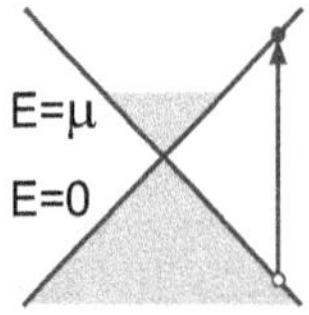

Abb. 16.28. Direkte optische Übergänge in Graphen.

Wellenvektors ab, nicht von seiner Größe. Aus Gl. (16.207) folgt durch Mittelung des Quadrats

$$M^2 = \overline{\left|\left\langle \Psi_h | \hat{H}_{e\text{-}ph} | \Psi_e \right\rangle\right|^2} = \frac{1}{2}\left(\frac{ev_F}{2}|\mathbf{E}|\right)^2 . \tag{16.208}$$

Dabei haben wir angenommen, dass die Photonen senkrecht zur Graphenebene propagieren und die Feldstärke damit gegeben ist durch $\mathbf{E} = (E_x, E_y, 0)$. Die Absorptionswahrscheinlichkeit pro Zeit- und Flächeneinheit ist in der niedrigsten Ordnung der Störungstheorie [16.217]

$$P = \frac{2\pi}{\hbar^2} M^2 \varrho\left(E = \frac{\hbar\omega}{2}\right) , \tag{16.209}$$

wobei $\varrho(E) = 2|\mathbf{E}|/(\pi\hbar^2 v_F^2)$ die Zustandsdichte des Graphens ist. Daraus resultiert sofort

$$P = \frac{e^2}{4\hbar\omega}|\mathbf{E}|^2 . \tag{16.210}$$

Daraus ergibt sich die absorbierte Leistung $\Pi_a = \hbar\omega P$. Der einlaufende Leistungsfluss ist hingegen gegeben durch $\Pi_e = \varepsilon_0 c|\mathbf{E}|^2$. Damit resultiert das Ergebnis aus Gl. (16.1) für den Absorptionskoeffizienten: $\eta = 1 - T = \pi\alpha = 2,3\,\%$.Unter der Annahme $\hbar\omega > 2|\mu|$ ist der Absorptionskoeffizient also über den gesamten spektralen Bereich konstant. Für $\hbar\omega \leq 2|\mu|$ sind Übergänge nach dem Pauli-Prinzip verboten, und es resultiert $\eta = 0$. Für mehrlagiges Graphen ist die Absorption dann durch $N\eta$ gegeben. Einerseits erscheint Graphen mit $\eta = 2,3\,\%$ recht transparent, andererseits ist der Absorptionskoeffizient für eine einzige Lage Kohlenstoff ein immenser Wert. Die Wechselwirkung der Dirac-Fermionen mit Photonen ist daher als sehr groß anzusehen.

Für eine eingehendere Analyse der optischen Eigenschaften des Graphens wählen wir eine andere Eichung als in Gl. (16.206b):

$$\hat{H}_{e\text{-}ph} = -e\mathbf{E}(t)\cdot\mathbf{r} = -ie\mathbf{E}(t)\cdot\nabla_{\mathbf{k}} . \tag{16.211}$$

Damit ergibt sich für die Bewegungsgleichung der Dichtematrix gemäß Gl. (16.68)

$$i\hbar\frac{\partial\hat{\varrho}_{\mathbf{k}}}{\partial t} = \hbar v_F \mathbf{k}\cdot\left[\hat{\boldsymbol{\sigma}}, \hat{\varrho}_{\mathbf{k}}\right] - ie\left(\mathbf{E}(t)\cdot\nabla_{\mathbf{k}}\right)\hat{\varrho}_{\mathbf{k}} . \tag{16.212}$$

$\hat{\varrho}_{\mathbf{k}}$ ist die 2 × 2-Pseudospinmatrix $(\varrho_{\mathbf{k}})_{\alpha\beta} = \langle\psi^\dagger_{\mathbf{k}\beta}\psi_{\mathbf{k}\alpha}\rangle$, welche in Pauli-Matrizen entwickelt werden kann: $\underline{\underline{\varrho_{\mathbf{k}}}} = n_{\mathbf{k}}\underline{\underline{1}} + \mathbf{m}_{\mathbf{k}}\cdot\underline{\underline{\boldsymbol{\sigma}}}$. Dabei ist $n_{\mathbf{k}} = Sp\hat{\varrho}_{\mathbf{k}}/2$ und $\mathbf{m}_{\mathbf{k}} = Sp(\hat{\boldsymbol{\sigma}}\hat{\varrho}_{\mathbf{k}})/2$. Die Größen repräsentieren also Ladungs- und Pseudospindichten. Aus Gl. (16.212) resultiert damit

$$\frac{\partial n_{\mathbf{k}}}{\partial t} = -\frac{e}{\hbar}\left(\mathbf{E}(t)\cdot\nabla_{\mathbf{k}}\right)n_{\mathbf{k}} \tag{16.213a}$$

und

$$\frac{\partial\mathbf{m}_{\mathbf{k}}}{\partial t} = 2v_F\left(\mathbf{k}\times\mathbf{m}_{\mathbf{k}}\right) - \frac{e}{\hbar}\left(\mathbf{E}(t)\cdot\nabla_{\mathbf{k}}\right)\mathbf{m}_{\mathbf{k}} . \tag{16.213b}$$

Mittels Gl. (16.213b) lässt sich die zeitabhängige Stromdichte berechnen:

$$\mathbf{j} = Sp(\hat{\mathbf{j}}\hat{\varrho}_{\mathbf{k}}) = 2ev_F \sum_{\mathbf{k}} \mathbf{m}_{\mathbf{k}} \,. \tag{16.214}$$

Der erste Term auf der rechten Seite von Gl. (16.213b) entspricht einer Präzession, hervorgerufen durch ein Pseudomagnetfeld, welches auf den Pseudospin wirkt.

Im Rahmen einer Störungsrechnung erster Ordnung folgt

$$\mathbf{m}_{\mathbf{k}}(t) = \mathbf{m}_{\mathbf{k}}^0 + \delta\mathbf{m}_{\mathbf{k}} \exp(-i\omega t) \,, \tag{16.215}$$

mit $\delta\mathbf{m}_{\mathbf{k}} \sim \mathbf{E}$ und $\mathbf{E}(t) = \mathbf{E}\exp(-i\omega t)$. Zur Berechnung von $\mathbf{m}_{\mathbf{k}}^0$ verwendet man die unitären Transformationen

$$\hat{\psi}_{\mathbf{k}1} = \frac{1}{\sqrt{2}}\left(\hat{\xi}_{\mathbf{k}1} + \hat{\xi}_{\mathbf{k}2}\right) \tag{16.216a}$$

und

$$\hat{\psi}_{\mathbf{k}2} = \frac{\exp(i\varphi_{\mathbf{k}})}{\sqrt{2}}\left(\hat{\xi}_{\mathbf{k}1} - \hat{\xi}_{\mathbf{k}2}\right) \,, \tag{16.216b}$$

welche den Hamiltonian

$$\hat{H}_0 = \hbar v_F \sum_{\mathbf{k}} k \left(\hat{\xi}_{\mathbf{k}2}^\dagger \hat{\xi}_{\mathbf{k}2} - \hat{\xi}_{\mathbf{k}1}^\dagger \hat{\xi}_{\mathbf{k}1}\right) \tag{16.216c}$$

diagonalisieren. $\hat{\xi}_{\mathbf{k}1}$ und $\hat{\xi}_{\mathbf{k}2}$ sind demnach Vernichtungsoperatoren für Löcher und Elektronen. Im Gleichgewicht sind $\langle \hat{\xi}_{\mathbf{k}i}^\dagger \hat{\xi}_{\mathbf{k}i} \rangle = f_{\mathbf{k}i}$ Fermi-Funktionen, welche von den Energien $\mp\hbar v_F k$ abhängen. Damit erhält man

$$\mathbf{m}_{\mathbf{k}}^0 = \frac{\mathbf{k}}{2k}(f_{\mathbf{k}1} - f_{\mathbf{k}2}) \,. \tag{16.217}$$

Aus Gl. (16.213b) folgt damit

$$\omega\, \delta\mathbf{m}_{\mathbf{k}} = 2v_F\left(\mathbf{k} \times \delta\mathbf{m}_{\mathbf{k}}\right) - \frac{e}{\hbar}\left(E \cdot \nabla_{\mathbf{k}}\right)\mathbf{m}_{\mathbf{k}}^0 \,. \tag{16.218}$$

Da $\mathbf{m}_{\mathbf{k}}^0$ nach Gl. (16.217) in der x, y-Ebene liegt, ist $(\delta m_{\mathbf{k}})_z$ nicht an das elektrische Feld gekoppelt und kann aus Gl. (16.218) erhalten werden:

$$(\delta m_{\mathbf{k}})_z = \frac{2v_F}{\omega}\left[k_x(\delta m_{\mathbf{k}})_y - k_y(\delta m_{\mathbf{k}})_x\right] \,. \tag{16.219}$$

Damit wiederum folgt aus Gl. (16.218)

$$\left(\omega^2 - 4v_F^2 k_y^2\right)(\delta m_{\mathbf{k}})_x + 4v_F^2 k_x k_y (\delta m_{\mathbf{k}})_y = -\frac{ie\omega}{\hbar} E \frac{\partial (m_{\mathbf{k}})_x^0}{\partial k_x} \tag{16.220a}$$

und

$$4v_F^2 k_x k_y (\delta m_{\mathbf{k}})_x + \left(\omega^2 - 4v_F^2 k_x^2\right)(\delta m_{\mathbf{k}})_y = -\frac{ie\omega}{\hbar} E \frac{\partial (m_{\mathbf{k}})_y^0}{\partial k_y} \,. \tag{16.220b}$$

Hier wird die x-Achse entlang von $\mathbf{E}$ angenommen. Für die entsprechende Stromkomponente folgt

$$j_x = 2ev_F \sum_{\mathbf{k}} (\delta m_{\mathbf{k}})_x = \sigma(\omega) E \,. \tag{16.221}$$

Wir erhalten damit für die optische Leitfähigkeit

$$\sigma(\omega) = -\frac{8ie^2 v_F^3}{\hbar\omega} \sum_{\mathbf{k}} \frac{k_y}{\omega^2 - 4v_F^2 k^2} \left(k_y \frac{\partial(\delta m_{\mathbf{k}}^0)_x}{\partial k_x} - k_x \frac{\partial(\delta m_{\mathbf{k}}^0)_y}{\partial k_y} \right) . \tag{16.222}$$

Dies ergibt mit Gl. (16.217)

$$\sigma(\omega) = -\frac{2ie^2 v_F^3}{\hbar\omega} \sum_{\mathbf{k}} \frac{k(f_{\mathbf{k}1} - f_{\mathbf{k}2})}{\omega^2 - 4v_F^2 k^2} \,. \tag{16.223}$$

Von dieser komplexen Größe interessiert uns der Realteil, den wir erhalten, wenn wir die Transformation $\omega \to \omega + i\delta$ im Grenzfall $\delta \searrow 0$ verwenden [16.168]. Damit folgt

$$\begin{aligned} \frac{1}{\omega^2 - 4v_F^2 k^2} \quad &\to \quad \operatorname{Im} \frac{1}{(\omega + i\delta)^2 - 4v_F^2 k^2} \\ &= \quad -\pi i \delta(\omega^2 - 4v_F^2 k^2) = -\frac{\pi i \delta(\omega - 2ik)}{4v_F k} \,. \end{aligned} \tag{16.224}$$

Somit erhalten wir

$$\begin{aligned} \operatorname{Re} \sigma(\omega) \quad &= \quad \frac{\pi e^2 v_F^2}{2\hbar\omega} \sum_{\mathbf{k}} (f_{\mathbf{k}1} - f_{\mathbf{k}2}) \delta(\omega - 2v_F k) \\ &= \quad -\frac{e^2}{16\hbar} \left[f\left(E = -\frac{\hbar\omega}{2} \right) - f\left(E = \frac{\hbar\omega}{2} \right) \right] . \end{aligned} \tag{16.225}$$

Diesen Wert erhalten wir pro Tal und Spin. Für $T = 0$ erhält man also insgesamt $\operatorname{Re}\sigma(\omega) = 0$ für $\hbar\omega < 2|\mu|$ und $\operatorname{Re}\sigma(\omega) = e^2/(4\hbar)$ für $\hbar\omega > 2|\mu|$. Dies entspricht gerade dem zuvor berechneten Absorptionskoeffizienten, der ja über Gl. (16.1) ebenfalls direkt in Bezug steht zu $\sigma(\omega)$. Der Imaginärteil von $\sigma(\omega)$ kann über die *Kramer-Kronig-Relation* erhalten werden [16.218]:

$$\operatorname{Im} \sigma(\omega) = \frac{e^2}{4\pi\hbar} \left(\frac{4\mu}{\hbar\omega} - \ln \left| \frac{\hbar\omega + 2\mu}{\hbar\omega - 2\mu} \right| \right) . \tag{16.226}$$

Betrachtet man nun die optische Absorption von Graphen in einem Magnetfeld, so zeigt sich, dass es charakteristische Absorptionspeaks bei $\hbar\omega = |E_n| \pm |E_{n+1}|$ gibt [16.219], wobei n das entsprechende Landau-Band charakterisiert. Diese Absorptionspeaks wurden auch experimentell beobachtet [16.220]. Verbunden mit der charakteristischen Absorption ist ein sehr großer *Farady-Effekt* [16.221].

Ein vollständiges Bild über die optischen Eigenschaften von Graphen erhalten wir nur dann, wenn wir die optische Leitfähigkeit jenseits der Dirac-Näherung, d.h. für Energien $\hbar\omega \geq t$ analysieren. Wir starten wieder mit dem Hamiltonian aus Gl. (16.5), allerdings unter Berücksichtigung der elektromagnetischen Einstrahlung in Form eines Vektorpotentials:

$$\underline{\underline{H}}(\mathbf{k}) = \begin{pmatrix} 0 & tS\left(\mathbf{k} - \frac{e\mathbf{A}}{\hbar}\right) \\ tS^*\left(\mathbf{k} - \frac{e\mathbf{A}}{\hbar}\right) & 0 \end{pmatrix} . \tag{16.227}$$

Zur Berechnung des linearen Teils der Antwortfunktion (*Response Function*) muss $\hat{H}(\mathbf{k})$ bis in die zweite Ordnung von $\mathbf{A}$ entwickelt werden. Das liefert [16.218; 16.219]

$$\begin{aligned} \operatorname{Re}\sigma(\omega) &= \left(\frac{ea}{\hbar}\right)^2 \frac{1}{A_0} \sum_{\mathbf{k}} -\frac{1}{3}\left[\varepsilon(\mathbf{k})(f_{\mathbf{k}1} - f_{\mathbf{k}2})\delta(\hbar\omega)\right] \\ &\quad + \frac{\pi t^2}{8\hbar\omega}\left[F(\mathbf{k})(f_{\mathbf{k}1} - f_{\mathbf{k}2})\left\{\delta(\hbar\omega - \varepsilon(\mathbf{k})) - \delta(\hbar\omega + \varepsilon(\mathbf{k}))\right\}\right] . \end{aligned} \tag{16.228a}$$

Dabei ist $\varepsilon(\mathbf{k}) = t|S(\mathbf{k})|$ und $A_0 = 3\sqrt{3}a^2/2$ die Fläche der Einheitszelle sowie

$$F(\mathbf{k}) = 18 - 4|S(\mathbf{k})|^2 + 18\frac{\operatorname{Re}^2 S(\mathbf{k}) - \operatorname{Im}^2 S(\mathbf{k})}{|S(\mathbf{k})|^2} . \tag{16.228b}$$

$\operatorname{Re}\sigma(\omega)$ ist für $\omega \neq 0$ proportional zur Zustandsdichte

$$\varrho(E) = \sum_{\mathbf{k}} \delta(E - \varepsilon(\mathbf{k})) . \tag{16.229}$$

Diese kann analytisch ausgedrückt werden [16.222]:

$$\varrho(|E|) = \frac{2|E|}{(\pi t)^2} \begin{cases} \frac{1}{\sqrt{\varphi(|E|/t)}} K\left(\frac{4|E|/t}{\varphi(|E|/t)}\right) & ; \quad 0 < |E| < t \\ \frac{1}{\sqrt{4|E|/t}} K\left(\frac{\varphi|E|/t}{4|E|/t}\right) & ; \quad t < |E| < 3t \end{cases} , \tag{16.230a}$$

mit dem elliptischen Integral

$$K(x) = \int_0^{\pi/2} \frac{d\vartheta}{\sqrt{1 - x\sin^2\vartheta}} \tag{16.230b}$$

und

$$\varphi(x) = (1 + x)^2 - \frac{(x^2 - 1)^2}{4} . \tag{16.230c}$$

$\varrho(E)$ ist in Abb. 16.29 dargestellt. Die logarithmischen Divergenzen bei $|E| = t$ sind die van Hove-Singularitäten. Natürlich stimmt Gl. (16.228) für $\hbar\omega \ll t$ exakt mit Gl.

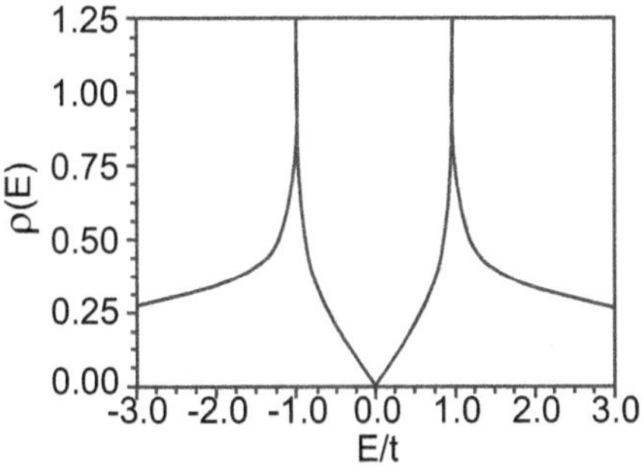

Abb. 16.29. Zustandsdichte von Graphen.

(16.225) überein. Jenseits dieser Dirac-Näherung erhält man mit Gl. (16.230) [16.218; 16.223]

$$\sigma(\omega) \approx \frac{e^2}{8\hbar}\left(\tanh\frac{\hbar\omega + 2\mu}{4k_BT} + \tanh\frac{\hbar\omega - 2\mu}{4k_BT}\right)\left(1 + \frac{(\hbar\omega)^2}{36t^2}\right) . \tag{16.231}$$

Dieser Verlauf ist in Abb. 16.30 dargestellt. Die Singularität bei $\hbar\omega = 2t$ für das ungestörte Gitter wird durch eine moderate Unordnung ausgeschmiert. Für doppellagiges Graphen wurden ebenfalls Singularitäten experimentell detektiert [16.224].

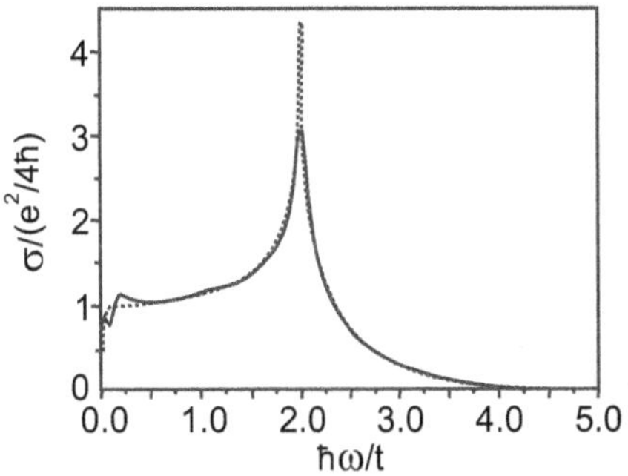

Abb. 16.30. Spektraler Verlauf der optischen Leitfähigkeit für das ungestörte Graphengitter (gestrichelt) und für ein Gitter mit 1 % zufällig verteilten Leerstellen [16.218; 16.223].

Betrachten wir im Folgenden die dielektrischen Eigenschaften von Graphen im Detail. Dazu schauen wir uns die Antwortfunktion für eine inhomogene externe Störung

$$U_{\text{ext}}(\mathbf{r}, t) = \sum_{\mathbf{k}} \hat{\Psi}^{\dagger}_{\mathbf{k}} \hat{U}^{\text{ext}}_{\mathbf{q}} \hat{\Psi}_{\mathbf{k+q}} \exp\left(i[\mathbf{q}\cdot\mathbf{r} - \omega t]\right) \tag{16.232}$$

an. $\hat{\Psi}^{\dagger}_{\mathbf{k}}$ ist der Spinorerzeuger und $\hat{U}^{\text{ext}}_{\mathbf{q}}$ wird durch eine generische 2×2-Matrix repräsentiert, wobei $\mathbf{q}$ der Wellenvektor der Inhomogenität ist. Es ist sinnvoll, zu Elektron-

und Locherzeugern überzugehen:

$$\hat{\Psi}^{\dagger}_{\mathbf{k}} U^{\text{ext}}_{\mathbf{q}} \hat{\Psi}_{\mathbf{k+q}} = \hat{\Xi}^{\dagger}_{\mathbf{k}} \hat{U}_{\mathbf{q}} \hat{\Xi}_{\mathbf{k+q}} \,, \tag{16.233a}$$

mit $\hat{\Xi}^{\dagger}_{\mathbf{k}} = (\hat{\xi}^{\dagger}_{\mathbf{k}1}, \hat{\xi}^{\dagger}_{\mathbf{k}2})$ und

$$\underline{\underline{U_{\mathbf{q}}}} = \frac{1}{2} \begin{pmatrix} 1 & \exp\left(-i\varphi_{\mathbf{k+q}}\right) \\ 1 & -\exp\left(-i\varphi_{\mathbf{k+q}}\right) \end{pmatrix} \underline{\underline{U^{\text{ext}}_{\mathbf{q}}}} \begin{pmatrix} 1 & 1 \\ \exp(i\varphi_{\mathbf{k}}) & -\exp(i\varphi_{\mathbf{k}}) \end{pmatrix} . \tag{16.233b}$$

Die resultierende Störung der Dichtematrix $\hat{\varrho}$ ist dann gegeben durch den Operator $\hat{\tilde{\varrho}} \exp(i[\mathbf{q} \cdot \mathbf{r} - \omega t])$ mit den Matrixelementen

$$\tilde{\varrho}^{ij}_{\mathbf{k+q}} = \frac{f^j_{\mathbf{k}} - f^i_{\mathbf{k+q}}}{E^j_{\mathbf{k}} - E^i_{\mathbf{k+q}} - \hbar(\omega + i\delta)} U^{ij}_{\mathbf{q}} \,. \tag{16.234}$$

Die Störung des Operators

$$\hat{J} = \sum_{\mathbf{k,q}} \hat{\Psi}^{\dagger}_{\mathbf{k}} \hat{J}_{\mathbf{q}} \hat{\Psi}_{\mathbf{k+q}} \equiv \sum_{\mathbf{k,q}} \hat{\Xi}^{\dagger}_{\mathbf{k}} \hat{\tilde{J}} \hat{\Xi}_{\mathbf{k+q}} \tag{16.235}$$

ist

$$\delta \hat{J}_{\mathbf{q}} = Sp(\hat{J}\hat{\tilde{\varrho}}) = \sum_{\mathbf{k}} \frac{f^j_{\mathbf{k}} - f^i_{\mathbf{k+q}}}{E^j_{\mathbf{k}} - E^i_{\mathbf{k+q}} - \hbar(\omega + i\delta)} U^{ij}_{\mathbf{q}} \hat{\tilde{J}}^{ji}_{\mathbf{q}} \,. \tag{16.236}$$

Betrachten wir nun ein skalares Potential und den Dichteoperator $\hat{J} = \hat{n}$. Dafür sind $\underline{\underline{U^{\text{ext}}_{\mathbf{q}}}}$ und $\underline{\underline{J_{\mathbf{q}}}}$ proportional zur Einheitsmatrix. Die Störung ist gegeben durch

$$\delta \hat{n}_{\mathbf{q}\omega} = -\Pi(\mathbf{q}, \omega) \hat{U}^{\text{ext}}_{\mathbf{q}\omega} \,, \tag{16.237a}$$

mit dem *Polarisationsoperator*

$$\hat{\Pi}(\mathbf{q}, \omega) = 4 \sum_{\mathbf{k}} \sum_{s,\tilde{s}=\pm} \lambda_{s\tilde{s}}(\mathbf{k}, \mathbf{q}) = \frac{f\left(sE(\mathbf{k})\right) - f\left(\tilde{s}E(\mathbf{k}+\mathbf{q})\right)}{\tilde{s}E(\mathbf{k}+\mathbf{q}) - sE(\mathbf{k}) + \hbar(\omega + i\delta)} \tag{16.237b}$$

und

$$\lambda_{s\tilde{s}}(\mathbf{k}, \mathbf{q}) = \frac{1}{2} \left(1 + s\tilde{s} \frac{k + q\cos\varphi}{|\mathbf{k}+\mathbf{q}|} \right) . \tag{16.237c}$$

φ ist der Winkel zwischen $\mathbf{k}$ und $\mathbf{q}$ und $E(\mathbf{k}) = \hbar v_F \mathbf{k}$. Die Spin- und Talentartung wurde in Gl. (16.237b) durch den Vorfaktor berücksichtigt [16.225].

Eine Störung der Elektronendichte resultiert in einer Störung des Potentals:

$$U^{\text{ind}}_{\mathbf{q}\omega} = \tilde{U}_C(\mathbf{q}) \delta n_{\mathbf{q}\omega} \,, \tag{16.238}$$

mit der Fourier-Transformierten $\tilde{U}_C = e^2/(2\varepsilon_0\varepsilon_{\text{ext}}q)$ und der Coulomb-Wechselwirkung $U_C = e^2/(4\pi\varepsilon_0\varepsilon_{\text{ext}}r)$ in zwei Dimensionen. ε_{ext} ist die externe Dielektrizitätskonstante, die beispielsweise durch das Substrat gegeben sein mag. Damit ist die Gesamtstörung gegeben durch $U_{\mathbf{q}\omega} = U^{\text{ext}}_{\mathbf{q}\omega} + U^{\text{ind}}_{\mathbf{q}\omega} = U^{\text{ext}}_{\mathbf{q}\omega}/\varepsilon(\mathbf{q}, \omega)$. Diese Relation definiert die dielektrische Funktion $\varepsilon(\mathbf{q}, \omega)$. Im Rahmen einer Zufallsphasenapproximation (*Random Phase Approximation)* nimmt man an, dass für ein System wechselwirkender Fermionen die induzierte Dichtevariation formell durch einen Ausdruck beschrieben wird, wie er in Gl. (16.237) für nichtwechselwirkende Fermionen verwendet wurde, allerdings mit der Transformation $U^{\text{ext}} \to U$. De facto berücksichtigt man die Wechselwirkung der Fermionen damit in Form eines selbstkonsistenten mittleren Felds. Daraus resultiert

$$\varepsilon(\mathbf{q}, \omega) = 1 + \tilde{U}_C(\mathbf{q})\Pi(\mathbf{q}, \omega) \,. \tag{16.239}$$

Unter Berücksichtigung externer Abschirmeffekte erhält man also $\varepsilon_{\text{tot}}(\mathbf{q}, \omega) = \varepsilon_{\text{ext}}\, \varepsilon(\mathbf{q}, \omega)$. Befindet sich das Graphen zwischen zwei dielektrischen Halbräumen mit ε_1 und ε_2, so gilt $\varepsilon_{\text{ext}} = (\varepsilon_1 + \varepsilon_2)/2$. Für die am häufigsten verwendeten Substrate SiO_2 und BN mit $\varepsilon_2 \approx 4$ und Luft oder Vakuum auf der anderen Seite erhielte man also $\varepsilon_{\text{ext}} \approx 2,5$.

Betrachten wir nun zunächst undotiertes Graphen, $\mu = 0$, bei $T \to 0$. In diesem Fall tragen nur Interbandübergänge in Gl. (16.237) bei. Es gilt $s = +$ und $\tilde{s} = -$ oder umgekehrt:

$$\Pi_0(\mathbf{k}, \omega) = \frac{4}{\hbar} \sum_{\mathbf{k}} \left(1 - \frac{k + q\cos\varphi}{|\mathbf{k} + \mathbf{q}|}\right) \frac{v_F(\mathbf{k} + |\mathbf{k} + \mathbf{q}|)}{\left[v_F(\mathbf{k} + |\mathbf{k} + \mathbf{q}|)\right]^2 - (\omega + i\delta)^2} \,. \tag{16.240}$$

Die Berechnung dieses Ausdrucks liefert

$$\operatorname{Im}\Pi_0(\mathbf{q}, \omega) = \frac{1}{4\hbar} \frac{q^2}{\sqrt{\omega^2 - (v_F q)^2}}\, \Theta(\omega - v_F q) \,, \tag{16.241a}$$

mit der Stufenfunktion $\Theta(x > 0) = 1$ und $\Theta(x \le 0) = 0$. Außerdem folgt

$$\operatorname{Re}\Pi_0(\mathbf{q}, \omega) = \frac{1}{4\hbar} \frac{q^2}{\sqrt{(v_F q)^2 - \omega^2}}\, \Theta(v_F q - \omega) \,, \tag{16.241b}$$

Zusammenfassen dieser Resultate liefert

$$\Pi_0(\mathbf{q}, \omega) = \frac{1}{4\hbar} \frac{q^2}{\sqrt{(v_F q)^2 - (\omega + i\delta)^2}} \,. \tag{16.241c}$$

Für $\omega = 0$ erhalten wir $\Pi_0(\mathbf{q}, \omega) \sim q$, womit die dielektrische Funktion nicht mehr von q abhängt: $\varepsilon = \varepsilon_{\text{ext}} + \pi e^2/(2\hbar v_F)$. Mit $e^2/(\hbar v_F) \approx 2,2$ liefert das $\varepsilon - \varepsilon_{\text{ext}} \approx 3,5$.

Als nächstes betrachten wir dotiertes Graphen mit $\mu > 0$, was ein Elektronendoping repräsentiert. Das Resultat der langwierigen Rechnungen [16.225] ist $\Pi(\mathbf{q}, \omega) =$

$\Pi_0(\mathbf{q}, \omega) + \Pi_d(\mathbf{q}, \omega)$ mit

$$\begin{aligned}\Pi_d(\mathbf{q}, \omega) &= \frac{2\mu}{\pi(\hbar v_F)^2} - \frac{q^2}{4\pi\hbar\sqrt{\omega^2 - (v_F q)^2}}\left[G\left(\frac{\hbar\omega + 2\mu}{\hbar v_F q}\right)\right. \\ &\quad -\Theta\left(\frac{2\mu - \hbar\omega}{\hbar v_F q} - 1\right)\left(G\left(\frac{2\mu - \hbar\omega}{\hbar v_F q}\right) - i\pi\right) \\ &\quad \left. -\Theta\left(\frac{\hbar\omega - 2\mu}{\hbar v_F q} + 1\right) G\left(\frac{\hbar\omega - 2\mu}{\hbar v_F q}\right)\right]. \end{aligned} \tag{16.242}$$

Dabei gilt $G(x) = x\sqrt{x^2 - 1} - \ln(x + \sqrt{x^2 - 1})$. Dieses Resultat lässt sich auf das Vorhandensein einer Energielücke erweitern [16.226].

Schauen wir uns nun einige spezielle Fälle an, die sich aus diesen allgemeinen Zusammenhängen ergeben. Starten wir hier mit $\omega = 0$. Dafür resultiert aus Gl. (16.241) und (16.242)

$$\Pi(\mathbf{q}, 0) = \frac{2k_F}{\pi\hbar v_F}\begin{cases} 1 & , k < 2k_F \\ \left(1 - \frac{1}{2}\sqrt{1 - \left(\frac{2k_F}{q}\right)^2} + \frac{q}{4k_F}\arccos\frac{2k_F}{q}\right) & , q \geq 2k_F \end{cases} \tag{16.243}$$

Für $k < 2k_F$ ist also $\Pi(\omega = 0)$ nicht mehr q-abhängig. Im Vergleich zu Gl. (16.243) erhält man für ein konventionelles, nichtrelativistisches zweidimensionales Elektronengas

$$\Pi(\mathbf{q}, 0) = \varrho(E_F) = \begin{cases} 1 & , q < 2k_F \\ 1 - \sqrt{1 - \left(\frac{2k_F}{q}\right)^2} & , q \geq 2k_F \end{cases}. \tag{16.244}$$

Auch hier ist der Polarisationsoperator konstant für $q < 2k_F$. Allerdings ist das Verhalten für $q \geq 2k_F$ für relativistische und nichtrelativistische Elektronengase sehr unterschiedlich. Im konventionellen Fall gilt $\Pi(\mathbf{q}, 0) \sim 1/q^2$ für $q \to \infty$. Im relativistischen Fall gilt hingegen $\Pi(q, 0) \sim q$ für $q \to \infty$.

Das Resultat für kleine q entspricht der in Abschn. 2.2.2 eingeführten Thomas-Fermi-Approximation [16.227]. Diese nimmt an, dass die Störung $U(\mathbf{r})$ moderat genug ist, so dass ihr Einfluss auf die elektronische Dichte

$$N(\mu) = \int_0^{\mu} dE\, \varrho(E) \tag{16.245}$$

berücksichtigt werden kann, wenn $N(\mu) \to N(\mu - U(\mathbf{r}))$ angenommen wird. Das bedeutet, dass das Potential lokal die maximale Bandenergie verschiebt: $E_F(\mathbf{r}) + U(\mathbf{r}) = \mu$.

Die selbstkonsistente Formulierung des Potentials lautet nun

$$U(\mathbf{r}) = U_{\text{ext}}(\mathbf{r}) + \frac{e^2}{\varepsilon_{\text{ext}}} \int dr' \frac{N_{\text{ind}}(\mathbf{r}')}{|\mathbf{r} - \mathbf{r}'|} , \tag{16.246}$$

mit $N_{\text{ind}}(\mathbf{r}) = N(\mu - U(\mathbf{r})) - N(\mu)$. Dieses entwickelt liefert $N_{\text{ind}}(\mathbf{r}) \approx \partial N/\partial\mu\, U(\mathbf{r}) = -\varrho(E_F)U(\mathbf{r})$, wobei wir $T = 0$ angenommen haben. Die Fourier-Transformation von Gl. (16.246) liefert

$$\varepsilon(q, 0) = \varepsilon_{\text{ext}} + \frac{2\pi e^2 \varrho(E_F)}{q} = \varepsilon_{\text{ext}} \left(1 + \frac{1}{\lambda_{TF} q}\right) . \tag{16.247}$$

$\lambda_{TF} = \varepsilon_{\text{ext}}(\hbar v_F)^2/(4e|\mu|)$ ist die bereits in Abschn. 2.2.2 eingeführte *Thomas-Fermi-Abschirmlänge*. Dieses Resultat entspricht exakt demjenigen aus Gl. (16.244) und (7.263) für $q < 2k_F$. Damit liefern für ein zweidimensionales Elektronengas die nichtrelativistische und die relativistische Version der Thomas-Fermi-Theorie identische Resultate. Dies ist für ein dreidimensionales Elektronengas nicht der Fall.

Betrachten wir noch die Folgen der Abschirmung im Ortsraum. Bei radialsymmetrischem externen Potential $U_{\text{ext}}(\mathbf{r})$ mit der Fourier-Komponente $U_{\mathbf{q}}^{\text{ext}}$ erhält man für das Gesamtpotential

$$U(\mathbf{r}) = \frac{1}{(2\pi)^2} \int d\mathbf{q} \frac{U_{\mathbf{q}}^{\text{ext}}}{\varepsilon(\mathbf{q}, 0)} \exp(i\mathbf{q} \cdot \mathbf{r}) . \tag{16.248}$$

Für $r \to \infty$ gibt es zwei Bereiche mit wesentlichen Beiträgen zu dem Integral: Kleine q-Werte zur Kompensation großer r-Werte im Argument der Exponentialfunktion und Werte von $q \approx 2k_F$, wo $\varepsilon(q, 0)$ eine Singularität in $\Pi(\mathbf{q}, \omega)$ besitzt. Im dreidimensionalen Fall fällt der erste Beitrag mit $r \to \infty$ exponentiell ab und der zweite mit $\sim \cos(2k_F r)/r^3$. Dieser Anteil repräsentiert die in Abschn. 2.2.2 behandelten *Friedel-Oszillationen*. Im zweidimensionalen Fall klingt hingegen der erste Beitrag mit $r \to \infty$ mit $\sim 1/r^3$ ab. Daher erhalten wir

$$N_{\text{ind}}(r) \sim \frac{\alpha + \beta \cos(2k_F r)}{r^3} , \tag{16.249}$$

mit den Parametern $\alpha(k_F, U)$ und $\beta(k_F, U)$. Für ein nichtrelativistisches Elektronengas in zwei Dimensionen erhält man $N_{\text{ind}}(r) \sim \cos(2k_F r)/r^2$. Rigorosere numerische Rechnungen zeigen [16.228], dass die Dirac-Approximation für $q \le 0,5\,\text{nm}^{-1}$ akzeptabel ist.

Betrachten wir nun noch den entgegengesetzten Grenzfall $\omega \gg v_F q$. Für kleine q ist der Polarisationsoperator gegeben durch

$$\Pi(\mathbf{q} \to 0, \omega) = \frac{q^2}{2\pi\hbar\omega} \left(\frac{i\pi}{2} \Theta(\hbar\omega - 2\mu) - \frac{2\mu}{\hbar\omega} + \frac{1}{2} \ln \left| \frac{\hbar\omega + 2\mu}{\hbar\omega - 2\mu} \right| \right) . \tag{16.250}$$

Für $\hbar\omega > 2\mu$ existiert ein Imaginärteil, der mindestens vergleichbar mit dem Realteil ist. Damit hat die Gleichung $\varepsilon(q, \omega) = 0$, welche das Spektrum der Plasmaoszillationen determiniert [16.229], keine reellen Lösungen. Für $\hbar\omega \ll 2\mu$ erhält man

$$\Pi(\mathbf{q} \to 0, \omega) \approx -\frac{\mu q^2}{\pi(\hbar\omega)^2} . \tag{16.251a}$$

Für

$$\omega = \sqrt{\frac{2e^2\mu}{\hbar^3\varepsilon_{\text{ext}}}} \tag{16.251b}$$

gilt dann $\varepsilon(q,\omega) = 0$. Die Existenz einer niederfrequenten Plasmonenmode mit der Dispersion $\omega \sim \sqrt{q}$ ist eine generelle Eigenschaft zweidimensionaler Elektronengase [16.230]. Allerdings ist für den relativistischen und nichtrelativistischen Fall die Abhängigkeit der Dispersionsrelation von der Elektronendichte N unterschiedlich. Für Graphen gilt $\omega \sim \sqrt{\sqrt{N}q}$ und für das konventionelle System $\omega \sim \sqrt{Nq}$.

Wenn $\Pi(\mathbf{q},\omega)$ einen großen Imaginärteil besitzt, also außerhalb des Bereichs $qv_F < \omega < 2\mu$, werden Plasmonen stark gedämpft. Plasmonen zerfallen aufgrund der *Landau-Dämpfung* in inkohärente Elektron-Loch-Anregungen. Allerdings könnten Korrelationseffekte höherer Ordnung jenseits der Zufallsphasenapproximation auch zu Plasmonenmoden mit $\omega < qv_F$ selbst bei $\mu = 0$ führen [16.231].

Jenseits der Dirac-Näherung gibt es ebenfalls Mechanismen, die a priori zu weiteren Plasmonenmoden führen könnten. Die Wechselwirkung der Elektronen aus unterschiedlichen Tälern resultiert in einem Plasmon, welches beiden Tälern zuzuordnen ist und welches eine Dispersionsrelation $\omega \sim q$ besitzt [16.232]. Außerdem resultiert aus der van Hove-Singularität der optischen Leitfähigkeit für $\omega = 2t$ ein Hochenergieplasmon [16.233].

Para- und diamagnetische Antwortfunktionen erhalten wir, wenn wir uns die Reaktion des Elektronensystems aufgrund einer Störng in Form eines Vektorpotentials ansehen [16.234]. Dazu wählen wir $\hat{U}^{\text{ext}}_{\mathbf{q}} \to \hat{\boldsymbol{\sigma}}$. Damit erhalten wir statt eines Polarisationsoperators einen Satz von Antwortfunktionen:

$$\Pi_{\alpha\beta}(\mathbf{q},\omega) = 4\sum_{\mathbf{k}}\sum_{s,\tilde{s}=\pm}\lambda^{\alpha\beta}_{s\tilde{s}}(\mathbf{k},\mathbf{q})\frac{f\left(sE(\mathbf{k})\right) - f\left(\tilde{s}E(\mathbf{k}+\mathbf{q})\right)}{\tilde{s}E(\mathbf{k}+\mathbf{q}) - sE(\mathbf{k}) + \hbar(\omega + i\delta)}\,, \tag{16.252a}$$

mit

$$\lambda^{\alpha\beta}_{s\tilde{s}} = \left\langle\psi_s(\mathbf{k})\middle|\hat{\sigma}_\alpha\middle|\psi_{\tilde{s}}(\mathbf{k}+\mathbf{q})\right\rangle\left\langle\psi_{\tilde{s}}(\mathbf{k}+\mathbf{q})\middle|\hat{\sigma}_\beta\middle|\psi_s(\mathbf{k})\right\rangle\,. \tag{16.252b}$$

Hier sind $\psi_s(\mathbf{k})$ Elektron- und Lochwellenfunktionen. Die Dichte-Dichte-Antwortfunktion ist in dieser Notation Π_{00} mit $\underline{\underline{\sigma_0}} = \underline{\underline{1}}$. Ferner gilt beispielsweise

$$\lambda^{xx}_{s\tilde{x}}(\mathbf{k},\mathbf{q}) = \frac{1 + s\tilde{s}\cos(\varphi_{\mathbf{k}} + \varphi_{\mathbf{k}+\mathbf{q}})}{2}\,. \tag{16.252c}$$

Damit liefert die Antwortfunktion für den durch ein Vektorpotential in x-Richtung hervorgerufenen Strom

$$j^x_{\mathbf{q}\omega} = -(ev_F)^2\Pi_{xx}(\mathbf{q},\omega)A^x_{q\omega}\,. \tag{16.253}$$

Nehmen wir nun weiter $\mathbf{B} = \nabla \times \mathbf{A} = (0,0,B(x,y))$ an, so erhalten wir $B_{\mathbf{q}} = -iA^x_{\mathbf{q}}/q_y$. Phänomenologisch betrachtet, induziert das Magnetfeld eine zu ihm proportionale

Magnetisierung $\mathbf{M} = (0, 0, M(x, y))$: $M_\mathbf{q} = \chi(\mathbf{q})B_\mathbf{q}/\mu_0$ mit der Suszeptibilität $\chi(\mathbf{q})$. Für die Stromdichte erhalten wir über $\mathbf{j} = \nabla \times \mathbf{M}$ dann $j_\mathbf{q} = iq_y M_\mathbf{q}$. Damit wiederum folgt aus Gl. (16.253)

$$\Pi_{xx} = -\left(\frac{q_y}{v_F e}\right)^2 \chi(\mathbf{q}) \,, \qquad (16.254a)$$

also offensichtlich $\Pi_{xx}(\mathbf{q} = 0) = 0$. Physikalisch bedeutet das, dass aufgrund der Eichinvarianz ein konstantes Vektorpotential keine Antwort des Materials induzieren kann. Wenn wir allerdings Gl. (16.252c) in Gl. (16.252a) einsetzen, so erhalten wir selbst für $\mu = 0$ ein divergentes Integral über $|\mathbf{k}|$. Wenn wir willkürlich eine obere Grenze über $\mathbf{k} \le k_{\text{max}}$ einführen, so erhalten wir [16.234]

$$\Pi_{xx} = -\frac{k_{\text{max}}}{\pi \hbar v_F} \,. \qquad (16.254b)$$

Es gilt offensichtlich $\Pi_{xx} \to \infty$ für $k_{\text{max}} \to \infty$. Dieses pathologische Verhalten ist eine Folge des gewählten Modells, welches durch Einführung von k_{max} die Eichinvarianz $\mathbf{k} \to \mathbf{k} - e\mathbf{A}/\hbar$ bricht. Der resultierende Beitrag muss daher von der Antwortfunktion subtrahiert werden.

Bei Berechnung von $\Pi_{xx}(q_y, 0)$ für kleine Werte von q_y gemäß Gl. (16.254a) erhalten wir die Suszeptibilität, welche den Einfluss des Magnetfelds auf die elektronische Orbitalbewegung charakterisiert:

$$\chi = -\frac{1}{6}\frac{(ev_F)^2}{k_B T}\frac{1}{\cosh^2\left(\mu/[2k_B T]\right)} \,. \qquad (16.255)$$

Für $T = 0$ folgt damit $\chi = 2(ev_F)^2\delta(\mu)/3$. Dieses ist ein klassisches Resultat, welches bereits im Jahr 1956 abgeleitet wurde [16.235].

Aus Gl. (16.255) folgt, dass für $T = 0$ und endliche Dotierung die orbitale Suszeptibilität von Graphen im Rahmen des Dirac-Modells verschwinden sollte. Gewöhnlich erwartet man den *Landau-Peierls-Diamagnetismus*. Offensichtlich gibt es für Graphen eine exakte Kompensation der Infra- und Interbandübergänge [16.236]. Für multilagiges Graphen und für Graphit besteht diese exakte Kompensation der Beiträge nicht, und man erhält einen starken Diamagnetismus [16.237].

De facto ist der Orbitalmagnetismus von einlagigem Graphen komplett durch Elektron-Elektron-Wechselwirkungen geprägt [16.238]. Ein detaillierter Ansatz auf Basis einer Störungsrechnung liefert einen resultierenden Paramagnetismus:

$$\chi = \frac{4e^4 v_F}{\varepsilon_{\text{ext}}\hbar E_F}\Lambda \,. \qquad (16.256)$$

$\Lambda \approx 10^{-2}$ hängt von der Wechselwirkungskonstante ab.

16.2.7 Struktur- und Thermodynamik von Graphen

Es ist seit langem bekannt, dass Phononenspektren zweidimensionaler Materialien einige Besonderheiten aufweisen, die man für dreidimensionale Materialien nicht findet [16.239]. Die Unterschiede werden deutlich, wenn wir von der etablierten Beschreibung dreidimensionaler Materialien zum zweidimensionalen Fall überleiten. Die Positionen der Atomkerne eines beliebigen Bravais-Gitters seien gegeben durch $\mathbf{R}_{nj} = \mathbf{R}^0_{nj} + \mathbf{u}_{nj}$. $\{\mathbf{R}^0_{nj}\}$ formt das Kristallgitter, wobei n die Einheitszellen durchnummeriert und j die Atome innerhalb der jeweiligen Einheitszelle. $\mathbf{u}_{nj}$ sind Translationsvektoren. Ferner gelte $\mathbf{R}^0_{nj} = \mathbf{r}_n + \boldsymbol{\varrho}_j$. $\mathbf{r}_n$ sind Translationsvektoren und $\boldsymbol{\varrho}_j$ Basisvektoren. Zur Beschreibung der Gitterdynamik geht man in der Regel davon aus, dass die mittlere Auslenkung der Atome klein ist gegenüber der charakteristischen interatomaren Distanz: $\langle \mathbf{u}^2_{nj}\rangle \ll d^2$. Dann können wir die mit dem Gitter verbundene potentielle Energie entwickeln:

$$U(\{\mathbf{R}_{nj}\}) = U(\{\mathbf{R}^0_{nj}\}) + \frac{1}{2} \sum_{\substack{n,m\\ i,j\\ \alpha,\beta}} A^{\alpha\beta}_{ni,mj}\, u^\alpha_{ni}\, u^\beta_{mj}\,, \tag{16.257a}$$

mit

$$A^{\alpha\beta}_{ni,mj} = \left(\frac{\partial^2 U}{\partial u^\alpha_{ni} \partial u^\beta_{mj}}\right)_{\mathbf{u}=0} \tag{16.257b}$$

als Matrix der Federkonstanten. Da Gl. (16.257) nur Terme zweiter Ordnung berücksichtigt – die linearen Terme verschwinden – arbeiten wir in harmonischer Näherung.

Die klassische Bewegungsgleichung für die potentielle Energie ist gegeben durch

$$\mu_i \frac{d^2 u^\alpha_{ni}}{dt^2} = -\sum_{m,j,\beta} A^{\alpha\beta}_{ni,mj}\, u^\beta_{mj}\,. \tag{16.258}$$

Indem wir nach Lösungen der Form $u^\alpha_{ni}(t) \sim \exp(-i\omega t)$ suchen und die Translationssymmetrie nutzen, können wir im Rahmen des üblichen Vorgehens zeigen, dass die Quadrate der Eigenfrequenzen $\omega^2_\xi(\mathbf{q})$ auch Eigenwerte der *dynamischen Matrix*

$$D^{\alpha\beta}_{ij}(\mathbf{q}) = \sum_n \frac{A^{\alpha\beta}_{0i,nj}}{\sqrt{M_i M_j}} \exp(i\mathbf{q}\cdot\mathbf{r}_n) \tag{16.259}$$

sind. Hier ist $\mathbf{q}$ der Wellenvektor für die entsprechende Brillouin-Zone und $\xi = 1, 2, \ldots 2\nu$. ν ist die Anzahl der Atome in der Elementarzelle.

Nach Quantisierung des klassischen Problems in harmonischer Approximation resultiert der bereits in Gl. (3.92) spezifizierte Hamiltonian des harmonischen Oszillators:

$$\hat{H}_0 = \sum_\lambda \hbar\omega_\lambda \left(\hat{a}^\dagger_\lambda \hat{a}_\lambda + \frac{1}{2}\right)\,. \tag{16.260}$$

$\lambda(\mathbf{q}, \xi)$ sind die phononischen Quantenzahlen und $\hat{a}^\dagger$, $\hat{a}$ die bosonischen Erzeuger und Vernichter. Für den Operator der atomaren Auslenkung folgt

$$\hat{u}_{nj} = \sum_\lambda \sqrt{\frac{\hbar}{2N_0 M_j \omega_\lambda}} \varepsilon_j(\lambda) \exp(i\mathbf{q} \cdot \mathbf{r}_n)(\hat{a}_\lambda + \hat{a}^\dagger_{-\lambda}) \,. \tag{16.261}$$

$\varepsilon_j(\lambda)$ sind Komponenten von Polarisationsvektoren in Form von Eigenvektoren der dynamischen Matrix aus Gl. (16.259). Ferner haben wir $-\lambda \equiv \lambda(-\mathbf{q}, \xi)$ gesetzt.

Das Problem lässt sich weiter vereinfachen, wenn wir die Translationsinvarianz konsequent nutzen. Wenn wir beispielsweise alle Atomkerne entlang derselben Verschiebung **n** bewegen, so wird auf alle Atome keine Kraft ausgeübt:

$$\sum_{nj} A^{\alpha\beta}_{0i,nj} = 0 \,. \tag{16.262}$$

Daraus folgt das grundlegende Ergebnis, dass für dreidimensionale Materialien drei akustische Moden mit $\omega^2_\xi(\mathbf{q} \to 0) \to 0$ mit $\xi = 1, 2, 3$ und $3\nu - 1$ optische Moden mit endlichem $\omega^2(\mathbf{q} \to 0)$ existieren. Akustische Moden für kleine Wellenvektoren $\mathbf{q}$ bestehen in einer kohärenten Verschiebung aller Atome der Elementarzelle mit demselben Vektor $\mathbf{u}_j = \mathbf{u}$. Optische Moden für $\mathbf{q} = 0$ hingegen bestehen in einer atomaren Bewegung für die das Massenzentrum unverschoben bleibt:

$$\sum_j M_j \mathbf{u}_j(\mathbf{q} = 0) = 0 \,. \tag{16.263}$$

Für Graphen können wir nun weitere Besonderheiten nutzen. Zunächst ist $M_j \equiv M$ die Masse des Kohlenstoffatoms. Wegen der Spiegelsymmetrie in der Graphenebene gilt $A^{xz} = A^{yz} = 0$. Damit sind in der harmonischen Approximation die Moden, welche in z-Richtung polarisiert sind, von solchen mit Polarisation in der xy-Ebene vollkommen separiert. Wenn wir ferner berücksichtigen, dass die Untergitter A und B äquivalent sind, so gilt $D^{\alpha\beta}_{11} = D^{\alpha\beta}_{22}$ und man erhält mittels Gl. (16.259) und (7.280) $D^{\alpha\beta}_{12}(\mathbf{q} = 0) + D^{\alpha\beta}_{11}(\mathbf{q} = 0) = 0$. Damit gibt es die folgenden sechs Phononenzweige für Graphen:

$$\omega^2_{ZA}(\mathbf{q}) = D^{zz}_{11}(\mathbf{q}) + D^{zz}_{12}(\mathbf{q}) \tag{16.264a}$$

als akustische Biegemode mit $\mathbf{u}||z$,

$$\omega^2_{ZO}(\mathbf{q}) = D^{zz}_{11}(\mathbf{q}) + D^{zz}_{12}(\mathbf{q}) \tag{16.264b}$$

als optische Biegemode mit $\mathbf{u}||z$, zwei akustische Moden in der Graphenebene mit $\omega^2(\mathbf{q})$ als Eigenwerte der 2×2-Matrix

$$D^{\alpha\beta}_{11}(\mathbf{q}) + D^{\alpha\beta}_{12}(\mathbf{q}) \tag{16.264c}$$

für $\alpha, \beta = x, y$ und zwei optische Moden in der Ebene mit $\omega^2(\mathbf{q})$ als Eigenwerte der Matrix

$$D^{\alpha\beta}_{11}(\mathbf{q}) - D^{\alpha\beta}_{12}(\mathbf{q}) \tag{16.264d}$$

für $\alpha, \beta = x, y$. Wegen $D_{12}^{\alpha\beta} + D_{11}^{\alpha\beta} = 0$ für $\mathbf{q} \to 0$ kann man für die akustischen Moden $\omega^2 \sim q^2$ für $\mathbf{q} \to 0$ annehmen. Allerdings verschwinden für die akustische Biegemode auch die q^2-Terme und damit gilt für diese Mode $\omega^2 \sim q^4$ [16.240]. Nehmen wir nun statt einheitlicher Translation $\mathbf{u}_n$ = const eine einheitliche Rotation $\mathbf{u}_{nj} = \delta\boldsymbol{\varphi} \times \mathbf{R}_{nj}^0$ an, so sollte auch in diesem Fall keine Kraft und kein Drehmoment auf irgendein Atom wirken. Wenn der Drehwinkel $\delta\boldsymbol{\varphi}$ in der Graphenebene liegt, $\mathbf{u}_{nj} \| z$, so gilt neben Gl. (16.262)

$$\sum_{n,j} A_{0i,nj}^{zz} r_n^\alpha r_n^\beta = 0 \tag{16.265}$$

für $\alpha, \beta = x, y$. Daraus folgt über die Definition der dynamischen Matrix aus Gl. (16.259)

$$\frac{\partial^2}{\partial q_\alpha \partial q_\beta} \left[D_{11}^{zz}(\mathbf{q}) + D_{12}^{zz}(\mathbf{q}) \right]_{\mathbf{q}=0} = 0 \,. \tag{16.266}$$

Damit weist die Entwicklung der rechten Seite von Gl. (16.264a) zunächst Terme $\sim q^4$ auf, was auf $\omega_{ZA}(\mathbf{q}) \sim q^2$ für $\mathbf{q} \to 0$ schließen lässt.

Wegen der vergleichsweise kleinen Anzahl von Atomen in Graphenproben gibt es keinerlei Möglichkeit, die Phononendispersion von Graphen mittels etablierter Techniken wie der inelastischen Neutronenstreuung zu messen. Man ist daher auf Rechnungen angewiesen, die entweder auf Dichtefunktionalmethoden [16.241] oder auf der Annahme semiempirischer interatomarer Potentiale [16.242] basieren. Dabei wird in den atomistischen Simulationen das langreichweitige Kohlenstoffbindungspotential (*Long-Range Carbon-Bond Order Potential, LCBOP*) angenommen. Die mit den unterschiedlichen Methoden erhaltenen Resultate ähneln einander sehr. Abbildung 16.31 zeigt das Phononenspektrum von Graphen mit den sechs Zweigen aus Gl. (16.264).

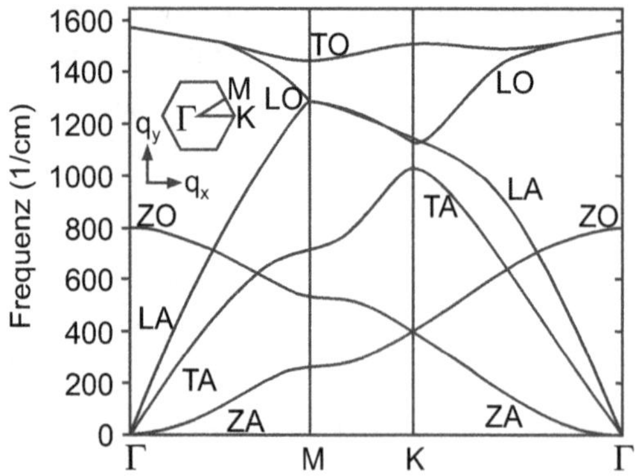

Abb. 16.31. Phononenspektrum von Graphen [16.242]. A steht für akustisch und O für optisch. Z bezeichnet die Biegemoden, T die Transversalmoden und L die Longitudinalmoden.

Wie bereits bemerkt, steht die Existenz von freitragendem, völlig ebenem Graphen im Widerspruch zum Mermin-Wagner-Theorem [16.243]. Die Klassifikation von Graphen als zweidimensionaler Kristall erfordert daher einige Detaillierungen. Diese ergeben sich insbesondere aus der in Abschn. 9.2 umrissenen Elastizitätstheorie, statistischen Mechanik und Thermodynamik flexibler Membranen. Die erhaltenen Resultate sind direkt auf Graphen anwendbar und liefern Informationen über die einzigartigen mechanischen Eigenschaften von Graphen [16.75; 16.244].

Die phänomenologische Elastizitätstheorie liefert die totale Deformationsenergie einer Graphenlage als Funktion lokaler Biegedeformationen und Gitterdeformationen in der Ebene. Setzt man als Ursache für die Deformationen das Wirken einer Kraftdichteverteilung – also einer Druckverteilung – voraus, so erhält man die Gleichgewichtsdeformationen in Form der in Gl. (6.265) aufgeführten, a priori nichtlinearen Föppl-Gleichungen. Im Allgemeinen ist deren Lösung eine höchst komplexe Angelegenheit, die sich für Graphen allerdings dadurch vereinfacht, dass man annehmen kann, dass die Korrugationen groß gegenüber der Membrandicke, d. h der atomaren Dicke des Graphens sind. Unter diesen Bedingungen findet man für die lokale Deformation $\Delta z \sim L^3\sqrt{Lp/y}$. Hier ist L die charakteristische Größe der Graphenflocke, p die Flächendichte der wirkenden Kraft und $\mathcal{E} = 4\mu(\mu + \lambda)/(2\mu + \lambda)$ der zweidimensionale Elastizitätsmodul mit den Lamé-Konstanten μ und λ.

Graphen ist, gemessen an konventionellen Maßstäben, ein extrem belastbares Material. Aufgrund der relativ hohen Defektfreiheit können Deformationen von 10–15 % reversibel erreicht werden [16.245]. Damit kann eine Graphenflocke das Milliardenfache des eigenen Gewichts tragen [16.75; 16.244].

Auf Basis der totalen Deformationsenergie lassen sich Resultate der statistischen Mechanik für endliche Temperaturen generieren. Dabei geht man wie in Abschn. 9.2 skizziert vor und betrachtet das klassische Regime, indem man annimmt, dass vertikale und horizontale Deformationen statischen Feldern entsprechen, die nur Fluktuationen im Raum, nicht aber in der Zeit aufweisen. In Bezug auf vertikale Fluktuationen wird also $\langle(\Delta z)^2\rangle$ betrachtet. Nach Einführung einer Minimalgröße für den Wellenvektor von $q_{\min} = 1/L$ erhält man

$$\left\langle(\Delta z)^2\right\rangle = \sum_{\mathbf{q}} \left\langle|(\Delta z)|^2\right\rangle = \frac{k_B T}{\kappa} L^2 \,, \tag{16.267}$$

mit der Biegesteifigkeit $\kappa = \mathcal{E}d^3/(24[1 - \nu^2])$ und der Poisson-Zahl $\nu = (3\lambda - \mu)/(2[3\lambda + 4\mu])$. In entsprechender Weise erhält man für die gemittelte Verzerrung in der Graphenebene

$$\left\langle \mathbf{u}^2 \right\rangle = \sum_{\mathbf{q}} \left\langle |\mathbf{u}_{\mathbf{q}}|^2 \right\rangle = \frac{k_B T}{2\pi M c_S^2} \ln\left(\frac{L}{d}\right) \,. \tag{16.268}$$

Hier ist c_S die mittlere Schallgeschwindigkeit, M die atomare Masse und d die interatomare Distanz. Die logarithmische Divergenz für $L \to \infty$ veranlasste Peierls und Landau zu der Schlussfolgerung, dass perfekte zweidimensionale Kristalle nicht existieren können [16.8; 16.246]. Eine rigorosere Behandlung des Problems in Form des Mermin-Wagner-Theorems bestätigt diese Schlussfolgerung [16.5]. Elektronenbeugungsexperimente haben eindeutig belegt, dass freitragendes Graphen bei Raumtemperatur gekräuselt ist [16.6; 16.247]. Mittels atomistischer *Monte Carlo - Simulationen* konnten auch Details des Fluktuationsspektrums analysiert werden [16.248]. Die Kräuselungen (*Ripples*) von Graphen zerstören die perfekte langreichweitige Ordnung des Graphens. Sie induzieren gleichsam eine Dreidimensionalität. Die thermisch induzierte Unordnung stabilisiert den nahezu idealen zweidimensionalen Kristall, bei dem sich aus recht scharfen *Bragg-Peaks* immer noch das ideale Kohlenstoffgitter reproduzieren lässt. Auch bei Graphen auf Substraten gibt es Kräuselungen, bei deren Charakterisierung allerdings die Wechselwirkung zwischen Graphenfilm und Substrat berücksichtigt werden muss. Dass diese Kräuselungen zu spezifischen Streumechanismen bei elektronischen Transportprozessen führen, verdeutlicht Abb. 16.32.

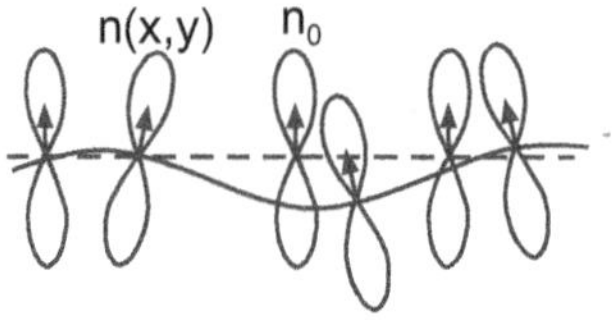

Abb. 16.32. Verteilung der Normalenvektoren $\mathbf{n}(x, y)$ sowie der Orbitalorientierungen für eine fluktuierende Graphenschicht und für den Grundzustand.

Die Existenz einer weichen Biegemode (ZA in Abb. 16.31) und das damit zusammenhängende Kräuseln des Graphens sind von großer Bedeutung für das thermodynamische Verhalten und vor allem für die thermische Ausdehnung. In quasiharmonischer Näherung werden die thermodynamischen Eigenschaften durch harmonische Ausdrücke beschrieben, allerdings mit Phononenfrequenzen $\omega_\lambda = \omega_\lambda(a)$, die von der Gitterkonstante abhängen. Der thermische Ausdehnungskoeffizient ist dann für einen zweidimensionalen Kristall gegeben durch

$$\alpha_p = \frac{1}{F}\left(\frac{\partial F}{\partial T}\right)_p \,. \tag{16.269}$$

F ist hier die Graphenfläche. Nach der *Grüneisen-Regel* gilt

$$\alpha_p = \frac{\gamma C_V(T)}{FK_T} \,, \tag{16.270}$$

mit dem makroskopischen *Grüneisen-Parameter* γ, der Wärmekapazität C_V und dem isothermen Kompressionsmodul K_T. In harmonischer Näherung erhält man

$$C_V(T) = \sum_\lambda C_\lambda \,, \tag{16.271a}$$

mit

$$C_\lambda = \left(\frac{\hbar\omega_\lambda}{k_B T}\right)^2 \frac{\exp\left(\hbar\omega_\lambda/[k_B T]\right)}{\left(\exp\left(\hbar\omega_\lambda/[k_B T]\right) - 1\right)^2} \,. \tag{16.271b}$$

Der makroskopische Grüneisen-Parameter

$$y = \frac{\sum_\lambda y_\lambda C_\lambda}{\sum_\lambda y_\lambda} \tag{16.272a}$$

kann auf die mikroskopischen Parameter

$$y_\lambda = -\frac{\partial \ln \omega_\lambda}{\partial \ln F} \tag{16.272b}$$

zurückgeführt werden. Experimentell wurde festgestellt, dass Graphit einen negativen Ausdehnungskoeffizienten bis $T \approx 700\,\mathrm{K}$ besitzt [16.249]. Dieses Verhalten konnte anhand von Dichtefunktionalberechnungen von ω_λ und y_λ verifiziert werden [16.240]. Sowohl für Graphit als auch für Graphen findet man $y_\lambda < 0$ für ZA-Phononen über die gesamte Brillouin-Zone. Der Vorzeichenwechsel von α_p bei $T \approx 700\,\mathrm{K}$ wird für Graphit richtig prognostiziert. Für Graphen liefert die Theorie $\alpha_p < 0$ im gesamten Temperaturbereich. Im Bereich der Raumtemperatur wurde dieses Verhalten experimentell verifiziert [16.74]. Es wurde ein sehr großer Wert von $\alpha_p \approx -10^{-5}/\mathrm{K}$ gefunden. Experimentelle Untersuchungen zeigen eine deutliche Temperaturabhängigkeit von α_p, die deutlich auf anharmonische Effekte schließen lässt, die in Gl. (16.271) und Gl. (16.272) keine Berücksichtigung finden [16.250].

Auch die Lamé-Konstanten lassen sich aus den atomistischen Simulationen abschätzen [16.251]. Die Raumtemperaturwerte belaufen sich demnach auf $\mu \approx 10\,\mathrm{eV/Å^2}$ und $\lambda \approx 2\,\mathrm{eV/Å^2}$. Daraus resultiert für die Poisson-Zahl $\nu = \lambda/(\lambda + 2\mu) = 0,12$. Der resultierende Elastizitätsmodul von $\mathcal{E} = 4\mu(\lambda + \mu)/(\lambda + 2\mu)$ stimmt gut mit dem experimentell ermittelten Wert von $\mathcal{E} = 340\,\mathrm{N/m}$ überein. Pro atomarer Schicht betrachtet ist dieser Wert etwa eine Größenordnung größer als derjenige für Stahl.

Ein weiterer anharmonischer Hochtemperatureffekt ist das Anwachsen der Wärmekapazität jenseits des *Dulong-Petit-Werts* von $C_V = 3R$. Für Graphen findet man

$$C_V = 3R\left(1 + \frac{k_B T}{E_0}\right), \tag{16.273}$$

mit $E_0 \approx 1,3\,\mathrm{eV}$ [16.251].

Graphen besitzt eine außerordentlich hohe Wärmeleitfähigkeit [16.252]. Bei Metallen wird die Wärmeleitfähigkeit durch die Leitungselektronen bestimmt, während der phononische Anteil verschwindend ist. Bei Diamant, Graphen und Kohlenstoffnanoröhrchen ist die hohe Wärmeleitfähigkeit, die höher als bei jedem Metall sein kann, phononischen Ursprungs. Ursache für dieses ungewöhnliche Verhalten ist die große phononische Gruppengeschwindigkeit, welche auf die starke chemische Bindung und die vergleichsweise geringe Masse der Kohlenstoffatome zurückgeführt werden kann. Allerdings ist die Bedeutung einzelner phononischer Zweige gegenwärtig noch nicht vollständig geklärt [16.252].

Bei hinreichend großen Temperaturen von der Größenordnung $T \approx 4900\,\mathrm{K}$ wird Graphen zerstört, wie Monte Carlo - Simulationen zeigen [16.253]. Mit „Zerstörung“

ist hier ein komplexer Prozess gemeint, der weder dem einfachen Schmelzen noch der Sublimation entspricht. Dabei entstehen Kohlenstoffketten, deren Verschränkung eine Struktur konstituiert, die einer Polymerschmelze entspricht, aber nicht einer einfachen Flüssigkeit.

16.3 Kohlenstoffnanoröhrchen

16.3.1 Kohlenstoffnanoröhrchen im Überblick

Wie wir bereits in Abschn. 3.5.4 gesehen hatten, können Kohlenstoffnanoröhrchen in gewisser Weise als eindimensionale Form des Graphens betrachtet werden. Sie wurden 1991 durch *S. Iijima* beschrieben [16.254], aber auch unter Umständen bereits vorher entdeckt [16.255]. In Bezug auf ihre vielfältigen und besonderen physikalischen Eigenschaften, Funktionalisierungsmöglichkeiten und Einsatzgebiete sind Kohlenstoffnanoröhrchen zweifellos als Grundbausteine der Nanotechnologie zu betrachten [16.181; 16.256].

Grundsätzlich ist zwischen einwandigen (*Single-Walled Nanotubes, SWNT*) und mehrwandigen (*Multi-Walled Nanotubes, MWNT*) Kohlenstoffnanoröhrchen (*Carbon Nanotubes, CNT*) zu unterscheiden. Beide Kategorien können unterschiedliche Längen und Durchmesser aufweisen. Daneben ist entscheidend, wie in Abschn. 3.5.4 bereits dargestellt, wie die Graphenlagen aufgewickelt sind. Zusätzlich können noch Endkappen vorhanden sein. Die Anzahl der beteiligten Atome beträgt typisch viele Zehn- bis Hunderttausende. Es existieren die in Abb. 3.63 dargestellten drei Kategorien von Nanoröhrchen, die sich dadurch unterscheiden, wie der Graphenstreifen aufgerollt ist. *Zickzack-Nanoröhrchen* entstehen, wenn der Streifen so aufgewickelt wird, dass die Enden des offenen Röhrchens einen perfekt zickzackförmigen Verlauf haben. *Armchair-Nanoröhrchen* entstehen, wenn der Streifen vor dem Aufrollen um 30° gegenüber den Zickzack-Röhrchen gedreht wird, so dass als perfekter Abschluss eine Kante aus den Seiten der letzten Sechserringreihe entsteht. Bei *chiralen Nanoröhrchen* liegt der Winkel, um den der Streifen vor dem Aufrollen gedreht wird, zwischen 0 und 30°. Eine Linie, die entlang des Einheitsvektors des Graphengitters verläuft, windet sich spiralförmig um das Röhrchen. Damit gibt es zwei enantiomere Röhrchenformen. Jede Kohlenstoffnanoröhre kann durch das über Gl. (3.326) definierte Deskriptorenpaar (n,m) eindeutig beschrieben werden. Für Zickzack-Nanoröhrchen gilt $m = 0$, während für Armchair-Nanoröhrchen $n = m$ gilt. Durch diese Spezialfälle ist die Grenze der Deskriptorenzone festgelegt. Die Umfangsvektoren $\mathbf{C}_h$ stehen für Zickzack- und Armchair-Nanoröhrchen im Winkel von 30° zueinander. Für alle anderen Nanoröhrchen ist der *Chiralitätswinkel* durch $0 < \Theta < 30°$ gegeben.

Wir bereits in Abschn. 3.5.4 diskutiert, lassen sich mithilfe des Dekriptorenpaars n, m in einfacher Weise grundlegende Eigenschaften der einwandigen Kohlenstoffnanoröhrchen quantifizieren. Mit $\mathbf{C}_h = n\mathbf{a}_1 + m\mathbf{a}_2$ – $\mathbf{a}_1$ und $\mathbf{a}_2$ sind die Gittervektoren des Graphengitters gemäß Abb. 3.62 – ist der Durchmesser eines Röhrchens durch $d = C_h/\pi = a\sqrt{3(n^2 + nm + m^2)}/\pi$ gegeben. Es wird stets $n \geq m$ angenommen. Der Umfang ist $C_h = a\sqrt{n^2 + nm + m^2}$. Für den Chiralitätswinkel gilt $\Theta = \arcsin(\sqrt{3}m/[2\sqrt{n^2 + nm + m^2}])$.

Im Vergleich zum Durchmesser weisen Kohlenstoffnanoröhrchen üblicherweise eine um ein Vielfaches größere Länge auf. Entlang der Längsachse wiederholt sich daher eine eindimensionale Translationselementarzelle, ein Zylinderstück des Röhrchens. Die Länge der Elementarzelle wird durch den Betrag des Translationsvektors **T** quantifiziert. **T** und $\mathbf{C}_h$ spannen ein Rechteck auf, welches der abgewickelten zylindrischen Elementarzelle des Röhrchens entspricht. Beträgt die Differenz von n und m ein ganzzahliges Vielfaches von $3l$, wobei l der größte gemeinsame Teiler von n und m ist, so gilt $T = a\sqrt{n^2 + nm + m^2}/l$, andernfalls gilt $T = 3a\sqrt{n^2 + nm + m^2}/l$. Mit $a = 1,42$ Å besitzen alle Zickzack-Nanoröhrchen eine Länge der Elementarzelle von $T = 4,26$ Å. Alle Armchairröhrchen eine solche von $T = 2,46$ Å. Die Anzahl der Atome in der Elemtarzelle beträgt $N = 4(n^2 + nm + m^2)/(3l)$, wenn $n - m$ ein ganzzahliges Vielfaches von $3l$ ist und $N = 4(n^2 + nm + m^2)/l$ sonst. Bei typischen Durchmessern von 2 bis 30 nm für SWNT kann N sehr groß werden. So hat ein (95,51)-SWNT bei einem Durchmesser von 10,05 nm eine 54,7 nm lange Elementarzelle mit 65884 Atomen.

Bei langen Röhrchen sind die π-Elektronen des Kohlenstoffgitters entlang der gesamten Länge delokalisiert. Ist die Länge jedoch vergleichbar mit dem Durchmesser, so besteht nicht mehr länger eine Äquivalenz aller Bindungen, und das Röhrchen ist an den Enden deformiert.

Bei offenen SWNT erfolgt die Absättigung der Dangling Bonds durch funktionelle chemische Gruppen. Geschlossene SWNT weisen hingegen keine Dangling Bonds auf. Dabei sind die Formen der Kappen sehr divers. Sie reichen von halbkugelförmig bis spitz zulaufend. Die benötigte Krümmung wird durch den Einbau von Fünfringen erzeugt. Allerdings stellt man bei konkaven, schnabelförmigen Kappen auch den Einbau von Siebenringen fest, die eine entgegengesetzte Krümmung erzeugen.

Mehrwandige Kohlenstoffnanoröhrchen bestehen aus konzentrisch ineinander angeordneten SWNT mit meist konstantem Lagenabstand. Es existieren Spezies mit nur zwei Röhren (*Double-Walled Nanotubes, DWNT)* als auch solche mit vielen (*MWNT*), was mehr als 50 heißen kann. Die quantitative Beschreibung der MWNT erfolgt mithilfe einer entsprechenden Zahl an Deskriptorenpaaren gemäß $(n_1, m_1)@(n_2, m_2)@\ldots$. Entsprechend der vorgestellten SWNT-Strukturen sollte der kleinste Röhrendurchmesser bei etwa 1,2 nm liegen. Bei sehr großen Durchmessern werden die Röhrchen zunehmend instabil. Typische Durchmesser für etwa zehnschahlige MWNT betragen wenige Nanometer.

A priori stellt sich die Frage, ob es sich bei mehrlagigen Röhrchen tatsächlich um die Struktur in Abb. 16.33(a) handelt, ober ob eine aufgerollte Graphenlage gemäß Abb. 16.33(b) vorliegt. Viele Beobachtungen und experimentelle Untersuchungen wurden zu dieser Fragestellung durchgeführt. Danach spricht vieles für die Struktur in Abb. 16.33(a), wobei sich nicht kategorisch ausschließen lässt, dass auch die Strukturen in in Abb. 16.33(b) existieren können [16.257]. Nimmt man konzentrische Röhrchen an, so gelten für ihren Aufbau zunächst dieselben Prinzipien wie für einwandige Röhrchen. Elektronenmikroskopische Untersuchugen zeigen, dass der Abstand zwischen den konzentrischen Röhren häufig 0,34 nm beträgt. Dies entspricht dem Abstand der Lagen beim turbostratisch ungeordneten Graphit. Eine ABAB...-Abfolge der einzelnen Lagen kann nicht durchgehend eingehalten werden, so dass die einzelnen Röhrchen ungeordnet ineinander geschoben sind und keine große Wechselwirkung zwischen ihnen besteht. Aus dem Regelabstand der einzelnen Lagen resultiert ein Umfangsunterschied von 2,14 nm zwischen benachbarten Röhrchen, was die mangelnde atomare Korrelation erklärt. Bei Armchair-Röhrchen besitzt die kleinste sich in Umfangsrichtung wiederholende Einheit eine Länge von 0,426 nm. Ein Umfangszuwachs von fünf dieser Einheiten entspricht gerade 2,13 nm und damit fast genau dem zuvor genannten Wert. Armchair-Röhrchen können damit ausnahmsweise unter Beibehaltung der ABAB...-Folge des Graphens MWNT bilden. Bei Zickzack-Röhrchen hat die kleinste Umfangseinheit eine Länge von 0,246 nm. Neun zusätzliche Sechserringe lassen den Umfang um 2,214 nm anwachsen. Dies entspricht einem Röhrchenabstand von 0,352 nm. Die ABAB...-Folge lässt sich damit nicht durchgehend realisieren. Chirale Röhren können in der Regel nicht für einen gegebenen Chiralitätswinkel MWNT mit korrektem Lagerabstand bilden. Sie bilden daher MWNT aus Röhrchen mit unterschiedlichem Chiralitätswinkel.

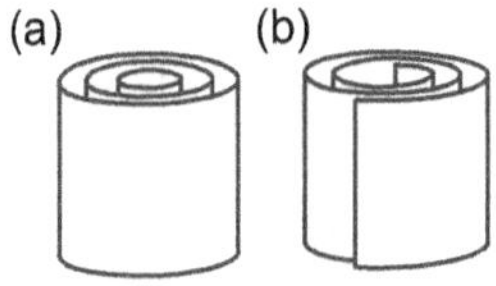

Abb. 16.33. Mögliche Strukturen mehrwandiger Kohlenstoffnanoröhrchen. (a) Konzentrische Röhren und (b) aufgerollte Graphenlage.

Die relativen Anordnungen der Röhrchen zueinander implizieren Aussagen über die Wechselwirkungen zwischen ihnen. Zunächst einmal bestehen in jedem Fall van der Waals-Wechselwirkungen. Bereiche mit ABAB...-Stapelfolgen weisen zusätzlich π-π-Wechselwirkungen auf. Damit ist die gesamte Wechselwirkung zwischen jeweils zwei Röhrchen eher gering. Dies hat zur Folge, dass pro Atom die Rotationsbarriere nur 0,23 meV und die Translationsbarriere nur 0,52 meV beträgt. Damit lassen sich die Röhrchen leicht gegeneinander drehen oder verschieben. Abbildung 16.34 zeigt ein einwandiges im Vergleich zu mehrwandingen Röhrchen.

Die Enden der MWNT verhindern eine Relativbewegung der Röhrchen gegeneinander. Hier treten häufig kovalente Bindungen auf, die die einzelnen Röhrchen miteinander verbinden. Oder es treten Kappen auf, welche die Relativbewegung ebenfalls

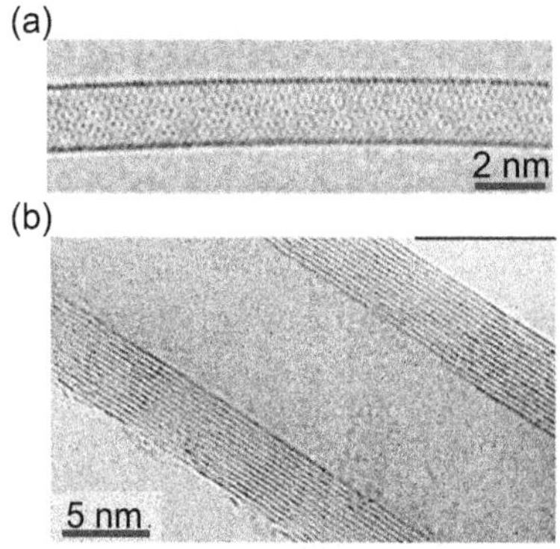

Abb. 16.34. Hochauflösende transmissionselektronenmikroskopische Aufnahmen von Kohlenstoffnanoröhrchen. (a) (18,8)-SWNT [16.258] und (b) MWNT [16.259].

verhindern. Abbildung 16.35 zeigt verschiedene Beispiele für Endkonfigurationen von CNT.

Durch gleichzeitiges Vorhandensein von Fünfring- und Siebenringdefekten entstehen abgewinkelte Röhrchen. Häufig bilden sich, wie in Abb. 16.36 gezeigt, im Innern der MWNT abgekapselte Kompartimente, so dass die Abwinkelung nur auf die äußeren Röhrchen beschränkt bleibt.

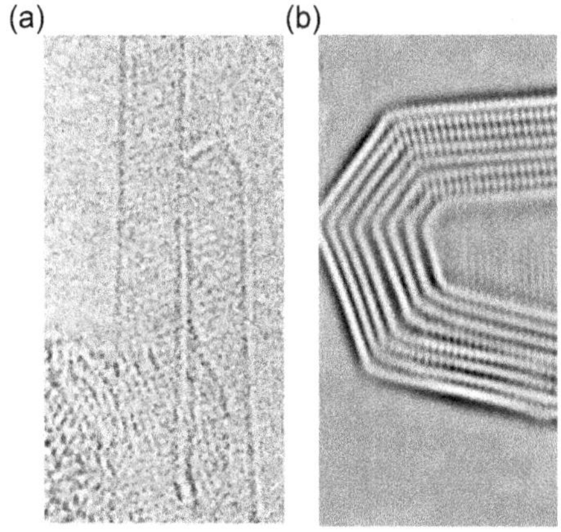

Abb. 16.35. Transmissionselektronenmikroskopische Aufnahmen von Endkonfigurationen von Kohlenstoffnanoröhrchen. (a) SWNT [16.260] und (b) MWNT [16.261].

Es gibt eine große Vielfalt von Herstellungsmethoden für Kohlenstoffnanoröhrchen. Je nach angewandter Methode entstehen einwandige und/oder mehrwandige Röhrchen. Allerdings führen alle Herstellungsmethoden zu einem Gemisch von Röhrchen unterschiedlicher Konfiguration und Geometrie, so dass Separations- und Reinigungsmethoden eine große Bedeutung zukommt. In der Regel findet das Wachstum aus der Gasphase statt. Dies ist nur bei rationalen Syntheseansätzen nicht der Fall, bei denen das Kohlenstoffgerüst Schritt für Schritt aufgebaut wird.

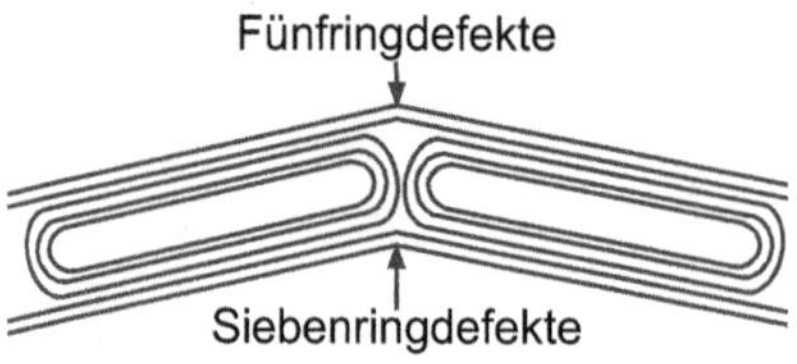

Abb. 16.36. Entstehung von Knicken in mehrwandigen Kohlenstoffnanoröhrchen.

Die *Lichtbogenmethode*, die zur Herstellung makroskopischer Mengen an Fullerenen entwickelt wurde, eignet sich in abgewandelter Form auch für die Herstellung von SWNT und MWNT. Zwei Graphitelektroden werden in einem Inertgas – Helium oder Argon – einander angenähert, so dass bei Anlegen einer Spannung ein Lichtbogen entsteht. Dadurch wird das Anodenmaterial verdampft und lagert sich in Form eines Depots an der gekühlten Kathode sowie auch in anderen Bereichen der Apparatur ab. Der Kathodenruß beinhaltet dann neben anderen Bestandteilen die Nanoröhrchen. Über die Prozessvariablen wie Inertgasdruck, Stromstärke und Elektrodenabstand werden die Bedingungen zugunsten einer primären Abscheidung von Fullerenen, SWNT oder MWNT gewählt. Für die Produktion von SWNT muss zusätzlich ein Übergangsmetallkatalysator der Anode zugesetzt werden. Bewährt haben sich Nickel-Kobalt- oder Nickel-Yttrium-Gemische. Die Lichbogenmethode ist zur großtechnischen Herstellung geeignet.

Ein eng verwandtes Verfahren ist die *Laserablation*, bei der die Erhitzung eines Graphittargets auf mehrere tausend Grad durch die Einstrahlung von Laserlicht realisiert wird. Auch mit diesen Verfahren lassen sich Fullerene, SWNT und MWNT herstellen. Zur primären Herstellung von SWNT ist wiederum der Zusatz eines Übergangsmetallkatalysators erforderlich. Das Verfahren eignet sich nur zur Herstellung von Proben im Labormaßstab.

Kohlenstoffnanoröhrchen können auch mittels *chemischer Gasphasenabscheidung (Chemical Vapour Deposition, CVD)* synthetisiert werden. Dabei wird ein kohlenstoffhaltiger Präkursor in Gegenwart eines Katalysators zersetzt. Dieser kann entweder substratgebunden sein oder durch Beimischung eines Katalysatorpräkursors zum Eduktgas in situ in der Reaktionszone gebildet werden. Als Kohlenstoffquelle werden häufig Methan, Ethylen, Acetylen oder Ethan verwendet. Geeignete Katalysatorpräkursoren sind organometallische Verbindungen wie Carbonylkomplexe oder Metallocene. Die Ersetzung des Edukts kann durch zusätzliche Erzeugung eines Plasmas gefördert werden. In diesem Fall spricht man von *Plasma-Enhanced CVD (PECVD)*. Wird ein substratgebundener Katalysator eingesetzt, so kann mittels lithographischer Techniken eine strukturierte Abscheidung erreicht werden. Abbildung 16.37 zeigt ein Beispiel. Die Wahl des Präkursors entscheidet wesentlich darüber, ob SWNT oder MWNT entstehen. Für die Erzeugung von SWNT ist insbesondere der *HiPCO-Prozess (High Pressure Carbon Monoxide)*High Pressure Carbon Monoxide geeignet. Grundlage ist hier das *Boudouard-Gleichgewicht*:

$$2CO \xrightarrow{Fe} CO_2 + C\,, \qquad (16.274)$$

wobei der Kohlenstoff in Form von SWNT abgeschieden wird. Als Katalysator wirken aus Eisenpentacarbonyl abgeschiedene Eisencluster. Diese haben bei 40 bis 50 Fe-Atomen einen Durchmesser von etwa 0,7 nm. Dies entspricht dem Durchmesser der kleinsten gebildeten SWNT. Der HiPCO-Prozess ist zur Massenproduktion geeignet.

Abb. 16.37. Mikrostruktur aus selektiv mittels CVD abgeschiedenen Kohlenstoffnanoröhrchen [16.262].

Eng verwandt mit der CVD ist die *pyrolytische Abscheidung* von CNT. Ausgangspunkt ist die thermische Zersetzung organischer Verbindungen, wie beispielsweise Alkohole. Der Katalysator oder eine Vorstufe wird direkt dem Edukt beigefügt. Ein Beispiel wäre die thermische Zersetzung eine Gemischs aus Ethanol und Ferrocen. Wiederum kann die Erzeugung von SWNT oder MWNT durch die Wahl der Edukte festgelegt werden.

Zur rationalen Synthese von CNT bestehen einige Ansätze, allerdings gibt es bislang keine Standardsynthese, mit der es beispielsweise gelänge, gezielt ausschließlich SWNT herzustellen. Um die Bildung größerer Struktureinheiten zu fördern, erscheint es günstiger, als Ausgangssubstanz Verbindungen mit einer möglichst großen Anzahl bereits kondensierter aromatischer Ringe zu verwenden. Beispielsweise können große Aromaten wie Hexa-peri-hexabenzocoronen an der Peripherie mit Alkinylsubstituenten modifiziert werden, so dass eine Komplexbildung mit Dikobaltoctacarbonyl möglich wird. Abschließend wird eine Pyrolyse der organischen Vorläufersubstanz durchgeführt. Bei der richtigen Temperatur bilden sich MWNT. Die Umwandlungsquote des Kohlenstoffs kann bei nahezu 100 % liegen, und die Größenverteilung der MWNT kann sehr eng sein. Wie bei den anderen Verfahren auch, beträgt die Länge der CNT einige hundert Nanometer bis mehrere Mikrometer. Die Synthese der CNT kann auch mittels *templatgestützter Pyrolyse* erfolgen. In Poren geeigneter Größe entstehen CNT, die sich in ihrem Durchmesser dem Porendurchmesser anpassen. *Beltene*, gürtelförmige Aromaten, stellen quasi extrem kurze Kohlenstoffnanoröhrchen dar.

Neben den beschriebenen SWNT und MWNT werden häufig als Ergebnis der genannten Synthesemethoden auch andere Kohlenstoffstrukturen mit röhrenförmiger Geometrie beobachtet. Diese sind in Abb. 16.38 dargestellt. *Bambusförmige MWNT* bestehen aus einzelnen Kompartimenten, die von einigen durchgehenden Nanoröhren umhüllt sind. Die *Cup-Stacked CNT* bestehen aus Kegelhohlstümpfen, die kolumnar gestapelt sind. Die Öffnungswinkel der Trichter liegen zwischen 40° und 85°, der Hohlraum ist über die gesamte Länge der Struktur durchgängig. Der Röhrendurchmesser beträgt 50–150 nm, die Röhrenlänge > 100 μm. Helikale MWNT weisen verschiedene Arten der Verdrillung auf, darunter auch die Ineinanderwicklung mehrerer helikaler MWNT. Ausgehend von geraden MWNT kommen die Helices durch Einbau von Fünfringdefekten auf der Außenseite und Siebenringdefekten auf der Innenseite zustande. Größere helikale Kohlenstoffobjekte werden als *Carbon Microcoils* bezeichnet und ähneln den spiralförmigen Kohlefasern mit Durchmessern von 1–10 μm und Längen von 100–500 μm. Als Nanohorns (SWNT) bezeichnet man kurze SWNT mit Durchmessern von 2–6 nm und Längen von etwa 50 nm. Sie weisen an einem Ende eine konische Spitze mit einem Winkel von etwa 20° auf. Sie sind an dieser Seite geschlossen. SWNH liegen in der Regel als igelförmige Agglomerate vor.

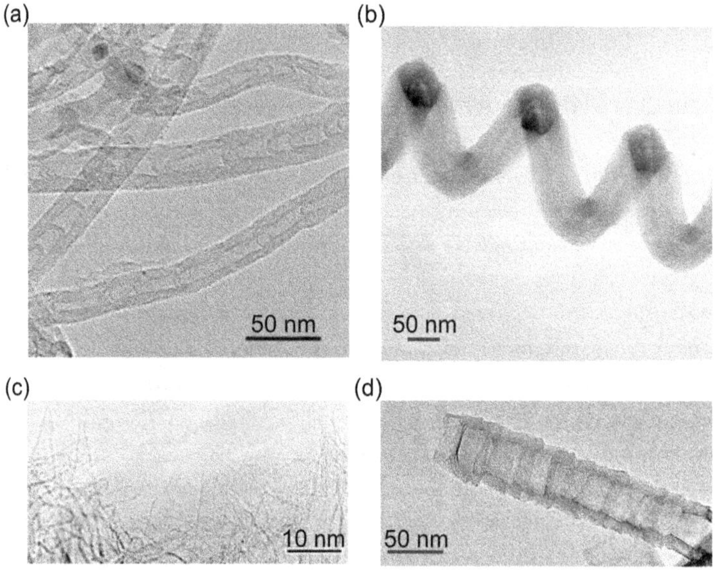

Abb. 16.38. Transmissionselektronenmikroskopische Aufnahmen röhrenförmiger Kohlenstoffkonfigurationen. (a) MWNT mit Bambusstruktur [16.263], (b) Cup-Stacked CNT [16.264], (c) Helikale MWNT [16.265] und (d) Nanohorns [16.266].

Für viele Anwendungen von CNT ist es von Interesse, die Röhrchen auf Substraten selektiv und in paralleler Ausrichtung vorliegen zu haben. Die Selektivität der Abscheidung lässt sich, wie in Abb. 16.37 dargestellt, durch Katalysatorlithographie erreichen. Allerdings ist die Strukturierung des Substrats nicht hinreichend für eine parallele Ausrichtung. Nanoröhrchen können jedoch durch geeignete Maßnahmen sowohl während ihres Wachstums als auch nachträglich parallel zueinander orientiert werden.

Während des Wachstums kann die Ausrichtung durch ein Templat erfolgen. In den Poren von Zeolithen oder anderer mesoporöser Silikate oder Aluminiumoxide werden die dort wachsenden CNT durch die Porenstruktur in die entsprechende Richtung gezwungen. Durch Entfernen des Templats können die Röhrchen freigelegt werden. Nach Verdampfen der obersten atomaren Siliziumlage eines Siliziumkarbitsubstrats entstehen in der Folge CNT, deren Wachstum senkrecht zur Substratoberfläche orientiert ist. Dies ist einfach eine Folge der dichtest gepackten Anordnung der Röhrchen. Derselbe Effekt kann auch bei dicht oder flächig verteilten Katalysatoren erreicht werden. Schließlich kann eine vorgegebene Orientierung der CNT durch Anlegen eines elektrischen Felds während der Wachstumsphase erreicht werden.

Bereits bestehende CNT können beispielsweise durch Einbettung in nematische Flüssigkristalle perfekt orientiert werden und diese Orientierung lässt sich im elektrischen Feld ändern. Auch die Extrusion von CNT-Dispersionen führt zu einer strömungsbedingten Ausrichtung, die nach Trocknung erhalten bleibt. Mit dieser Methode eng verwandt ist das Verspinnen von Mischungen aus SWNT und Polymeren. Die Komposite weisen einen hohen Orientierungsgrad auf, und das Polymer kann durch thermische Behandlung entfernt werden. So lassen sich sogar Netzwerke von CNT auf Substraten anordnen, die beispielsweise als Bestandteile elektronischer Schaltungen fungieren können.

Alle mittels der unterschiedlichen Verfahren hergestellten CNT sind mehr oder weniger verunreinigt durch andere Kohlenstoffformen, durch Katalysatormaterialien und sonstige Fremdstoffe. Ferner sind SWNT und MWNT sowie CNT unterschiedlicher Deskriptorenpaare, Längen und Durchmesser gemischt. Daher sind Reinigungs- und Trennungsschritte essentiell.

Katalysatorpartikel aus unedlen Metallen werden durch Einwirken von Mineralsäuren wie beispielsweise Salpetersäure aufgrund der oxidierenden Eigenschaften dieser Säuren entfernt. Auch Ablagerungen von amorphem Kohlenstoff lassen sich mittels oxidierender Verfahren wie thermischer Oxidation, Plasmaoxidation oder auch Hydrothermaloxidation entfernen, wobei Unterschiede in der Reaktivität zwischen CNT und Ablagerungen genutzt werden. Als nichtoxidative Verfahren haben sich die Auftrennung von Dispersionen mittels Mikrofiltration sowie chromatographische Verfahren etabliert. Bei nichtlöslichen Spezies greift man auf eine extraktive Entfernung polyaromatischer Kohlenwasserstoffe durch beispielsweise Toluol zurück. Im Allgmeinen wird für die Reinigung auch unter industriellen Maßstäben eine Kombination verschiedener komplementärer Methoden verwendet. Diese umfassen die Oxidation, die Säurebehandlung und verschiedene Filtrations-, Zentrifugations- und Dekantationsschritte. Die Qualitätskontrolle erfolgt ebenfalls durch Anwendung komplementärer Methoden. Für die Untersuchung von einzelnen CNT ist natürlich insbesondere die hochauflösende Transmissionselektronenmikroskopie (HRTEM) geeignet. Methoden zur globalen Charakterisierung von Proben umfassen insbesondere *thermogravimetrische Analysen (TGA), Infrarot-* und *Raman-Spektroskopie.*

Das generelle Ziel der vollständigen Auftrennung von CNT-Gemischen besteht in der rigorosen Separation der CNT entsprechend ihrer Eigenschaften. Kriterien könnten etwa der Durchmesser, die Länge, der Chiralitätswinkel oder die elektronischen Eigenschaften sein. Die vollständige Auftrennung ist eine komplexe Aufgabe, die nur in Form einer annähernden Lösung zu bewerkstelligen ist. Die Längenselektion der Röhrchen erfolgt entweder durch Ausnutzung des Massenunterschieds beim Zentrifugieren oder durch Mikrofiltration bei Porendurchmessern im μm-Bereich oder darunter. Die Selektion bestimmter Durchmesser gelingt nur relativ unvollkommen durch durchmesserselektive Oxidation in Wasserstoffperoxid bei Bestrahlung mit Licht unterschiedlicher Wellenlängen im sichtbaren Bereich. Ein potentiell viel selektiverer Ansatz besteht darin, dass geeignete chemische Reaktionen dazu dienen können, CNT eines bestimmten Typs aus einem Gemisch zu selektieren. So findet beispielsweise eine Umsetzung mit *Nitroniumsalzen*, wie NO_2BF_4 oder NO_2SbF_6 bevorzugt an metallischen CNT statt, da diese eine größere Elektronendichte am Fermi-Niveau aufweisen als halbleitende. Das Resultat ist eine selektive Zerstörung der metallischen CNT. Die Umsetzung der metallischen CNT mit *Diazoniumsalzen* wiederum führt durch Oberflächenmodifikation zu einer erhöhten Löslichkeit, so dass sie von den unlöslichen halbleitenden CNT leicht zu trennen sind. Anschließend können die funktionellen Gruppen wieder entfernt und die CNT thermisch ausgeheilt werden. Allgemein werden metallische CNT eher von Elektrophilen angegriffen. Eine Selektion kann auch mittels elektrochemischer Reaktionen und elektrophoretischer Prozesse erfolgen.

Der Wachstumsmechanismus der CNT ist abhängig von der verwendeten Herstellungsmethode und ist nicht in allen Fällen rigoros aufgeklärt. Teilweise gibt es sogar sich widersprechende Hypothesen. Ein besonders komplexes Gefüge einzelner Prozessschritte besteht bei der Lichtbogenmethode. Von zentraler Bedeutung ist die Bildung eines *kolumnaren Depots* auf der Kathodenoberfläche. Einzelne aus dieser Struktur herausragende CNT fungieren im angelegten Feld als Elektronenemitter. Die über Feldemission in das Plasma abgegebenen Elektronen ionisieren Kohlenstoffcluster und -atome, welche einen Kohlenstoffionenfluss oberhalb der Kathode erzeugen. So können sich ständig neue Kohlenstoffatome und -cluster an die entstehenden CNT anlagern. Eine deutlich andere Hypothese [16.267] geht davon aus, dass die CNT nicht im Lichtbogenplasma unter dem Einfluss des elektrischen Felds wachsen, sondern als Folge einer Festkörperumwandlung direkt auf der Kathode. Von zentraler Bedeutung ist dabei die Beobachtung, dass aus Fullerenruß, wie in Abb. 16.39 dargestellt, durch thermische Behandlung CNT-artige Strukturen entstehen können [16.268]. Ist der Fullerenruß, der sich zu Beginn des Lichtbogenprozesses auf der Kathode ablagert, in der

Folge aufgrund des fortgesetzten Prozesses dem geeigneten Temperaturbereich ausgesetzt, so formieren sich die Bestandteile des Fullerenrußes auf der Kathode erst zu SWNT und dann in einer zweiten Stufe zu MWNT.

Abb. 16.39. Fullerenruß, der neben hexagonalen Strukturen auch pentagonale und heptagonale Defekte beinhaltet.

Zur Bildung von SWNT mittels des Lichtbogenverfahrens sind Katalysatorpartikel erforderlich. Die plausibelste Hypothese ist hier das *Dissolution-Precipitation-Modell (DP-Modell).* Danach wird zunächst Kohlenstoff an der Oberfläche von erhitztem Katalysatormetall gelöst. Dieser Prozess ist für Katalysatoren der Eisengruppe stark exotherm. Dies führt zu einer zusätzlichen Erhitzung der Katalysatorpartikel, die an ihrer Oberfläche „Hot Spots" aufweisen. Dies sind besonders reaktive Zentren, zu denen der Kohlenstoff diffundiert und an denen sich die CNT bilden. Die Kondensation des gelösten Kohlenstoffs ist ein endothermer Prozess, was zu einem leichten Temperaturgradienten zwischen Hot Spots und Umgebung führt. Der gerichtete Transport des Kohlenstoffs zu den Hot Spots resultiert aus dem durch den CNT-Wachstumsprozess ständig aufrecht erhaltenen Kohlenstoffgradienten. Am Anfang des CNT-Wachstums bilden sich gemäß des DP-Modells zunächst die Kappen der SWNT, die aus Fünf- und Sechsringen bestehen. Im Idealfall erzeugen sechs Fünfringe eine Halbkugelgestalt. Das weitere Wachstum erfolgt am Saum der Kappe, die durch den Wachstumsprozess nach oben geschoben wird. In der Regel etnstehen hier bei der Lichtbogenmethode bestimmte SWNT häufiger als andere. Insgesamt wachsen Armchair-SWNT besser als Zickzack-SWNT und chirale SWNT. Hierfür sind neben der unterschiedlichen thermodynamischen Stabilität auch kinetische Gründe maßgeblich.

Das katalysatorbasierte Wachstum von Kohlenstofffilamenten wurde bereits vor mehr als 40 Jahren mittels Elektronenmikroskopie bei kontrollierter Atmosphäre (*Con-*

trolled Atmosphere Electron Microscopy, CAEM) in situ untersucht [16.269]. Die Untersuchungen erlaubten insbesondere auch Einblicke in die Wachstumskinetik und haben zu dem in Abb. 16.40 dargestellten Modell geführt. Der Prozess beschrieb ursprünglich den CVD-Prozess unter Verwendung von Acetylen und Nickel als Katalysator. Heute wird der dargestellte Spitzenwachstumsprozess (*Tip Growth-Process*) als einer von zwei relevanten Wachstumsprozessen für die katalysatorgestützte CVD-Synthese von CNT angesehen.

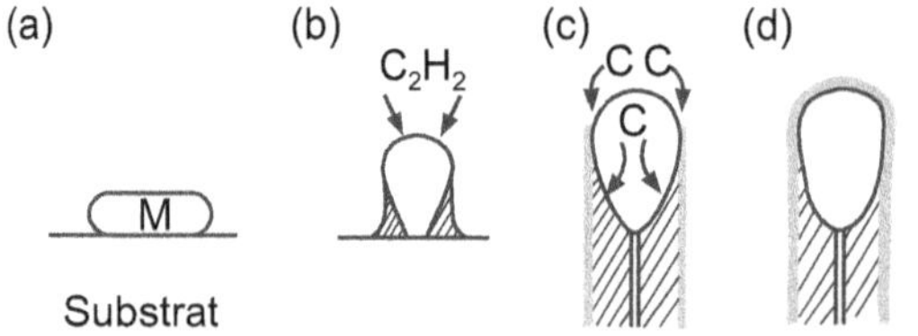

Abb. 16.40. Spitzenwachstumsprozess von Kohlefasern bei C_2H_2-Atmoshäre und Anwesenheit eines Metallkatalysators. (a) Katalysatorpartikel auf dem Substrat. (b) Zersetzung des Kohlenwasserstoffs an der Partikelfront. (c) Diffusion des Kohlenwasserstoffs durch das Partikel und Deposition in Form eines Filaments auf der Rückseite. (d) Möglichkeit der Kohlenstoffdeposition auf der Frontseite des Partikels sowie direkt auf dem Filament.

Allerdings findet man bei CVD-Prozessen nicht in jedem Fall Katalysatorpartikel an den Enden von CNT. Das legt es nahe, dass neben dem beschriebenen Tip Growth-Prozess auch ein *Bottom Growth-Prozess* stattfinden kann. Dieser setzt voraus, dass eine hinreichend große Adhäsion des Katalysatorteilchens gegenüber dem Substrat besteht.

Grundsätzlich findet das Wachstum in mehreren Schritten statt. Zunächst diffundieren die Eduktmoleküle durch die Grenzschicht am Katalysatorteilchen. Die Adsorption der reaktiven Spezies findet an der Katalysatoroberfläche statt. Diese hat die Bildung elementaren Kohlenstoffs und gasförmiger Nebenprodukte und damit das Wachstum der CNT zur Folge. Die gasförmigen Nebenprodukte werden desorbiert. Der Abtransport erfolgt über die Grenzfläche. Verschiedene Aspekte sind relevant für das resultierende Ergebnis des Wachstumsprozesses: Größe und Form des Katalysatorteilchens, die Fähigkeit des Katalysators, Carbide zu bilden, die Oberflächen- versus Volumendiffusion des Kohlenstoffs durch den Katalysator.

Wie bereits erwähnt, besitzen CNT ungewöhnliche mechanische Eigenschaften, die sich durchaus von denen des Graphens ableiten lassen. Sowohl der Elastizitätsmodul als auch die Zugfestigkeit erreichen außergewöhnliche Werte. Die Zugfestigkeit sowohl von SWNT als auch MWNT wurde durch Messung an einzelnen CNT mittels AFM-basierter Aufbauten ermittelt. Ein solches Experiment ist in Abb. 16.41 dargestellt. Dabei ließen sich auch Details der Deformations- und Bruchprozesse studieren. Die Werte für den Elastizitätsmodul von SWNT schwanken zwischen 0,4 und 4,15 TPa, wobei in der Mehrzahl der Messungen 1,0–1,25 TPa ermittelt wurde. Dieser Wertebereich entspricht in etwa der elastischen C_{11}-Konstante entlang der Basalebene des Graphits. Die ermittelten Werte weisen eine Durchmesserabhängigheit sowie eine starke Abhängigkeit von der Defektdichte der CNT auf. Für MWNT wurden Werte von 1,1–1,3 TPa gemessen.

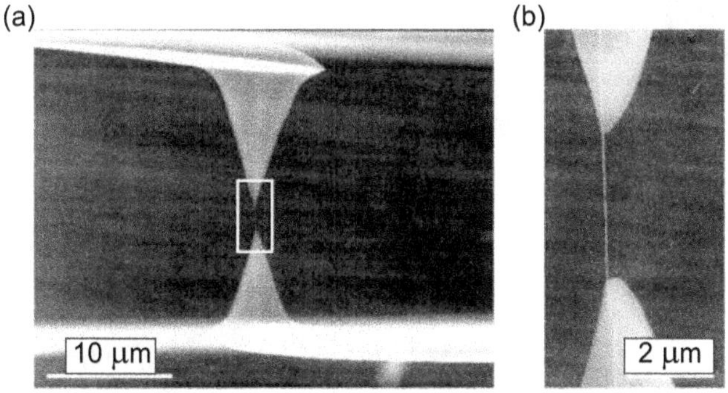

Abb. 16.41. Dehnung eines MWNT zwischen zwei AFM-Cantilevern unter elektronenmikroskopischer Kontrolle [16.270]. (a) Anordnung der beiden Cantilever. (b) Ausschnittsvergrößerung mit eingespannter MWNT.

CNT sind außerordentlich flexibel. Abbildung 16.42 zeigt eindrucksvoll die Biegsamkeit. Es wurden zahlreiche Simulationsrechnungen zu den mechanischen Eigenschaften von SWNT durchgeführt. Für ein Röhrchen mit konstanter Bindungslänge von 1,466 Å bei vollständig delokalisierten π-Elektronen erhält man für den Elastizitätsmodul einen Wert von 764 GPa. Das Poisson-Verhältnis beträgt 0,32. Damit haben CNT im Vergleich zu anderen Materialien eine ausgesprochen hohe Festigkeit. Diese ist natürlich darauf zurückzuführen, dass alle Kohlenstoffbindungen gleichmäßig belastet werden. In axialer Richtung führt eine Krafteinwirkung zu einer Zug- oder Druckbelastung, auf welche die CNT durch ihre Elastizität reagieren. Die Röhrchenstruktur verändert sich erst gravierend durch C-C-Bindungsbrüche.

Jenseits des Hookeschen Bereichs verändert sich die Struktur der Röhrchen irreversibel durch Wanderung induzierter Defekte, was in Abb. 16.43 dargestellt ist. Charakteristisch sind *Stone-Wales-Defekt*, die in paarweisen Fünfring-Siebenring-Anordnungen bestehen. Erst bei extrem hoher Zugspannung kollabiert die Struktur vollständig. Wie Abb. 16.44 zeigt, gibt es auch bei axialer Kompression jenseits des Hookeschen Bereichs komplexe Deformationsprozesse, welche über den Abbau von Spannungen über einen großen Druckbereich die Struktur zwar irreversibel verändern, nicht jedoch vollständig kollabieren lassen. Bei Biegeprozessen kommt es jenseits des Hookeschen Bereichs zu Knicken (*Buckling*), die sowohl bei SWNT wie auch bei MWNT auftreten, wie in Abb. 16.45 gezeigt. Dabei findet man häufig die in Abb. 16.45(d) abgebildete wellenförmige Struktur, die sich aus multiplen periodisch

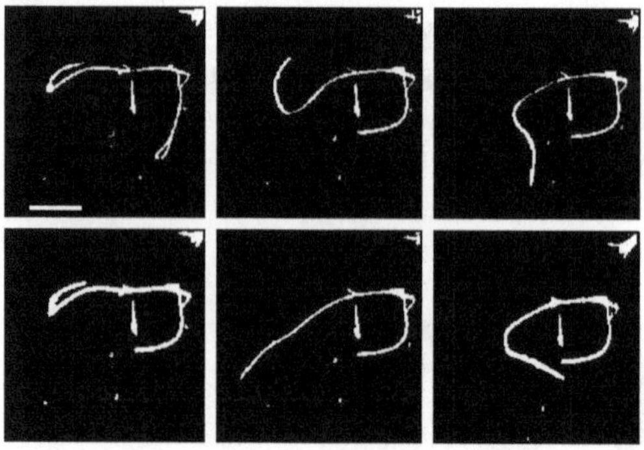

Abb. 16.42. Nanomanipulation von CNT mittels AFM auf einem Siliziumsubstrat [16.271]. Durch Translation und Biegung wird sukzessive der griechische Buchstabe Θ geformt.

angeordneten Knicken ergibt. Auch Torsionsprozesse führen zu komplexen irreversiblen Strukturveränderungen durch Induktion wandernder Defekte, wie in Abb. 16.46 dargestellt. Ähnlich wie der Elastizitätsmodul ist auch die kompressive Festigkeit von CNT größer als bei jedem anderen Material. Werte von 100–150 GPa in Form von Spannungen sind erforderlich, um Knickvorgänge wie in Abb. 16.45 oder einen Kollaps der Struktur wie in Abb. 16.44 zu induzieren [16.276].

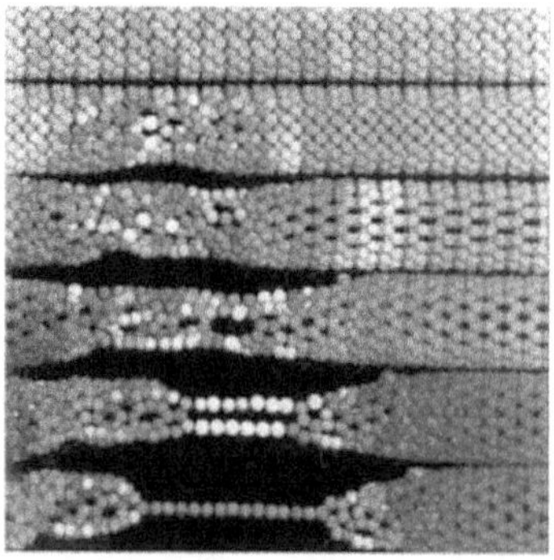

Abb. 16.43. Molekulardynamiksimulation der Wirkung extremer Zugspannungen auf ein (13,0)-Zickzack-Röhrchen [16.272].

Auch die thermischen Eigenschaften von CNT sind bemerkenswert. Die Phononenzustandsdichte lässt sich sowohl theoretisch-analytisch [16.277] als auch experimentell [16.278] detailliert analysieren. Phononische Eigenschaften beeinflussen wiederum maßgeblich die thermischen Eigenschaften der CNT. Bei der spezifischen Wärmekapazität dominiert wie bei Graphen der phononische Anteil deutlich und unabhängig von der Struktur der CNT. In üblicher Weise erhält man die Wärmekapazität durch Integra-

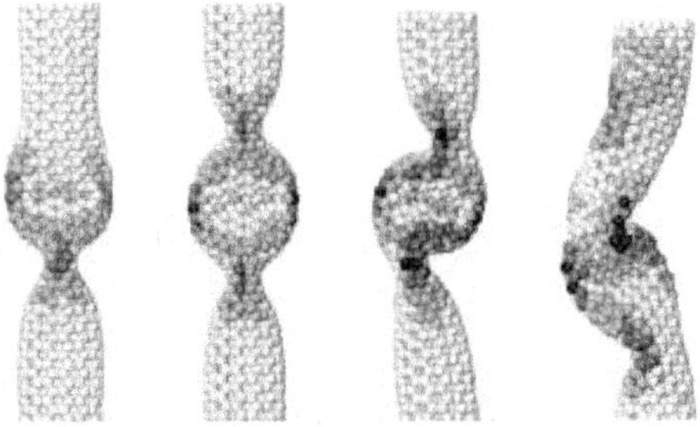

Abb. 16.44. Molekulardynamiksimulation des Einflusses axialer Kompression auf ein (7,7)-Armchair-SWNT [16.273].

tion über die phononische Zustandsdichte bei Berücksichtigung der bosonischen Besetzungsverteilung. Unterhalb der Debye-Temperatur tragen nur die akustischen Moden bei. Für CNT findet man vier akustische Moden innerhalb der Röhrchenoberfläche und eine senkrecht dazu.

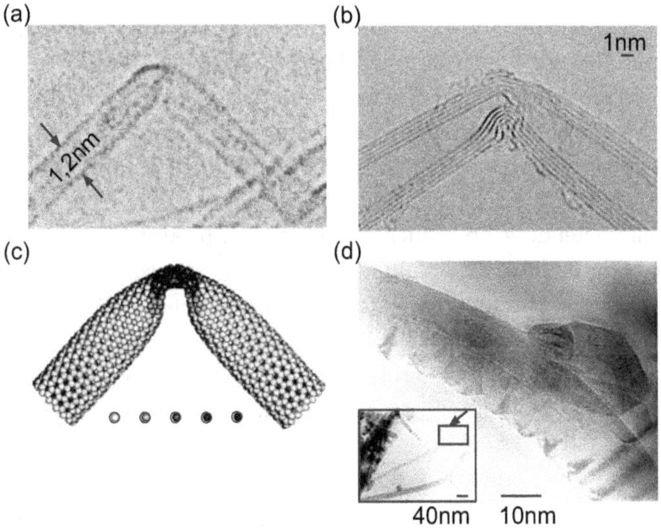

Abb. 16.45. Deformation von SWNT und MWNT unter dem Einfluss von Biegekräften. (a) HRTEM-Abbildung eines SWNT mit einem Knickdefekt [16.274]. (b) Das entsprechende Resultat für ein MWNT. (c) Molekulardynamiksimulation für ein SWNT mit einem Durchmesser von 1,2 nm [16.274]. Die Graustufenskala kodiert die wirkenden Spannungen, die von links nach rechts von 0 bis 1,2 eV pro Atom bezogen auf ein relaxiertes Atom im Graphengitter reichen. (d) Periodisch geknicktes MWNT [16.275].

Die Temperaturabhängigkeit ist quadratisch für die zuerst genannten Moden und linear für die zuletzt genannte Mode. Bei tiefen Temperaturen unter ≈ 8 K machen sich

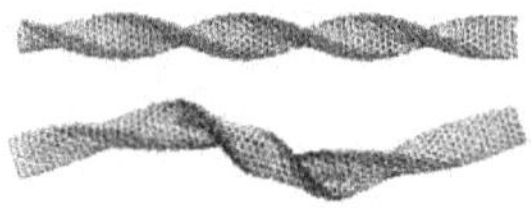

Abb. 16.46. Torsionsdeformation eines (13,0)-Zickzack-SWNT mit einer Länge von 23 nm und einem Durchmesser von 1 nm bei zunehmender Verdrillung [16.273].

Quantisierungseffekte, wie in Abschn. 3.8.3 diskutiert, bemerkbar und führen zu einer resultierenden linearen Temperaturabhängigkeit.

Die Wärmeleitfähigkeit von CNT ist durch das Spektrum der niederfrequenten Phononen determiniert. Phononen mit großer Bandgeschwindigkeit und großer mittlerer freier Weglänge tragen besonders effektiv bei. Dies führt dazu, dass CNT in axialer Richtung die höchste bekannte Wärmeleitfähigkeit aller Materialien aufweisen. Für einzelne MWNT wurden bis zu 3000 W/(Km) gemessen. Das Maximum wird etwa bei Raumtemperatur erreicht. Die Wärmeleitfähigkeit fällt dann aufgrund zunehmender Phonon-Phonon-Streuung ab. Geflechte ungeordneter CNT erreichen deutlich geringere Werte, da die intertubolare Kopplung mit großen Verlusten verbunden ist.

Die elektronischen Eigenschaften der CNT wurden bereits in Abschn. 3.5.4 behandelt. Sie stehen in engem Bezug zu den elektronischen Eigenschaften des Graphens [16.279]. Allerdings bringt die zylindrische Röhrchenform zyklisch-periodische Randbedingungen für die elektronischen Wellenfunktionen mit sich. Dies kann im Licht eines fiktiven *Aharonov-Bohm-Flusses* betrachtet werden, der durch den Chiralitäsvektor $\mathbf{C}_h$ determiniert wird. SWNT sind metallisch, wenn dieser fiktive Fluss gerade verschwindet und halbleitend, wenn er nicht verschwindet. In Abb. 16.47 ist der Sachverhalt noch einmal im Bild des Zonenfaltungsmodells dargestellt, welches bereits mithilfe von Abb. 3.64 diskutiert wurde. Daraus ergibt sich eine sehr klare Diskriminierung zwischen metallischen und halbleitenden SWNT anhand des Deskriptorenpaars: Für $n - m = 3p$, p ist eine ganze Zahl, liegen metallische SWNT vor, halbleitende sonst. Armchair-SWNT sind also immer metallisch, während ein Drittel der chiralen SWNT metallisch sind und zwei Drittel halbleitend. Charakteristisch sind in beiden Fällen die van Hove-Singularitäten, deutlich sichtbar in Abb. 3.65, wobei der Verlauf der Graphenzustandsdichte quasi durch sie überlagert wird, wie Abb. 16.48 zeigt. Für das metallische SWNT findet man eine endliche Zustandsdichte am Fermi-Niveau, während diese für das halbleitende in der Tat verschwindet.

Als Folge der Geometrie der SWNT sowie der hohen kristallinen Perfektion sollten a priori Quanteninterferenzeffekte, wie wir sie in Abschn. 3.5.2 diskutiert hatten, höchst relevant sein. Das ist auch in der Tat der Fall. So führt der *Aharonov-Bohm-Effekt* dazu, dass ein Magnetfeld in axialer Richtung in einer periodischen Oszillation der Energielücke von SWNT in Abhängigkeit von der Feldstärke [16.281] resultiert. Das Magnetfeld modifiziert dabei die Art, in der gemäß Abb. 16.47 die zweidimensionalen Bänder des Graphens geschnitten werden. Den Effekt zeigt Abb. 16.49(a)

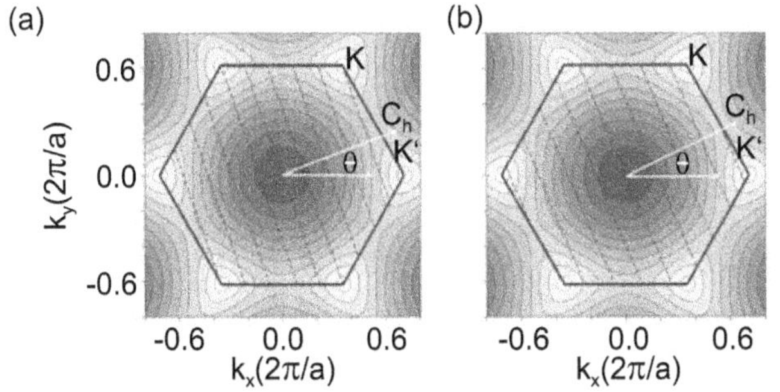

Abb. 16.47. Linien gleicher Energie für das Valenzband von Graphen. $\mathbf{C}_h$ ist der Chiralitätsvektor und Θ der Chiralitätswinkel. Die gestrichelten Linien definieren erlaubte Wellenvektoren in SWNT senkrecht zu $\mathbf{C}_h$. Das Hexagon markiert dabei die erste Brillouin-Zone. Die K- und K'-Punkte liegen für metallische SWNT in (a) auf diesen Linien und für halbleitende in (b) nicht.

für ein zunächst metallisches SWNT. Die Feldstärke, die benötigt wird, um ein Flussquant $\phi_0 = h/e$ im Röhrcheninneren zu realisieren, hängt natürlich vom Röhrchendurchmesser ab. Während dies für ein 0,7 nm-SWNT 10.700 T sind, erhielte man für ein 30 nm-SWNT 5,85 T. Auch ein Feld senkrecht zur Röhrchenachse sollte zu einer Variation der Bandlücke von SWNT führen. Dies ist in Abb. 16.49(b) dargestellt.

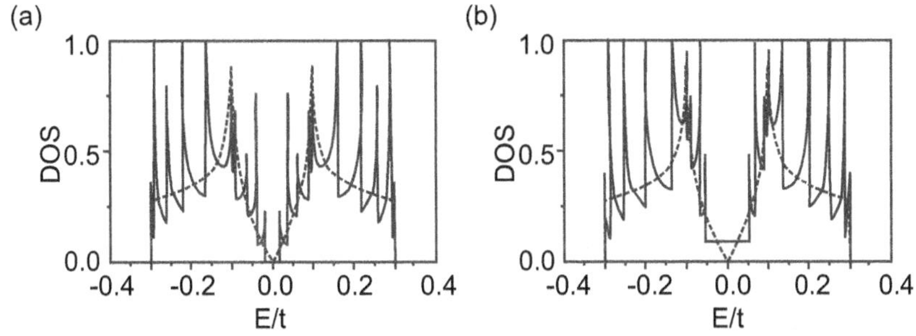

Abb. 16.48. Zustandsdichte für (a) ein (10,0)-Zickzack-Röhrchen, welches halbleitend ist und (b) für ein (9,0)-Zickzack-Röhrchen, welches metallisch ist [16.280]. t=2,8 eV ist die Hopping-Energie. Die Zustandsdichte ist normiert auf die Einheitszelle des Graphits.

Besonders im Hinblick auf Anwendungen sind Möglichkeiten der chemischen Funktionalisierung von CNT von großer Bedeutung. Generell ist bezüglich der Reaktivität zwischen der äußeren und inneren Zylinderwand, zwischen den besonders reaktiven Enden und zwischen lokalen Defekten in der Seitenwand zu unterscheiden. Grundsätzlich wird durch Krümmungen der Graphenlage eine Abweichung von der streng parallelen Ausrichtung der π-Orbitale induziert. Dies wiederum hat eine gewisse Mischung von σ- und π-Orbitalen zur Folge. Die zuletzt genannten stehen leicht von der Röhrchenoberfläche ab, was eine Verringerung ihrer Überlappung mit sich bringt. Der

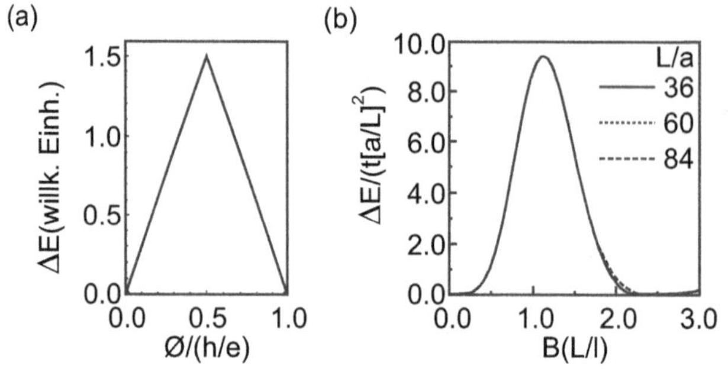

Abb. 16.49. (a) Variation der Energielücke eines zunächst metallischen SWNT mit einem axialen magnetischen Fluss durch das Röhrchen [16.281]. (b) Variation der Energielücke für ein Feld senkrecht zur Röhrchenachse [16.281]. L bezeichnet den Röhrchenumfang, l die magnetische Länge, t die Hopping-Energie und a die Länge des Basisvektors der Einheitszelle.

Effekt ist durchmesserabhängig, und damit ist auch die Reaktivität durchmesserabhängig. Bei kleinsten Durchmessern ist die Hybridisierung stärker in Richtung sp^3 verschoben.

Da CNT sowohl als Elektronendonatoren als auch als Elektronenakzeptoren reagieren können, weisen sie eine äußerst reichhaltige Redoxchemie auf. Die Oxidationsreaktionen finden bevorzugt an den Enden und an Defekten statt. Sie lassen sich zum chemischen „Schneiden“ der CNT und zur Beseitigung der Endkappen nutzen. Ein reichhaltiges Repertoire zur Reduzierung von CNT steht ebenfalls zur Verfügung. Die Standardprozesse erzeugen sp^3-hybridisierte Zentren in den Seitenwänden, was sich stark auf die elektronischen Eigenschaften auswirkt. Außerdem weisen die Wände eine wellige ungeordnete Struktur auf. Die Zusammensetzung der CNT liegt häufig bei $C_{11}H$.

Die durch oxidative Öffnung der CNT erhaltenen Carboxylderivate lassen sich mit organisch-chemischen Standardmethoden weiter funktionalisieren. So führt Anknüpfung langer Alkyletten zu einer gesteigerten Löslichkeit in organischen Solvenzen. Säuregruppen können durch Veresterung und Bildung eines Säureamids leicht mit anderen Verbindungen gekoppelt werden. Über eine Amidbindung lassen sich auch biologisch aktive Substanzen anbinden. Dadurch kann insbesondere eine Schnittstelle zu der in Abschn. 13.4 vorgestellten DNA-basierten Nanotechnologie geschaffen werden. Wasserlösliche CNT wiederum können durch die Anknüpfung von Polyethylenglycoleinheiten realisiert werden. Eine besondere Herausforderung ist die asymmetrische Funktionalisierung beider Enden der CNT. Auch diesbezüglich wurden erste vielversprechende Ansätze vorgestellt.

Die Seitenwandfunktionalisierung von CNT ist besonders interessant, weil sie die elektronischen Eigenschaften der Röhrchen modifiziert. Es kommen Reaktionen zum Einsatz, welche das π-Sytem angreifen. Dies sind beispielsweise *Additions-* und *Cycloadditionsreaktionen*. Eine vergleichsweise einfach zu realisierende Seitenwandfunktionalisierung der CNT ist die Hydrierung, die im Extremfall zu röhrenförmig annelierten Kohlenwasserstoffen führt. Wie die Hydrierung führt auch die Halogenierung beispielsweise in Form der Fluorierung zur Veränderung der elektronischen Eigenschaften der CNT, die so beispielsweise vom guten Leiter zum Isolator werden können. Komplexere Seitenwandfunktionalisierungen lassen sich mit hochreaktiven Sechselektronenelektrophilen, wie beispielsweise *Carbenen* oder *Nitrenen*, durchführen. Auch die *Bingel-Reaktion* ermöglicht die Anbindung verschiedener Funktionseinheiten an CNT. Hierbei wird ein Bromalonat mittels einer Base deprotoniert. Das so resultierende Kohlenstoffnukleophil greift die Doppelbindung an. Dadurch kommt es zur Abspaltung des Bromidanions und zur Ausbildung eines Kohlenstoffdreirings, welcher an seiner Spitze zwei Estergruppen trägt. Die Gruppen eignen sich gut zur Anbindung weiterer Spezies. Die Ozonierung von CNT nach dem *Criegee-Mechanismus* resultiert in der Bildung von Primärozoniden, die je nach Aufbereitung in die unterschiedlichsten funktionellen Gruppen überführt werden können. [3+2]- und [4+2]-Cykloadditionsreaktionen sind besonders geeignet, um auch biologisch aktive Gruppen an CNT zu koppeln, um beispielsweise CNT-Peptid-Komposite zu erhalten. Relevant ist hier die Umsetzung mit Azmethinyliden im Fall der [3+2]-Cycloaddition und die *Diels-Alder-Reaktionen* im Fall der [4+2]-Cycloaddition. Auch photochemische und radikalische Reduktionen kommen bei der Seitenwandfunktionalisierung zum Einsatz. Ein weiterer Funktionalisierungspfad besteht schließlich darin, dass CNT Koordinationsverbindungen mit Übergangsmetallen eingehen können. Diese formal gesehen nichtkovalenten Bindungen können zur Funktionalisierung der CNT mit Metallclustern oder Halbleiterquantenpunkten genutzt werden.

Das Arsenal von Methoden zur Seitenwandfunktionalisierung umfasst zahlreiche weitere Ansätze, wie die Osnylierung und Epoxidierung, die Umsetzung mit Diazoniumsalzen sowie die Derivatisierung von Carboxylgruppen. Dies alles beruht auf dem Aufbrechen und der Bildung kovalenter Bindungen. Es gibt aber auch Funktionalisierungspfade, welche die nichtkovalente Anbindung funktionaler Einheiten zum Gegenstand haben. Grundlage sind dabei starke intermolekulare Wechselwirkungen, wie sie in Abschn. 4.2 diskutiert wurden. Derartige Wechselwirkungen werden beispielsweise zwischen CNT und langkettigen Molekülen aufgebaut, wobei sich die Moleküle dann um die CNT wickeln. Zu derartigen Molekülen zählen Biopolymere wie Amylase, synthetische Polymere, aber auch andere Verbindungen. Auch die schon in verschiedenen Kontexten erwähnten π-Stacking-Wechselwirkungen können zur Bindung größerer aromatischer Systeme an CNT dienen. Die Wechselwirkung mit einem einzelnen Benzolring reicht dazu nicht aus. π-Stacking wurde aber beschrieben für *Pyrene*. Auch die Funktionalisierung mit Porphyrinen wurde beschrieben. Dabei lassen sich CNT sogar selektiv funktionalisieren, je nachdem, ob sie metallisch oder halbleitend sind. Schließlich können auch kleine Metallcluster oder Metalloxidpartikel stabil an der Oberfläche von CNT adsorbiert werden.

CNT sollten aufgrund ihrer großen Oberfläche hervorragend geeignet sein für die Herstellung faserverstärkter Kompositmaterialien. Aufgrund ihrer außerordentlichen physikalischen Eigenschaften – sehr hohe mechanische Stabilität, hervorragende elektronische Leitfähigkeit, besonders gute Wärmeleitfähigkeit – sind im Hinblick auf Kompositmaterialien vielfältige und zum Teil neue Anwendungen zu sehen. Zudem sollten Materialien ihre Eigenschaften bereits bei geringer Beimischung von CNT signifikant ändern. Generell müssen für die Herstellung optimierter Komposite die CNT möglichst gleichmäßig in der Matrix, also beispielsweise in einem Polymermaterial, verteilt sein, und es muss eine hinreichende Wechselwirkung zwischen Matrix und CNT geben. In Bezug auf den zuletzt genannten Aspekt spielt wieder die Seitenwandfunktionalisierung der CNT eine große Rolle. Komposite von SWNT und MWNT unterscheiden sich bezüglich ihrer Eigenschaften, insbesondere auch hinsichtlich ihrer mechanischen Eigenschaften. Bei MWNT kann bei Beanspruchung ein Abgleiten der konzentrisch angeordneten Röhrchen gegeneinander auftreten (*Interwall Sliding*).

Generell existieren zwei Möglichkeiten für die Einbettung der CNT in Polymere: Zum einen kann die Wechselwirkung zwischen CNT und Polymer ausschließlich auf nichtkovalenten Kräften beruhen. Zum anderen kann eine Funktionalisierung der CNT mit quervernetzenden Gruppen zu einer kovalenten Ausbildung an die Matrix führen. Grundsätzlich sind für die Quervernetzung die zuvor genannten Funktionalisierungsmethoden geeignet. Dabei kann man die Kompositbildung nach Art der Anknüpfung und nach dem Zeitpunkt der eigentlichen Kompositbildung kategorisieren. Bei der Anbindung während der Polymerisation wird das Abfangen reaktiver Positionen an den Enden der entstehenden Polymerketten genutzt. Damit wird allerdings nur ein geringer Anknüpfungsgrad erreicht. Die Polymerisation kann auch von den CNT ausgehen, wenn durch Funktionalisierung entsprechende Initiatormoleküle auf die Oberfläche der CNT gebracht werden. Dabei lassen sich hohe Anbindungsgrade realisieren. Tragen die CNT funktionelle Gruppen, die als Monomereinheit der Polymere fungieren können, so kann das Kompositmaterial durch klassische Copolymerisationsreaktionen hergestellt werden. Dieses Verfahren erlaubt auch die Herstellung von Blockcopolymeren. Tragen die CNT funktionelle Gruppen, die an reaktive Gruppen an den Enden der Polymerketten ankoppeln können, so entsteht eine Verknüpfung zwischen CNT und bereits bestehenden Ketten. Amino- oder Hydroxylgruppen können so beispielsweise an Säurechloridgruppen gebunden werden. Bei der nichtkovalenten Anbindung des Polymers ist zwischen der Wechselwirkung zwischen einzelnen Funktionseinheiten und der Polymerkette und dem kompletten Umwickeln der CNT durch die Polymerstränge zu unterscheiden, wie in Abb. 16.50 dargestellt.

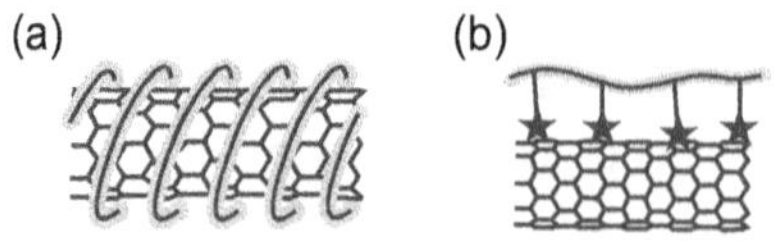

Abb. 16.50. Folgen der nichtkovalenten Wechselwirkung zwischen CNT und Polymersträngen.

CNT-Komposite wurden mit einer ganzen Reihe von Polymeren testweise hergestellt oder werden heute industriell eingesetzt. Für einige dieser Polymere existieren sowohl kovalent gebundene als auch nichtkovalent gebundene Komposite. Prominente polymere Vertreter sind Epoxidharze, Polymethacrylate, Polyaniline, Polystyrol, Polyphenylenvinylidene und verwandte Spezies sowie Polyvenylacetat. Einfache Polymere wie Polyethylen und Polypropylen können ebenfalls CNT-Komposite bilden, allerdings aus Mangel an funktioneller Bindung nur bei nichtkovalenter Einbettung. Letztendlich ist jedes Polymer je nach Polarität und Funktionalisierung mehr oder weniger gut zur Wechselwirkung mit CNT geeignet. Bei einigen Anwendungen haben sich ternäre oder quaternäre Komposite bewährt, wobei sowohl SWNT als auch MWNT zum Einsatz kommen.

Neben Polymerkompositen kommen auch Verbundmaterialien aus CNT und Metallen oder Keramiken zum Einsatz. Übliche Herstellungsverfahren sind Sinter- und Heißpressverfahren. Ziel ist es, durch Beimischung von CNT die mechanischen Eigenschaften des Materials zu optimieren. In der Tat zeigen Metall- und Keramikkomposite mit CNT häufig besondere Eigenschaften.

Wie Abb. 16.51 zeigt, weisen SWNT und MWNT Hohlräume auf, die sich mit Atomen und Molekülen füllen lassen sollten. In den Lagenzwischenräumen von MWNT lassen sich insbesondere Alkalimetalle, aber auch weitere Substanzen ablagern. Bei dieser intertubularen Einlagerung kommt es im Allgemeinen zu einer Ladungsübertragung zwischen Wirt und Gast. Der Hohlraum eines SWNT kann aufgrund seiner weitgehenden Inertheit als Container oder als Reaktionskavität genutzt werden. Prinzipell lassen sich alle Atome und Moleküle einlagern, vorausgesetzt, ihr Durchmesser ist geeignet. Allerdings darf die Wechselwirkung mit der Röhrchenaußenseite nicht energetisch deutlich bevorzugt sein. Endohedrale Komplexe bilden sich durch Diffusion der Gastspezies in der Gas- sowie auch in der flüssigen Phase.

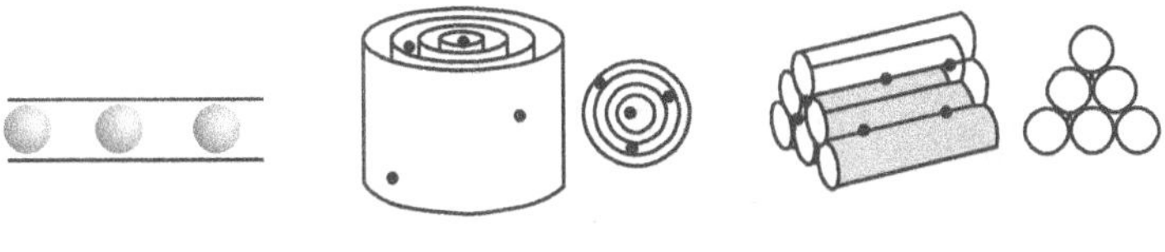

Abb. 16.51. Endohedrale Funktionalisierung und Interkalationsverbindungen von CNT.

In der Gasphase erfolgt das Füllen der CNT in der Regel im Vakuum bei Temperaturen, die ausreichen, um die einzulagernde Substanz zu verdampfen. In der Nähe der CNT erfährt der Dampf dann eine Kapillarkondensation und die entsprechende Substanz wird innerhalb der CNT deponiert. So lassen sich beispielsweise, wie in Abb. 16.52 abgebildet, Fullerene in CNT deponieren. Fullerene haben eine große Affinität zur Oberfläche der CNT und hohe Dampfdrucke. Das in Abb. 16.52 dargestellte Nanokomposit wird als C_{60}@SWNT bezeichnet. Die Füllung aus der Gasphase ist auf wenige Substanzen beschränkt.

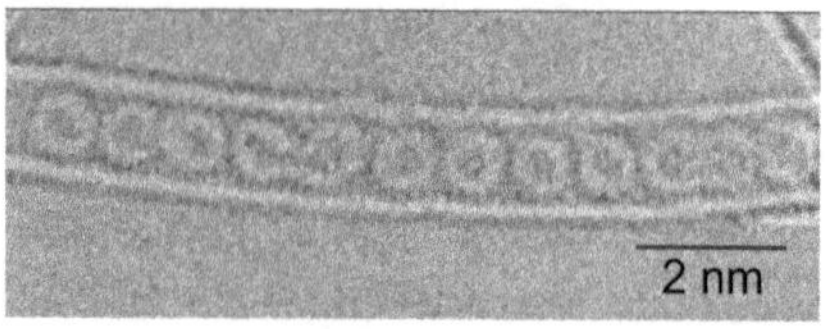

Abb. 16.52. SWNT gefüllt mit C_{60} [16.282].

Die Füllung aus der flüssigen Phase ist sehr viel genereller einsetzbar. Insbesondere die Verwendbarkeit von Schmelzen des einzulagernden Materials ist vorteilhaft, da bei Lösungen die CNT leicht durch das Lösungsmittel kontaminiert werden können. Allerdings müssen auch für die Füllung aus der flüssigen Phase einige Bedingungen erfüllt sein. So muss die flüssige Phase die CNT ausreichend benetzen, was ihre Oberfächenspannung auf Werte von 130–170 mN/m beschränkt. Damit können aber die meisten organischen und anorganischen Lösungsmittel genutzt werden, einschließlich des Wassers. Bei der Verwendung von Schmelzen sollten 1100°C unterschritten werden, um Beschädigungen der CNT zu vermeiden. Suspensionen und Lösungen eignen sich, um eine große Vielfalt an Substanzen wie Metalle, Oxide, Chloride und auch Fullerene zu deponieren. Abbildung 16.53 zeigt Metall- und Metalloxidpartikel. Die verwendeten flüssigen Präkursoren, welche geeignete Metallverbindungen enthalten, sind teilweise ebenfalls geeignet, zunächst geschlossene CNT zu öffnen [16.283]. Die verkapselten Metalle oder Metalloxide entstehen aufgrund einer Wärmebehandlung der Lösungen oder aufgrund einer Hydrierung [16.282].

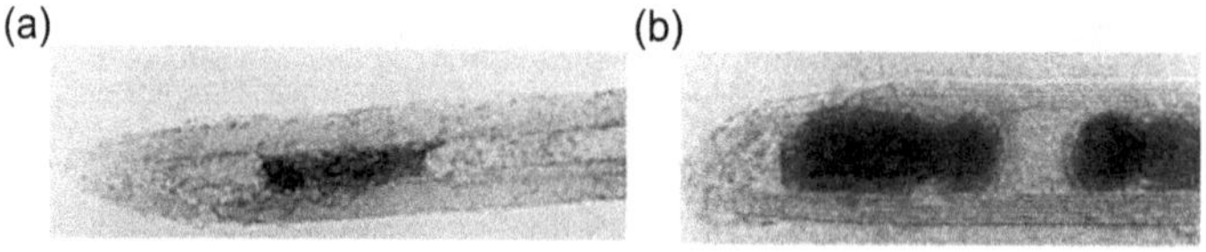

Abb. 16.53. Verkapselung von Metallpartikeln und Metalloxiden in MWNT [16.283].

Aus der Schmelze lassen sich verschiedene Elemente in Reinform, Metallhalogenide, Metalloxide, Hydroxide und Chalcogenide abscheiden [16.284]. In den meisten Fällen entstehen eindimensionale Kristalle, wie in Abb. 16.54 gezeigt. Generell erhält man mit dieser Methode einen hohen Beladungsgrad der CNT.

Der vielseitigste Ansatz zur Verkapselung der unterschiedlichsten Materialien in CNT besteht in der Synthese dieser Materialien direkt innerhalb der CNT. Abbildung 16.55 zeigt ein Beispiel für in situ synhetisierte Metalloxide, welche sich innerhalb der

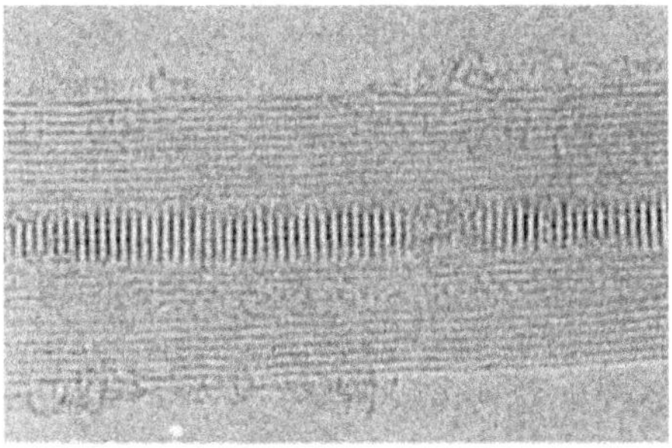

Abb. 16.54. MgO_3-Nanokristall innerhalb eines MWNT [16.284].

CNT reduzieren lassen. Bei der in situ-Synthese werden die durch Prozesstemperaturen, Oberflächenspannungen und sonstige Beschränkungen der genannten Verkapselungsmethoden gegebenen Restriktionen umgangen, und es lassen sich beispielsweise Halbleiternanokristalle in CNT verkapseln, was von großem Anwendungspotential für die Nanoelektronik sein könnte.

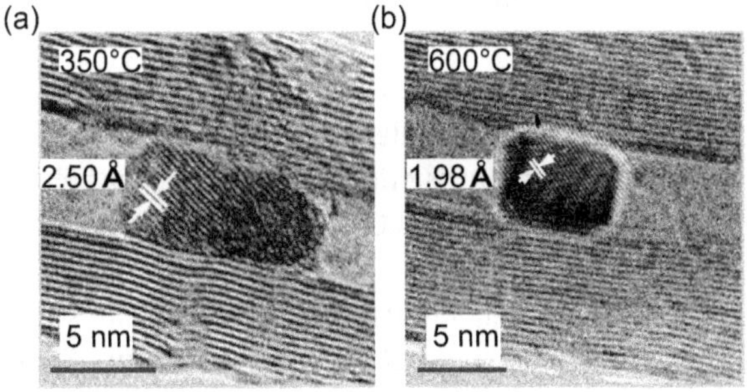

Abb. 16.55. Reduktion von in situ synthetisierten Fe_2O_3-Nanokristallen innerhalb von MWNT [16.285].

Endohedrale CNT-basierte Verbindungen haben a priori ein großes Anwendungspotential. Beispielsweise könnten die Bandlücken von SWNT durch verkapselte eindimensionale Kristalle gezielt manipuliert werden. In der Regel weicht die Struktur der quasi-eindimensionalen Kristalle innerhalb von CNT signifikant von der Struktur entsprechend zusammengesetzter Massivmaterialien ab. Die Symmetrie, Bindungslänge und Bindungswinkel differieren. Dies wird verursacht durch die sterischen Randbedingungen, unter denen die Kristalle entstehen. Teilweise entstehen sogar Strukturen, die vollkommen neuartig sind und die vermutlich zu neuartigen Materialeigenschaften führen. Als Beispiel sind etwa Kristalle mit fünfzähliger Symmetrie zu nennen. Auch die Ausbildung kristalliner Helices wird beobachtet, beispielsweise für I_2@SWNT, RbI@SWNT oder auch für H_2O@SWNT. Die Kristallstruktur hängt in jedem

Fall kritisch vom Verhältnis der Bindungslängen des Kristalls zum Durchmesser der CNT ab. Außerdem konnte gezeigt werden, dass die meisten Kristalle in CNT metastabil sind. Sie ändern ihre Struktur, sobald die CNT entfernt werden. Manche Kristalle bewegen sich innerhalb der CNT translatorisch sowie rotatorisch.

Die Wechselwirkung der interkalierten Kristalle mit den CNT könnte die Formation lokaler chemischer Bindungen beinhalten, die templatinduzierte Modifikation der Bindungsgeometrie der Gastspezies sowie nichtlokale Effekte wie Ladungstransfer. Damit sollten sich die Eigenschaften der CNT mehr oder weniger stark ändern. Elektronendonatoren wie beispielsweise Metalle oder metallorganische Verbindungen verursachen eine erhöhte Elektronendichte auf den CNT, was wiederum zu veränderter Leitfähigkeit führt. Die Verkapselung von Akzeptoren kann einen Ladungstransfer von den CNT auf die Gastspezies verursachen und somit einen Übergang der metallischen CNT in halbleitende CNT. Chemische Wechselwirkungen zwischen der verkapselten Substanz und den CNT manifestieren sich in einer Hybridisierung von $2p_z$-π-Orbitalen der CNT mit p- oder d-Orbitalen der Gastsubstanz. Dadurch entstehen neue, lokalisierte Zustände. Eine Verarmung der Elektronendichte auf der CNT-Wand und eine Besetzung dieser lokalisierten Zustände führt zu einer Abnahme der Elektronendichte in den konjugierten π-Orbitalen und somit zu einer Verschiebung des Fermi-Niveaus nach unten.

Es ist evident, dass endohedrale Verbindungen eine völlig neuartige CNT-Elektronik mit CNT-pn-Kontakten, CNT-Leitern und CNT-Bauelementen ermöglichen könnten. Auch Feldemittertechnologien oder miniaturisierte Röntgenröhren scheinen denkbar. Auch aus Sicht der Anwendung sind damit CNT mit einer verkapselten Gastspezies von ungeheurer Bedeutung.

sp^3-hybridisierter Kohlenstoff wurde in vielen Studien zur atomweisen Konstruktion von Nanobauteilen und Nanomaschinen immer wieder als ideales Konstruktionsmaterial angesehen. Der Überblick über die Eigenschaften von CNT zeigt aber, dass gerade sp^2-hybridisierter Kohlenstoff auch ein hohes Anwendungspotential in diesem Bereich bietet. So beschäftigen sich viele Arbeiten mit den technischen Einsatzmöglichkeiten von CNT insbesondere in nanomechanischen Bauelementen. Hier sind auch komplexere Anordnungen wie diejenige in Abb. 16.56 vorstellbar [16.286]. Derartige Anordnungen wurden sogar im Hinblick auf ihre chemische und mechanische Stabilität dezidiert auf der Basis von Modellrechnungen analysiert.

Der Überblick verdeutlicht, dass CNT in der Tat sehr vielseitig einsetzbare, mittlerweile recht gut verstandene und teilweise gut handhabbare Grundbausteine der Nanotechnologie sind. Für einen überwiegenden Teil ihrer spektakulären Eigenschaften wie auch ihres großen Anwendungspotentials sind die thermischen und elektronischen Transporteigenschaften zuständig, die im Folgenden neben den Anwendungsmöglichkeiten spezifiziert werden.

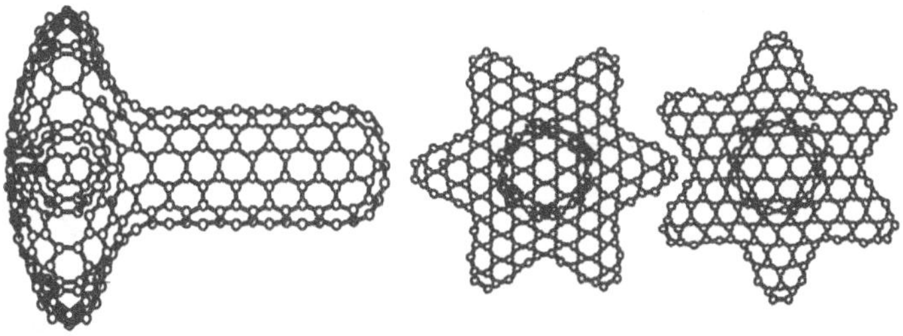

Abb. 16.56. Sechszähniges Zahnrad mit einem (6,6)-Armchair-SWNT als Schaft.

16.3.2 Phononische Zustandsdichte einwandiger Kohlenstoffnanoröhrchen

Eine Kenntnis der phononischen Zustandsdichte ist Voraussetzung für ein Verständnis der besonderen thermischen Eigenschaften von CNT und für eine erfolgreiche Anwendbarkeit von analytischen Methoden, welche das Vibrationsspektrum vermessen, aber auch zur Untersuchung der einzelnen CNT-Kategorien eingesetzt werden. Hier ist zuvorderst die Raman-Spektroskopie zu nennen. So ist es nachvollziehbar, dass das Phononenspektrum von CNT bereits frühzeitig experimentell [16.287; 16.278] wie auch theoretisch [16.288] untersucht wurde.

Einen sehr guten Eindruck insbesondere vom Einfluss der Geometrie auf das Phononenspektrum erhält man, wenn man auf der Basis adäquater Näherungen zu analytischen Resultaten für die phononische Zustandsdichte kommt [16.277]. Wir nehmen dazu an, dass ein SWNT eine zylindrische elastische Membran mit gleichmäßig verteilten Kohlenstoffatomen in Form eines isotropen elastischen Mediums darstellt. Unter dieser Annahme erhält man für die Vibrationsgleichung [16.289]

$$\varrho \frac{\partial^2 u_i}{\partial t^2} = \frac{\partial \sigma_{ik}}{\partial x_k} , \tag{16.275}$$

mit der Massendichte ϱ, dem Spannungstensor $\underline{\underline{\sigma}}$ und dem Auslenkungsvektor $\mathbf{u}$. Da die Dicke der Membran gegenüber dem Röhrchenradius vernachlässigbar ist, gilt in zylindrischen Koordinaten $\sigma_{r\varphi} = \sigma_{rz} = \sigma_{rr} = 0$. Wenn wir zudem noch die Relation zwischen Spannungstensor $\underline{\underline{\sigma}}$ und Dehnungstensor $\underline{\underline{u}}$ nutzen [16.290], so erhalten wir aus der Vibrationsgleichung

$$\varrho \frac{\partial^2 u_r}{\partial t^2} = -\frac{E}{r(1-\nu^2)} \left(\frac{1}{r} \frac{\partial u_\varphi}{\partial \varphi} + \frac{u_r}{r} + \nu \frac{\partial u_z}{\partial z} \right) , \tag{16.276a}$$

$$\varrho \frac{\partial^2 u_\varphi}{\partial t^2} = \frac{E}{r(1-\nu^2)} \left(\frac{1}{r} \frac{\partial u_\varphi}{\partial \varphi^2} + \frac{1}{r} \frac{u_r}{\partial \varphi} + \nu \frac{\partial^2 u_z}{\partial z \partial \varphi} \right) , \tag{16.276b}$$

und

$$\varrho\frac{\partial^2 u_z}{\partial t^2} = \frac{E}{2r(1+\nu)}\left(\frac{1}{r}\frac{\partial^2 u_z}{\partial\varphi^2} + \frac{\partial^2 u_\varphi}{\partial z\partial\varphi}\right) + \frac{E}{1-\nu^2}\left(\frac{\partial^2 u_z}{\partial z^2} + \frac{\sigma}{r}\left[\frac{\partial^2 u_\varphi}{\partial z\partial\varphi} + \frac{\partial u_r}{\partial z}\right]\right). \quad (16.276c)$$

Hier ist E der Elastizitätsmodul der Röhrchen und ν das Poisson-Verhältnis. Wegen der zylindrischen Form kann der Auslenkungsvektor $\mathbf{u}$ in eine radiale, eine Verwindungs- und eine longitudinale Komponente zerlegt werden. Da wir es zudem nur mit kleinsten Deformationen zu tun haben, wird die Gitterschwingung durch eine Superposition harmonischer Wellen beschrieben:

$$\begin{pmatrix} u_r \\ u_\varphi \\ u_z \end{pmatrix} = \begin{pmatrix} -i\mathcal{U}_r \\ \mathcal{U}_\varphi \\ \mathcal{U}_z \end{pmatrix} \exp\left(i[m\varphi + k_z z - \omega t]\right) . \quad (16.277)$$

$\mathcal{U}_i$ sind die entsprechenden Amplituden. Die ganzzahlige Quantenzahl m ist durch die periodische Randbedingung für φ definiert. Für eine nichttriviale Gitterwelle erhalten wir für die phononische Dispersionsrelation damit

$$(\Omega^2-1)\left(\Omega^2 - m^2 - \frac{1-\nu}{2}\kappa^2\right)\left(\Omega^2 - \frac{1-\nu}{2}m^2 - \kappa^2\right) - \nu(1+\nu)(m\kappa)^2 - (\nu\kappa)^2\left(\Omega^2 - m^2 - \frac{1-\nu}{2}\kappa^2\right) - m^2\left(\Omega^2 - \frac{1-\nu}{2}m^2 - \kappa^2\right) - \frac{(1+\nu)^2}{4}(m\kappa)^2(\Omega^2-1) = 0 . \quad (16.278)$$

Hier gilt $\Omega = \omega r/s$ mit $s = \sqrt{E/[\varrho(1-\nu)^2]}$ und $\kappa = k_z r$ mit der Longtudinalkomponente des Wellenvektors $\mathbf{k}$. Diese generelle Lösung für die Dispersionsrelation ist nicht sonderlich nützlich, da sie es nicht erlaubt, ohne weitere Näherungen analytische Ausdrücke für die phononische Zustandsdichte zu erhalten. Betrachten wir daher im Folgenden einige Grenzfälle.

Für $m = 0$ und $\kappa \ll 1$ erhält man zwei Lösungen. Die akustische Verwindungsmode (*Twisting Acoustic Mode, TW*) $\omega_1 = \sqrt{(1-\nu)/2}\,\kappa\omega_B$ und die akustische Longitudinalmode (*Longitudinal Acoustic Mode, LA*) $\omega_2 = \sqrt{(1-\nu)^2}\,\kappa\omega_B$. Diese Moden gehören zu den Eigenvektoren $\mathbf{u} = (0, u_\varphi, 0)$ und $\mathbf{u} = (0, 0, u_z)$. Beide Moden hängen nicht vom Radius des SWNT ab. Eine dritte Mode $\omega_3 = \omega_B$ wird als Atmungsmode (*Breathing Mode*) bezeichnet [16.291]. Mit $\omega_B = 1/[r\sqrt{E/(\varrho[1-\nu^2])}]$ ist diese Mode radiusabhängig. Für ein (10,10)-SWNT ist $r = 6,785$ Å, $E = 1,06$ TPa, $\nu = 0,145$ und $\varrho = 2,27$ g/cm^3 [16.292]. Die resultierende Atmungsfrequenz ist $3{,}21888\cdot10^{13}$ Hz. Die Resonanzwellenzahl liegt bei 170,76 1/cm, was gut mit den experimentell gefundenen Werten übereinstimmt.

Für $\kappa = 0$ erhält man zwei nichttriviale Lösungen: $\omega_1 = \sqrt{(1-\nu)/2}\, m\omega_B$ und $\omega_2 = \sqrt{1+m^2}\,\omega_B$. Zusätzlich gibt es die Triviallösung $\omega_3 = 0$. Für $m = 1$ hat ω_1 eine Resonanzwellenzahl von 111,65 1/cm und für $m = 2$ eine solche von 381,8 1/cm, was beides gut mit experimentellen Werten übereinstimmt.

Für $m \gg 1$ und $\kappa \ll 1$ erhält man die Näherungslösung $\omega_1 = \sqrt{2(1-\nu)/(1+m^2)}\, \kappa^2\omega_B/\sqrt{(m^2+\kappa^2)}$. Ist hingegen die Wechselwirkung zwischen der Verwindungs- und der longitudinalen Spannung vernachlässigbar, $\sigma_{\varphi z} = 0$, so gilt für $\nu^2 \ll 1$

$$\left(\Omega^2 - \frac{1-\nu}{2}m^2 - \kappa^2\right)\left[(\Omega^2 - 1)\left(\Omega^2 - m^2 - \frac{1-\nu}{2}\kappa^2\right) - m^2\right] = 0\,. \tag{16.279}$$

Dieses Resultat würde man in der Tat erwarten. Für $m \neq 0$ ergeben sich die Lösungen aus dieser Gleichung sofort, während sie für $m = 0$ unmittelbar aus Gl. (16.278) resultieren. In diesem Fall folgt

$$\omega_1 = \sqrt{\frac{1-\nu}{2}}\kappa\omega_B\,, \tag{16.280a}$$

$$\omega_2 = \frac{1}{\sqrt{2}}\sqrt{(1+\kappa^2) - \sqrt{(1+\kappa^2) - 4(1-\nu^2)\kappa^2}}\,\omega_B \tag{16.280b}$$

und

$$\omega_3 = \frac{1}{\sqrt{2}}\sqrt{(1+\kappa^2) + \sqrt{(1+\kappa^2)^2 - 4(1-\nu^2)\kappa^2}}\,\omega_B\,. \tag{16.280c}$$

Für $\kappa = 0$ resultiert wiederum $\omega_3 = \omega_B$. ω_1 und ω_2 sind akustische Zweige, während ω_3 ein optischer ist. ω_1 gehört zu der TW-Mode und ω_2 zu der LA-Mode. Gleichung (7.298) zeigt, dass die Energie der LA-Mode größer ist als diejenige der TW-Mode. Für $\kappa \ll 1$ erhalten wir $\omega_1 = \sqrt{E/[2\varrho(1+\nu)]}\,k_z$ und $\omega_2 = \sqrt{E/\varrho}\,k_z$. Damit betragen die Schallgeschwindigkeiten $v_{TW} = \sqrt{E/[2\varrho(1+\nu)]} \approx 14,3 \cdot 10^3$ m/s und $v_{LA} = \sqrt{E/\varrho} \approx 21,6 \cdot 10^3$ m/s. Für $m \neq 0$ ergibt sich

$$\omega_4 = \sqrt{\frac{1-\nu}{2}m^2 + \kappa^2}\,\omega_B\,, \tag{16.281a}$$

$$\omega_5 = \frac{1}{\sqrt{2}}\sqrt{\Delta + \sqrt{\Delta^2 - 2(1-\nu)\kappa^2}}\,\omega_B \tag{16.281b}$$

und

$$\omega_6 = \frac{1}{\sqrt{2}}\sqrt{\Delta + \sqrt{\Delta^2 - 2(1-\nu)\kappa^2}}\,\omega_B\,, \tag{16.281c}$$

mit $\Delta = 1 + m^2 + (1-\nu)\kappa^2/2$. Die Eigenvektoren für diese Moden zeigen, dass ω_4 und ω_5 optische Zweige sind und ω_6 ein transversaler akustischer (TA). Für $m = 1$ und $\kappa \ll 1$ erhalten wir $\omega_6 = \sqrt{E/[\varrho(1+\nu)]}\,k_z/2$ mit der Schallgeschwindigkeit $v_{TA} =$

$\sqrt{E/[\varrho(1+\nu)]}/2 \approx 10,1 \cdot 10^3$ m/s. Die TA-Moden sind zweifach entartet, weil es x- und y-Vibrationen senkrecht zur Längsachse der SWNT gibt.

Die phononische Zustandsdichte ergibt sich gemäß $g(\omega) = \lim_{\Delta\omega\to 0} \Delta n/\Delta\omega$. Δn ist die Anzahl von Zuständen im Frequenzintervall $\Delta\omega$. Für $m = 0$ erhält man damit

$$g_1(\omega) = \frac{1}{\pi}\sqrt{\frac{2}{1-\nu}}\frac{L}{r\omega_B}\,, \tag{16.282a}$$

$$g_2(\omega) = \frac{1}{\pi}\frac{\left(1-(\omega/\omega_B)^2-\nu^2\right)^2+\nu^2(1-\nu^2)}{\left(1-(\omega/\omega_B)^2-\nu^2\right)\sqrt{\left[1-(\omega/\omega_B^2)\right]\left[1-(\omega/\omega_B)^2-\nu^2\right]}}\frac{L}{r\omega_B} \tag{16.282b}$$

und

$$g_3(\omega) = \frac{1}{\pi}\frac{\left([\omega/\omega_B]^2-1+\nu^2\right)+\nu^2(1-\nu^2)}{\left([\omega/\omega_B]^2-1+\nu^2\right)\sqrt{\left([\omega/\omega_B]^2-1\right)\left([\omega/\omega_B]^2-1+\kappa^2\right)}}\frac{L}{r\omega_B}\,. \tag{16.282c}$$

L bezeichnet die Länge des SWNT. Für $m \neq 0$ muss, da m ganzzahlig ist, die phononische Dispersionsrelation diskret sein. Maßgeblich ist die generalisierte Wellenvektorkomponente k_φ:

$$g_4(\omega) = \frac{2}{\pi}\frac{L\omega}{r\omega_B^2}\sum_m \frac{1}{\sqrt{(\omega/\omega_B)^2-(1-\nu)m^2/2}}\,, \tag{16.283a}$$

$$g_5(\omega) = \frac{2\sqrt{2}}{\pi}\frac{L}{\sqrt{1-\nu}\,r\omega_B} \sum_m \frac{\left[(\omega/\omega_B)^2-1\right]^2+m^2}{\left[(\omega/\omega_B)^2-1\right]\sqrt{\left[(\omega/\omega_B)^2-1\right]\left[(\omega/\omega_B)^2-1+m^2\right]}} \tag{16.283b}$$

und

$$g_6(\omega) = \frac{2\sqrt{2}}{\pi}\frac{L}{\sqrt{1-\nu}\,r\omega_B} \sum_m \frac{\left[1-(\omega/\omega_B)^2\right]^2+m^2}{\left[1-(\omega/\omega_B)^2\right]\sqrt{\left[1-(\omega/\omega_B)^2\right]\left[1+m^2-(\omega/\omega_B)^2\right]}}\,. \tag{16.283c}$$

$g_1(\omega), g_2(\omega), \ldots, g_6(\omega)$ korrespondieren dabei zu $\omega_1, \omega_2, \ldots, \omega_6$ aus Gl. (16.280) und Gl. (16.281). Die Gesamtzustandsdichte ergibt sich dann durch Summation über alle $g_i(\omega)$. Abb. 16.57 zeigt $g(\omega)$ so, wie es sich aus Gl. (16.282) und (7.301) ergibt. Daneben sind einerseits numerisch gewonnene Resultate sowie experimentelle Resultate dargestellt. Die van Hove-Singularitäten bei 13,8, 21, 30 und 41,6 meV finden sich in allen Resultaten mit guter Übereinstimmung.

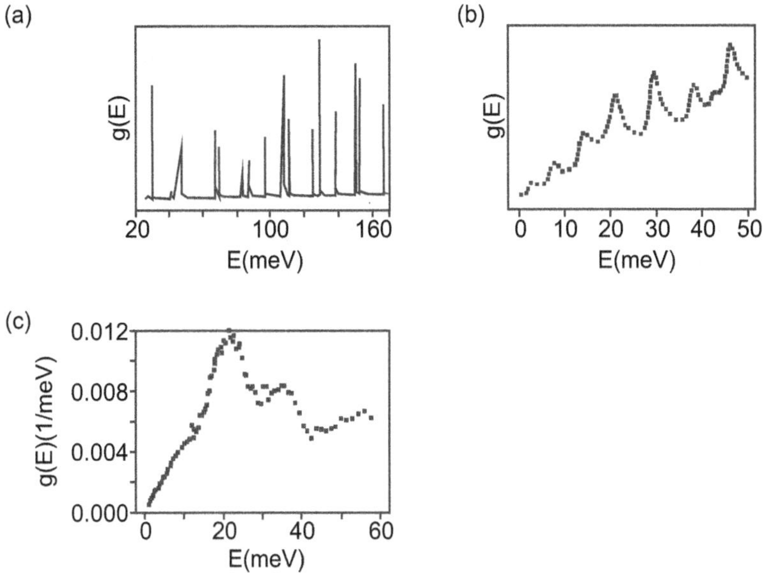

Abb. 16.57. Phononische Zustandsdichte von SWNT. (a) Analytisch gewonnenes Resultat für ein (10,10)-SWNT. (b) Numerisch gewonnenes Resultat [16.293]. (c) Experimentelles Resultat [16.278].

16.3.3 Elektronischer Transport in Kohlenstoffnanoröhrchen

Kohärenter Quantentransport in mesoskopischen und niedrigdimensionalen Systemen kann einerseits auf Basis des *Kubo-Greenwod-Formalismus* oder andererseits auf Basis des *Landauer-Büttiger-Formalismus* analysiert werden. Der zuerst genannte Formalismus erlaubt die Analyse des intrinsischen Leitfähigkeitsregimes im linearen Antwortbereich und liefert einen direkten Zugang zu fundamentalen kritischen Längen, wie sie in Abschn. 2.2 eingeführt wurden. Die elastische mittlere freie Weglänge resultiert aus elastischen Rückstreuprozessen aufgrund statischer Defekte in einem ansonsten ungestörten Kristallgitter. Die Lokalisierungslänge l_ξ definiert als kritische Länge jenes Regime, jenseits dessen der Quantenleitwert exponentiell mit der Systemgröße L abfällt. Die Ursache dafür ist die Akkumulation von Quanteninterferenzeffekten, welche das System von schwacher in eine starke Lokalisierung treiben. Die Phasenkohärenzlänge l_φ definiert die Länge, jenseits derer Lokalisierungseffekte vollständig unterdrückt sind aufgrund von Dekohärenzmechanismen wie Elektron-Phonon- oder Elektron-Elektron-Kopplung. Diese Mechanismen werden als Störungen in einem ansonsten nicht wechselwirkenden Elektronengas behandelt, was das Regime schwacher Lokalisierung definiert. Wenn l_φ die Länge des CNT zwischen den Spannungsabgriffen übersteigt, so propagieren die Ladungsträger ballistisch. In diesem Regime wird der Landauer-Büttiger-Formalismus adäquater, da er die Transmissionswahrscheinlichkeiten in offenen Systemen und bei beliebiger

Grenzflächengeometrie rigoros beschreibt. Die formalen Erweiterungen in Form der Ungleichgewichts-Green-Funktionen und des Keldysh-Formalismus erlauben dann die Charakterisierung von Quantentransport fernab der Gleichgewichtssituation, also bei großen Potentialdifferenzen oder bei dominierender Coulomb-Wechselwirkung. Es wurde explizit gezeigt, dass beide Transportformalismen formal vollständig äquivalent im Hinblick auf die Beschreibung des kohärenten Quantentransports von CNT sind [16.422]. Dies zeigt in gewisser Weise auch Abb. 16.58(a). Der mittels des Kubo-Formalismus berechnete Leitwert eines CNT folgt dem für den Landauer-Büttiger-Formalismus typischen Verlauf, den wir schon in Abb. 3.68 dargestellt hatten. Abbildung 16.58(b) zeigt den Verlauf des Diffusionskoeffizienten $D(E, t)$ für die drei unterschiedlichen Transportregime.

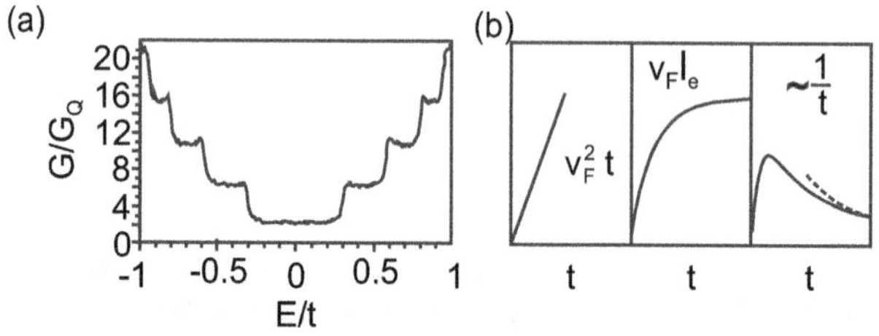

Abb. 16.58. Resultate auf Basis des Kubo-Formalismus für einen metallischen (10,10)-SWNT [16.295]. (a) Leitwert. t ist hier der Hopping-Parameter. (b) Ballistisches und diffusives Regime sowie Lokalisierungsregime. t steht hier für die Zeit.

Für ein CNT der Länge L ist das Transportregime ballistisch, wenn der Leitwert $G(E)$ unabhängig von L ist. Vielmehr ist er abhängig von der Anzahl verfügbarer Quantenkanäle, wie in Abschn. 3.6.3 beschrieben. Dies ist nur zu erwarten, wenn der CNT über perfekt reflexionsfreie, ohmsche Kontakte mit den metallischen Reservoiren verbunden ist. Der energieabhängige Leitwert lässt sich direkt aus der Bandstruktur des SWNT ableiten, indem man die Anzahl der verfügbaren Kanäle bei der jeweiligen Energie bestimmt. Den Zusammenhang zwischen Bandstruktur, Zustandsdichte und Leitwert zeigt Abb. 16.59

Kritisch sind in in realen Anordnungen die Kontakte zwischen metallischen Elektroden und CNT. Hier ist nicht nur zu berücksichtigen, dass es Fehlanpassungen der elektronischen Zustandsdichten gibt, sondern auch Hybridisierungen zwischen CNT- und Elektrodenzuständen. Es kommt daher besonders auf die Anordnung der aneinandergrenzenden Atomlagen an, wie in Abb. 16.60 gezeigt.

Unordnung innerhalb der CNT sowie die Wechselwirkung zwischen den konzentrischen Röhrchen von MWNT führen ebenfalls zu Abweichungen vom idealen ballistischen Verhalten. Um dies zu diskutieren, bietet sich wiederum die $\mathbf{k}\cdot\mathbf{p}$ - Näherung an, die wir auch schon in Abschn. 3.5.4 implizit verwendet hatten. Diese Näherung nahe der Fermi-Fläche und damit nahe der Neutralitätspunkte $\mathbf{K}$ und $\mathbf{K}'$ führt mit $\mathbf{k} = \mathbf{K} + \delta\mathbf{k}$

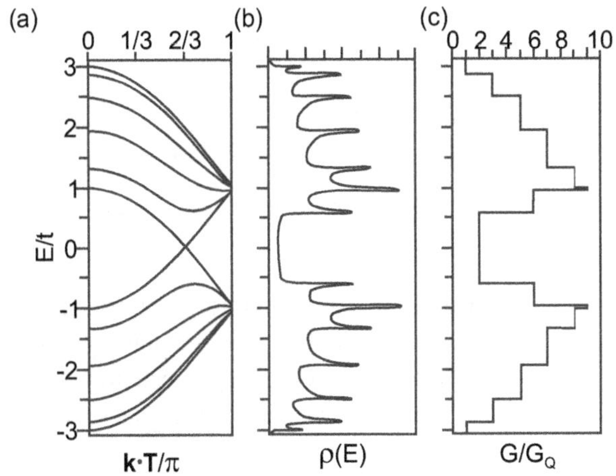

Abb. 16.59. Bandstruktur, Zustandsdichte und Leitwertspektrum für ein (5,5)-Armchair-SWNT [16.295]. **T** ist der Translationsvektor und t der Hopping-Parameter. $G_Q = e^2/h$ bezeichnet das Leitwertquantum.

zu der Schrödinger-Gleichung

$$\left[\frac{\hat{\mathbf{p}}^2}{2m} + \frac{(\hbar\,\delta\mathbf{k})^2}{2m} + \frac{\hbar\,\delta\mathbf{k}\cdot\mathbf{p}}{m} + U(\mathbf{r})\right] u_{\mathbf{k}}(\mathbf{r}) = E_{\mathbf{K}+\delta\mathbf{k}} u_{\mathbf{K}}(\mathbf{r}) \,, \tag{16.284}$$

wobei $\mathbf{u}_{\mathbf{K}}(\mathbf{r})$ die übliche Bloch-Bedingung erfüllt. Die Wannier-Darstellung der Blochschen Funktionen ist gegeben durch

$$\psi_{\mathbf{k}}(\mathbf{r}) = \sum_{\mathbf{R}} \exp(i\mathbf{k}\cdot\mathbf{R})\left[b_1\phi_A(\mathbf{r}-\mathbf{R}) + b_2\phi_B(\mathbf{r}-\mathbf{R})\right] . \tag{16.285}$$

R adressiert alle Einheitszellen und ϕ_A und ϕ_B tragen der Tatsache Rechnung, dass zwei Orbitale pro Einheitszelle zu berücksichtigen sind. b_1 und b_2 beschreiben die Amplituden dieser p_z-Orbitale. Die **k**-Eigenzustände resultieren dann aus

$$\begin{pmatrix} E(\mathbf{k}) & -t\alpha(\mathbf{k}) \\ -t\alpha^*(\mathbf{k}) & E(\mathbf{k}) \end{pmatrix} \begin{pmatrix} b_1 \\ b_2 \end{pmatrix} = \begin{pmatrix} 0 \\ 0 \end{pmatrix} , \tag{16.286}$$

mit $\alpha(\mathbf{k}) = 1 + \exp(i\mathbf{k}\cdot\mathbf{a}_1) + \exp(i\mathbf{k}\cdot\mathbf{a}_2)$ und mit den Gittervektoren $\mathbf{a}_1, \mathbf{a}_2$ des Graphengitters gemäß Abb. 3.62(a). Mit $\mathbf{K} = (4\pi/[3\sqrt{3}a], 0)$ folgt $\alpha(\mathbf{k}) = 1 + \exp(-2i\pi/3)$ $\exp(-i\delta k_x a/2) + \exp(2i\pi/3)\exp(-i\delta k_y a/2)$. So erhalten wir anstatt Gl. (16.286)

$$\begin{pmatrix} E(\delta\mathbf{k}) & 3ta(\delta k_x + i\delta k_y)/2 \\ 3ta(\delta k_x - i\delta k_y)/2 & E(\delta\mathbf{k}) \end{pmatrix} \begin{pmatrix} b_1 \\ b_2 \end{pmatrix} = \begin{pmatrix} 0 \\ 0 \end{pmatrix} , \tag{16.287}$$

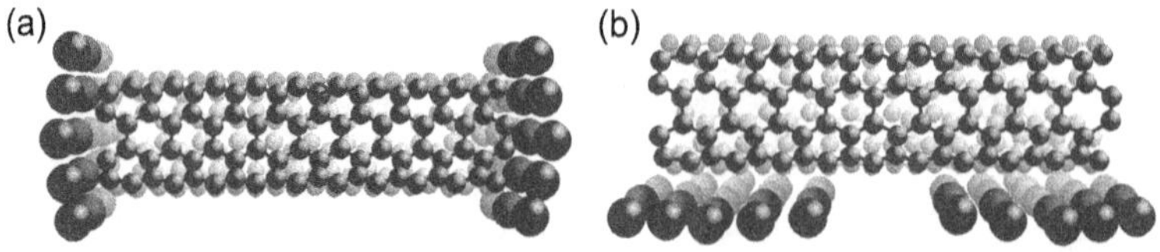

Abb. 16.60. Kontakte zwischen SWNT und Elektroden. (a) Endkontakt und (b) Seitenkontakt.

Die Dispersionsrelationen ergeben sich, wenn die Determinante der Marix in Gl. (16.286) verschwindet: $E(\delta\mathbf{k}) = \pm\hbar v_F|\delta\mathbf{k}|$, was mit Gl. (3.314) übereinstimmt. Für die Eigenvektoren muss gelten $b_1^2(\delta k_x - i\delta k_y) = b_2^2(\delta k_x + i\delta k_y)$. Eine offensichtliche Lösung ist damit $b_1 \exp(-i\Theta/2) = b_2 \exp(i\Theta/2)$ mit $\Theta = \arctan(\delta k_y/\delta k_x)$. Es resultieren damit die Möglichkeiten

$$|s = \pm 1\rangle = \frac{1}{\sqrt{2}} \begin{pmatrix} s\exp(-i\Theta/2) \\ \exp(i\Theta/2) \end{pmatrix} . \qquad (16.288)$$

$s = 1$ beschreibt Zustände mit positiver und $s = -1$ solche mit negativer Energie bezüglich des Fermi-Niveaus. In der Basis $\{|s = 1\rangle, |s = -1\rangle\}$ ist der Hamilton-Operator gegeben durch $\hat{H} = \hbar v_F|\delta\mathbf{k}|\hat{\sigma}_z$. $\hat{\sigma}_z$ ist die entsprechende Pauli-Matrix. Damit wird die Schrödinger-Gleichung in der $\mathbf{k}\cdot\mathbf{p}$ - Approximation zu einer zweikomponentigen entkoppelten Matrixgleichung, die formal der Dirac-Gleichung entspricht. Der Spinor repräsentiert den Pseudospin, der dem Untergitter zuzuordnen ist und nicht dem Elektronenspin. Die Vektoren $1/\sqrt{2}(\pm 1, 1)$ sind Eigenzustände von $\hat{\sigma}_z$ mit den Eigenwerten ± 1, und der Pseudospin für einen Zustand mit dem beliebigen Vektor $\delta\mathbf{k}$ lässt sich ermitteln, wenn auf die Eigenzustände ein Rotationsoperator mit dem Winkel Θ senkrecht zur Röhrchenachse – hier entlang der z-Achse – angewendet wird:

$$\underline{\underline{R}}(\Theta) = \begin{pmatrix} \exp(i\Theta/2) & 0 \\ 0 & \exp(-i\Theta/2) \end{pmatrix} . \qquad (16.289)$$

Damit lassen sich die Wellenfunktionen der Umgebung des $\mathbf{K}$-Punkts entwickeln gemäß

$$\psi^{s=\pm 1}_{\mathbf{k}=\mathbf{K}+\delta\mathbf{k}} \sim \frac{1}{\sqrt{2}} \begin{pmatrix} s\exp(i\Theta/2) \\ \exp(-i\Theta/2) \end{pmatrix} \exp\left(i[\delta k_x x + \delta k_y y]\right) . \qquad (16.290)$$

Abbildung 16.61 zeigt die Eigenzustände. Nimmt man eine Fermi-Energie leicht unterhalb des Neutralitätspunkts an, so stehen die beiden dort gezeigten Orbitale für Streuungen zwischen den Tälern zur Verfügung. Die Gesamtwellenfunktion ist in diesem Fall durch Gl. (16.290) für $s = -1$ gegeben sowie durch einen Faktor, der in Abb. 16.61 symbolisch dargestellt ist. Die bindende oder antibindende Komponente wird dabei für $|\mathbf{k}\rangle = |\mathbf{K}\rangle$ mit $E(\mathbf{K}) = 0$ erhalten. Es resultieren zwei entartete Eigenzustände, die entweder durch symmetrische oder antisymmetrische Kombinationen von p_z-Orbitalen gebildet werden:

$$\langle\mathbf{r}|\mathbf{K}_+\rangle = \sum_{\mathbf{R}} \frac{\exp(i\mathbf{k}\cdot\mathbf{R}}{\sqrt{2}} \left[p_z[(\mathbf{r} - \mathbf{r}_A - \mathbf{R}) + p_z(\mathbf{r} - \mathbf{r}_B - \mathbf{R})\right] \qquad (16.291a)$$

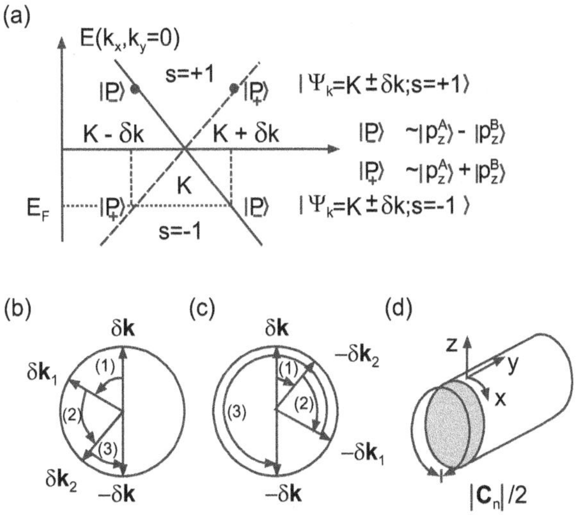

Abb. 16.61. Streuzustände in Kohlenstoffnanoröhrchen. (a) zeigt die Zustände nahe des **K**-Punkts für ein Fermi-Niveau etwas unterhalb des Neutralitätspunkts. (b) Streuungsinduzierte Rotation des Pseudospins für $\delta\mathbf{k} \to \delta\mathbf{k}_1 \to \delta\mathbf{k}_2 \to -\delta\mathbf{k}$. (c) $\delta\mathbf{k} \to -\delta\mathbf{k}_2 \to -\delta\mathbf{k}_1 \to -\delta\mathbf{k}$. (d) Zugrundeliegende Geometrie.

als π-antibindender Zustand und

$$\langle \mathbf{r}|\mathbf{K}_-\rangle = \sum_{\mathbf{R}} \frac{\exp(i\mathbf{k}\cdot\mathbf{R}}{\sqrt{2}} \left[p_z[(\mathbf{r}-\mathbf{r}_A-\mathbf{R}) - p_z(\mathbf{r}-\mathbf{r}_B-\mathbf{R})\right] \tag{16.291b}$$

als π^*-bindender Zustand.

Betrachten wir zunächst eine über van der Waals-Wechselwirkung an die Röhrchenoberfläche gebundene Verunreinigung. Das Störungspotential $\mathcal{U}(\mathbf{r})$ wird dann in der Umgebung der Störung gemessen an der interatomaren Distanz langsam variieren. $\mathcal{U}(\mathbf{r})$ kann daher als Störung von $\hat{H}$ betrachtet werden und die Matrixelemente $\langle\psi_{\mathbf{k},s}|\mathcal{U}(\mathbf{r})|\psi_{\mathbf{k}',s'}\rangle$ beschreiben die Streuwahrscheinlichkeit für $\mathbf{k} \to \mathbf{k}'$. Eine derartige Streuung würde die elektronische Leitfähigkeit reduzieren. Da ein langreichweitiges Potential grundsätzlich in einem niedrigen Impulsübertrag resultiert, ist die Annahme einer effektiven Masse gerechtfertigt, obwohl diese im Allgemeinen Interbandübergänge ignoriert. Man findet [16.126; 16.296], dass Intratalübergänge vom Typ $\mathbf{k} = \mathbf{K} \pm \delta\mathbf{k} \to \mathbf{k}' = \mathbf{K} \mp \delta\mathbf{k}$ und Intertalstreuung vom Typ $\mathbf{k} = \mathbf{K} \pm \delta\mathbf{k} \to \mathbf{k}' = \mathbf{K}' \mp \delta\mathbf{k}$ sehr kleine Streuwahrscheinlichkeiten besitzen. Dazu berechnet man Terme der Art $\langle s, \delta\mathbf{k}|\mathcal{T}|s', \delta\mathbf{k}'\rangle$. Die $\mathcal{T}$-Matrix wird rekursiv über eine *Dyson-Gleichung* gewonnen: $\hat{\mathcal{G}} = 1/(E - \hat{H}_0 - \mathcal{U})$. Dies führt zu

$$\begin{aligned} \hat{\mathcal{T}} &= \mathcal{U} + \mathcal{U}\hat{\mathcal{G}}\mathcal{U} = \mathcal{U} + \mathcal{U}\hat{\mathcal{G}}_0\mathcal{U} + \mathcal{U}\hat{\mathcal{G}}_0\mathcal{U}\hat{\mathcal{G}}_0\mathcal{U} + \ldots \\ &= \mathcal{U} + \mathcal{U}\frac{1}{e - \hat{H}_0}\mathcal{U} + \mathcal{U}\frac{1}{E - \hat{H}_0}\mathcal{U}\frac{1}{E - \hat{H}_0}\mathcal{U} + \ldots . \end{aligned} \tag{16.292}$$

In der $\mathbf{k}\cdot\mathbf{p}$ - Approximation ist der Hamilton-Operator am **K**-Punkt gegeben durch $\mathbf{H}_0 = t(\hat{\sigma}_x\hat{p}_x + \hat{\sigma}_y\hat{p}_y)$. t ist der Hopping-Parameter. Die Terme $\langle s', \delta\mathbf{k}'|\mathcal{T}|s, \delta\mathbf{k}\rangle$ können dann in der Basis der Eigenzustände entwickelt werden:

$$\left\langle s', \delta\mathbf{k}'|\mathcal{U}|s, \delta\mathbf{k}\right\rangle \approx \mathcal{U}(\delta\mathbf{k}-\delta\mathbf{k}')(s\exp(i\Theta_k/2))\exp(-i\Theta_k/2)\begin{pmatrix} s\exp(-i\Theta_{k'}/2) \\ \exp(-i\Theta_{k'}/2)\end{pmatrix}$$

$$\approx \mathcal{U}(\delta\mathbf{k}-\delta\mathbf{k}')\Big[ss'\exp\left(-i[\Theta_k - i\Theta_{k'}]/2\right)$$

$$+\exp\left(i[\Theta_k - i\Theta_{k'}]/2\right)\Big]\,, \tag{16.293a}$$

mit

$$\mathcal{U}(\delta\mathbf{k}-\delta\mathbf{k}') = \int d\mathbf{r}\,\mathcal{U}(\mathbf{r})\exp\left(-i[\delta\mathbf{k}-\delta\mathbf{k}']\cdot\mathbf{r}\right)\,. \tag{16.293b}$$

Für $s = s' = \pm 1$ erhält man für die Rückstreuamplitude

$$\left\langle s, \delta\mathbf{k}|\mathcal{U}|s, -\delta\mathbf{k}\right\rangle \approx \mathcal{U}(2\,\delta\mathbf{k})\cos\frac{\Theta_k + \Theta_{-k}}{2} = 0\,. \tag{16.294}$$

Dies kann verallgemeinert werden für Terme höherer Ordnung in der Störungsrechnung:

$$\begin{aligned}&\left\langle s, -\delta\mathbf{k}|\mathcal{T}(E)^p|s, +\delta\mathbf{k}\right\rangle \\ &= \sum_{s_1k_1}\sum_{s_2k_2}\cdots\sum_{s_pk_p}\frac{\mathcal{U}(-\delta\mathbf{k}-\delta\mathbf{k}_p)\mathcal{U}(\delta\mathbf{k}_p-\delta\mathbf{k}_{p-1})\ldots\mathcal{U}(\delta\mathbf{k}_p-\delta\mathbf{k})}{[E-E_{s_p}(\delta\mathbf{k}_p)]\,[E-E_{s_{p-1}}(\delta\mathbf{k}_{p-1})]\,[E-E_{s1}(\delta\mathbf{k}_1)]} \\ &\quad\left\langle s|\hat{R}(\Theta_{-k})\hat{R}^{-1}(\Theta_{k_p})|s_p\right\rangle\left\langle s_{p-1}|\hat{R}(\Theta_{k_p})\hat{R}^{-1}(\Theta_{k_{p-1}})|s_{p-1}\right\rangle \\ &\quad\ldots\left\langle s_1|\hat{R}(\Theta_{k_1})\hat{R}^{-1}(\Theta_k)|s\right\rangle\,.\end{aligned} \tag{16.295}$$

$\underline{\underline{R}}$ ist die Rotationsmatrix aus Gl. (16.289). Wegen der Symmetrie der Eigenzustände heben sich alle zeitreversiblen Terme, solche sind in Abb. 16.61 dargestellt, auf, so dass die Streuamplitude proportional ist zu

$$\left\langle s|\hat{R}(\Theta_k)\hat{R}^{-1}(\Theta_{-k})|s\right\rangle = \cos\frac{\Theta_k + \Theta_{-k}}{2}\,. \tag{16.296}$$

Dieser Ausdruck verschwindet aber, da gemäß Abb. 16.61 $\Theta_k + \Theta_{-k} = \pm\pi$ gilt. Die bemerkenswerte Schlussfolgerung ist also, dass in jeder Ordnung der Störungsrechnung die Rückstreuung aufgrund der angenommenen Defekte nahe dem Neutralitätspunkt unterdrückt ist. Allerdings gilt dies nur für metallische CNT.

Im Fall kurzreichweitiger Unordnung ist es das Ziel, das defektinduzierte Verhalten durch die elastische freie Weglänge $l_e = v_F\tau_e$ zu beschreiben. Dazu benötigen wir die Zustandsdichte metallischer CNT am Fermi-Niveau. Diese hatten wir bereits in Gl. (3.328) angegeben: $\varrho(E) = 2\sqrt{3}a/(\pi C_h t)$. Durch Anwendung Fermis Goldener Regel erhält man damit

$$\frac{1}{2\tau_e(E_F)} = \frac{2\pi}{\hbar}\left|\left\langle\psi_{n1}(k_F)|\mathcal{U}|\psi_{n2}(-k_F)\right\rangle\right|^2\varrho(E_F)N_UN_R\,. \tag{16.297}$$

N_U und N_R sind die Anzahl der Atompaare entlang des Umfangs und die Anzahl der Umfangsringe in der Einheitszelle, welche für die Diagonalisierung verwendet wird. Die Eigenzustände am Fermi-Niveau sind gegeben durch

$$\psi_{n1,n2}(k_F) = \frac{1}{\sqrt{N_R}} \sum_{m=1}^{N_R} \exp(imk_F)\left|\alpha_{n1,n2}(m)\right\rangle , \tag{16.298a}$$

mit

$$\left|\alpha_{n1}(m)\right\rangle = \frac{1}{\sqrt{2N_U}} \sum_{n=1}^{N_U} \exp\left(2i\frac{\pi n}{N_U}\right)\left[\left|p_z^A(m,n)\right\rangle + \left|p_z^B(m,n)\right\rangle\right] \tag{16.298b}$$

und

$$\left|\alpha_{n2}(m)\right\rangle = \frac{1}{\sqrt{2N_U}} \sum_{n=1}^{N_{\mathcal{U}}} \exp\left(2i\frac{\pi n}{N_U}\right)\left[\left|p_z^A(m,n)\right\rangle - \left|p_z^B(m,n)\right\rangle\right] . \tag{16.298c}$$

Im vorliegenden Kontext nehmen wir eine Unordnung vom Anderson-Typ, also in Form eines unkorrelierten Rauschens, an. Dann gilt

$$\left\langle p_z^A(m,n)\right|\mathcal{U}\left|p_z^A(m',n')\right\rangle = E_A(m,n)\delta_{mm'}\delta_{nn'} , \tag{16.299a}$$

$$\left\langle p_z^B(m,n)\right|\mathcal{U}\left|p_z^B(m',n')\right\rangle = E_B(m,n)\delta_{mm'}\delta_{nn'} , \tag{16.299b}$$

und

$$\left\langle p_z^A(m,n)\right|\mathcal{U}\left|p_z^B(n',m')\right\rangle = 0 . \tag{16.299c}$$

E_A und E_B sind die Energien auf den Atomen A und B in den Positionen m, n. Aus Gl. (16.298) folgt schließlich

$$\frac{1}{\tau_e(E_F)} = \frac{\pi\varrho(E_F)}{\hbar\sqrt{N_U N_R}} \sum_{N_U N_R} (E_A^2 + E_B^2) . \tag{16.300}$$

Wenn die Unordnung nun durch zufällige Fluktuationen der Energien E_A und E_B mit einer gleichmäßigen Wahrscheinlichkeitsverteilung $\sim 1/E_s$ gegeben ist, wobei E_s der Variationsbereich des atomaren Störpotentials ist, so erhält man für die elastische mittlere freie Weglänge den analytischen Ausdruck

$$l_e = \frac{18at^2}{E_s^2}\sqrt{n^2 + m^2 + nm} . \tag{16.301}$$

Danach erhält man für ein Armchair-(5,5)-SWNT mit $E_s = 0, 2t$ $l_e = 560\,\text{nm}$.

Die erhaltenen Ergebnisse für kurzreichweitige Unordnung lassen sich nun auf den technisch sehr wichtigen Fall der Dotierung von CNT anwenden. p- oder n-Dotierung erhält man durch substitutionelle Dotierung mit Bor oder Stickstoff. Abbildung 16.62 zeigt das Resultat von ab initio-Rechnungen für B-dotierte SWNT. Das

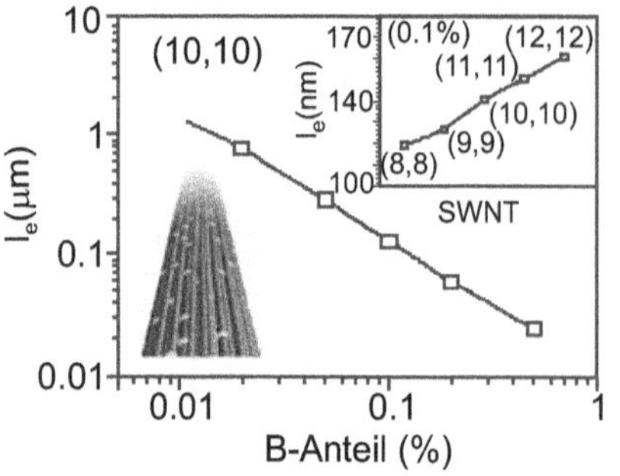

Abb. 16.62. Skalierung der elastischen mittleren freien Weglänge am Fermi-Niveau für B-dotierte (n,n)-SWNT [16.298]. Verlauf für ein (10,10)-SWNT bei variierender Dotierkonzentration und Verlauf bei fester Konzentration für variierende Deskriptorenpaare.

Skalenverhalten von l_e, wie es durch Gl. (16.301) geliefert wird, wird in den numerischen Resultaten reproduziert. Für eine konstante Dichte an Dotieratomen steigt l_e linear mit dem Röhrchendurchmesser.

Quanteninterferenzeffekte, wie in Abschn. 3.6.3 diskutiert, sind dann relevant, wenn die Phasenkohärenzlänge l_φ groß genug ist. Die schwache Lokalisierung als ein solcher Interferenzeffekt entsteht jenseits der Längenskala der elastischen mittleren freien Weglänge l_e. Die Quantentransmission zwischen zwei Punkten $\mathbf{R}_1$ und $\mathbf{R}_2$ führt zu dem Leitwert $G = 2e^2 P_{\mathbf{R}_1\to\mathbf{R}_2}/h$. $P_{\mathbf{R}_1\to\mathbf{R}_2}$ ist die Propagationswahrscheinlichkeit eines elektronischen Wellenpakets für eine Bewegung von $\mathbf{R}_1$ nach $\mathbf{R}_2$. Diese Wahrscheinlichkeit kann entwickelt werden in

$$P_{\mathbf{R}_1\to\mathbf{R}_2} = \sum_i |A_i|^2 + \sum_{i\neq j} A_i A_j \exp\left[i(\alpha_1 - \alpha_j)\right] . \tag{16.302}$$

$A_i \exp(i\alpha_i)$ ist die komplexe Wahrscheinlichkeitsamplitude für den Übergang $\mathbf{R}_1 \to \mathbf{R}_2$ entlang des Pfads i. Die globalen Transporteigenschaften eines unordnungsbehafteten Systems erhält man durch Mittelung über eine Zufallskonfiguration. Dabei werden die meisten Interferenzterme der zweiten Summe in Gl. (16.302) herausgemittelt. Allerdings liefern zwei Streuereignisse oder Pfade, welche topologisch im Uhrzeigersinn oder entgegen diesem zurück zum Ursprung führen, einen konstruktiven Beitrag zur Quanteninterferenz. Dies hat eine Reduktion des Leitwerts im Vergleich zum klassischen Wert zur Folge. Die Wahrscheinlichkeit, entlang der topologisch symmetrischen Pfade zum Ausgangspunkt zurückzukehren, ist gegeben durch

$$P_{\mathbf{R}_1\to\mathbf{R}_2} = \left|A_+ \exp(i\alpha_+) + A_- \exp(i\alpha_-)\right|^2 = 4|A_0|^2 . \tag{16.303}$$

Dieser Wert erhöht den klassischen Wert um einen Faktor zwei. Um die Gesamtkorrektur δG_{SL} für die schwache Lokalisierung zu erhalten, muss man über alle entsprechenden Pfade integrieren:

$$\delta G_{SL} \sim \frac{2eD}{h} \int_0^\infty P_{\mathbf{R}_1 \to \mathbf{R}_2}(t) \left[\exp\left(-i\frac{t}{\tau_\varphi}\right) - \exp\left(-i\frac{t}{\tau_e}\right) \right] . \tag{16.304}$$

Relevant ist also die Wahrscheinlichkeit der jeweiligen Rückkehr zum Ausgangspunkt zwischen der elastischen Streuzeit τ_e und der Kohärenzzeit $\tau_\varphi \geq \tau_e$. τ_φ wird durch intrinsische Dekohärenzmechanismen bestimmt. Diese resultieren aus fluktuierenden Potentialen beispielsweise als Folge des Phononenbads oder als Folge eines fluktuierenden elektrischen Felds.

Ein Magnetfeld hebt die Zeitumkehrsymmetrie bezüglich der ansonsten symmetrischen Pfade auf. Dadurch steigt die Leitfähigkeit, was einem negativen Magnetwiderstand entspricht. Speziell für CNT ist ferner relevant die Modulation des Widerstands mit der Periode $\Phi_0/2$ des Flussquants:

$$\alpha_\pm = \pm\frac{e}{\hbar} \oint d\mathbf{r} \cdot \mathbf{A} = \pm\frac{2\pi}{\Phi_0} \oint d\mathbf{r} \cdot \mathbf{A} . \tag{16.305}$$

Für die Amplitude $|A_0|^2|1 + \exp(i[\alpha_+ + \alpha_-])|^2$ resultiert eine Modulation gemäß $\cos(2\pi \Phi/\Phi_0)$. Eine solche Modulation wurde frühzeitig für SWNT gefunden [16.299]. Abbildung 16.63 zeigt als Resultat numerischer Berechnungen den Verlauf des Diffusionskoeffizienten $D(\tau_\varphi, \Phi)$ für einen metallischen (9,0)-SWNT für zwei unterschiedliche Werte von l_e.

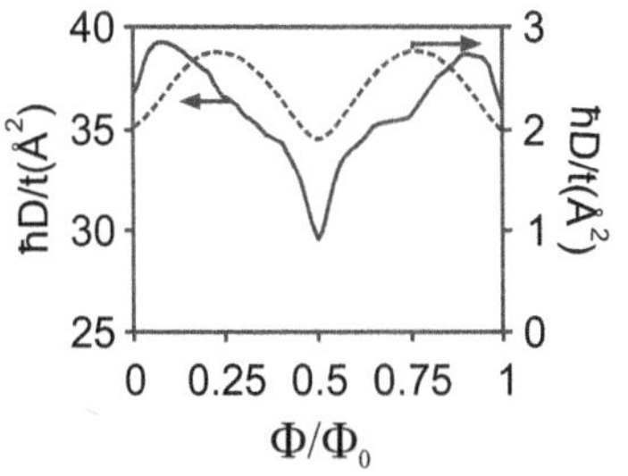

Abb. 16.63. Diffusionskoeffizient für (9,0)-SWNT als Funktion eines externen Magnetfelds [16.300]. Für $\tau_\varphi \gg \tau_e$ führen Unordnungspotentiale mit $\Delta E/t = 3$ und $\Delta E/t = 1$ nach Gl. (16.301) zu $l_e = 0,5$ nm und $l_e = 3\,nm$. Daraus folgt $l_e < |\mathbf{C}_h| = 2,3\,nm$ (gestrichelte Kurve) und $l_e > |\mathbf{C}_h|$, wobei $|\mathbf{C}_h|$ den Umfang des SWNT quantifiziert.

In den niedrigdimensionalen Systemen ist der Zusammenhang zwischen der Lokalisierungslänge l_ξ und der mittleren freien Weglänge l_e von besonderer Bedeutung. Die Thouless-Theorie liefert [16.301] $l_\xi = 2l_e$. Für quasi-eindimensionale Systeme erhält man im ergodischen Transportregime für eine große Anzahl N von Transportkanälen aus der Zufallsmatrizentheorie [16.302] $l_\xi = [\beta(N-1)+2]l_e/2$. l_ξ hängt von der universellen Symmetrieklasse des Hamiltonians ab. So gilt $\beta = 1$ für einen

Hamilton-Operator, der symmetrisch unter dem Zeitumkehroperator ist und $\beta = 2$ im anderen Fall. Für metallische CNT am Neutralitätspunkt erwartet man damit $l_\xi = 36at^2\sqrt{n^2+m^2+nm}/(\Delta E)^2$. Experimentell sollte sich die Lokalisierungslänge in einen exponentiellen Abfall des Leitwerts mit wachsender Länge L des SWNT manifestieren: $G = (2e^2/h)\exp(-L/l_\xi)$. l_ξ ist grundsätzlich energieabhängig und fällt mit jedem weiteren Subband weiter ab. Sowohl Messungen [16.303] als auch ab initio-Rechnungen [16.304] geben Anhaltspunkte für ein entsprechendes Verhalten beim Übergang von schwacher zu starker Lokalisierung.

Jenseits des Tieftemperaturregimes hat die Elektron-Phonon-Kopplung einen dominierenden Einfluss auf Transportprozesse. Energie und Impulserhaltung führen dazu, dass nur Phononen des Zonenzentrums und des Zonenrands mit einem Impuls $\mathbf{q} = \mathbf{K}$ an Elektronen koppeln können, wenn es sich um metallische CNT handelt. Dies ist eine Folge der Tatsache, dass die phononischen Energien sehr viel kleiner sind als die Fermi-Energie. Nur wenige Phononenmoden sind daher in der Lage, Elektronen von einem Band in ein anderes zu streuen. In Abhängigkeit von der Fermi-Geschwindigkeit im ursprünglichen und im Streuzustand wird der Streuprozess als Vorwärts- oder als Rückwärtsprozess klassifiziert. Abbildung 16.64 liefert einen Überblick über die Streuprozesse.

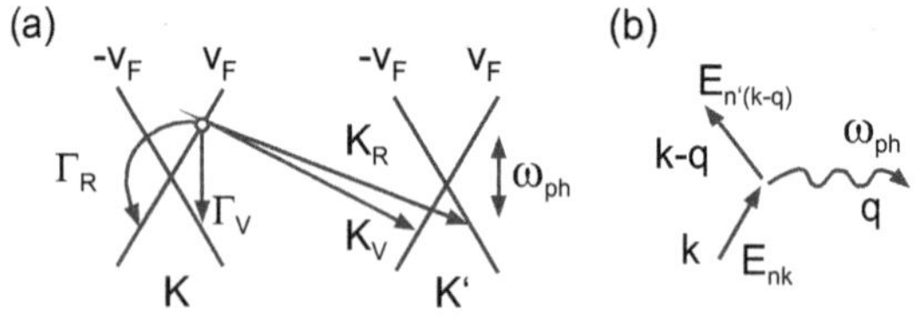

Abb. 16.64. Elektron-Phonon-Streuprozesse in Graphen und CNT. (a) Γ_R und Γ_V bezeichnen Rückwärts- und Vorwärts-Intratal-Streuprozesse in der Zonenmitte. K_R und K_V bezeichnen Rückwärts- und Vorwärts-Intertal-Streuprozesse am Zonenrand. (b) Phononenemissionsprozess.

Im Hinblick auf die Elektron-Phonon-Kopplung in CNT ist zu unterscheiden zwischen Beiträgen, die man auch für Graphen erwarten kann und solchen, die speziell durch die Geometrie der CNT induziert werden. Abbildung 16.65 zeigt die Phononendispersion für Graphit, die auch für Graphen angenommen werden kann. Im Zonenzentrum ist für die Elektron-Phonon-Kopplung von Bedeutung die zweifach entartete Hochenergie-E_{2g}-Mode in der Graphenebene, welche sich in einen transversalen und einen longitudinalen Zweig aufspaltet. Am Zonenrand koppelt hingegen die A_1-Mode stark an Elektronen. In der D_{2nh}-Symmetriegruppe der achiralen (n, n)- oder $(n, 0)$-SWNT spaltet die E_{2g}-Mode in eine transversale (T) und eine longitudinale (L) A_1-Mode auf. Die unterschiedliche Entwicklung dieser Zweige für metallische und halbleitende SWNT deutet bereits auf die Relevanz der Elektron-Phonon-Kopplung bei metallischen SWNT hin. Im Hinblick auf die Transporteigenschaften der CNT ist

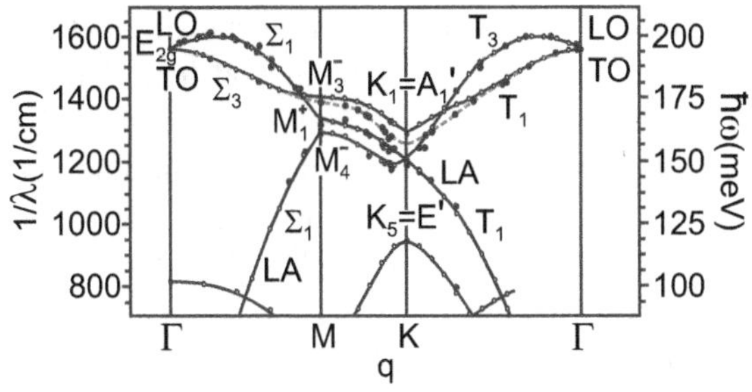

Abb. 16.65. Phononendispersion für die optischen Moden in Graphit [16.305]. Die geschlossenen Punkte sind experimentellen Ursprungs, die offenen resultieren aus ab initio-Rechnungen.

vor allem der Einfluss des Phononenspektrums auf die elektronische Bandstruktur von Bedeutung. Diese kann beträchtlich sein, wie Abb. 16.66 zeigt. So öffnet die $A_1(L)$-Mode eine Energielücke für metallische Zickzack-Röhrchen am Fermi-Niveau [16.306], wie in Abb. 16.66 (c) gezeigt ist. Da das Deformationspotential, welches aus atomaren Schwingungen gemäß Abb. 16.66(a) resultiert, abhängig ist von der Röhrchenkrümmung, resultiert eine Durchmesserabhängigkeit [16.307].

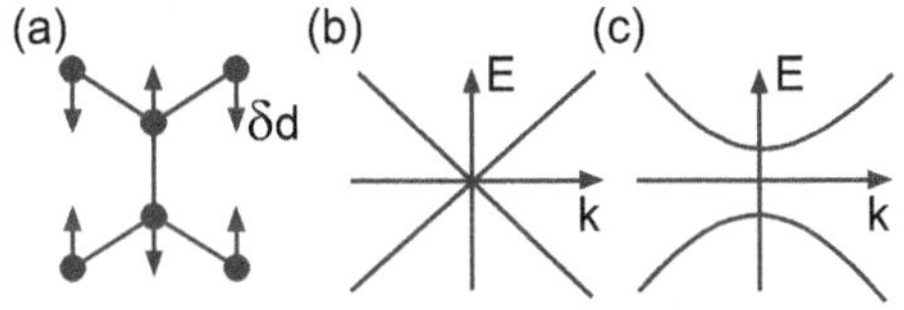

Abb. 16.66. Öffnung einer Energielücke aufgrund optischer Phononen. (a) $A_1(L)$-Mode für metallische Zickzack-Röhrchen. (b) Bandstruktur bei Abwesenheit von Phononen. (c) Energielücke aufgrund der optischen $A_1(L)$-Mode eines metallischen Zickzack-SWNT.

Unterschiede für Graphen und CNT im Hinblick auf die Elektron-Phonon-Kopplung werden insbesondere deutlich im Fall akustischer Phononenmoden. Die senkrechte akustische Mode des Graphens wird beispielsweise zur radialen Atmungsmode der CNT. Da aber ein variierender Röhrchendurchmesser eine variierende Dehnung der kovalenten Bindungen zur Folge hat, hängt auch die Dispersion der akustischen Phononen vom Durchmesser ab. Die transversale akustische Mode in der Ebene des Graphens wird zu einer Verdrillungsmode (*Twiston Mode*) in den CNT. Diese koppelt in besonderer Weise an die Elektronen [16.307]. Die senkrechten optischen und akustischen Moden im Zonenzentrum koppeln bei Graphen gar nicht an die Elektronen, wohl aber bei CNT. Es wurde eine $\sim 1/\sqrt{R}$-Abhängigkeit für das Elektron-Phonon-Matrixelement abgeleitet [16.308]. Auch Moden, die bereits in Graphen zu maßgeblichen Elektron-Phonon-Kopplungseffekten Anlass geben, werden durch diese Abhängigkeit signifikant modifiziert.

Abgesehen von einem direkten Einfluss auf die Bandstruktur haben Elektron-Phonon-Kopplungen aufgrund von Streuprozessen einen maßgeblichen Einfluss auf den elektronischen Transport. Bei hinreichend niedrigen Spannungen findet man $G \sim 1/T$ [16.309]. Dieses Skalierungsverhalten wurde auf Elektron-Phonon-Wechselwirkung über niederenergetische Phononenmoden zurückgeführt. Setzen wir phänomenologisch $G \sim (2e^2/h)l_i/L$ an, so erhält man aus den Experimenten an metallischen SWNT typisch für die inelastische Streulänge $l_i \approx 1{-}2\,\mu\text{m}$ unabhängig von der Röhrchenlänge L bei $T \approx 300\,\text{K}$. Verantwortlich sind hauptsächlich akustische Moden. A priori sind allerdings drei Phononenmoden relevant für die inelastische Rückstreuung, wie in Abb. 16.67 dargestellt. Die erste Kategorie Streuprozess involviert akustische Phononen mit niedriger Energie und geringem Impuls. Die Streurate ist durch

$$\frac{1}{\tau_{e\text{-}ph}} = \frac{2\pi}{\Omega\hbar}\sum_{\mathbf{k}} \left|\langle \mathbf{k}+\mathbf{q}, g(E_q)+1\left|\hat{\Gamma}_{e\text{-}ph}\right|\mathbf{k}, g(E_q)\rangle\right|^2$$
$$\delta(E_{k-q} - E_k - \hbar\omega_q)(1 + g(E_q)\left[1 - f(E_{k-q})\right]f(E_k) \qquad (16.306)$$

gegeben. Hier ist Ω die Oberfläche des SWNT, $\hat{\Gamma}_{e\text{-}ph}$ der Elektron-Phonon-Streuoperator und $g(E_q)$ sowie $f(E_k)$ liefern die Phononen- und Elektronenbesetzungsverteilungen. Für typische Parameter findet man $\tau_{e\text{-}ph} \approx 3 \cdot 10^{-12}$ s für ein 1,8 nm-SWNT, was zu einer inelastischen mittleren freien Weglänge von $l_i = v_F\tau_{e\text{-}ph} \approx 2,4\,\mu\text{m}$ führt [16.310].

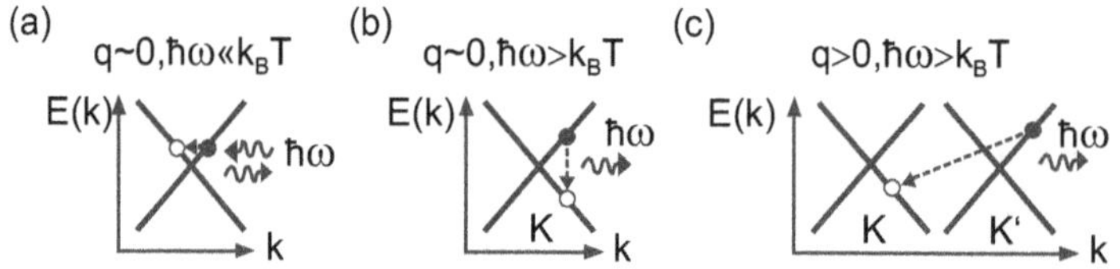

Abb. 16.67. Rückstreuprozesse aufgrund von Elektron-Phonon-Wechselwirkung. (a) Akustisches Phonon. (b) Optisches Phonon. (c) Phonon an der Zonengrenze.

Für höhere Spannungen haben Experimente ein $G \sim 1/V$-Skalenverhalten geliefert, welches auf eine Kopplung von Elektronen an optische Moden im Zonenzentrum und Moden des Zonenrands, wie in Abb. 16.67(b) und (c) dargestellt, zurückgeführt wird. Für Potentialdifferenzen von etwa 1 V lässt sich daraus $l_i \approx 10$ nm abschätzen [16.310]. Allerdings haben weitere Messungen und auch Rechnungen zum Teil deutlich größere Werte für l_i sowohl im Hinblick auf optische wie auch akustische Moden für höhere Potentialbereiche geliefert. Rigorosere quantenmechanische Ansätze unter echter Berücksichtigung von Vielteilcheneffekten liefern gegenüber der semiklassischen Transporttheorie Ergebnisse jenseits des Regimes linearer Antwort [16.311]. Danach können longitudinale optische Moden sogar zu einer Art Peierls-Instabilität führen.

CNT sind hervorragend geeignet, um die Elektron-Elektron-Wechselwirkung zu analysieren. Dreidimensionalität und Abschirmeffekte führen dazu, dass die Elektron-Elektron-Wechselwirkung störungstheoretisch behandelt werden kann. Ladungstransport wird als Folge adäquat im Bild der Fermi-Flüssigkeit beschrieben. Das Pauli-Prinzip ist Ursache für die Stabilität der Fermi-Flüssigkeit in drei Dimensionen und reduziert stark die elektrostatische Wechselwirkung zwischen Elektronen. Bei verschwindender Temperatur führt die Diskontinuität der Fermi-Verteilung bei E_F zusammen mit der Energie- und Impulserhaltung dazu, dass die Anzahl der verfügbaren Zustände, in die ein Elektron mit $E \le E_F$ aufgrund der Elektron-Elektron-Wechselwirkung gestreut werden kann, quadratisch mit $E - E_F$ gegen null geht. Damit gilt $\tau_{e-e} \sim 1/(E - E_F)^2$ für die Lebensdauer eines Zustands bei Elektron-Elektron-Wechselwirkung.

Zur Beschreibung des Quantentransports in CNT wird im Wesentlichen das Modell der Fermi-Flüssigkeit herangezogen, was dann auf Quanteninterferenzeffekte wie die schwache Lokalisierung führt. Die Elektron-Elektron-Wechselwirkung ist in diesem Bild als Quelle für Dekohärenz bei tiefen Temperaturen zu betrachten. Andererseits sollten CNT ideale Bausteine sein, um nach Abweichungen vom Einteilchenbild des Fermi-Flüssigkeitsmodells zu suchen. Die Quasi-Eindimensionalität sollte die Stärke repulsiver Coulomb-Wechselwirkungen beträchtlich erhöhen. Unabhängig von Größe und Reichweite der Wechselwirkung zwischen Elektronen sollte die Streuung eines Ladungsträgers eine kollektive Antwort aller anderen Ladungsträger in einem eindimensionalen Elektronengas zur Folge haben. Derartige kollektive Elektronenanregungen werden, wie in Abschn. 2.2.4 disktuiert, durch Ladungs- und Spinwellen in Form von Plasmonen und Magnonen oder Spinonen beschrieben.

Kollektive Ladungs- und Spinanregungen in Gegenwart starker Coulomb-Wechselwirkungen werden in eindimensionalen Systemen in der Regel auf Basis eines heuristischen Ansatzes unter Verwendung der Wannier-Repräsentation beschrieben. In dieser Repräsentation ist der Vielteilchen-Hamilton-Operator vom Hubbard-Typ mit dominanter Wechselwirkung der Elektronen am gegebenen Gitterplatz. Da aber die Coulomb-Wechselwirkung a priori langreichweitig ist, kann das Hubbard-Modell nur Situationen beschreiben, in denen die Coulomb-Wechselwirkung stark abgeschirmt ist. Ein realistischeres Bild erhält man, wenn nicht nur Wechselwirkungen am betrachteten Gitterplatz berücksichtigt werden, sondern auch solche mit nächsten Nachbarn. Der *Wannier-Hamilton-Operator* ist dann gegeben durch [16.312]

$$\begin{aligned} \hat{H} = \hat{H}_0 + \hat{H}_{WW} &= -t \sum_{m,\sigma} \left(\hat{c}^\dagger_{m,\sigma} \hat{c}_{m+1,\sigma} + \hat{c}^\dagger_{m+1,\sigma} + \hat{c}_{m,\sigma} \right) \\ &\quad + U_0 \sum_m \hat{n}_{m\uparrow} \hat{n}_{m\downarrow} + \tilde{U}_0 \sum_m \hat{n}_m \hat{n}_{m+1} \ . \end{aligned} \tag{16.307}$$

Hier sind $\hat{c}^\dagger_{m,\sigma}$ und $\hat{c}_{m,\sigma}$ Erzeuger und Vernichter für ein Elektron am Gitterplatz m mit Spin $\sigma = \uparrow, \downarrow$. Ferner gilt $\hat{n}_{m,\sigma} = \hat{c}^\dagger_{m,\sigma} \hat{c}_{m,\sigma}$ und $\hat{n}_m = \hat{n}_{m\uparrow} + \hat{n}_{m\downarrow}$. Für ein halbgefülltes

Band sorgt der U_0-Term in Gl. (16.307) für eine alternierende Ladungsdichte. Wenn wir nun periodische Randbedingungen annehmen, $\hat{c}_{N+1,\sigma} = \hat{c}_{1,\sigma}$, so kann die Bloch-Darstellung mit Hilfe der kanonischen Transformation

$$\hat{c}_{m,\sigma} = \frac{1}{\sqrt{N}} \sum_k \exp(ikm)\hat{c}_{k,\sigma} \tag{16.308}$$

mit $k = 2\pi l/N$ und $-N/2 \leq l \leq N/2$ eingeführt werden. Diese Transformation diagonalisiert den ersten Term des Hamilton-Operators in Gl. (16.307):

$$\hat{H}_0 = \sum_{k,\sigma} \varepsilon_k \hat{C}^\dagger_{k,\sigma} \hat{C}_{m,\sigma} \,. \tag{16.309}$$

Dieser Term liefert die kinetische Energie, wobei $\varepsilon_k = -2t\cos k$ gilt und k so gewählt werden kann, das es in der ersten Brillouin-Zone liegt: $-\pi \leq k \leq \pi$.

Wenn wir uns auf das lineare Regime des Spektrums beschränken und die Eichtransformation $\hat{\Psi}_{+,k,\sigma} = \hat{c}_{k_F,k,\sigma}$ und $\hat{\Psi}_{-,l\sigma} = \hat{c}_{-k_F,k,\sigma}$ verwenden, so erhalten wir

$$\hat{H}_0 = \hbar v_F \sum_{k,\sigma} k \left(\hat{\Psi}^\dagger_{+,k,\sigma} \hat{\Psi}_{+,k,\sigma} - \hat{\Psi}^\dagger_{-,k,\sigma} \hat{\Psi}_{-,k,\sigma} \right) \,. \tag{16.310}$$

$\hat{\Psi}_{+,k,\sigma}$ und $\hat{\Psi}_{-,k,\sigma}$ repräsentieren Operatoren, die auf nach rechts und links wandernde Zustände führen und welche die eindimensionalen Wellenvektoren $k = k_F$ und $k = -k_F$ besitzen. Die gewählte Vorgehensweise entspricht dem klassischen Luttinger-Ansatz [16.313]. Auch $\hat{H}_{WW}$ aus Gl. (16.307) lässt sich durch die neuen Operatoren ausdrücken:

$$\begin{aligned}
\hat{H}_{WW} \;=\; & \frac{1}{N} \sum_{\substack{k_1,k_2,k_3,k_4 \\ \sigma,\sigma'}} \delta_{k_1+k_2+k_3+k_4} \Bigg(g_1 \hat{\Psi}^\dagger_{+,k_1,\sigma} \hat{\Psi}^\dagger_{-,k_2,\sigma'} \hat{\Psi}_{+,k_3,\sigma'} \hat{\Psi}_{-,k_4,\sigma} \\
& + g_2 \hat{\Psi}^\dagger_{+,k_1,\sigma} \hat{\Psi}^\dagger_{-,k_2,\sigma'} \hat{\Psi}_{-,k_3,\sigma'} \hat{\Psi}_{+,k_4,\sigma} + \frac{g_3}{2} \Big[\hat{\Psi}^\dagger_{+,k_1,\sigma} \hat{\Psi}^\dagger_{+,k_2,\sigma'} \\
& \hat{\Psi}_{-,k_3,\sigma'} \hat{\Psi}_{-,k_4,\sigma} + \text{H.k.}^{60} \Big] + \frac{g_4}{2} \Big[\hat{\Psi}^\dagger_{+,k_1,\sigma} \hat{\Psi}^\dagger_{+,k_2,\sigma'} \hat{\Psi}_{+,k_3,\sigma'} \\
& + \hat{\Psi}_{+,k_4,\sigma} \hat{\Psi}^\dagger_{-,k_1,\sigma} \hat{\Psi}^\dagger_{-,k_2,\sigma'} \hat{\Psi}_{-,k_3,\sigma'} \hat{\Psi}_{-,k_4,\sigma} \Big] \Bigg) \,.
\end{aligned} \tag{16.311}$$

Terme, welche innerhalb des chemischen Potentials berücksichtigt werden können, haben wir in Gl. (16.311) nicht aufgeführt. Die Kopplungskonstanten sind durch die Hubbard-Parameter festgelegt: $g_1 = g_3 = U_0 - 2\tilde{U}_0$ und $g_2 = g_3 = U_0 + 2\tilde{U}_0$. Alle durch $\hat{H}_{WW}$ beschriebenen Streuprozesse können durch Feynman-Diagramme

60 H.k. bezeichnet die Hermitesch konjugierten Terme.

repräsentiert werden. Der erste Prozess, quantifiziert durch g_1, führt zur Rückwärtsstreuung, während g_2 einen Vorwärtsstreuprozess repräsentiert. g_3 repräsentiert einen Umklappprozess, der irrelevant ist, wenn das Band nicht nahezu halb gefüllt ist. g_4 führt schließlich zu einem kleinen Renormierungsterm für die Fermi-Geschwindigkeit, der üblicherweise vernachlässigt wird. $\hat{H} = \hat{H}_0 + \hat{H}_{WW}$ aus Gl. (16.307) definiert das eindimensionale Fermi-Gas-Modell [16.314]. Ein vergleichsweise einfacher, vor allem lösbarer Fall dieses Modells ist das *Tomonaga-Luttinger-Modell* [16.313; 16.315]. Dabei wird nur die Vorwärtsstreuung berücksichtigt: $g_1 = g_3 = g_4 = 0$. Das Modell beschreibt ein spezielles System, in dem die gewöhnliche Fermi-Fläche, gegeben durch eine Stufe in der Impulsverteilung für eine beliebig kleine Kopplungskonstante $g = g_2$ nicht existiert [16.316]. In Analogie zum Begriff der Fermi-Flüssigkeit wird dieses System als *Luttinger-Flüssigkeit* bezeichnet. Bei Vernachlässigung des Spins ist der Luttinger-Hamilton-Operator gegeben durch

$$\hat{H} = \hat{H}_0 + \hat{H}_{WW} = \hbar v_F \sum_k \left(\hat{\Psi}^\dagger_{+,k} \hat{\Psi}_{+,k} - \hat{\Psi}^\dagger_{-,k} \hat{\Psi}_{-,k} \right) + \frac{1}{N} \sum_q g(q) \hat{\varrho}_1(q) \hat{\varrho}_2(q) \,. \quad (16.312)$$

Dabei haben wir $\hat{\varrho}_1(q) = \sum_k \hat{\Psi}^\dagger_{+,k} \hat{\Psi}_{+,k+q}$ und $\hat{\varrho}_2(q) = \sum_k \hat{\Psi}^\dagger_{-,k} \hat{\Psi}_{-,k+q}$ gewählt. Im Grundzustand von $\hat{H}$ sind alle Zustände mit $E \leq 0$ besetzt und alle mit $E > 0$ unbesetzt. Die Dichteoperatoren $\hat{\varrho}(q)$ und $\hat{\varrho}_2(q)$ wirken wie bosonische Erzeuger und Vernichter von elementaren Anregungen der Energie $\hbar v_F |q|$ mit dem Wellenvektor q.

Trotz der frühzeitigen Vorhersage des Luttinger-Flüssigkeitsübergangs [16.316] war es lange Zeit schwierig, Tieftemperaturmessungen an gut definierten eindimensionalen Systemen durchzuführen. Experimentelle Verifikationen der Luttinger-Flüssigkeit blieben daher aus. Erst die Verfügbarkeit von CNT ließ entsprechende Messungen wirklich vielversprechend erscheinen. Dementsprechend wurde das Luttinger-Flüssigkeitsmodell zunächst an metallische Armchair-SWNT angepasst [16.317]. Im Vergleich zum idealen streng eindimensionalen Modellsystem erfordert das quasi-eindimensionale Verhalten von CNT durchaus Anpassungen der Luttiner-Theorie. So besteht die Fermi-Fläche in vier k_F-Punkten anstatt in zweien, die man für den strikt eindimensionalen Fall erhält. Außerdem variiert die Zustandsdichte in Abhängigkeit vom Durchmesser und der Chiralität für kleine Verschiebungen des Fermi-Niveaus, was im Vergleich zu einer konstanten Zustandsdichte für einen eindimensionalen Kanal ebenfalls zu Komplikationen führt [16.318]. Bis heute wurde das ursprüngliche Luttinger-Flüssigkeitsmodell in vielfacher Hinsicht auf die speziellen Gegebenheiten von CNT angepasst [16.317; 16.319]. Betrachten wir dazu nun die wesentlichen Resultate wiederum unter Vernachlässigung des Spins. Wir nehmen an, dass die x-Achse die Längsrichtung eines Röhrchens definiert und $\mathbf{r}$ eine radiale Richtung. Damit sind die Wellenfunktionen gegeben durch

$$\Psi_\pm = \sum_{n=1}^{2} \exp(\pm k_n x) \phi_n(\mathbf{r}) \psi_{n,\pm}(x) \,. \quad (16.313a)$$

n trägt der Kanalentartung Rechnung. $\phi_n(\mathbf{r})$ beschreibt die transversalen Eigenmoden:

$$\int d\mathbf{r}\phi_n^\dagger(\mathbf{r})\phi_m(\mathbf{r}) = \delta_{nm} \, . \tag{16.313b}$$

Explizit gilt

$$\phi_n(\mathbf{r}) = \frac{1}{\sqrt{|\mathbf{C}_h|}} \exp\left(2\pi i \frac{ny}{\sqrt{|\mathbf{C}_h|}}\right) , \tag{16.313c}$$

mit $|\mathbf{C}_h| = 2\pi R$ und der angularen Variable y. Jeder der Kanäle schneidet die Fermi-Fläche bei $k = \pm k_n$ mit dem jeweiligen Wellenvektor k_n und der jeweiligen Fermi-Geschwindigkeit v_n. Der kinetische Anteil des Hamilton-Operators aus Gl. (16.307) ist bei niedriger Energie gegeben durch [16.317]

$$\hat{H}_0 = -iv_F \int dx \left[\Psi_+^\dagger(x)\frac{\partial\Psi_+(x)}{dx} - \Psi_-^\dagger(x)\frac{\partial\Psi_-(x)}{\partial x}\right] . \tag{16.314}$$

Die Coulomb-Wechselwirkung U_C zwischen den Elektronen kann nun durch den verallgemeinerten Hubbard-Wannier-Ansatz, wie zuvor diskutiert, berücksichtigt werden. Dabei sollte insbesondere auch der abgeschirmte langreichweitige Anteil des Potentials berücksichtigt werden [16.319]. Als langreichweitig wird die Längenskala $\gtrsim |\mathbf{C}_h|$ betrachtet. Der langreichweitige Wechselwirkungsschwanz dominiert alle eindimensionalen Coulomb-Matrixelemente:

$$U_{mn} = \int d\mathbf{r}d\mathbf{r}' U_C(x - x', \mathbf{r}, \mathbf{r}')\left|\phi_n(\mathbf{r})\right|^2 \left|\phi_m(\mathbf{r}')\right|^2 . \tag{16.315}$$

Für $|x - x'| \gg |\mathbf{C}_h|$ wird U_C nahezu unabhängig von den transversalen Koordinaten, und die Wechselwirkung wird unabhängig von den Kanälen: $U_{mn} \approx U(x - x')$. Für den resultierenden Wechselwirkungsterm aus Gl. (16.307) erhält man

$$\hat{H}_{WW} = \frac{1}{2}\sum_{+,-}\sum_{n,m=1}^{2} \int dxdx' U(x - x')\Psi_{n,+}^\dagger(x)\Psi_{m,-}^\dagger(x')\Psi_{m,-}(x')\Psi_{n,+}(x) . \tag{16.316a}$$

Dies lässt sich gemäß Gl. (16.312) schreiben als

$$\hat{H}_{WW} = \frac{1}{2}\int dxdx' \varrho(x)U(x - x')\varrho(x') . \tag{16.316b}$$

Damit wird deutlich, dass die Elektron-Elektron-Wechselwirkung eine Kopplung zwischen eindimensionalen Ladungsdichtefluktuationen induziert.

Experimentell lässt sich die Luttinger-Flüssigkeit an CNT natürlich nur in Form von Transportmessungen verifizieren. Dabei müssen sowohl elektrostatische Abschirmeffekte als auch Eigenschaften der Kontakte zwischen metallischen Elektroden und CNT berücksichtigt werden [16.317]. Das nicht Ohmsche Verhalten der

Leitfähigkeit bei niedrigen Spannungen *(Zero Bias Anomaly)* ist die typische Signatur eines Tunnelkontakts zwischen einer Fermi-Flüssigkeit und einem stark korrelierten System. Ein derartiges Verhalten findet man auch für SWNT kleiner Durchmesser [16.320]. Auch winkelintegrierende Photoemissionsmessungen lassen auf ein Luttinger-Flüssigkeitsverhalten schließen [16.321], genauso wie STM-Messungen [16.322]. Aus den experimentellen Resultaten lässt sich ein dimensionsloser Luttinger-Kopplungsparameter gewinnen und mit dem theoretisch resultierenden Wert von $\approx 0,28$ für ein unabgeschirmtes Cooulomb-Potential vergleichen [16.323]. g gibt Aufschluss darüber, wie stark die Coulomb-Wechselwirkung extern – beispielsweise durch ein metallisches Substrat – abgeschirmt ist und welches Potenzgesetz der Tunnelkontakt im Hinblick auf die Temperatur- und Spannungsabhängigkeit aufweist. Man findet nämlich als Charakteristikum für einen Tunnelkontakt zwischen Fermi- und Luttinger-Flüssigkeit $G \sim T^\alpha$ für $k_B T \gg eV$ und $G \sim V^\alpha$ für $eV \gg k_B T$ mit $\alpha = \alpha(g)$.

Bei hinreichend großen Kontaktwiderständen zwischen metallischen oder halbleitenden CNT und äußeren Elektroden wird der Transport durch CNT durch Coulomb-Blockade-Effekte, wie in Abschn. 3.2.3 diskutiert, dominiert. Von einer schwachen Kopplung zwischen CNT und Elektroden ist auszugehen, wenn der Kontaktwiderstand den in Gl. (3.46) gegebenen Quantenwiderstand $R_Q = h/e^2 = 25,8\,\mathrm{k}\Omega$ überschreitet. Wenn sich ein CNT eine Distanz d weit entfernt von einem metallischen Substrat befindet, so beträgt die mit diesem Substrat gebildete Kapazität $C = 2\pi\varepsilon_r\varepsilon_0 L/\ln(2d/R)$. Die Geometrie des CNT ist durch Länge L und Radius R spezifiziert. Für ein Medium mit $\varepsilon_r = 2$, $d = 300\,\mathrm{nm}$ und $R = 0,7\,\mathrm{nm}$ erhält man eine elektrostatische Energie gemäß Gl. (3.42) von $E_C = 5\,\mathrm{meV}$ pro μm Röhrchenlänge. Damit sollten Coulomb-Blockade-Effekte für ein 1μm-Röhrchen bei $T = E_C/k_B \approx 50\,\mathrm{K}$ messbar sein.

Es ist interessant, sich auch einmal anzusehen, ob die Diskretisierung von Energieniveaus aufgrund der endlichen Abmessungen von CNT eine Rolle spielt. Die einfachste Abschätzung gemäß Abschn. 3.3.1 liefert $\Delta E = hv_F/(4L) = 1\,\mathrm{meV}$ pro μm Röhrchenlänge, wenn wir die Entartung am Neutralitätspunkt berücksichtigen. In erster Näherung ist $E_C/\Delta E$ unabhängig von L. Damit ist die Energiediskretisierung stets ein kleiner, aber zu berücksichtigender Anteil der Ladungsenergie. Abbildung 16.68 zeigt, dass Coulomb- und Diskretisierungseffekte tatsächlich wie erwartet in den Spektren detektiert werden. Jeder Leitwertpeak in Abb. 16.68(b) unterhalb von etwa 25 K markiert die Aufnahme einer zusätzlichen Elektronenladung auf dem SWNT. Die Distanz zwischen den Peaks ist durch $\Delta V_G = (2E_C + \Delta E)C/(eC_G)$ gegeben, wobei C die Gesamt- und C_G die Gatekapazität bezeichnen. Das Coulomb-Diagramm in Abb. 16.68(c) zeigt das Leitwertspektrum als Funktion der Transport- und der Gatespannung. Für eine feste Gatespannung steigt der Strom stufenweise mit anwachsender Transportspannung. Jede Stufe im Strom gehört zu einem höher liegenden Energieniveau, welches in das durch die Transportspannung definierte Fenster rückt. Dies ist beispielsweise für V_{G1} der Fall. In dem rautenförmigen Muster ist innerhalb einer Raute die Anzahl von Elektronen auf dem SWNT fixiert und der Strom verschwindet, was beipielsweise bei V_{G2} der Fall ist. Der Rand jeder Raute markiert einen Übergang zwischen N und $N + 1$ Elektronen auf dem SWNT. Die parallelen Linien außerhalb der Raute entsprechen angeregten Zuständen.

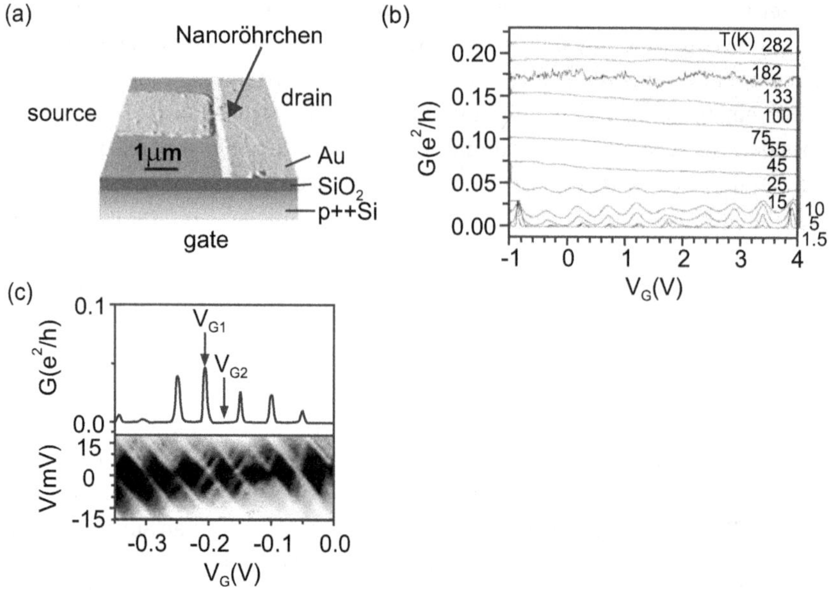

Abb. 16.68. Leitwertmessungen an SWNT in Source-Gate-Drain-Anordnung [16.324]. (a) Messanordnung. (b) Leitwertspektren bei variierender Gatespannung und verschiedenen Temperaturen. (c) Coulomb-Diagramm bei 4,2 K.

Auch Aspekte der Supraleitung, wie wir sie in Abschn. 3.3.3 generell diskutiert haben, spielen für CNT eine Rolle, obwohl man dies sicherlich nicht spontan annehmen würde. Im Jahr 1998 fand man experimentell eine ausgeprägte Proximity-Supraleitung von isolierten oder gebündelten SWNT [16.325], die im Kontakt zu supraleitenden Elektroden waren. Drei Jahre später fand man dann intrinsische Supraleitung an Bündeln von SWNT mit großen Durchmessern [16.326] sowie an SWNT mit kleinen Durchmessern, die in Zeolithporen eingebettet waren [16.327]. Während die SWNT mit großen Durchmessern Übergangstemperaturen von nur 0,55 K aufweisen, so zeigen die SWNT mit kleinen Durchmessern oder MWNT in Zeolith Werte von 15 und 12 K.

Betrachtet man das Phasendiagramm von Anregungen niedriger Energie in eindimensionalen Systemen, so sind gegenüber mehrdimensionalen Systemen verschiedene Sachverhalte modifiziert. Besteht sowohl Elektron-Elektron- als auch Elektron-Phonon-Kopplung, so steht die supraleitende Phase im Wettbewerb mit der Phase der Ladungsdichtewellen, die wir in Abschn. 2.2.2 diskutiert hatten. Eine Ladungsdichtewelle manifestiert sich mit einem Wellenvektor $q = 2k_F$. Während Supraleitung in der

Kondensation von Cooper-Paaren besteht, formieren sich bei einer Ladungsdichtewelle spontan Elektron-Loch-Anregungen. Während die Ladungsdichtewelle sehr spezifisch für eindimensionale Systeme ist, tritt Supraleitung bei allen Dimensionen auf. In aller Regel sind Supraleitung und Ladungsdichtewellen nicht koexistent.

Supraleitung in quasi einer Dimension ist zunächst überraschend, da sie stark durch thermische und auch Quantenfluktuationen unterdrückt werden sollte. Quantenfluktuationen sind mit dem in Abb. 3.105 dargestellten Phasengleitprozess verbunden. Dieser manifestiert sich in einem resistiven Verhalten auch unterhalb der Sprungtemperatur. Verschiedene Aspekte sprechen also gegen ein Auftreten von Supraleitung an CNT. Die Diskrepanz zwischen Theorie und Experiment ist unter Umständen mit dem Versagen von Einteilchentheorien verbunden. Allerdings führen Vielteilchenansätze basierend auf *Bosonisierungs-* und *Renormierungsgruppen*, die speziell geeignet sind, den Einfluss der Luttinger-Flüssigkeit zu berücksichtigen, ebenfalls zu widersprüchlichen Resultaten, was das Quantenphasendiagramm von CNT betrifft [16.328].

Bei MWNT könnte a priori die gegenseitige Coulomb-Abschirmung einen starken Einfluss auf die Elektron-Elektron-Wechselwirkung haben und diese schwächen. Dies würde die relative Bedeutung der Elektron-Phonon-Wechselwirkung, die ja zur Supraleitung führt, erhöhen. Zusätzlich könnte zwischen den einzelnen konzentrischen SWNT Cooper-Paar-Tunneln auftreten, was die Eindimensionalität und damit Fluktuationen effektiv reduzieren würde. Auch durch den Zeolith sowie Elektrodenstrukturen tritt eine Abschirmwirkung auf [16.329]. Aber auch eine Triplett-Supraleitung, welche aus einer speziellen Drei-Band-Topologie nahe dem Fermi-Niveau von (5,9)-SWNT resultieren könnte, wurde ins Spiel gebracht [16.330].

Besonders aus Applikationssicht ist ein weiteres Feld von Transportprozessen im Hinblick auf CNT interessant: die Feldemission. Dabei dienen CNT zur Generation freier Elektronen, die unter Einfluss eines Potentials aus der CNT-Spitze austreten. Die resultierende Vakuumstromdichte ist durch

$$j(E) = \frac{e}{4\pi^3} \int d^3\mathbf{k} f(E) P(E) v_z \tag{16.317}$$

gegeben. Dabei ist $\mathbf{k}$ der elektronische Wellenvektor, $f(E)$ die Fermi-Verteilung, $P(E)$ die Emissionswahrscheinlichkeit und $v_z = \hbar k_z/m$ die Elektronengeschwindigkeit in Emissionsrichtung. Wir nehmen dabei völlig freie Elektronen an. Die Emissionswahrscheinlichkeit kann in der WKB-Näherung gemäß Gl. (3.35) berechnet werden:

$$P(E_z) = \exp\left(-2\frac{\sqrt{2m}}{\hbar}\int_{z_1}^{z_2} d_z \sqrt{U(z) - E_z}\right) . \tag{16.318}$$

Der Interpretationsbereich wird durch die klassischen Umkehrpunkte $U(z_{1,2}) = E_z$ festgelegt. Bei Annahme einer Dreieckspotentialbarriere $U(z) = E_V - e\mathcal{E}_z$ erhält man in erster Ordnung von $E_F - E_z$

$$P = \exp\left(-\frac{4}{3}\frac{\sqrt{2m\Phi^3}}{\hbar e\mathcal{E}}\right)\exp\left(2\frac{\sqrt{2m\Phi}}{\hbar e\mathcal{E}}[E_z - E_F]\right) . \tag{16.319}$$

Φ ist hier die Austrittsarbeit und $\mathcal{E}$ das elektrische Feld. Dieser Ansatz basiert auf beträchtlichen Näherungen. So wird nicht das Bildladungspotential berücksichtigt. Dennoch zeigt sich, dass er die Verhältnisse für metallische Oberflächen gut beschreibt. Aus Gl. (16.319) folgt die Fowler-Nordheim-Gleichung

$$j(\mathcal{E}) = \frac{e\mathcal{E}^2}{16\pi^2\hbar\Phi}\exp\left(-\frac{4}{3}\frac{\sqrt{2m\Phi^3}}{\hbar e\mathcal{E}}\right) \tag{16.320}$$

für eine verschwindende Temperatur, was unter den gewählten Randbedingungen mit Gl. (3.38) übereinstimmt.

Charakteristisch für dieses Resultat ist, dass die Stromdichte exponentiell von der Austrittsarbeit und der lokalen Feldstärke abhängt. Dabei ist zu berücksichtigen, dass sich unter dem Einfluss eines angelegten Potentials V die Ladungen so rearrangieren, dass die lokale Feldstärke am Ende des CNT sehr viel größer ist als es dem Wert V/d für einen Elektrodenabstand d entspräche. Tatsächlich ist die Spitzenfeldstärke durch $\mathcal{E}_S = y\mathcal{E} = yV/d$ gegeben. Für einen Zylinder der Länge L mit einer Halbkugel mit Radius R am Ende gilt $y \sim L/R$ [16.331]. Bei Bündeln von SWNT oder bei MWNT wird y stark durch die Abschirmwirkung der Nachbarröhrchen reduziert. [16.332].

Gleichung (16.317) zeigt, dass die Feldemission von CNT nicht nur technologisch interessant ist, sondern auch als analytische Methode wertvolle Informationen über die Röhrchen liefert. So sollte $j(\varepsilon)$ Informationen über die Austrittsarbeit, über die elektronische Zustandsdichte, über Spitzenzustände sowie über die effektive Spitzentemperatur liefern. Auch resonante Vibrationsmoden sind zugänglich [16.333].

16.3.4 Applikationen von Kohlenstoffnanoröhrchen

Das Anwendungspotential von und das kommerzielle weltweite Interesse an CNT äußert sich in der Tatsache, dass die gegenwärtig verfügbare Produktionskapazität einige tausend Tonnen erreicht [16.334]. Die Anwendungen von CNT-Pulver reichen von elektrischen Akkumulatoren über Komponenten der Automobilindustrie und Sportgeräte bis hin zu Filtern für die Wasseraufbereitung. Große Anwendungspotentiale werden auch im Bereich der Mikroelektronik, für Superkondensatoren, für Aktuatoren und für elektromagnetisch abschirmende Materialien gesehen. Bei kommerziell hergestellten CNT liegen die Durchmesser typisch im Bereich 0,8 bis 2 nm für SWNT und 5 bis 20 nm für MWNT. Die Länge erstreckt sich zwischen 100 nm und mehreren Zentimetern. Die Zugfestigkeit einzelner CNT ist etwa zehnfach höher als diejenige der besten industriell hergestellten Fasern. MWNT sind in der Regel metallisch und erlauben maximale Stromdichten von 10^9 A/cm^2. Die Wärmeleitfähigkeit individueller SWNT wiederum erreicht Werte von 3500 W/(Km) bei Raumtemperatur, was den Wert von Diamant übersteigt.

Die weitaus größten Mengen an CNT werden heute für Verbundmaterialien und dünne Schichten eingesetzt, bei denen CNT in Form unorganisierter Architekturen vorliegen. Dabei kommen die spezifischen Eigenschaften der einzelnen CNT nur sehr begrenzt zum Tragen. Organisierte CNT-Architekturen zeigen andererseits tendenziell die Möglichkeit, die Eigenschaften individueller CNT heraufzuskalieren. Daraus resultieren echte neuartige Funktionalitäten eines Materials wie ein Formgedächtnis [16.335], trockene Adhäsion [16.336], extrem hohe Dämpfung [16.337], Terahertzpolarisierbarkeit [16.338], außergewöhnliche Aktuatoreigenschaften [16.339], nahezu ideale Schwarzkörperabsorption [16.340] und thermoakustische Schallemission [16.341].

Die industrielle Massenproduktion von CNT basiert zumeist auf chemischer Gasphasendeposition (*Chemical Vapour Deposition, CVD*) in Kombination mit metallischen Katalysatorpartikeln [16.342]. Die Herstellung von metallischen [16.343] und halbleitenden [16.344] CNT gelingt heute großtechnisch mit einer Selektivität von 90 bis 95 %. Defizite gibt es weiterhin im Verständnis des Einflusses der Katalysatorbeschaffenheit und der Prozessbedingungen auf die Chiralität, den Durchmesser, die Länge und die Reinheit der produzierten CNT. Auch die Separationsmethoden konnten in den vergangenen Jahren stetig optimiert werden [16.345]. Dennoch liegen die Herstellungskosten für artenreine SWNT Größenordnungen über denen von MWNT. Dies behindert die Massenapplikation von SWNT mit präzise definierter Funktionalität, die beispielsweise auf einem gegebenen Durchmesser oder einer bestimmten Bandlücke basiert.

Von besonderer Bedeutung sind Felder ausgerichteter CNT [16.346] und dreidimensionale CNT-Mikroarchitekturen [16.347], die sich zum Verspinnen eignen [16.348]. CNT-Dispersionen, die es in vielfältiger Weise auf dem Markt gibt, besitzen häufig den Nachteil, dass die CNT kontaminiert und oberflächlich modifiziert sind und einer Reinigung oder eines Modifikationsprozesses bedürfen.

MWNT eignen sich hervorragend zur Herstellung verschiedenster Kompositmaterialien. Bereits frühzeitig wurden sie als elektrisch gut leitfähige Füllmaterialien für Kunststoffe verwendet. Das große Aspektverhältnis erlaubt es, perkolierende Netzwerke zu formen, wobei der Anteil der MWNT nur 0,01 Gewichtsprozent betragen muss. Die Komposite erreichen dabei Leitfähigkeiten von bis zu 10^4 S/m bei 10 Gewichtsprozent MWNT-Konzentration. Besonders in der Automobilindustrie werden CNT-Komposite verwendet für die elektrostatikbasierte Beschichtung von Komponenten, die sich ihrerseits beispielsweise nicht elektrostatisch aufladen sollen. Das ist etwa für Kraftstoffleitungen der Fall. Auch Materialien zur elektromagnetischen Abschirmung lassen sich aus CNT-Kompositen gut herstellen.

Komposite aus CNT-Pulver und Polymeren oder Harzen weisen eine erhöhte Steifigkeit und Bruchfestigkeit von typisch 6 % und 20 % gegenüber den reinen Materialien auf, auch, wenn nur 1 Gewichtsprozent CNT zugesetzt ist. CNT-Harze werden auch zur Verstärkung von Faserkompositen eingesetzt. Einsatzbereiche dieser Materialien sind beispielsweise Bootsrümpfe und leichte Schaufeln für Windturbinen. Auch der direkte Zusatz von CNT zu Kohlefasern führt zu einer signifikanten Erhöhung der Festigkeit und Steifheit der Fasern von bis zu 35 %.

Besonders vielversprechend ist der Einsatz hierarchischer Faserkomposite. Dazu werden ausgerichtete CNT auf Glas, SiC, Al_2O_3 und Kohlefasern deponiert. Diese können zur Herstellung „fusseliger“ Fasern (*Fuzzy Fibers*) genutzt werden. Derartige Fasern, etwa CNT-SiC eingebettet in Epoxyharz, zeigen eine beachtlich erhöhte Festigkeit [16.349]. CNT-Garne können geknotet werden, ohne dass sie an Festigkeit verlieren. Durch Beschichtung von CNT-Filz mit funktionellen Pulvern wurde Garn mit bis zu 95 % Pulvergewichtsanteil hergestellt, aus dem supraleitende Drähte, Elektroden und selbstreinigende Textilien hergestellt werden können [16.350].

Neben Polymerkomposien wurden auch CNT-Metallkomposite hergestellt. Diese zeigten bei geringem CNT-Anteil eine Erhöhung des Elastizitätsmoduls und der Zugfestigkeit [16.351].

CNT werden auf vielfältige Weise als multifunktionale Beschichtungen eingesetzt. Der Einsatzbereich reicht von CNT-haltigen Farben mit Antifoulingeigenschaften zur Deposition auf Schiffsrümpfen bis zu transparenten, elektrisch leitfähigen Filmen zur Substitution von Indium-Zinn-Oxid (Indium Tin Oxide, *ITO*).

MWNT werden in großen Mengen in Lithiumionenbatterien für mobile Computer und Mobiltelefone eingesetzt [16.352]. In Kombination mit aktiven Materialien und Polymerbindemitteln führt der Zusatz von typisch einem Gewichtsprozent von MWNT-Pulver zu einer Verbesserung der elektrischen Leitfähigkeit und zu einer Erhöhung der mechanischen Stabilität, was letztlich zu einer Erhöhung der Zahl der möglichen Ladezyklen führt. Eine entsprechende CNT-Beschichtung wird beispielsweise auf $LiCoO_2$-Kathoden und Graphitanoden verwendet [16.353]. Abbildung 16.69(a) zeigt eine entsprechende Kathode. Beachtliche Eigenschaften wurden auch für Superkondensatoren mit SWNT-basierten Elektroden erzielt, wie in Abb. 16.69(b) dargestellt. Für einen 40 F-Kondensator beträgt die Energiedichte 16 Wh/kg bei einer Leistungsdichte von 10 kW/kg bei einer Maximalspannung von 3,6 V und einer geschätzten Lebensdauer von 16 Jahren. Allerdings steht der vergleichsweise hohe Preis für SWNT gegenwärtig einer Massenproduktion derartiger Baulemente entgegen.

Bei Brennstoffzellen könnte der Einsatz von CNT den Verbrauch von Platin als Katalysator deutlich reduzieren im Vergleich zur Verwendung von Ruß als unterstützendem Medium [16.354]. Dotierte CNT könnten sogar zu einer vollständigen Substitution von Platin führen [16.355]. Im Bereich der Photovoltaik könnten zukünftig transparente CNT-Elektroden zum Einsatz kommen, wie in Abb. 16.69(c) dargellt. Auf längere Sicht könnten Solarzellen CNT-Si-Heterokontakte beinhalten, die Grundlage einer effizienten Multiexzitonengeneration sein könnten [16.356]. Bei organischen Solarzellen verspricht man sich durch den Einsatz von CNT eine Reduktion der unerwünschten Ladungsträgerrekombination sowie eine Widerstandsfähigkeit gegenüber Photooxidationsprozessen [16.357].

Neben vielversprechenden Einsatzbereichen in der Energiespeicherung gibt es auch Einsatzbereiche CNT-basierter Materialien in den Umwelttechnologien. Abbildung 16.69(d) zeigt als Beispiel einen Filter zur Wasseraufbereitung. CNT bilden hier ein nanoporöses Netzwerk, welches aufgrund seiner Leitfähigkeit gleichzeitig die

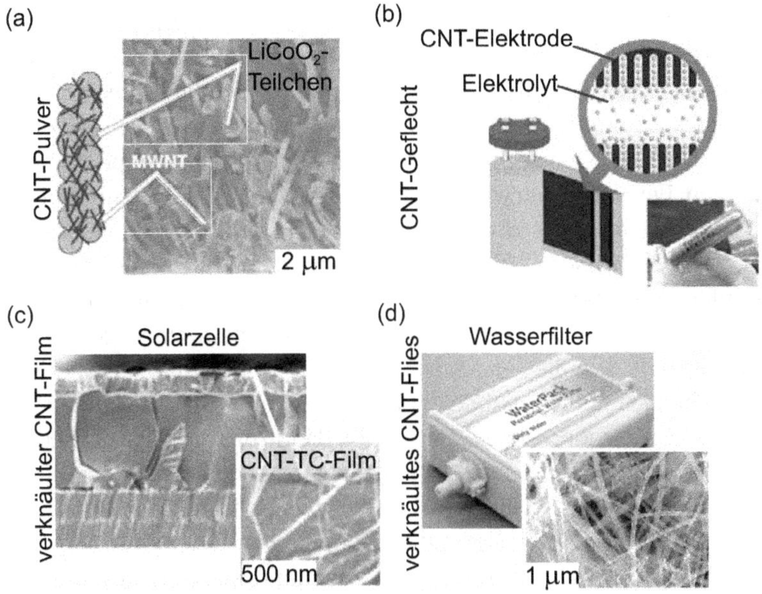

Abb. 16.69. Anwendungen CNT-basierter Materialien im Bereich Energiespeicherung und Umwelttechnologien [16.334]. (a) Batterieelektrode, (b) Superkondensator, (c) Solarzelle und (d) Wasserfilter.

elektrochemische Oxidation organischer Kontaminationen, wie Bakterien und Viren erlaubt. Auch Ansätze zur Seewasserentsalzung werden getestet [16.358].

Das Interesse an CNT im Kontext von Anwendungen in der Biotechnologie und Medizintechnik resultiert allein schon aus der chemischen Kompatibilität zu Biomolekülen und aus der Vergleichbarkeit der Größen, insbesondere, wenn man DNA und Proteine betrachtet. SWNT-Biosensoren zeigen eine große Veränderung der elektrischen Impedanz und der optischen Eigenschaften als Funktion der Umgebungsbedingungen [16.359]. Eine niedrige Detektionsschwelle und eine hohe Selektivität erfordern eine rationale Funktionalisierung der CNT-Oberfläche und ein geeignetes Sensordesign basierend etwa auf Feldeffekten, Kapazitätsänderungen, Raman-Verschiebungen oder Photolumineszenz [16.360]. Konkrete Produktentwicklungen haben tintenstrahlgedruckte Teststreifen für die Östrogen- und Progesterondetektion, mikrostrukturierte Felder für die DNA und Proteindetektion sowie Sensoren beispielsweise für NO_2 zum Gegenstand. CNT-basierte Sensoren werden auch für den Nachweis verschiedener Gase und Toxine in der Nahrungsmittelindustrie, im militärischen Bereich sowie im Bereich der Umwelttechnologien und des Umweltschutzes genutzt [16.360; 16.361].

CNT werden auch intensiv im Hinblick auf eine Verwendung als Transporter für medikamentöse Wirkstoffe (*Drug Targeting*) untersucht. Grundlage für diese Art von in vivo-Anwendungen ist, dass CNT durch Zellen internalisiert werden können, indem die Enden an Rezeptoren der Zellmembran binden [16.362]. Dies ermöglicht die Transfektion einer molekularen Last, die innerhalb der CNT verkapselt oder an die Oberfläche gebunden ist [16.363]. Beispielsweise konnte das Zytostatikum Doxorubicin, $C_{27}H_{29}NO_{11}$, welches zur Stoffgruppe der Anthracycline gehört und dessen Wirkung auf der Interkalation in die DNA beruht, mit einem Anteil von 60 Gewichtsprozent auf CNT geladen werden. Bei Liposomen wird nur eine Last von 8–10 Gewichtsprozent erreicht [16.364]. Die Freisetzung des Wirkstoffs kann durch Strahlung im Nahinfrarotbereich erreicht werden. Für freie CNT müssen allerdings der Verbleib und die eventuelle Akkumulation im Körper als potentielles Problem angesehen werden [16.365].

Die potentielle Toxizität CNT betreffend gibt es weiterhin eine kontroverse Diskussion. Dabei ist konsentiert, dass die Geometrie und die Oberflächenfunktionalisierung der CNT einen erheblichen Einfluss auf die Biokompatibilität haben. Es wurde frühzeitig berichtet, dass die Injektion großer Mengen von CNT in die Lungen von Mäusen zu einer asbestartigen Pathogenese führt [16.366]. Spätere Studien ließen allerdings an diesem Befund Zweifel aufkommen [16.367]. Die medizinische Akzeptanz von CNT wird zukünftige von einem besseren Verständnis der Immunantwort sowie von einer differenzierteren Definition von Expositionsgrenzwerten für die Inhalation, die Injektion, die orale Zufuhr und den Hautkontakt abhängen. Im Zusammenhang mit Implantaten zeigten Tierversuche keine gravierenden Entzündungsreaktionen [16.368]. Dies ist insofern ermutigend, als dass CNT interessant sein könnten für Neuroelektroden mit niedriger Impedanz [16.369] und zur Beschichtung von Kathedern zur Thrombosereduktion [16.370].

Im Bereich der Mikroelektronik sind die Visionen zum Einsatz von CNT, aber auch verifizierte Anwendungspotentiale als beachtlich einzustufen [16.371]. SWNT sind generell attraktiv für Transistoren aufgrund ihrer geringen Streurate und aufgrund einer Bandlücke, die von Durchmesser und Chiralität abhängt. Die Geometrie von SWNT passt ideal zur üblichen Architektur von Feldeffekttransistoren. SWNT sind darüber hinaus auch kompatibel zu High-k-Dielektrika[61] [16.346; 16.372]. Meilensteine bisheriger Bauelementeentwicklungen sind der erste CNT-Transistor im Jahr 1998 [16.374], der erste SWNT-basierte Tunnel-FET [16.375] im Jahr 2004, vollständig CNT-basierte Radioempfänger im Jahr 2007 [16.376] und FET mit einer Gatelänge unterhalb von 10 nm und großer normierter Stromdichte von 2,41 mA/μm bei 0,5 V im Jahr 2012 [16.377]. Trotz der sehr guten Eigenschaften einzelner Bauelemente sind die Möglichkeiten zur Kontrolle des Durchmessers, der Chiralität, der Dichte und der Platzierung von SWNT aus heutiger Sicht nicht ausreichend für eine Serienproduktion solcher Bauelemente. Ein Kompromiss sind Transistoren aus strukturierten CNT-Filmen, die aus einigen zehn bis zu einigen tausend SWNT besteht. Die Verwendung von CNT-Arrays erlaubt eine

61 Als High-k-Dielektrika werden Materialien bezeichnet, deren Dielektrizitätskonstante größer als diejenige von SiO_2 ($\varepsilon_r = 3,9$) ist und die von zunehmender Bedeutung für maximal miniaturisierte Bauelemente sind [16.373].

Erhöhung des Ausgangsstroms und eine Kompensation von defektinduzierten Phänomenen und Unterschieden in der Chiralität. Entsprechende Transistoren erreichten Beweglichkeiten von 80 $cm^2/(Vs)$, Anstiegswerte von 140 mV pro Dekade und Ein-Aus-Verhältnisse von 10^5 [16.378]. Fortschritte in der Deposition hochdichter CNT-Filme haben dazu geführt, dass auf Basis konventioneller Halbleiterfabrikation heute Chips mit 10^4 CNT-Bauelementen oder mehr hergestellt werden können [16.379].

CNT-Dünnschichttransistoren sind insbesondere zur Ansteuerung von Anzeigen mit organischen Leuchtdioden (*OLED, Organic Light-Emitting Diode*) geeignet, da sie eine größere Mobilität aufweisen als Transistoren aus amorphem Silizium. Kürzlich wurden flexible CNT-Dünnschichttransistoren vorgestellt, die eine Mobilität von 35 $cm^2/(Vs)$ und Ein-Aus-Verhältnisse von 10^6 aufweisen [16.380]. Der Aufbau dieser Transistoren ist in Abb. 16.70(a) dargestellt. Kommerziell vielversprechende Ansätze umfassen den Druck von CNT-Dünnschichttransistoren [16.381] und Radiofrequenz-Identifikationsmodule (*RFID, Radio Frequency Identification*) [16.382]. Eine weitere Anwendung zeigt Abb. 16.70(b).

In der *International Roadmap for Semiconductors (ITRS)* wird prognostiziert, dass Kupfer, welches für Leiterbahnen und für das Durchkontaktieren zwischen verschiedenen Chipebenen verwendet wird, durch CNT ersetzt werden kann. Dazu wären hohe Packungsdichten ($> 10^{13}$) von metallischen CNT nötig, welche geringe Streuraten, hohe Stromdichten und niedrige Elektromigrationsraten vereinigen würden[16.383] Ein Beispiel für CNT-basierte Durchkontakte zeigt. Abb. 16.70(c). Auch die hervorragende Wärmeleitfähigkeit von CNT-Kontakten lässt sich vorteilhaft nutzen, wenn CNT herkömmliche Lötkontakte ersetzen, wie in Ab. 7.140(d) dargestellt.

Der Schlüssel zur Optimierung elektronischer Eigenschaften ist letztlich die Perfektion der einzelnen SWNT und der daraus zusammengesetzten Filme. Daher ist die Fabrikation möglichst perfekter CNT von großer Bedeutung. Für mikroelektronische Anwendungen von CNT-Filmen erfolgt die SWNT-Deposition auf Substraten durch chemische Gasphasenabscheidung. Entsprechende Filme liefern heute Mobilitäten von 10^3 bis 10^5 $cm^2/(Vs)$ und Ein- Aus-Verhältnisse von 10^4 bis 10^6 für Transistoren. Zur Erreichung dieser Mobilitäten ist es wichtig, dass die SWNT relativ lang hergestellt werden können, typisch 10 bis 100 μm, und dass CNT-Bündelung und CNT-CNT-Kontakte minimiert werden können. Für ein nicht orientiertes Netzwerk werden die Katalysatorpartikel in Form eines später reduzierten Metalloxids durch Schleudern (*Spin Coating*) auf das Substrat (z. B. Si oder SiO_2) gebracht. In Abhängigkeit von der Konzentration der Katalysatorpartikellösung wachsen die SWNT dann variabel in ihrer Dichte. Ein entsprechender Film ist in Abb. 16.71(a) dargestellt. Mobilitäten, die das Zehn- bis Vierzigfache derjenigen von nichtorientierten Netzwerkfilmen erreichen, erhält man für orientierte CNT-Filme. Eine auch für die Massenproduktion taugliche Fabrikationsmethode ist das oberflächenorienterte Wachstum. Man verwendet dazu typisch Saphir- oder Quartzsubstrate, die aufgrund inhärenter Anisotropien das Wachstum der CNT beeinflussen. Ein derartiges Substrat wird dann mit dem Katalysator beschichtet, der wiederum mittels Mikrostrukturierung in Form periodischer

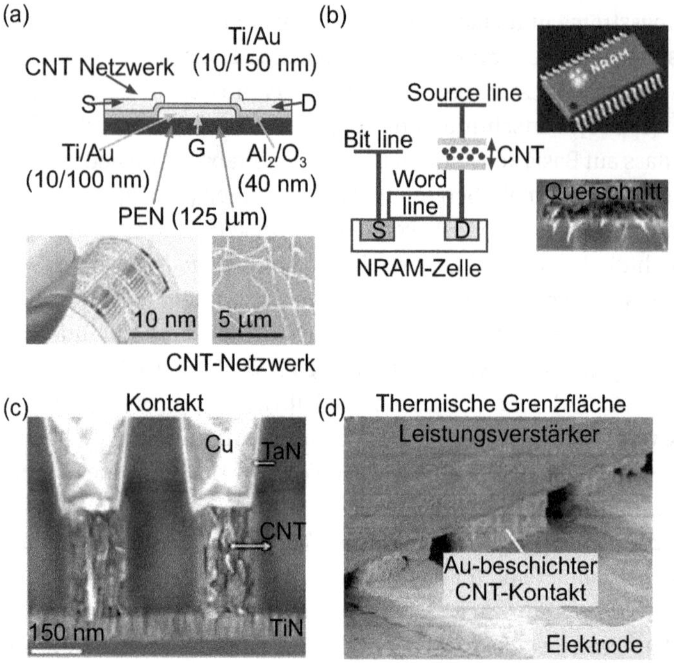

Abb. 16.70. CNT-Anwendungen in der Mikroelektronik [16.334]. (a) Flexible Dünnschichttransistoren. (b) Nichtflüchtiges RAM (NRAM, Nonvolatile Random Access Memory). (c) Durchkontakte (VIA, Vertical Interconnect Access). (d) Thermischer Kontakt.

Streifen angeordnet wird. Die CNT wachsen dann tendenziell in Richtung nicht mit dem Katalysator bedeckter Oberflächenbereiche. Dichten von bis zu 45 SWNT pro μm^2 konnten erreicht werden [16.384], während einem typischen Wert von 1 bis 10 SWNT pro μm^2 Dichten von ungeordneten Filmen von 5 bis 7 SWNT pro μm^2 gegenüberstehen. Ein entsprechend ausgerichtet gewachsener Film ist in Abb. 16.71(b) dargestellt.

Im Hinblick auf Feldeffekttransistoren mit SWNT-Film-Kanälen stellen die metallischen SWNT (m-SWNT) ein besonderes Problem dar. Sie schließen den Kanal partiell kurz und senken dramatisch das Ein-Aus-Verhältnis. Wie bereits diskutiert, gibt es verschiedene Methoden zur Selektion von CNT. Eine Möglichkeit m-SWNT am fertigen FET zu beseitigen, ist das elektrische Verbrennen. Dazu werden die halbleitenden SWNT (hl-SWNT), die, wenn alle Chiralitäten gleich verteilt vorkämen, zwei Drittel des Films ausmachten, durch eine positive Gatespannung „ausgeschaltet". Eine hinreichende Source-Drain-Spannung führt dann zu Stromdichten, bei denen die ausschließlich leitenden m-SWNT zerstört werden. Allerdings werden dabei auch hl-SWNT in der Umgebung von m-SWNT mit zerstört. Ein weiterer Ansatz besteht darin, durch das Hineinätzen von Streifen die Perkolation der m-SWNT zu unterbrechen, um

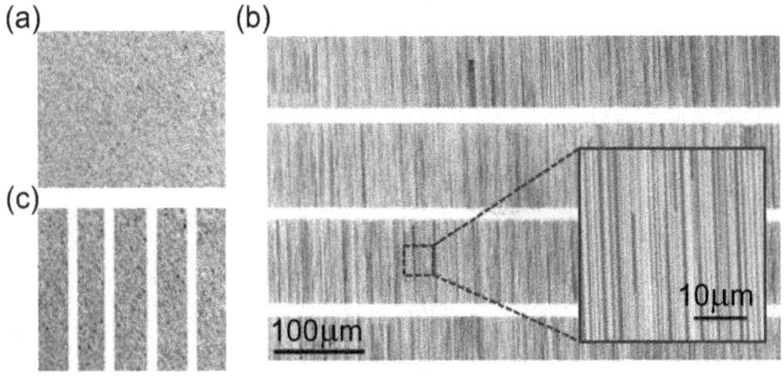

Abb. 16.71. SWNT-Filme [16.371]. (a) Ungeordneter SWNT-Film mit 5 bis 7 SWNT pro μm^2 auf einem Quartzsubstrat. (b) Orientierter SWNT-Film auf einem Quartzsubstrat mit 5 SWNT pro μm^2. Die hellen Linien sind katalysatorfreie Bereiche. (c) Ungeordneter Film auf einem Quartzsubstrat mit freigeätzten Bereichen.

das Ein-Aus-Verhältnis von FET zu erhöhen [16.385]. Ein entsprechend strukturierter Film ist in Abb. 16.71(c) zu sehen.

Die Fabrikation von transparenten oder unsichtbaren Transistoren ist unter Verwendung der in Abb. 16.71 dargestellten Filme einfach, weil die Filme aufgrund ihrer Monolagigkeit durchsichtig sind und das Quartzsubstrat ebenfalls. Die Elektroden würden in diesem Fall aus ITO realisiert. Für unzählige Anwendungen sind allerdings Transistoren auf einem flexiblen Substrat wesentlich interessanter. Dazu müssen die SWNT-Filme, wie in Abb. 16.72 dargestellt, auf ein geeignetes Substrat transferiert werden, da die transparenten Substrate nicht CVD-kompatibel sind. Geeignete flexible Substrate sind Polyethylenterephthalat (PET), Polycarbonat, Polyethylennaphthalat und Polyimid. Für den Transfer wird eine Metallschicht auf dem SWNT-Film deponiert, und es wird ein Transfersubstrat benutzt, beispielsweise PDMS oder ein Klebeband, um den Film auf das eigentliche Zielsubstrat zu transferieren. Dort wird der Metallfilm durch Ätzen beseitigt, und die FFT können durch Elektrodendeposition und Strukturierung fabriziert werden.

Obwohl die elektronischen Eigenschaften CVD-gewachsener Filme exzellent sind, wird man bei einer echten Massenproduktion von Bauelementen unter Umständen die Verwendung lösungsdeponierter SWNT-Filme bevorzugen, weil sie eine wesentlich kostengünstigere und flexiblere Deposition der Filme erlauben.

SWNT, die mittels der Lichtbogenmethode, mittels Laserablation oder mittels Hochdruck-Kohlenstoffmonoxid-Methode hergestellt wurden, können in Lösung gebracht werden. Auch für CNT-Lösungen existieren etablierte Anreicherungstechniken, welche die Konzentration von m-SWNT oder hl-SWNT ermöglichen [16.371]. Die Deposition der so angereicherten Lösung auf Substraten kann durch einfache Immersion des Substrats oder, vorteilhafter, durch Tintenstrahl- oder Aerosoldruck [16.386] erfolgen. Demonstrationen der vergangenen Jahre umfassten großflächige Drucke von SWNT-Filmen auf Papier und Polymersubstraten mittels eines kommerziellen

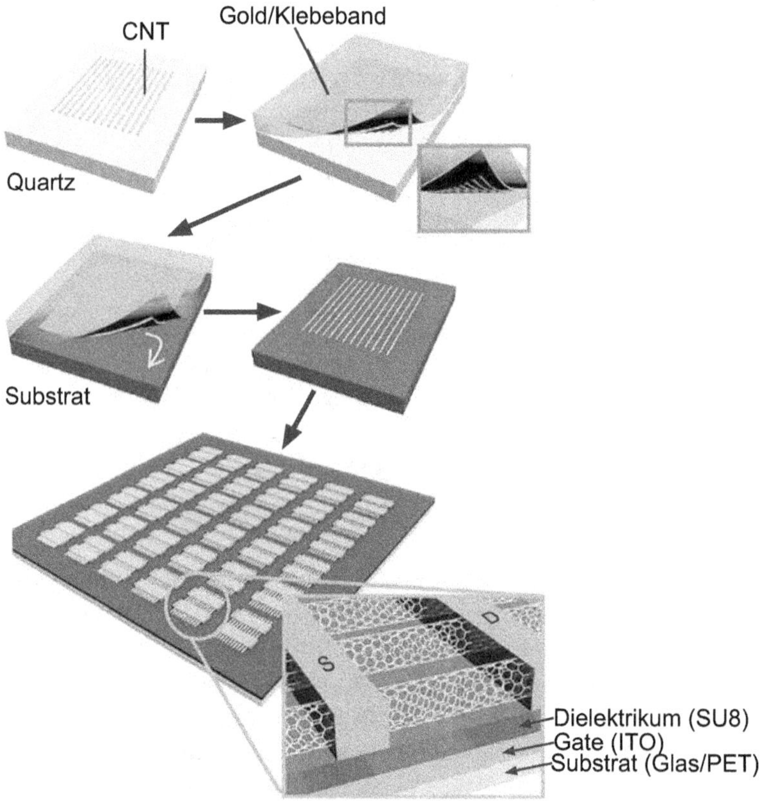

Abb. 16.72. Transfer eines CVD-gewachsenen, geordneten SWNT-Films von einem Quartz-Ausgangssubstrat auf ein Glas- oder PET-Endsubstrat.

Standard-Tintenstrahldruckers [16.387]. Durch Kontrolle der Dichte der deponierten SWNT kann man heute akzeptable Mobilitäten von 1–4 $cm^2/(Vs)$ und Ein-Aus-Verhältnisse von $\sim 10^4$ für gedruckte FET erhalten [16.388]. Abbildung 16.73 zeigt exemplarisch den Druck von SWNT-FET auf flexiblen Substraten.

Die elektronischen Eigenschaften lösungsdeponierter SWNT-Filme lassen sich optimieren durch Orientierung der SWNT bei der Deposition. Dies kann durch Applikation extern induzierter Kräfte auf die einzelnen SWNT erfolgen. Varianten sind die ac-Dielektrophorese, das Strömen der Lösung oder Zentrifugalkräfte beim Spin Coating. Alternativ können auch Selbstorganisationsprozesse – etwa durch Konvektionsströmung oder durch die Langmuir-Blodgett-Technik – genutzt werden. Das lösungsbasierte Deponieren von orientierten SWNT-Filmen wurde auf der Basis dieser Verfahren in den letzten Jahren systematisch optimiert [16.389].

SWNT zeigen in der Regel ein unipolares p-artiges Verhalten. Zur Herstellung von Bauelementen und kompletten logischen Schaltkreisen ist es zwingend erforderlich, auch SWNT-Filme mit n-artigem Verhalten zu haben. Das intrinsische p-artige Ver-

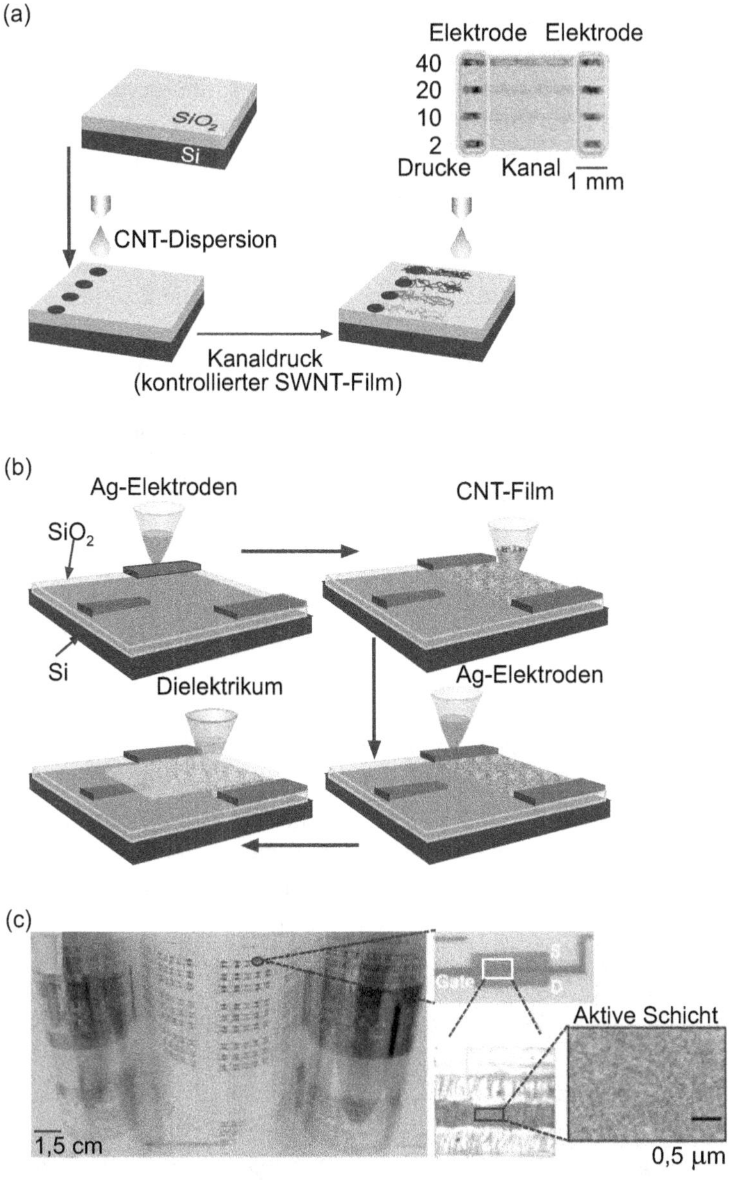

Abb. 16.73. Druck von SWNT-Bauelementen auf flexible Substrate [16.371]. (a) Druck von SWNT-FET mit Elektroden und Kanälen aus unterschiedlich dichten SWNT-Lösungen. (b) Komplett gedrucktes SWNT-Bauelement zur Ansteuerung eines OLED. Die Elektroden bestehen aus Silber, das Dielektrikum aus ionischem Gel (PEI/$LiClO_4$). Aufgerollte, tintenstrahlgedruckte SWNT-FET auf transparentem Substrat.

halten wird der Sauerstoffdotierung der SWNT an Luft sowie oxidierenden Säuren, die bei der Herstellung der Lösungen zur Anwendung kommen, zugeschrieben. Eine Möglichkeit, ein n-artiges Verhalten zu induzieren, ist die Verwendung von Kontaktmetallen mit niedriger Austrittsarbeit wie Al, Ca und Sc. Dies führt dazu, dass das Fermi-Niveau der Metalle näher an das Leitungsband gerückt wird und dass die Barriere für Elektronen an den Kontakten reduziert wird. Andere Ansätze umfassen die elektrostatische Dotierung, das Glühen in Wasserstoff oder Vakuum, die Passivierung mit anorganischen Oxiden sowie die chemische Dotierung mit Kalium, Polyethylenimin (PEI), Hydrazin, Polymerelektrolyten, Viologenen und Nicotinamidadenindinukleotid (NADH).

Um flexible SWNT-Bauelemente herzustellen ist es natürlich erforderlich, dass auch die Elektroden sowie die verwendeten Dielektrika eine hinreichende Flexibilität aufweisen. Metalle und auch ITO schränken natürlich die Flexibilität ein. Deshalb ist die Verwendung von Graphen- oder SWNT-Elektroden sehr vielversprechend. Als Dielektrika bieten sich wegen der großen Dielektrizitätskonstante a priori beispielsweise Al_2O_3 ($\varepsilon_r = 9,3$–11,5) und HfO_2 ($\varepsilon_r \approx 25$) an. Polymere wie Polyimid (($\varepsilon_r = 3,2$–3,5), Epoxi (SU8, $\varepsilon_r = 3,2$–4,1), PDMS ($\varepsilon_r = 2,3$–2,8) und PMMA ($\varepsilon_r = 2,6$) sind allerdings deutlich flexibler als Filme aus anorganischen Oxiden und können per Spin Coating deponiert werden. Auch die im Kontext von Abb. 16.73 genannten ionischen Gele sind diesbezüglich interessant. Abbildung 16.74 zeigt Beispiele für die Flexibilität kompletter SWNT-Bauelemente und -Schaltkreise.

Aus SWNT-basierten Transistoren können komplette logische Schaltkreise oder auch komplette Anzeigeeinrichtungen (Displays) aufgebaut werden, wobei der Innovationsgrad in der mechnischen Flexibilität liegt. Für logische Schaltkreise sind Invertierer eines der grundlegenden und essentiellen Bauelemente. Sie können aus einem einzigen Typ Transistor durch Serienschaltung realisiert werden (*p-Channel Metal Oxide Semiconductor, PMOS)* oder durch Serienschaltung von von p- und n-Kanal-Transistoren (*Complementary Metal Oxide Semiconductor, CMOS*). PMOS- und CMOS-Anordnungen wurden auf der Basis von SWNT-Filmen realisiert. Abbildung 16.75(a) zeigt den Schaltplan für eine PMOS-Version, die in Abb. 16.75(b) auf einem flexiblen Substrat realisiert wurde.

Flexibilität und Transparenz sind ideale Voraussetzungen, um SWNT-Transistoren in Display-Anordnungen einzusetzen. Ein Beispiel zeigt Abb. 16.75(c). Dabei handelt es sich um ein Aktivmatrix-OLED (*AMOLED*). Abbildung 16.75(d) zeigt eine Anzahl von AMOLED-Elementen auf flexiblem Substrat. Die Transistoren steuern dabei die Helligkeit der einzelnen OLED.

Wegen der großen Mobilität, der hohen Stromdichte und wegen geringer intrinsischer Kapazitäten sind SWNT-Filme auch hervorragend geeignet für flexible Radiofrequenzbauteile (RF-Bauteile). Grenzfrequenzen im Bereich einiger GHz wurden demonstriert [16.390]. Konkrete Anwendungen bestehen in kompletten RFID-Chips in flexibler Bauart, die gedruckt werden können [16.391].

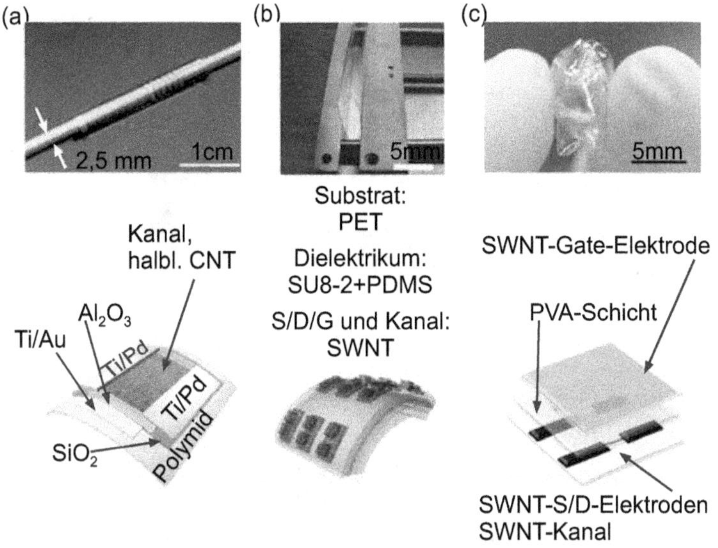

Abb. 16.74. Biegbarkeit und Transparenz von SWNT-basierten Bauelementen und Schaltkreisen [16.371]. Die unteren Abbildungen zeigen jeweils schematisch den Aufbau der Bauelemente. (a) Um einen Stab gewickeltes Bauelement. (b) Biegetest eines Bauelementefilms. (c) Zerknülltes, aber funktionsfähiges Bauelement auf PVA-Substrat.

SWNT-Filme eignen sich in Form von FET ideal, um hochempfindliche chemische und biologische Sensoren zu konzipieren. Die Filme sind in ihren elektronischen Eigenschaften stark von den Umgebungsbedingungen abhängig, da sie praktisch ausschließlich aus Oberflächenatomen bestehen. Es werden Sensoren für NO_2, NH_3, Dimethylmethylphosphonat (DMMP), 2,4,6-Trimitrotoluol (TNT), CO, Glucose und Wasserstoff mit Empfindlichkeiten teilweise im ppm-Bereich demonstriert. TNT konnte mit auf Textilien gedruckten SWNT-Sensoren sogar mit einer Empfindlichkeit von 8 ppb an Luft nachgewiesen werden, was fast schon Standardnachweisschwellen erreicht[62].

CNT-Filme, sowohl SWNT- als auch MWNT-Filme, eignen sich hervorragend auch zur Herstellung flexibler, dehn- und stauchbarer Elektroden, die beispielsweise in Druck- oder Spannungssensoren Verwendung finden. Weitere Anwendungen liegen im Bereich von Displays, Touch Screens, Lautsprechern und Elektroden für flexible Solarzellen und Superkondensatoren. Im Hinblick auf die Energiespeicherung erlaubt die Verwendung von CNT-Filmen als Elektroden, aber auch als ladungssammelnde Strukturen ein Design von Superkondensatoren, welches nicht nur eine gute Energie- und Leistungsdichte zulässt [16.392], sondern auch weitere neuartige Funktionalitä-

62 Als Detektionsschwelle wurden von der U.S. Occupational Safety and Health Administration 1,5 ppb an Luft festgelegt.

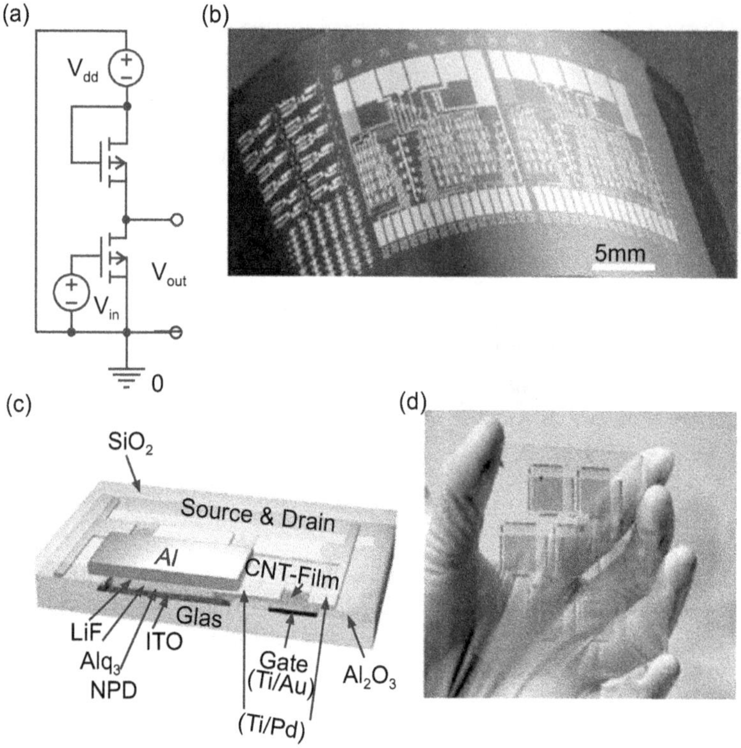

Abb. 16.75. Integrierte SWNT-Transistoren [16.371]. (a) PMOS-Inverter-Schaltkreis. (b) SWNT-Inverter-Schaltkreis auf flexiblem Substrat. (c) Aufbau zur Realisierung eines Pixels für ein AMOLED-Display. (d) Einheit von sieben AMOLED-Elementen, von denen jedes 20×25 Pixel besitzt.

ten [16.393]. So wurden Kondensatoren hergestellt, die sich aufgrund ihrer Elastizität in erheblicher Weise dehnen lassen.

Die Produktion von CNT sowie die Verwendungsmöglichkeiten sind gegenwärtig in einem starken Wachstum begriffen. Zumeist werden CNT-Pulver eingebettet in einer Polymermatrix verwendet sowie CNT-Filme. Derartige Materialien überbrücken quasi den Bereich zwischen den nanoskaligen Eigenschaften einzelner CNT und den makroskopischen Eigenschaften konventionell bearbeitbarer Materialien. Dabei ist es das primäre Ziel, in möglichst umfassender Weise die herausragenden nanoskaligen Eigenschaften, wie beispielsweise die Festigkeit oder die thermische Leitfähigkeit, auch in den makroskopischen Materialien zu implementieren. Diesbezüglich gibt es einen fortgesetzten Bedarf an Forschung und technologischer Entwicklung. Gleichzeitig müssen verbesserte Techniken zum massenweisen Manipulieren einzelner CNT für Anwendungen in der Mikroelektronik entwickelt werden.

Da zunehmend größere Mengen an CNT in den unterschiedlichsten Weisen verarbeitet werden, werden Gesundheits- und Sicherheitsstandards sowie quantitative

Charakterisierungsmethoden erforderlich, die sich in Produktionsprozesse integrieren lassen[63]. Da auch zunehmend größere Mengen von CNT-basierten Materialien in den Markt gelangen, müssen Entsorgungs- und Recyclingsstrategien etabliert werden. Dabei ist zu berücksichtigen, dass es, wenn CNT-Materialien zunehmen in kommunale Warenströme gelangen, zu Kreuzkontaminationen bei den Recyclingsprozessen kommen kann [16.394].

16.4 Fullerene und weitere Konfigurationen

Fullerene, C_{60} als das bekannteste wurde bereits in Abb. 3.61 und Abb. 3.99 dargestellt, sind weitere molekulare Allotrope, die wegen ihrer vielfältigen nanotechnologischen Einsatzmöglichkeiten ebenfalls als Grundbausteine der Nanotechnologie zu klassifizieren sind. C_{60} wurde 1985 von *H. Kroto, R. Cure* und *R. Smalley* (1943–2005, jeweils Nopelpreis für Chemie 1996) sowie *J.R. Heath* und *S. O'Brien* entdeckt [16.397]. Dieser Entdeckung gingen überraschend viele theoretische Betrachtungen ähnlicher Strukturen oder sogar der C_{60}-Struktur voraus. So sagte *E. Ōsawa* die Struktur bereits 1970 voraus [16.398] und berechnete die Stabilität über einen *Hückel-Ansatz*. Die Arbeiten von *D. Bochvar* und *E.G. Galpern* sagten das π-System der Moleküle korrekt voraus [16.399].

Das Experiment, welches zur Entdeckung von C_{60} führte, bestand darin, einen gepulsten Laser im Heliumstrom auf ein Graphittarget zu richten und die entsprechenden Kohlenstoffverbindungen in einem Massenspektrometer zu analysieren. Der Ansatz diente dazu, stellare Bedingungen zu simulieren, speziell für Sterne der Klasse der Roten Riesen. Im Spektrometer fanden sich Signale bei 720 amu und 840 amu, was dem C_{60}- und dem C_{70}-Molekül entspricht. Im Jahr 1990 gelang es dann erstmalig, makroskopische Mengen von C_{60} herzustellen, was eine unabdingbare Voraussetzung für die intensivere Untersuchung der Fullerene darstellte [16.400].

Die Bezeichnung der Moleküle wurde in Anlehnung an den amerikanischen Architekten *R. Buckminster Fuller* (1895-1983) gewählt, dessen geodätische Dome Strukturmerkmale, die auch bei den Kohlenstoffkäfigen auftreten, aufweisen. Das kugelförmige C_{60} wird als *Buckminster-Fulleren* bezeichnet, kugelförmige Käfige allgemein als *Buckyballs* und die käfigförmigen Kohlenstoffmoleküle schlechthin als Fullerene.

Abbildung 16.76 zeigt die Struktur einiger Fullerene. C_{60} ist das kleinste Fullerenmolekül, in dem keine zwei Pentagone eine Kante teilen, was destabilisierend wirken

63 Beispielsweise hat das U.S. National Institute of Standards and Technology (NIST) 2011 ein CNT-Referenzhandbuch herausgebracht. Das Institute of Electrical and Electronics Engineers (IEEE) hat kürzlich Standards für die Verarbeitung von CNT in Reinräumen vorgeschlagen. Im Jahr 2010 publizierte zudem die chinesische Regierung Standards für die Handhabung und Charakterisierung von MWNT [16.395]. Schießlich etablierte der Bayer-Konzern proaktiv eine Expositionsgrenze von 0,05 mg/m^3 für die von diesem Konzern hergestellten CNT [16.396].

würde. Die Struktur besteht in einem Ikosaederstumpf, als einem klassischen Fußball aus 20 Hexagonen und 12 Pentagonen. Der van der Waals-Durchmesser beträgt 1,1 nm, der Nukleus-zu-Nukleus-Durchmesser 0,71 nm. Es existieren zwei Bindungslängen: Bindungen zwischen Hexagonen können als Doppelbindungen betrachtet werden, während die Bindungen zwischen Hexagonen und Pentagonen länger sind. Das kleinste Fulleren ist das dodekaedrische C_{20}. C_{24}, C_{50} und C_{70} sind deutlich langgestreckt.

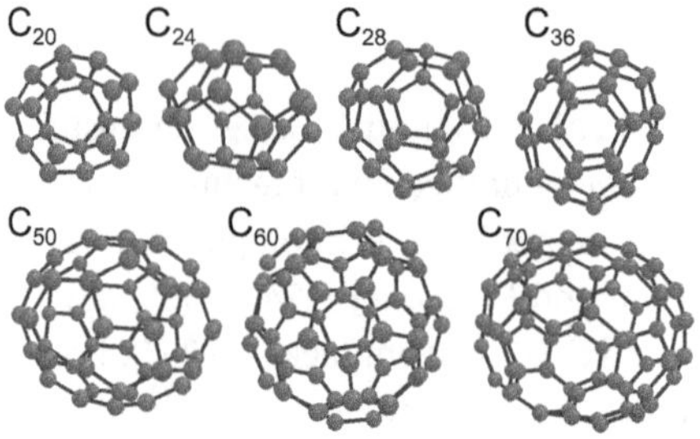

Abb. 16.76. Struktur einiger Fullerene.

Mathematisch gesehen entspricht die Struktur der Fullerene einem trivalenten konvexen Polyeder mit pentagonalen und hexagonalen Flächen. In der *Graphentheorie* sind Fullerene beliebige 3-reguläre planare Graphen mit Flächen der Größe 5 oder 6. Aus der Eulerschen Polyederformel $K - E + F = 2$ folgt, dass ein Fulleren stets exakt 12 Pentagone besitzt[64] und $K/2 - 10$ Hexagone. K, E und F bezeichnen die Zahl der Kanten, Ecken und Flächen. Die Anzahl nicht isomorpher Fullerene des Typs C_{2n} wächst für $n = 12, 13, 14, \ldots$ etwa entsprechend $\sim n^2$. Beispielsweise gibt es 1812 nicht isomorphe C_{60}-Fullerene. Aber nur das Buckmister-Fulleren als Ikosaederstumpf hat keine zwei sich berührenden Pentagone. Vom C_{200}-Fulleren gibt es 214.127.713 nicht isomorphe Varianten, von denen 15.655.672 keine sich berührenden Pentagone aufweisen. Zu vielen C_{2n}-Fullerenen gibt es Datenbankeinträge mit Auflistung der nicht isomorphen Strukturen und sonstiger Eigenschaften [16.402]. Abbildung 16.77 zeigt die Hauptisomere der Fullerene C_{60} bis C_{84} mit den entsprechenden Symmetriegruppen.

Kurz nach der Entdeckung der Fullerene entdeckte man, dass innerhalb der Käfige Atome interkaliert sein können [16.403]. Abbildung 16.78 zeigt, wie sich mit Stickstoffatomen gefüllte C_{60}-Moleküle herstellen lassen. Heute lassen sich die unterschiedlichsten atomaren, molekularen und ionischen Spezies in Fullerenen verkapseln.

64 Aus der Trivalenz jedes C-Atoms folgt $2K = 3E$. Daraus folgt, dass die Zahl der C-Atome E gerade sein muss. Da die Flächen nur aus Pentagonen und Hexagonen bestehen, gilt $F = F_5 + F_6$. Damit folgt für die Eulersche Formel $E + F_5 + F_6 = 3E/2 + 2$. Wegen der pseudospärischen Form der Fullerene gilt ferner $E = (5F_5 + 6F_6)/3$. Aus dieser Bedingung und der Eulerschen Formel folgt schließlich $F_5 = 12$. Obwohl C_{22} alle genannten Bedingungen erfüllt, existiert dieses Fulleren nicht [16.401].

Die entstehenden gefüllten Käfigmoleküle bezeichnet man als *endohedrale Fullerene* [16.404] vom Typ X@C_{2n}. Endohedrale Moleküle haben in der Regel deutlich andere Eigenschaften als ihre leeren Käfige, obwohl die eingebettete Spezies keine kovalente Bindung an den Käfig aufweist. Neben den endohedralen Fullerenen gibt es auch Heterofullerene, bei denen ein Käfigatom oder mehrere Atome durch andere Elemente ersetzt sind. Ein Beispiel ist etwa das Aza[70]fulleren $C_{69}N$ oder das Bora[60]fulleren $C_{59}B$. Kommen aufgrund chemischer Reaktionen noch weitere Substituenten dazu, so müssen die Käfigatome in eindeutiger Weise numeriert werden. Das geschieht in Form von *Schlegel-Diagrammen*, die auch zur Charakterisierung der Chiralität entsprechender Fullerene herangezogen werden.

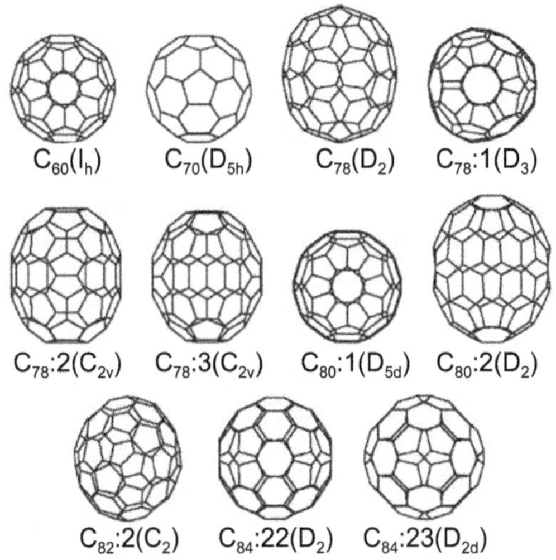

Abb. 16.77. Hauptisomere und Symmetriegruppen einiger Fullerene.

Aus der systematischen Analyse verschiedener Fullerene C_{2n} kann man einige Regeln ableiten, die auch für die Entwicklung von Modellen für den Wachstumsmechanismus von Bedeutung sind. Zunächst einmal sind Open Shell-Strukturen energetisch ungünstig und werden damit vermieden. Durch Sechsringe voneinander getrennte Fünfringe sind energetisch günstiger als aneinander grenzende Fünfringe (*Isolated Pentagon Rule*). So werden Systeme mit acht π-Elektronen vermieden, und die Krümmungsenergie verteilt sich gleichmäßig über den gesamten Käfig. Es resultieren Strukturen mit möglichst gut angenäherter Kugelgestalt. Schließlich wird die Anzahl der in Fünfringen vorhandenen Doppelbindungen minimiert, so dass in Bezug auf die relative Anordnung von Fünf- und Sechsringen die Meta- gegenüber der Paravariante bevorzugt wird. Durch diese Regeln, die sich natürlich auf energetische Betrachtungen reduzieren lassen, reduziert sich die Anzahl der a priori möglichen Isomere dramatisch. Viele Konfigurationen vom Typ C_{2n} sind nicht stabil. Magische Zahlen sind hingegen $n = 30, 35, 36, 38, 39, 42, \ldots$. Hier sind alle Regeln erfüllt und entsprechende Fullerene konnten experimentell nachgewiesen werden.

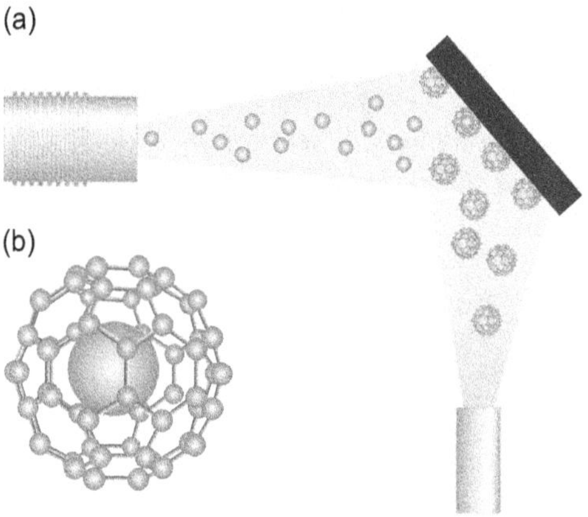

Abb. 16.78. Verkapselung von Stickstoffatomen in C_{60}-Molekülen. N^+-Ionen werden in einer Ionenqellen erzeugt und C_{60}-Moleküle aus einer Effusionszelle. Am Target kollidieren diese Spezies und es entstehen N@C_{60}-Komplexe.

Die Häufigkeit von Fullerenen vom Typ C_{2n} für $n > 30$ ist deutlich geringer als diejenige von C_{60}. Aus thermodynamischer Sicht sollten eigentlich größere Käfigstrukturen stabiler sein als das stark gekrümmte C_{60}. Die Ursache für diese scheinbare Paradoxie ist offensichtlich eine kinetische Wachstumshemmung. Aufgrund seiner hochsymmetrischen inerten Struktur stellt das C_{60} nach seiner Bildung ein lokales Minimum in der Energiehyperfläche dar. Erst bei deutlicher Überschreitung von $n = 30$ entsteht ein neues lokales Minumum für $n = 35$.

Beim in Abb. 16.77 dargestellten C_{78} fällt eine helikale Anordnung der C-Atome auf der Oberfläche ins Auge. Es handelt sich also um ein chirales Molekül mit D_3-Symmetrie. Natürlich findet man C_{78} als Racemat, da es bei der Entstehung keinerlei chirale Prägung gibt. Auch für andere höhere Fullerene aus Abb. 16.77 existieren chirale Strukturisomere, beispielsweise C_{84} mit D_2-Symmetrie.

Der Bildungsmechanismus der Fullerene ist immer noch Gegenstand kontroverser Diskussionen [16.405]. Der zu allererst diskutierte Mechanismus ist in Abb. 16.79 skizziert. Ein vollständig anderer Wachstumsmechanismus würde in der Bildung langer Polyinketten bestehen, die durch Spirocyclisierung vollständig oder teilweise zu fullerenartigen Strukturen reagieren [16.407]. Auch die Cycloaddition kleiner Einheiten von C_2 bis C_4 ist denkbar.

Es wird vermutet, dass Fullerene im Universum und auch auf der Erde in der Natur existieren. Es gibt Hinweise auf die Existenz im interstellaren Raum sowie auf der Erde

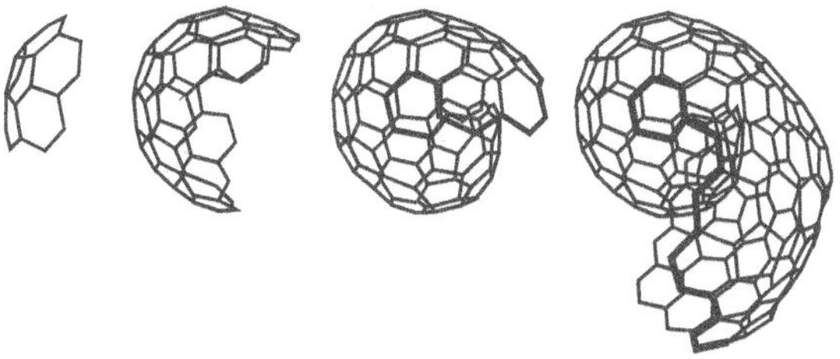

Abb. 16.79. Nukleation von Fullerenen in Form einer ikosaedrischen Spirale [16.406]. Der Prozess startet mit einem schalenförmigen Corannulen C_{20}. Das reaktive C_{20} wächst weiter bis entweder ein geschlossener Käfig entsteht oder eine zweite epitaktisch orientierte Schale.

im Kohlenstoffmineral *Shungit*. Allerdings ist kein Vorkommen bekannt, welches als abbaubare Quelle für Fullerene dienen könnte. Die Herstellung von Fullerenen basiert auf der Umwandlung anderer Kohlenstoffmodifikationen, aber auch von Kohlenwasserstoffen. Generell unterscheidet man zwischen Verfahren, bei denen niedermolekulare Kohlenstoffbausteine in einem Lichtbogen oder in einem Plasma entstehen und solchen, bei denen sie aufgrund einer Verbrennung oder Pyrolyse entstehen. Auch die rationale Synthese von C_{60}, also der stufenweise oder einstufige Aufbau des Fullerengerüsts auf organische Präkursoren ist gelungen. Zur Beseitigung zwischenzeitlich vorhandener Substituenten bedient man sich wiederum Pyrolysereaktionen. Beispielsweise konnte durch eine abschließende Flash-Vakuum-Pyrolyse aus dem vorher in zahlreichen Schritten synthetisierten Molekül $C_{60}H_{27}Cl_3$ C_{60} mit einer Gesamtausbeute von etwa 1 % erhalten werden. Das kostengünstigste Verfahren auch heute noch ist allerdings die Herstellung des Fullerens im Lichtbogen.

Alle praktikablen Darstellungsmethoden liefern Gemische von Fullerenen sowie sonstigen Kohlenstoffmodifikationen. Die Anreicherung von Fullerenen erfolgt durch eine Kombination von Lösen in Lösungsmittlen - die kleineren Fullerene haben eine hohe Löslichkeit in organischen Lösungsmitteln - und Chromatographie.

Die elektronischen Eigenschaften der Fullerene sind einerseits molekularen Charakters und andererseits durch die speziellen Bindungsverhältnisse geprägt. Wären Einfach- und Doppelbindungen koplanar angeordnet, wo wären die Bindungsverhältnisse sehr ähnlich denen des Graphits, also trigonal sp^2-artig. Durch die Krümmung des Käfigs kommt es jedoch zu einer Hybridisierung, und es mischen sich sp^3-Anteile in den sp^2-Charakter. Zur Brechung der Orbitalkonfiguration eines Fullerens muss das Multielektronenproblem auf der Basis der etablierten molekularphysikalischen Ansätze gelöst werden [16.408]. Am intensivsten wurde natürlich das Buckminster-Fulleren C_{60} analysiert, dessen Orbitalkonfiguration in Abb. 16.80(a) dargestellt ist. Die Energieniveaus sind bis zu fünffach entartet wie das h_u-Niveau, welches mit zehn Elektronen besetzt ist. Die Energielücke zwischen HOMO und LUMO bei t_{2u} beträgt 1,9 eV. Die niedrigsten optisch erlaubten Übergänge findet man in Form von $h_u \rightarrow t_{1g}$,

$h_g \rightarrow t_{1u}$, $g_g \rightarrow t_{2u}$, $h_g \rightarrow t_{2u}$ und $h_u \rightarrow g_g$. Die Anregungsenergien für diese Übergänge betragen 2,87, 3,07, 4,06, 5,09, 5,17 und 5,87 eV.

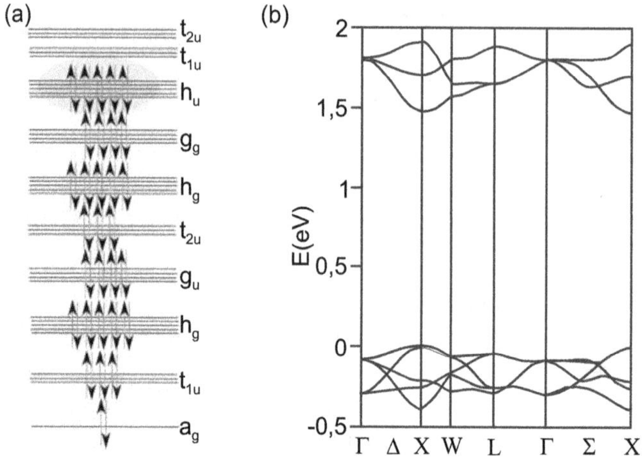

Abb. 16.80. (a) Besetzung der C_{60}-Orbitale. (b) Bandstuktur des C_{60}-fcc-Kristalls nahe der Bandlücke [16.408].

C_{60} ist extrem stabil im Hinblick auf eine Exposition gegenüber hohen Temperaturen und Drücken. Chemische Reaktionen können erfolgen, ohne dass C_{60} seine annähernd kugelförmige Gestalt verliert. C_{60} kann reversibel bis zu sechs diskrete Ein-Elektron-Reduktionen durchlaufen bis das C_{60}^{6-}-Ion vorliegt. Die Oxidation verläuft hingegen irreversibel. Als moderater Elektronenakzeptor reagiert C_{60} mit elektronenreichen Spezies.

Fullerene sind löslich in aromatischen Lösungsmitteln wie Toluol, aber sie lösen sich nicht in Wasser. Fullerene können in Lösungsmitteln kristallisieren und das Lösungsmittel in das entstehende Gitter einbauen. So entstehen Solvate wie beispielsweise $C_{60} \cdot 4C_6H_6$. So können millimetergroße Kristalle von C_{60} und C_{70} in Lösung gewachsen werden, und die Solvate lassen sich dann in Fullerenkristalle umwandeln. Die kristalline Form der Fullerene wird als *Fullerit* bezeichnet. Wie bereits in Abschn. 3.6.6 erwähnt, entsteht der Molekülkristall aufgrund schwacher intermolekularer Wechselwirkungen und die molekularen Eigenschaften finden sich deutlich in der resultierenden Festkörperbandstruktur, die in Abb. 16.80(b) dargestellt ist, wieder. Es handelt sich bei C_{60} um schmale ($\approx 0,5$ eV) Bänder mit einer Bandlücke von $\approx 1,5$ eV am X-Punkt der Brillouin-Zone des kubisch flächenzentrierten Kristalls. Bereits aus der Bandstruktur des Fullerits kann man entnehmen, dass es sich um ein stark korreliertes Elektronensystem handelt. Während direkte Bandübergänge an den X- und Γ-Punkten höchster Symmetrie verboten sind, sind direkte Interbandübergänge für Punkte geringerer Symmetrie der Brillouin-Zone erlaubt. Das C_{60}-Fullerit ist vergleichsweise weich und kann bis auf 70 % seines Volumens komprimiert werden, ohne dass eine Phasenumwandlung eintritt.

C_{60}-Filme und auch Lösungen sind optisch stark nichtlinear, indem der Absorptionskoeffizient intensitätsabhängig ist. Beim Fullerit liegt die spektrale Absorptionsschwelle bei $\approx 1,6$ eV. Das C_{60}-Fullerit ist ein n-artiger Halbleiter mit einer Aktivierungsenergie von 0,1–0,3 eV. Dieses Verhalten wird auf intrinsische Defekte der Kristalle zurückgeführt. Das fcc-Gitter weist oktaedrische und tetraedrische Leerstellen auf, die aufgrund ihrer Größe von 0,6 und 0,2 nm Fremdatome aufnehmen können. Durch Dotieren mit Alkaliatomen kann das Fullerit zu einem Leiter und sogar – wie in Abschn. 3.6.6 diskutiert – zu einem Supraleiter werden.

Die exohedrale Interkalation innerhalb des A_3C_{60}-Gitters führt zu weiteren interessanten Aspekten, die mit dem *Mott-Übergang* oder auch mit dem Zusammenhang zwischen Orientierungs- oder orbitaler Ordnung und den magnetischen Eigenschaften zu tun haben [16.409]. Für undotiertes C_{60}-Fullerit ist nach Abb. 16.80 das fünffache h_u-Band das HOMO-Niveau und das dreifache t_{1u}- Band das LUMO-Niveau. Damit resultiert ein isolierender Zustand. Das Dotieren mit Metallen resultiert darin, dass die Metallatome Elektronen an das t_{1u}-Band abgeben oder auch an das t_{1g}-Band. Dies kann zu metallischem Verhalten führen. Allerdings ist A_4C_{60} ein Isolator trotz partiell gefülltem t_{1u}-Band, was wohl auf den auftretenden *Jahn-Teller-Effekt* zurückzuführen ist.

Die starke elektronische Korrelation und die Elektron-Phonon-Wechselwirkung via Jahn-Teller-Effekt sind wichtige Hinweise auf die Art der Supraleitung des dotierten C_{60}-Fullerits. Wenn die Elektron-Elektron-Wechselwirkung größer ist als die Weite der recht schmalen Bänder in Abb. 16.80, so resultiert im Mott-Hubbard-Modell ein lokalisierter elektronischer Grundzustand; es liegt ein *Mott-Isolator* vor. Deshalb ist Cs_3C_{60} unter Umgebungsdruck kein Supraleiter, sondern ein Isolator. Die Lokalisierung der t_{1u}-Elektronen aufgrund der Elektron-Elektron-Wechselwirkung überschreitet einen kritischen Wert, und es liegt für diese Interkalationsverbindung ein Mott-Isolator vor. Die Applikation von Druck reduziert die C_{60}-C_{60}-Distanz, was zu einer Verbreiterung der Bänder und zu einer Reduktion der elektronischen Korrelation führt; man beobachtet einen Übergang in eine metallische und supraleitende Phase [16.410].

Einen ungeheuren Aufschwung hat in den letzten Jahren die Forschung an endohedralen Fullerenen genommen [16.404], wobei eine besondere Bedeutung den Metallofullerenen zukommt. Sie zeigen, obwohl keine kovalente Bindung zwischen Käfig und Inhalt besteht, gegenüber leeren Fullerenen deutlich modifizierte strukturelle, chemische und elektronische Eigenschaften. Diese sind auf einen Elektronentransfer zwischen Metallatomen und Käfigen zurückzuführen. Die Wechselwirkungen können sogar dazu führen, dass Käfigisomere existieren, die für leere Fullerene nicht stabil sind. So müssen beispielsweise für endohedrale Metallofullerene die C-Pentagone der Käfige nicht zwingend isoliert sein [16.411].

Aus endohedralen Fullerenen können nicht nur völlig neuartige nanostrukturierte Materialien hergestellt werden, sondern sie begründen auch den konzeptionell neuartigen Ansatz der endohedralen Chemie und insbesondere Elektrochemie. Die Käfigmoleküle können in ihrem Innern zu neuartigen chemischen Reaktionen führen und Spezies stabilisieren, die außerhalb des Käfigs instabil wären [16.411]. Neben reinen Monometallofullerenen können insbesondere auch Metallnitride, Metallcarbide, Methano-, Oxid-, Cyano-, Sulfid- und Polymetallverbindungen in die Käfige gebracht werden. Beispielhaft zeigt Abb. 16.81 die molekularen Strukturen exemplarischer endohedraler Fullerene. Strukturuntersuchungen erfolgen experimentell unter anderem mittels NMR- und Raman-Spektroskopie und Röntenstrukturanalyse. Die theoretische Verifikation der Stukturen erfolgt über DFT-Rechnungen. In Abb. 16.81(b), (g) und (h) ist die für leere Käfige gültige Pentagonregel verletzt, und man findet sich berührende Pentagone des Käfigs.

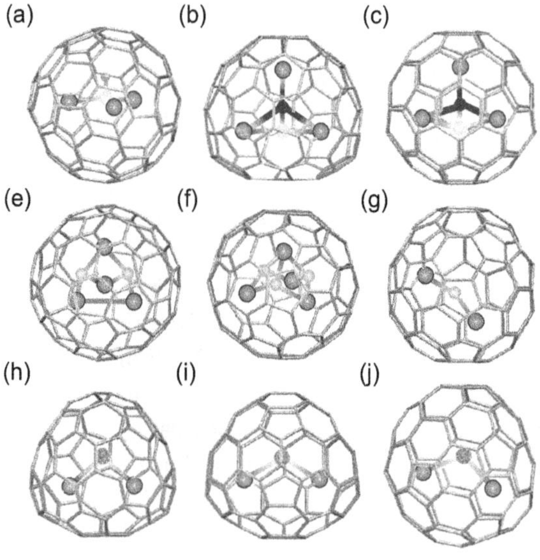

Abb. 16.81. Molekulare Struktur ausgewählter endohedraler Fullerene [16.404]. (a) $Sc_3CH@C_{80}$–$I_h(7)$, (b) $Sc_3NC@C_{78}$ – $C_2(22010)$, (c) $Sc_3NC@C_{80}$ – $I_h(7)$, (d) $Sc_4O_2@C_{80}$ – $I_h(7)$, (e) $Sc_4O_3@C_{80}$ –$I_h(7)$, (f) $Sc_2O@C_{82}$ – $C_s(6)$, (g) $Sc_2S@C_{70}$ – $C_2(7892)$, (h) $Sc_2S@C_{72}$ – $C_s(10528)$, (i) $Sc_2S@C_{82}$–$C_{3v}(8)$.

Einen direkten Zugang zu den elektronischen Eigenschaften der endohedralen wie auch der einfachen Fullerene bietet STM und besonders auch STS. Abbildung 16.82 zeigt Aufnahmen von C_{60} sowie $Gd@C_{82}$. Derartige Abbildungen liefern direkt ein räumliches Abbild molekularer elektronischer Zustände bei unterschiedlichen Energien.

Endohedrale Metallofullerene zeigen auf bestimmten Oberflächen ausgeprägte Selbstorganisationsphänomene. Dabei können zwischen den Molekülen delokalisierte „Superatomzustände“ beobachtet werden. Die hybridisierten „Superorbitale“ zei-

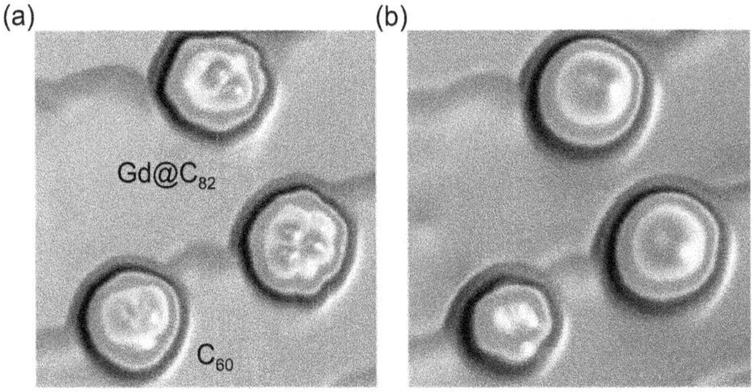

Abb. 16.82. Konstantstrom-Topographien von Fullerenen bei zwei verschiedenen Tunnelspannungen [16.412]. Der Strom beträgt 1 nA. Die Fullerene befinden sich auf einem Ag(001)-Substrat, und der Bildausschnitt beträgt $6,6 \times 6,5\ nm^2$. (a) V=0,1 V, (b) V=2 V.

gen durchaus bindenden und antibindenden Charakter wie für herkömmliche Moleküle. Abbildung 16.83 zeigt dieses Phänomen.

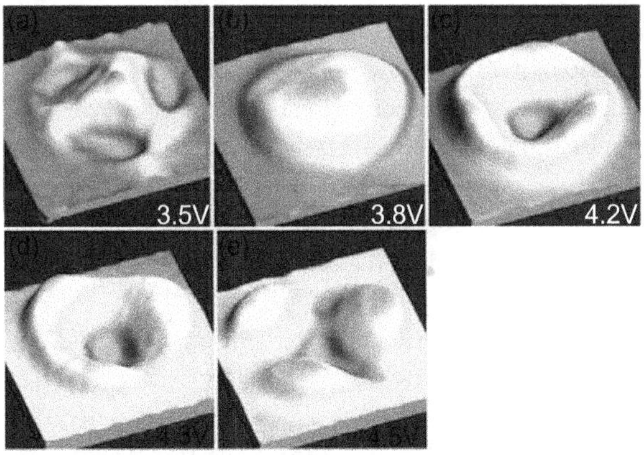

Abb. 16.83. dI/dV-Abbildungen eines $Sc_3N@C_{80}$-Trimers, chemisorbiert auf einer Cu(110)-(2 × 1)-O-Oberfläche bei unterschiedlichen Tunnelspannungen [16.413]. (a) und (b) zeigen einen bindenden Charakter und (d) und (e) einen antibindenden.

HRTEM erlaubt es, Metallatome im Innern von Fullerenen direkt abzubilden. Ein Beispiel dafür zeigt Abb. 16.84 für das System La@C_{82}@SWNT. Die Moleküle befinden sich im SWNT aufgrund eines ausreichenden Durchmessers zweidimensional weitestgehend dichtest gepackt. Die Exposition gegenüber dem 80 kV-Elektronenstrahl führt zu einem Kollaps der endohedralen Fullerene, zur Bildung von La-Nanokristallen und zur Ausbildung eines unregelmäßig geformten inneren CNT.

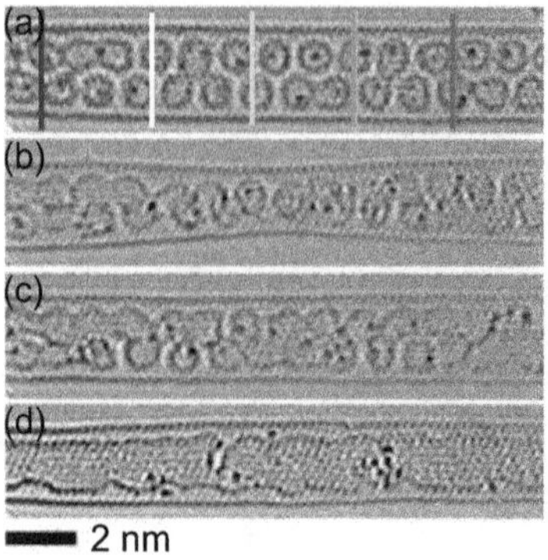

Abb. 16.84. HRTM-Abbildungen von $La@C_{82}$@SWNT [16.414]. In (a) markieren die Linien Positionen, an denen der Durchmesser als Funktion der Expositionszeit gegenüber dem 80 kV-Elektronenstrahl bestimmt wurde. (b) Expositionszeit 590 s, (c) 830 s und (d) 2040 s.

Im Gegensatz zu der endohedralen Fullerenchemie besteht die klassische Fullerenchemie in der exohedralen Funktionalisierung der Käfigmoleküle. Die Reaktivität der Fullerene ist auf die gekrümmte Käfigoberfläche zurückzuführen. Eine Addition an eines oder mehrere der C-Atome des Käfigs führt zu einer verstärkten sp^3-Hybridisierung und damit zum Abbau der molekularen Spannungen. Insgesamt gibt es eine außerordentlich vielfältige exohedrale Fullerenchemie.

Heterofullerene besitzen ein Heteroatom oder mehrere im Käfig. In der Regel sind dies N- oder B-Atome in Form von $C_{59}N$ oder $C_{59}B$. Es kann sich aber auch um andere Elemente wie Nb, Si, Ge, P oder As handeln. Bei Substitution eines einzelnen Atoms entsteht ein Heterofullerenylradikal, welches dimerisiert. Allerdings kann beispielsweise auch $C_{59}N^+$ stabilisiert werden.

Fullerene weisen eine ausgeprägte Hydratation auf. Der supramolekulare C_{60}@$(H_2O)_{24}$-Komplex besteht aus einer den Käfig direkt umgebenden Hydrathülle. Diese bildet sich aufgrund von Akzeptor-Donator-Wechselwirkungen zwischen den H_2O-Molekülen und Akzeptorzentren der Fullerenoberfläche. Die orientierten Wassermoleküle sind gleichzeitig Bestandteile eines dreidimensionalen Wasserstoffbrückennetzwerks. Die Größe des Hydratkomplexes beträgt 1,6 bis 1,8 nm.

C_{60} besitzt zwar keinen ausgeprägten aromatischen Charakter, besitzt jedoch lokalisierte Einzel-und Doppelbindungen. Daher kann C_{60} hydriert werden zu Polyhydrofulleren. Auch durchläuft C_{60} eine *Birch-Reduktion*, die zu einer weiteren Dearomatisierung führt. Dabei entsteht eine Mischung von $C_{60}H_{18}$, $C_{60}H_{32}$ und $C_{60}H_{36}$. Es existieren auch selektivere Hydrierungsmethoden, die nur eine Spezies von Polyhydrofullerenen liefern. Organometallisch funktionalisierte Fullerene vom Typ $C_{60}[ScH_2]_{12}$ und $C_{48}B_{12}[ScH]_{12}$ können pro Übergangsmetallatom bis zu 11 H-Atome binden, von denen zehn in Form von H_2 vorliegen [16.415]. Die theoretisch erreichbare H_2-Speicherkapazität wäre dann ≈ 9 Gewichtsprozent, was für eine technische Anwendung sehr interessant ist.

Die Addition von Halogenatomen zu C_{60} ist ebenfalls möglich. Beispiele wären $C_{60}Br_8$ oder $C_{60}Br_{24}$. Addition von Sauerstoff führt zum Epoxid $C_{60}O$. Cycloaddition erfolgt auf Basis der Diels-Alder-Reaktion. Bei dieser Umsetzung wird ein Ring aus sechs Kohlenstoffatomen gebildet, wobei ein konjugiertes Dien und ein substituiertes Alken verknüpft werden. Eine [2+2]-Cycloaddition kann genutzt werden, um zwei C_{60}-Moleküle zu C_{120} zu verknüpfen. Fortgesetzte Cycloaddition bei hohen Temperaturen und Drucken resultiert in polymerisierten Fullerenketten und Fullerennetzwerken mit bemerkenswerten Eigenschaften [16.416].

C_{60} reagiert ebenfalls mit freien Radikalen. Eine weitere gängige Methode zur Funktionalisierung von C_{60} ist die Cyclopropanation via Bingel-Reaktion. Dabei resultieren Methanofullerene. Die Reaktion ist von besonderer Bedeutung, weil sie die Anbindung unterschiedlichster Spezies an die Käfige erlaubt, die dann beispielsweise die Löslichkeit oder die elektrochemischen Eigenschaften der Fullerene modifizieren.

Redoxreaktionen sollten schon aufgrund der Bandstruktur von C_{60} möglich sein. Das LUMO ist dreifach entartet und die HOMO-LUMO-Lücke relativ klein. Die Reduktion von C_{60} sollte damit bei moderaten Potentialen erfolgen. Es entstehen Fulleridanionen C_{60}^{n-} mit $1 \leq n \leq 6$. C_{60} bildet eine Reihe von Ladungstransferkomplexen. Die Salze der Alkalifulleride mit dem Trianion C_{60}^{3-} sind, wie bereits erwähnt, von besonderer Bedeutung, da sie Leiter und Supraleiter sein können. Die Oxidation von C_{60} gelingt mittels zyklischer Voltammetrie und führt zu C_{60}^{+}, C_{60}^{2+} und C_{60}^{3+}, wobei die beiden zuletzt genannten Kationen instabil sind.

Fullerene eignen sich auch für die organometallische Chemie. Dabei fungieren die Fullerene als Liganden. C_{60} formt Komplexe ähnlich den gewöhnlichen Alkanen. Metallkomplexe wurden mit O, W, Pt. Pd, Ir und Ti hergestellt.

Viele der speziell für C_{60} beschriebenen Strategien eignen sich im Hinblick auf die generelle Vorgehensweise auch für andere Fullerene. Diese wurden allerdings in bedeutend geringerem Umfang für Zwecke der Fullerenchemie verwendet als C_{60}.

Wie es konzentrisch angeordnete CNT gibt, so gibt es auch konzentrisch angeordnete Fullerene, die Kohlenstoffzwiebeln, die in Abb. 16.85 dargestellt sind. Vermutlich wurden die Kohlenstoffnanozwiebeln bereits 1980 durch S. Iijima entdeckt [16.417]. Allerdings blieb die Beschreibung mehrwandiger, konzentrisch angeordneter, graphitischer Partikel weitestgehend unbeachtet, bis 1992 der Nachweis angetreten wurde, dass sich Kohlenstoffzwiebeln gezielt durch Elektronenbeschuss von Fullerenruß herstellen lässt [16.418]. Häufig zeigen hochaufgelöste TEM-Abbildungen einen Abstand von 0,34 nm zwischen den konzentrischen Schalen, was auf eine weitestgehend perfekte Kugelform der Schalen und auf van der Waals-Wechselwirkungen zwischen den Lagen schließen lässt. Die Abfolge stabiler konzentrischer Fullerene vom Typ $C_{2k}@C_{2l}@C_{2m}@C_{2n}\ldots$ mit $k < l < m < n\ldots$ lässt sich durch einfache geometrische Überlegungen präzisieren. Die Anzahl $2n$ der Atome einer Schale ist bei 12 Fünfringen und F_6 Sechringen gegeben durch $2n = 20 + 2F_6$. Die Fläche der kugel-

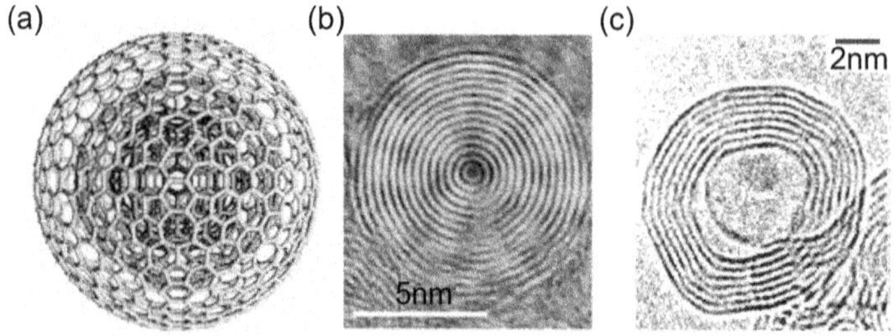

Abb. 16.85. Kohlenstoffzwiebeln. (a) Schema der konzentrischen Fullerenanordnung. (b) Durch Lichtbogenentladung und (c) durch Elektronenbestrahlung hergestellte Zwiebeln [16.419].

förmigen Schale muss der Gesamtfläche der leicht deformierten Fünf- und Sechsringe entsprechen: $4\pi r^2 = 12A_5 + F_6A_6 = 12A_5 - 10A_6 + nA_6$. Aufgrund der in den Schalen jeweils konstanten C-C-Bindungslängen ist die Flächendichte der C-Atome für alle Schalen identisch. Damit gilt $12A_5 = 10A_6$. Der Flächeninhalt eines Sechsrings ist $A_6 = (\sqrt{3}/2)a^2$. Damit folgt $4\pi r^2 = (\sqrt{3}/2)na^2$. Die Atomzahldifferenz für zwei benachbarte Schalen beträgt damit $2(n_2 - n_1) = 2n_1(1 + 2\sqrt{n_1/n_2})$. Für die i-te Schale ergibt sich im Hinblick auf die erste Schale $n_i - n_1 = (1 + 2i)n_1$. Für die Anzahl der Atome in der i-ten Schale resultiert schließlich $n_i = i^2 n_1$. Besteht die innerste Schale aus einem C_{60} -Molekül, so erhalten wir $k = 30$, $l = 120$, $m = 270$, $n = 480$ oder insgesamt für die Abfolge der *Goldberg-Polyeder* $C_{60}@C_{240}@C_{540}@C_{960}\ldots$.

Zu berücksichtigen ist im Hinblick auf die einzelnen Fullerene der Kohlenstoffzwiebeln, dass Fullerene mit I_h-Symmetrie bei steigender Größe eine zunehmend facettierte Ikosaederstruktur aufweisen. Diese besitzt 12 Ausstülpungen. Die Projektion in Richtung der I_h-Achse besteht in einem regelmäßigen Zehneck, was manche HRTEM-Aufnahme erklärt, die facettierte Schalen zeigt. Alllerding sind die kugelförmigen Schalen aus Abb. 16.84(b) so nicht erklärbar. Eine kugelförmige Struktur ergäbe sich durch den Einbau von Siebenringen und weiteren Fünfringen. Dadurch wird die Krümmung gleichmäßiger auf die Schalenoberfläche verteilt, obwohl sich kein globaler Effekt auf die Gesamtkrümmung ergibt. Fünfring-Siebenring-Kombinationen können via der bereits erwähnten Stone-Wales-Umlagerung aus zwei benachbarten Sechringen entstehen.

Des öfteren beobachtet man auch ausgeprägt facettierte Strukturen wie in Abb. 16.85(c), die zum Teil einen großen zentralen Hohlraum aufweisen. Die Facetten kommen durch eine große Konzentration von Fünfringdefekten an den Knickpunkten zustande. Dies erlaubt die Ausbildung graphitartig angeordneter Parallelschichten, die auch die attraktiven Wechselwirkungen des Graphits ausbilden können und nicht ausschließlich van der Waals-Wechselwirkungen. Dies spricht für eine erhöhte Stabilität der facettierten Kohlenstoffzwiebeln. In der Tat entstehen diese durch Tempern sphärischer Zwiebeln.

Kohlenstoffzwiebeln können als MWNT mit verschwindender Länge aufgefasst werden. Dies liefert Anhaltspunkte für die Konzeption geeigneter Herstellungsverfahren. Diese müssen einerseits das Wachstum von MWNT erlauben, andererseits das Längenwachstum aber unterdrücken. Dies wird erreicht, wenn eine Lichtbogen- oder Funkenentladung in Wasser durchgeführt wird. Die Reaktionszone wird dabei auf Blasen im Wasser reduziert, wobei die umgebende Flüssigkeit gleichzeitig für Kühlung sorgt. Die graphische Kondensation erfolgt an der Phasengrenze zwischen Gas und Flüssigkeit.

CVD-Methoden scheinen weniger geeignet, um Kohlenstoffzwiebeln herzustellen, und es wurden nur wenige erfolgreiche Ansätze publiziert. Jedoch lassen sich Kohlenstoffzwiebeln mittels einer anderen vakuumbasierten Depositionstechnik herstellen: durch Beschuss von Metalloberflächen mit Kohlenstoffionen. Zum Einsatz kommen metallische Substrate, beispielsweise aus Kupfer, Silber oder Gold, aber auch aus Blei oder Zinn, die eine geringe Löslichkeit von Kohlenstoff aufweisen. Eine Implantation der Kohlenstoffionen führt zu einer Segregation von Kohlenstoff und zu einer Bildung der Zwiebeln an der Oberfläche oder bei größerer Energie der Ionen unterhalb der Oberfläche, wobei die Kohlenstoffzwiebeln dann bei geeigneter Substrattemperatur an die Oberfläche wandern. Im Hinblick auf eine rationale chemische Synthese werden Strategien verfolgt, die auch zur Synthese der Fullerene herangezogen werden. Synthetisch erzeugte Präkursoren lassen sich durch einen abschließenden Umsetzungsprozess in elementaren Kohlenstoff wandeln, wobei auch Kohlenstoffzwiebeln entstehen können. Beispielsweise führt die Thermolyse von Benzodehydroannulenen zur Bildung von Kohlenstoffzwiebeln.

Bekanntlich lassen sich verschiedene Kohlenstoffallotrope gezielt ineinander umwandeln. Das gilt auch für die Umwandlung bestimmter Modifikationen in Kohlenstoffzwiebeln und diejenige von Kohlenstoffzwiebeln in andere Modifikationen. Ausgangspunkt ist in der Regel Lichtbogenruß. Bei Erwärmung auf über 2000° C entstehen Kohlenstoffzwiebeln mit einer temperaturabhängigen Anzahl von Schalen. Auch die Bestrahlung von Ruß mit Elektronen beispielsweise im HRTEM führt zur Bildung von Kohlenstoffzwiebeln. Dies legt die Schlussfolgerung nahe, dass sich bei hinreichendem Energiebeitrag alle sp^2-hybridisierten Kohlenstoffformen in Zwiebeln wandeln. Diese stellen wohl eine metastabile Hochenergiemodifikation des Kohlenstoffs dar, bei der die kinetische Stabilisierung durch Absättigung aller Bindungen die thermodynamisch nichtstabile Zwiebelform ermöglicht.

Kohlenstoffzwiebeln lassen sich sogar aus Diamant herstellen. Die Erhitzung nur wenige nm großer Diamanten oder ihre Bestrahlung mit hochenergetischen Elektronen (HRTEM) resultieren ebenfalls in Kohlenstoffzwiebeln, was verdeutlicht, dass eine sp^2-Hybrisisierung des Ausgangsmaterials nicht zwingend erforderlich ist.

Die Einwirkung energiereicher Elektronen kann Modifikationen hervorrufen, die durch Positionsveränderungen einzlner Atome oder ganzer Atomgruppen gekennzeichnet sind. Bei sp^2-Hybridisierung beträgt die Energie zur Deplatzierung eines einzelnen Atoms 15 eV. Aufgrund ihrer geringen Masse müssen Elektronen eine Energie von mehr als 100 keV haben, um durch einen elastischen Stoß den benötigten Impuls zu übertragen. Für Diamant müssen 80 eV für die Deplatzierung eines Atoms aufgebracht werden. Dafür ist eine kinetische Energie der Elektronen von mehr als 330 keV nötig. Defekte und Oberflächenkonfigurationen begünstigen allerdings die durch Elektronen oder thermisch induzierte Umwandlung. Die Bildung spiralförmiger Intermediate, wie in Abb. 16.79 dargestellt, wird beobachtet und spielt für die Bildung der Zwiebeln eine wichtige Rolle.

Interessanterweise kann durch Elektronenbestrahlung von Kohlenstoffzwiebeln auch Diamant erzeugt werden [16.420]. Die Umwandlung von Graphit in Diamant ist seit den 1950er Jahren Gegenstand intensiver Forschung. Eine experimentelle Untersuchung dieser Phasenumwandlung, bei der extrem hohe Drucke erforderlich sind, ist schwierig. An Kohlenstoffzwiebeln durchgeführt, lässt sich die elektronenstrahlinduzierte Umwandlung von graphitischem Kohlenstoff in Diamant im HRTEM in situ mit atomarer Auflösung studieren. Bei ihrer Entstehung im Elektronenstrahl zeigen die Kohlenstoffzwiebeln eine ausgeprägte Selbstkompression, die sich in einem verringerten Schalenabstand manifestiert. Von der Oberfläche zum Zentrum der Zwiebeln nimmt dieser von 0,34 nm bis auf 0,22 nm ab. Bei planarem Graphit entlang der *c*-Achse wäre dazu ein Druck von 100 GPa nötig. Nach längerer Bestrahlung bei hohen Temperaturen (ca. 700° C) beobachtete man in den Zentren der Zwiebeln eine Phasenumwandlung in kubischen Diamant, wie dies Abb. 16.86 zeigt. Dazu sind Elektronenenergien von mindestens 200 keV nötig. Die extremen Nichtgleichgewichtsbedingungen sprechen für eine Strukturbildung eines sich selbst organisierenden Systems. Die dafür nötigen Eigenschaften des Systems wie Offenheit, Dissipativität und Nichtlinearität in einem quasistationären Zustand sind gegeben, genauso wie eine Symmetrieabrechnung durch Beschränkung der Diffusion auf die zwei Dimensionen der Schalen. Im thermodynamischen Gleichgewicht müsste hingegen die freie Enthalpie der Schalen während der Bestrahlung kleiner werden als die der Diamantphase, was nicht in einem die Phasenumwandlung erklärenden Maße der Fall ist [16.420].

Kohlenstoffzwiebeln lassen sich in ähnlich vielfältiger Weise wie Fullerene chemisch funktionalisieren [16.421]. Aufgrund der geringeren Krümmung gerade der äußeren Schale ist allerdings die Reaktivität vergleichsweise gering ausgeprägt. Die Funktionalisierung ist eine wichtige Voraussetzung dafür, Kohlenstoffzwiebeln für wässrige und organische Lösungmittel löslich zu machen, was wiederum technisch von Bedeutung ist. Außerdem lassen sich durch Funktionalisierung die unterschiedlichsten Kohlenstoffzwiebelkomposite herstellen.

Sowohl für Fullerene als auch für Kohlenstoffzwiebeln gibt es bislang keine kommerziellen Anwendungen, obwohl beide Kohlenstoffallotrope im Hinblick auf die vielfältigsten Anwendungen diskutiert werden: Fullerene insbesondere im Hinblick auf biomedizinische Anwendungen, wobei besonders auch in diesem Kontext toxikologische Aspekte von Bedeutung sind. Weitere potentielle Anwendungen reichen von der Photovoltaik bis zur Tribologie. Für Kohlenstoffzwiebeln reicht das Applikationspotential ebenfalls von biomedizinischen Anwendungen über Energieerzeugungs-

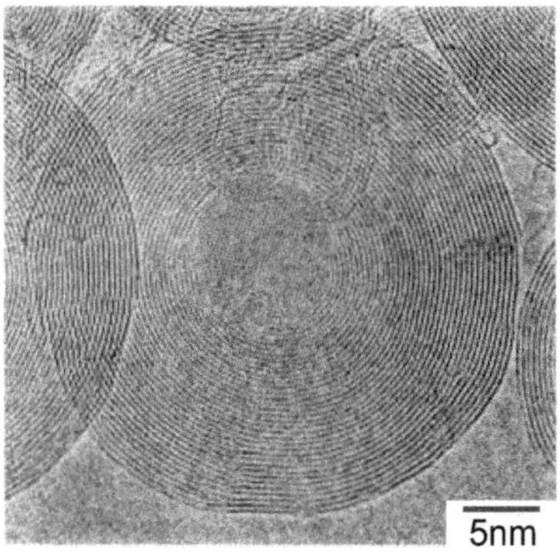

Abb. 16.86. Kohlenstoffzwiebel mit einem Diamantkern, der an den < 111 >-Netzebenen erkennbar ist [16.420].

verfahren und Energiespeicherverfahren bis hin zu katalytischen Einsatzbereichen [16.421].

Literatur

[16.1] graphene-flagship.eu.

[16.2] www.nobelprize.org/nobel_prizes/physics/laureates/2010/advanced-physicsprize2010.pdf.

[16.3] P.C. Hohenberg, Phys. Rev. **158**, 383 (1967).

[16.4] K.S. Novoselov, A.K. Geim, S.V. Morozov, D. Jiang, Y. Zhang, S.V. Dubonov, I.V. Grigorieva and A.A. Firsov, Science **306**, 666 (2004).

[16.5] N.D. Mermin, Phys. Rev. **176**, 250 (1968).

[16.6] J.C. Meyer, A.K. Geim, M.I. Katsnelson, K.S. Novoselov, T.J. Booth and S. Roth, Nature **446**, 60 (2007).

[16.7] R.E. Peierls, Ann. I. H. Poincaré **5**, 177 (1935).

[16.8] L.D. Landau, Phys. Z. Sowjetunion **11**, 26 (1937).

[16.9] M. Corso, W. Auwärter, M. Muntwiler, A. Tamai, Th. Grever and J. Osterwalder, Science **303**, 217 (2004).

[16.10] P. Vogt, P. De Padova, C. Quaresima, J. Avila, E. Frantzeskakis, M.C. Asensio, A. Resta, B. Ealet and G. LeLay, Phys. Rev. Lett. **108**, 155501 (2012).

[16.11] K.S. Novoselov, D. Jiang, F. Schedin, T.J. Booth, V.V. Khotkevich, S.V. Norozov and A.K. Geim, Proc. Natl. Acad. Sci. USA **102**, 10451 (2005).

[16.12] Ch. Jin, F. Liu, K. Suenaga and S. Iijima, Phys. Rev. Lett. **102**, 195592 (2009).

[16.13] B. Lalmi, H. Oughaddon, H. Enriquez, A. Kara, S. Vizzini, B. Ealet and B. Aufray, Appl. Phys. Lett. **97**, 223109 (2010).

[16.14] J. R Coleman, M. Lotya, A. O'Neill, S.D. Bergin, P.J. King, U. Khan, K. Young, A. Gaucher, S. De, R.J. Smith, I.V. Shvets, S.K. Arora, G. Shanton, H.Y. Kim, K. Lee, G.T. Kim, G.S. Duesberg, T. Hallan, J.H. Boland, J.J. Wang, J.F. Donegan, J.C. Grunlau, G. Moriarty, A. Shmeliov, R.J. Nicholls, J.M. Perkins, E.M. Grieveson, K. Theuwissen, D.W. McComb, P.D. Nellist and V. Nicolasi, Science **331**, 568 (2011).

[16.15] K.S. Novoselov, A.K. Geim, S.V. Morozov, D. Jiang, M.I. Katsnelson, I.V. Grigorieva, S.V. Dubonos and A.A. Firsov, Nature **438**, 197 (2005).

[16.16] B.C. Brodie, Proc. R. Soc. Lond. **10**, 249 (1859).

[16.17] V. Kohlschütter and P. Haenni, Z. Anorg. Allg. Chem. **105**, 121 (1918).

[16.18] G. Ruess and F. Vogt, Monatsh. f. Chem. **78**, 222 (1947).

[16.19] H.-P. Boehm, A. Clauss, G.O. Fischer and U. Hoffmann, Z. Anorg. Allg. Chem. **316**, 119 (1962).

[16.20] H.-P. Boehm, R. Setton and E. Stumpp, Pure Appl. Chem. **66**, 1893 (1994); H.C. Schniepp, J.-L. Li, J. AcAllister, H. Sai, M. Herrera-Alonso, D.H. Adamson, R.K. Prud'homme, R. Car, D.A. Saville and I.A. Aksay, J. Phys. Chem. B **110**, 8535 (2006).

[16.21] P.R. Wallace, Phys. Rev. **71**, 622 (1947); J.W. McClure, Phys. Rev. **104**, 666 (1956); J.C. Slonczewski and P.R. Weiss, Phys. Rev. **109**, 2449 (1986).

[16.22] G.W. Semenoff, Phys. Rev. Lett. **53**, 2449 (1984); F.D.M. Haldane, Phys. Rev. Lett. **61**, 2015 (1988).

[16.23] E. Fradkin, Phys. Rev. B **33**, 3263 (1986).

[16.24] N.M.R. Peres, Rev. Mod. Phys. **82**, 2673 (2010).

[16.25] A.T.N. N'Diaye, S. Bleikamp, P.J. Feibelman and T. Michely, Phys. Rev. Lett. **97**, 718 (2006).

[16.26] P.W. Sutter, J.I. Flege and E.A. Sutter, Nature Mat. **97**, 406 (2008).

[16.27] I. Forbeaux, J.-M. Themlin and J.-M. Debever, Phys. Rev. B **24**, 16396 (1998); A. Carrier, A. Coati, T. Argunova, F. Thibaudan, Y. Garreau, I. Forbeaux, J.-M. Debever, M. Sauvage-Simikin and J.-M. Themlin, J. Appl. Phys. **92**, 2479 (2007).

[16.28] K.V. Emtsev, A. Bostwick, K. Horn, J. Jobst, G.L. Kellogg, L. Ley, J.L. McChesney, T. Ohta, S.A. Reshanov, J. Röhri, E. Rotenberg, A.K. Schmid, D. Waldmann, H.B. Weber and Th. Seyller, Nature Mat. **8**, 203 (2009).

[16.29] S. Bae, H. Kim, Y. Lee, X. Xu, J.-S. Park, Y. Zheng, J. Balakrishnan, T. Lei, H.R. Kim, Y.I. Song, Y.-J. Kim, K.S. Kim, B. Ozyilmaz, J.-H. Ahn, B.H. Hong, and S. Iijima, Nature Nanotechnol. **5**, 574 (2010).

[16.30] W.S. Hummer, Jr. and R.E. Offerman, J. Am. Chem. Soc. **80**, 1339 (1958).

[16.31] S. Stankovich, R.D. Piner, X. Chen, N. Wu, S.T. Nguyen and R.S. Ruoff, J. Mat. Chem. **16**, 155 (2006).

[16.32] C. Gomez-Navarro, R.T. Weitz, A.M. Bittner, M. Scolari, A. Mews, M. Burghard and K. Kern, Nano Lett. **7**, 3499 (2007).

[16.33] J. Wu, P. Pisula and K. Müllen, Chem. Rev. **107**, 718 (2007); L. Zhi and K. Müllen, J. Mat. Chem. **18**, 1472 (2008).

[16.34] Y. Hernandez, V. Nicolosi, M. Lotoya, F.M. Blighe, Z. Sun, S. De, I.T. McGovern, B. Holland, M. Byrne, Y.K. Gun'Ko, J.H. Boland, P. Niraj, G. Duesberg, S. Krishnamurthy, R. Goodline, J. Hutchison, V. Scardaci, A.C. Ferrari and J.N. Coleman, Nature Nanotechnol. **3**, 563 (2008).

[16.35] M. Choucair, P. Thordarson and F.A. Stride, Nature Nanotechnol. **4**, 30 (2008).

[16.36] Ch. Lee, X. Wei, J.W. Kysar and J. Hone, Science **321**, 385 (2008).

[16.37] L.A. Falkovsky and A.A. Varlamov, Eur. Phys. J. B **56**, 281 (2007).

[16.38] R.R. Nair, P. Blake, A.N. Grigoronko, K.S. Novoselov, T.J. Booth, T. Stauber, N.M.R. Peres and A.K. Geim, Science **320**, 1308 (2008).

[16.39] Wiesendanger group, University of Hamburg; www.nanoscience.de/nanojoom /index.php/en/research/current-topics/graphene.

[16.40] LeRoy group, University of Arizona; www.physics.arizona.edu/~leroy/graphene .html.

[16.41] Y. Zhang, J.W. Tan, H.L. Störmer, H.L. Störmer and P. Kim, Nature **438**, 201 (2005).

[16.42] F. Schedin, A.-K. Geim, S.V. Morozov, E.W. Hill, P. Blake, M.I. Katsnelson and K.S. Novoselov, Nature Mat. **6**, 652 (2007).

[16.43] A.M.J. Schakel, Phys. Rev. D **43**, 1428 (1991); J. González, F. Guinea and M.A.H. Vozmechano, Phys. Rev. Lett. **77**, 3589 (1996); E.V. Gorba, V.P. Gusynin, V.A. Miransky and I.A. Shovkovy, Phys. Rev. B **66**, 045108 (2002); M.I. Katsnelson, Eur. Phys. J. B **51**, 157 (2006); M.I. Katsnelson, K.S. Novoselov and A.K. Geim, Nat. Phys. **2**, 620 (2006).

[16.44] J. Tworzydlo, B. Trauzettel, M. Titov, A. Rycerz and C.W.J. Beenakker, Phys. Rev. Lett. **96**, 246802 (2006).

[16.45] W. Zawadzki, Adv. Phys. **23**, 435 (1974).

[16.46] F.A. Luk'yanchik and Y. Kopelevich, Phys. Rev. Lett. **93**, 166402; S.Y. Zhou, G.H. Gweon, J. Graf, A.V. Fedorof, C.G. Spataru, R.D. Diehl, Y. Kopelevich, D.H. Lee, S.G. Louie and A. Lanzara, Nature Phys. **2**, 595 (2006).

[16.47] Y. Zheng and T. Audo, Phys. Rev. B **65**, 245420 (2002); V.P. Gusynin and S.G. Sharapov, Phys. Rev. Lett. **95**, 146801 (2005); N.M.R. Peres, F. Guinea and A.H. Castro Neto, Phys. Rev. B **73**, 125411 (2006); A.H. MacDonald, Phys. Rev. B **28**, 2235 (1983).

[16.48] G.P. Mikitik and Yu.V. Sharlai, Phys. Rev. Lett. **82**, 2147 (1999).

[16.49] E. McCann and V.I. Fal'ko, Phys. Rev. Lett. **96**, 086805 (2006).

[16.50] E. McCann, Phys. Rev. B **74**, 161403 (2006); E.V. Castro, K.S. Novoselov, S.V. Morozov, N.M.R. Perez, J.M.B. Lopez dos Santos, J. Nilsson, F. Guinea, A.K. Geim and A.H. Castro Neto, Phys. Rev. Lett. **99**, 216802 (2007).

[16.51] K.S. Novoselov, E. McCann, S.V. Morozov, V.I. Fal'ko, M.I. Katsnelson, U. Zeitler, D. Jiang, F. Schedin and A.K. Geim, Nature Phys. **2**, 177 (2006).

[16.52] P.A. Lee, Phys. Rev. Lett. **71**, 1887 (1993); A.W.W. Ludwig, M.P.A. Fisher, R. Shanka and G. Grinstein, Phys. Rev. B **50**, 7526 (1994); K. Ziegler, Phys. Rev. Lett. **80**, 3113 (1998); P.M. Ostrovsky, I.V. Gornyi and A.D. Mirlin, Phys. Rev. B **74**, 235443 (2006); K. Nomurasund and A.H. MacDonald, Phys. Rev. Lett. **98**, 076602 (2007).

[16.53] S.V. Morozov, K.S. Novoselov, M.I. Katsnelson, F. Schedin, L.A. Ponomarenko, D. Jiang and A.K. Geim, Phys. Rev. Lett. **97**, 016801 (2006).

[16.54] D.A. Siegel, C.-H. Park, C. Hwang, J. Deslippe, A.V. Fedorov, S.G. Louie and A. Lanzara, Proc. Natl. Acad. Sci. USA **108**, 11365 (2011).

[16.55] S. Das Sarma, E.H. Hwang and W.-K. Tse, Phys. Rev. B **75**, 121406 (2007).

[16.56] I.L. Aleiner and K. Efetov, Phys. Rev. Lett. **97**, 236801 (2006).

[16.57] E. McCann, K. Kechedzhi, V.I. Fal'ko, M. Suzuura, T. Ando and B.L. Altshuler, Phys. Rev. Lett. **97**, 146805 (2006).

[16.58] A.F. Morpurgo and F. Guinea, Phys. Rev. Lett. **97**, 196804 (2006); A. Rycerz, J. Tworzydlo and C.W.J. Beenakker, Europhys. Lett. **79**, 57003 (2007).

[16.59] A. Rycerz, J. Iworzydlo and C.W.J. Beenakker, Nature Phys. **3**, 172 (2007).

[16.60] K. Nomura and A.H. MacDonald, Phys. Rev. Lett. **96**, 256602 (2006).

[16.61] K. Yang, S. Das Sarma and A.H. MacDonald, Phys. Rev. B **74**, 075423 (2006); V.M. Apalkov and T. Chakraborty, Phys. Rev. Lett. **97**, 126801 (2006); J. Alicea and M.P.A. Fisher, Phys. Rev. B **74**, 075422 (2006); D.V. Khveshchenko, Phys. Rev. Lett. **87**, 246802 (2001); Phys. Rev. B **75**, 153405 (2007); D.A. Abanin, P.A. Lee and L.S. Levitov, Phys. Rev. Lett. **96**, 176803 (2006); C. Töke, P.E. Lammert, J.K. Jain and V.H. Crespi, Phys. Rev. B **74**, 235417 (2006); C. Töke and J.K. Jain, J. Phys.: Condens. Matter **24**, 235601 (2012).

[16.62] O. Klein, Z. Phys. **53**, 157 (1929).

[16.63] N. Dombey and A. Calogeracos, Phys. Rep. **315**, 41 (1999); T.R. Robinson, Am. J. Phys. **80**, 141 (2012).

[16.64] M.I. Katsnelson, K.S. Novoselov and A.K. Geim, Nature Phys. **2**, 620 (2006); J.B. Pendry, Science **315**, 5816 (2007).

[16.65] E. Schrödinger, Sitzungsberichte der Preußischen Akademie der Wissenschaften, Physikalisch-Mathematische Klasse, 418 (1930); 63 (1931).

[16.66] J. Schliemann, D. Loss and R.M. Westervelt, Phys. Rev. Lett. **94**, 206801 (2005); M.A. Topinka, R.M. Vestervelt and R.M. Heller, Phys. Tod. **56**, 47 (2003).

[16.67] T.M. Rusin and W. Zawadzki, Phys. Rev. B **80**, 045416 (2009); Phys. Rev. B **78**, 125419 (2008); J. Cserti and G. Dávid, Phys. Rev. B **81**, 121417 (2010); J.C. Martinez, M.B.A. Jahil and S.G. Tan, Appl. Phys. Lett. **97**, 062111 (2010).

[16.68] A. Cortigo and M.A.H. Vozmediano, Nucl. Phys. B **763**, 293 (2007).

[16.69] M.I. Katsnelson, *Graphene - Carbon in Two Dimensions* (Cambridge Univ. Press, New York, 2012).

[16.70] M. König, H. Buhmann, L.W. Molenkamp, T. Hughes, Ch.-X. Qi and Sh.-Ch. Zhang, J. Phys. Soc. Jpn. **77**, 031007 (2008).

[16.71] D.A. Abanin, S.V. Morozov, L.A. Ponomarenko, R.V. Gorbachev, A.S. Mayorov, M.I. Katsnelson, K. Watanabe, T. Taniguchi, K.S. Novoselov, L.S. Levitov and A.K. Geim, Science **332**, 328 (2011).

[16.72] N. Levy, S.A. Burke, K.L. Meaker, M. Panlasigui, A. Zettl, F. Guinea, A.H. Castro Neto and M.F. Crommie, Science **329**, 544 (2010).

[16.73] U.K. Sur, Int. J. Electrochem. 237689 (2012); M.J. Allen, V.C. Tung and R.B. Kaner, Chem. Rev. **110**, 132 (2010); A.K. Geim and P. Kim, Sci. Am. **4**, 90 (2008); A.K. Geim, Science **324**, 1530 (2009); A.K. Geim and A.H. MacDonald, Phys. Tod. **8**, 35 (2007).

[16.74] W. Bao, F. Miao, Z. Chen, H. Zhang, W. Jang, C. Dames and C.N. Lau, Nature Nanotechnol. **4**, 562 (2009).

[16.75] T.J. Booth, P. Blake, R.R. Nair, D. Jiang, E.W. Hill, U. Bangert, A. Bleloch, M. Gass, K.S. Novoselov, M.I. Katsnelson and A.K. Geim, Nano Lett. **8**, 2442 (2008).

[16.76] J.C. Bunch, S.S. Verbridge, J.S. Alden, A.M. van der Zande, J.M. Parpia, H.G. Craighead and P.M. McEuen, Nano Lett. **8**, 2458 (2008).

[16.77] F. Bonaccorso, Z. Sun, I. Hasan and A.C. Ferrari, Nature Photon. **4**, 611 (2010).

[16.78] T. Gokus, R.R. Nair, A. Bonetti, M. Böhmler, A. Lombardo, K.S. Novoselov, A.K. Geim, A.C. Ferrari and A. Hartschuh, ACS Nano **3**, 3963 (2009); G. Eda, Y.-Y. Lin, C. Mattevi, H. Yamagashi, H.-A. Chen, I.-S. Chen, Ch.-W. Chen and M. Chhowalla, Adv. Mat. **22**, 505 (2009); X. Sun, Zh. Liu, K. Welsher, J.T. Robinson, A. Goodwin, S. Zaria and H. Dai, Nano Res. **1**, 203 (2008); Z. Luo, P.M. Vora, E.J. Mele, A.T. Johnson and J.M. Kikkawa, Appl. Phys. Lett. 94, 111909 (2009); J. Lu, J.X. Yang, J. Wang, A. Lim, S. Wang and K.P. Loh, ACS Nano **3**, 2367 (2009).

[16.79] C.N. Rao, K.S. Subrahmanyam, H.S.S. Ramakrishna Matte and C. Govindaraj, Mod. Phys. Lett. B **25**, 427 (2011).

[16.80] S. Niyogi, E. Bekyarova, M.E. Itkis, J.L. McWilliams, M.A. Hamou and R.C. Haddon, J. Am. Chem. Soc. **128**, 7720 (2006).

[16.81] K.A. Worsley, P. Ramash, S.K. Mandal, S. Niyogi and R.C. Haddon, Chem. Phys. Lett. **445**, 51 (2007).

[16.82] A. Gosh, K.V. Rao, S.J. George and C.N.R. Rao, Chemistry **16**, 2700 (2010).

[16.83] C. Chen, Q.H. Yang, Y. Yang, W. Lv, Y. Wen, P.-X. Hou, M. Wang and H.-M. Cheng, Adv. Mat. **21**, 3007 (2009).

[16.84] Y. Xu, K. Sheng, C. Li and G. Shi, ACS Nano **4**, 4324 (2010).

[16.85] A. Gosh, K.S. Subrahmanyam, K.S. Krishna, S. Dutta, A. Govindaraj. S.K. Pati and C.N.R. Rao, J. Phys. Chem. C **112**, 15704 (2008).

[16.86] Y. Xu, L. Zhao, H. Bai. W. Hong, C. Li and G. Shi, J. Am. Chem. Soc. **131**, 13490 (2009); H.S.S. Ramakrishna Matte, K.S. Subrahmanyam, K. Venkata Rao, S.J. George and C.N.R. Rao, Chem. Phys. Lett. **506**, 260 (2011).

[16.87] X. Ling, L. Liee, Y. Fang, H. Xu, H. Zhang, J. Kong. M.S. Dresselhaus, J. Zhang and Z. Liu, Nano Lett. **10**, 553 (2010).

[16.88] K. Nakada, M. Fujita, G. Dresselhaus and M.S. Dresselhaus, Phys. Rev. B **54**, 17954 (1996); L. Brey and H.A. Fertig, Phys. Rev. B **73**, 235411 (2006); Y.W. Son, M.L. Cohen and S.G. Lonie, Phys. Rev. Lett. **97**, 216803 (2006).

[16.89] L.A. Ponomarenko. F. Schedin, M.I. Katsnelson, R. Yang, E.W. Hill, K.S. Novoselov and A.K. Geim, Science **320**, 356 (2008); R.M. Westervelt, Science **320**, 324 (2008).

[16.90] A.T. Tilke, F.C. Simmel, R.H. Blick, H. Lorenz and J.P. Kotthans, Prog. Quantum Electron. **25**, 97 (2001); Y. Takahashi, Y. Ono, A. Fujiwara and H. Inokawa, J. Phys.: Condens. Matter **14**, R 995 (2002).

[16.91] T. Ihn, J. Güttinger, F. Molitor, S. Schnez, E. Schurtenberger, A. Jacobsen, S. Hellmüller, T. Frey, S. Dröscher, C. Stampfer and K. Ensslin, Mat. Today **13**, 44 (2010).

[16.92] B. Trauzettel, D.V. Bulaev, D. Loss and G. Burkhard, Nature Phys. **3**, 192 (2007).

[16.93] Y.-M. Lin, C. Dimitrakopulus, K.A. Jenkins, D.B. Farmer, H.-Y. Chin, A. Grill and Ph. Avouris, Science **327**, 662 (2010).

[16.94] E.W. Hill, A.K. Geim, K. Novoselov, F. Schedin and P. Blake, IEEE Trans. Magn. **42**, 2694 (2006).

[16.95] H.B. Heersche, P. Jarillo-Herrero, J.B. Oostinga, L.M.K. Vandersypen and A.F. Morpurgo, Nature **446**, 56 (2007).

[16.96] A.B. Kuzmenko, E. van Heumen, F. Carbone and D. van der Marel, Phys. Rev. Lett. **100**, 117401 (2008).

[16.97] G. Giovanetti, P.A. Khomyakov, G. Brocks, V.M. Karpan, J. van den Brink and P.J. Kelly, Phys. Rev. Lett. **101**, 026803 (2008).

[16.98] F.T. Vasko and V. Ryzhii, Phys. Rev. B **77**, 195433 (2008); J. Park, Y.H. Ahn and C. Ruiz-Vargas, Nano Lett. **9**, 1742 (2009); F. Xia, T. Müller, Y.M. Lin, A. Valdes-Garcia and P. Avouris, Nature Nanotechnol. **4**, 839 (2009).

[16.99] B.E.A. Saleh and M.C. Teich, *Fundamentals of Photonics* (Wiley, New Jersey, 2007).

[16.100] X.D. Xu, N.M. Gabor, J.S. Alden, A.M. van der Zande and P.L. McEnen, Nano Lett. **10**, 562 (2010).

[16.101] T. Maeda, Display **5**, 82 (1999).

[16.102] H.G. Craighead, J. Cheng and S. Hackwood, Appl. Phys. Lett. **40**, 22 (1982).

[16.103] C.D. Sheraw, L. Zhou, J.R. Huang, D.J. Gundlach, T.N. Jackson, M.G. Kane, I.G. Hill, M.S. Hammond, J. Campi, B.K. Greening, J. Francl and J. West, Appl. Phys. Lett. **80**, 1088 (2002); W.D. Tan, C.Y. Su, R.J. Knize, G.Q. Xie, L.J. Li and D.Y. Tang, Appl. Phys. Lett. **96**, 051122 (2010).

[16.104] T. Hasan, Z. Sun, F. Wang, F. Bonaccorso, P.H. Tan, A.G. Rozhin and A.C. Ferrari, Adv. Mat. **21**, 3874 (2009); R.W. Boyd, *Nonlinear Optics* (Elsevier, New York, 2003).

[16.105] U. Keller, Nature **424**, 831 (2003).

[16.106] M. Breusing, C. Ropers and T. Elsässer, Phys. Rev. Lett. **102**, 08609 (2009); D. Sun, Z.K. Wu, C. Divin, X.B. Li, C. Berger, W.A. de Heer, P.N. First and T.B. Norris, Phys. Rev. Lett. **101**, 157402 (2008).

[16.107] Z. Sun, T. Hasan, F. Torrisi, D. Popa, G. Privitera, F. Wang and F. Bonaccorso, D.M. Basko and A.C. Ferrari, ACS Nano **4**, 803 (2010).

[16.108] J. Wang, Y. Hernandez, M. Lotoya, J.N. Coleman and W.J. Blau, Adv. Mat. **21**, 2430 (2009); Y. Xu, Z. Liu, X. Zhang, Y. Wang, J. Tian, Y. Huang, Y. Ma, X. Zhang and Y. Chen, Adv. Mat. **21**, 1275 (2008).

[16.109] S.A. Mikhailov, Europhys. Lett. **79**, 27002 (2007).

[16.110] J.J. Dean, and H.M. Driel, Appl. Phys. Lett. **95**, 261910 (2009).

[16.111] E. Hendry, P.J. Hale, J.J. Moger, A.K. Savchenko and S.A. Mikhailov, Phys. Rev. Lett. **105**, 097401 (2010).

[16.112] X.-C. Zhang and J. Xu, *Introduction to THz Wave Electronics* (Springer, New York, 2010).

[16.113] F. Rana, IEEE Trans. Nanotechn. **7**, 91 (2008); V. Ryzhii, A. Satou and T. Otsuji, J. Appl. Phys. **101**, 024509 (2007).

[16.114] D. Sun, C. Divin, J. Rioux, J.E. Sipe, C. Berger, W.A. de Heer, P.N. First and T.B. Norris, Nano Lett. **10**, 1293 (2010); T. Otsuji S.A. Boubanga Tombet, S. Chan, T. Watanabe, A. Satou and V. Ryzhii, PIERS Online **7**, 308 (2011).

[16.115] R.M. Frazier, M. Weber and J.H. Adams, Nanomat. Energ. **2**, 212 (2013).

[16.116] S. Stankivich, D.A. Dukin, G.H.B. Dommett, K.M. Kohlhaas, E.J. Zimney, E.A. Stach, R.D. Piner, S.T. Nguyen and R.S. Ruoff, Nature **442**, 282 (2006).

[16.117] V. Tozzini and V. Pellegrini, Phys. Chem. Chem. Phys. **15**, 80 (2013).

[16.118] S. Reich, J. Maultzsch, C. Thomsen and P. Ordéjón, Phys. Rev. B **66**, 035412 (2002).

[16.119] D.W. Boukhalov, M.I. Katsnelson and A.I. Lichtenstein, Phys. Rev. B **77**, 035427 (2008).

[16.120] F. Bassani and G. Pastori Parravicini, *Electronic States and Optical Transitions in Solids* (Pergamon, Oxford, 1975).

[16.121] S.M. Tsidilkovskii, *Band Structure of Semiconductors* (Pergamon, Oxford, 1982); S.V. Vonsovsky and I.M. Katsnelson, *Quantum Solid State Physics* (Springer, Berlin, 1989).

[16.122] I.L. Aleiner and K.B. Efetov, Phys. Rev. Lett. **97**, 136801 (2006); A.R. Akhmerov and C.W.J. Beenakker, Phys. Rev. B **77**, 085423 (2008); D.M. Basko, Phys. Rev. B **78**, 115432 (2008).

[16.123] P.A.M. Dirac, Proc. R. Soc. Lond. A **117**, 610 (1928).

[16.124] C.L. Kane and E.J. Male, Phys. Rev. Lett. **95**, 226801 (2005).

[16.125] D. Huertas-Hernando, F. Guinea and A. Brataas, Phys. Rev. B **74**, 155426 (2006).

[16.126] T. Ando, T. Nakanishi and R. Saito, J. Phys. Soc. Japan **67**, 2857 (1998).

[16.127] G. Giovanetti, P.A. Khomyakov, G. Brocks, P.J. Kelly and J. van den Brink, Phys. Rev. B **78**, 073103 (2007); B. sachs, T.O. Wehling, M.I. Katsnelson and A.I. Lichtenstein, Phys. Rev. B **84**, 195444 (2011).

[16.128] E.T. Whittaker and G.N. Watson, *A Course of Modern Analysis* (Cambridge Univ. Press, Cambridge, 1927).

[16.129] M.F. Atiyah and I.M. Singer, Ann. Math. **87**, 484 (1968); M.F. Atiyah and I.M. Singer, Proc. Natl. Acad. Sci. USA **81**, 2597 (1984).

[16.130] M. Kaku, *Introduction to Superstrings* (Springer, Berlin, 1988); N. Nakhahara, *Geometry, Topology and Physics* (IOP, Bristol, 1990).

[16.131] Y. Tenjinbagashi, H. Igarashi and T. Fujiwara, Ann. Phys. **322**, 460 (2007); M.I. Katsnelson and M.E. Prokhorova, Phys. Rev. B **77**, 205424 (2008).

[16.132] M.I. Katsnelson, Mater. Today **10**, 20 (2007).

[16.133] Y. Aharoni and A. Casher, Phys. Rev. A **19**, 2461 (1979).

[16.134] I.M. Lifshitz, M. Ya. Azbel and M.I. Kaganov, *Electron Theory of Metals* (Plenum, New York, 1973); A.A. Abkrikosov, *Fundamentals of the Theory of Metals* (North Holland, Amsterdam, 1988).

[16.135] L. S. Shulman, *Techniques and Applications of Path Integration* (Wiley, New York, 1981).

[16.136] M.V. Berry, Proc. R. Soc. (London) A **392**, 45 (1984); A. Schapere and F. Wilczek (Eds), *Geometric Phases in Physics* (World Scientific, Singapore, 1989).

[16.137] J. Zak, Phys. Rev. Lett. **62**, 2747 (1989); M.C. Chang and Q. Nin, J. Phys. D: Condens. Matter **20**, 193202 (2008).

[16.138] S.G. Sharapov, V.P. Gusynin and H. Beck, Phys. Rev. B **69**, 075104 (2004).

[16.139] L.D. Landau and E.M. Lifshitz, *Statistical Mechanics*, (Pergamon, Oxford, 1980).

[16.140] D. Cangemi and G. Dunne, Ann. Phys. **249**, 582 (1996).

[16.141] D.L. John, L.C. Castro and D.L. Pulfrey, J. Appl. Phys. **96**, 5180 (2004); L.A. Ponomarenko, R. Yang, R.V. Gorbachev, R.V. Blake, P. Mayorov, K.S. Novoselov, M.I. Katsnelson and A.K. Geim, Phys. Rev. Lett. **105**, 136801 (2010).

[16.142] M.V. Fedoryuk, *Method of Steepest Descent* (Nauka, Moscow, 1977).

[16.143] L.A. Ponomarenko, R. Yang, R.V. Gorbachev, P. Blake, A.S. Mayorov, K.S. Novoselov, M.I. Katsnelson and A.K. Geim, Phys. Rev. Lett. **105**, 136806 (2010).

[16.144] R.E. Prange and S.M. Girvin (Eds), *The Quantum Hall Effect* (Springer, Berlin, 1987).

[16.145] D.J. Thouless, M. Kohmoto, M.P. Nightingale and M. Nijs, Phys. Rev. Lett. **49**, 405 (1982); M. Kohmoto, Phys. Rev. B **39**, 11943 (1989); B. Simon, Phys. Rev. Lett. **51**, 2167 (1983).

[16.146] M. Kohmoto, Ann. Phys. **160**, 343 (1985).

[16.147] A. Connes, *Noncommutative Geometry* (Academic Press, San Diego, 1994); J. Bellissard, A. van Elst and H. Schulz-Baldes, J. Math. Phys. **35**, 5373 (1994).

[16.148] P.M. Ostrovsky, F.V. Gornyi and A.D. Mirlin, Phys. Rev. B. **77**, 195430 (2008).

[16.149] K.S. Novoselov, Z. Jiang, Y. Zhang, S.V. Morozov, H.L. Störmer, U. Zeitler, J.C. Maan, G.S. Böbinger, P. Kim and A.K. Geim, Science **315**, 1379 (2007).

[16.150] Y. Zhang, Z. Jiang, J.P. Small, M.S. Purewal, Y.-W. Tam, M. Fazlollahi, J.D. Chudow, J.A. Jaszczak, H.L. Störmer and R. Kim, Phys. Rev. Lett. **96**,136806 (2006); Z. Jiang, Y. Zhang, H.L. Störmer and P. Kim, Phys. Rev. Lett. **99**, 106802 (2007); A.J.M. Giesbers, U. Zeitler, M.I. Katsnelson, L.A. Ponomarenko, T.M. Mohiuddin and J.C. Maan, Phys. Rev. Lett. **99**, 206803 (2007); J.G. Checkelsky, L. Li and N.P. Ong, Phys. Rev. Lett. **100**, 20680 (2008); A.J.M. Giesbers, L.A. Ponomarenko, K.S. Novoselov, A.K. Geim, M.I. Katsnelson, J.C. Maan and U. Zeitler, Phys. Rev. B **80**, 201403 (2009).

[16.151] X. Du, I. Skachko, F. Duerr, A. Cucian and E.Y. Andrei, Nature **462**, 192 (2009); K.I. Bolatin, F. Ghahara, M.D. Shulman, H.L. Störmer and P. Kim, Nature **462**, 196 (2009).

[16.152] E. McCann, D.S.L. Abergel and V.I. Falko, Solid State Commun. **143**, 110 (2007).

[16.153] N.B. Brandt, S.M. Chudinov and Ya.G. Ponomarev, *Semimetals: Graphite and its Compounds* (North Holland, Amsterdam, 1988), M.S. Dresselhaus and G. Dresselhaus, Adv. Phys. **51**, 1 (2002).

[16.154] A.S. Mayorov, D.C. Elias, M. Mucha-Kruczynski, R.V. Gorbachev, T. Tudorovskiy, A. Zhukov, S.V. Morozov, M.I. Katsnelson, V.I. Falko, A.K. Geim and K.S. Novoselov, Science **333**, 860 (2011).

[16.155] E.V. Castro, K.S. Novoselov, S.V. Morozov, N.M.R. Peres, J.M.B. Lopes dos Santos, J. Nilsson, F. Guinea, A.K. Geim and A.H. Castro Neto, J. Phys.: Condens. Matter **22**, 175503 (2010).

[16.156] K.B. Oostinga, H.B. Heersche, X. Liu, A.F. Morpurgo and L.M.K. Vandersypen, Nature Mat. **7**, 151 (2008).

[16.157] J.L. Mañes, F. Guinea and M.A.H. Vozmediano, Phys. Rev. B **75**, 155424 (2007), M. Koshino and E. McCann, Phys. Rev. B **81**, 115315 (2010).

[16.158] V.M. Pereira, J. Nilsson and A.H. CastroNeto, Phys. Rev. Lett. **99**, 166802 (2007).

[16.159] A.W.W. Ludwig, M.P.A. Fisher, R. Shankar and G. Grinstein, Phys. Rev. B **50**, 7526 (1994); J. Tworzydlo, B. Trouzettel, M. Titov, A. Rycerz and C.W.J. Beenakker, Phys. Rev. Lett. **96**, 246802 (2006).

[16.160] M.I. Katsnelson, Eur. Phys. J. B. **51**, 157 (2006).

[16.161] E. Prada, P. San-José, B. Wunsch and F. Guinea, Phys. Rev. B **75**, 113407 (2007); A. Schüssler, P.M. Ostrovsky, I.V. Gornyi and A.D. Mirlin, Phys. Rev. B **79**, 075405 (2009).

[16.162] R. Danneau, F. Wu, M.F. Cracium, S. Russo, M.Y. Tomi, J. Salmilekto, A.F. Morpurgo and P.J. Hakouen, Phys. Rev. Lett. **100**, 196802 (2008); A.S. Mayorov, D.C. Elias, M. Mucha-Kruczynski, R.V. Gorbachev, I. Tudorovskiy, A. Zukhov, S.V. Morozov, M.I. Katsnelson, V.I. Falko, A.K. Geim and K.S. Novoselov, Science **333**, 860 (2011).

[16.163] M. Auslender and M.I. Katsnelson, Phys. Rev. B **76**, 235425 (2007).

[16.164] R. Gerritsma, G. Kirchmair, F. Zähringer, E. Solano, R. Blatt and C.F. Roos, Nature **462**, 38 (2010).

[16.165] J. Cserti and G. Dávid, Phys. Rev. B **74**, 125419 (2006); T.M. Rusin and W. Zawadski, Phys. Rev. B **78**, 125419 (2008); Phys. Rev. B **80**, 045416 (2009).
[16.166] L.D. Landau and R. Peierls, Z. Phys. **69**, 56 (1931); A.S. Davydov, *Quantum Mechanics* (Pergamon, Oxford, 1976).
[16.167] R. Kubo, J. Phys. Soc. Japan **12**, 570 (1957); P.C. Martin and J. Schwinger, Phys. Rev. **115**, 1342 (1959).
[16.168] D.N. Zubarev, *Nonequilibrium Statistical Mechanics* (Consultants Bureau, New York, 1976).
[16.169] S. Ryu, C. Mudry, A. Furusaki and A.W.W. Ludwig, Phys. Rev. B **75**, 205344 (2007).
[16.170] F. Miao, S. Wijeratne, Y. Zhang, U. Coskun, W. Bao and C.N. Lau, Science **317**, 1530 (2007).
[16.171] W. Tian and S. Datta, Phys. Rev. B **49**, 5097 (1994); L. Chico, L.X. Benedict, S.G. Lonie and M.L. Cohen, Phys. Rev. B **54**, 2600 (1996).
[16.172] A. Rycerz, P. Recher and M. Wimmer, Phys. Rev. B **80**, 125417 (2009).
[16.173] J. Cserti, A. Csordás and G. David, Phys. Rev. Lett. **99**, 066802 (2007).
[16.174] A. Calogeracos and N. Dombey, Cont. Phys. **40**, 313 (1999).
[16.175] J.B. Pendry, Science **315**, 1226 (2007).
[16.176] W. Greiner and S. Schramm, Am. J. Phys. **76**, 509 (2008).
[16.177] R.-K. Su, G. Siu and X. Chou, J. Phys. A **26**, 1001 (1993).
[16.178] V.B. Berestetskii, E.M. Lifshitz and L.P. Pitaevskii, *Relativistic Quantum Theory* (Pergamon, Oxford, 1971).
[16.179] J.D. Bjorken and S. D. Drell, *Relativistic Quantum Mechanics* (McGraw-Hill, New York, 1964).
[16.180] D.R. Yennie, D.G. Ravenhall and R.N. Wilson, Phys. Rev. **95**, 500 (1954).
[16.181] R. Saito, G. Dresselhaus and M.S. Dresselhaus, *Physical Properties of Carbon Nanotubes* (Imperial College Press, London, 1998).
[16.182] N. Stauder, B. Huard and D. Goldhaber-Gardon, Phys. Rev. Lett. **102**, 026807 (2009); A.F. Young and P. Kim, Nature Phys. **5**, 222 (2009).
[16.183] A.V. Shytov, M.S. Rudner and L.S. Levitov, Phys. Rev. Lett. **101**, 156804 (2008), A. Shytov, M.S. Rudner, N. Gu, M. Katsnelson and L. Levitov, Solid State Commun. **149**, 1087 (2009).
[16.184] V.V. Chaianov, V. Falko and B.L. Altshuler, Science **315**, 1252 (2007).
[16.185] V.S. Veselago, Sov. Phys. Usp. **10**, 509 (1968).
[16.186] J.B. Pendry, Contemp. Phys. **45**, 191 (2004).
[16.187] D.Ö. Güney and D.A. Meyer, Phys. Rev. A **79**, 063834 (2009).
[16.188] B.I. Shklovskii and A.L. Efros, *Electronic Properties of Doped Semiconductors* (Springer, Berlin, 1984).
[16.189] N.F. Mott, *Metal-Insulator Transitions* (Taylor and Francis, London, 1974); N.F. Mott and E.A. Davis, *Electron Properties in Non-Crystalline Materials* (Clarendon, Oxford, 1979).
[16.190] M. Gibertini, A. Tomadin, M. Polini, A. Fasolino and M.I. Katsnelson, Phys. Rev. B **81**, 125437 (2010).
[16.191] J. Martin, N. Akerman, G. Ulbricht, T. Lohmann, J.H. Smet, K. von Klitzing and A. Yacoby, Nature Phys. **4**, 144 (2007).
[16.192] V.V. Chaianov, V. Falko, B.L. Altshuler and I.L. Aleiner, Phys. Rev. Lett. **99**, 176801 (2007).
[16.193] J.R. Meyer, C.A. Hoffman, F.J. Bartoli and L.R. Rammohan, Appl. Phys. Lett. **67**, 757 (1995); R. Teissier, J.J. Finley, M.S. Solnick, J.W. Cockburn, J.-L. Pelouard, R. Grey, G. Hill, M.-A. Pate and R. Panel, Phys. Rev. B **54**, 8329 (1996).
[16.194] L.P. Kadanoff and G. Bayme, *Quantum Statistical Mechanics* (Benamin, New York, 1962); L.V. Keldysh, Zn. Eskp. Theor. Fiz. **47**, 1515 (1964); J. Rammer and H. Smith, Rev. Mod. Phys. **58**, 323 (1986); M. Wagner, Phys. Rev. B. **44**, 6104 (1991); A. Kamenev and A. Levchenko, Adv. Phys. **58**, 197 (2009).

[16.195] A.I. Akhiezer and S.V. Peteminskii, *Methods of Statistical Physics* (Pergamon, Oxford, 1981); R. Luzzi, A.R. Vasconcellos and J.G. Ramos, Int. J. Mod. Phys. B**14**, 3189 (2000); A.L. Kuzemsky, Int. J. Mod. Phys. B **19**, 1029 (2005).
[16.196] F. Evers and A.D. Mirlin, Rev. Mod. Phys. **80**, 1355 (2008).
[16.197] J. Kailasvouri and M.C. Lüffe, J. Statist. Mech.: Thery Exp. P 06024 (2010); M. Trushin, J. Kailasvouri, J. Schliemann, A.H. MacDonald, Phys. Rev. B. **82**, 155308 (2010).
[16.198] N.H. Shon and T. Ando, J. Phys. Soc. Japan **67**, 2421 (1998).
[16.199] F.V. Tikhonenko, D.W. Horsell, R.V. Gorbachev and A.K. Savchenko, Phys. Rev. Lett. **103**, 226801 (2009); J.H. Baradarson, M.V. Medvedeva, J. Twordzydlo, A.R. Akhmenov and C.W.J. Beenaker, Phys. Rev. B **81**, 121414 (2010); M. Titov, P.M. Ostrovsky, I.V. Gornyi, A.Schüssler and A.D. Mirlin, Phys. Rev. Lett. **104**, 076802 (2010); P.M. Ostrovsky, M. Titov, S. Bera, I.V. Gornyi and A.D. Mirlin,Phys. Rev. Lett. **105**, 266803 (2010).
[16.200] J.M. Ziman, *Electrons and Phonons. The Theory of Transport Phenomena in Solids* (Oxford Univ. Press, Oxford, 2001).
[16.201] H. Nakano, Prog. Theor. Phys. **17**, 145 (1957); H. Mori, Prog. Theor. Phys. **34**, 399 (1965).
[16.202] C.R. Dean, A.F. Young, I. Meric, C. Lee, L. Wang, S. Sorgenfrei, K. Watanabe, T. Taniguchi, P. Kim, K.L. Shepard and J. Hone, Nature Nanotechnol. **5**, 722 (2010).
[16.203] S.V. Morozev, K.S. Novoselov, M.I. Katsnelson, F. Schedin, D.C. Elias, J.A. Jaszczak and A.K. Geim, Phys. Rev. Lett. **100**, 016602 (2008).
[16.204] H. Ochoa, E.V. Castro, M.I. Katsnelson and F. Guinea, Phys. Rev. B **83**, 235416 (2011).
[16.205] J.L. Mañes, Phys. Rev. B **76**, 045430 (2007).
[16.206] S.-M. Choi, S.-H. Jhi and Y.-W. Son, Phys. Rev. B **81**, 081407 (2010).
[16.207] E.V. Castro, H. Ochoa, M.I. Katsnelson, R.V. Gorbachev, D.C. Elias, K.S. Novoselov, A.K. Geim and F. Guinea, Phys. Rev. Lett. **105**, 266601 (2010).
[16.208] E. Mariani and F. von Oppen, Phys. Rev. Lett. **100**, 076801 (2008); Phys. Rev. B **82**, 195403 (2010).
[16.209] I. Martin and Ya.M. Blanter, Phys. Rev. B **79**, 235132 (2009); M. Wimmer, A.R. Akhmerov and F. Guinea, Phys. Rev. B **82**, 045409 (2010).
[16.210] A. Yacoby and Y. Imry, Phys. Rev. B **41**, 5341 (1990).
[16.211] F. Muñoz-Rogas, J. Fernández-Rossier, L. Brey and J.J. Palacios, Phys. Rev. B **77**, 045301 (2008).
[16.212] P. Koskinen, S. Malola and H. Häkkinen, Phys. Rev. Lett. **101**, 115502 (2008).
[16.213] D.W. Boukhvalov and M.I. Katsnelson, Nano Lett. **8**, 4373 (2008); S. Bhandary, O. Erikson, B. Sanyal and M.I. Katsnelson, Phys. Rev. B **82**, 165405 (2010).
[16.214] O.V. Yazyev and M.I. Katsnelson, Phys. Rev. Lett. **100**, 047209 (2008).
[16.215] N.Y. Han, B. Ozyilmaz, Y. Zhang and P Kim, Phys. Rev. Lett. **98**, 206805 (2007); X. Wang, Y. Ouyang, X. Li, H. Wang, J. Guo and H. Dai, Phys. Rev. Lett. **100**, 206803 (2008); M.Y. Han, J.C. Brant and P. Kim, Phys. Rev. Lett. **104**, 056801 (2010).
[16.216] P. Deplace and G. Montambaux, Phys. Rev. B **82**, 205412 (2010).
[16.217] L.D. Landau and E.M. Lifshitz, *Quantum Mechanics* (Pergamon, Oxford, 1977).
[16.218] T. Stauber, N.M.R. Peres and A.K. Geim, Phys. Rev. B **78**, 085432 (2008).
[16.219] V.P. Gusynin, S.G. Sharapov and J.P. Carbotte, J. Phys.: Condens. Matter **19**, 026222 (2007); New. J. Phys. **11**, 095407 (2009).
[16.220] M.L. Sadowski, G. Martinez, M. Potemski, C. Berger and W.A. de Heer, Phys. Rev. Lett. **97**, 266405 (2006); Z. Jiang, E.A. Henriksen, L.C. Tung, Y.-L. Wang, M.E. Schwartz, M.Y. Han, P. Kim, and H.L. Störmer, Phys. Rev. Lett. **98**, 197403 (2007), A.M. Witowski, M. Orlita, R. Stepniewski, A. Wismolek, J.M. Baranowski, W. Stupinki, C. Faugeras, G. Martinez and M. Potemski, Phys. Rev. B **82**, 165305 (2010).

[16.221] I.V. Fialkovsky and D.V. Vassilevich, J. Phys. A **42**, 442001 (2009); I. Crassee J. Levallois, A.L. Walter, M. Ostler, A. Bostwick, E. Rotenberg, T. Seyler, D. van der Marel and A.B. Kuzmenko, Nature Phys. **7**, 48 (2011).
[16.222] J.P. Hobson and W.A. Nierenberg, Phys. Rev. **89**, 662 (1953).
[16.223] S. Yuan, H. De Raedt and M.I. Katsnelson, Phys. Rev. B **82**, 115448 (2010).
[16.224] A.B. Kuzmenko, E. van Heumen, D. van der Marel, P. Lerch, P. Blake, K.S. Novoselov and A.K. Geim, Phys. Rev. B **79**, 115441 (2009).
[16.225] H.H. Hwang and S. Das Sarma, Phys. Rev. B **75**, 205418 (2007).
[16.226] P. K. Pyatkovskiy, J. Phys.: Condens. Matter **21**, 025506 (2009).
[16.227] M.I. Katsnelson, Phys. Rev. B **74**, 201401 (2006).
[16.228] M. Schilfgaarde and M.I. Katsnelson, Phys. Rev. B **83**, 081409 (2011).
[16.229] P.M. Platzmann and P.A. Wolf, *Waves and Interactions in Solid State Plasmas*, (Academic Press, New York, 1973).
[16.230] T. Ando, A.B. Fowler and F. Stern, Rev. Mod. Phys. **54**, 437 (1982).
[16.231] S. Gangadharaiah, A.M. Farid and E.G. Mischchenko, Phys. Rev. Lett. **100**, 166802 (2008).
[16.232] T. Tudorovskiy and S.A. Mikhailov, Phys. Rev. B **82**, 073411 (2010).
[16.233] A. Hill, S.A. Mikhailov and K. Ziegler, Europhys. Lett. **87**, 27005 (2009); S. Ynan, R. Roldán and M.I. Katsnelson, Phys. Rev. B. **84**, 035439 (2011).
[16.234] A. Principi, M. Polini and G. Vignale, Phys. Rev. B **80**, 075418 (2009).
[16.235] J. W. McClure, Phys. Rev. **104**, 666 (1956); S. A. Safran and F.J. DiSalvo, Phys. Rev. B **20**, 4889 (1979).
[16.236] A.H. Wilson, *Theory of Metals* (Cambridge Univ. Press, Cambridge, 1965).
[16.237] M.P. Sharma, L.G. Johnson and J.W. McClure, Phys. Rev. B **9**, 2467 (1974); M. Koshino and T. Ando, Phys. Rev. B **81**, 195431 (2010).
[16.238] A. Principi, M. Polini, G. Vignale and M.I. Katsnelson, Phys. Rev. Lett. **104**, 225503 (2010).
[16.239] I.M. Lifshitz, Zh. Eskp. Theor. Fiz. **22**, 475 (1952); G.L. Belenkii, E. Yu. Salaev and R.A. Suleimanov, Usp. Fiz. Nauk **155**, 89 (1988); A.M. Kosevich, *Theory of Crystal Lattices* (Wiley, New York, 1999).
[16.240] N. Mounet and N. Marzari, Phys. Rev. B **71**, 205214 (2005).
[16.241] J.H. Los and A. Fasolino, Phys. Rev. B **68**, 024107 (2003); J.H. Los, L.M. Ghiringhelli, E.J. Meijer and A. Fasolino, Phys. Rev. B **72**, 214102 (2005).
[16.242] L.J. Karssemeijer and A. Fasolino, Surf. Sci. **605**, 1611 (2011).
[16.243] N.D. Mermin and H. Wagner, Phys. Rev. Lett. **17**, 22 (1966); D. Ruelle, *Statistical Mechanics: Rigorous Results* (Imperial College Press, London, 1999).
[16.244] C. Lee, X. Wei, J.W. Kysar and J. Hone, Science **321**, 385 (2008).
[16.245] K.S. Kim, Y. Zhao, H. Jang, S.Y. Lee, J.M. Kim, K.S. Kim, J.-H. Ahn, P. Kim, J.-Y. Choi, and B.H. Hong, Nature **457**, 706 (2009).
[16.246] R.E. Peierls, Z. Phys. **80**, 763 (1933); Helv. Phys. Acta **7**, 81, (1934).
[16.247] J.C. Meyer, A.K. Geim, M.I. Katsnelson, D. Obergfell, S. Roth, C. Grit and A. Zettl, Solid State Commun. **143**, 101 (2007).
[16.248] K.V. Zakharchenko, J.H. Los, M.I. Katsnelson and A. Fasolino, Phys. Rev. B **81**, 235439 (2010); K.V. Zakharchenko, R. Rodán, A. Fasolino and M.I. Katsnelson, Phys. Rev. B **82**, 125435 (2010).
[16.249] E.G. Steward, B.P. Cook and E.A. Kellert, Nature **187**, 1015 (1960).
[16.250] D. Yoon, Y.W. Soon and H. Cheong, Nano Lett. **11**, 3227 (2011).
[16.251] K.V. Zakharchenko, M.I. Katsnelson and A. Fasolino, Phys. Rev. Lett. **102**, 046808 (2009).
[16.252] A.A. Balandin, S. Gosh, W. Bao, I. Calizo, D. Teweldebrhan, F. Miao and C.N. Lau, Nano Lett. **8**, 902 (2008); A.A. Balandin, Nature Mat. **10**, 569 (2011); S. Gosh, W. Bao, D.L. Nika, S. Bubrina, E.P. Pokatilov, C.N. Lau and A.A. Balandin, Nature Mat. **9**, 555 (2010).

[16.253] K.V. Zakharchenko, A. Fasolino, J.H. Los and M.I. Katsnelson, J. Phys.: Condens. Matter **23**, 202202 (2011).
[16.254] S. Iijima, Nature **354**, 56 (1991); S. Iijima, T. Ichihashi and Y. Ando, Nature **356**, 776 (1992); S. Iijima and T. Ichihashi, Nature **363**, 603 (1993).
[16.255] J.A.E. Gibson, Nature **359**, 207 (1996).
[16.256] P.J.E. Harris, *Carbon Nanotubes and Related Structures* (Cambridge Univ. Press, Cambridge, 1999); S. Yoshimura and R.P.H. Chang (Eds) *Supercarbon: Synthesis, Properties and Applications* (Springer, Berlin 1998); S.V. Rotkin and S.S. Subramoney (Eds), *Applied Physics of Carbon Nanotubes* (Springer, Berlin, 2005).
[16.257] O. Zhou, R.M. Flemming, D.W. Murphy, C.H. Chen, R.C. Haddon, A.P. Ramirez and S.H. Glarum, Science **263**, 1744 (1994); S. Amelinckx, D. Bernaerts, X.B. Zhang, G. Van Tendeloo and J. Von Landuyt, Science **267**, 1334 (1995).
[16.258] J.H. Warner, N.P. Young, A.I. Kirkland and D.A.D. Briggs, Nature Mat. **10**, 958 (2011).
[16.259] EndoLab, Shinshu University, Japan; endomoribu.shinshu-u.ac.jp/reserach/cnt /composit.html.
[16.260] A. Eliseev, L. Yashina, M. Kharlamova and N. Kiselev, DOI:10.5772/19060.
[16.261] EMAT 2013 Workshop, University of Antwerp, Belgium; ematworkshop.ua.ac.be.
[16.262] J. Hart, Mechanosynthesis Group, MIT, USA.; mechanosynthesis.mit.edy; MIT Technology Review, February 24, 2009.
[16.263] Banks group, Devision of Chemistry and Environmental Sciences, Manchester Metropolitan University, U.K.; craikbanksresearch.com/page5.html.
[16.264] Pyrograt Products Incorporation, Cedarville, USA; apsci.com /?page_id=19.
[16.265] Bandarn group, Jacobs School of Engineering, UC San Diego, USA; www.jacobsschol.ncsd.edu/news/news_releases/release.Ste?id=661.
[16.266] NEC Corporation, Tokio, Japan; www.nec.com/en/photo/rd.html.
[16.267] P.J.F. Harris, S.C. Tsang, J.B. Claridge and M.L.H. Green, Faraday Trans. **90**, 2799 (1994).
[16.268] S.C. Tsang, P.J.G. Harris, J.B. Claridge and M.L.H. Green, Chem Commun., 1519 (1993).
[16.269] R.T.K. Baker and P.S. Harris, Chem. Phys. Carbon **14**, 83 (1978).
[16.270] M.F. Yu, O. Lourie, M.J. Dyer, K. Moloni, Th. F. Kelly and R.S. Ruoff, Science **287**, 637 (2000).
[16.271] T. Hertel, R. Martel and P. Avouris, J. Phys. Chem. B **102**, 910 (1998).
[16.272] B.I. Yakobson, M.P. Campbell, C.J. Brabec and J. Bernholc, Comp. Mat. Sci. **8**, 341 (1997).
[16.273] B.I. Yakobson, C.J. Brabec and J. Bernholc, Phys. Rev. Lett. **76**, 2511 (1996).
[16.274] S. Iijima, C. Brabec, A. Maiti and J. Bernholc, J. Chem. Phys. **104**, 2089 (1996).
[16.275] T. Kuzumaki, T. Hayushi, H. Ichinose, K. Miyazawa, K. Ito and Y. Ishida, Phil. Mag. A **77**, 1461 (1998).
[16.276] O. Lourie, D.M. Cox and H.D. Wagner, Phys. Rev. Lett. **81**, 1638 (1998).
[16.277] M. Xia, S. Zhang, S. Zhao and E. Zhang, Physica B **344**, 66 (2004).
[16.278] S. Rols, Z. Benes, E. Aglaret, J.L. Sauvajol, P. Papanek, J.E. Fischer, G. Goddens, H. Schober and A.J. Dianoux, Phys. Rev. Lett. **85**, 5222 (2000).
[16.279] T. Ando, NPG Asia Mater. **1**, 17 (2009).
[16.280] R. Saito, M. Fujita, G. Dresselhaus and M.S. Dresselhaus, J. Appl. Phys. **73**, 494 (1993).
[16.281] H. Ajiki and T. Ando, J. Phys. Soc. Japan **62**, 1255 (1993); **65**, 505 (1996).
[16.282] J.M. Marulanda (Ed.), *Electronic Properties of Carbon Nanotubes* (InTech, Rijeka, 2011).
[16.283] S.C. Tsang, Y.K. Chen, P.J.F. Harris and M.L.H. Green, Nature **372**, 159 (1994).
[16.284] J. Sloan, J. Cook, M.L.H. Green, J.L. Hutchinson and R. Tenne, J. Mat. Chem. **7**, 1089 (1997); M. Monthioux, Charbon **40**, 1809 (2002).
[16.285] W. Chen, X. Pan, M.-G. Willinger, D.S. Su and X. Bao, J. Am. Chem. Soc. **128**, 3136 (2006).

[16.286] D.H. Robertson, B.I. Dunlop, D.W. Brenner, J.W. Mintmire and C.I. White, in C.L. Reuschler (Ed.), Mat. Res. Soc. Symp. Proc. **349**, 283 (1994); J. Han, A. Blobus, R. Jafte and G. Deardorff, Nanotechnology **8**, 95 (1997).

[16.287] M. Rao, E. Richter, S. Bandow, B. Chase, P.C. Eklund, K.A. Williams, S. Fang, K.R. Subaswamy, M. Menom, A. Thess, R.E. Smalley, G. Dresselhaus and M.S. Dresselhaus, Science **275**, 187 (1997).

[16.288] D. Kahn and J.P. Lu, Phys. Rev. B **60**, 6535 (1999); J. Yu, P.K. Kalia and P. Vashishta, J. Chem. Phys. **103**, 6697 (1995).

[16.289] L.D. Landau and E.M. Lifshitz, *Theory of Elasticity* (Pergamon Press, Oxford, 1986).

[16.290] Y.M. Sirenko, M.A. Stroscio and K.W. Kim, Phys. Rev. E **53**, 1003 (1996).

[16.291] D. Mahan, Phys. Rev. B **65**, 235402 (2002).

[16.292] D. Kahn, K.W. Kim and M.A. Stroscio, J. Appl. Phys. **89**, 5107 (2001); N. Yao and V. Lordi, J. Appl. Phys. **84**, 1939 (1998); M.A. Stroscio, K.W. Kim, S.G. Yu and A. Ballato, J. Appl. Phys. **76**, 4670 (1994).

[16.293] J.-L. Sauvajol, E. Anglaref, S. Rols and L. Alvarez, Carbon **40**, 1697 (2002).

[16.294] A. Szafer and A.D. Stone, IBM J. Res. Dev. **32**, 84 (1988).

[16.295] J.-C. Charlier, X. Blase and S. Roche, Rev. Mod. Phys. **79**, 677 (2007).

[16.296] T. Ando and T. Nakanishi, J. Phys. Soc. Jpn. **67**, 1704 (1998).

[16.297] S.Roche, G. Dresselhaus, M.S. Dresselhaus and R. Saito, Phys. Rev. B **62**, 16092 (2000).

[16.298] S. Latil, S. Roche, D. Mayon and J.C. Charlier, Phys. Rev. Lett. **92**, 256805 (2004).

[16.299] A Bachtold, C. Strunk, J.-P. Salvetat, J.-M. Bonard, L. Forró, T. Nussbaumer and C. Schönenberger, Nature **397**, 673 (1999).

[16.300] S. Roche, F. Triozon, A. Rubio and D. Mayon, Phys. Rev. B **64**, 121401 (2001).

[16.301] D.J. Thouless, Phys. Rev. Lett. **39**, 1167 (1977).

[16.302] C.W. Beenakker, Rev. Mod. Phys. **69**, 731 (1997).

[16.303] G. Gómez-Navarro, P.J. De Pablo, J. Gómez-Herrero, B. Biel, F.-J. Garcia-Vidal, A. Rubio and F. Flores, Nature Mat. **4**, 534 (2005).

[16.304] B. Biel, F.-J. Garcia-Vidal, A. Rubio and F. Flores, Phys. Rev. Lett. **95**, 266801 (2005); R. Arviller, S. Latil, F. Triozon, X. Blase and S. Roche, Phys. Rev. B **74**, 121406 (2006).

[16.305] J. Maultzsch, R. Pomraenke, S. Reich, E. Chang, D. Prezzi, A. Ruini, E. Molinari, M.S. Strano. C. Thomsen and C. Lienau, Phys. Rev. B **72**, 241402 (2005).

[16.306] O. Dubay, G. Kresse and H. Kuzmany, Phys. Rev. Lett. **88**, 235506 (2002).

[16.307] M.S. Lazzeri, S. Piscanec, F. Mauri, A.C. Ferrari and J. Robertson, Phys. Rev. Lett. **95**, 236802 (2005); J. Jiang, R. Saito, G.G. Samsonidze, G. Chou, A. Jorio, G. Dresselhaus and M.S. Dresselhaus, Phys. Rev. B **72**, 235408 (2005); V. Perebeinos, J. Tersoff and Ph. Avouris, Phys. Rev. Lett. **94**, 086802 (2005); V.N. Popov and P.H. Lambin, Phys. Rev. B **74**, 075415 (2006).

[16.308] X.L. Benedict, S.G. Louie and M.L. Cohen, Phys. Rev. B **52**, 8541 (1995).

[16.309] Z. Yao, C.L. Kane and C. Dekker, Phys. Rev. Lett. **84**, 2941 (2000).

[16.310] J.-Y. Park, S. Rosenblatt, Y. Yaish, V. Sazanova, H. Ustunel, S. Braig, T.A. Arias, P.W. Brouwer and P.L. McEuen, Nano Lett. **4**, 517 (2004).

[16.311] L. Foa-Torres and S. Roche, Phys. Rev. Lett. **97**, 076804 (2006).

[16.312] D. Baeriswyl and L. Degiorgi, *Strong Interactions in Low Dimensions* (Kluwer, Dodrecht, 1990).

[16.313] J.M. Luttinger, J. Math. Phys. **4**, 1154 (1963).

[16.314] J. Solyom, Adv. Phys. **28**, 201 (1979).

[16.315] S. Tomonaga, Progr. Theor. Phys. **5**, 544 (1950).

[16.316] D.C. Mattis and E.H. Lieb, J. Math. Phys. **6**, 304 (1965); F.D.M. Haldane, J. Phys. C **14**, 2585 (1981).

[16.317] R. Egger and A.O. Gogolin, Phys. Rev. Lett. **79**, 5082 (1997); Eur. Phys. Lett. **87**, 066401 (1998), C.L. Kane. L. Balents and M.P.A. Fisher, Phys. Rev. Lett. **79**, 5086 (1997).

[16.318] T. Giamarchi, *Quantum Physics in One Dimension* (Oxford Science, Oxford, 2004).

[16.319] R. Egger, Phys. Rev. Lett. **83**, 5547 (1999), C. Mora, R. Egger and A. Altland, Phys. Rev. B **74**. 165411 (2006).

[16.320] M. Bockrath, D.H. Cobden, J. Lu, R. Rinzler, R.E. Smalley, L. Balents and P.L.M. McEuen, Nature **397**, 598 (1999); Z. Zhao, H.W. Postma, L. Balents and C. Dekker, Nature **402**, 273 (1999); B. Gao, A. Komnik, R. Egger, D.C. Glattliand and A. Bachtold, Phys. Rev. Lett. **92**, 216804 (2004).

[16.321] H. Ishi, H. Kataura, H. Shiozawa, H. Yoshiokee, H. Otsubo, Y. Takayama, T. Miyahara, S. Suzuki, Y. Achiba, M. Nakatake, T. Narimura, M. Higashiguchi, K. Shimada, H. Namatame and M. Taniguchi, Nature **426**, 540 (2003).

[16.322] J. Lee, S. Eggert, H. Kim, S.J. Kahny, H. Shinohara and Y. Kuk, Phys. Rev. Lett. **93**, 166403 (2004).

[16.323] S. Eggert, Phys. Rev. Lett. **84**, 4413 (2000).

[16.324] J. Nyagård, D.H. Cobden, M. Bockrath, P.L. McEuen and P.E. Lindelof, Appl. Phys. A **69**, 297 (1999).

[16.325] A.Y. Kasumov, R. Deblock, M. Kociak, B. Reulet, H. Bouchiat, I.I. Khodos, Y.B. Gorbatov, V.T. Volkov, C. Journet and M. Burghard, Science **284**, 1508 (1998); A.F. Mopurgo, J. Kong, C.M. Marcus and H. Dai, Science **286**, 263 (1998).

[16.326] M. Kociak, A.Y. Kasumov, S. Guéron, B. Reulet, I.I. Khodos, Y.B. Gorbatov, V.T. Volkov, L. Vaccarini and H. Bouchiat Phys. Rev. Lett. **86**, 2416 (2001); A. Kasumov, M. Kociak, M. Ferrier, R. Deblock, S. Guéron, B. Reulet, I. Khodos, O. Stéphan, and H. Bouchiat, Phys. Rev. B **68**, 214521 (2003).

[16.327] Z.K. Tang , L. Zhang, N. Wang, X.X. Zhang, G.H. Wen, G.D. Li, J.N. Wang, C.T. Chan, P. Sheng, Science **293**, 2462 (2001); I. Takesue, J. Haruyama, N. Kobayashi, S. Chiashi, S. Maruyama, T. Sugai, and H. Shinohara, Phys. Rev. Lett. **96**, 057001 (2006).

[16.328] K. Kamide, T. Kimura, M. Nishida and S. Kurihara, Phys. Rev. B **68**, 024506 (2003).

[16.329] J. Gonzalez and B. Perfetto, Phys. Rev. B **72**, 205406 (2005).

[16.330] D. Carpentier and E. Orignac, Phys. Rev. B **74**, 085409 (2006).

[16.331] C. Edgcombe and U. Valdré, J. Microsc. **203**, 188 (2001).

[16.332] L. Nilsson, O. Groening, C. Emmenegger, O. Kuettel, E. Schaller, L. Schlapbach; H. Kind, J.-M. Bonard and K. Kern, Appl. Phys. Lett. 76, 2071 (2000).

[16.333] S. Purcell, P. Vincent, C. Journet and V.T. Binh, Phys. Rev. Lett. **89**, 276103 (2002).

[16.334] M.F.L. De Volder, S.H. Tawfick, R.H. Baughman and A.J. Hart, Science **339**, 535 (2013).

[16.335] A.Y. Cao, P.L. Dickrell, W.G. Sawyer, M.N. Ghasemi-Nejhad and P.M. Ajayan, Science **310**, 1307 (2005).

[16.336] L. Qu, L. Dai, M. Stone, Z. Xia and Z.L. Wang, Science **322**, 238 (2008).

[16.337] M. Xu, D.N. Futaba, T. Yamada, M. Yumura and K. Hata, Science **330**, 1364 (2010); M.F.L. De Volder, J. De Coster, D. Reynaerts, C. Van Hoof and S.-G. Kim, Small **8**, 2006 (2012).

[16.338] L. Ren, C.L. Pruit, L.G. Booshehri, W.D. Rice, X. Wang, D.J. Hilton, K. Takeya, I. Kawayama, M. Tonouchi, R.H. Hauge and J. Kono, Nano Lett. **9**, 2610 (1009).

[16.339] A.E. Aliev, J. Oh, M.E. Kozlov, A.A. Kuznetsov, S. Fang, A.F. Fonseca, R. Ovalle, M.D. Lima, M.H. Haque, Y.N. Gartstein, M. Zhang, A.A. Zakhidov and R.H. Baughman, Science **323**, 1575 (2009); M.D. Lima, N. Li, M. Jung de Andrade, S. Fang, J. Oh, G.M. Spinks, M.E. Kozlov, C.S. Haines, D. Suh, J. Foroughi, S.J. Kim, Y. Chen, T. Ware, M.K. Shin, L.D. Machado, A.F. Fonseca, J.D.W. Madden, W.E. Voit, D.S. Galvão and R.H. Baughman, Science **338**, 928 (2012).

[16.340] K. Mizuno, J. Ishii, H. Kishada, Y. Hayamizu, S. Yasuda, D.N. Futaba, M. Yumara and K. Hata, Proc. Natl. Acad. Sci. USA **106**, 6044 (2009).
[16.341] L. Xiao, Z. Chen, C. Feng. L. Liu, Z.-Q. Bai, Y. Wang, L. Quian, Y. Zhang, Q. Li, K. Jiang and S. Fan, Nano Lett. **8**, 4539 (2008).
[16.342] M. Endo. T. Hayshi and Y.A. Kim. Pure Appl. Chem. **78**, 1703 (2006); Q. Zhang, J.-Q. Huang, M.-Q. Zhao, W.-Z. Qian and F. Wei, ChemSusChem 4, **864** (2011).
[16.343] A.R. Harutyunyan, G. Chen, T.M. Paronyan, E.M. Pijos, O.A. Kuznetsov, K. Hewaparakrama, S.M. Kim, D. Zakharov, E.A. Stach and G.U. Sumanasekera, Science **326**, 116 (2009).
[16.344] L. Ding, S. Wang, Z. Zhang, Q. Zeng, Z. Whang, T. Pei, L. Yang, X. Liang, J. Shen, Q. Chen, R. Cui, Y. Li and L.-M. Peng, Nano Lett. **9**, 800 (2009).
[16.345] M.S. Arnold, A.A. Green, J.F. Hulvat, S.I. Stupp and M.C. Hersam, Nature Nanotechnol. **1**, 60 (2006); H. Liu, D. Nishide, T. Tanaka and H. Kataira, Nature Commun. **2**, 309 (2011).
[16.346] Q. Cao and J.A. Rogers, Adv. Mat. **21**, 29 (2009); K. Hata, D.N. Futaba, K. Mizuno, T. Namai, M. Yumura and S. Iijima, Science **306**, 1362 (2004).
[16.347] M. De Volder, S.H. Tawfick, S.J. Park, D. Copie, Z. Zhao, W. Lu and A.J. Hart, Adv. Mat. **22**, 4384 (2010).
[16.348] M. Zhang, K.R. Atkinson and R.H. Baughman, Science **306**, 1358 (2004); K.L. Jiang, Q.Q. Li and S.S. Fan, Nature **419**, 801 (2002) .
[16.349] T.-W. Chou, L. Gao, E.T. Thosenson, Z. Zhang and J.-H. Byum, Comp. Sci. Technol. **70**, 1 (2010); V.P. Weedu, A. Cao, X. Li, K. Ma. C. Soldano, S. Kar, P.M. Ajayan and M.N. Ghasemi-Nejhad, Nature Mat. **5**, 457 (2006); E.J. Garcia, B.L. Wardle, A.J. Hart and N. Yamamoto, Comp. Sci. Technol. **68**, 2034 (2008).
[16.350] M.D. Lima, S. Fang, X. Lepró, C. Lewis, R. Ovalle-Robles, J. Carretero-González, E. Castillo-Martinez, M.E. Kozlov, J. Oh, N. Rawat, C.S. Haines, M.H. Haque, U. Aare, S. Stoughton, A. Zakhidov and R.H. Baughman, Science **331**, 51 (2011).
[16.351] S.R. Bakshi and A. Agarwal, Carbon **49**, 533 (2011).
[16.352] L. Dai, D.W. Chang, J.-B. Baeker and W. Lu, Small **8**, 1130 (2012).
[16.353] K. Evanoff, J. Khan, A.A. Balandin, A. Majasinski, W.J. Ready, T.F. Fuller and G. Yushin, Adv. Mat. **24**, 533 (2012).
[16.354] T. Matsumoto, T. Komatsu, K. Arai, T. Yamazaki, M. Kijima, H. Shimizu, Y. Takasawa and J. Nakamura, Chem. Commun. **2004**, 870 (2004).
[16.355] A. Le Goft, V. Artero, B. Jousseline, P.D. Tran, N. Guillet, R. Métayé, A. Fihri, S. Palacin and M. Fontecava, Science **326**, 5958 (2009).
[16.356] N.M. Gabor, Z. Zhong, K. Bosnick, J. Park and P.L. McEuen, Science **325**, 1367 (2009).
[16.357] J.M. Lee, J.S. Park, S.H. Lee, H. Kim, S. Yoo and S.O. Kim, Adv. Mat. **23**, 629 (2011).
[16.358] B. Corry, J. Phys. Chem. B **112**, 1427 (2008).
[16.359] T. Kurkina, A. Vlandas, A. Ahmed, K. Kern and K. Balasubramanian, Angew. Chem. Int. Ed. **50**, 3710 (2011); D.A. Heller, H. Jiu, B.M. Martinez, D. Patel, B.M. Miller, T.-K. Yeung, P.V. Jena, C. Höbartner, T. Ha, S.K. Silverman and M.J. Strano, Nature Nanotechnol. **4**, 114 (2009).
[16.360] E.S. Suow, F.K. Perkins, E.J. Houser, S.C. Badescu and T.L. Reinecke, Science **307**, 1942 (2005); Z. Chen, S.M. Tabakman, A.P. Goodwin, M.G. Kattah, D. Daranciang, X. Wang, G. Zhang, X. Li, Z. Lin, P.J. Utz, K. Jiang, S. Fan and H. Dai, Nature Biotechnol. **26**, 1285 (2008).
[16.361] B. Esser, J.M. Schnorr and T.M. Swager, Angew. Chem. Int. Ed. **51**, 5752 (2012).
[16.362] X. Shi, A. von dem Busche, R.H. Hurt, A.B. Kane and H. Gao, Nature Nanotechnol. **6**, 714 (2011).

[16.363] S.Y. Hong, G. Tobias, K.T. Al-Jamal, B. Ballesteros, H. Ali-Boucetta, S. Lozano-Perez, P.D. Nellist, R.B. Sim, C. Finucane, S.J. Mather, M.L.H. Green, K. Kosterelos and B.G. Davis, Nature Mat. **9**, 485 (2010).
[16.364] Z. Liu, X. Sun, N. Nakayama-Ratchford and H. Dai, ACS Nano **1**, 50 (2007).
[16.365] A. Bianco, K. Kostarelos and M. Prato, Chem. Commun. **47**, 10182 (2011).
[16.366] C.A. Poland, R. Duffin, I. Kinloch, A. Maynard, W.A.C. Wallace, A. Seaton, V. Stone, S. Brown, W. MacNee and K. Donaldson, Nature Nanotechnol. **3**, 423 (2008).
[16.367] G.M. Mutlu, G.R. Buchinger, A.A. Green, D. Urich, S. Soberanes, S.E. Chiarella, G.F. Alheid, D.R. McCrimmon, I. Szleifer and M.C. Hersam, Nano Lett. **10**, 1664 (2010).
[16.368] D.A.X. Nayagan, R.A. Williams, J. Chen, K.A. Magee, J. Irwin, J. Tan, P. Innis, R.T. Leung, S. Finch, C.E. Williams, G.M. Clark and G.G. Wallace, Small **7**, 1035 (2011).
[16.369] E.W. Keefer, B.R. Botterman, M.I. Romero, A.F. Rossi and G.W. Gross, Nature Nanotechnol. **3**, 434 (2008).
[16.370] M. Endo. S. Koyama, Y. Matsuda, T. Hayashi and Y.A. Kim, Nano Lett. **5**, 101 (2005).
[16.371] S. Park, M. Vosguerichian and Z. Bao, Nanoscale **5**, 1727 (2013).
[16.372] A.M. Ionescu and H. Riel, Nature **479**, 329 (2011).
[16.373] G.D. Wilk, R.M. Wallace and J.M. Anthony, J. Appl. Phys. **89**, 5243 (2001); J. Robertson, Rep. Prog. Phys. **69**, 327 (2006).
[16.374] S.J. Tans, A.M.R. Verschueren and C. Dekker, Nature **393**, 49 (1998).
[16.375] J. Appenzeller, Y.M. Liu, J. Knoch and P. Avouris, Phys. Rev. Lett. **93**, 196805 (2004).
[16.376] K. Jensen, J. Weldon, H. Garcia and A. Zettl, Nano Lett. **7**, 3508 (2007).
[16.377] A.D. Franklin, M. Luisier, S.-J. Han, G. Tulevski, C.M. Breslin, L. Gignac, M.C. Lundstrom and W. Haensch, Nano Lett. **12**, 758 (2012).
[16.378] Q. Cao, H. Kim, N. Punparkar, J.P. Kulkarni, C. Wang, M. Shim, K. Roy, M.A. Alam and J.A. Rogers, Nature **454**, 495 (2008).
[16.379] H. Park, A. Afzali, S.-J. Han, G.S. Tulevski, A.D. Franklin, J. Tersoff, J.B. Hannon and W. Haensch, Nature Nanotechnol. **7**, 787 (2012).
[16.380] D.M. Sun, M.Y. Timmermanns, Y. Tiang, A.G. Nasibulin, E.I. Kauppinen, S. Kishimoto, T. Mizutani and Y. Ohno, Nature Nanotechnol. **6**, 156 (2011).
[16.381] P. Chen, Y. Fu, R. Aminirad, C. Wang, J. Zhang, K. Wang, K. Galatsis and C. Zhou, Nano Lett. **11**, 5301 (2011).
[16.382] M. Jung, J. Kim, J. Noh, N. Lim, C. Lim, G. Lee, J. Kim, H. Kang, K. Jung, A.D. Leonard, J.M. Tour and G. Cho, IEEE Trans. Elektron. Dev. **57**, 571 (2010).
[16.383] *Emerging Research Materials*, ITRS 2011 Edition, www.itrs.net/links/2011/TRS/2011Chapters/2011ERM.pdf.
[16.384] S.W. Hong, T. Banks and J.A. Rogers, Adv. Mat. **22**, 1826 (2010); W. Zhon, L. Ding, S. Yang and J. Liu, ACS Nano **5**, 3849 (2011).
[16.385] N. Pimparkar, Q. Cao, J.A. Rogers and M.A. Alam, Nano Res. **2**, 167 (2009).
[16.386] M. Ha, Y. Xia, A.A. Green, W. Zhang, M.J. Renn, C.H. Kim, M.C. Hersam and C.D. Frisbie, ACS Nano **4**, 4388 (2010).
[16.387] K. Kordás, T. Mustonen, G. Tóth, H. Jantunen, M. Lajunen, C. Soldano, S. Talapatra, S. Kar, R. Vajtai and P.M. Ajayan, Small **2**, 1021 (2006).
[16.388] M. Okimoto, T. Takenobu, K. Yanagi, Y. Miyata, H. Shimotani, H. Kataura and Y. Iwasa, Adv. Mat. **22**, 3981 (2010).
[16.389] Y. Lan, Y. Wang and Z.F. Ren, Adv. Phys. **60**, 553 (2011); T. Druzhinina, S. Hoeppner and U.S. Schubert, Adv. Mat. **23**, 953 (2011); Z. Liu, L. Jiao, Y. Yao, X. Xian and J. Zhang, Adv. Mat. **22**, 2285 (2009).

[16.390] C. Kocabas, S. Dunham, Q. Cao, K. Cimito, X. Ho, H.-S. Kim, D. Dawson, J. Payne, M. Stuenkel, H. Zhang, T. Banks, M. Feng, S. V. Rotkin and J. A. Rogers, Nano Lett. **9**, 1937 (2009).

[16.391] J. Noh, M. Jung, K. Jung, G. See, S. Lim, D. Kim, S. Kim, J.M. Tour and G. Cho, Org. Electron. **12**, 2185 (2011).

[16.392] M. Kaempgen, C.K. Chem, J. Ma, Y. Cui and G. Gruner, Nano Lett. **8**, 700 (2008).

[16.393] C. Yu, C. Masarapu, J. Rong, B. Wei and H. Jiang, Adv. Mater. **21**, 4793 (2009).

[16.394] A.R. Köhler, C. Som, A. Helland and F. Gottschalk, J. Clean Prod. **16**, 927 (2008).

[16.395] Q. Zhang, J.-Q. Huang, M.-O. Zhao, W.-Z. Qian and F. Wei, ChemSusChem **4**, 864 (2011).

[16.396] J. Paulhun, Regul. Toxicol. Pharmacol. **57**, 78 (2010).

[16.397] H.W. Kroto, J.R. Heath, S.C. O'Brien, R.F. Curl and R.E. Smalley, Nature **318**, 162 (1985).

[16.398] E. Ōsawa, Kagaku **25**, 854 (1970); Z. Yoshida and E. Ōsawa, Kagaku Dojin **22**, 174 (1971).

[16.399] D.A. Bochvar and E.G. Galpern, Dokl. Acad. Nauk SSSR **209**, 610 (1973).

[16.400] W. Krätschmer, K. Fostivopoulos and D.R. Huffman, Chem. Phys. Lett. **170**, 167 (1990); W. Krätschmer, L.D. Lamb, K. Fostivopoulos and D.R. Huffman, Nature **347**, 354 (1990); Nanoscale **3**, 2485 (2011).

[16.401] J. Meija, Anal. Bioanal. Chem. **385**, 6 (2006).

[16.402] www.nanotube.msu.edu/fullerene/fullerene-isomeres.html.

[16.403] R.C. Haddon, A.F. Hebard, M.J. Rosseinsky, D.W. Murphy, S.J. Duclos, K.B. Lyons, B. Miller, J.M. Rosamilia, R.M. Fleming, A.R. Kortan, S.H. Glarum, A.V. Makhja, A.J. Muller, R.H. Eick, S.M. Zahurak, R. Tycko, G. Dabbagh and F.A. Thiel, Nature **350**, 320 (1991).

[16.404] A.A. Popov, S. Yang and L. Dunsch, Chem. Rev. **113**, 5989 (2013).

[16.405] M. Mojica, J.A. Alonso and F. Méndez, J. Phys. Org. Chem. **26**, 526 (2013).

[16.406] H.W. Kroto and K. McKay, Nature **331**, 328 (1988).

[16.407] J.R. Heath, *Fullerenes: Synthesis, Properties and Chemistry of Large Carbon Clusters* (ACS, Washington, 1991).

[16.408] S. Saito and A. Oshiyama, Phys. Rev. Lett. **66**, 2637 (1991).

[16.409] Y. Iwasa and T. Takenobu, J. Phys.: Condens. Matter **15**, R 495 (2003).

[16.410] M. Capone, M. Fabrizio, C. Castellani and E. Tosalti, Science **296**, 2364 (2002).

[16.411] T. Akasacka and S. Nagase (Eds), *Endofullerenes: A New Family of Carbon Clusters* (Kluver, Dodrecht, 2002).

[16.412] M. Grobis, K.H. Khoo, R. Yamachika, X. Lu, K. Nagaoka, S. Lonie, M. F. Crommie, H. Kroto, and H. Shinokara, Phys. Rev. Lett. **94** 136802 (2005).

[16.413] T. Huang, J. Zhao, M. Feng, H. Petek, S.F. Yang and L. Dunsch, Phys. Rev. B **81**, 085434 (2010).

[16.414] C.S. Allen, Y. Ito, A.W. Robertson, H. Shinohara and J.H. Warner, ACS Nano **5**, 10084 (2011).

[16.415] Y. Zhao, Y.-H. Kim, A.C. Dillon, M.J. Heben and S.B. Zhang, Phys. Rev. Lett. **94**, 155504 (2005).

[16.416] C.E. Housecroft and A.G. Sharpe, *Inorganic Chemistry* (Pearson, Harlow, 2012).

[16.417] S. Iijima, J. Cryst. Grwoth **50**, 675 (1980).

[16.418] D. Ugarte, Nature **359**, 707 (1992); H.W. Kroto, Nature **359**, 670 (1992).

[16.419] J. K. McDonough and Y. Gogotsi, Interface **Fall**, 61 (2013).

[16.420] F. Barnhart and P.M. Ajayan, Nature **382**, 433 (1996).

[16.421] J. Bartelmess and S. Giordani, Beilstein J. Nanotechnol. **5**, 1980 (2014).

[16.422] M. Ayoyagi, H. Minamikawa and T. Shimizu, Chem. Lett. **33**, 860 (2004).

17 Cluster

Als Cluster werden molekulare oder festkörperartige Strukturen bezeichnet, die ein wichtiges Übergangsglied zwischen einfachen Molekülen einerseits und ausgedehnten dreidimensionalen Festkörpern andererseits darstellen. Vertreter umfassen einige niederatomare molekulare Strukturen, Übergangsmetall- und Halbleitercluster. Die Eigenschaften der Cluster sind extrem stark größenabhängig, was am deutlichsten bei den Übergangsmetallclustern wird, die nur bei einer „magischen" Anzahl von Atomen stabil sind. Magnetische Molekülcluster und molekulare Magnete erlauben einerseits die Verifikation bestimmter Modelle und bieten andererseits Anwendungspotential im Bereich der Datenverarbeitung und neuer Materialien.

17.1 Begriffsbestimmung

Der Begriff „Cluster" wird in unterschiedlichen Kontexten sehr unterschiedlich verwendet, selbst in rein physikalisch-chemischen Kontexten. Im allgemeinsten Sinn definiert der Begriff eine Ansammlung unspezifizierter Objekte ohne jeden Bezug zu einer bestimmten Größenordnung. In einer präziseren physikalisch-chemischen Auslegung bezieht sich der Begriff „Cluster" auf Partikel aus n Atomen, wobei $3 \leq n \lesssim 10^7$ anzusetzen ist [17.1]. In phänomenologischer Hinsicht ist von Bedeutung, dass es sich bei Clustern im vorliegenden Kontext um Ensemble von Atomen oder Molekülen handelt, deren kollektive physikalische Eigenschaften einerseits von denen individueller Atome oder Moleküle und andererseits von denen ausgedehnter Festkörper abweichen. Vielmehr stellt die Clusterphysik quasi ein Bindeglied zwischen Atom- und Molekülphysik sowie Festkörperphysik dar. Von besonderer Bedeutung ist dabei etwa das Verhältnis von Oberflächen- zu Volumenatomen. Ausgeprägte Festkörpereigenschaften treten typisch ab einigen Zehntausend Atomen auf, wobei sich unterschiedliche Festkörperspezifitäten wie etwa ein Schmelzpunkt und beispielsweise ein bestimmtes optisches Absorptionsspektrum nicht gleichzeitig entwickeln müssen.

Je nach Kontext unterteilt man Cluster hinsichtlich ihrer Größe weiter beispielsweise in Mikrocluster, kleine Cluster und große Cluster [17.2]. Auch der Bindungstyp erlaubt eine Klassifikation, nach der zwischen metallischen, kovalenten, ionischen, Wasserstoffbrückenbindungs- und van der Waals-Clustern zu unterscheiden wäre.

Im Hinblick auf eine Systematik des geometrischen Aufbaus von Clustern ist die Regel von *J. Friedel* (1921–2014) von Bedeutung, nach der die stabilsten Clusterstrukturen diejenigen sind, welche die größte Anzahl von Bindungen zu nächsten Nachbarn aufweisen und damit die größte Gesamtbindungsenergie besitzen. Geometrisch resultieren danach meist *Platonische Körper*, also Tetraeder, Hexaeder, Oktaeder, Dodekaeder oder Ikosaeder. Von besonderer Bedeutung ist das Ikosaeder, weil es relevant ist für die Struktur von Clustern mit $n > 12$. In jeder Ecke des Ikosaeders und im Zentrum ist ein Clusterbaustein platziert. Es gibt also zwölf Oberflächen- und einen Volumenbaustein. Größere Cluster bestehen aus weiteren Schalen, deren k-te $10k^2 + 2$ Bausteine besitzt. Jeweils zwölf Bausteine befinden sich an den Ecken der ikosaedrischen Schale und $10(k^2 - 1)$ auf den Flächen. Eine abgeschlossene Schalenkonfiguration ergibt sich also für $n = 13, 55, 147, 309, \ldots$. Bei k Schalen beträgt die Gesamtzahl der Atome $n = [10(k+1)^3 - 15(k+1)^2 + 11(k+1) - 3]/3$ für $k \geq 1$, wie bereits durch *A. Mackay* gezeigt wurde [17.3].

Entsprechend der bislang weitest gefassten Definition von Clustern in der Nanostrukturphysik umfassen chemisch relevante Cluster beispielsweise Übergangsmetallcarbonylcluster wie etwa $Ni(CO)_4$, $Fe(CO)_5$, $Fe(CO)_9$, $Fe_3(CO)_{12}$ oder auch $[Rh_{13}(CO)_{24}H_3]_2$, organometallische Cluster wie das neutrale $[Co_3(CCH_3)(CO)_9]$ oder das ionische $[Mo_3\ (CCH_3)_2(OCCH_3)_6(H_2O)_3]^{2+}$, Übergangsmetallhalogenidcluster wie $ReCl_9$, $W_4(OCH_3)_{12}$ oder $PbMo_6S_8$, Fe-S-Cluster wie Fe_4S_4 oder $MoFe_7S_9$, die in der anorganischen Biochemie eine Rolle spielen, und *Zintl-Cluster*. Zintl-Anionen sind etwa $[Bi_3]^{3-}$, $[Sn_9]^{4-}$, $[Pb_9]^{4-}$ oder $[Sb_7]^{3-}$. Von besonderer Bedeutung im vorliegenden Kontext sind größere Übergangsmetall- und Halbleitercluster, bei denen die physikalisch-chemischen Eigenschaften sehr stark von der aktuellen Größe der Cluster abhängen. In diesem eingeschränkten Kontext werden wir unter Clustern kristalline Entitäten mit einer Anzahl von Atomen verstehen, die im zuvor spezifizierten Bereich liegt. Von besonderer Bedeutung sind ferner Effekte, die entsprechend der Diskussion in Kap. 2 durch kritische Dimensionen hervorgerufen werden, also physikalische Eigenschaften implizieren, die zwischen denen von Molekülen und ausgedehnten Festkörpern liegen.

Für stark größenabhängige Eigenschaften sind mit Erreichen der kritischen Dimensionen entweder klassische oder Quanten-Größeneffekte (Quantum Size Effects) verantwortlich. Kritische Dimensionen für unterschiedliche physikalische Eigenschaften können sehr unterschiedlich sein. Betrachten wir dies am Beispiel bestimmter Quanteneffekte. Diese werden relevant, wenn die Intervalle zwischen diskreten Energieniveaus vergleichbar werden mit einem Energiemaßstab wie beispielsweise $k_B T$. So ist der Niveauabstand innerhalb eines Energiebands mit der Weite ΔE eines Partikels mit N Atomen von der Größenordnung $\Delta E/N$. Für $\Delta E = 6\,\text{eV}$ und $T = 10\,\text{K}$ erhalten wir $N \approx 6000$. Betrachten wir nun zum Vergleich vibronische Niveaus. Ihr Abstand in der phononischen Zustandsdichte eines Partikels mit dem Durchmesser d ist von derselben Größenordnung wie die Energie derjenigen stehenden Welle mit der größten möglichen phononischen Wellenlänge. Diese entspricht natürlich der Partikelabmessung. Damit gilt $h\nu \approx h\nu/\lambda_{\text{max}} = h\nu/d$. Mit der Schallgeschwindigkeit $v \approx 10^5\,\text{cm/s}$ und $T = 10\,\text{K}$ erhält man $d \approx 1\,\text{nm}$, was $N \approx 100$ entspricht. Ein kleines Partikel erreicht damit bei wachsendem Durchmesser in vibronischer Hinsicht viel schneller Eigenschaften des Massivmaterials als in elektronischer Hinsicht. Wie bereits bemerkt, sind allerdings durchaus nicht alle starken Größeneffekte auf Quanteneffekte zurückzuführen. So ist die in Abschn. 2.2.1 diskutierte Abhängigkeit des Schmelzpunkts kleiner Metallpartikel von der Partikelgröße vollständig auf Basis der klassischen Thermodynamik zu verstehen, wenn der Einfluss der freien Oberflächenenergie richtig behandelt wird.

17.2 Übergangsmetallcluster

Unter Clustern mit voller Schale versteht man kristalline Anordnungen aus einem zentralen Atom, welches von weiteren kompletten Schalen von Atomen umgeben ist. Abbildung 17.1 zeigt Beispiele. Grundsätzlich könnten alle Cluster mit kompletter Schalenstruktur in ikosaedrischer Geometrie aufgebaut sein, wie Abb. 17.1(b) es zeigt. Allerdings ist für größere Cluster eine dichteste Packung, wie in Abb. 17.1(a) gezeigt, energetisch günstiger, weil die atomare Dichte maximal ist. Deshalb findet man für die meisten Übergangsmetalle hexagonal dichtest gepackte Strukturen, bei denen das zentrale Atom zunächst einmal von zwölf Nachbaratomen umgeben ist. Die zweite Schale umfasst dann 42 Atome. Weitere Schalen umfassen dann $n = 10k^2 + 2$ Atome, wobei k die Nummer der Schale spezifiziert. Die magischen Atomzahlen N ergeben sich dann aus $N = 1 + \sum_{k=1}^{K}(10k^2 + 2)$ zu $N = 13$ für $K = 1$, $N = 55$ für $K = 2$, $N = 147$ für $K = 3$ und $N = 309$ für $K = 4$. Dabei entstehen perfekte Kuboktaeder. Das Kuboktaeder ist ein Polyeder mit 14 Flächen, 12 identischen Ecken und 24 identischen Kanten. Die Flächen setzen sich aus sechs Quadraten und acht regelmäßigen Dreiecken zusammen. Das Kuboktaeder zählt zu den 13 *Archimedischen Körpern*. Befindet sich jeweils an jeder Ecke des Kuboktaeders ein Atom, so resultiert die dichteste Kugelpackung aller Körper, was die Relevanz dieses Körpers für die Clusterphysik erklärt.

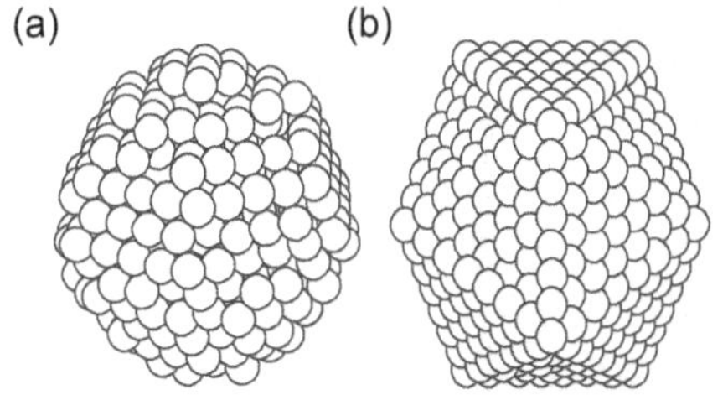

Abb. 17.1. Cluster mit kompletter Schalenstruktur. (a) Nahezu sphärische Cluster mit kubisch flächenzentrierter Struktur. (b) Ikosaedrischer Cluster mit 1415 Atomen.

Die extraordinäre Stabilität von Clustern mit vollen Schalen wurde erstmals an Xenonclustern vom Typ Xe_{13}, Xe_{55} und Xe_{147} nachgewiesen [17.4]. Am intensivsten wurden diesbezüglich Übergangsmetallcluster untersucht, von denen das Au_{13} ikosaedrisch ist und von denen Rh_{13}, Rh_{55}, Au_{55}, Pt_{309}, Pd_{561}, Pd_{1415} und Pd_{2057} alle kuboktaedrisch sind [17.5].

Die Übergangsmetallcluster sind, wie in Abb. 17.2 dargestellt, von einer Ligandhülle umgeben. Diese ist erforderlich, um während des Syntheseprozesses das Clusterwachstum nach Erreichen einer bestimmten Schalenkombination zu unterbinden und um die nachträgliche Koaleszenz von Clustern zu vermeiden. Abbildung 17.3 zeigt, dass sich die Struktur größerer Übergangsmetallcluster mittels HRTEM in beeindruckender Weise verifizieren lässt.

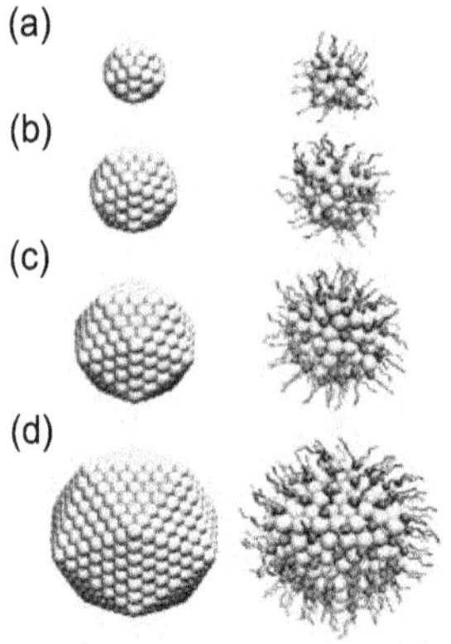

Abb. 17.2. Stabilisierung der nackten Cluster (links) durch eine geeignete Ligandhülle (rechts). Von (a) nach (d) nimmt die Anzahl der Schalen jeweils um eins zu.

Von allen Übergangsmetallclustern wurde Au_{55} am intensivsten untersucht, weil sich dieser Cluster mit großer Monodispersität herstellen lässt und gleichzeitig Zwischenstufen zwischen Molekül und Festkörper in exemplarischer Weise repräsentiert [17.7]. Den mit einer Triphenylphosphin-Ligandhülle stabilisierten Cluster $Au_{55}(PPh_3)_{12}Cl_{16}$ hatten wir bereits in Abschn. 5.2.6 diskutiert. Er ist in Abb. 4.7 und 5.8 abgebildet. Der

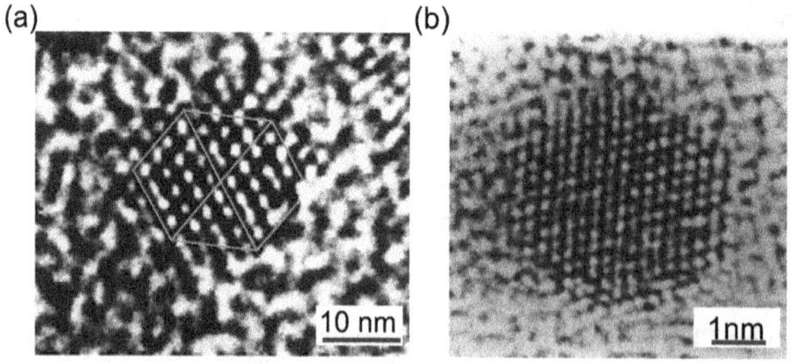

Abb. 17.3. HRTEM-Aufnahmen von Übergangsmetallclustern mit kompletter Schalenstruktur. (a) Pt_{309} mit vier Schalen und neun atomaren Ebenen [17.6]. (b) Pd_{2057} mit acht Schalen und 17 atomaren Ebenen [17.7].

eigentliche Cluster hat einen Durchmesser von 1,4 nm. Auch ohne Ligandhülle zeigt er eine große Inertheit gegenüber Oxidationsprozessen, die auf die geschlossene Schalenstruktur zurückzuführen ist und die bei ähnlich großen Goldnanopartikeln, die eine abweichende atomare Struktur aufweisen, nicht beobachtet wird [17.8]. Der kubokataedrische Au_{55}-Cluster hat fünf zu unterscheidende Positionen von Goldatomen. Eine Position wird durch das zentrale Au-Atom definiert. Eine weitere befindet sich auf der inneren Hülle. 24 nicht koordinierte Au-Atome definieren eine bestimmte Position auf der äußeren Hülle. Sechs Au-Atome der äußeren Hülle sind an Cl-Atome gebunden und befinden sich im Zentrum der Oberflächenquadrate und zwölf Au-Atome, die an den Ecken des Kuboktaeders lokalisiert sind, sind schwach an die PPh_3-Liganden gebunden. Diese schwache Bindung kann genutzt werden, um die PPh_3-Liganden durch andere zu substituieren.

Zweidimensionale Clusterfilme lassen sich aus Clusterlösungen auf Substraten wie Polyethylenimin abscheiden und ordnen sich durch Selbstorganisation an. Dabei findet man sowohl hexagonale wie auch quadratische Anordnungen. Ein Beispiel zeigt Abb. 17.4.

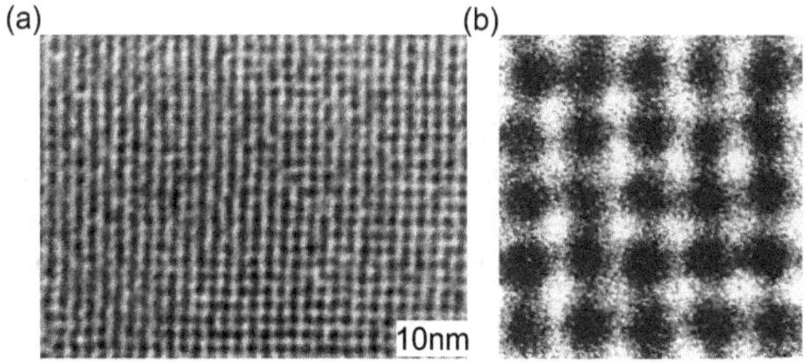

Abb. 17.4. TEM-Aufnahme einer quadratisch angeordneten Monolage von $Au_{55}(Ph_2PC_6H_4SO_3H)_{12}Cl_6$ [17.9]. (a) zeigt einen Überblick und (b) eine Ausschnittsvergrößerung.

An auf Substraten befindlichen ligandstabilisierten Au_{55}-Clustern können mittels STM/ STS wichtige Informationen über das elektronische Verhalten der Cluster erhalten werden [17.10]. Das Einzelelektronentunneln wurde bereits in Abb. 3.20 verifiziert. Eine grundlegende Frage ist natürlich, ob sich diskrete Energieniveaus nachweisen lassen, die sich auf molekulares Verhalten oder auf gebundene Zustände aufgrund der kleinen Partikelgröße zurückführen lassen. In beiden Fällen handelte es sich um echte Quanten-Größeneffekte. Abbildung 17.5 zeigt dI/dV-Spektren, die an zwei unterschiedlichen Positionen eines $Au_{55}(PPh_3)_{12}Cl_6$-Clusters bei 7 K aufgenommen wurden. Das Übereinstimmende in beiden Spektren sind ein breites zentrales Plateau des I(V)-Verlaufs, welches auf die Coulomb-Blockade zurückzuführen ist und lokale Peaks in den dI/dV-Verläufen, die einen Abstand von etwa 170 mV haben. Da diese Peaks unabhängig von der Position auf dem Cluster oder auf den Ligandmolekülen lokalisiert sind, sollte es sich um diskrete Energieniveaus handeln, die für das Gesamtsystem, bestehend aus Cluster und Ligand, repräsentativ sind. Damit handelt es sich offenbar um gebundene Zustände, die durch molekulare Eigenschaften lokal überlagert werden.

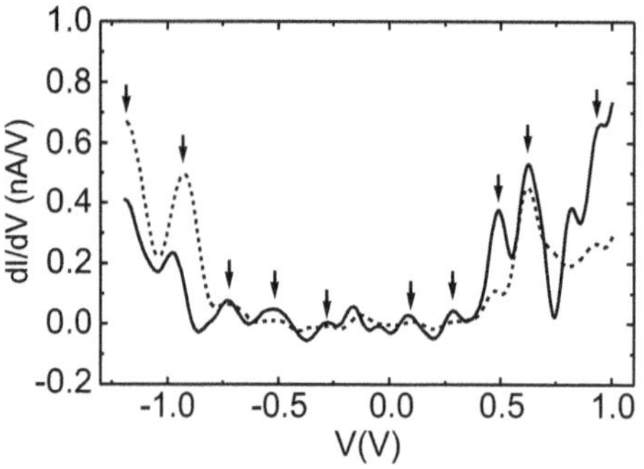

Abb. 17.5. dI/dV-Spektren, aufgenommen bei 7 K an einem $Au_{55}(PPh_3)_{12}Cl_6$-Cluster [17.10]. Durchgezogene und gestrichelte Linien resultieren aus zwei unterschiedlichen Positionen der Tunnelspitze auf der Ligandhülle und dem Cluster.

Im Hinblick auf eine Verwendung des $Au_{55}(PPh_3)_{12}Cl_6$-Clusters für Einzelelektronenbauelemente ist die elektrische Adressierung einzelner Cluster von Bedeutung. Eine prinzipielle Möglichkeit dazu zeigt Abb. 17.6. Die dort dargestellten Leiterbahnen hätten im Idealfall eine Weite von 2,5 nm. Dies erscheint aus strukturierungstechnischer Sicht durchaus im Bereich des Möglichen zu liegen [17.11].

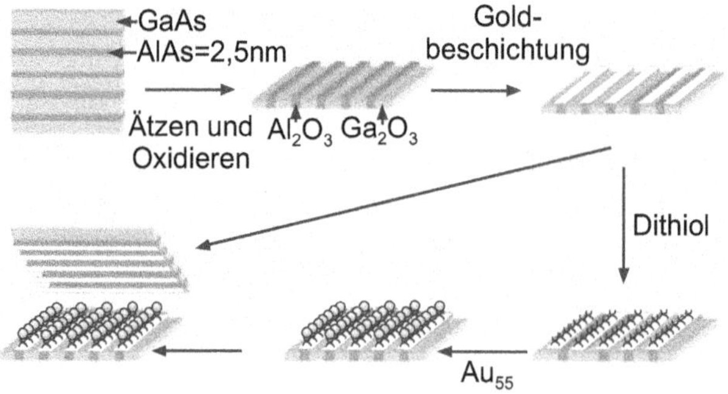

Abb. 17.6. Herstellung eines Systems gekreuzter Leiterbahnen zum Adressieren einzelner Au_{55}-Cluster [17.11].

Die Wechselwirkung bestimmter kleinerer Übergangsmetallcluster mit biologischen Systemen ist aus verschiedenen Gründen von Interesse. Zunächst einmal wegen der vergleichbaren Größe grundlegender biologischer Bausteine wie etwa Proteine oder DNA und der Cluster. Speziell für Edelmetalle ist noch interessant, dass die Vielfalt möglicher Wechselwirkungen stark eingeschränkt ist, da beispielsweise nicht ohne weiteres eine Oxidation erfolgen dürfte. Schließlich besteht ein anwendungsorientiertes Interesse an den Wechselwirkungen zwischen biologischen Systemen und Clustern, weil die Cluster mittels verschiedener analytischer Verfahren oder sogar abbildender Methoden leicht identifizierbar sind und damit als Marker eingesetzt werden können. Goldcluster sind noch aus weiteren Gründen in ihrer Wechselwirkung mit biologischen Systemen interessant. Gold ist das edelste Metall und in makroskopischer Form als nicht toxisch bekannt. Es wird medizinisch eingesetzt. A priori ist aber fraglich, ob Gold in Clusterform, beispielsweise in Form von Au_{55}, ebenfalls als biologisch inert betrachtet werden kann. In diesem Kontext ist wichtig, dass Gold nicht nur das edelste Metall, sondern ebenfalls das elektronegativste ist.

Bekannt ist, dass metallische Nanopartikel in dezidierter Form mit DNA-Strängen wechselwirken und sich entlang der Stränge aufgrund elektrostatischer Wechselwirkungen organisieren. Im Hinblick auf die Wechselwirkung mit Goldclustern ist der ligandstabilisierte Cluster $Au_{55}(Ph_2PC_6H_4SO_3H)_{12}Cl_6$ interessant, weil er wasserlöslich ist [17.12]. Molekulardynamikrechnungen zeigen in der Tat, dass es zu starken Wechselwirkungen zwischen den negativ geladenen Phosphaten der DNA und den elektronegativen Clustern kommt, wobei die Ligandhülle quasi durch die DNA substituiert wird, wie in Abb. 17.7(a) dargestellt. Die Au_{55}-Cluster sind in die Hauptkerben der B-DNA eingebaut.

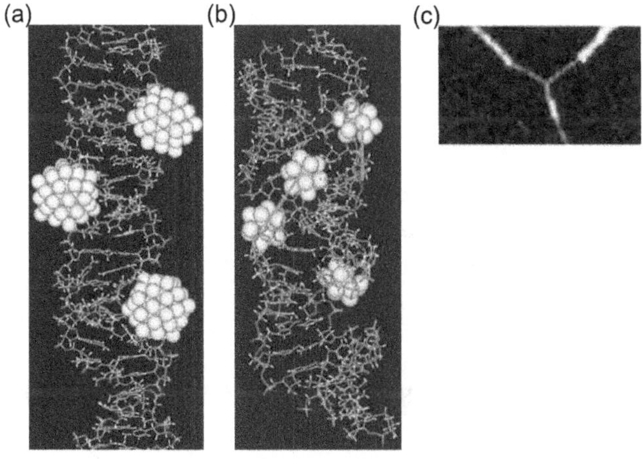

Abb. 17.7. Bindung von Goldclustern an DNA-Stränge [17.12]. (a) Molekulardynamik-Simulation der Wechselwirkung mit B-DNA. (b) Molekulardynamiksimulation der Wechselwirkung mit A-DNA. (c) Dekoration eines y-förmigen B-DNA-Strangs mit Au_{55}-Clustern.

Ein bemerkenswerter Effekt tritt offenbar auf, wenn die B-DNA in A-DNA transformiert wird. Diese Transformation tritt unter UHV-Bedingungen auf [17.13]. Verbunden mit dem Verlust von Wasser der B-DNA tritt eine Verkleinerung der dehydrierten Hauptnuten von 1,5 auf 0,7 nm ein. Dies führt wiederum dazu, dass die 1,4 nm großen Au_{55}-Cluster nicht mehr in die Hauptnuten passen und als Folge dessen in Au_{13}-Cluster zerfallen, die einen ideal passenden Durchmesser besitzen. Den entstehenden Komplex zeigt Abb. 17.7(b). Abbildung 17.7(c) liefert die experimentelle Verifikation der Bindung von Goldclustern an B-DNA-Stränge. Man erkennt einen y-förmigen Strang, der partiell mit Goldclustern dekoriert ist.

Auch für Halbleiter besteht eine große räumliche Delokalisierung von Valenzelektronen, so dass auch für Halbleitercluster starke Größeneffekte erwartet werden können. Die starke Größenabhängigkeit der optischen Eigenschaften von II-VI-Halbleiterclustern hatten wir bereits in Abb. 3.26 gesehen. Noch mehr als in Bezug auf Übergangsmetallcluster, bei denen ja die Anzahl der Atome durch die magischen Zahlen sehr präzise definiert ist, werden bei Halbleiterclustern, bei denen dies nicht der Fall ist, die Begriffe Cluster, Partikel und Quantenpunkt (Quantum Dot) synonym verwendet. Während sehr kleine Cluster wie Si_{10} in ihrer Natur vollständig molekular sind [17.14], werden mindestens 50 Atome benötigt, um das dreidimensionale Diamantgitter des Siliziums auszubilden [17.15]. Cluster mit einer solchen kristallinen Festkörperstruktur, aber noch nicht vollständig ausgebildeten Bandstruktur werden im vorliegenden Kontext der Grundbausteine der Nanotechnologie als Halbeiterclus-ter bezeichnet.

17.3 Halbleitercluster

Grundsätzlich werden die Halbleitercluster ähnlich wie auch die Metallcluster entweder auf Basis von Redoxreaktionen vom Typ

$$N(M^{n+} + ne^-) \rightarrow M_N \tag{17.1a}$$

oder auf Basis von Austauschreaktionen vom Typ

$$N(A^+ + B^-) \rightarrow (AB)_N \tag{17.1b}$$

synthetisiert. Bei der Synthese von Verbindungsclustern sind Austauschreaktionen der einfachste Weg:

$$N(Cd^{2+} + H_2Se) \rightarrow (CdSe)_N + 2N(H^+)\,. \tag{17.2}$$

Reaktionen aus Gl. (17.1) führen a priori zu einem beliebigen Anwachsen der Nanopartikel:

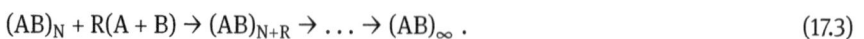

$$(AB)_N + R(A + B) \rightarrow (AB)_{N+R} \rightarrow \ldots \rightarrow (AB)_\infty\,. \tag{17.3}$$

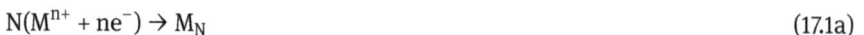

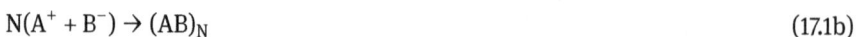

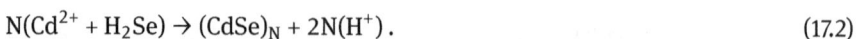

Diesem thermodynamisch getriebenen Prozess kann durch kinetisch getriebene Prozesse begegnet werden. Eine Möglichkeit ist die Diffusionskontrolle durch Wahl des Lösungsmittels, der Reaktionstemperatur, der Reaktionszeit und der Konzentration der Reaktanden. Neben dem durch Gl. (17.3) beschriebenen Wachstumsprozess ist zusätzlich zu berücksichtigen, dass Cluster unterschiedlicher Größe aggregieren werden:

$$(AB)_N + (AB)_n \rightarrow (AB)_{N+n} \rightarrow \ldots \rightarrow (AB)_\infty \,. \tag{17.4}$$

Kleine Cluster würden also zugunsten größerer mit zunehmender Reaktionsdauer verschwinden, bevor sie selbst durch Wachstum gemäß Gl. (17.3) eine kritische Größe erreicht haben. Grundsätzlich können sich damit kleinere Cluster entsprechend zweier unterschiedlicher Pfade entwickeln: Sie können atomar kontinuierlich wachsen, bis sie selbst überkritisch werden,

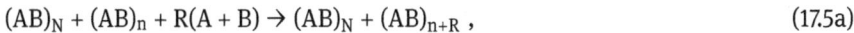

$$(AB)_N + (AB)_n + R(A+B) \rightarrow (AB)_N + (AB)_{n+R} \,, \tag{17.5a}$$

oder sie können mit überkritischen Partikeln aggregieren, bevor sie selbst eine überkritische Größe erreichen,

$$(AB)_N + (AB)_n + R(A+B) \rightarrow (AB)_{N+n+R} \,. \tag{17.5b}$$

Eine Modifikation von Diffusionskoeffizienten ist für Gl. (17.5b) aufgrund der größeren involvierten Partikel beispielsweise über die Viskosität des Lösungsmittels einfacher zu bewerkstelligen als für Gl. (17.5a). Höher viskose Lösungsmittel verschieben die Reaktionspfade zugunsten von Gl. (17.5a) und damit zugunsten kleinerer Cluster [17.16].

Eine wesentlich direktere und selektivere Methode der Kontrolle der Clustergröße ergibt sich aus der Verwendung von Liganden[65] [17.17]. Liganden können durch ihre Anwesenheit über einen thermodynamisch kontrollierten Mechanismus das Clusterwachstum präzise definieren. Dies nutzt man auch für die Synthese der zuvor diskutierten Au_{13}- und Au_{55}-Cluster aus. Hier sei der Mechanismus am Beispiel des II-VI-Verbindungshalbleiters Cadmiumsulfid erläutert:

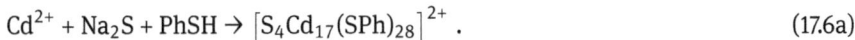

$$Cd^{2+} + Na_2S + PhSH \rightarrow \left[S_4Cd_{17}(SPh)_{28}\right]^{2+} \,. \tag{17.6a}$$

Ph steht hier wiederum für Phenyl (C_6H_5). Ohne Anwesenheit der Liganden wird die Reaktion aufgrund der zuvor genannten Mechanismen zu einem ausgedehnten Partikelwachstum führen:

$$Cd^{2+} + Na_2S \rightarrow CdS \,. \tag{17.6b}$$

65 Als Ligand wird in der Komplex- und Organometallchemie sowie in der Bioorganik ein Atom oder Molekül bezeichnet, welches über eine koordinative Bindung ein zentrales Metallion binden kann. Die koordinative Bindung kommt durch den Lewis-Charakter zustande: Die Liganden fungieren als Lewis-Basen und die Metallionen als Lewis-Säuren. Beide Bindungselektronen werden bei der koordinativen Bindung vom Liganden zur Verfügung gestellt, der also mindestens ein freies Elektronenpaar besitzen muss.

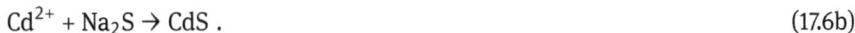

Die über eine Reaktion wie in Gl. (17.6a) definierten Atomzahlen sind quasi thermodynamisch definierte magische Zahlen.

Für spezielle Verbundhalbleitercluster kann eine Größenkontrolle der Cluster auch erreicht werden, wenn die Clusternukleation in *inversen Mizellen* stattfindet:

$$n\left[Cd^{2+} + Se(TMS)_2\right] \xrightarrow{\text{Mizelle}} (CdSe)_n\ , \qquad (17.7)$$

wobei TMS Trimethylsilyl ($Si(CH_3)_3$) bezeichnet. Schematisch ist der Prozess in Abb. 17.8 dargestellt. Die chemische Passivierung (R) stoppt zu einem definierten Zeitpunkt das weitere Wachstum der Cluster.

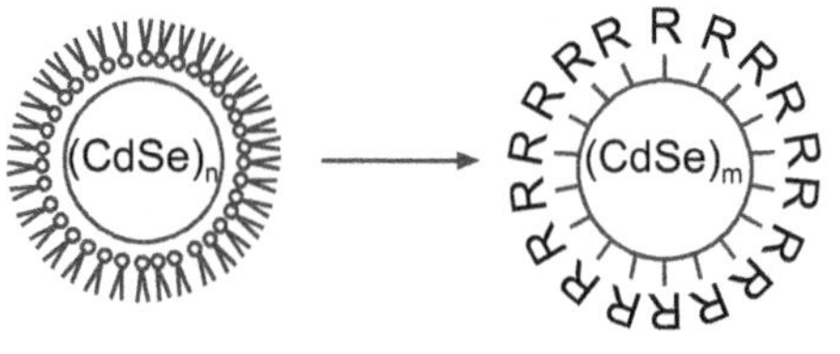

Abb. 17.8. Mizellenbasierte Clustersynthese [17.18]. Das Wachstum der Cluster gemäß Gl. (17.7) kann terminiert werden durch Addition passivierender Agenzien wie (Ph)(TMS)Se im vorliegenden Fall.

Interessant ist für Halbleitercluster die größenabhängige Entwicklung der Bandstruktur und, nanotechnologisch gesehen, die Nutzung der damit verbundenen speziellen Eigenschaften dieser Grundbausteine. Betrachten wir dazu exemplarisch die Bindungsverhältnisse in einem sp^3-Gitter. Die Entstehung von Valenz- und Leitungsband aus den atomaren Orbitalen ist schematisch in Abb. 17.9 dargestellt. Zunächst hybridisieren für jedes Atom die s- und p-Orbitale, um vier entartete sp^3-Orbitale zu formen. Überführt man die einzelnen nicht wechselwirkenden Atome nun durch Annäherung allmählich in die kristalline Konfiguration, entspricht also der interatomare Abstand

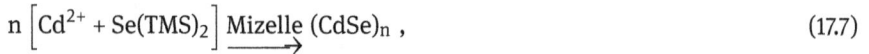

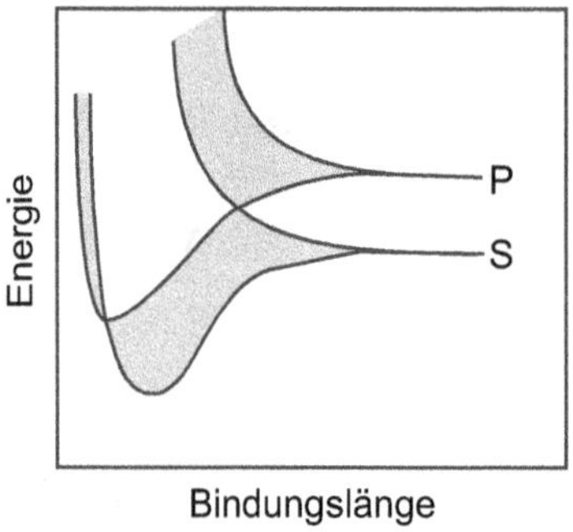

Abb. 17.9. Entwicklung der Bandstruktur für Cluster.

der Bindungslänge des Kristalls, so überlappen benachbarte sp^3-Hybridorbitale, welche aufeinander zeigen, und formen bindende (σ) und antibindende (σ^*) Orbitale. Lineare Superpositionen der σ-Orbitale führen dann zu Blochschen Valenzorbitalen und σ^*-Orbitale formen die diskreten Zustände des Leitungsbands. Genau dabei tritt nun eine Abhängigkeit von der Clustergröße auf, die nichts mehr zu tun hat mit der in Abb. 17.9 dargestellten Abhängigkeit der diskreten bis kontinuierlich verteilten Niveaus von der Bindungslänge. Vielmehr ist die Kristallstruktur des Festkörpers bereits ausgebildet. Die Blochschen Eigenfunktionen, die wir für ein unendliches Gitter in Abb. 3.57 dargestellt hatten, sind aufgrund der endlichen Größe des Halbleiterclusters moduliert durch eine stehende Welle ähnlich derjenigen in Abb. 3.25. Diese Einhüllende resultiert aufgrund der Tatsache, dass auf der Clusteroberfläche die elektronischen Zustände verschwinden, die Orbitale also Knoten haben. Wird bei konstanter Bindungslänge, die der Gitterkonstante des betreffenden Kristalls entspricht, der Cluster, ausgehend von zunächst wenigen Atomen, sukzessive vergrößert, so entstehen in der Bandmitte neue Zustände, die sich bei weiter zunehmender Größe in Richtung der Bandkanten ausdehnen. Nahe der Bandkanten sind die Zustände gegeben durch

$$E(n, N) = E_B + \frac{1}{2m^*}\left(\frac{\pi\hbar n}{(N+1)a}\right)^2 . \qquad (17.8)$$

Dies ist praktisch das bereits in Gl. (3.57) für einen einfachen Potentialtopf gefundene Resultat. E_B ist hier die Bandkante, m^* die effektive Masse, a die Gitterkonstante, N die Anzahl der Elementarzellen, und außerdem gilt $n = 1, 2, 3 \ldots$. Die damit für einen Cluster resultierende elektronische Zustandsdichte entspricht also exakt derjenigen, die für einen Quantenpunkt in Abb. 3.50(d) bereits betrachtet wurde.

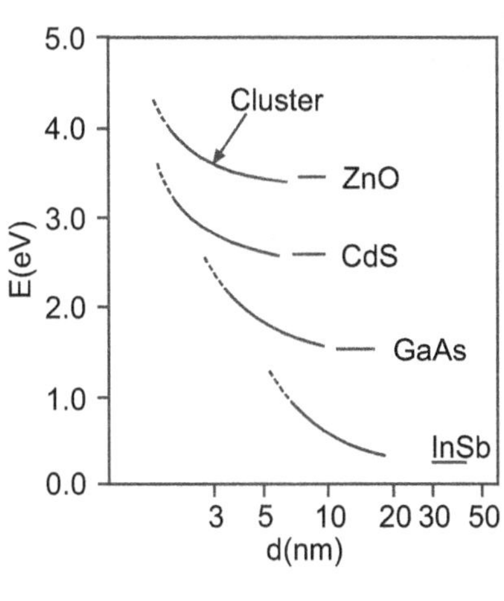

Abb. 17.10. Energie von $1S \rightarrow 1S$-Interbandübergängen für verschiedene III-V- und II-VI-Halbleitercluster [17.19]. Die mit wachsendem Durchmesser asymptotisch erreichte Bandlücke des Massivmaterials ist jeweils mit angegeben.

Experimentell lässt sich die Verteilung der diskreten bis kontinuierlich angeordneten Energieniveaus von Halbleiterclustern durch Analyse ihrer optischen Eigenschaften ermitteln, wie wir ja bereits in Abb. 3.26 gezeigt habe. Wie zu erwarten findet man für Übergänge zwischen Valenz- und Leitungsband eine Blauverschiebung bei abnehmender Clustergröße [17.19]. Abbildung 17.10 zeigt für verschiedene Verbindungshalbleiter, über welchen Größenbereich der Cluster sich schließlich die Bandstruktur des Massivmaterials entwickelt.

17.4 Magnetische Cluster

Aus Sicht des Magnetismus stellen Cluster Ensembles von einigen bis zu einigen Tausend interagierende Spinzentren dar, die von ihrer Umgebung magnetisch entkoppelt sind. Dabei kann es grundsätzlich um anorganische Verbindungen, magnetische Moleküle oder auch um nanoskalige Metallstrukturen gehen. Das magnetische Anregungsspektrum wird dann durch die Art der Spinzentren und durch ihre Wechselwirkung bestimmt [17.20]. Während kleine Cluster von nur wenigen Atomen im Wesentlichen durch eine *Heisenberg-Austauschwechselwirkung* dominiert werden, können größere Cluster neuartige Vielteilchenquantenzustände aufweisen. Gerade im Bereich der Synthese von großen Clustern aus molekularer Sicht und kleinen Clustern aus Festkörpersicht wurden in den vergangenen Jahren enorme Fortschritte erzielt. Aus molekularer Sicht ist der torusförmige Cluster Mn_{84} riesig [17.21]. Aus Sicht der Festkörperphysik handelt es sich um einen molekularen Nanomagneten [17.22]. Gegenwärtig werden molekulare Nanomagnete als kleinste magnetische Einheit betrachtet, die in der Lage ist, Quanteninformation zu speichern [17.23]. Dabei spielt insbesondere das Phänomen des Quantentunnelns der Magnetisierung eine gewichtige Rolle [17.24]. Für größere Cluster sind wiederum Phänomene wie quantisierte Spinwellenzustände von Interesse [17.25].

Ein elementarer Zugang zu den magnetischen Eigenschaften von Clustern ist durch das *Heisenberg-Modell* gegeben, welches wir bereits in Abschn. 3.7.1 diskutiert hatten. Der Charme dieses Modells besteht ja darin, dass es einfache Modell-Hamilton-Operatoren verwendet. Der eigentliche Hamilton-Operator ist abhängig zum einen von der Art der wechselwirkenden Spinzentren bei Abwesenheit der Wechselwirkung und zum anderen von den Mechanismen, die zur Wechselwirkung zwischen den Spinzentren führen [17.26]. Für den Hamilton-Operator, der die wechselwirkenden Spins beschreibt, ist anzusetzen

$$\hat{H} = \sum_i \left(\hat{H}_i^0 + H_i^1\right) + \sum_{ij} \hat{H}_{ij} \,. \tag{17.9}$$

Dabei gilt $\hat{H}_i^0 \gg \hat{H}_{ij}$. Die Eigenfunktionen von $\hat{H}_i^0$ liefern eine Basis zur Beschreibung von $\hat{H}_{ij}$ und $\hat{H}_i^1$. Da $\hat{H}_i^0$ per definitionem groß ist, betrachten wir nur den Grundzustand zu einem beliebigen Zeitpunkt. Dieser kann kategorisiert werden: Für den *S*-Typ gibt es verschwindende orbitale Beimischungen. Die ionischen Spins $\hat{\mathbf{S}}_i$ liefern gute Quantenzahlen, um den Spin-Hamiltonian zu definieren. Für den Q-Typ ist das Orbitalmoment gequencht, es müssen aber orbitale Effekte durch das Ligandenfeld berücksichtigt werden, was durch $\hat{H}_i^1$ erfolgt. Für den L-Typ wiederum besteht die orbitale Entartung in $2l_i + 1$ Zuständen. Die schwache Spin-Bahn-Kopplung $\hat{H} = y \sum_i \hat{\mathbf{L}}_i \cdot \hat{\mathbf{S}}$ muss in $\hat{H}_i^1$ berücksichtigt werden. Beim J-Typ ist die Spin-Bahn-Kopplung groß. Damit liefert der totale Drehimpuls $\hat{\mathbf{J}}_i = \hat{\mathbf{L}}_i + \hat{\mathbf{S}}_i$ gute Quantenzahlen. Wenn $\hat{\mathbf{S}}_i$ durch $\hat{\mathbf{J}}_i$ ersetzt wird, lässt sich der Spin-Hamiltonian wie für den S-Typ ausdrücken. Q- und S-Typen sind vorherrschend in der deutlichen Mehrzahl bislang untersuchter magnetischer Cluster. Im Folgenden sollen daher für diese Typen $\hat{H}_{ij}$ und $\hat{H}_i^1$ spezifiziert werden. Starten wir dazu mit dem bereits in Abschn. 3.7.1 eingeführten Heisenberg-Hamiltonian:

$$\hat{H} = -\frac{2}{\hbar^2} \sum_{i<j} J_{ij} \hat{\mathbf{S}}_i \cdot \hat{\mathbf{S}}_j \, . \tag{17.10}$$

Hier ist $\hat{\mathbf{S}}_i$ der Spinoperator für den i-ten Ionenspin. J_{ij} beschreibt die Kopplung zwischen i-tem und j-tem Spin. Da $[\hat{H}, \hat{\mathbf{S}}] = 0$ für $\hat{\mathbf{S}} = \sum_i \hat{\mathbf{S}}_i$ gilt, sind s und m gute Quantenzahlen, und die Eigenfunktionen können durch $|psm\rangle$ mit $-s \leq m \leq s$ charakterisiert werden. p steht dabei für eine zusätzliche Quantenzahl, die eventuell benötigt wird, um die Spinmultipletts zu spezifizieren. Jede Form von Anisotropie in Gl. (17.10) hebt die Entartung der Spinzustände $|sm\rangle$ in m auf. Eine anisotrope Austauschkopplung wäre durch

$$\hat{H} = -\frac{2}{\hbar^2} \sum_{i<j} \left(J_{ij}^{xx} \hat{S}_{ix} \hat{S}_{jx} + J_{ij}^{yy} \hat{S}_{iy} \hat{S}_{jy} + J_{ij}^{zz} \hat{S}_{iz} \hat{S}_{jz} \right) \tag{17.11}$$

gegeben. Auch die Dipol-Dipol-Wechselwirkung, die immer neben der Austauschwechselwirkung präsent ist, ist anisotrop:

$$\hat{H} = \frac{\mu_0}{4\pi} \frac{g^2 \mu_B^2}{\hbar^2} \sum_{ij} \frac{1}{r_{ij}^3} \left(\hat{\mathbf{S}}_i \cdot \hat{\mathbf{S}}_j - 3 \frac{\left(\hat{\mathbf{S}}_i \cdot \mathbf{r}_{ij}\right) \left(\hat{\mathbf{S}}_j \cdot \mathbf{r}_{ij}\right)}{r_{ij}^2} \right) \, . \tag{17.12}$$

Dieser Operator begegnete uns bereits in Gl. (3.574). Die Dipol-Dipol-Wechselwirkung ist in der Regel gegenüber der Austauschwechselwirkung allerdings vernachlässigbar.

Eine weitere Austauschwechselwirkung ist die *Dzyaloshinski-Moriya-Wechselwirkung*, die uns bereits in Gl. (3.582) begegnete:

$$\hat{H} = \frac{1}{\hbar^2} \sum_{i<j} \mathbf{D}_{ij} \left(\hat{\mathbf{S}}_i \times \hat{\mathbf{S}}_j \right) \, . \tag{17.13}$$

Diese Wechselwirkung verschwindet bei Zeitumkehrsymmetrie.

Der Heisenberg-Hamiltonian in Gl (7.348) basiert auf dem bilinearen Spinpermutationsoperator

$$\hat{P}_{ij} = \frac{1}{2} \left(1 - \frac{1}{\hbar^2} \hat{\mathbf{S}}_i \cdot \hat{\mathbf{S}}_j \right) \tag{17.14}$$

Damit lassen sich die Wechselwirkungen zwischen zwei, drei und vier Spins qua Permutation berücksichtigen:

$$\hat{P}_{ij}^2 = \frac{1}{4}\left\{1 + \frac{1}{\hbar^2}\left[\hat{\mathbf{S}}_i \cdot \hat{\mathbf{S}}_j + \frac{1}{\hbar^2}\left(\hat{\mathbf{S}}_i \cdot \hat{\mathbf{S}}_j\right)^2\right]\right\}, \tag{17.15a}$$

$$\hat{P}_{ij}\hat{P}_{jk} = \frac{1}{4}\left\{1 + \frac{1}{\hbar^2}\left[\hat{\mathbf{S}}_i \cdot \hat{\mathbf{S}}_j + \hat{\mathbf{S}}_j \cdot \hat{\mathbf{S}}_k + \frac{1}{\hbar^2}\left(\hat{\mathbf{S}}_i \cdot \hat{\mathbf{S}}_j\right)\left(\hat{\mathbf{S}}_j \cdot \hat{\mathbf{S}}_k\right)\right]\right\} \tag{17.15b}$$

und

$$\hat{P}_{ij}\hat{P}_{kl} = \frac{1}{4}\left\{1 + \frac{1}{\hbar^2}\left[\hat{\mathbf{S}}_i \cdot \hat{\mathbf{S}}_j + \hat{\mathbf{S}}_k \cdot \hat{\mathbf{S}}_l + \frac{1}{\hbar^2}\left(\hat{\mathbf{S}}_i \cdot \hat{\mathbf{S}}_j\right)\left(\hat{\mathbf{S}}_k \cdot \hat{\mathbf{S}}_l\right)\right]\right\}. \tag{17.15c}$$

Der Hamiltonian $\hat{H}_i^1$ aus Gl. (17.9) muss eingeführt werden, wenn $s_i \neq \hbar/2$ gilt. Dann muss nämlich die Anisotropie des Einzelions berücksichtigt werden. Bei uniaxialer Anisotropie gilt

$$\hat{H} = \sum_i \frac{D_i}{\hbar}\left[\hat{S}_{iz} - \frac{1}{3}s_i\left(\frac{s_i}{\hbar} + 1\right)\right]. \tag{17.16}$$

Bei planarer Anisotropie erhält man

$$\hat{H} = \frac{1}{\hbar^2}\sum_i E_i\left(\hat{S}_{ix}^2 - \hat{S}_{iy}^2\right). \tag{17.17}$$

Die Wechselwirkung mit einem externen Feld **B** ist schließlich gegeben durch

$$\hat{H} = \frac{g\mu_B}{\hbar}\mathbf{B} \cdot \hat{\mathbf{S}}. \tag{17.18}$$

Bei Clustern vom S- oder Q-Typ dominiert für gewöhnlich die Austauschkopplung den anisotropen H_i^1-Term aus Gl. (17.16), (7.355) oder (7.356). Eine Störungsrechnung erster Ordnung ist dann angemessen, um der Anisotropie Rechnung zu tragen. Das Anregungsspektrum besteht in diesem Fall aus Spinmultipletts mit definierter Quantenzahl s für jedes. Die Eigenfunktionen können dann als $|psm\rangle$ charakterisiert werden. Das Energiespektrum wird durch die Austauschaufspaltung dominiert und die Multipletts sind dann weiter anisotropieaufgespalten.

Die genannten Spinwechselwirkungen führen zu diskreten Energieniveaus und Wellenfunktionen des Clusters. Diese lassen sich mittels verschiedener experimenteller Methoden charakterisieren. Die inelastische Neutronenstreuung sowie optische Spektroskopien erlauben eine direkte Bestimmung von Spinzuständen. Ebenfalls erlaubt eine solche teilweise die paramagnetische Elektronenresonanz. Thermodynamische magnetische Eigenschaften erlauben eine integrale Charakterisierung. So ist die Gibbssche freie Energie gegeben durch

$$F = -k_B T \ln Z, \tag{17.19a}$$

mit der Zustandssumme

$$Z = \sum_\lambda \exp\left(-\frac{E_\lambda}{k_B T}\right) . \tag{17.19b}$$

Die innere Energie ist gegeben durch

$$U = F - T\left(\frac{\partial F}{\partial T}\right)_V . \tag{17.20}$$

Mit dem in Gl. (17.18) genannten Zeeman-Term erhalten wir dann die Magnetisierung

$$M_\alpha = -\frac{\partial F}{\partial B_\alpha} = -\frac{g\mu_B}{\hbar}\sum_\lambda p_\lambda \left\langle \lambda \middle| \hat{S}_\alpha \middle| \lambda \right\rangle , \tag{17.21a}$$

mit dem Boltzmannschen Besetzungsfaktor

$$p_\lambda = \frac{1}{Z}\exp\left(-\frac{E_\lambda}{k_B T}\right) . \tag{17.21b}$$

Für die Suszeptibilität ergibt sich

$$\chi_{\alpha\alpha} = \mu_0 \frac{\partial M_\alpha}{\partial B_\alpha} = \frac{g^2\mu_0\mu_B^2}{\hbar^2 k_B T}\left(\sum_\lambda p_\lambda \left\langle \lambda \middle| \hat{S}_\alpha^2 \middle| \lambda \right\rangle - \left[\sum_\lambda p_\lambda \left\langle \lambda \middle| \hat{S}_\alpha^2 \middle|^2 \lambda \right\rangle\right]^2\right) . \tag{17.22}$$

Die Entropie ist gegeben durch

$$S = -\left(\frac{\partial F}{\partial T}\right)_V = k_B\left(\ln Z + \frac{\sum_\lambda p_\lambda E_\lambda}{k_B T}\right) . \tag{17.23}$$

Schließlich erhalten wir für die Wärmekapazität

$$c_V = \left(\frac{\partial U}{\partial T}\right)_V = \frac{1}{k_B T^2}\left(\sum_\lambda p_\lambda E_\lambda^2 - \left[\sum_\lambda p_\lambda E_\lambda\right]^2\right) . \tag{17.24}$$

Der im Vorangegangenen erläuterte Spinformalismus erlaubt eine hervorragende Beschreibung des Magnetismus kleiner Cluster mit einigen wenigen Spinzentren. Bei größeren Clustern und auch bei molekularen Nanomagneten erschwert die Größe des Hilbert-Raums eine rigorose Charakterisierung des Anregungsspektrums beträchtlich. Gegenüber anderen Quantenspinsystemen sind Spinzentren mit $s_i/\hbar = 3/2, 2, 5/2$ höchst relevant, da Metallionen wie Cr^{3+} und Mn^{4+}, Mn^{3+}, Mn^{2+} und Fe^{3+} gerade solche großen Spins aufweisen. Bei Berücksichtigung der für große Cluster dominierenden Wechselwirkung lässt sich unter Berücksichtigung der diskutierten Wechselwirkungen folgender Hamiltonian angeben:

$$\hat{H} = -\frac{2}{\hbar^2}\sum_{i<j} J_{ij}\hat{\mathbf{S}}_i \cdot \hat{\mathbf{S}}_j + \frac{1}{\hbar^2}\sum_i \hat{\mathbf{S}}_i \cdot \left(\underline{\underline{D}}\,\hat{\mathbf{S}}_i\right) + \frac{\mu_B}{\hbar}\sum_i \hat{\mathbf{S}}_i \cdot \left(\underline{\underline{g_i}}\,\mathbf{B}\right) . \tag{17.25}$$

Für diesen Hamiltonian müssen nun numerisch Eigenfunktionen und Eigenwerte gefunden werden. Die nötige Diagonalisierung der Hamilton-Matrix unter Verwendung eines Basissatzes von Produktzuständen $|\{m_i\}\rangle$ kann heute unter Verwendung von geeigneten Computerprogrammen [17.27] auf Supercomputern bis zu einer Dimension des Hilbert-Raums von etwa 10^5 erreicht werden. Nutzt man geschickt bestehende molekulare Symmetrien, so lassen sich auf einem PC Dimensionen von der Größenordnung 10^6 erreichen [17.28]. Weitere Ansätze zur Charakterisierung des Anregungsspektrums im Bereich niedriger Energien umfassen Effektiv-Hamiltonian-Methoden und die Spinwellentheorie.

Eine interessante Kategorie magnetischer Cluster sind molekulare Räder, in denen die Metallionen in nahezu perfekten ringartigen Strukturen lokalisiert sind. Abbildung 17.11 zeigt Beispiele für geradzahlige antiferromagnetische molekulare Räder. Diese sind in den letzten Jahren intensiv erforscht worden und dutzende unterschiedlicher Moleküle wurden synthetisiert. Der Spin-Hamiltonian spiegelt die hohe molekulare Symmetrie direkt wider:

$$H = -2\frac{J}{\hbar^2}\left(\sum_{i=1}^{n-1}\hat{\mathbf{S}}_i\cdot\hat{\mathbf{S}}_{i+1}+\hat{\mathbf{S}}_n\cdot\hat{\mathbf{S}}_1\right)+\frac{D}{\hbar}\sum_i\left[\hat{S}_{iz}-\frac{1}{3}s_i\left(\frac{s_i}{\hbar}+1\right)\right] + \frac{\mu_B g}{\hbar}\hat{\mathbf{S}}\cdot\mathbf{B}\,. \quad (17.26)$$

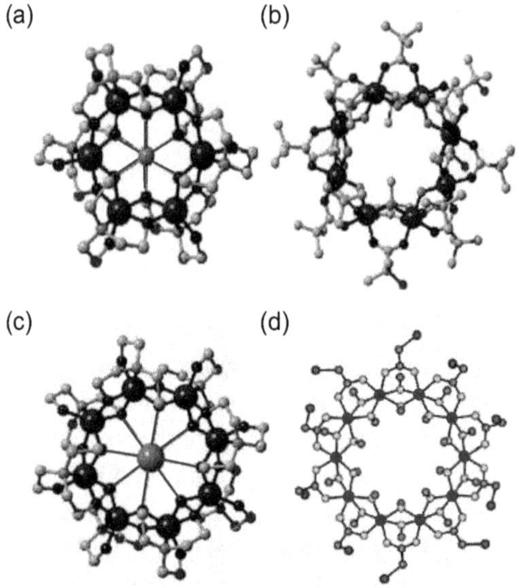

Abb. 17.11. Geradzahlige antiferromagnetische molekulare Räder. (a) $Na[Fe_6\{N(CH_2CH_2O)_3\}_6]Cl$ ($NaFe_6$), (b) $[Cr_8F_8\{O_2CC(CH_3)_3\}_{16}]$ (Cr_8), (c) $Cs[Fe_8\{N(CH_2CH_2O)_3\}_8]Cl$ ($CsFe_8$) und (d) $[Fe_{10}(OCH_3)_{20}(O_2CCH_2Cl)_{10}]$ (Fe_{10}).

Suszeptibilitätsmessungen liefern einen Grundzustand mit $s = 0$, resultierend aus einer alternierenden Spin-up- und Spin-down-Konfiguration. Einen Eindruck vom Anregungsspektrum erhält man aus Tieftemperatur-Magnetisierungskurven wie in Abb. 17.12(a) abgebildet. Jede Stufe der Kurve entspricht einer Änderung des molekularen magnetischen Moments von $2\mu_B$. Aus dem Grundzustand erfolgt also ein feldinduzierter Übergang in den Zustand $s = \hbar$. Von dort aus dann in $s = 2\hbar$. Abbildung 17.12(b) zeigt die Übergänge bis $s = 9\hbar$. Aus den entsprechenden Feldintervallen zwischen den quantisierten Magnetisierungszuständen lassen sich die Nullfeldzustandsenergien ableiten [17.30]:

$$E(s) = \frac{\Delta}{2\hbar^2} s(s+1) . \tag{17.27}$$

Das Anregungsspektrum besteht also aus einem Satz von Spinmultipletts, wobei Δ in Gl. (17.27) die Energielücke zwischen Singulett und Triplett ist. Ein solches Anregungsspektrum gehört auch zu einem Heisenberg-Dimer, $\hat{H}_{AB} = (\Delta/\hbar^2)\hat{\mathbf{S}}_A \cdot \hat{\mathbf{S}}_B$, mit entsprechenden Spins S_A und S_B. Damit ist $\hat{H}_{AB}$ ein effektiver Spin-Hamiltonian für das antiferromagnetische Heisenberg-Modell auf den Ringstrukturen.

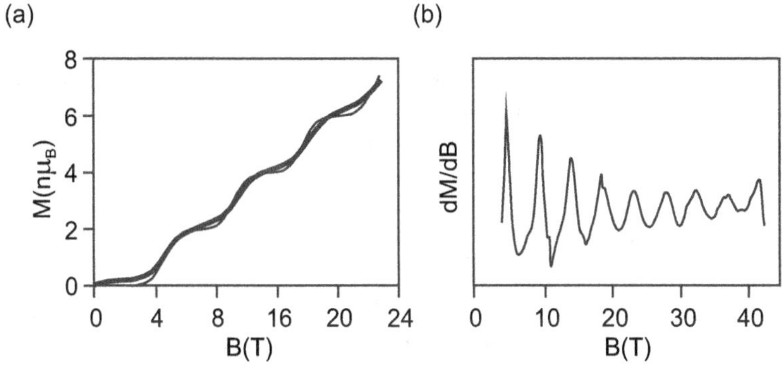

Abb. 17.12. Magnetisches Moment als Funktion des externen Felds für Fe_{10} [17.29]. (a) Änderungen von jeweils $2\mu_B$. (b) Jeder Peak markiert einen Übergang $s/\hbar \to s/\hbar + 1$.

Auch bei schwacher Anisotropie in den antiferromagnetischen Rädern wird das Anregungsspektrum im Wesentlichen nur durch die isotrope Austauschwechselwirkung geprägt, so dass in Gl. (17.26) $D = 0$ gesetzt werden kann. Theoretische und experimentelle Befunde zeigen, dass sich die Räder vollkommen anders als eindimensionale antiferromagnetische Spinketten verhalten, die starke Quantenfluktuationen aufweisen. Vielmehr ist für Quantenringe das L-E-Bandkonzept relevant [17.31]. Ein Rotationsband besteht in einer Sequenz von Spinmultipletts mit $s = s_{\min}$, $s = s_{\min} + \hbar$, $s = s_{\min} + 2\hbar, \ldots$, deren Energien durch die *Landé-Regel* $E(s) \sim s(s+1)$ gegeben sind. In einem $E(s)$-Diagramm gibt es für niedrige Anregungsenergien einen Satz von Rotationsmoden. Die niedrigste Mode wird als L-Band bezeichnet. Eine Anzahl n_E von höher liegenden Moden wird als E-Band bezeichnet. Darüber liegende Moden bilden das Quasikontinuum. Bei der betrachteten Temperatur sind nur Übergänge zwischen L- und E-Band möglich, was diese Bänder spezifiziert. Bisherige Ergebnisse zeigen, dass das semiklassische L-E-Bandkonzept umso besser die Realität beschreibt, je größer s und je kleiner die Anzahl der Spinzentren N ist. Dies zeigt Abb. 17.13 Oberhalb der Demarkationslinie sind Quantenfluktuationen schwach und $\hat{H}_{AB}$ ist ein guter effektiver Hamiltonian. Die Demarkationslinie ist dadurch definiert, dass hier die Anzahl der Spinzentren gerade der Maximalzahl $N_{\max}$ entspricht, für die noch eine effektive Spinkorrelation stattfindet [17.32].

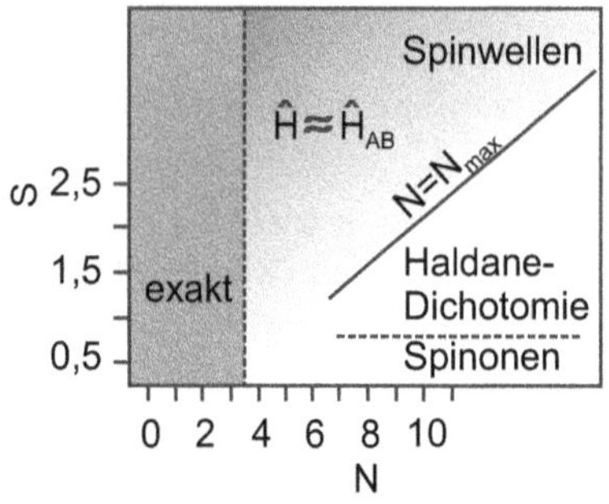

Abb. 17.13. Verhalten antiferromagnetischer Heisenberg-Ringe als Funktion der Spinlänge s und der Anzahl der Spinzentren N. Im grauen Bereich verhält sich das System quasiklassisch. $\hat{H}_{AB}$ ist hier ein effektiver Hamiltonian. Für kleine N ist das Problem exakt lösbar. Für große N sind Quantenfluktuationen maßgeblich.

Von besonderer Bedeutung für magnetische Cluster ist das Phänomen der *Spinfrustration*. Die Relevanz rührt daher, dass fast immer konkurrierende Wechselwirkungspfade vorhanden sind und bipartite magnetische Moleküle eher als Ausnahme zu betrachten sind. Der einfachste Fall wäre ein Spintrimer in Form eines gleichseitigen Dreiecks mit identischen Ionen auf den Ecken. Eine antiferromagnetische Kopplung begünstigt eine antiparallele Orientierung benachbarter Spins. Sind zwei Spins so ausgerichtet, so tritt für den dritten Frustration auf, weil bei beiden die Spin-up- und Spin-down-Orientierungen energetisch gleichwertig sind. Da die drei Spins ununterscheidbar sind, ist der Grundzustand sechsfach entartet. Nur der zweifach entartete Zustand, in dem alle Spins parallel sind, besitzt eine größere Energie und entspricht damit einem angeregten Zustand.

Im Hinblick auf Spinfrustrationseffekte ist das *Keplerat-Molekül* ($Mo_{72}Fe_{30}O_{252}$ (Mo_{207} $(H_2O))_2(Mo_{208}H_2(H_2O))(CH_3COOH)_{12}(H_2O)_{91}] \cdot 150H_2O$ äußerst interessant. Fe_{30} besteht in 30 antiferromagnetisch gekoppelten Fe^{3+}-Ionen ($s/hbar = 5/2$), die, wie in Abb. 17.14 dargestellt, auf den Ecken eines Ikosidodekaeders andgeordnet sind [17.33]. Diese Anordnung begünstigt in extremer Weise Spinfrustrationseffekte. Die Dimension des Hilbert-Raums erreicht immerhin $2,2 \cdot 10^{23}$. Damit ist eine Analyse des magnetischen Anregungsspektrums eine echte Herausforderung. Abbildung 17.14 zeigt eine der möglichen Grundzustandkonfigurationen [17.34]. Der antiferromagnetische Grundzustand wird konstituiert durch drei Untergitter und ist hochgradig entartet. Der entsprechende Hamiltonian ist gegeben durch

$$\hat{H}_{ABC} = -\frac{2J}{5\hbar^2}\left(\hat{\mathbf{S}}_A \cdot \hat{\mathbf{S}}_B + \hat{\mathbf{S}}_B \cdot \hat{\mathbf{S}}_C + \hat{\mathbf{S}}_C \cdot \hat{\mathbf{S}}_A\right) . \qquad (17.28)$$

Für jedes Untergitter beträgt die Spinlänge $s_A = s_B = s_C = 25\hbar$ [17.35].

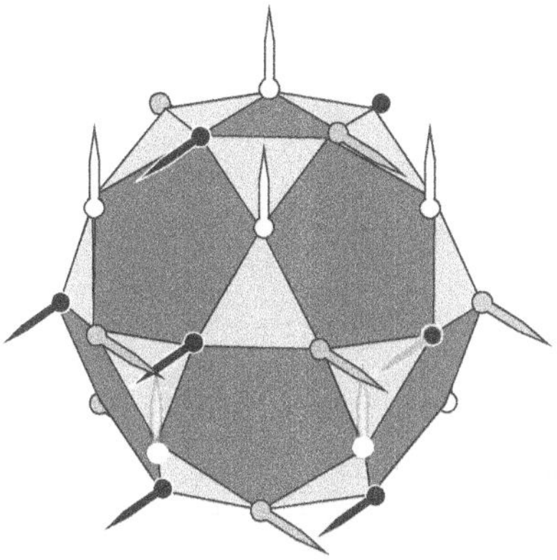

Abb. 17.14. Fe^{3+}-Ionenkern des Fe_{30}-Keplerat-Moleküls [17.35]. Gezeigt ist eine mögliche Grundzustandskonfiguration der antiferromagnetisch gekoppelten Spins, die sich drei Untergittern zuordnen lassen.

Trägt man die Energie als Funktion des Gesamtspins des Fe_{30}-Clusters auf, so liegt das Anregungsspektrum im Bereich niedriger Energien wiederum in Form eines L- und eines E-Bands vor. Experimentell wurde ein $E(s)$-Verlauf gemäß Gl. (17.27) gefunden. Trotz partieller Übereinstimmung experimenteller und theoretischer Daten ist das Anregungsspektrum des frustrierten Fe_{30}-Systems nicht in toto verstanden [17.36].

Eine Unterkategorie molekularer Nanomagnete oder magnetischer Cluster sind die *Einzelmolekülmagnete*. Diese sind dadurch gekennzeichnet, dass sie eine langsame magnetische Relaxation oder magnetische Hysterese bei niedrigen Temperaturen zeigen. Dieses Phänomen resultiert nicht aus einem langreichweitig magnetisch geordneteten Grundzustand wie bei konventionellen Magneten, sondern aus einer Energiebarriere bei der Spinumkehr auf molekularer Ebene. Weiterhin lassen sich auch quantenmechanische Phänomene wie das Tunneln der Magnetisierung beobachten.

Die ungewöhnlichen magnetischen Eigenschaften der Einzelmolekülmagnete, die vor weniger als 20 Jahren entdeckt wurden, haben umfangreiche Forschungen stimuliert, die sich sowohl auf fundamentale quantenmechanische Fragestellungen konzentrieren wie auch auf zukünftige Anwendungsmöglichkeiten, beispielsweise im Hinblick auf die Quanteninformationsverarbeitung.

Das magnetische Anregungsspektrum der Einzelmolekülmagnete wird wiederum durch den Spin-Hamiltonian aus Gl. (17.25) beschrieben. Ein intensiv untersuchter Vertreter ist $[Fe_8O_2(OH)_{12}(tacn)_6]Br_8 \cdot 9H_2O$. tacn steht für Triazacyclononan. Der Cluster, der in Abb. 17.15 dargestellt ist, wird als Fe_8 bezeichnet und beinhaltet acht Fe^{3+}-Ionen ($s = 5/2\hbar$) in einer schmetterlingsförmigen Anordnung [17.37]. Er kristallisiert in der Raumgruppe P1 und zeigt eine D_2-ähnliche molekulare Symmetrie. Die Spinfrustration bei antiferromagnetischer Wechselwirkung resultiert interessanterweise in einem $s = 10\hbar$ - Grundzustand.

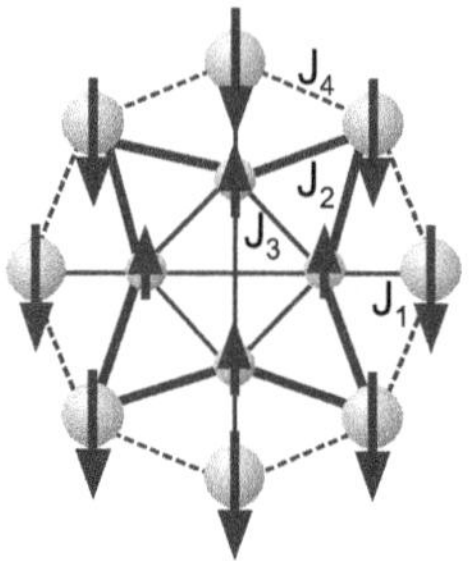

Abb. 17.15. Spinkonfiguration des Fe_8-Clusters im Grundzustand.

In den vergangenen Jahren haben Quantenspinsysteme, die nicht durch konventionelle Spinmodelle beschrieben werden können, große Aufmerksamkeit erzielt [17.38]. Diese sind dadurch gekennzeichnet, dass starke Quantenfluktuationen konventionelle magnetische Phasen wie Ferro- oder Antiferromagnetismus unterdrücken. Dies tritt auf, wenn einige der folgenden Umstände vorliegen: Die Spinlänge der Ionen ist klein, $s/\hbar = 1/2$ oder $s/\hbar = 1$. Die Dimensionalität des Systems ist reduziert. Die Anzahl nächster Nachbarn mit Austauschkopplung ist gering. Es liegt eine geometrische Frustration vor.

Für Cluster mit schwacher ionischer Kopplung und reduzierter Dimension lassen sich Quantenphasenübergänge, *Spin-Peierls-Übergänge* oder auch magnetische Polaronen beobachten. Derartige Phänomene sind gegenwärtig Gegenstand intensiver Forschung an rational synthetisierten Clustern geeigneter Struktur.

Cluster als Grundbausteine der Nanotechnologie sind heute vor allem von Bedeutung für die Analyse grundlegendster Fragestellungen. Dabei ist von besonderem Belang, dass sich Cluster in präzise vorgebbarer atomarer Anordnung reproduzierbar synthetisieren lassen. Ursächlich dafür sind beispielsweise magische Zahlen oder ein charakteristischer molekularer Aufbau. Cluster sind dadurch gekennzeichnet, dass ihre Eigenschaften stark größenabhängig sind und dass es gleichsam auf jedes Atom ankommt. Ihre Eigenschaften unterscheiden sich in vielen Fällen deutlich von den typischen eines Moleküls einerseits, aber auch von denen eines voll ausgebildeten Festkörpers andererseits. Gleichzeitig subsumiert der Begriff „Cluster" in der Literatur aber Moleküle wie beispielsweise in Form der magnetischen Cluster und kleinste Nanopartikel wie beispielsweise in Form der Halbleitercluster.

Literatur

[17.1] U. Kreibig and M. Vollmer, *Optical Properties of Metall Clusters* (Springer, Berlin, 1995).

[17.2] S. Sugano, *Microcluster Physics* (Springer, Berlin, 1991).

[17.3] A.L. Mackay, Acta Crystallogr. **15**, 916 (1962).

[17.4] O. Echt, K. Sattler and E. Recknagel, Phys. Rev. Lett. , **47**, 1121 (1981).

[17.5] G. Schmid (Ed.) *Nanoparticles*, (Wiley-VCH, Weinheim, 2010); G. Schmid, Chem. Soc. Rev. 2008.

[17.6] G. Schmid, B. Morun and J.O. Malm, Angew. Chem. Int. Ed. **28**, 778 (1989).

[17.7] G. Schmid, M. Harms, J.-O. Malm, J.-O. Bovin, J. van Ruitenbeck, H.W. Zandbergen and W.T. Fu, J. Am. Chem. Soc. **115**, 2046 (1993).

[17.8] H.-G. Boyen, G. Kästle, F. Weigl, B. Koslowski, C. Dietrich, P. Ziemann, J. P. Spatz, S. Riethmüller, C. Hartmann, M. Möller, G. Schmid, M.G. Garnier, P. Oelhafen, Science **297**, 1533 (2002).

[17.9] G. Schmid, M. Bäumle and N. Beyer, Angew. Chem. Intl. Ed. **39**, 181 (2000).

[17.10] H. Zhang, G. Schmid and U. Hartmann, Nano Lett. **3**, 305 (2003).

[17.11] G. Schmid, T. Reuter, U. Simon, M. Noyong, K. Blech, V. Santhanam, D. Jäger, H. Slomka, H. Lüth and M. I. Lepsa, Colloid Polym. Sci. **286**, 1029 (2008).

[17.12] Y. Liu, W. Meyer-Zaika, S. Franzka, G. Schmid, M. Tsoli and H. Kuhn, Angew. Chem. Int. Ed. **42**, 2853 (2003).

[17.13] S. Neidle (Ed.), *Oxford Handbook of Nucleic Acid Structure* (Oxford Univ. Press, New York, 1999).

[17.14] K. Raghavachari and C. Rohfing, J. Chem. Phys. **89**, 2219 (1988).

[17.15] J. Chelikowski, Phys. Rev. Lett. **60**, 2669 (1988).

[17.16] R. Rosetti, R. Hull, J.M. Gibson and L.E. Brus, J. Chem. Phys. **82**, 552 (1984).

[17.17] M.L. Steigerwald and E. Brus, Annu. Rev. Mat. Sci. **19**, 471 (1989).

[17.18] M.L. Steigerwald, A.P. Alivisatos, J.M. Gibson, T.D. Harris, R. Kortan, A.J. Muller, A.M. Thayer, T.M. Duncan, D.C. Douglass and L.E. Brus, J. Am. Chem. Soc. **110**, 3046 (1988).

[17.19] L.E. Brus, J. Chem. Phys. **80**, 4403 (1984); A.P. Alivisatos, A.L. Harris, M.J. Levinos, M.L. Steigerwald and L.E. Brus, J. Chem. Phys. **89**, 4001 (1988); A.P. Alivisatos, Science **271**, 933 (1996).

[17.20] A. Furrer and O. Waldmann, Rev. Mod. Phys. **85**, 367 (2013).

[17.21] A.J. Tasiopulus, A. Vinslava, W. Wernsdorder, K.A. Abbond and G. Christou, Angew. Chem. Intl. Ed. **43**, 2117 (2004).

[17.22] D. Gatteschi, R. Sessoli and J. Villain, *Molecular Nanomagnets* (Oxford Univ. Press, Oxford, 2006).

[17.23] F. Toriani, A. Ghirri, M. Affronte, S. Carretta, P. Santini, G. Amoretti, S. Piligkos, G. Timco, and R.E.P. Winpenny, Phys. Rev. Lett. **94**, 207208 (2005).

[17.24] E.M. Chudnovsky and J. Tajada, *Macroscopic Quantum Tunneling of the Magnetic Moment* (Cambridge Univ. Press, Cambridge, 1998); G. Christou, D. Gatteschi, D.N. Hendrickson and R. Sossoli, MRS Bull. **25**, 66 (2000); D. Gatteschi and R. Sessoli, Angew. Chem Int. Ed. **42**, 268 (2002).

[17.25] M. Hennion, C. Bellouard, I. Mirebeau, J.L. Dormann and M. Nogues, Europhys. Lett. **25**, 43 (1994); M.F. Hansen, F. Bødker, S. Mørup, K. Lefmann, K.N. Clausen and P.A. Lindgård, Phys. Rev. Lett. **79**fa, 4910 (1997); L.T. Kuhn, K. Lefmann, C.R.H. Bahl, S. Nyborg Ancona, P.-A. Lindgård, C. Frandsen, D.F. Madsen and S. Mørup, Phys. Rev. B **74**, 184406 (2006).

[17.26] W.P. Wolf, J. Physique **32**, C1 (1971).

[17.27] Z. Bai, J. Demmel, J. Dongarra, A. Ruhe and H. van der Horst, *Templates for the Solution of Algebraic Eigenvalue Problems* (SIAM, Philadelphia, 2000).

[17.28] O. Waldmann, H.O. Güdel, T.L. Kelly and L.K. Thompson, Inorg. Chem. **45**, 3295 (2006).

[17.29] K.L. Taft, C.D. Delfs, G.C. Papaeffhymiou, S. Foner, D. Gatteschi and S.J. Lippard, J. Am. Chem. Soc. **116**, 823 (1994).

[17.30] Y. Shapira and V. Bindilatti, J. Appl. Phys. **92**, 4155 (2002).

[17.31] O. Waldmann, Coord. Chem. Rev. **249**, 2550 (2005).

[17.32] F.D.M. Haldane, Phys. Lett. **93A**, 464 (1983).

[17.33] A. Müller, S. Sarkar, S.Q.N. Shah, H. Bögge, M. Schmidtmann, S. Sarkar, P. Kögerler, B. Hauptfleisch, A. Trautwein and V. Schünemann, Angew. Chem. Int. Ed. **38**, 3238 (1999).

[17.34] M. Axenovich and M. Luban, Phys. Rev. B **63**, 100407R (2001).

[17.35] J. Schnack, M. Luban and R. Modler, Europhys. Lett. **56**, 863 (2001).

[17.36] V.O. Garlea, S.E. Nagler, J.L. Zarestky, C. Stassis, D. Vaknin, P. Kögerler, D.F. McMorrow, C. Niedermayer, D.A. Tennant, B. Lake, Y. Qiu, M. Exler, J. Schnack and M. Luban, Phys. Rev. B **73**, 024414 (2006).

[17.37] R. Caciuffo, G. Amoretti, A. Murani, R. Sessoli, A. Caneschi and D. Gatteschi, Phys. Rev. Lett. **81**, 4744 (1998).

[17.38] S. Sachdev, Nature Phys. **4**, 173 (2007).

Stichwortverzeichnis